William T. Preyer

Specielle Physiologie des Embryo

Untersuchungen über die Lebenserscheinungen vor der Geburt

William T. Preyer

Specielle Physiologie des Embryo
Untersuchungen über die Lebenserscheinungen vor der Geburt

ISBN/EAN: 9783742811974

Hergestellt in Europa, USA, Kanada, Australien, Japan

Cover: Foto ©Lupo / pixelio.de

Manufactured and distributed by brebook publishing software
(www.brebook.com)

William T. Preyer

Specielle Physiologie des Embryo

SPECIELLE

PHYSIOLOGIE DES EMBRYO.

UNTERSUCHUNGEN UEBER DIE LEBENSERSCHEINUNGEN
VOR DER GEBURT

VON

W. PREYER.
PROFESSOR DER PHYSIOLOGIE AN DER UNIVERSITÄT JENA.

MIT 9 LITHOGRAPHIRTEN TAFELN UND HOLZSCHNITTEN IM TEXT.

LEIPZIG.
TH. GRIEBEN'S VERLAG (L. FERNAU).
1885.

DEM FREUNDE UND COLLEGEN

B. S. SCHULTZE,

Doctor der Medicin, Chirurgie und Geburtshülfe, o. ö. Professor der Geburtshülfe und Gynäkologie, Director der grossherzogl. Entbindungsanstalt und Frauenklinik in Jena, Geh. Hofrath, Comthur des Grossherzogl. Sächs. Ordens der Wachsamkeit, Ritter des Fürstlich Reussischen Ehrenkreuzes 1. Classe, Ehrenmitglied und Mitglied vieler gelehrter Gesellschaften usw. usw.

GEWIDMET

VOM VERFASSER.

INHALT.

II. DIE EMBRYONALE ATHMUNG. 103

A. Die Athmung im Ei. 105

B. Die ersten Athembewegungen. 146

III. DIE EMBRYONALE ERNÄHRUNG. 181

A. Bedingungen der Ernährung des Embryo. 183

VI. DIE EMBRYONALE MOTILITÄT. 383

VII. DIE EMBRYONALE SENSIBILITÄT. 465

EINLEITUNG.

EINLEITUNG.

Während die morphologische Entwicklungslehre über eine Reihe von trefflichen Werken verfügt, welche sowohl die Entwicklung einzelner Organe und Organsysteme, als auch die Bildung der Leibesform im Ganzen behandeln, ist von einer physiologischen Embryologie nur hier und da beiläufig die Rede.

Weder eine einzelne Function ist bis jetzt von ihrem ersten Auftreten im befruchteten Ei an bis zur vollendeten Ausbildung chronologisch verfolgt worden, noch wurde ihr Substrat vom Augenblick seiner Entstehung an, bezüglich seiner chemischen Umwandlungen, entwicklungsgeschichtlich verfolgt. Eine solche biochemische und physiologische Embryognosie ist aber für das Verständniss der Functionen der geborenen Menschen und Thiere nothwendig.

Geradeso wie man das Organ, das Gewebe und die Zelle erst versteht, wenn deren Genesis erforscht worden, kann die Function nur mittelst ihrer eigenen Geschichte verstanden werden. Freilich setzt diese die morphologische Entwicklungsgeschichte voraus und ist im engsten Zusammenhang mit ihr zu behandeln. Sie behauptet aber gerade auch ihr gegenüber ihre Selbständigkeit sofern nicht bestritten werden kann, dass die Organbildung nach den Functionen sich richtet, nicht etwa nur die Function nach dem Organ, wie es beim ausgebildeten Organismus den Anschein hat. Den sichersten Beweis dafür, dass sich die Organe nach den Functionen richten, liefert der Einfluss des Functionswechsels auf die morphologische Ausbildung. Wird z. B. eine Extremität mehr als die andere geübt, so nehmen die Muskelfasern und Nervenfasern entsprechend zu. Hält man den Salamander- und Tritonen-Embryo unter Wasser, so entwickeln sich grosse Kiemen.

In der physiologischen Entwicklungsgeschichte des Einzelwesens handelt es sich aber zunächst nicht um derartige Rückwirkungen der Thätigkeit auf das Substrat, sondern um die Verfolgung der Functionen im Einzelnen von demjenigen Stadium der embryonalen Entwicklung an, wo sie noch unerkennbar sind bis zu ihrer Umgestaltung durch die Geburt.

Diese Aufgabe gehört zu den schwierigeren darum, weil das Material nur spärlich ist, weil die Untersuchungsobjecte zu Experimenten schwer verwendbar sind und weil die morphologische Erforschung der embryonalen Gewebe gerade in den histologischen Fragen, an deren Beantwortung dem Physiologen am meisten liegt, die grössten Lücken aufweist.

In Betreff des **Materials** muss man von vorn herein auf das interessanteste fast verzichten.

Denn wenn schon die unversehrten todten menschlichen Embryonen aus den frühen Entwicklungsstadien zu den Seltenheiten gehören, so gilt dasselbe in noch höherem Grade von den lebenden. Wo eine Fehlgeburt stattfindet, da sind fast jedesmal die Umstände einer sofortigen Untersuchung der ausgestossenen Frucht ungünstig. Man hat in der Regel mit der abortirenden Frau soviel zu thun, dass das Ei erst lange, nachdem es kalt geworden und der Embryo todt ist, untersucht wird. Ausserdem sind solche durch Abortus, also einen nicht physiologischen, sondern pathologischen Vorgang zu Tage geförderten Eier in vielen Fällen schon vorher pathologisch. Indessen dieser Nachtheil darf nicht als Rechtfertigung für die seitherige Vernachlässigung der genauen, auch physiologischen Beobachtung der bei Fehlgeburten ausgestossenen Früchte in Anschlag gebracht werden. Jede, auch die scheinbar unwichtigste Notiz über die etwaigen Bewegungen derselben kann durch Vergleichung mit andern Befunden werthvoll werden. Da festgestellt ist, dass ein ausgestossener menschlicher Fötus von vier Monaten im unversehrten Ei sich bewegt, wird man auch von dem weniger weit entwickelten Embryo extrauterine Lebensäusserungen erwarten dürfen.

Wenn die durch Fehlgeburten zu erhaltenden Früchte nur selten in brauchbarem Zustande in das Laboratorium gelangen, so ist dagegen die Untersuchung der durch **Frühgeburten** von der Mutter abgelösten Neugeborenen öfter möglich und nur zu verwundern, dass man von dieser Gelegenheit, Entdeckungen zu machen, sehr wenig Gebrauch gemacht hat. Das Verhalten der Sieben- und Acht-Monatskinder in den ersten Wochen ihres extrauterinen Lebens ist darum von besonderer Wichtigkeit für die functionelle Entwicklungsgeschichte, weil es mit hoher Wahrscheinlichkeit in vielen wesentlichen Punkten zugleich als das des ungeborenen sieben- bis achtmonatlichen Fötus angesehen werden kann, wenigstens in Betreff der Leistungsfähigkeit vieler Organe. Auch gibt die geringere Lebensfähigkeit der zu früh geborenen Kinder und besonders der Missgeburten manchen Fingerzeig bezüglich der in den letzten Wochen der Schwangerschaft stattfindenden physiologischen Vorgänge. Das Verhalten der lebenden Anencephalen und der Acephalen, aber auch das jedes anderen mit einem Defect geborenen Kindes muss auf das Genaueste von dem Geburtshelfer, der gerade zugegen ist, beobachtet werden. Beim Menschen ersetzen solche Fälle die Vivisectionen. Und bisweilen ist es nur crassen Vorurtheilen zuzuschreiben, wenn hirnlose Neugeborene nicht lange lebend erhalten werden.

Aber auch dieses Material ist spärlich. Natürliche und künstliche Frühgeburten kommen nirgends so häufig vor, dass man systematisch und eingehend die Früchte beobachten und mit ihnen experimentiren könnte, abgesehen von den oft unüberwindlichen Schwierigkeiten, die Trennung des Säuglings von seiner Mutter oder Wärterin zu bewirken. Also menschliche Embryonen und Frühgeborene können ebenso wie lebende Missgeburten nur gelegentlich verwendet werden.

Um so günstiger scheint die Beschaffung des Materials in einem etwas weiter vorgeschrittenen Stadium der Entwicklung zu sein, da es an reifen Neugeborenen in grossen Entbindungsanstalten nicht fehlt. Wer jedoch weiss, welch ein umfangreicher Apparat dem Experimentalphysiologen meistens erforderlich ist, selbst wenn er nur fundamentale Fragen in Angriff nehmen, z. B. beim Neugeborenen die Fortpflanzungsgeschwindigkeit der Erregung im Nerven oder die ersten Producte des kindlichen Stoffwechsels bestimmen will, der wird die geringe Forscherthätigkeit nach dieser Richtung nicht auffallend finden. An dem rein äusserlichen Übelstande, dass die ebengeborenen Kinder nicht oft genug in die physiologischen Institute gebracht werden können und dass aus diesen die z. Th. schwer transportabeln Instrumente nicht leicht in die Gebärhäuser gelangen, scheitern viele Versuche, am Neugeborenen methodisch zu experimentiren.

Es wäre zu wünschen, dass zunächst einfache Versuchsreihen in ausgedehntem Maasse angestellt und von Vielen in mehreren grossen Findelhäusern und Entbindungsinstituten ausgeführt würden, um Material zur statistischen Verarbeitung zu gewinnen. Bisher haben die statistischen Angaben über Ebengeborene nur ausnahmsweise physiologische Fragen berührt, sich mehr auf anatomische und pathologische beschränkend. Die Körperlänge, das Gewicht, die Lage, die Kopfgrösse u. dgl. sind oft bestimmt, viele Krankheiten Neugeborener discutirt worden. Dagegen fehlt es noch gar sehr an zuverlässigen Angaben über die Herzthätigkeit, die Respiration, die Verdauung, die Beschaffenheit des Harns, die Reflexerregbarkeit, die Sinne und die Eigenbewegungen des Neugeborenen. Hier könnten auch praktische Mediciner ohne allzuviel Apparat in kurzer Zeit viel Neues finden.

Allerdings ist mit einer noch so genauen physiologischen Untersuchung des Neugeborenen über das Verhalten des Ungeborenen wenig ermittelt, denn mit dem Augenblick der Geburt erleidet der Mensch grössere Veränderungen seines Innern und seiner nächsten Umgebung, als jemals später. So gross und so plötzlich sind diese Veränderungen, dass es fast wunderbar erscheint, wie so viele Menschen ihre Geburt überleben ohne Schaden zu nehmen. Gerade der Mensch wird von allen lebenden Wesen am schwersten geboren. Vorher befindet er sich lange in einer Flüssigkeit schwimmend von der Atmosphäre abgesperrt, so zwar, dass der Zutritt der Luft schon genügt ihn zu tödten, nachher kann er nur auf Augenblicke ohne Lebensgefahr sich aus der atmosphärischen Luft zurückziehen. Vorher wird ihm die Nahrung mühelos durch den Nabelstrang direct in die Blutmasse eingeführt, nachher muss sie durch Mund, Magen und Darm ungleich langsamer und mühsam aufgenommen werden. Vorher weilt er in ununterbrochener Finsterniss, nachher im Lichte der Welt, vorher allein in lautloser Stille, nachher in geräuschvoller Gesellschaft, vorher in immer derselben Wärme, nachher in kälterer Luft von schwankender Temperatur. Vorher bewegt er sich nur unwillkürlich wie ein Schlafender, überall unübersteiglichen Widerstand findend, nachher frei ohne die Schranken der Uteruswand. Solche Gegensätze zeigen wie wünschenswerth es ist, den lebenden Fötus in seiner natürlichen Umgebung zu beobachten oder wenigstens nach Möglichkeit seine Lebensäusserungen zu ermitteln, während er noch im Uterus sich weiter entwickelt. Aber das erstere ist beim Menschen nur unvollkommen ausführbar wegen der Undurchsichtigkeit der Uteruswandung und der umgebenden Theile. Nur mit dem Tastsinn und dem Gehör ist hier die Beobachtung des Fötus ausführbar und ausgeführt, womit bekanntlich Frauenärzte und Hebammen sich regelmässig befassen, ohne dass jedoch ihren Erfahrungen bis jetzt viel Physiologisches von Bedeutung zu entnehmen gewesen wäre. Die merkwürdigen Bewegungen der Früchte in der zweiten Hälfte der intrauterinen Zeit könnten z. B. bezüglich ihrer Abhängigkeit von verschiedenen Zuständen der Mutter, ihrer Lebhaftigkeit und Beziehung zur Kindeslage ohne besondere Schwierigkeit recht wohl, sogar z. Th. durch sorgfältige Betrachtung der *sichtbaren* Erhebungen und Senkungen der Bauchwand der Mutter, zum Gegenstande gründlicherer Arbeiten gemacht werden. Diese Kindsbewegungen sind nicht nur praktisch als sicheres Zeichen vorhandener Schwangerschaft, sondern auch physiologisch wichtig als eines der wenigen Symptome der fötalen Sonderexistenz im mütterlichen Organismus, welche ohne Verletzung des letzteren erkannt werden können. Ein anderes derartiges Symptom ist der hörbare Herzschlag des Fötus.

Auch die mehrmals constatirte Thatsache, dass beim Touchiren Kreissender an dem eingeführten Finger, wenn er gerade an den Mund der Frucht gelangt, gesogen wird, gehört hierher. [400

Aber im Ganzen sind die Beobachtungen und Versuche — falls von letzteren die Rede sein kann — welche sich am ungeborenen Menschen anstellen lassen, nothwendig von äusserst beschränktem Umfang.

Da überhaupt das vom Menschen zu erhaltende Material, abgesehen von den ausgetragenen Neugeborenen, ein minimales ist, so muss zunächst der *Säugethierfötus* vorgenommen werden. Man kann denselben zwar in einiger Anzahl von kleineren Thieren, namentlich Hunden, Katzen, Kaninchen, Meerschweinchen, weissen Mäusen fast zu jeder Jahreszeit sich verschaffen, aber man ist auch hier nur selten in der Lage über ein reichliches Untersuchungsmaterial zu verfügen, weil bei den meisten Versuchen die Mutter mitgeopfert wird. Ausserdem ist es gerade für die Hauptfragen wichtig, das Alter der Embryonen so genau wie möglich zu kennen. Aus der Grösse allein oder dem Gewicht allein lässt es sich nur ungenau schätzen. Daher muss in allen den Fällen der Zeitpunkt des befruchtenden Coitus festgestellt werden, in denen es auf genaue Altersbestimmung ankommt.

Dieser Zeitpunkt lässt sich aber oft nur schwer eruiren, da man die zusammen eingesperrten Männchen und Weibchen nicht wohl ununterbrochen viele Stunden hintereinander beobachten kann und wenn man sie nur stundenweise in Paaren zusammenbringt die Begattung oft genug nicht vorgenommen wird. Ausserdem verläuft bei manchen Thieren der Coitus ungemein schnell, z. B. bei dem von mir zu Experimenten vorzugsweise verwendeten Meerschweinchen. Dass man, um von ein und derselben Thierart Embryonen verschiedener Entwicklungsstufen zu haben, mehrere Weibchen an einem Tage belegen lässt, stempelt oder abgesondert hält und nacheinander, etwa in gleichen Intervallen, öffnet um die Embryonen herauszunehmen, oder abortiren lässt, um womöglich sie selbst am Leben zu erhalten, ist nothwendig.

Doch weiss man längst, dass auch bei gleicher Dauer der Entwicklung, vom Tage der Begattung an gerechnet, der Entwicklungsgrad oder die Reife keineswegs gleich ausfällt. Den besten Beweis dafür liefert das ungleiche Gewicht und die ungleiche Grösse der Meerschweinchenembryonen eines und desselben Thieres. Die Trächtigkeitsdauer ist auch für ein und dasselbe Individuum nicht dieselbe. Ein mir als vollkommen zuverlässig bekannter Hundezüchter bestimmte für mich diese Trächtigkeitsdauer bei einer vorzüglichen Hühnerhündin. Sie betrug das erste Mal 61 Tage, das zweite Mal 64 Tage, das dritte Mal 65, das vierte Mal 63 Tage.

Meerschweinchen, welche bei häufiger Kreuzung ein bis sechs Junge werfen, scheinen nach meinen Erfahrungen nach längerer Inzucht — Paarung der Geschwister, der Mütter und Söhne, der Väter und Töchter usw. — weniger Junge, dafür aber viel grössere, bis zu 148 Gramm schwere, die ein Viertel des Gewichtes der Mutter erreichen, zu erzeugen, was bei der physiologischen Untersuchung zu beachten ist.

Die an thierischen Embryonen erhaltenen Resultate sind noch in anderer Hinsicht nur mit grosser Vorsicht zu verwerthen. Der excidirte oder durch künstlichen Abortus erhaltene Fötus befindet sich in abnormen Verhältnissen, die Luft kann zwar abgehalten, die Temperaturabnahme verhindert werden, wenn man in sehr verdünnte blutwarme Kochsalzlösung die Thiere austreten lässt, aber der Zusammenhang mit dem Mutterthier, auch wenn er bei excidirten Embryonen intact bleibt, ist nicht mehr derselbe wie früher, und leicht kann es geschehen, dass durch den gewaltsamen Eingriff, welchen die Eröffnung des Uterus mit sich bringt, eine Störung des Blutkreislaufs eintritt. Ferner verhält sich der Thier-Fötus anders als der des Menschen und bei verschiedenen Thieren ungleich. Namentlich die erwähnten Thiere, aber auch die grösseren mit langer Trächtigkeitsdauer, wie z. B. die Kuh, die Stute, die Eselstute, bieten der Frucht wesentlich andere intrauterine Entwicklungsbedingungen als das Weib, dessen aufrechter Gang und dessen Ruhelage (auf dem Rücken) schon Unterschiede von Belang für den Fötus abgeben und seine Geburt erheblich erschweren. Was also an Säugethieren gefunden wird, ist nur mit Reserve auf den Menschen zu übertragen.

In noch höherem Maasse gilt diese Regel für die Vogelembryonen. Wenn die embryonischen Säugethiere zwar nicht selten, aber nicht gerade reichlich beschafft werden können, so sind dagegen bebrütete Hühner-, Enten-, Truthühner- und Gänse-Eier mit Leichtigkeit im Frühjahr und Sommer in mehr als der erforderlichen Anzahl zu erhalten. Auch gewährt hier die kürzere Dauer der Entwicklungszeit den Vortheil, dass man leichter jede einzelne Function vom Anfang an bis zum Geborenwerden, d. h. dem Ausschlüpfen aus der Eischale, verfolgen kann. Die bequeme Constanthaltung der Temperatur des Brütofens macht den Untersucher überhaupt von jeder Berücksichtigung des Mutterthieres frei; und dasselbe wird nicht geopfert.

Zu diesen Vorzügen des Vogelembryo als Untersuchungsobjectes gesellt sich noch die Sicherheit in der Altersbestimmung. Das Hühnchen im Ei braucht 21 Tage zur Ausbildung, wenn seine Temperatur nicht unter 37° sinkt und nicht über 39° steigt und wenn das Ei vor dem Beginn der Incubation nicht zu lange aufgehoben worden ist, wodurch manchmal eine Abkürzung, manchmal eine Verlängerung der Brütezeit bedingt wird. Handelt es sich daher um genaue Bestimmung der normalen Bebrütungsdauer, so muss das frischgelegte Ei noch warm in den Brütofen gebracht werden. Tag und Stunde und Nummer sind sogleich auf die Schale selbst zu schreiben. Lässt man die Eier vor dem Einlegen in der Kälte liegen, so brauchen sie mehrere Stunden um nur die zur ersten Entwicklung, zur Keimblätter- und Embryobildung erforderliche Temperatur, die sie vorher hatten, wieder zu erreichen. Die Entwicklung wird also dann etwas verzögert. Bleiben dagegen die Eier vor dem Incubationsanfang bei gewöhnlicher Zimmerwärme längere Zeit liegen, dann verändern sie sich zum Theil schon in ähnlicher Weise wie in der Wärme des Brütofens, nur langsamer. Es dringt Luft ein zwischen die beiden Lamellen der Schalenhaut an dem einen Ende des Eies (meistens dem stumpfen) so dass die Luftkammer sich bildet; es findet eine Gewichtsabnahme durch Wasserverdunstung statt und es kann auch der Differenzirungsprocess schon beginnen. So kommt es, dass derartige Eier einen oder zwei Tage vor dem normalen Termin reife Hühnchen liefern können. Es ist beobachtet worden, dass drei Wochen alte Hühnereier zwei Tage früher als frische „auskamen.“ [148 Colasanti fand jedoch, dass Hühnereier, welche länger als drei Wochen „bei möglichst gleichmässiger Temperatur“ (in Rom) [24 aufbewahrt worden waren, nur selten sich normal entwickelten. Poselger und Dareste (1883) bemerkten dasselbe. Es ist aber zu beachten, dass die Bestimmung einer solchen Zeitgrenze für die Lebensdauer der Keimscheibe eine genaue Temperaturregulirung verlangt. Unbebrütete Eier verlieren Wasser und Kohlensäure und nehmen Sauerstoff auf, in der Kälte viel weniger, als in der Wärme. In der Kälte wird also voraussichtlich die Entwicklungsfähigkeit des Eies nicht so schnell wie in der Sommerwärme erlöschen.

Nur wenn es auf eine genaue Altersbestimmung der Embryonen nicht ankommt, dürfen diese Umstände unbeachtet bleiben.

Ob zum Ausbrüten der Vogeleier die Henne oder ein Brütofen benutzt wird, ist an sich völlig gleich. Der Brütapparat hat jedoch den Vortheil, dass er ohne alle Unterbrechung, zuverlässiger und ohne Nachtheil längere Zeit hindurch gleichmässig brütet, als die Henne. Am besten brütet bekanntlich unter den domesticirten Vögeln die Truthenne.

Welcher Brütapparat der zweckmässigste sei, darüber sind die Ansichten getheilt. Während ich mittelst des französischen Systems — Erwärmung der Eier von oben durch warme Luft — keine günstigen Resultate erzielte, wahrscheinlich weil die Eier oben schneller als unten erwärmt werden, wollen andere mit solchen (Wengerschen) Apparaten von 100 Eiern 92 zur Reife gebracht haben, was vermuthlich sehr selten vorkommt.

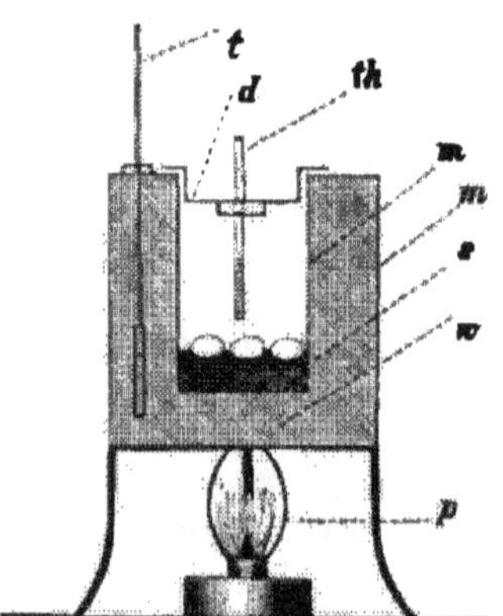

Ich bin dagegen mit einem von mir construirten einfachen doppelwandigen Zinkblechkasten sehr bequem zu den befriedigendsten Resultaten gekommen. Die Eier liegen auf Sand *s*, welcher durch das Wasser *w* unter und neben ihm zwischen den Metallwandungen *m*, *m* stets zwischen 37° und 39° warm ist. Die Luft hat nur von oben Zutritt. Die Erwärmung geschieht durch eine kleine, constant in derselben Grösse brennende Petroleumflamme *p*.

Durch ein Thermometer *t* wird die Wasserwärme, durch ein zweites *th* die Sandwärme controlirt. Der Sand wird an einer Stelle stets feucht gehalten (durch einen Schwamm), die Lüftung durch Abheben des Deckels, welcher nicht dicht schliesst, beim Einlegen und Herausnehmen der Eier vermittelt. Ausserdem müssen die Eier täglich einmal „gewendet" werden, was die Henne vermöge eines merkwürdigen Instincts bekanntlich mit dem Fusse bewerkstelligt. Ich habe zweimal Hühner mit asymmetrischem Skelet erhalten, wahrscheinlich weil die Eier nicht umgelegt wurden. Sie waren zwar stark und lebhaft, aber zeigten je älter sie wurden, um so deutlicher eine andere Gleichgewichtsstellung als gewöhnliche Hühner.

Nächst den Vogeleiern jeder Art sind die Eier von Reptilien, besonders von Schildkröten und Ringelnattern brauchbare Objecte, aber weniger leicht in genügender Anzahl zu beschaffen, als die Eier von Amphibien. Unter diesen nimmt der Froschlaich die erste Stelle ein.

Froscheier sind leicht zu züchten und die Embryonen der nackten Amphibien gehören trotz ihrer Kleinheit zu dem besten physiologischen Beobachtungsmaterial.

Fischembryonen, wo Anstalten zur künstlichen Fischzucht bestehen, leicht zu haben, sind gleichfalls zum Studium geeignet. Ich erhielt von der Fischzucht-Anstalt in Zwätzen bei Jena durch die Güte des Herrn Amtmann Gräfe namentlich Lachs-, Forellen- und Äschen-Eier und fand letztere wegen ihrer grösseren Pellucidität vorzüglich geeignet zum Studium der Bewegungen, Herzpulsationen usw. im unverletzten Ei.

Von Mollusken liefern die Schnecken unserer Wälder und Felder viele Eier, welche verwendbar sind.

Arthropoden bieten eine unübersehbare Mannigfaltigkeit embryonaler Formen dar.

Eine Fülle von Embryonen verschiedenster Art liefern endlich die pelagischen Thiere, welche durch Aquarien besonders am Meere der experimentalen Untersuchung leicht zugänglich gemacht werden.

Die meisten Embryonen der letztgenannten Gruppen sind jedoch wegen ihrer Kleinheit nur in beschränktem Maasse zur physiologischen Untersuchung geeignet. Schon der Hühnerembryo ist in den ersten Tagen, wenn gerade die wichtigsten Änderungen eintreten, wegen seiner geringen Grösse nicht leicht zu behandeln. Bei ihm genügt aber meistens zur Erkennung der ersten Bewegungen die Anwendung der Lupe. Die Beobachtung der Blutbewegung in den Froschembryonen, welche ihre durchsichtigen Eier noch nicht verlassen haben, verlangt dagegen schon das zusammengesetzte Mikroskop. Und wie misslich es ist, mit so kleinen Objecten Reizversuche anzustellen, bedarf keiner Erläuterung.

Ausser der Kleinheit ist die Zersetzbarkeit und Vergänglichkeit der Embryonen aus der ersten Entwicklungszeit störend. Ein Hühnerembryo von einigen Tagen stirbt in der Regel sowie man ihn aus dem Ei nimmt. Es ist daher nothwendig, um sein normales Verhalten kennen zu lernen, ihn im Ei selbst zu untersuchen. Vor allem muss dabei die Temperatur constant erhalten werden.

Bei Säugethierembryonen kann man zu dem Zweck die physiologische Kochsalzlösung (0,6 Gr. Chlornatrium in 100 Gr. destillirten Wassers) verwenden, welche constant auf 38° erhalten wird und in welcher man untersucht. Dann vertritt die Salzlösung das Fruchtwasser. Sind jedoch die Früchte schon reifer, so werden sie thunlichst schnell aus dem Uterus und Amnion herausgeschält, abgenabelt und in warmer Watte getrocknet. Sie athmen dann Luft und brauchen nur vor zu starker Abkühlung geschützt zu werden. Verfährt man aber bei der Excision nicht mit genügender Behutsamkeit und Geschwindigkeit, dann aspiriren sie leicht Fruchtwasser und können in der Luft nicht zum Luftathmen kommen, weil die Bronchien mit Flüssigkeit gefüllt sind.

Geöffnete bebrütete Hühnereier dürfen nicht in jener Kochsalzlösung warm gehalten werden, weil dadurch der Zutritt der atmosphärischen Luft verhindert würde und der Embryo ersticken müsste. Auch das von Einzelnen benutzte Verfahren, den Hühner-Embryo selbst in Wasser von etwa 40° zu beobachten, ist nicht zu empfehlen, selbst wenn man statt Wasser warme 0,6-procentige Kochsalzlösung anwendet, weil die Bedingungen gar zu verschieden von denen im Ei sind.

Eher lässt sich der ganze Ei-Inhalt in frühen Stadien in einer solchen warm gehaltenen Chlornatriumlösung von der Schale befreit untersuchen; die auffallende Arhythmie des Herzens, welche dann eintritt, beweist aber für sich allein schon, dass man die Entwicklungsbedingungen zu sehr verändert hat. Man verwendet daher zweckmässig warmen grobkörnigen Sand zur Erwärmung des Eies und führt ein sehr kleines Thermometer von Zeit zu Zeit in den Ei-Inhalt ein, um sich zu überzeugen, dass er nicht unter 37° und nicht über 39° hat. Sehr gut eignet sich folgende von mir verwendete Combination eines Sandbades mit einem Wasserbade zur physiologischen Untersuchung der Vogelembryonen im Ei:

a ist ein mit Wasser von etwa 50° gefüllter Kasten von Zinkblech, der einen mit Sand gefüllten Trog *b* enthält und nur wo dieser sich einfügt, eine Öffnung hat, ausserdem durch den Deckel *c* mitsammt der Öffnung des Troges *b* verdeckt werden kann, wenn die Beobachtung unterbrochen werden soll. In dem Sande in *b* liegt das offene Ei, welches dieselbe Temperatur wie der Sand hat. Dieses bleibt, weil der Trog in das Wasser taucht, stundenlang warm. Durch Erneuerung des warmen Wassers oder eine kleine Gasflamme an einer Ecke des Kastens kann die Temperatur leicht in die gewünschten Grenzen eingeschlossen, durch Auflegen kleiner Holzplatten auf den Rand als Handstützen das Präpariren des lebenden Embryo ohne Beeinträchtigung durch das warme Metall ausgeführt werden.

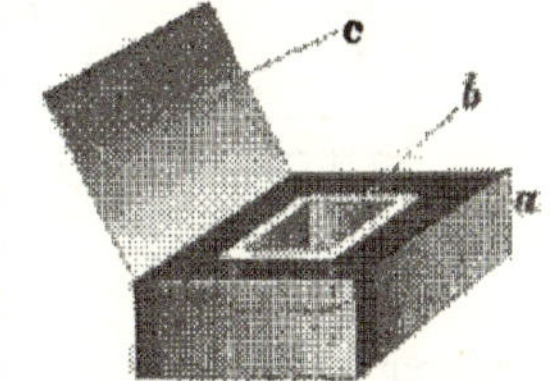

Um aber controliren zu können, ob das Verhalten des Hühnerembryo in diesem Eikasten normal ist oder nicht, ob z. B. schon der Zutritt der Luft ihm Bewegungen entlockt, die er sonst nicht ausführt, war es nöthig, den Embryo im uneröffneten Ei zu beobachten. Alle Bemühungen, die Eischale durchsichtig zu machen, sei es durch Auflösung der Kalksalze desselben mit Säuren, sei es durch Aufhellen der unmittelbar unter der Schale befindlichen Schalenhaut mittelst verschiedener Flüssigkeiten, scheitern an der Empfindlichkeit des Embryo gegen die durch solche Reagentien herbeigeführte, wenn auch nur partielle Verschliessung der Poren, durch welche die atmosphärische Luft eindringt. Die nicht seltenen schalenlosen Eier mancher Hühner lassen sich nach meinen Versuchen nicht ausbrüten. Sie gehen beim Erwärmen sehr schnell in Fäulniss über trotz antiseptischer Cautelen.

Glücklicherweise sind aber die unversehrten ungefärbten Vogeleier, insbesondere die Hühnereier, so pellucid, dass man bei Anwendung genügend starker Lichtquellen, auch ohne die Schale aufzuhellen, den Embryo mit seinen Extremitäten, seinem Kopf, dem Amnion, den Allantoisgefässen recht deutlich erkennen kann. Es dient dazu ein einfaches von mir construirtes Instrument, das Embryoskop, dessen Einrichtung die schematische Zeichnung veranschaulicht:

s ist ein kleiner in einem Winkel von 45° gegen *b* den Boden einer inwendig schwarzen cylindrischen Kammer von 5 Centimeter

Höhe und Durchmesser geneigter Spiegel. Oben ist diese Spiegelkammer offen; die Öffnung, aus einem Stück schwarzen Leders ausgeschnitten, wird lichtdicht von dem Ei *e* verdeckt. An der Seite *w*, gegenüber der spiegelnden Fläche, hat die Spiegelkammer

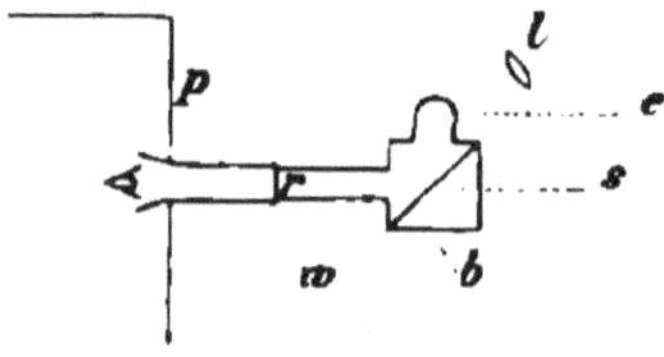

noch eine runde Öffnung von etwa 2 Centimeter Durchmesser, und in diese mündet das Sehrohr *r*, welchem durch Ausziehen die Länge der deutlichen Sehweite des Beobachters gegeben wird, und welches an seinem Ocularende einen grossen dunkeln Schirm *p* mit einem schwarzen Tuche trägt, damit fremdes, nicht durch das Ei gedrungenes, vom Spiegel durch *r* in das Auge des Beobachters reflectirtes Licht, abgeblendet werde. Es muss nämlich ausschliesslich das Ei selbst das Gesichtsfeld erleuchten. Um dasselbe möglichst ausgiebig zu durchlichten, ist das directe Sonnenlicht am besten geeignet, Magnesium- und Gaslicht oder eine Petroleumflamme nur im Nothfall zu verwenden. Elektrisches Licht stand mir nicht zur Verfügung, wäre aber für weitere Beobachtungen nothwendig, denn dieselben sind sonst stets von der Gunst der Witterung abhängig. Das Sonnenlicht kann durch eine Sammellinse *l* auf einzelnen Theilen der Eioberfläche concentrirt werden. Auch lässt sich hinter und über dem Ei ein Reflector anbringen, um die Belichtung zu steigern und die Strahlen vertical durchtreten zu lassen. Inwendig ist das Sehrohr wie die Spiegelkammer sorgfältig geschwärzt, so dass durchaus keine diffuse Reflexion stattfindet. [356

Mit diesem einfachen Instrument kann man die Entwicklung des Hühnerembryo von dem dritten Tage an Tag für Tag an ein und demselben Ei verfolgen und bis zum letzten an seinen Eigenbewegungen, sowie an der rothen Blutfarbe erkennen, ob er lebt oder abgestorben ist. Nur wird durch die zunehmende Verdichtung der embryonalen Gewebe und die Abnahme des Albumens das embryoskopische Gesichtsfeld vom elften und zwölften Tage an z. Th. dunkel, so dass dann nur noch wenige Einzelheiten erkannt werden können. Vom vierten bis zum zehnten Tage aber ist die Beobachtung, zumal nachdem das Auge vorher einige Minuten im Dunkeln ausgeruht hat, nicht schwer, falls man im mässig verdunkelten Raume operirt.

Man erkennt mit Leichtigkeit die Augen und an deren Bewegung die Bewegung des Kopfes. Ferner ist am sechsten Tage sogar der ganze Embryo im Umriss kenntlich, und viele oberflächliche Gefässe erscheinen mit ihren grösseren Verzweigungen wie ein rothes Netz in der Schale. Die Luftkammer stellt sich als eine, gegen das übrige besonders helle, kreisförmig scharf begrenzte Scheibe dar, deren Peripherie mit der Dauer der Bebrütung wächst, und am 21. Tage kurz vor dem Ausschlüpfen durch ihre Unebenheiten die Perforation des Septum zwischen Luft und Eiinhalt durch den Embryo bisweilen erkennen lässt. [103

Soll längere Zeit hindurch ein Ei ooskopisch beobachtet werden, dann muss noch eine das Abkühlen verhindernde Vorrichtung angebracht werden. Sie besteht aus einem kleinen durchbohrten mit warmem Wasser gefüllten Zinkblechkasten, der auf die obere Öffnung der Spiegelkammer aufgesetzt wird: *a* ist die untere kreis-

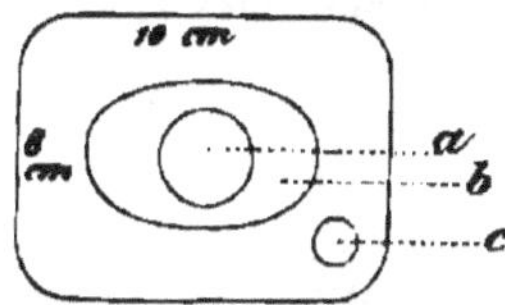

förmige Öffnung für den Durchtritt des Lichtes, *b* die centrale Lichtung für das Ei, *c* die Öffnung zum Eingiessen und Ausgiessen des Wassers. Diese Eiwärmer werden bei jedem Transport benutzt.

Da sich durch dieses Verfahren die grösste Übereinstimmung im Verhalten des Embryo vor und nach dem Öffnen des Eies herausgestellt hat, so wird man die an dem blosgelegten Embryo erhaltenen Resultate als vertrauenswürdig ansehen dürfen und ältere Versuche, im offenen Ei die Entwicklung eines und desselben Hühnchens zu verfolgen, wieder aufnehmen.

Solche Versuche stellte nämlich vor mehr als 120 Jahren ein französischer Forscher, Namens Béguelin an. Er entfernte die [06
Eischale am stumpfen Ende und wendete mit Vorsicht das Ei solange, ohne Zerreissung der Dotterhaut eintreten zu lassen, bis die Keimscheibe oder der junge Embryo im aufrecht gehaltenen Ei nach oben zu liegen kam. Dann deckte er das Ei mit einer halben Eischale eines andern Eies oben zu und stellte es vertical in einen von ihm selbst mit unsäglicher Mühe construirten Brütofen und hob, so oft er beobachten wollte, nur den Schalendeckel ab. Es gelang ihm in der That, die Embryonen mehrere Tage lang, einen sogar 15 Tage lang, lebend zu erhalten und dem Dauphin von Frankreich, dessen Lehrer er war, täglich den Fortschritt in der Entwicklung und die Bewegungen der Embryonen zu zeigen. Die Ursache ihres Zugrundegehens scheint

nur Schimmelbildung gewesen zu sein. Solche Versuche wären demnach mit Anwendung der gegenwärtig leicht applicirbaren antiseptischen Mittel namentlich Salicylsäure und Thymol zu wiederholen.

Wenn man behutsam den ganzen Inhalt eines frischen befruchteten Hühnereies ohne Schale in ein vorher durch Thymol desinficirtes Glasgefäss bringt, so kann man die Entwicklung bis zum Ende des zweiten Tages verfolgen und das Thymol scheint in der That die Fäulniss zu verhindern, denn noch viele Tage nachher ist an solchen im Brütofen gehaltenen Eiern kein Fäulnissgeruch wahrzunehmen. Ob aber das antiseptische Mittel selbst es war, welches zugleich die Entwicklung hemmte, bleibt dahingestellt. Wahrscheinlich ist es, dass der nur von oben ermöglichte Luftzutritt nicht ausreichte.

Man kann auch die Embryonen in gefensterten Eiern eine Zeitlang sich entwickeln lassen, wenn man die Öffnung in der Eischale mit einem dünnen Glase oder Glimmerplättchen bedeckt, welches mehrere □Centimeter gross sein darf, aber luftdicht schliessen muss. Da es sich jedoch nicht allein um Betrachtung der Embryonen handelt und trotz aller Vorsicht solche gefensterte Eier keine im Verhältniss zur Mühe ihrer Herstellung stehenden Resultate liefern, habe ich nach mehreren Versuchen von diesem Verfahren abgesehen. Zur Demonstration eignet es sich gut. Ich habe auch die Entwicklung normal vor sich gehen gesehen, nachdem ich einen Theil der Schale von der Luftkammer entfernt und die Lücke mit Papier zugeklebt hatte, was hier nur angeführt wird, um die alte und oft wiederholte Behauptung zu widerlegen, ausschliesslich intacte Eier könnten sich entwickeln.

Hat man nun auf die eine oder andere Weise sich lebende Embryonen verschafft und zur Beobachtung eingerichtet, so müssen dieselben mit Rücksicht auf möglichst viele Functionen des ausgebildeten Wesens geprüft werden. Die hierzu erforderlichen Hülfsmittel sollen bei der speciellen Darstellung der einzelnen in Betracht kommenden Erscheinungen angegeben werden.

Hier sei noch in morphologischer Hinsicht hervorgehoben, dass, so nothwendig ein gewissenhaftes Studium der morphologischen Entwicklungsgeschichte ist, man doch zu weit gehen würde, wenn man sie in allen ihren Theilen als unerlässliche Vorbedingung der physiologischen Embryologie bezeichnete. Denn diese beginnt erst mit dem Embryo selbst. Daher wird für's Erste sowohl die Entstehung des Eies, die Oogenesis, und die Reifung desselben vor der Befruchtung, als auch diese selbst, die Furchung, die Keimblätterbildung und die erste Phase der Embryogenesis von den folgenden Betrachtungen ausgeschlossen bleiben, obwohl gerade darüber von den Morphologen am meisten geschrieben worden ist.

Andererseits wird die Physiologie des Embryo sich mit dem Geborenen nicht mehr zu befassen haben. Sowie der Embryo das Ei verlassen hat oder geboren ist, heisst er nicht mehr Embryo oder Fötus. Er ist dann „ebengeboren" oder „eben ausgeschlüpft." Um diese Zeitgrenze scharf zu bestimmen und zugleich die Aufgabe einzuschränken, habe ich als Termin die erste Nahrungsaufnahme ausserhalb des Eies gesetzt. Hierdurch werden also die Änderungen des Blutkreislaufs unmittelbar nach der Geburt, der erste Athemzug, die ersten Excrete des Neugeborenen, seine ersten Temperaturen, seine ersten Bewegungen und sensorischen Lebensäusserungen noch als zur Physiologie des Fötus gehörig ausführlich dargestellt, die Ernährung des Säuglings aber nicht. Von den Thieren fällt das Junge, welches ausserhalb des Eies Nahrung zu sich genommen hat, nicht mehr in den Bereich der Untersuchung, gleichviel ob es das unentwickelte an der Zitze hängende Beutelthier sei, oder die Kaulquappe, oder das Hühnchen, oder die Raupe, oder irgend welche Larve. In dieser Weise wird der Gegenstand naturgemäss abgegrenzt.

Freilich kann es sich auch bei dieser Einschränkung nicht um ein abgeschlossenes Ganzes, sondern nur um einen ersten und deshalb unvollkommenen Versuch handeln.

Namentlich ist es trotz jahrelangen Sammelns mir nicht annähernd geglückt, alle in der physiologischen, gynäkologischen, anatomischen, zoologischen, embryologischen, landwirthschaftlichen wissenschaftlichen Litteratur zerstreuten Angaben über Lebenserscheinungen, d. h. physiologische Functionen des ungeborenen Menschen und Thieres zusammenzubringen. Doch können die an den Schluss dieses Buches gestellten Litteratur-Nachweise beanspruchen, zuverlässig zu sein. Die kleinen Ziffern am Rande des Textes beziehen sich auf jenes Verzeichniss.

Auf eine anfangs beabsichtigte Darstellung der allgemeinen Physiologie des Embryo, welche sämmtliche, allen Embryonen gemeinsame Lebenserscheinungen zu umspannen hätte, habe ich verzichten müssen, weil eine solche Wissenschaft über noch mehr

Einzelthatsachen verfügen muss, als bis jetzt vorliegen. Darum beschränke ich mich in diesem Werke auf die specielle Physiologie des Ungeborenen.

Ich beginne mit der Blutbewegung des Embryo. Daran schliesst sich die embryonale Athmung; an diese die embryonale Ernährung mit den Absonderungen und der Wärmebildung. Hierauf folgt die Elektricität, Motilität, Sensibilität des Embryo. Den Schluss bilden einige Angaben über das embryonale Wachsthum und übersichtliche Zusammenstellungen. Die psychischen Äusserungen und Anlagen des neugeborenen Menschen und dessen weitere psychische Entwicklung habe ich in einem besonderen Buche darzustellen versucht, welches „Die Seele des Kindes“ (Leipzig 1882) betitelt ist. Eine zweite Auflage desselben wird vorbereitet.

Beide Werke zusammen sind bestimmt, den Ursprung der Lebensvorgänge des Menschen durch den Nachweis ihrer Übereinstimmung mit thierischen Functionen aufzuhellen, die Anwendbarkeit physiologischer Methoden auf das werdende Leben zu zeigen und die grosse Fruchtbarkeit derartiger genetischer Untersuchungen für die Physiologie, Morphologie, Pathologie, Pädagogik, und Psychologie, kurz für die Wissenschaft vom Menschen, zu beweisen.

I.

DIE EMBRYONALE BLUTBEWEGUNG.

A. Die embryonale Herzthätigkeit.

Über die Pulsationen des Herzens bei Embryonen niederer Thiere liegen nur einzelne beiläufige Angaben vor.

Das bereits in eine Vorkammer und Kammer getheilte Herz des nicht mehr ganz jungen Planorbis-Embryo mit sternförmigen, reichverästelten Muskelfasern, deren Ausläufer mit einander in Verbindung stehen und ein Fasernetz bilden, sah Rabl anfangs nur langsam und gleichsam „schüchtern" probeweise mit zu langen unregelmässigen Pausen und ohne bestimmten Rhythmus sich bewegen. Später wurden die Pulsationen etwas regelmässiger und folgten schneller aufeinander. Die Anzahl fand er bei reifen Embryonen ungefähr 90 in der Minute, doch den Rhythmus nicht annähernd so gleichmässig wie bei höheren Thieren. Sehr häufig contrahirte sich die Kammer bei der Systole nicht vollständig, sondern blieb in einem Zustande halber Systole stehen, bei der Diastole sich auch nicht ganz erweiternd, so dass sie also einige Zeit zwischen vollständiger Systole und Diastole auf und ab schwankte.

Diesem embryonalen Herzen fehlt also ein Regulator und seine Muskelfasern contrahiren sich ungleichzeitig.

Das Herz des Forellen-Embryo sah ich am 44. Tage nach der Befruchtung der Eier durch die pellucide Dottermasse hindurch im unversehrten Ei schnell, ausgiebig und regelmässig schlagen, wenn ich mit einer starken Lupe das Ei im Wasser im Uhrglas bei guter Beleuchtung betrachtete. Die Frequenz stieg zu dieser Zeit im geheizten Zimmer ungefähr bis 120 in der Minute (80 in 40 Sec. gezählt). Die Gefässe waren schon einige Tage vorher lebhaft blutroth. Es ist daher wahrscheinlich, dass das Herz viel früher zu schlagen angefangen hat. Leider fehlt es aber an einem Mittel das geöffnete Ei unter solchen Bedingungen zu betrachten, dass die Herzthätigkeit nicht verändert wird, und im uneröffneten ist das Bild in dieser Zeit noch undeutlich. Ich beobachtete deshalb vorzugsweise eben ausgeschlüpfte Forellen, welche sich zum Theil noch nicht einmal von der Eihülle befreit hatten. Aber hier zeigen sich erhebliche Verschiedenheiten der Frequenz, welche auch bei derselben Temperatur bestehen bleiben. So kommen bei dem einen Forellen-Embryo 71 bis 72 Systolen auf die Minute, beim zweiten 96, beim dritten 50, beim vierten 55. Die Durchsichtigkeit des Objectes gestattet, die Füllung und Entleerung des Herzens anhaltend zu beobachten, und die ganze Blutcirculation in den Aortenbögen, wie in den Arterien und Venen, und namentlich in den Dottersackgefässen, bietet ein prachtvolles Bild dar. Sogar mit einer Lupe kann man die Bewegung des Blutes in den Gefässen, auch des Rumpfes, deutlich sehen und erkennen wie die rothen Blutkörper in den Arterien ruckweise vorgeschoben werden. Übrigens beginnt unmittelbar nach dem Ausschlüpfen die sehr schnelle rhythmische Bewegung der Kiemendeckel die Beobachtung der Herzthätigkeit sehr zu erschweren. Doch zählte ich am 69. Tage nach der Befruchtung im intacten Ei 57 Systolen in der Minute, im gesprengten 55, im eben ausgeschlüpften Thier mit intermittirend thätigen Kiemendeckeln 65. Im bereits stark pigmentirten Thier, dessen Dottersack merklich kleiner geworden ist, machte das Herz (am 88. Tage) 75 und mehr Schläge in der Minute.

Die Anzahl der Beobachtungen ist noch zu klein, um Schlüsse zu gestatten. Die Herzfrequenz scheint gegen Ende der Entwicklung im Ei geringer zu sein, als kurz nach dem Ausschlüpfen und auch geringer, als in der Mitte oder im zweiten Drittel der intraovären Entwicklungszeit. Doch kommen vorübergehende Frequenzänderungen ohne angebbaren Grund sehr oft vor.

Da bei meinen Zählungen die Temperatur des Wassers etwas geschwankt haben kann — sie war jedoch in allen Fällen sehr niedrig — so sind die beobachteten Frequenzänderungen der Herzthätigkeit im Ei vielleicht unvermeidlichen Temperatureinflüssen zum Theil zuzuschreiben.

Das schlagende Herz eines Reptilien-Embryo habe ich nur einmal bald nachdem das Ei gelegt worden, gesehen, und zwar in dem Ei der Ringelnatter am 8. Juli 1882. Der Embryo lag in dem Ei der weissen derben häutigen Schale an mit spiralig $3\frac{1}{2}$ mal gewundenem im Innern arteriellrothes Blut führendem

Schwanze. Sein Herz schlug bei der Temperatur der Luft, in der das Ei wenige Stunden, vielleicht nur eine Stunde zuvor, abgesetzt worden war, sehr regelmässig und kräftig 35 mal in der Minute. Die Augen des Embryo waren bereits pigmentirt. Das Salamander-Herz schlägt (nach Allen Thomson) im Ei am sechsten Tage noch seltener. [397

Am häufigsten wurde das Herz im bebrüteten Hühnerei untersucht. Dasselbe ist am zweiten Incubationstage sichtbar, und zwar in der Mehrzahl aller Fälle in der zweiten Hälfte des zweiten Tages.

Unter besonders günstigen Umständen scheint jedoch wenige Stunden nach dem ersten Tage schon das primitive Herz deutlich zu sein und dann sogleich das Pulsiren zu beginnen, wenn auch die meisten Beobachter erst nach der 36. Stunde das schlagende Herz wahrnahmen. Die Differenzen beruhen wahrscheinlich auf ungleicher Temperatur und Temperaturzunahme des Eies. Wenn ein noch warmes Ei, das eben erst den Körper des Huhnes verlassen hat, sofort bebrütet wird, dann erscheinen die ersten Spuren des Embryo einige Stunden früher, als wenn das Ei vorher abgekühlt wurde. [271

Hat dagegen das eben gelegte Ei mehrere Tage bei Zimmerwärme an der Luft gelegen, dann beginnt schon die Entwicklung ehe es bebrütet wird. Das Herz bildet sich dann vom Beginn der Incubation an gerechnet scheinbar etwas früher.

Wann aber das Herz, hiervon abgesehen, zum ersten Male sich zusammenzieht, ist schon darum ungemein schwierig zu bestimmen, weil man bei der Beobachtung nie sicher ist, durch den erforderlichen Eingriff die vielleicht schon vor sich gehende Herzaction unterbrochen zu haben. Es ist also wahrscheinlich, dass die erste Systole früher da war, als die meisten Beobachter sie sahen.

Die von Dr. Guido Sonnenkalb (1872) in meinem Laboratorium ausgeführten Versuche den Zeitpunkt der ersten Contraction genauer zu bestimmen sind wahrscheinlich an diesem Umstand gescheitert. Er konnte bei Eiern von der 26., 28., 29. Stunde keine Contraction wahrnehmen, aber auch bei anderen von der 44., 45. und 47. Stunde schlug das Herz nicht.

Ich selbst habe ebenfalls in entwickelten Eiern vor der 36. Stunde das Herz nicht schlagend gesehen.

Sehr nahe der äussersten Grenze sind jedenfalls Laborde und Laveran gekommen, welche bestimmt behaupten, von [31
der 26. Incubationsstunde an könne man das Herz sich [199

contrahiren sehen. Hiermit stimmt überein Carpenter's Angabe,
dass in der 27. Stunde das Herz sich zu gestalten beginnt, [35
freilich die andere nicht, dass eine Bewegung erst in der 38. bis
40. Stunde gesehen werde. [367

Harvey beobachtete das *punctum saliens*, die *στιγμὴ* [38
κινουμένη des Aristoteles gegen Ende des dritten Tages zu- [35
erst, mit der Lupe „den in der Systole dem Auge fast verschwin-
denden rothen" Fleck betrachtend.

Haller bemerkte die ersten Herzcontractionen in der [35
45. bis 51. Incubationsstunde, ebenso Baer gegen Ende des [37
zweiten Tages. Remak um die Mitte des zweiten Tages.

Dasselbe fanden Prevost und Dumas, welche nach 36 bis [109
39 Stunden die Blutbewegung im Herzschlauch wahrnahmen.

Schon Harvey wusste, dass die Entwicklung in dem einen Ei viel schneller als in dem andern fortschreitet. Differenzen um einen ganzen Tag sind aber lediglich der verbesserten Beobachtung zuzuschreiben. Je mehr diese sich vervollkommnet hat, um so früher ist die erste Herzsystole wahrgenommen worden. Daher ist es auffallend, dass auch gute Beobachter, wie Everard Home (1822), der das Herz nach 36 Stunden sah, von seinen Pulsationen
zu dieser Zeit nichts erwähnt. [274

Übrigens ist wichtiger als die Ermittlung der Zeitpunkte des
ersten Herzschlags die Thatsache, dass das Herz sich rhyth- [84
misch nicht eher contrahirt und expandirt, als bis der Herzcanal
geschlossen ist, eine farblose Flüssigkeit das künftige Blut in [124
Bewegung setzend.

Zuerst ist das primitive Herz bekanntlich ein gerader Canal mit den Anlagen der zwei Omphalomesenterialvenen am hinteren Ende und der zwei Aortenbögen am vorderen Ende.

Gegen Ende des zweiten Tages krümmt sich dieser Herzschlauch mit seinem mittleren Theil nach rechts und vorn und
biegt sich S-förmig. Nur eine leichte Einschnürung markirt den
Beginn des Kammertheils, welcher stark nach rechts und [30
vorn gewölbt ist und mit einem nach links oben gewendeten Theil,
dem Aortenbulbus, abschliesst. Letzterer ist wieder durch eine
verengte Stelle von der Kammer abgegrenzt und gibt vorn die
beiden primitiven Aorten ab. Somit ist ein Vorhofstheil, Kammertheil, Aortentheil geschieden.

In dieser Zeit — Ende des zweiten und Anfang des drittten Tages — pulsirt das Herz anfangs unregelmässig, langsam und selten, dann regelmässig, schneller und frequenter.

Die Bewegung des Blutes im Herzen des Hühnerembryo in dieser ersten Zeit gestaltet sich folgendermaassen:

Sogleich nach seinem Erscheinen presst das schlauchförmige Herz das in sein Hinterende aus den beiden Dottersackvenen eintretende Blut durch die beiden primitiven Aorten an seinem Vorderende. Das Blut tritt also zu dieser Zeit, am zweiten Tage, nur wenig verändert in den Gefässhof, aus dem es stammt, wieder ein. Der Herzcanal dient zur Erhaltung einer Strömung vom Gefässhof in die Embryo-Anlage.

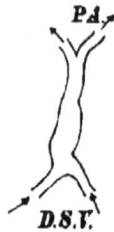

Am Schluss des zweiten Tages hat die S-förmige Herzkrümmung begonnen. Das Venenblut strömt durch den Vorkammertheil *VK* in den Kammertheil *K* und durch den Aortenbulbus *AB* in die primitiven Aorten. Das Blut, welches einströmt, kommt frisch aus dem Gefässhof und kehrt, nach seiner Ausnutzung im vorderen Theil des Embryo, dahin zurück. Nur sehr wenig wird es auch durch die Herzthätigkeit selbst verändert werden können. Im Gefässhof nimmt es neues Material auf und geht am dritten Tage meist schon in geschlossenen Gefässen durch die Omphalomesenterialvenen zurück in das Herz.

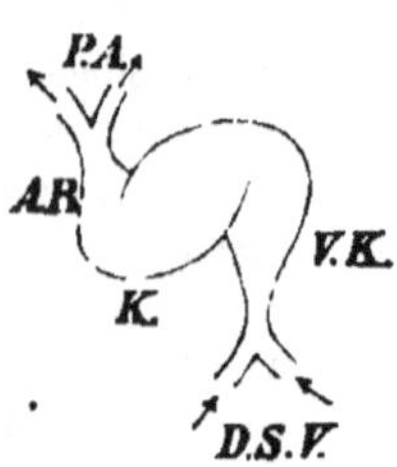

Am dritten Tage mündet in den verlängerten Venenabschnitt des Herzens der venöse Körpervenenblutstrom durch den paarigen Cuvierschen Ductus. *CD*, dessen Blut mit dem frischen des Omphalomesenterialvenenstammes *OMV* zusammen in den Vorkammertheil *VK* und dann den Kammertheil *K* und den Aortenbulbus geht. Von da strömt es in die Aortenbögen ein. Am 4. Tage tritt die untere Hohlvene *UHV* auf. Durch sie erhält der Venenabschnitt venöses Körperblut mit dem der Cuvierschen Ductus *CD* und dem frischen Area-Blut der Nabel- und Dottersack-Venen *NV* und *DSV*. Dieses gesammte Blut geht durch den Vorkammertheil in den Kammertheil und Aortenbulbus usw. wie oben. Nur hat der letztere ebenso wie der Vorkammertheil vom Ventrikel sich etwas abgeschnürt und in diesem

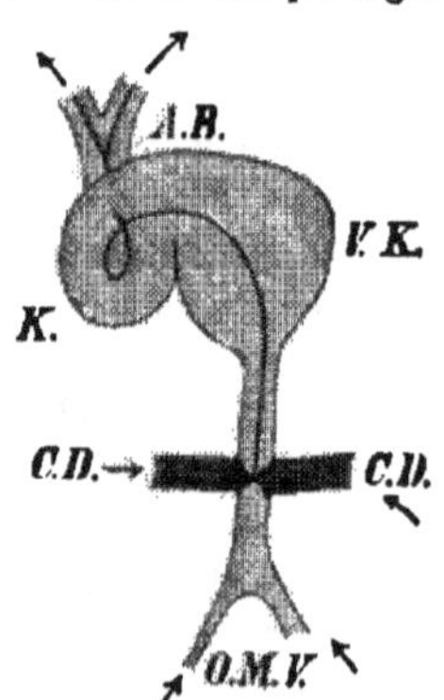

die Bildung der Scheidewand begonnen. Auch die Vorkammern beginnen sich zu trennen.

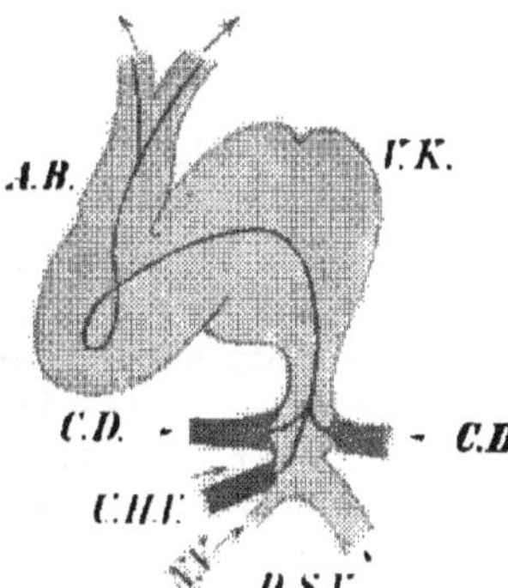

His (1868) meint, die Con- [124
tractionen hätten vom Anfang an dieselbe Regelmässigkeit der Reihenfolge wie später, und Unregelmässigkeiten träten durch Abkühlung ein, welche um so rascher erfolge, je kleiner der Embryo sei, während schon Baer und nach ihm Mehrere Anfangs die Pulsationen unregelmässig, später regelmässig fanden. Ich habe auch bei constanter Eitemperatur sogar am Anfang des dritten Tages die Regelmässigkeit nicht so ausgesprochen gefunden, wie später, und bin zu der Überzeugung gekommen, dass allerdings die ersten Herzcontractionen in den verschiedenen Eiern sehr ungleichzeitig und in den einen regelmässig und anhaltend rhythmisch, in den andern arhythmisch auftreten, abgesehen von Änderungen durch Temperatureinflüsse. In jedem Falle ist anfangs die Energie der Zusammenziehungen viel geringer als später. Die allerersten Contractionen des embryonalen Herzens können unmerklich schwach sein, und was man bisher als den ersten Herzschlag bezeichnete, wäre schon der tausendste oder wenigstens der hundertste und durch Summirung von Reizen entstanden. Dieses gilt für Fischeier nicht weniger. als für Vogeleier. Ich finde aber nirgends nähere Angaben über den Zeitraum zwischen der beendigten Herzbildung und der ersten merklichen Contraction. Auch Foster und Balfour sagen [116
nur, dass das Herz des Hühnchens *bald* nach seiner Entstehung zu schlagen beginnt, mit dem Venenende zuerst. Die Contraction setzt sich dann regelmässig zum arteriellen Ende hin fort.

Diese frühesten embryonischen Herzcontractionen haben darum ein ausserordentliches physiologisches Interesse, weil sie zu einer Zeit stattfinden und schon sehr energisch sind, in der *weder von Muskelfasern noch Nervenelementen die geringste Spur* auffindbar ist. Die beiden Lagen, aus denen die Herzwand sich zusammensetzt, das Endothelrohr (die innere Herzwand) und die Herzplatte (äussere Herzwand) bestehen ganz aus einfachen [30
Zellen. Diese Zellen müssen sich also alle oder fast alle vermöge-

ihrer eigenen Contractilität bei jeder Systole harmonisch zusammenziehen.

Wie kommen nun die ersten Contractionen des Embryoherzens zu Stande?

Schwerlich ist ihre Ursache dieselbe, wie die der Systolen des ausgebildeten Herzens. Denn wenn auch His für die früheste Zeit nicht allein Muskelzellen, sondern auch Ganglienzellen [124
im embryonischen Herzen annehmen möchte, so widersprechen ihm darin alle anderen Beobachter. Nicht als wenn das Herz anfangs, wie Eckhardt wollte, eine „ungegliederte Protoplasmamasse“ [136
wäre. Im Gegentheil, His erkannte, dass am schlagenden Herzen schon in den frühern Entwicklungsstadien Grenzlinien zwischen den Zellen existiren; damit ist aber nicht gesagt, dass die letzteren Muskelfasern seien.

Die nächste Bedingung, nicht Ursache, für die Zusammenziehungen des im Herzschlauch sich entwickelnden endocardialen Rohres ist höchstwahrscheinlich das in der Entwicklung begriffene Blut. Ein, sei es farbloses, sei es erst schwach gelblich gefärbtes Blutfluidum, eine Art Hämolymphe ist stets vor dem ersten Herzschlage vorhanden. Ob Blutkörperchen zur Zeit der ersten Systole vorhanden sind oder nicht, ist hierbei eine Frage von secundärer Bedeutung, Hauptsache die Präexistenz einer Flüssigkeit, welche in das Herz einströmt und sein Endothelrohr zur Contraction veranlasst. Schon Baer erkannte, dass die Aufnahme des Blutes [27
in das Herz das Primäre, die Ausstossung desselben das Secundäre sei, was ich namentlich bei ganz jungen und bei absterbenden oder abgekühlten embryonischen Herzen oft deutlich wahrnahm. Hier dauert das Stadium der Anfüllung viel länger, und erst wenn es einen höheren Grad als sonst erreicht hat, tritt eine Contraction mit Entleerung ein.

Diese Ansicht von der Nothwendigkeit eines blutartigen Fluidum für die Auslösung der ersten Contractionen ist von Dr. Robert Wernicke begründet worden gelegentlich einer in meinem [35
Laboratorium ausgeführten Untersuchung über das Herz des Hühnerembryo in den ersten Incubationstagen. Er schnitt nämlich die Blutzufuhr ab bei Herzen von drei und vier Tagen, indem er die Omphalomesenterialvenen durchschnitt oder mit einem glühenden Platindraht durchbrannte oder einfach durch Compression zerquetschte. Jedesmal wurde das rothe Herz sogleich blass, zog sich sofort viel seltener und nach höchstens einigen Minuten, bei geglückter Isolirung, garnicht mehr zusammen. Es kann nicht

bezweifelt werden, dass es sich weiter contrahiren würde, wenn
die Blutzufuhr sich wieder herstellen liesse. Da, wie ich fand und
auch Vulpian (1857) für die fünf bis sechs letzten Brüttage be- [29
merkte, die zuführenden Blutgefässe in vorgeschritteneren Stadien
durch Inductionswechselströme zu starken Contractionen — bei
meinen Versuchen oft bis zum völligen Schwinden der rothen
Farbe — gebracht werden können, so scheint ein einfaches Mittel
gegeben, die Blutzufuhr zum embryonalen Herzen zu unterbrechen
und wiederherzustellen. Alle Versuche aber dieser Art scheiterten
an der Kleinheit des Objects und daran, dass gerade in der ersten
Woche jene Contractilität nicht genügend ausgebildet ist. Das
höher entwickelte embryonale Herz pulsirt aber gerade wie das
geborener Thiere auch längere Zeit ohne Blut, wenn es nur warm,
und nicht zu warm gehalten wird. Man kann sogar, wie
Schenk richtig bemerkte, das Embryo-Herz des Hühnchens aus- [210
schneiden und zerstückeln, so dass alle Stücke, wenn sie nur warm
gehalten werden, minutenlang weiter pulsiren. Dass diese Contractionen, welche durch die dabei unvermeidlichen starken Reize verursacht sind, die Nothwendigkeit des Blutes für die anfängliche Thätigkeit des Herzens im Ei nicht ausschliessen, ist klar. Denn es handelt sich hierbei um künstliche Reizung, die im Ei fehlt und um ein Stadium des Überlebens von relativ kurzer Dauer.

Die Schwierigkeit, welche diese Erklärung noch zu überwinden
hat, bildet vielmehr das erste Einströmen der Hämolymphe, oder
wie man den ersten Ernährungssaft sonst nennen will, in das
Herz. Diese aber wird sich wahrscheinlich heben lassen, wenn
man die von Baer schon gesehenen Strömungen genau unter- [27
sucht, welche vor der ersten Systole im Ei existiren. Die erste
Embryo-Anlage liegt oben im Ei und wird durch die Schale [35
convex. Das Herz kommt ganz oben zu liegen, so dass, wenn beim Erwärmen Strömungen entstehen, diese sehr wohl zumeist auf das Herz gerichtet sein können. Der Saft in den Gefässen geräth dann in c o r d i p e t a l e r Richtung in Bewegung, d. h. zum Herzen hin, und wenn nur eine einzige Systole stattfand, wird er c o r d i f u g a l fortgeschafft, d. h. vom Herzen fort.

Hiernach findet also die erste Blutbewegung in den Gefässen statt, aber nicht durch deren Contraction, sondern passiv durch Erwärmung.

Ist einmal die Herzthätigkeit im Gang, so bleibt sie im Gang bis zum Tode, aber die F r e q u e n z ist im Embryo nicht zu allen Zeiten dieselbe. Schon für den Anfang gehen die Angaben weit auseinander. Remak zählte nur 40, Baer bis zu 150 Systolen in der Minute, Kölliker gibt für den Anfang 40 bis 60 an. Wahrscheinlich sind diese grossen Unterschiede durch Ungleichheiten der Temperatur bedingt.

Für die ersten Tage fand R. Wernicke unter normalen Verhältnissen und stets nur in der ersten Minute nach dem Öffnen des Eies zählend, und zwar während 30 Secunden, folgende Zahlen für eine Minute:

2. Hälfte des 2. Tages	90			gezählt an	1	Ei.
2. „ „ 3. „	90	bis	146	„ „	10	Eiern.
1. „ „ 4. „	96	„	172	„ „	21	„
2. „ „ 4. „	90	„	176	„ „	32	„
1. „ „ 5. „	112	„	180	„ „	8	„
2. „ „ 5. „	128	„	176	„ „	3	„

Ich benutzte öfters bei Reizversuchen die Herzschlagzahl, um die Constanz der Temperatur während mehrerer Minuten nach dem Öffnen des Eies zu controliren, da schon bei geringer Abkühlung die Frequenz abnimmt. Einige der als normal für die erste Minute nach dem Öffnen dem lebenden ganz frischen Embryo zukommenden Zahlen sind die folgenden, bei denen auf jede Ziffer ein Ei kommt und 100 Schläge gezählt wurden.

Tag.	Pulsationen in 1 Minute.									
4.	101.	120.	125.	130.	139.	—	—	—	—	—
5.	—	—	—	130.	—	—	—	—	—	—
6.	86.	128.	132.	133.	140.	150.	—	—	—	—
7.	—	120.	—	—	—	—	154.	162.	—	181.
8.	—	—	—	—	139.	150.	154.	—	—	—
9.	—	—	—	—	—	—	154.	162.	167.	—
11.	—	—	—	—	—	—	—	—	167.	—

Die für normale Embryonen geltenden Zahlen Wernickes stelle ich mit diesen in folgender Tabelle zusammen. Auch hier bezieht sich jede Ziffer auf ein anderes Ei und nur die erste Minute nach dem Öffnen bei sonst unveränderter Brutwärme.

Ich habe auch versucht mit dem Mikrophon den Herzschlag im uneröffneten Ei namentlich in den späteren Brüttagen zu zählen. Diese Bemühungen scheiterten jedoch sämmtlich (und ich habe auch bei ebengeborenen und künstlich befreiten Meerschweinchen mit dem Mikrophon keine zuverlässigen Zahlen erhalten).

Herzfrequenz des Hühnchens im Ei.

Tage	kleine: unter 120			mittlere: 120 bis 150					grosse: über 150			
2.	90	—	—	—	—	—	—	—	—	—	—	
3.	90	108	112	120	130	146	—	—	—	—	—	
	—	—	114	122	130	—	—		—	—	—	
	—	—	—	—	136	—	—	—	—	—	—	
4.	90	101	110	120	130	134	140	150	152	160	172	
	96	—	112	120	130	134	140	150	156	160	172	
	—	—	118	120	132	136	140	—	156	162	172	
	—	—	—	125	132	136	144	—	156	162	172	
	—	—	—	126	132	136	148	—	158	164	176	
	—	—	—	—	132	136	148	—	—	166	176	
	—	—	—	—	132	136	—	—	—	166	—	
	—	—	—	—	132	139	—	—	—	168	—	
	—	—	—	—	134	—	—	—	—	168	—	
	—	—	—	—	134	—	—	—	—	168	—	
5.	—	—	112	128	130		142	—	—	164	176	180
	—	—	—	128	—		144	—	—	166	—	—
	—	—	—	—	—		144		—	168	—	—
6.	86	—	—	128	132		140	150	—	—	—	—
	—	—	—	—	133		—	—	—	—	—	—
7.	—	—	—	120	—		—		154	162	—	181
8.	—	—	—	—	139		—	150	154	—	—	—
9.	—	—	—	—	—		—	—	154	162	—	—
	—	—	—	—	—		—	—	—	167	—	—
11.	—	—	—	—	—		—	—	—	167	—	—

Obwohl die Zahl der in der Tabelle zusammengestellten guten Beobachtungen nicht ausreicht über die Veränderungen der Pulsfrequenz während der ersten Hälfte der Bebrütung mit Sicherheit Aufschluss zu geben, folgt daraus doch mit grosser Wahrscheinlichkeit, dass die Herzfrequenz bis zum fünften Tage zunimmt, und dann sich nicht vermindert.

Ferner sind die Werthe der Minima und Maxima so selten, (86 und 181), dass man höhere wie geringere nach künstlichen Eingriffen constant herbeigeführte Pulszahlen diesen Eingriffen wird zuschreiben dürfen.

Solche künstliche Eingriffe haben wir — R. Wernicke und ich — in mannigfaltiger Art einwirken lassen. Die Hauptresultate fasse ich hier zusammen. Sie beziehen sich sämmtlich auf Eier von mehr als 46 und weniger als 170 Incubationsstunden, meistens auf solche vom vierten Tage. Die Methoden sind bereits 1876 [35 veröffentlicht worden.

1) Gegen jede Temperaturänderung zeigt sich, wie [36 schon Harvey sah, das embryonische Herz höchst empfindlich, indem seine Frequenz abnimmt bei der geringsten Abkühlung, zunimmt bei der geringsten Erwärmung. Ändert man die Temperatur des Eies vor dem Aufbrechen, so ist dieser Effect derselbe, wie bei thermischer Beeinflussung nach der Öffnung.

Beim Erkalten unter 10° C. tritt jedoch völliger Stillstand in der Diastole ein, wenn das Ei offen war, während im unversehrten Ei die Abkühlung länger fortgesetzt werden kann, ohne dass die Contractilität erlischt.

Selbst nach völligem durch Abkühlung herbeigeführtem Herzstillstand kann aber, wie Ernst Heinrich Weber beobachtete und ich bestätigt finde, die Herzthätigkeit auf's Neue wieder [309 beginnen und zwar energischer und frequenter bei etwas höherer Temperatur, als bei der gewöhnlichen. Nach oben erlischt zwischen 49,5° und 50° das Contractionsvermögen völlig und zwar bei allmählicher Erwärmung von 38,6 an in etwa einer Stunde, wenn das Ei in lufthaltiger physiologischer Kochsalzlösung geöffnet wird und darin bleibt. Jede plötzliche Erwärmung bis gegen 43° hat sogleich eine vorübergehende Frequenzzunahme bis zur Unzählbarkeit zur Folge oder verhindert in dem absterbenden Embryo die rapide Frequenzabnahme vorübergehend. Ein Wärmetetanus wurde nicht beobachtet, wenn das Herz im Embryo und Ei der Luft exponirt blieb.

Dagegen hat Schenk das ausgeschnittene Herz des [219 Hühner-Embryo von drei Tagen bei 41° zwar stillstehend gesehen, es aber durch Abkühlen bis 32° wieder zum Pulsiren gebracht. War es auf 45° erwärmt worden, dann konnte es nicht mehr durch Abkühlen zum Pulsiren veranlasst werden. Es war also totale Wärmestarre eingetreten. War es bis 8° abgekühlt, dann traten beim Erwärmen auf 34° einige Contractionen ein. Das ausgeschnittene Herz verhält sich eben, wie alle aus ihrer natürlichen Umgebung gerissene Organe, anders als das in seiner natürlichen Lage betrachtete, wegen der vielen Eingriffe.

2) Gegen elektrische Einflüsse verhält sich das embryonale Herz des Hühnchens schon in den frühen Stadien, nachdem es eben angefangen hat, zu pulsiren, und an den folgenden Tagen

sehr eigenthümlich. Bei Reizung mittelst mässig starker Inductions-Wechselströme tritt nämlich eine Frequenzsteigerung ein, welche unter erheblicher Verkürzung der Diastole-Dauer bei stärkeren Strömen schliesslich in einen während der Reizungsdauer anhaltenden systolischen Stillstand oder Herztetanus sich verwandelt. Derselbe beginnt jedoch nicht unmittelbar nach dem Beginn der Reizung und löst sich erst einige Secunden nach der Reizunterbrechung. Von keiner Stelle des Embryo aus kann die Frequenzsteigerung hervorgerufen werden, wenn nicht die die Nadel-Elektroden verbindende gerade Linie durch das Herz geht. Nach der Reizung kann das Herz normal weiter schlagen, wenn es durch Elektrolyse nicht gelitten hat.

Dagegen beeinflussen schwache und starke constante galvanische Ströme die Frequenz in den ersten Tagen durchaus nicht, auch einzelne Schläge nicht.

Das Herz eben excidirter Meerschweinchen-Embryonen, welche zwar noch lange nicht reif, aber mit Zähnen und Haaren versehen sind, scheint sich dem constanten Strom gegenüber anders zu verhalten. Ich sah wenigstens in zwei Fällen bei Anwendung eines gewöhnlichen Grenetschen Elementes jedesmal nach Schliessung des Stromes eine deutliche Zunahme der Herzfrequenz, so lange das Herz nicht abgekühlt war. Gegen Inductionswechselströme verhalten sich aber diese fötalen Herzen wie die junger Hühner-Embryonen, indem ein völliger Herztetanus bei genügender Reizstärke eintritt. Ist die Stromstärke gering, dann ist auch hier eine Zunahme der Frequenz, die in ein Oscilliren übergeht, wenn jene wächst, zu constatiren, wie ich (im Februar 1883) bei sechs Embryonen (von zwei Thieren) wahrnahm.

3) Gegen Berührungen mit einem Stiftchen erweist sich das Embryo-Herz, wie schon Harvey wahrnahm, empfindlich, sofern eine kurz dauernde Berührung eine vorübergehende Frequenzsteigerung zur Folge hat. Lässt man aber das Stäbchen länger mit dem Herzen in Contact, dann hört die Berührung auf als Reiz zu wirken und es tritt bald eine Abnahme der Schlagzahl ein. Andererseits kann man, wenn beim Abkühlen die Herzthätigkeit aussetzt, oft noch durch blosses Berühren Contractionen hervorrufen. Wie durch Zählungen in meinem Laboratorium von Dr. G. Sonnenkalb leicht festgestellt wurde, beträgt die Frequenzsteigerung nach einer Berührung mit einem Elfenbeinstäbchen nicht mehr als zehn Schläge (auf 60 Secunden berechnet) und geht jedesmal rasch vorüber.

4) Wasserentziehung durch Verdunstung des Eiwassers hat regelmässig eine Frequenzabnahme zur Folge. Wenn hingegen destillirtes Wasser von der Eitemperatur in das Ei gebracht wird scheint weder Zu- noch Abnahme der Frequenz einzutreten. Immer verzögert Wasserzusatz die Abnahme, welche die Austrocknung bedingt, erheblich.

Ist das zugesetzte Wasser kälter als das Ei, so tritt eine plötzliche Verlangsamung der Herzthätigkeit ein, und die Rückkehr zur Norm erfolgt allmählich. Bisweilen wurde jedoch gleich nach dem Zusetzen eine geringe Frequenzsteigerung bemerkt, ohne Zweifel eine Folge der mechanischen Reizung; denn es folgte regelmässig eine schnelle Abnahme.

Ist das zugesetzte Wasser wärmer als das Ei, so steigt plötzlich die Herzfrequenz, um dann langsam wieder abzunehmen.

Somit hat ein Zusatz von wenig kaltem und warmem Wasser denselben Effect wie schnelle Abkühlung und Erwärmung.

Und da selbst ein beträchtlicher Wasserzusatz von der Wärme des Eies zum Ei-Inhalt die Frequenz nicht alterirt, so werden Frequenzänderungen nach dem Zusetzen wässeriger Lösungen verschiedener chemischer Verbindungen nur diesen zugeschrieben werden dürfen: ein für chemische Reizungsversuche günstiger Umstand.

5) Die chemische Reizung ergab, dass Kaliumnitrat ein intensives Gift auch für das embryonische Herz ist, indem es schon in sehr kleinen Mengen in Wasser gelöst das Herz lähmt, während Natriumnitrat und Ammoniumnitrat sich indifferent verhalten.

Hierdurch ist eine sehr wichtige Verschiedenheit des Verhaltens contractiler Fasern, welche noch nicht Muskelfasern sind, gegen Natrium- und Kaliumsalze zum ersten Male bewiesen [34 (1876). Chlornatrium, in Substanz auf das Herz gebracht, bewirkt aber eine rapide Abnahme der Frequenz (1872 von G. Sonnenkalb in meinem Laboratorium beobachtet).

Äthylalkohol bewirkt schon in kleinen Mengen eine enorme Zunahme der Herzfrequenz (bis 240 in der Minute), in grossen sofort Stillstand in der Diastole. Äthyläther wirkt viel weniger energisch, während Chloralhydrat und Aldehyd starke Herzgifte sind. Beide lähmen.

Von Alkaloiden erwiesen sich Atropin, besonders aber Nicotin, dadurch als starke Herzgifte, dass sie, ähnlich wie Ammoniakwasser, das Herz des Embryo schnell lähmen. In noch höherem Grade kommt diese Wirkung dem Chinin zu, während Curarin in gleicher Menge keinen Einfluss auf die Herzfrequenz ausübt.

Wie geringe Mengen der Herzgifte ausreichen, den Stillstand herbeizuführen, zeigt folgende Zusammenstellung. Herzstillstand tritt ein nach Zusatz von

0,005	Grm.	Kaliumnitrat	in	12	Minuten
0,005	„	Chloralhydrat	„	1	„
0,002	„	Aldehyd	„	6	„
0,001	„	Atropinsulphat	„	$1\frac{1}{2}$	„
0,001	„	Nicotin	„	2	„
0,0004	„	Chininchlorhydrat	„	5	„

wobei zu bedenken ist, dass die zur Wirkung kommenden Giftmengen in Wahrheit sehr viel kleiner, als die zugesetzten Mengen sein müssen, weil diese sich mit dem ganzen Ei-Inhalt vermischten.

Die chemische Reizschwelle des sehr jungen noch nicht vollständig musculösen Embryo-Herzens ist demnach bei weitem kleiner, als die irgend eines differenzirten contractilen Gewebes.

Auch Säuren wirken, wie Schenk fand, in äusserst ver- [210 dünntem Zustande schnell tödtlich auf das Herz des dreitägigen Hühnerembryo. Nur in 2-procentiger Borsäure sah er die Contractionen, wie in 1-procentiger Chlornatriumlösung sich erhalten, desgleichen in Jodserum mit geringem Jodgehalt. In destillirtem Wasser dagegen schlug das ausgeschnittene Herz weniger anhaltend und Ammoniakdämpfe in das seit drei Tagen bebrütete Ei geleitet bewirkten sofort Stillstand des Herzens.

6) Während des Absterbens nimmt zwar im Allgemeinen die Herzfrequenz des Embryo ab, geschieht aber das Absterben langsam, dann pflegt regelmässig eine kurzdauernde prämortale Steigerung der Frequenz einzutreten, welche an die vorübergehende Erregbarkeitszunahme absterbender Nerven beim geborenen Thiere erinnert.

Auch wenn das offene dann mit Glas bedeckte Ei vor Abkühlung und Verdunstung gehörig geschützt wird, tritt dennoch regelmässig der Herztod ein, nur viel später, als ohne solche Vorsichtsmaassregeln. Es ist jedoch, nachdem es gelang, in einem 766 offenen Ei 15 Tage lang im Brütofen den Embryo sich entwickeln zu sehen, kaum zu bezweifeln, dass bei noch weiter getriebenen Schutzmaassregeln, zumal antiseptischen, das Herz im offenen Ei noch länger schlagen werde.

In dem unter physiologischer Kochsalzlösung von 38° bis 39° gehaltenen Embryo tritt eine auffallende Unregelmässigkeit der Herzthätigkeit ein, eine Arhythmie mit enormen Frequenzschwankungen (z. B. von 164 auf 104, dann auf 144 innerhalb 3 Minuten).

Beobachtet man während des Absterbens das Herz genauer, dann sieht man in der Regel, gleichviel welche Reizung vorherging, dass, je grössere Pausen zwischen zwei Systolen eintreten, um so länger die einzelne Contraction andauert und die Entleerung um so ausgiebiger wird. Die Zeitunterschiede sind leicht mit dem Metronom zu constatiren.

Diese Ergebnisse der ersten sorgfältigen experimentellen Untersuchungen des embryonalen Vogelherzens verdienen in jeder Beziehung geprüft, weiter verfolgt, und auf andere Embryo-Herzen ausgedehnt zu werden. Vergleicht man dieselben mit den Resultaten, zu welchen J. Dogiel kam bei seiner Untersuchung (140) des Herzens der Larve von *Corethra plumicornis*, so findet man einige Übereinstimmungen von Interesse.

Bei beiden bewirkt eine

Frequenzzunahme	Frequenzabnahme
Mechanischer Reiz,	Abkühlung,
Erwärmung,	Kaliumnitrat,
Intermittirender elektrischer Reiz (bei beiden bis zum Tetanus),	Chloralhydrat,
Äthyläther.	Atropin.

Die Mückenlarve ist kein Embryo und ihr langgestrecktes, durchsichtiges Herz mit seinen Muskelfasern, Klappen und gangliösen Gebilden viel weiter differenzirt, als das des 3- und 4-tägigen Hühnerembryo, aber jene Übereinstimmungen fordern zu weiteren vergleichenden Experimenten auf, um über die Beschaffenheit der contractilen Substanz Aufschluss zu erhalten. Nach meinen Beobachtungen (1880) ist die Contractionsweise des Corethra-Herzens, das sich streckenweise an allen Punkten zugleich bis fast zum Verschwinden des Lumens contrahirt, eine andere, als die des primitiven Herzschlauchs des Vogelembryo, indem letzteres vielmehr sich peristaltisch bewegt. Der Vergleich der Herzcontractionen mit peristaltischen Bewegungen ist gerade bei der durchsichtigen Corethra-Larve besonders leicht, weil man da unmittelbar neben dem Herzen die sich peristaltisch contrahirende und expandirende Darmröhre vor sich hat. Man sieht an dieser zuerst an einem Punkt die circuläre Verengung beginnen dann an einem folgenden vor sich gehen usw., während die erst verengte Stelle inzwischen wieder sich zu erweitern beginnt. Das Herz dagegen zeigt für das Auge am Ocular an vielen Stellen zugleich die Contraction, womit nicht geleugnet wird, dass auch regelrechte Peristaltik, wie ich sie z. B. am Vorderherzen wahrnahm, gleichfalls zur Blutbewegung mitwirkt.

Übrigens ist der verschiedene Contractionsmodus des Corethra-Herzens jedenfalls wesentlich durch die es in Thätigkeit setzenden Nervenzellen mitbedingt, abgesehen davon, dass die Herzwand nach Dogiel quergestreifte Muskelfasern enthält. Die bei der Corethra von mir sehr deutlich gesehene secundäre Systole, welche nach einer kurzen *systolischen* Pause oft auf die primäre Systole folgt, so dass das verengte Herzschlauchlumen nun fast verschwindet, fehlt dem Embryo-Herzen völlig. Diese merkwürdige Thatsache scheint Dogiel entgangen zu sein.

Beim *Säugethier-Embryo* ist nach Hensen und [30, 219 Kölliker die erste Herzanlage wie beim Hühnchen zweifach, indem beim *Kaninchen* zwei völlig getrennte Herzhälften allmählich aneinander rücken und verschmelzen. Nach 9 Tagen ist nach Kölliker jede Herzhälfte stark gekrümmt und mit einer convexen Seite der anderen zugewendet, und jede zeigt dann schon die drei Abschnitte des späteren verschmolzenen Herzens, den Aortenbulbus, die Kammer und das Venenende. Am 10. Tage sind die beiden Hälften zum Gesammtherzen vereinigt, welches dann wie beim Vogelembryo die S-Form annimmt. Zu dieser Zeit ist die Kopfkrümmung gut ausgeprägt, die Herzthätigkeit schon im Gang. Denn im Kaninchenei sah Bischoff 9 Tage nach der Befruchtung das [36 Herz sich contrahiren und zwar 2 Stunden nach dem Ausschneiden des Eies aus dem Uterus. Vor dem Ablauf des 8. Tages war von dem Herzcanal keine Spur vorhanden, am 10. der erste Kreislauf gebildet.

Es ist wahrscheinlich, dass die erste Systole nicht vor der vollständigen Verschmelzung eintritt, aber bald nach derselben. Jedenfalls wird die Herzmusculatur beim Kaninchenembryo erst am 9. Tage erkannt, unmittelbar nach der Verschmel- [30, 304 zung der Hälften. Am 10. und 11. ist auch der primitive Aortenstamm bis zu seiner Theilung mit einer gegen den 14. Tag wieder schwindenden Muskelschicht versehen. Genau ist übrigens der Zeitpunkt noch nicht bestimmt, denn Kölliker bildet einen

Embryo von 9 Tagen und 3 Stunden mit getrennten, einen anderen von 9 Tagen 2 Stunden mit vereinigten Herzhälften ab. Am 11. Tage hat das einkammerige primitive noch einfache Herz schon gut ausgebildete arterielle und venöse Klappen. [30, 901

Die am 9. Tage deutlich werdenden Muskelzellen zeigen am 10. die Querstreifung ihrer Fäserchen. [30, 912

Beim Hirschembryo sah Harvey (1633) am 18. spä- [26
testens 20. November das Herz zuerst schlagen: nur durch schräg auffallendes directes Sonnenlicht konnte jedoch von ihm das Oscilliren des kleinen rothen Schlauchs wahrnehmbar gemacht werden. Wie beim Hühnchen pulsirte das ausgeschnittene Embryoherz noch lange weiter. Ende December war der Herzschlag sehr kräftig, was ich besonders bemerke, weil vor Harvey die Ansicht herrschte, das embryonale Herz der Säugethiere fange erst mit der Geburt an zu schlagen, obgleich schon Galen den Nabelschnurpuls kannte. Sogar der Entdecker des Lungenkreislaufs Michael Servet (Villanovanus) hielt das embryonale Herz für unbewegt. Allerdings findet man in ausgeschnittenen Embryonen der Säugethiere, wenn sie abgekühlt sind, meist das Herz nicht mehr in Bewegung. Wie leicht es aber durch Erwärmung wieder zum Schlagen gebracht werden kann, zeigen Versuche, welche ich an Meerschweinchenembryonen wiederholt angestellt habe, und aus denen sich ergibt, dass die durch Abkühlung bis gegen 10° erloschene Herzthätigkeit durch schnelles wie durch langsames Erwärmen, wie beim Hühnerembryo, wieder in Gang gebracht werden kann, falls der Stillstand nicht zu lange dauerte.

Am 23. Dec. 1879 schnitt ich einer trächtigen *Cavia cobaya* 3 Embryonen aus, welche zusammen 66 gr wogen, noch nackt und zahnlos waren und anfangs eine starke und frequente Herzthätigkeit erkennen liessen. Ich führte in jeden Thorax eine sehr dünne Insectennadel ein, welche die Herzschläge sichtbar machte, und liess die Thiere an der Luft bis 10° C abkühlen, nachdem ich die 3 Nabelstränge durchschnitten hatte. Aus keinem trat Blut hervor. Nach 35 Min. war kein Herzschlag während 5 Min. zu erkennen. Nun wurden die 3 Embryonen mit den 3 Herznadeln in Wasser von 10° gebracht und dieses Wasser erwärmt. Nach 4 Minuten, bei 25° C. Wasserwärme, begann die Nadel bei zweien wieder zu pulsiren, zuerst langsam, unregelmässig und schwach, dann ganz regelmässig und stark, 82 mal in der Minute bei 38°, zwölf Minuten nach dem Beginn des Erwärmens. Auch der dritte Embryo zeigte bald nach den zwei anderen die regelmässige Herzthätigkeit wieder. Sowie aber das Wasser abgekühlt wurde, sank die Frequenz, um beim Erwärmen derselben wieder zu steigen. Periphere Reize wie das Einführen der Thermometerkugel in die Mundhöhle schienen die Frequenz nicht zu beeinflussen. Gleich nachdem die Herzschläge wieder begonnen hatten, begann aus den drei Nabelsträngen reichlich Blut auszuströmen. Offenbar pumpte nun das Herz das Blut aus, so dass nach einer Stunde der Tod eintrat. Übrigens gerann das Blut sehr langsam und unvollständig.

Am 24. Dec. 1879 excidirte ich einer *Cavia* 3 Embryonen, welche zusammen 99 gr. wogen, I um $2^h 25^m$, II um $2^h 40^m$, III um $2^h 43^m$, und brachte alle 3 nach Unterbindung der Nabelschnüre und Einführen einer sehr feinen Insectennadel in jeden Thorax um $2^h 45^m$ in eine Schale unter Wasser von der Blutwärme. Die drei Herzen schlugen $2^h 52^m$ kräftig, als das Wasser schon auf 32° sich abgekühlt hatte. Ich liess es nun unbewegt sich weiter abkühlen, erwärmte es dann wieder und beobachtete die Excursionen der Nadelköpfe:

$3^h 3^m$ Wasser 25,75° die 3 Herzen schlagen noch.
6^m Wasser 24° ebenso.
20^m Wasser 20,4 nur äusserst schwache und seltene Herzschläge.
27^m Wasser 18,9
29^m Wasser 18,6
31^m Wasser 18,2
36^m Wasser 17,3
38^m Wasser 16,7
42^m Wasser 16,1
} Die Bewegungen der Herznadeln werden immer seltener und sind schwer wahrzunehmen.
44^m Alle 3 Herzen minutenlang still.
45^m Erwärmung begonnen bei der Wassertemp. 14,5°.
46^m Wasser 16,75°. Bei II und III schlägt das Herz langsam. Bei 22,5° fängt auch I an schwach zu schlagen, die anderen frequenter und kräftiger.
57^m Wasser 31° bei II in 1 Min. 24 Systolen.

Diese beiden Versuche zeigen, wie leicht durch Abkühlung das embryonale Säugethierherz zum Stillstand gebracht und wie leicht es durch Erwärmung wieder in Thätigkeit gesetzt werden kann, ohne dass irgend welche Respiration stattfindet.

Ausserdem habe ich aber bei nahezu reifen durch Asphyxie des Mutterthieres vor der Geburt gleichfalls asphyktisch gemachten Meerschweinchenembryonen, welche 10 Minuten nachher aus dem todten Thiere excidirt wurden, ohne dass sie einen Athemzug machten, doch das Herz nach Öffnung des Thorax an der Luft ohne Erwärmung kräftig und anhaltend schlagen gesehen.

Auch Bischoff sah das Meerschweinchenherz in einem (79)
16 Tage alten, 3,5 Millim. langen und in einem 17 Tage alten Embryo schlagen, ersteres 24, letzteres 48 Stunden nach dem Herausschneiden der Eier aus der Mutter. Hier hatten die zelligen Bestandtheile, welche den Herzcanal bildeten, kaum angefangen, sich zu Fasern auszuziehen.

Die Herzen älterer Meerschweinchenembryonen habe (120)
ich selbst dann noch lange schlagen sehen, wenn das Blut, welches

sie enthielten, keine Spur von Sauerstoffhämoglobin mehr enthielt. Dagegen sind diese für Temperaturdifferenzen höchst empfindlich.

In einem Ei aus dem Uterus einer **Hündin**, welche 14 Tage vor dem Herausschneiden sich zum letzten Male hatte belegen lassen, sah Bischoff den Herzcanal sich in langen Pausen [41
rhythmisch contrahiren und zwar $4\frac{1}{2}$ Stunden nach dem Herausnehmen, obgleich der gegen 2 Linien lange Embryo in kalter Flüssigkeit lag. Diese ausdauernde contractile Thätigkeit war ihm um so staunenerregender, als der Herzcanal fast noch aus primären Zellen bestand, die kaum sich in Fasern auszudehnen anfingen. Durch die Contractionen sah er auch die noch farblosen Blutzellen innerhalb des Embryo bewegt werden.

Aus diesen Beobachtungen folgt, dass gerade wie beim Hühnchen das embryonische Herz der Säugethiere eine ausserordentliche Lebenszähigkeit besitzt und zu einer Zeit, in der Muskelfasern sich noch nicht differenzirt haben, bereits energisch sich contrahirt und zwar rhythmisch. Man wird also für den **Menschenembryo** dasselbe voraussetzen dürfen. Bei ihm erkannte Allen Thomson zu Ende der 2. Woche das Herz; der Embryo [30, 308
war über 2 Millim. lang. Die Schätzung auf 15 Tage ist, wie Kölliker mit Recht bemerkt, zu hoch. Das eine Ei von Allen Thomson war muthmaasslich 14, das andere etwa 8 Tage alt (His). In beiden war die Herzanlage sichtbar. Desgleichen in dem Ei SR von His von 2,2 Millim. Embryolänge und etwa 14 Tagen. Hier aber war das Herz noch ungeschlossen, eine doppelseitige Halbrinne; es schlug also noch nicht.

In dem Costeschen Menschenei aus der Mitte der 3. Woche war das Herz bereits S-förmig gekrümmt in der Halshöhle zu sehen, der Aortenbulbus deutlich, dagegen Vorkammern und Kammern noch kaum voneinander zu unterscheiden. In dem anderen von Coste vom Ende der 3. oder Anfang der [30, 311
4. Woche war das Herz hinter den Kiemenbogen in einer stark vorspringenden Halshöhle zu sehen und man konnte eine doppelte Kammer, sowie die Vorkammern unterscheiden. Zu Ende der 4. Woche hat das Menschenherz schon ziemlich die Form, [30, 311
welche es später im Wesentlichen behält; Vorhöfe und Kammern sind vorhanden, desgleichen der Herzbeutel. Zu Ende der 5. Woche erscheint es nur mehr ausgebildet. Die untere [30, 313
Hohlvene ist dann schon stark. [160

Hiernach kann nicht bezweifelt werden, dass das Herz des

menschlichen Embryo im Anfang der dritten Woche zu schlagen anfängt.

In der That sah Pflüger an einem menschlichen Embryo [59 der 3. Woche, welcher in seinem Ei über Nacht zwischen zwei Uhrgläsern kalt aufbewahrt worden war, am Morgen im geheizten Zimmer den schon S-förmigen Herzschlauch sich in Pausen von 20 bis 30 Secunden zusammenziehen, und zwar währten die Contractionen, allmählich an Frequenz abnehmend, länger als eine Stunde.

Über den Herzschlag menschlicher Embryonen der 4. bis 15. Woche sind mir bis jetzt zuverlässige Beobachtungen nicht bekannt geworden.

Nur B. Rawitz sah an einem dreimonatlichen 8 cm. [183 langen Fötus, den er in einem warmen Becken beobachtete, regelmässige durch die Herzthätigkeit verursachte Hebungen des Thorax und machte nach Öffnung desselben die wichtige Entdeckung, dass in der Systole der Ventrikel die Füllung der Coronargefässe nachliess. Vier Stunden hindurch schlug das Herz im sehr warmen Zimmer durchschnittlich 20 mal in 1 Minute. Was der Beobachter selbst für ungünstig ansah, die Wärme der Umgebung, ist (nach meinen obigen Versuchen) gerade ein für das Ingangkommen und Imgangbleiben der Herzthätigkeit sehr günstiges Moment. Ebendasselbe, die Erwärmung einer viermonatlichen Frucht im Wasser, gestattete auch Erbkam 10 Minuten nach dem Aufhören der übrigen Bewegungen den Herzschlag zu sehen. [231

Als ein 15 bis 20 Minuten nach der Geburt noch warm von Zuntz untersuchter 16 Wochen alter Fötus geöffnet wurde, [81 blieb das Herz noch fast eine Stunde in lebhafter Thätigkeit. Es zeigte also noch in diesem vorgerückten Entwicklungsstadium eine grosse Ähnlichkeit mit dem Herzen eines niederen Wirbelthiers, sofern es wie dieses eine weitergehende Unabhängigkeit von der Respiration, Circulation und Temperatur bewahrte, als das Herz des Erwachsenen.

Bei dem Menschen-Fötus von 17 bis 26 Wochen, welcher zwar lebend geboren werden kann, aber nicht am Leben erhalten werden zu können scheint, ist die Herzthätigkeit öfters beobachtet worden, noch öfter bei den lebensfähigen Frühgeborenen von 27 bis 39 Wochen, aber die Befunde an diesen dürfen nicht auf die ungeborene Frucht desselben Alters bezogen werden, weil dabei die Luftathmung wesentlich modificirend einwirkt.

Um daher die Frequenz und die Änderung derselben durch

verschiedene Einflüsse im Normalzustand kennen zu lernen, muss man die Herzschläge des Fötus in der intacten Mutter mittelst des Ohres beobachten, was von der 17. bis 19. Woche an bei einiger Übung auch ohne Instrumente leicht ausführbar ist. Die Angaben, dass in der 16., sogar 12. Woche die Herztöne hörbar seien, sind jedoch zweifelhaft.

Die denkwürdige Entdeckung, dass man überhaupt die fötalen Herztöne im mütterlichen Körper hören kann, machte der Arzt J. A. Lejumeau de Kergaradec, welcher am 26. Dec. 1822 der Akademie der Medicin in Paris seine Abhandlung vorlas über die auf das Studium der Schwangerschaft angewandte Auscultation. [123

Er hatte das durch die Kindsbewegungen im Fruchtwasser hervorgebrachte Geräusch hören wollen, vernahm aber statt dessen, zuerst bei einer im letzten Monat Schwangeren die doppelschlägigen kurzen, harten, fötalen Herztöne, welche 143 bis 148 mal in der Minute auftraten, während der mütterliche Puls nur 70 betrug. Sogleich erkannte Lejumeau die ausserordentliche Tragweite dieser Entdeckung für die Praxis.

Während der 2 Wochen zwischen dieser Beobachtung und der Entbindung variirte der Puls der Mutter zwischen 54 und 72, der des Kindes zwischen 123 und nahezu 160. Letzteres Maximum trat nach ungewöhnlich starken Fruchtbewegungen ein; zugleich erreichte der mütterliche Puls sein Maximum 72. Doch ist zu bedenken, dass allein durch die plötzliche Stellungsänderung des Kindes der Mutter Schmerz und dadurch Pulssteigerung verursacht werden kann. Lejumeau nahm die doppelten Schläge des Fötus im 6. Monat wahr, dagegen das gleichfalls von ihm entdeckte Uteringeräusch, welches von den grösseren Gefässen des Uterus stammt, schon im 5. Monat. Er meinte, es komme von der Placenta, daher der frühere unrichtige Name Placentargeräusch. Er entdeckte auch, dass während der Geburtswehen der fötale Puls abnahm (bis 136 und 139), der mütterliche stieg (bis 85).

Unter den Folgerungen, welche der Entdecker, selbst der Geburtshülfe völlig fremd, hervorhebt, sind die wichtigsten, dass man nun ein sicheres Symptom eingetretener Gravidität habe, dass man über Gesundheit und Krankheit, Leben und Tod des Fötus urtheilen, Zwillings- und Drillingsgeburten vorhersagen könne, auch dass verschiedene Zustände der Mutter, ausser dem Puls, z. B. Schlafen, Wachen, Sattsein, Hungern, Bewegung, Ruhe, Krankheit, Gesundheit u. a. in ihrem Einfluss auf den Fötus nunmehr sich würden erforschen lassen.

Ausdrücklich bemerkt Lejumeau, dass auch ein Genfer Wundarzt Namens Major das Herz des Fötus im Uterus habe schlagen hören, von ihm sei jedoch daraus weiter nichts gefolgert worden, als dass man kurz vor der Geburt erkennen könne, ob das Kind lebt.

Die aus hervorragenden Ärzten zusammengesetzte Commission, darunter auch der Begründer der Stethoskopie Laennec, beurtheilte die Arbeit sehr günstig und bestätigte Kergaradecs Entdeckungen.

Dagegen erhoben andere lebhaften Widerspruch; Dugès erklärte es theoretisch für unwahrscheinlich oder unmöglich, [126
dass man das Herz durch das Schafwasser, den Uterus und die Bauchdecke schlagen hören könne. Er selbst hörte es auch in Wirklichkeit nicht. Baudelocque hörte das Tiktak, da es aber seinen Ort veränderte, konnte er sich nicht entschliessen, es dem Fötusherzen zuzuschreiben: es sei ein Zittern. Hierauf antwortete der Entdecker durch neue Beobachtungen, die er und andere gemacht hatten. Dann prüften die Gegner gemeinschaftlich. Dugès überzeugte sich von der Hörbarkeit des Embryo-Herzens. Darin aber hat er gegen Lejumeau Recht, dass das Uteringeräusch nicht von der Placenta, sondern von den Uterusarterien stammt. Denn man hört es auch nach Lösung der Placenta und wenn diese entfernt worden. [127

In Deutschland bestätigte Anfangs 1823 zunächst d'Outrepont die Beobachtung der fötalen Herztöne. Dann machte die Entdeckung die Runde durch Europa, und jetzt wird kein Arzt versäumen nach fötalen Herzschlägen zu forschen durch Auscultation, wo die Möglichkeit einer Schwangerschaft vorliegt.

Hohl und andere modificirten zu dem Behufe das ursprüngliche Laennec'sche Stethoskop. Es erhielt die Namen Gastroskop und Metroskop. Die gewöhnliche Auscultation ist [127
aber vorgezogen worden und hat in der Praxis bekanntlich glänzende Erfolge aufzuweisen, obgleich das Auscultiren mit einem diotischen Stethoskop, bei dem in jedes Ohr ein Rohr geht, nach meinen Versuchen noch viel deutlicher die Herztöne des Fötus hören lässt. Auch mit dem Mikrophon habe ich die fötalen Herztöne an hochschwangeren Frauen (d. h. ihren Rhythmus) deutlich vernommen.

Leider ist der Physiologie bis jetzt wenig Nutzen aus der mehr praktisch verwertheten wichtigen Entdeckung erwachsen, obgleich manche interessante Frage schon vor einem halben Jahrhundert aufgeworfen und in Angriff genommen worden ist.

Zunächst wurde versucht durch viele Zählungen die normale Frequenz in der zweiten Hälfte der Entwicklung zu ermitteln.

Die nicht unerheblichen Widersprüche der Beobachter auf diesem Gebiete sind durch sehr zahlreiche Beobachtungen in der neuesten Zeit grösstentheils beseitigt.

V. Hüter fand (1861) an 200 Schwangeren in Marburg den [132
Fötalpuls in 1195 Zählungen von der 19. Woche vor der Geburt an auffallend constant. Er zählte aber in jeder einzelnen Beobachtung nur während 5 Secunden und erhielt stets eine Frequenz zwischen 10 und 14, und zwar:

14 und 13 nur bei nachweisbaren Fruchtbewegungen
12 bei 10 Procent der Früchte in der Ruhe
11 „ 83 „ „ „ „ „ „
10 „ 7 „ „ „ „ „ „

somit schlägt nach Hüter das fötale Menschenherz am häufigsten 132 mal in der Minute und normalerweise, d. h. bei Gesunden und in der Ruhe, schwankt die Frequenz nur zwischen 120 und 144, durch Bewegungen der Frucht bis auf 168 steigend.

Es haben für den Fötalpuls gefunden im Normal- [132
zustand:

1831 Dubois am häufigsten 144,
1833 Hohl am häufigsten 140 (108 bis 175),
1838 Naegele als Mittelzahl 135,
1847 Depaul am häufigsten 136, 140, 144,
1859 Frankenhäuser als Mittel 134,
1860 Hecker als Mittel 140,
1879 Dauzats als Grenzen 105 und 180. [265

Die Frequenz des Fötusherzens des Schafes und des Rindes fand Kehrer zu 120 bis 142, der Ziege bis zu 170, des Hundes 210 bis 224. [140

Darin stimmen fast alle Beobachter überein, dass nach Fruchtbewegungen der Fötalpuls vorübergehend steigt, bei sehr starken der des Menschen ausnahmsweise bis 180 und bis zur Unzählbarkeit. Und es ist gewiss, dass Fruchtbewegungen ohne eine geringe Frequenzzunahme sehr selten vorkommen, wahrscheinlich wegen Beschleunigung des venösen Blutstroms durch die Compression der Venen nach Muskelcontractionen.

Einen Übergang zu grösserer Frequenz beobachtete aber

Hohl schon im 5. Monat, ohne äusserlich Fruchtbewegungen deutlich zu fühlen. Hüter dagegen leugnet, dass der Fötalpuls ohne gleichzeitige Fötusbewegungen steige, vorausgesetzt, dass alle pathologischen Einflüsse von Seiten der Mutter und Frucht fehlen.
Er bestätigte den Ausspruch von Dubois, dass vom 5. bis [133
10. Monat der Rhythmus der dikroten Herztöne derselbe bleibe.

Da jedoch gewisse Einflüsse beim Geborenen für die normale Höhe der Pulsfrequenz bestimmend sind, so fragte es sich, ob diese nicht auch beim Fötus in Betracht kämen.

Zunächst das Geschlecht. Hat, wie beim geborenen Menschen, das weibliche Herz eine grössere Frequenz, als das männliche?

Frankenhäuser behauptete 1859, man könne das Ge- [136
schlecht des Fötus in der letzten Zeit der intrauterinen Entwicklung an der Herzfrequenz erkennen. Er meinte eine solche von mehr als 138 bis 150 in der Minute spreche für das weibliche, eine solche von 120 bis 132 für das männliche Geschlecht des Fötus, die niedrigen Ziffern, von etwa 124 im Durchschnitt, fänden sich bei männlichen, die hohen von 144 im Durchschnitt bei weiblichen Früchten und bestimmte das Geschlecht des neugeborenen Kindes auf diese Weise 50 mal richtig im voraus, nur einmal falsch. Hiernach würde eine Frequenz von 132 bis 138 das Geschlecht zweifelhaft lassen. Da nur 10 Secunden lang gezählt wurde, so entsprach den Knaben am häufigsten 20, seltener 21, sehr selten 22, den Mädchen fast regelmässig 24, seltener 25, einmal 23. Als Durchschnittszahl der Pulsfrequenz vor der Geburt figurirt 134. Bedeutend mehr soll Mädchen, bedeutend weniger Knaben vorherzusagen berechtigen.

Um diese Theorie, wie man sie nannte, an der Erfahrung zu prüfen, sind sehr viele Zählungen ausgeführt worden, deren Ergebnisse ich im Folgenden zusammenstelle.

Zunächst prüfte Breslau 50 Schwangere, von denen er [142
aber selbst 6 wegen unsicherer Beobachtung ausschliesst. Von 44 Vorausbestimmungen erwiesen sich nur 19 als richtig, nämlich 8 Knaben- und 11 Mädchen-Geburten. Von den 25 falschen Urtheilen lauteten nicht weniger als 18 auf Mädchen und nur 7 auf Knaben. Da die Pulszahlen bei einzelnen Früchten zwischen 132 und 152 (im Ganzen zwischen 116 und 156) sich bewegten, und im Allgemeinen etwas höher sind, als andere sie finden, so liegt die Vermuthung nahe, der Verfasser habe entweder selbst durch das Auscultiren Fruchtbewegungen und damit eine Frequenz

steigerung hervorgerufen oder vorhandene Bewegungen nicht gehörig ablaufen lassen. Er sagt, er habe sich überzeugt, dass das Kind „möglichst ruhig“ geworden sei. Auf völlige Ruhe kommt hier alles an. Diese Arbeit kann also weder widerlegen noch bestätigen, zumal auch die einzelnen Zählungen nicht genügend vervielfältigt wurden.

Bei 5 männlichen Früchten kurz vor der Geburt fand Hennig im Mittel 143, bei 7 weiblichen, z. Th. mehrere Monate vor der Geburt, 150. Beide Zahlen sind auffallend hoch.

Haake nahm an 50 Schwangeren 1119 Zählungen vor [141
und fand für die letzten Monate

Herzschläge in ¼ Minute	bei Knaben	bei Mädchen
31 bis 33	1	3
34 „ 35	8	5
36 „ 40	14	19
41	1	0

Er diagnosticirte das Geschlecht keinmal mit Bestimmtheit und bezweifelt die Möglichkeit, aus dem Fötalpuls mit Sicherheit auf das Geschlecht des Fötus zu schliessen, schon weil eine dauernde Verlangsamung desselben durch anhaltende Ruhe und durch unbekannte Momente eine dauernde Beschleunigung eintreten könne.

C. Steinbach notirte (im Sommer 1859 in Jena) die [143
fötale Herzfrequenz bei 56 Schwangeren in den letzten 3 bis 50 Tagen vor der Entbindung und bestimmte 43 mal richtig vorher das Geschlecht der Frucht. Er auscultirte Morgens und Nachmittags täglich bis zum Eintritt der Geburt nach Viertelminuten zählend. Fanden Pulsschwankungen während des Zählens statt, so wurde das Mittel genommen. Eine Steigerung der Herzfrequenz kann schon nach dem Auflegen des Ohres oder dem Ansetzen des Stethoskops durch Hervorrufen von Fruchtbewegungen verursacht werden.

Die Frequenz für die 31 richtig vorhergesagten Knaben betrug im Mittel Vormittags 131 (der niedrigste Mittelwerth 123, der höchste 138), Nachmittags 132 (der niedrigste Mittelwerth 128, der höchste 138). Das tägliche Gesammtmittel war nicht kleiner, als 126 und nicht grösser, als 136; das Mittel der 31 täglichen Gesammtmittel betrug 131. Die absolut niedrigste Ziffer einer Zählung war 108 (nur einmal).

Die Frequenz für die 12 richtig vorhergesagten Mädchen

betrug im Mittel Vormittags 143 (der niedrigste Mittelwerth 137, der höchste 156), Nachmittags 144 (der niedrigste Mittelwerth 138, der höchste 152). Das tägliche Gesammtmittel war nicht kleiner, als 138 und nicht grösser, als 154, und das Mittel der 12 täglichen Gesammtmittel betrug 144. Die absolut höchste Ziffer einer Zählung war 176.

Von den 13 falsch beurtheilten Fällen betrafen 2 kranke Mütter, einer eine Zwillingsgeburt, welche nicht diagnosticirt worden war. Es bleiben also im Ganzen 53 Geburten mit 43 richtigen und 10 falschen Diagnosen, d. h. 81,1% waren richtig erkannt worden. Bei 6 falsch beurtheilten Fällen war theils die Geburt unmittelbar bevorstehend, theils die Anzahl der Zählungen eine sehr geringe, theils die Pulszahl eine stark schwankende (einmal z. B. 128 bis 144 in drei Zählungen), theils bewegte sie sich um den Grenzwerth auf und ab, und vier Fälle waren durch Nabelschnurgeräusch complicirt. Da Nabelschnurdruck die fötale Herzaction beeinflussen kann, so ist dieser Einfluss zu berücksichtigen. Wenn nicht während des zu kurzen Zeitraums von 15 Secunden gezählt worden wäre, statt minutenweise, würde das Resultat vielleicht ein anderes sein, denn bei einer Frequenz von 33 bis 35 (entsprechend 132 bis 140) macht ein Herzschlag mehr oder weniger die Diagnose unsicher, also gerade für die häufigste Frequenzziffer.

Im Ganzen spricht aber diese Arbeit zu Gunsten der Frankenhäuserschen Ansicht.

Dagegen bestreitet V. Hüter ihre Richtigkeit. Da er aber den Fötalpuls nur durch Zählungen innerhalb 5 Secunden (162. 44) bestimmte, so sind seine Befunde überhaupt für die vorliegende Frage nicht zu verwerthen. Ein Unterschied von der Grösse wie der verlangte kann nicht durch Zählungen in 5 Secunden ermittelt werden. Knaben müssten dann 10 und 11, Mädchen 12 liefern. Es kommt aber gerade auf $10\frac{1}{2}$ und $11\frac{1}{2}$ an, nämlich auf 126 und 138, Ziffern, die bei Hüters Verfahren garnicht vorkommen können. Daher beweist seine Untersuchung nichts für und wider die Theorie.

Zu Gunsten derselben scheint eher eine Arbeit von (164) F. A. Schurig zu sprechen, welcher an 31 Schwangeren meist in den letzten Monaten viertelminutenweise zählte und 22 mal richtig das Geschlecht vorhersagte. Die Frequenz betrug für die 14 richtig vorhergesagten Knaben im Mittel Vormittags 132 (bei 10 gezählt), wobei der niedrigste Mittelwerth 124, der höchste 138,

Nachmittags 131 (der niedrigste Mittelwerth 124, der höchste 136). Das tägliche Gesammtmittel war nicht kleiner, als 124 und nicht grösser, als 134. Das Mittel der 14 täglichen Gesammtmittel beträgt 132. Die absolut niedrigste Ziffer einer Zählung war 120 (fünfmal).

Die Frequenz für die 8 richtig vorhergesagten Mädchen betrug im Mittel Vormittags bei zweien 139 und 142, Nachmittags 141 (niedrigster Mittelwerth 138, höchster 144). Das tägliche Gesammtmittel war nicht kleiner als 140 und nicht grösser als 144. Das Mittel der 6 täglichen Gesammtmittel beträgt 142.

Von den 9 falsch beurtheilten Fällen betreffen 4 Anomalien (2 Krankheit der Mutter, 1 Frühgeburt, 1 sehr kleines Kind von abnormer Beweglichkeit), bei 2 schwankt die Frequenz um den Grenzwerth 136 auf und ab, und nur bei 3 ist für die falsche Diagnose kein Grund auffindbar. Denn auch bei vorhandenem Nabelschnurgeräusch und bei Nabelschnurumschlingung wurde mehrmals richtig diagnosticirt. Es bleiben somit 5 falsche Urtheile unter 27, oder 81,5 % wurden richtig beurtheilt. Das Resultat kann aber nicht als zuverlässig angesehen werden aus demselben Grunde wie das entgegenstehende von V. Hüter, da nur 15 Sec. lang gezählt wurde.

Aus einer kurzen Mittheilung von Zepuder geht hervor, [145
dass er unter 49 Fällen, bei denen er in einem Zeitraum von mindestens 6 Stunden und höchstens 26 Tagen vor der Entbindung die fötalen Herztöne auscultirte, nur dreimal falsch vorhersagte. Da aber keine Einzelheiten mitgetheilt sind, kann diese Untersuchung hier nicht verwerthet werden. Die Notiz verdient Beachtung, dass diejenigen Frauen, welche Mädchen gebaren, selbst eine höhere Pulsfrequenz hatten, als die Mütter männlicher Früchte. An anderer Stelle theilt Zepuder mit, er habe unter [205
60 Fällen nur fünfmal das Geschlecht verkannt, Knaben hätten 120 bis 122, selten 132 bis 138, Mädchen 144 bis 150, selten 156 Schläge in der Minute.

K. Schröder fand beim weiblichen Fötus (im Durch- [200
schnitt von 62) für 1 Minute rund 149, beim männlichen (von 61) rund 145 und erhielt bei Zwillingen verschiedenen Geschlechts die grössere Frequenz der Herztöne beim Mädchen (146 in einem, 152 in einem zweiten Falle, beim Knaben im ersteren 138, im letzteren 132), wurde aber so oft getäuscht, dass er zur Vorherbestimmung des Geschlechts auf die Frequenzermittlung Werth zu legen nicht geneigt ist.

In 50 von ihm beobachteten Fällen fand C. Devilliers 1862 den Knabenpuls zwischen 124 und 140, meistens 128 bis 136, den Mädchenpuls zwischen 124 und 148, meistens 136 bis 140. Er irrte „mehrmals" beim Vorhersagen des Geschlechts, desgleichen Joulin (1867). [265, 28 [265, 30

Dagegen behauptet J. Hutton (1872), dass die Frequenz 144 ± 6 ein Mädchen, die Frequenz 124 + 6 einen Knaben vorherzusagen berechtige. In 7 Fällen traf dies zu. Auch Stoltz (1873) ist der „Theorie" zugeneigt. Ebenso Hicks (1873). [265, 31

F. C. Wilson behauptet sogar, unter 100 Fällen nur neunmal sich geirrt zu haben (1873). [265, 31 Bei 24 weiblichen Früchten fand Willis E. Ford (1873) das Minimum 120, das Maximum 160, das Mittel 143, bei 38 männlichen 110, 170, 142½, was gegen die Frankenhäusersche Hypothese spricht. Strong (1874) hatte unter 50 Fällen nur 28 richtige Vorhersagungen, indem er 128 als Maximum für den männlichen Fötus annahm. Seine Zahlen variiren zwischen 118 und 180. Das Mittel aller ist 136. James Cumming setzte nicht weniger willkürlich voraus, dass < 140 einen Knaben, > 140 ein Mädchen erwarten lasse und prophezeite nur 62 mal richtig in 112 Fällen. Dauzats [265, 34 zeigte jedoch, dass diese Beobachtungen ungenau sind.

Im Jahre 1876 behauptete Mattei, ein Fötus mit [265, 35 130 bis 135 Pulsen sei gewöhnlich ein Knabe, ein solcher mit 150 bis 160 gewöhnlich ein Mädchen, und er habe unter „mehreren Hundert" Fällen nur 3 falsche Vorhersagungen zu verzeichnen. Dyers Peters dagegen kam durch seine Beobachtungen an 30 Frauen in Boston zu dem Resultate, dass, wenn auch ein frequenter Puls ein Mädchen, ein weniger frequenter einen Knaben vermuthen lasse, doch zuviele unbekannte, die Frequenz ändernde Factoren vorhanden sind, als dass man den Unterschied zur Vorhersagung des Geschlechtes verwerthen könnte. Noch entschiedener sprechen sich Budin und Chaignot auf Grund ihrer [265, 40 Zählungen an 70 Schwangeren aus, es müssten jetzt die Bemühungen der Geburtshelfer ein Ende nehmen, das Geschlecht aus der Pulsfrequenz zu bestimmen.

Auch Hecker kam zu einem durchaus ablehnenden [250, I, 96 Resultat. Denn in 109 Fällen gaben 50 männliche Früchte 7019, und 59 weibliche 8293 Herzschläge, also ein Geschlecht im Durchschnitt genau soviel wie das andere: 140. Dieses Ergebniss eines der hervorragendsten Beobachter ist darum von besonderem

Werthe, weil stets eine Minute lang und nur bei völliger Fötusruhe gezählt wurde. Nur die letzten Monate wurden berücksichtigt und dabei fanden sich Fälle mit 114 und mit 180 Schlägen in der Minute.

Ferner hat noch Engelhorn an 37 Müttern den Fötal- [137
puls bestimmt und die Durchschnittsfrequenz für Knaben zu 138 (rund), für Mädchen zu 141 (rund) gefunden. Die Differenz ist zur Vorherbestimmung des Geschlechts zu klein. Auch kamen in dieser Reihe die grössten Frequenzen, z. B. 160, auch bei Knaben, die niedrigsten, z. B. 120, auch bei Mädchen vor.

Endlich hat Dauzats eine zusammenfassende Arbeit ge- [286
liefert und 149 eigene Fälle den vorhandenen hinzugefügt. Er zählte in der Regel eine volle Minute, eine Viertelminute nur wenn während mehrerer aufeinanderfolgender Viertelminuten die Ziffern dieselben blieben. Wenn 2 bis 4 Minuten lang auscultirt worden war und stets annähernd dieselbe Pulszahl sich ergab bei normalem Ruhezustand der Mutter und Frucht, dann erst erschien es ihm unnöthig, die Zählungen fortzusetzen. Er stellt seine Resultate in vier Tabellen zusammen.

Die erste Tabelle umfasst 34 Fälle mit nur einmaliger Beobachtung. Hier sind die Grenzwerthe 128 und 160, und zwar ist es leicht zu erkennen, was der Verfasser nicht erwähnt, dass die 19 männlichen Früchte im Durchschnitt 144,8, die 15 weiblichen im Durchschnitt 141,9 hatten, letztere also sogar eine geringere Frequenz als erstere. Eine Pulsfrequenz von $>$ 145 hatten von 11 Früchten nur 5 weibliche, eine solche von $<$ 135 von 4 nur 1 männliche.

Die zweite Tabelle umfasst 18 Fälle mit veränderlichen Frequenzen und den Grenzen 132 und 150. Hier hatten 10 Knaben im Durchschnitt 139,1 und 8 Mädchen im Durchschnitt 139,0. Es ist also fast Gleichheit vorhanden.

Die dritte Tabelle enthält 55 Fälle mit fast unveränderlichen Frequenzen zwischen 119 und 157, und zwar kommen hier auf die 26 Knaben 139,1, auf die 29 Mädchen 145,2 im Mittel.

Die vierte Tabelle gibt 42 Fälle, bei denen in den Wehenpausen gezählt wurde, und zwar mehrmals in jedem Falle. Die Knaben haben hier durchschnittlich 140,8, die Mädchen 144,1.

Im Ganzen kamen, wie ich aus sämmtlichen 149 Fällen berechne, auf 73 Knaben 10268, auf 76 Mädchen 10912 Herzschläge in der Minute, d. h. die ersteren hatten die mittlere Frequenz 140,6, die letzteren 143,5.

Nun hat Dauzats, welcher trotzdem die Frankenhäusersche Lehre nicht ganz aufgibt, 535 Fälle von den obigen Autoren und seinen eigenen zusammengestellt. Davon zieht er aber 198 ab, bei denen nur eine Zählung stattfand, was ungenügend sei; somit bleiben 337. Von diesen ergeben 174 Fälle Frequenzen von 135 bis 145 und ebensoviele Knaben wie Mädchen, d. h. die Hälfte der guten Beobachtungen fällt fort, denn 174 : 337 ist nahezu 50%.

Nun folgt aber weiter aus der Gesammtheit der vorliegenden Beobachtungen, dass in der „Mehrzahl" der Fälle bei Frequenzen über 145 Mädchen, bei solchen unter 135 Knaben geboren wurden. Ungefähr 70% dieser Fälle würde die „Mehrzahl" bezeichnen.

Es existirt also wirklich eine Beziehung der Pulsfrequenz zum Geschlecht des Fötus, aber dieselbe ist im einzelnen Fall nicht zu ermitteln, also zur Vorherbestimmung des Geschlechts unbrauchbar. Denn bei den häufigen Frequenzen (50%) von 135 bis 145 sind beide Geschlechter gleich oft vertreten, bei den hohen jenseit 145 kommen immer noch etwa $^1/_3$ Knaben vor und bei den niedrigen unterhalb 135 ebensoviele Mädchen.

Für die Praxis kann die Zählung der fötalen Herzschläge somit keine verwerthbare Methode zur Vorhersagung des Geschlechts abgeben. Das ist das Resultat dieser mühsamen Untersuchungen.

Das Gesammtresultat aller behufs Prüfung der Frankenhäuserschen Hypothese ausgeführten Zählungen der fötalen Herzschläge ist, wie die Darstellung der Einzelergebnisse zeigt, auch nicht geeignet die Hoffnung zu stützen, dass es später gelingen werde, mit Sicherheit aus der fötalen Herzfrequenz das Geschlecht des Neugeborenen vorherzusagen. Einige Beobachter haben öfter richtig prophezeit, als andere. Beim Hazardspiel hat einer mehr Glück als der andere. Selbst wenn der Puls schon vor der Geburt mit dem Geschlecht variirt, was nicht einmal nach der Geburt ausnahmslos unter sonst möglichst gleichen Umständen zutrifft, würde dieser Umstand diagnostisch nicht verwerthbar sein, weil der Fötalpuls aus anderen, zum Theil bekannten, zum Theil unbekannten Gründen erhebliche Ungleichheiten seiner Frequenz zeigt.

Von diesen anderen in theoretischer und praktischer Hinsicht interessanten Einflüssen sind bis jetzt nur wenige geprüft worden. Darin stimmen jedoch, wie schon hervorgehoben wurde, alle Beobachter überein, dass unmittelbar nach starken Kindsbewegungen jedesmal die fötale Herzfrequenz zunimmt und zwar um so mehr, je lebhafter und anhaltender dieselben sind. Sie kehrt in der Ruhe meist schnell zur Norm zurück. Jedoch bemerkte Dauzats, dass manchmal schwache und auch sehr häufige Kindsbewegungen gar keine Änderung der Herzfrequenz zur Folge hatten. Auch constatirte er eine Abnahme derselben, nachdem sie nach den Fötusbewegungen zugenommen hatte. Beides, Zu- wie Abnahme, dauerte aber sehr kurze Zeit. Derselbe fleissige Beobachter fand sogar in einzelnen Fällen, dass während der Kindsbewegungen die Herzschlagzahl abnahm. Dieses könnte auf vorübergehender Compression der Nabelschnur beruhen.

Da man beim Fötus, der sich sehr lange nicht bewegt hat, eine geringere Frequenz findet, als bei dem lebhafteren, und beim schlafenden Neugeborenen eine geringere, als beim wachen Neugeborenen, so meint Hohl auch intrauterin könne der Schlaf Frequenz mindernd wirken. Einen Sinn könnte diese Vermuthung nur haben, wenn man nicht annimmt, dass der Fötus ohne Unterbrechung schläft, wovon später.

Eine Abhängigkeit des Fötuspulses von dem Puls der [137
Mutter ist im gesunden Zustande nicht constatirt worden, vielmehr
kann die fötale Frequenz durch Kindsbewegungen zunehmen,
während die mütterliche abnimmt, und umgekehrt die fötale
z. B. durch Wehen abnehmen, während die mütterliche steigt.

Doch ist in pathologischen Zuständen (beim Fiebern) [263
ein dem Steigen und Fallen des mütterlichen Pulses paralleles [230
Steigen und Fallen des Fötuspulses beobachtet worden. Es fragt [62
sich aber, ob bei Müttern mit hoher Pulsfrequenz regelmässig
auch der Fötus eine höhere Frequenz hat, und ob etwa eine erbliche niedrige Pulsfrequenz sich schon vor der Geburt zu erkennen
geben kann. Und es ist noch zu entscheiden, ob die durch
Fieberwärme der Mutter etwa veränderte Fötuswärme Ur- [385
sache erhöhter Frequenz ist oder ob letztere vom Fieber- [133
puls der Mutter beeinflusst wird, was unwahrscheinlich ist. [137

Über den Einfluss der Temperatur bemerkt Ziegenspeck
mit Recht, dass nach der Geburt derselbe, wie meine obigen [171
Versuche an Thieren beweisen, handgreiflich, also vor derselben
wahrscheinlich sei. Dauzats, der ihn leugnet, bestimmte [263
stethoskopisch die Frequenz vor und nach dem Auflegen von Eis oder eines kalten Magneten auf den Leib der Schwangeren und fand keine Verminderung der Schlagzahl. Dieses Verfahren ist

deshalb fehlerhaft, weil die thierischen Gewebe die schlechtesten Leiter sind, und weil der Fötus von einer wässerigen Flüssigkeit umgeben ist, das Wasser aber eine sehr hohe Wärmecapacität hat, endlich weil die in der Bauchwand und Uteruswand circulirende Blutmenge genügt, um die locale Abkühlung mit der gesammten Körpertemperatur schnell auszugleichen.

Den Einfluss der mütterlichen Temperatur beweist dagegen namentlich Ziegenspecks Beobachtung No. 6, in welchem [174
Falle die Mutter in Folge entzündlicher Processe am Uterus und vielleicht auch am Peritoneum mehrmals abendliche Temperaturerhöhungen mit morgendlichen Remissionen zeigte.

Am 17. April Abends 10 Uhr betrug die Temperatur $39{,}_2$° C., die Frequenz 155; am 18. früh 8 Uhr die Temperatur $36{,}_8$° C., die Frequenz 123; Abends 10 Uhr die Temperatur $38{,}_6$° C., die Frequenz 162; am 19. April früh und Abends Temperatur und Frequenz normal, das ist 132 Morgens und 145 Abends; am 20. Abends Temperatur $39{,}_2$ und Frequenz 182. Am 22. April Geburt eines gesunden Knaben. Dass die Temperaturerhöhung der Frequenzerhöhung nicht vollständig parallel verläuft, mag seinen Grund in dem Wärmeabsorptionsvermögen des Fruchtwassers haben, so dass Temperaturveränderungen sich erst später beim Fötus geltend machen können.

Über einen etwaigen Einfluss des **Alters** der Frucht ist wenig bekannt. Da aber das menschliche Herz bereits in der dritten Woche schlagend gesehen worden ist, so wird man im Vergleiche zum Thierherzen der Analogie nach vermuthen dürfen, dass es anfangs weniger frequent schlägt, als später, womit übrigens die Behauptung, dass die Frequenz in der tiefsten Fötusruhe vom 5. Monat bis zur Geburt in der Norm nahezu constant bleibt [266
und bei einigen überhaupt unregelmässig ist, nicht unvereinbar wäre. Wenn man aber bei frühgeborenen Früchten vom 7. Monat an die Herzfrequenz bestimmte mit Rücksicht auf das **Gewicht** und die **Körperlänge**, würden sich bei gehäufter Beobachtung wahrscheinlich constante Differenzen finden lassen. Wenig- [137
stens behauptet Devilliers, je schwerer ein Fötus sei, um so geringer finde man die Pulsfrequenz, daher auch lange vor der [265
Geburt weibliche Früchte, wenn sie gross und schwer sind, eine eben so niedrige Frequenz wie der Geburt nähere männ- [124
liche Früchte zeigen können. Da auch nach der Geburt Individuen von grossem Gewicht und Volum einen weniger frequenten Puls zu haben pflegen, als kleinere, deren Kreislaufsdauer eine

geringere ist, so ist es allerdings wahrscheinlich, dass auch von gleich alten Früchten beim Menschen die schwereren eine geringere Frequenz haben werden.

Nun hat sich aber herausgestellt, dass die darüber bis jetzt ausgeführten Beobachtungen gar keine Beziehung der Pulsfrequenz
zum Gewicht erkennen lassen. Dauzats, welcher die we- [283
nigen Fälle zusammenstellte, kommt zu einem rein negativen Resultat.

Die von mehreren Beobachtern an reifen Neugeborenen, welche gesogen hatten, gewonnenen Zahlen sind untereinander nicht vergleichbar. Es wäre wünschenswerth, die Herzfrequenz auch bei reifen Neugeborenen beiderlei Geschlechts und verschiedener Rassen innerhalb der ersten Stunden, während sie schlafen und noch nicht gesogen haben, mit Rücksicht auf ihr Gewicht, ihre Länge und Rasse genauer, als es bisher geschehen ist, zu bestimmen, und zu prüfen, ob bei ihnen Extremitätenbewegungen, Schreien, geringe Erwärmung eine Zunahme, stärkere Hautreize, wie Druck, Klopfen, Abkühlung eine Abnahme der Herzschlagzahl herbeiführen. Freilich muss bezüglich des letzteren Punctes die periphere Reizung so ausgeführt werden — am besten während das Neugeborene schläft — dass Schreien oder ein anderer Reflex keine Frequenzsteigerung bewirkt. Beim Erwachsenen genügt schon das klopfende öfters wiederholte Auflegen der Hand auf die Bauchdecke um die Pulsfrequenz herabzusetzen. Wegen der Eigenthümlichkeit des Herzvagus Ungeborener ist aber dasselbe bei Neugeborenen fraglich. Gelingt bei diesen der Versuch, durch sanftes Klopfen auf den Bauch eine Herabsetzung der Herzfrequenz herbeizuführen, dann wird man dem Herzvagus des Ebengeborenen die hemmende Function zuschreiben dürfen, gelingt es nicht, dann ist ihre Existenz noch nicht widerlegt, da die centripetalen Bahnen noch unwegsam sein könnten.

Künftige Untersuchungen werden ferner feststellen, ob und wie die Kindeslage, die Stellung der Frucht und die bereits erwähnten physiologischen Zustände der Mutter die fötale und neonatale Herzthätigkeit beeinflussen.

Dass weder das Gehirn noch das Halsmark für das Imgangbleiben der fötalen Herzthätigkeit nothwendig ist, beweisen
zwei von Lussana beobachtete Fälle von lebend mit schlagendem [340
Herzen geborenen Acephalen ohne Halsmark, welche nicht athmeten.

Man wird also für die Veränderungen der fötalen Herzfrequenz während der Wehen und unmittelbar nach der Geburt nervöse

Einflüsse nur mit grosser Einschränkung in Anspruch nehmen dürfen.

Endlich ist bei allen Untersuchungen der fötalen Herztöne zu beachten, dass bisweilen selbst die besten Beobachter sie nicht aufzufinden vermögen oder bei Zwillingsschwangerschaften nur das eine Herz schlagen hören, was nur auf ungünstige [730, 75 Schallleitung zurückzuführen sein wird.

Von sicher ermittelten Einflüssen unmittelbar nach der Geburt, verdienen namentlich die ersten Athemzüge in der Luft Beachtung.

Bei einem neugeborenen Knaben fand Breslau eine halbe [142 Stunde nach der Geburt 136 Herzschläge in der Minute, bei einem Mädchen ebenso 116, ferner bei 11 Knaben in der 2. bis 16. Stunde 100 bis 132, im Durchschnitt 118, bei 6 Mädchen in der 12. bis 20. Stunde 96 bis 132, im Durchschnitt 113. Die Frequenz wurde durch Auscultation stethoskopisch ermittelt an nüchternen Kindern. Die Zahl der Fälle ist zu klein um allgemeinere Schlüsse zu gestatten. Doch ist wichtig, dass in den sämmtlichen 15 Fällen, bei denen vor der Geburt und innerhalb der ersten 20 Stunden nach derselben die fötale Herzfrequenz bestimmt wurde, ein bedeutendes Sinken derselben hervortritt. Es ergibt sich nämlich aus Breslaus Zahlen:

für Knaben	vor der Geburt	nach der Geburt
1	156	136
2	152	132
3	140—144	132
4	140	124
(5)	144	120
6	124—140	116
(7)	138—144	108
(8)	140—152	104
9	128	100
für Mädchen	**vor der Geburt**	**nach der Geburt**
1	152	132
2	140	116
3	140	116
4	132—136	112
5	124	108
(6)	140	96

Die Abnahme nach der Geburt ist constant und sogar der Parallelismus der hohen und niederen Frequenzen vor und nach der Geburt auffallend. Ihm widersprechen nur die eingeklammerten Nummern. Ausnahmslos ist aber der absolute postnatale Abfall in der ganzen Reihe ein sehr erheblicher.

Nur in einem Falle einer Zwillingsgeburt, die Hecker [230, I, 75
beobachtete, war kein Abfall zu constatiren. Intrauterin hatte die eine Frucht 128, die andere 144 gezeigt; nach der Geburt blieb die erstere Frequenz 128, während die letztere noch stieg. Welche besonderen Umstände in diesem Falle den Abfall verhinderten, oder ob bei Zwillingen er überhaupt nicht regelmässig eintritt, ist unbekannt. Für gewöhnliche Geburten gilt allgemein die Regel, dass eine bedeutende Abnahme eintritt. Sie beruht vielleicht darauf, dass erst nach oder in der Geburt der später permanente Vagustonus beginnt, indem bei Erregung des Respirationscentrums zugleich der Herzvagusursprung miterregt würde. Jedoch kommt hier auch der Blutdruck in Betracht. Bei den unmittelbar nach der Geburt abgenabelten Kindern soll die Frequenz dieselbe wie vor der Geburt sein, bei den spät abgenabelten stark abnehmen, z. B. von 138 auf 96 herabgehen, wie Adrian Schücking bemerkte. Vielleicht kommt es aber bei diesen [16
Zählungen mehr auf den Zeitpunkt des ersten Athemzuges, als den der Abnabelung an, worüber Angaben fehlen. Auf die Hebung der durch verspäteten Beginn der Lungenathmung bei Neugeborenen enorm gesunkenen Herzthätigkeit hat die künstliche Lufteinblasung und künstliche Einleitung der Athmung, besonders nach der Methode von B. S. Schultze, einen ausserordentlich rasch [237
und stark wirkenden Einfluss. Hier muss die beschleunigte Sauerstoffzufuhr Frequenz steigernd wirken.

Da bei den bisherigen Beobachtungen die Frequenzänderungen unmittelbar nach der Geburt nicht für sich besonders beachtet wurden, so hat Dr. Ziegenspeck auf meinen Wunsch sowohl die Herzschläge vor und während als auch unmittelbar nach der Geburt bei denselben Individuen und zwar während ganzer Minuten gezählt (in Jena). Aus seiner preisgekrönten Abhandlung ist namentlich folgendes hervorzuheben: [174

1) Während der Schwangerschaft wird die Herzfrequenz des Fötus beeinflusst durch Bewegungen, aktive und passive, und durch die Temperatur. Die Schwankungen sind aber vollständig atypisch, d. h. die Frequenz steigt oder fällt nicht constant mit dem Verlauf der Schwangerschaft. 2) Während der Geburt wird die Frequenz beeinflusst durch die genannten Ursachen und die Wehen. 3) Nach der Geburt beobachtet man nach den ersten

Athemzügen zuerst eine beträchtliche Steigerung der Frequenz, entsprechend dem Zeitpunkte, wo das Blut sich in die neu eröffnete Lungenblutbahn ergiesst, dann einen bedeutenden Abfall der Frequenz, entsprechend jenem Zeitpunkte, wo der linke Ventrikel allein den an ihn gestellten Anforderungen noch nicht gewachsen ist, und dann nach einigen Tagen ein allmähliches Wiederansteigen der Herzfrequenz, welches dem Erstarken der Muskelwand des linken Ventrikels zu entsprechen scheint, aber dieselbe Höhe wie vor der Geburt normal nicht erreicht.

Ausser diesen durch 15 Beobachtungsreihen an 15 Fällen erhaltenen Ergebnissen ist noch anzuführen, dass ein Einfluss des Alters nicht constatirt werden konnte, dass Bewegungen der Frucht ohne nachfolgende Frequenzsteigerung vorkommen, dass sehr selten die Herzfrequenz schlafender Neugeborener diejenige der Ungeborenen erreicht, dass die fötale Frequenz Nachts nicht merklich von der bei Tage gefundenen abweicht. Die Gesammtmittel ergaben für normale Früchte

Morgens	Nachmittags	Abends
137,22	137,31	137,06

Auch ist zu bemerken, dass der Frequenz steigernde Einfluss der Fruchtbewegungen in der Ruhe ungemein schnell wieder schwindet. Während der Vorwehen nahm die Herzschlagzahl fast jedesmal zu.

Eine constante Verminderung der Herzschlagzahl glaubt Ziegenspeck bei regelmässigen Geburten kurz vor oder kurz nach dem Blasensprung constatirt zu haben. Jedoch ist die Anzahl der Beobachtungen noch zu klein, um diese Schwankung als typisch gelten zu lassen, zumal Dauzats in 24 Fällen sie keineswegs regelmässig wahrnahm.

Dagegen ist an dem von Schwartz, Frankenhäuser und Depaul behaupteten Steigen der Frequenz zu Beginn und zu Ende jeder Wehe nach Ziegenspeck nicht mehr zu zweifeln, so lange es sich um regelmässige Geburten handelt.

Sieht man nun von diesen kurzdauernden Schwankungen während der Geburt ab, so beantwortet sich die Frage nach der Frequenz unmittelbar vor dem Beginn der ersten Wehe und unmittelbar nach dem Ende der Geburt auf Grund der sorgfältigen Beobachtungen von Ziegenspeck dahin, dass sogleich nach Austreibung des Kindes eine Beschleunigung der Herzthätigkeit während der ersten Athemzüge stattfindet, wie sie weder vorher noch nachher überhaupt normaler Weise erreicht wird. Höchstens um den 8. Tag wurde während des Schreiens eine annähernd so hohe Frequenz gefunden. Sie lag in den beobachteten Fällen zwischen 150 und 192 Herzschlägen. Dabei sind die Kinder um diese Zeit feucht und der kühlen Atmosphäre ausgesetzt, was beides Pulsverlangsamung erzeugen müsste. Schon nach 15 bis 20 Minuten sinkt aber meist diese Frequenz bedeutend und hält selten theilweise noch eine Stunde lang an. Meist schläft das Neugeborene, und man beobachtet während des Schlafes ein Sinken der Frequenz bis weit unter 100, zuweilen bis auf 78 Schläge. Diese Frequenzverminderung bleibt selten ein bis zwei Tage aus, sie tritt aber immer ein und weicht erst am dritten bis fünften Tage einer allmählichen Steigerung. [174

Schon in dieser kurzen Zeit muss also der linke Ventrikel erheblich an Kraft gewinnen.

Der schon durch Breslaus Zählungen bewiesene (auf die bisher übersehene kurzdauernde Erhöhung während der ersten Athembewegungen regelmässig folgende) bedeutende Abfall wurde von Ziegenspeck an fünf Knaben und acht Mädchen constatirt. Er fand im Mittel

	für Knaben	für Mädchen
vor der Geburt	136,01	139,39
nach der Geburt	110,83	113,56

Bei dieser Frequenzabnahme kann sehr wohl der sich allmählich ausbildende Vagustonus, welcher in den ersten Augenblicken nach der Geburt nicht zur Geltung käme, betheiligt sein.

Dass sobald nach der Geburt der Herzvagus eine hemmende Wirkung auf die Herzthätigkeit auszuüben im Stande sei, könnte zwar nach den von Soltmann an neugeborenen und ganz [17
jungen Hunden, Katzen und Kaninchen ausgeführten Versuchen zweifelhaft scheinen. Aber Tarchanoff fand bei neu- [201
geborenen Cavien, dass die Vagusreizung wie bei erwachsenen Thieren Herzfrequenzabnahme und diastolischen Stillstand bewirkt. Bochefontaine beobachtete bei drei Tage alten Hündchen das- [113
selbe und Kehrer stellte fest, dass bei ganz jungen Kaninchen die durch Compression des Schädels mit den Fingern bewirkte Abnahme der Herzfrequenz nach der Vagotomie nicht ein- [140
tritt. Ich vermuthe, dass bei Soltmanns Versuchen, welche übrigens keinen Beweis für die völlige Wirkungslosigkeit der elektrischen Vagusreizung liefern, sondern höchstens eine ge- [47
ringere Erregbarkeit der hemmenden Vagusfasern darthun könnten, durch anhaltende künstliche Respiration und vielleicht durch

die damit verbundenen Insulte jene Nervenfasern zum Theil erst
an Erregbarkeit verloren haben, womit übereinstimmen würde,
dass Vagusdurchschneidung bei Neugeborenen — also ohne Zweifel
auch bei Ungeborenen — keine Änderung der Herzfrequenz [47
bewirkte und bei ihnen der Goltzische Klopfversuch negativ
ausfiel. Doch sprechen Soltmanns Versuche und die ihnen ähnlichen von Anrep im Ganzen zu Gunsten der Ansicht, dass [261
die hemmende Wirkung nicht lange vor der Geburt vorhanden ist
und jedenfalls erst nach der Geburt sich ausbildet. Letzterer
fand nämlich, dass die Vagusreizung bei eben geborenen oder
nur einige Stunden alten Katzen weder einen Herzstillstand noch
Kammer- oder Vorhofsruhe hervorruft, bei zwei bis sieben Tage alten
nach starker Reizung nur die Ventrikel ruhen, erst bei ein bis zwei
Wochen alten völliger Herzstillstand eintritt, Vagotomie in den
ersten Lebenstagen auf die Herzfrequenz nicht steigernd wirkt
und Vergiftung mit Atropin gleichfalls die Herzfrequenz nicht
ändert. Letzteres fand auch Langendorff für neugeborene [252
Thiere. Er bemerkte aber, dass doch die elektrische Vagusreizung
bei Neugeborenen Frequenzabnahme und Herzstillstand bewirkt,
wenn der Nerv nicht gequetscht wird. Muscarin bewirkte bei
seinen Versuchen gleichfalls Abnahme der Herzfrequenz bis zum
Stillstand bei Neugeborenen, und Atropin hob diese Wirkung auf.
Derselbe Forscher constatirte auch, dass Compression der Trachea
und Suspension der künstlichen Athmung bei offenem Thorax
Frequenzabnahme bedingt, welche nach vorheriger Atropinisirung
ausbleibt. Also enthält der Vagus Neugeborener bereits hemmende Fasern.

Die sich widersprechenden Versuchsergebnisse finden wahrscheinlich in den angewandten Reizmethoden, und in der ungleichen
Reife der Neugeborenen ihre Erklärung, was einer erneuten Untersuchung wohl werth wäre. Neugeborene Meerschweinchen sind
viel weiter entwickelt als neugeborene Kaninchen, und eine Verschiedenheit der Hemmungsnervenerregbarkeit Neugeborener bei
verschiedenen Thierarten ist sehr wahrscheinlich.

Eine viel discutirte Änderung der fötalen Herzthätigkeit, bei
welcher die Vaguswirkung mit zur Erklärung herangezogen wurde,
ist die Abnahme der Frequenz während der Geburtswehen.

Nachdem Lejumeau 1822 und nach ihm viele Praktiker 128
bemerkt hatten, dass während der Geburtswehen die Herz- [140
thätigkeit abnimmt, nach einigen nur die Frequenz, nach [130

anderen auch die Energie der fötalen Herzschläge, untersuchte Hermann Schwartz den Fötalpuls in der Geburt genauer [75, 242, 246 und fand, dass in allen Fällen, in denen der Geburtsact nicht störend in das Fötalleben eingreift, so dass die Frucht ohne Spuren vorzeitiger Athemnoth und völlig lebensfrisch zur Welt kommt, die Frequenz des fötalen Herzschlags, abgesehen von schnell vorübergehenden Modificationen, vom Beginn der Geburt bis zum Austritt der Frucht unverändert bleibt. Dasselbe fand er für die Intensität der Herzschläge, soweit die wechselnden äusseren Bedingungen der Schallstärke der Herztöne dieses beurtheilen liess. In der Mehrzahl der Fälle betrug die Normalfrequenz der letzten Monate 12 in 5 Secunden, also 144 in der Minute, nur einmal 180, selten 120 und nie weniger.

Viel häufiger als diese Constanz der Herzfrequenz des Fötus im *status nascens* beobachtete Schwartz eine Verlangsamung [75, 248 um 1 bis 5 Schläge in 5 Secunden während der Uteruscontractionen und eine Schwächung der Herzschläge, so dass beides noch physiologisch genannt werden muss, da sich die Verlangsamung in der Wehenpause schnell wieder ausgleicht und [75, 250 in der Regel keinen Nachtheil mit sich führt.

Diese Thatsache wurde bestätigt namentlich von V. Hüter, [238 B. S. Schultze und F. A. Kehrer. Letzterer fand, dass [132 in den Wehen auch der vorgerückten Austreibungsperiode die Verlangsamung bald deutlich eintritt, bald ganz ausbleibt, in einzelnen Fällen sogar während der Wehe eine Beschleunigung eintritt (von 116 auf 156) und möchte diese Verschiedenheiten auf die wechselnde Grösse des Wehendrucks beziehen. In den Wehenpausen fand Dauzats bei 24 normalen Geburten — [285 nach dem Blasensprung — neunmal Abnahme, dreimal Zunahme, viermal Constanz, zweimal erst Abnahme, dann starke Zunahme, sechsmal Veränderlichkeit der Frequenz, die physiologisch hierbei zwischen 100 und 200 variirt.

Um nun den die Herzfrequenz herabsetzenden Einfluss der Wehe auf die fötale Herzthätigkeit zu erklären sind mehrere Hypothesen aufgestellt worden.

Schwartz nahm anfangs an, dass durch die Uterus- [75, 118 contraction eine Pressung der Placenta, dadurch eine Stauung des Blutes in den Nabelarterien, ein vermehrter Zufluss in die Nabelvene, somit eine Überfüllung der fötalen Gefässe mit Blut und eine Abnahme der Herzfrequenz eintrete, gab aber diese Ansicht auf, nachdem B. Schultze eingewendet hatte, durch die [238

Compression der Zottengefässe müsse der Nabelvene weniger Blut zugeführt werden. Nun hat aber die ursprüngliche Meinung von Schwartz, die vermehrte Blutzufuhr in der Nabelvene während der Wehe, durch den von A. Schücking gelieferten Nachweis des [108
in der Wehe bedeutend erhöhten Blutdrucks in der Nabel- [109
vene wieder eine starke Stütze erhalten. Der manometrisch gemessene Druck wurde in der Wehe sogar mehr als doppelt so gross, als in der Wehenpause, gefunden. Diese Stütze ist jedoch einseitig, denn es fragt sich, ob im Fötus eine Blutfülle wie die anfänglich supponirte überhaupt Pulsverlangsamung oder Pulsbeschleunigung hervorrufen würde, gleichviel ob die Placenta, wie Poppel meint, einseitig, oder wie B. S. Schultze will, allseitig [23
in der Wehe comprimirt wird.

Ein anderes Moment, welches von Mehreren zur [149
Erklärung herangezogen wurde, ist der sogenannte allgemeine Inhaltsdruck, unter dem die Frucht während der Wehe steht. Da eine bedeutende Zunahme des Drucks der das Geborene umgebenden Luft regelmässig eine Pulsverlangsamung bewirkt, könnte auch die Zunahme des Drucks, den der Uterus auf das Fruchtwasser und den ganzen Fötus in der Wehe ausübt, die Abnahme der Herzfrequenz bedingen, wenigstens mitbedingen, wie B. S. Schultze [23
besonders hervorhob. Die Beeinflussung des Pulses geborener Aerozoen durch erhöhten Luftdruck ist jedoch eine so wesentlich andere, als die des Pulses ungeborener Aerozoen durch erhöhten allgemeinen Inhaltseindruck, dass Kehrer glaubte, durch Beobachtung des Einflusses gesteigerten Wasserdrucks auf die Herzthätigkeit unentwickelter Hydrozoen der Entscheidung näher zu kommen, ob überhaupt der allgemeine Inhaltsdruck für die Pulsverlangsamung des Fötus in Anspruch genommen werden dürfe. Er setzte daher Tritonenlarven abwechselnd einem Wasserdruck von 0,11 und 11 Meter aus, fand aber dass durch diese bedeutende Änderung des Drucks keine Veränderung der Herzfrequenz jener Kiemenathmer eintrat, während dieselbe bei geringer Temperaturzunahme des Wassers bedeutend stieg und bei Abnahme der Wasserwärme sank. Hieraus schliesst nun Kehrer, dass keine Berechtigung vorliege, die fötale Pulsverlangsamung während der Wehen von der Steigerung des allgemeinen Inhaltsdrucks abzuleiten, indem er noch die Versuche, den Wehendruck (mittelst des Tokodynamometers von Schatz und auf andere weniger zulässige Weise) zu messen, erwähnt.

Wenn auch thatsächlich kein Wehendruck ein Drittel Atmosphäre übersteigen sollte, was etwa 3,4 Meter Wasserdruck entspricht, so wäre doch jener Schluss schon deshalb völlig unannehmbar, weil die Tritonenlarve mit ihrer, von der Aussentemperatur in hohem Grade abhängigen niedrigen Körperwärme, ihren Kiemen und ihrem relativ geringen Sauerstoffbedürfniss, abgesehen von ihrem gänzlich abweichenden Bau, von dem warmblütigen gegen Sauerstoffentziehung höchst empfindlichen, gar nicht äusserlich athmenden Menschenfötus allzu verschieden ist. Selbst wenn der hohe Wasserdruck eine Abnahme der Schlagzahl des jugendlichen Tritonenherzens zur Folge gehabt hätte, würde daraus nichts für die Erklärung der Abnahme beim Menschenherzen in der Wehe zu folgern sein. Und dasselbe gilt für die nach Steigerung des pneumatischen Drucks beobachtete Frequenzabnahme der Herzschläge geborener Menschen und Thiere.

Also der Einfluss, welchen die gesteigerte Compression des Fötus während der Wehe auf die Herzthätigkeit ausüben könnte, ist zur Zeit weder bewiesen noch widerlegt.

Eine dritte Hypothese geht davon aus, dass die Compression des Schädels, welche bei jeder Wehe eintrete, durch Reizung des Vagusursprungs die fötale Herzfrequenzabnahme verursacht. Durch sinnreiche Experimente ist von Leyden, Schwartz und An- [140
deren an trepanirten Thieren die Thatsache festgestellt worden, dass ein starker Druck auf das Gehirn Vagusreiz und dadurch Herzfrequenzabnahme bedingt, denn nach der Vagotomie ist der Hirndruck wirkungslos.

Bei Zangengeburten hatte Frankenhäuser bereits die bedeutende Pulsfrequenzabnahme dem durch die Application der Zange an den Fötuskopf herbeigeführten Hirndruck zugeschrieben.

Dass nun der Hirndruck auch normal in der Wehe stattfinde und den Vagus errege, behauptet Kehrer. [149

Kaninchen der ersten Lebenstage zeigen, wie Schwartz darthat, wenn sie möglichst apnoisch gemacht worden sind, nach Compression des Schädels mit den Fingern, eine Abnahme der Herzschlagzahl und keine Inspirationsbewegung. Kehrer fand, dass die Abnahme nicht eintritt nach der Vagotomie. Diese Angaben stehen zwar nicht im Einklang mit Soltmanns Befund, demzufolge der Vagus in den ersten Tagen noch nicht oder nicht constant hemmend wirkt, aber das Alter der Thiere ist nicht genau angegeben, sie verhalten sich schon in der ersten Zeit bezüglich der Hemmungsapparate sehr ungleich, und Anrep beobachtete bei einer Katze von sechs Tagen nach Vagusreizung keine

Frequenzabnahme, bei einer von sieben (desselben Wurfes) völligen Herzstillstand. Auch sind Soltmanns Versuche, wie erwähnt wurde, anfechtbar.

Hieran scheitert die Hirndruck-Hypothese also nicht. Dagegen ist von Wichtigkeit, dass auch in der Steisslage geborene Kinder die Pulsfrequenzabnahme in der Geburt zeigen sollen. Auch ist noch keineswegs bewiesen, dass bei der Schädellage nothwendig ein genügender Hirndruck zu Stande kommt, um den Vagus zu erregen. Die Versuche, künstlich an Modellen dieses zu beweisen, sind darum unzureichend, und das gilt auch für Kehrer's Versuche, weil sie eben nur einen Theil der mitwirkenden Factoren berücksichtigen. Vor allem aber, wenn es richtig wäre, was Kehrer behauptet, dass der Kindesschädel bei stehender (19, 2) Blase in der Wehe gegen die Uteruswand anstossend oder dieselbe vortreibend, einen höheren Druck als das übrige Ei erlitte (indem er nicht in der Wehe in das Fruchtwasser zurückweichen könne und die vorgedrängte Uterusgegend stärker gereizt sich energischer zusammenzöge), dann wäre gar kein Grund vorhanden, warum bei normalen Geburten sehr häufig, nach V. Hüter bei 19 %, keine Änderung der Herzfrequenz eintritt. Es müsste also dann keine Vagusreizung eintreten. Das eine Mal soll der Hirndruck den Vagus reizen und das andere Mal nicht?

Da wird zunächst die von Lahs aufrechterhaltene (19, 4) Ansicht bestehen bleiben, dass vor dem Blasensprung ein höherer Druck auf den Kopf nicht wirkt und die vermeintliche (19, 4) *observatio crucis*, welche von Kehrer den Veterinären empfohlen wird, kann nicht entscheiden, dass nämlich bei Thieren, deren Schädelknochen unbeweglich schon bei der Geburt verbunden seien — bei Wiederkäuern — unter den Wehen keine Herzfrequenzabnahme zu Stande komme, wenn seine Hypothese vom Hirndruck richtig sei. Diese Beobachtung wäre nicht entscheidend, weil der Hypothese zufolge bei vorstehendem Kopf jedesmal durch Schädelcompression die Herzfrequenz abnehmen müsste, wenn die Wehe eintritt und wenn der Kopf nicht vorliegt die Abnahme der Herzschlagzahl ausbleiben müsste, was beides nicht zutrifft.

Dagegen könnte sehr wohl nach künstlich gesteigertem Druck auf den Schädel, z. B. durch die Zange, der Vagus gereizt werden und dadurch die Herzthätigkeit abnehmen, wie Frankenhäuser zuerst aussprach.

Es bleibt noch eine Hypothese, die vierte, zur Erklärung des

Einflusses der Wehe auf das fötale Herz zu begutachten, die von B. Schultze begründete Ansicht, dass durch Abnahme [78, 238 der Arterialität des Fötusblutes in der Wehe der Vagus erregt und das Herz hemmend beeinflusst werde. Der Zeit nach geht sie der letzterwähnten voran (1866), und die Idee den Vagus beim Fötus in dieser Weise in Anspruch zu nehmen hat zuerst Schultze auf Grund eines Versuches von Thiry ausgesprochen. [238 Die Hirndruck-Hypothese Kehrers differirt von der von ihm als bereits widerlegt angesehenen Schultze'schen Darlegung nur bezüglich der Art des Vagusreizes: Hirndruck statt Venosität. Der Versuch von Thiry ergibt, dass ein durch Lufteinblasen apnoisch gewordenes Thier nach Unterbrechung der künstlichen Athmung zunächst eine Abnahme der Herzfrequenz zeigt, die nach Vagotomie ausbleibt und dann erst Dyspnöe. Beim Fötus kann also, lehrt Schultze, wenn die Uteruscontraction durch Compression die Placentarathmung beeinträchtigt, die beginnende Sauerstoffabnahme im Blute allein den Herzvagus reizen ohne sogleich das Athemcentrum zu reizen — sonst müssten vorzeitige Athembewegungen eintreten, was normalerweise bei der Pulsverminderung nicht der Fall ist. In der Wehenpause gleicht sich die Behinderung des Gasaustausches in der Placenta wieder aus, der Vagusreiz lässt nach, das Herz schlägt normal.

Gegen diese sinnreiche Lehre lässt sich einwenden:

1) Der Vagus könne vor dem ersten Athemzuge noch keine hemmende Wirkung entfalten. Die Herzfrequenz des Ungeborenen ist viel höher, als die des Geborenen, wie sich oben zeigte (S. 54), und einzelne Versuche an Thieren sprechen für eine geringere Erregbarkeit der Hemmungsnerven in den ersten Tagen nach der Geburt. Ausserdem ist die normale Frequenz des Fötusherzens die höchste, welche überhaupt im ganzen Leben vorkommt und auffallend constant. Man könnte diese Thatsache zwanglos dem noch mangelnden Vagustonus zuschreiben und behaupten, erst nach dem Beginne der Luftathmung oder mit dieser komme (durch Hautreizung) allmählich der Vagustonus zu Stande. So richtig aber diese Anschauung sein mag, aus der fehlenden Erregung vor der Geburt folgt nicht die fehlende Erregbarkeit. Daher könnte möglicherweise eine Veränderung des Blutes im Sinne Schultzes während der Geburt doch den Herzvagusursprung erregen. Die Versuche an Thieren fallen sehr ungleich aus und ihre Ergebnisse sind auf den Menschen nicht übertragbar. Dieser Einwand ist also nicht schwerwiegend.

2) Eine Compression der Gefässe des Uterus in der Wehe, durch welche die Placentarcapillaren verengert werden sollen, ist, wie Kehrer bemerkt, fraglich. Abgesehen davon, dass im contrahirten Muskel im Allgemeinen die Geschwindigkeit des Blutstroms zunimmt, in dem nur die kleinsten Gefässzweige stark verengt werden, hat man gemeint, es komme schwerlich bei irgend einer Contraction der Uterusmusculatur zu einer erheblichen Verengerung der zu- und abführenden mütterlichen Gefässe, und namentlich werde ein mechanisches Zusammendrücken der Zottencapillaren schon wegen des überall gleichgrossen intrauterinen Druckes schwerlich zu Stande kommen. Dass jedoch eine [140, 25 Behinderung des Gasaustausches in der Placenta während der Uteruscontractionen wahrscheinlich ist, wird in jedem Falle zuzugeben sein. Denn der thätige Muskel, in welchem Blut strömt, verbraucht bekanntlich mehr Sauerstoff als der ruhende, daher auch der thätige Uterus mehr als der ruhende. Dieses in der Wehe dem zuströmenden Blute entzogene Plus an Sauerstoff kann in der Ruhe dem Fötusblut im Fruchtkuchen zu Gute kommen.

Die Hauptsache ist, dass in der Wehe auch bei nicht gehemmter Circulation, doch die Placentarrespiration beeinträchtigt sein kann.

Dem zweiten Einwand ist somit gleichfalls kein grosses Gewicht beizulegen.

3) Auch wenn die verlangte Veränderung der Blut-Zufuhr und -Abfuhr normal durch die Wehe stattfindet und durch die gesteigerte Herzthätigkeit der Mutter nicht compensirt wird, würde daraus eine bedeutend erhöhte Venosität des Blutes im Fötus nicht resultiren, eine wenig erhöhte noch keine erhebliche Abnahme der Herzthätigkeit herbeiführen, weil der Herzvagus gegen geringe Änderungen des Sauerstoff- und Kohlensäure-Gehaltes des Blutes überhaupt wenig empfindlich ist, bei grösseren aber das Respirationscentrum in Thätigkeit gerathen würde. Vorzeitige Athembewegungen sind aber durchaus nicht regelmässige Begleiterscheinungen der verminderten Herzthätigkeit während der Wehe. [140, 62

Dieser in ähnlicher Form von Kehrer gemachte Einwand trifft um so mehr zu, als der Herzvagus beim Neugeborenen thatsächlich eine geringere Erregbarkeit zeigt, als das Respirationscentrum.

4) Wenn jede Wehe die Venosität des fötalen Blutes steigert, so dass Vagusreiz eintreten kann, dann ist nicht zu verstehen,

dass bei etwa ein Fünftel der Geburten keine Abnahme der Herzfrequenz eintritt, man müsste denn eine individuell sehr verschiedene Vaguserregbarkeit annehmen wollen oder den Grad der Venosität des Blutes sehr ungleich setzen.

5) Das Thiry'sche Experiment am Thier ist zwar insofern, wie Schwartz fand, richtig, als die Herzfrequenz nach Unterbrechung der künstlichen Athmung bei offenem Thorax eher abnimmt als Dyspnöe eintritt, aber doch immer erst nach dem Wiederbeginn rhythmischer Zwerchfellcontractionen, d. h. Athembewegungen. [140, 28] Beim ungeborenen Fötus dagegen soll der Vagus allein ohne das Athmungscentrum erregt werden durch das venöse Blut. Somit ist der Thiry'sche Versuch keine Stütze der Hypothese (Kehrer). Ich habe ihn gleichfalls mehrmals wiederholt und gefunden, dass beim Meerschweinchen mit offenem Thorax Unterbrechung der Lufteinblasungen jedesmal zuerst mehrere inspiratorische Zwerchfellbewegungen, dann Pulsverlangsamung zur Folge hat, und dass letztere beginnt, ehe die Diaphragmacontractionen dyspnoisch werden, also in vollem Einklang mit Schwartz und Donders.

Von diesen fünf Einwänden ist der letzte so gewichtig und schwer zu widerlegen, dass er die Aufrechterhaltung der Schultze-schen Ansicht in ihrem ganzen Umfange vorläufig nicht gestattet.

Es wird zwar die von Schultze betonte Betheiligung des Vagus immer noch am meisten für sich haben, aber die Erregung desselben wird nicht durch das Blut, sondern vermuthlich reflectorisch durch den vom contrahirten Uterus auf die Oberfläche des Fötus ausgeübten Druck zu Stande kommen. Zahlreiche Erfahrungen beweisen, wie leicht der Herzvagus auf solche periphere Reize reagirt. Ist er bei geringerer Venosität weniger leicht auf reflectorischem Wege zu reizen oder sind dann, wofür gleichfalls Erfahrungen am erwachsenen apnoischen Thiere sprechen, die Hautnerven weniger erregbar, dann bliebe (ohne die hypothetische individuelle Verschiedenheit der Vaguserregbarkeit) die Wirkung auf das Herz aus, beim Fötus wie beim Geborenen.

Die seltenen Fälle einer beschleunigten fötalen Herzthätigkeit in der Wehe und die ebenfalls seltenen einer sehr grossen Unregelmässigkeit in derselben sprechen dafür, dass mehrere Factoren zusammenwirken: Vagusreizung durch periphere Hautnervenerregung, Änderungen der in gleichen Zeiten vom Herzen zu bewältigenden Blutmengen, Vagusermüdung, Reizung acceleratorischer Herznerven, Änderungen der Erregbarkeit der Herznerven und

Herzcentren mit dem veränderlichen Sauerstoffgehalt des Herzblutes werden jedenfalls dabei in Betracht kommen.

Die Fälle, in denen unmittelbar vor der Wehe eine geringe kurz dauernde Zunahme der Herzfrequenz beim menschlichen Fötus beobachtet wurde, können möglicher Weise ohne Nerveneinfluss erklärt werden. Diese Beschleunigung vor der Wehe tritt wahrscheinlich ein, wenn eine energische Wehe rasch einsetzt und zur Akme anwächst. Das Blut in der Placenta wird nach dem Herzen gedrängt, und wenn Füllung der Ventrikel für die Nervencentren des Herzens der hauptsächliche Reiz zur Contraction ist, so muss eine Beschleunigung der Herzthätigkeit durch beschleunigte Füllung erfolgen. Die Beschleunigung nach der Wehe erklärt sich aus einem Nachlass der Vagus-Erregung bei Erleichterung der Herzarbeit durch Wiedereröffnung des Placentarcapillarsytems nach der Wehe. [174

Aus den mitgetheilten Zahlen über die Anzahl der Herzschläge des ungeborenen Menschen ergibt sich für die **Dauer eines Herzschlags**, dass innerhalb physiologischer Grenzen dieselbe zwischen etwa 0,3 und 0,6 Secunden betragen muss, denn weiter als 100 und 200 Schläge in der Minute liegen die beobachteten Frequenzzahlen innerhalb der physiologischen Breite der Schwankungen nicht auseinander. Für die gewöhnliche Frequenz von 140 ergibt sich eine Herzschlagdauer von fast 0,43 Secunden. Davon entfällt ohne Zweifel die Hälfte oder mehr auf die Systole der Ventrikel, und die für das auscultirende Ohr fast gleiche Pause zwischen 1. und 2. Ton und 2. und 1. Ton macht es wahrscheinlich, dass beim Fötus die Herzpause, d. h. die Dauer der diastolischen Ruhe des Gesammtherzens, relativ kleiner, als beim Erwachsenen ist. Andernfalls würde die Zeit zur Contraction und Expansion der Kammern schwerlich ausreichen und namentlich der 1. Herzton nicht so deutlich sein, wie er ist.

Übrigens liegt nicht der mindeste Grund vor, für die Entstehung der Herztöne des Fötus eine andere Erklärung als für die des Geborenen zu suchen.

B. Der embryonale Blutkreislauf.

Bei Embryonen niederer Thiere geschieht die Bewegung des Blutes oder der Hämatolymphe unregelmässig, vornehmlich durch Contractionen des Rumpfes, so bei dem Embryo der [119 Tellerschnecke, der Ackerschnecke. Letzterer besitzt (nach Vanbeneden und Windischmann) zwei contractile Blasen, welche einen [186 lymphe-ähnlichen Saft vor wie nach der Bildung des Herzens im Körper des Embryo hin- und hertreiben, indem sie sich alternirend, jedoch nicht regelmässig contrahiren. Beide sind vor dem Auskriechen völlig zurückgebildet oder ihr Inhalt resorbirt. Das Herz zeigt sogleich zwei primitive Aorten.

Auch beim Amphibienembryo sind vor dem Verlassen des Eies die heftigen Bewegungen, welche Lage- und Stellungs-Änderungen herbeiführen von Wichtigkeit für die Fortbewegung des in der Ausbildung begriffenen Blutes.

Bei manchen Amphibienembryonen, deren Kiemen schon im Ei nach aussen hervortreten, sieht man mittelst des Mikroskops das Pulsiren in den Kiemen. So habe ich beim Embryo [162, 47 des braunen Grasfrosches sehr deutlich den Puls an dem stossweisen Fortbewegtwerden der grossen noch nicht entwickelten Blutkörper in den eben angelegten Kiemen gesehen. Das Object ist eines der günstigsten zur anhaltenden Beobachtung des Pulses beim Embryo im Ei vor dem Beginne der continuirlichen Blutströmung.

Unter den Embryonen idiothermer Thiere ist es wieder das Hühnchen, dessen Kreislaufserscheinungen am besten bekannt sind. Man findet sie gut, wenn auch nicht im Zusammenhang, beschrieben in den Grundzügen der Entwicklungsgeschichte [116 des Hühnchens von Balfour und Foster, auf welche ich zur weiteren

Begründung eines Theiles der folgenden Angaben verweise. Im Ganzen beruht meine Darstellung des Blutkreislaufs beim Embryo ebenso auf eigener Beobachtung des lebenden Objects, wie auf einer Kritik der vorhandenen Beschreibungen nach anatomischen Präparaten.

Nachdem am zweiten Tage der Gefässhof vom Fruchthof sich zu sondern und das Herz zu schlagen angefangen hat, wird schon das künftige Blut, welches von hinten durch die beiden Keimhautvenen, Omphalomesenterial- oder Dottersack-Venen in das Herzrohr eintritt, vorn in die beiden primitiven Aorten durch die Herzcontractionen getrieben. Diese führen es zu beiden Seiten der Chorda dem Schwanzende des Embryo zu. Der grösste Theil des Aortenblutes verlässt aber seitlich durch die beiden Keimhautpulsadern, Omphalomesenterial- oder Dottersack-Arterien, abfliessend den Embryo und geht in den Gefässhof. Hier entwickeln sich aus den Blutinseln die rothen Blutkörperchen und mit bemerkenswerther Geschwindigkeit entstehen hier kleinste Arterien und Capillaren, in denen, wie schon Fontana (1797) [214] sah, die Blutkörper immer weiter vordringen. Durch die Arterien tritt das Blut theils in die Capillaren, theils in das Randgefäss, den *Sinus terminalis* oder die Terminalvene. Aus dieser fliesst es theils durch zahlreiche kleine Venen, theils durch die grossen Dottervenen (*V. vitellinae*) in die beiden Dottersackvenen (*V. omphalo-mesaraicae*) und so in das Herz zurück. Diese einfache Blutbewegung nennen wir die primitive Dottercirculation. Hierbei werden Sauerstoff und Nährstoffe in den Capillaren des Dottersacks in das Blut aufgenommen, aber schon in dem rasch wachsenden und stark arbeitenden Herzrohr zum Theil wieder verbraucht, so dass bereits unmittelbar nach seinem Austritt aus dem Herzen das Blut nicht mehr in dem Grade arteriell genannt werden kann wie beim Eintritt in dasselbe. In seinem weiteren Lauf durch die Aorten wird immer mehr Baumaterial abgegeben und Sauerstoff verzehrt, so dass in den Verzweigungen der Omphalomesenterialarterien das venöseste Blut strömt. Eine Übersicht dieses ganzen Blutlaufs gibt Taf. I Fig. 1 schematisch, Fig. 2 halbschematisch im Ei in natürlicher Grösse.

Die nächste Veränderung des Blutstroms wird durch die Vereinigung der beiden Primitivaorten herbeigeführt, welche hinter dem Herzen zu einem dorsalen Aortenstamm (*A. D.*) verschmelzen, so dass aus den zwei dem Aortenbulbus (*A. B.*) entspringenden Aortenbögen ein gemeinschaftlicher absteigender Aortenstamm wird, der sich gabelig in zwei caudale Aorten theilt. Vom dritten

Tage an geht aus diesen durch kleine Arterien Blut in den Embryo-Rumpf und in Capillaren, aus denen es in die vordere (*O. C. V.*) und hintere paarige Cardinalvene (*U.C.V.*) als venöses Körperblut gesammelt wird. Aus den Cardinalvenen fliesst beiderseits dieses primitive venöse Körperblut durch den paarigen Cuvierschen Gang (*C.D.*) in das hintere Herzende, den venösen Herzsinus (*V.S.*), zurück. Inzwischen ist zu dem ersten Aortenbogenpaar ein zweites und dann ein drittes hinzugekommen. Das Blut, welches durch die Aortenbögen strömt, und zwar nur in cordifugaler Richtung, ist sonach gemischt aus dem frischen Omphalomesenterialvenenblut (*O.M.V.*), das vom Dottersack herkommt, und dem schon einmal ausgenutzten venösen Körperblut. Taf. II versinnlicht diese Verhältnisse. Sie zeigt die Richtung des Blutstroms und die Beschaffenheit des Blutes in den einzelnen Gefässen an. Ich bemerke dazu, dass es sich vielmehr empfiehlt in Bezug auf diese Zeit zur Beschreibung der Blutbewegung die Richtung des Blutstroms, als seine Beschaffenheit zu wählen, weil die Ausdrücke „arteriell" und „venös" nur bei völlig getrenntem grossem und kleinem Kreislauf anwendbar sind. Daher nannte ich (S. 28) das vom Herzen fortströmende Blut cordifugal, das zu ihm hinströmende cordipetal.

Dieser zweite Dotterkreislauf wird bald wesentlich modificirt durch die beginnende Allantoiscirculation.

Am vierten Tage bildet sich die Allantois aus. In sie hinein strömt Blut durch die beiden Allantois- oder Nabel-Arterien; von jeder Iliaca (oder caudalen Aorta) entspringt eine. Die Omphalomesenterialarterien gehen nun von dem unpaarigen Aortenstamm als ein sich bald in zwei ungleiche Zweige spaltender Ast ab. Das erste Aortenbogenpaar obliterirt; statt dessen entsteht ein viertes. Auch das zweite Aortenbogenpaar obliterirt und es entsteht dann ein fünftes Paar.

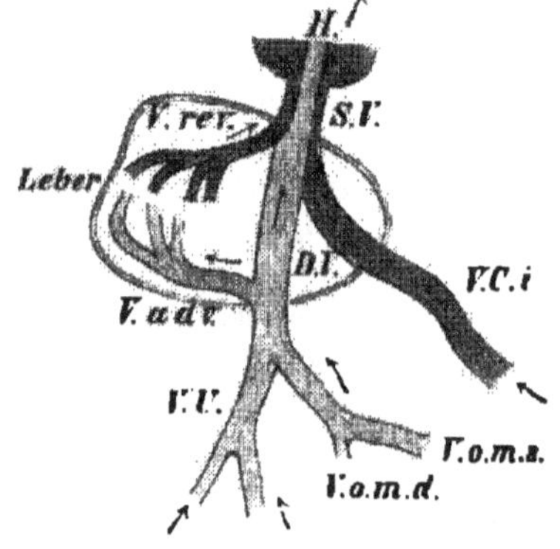

Die rechte Omphalomesenterialvene (*V.o.m.d.*) ist fast nur noch ein Zweig der linken (*V.o.m.s.*). In die letztere gehen die vereinigten beiden Nabel-

oder Allantois-Venen (*V.U.*), welche das Blut aus der Allantois zurückbringen. Der Omphalomesenterialvenenstamm erscheint am fünften oder sechsten Tage getheilt, sofern durch den venösen Ductus (*D. V.*) sein Blut z. Th. direct, durch Zweige desselben, die sogenannten *Vasa advehentia* (*V. adv.*) z. Th. indirect, nämlich durch die Leber und die Lebervenen oder *Vasa revehentia* (*V. rev.*) in den venösen Herzsinus (*S. V.*) gelangt. Die Leber erhält also das frischeste Blut, dem nur wenig mit der Pfortader einströmendes Darmblut beigemischt ist, das Herz (*H.*) dagegen Nabelvenenblut mit viel Venenblut aus der Leber vermischt. Die Figur auf voriger Seite veranschaulicht diesen cordipetalen Blutstrom.

Durch das rapide Wachsthum des Embryo wird die Menge des venösen Körperblutes schnell grösser, so dass bereits am vierten Tage eine beträchtliche Quantität durch die neu entstandenen Jugular-, Vertebral- und Flügel-Venen, sowie durch die untere Hohlvene (*V.c.i.*) und die stärker gewordenen unteren Cardinalvenen sich mit dem frischen Blute der Dottersackvenen und des Nabelvenenstamms zusammen in das Herz ergiesst. Auch die Pulmonalvenen haben sich bereits gebildet, führen aber sehr wenig Blut.

Das aus dem venösen Herzsinus, d. h. der unteren Hohlvene, kommende Blut strömt z. Th. in die rechte Vorkammer, zum grössten Theil durch das ovale Loch direct in die linke Vorkammer, welche grösser als die rechte ist. Das Blut der linken oberen Hohlvene geht in den rechten Vorhof, ohne in den linken einzutreten. Die rechte obere Hohlvene ist noch von der linken geschieden. Das Blut derselben geht in das rechte, nicht in das linke Atrium, sondern in dieses nur das der unteren Hohlvene und der Pulmonalvenen. Die beiden oberen Hohlvenen sind übrigens die früheren Cuvierschen Ductus. [116, 194

Zu dieser Zeit ist also schon ein unvollkommener doppelter Kreislauf ausgebildet. Denn das Blut der unteren Hohlvene, mit dem der Dottersack-Venen, Allantois-Venen und Leber-Venen vereinigt, geht durch die Atrien, den linken Ventrikel und das 3. und 4. Aortenbogenpaar theils in den Kopf und von da durch die oberen Hohlvenen in den rechten Vorhof und den rechten Ventrikel, theils in die Aorta und Allantois zurück, während das Blut des rechten Ventrikels in das 5. Aortenbogenpaar und dann in die Pulmonalarterien und durch den paarigen Botallischen Ductus in die absteigende Aorta geht, welche es in die Allantois führt. Somit ist das Blut rein arteriell nur in den Allantois- und

Dottersack-Venen, rein venös nur in den oberen Hohlvenen und deren Verzweigungen, sowie in dem unteren Theile der unteren Hohlvene und in den Cardinalvenen.

Schon am siebenten Tage verliert die Terminal-Vene ihre Bedeutung, und die mit ihr zusammenhängenden Gefässe sind grösstentheils verschwunden. Mit der Ausbildung der Allantoiscirculation nimmt der Dotterkreislauf weiter rasch ab. Die Omphalomesenterial-Venen und -Arterien, beide je einstämmig geworden, erscheinen fast als Äste der inzwischen stark entwickelten Darmgefässe, d. i. der Mesenterial-Venen und -Arterien, und gegen Ende der Incubation sieht man am hernienartig vortretenden Dottersack nur relativ wenige Gefässe. Dagegen entwickeln sich die Allantoisgefässe immer mehr. Beim Öffnen des Eies sieht man die Allantoisarterien mächtig pulsiren, bei guter Beleuchtung mittelst des Embryoskops auch im unversehrten Ei, so dass sich die Pulsfrequenz ermitteln lässt. Hat jedoch die Lungenathmung im Ei begonnen, dann beginnt auch und schreitet rasch vorwärts die Entleerung und Rückbildung der Allantoisgefässe.

In den späteren Incubationstagen vor dem Beginn der Lungenathmung gestaltet sich der Kreislauf folgendermaassen: (Vgl. Taf. III z. Th. nach Foster's und Balfour's Fig. 66.) (116, 814

Von der rechten Kammer (*r. V.*) strömt das Blut in das fünfte Bogenpaar (V.*r.*,V.*l.*) und von da grösstentheils durch die Botallischen Gänge (*D.B.d.*, *D.B.s.*) in die Rückenaorta (*R.A.*), zum kleinen Theil durch die noch kleinen Pulmonalarterien (*A.p.r.*, *A.p.l.*) in die Lungen.

Von der linken Kammer (*l. V.*) geht das Blut durch die andere Aortenwurzel in das 3. und 4. Bogenpaar. Der durch ersteres strömende Antheil versorgt den Kopf und die Flügel durch die äusseren und inneren Carotiden. Das Blut des rechten 4. Bogens geht grösstentheils in die Rückenaorta, ein kleiner Theil in die Flügelarterien. Das Blut des linken 4. Bogens dagegen versorgt hauptsächlich die Flügel, und nichts davon geht in die Rückenaorta seit die Verbindung des linken 4. und 5. Bogens nicht mehr besteht. Da aber die des rechten 4. und 5. Bogens bleibt, ist das Blut der Rückenaorta noch gemischt aus dem der linken und rechten Kammer. Die vordere Körperhälfte erhält nur das Blut aus dem linken Ventrikel.

Von der absteigenden Aorta geht das Blut 1) durch die einstämmige bald sich theilende Omphalomesenterialarterie in den Dottersack, 2) durch die aus jeder Iliaca entspringende paarige

Allantoisarterie in den Harnsack (die Allantois), 3) durch die paarige Iliaca direct in die hintere Körperhälfte.

Zurück strömt das venöse Blut aus dem Kopf und den Flügeln durch die beiden oberen Hohlvenen in das Herz; und zwar geht es aus der rechten oberen Hohlvene mit dem der unteren durch das *Foramen ovale* z. Th. in den linken Vorhof und die linke [116, 231
Kammer; das der linken oberen Hohlvene geht nur in den rechten Vorhof und die rechte Kammer. Das Blut der unteren Hohlvene kommt 1) von den Lebervenen (*Le. V.*), die es aus der Pfortader beziehen, 2) direct durch den venösen Ductus (*A. D.*) aus der Pfortader (*P. A.*), die es vom Darm erhält, 3) von den Allantoisvenen (*N. V.*), 4) von der Omphalomesenterialvene (*O. M. V.*). Da die Pfortader als die Vereinigung der Allantois-, Omphalomesenterial- und Mesenterial-Venen zu betrachten ist, so kann man auch sagen: die untere Hohlvene erhält ihr Blut aus der Leber, der Pfortader und den Venen der hinteren (unteren) Körperhälfte. Aus den Lungen geht das Blut durch die beiden kleinen Lungenvenen in den linken Vorhof und linken Ventrikel. Schliesslich münden die drei Hohlvenen nur in den rechten Vorhof.

Diese cordipetale Blutströmung gegen Ende der Incubation wird durch die Taf. IV. anschaulich gemacht, welcher ein Schema von Foster und Balfour zu Grunde liegt. [116, 207

Etwas anders im Einzelnen, wenig anders im Wesentlichen ist der Blutkreislauf des menschlichen und der des höheren Säugethier-Fötus beschaffen. Hier sind zeitlich gleichfalls drei Stadien zu unterscheiden, nachdem die Strömungen vor und während der Entwicklung der Gefässe, des Herzens und des Blutes wie im Vogelei stattgefunden haben: 1) a. der primitive Dotterkreislauf, mit dem ersten Herzschlage beginnend wie beim Hühnchen; b. der zweite Dotterkreislauf mit der Verschmelzung der beiden dorsalen Aorten anfangend, gleichfalls wie beim Hühnchen; 2) der sog. zweite Kreislauf, welcher mit der Bildung der Nabelgefässe beginnt und den Placentar-Kreislauf umfasst, der Allantoiscirculation des Vogels entsprechend; 3) der Kreislauf des Neugeborenen, mit dem ersten Athemzuge anhebend, der Circulation des im Ei zum ersten Male athmenden Hühnchens entsprechend. Von den

Strömungen vor dem ersten Herzschlage

ist sehr wenig bekannt. Baer hat sie zuerst im Hühnerei gesehen. Sie haben für die Keimblätterbildung und dann für das Ingangkommen der Herzthätigkeit jedenfalls eine grosse, noch nicht im Einzelnen bekannte Bedeutung, von welcher oben (S. 28) die Rede war. Die Existenz strömender Flüssigkeiten im Säugethierei vor der Embryobildung bewies zuerst T. L. W. Bischoff. Er sah auch schon vor der Fixirung des Eies im Uterus eine merkwürdige, wie er ausdrücklich hervorhebt, auf Wimperbewegung beruhende Drehung der Dotterkugel. [36

Am 31. August 1840 untersuchte er vier Eier in der Mitte des Eileiters von einem Kaninchen, welches vor Kurzem belegt worden war. Zwischen dem Dotter und der inneren Fläche der Zona befand sich eine durchsichtige Flüssigkeit, in welcher in drei Eiern noch zwei kleine gelbliche Körper von verschiedener Grösse schwammen. „Wie erstaunte ich aber," sagt er, „als ich nun unter dem Mikroskope die Dotterkugel sich ganz stet und ordentlich majestätisch um sich selbst drehen sah, und zwar in der Richtung von dem Uterus gegen den Eierstock hin. Die Bewegung war ununterbrochen und der Dotter veränderte dadurch seine Stellung in der Höhle der Zona. Die ihn umgebende Flüssigkeit wurde auch mitbewegt, wie ich an den in ihr schwimmenden Körperchen erkannte. Ich überzeugte mich dann auf das bestimmteste, dass die Oberfläche des Dotters mit sehr feinen Cilien besetzt war, die ich auch noch nachher, als ich das Ei isolirt auf ein Glasplättchen gebracht hatte, bei starker und stärkster Vergrösserung von 800 mal erkannte." Hierbei lagen die Eier ganz ruhig. Nur der Dotter vollzog die Rotation, welche sogar mittelst einer starken Lupe noch ganz sicher er- [41
kannt wurde und erst auf Zusatz von Augenkammerwasser aufhörte.

Diese Bewegung erinnert an die später zu betrachtende der Embryonen der Amphibien und vieler niederer Thiere im Ei.

Der Dotterkreislauf oder die erste Circulation.

Beim Kaninchen und Hunde, höchstwahrscheinlich auch beim Menschen, verhält sich die vorhin beschriebene erste und zweite Form des Dotterkreislaufs in allen wesentlichen Puncten physiologisch so wie beim Hühnchen trotz einiger Abweichungen in morphologischer Hinsicht.

Beim Säugethier geht anfangs nicht nur ein Paar Omphalomesenterialarterien an das Nabelbläschen (den Dottersack) von den absteigenden Aorten ab, sondern eine grössere Anzahl. Und von diesen bleiben zwei, schliesslich nur eine, die rechte übrig. Der ganze Omphalomesenterialkreislauf ist aber von geringerer Bedeutung, weil der Nahrungsdotter bei den placentalen Säugethieren sehr klein, nämlich ganz rudimentär ist, oder fehlt, obwohl beim Menschen der Dottersack, die *Vesicula umbilicalis*, bis zum Ende des Fötallebens, wie B. Schultze entdeckte, persistirt und noch [63
im 4. bis 5. Monat 7 bis 11 Millim. im Durchmesser hat. [30, 325

Bei denjenigen Aplacentalen hingegen, welche das Junge ausserhalb des Uterus, wie die Marsupialien, zur Reife bringen, und bei den Monotremen ist ein grösserer Nahrungsdotter vorhanden. Bei Macropus hatte Owen die völlige Abwesenheit einer Placenta constatirt (1834). Chapman fand bei einem Känguru-Fötus [388 von nicht ganz zwei Wochen ein durchsichtiges Chorion ohne Zotten, welches sich in Falten der Uteruswand inserirte und leicht ablösen liess. Das Amnion war sehr zart, die Allantois klein und birnförmig. Bei diesem aplacentalen Fötus war die Nabelblase sehr gross und durch eine ringförmige Vene von dem Chorion abgegrenzt. Auf ihr verzweigten sich eine Dottersackarterie und zwei Dottersackvenen, welche viel stärker waren, als die Allantoisgefässe. Es kann hiernach nicht bezweifelt werden, dass bei den Beutelthieren ohne Placenta die Ernährung und Athmung im Uterus durch die Dottersackgefässe, vermittelt wird, wie beim Vogelembryo vor der Allantoisbildung. Die Allantois erscheint wie eine verkümmerte Vogel-Allantois, wenigstens bei dem $^3/_4$ Zoll langen Macropus-Fötus von nicht ganz 14 Tagen. Wenn die Dottercirculation nach dem Verlassen des Uterus aufhört, beginnt bei diesen Thieren sogleich die Lungenathmung und zwar durch die Nasenöffnungen, indem sie mit dem Munde an der Zitze im Marsupium hängen. Der Transport vom Uterus in letzteres wird, wie ich durch eine mündliche Mittheilung des Herrn Chapman erfuhr, durch das Mutterthier bewerkstelligt, indem dieses mit dem Munde den Fötus aus der Scheide zieht und in den Beutel an die Zitze bringt, wo es sich sogleich festsaugt. Die Beobachtung wurde in einer Privatmenagerie des Lord Derby gemacht (Gewährsmann: Richard Owen).

Bezüglich des Zeitpunctes der beginnenden und endigenden Dottercirculation lässt sich für den menschlichen Embryo auf Grund der spärlichen anatomischen Angaben folgendes als ziemlich sicher — hauptsächlich nach Köllikers Zusammenstellungen und den Beobachtungen von His — bezeichnen.

In der dritten Woche sind zwei getrennte primitive absteigende Aorten vorhanden, sowie zwei Dottersackarterien und zwei [30, [illegible] Dottersackvenen, also der erste Dotterkreislauf im Gange. [30, [illegible] In der inneren Lage des Chorion finden sich in dem sich entwickelnden Bindegewebe überall feine Blutgefässe; auch am Dottersack und an der Allantois sind Gefässe bemerklich.

Ende der dritten oder Anfang der vierten Woche ist das

Chorion in seiner ganzen Ausdehnung gefässhaltig. Auch [30, 311
sind dann die beiden Aorten zu einer Rückenaorta verschmolzen [370
und der Aortenbulbus vorhanden, desgleichen der Stamm [30, 315
der Nabelvenen. Die rechte Omphalomesenterialarterie verläuft
längs des Dotterganges, während die linke schon obliterirt ist. Nur
eine der beiden Omphalomesenterialvenen, die linke, kommt vom [370
Dottersack zurück. Auf jeder Seite des Allantoisstiels finden sich zwei
Gefässe, nämlich zwei Nabelvenen und zwei Nabelarterien; die rechte
Nabelvene ist aber bereits schwächer geworden. In dieser Zeit [30, 316
besteht also zugleich ein Dottersack- und ein Allantois-Kreislauf.

Die Allantois, welche in der zweiten Woche noch nicht [31, 114
vorhanden ist, zu Ende der zweiten Woche jedoch einmal [30, 305
als eine „hervorsprossende, seicht zweilappige Blase, ein Drittel so
gross wie der Dottersack“ von Hennig und einmal zu Anfang der [100
dritten Woche von Preuschen als „blasenartiges“ frei von dem [374
Schwanzende sich abhebendes Gebilde, das aber solide war, gesehen wurde, ist (nach Coste-Kölliker) in der dritten Woche
am hinteren Leibesende in Form eines Stranges vorhanden, welcher
durch einen breiten Stiel, den künftigen Urachus, mit dem Enddarm zusammenhängt und dann in das Chorion sich verliert, [30, 307
dessen innere Lamelle er bildet. Ende der dritten Woche ist die
Allantois mit Gefässen an das Chorion geheftet, so dass dieses
nun, wie durch einen kurzen dicken Stiel, den Nabelstrang, [30, 308
mit dem Embryo verbunden ist. Zu dieser Zeit, oder noch [330, 11
zu Anfang der vierten Woche stellt die Allantois eine keulen- [30, 310
förmige kurze Blase dar. Ende der vierten Woche zeigt sich in
der Mitte ihres Stieles eine Öffnung, welche dem später zur Harnblase werdenden Theile des Urachus zugehört. His ist der [30, 313
Ansicht, dass der Embryo zu keiner Zeit vom Chorion getrennt
ist, vielmehr von Anfang an durch den Bauchstiel als „das Übergangsstück des embryonalen zum Chorion-Antheil der ur- [370
sprünglichen Keimblase“ mit ihm zusammenhängt. Und diese
Auffassung wird durch die von Preuschen (am Embryo von kaum
$2\frac{1}{2}$ Woche) gesehene bandartige Verbindung des Embryo mit
dem Chorion bei freier Allantois gestützt.

Jedenfalls ist zu Ende des ersten Fruchtmonats die zweite Form des Dotterkreislaufs, durch die grössere Ausdehnung des Dottersacks charakterisirt, schon im Gange. Aber es hat dann auch schon die Allantois- oder Chorion-Circulation begonnen.

Um die zeitlichen Verhältnisse der letzteren zu bestimmen, ist die Betrachtung des Chorion nothwendig.

Ende der zweiten Woche ist das Chorion mit kurzen [30, 305
dünnen Zotten besetzt. In der dritten Woche besteht es aus zwei Schichten, deren innere mit Blutgefässen versehen, zottenlos ist, während die äussere hohle verästelte Zotten besitzt, deren Höhlung an der der Allantois zugewendeten Fläche durch je ein rundes Loch mündet. Die Zotten bestehen aus epithelartigen Zellen, die innere Schicht ist in der Entwicklung begriffenes Bindegewebe mit feinen Blutgefässen. [30, 308

Ende der dritten oder Anfang der vierten Woche ist das Chorion in seiner ganzen Ausdehnung gefässhaltig und mit baumförmig verästelten Zotten besetzt. [30, 311

Ende der vierten Woche ist das Chorion an seiner ganzen Innenfläche von den Nabelgefässen reichlich versorgt, aussen [30, 316
mit verästelten Zotten besetzt. Letztere zeigen einen bindegewebigen Strang mit Blutgefässen, der von der inneren Lamelle des Chorion stammt.

In der fünften und sechsten Woche ist das Chorion noch in seiner ganzen Ausdehnung mit Zotten besetzt, welche aber an der künftigen Placentarstelle zahlreicher, grösser und mehr ramificirt, als an den übrigen Stellen erscheinen. Anfangs der sechsten [99
Woche sind wenigstens die Zotten an jener Stelle etwas stärker ausgebildet. [30, 317

In der siebenten und achten Woche entfalten sich die gefässhaltigen Zotten immer mehr an der Placentarstelle, an dem übrigen Chorion spärlicher werdend, an einzelnen Stellen fast gänzlich fehlend. [99

In der neunten Woche beginnt die Placenta sich auszubilden. Sie ist zu Anfang des dritten Monats 4 Cm. lang, 3 breit. [100
1 dick und 10 Gr. schwer gefunden worden.

Hiernach dauert die sog. Allantoiscirculation nur bis gegen das Ende des zweiten Monats. Während derselben hat sich aus dem Bauchstiel oder dem sog. Stiel der Allantois der **Nabelstrang** gebildet, über welchen noch folgendes zu bemerken ist:

Er ist Ende der zweiten Woche nicht vorhanden, aber [30, 305
in der dritten Woche bereits erscheint der Embryo durch einen kurzen Strang an das Chorion befestigt. [30, 307

Ende der dritten oder Anfang der vierten Woche inserirt sich der über ein Millimeter dicke kurze Nabelstrang oder sogenannte Allantoisstiel mit zwei Nabelarterien und zwei Nabel- [30, 310–312
venen an das Chorion.

In der vierten Woche ist der Allantoisstiel oder [30, 313, 315

Nabelstrang gut ausgebildet, in der fünften eine enge 1 Millim. [100
lange Scheide, die noch zwei Nabelvenen enthält. [31, 120

Anfangs der sechsten Woche ist der Nabelstrang immer noch kurz und dick. Statt der früheren vier Allantois- oder Umbilicalgefässe enthält er jetzt nur noch drei, nämlich zwei Nabelarterien und die frühere linke Nabelvene. Die rechte ist obliterirt. In den Nabelstrang geht bruchartig eine lange Schleife des Darmcanals, welche vom ganzen Dünndarm und Dickdarmanfang gebildet wird. Ausserdem zeigt der Nabelstrang in seiner ganzen Länge den hohlen Urachus. [30, 316

Ende der sechsten Woche ist der kurze dicke Nabelstrang noch nicht gewunden. [31, 120

In der siebenten und achten Woche beginnt die Spiral- [30, 313
drehung. Ob dabei von Anfang an die Richtung der Windungen
dieselbe ist, wie die später persistirende, bleibt zu ermitteln. Es
könnte in dieser frühen Zeit durch Drehungen des Embryo die
anfängliche Rechtsdrehung in eine Linksdrehung verkehrt werden
und umgekehrt. Bei 315 Ebengeborenen fand Hecker die [230, I, 51
Windungen gerichtet: von rechts nach links 245 mal und von
links nach rechts 70 mal. Das Verhältniss $1:3^1/_2$ ist unerklärt.

Von der neunten Woche an nimmt die Torsion zu, die Darmschlingen ziehen sich aus dem Nabelstrang heraus. [31, 122

Wenn man den Stiel der Allantois von der Zeit an, in welcher die Placentabildung beginnt, Nabelstrang nennt, so liegt darin eine Willkür. Er hat von der sechsten Woche an die drei Gefässe, die er behält, und von der neunten Woche an wird er zum Verbindungsstück des Embryo mit der Placenta. Übrigens persistiren in ihm die Omphalomesenterialgefässe ziemlich häufig. [223

Beim Menschen sind demnach die obigen Stadien zeitlich folgendermaassen voneinander abzugrenzen:

1) a. Die primitive Form des Dotterkreislaufs mit dem ersten Herzschlage beginnend, d. h. zu Ende der zweiten Woche oder zu Anfang der dritten Woche.

b. Die zweite Form des Dotterkreislaufs mit der Verschmelzung der beiden primitiven Aorten beginnend, d. h. in der vierten Woche oder schon Ende der dritten Woche.

2) a. Die Chorioncirculation mit der Ausbildung der Nabelgefässe beginnend, d. h. zu Ende der dritten Woche oder in der vierten Woche.

b. Die Placentarcirculation, mit der Placentabildung anfangend, d. h. im dritten Monat.

3) Die Circulation des Neugeborenen mit dem ersten Athemzuge in der Luft beginnend, nach zehn Fruchtmonaten.

Die Bestimmung der Zeitgrenzen ist nicht frei von Willkür, eine scharfe Trennung nicht durchführbar. Namentlich läuft die zweite Form des Dotterkreislaufs neben der beginnenden Allantoiscirculation einher. Die „Anheftung" der Allantois an das Chorion ist noch problematisch, kann daher nicht als ihr Anfang bezeichnet werden.

Ausserdem kann ein rudimentärer Nabelbläschen-Kreislauf noch bis gegen Ende der intrauterinen Entwicklung bestehen bleiben. Denn Hecker beobachtete bei einem 5¾ Pfund [230, I, 53 schweren 45 Cm. langen weiblichen Fötus in der Nabelschnur, und zwar von der Abdominalinsertion an bis zur Placenta, ein hellrothes Blutgefäss, welches sich am placentaren Ende in ein baumförmig verzweigtes Netzwerk feiner Gefässe auflöste. Diese umkreisten einen gelben linsenförmigen Körper, das Nabelbläschen, welches sich wie bei jeder reifen Placenta verhielt. Früher schon hatte, wie erwähnt ward, B. S. Schultze die Persistenz des Nabel- [63 bläschens in der normalen Placenta entdeckt, auch den *Ductus omphalo-entericus* in seltenen Fällen von Strängen begleitet gefunden, den Resten der Omphalomesenterial-Gefässe. Aber eine soweit gehende Erhaltung derselben wie im Heckerschen Falle ist, wie es scheint, sonst nicht zur Beobachtung gelangt. Jedenfalls liegt hier ein merkwürdiger Fall von Rückschlag vor mit theilweiser Erhaltung der Function.

Ich bemerke ausdrücklich, dass mir selbst, wie den meisten anderen Physiologen, eigene Beobachtungen über die Blutcirculation beim Menschen in den ersten Wochen der Embryonalzeit fehlen und trotz der ausserordentlich dankenswerthen Untersuchungen von His, welche aber erst zum Theil veröffentlicht sind, eine [370 ganz zuverlässige Darstellung des menschlichen Dotterkreislaufs noch nicht gegeben werden kann. Am meisten lassen die Zeitbestimmungen zu wünschen übrig, und die von His bereits hervorgehobenen Verschiedenheiten des menschlichen und thierischen Embryo — z. B. bezüglich des früheren Verschlusses der Amnionhöhle und bezüglich der Allantois — fordern dringend zur Sammlung jüngster menschlicher Eier auf, deren Untersuchung in physiologischer Beziehung kaum weniger wichtig ist, als in morphologischer.

Der Placentarkreislauf oder die zweite Circulation.

Das Verständniss des fötalen Blutkreislaufs nach der Placentabildung erfordert die genaue Feststellung der Änderungen des anatomischen Substrates vom dritten Monat an, welche nicht leicht ist. Die Entdeckung des wahren Sachverhalts hat eines langen Zeitraums bedurft, und noch gegenwärtig sind einzelne Fragen, welche den Unterschied des fötalen und neonatalen Kreislaufs betreffen, nicht genügend beantwortet, wie man am besten aus einem Vergleiche der herrschenden Ansichten mit der sehr sorgfältigen historisch-kritischen Darstellung der Untersuchungen des fötalen Blutlaufes von J. H. Knabbe vom Jahre 1834 erkennt. [146

Eine vergleichende physiologische Betrachtung der mannigfaltigen Formen der Placenten fehlt, wiewohl im Jahre 1822 Everard Home damit einen guten Anfang gemacht hat. Er [273
bildet u. a. schon die gürtelförmige Katzenplacenta ab, und seine Vermuthung vom Zusammenhang der Trächtigkeitsdauer mit der grösseren oder geringeren Ausbildung der Placentargefässe verdient eingehendere Prüfung.

Wichtig sind auch Turners Untersuchungen von Thierplacenten, obwohl kaum physiologisch zu verwerthen. Die merkwürdigen Abweichungen der menschlichen Placenta von allen bisher untersuchten Thierplacenten bedürfen noch sehr gründlicher und [384
umfassender Erforschung. Da es sich in diesem Werke aber nicht um morphologische, sondern physiologische Fragen handelt, so werde ich nur die Bewegung des Blutes im Fötus be- [233
schreiben, wie sie thatsächlich stattfindet, mich dabei auf den Menschenfötus vom vierten Monat an beschränkend.

Von der Placenta geht in der Nabelvene durch den Nabelstrang Blut mit Nährstoffen beladen in die Leber des Fötus. Es strömt durch Äste der Nabelvene zugleich mit dem Blute der Pfortader direct in die Lebergefässe, und verlässt die Leber in den Lebervenen (*Venae hepaticae revehentes*), welche es in die untere Hohlvene ergiessen. Aber nicht sämmtliches Blut der Nabelvene gelangt auf dem Umwege durch die Leber in die untere Hohlvene, ein grosser Theil geht durch den dem Fötus eigenen, von Julius Cäsar Arantius entdeckten Canal (*Ductus venosus Aranti*) unmittelbar in die untere Hohlvene, wo er sich mit dem von der unteren Körperhälfte des Fötus kommenden venösen Blute mischt.

um dann mit dem Lebervenenblute zusammen in das Herz einzutreten. Der Arantische Canal kann als die directe Fortsetzung der Nabelvene bezeichnet werden. Wie beim Geborenen ergiesst sich (zugleich mit diesem Blute) das der oberen Hohlvene in den rechten Vorhof. Von diesem gelangt das Blut der oberen Hohlvene wie beim Erwachsenen ausschliesslich in die rechte Herzkammer durch Aspiration seitens des diastolisch erweiterten Ventrikels und systolische Contraction des Vorhofs, aber das der unteren Hohlvene geht zum grössten Theil direct in den linken Vorhof durch das schon Galen bekannte, dem Fötus eigenthümliche ovale Loch oder *Foramen ovale*, welches eine besondere (obere linke) Mündung der unteren Hohlvene bildet. Während [174
durch dieses frisches, aus der unteren Hohlvene stammendes Blut sogleich in den linken Vorhof geht, ohne den rechten Vorhof zu passiren, strömt aus einer zweiten, dicht daneben gelegenen nur durch den *Isthmus atriorum* davon getrennten Mündung der unteren Hohlvene etwas Blut in die rechte Vorkammer und das von der oberen Körperhälfte stammende weniger Sauerstoff enthaltende Blut der oberen Hohlvene geht mit diesem zusammen durch die Tricuspidalklappe in die rechte Kammer, so lange diese diastolisch erweitert ist. Aus dem linken Vorhof gelangt das Blut bei der Systole desselben in den linken Ventrikel durch die Bicuspidalklappe, denn der Rückweg in die untere Hohlvene und am *Isthmus atriorum* vorbei in den rechten Vorhof ist ihm versperrt durch die grössere Blutspannung im rechten Vorhof, indem nämlich der linke, diastolisch erweiterte Ventrikel geradezu das Blut aus dem linken Vorhof ansaugt. Ausserdem wirkt hierbei mit die Klappe des eirunden Loches, welche sich nur nach dem linken Vorhof zu öffnet. Diese Falte aber, anfangs ganz fehlend, bildet sich erst in den späteren Monaten weiter aus. Ihre Hauptfunction hängt mit dem Lungenkreislauf zusammen.

Eine kleine Quantität Blut nämlich tritt auch durch die — beim Menschen in der Vierzahl vorhandenen — Pulmonalvenen in den linken Vorhof und von da in den linken Ventrikel, und zwar um so mehr je älter der Fötus.

Diese mit dem Wachsthum der Lungen immer mehr zunehmende Blutmenge könnte schliesslich die Spannung im linken Vorhof bei vermindertem Blutzufluss zum rechten Atrium aus den Hohlvenen so steigern, dass bei der Systole des ersteren das Blut in die Hohlvene zurücktreten müsste. Ein solches Hinüberströmen verhindert in der letzten Fötalzeit die Klappe des ovalen Loches.

Vor ihrer Ausbildung stellt aber das *Foramen ovale*, wie Caspar
Friedrich Wolff (1775) entdeckte, nichts weiter vor, als die [146
(linke) obere Einmündung der unteren Hohlvene in den linken
Vorhof, während die (rechte) durch den *Isthmus atriorum* von jener
getrennte untere Mündung derselben einen Theil ihres Blutes in
den rechten Vorhof und rechten Ventrikel gehen lässt zusammen [406
mit dem Blute der oberen Hohlvene. Dieses von Dr. R. Ziegenspeck durch Untersuchung des Meerschweinchenfötus in meinem
Laboratorium in völliger Übereinstimmung mit der vergessenen
Entdeckung von Wolff festgestellte Verhalten kann, wie schon [174
Wolff andeutete, eine grosse regulatorische Bedeutung zur Ausgleichung plötzlicher Störungen des Kreislaufs haben, indem nämlich um so mehr Blut von der unteren Hohlvene in den rechten
Ventrikel gelangt, je weniger in den linken fliesst und umgekehrt.
In der Zeichnung Tafel V sind die beiden Öffnungen der unteren
Hohlvene ganz getrennt, um zu zeigen, dass nur aus der einen Blut
in den linken Vorhof gelangen kann (durch *F.o.*).

Sowie nun die Vorhöfe ihre isochrone Systole beendigt haben, beginnt die isochrone Systole der beiden Ventrikel, und dann tritt das Blut, sich selbst wie beim Erwachsenen den Rückweg in die Vorhöfe durch die Atrioventricularklappen versperrend, in die grossen Gefässe, und zwar geht es aus dem rechten Ventrikel in die Pulmonalarterie (*A.p.*), aber nicht, wie beim Geborenen, seiner ganzen Masse nach in die Lunge, sondern zum weitaus grössten Theil durch den dem Fötus eigenthümlichen Botallischen Gang (*D.a.B.*) in die Aorta. Dieser Gang verbindet die Pulmonalarterie mit der Aorta, wo sie abzusteigen beginnt, und ist so geräumig, dass nur ein relativ kleiner Theil des Kammerblutes in die noch functionslosen Lungen gelangt. Aus der linken Herzkammer geht zu gleicher Zeit das Blut, wie beim Erwachsenen, direct in die aufsteigende Aorta (*A.a.*) und die oberen Körpertheile, von wo es durch die obere Hohlvene (*V.c.sup.*) zum rechten Vorhof (*R.A.*) zurückkehrt. Das Blut der absteigenden Aorta (*A.d.*), welches nur zum kleineren Theil aus dem linken Ventrikel (*L.H.*), zum grösseren aus dem Botallischen Gang, somit aus dem rechten Ventrikel (*R.H.*) stammt, geht theils in die untere Körperhälfte, theils in die beiden von der Bauchaorta (*A.abd.*), nämlich den Arteriae hypogastricae entspringenden Nabelarterien (*A.u.*) in die Placenta, wo es durch osmotischen Verkehr mit dem mütterlichen Blute verändert wird und von wo es nach Durchströmung der die Nabelarterien mit den Wurzeln der Nabelvene (*V.u.*) verbindenden placentaren Capillaren in der Nabelvene zum Fötus zurückkehrt. Eine directe Verbindung der mütterlichen und der fötalen Blutgefässe in der Placenta ist nirgends vorhanden.

Da die arteriellen Gefässe unterhalb der Theilungsstelle der Aorta von den Anatomen mit verschiedenen Namen belegt worden sind, so ist folgende Zusammenstellung nicht überflüssig: Aus der ersten Theilung resultiren die linke und rechte *Iliaca communis*. Jede von beiden theilt sich in eine *Iliaca externa* oder *Cruralis* oder *Femoralis* und *Iliaca interna* oder *Hypogastrica*. Aus jeder *Hypogastrica* entspringt nicht weit von der Stelle, wo sie von der *Iliaca communis* abgeht, eine *Umbilicalis* oder Nabelarterie, deren Puls bis in die Placenta mit den fötalen Herzschlägen übereinstimmt und, wie schon Galen fand, nach ihrer Unterbindung [76, 3 auf der Placentaseite erlischt.

Bezüglich des vorhin erwähnten Pfortaderblutes (*V.port.*) sei noch bemerkt, dass es wie beim Erwachsenen aus den Darmgefässen stammt, welche es ihrerseits von den mesaraischen, aus der Bauchaorta entspringenden Arterien erhalten (*A.m.s.*).

Das Schema Tafel V erläutert die hier beschriebenen charakteristischen Erscheinungen des fötalen Blutumlaufs.

Die Darstellung ist in allen wesentlichen Puncten dieselbe, welche Harvey im Jahre 1628 gab, jedoch mit den Verbesserungen von C. F. Wolff, die Sabatier und Bichat (1818) z. Th. acceptirten und die ich aus eigenen Untersuchungen am Meerschweinchenembryo für allein richtig erklären muss.

Bis Harvey herrschte fast allgemein die alte Galenische [233 Doctrin, derzufolge das mütterliche Blut durch die Nabelvene, die Lebensgeister oder Herzwärme der Mutter dagegen durch die Nabelarterien in den Fötus gelangen sollten. Dass die Nabelvene ihr Blut in die Leber ergiesst, wusste schon Galen; er fehlte aber darin, dass er aus ihr alles Blut in die Leber gehen liess; auch kannte er den Botallischen Gang, meinte aber durch ihn gelange der Lebensgeist aus der Aorta in die Lungen, während durch das ovale Loch Blut aus der Hohlvene in die Lungen ströme zur Ernährung derselben. Man sieht, wie wenig Galen vom Blutlauf wusste, trotz relativ guter anatomischer Kenntnisse, und es ist zu verwundern, dass seine Ansicht fast anderthalb Jahrtausende in Geltung blieb bis Harvey sie stürzte durch den Nachweis, dass die fötalen Lungen für so grosse Blutmengen keinen Platz haben und die Richtung des Blutstromes im Botallischen Gang und den Nabelarterien der von Galen supponirten entgegengesetzt ist.

Von Wichtigkeit für die Erkenntniss des fötalen Blutumlaufs sind namentlich noch folgende Einzelheiten:

Die Eustachische Klappe oder Falte begünstigt die Blutströmung von der unteren Hohlvene in das linke Atrium durch das ovale Loch, wenn sie mehr gegen das Lumen der unteren Hohlvene — durch gesteigerte Blutspannung im rechten Vorhof — zu liegen kommt. Sie erschwert dann zugleich den Eintritt des Blutes aus der unteren Hohlvene in den rechten Vorhof und Ventrikel. Umgekehrt wird das Einströmen des Blutes aus der unteren Hohlvene in den rechten Vorhof begünstigt, wenn die *Valvula Eustachi* — bei geringer Blutspannung im rechten Vorhof — das Lumen der rechten Mündung der *Cava inferior* nicht verengt, gleichviel ob dabei die *Valvula foraminis ovalis* geschlossen ist oder nicht. Schon Casp. Friedr. Wolff hatte gefunden, dass die untere Hohlvene, welche ihr Blut bis zum dritten Monat [146, 35/9
fast ganz in den linken Vorhof ergiesst, später, während die Klappe des *Foramen ovale* wächst, mehr und mehr in den rechten Vorho mündet, so dass im reifen Fötus schon der dritte Theil des Cava-Blutes in ihn gelangt, nach der Geburt aber die ganze Vene sich am rechten Vorhof allein ansetzt. Hieraus folgt, dass die Eustachische Falte weder dem Erwachsenen noch dem reifen Fötus, sondern dem dreimonatlichen Fötus von der grössten Bedeutung ist und nach und nach, während die *Valvula foraminis ovalis* [146, 39
wächst, ihre Bedeutung verliert. Beim Erwachsenen ist die Eustachische Falte bekanntlich rudimentär, oft spurlos verschwunden.

Das von Lower an Thierherzen entdeckte Tuberculum zwischen den Einmündungsstellen beider Hohlvenen im rechten Vorhof scheint im menschlichen Herzen kaum von Bedeutung zu sein. Höchstens wird der kleine Wulst oder Vorsprung dem [153
Blutstrom aus der oberen Hohlvene bezüglich seiner Richtung in die rechte Kammer zu Gute kommen. Im menschlichen Herzen ist das Lowersche Tuberculum bekanntlich sehr klein.

Das ovale Foramen, über welches am meisten gestritten wurde, ist anfangs sehr gross und ganz offen, so dass ein *Isthmus atriorum* kaum vorhanden ist.

Von der ersten Hälfte des dritten Monats an wächst aber die Klappe des ovalen Loches so schnell, dass bereits im sechsten Monat nur ein relativ kleiner, immer mehr sich verengender Canal zwischen dem oberen Klappenrand und dem oberen Theil des Ringes bleibt, welcher das Foramen begrenzt. Das nicht ganz

seltene Offenbleiben des Foramen lange nach der Geburt beweist, dass die Klappe auch später nicht unerlässlich nothwendig ist. In der That kann die ihr früher zugeschriebene Function, den Rückfluss des Blutes aus dem linken Vorhof in den rechten zu verhindern, vor der Ausbildung der Lungen um so mehr entbehrt werden, als beide Atrien gar nicht durch das Foramen direct miteinander communiciren, sondern nur das linke mit dem Stamm der unteren Hohlvene. Da sich aber beide Vorhöfe zugleich contrahiren und entleeren, so bleibt für einen Rückfluss des linken Vorhofblutes in die Hohlvene nur wenig Spielraum. Nur gegen Ende der intrauterinen Zeit, wenn immer reichlichere Blutmengen durch die Pulmonalvenen (*V.p.*) in den linken Vorhof strömen, würde dieser Rückfluss leichter von Statten gehen, wenn eben nicht die Klappe des ovalen Loches ihn verhinderte. Das Experiment lehrt, wie Sénac (1777) zeigte, dass gefärbte Flüssigkeit in die linke [146, 149
Vorkammer eines Fötusherzens eingefüllt in die rechte nicht [174
überströmt, sie geht aber auch von der rechten in die linke Vorkammer nicht ohne Verletzung der Hohlvene über, wenn in diese Nichts eindrang. Es gibt eben keine directe Verbindung vom rechten zum linken Atrium. Der Weg geht nur durch die untere Hohlvene. Alles Lungenvenenblut des Fötus geht zu allen Zeiten seiner Entwicklung wie beim Geborenen nur in den linken Vorhof und in die linke Herzkammer und von da in die Aorta, alles Blut der oberen Hohlvene nur in den rechten Vorhof und rechten Ventrikel, das Blut der unteren Hohlvene z. Th. direct in den linken Vorhof und z. Th. in den rechten, aber in diesen nur durch eine besondere untere rechte Mündung der unteren Hohlvene. —

Die Spiraldrehung der Nabelarterien beim menschlichen Embryo hat, wie Kehrer bemerkt, eine Verlangsamung des Blut- [149
stroms zur Folge. Jedoch kann über die Geschwindigkeit des Blutstroms im Fötus etwas Bestimmtes kaum gesagt werden. Das inconstant auftretende und höchst veränderliche Nabelschnurgeräusch gibt darüber keinen Aufschluss, sei es dass dasselbe, wie Hecker meint, an der Austrittstelle der Nabelarterien aus [230, *I.* 30
dem fötalen Körper entsteht, sei es dass ihm eine andere Ursprungsstätte zukommt. —

Dass eine vorzeitige Unterbrechung des Blutstroms in den Nabelgefässen den Tod der Frucht zur Folge hat, war Everard [78, *II*
(1661) bereits bekannt und wurde von Mauriceau schon 1668 durch die Unmöglichkeit der Erneuerung und „Belebung" des fötalen Blutes in der Placenta erklärt.

Dass auch ohne Unterbrechung der Placentarcirculation nur durch bedeutende Herabsetzung des mütterlichen Blutdrucks der fötale Blutkreislauf — wahrscheinlich wegen Erstickung — aufhört, bewies zuerst experimentell M. Runge, indem er träch- [54 tigen Thieren das Halsmark durchschnitt und nach 13 bis 30 Minuten die Früchte nicht mehr am Leben fand.

Aus der Beschreibung des fötalen Blutkreislaufs ergibt sich von selbst, dass eine Trennung der Blutströme in arterielle und venöse wie beim Erwachsenen nicht existirt. Zum Mindesten dreierlei venöses und dreierlei arterielles Blut muss unterschieden werden, je nach dem Wege, welchen das Blut im Fötus zurücklegt. Man hat nämlich:

Das ungemischte arterielle oder das arteriellste Blut allein in der Nabelvene in den *Vasa advehentia hepatis* und im Arantischen Ductus: Blut a.

Mit dem venösesten Blute v des Körpers und mit Lebervenenblut l gemischtes arteriellstes Blut im oberen Theil der unteren Hohlvene und in den ersten Entwicklungsphasen auch im linken Vorhof, im linken Ventrikel und in der aufsteigenden Aorta: Blut $b = a + (v + l)$.

Dieses Blut b mit dem der Pulmonalvenen c gemischt (in den späteren Monaten) im linken Vorhof, im linken Ventrikel und in der aufsteigenden Aorta: Blut $c + b$.

Das venöse Blut der oberen Hohlvene, Blut d, mit Blut b gemischt im rechten Ventrikel, in der Pulmonalarterie und im Botallischen Gang: Blut $d + b$.

Das venöse Blut $d + b$ mit arteriellem $(c + b)$ gemischt in der absteigenden Aorta, in den Nabelarterien, Gekrösarterien: Blut $b + c + d$.

Also nach dem Grade der Arterialität kurz vor der Geburt:

1) Blut der Nabelvene und des Arantischen Ganges a.
2) Blut des oberen Theiles der unteren Hohlvene, das heisst $a + (v + l) = b$.
3) Blut der aufsteigenden Aorta $a + (v + l) + c = (b + c)$
4) Blut der absteigenden Aorta, der Nabelarterien und Gekrösarterien $a + (v + l) + c + d = (b + c) + d$.
5) Blut der Pulmonalarterie und des Botallischen Ganges $d + a + (v + l) = b + d$.
6) Blut der oberen Hohlvene d.

7) Blut der Pulmonalvenen c und der Pfortader f.
8) Blut des unteren Theiles der unteren Hohlvene v.

Demnach erhält der rechte Ventrikel mit den Lungen $a + v + l + d$, der linke, sowie der Kopf $a + v + l + c$, und es strömt zur Leber das Blut $a + f$, welches l liefert, zu der unteren Körperhälfte $a + (v + l) + c + d$, welches v liefert. Eben dieses Blut geht in den Darm, welcher f liefert, und zur Placenta, welche a liefert.

Hieraus folgt, dass dasselbe Blut, welches bereits einmal in der unteren Körperhälfte war, dahin zum Theil zurückkehrt, das Blut des unteren Theiles der unteren Hohlvene, v; es wird nicht erneuert, sondern nur mit frischem Blute vermischt, es geht durch die untere Hohlvene, beide Atrien, beide Ventrikel, den Aortenbogen in die absteigende Aorta, in die grossen Arterien der unteren Extremitäten und von da wieder in die untere Hohlvene. Ferner geht, was noch merkwürdiger ist, ein kleiner Theil des in der Placenta arterialisirten Blutes unverändert oder unbenutzt in dieselbe zurück a, nämlich durch die Nabelvene, beide Atrien, beide Ventrikel, die absteigende Aorta und die Nabelarterien.

Während in jenem Falle die Wiederkehr des venösen Blutes seiner Ausnutzung seitens der Gewebe günstig erscheint, ist die Rückkehr zur Placenta hier ein Nachtheil. Der Nachtheil kann aber darum nur ein geringer sein, weil von dem Blute aus dem linken Herzen wegen der Grösse des Botallischen Ganges nur relativ wenig in die absteigende Aorta und von dieser aus davon wieder nur wenig in die Nabelarterien gelangt. Auch ist zu bedenken, dass die Aorta selbst wächst und wahrscheinlich die dazu erforderlichen Nährstoffe sowie den Sauerstoff dem eigenen Blute entzieht.

Immerhin ergibt sich hieraus, wie sehr in Bezug auf die Versorgung mit frischem Blut die Leber und das Gehirn, überhaupt der Kopf, allen anderen Theilen gegenüber bevorzugt sind, wie beim Vogelembryo. Die Leber ist aber in dieser Beziehung das am meisten begünstigte Organ. Denn der linke Ventrikel erhält das arterielle Blut erst nachdem es z. Th. die Leber passirt, z. Th. sich mit dem venösesten Blut, dem der unteren Hohlvene, vermischt hat. Das von der Leber bereits veränderte Blut l geht in den Kopf, in die unteren Extremitäten, in den Darm, in die Placenta und zwar auf diesen Bahnen immer zusammen mit dem Blute c aus den Lungen und dem frischen Nabelvenenblute a.

Es ist daher wahrscheinlich, dass letzteres in der Leber eine für die embryonale Gewebebildung geeignete Veränderung erfährt.

Die Kenntniss der Blutbewegung im Fötusherzen selbst erforderte vor Allem die Entscheidung der Frage, ob das Blut der unteren Hohlvene vollständig in den linken Vorhof oder z. Th. auch in den rechten strömt. Es kann jetzt nicht mehr zweifelhaft sein, dass Casp. Friedr. Wolff Recht hatte, wenn er auf Grund seiner sehr sorgfältigen anatomischen Untersuchungen (1775) behauptete, der linke Vorhof erhalte gar kein Blut aus dem rechten Vorhof, sondern nur aus der unteren Hohlvene (und später den Lungenvenen), welche hinten an der Grenze beider Atrien, wie er fand, doppelt einmündet, so dass die linke obere Mündung nur dem linken, die rechte untere Mündung nur dem rechten Vorhof Blut zuführt. Das Blut der beiden Vorhöfe kann sich also garnicht mischen, wie auch Sabatier richtig betonte und wie ich [146
nach eigener Anschauung ebenfalls behaupten muss. Dr. R. Ziegenspeck hat, wie schon oben erwähnt wurde, in der doppelten Einmündungsweise der *Cava inferior* bei dem reifen Meerschweinchenfötus und einem Menschenfötus (später noch 19) in Übereinstimmung mit C. F. Wolff eine für den Kreislauf vortheilhafte Einrich- [174
tung erkannt, indem sie den rascheren Ausgleich wechselnder Blutzufuhren zum Herzen ermöglicht. Er bemerkt sehr richtig, dass der Kreislauf des Fötus und seine Blutvertheilung einer Menge äusserer Insulte ausgesetzt sind, wie dem Einflusse der Wehen, durch welche eine grosse Menge Blut ganz plötzlich aus der Placenta in das Herz des Fötus getrieben wird, oder dem Einflusse mannigfaltiger Compressionen des übrigen Capillarsystems durch die Geburt. Wenn nun alles von der Placenta oder sonst woher kommende und jetzt mit einem Überdruck andrängende Blut in einen Vorhof strömen würde, selbst wenn ein Loch im Septum bestände, so würde doch der eine Ventrikel sich früher füllen als der andere. Wäre aber ein Ventrikel früher gefüllt als der andere, so würde die Blutvertheilung gestört werden, weil immer, vermöge der Synchronie der Contractionen beider Herzhälften, von dem einen Ventrikel eine grössere Blutmenge in die entsprechenden Gebiete gefördert würde, als durch den anderen. Durch die genannte Einmündungsweise aber regulirt sich jede Störung der Blutvertheilung sehr rasch von selbst und kehrt rasch zur Norm zurück, indem jeder Ventrikel so viel als zur vollständigen Füllung nöthig, vom Blute der unteren Hohlvene ansaugt. Daher kommt es

jedenfalls, dass Veränderungen in der Frequenz der Herztöne so rasch zur Norm zurückkehren. [174

Eine andere bei Gelegenheit dieser Untersuchungen von demselben Forscher in meinem Laboratorium entdeckte Thatsache ist die ungleiche Dicke der linken und rechten Ventrikelwand lange vor der Geburt beim Meerschweinchen. Er fand die Wandung [176
des linken Ventrikels durchweg (an 19 Früchten) dicker, als die des rechten. Der Unterschied betrug 0,2 bis 0,3 Millim. in allen Fällen, d. h. die linke Ventrikelwand war um $^1/_5$ bis $^1/_3$ dicker als die rechte, und zwar bei reifen 12 bis 14 Ctm. langen wie bei $8^1/_2$ Ctm. langen Embryonen. Links waren auch die Papillarmuskeln mehr ausgebildet. Dieser auch von mir wahrgenommene Dickenunterschied schon lange vor der Geburt — beim Menschen nicht vorhanden — hängt jedenfalls mit der grösseren Reife des neugeborenen Meerschweinchens zusammen und wird als eine erbliche Eigenthümlichkeit zu bezeichnen sein. Denn der periphere Widerstand kann vor dem Beginn der Lungenathmung schwerlich dafür in Anspruch genommen werden. Nach der Geburt nimmt das Wachsthum der linken Ventrikelwand noch bedeutend zu im Verhältniss zu dem der rechten, weil dann erst die Arbeit des linken Herzens durch Zunahme des peripheren Widerstandes im Verhältniss zu der des rechten erheblich und schnell zunimmt.

Der Blutkreislauf unmittelbar nach Beginn der Lungenathmung.

Bei niederen Thieren, deren Eier sich im Wasser entwickeln und welche schon vor dem Verlassen des Eies mit Kiemen athmen, ist eine durch die Sprengung der Eihüllen etwa verursachte wesentliche Änderung der Kreislaufsverhältnisse weder beobachtet noch annehmbar.

Auch diejenigen hydrozoischen Embryonen, welche, wie die Frösche, nach dem Verlassen des Eies längere Zeit als Larven kiemenathmend im Wasser zu leben fortfahren und dann erst in der atmosphärischen Luft mit Lungen respiriren, kommen hier nicht in Betracht, weil die Larve kein Embryo ist, nur dieser aber hier Gegenstand der Untersuchung und Darstellung sein soll.

Dagegen wird bei Aërozoen, Vögeln und Säugethieren, deren Embryonen sofort nach Sprengung der Eihüllen mit den bis dahin functionslos gebliebenen aber weit entwickelten Lungen Luft athmen, eine plötzliche Umgestaltung des Blutkreislaufs durch den ersten Athemzug herbeigeführt, welche nun zur Darstellung kommt.

Beim Hühnchen, das regelmässig schon vor dem Verlassen der Eischale (am 21. Tage, seltener am 20. oder 22. und sehr selten am 19. Tage) Gebrauch von seiner Lunge macht und oft im intacten Ei piept, werden durch den ersten Athemzug folgende Veränderungen bewirkt:

Die erste Ausdehnung der atelektatischen Lunge hat zur Folge ein reichlicheres Einströmen des Blutes der Pulmonalarterien durch Aspiration. Die Lunge wird zugleich lufthaltig und blutreicher. Ihre Capillaren füllen sich mit grosser Geschwindigkeit, und dadurch ändert sich sogleich die Farbe der Lunge, wie schon Harvey auch beim Säugethier bemerkte, indem die atelektatische Lunge dunkelroth, die lufthaltige weisslich-roth erscheint.

Da nun bisher das aus dem rechten Ventrikel stammende Blut zum grössten Theil durch die Botallischen Gänge in die absteigende Aorta und nur zum kleinsten Theil in die Lungen ging, jetzt aber mit einem Male das Umgekehrte stattfindet, so dass der Botallische Ductus beiderseits nur noch sehr wenig Blut erhält, so collabirt derselbe, er verödet und verschliesst sich zuletzt durch Contraction seiner Ringmusculatur und Thrombenbildung, und zwar um so schneller, je besser die Lungenathmung und damit die Aspiration des Lungenarterienblutes in Gang kommt.

In Folge der Obliteration des beim Vogel paarigen, beim Säugethier einfachen Botallischen Ganges (Taf. III *D.B.s.* und *D.B.d.* und Taf. V *D.a.B.*) wird die in die absteigende Aorta gelangende Blutmenge sehr rasch so bedeutend vermindert, dass der Blutdruck in der ganzen unteren Partie derselben plötzlich um ein sehr Erhebliches abnehmen muss. Den augenfälligen Beweis für diese Abnahme des arteriellen Blutdrucks liefert das Kleinerwerden und Schwinden des Pulses der Nabelarterien bei neugeborenen Säugethieren und Kindern und die Abnahme der Blutfülle in den Arterien der Allantois beim reifen Hühnchen im Ei. Die unmittelbare Wirkung dieser Abnahme des Seitendrucks ist nämlich nothwendig eine Abnahme der Blutfülle der Umbilical- oder Allantois-Arterien, welche mit ihren Verzweigungen sehr wenig Blut enthaltend in der Allantois beim Ausschlüpfen des Hühnchens aus der Eischale daselbst zurückbleiben.

Wenn die zuführenden Allantoisgefässe nicht mehr wie bisher mit Blut gespeist werden, so müssen die abführenden, nämlich die zum Nabelvenenstamm vereinigten Allantoisvenen, schnell sich entleeren, wie es thatsächlich geschieht.

In Folge dieses Ausfalles an zuströmendem Blute erhält die Pfortader nicht mehr genügende Blutmengen, um die zuführenden Lebergefässe und zugleich den Arantischen Canal zu speisen. Beide erhalten auch darum viel weniger Blut als früher, weil die Omphalomesenterialvene (wegen des immer mehr durch Resorption abnehmenden resorbirbaren Theiles der Dottermasse) sehr klein geworden ist. Sie wird zu einem Zweige der Pfortader. So kommt es, dass einerseits die *Vasa advehentia* der Leber, andererseits der *Ductus Aranti* weniger Blut erhalten, als vorher (Taf. IV). Letzterer, welcher vorzugsweise von dem frischen Blute der Allantoisvenen gespeist wurde, das nun ganz fortfällt, verschliesst sich und bleibt oft als ein bandförmiger Strang zurück. [116, 209

Somit strömt in die untere Hohlvene (den venösen Herzsinus) nur noch das Lebervenenblut unmittelbar vor ihrer Einmündung in die Vorkammern. Dadurch nimmt der Blutdruck in letzteren erheblich ab. Das in die linke Hohlvenenmündung eindringende Blut kann jetzt nicht mehr durch das *Foramen ovale* in den linken Vorhof hinüberströmen, weil daselbst ein zu starker Gegendruck durch Ansammlung des nun reichlichen arteriellen Lungenvenenblutes entstanden ist und die Klappe des ovalen Loches sich beim Einströmen des Lungenvenenblutes in der Diastole schliesst. In der Systole verhindert dieser Verschluss im linken Vorhof allein das Übertreten von Blut in die Hohlvene.

Demnach bleibt dem Blute der unteren Hohlvene nur noch der Weg in das rechte Atrium und die rechte Herzkammer. Diese pumpt es in die Lungenarterie. Zu gleicher Zeit aber entleert sich der linke Ventrikel in die aufsteigende Aorta, wie es auch vor dem Beginn der Lungenathmung geschah, nur mit dem wesentlichen Unterschiede, dass jetzt ausschliesslich arterielles (Lungenvenen-) Blut in dieselbe befördert wird. Dadurch erhalten fast mit einem Schlage auch der *Arcus aortae* und die *Aorta descendens* mit allen ihren Ästen sauerstoffreiches Blut ohne Beimischung von venösem Blute. Der Unterschied in der Speisung der oberen und unteren Körpertheile hört auf, der kleine und der grosse Kreislauf sind völlig gesondert, eine Vermengung von Venen- und Arterien-Blut findet nirgends mehr statt, und je mehr die Lungengefässe sich ausbilden, um so grössere Blutmengen werfen sie in den linken Ventrikel, so dass nach und nach der anfangs gesunkene arterielle Blutdruck immer mehr gehoben wird.

So ist in lückenloser Reihe von Ursache und Wirkung die Gesammtheit der Veränderungen des embryonalen Blutkreislaufs, welche mit dem Beginne der Luftathmung eintritt als nothwendige Folge der ersten Inspirationen erkannt, als mechanische Consequenz der Aspiration des Blutes der Lungenarterien bei der Entfaltung der Lungenalveolen.

Unabhängig von der Luftathmung ist nur ein früher mächtiges System von Blutgefässen kurz vor dem Ausschlüpfen des Hühnchens verkümmert, die Dottersackgefässe. Je mehr das gelbe Dottermaterial vom Blut in diesen anfangs sehr starken und sehr fein verzweigten Gefässen resorbirt wird, je mehr seine resorbirbaren Theile sich vermindern, um so mehr wird das jenen Gefässen zugängliche Areal verkleinert. Die Gefässe können sich nicht mehr füllen, sie obliteriren, und so findet man am 19. Tage auf dem hernienförmig prolabirenden Dottersack nur noch gegen früher unscheinbare Zweige der Omphalomesenterial-Arterien und Venen. Die gelbe Dottermasse ist dickflüssiger geworden.

In allem Wesentlichen stimmt die Veränderung des Blutkreislaufs eben geborener Säugethiere, im Besonderen des Menschen, nach dem Beginne der Lungenathmung überein mit der eben beschriebenen des Hühnchens. Nur muss man statt „Allantois“ setzen „fötale Placenta“ und erwägen, dass die Dottersackgefässe in der Regel längst obliterirt sind, weil der Nahrungsdotter fehlt.

Beim eben geborenen Kinde lassen sich sämmtliche durch die Geburt bedingten Veränderungen der Circulation auf die Unterbrechung des Placentarkreislaufs (durch Unterbindung, Zerreissung, Durchschneidung, Compression der Nabelschnur) und die dieser Störung unmittelbar vorhergehende oder unmittelbar nachfolgende Lungenathmung zurückführen. Es kann auch sich zufällig so treffen, dass im Momente der Nabelschnurunterbindung die Luftathmung beginnt. Bei jeder normalen Geburt ist aber die Störung des Placentarblutlaufs der primäre Anstoss zur Änderung der fötalen Circulation, sei es direct durch Abschneiden der Blutzufuhr aus der Placenta, sei es indirect durch Einleitung der Lungenathmung.

Ich stelle hier der Deutlichkeit halber die wichtigsten beim Menschen stattfindenden Veränderungen der Circulation, welche der erste Athemzug einleitet, übersichtlich zusammen:

	Vor der Geburt:	Nach der Geburt:
Nabelvene	bringt arterielles Blut in das Herz und die Leber.	obliterirt: *Ligamentum rotundum s. teres hepatis.*
Nabelarterien	führen venös-arterielles Blut in die Placenta.	obliteriren: *Ligamenta lateralia vesicae.*
Arantischer Canal	führt arterielles Blut in die Vorkammern.	obliterirt: *Ligamentum rotundum s. teres hepatis.*
Botallischer Canal	führt venöses Blut mit wenig arteriellem aus der rechten Herzkammer in die Aorta.	obliterirt: *Ligamentum arteriosum.*
Ovales Foramen	offen für das Einströmen des Blutes aus der unteren Hohlvene in die linke Vorkammer.	geschlossen: das Hohlvenenblut geht nur in die rechte Vorkammer.
Lungen	luftfrei, relativ blutarm und dunkelroth.	lufthaltig, relativ blutreich und hellroth.
Lungenarterien	führen relativ wenig venöses Blut mit wenig arteriellem aus der rechten Kammer in die Lungen.	führen viel rein venöses Blut aus der rechten Kammer in die Lungen.
Lungenvenen	führen relativ wenig venöses Blut in die linke Vorkammer.	führen relativ viel arterielles Blut in die linke Vorkammer.
Absteigende Aorta	führt Blut aus beiden Herzkammern, mehr venöses aus der rechten durch den Botallischen Gang, mehr arterielles aus der linken.	führt ausschliesslich arterielles Blut aus der linken Herzkammer.
Untere Hohlvene	bringt Körpervenenblut mit Lebervenenblut und arteriellem Placentablut in beide Vorkammern.	bringt ausschliesslich Körpervenenblut nur in die rechte Vorkammer.

Die Wirkung der Abnabelung auf den Blutkreislauf des Ebengeborenen.

Von besonderem Einfluss auf die Blutmenge und dadurch die Circulation und Blutvertheilung im Neugeborenen ist der Zeitpunct des Abnabelns. Wird die Nabelschnur sofort nach dem Austritt der Frucht unterbunden, dann bleibt viel Blut in dem fötalen Theil der Placenta zurück, aus dem es Budin (1876) sammelte und das von Adrian Schücking (1877) Reserveblut [168 genannt wurde. Dieses Blut kann bei später Abnabelung zum grössten Theile durch Compression der Placenta der Frucht mittelst der Nabelvene zugeführt werden. Die Menge des Reserveblutes ist eine schwankende und soll beim Menschen ungefähr 90 bis 100 Gr. betragen. [168

Wenn nun die Gesammtblutmenge des Neugeborenen, [168 welches sofort abgenabelt worden, viel weniger, etwa 90 Gr. weniger, als die des nach mehreren Minuten abgenabelten und diese weniger, als die nach dem Exprimiren der Placenta gefundene beträgt, so kann der Zeitpunct des Abnabelns für das Kind wichtig werden.

Die Bestimmungen der Blutmenge von fünf frischen Kinderleichen ergaben Schücking folgende Zahlen: [169

	Körpergewicht des Kindes:	Gesammt-Blutmenge:	Gewichts-Verhältniss:	
I.	4295	604	1 : 7	nach mehreren Minuten abgenabelt.
II.	3320	309	1 : 11	
III.	3780	367	1 : 10	
IV.	3197	215	1 : 14	sofort abgenabelt.
V.	3208	198	1 : 16	

Bei I wurde erst abgenabelt, als bereits die Placenta exprimirt war. Die Gewichte sind in Grm. ausgedrückt. Die Blutmengen wurden durch Ausspritzen mit 0,6-procentiger Kochsalzlösung, im Übrigen nach Welcker's Verfahren bestimmt. Dieser selbst hatte früher an einem schwächlichen sehr schnell ab- [177 genabelten Neugeborenen 1 : 19 gefunden.

Weitere Bestimmungen der Gesammtblutmenge ungeborener und neugeborener Menschen und Thiere (nach dem von mir [183 angegebenen Verfahren, welches J. Steinberg zuerst benutzte) [182 sind in hohem Grade wünschenswerth. Denn die mitgetheilten

Schückingschen Versuche reichen nicht aus, den behaupteten [168
grossen Unterschied sofortiger und verzögerter Abnabelung auf [169
den Kreislauf des Kindes als allgemeingültig zu beweisen. Er bemerkt in Betreff der Entleerung des fötalen Theiles der Placenta in der Geburt, dass durch den auf letztere wirkenden intrauterinen Druck eine Art **physiologischer Transfusion** zu Stande komme, indem die fötalen Placentargefässe unter dem Druck der contrahirten Uteruswandungen sich durch die Nabelvene schon vor dem ersten Athemzug in das unter Atmosphärendruck befindliche Kind zu entleeren beginnen, während in den Nabelarterien eine mehr oder minder hochgradige Stauung entstehe. „Die erste Inspiration beschleunigt die Strömung in der Nabelvene durch die aspirirende Wirkung des negativen Thoraxdruckes und schafft zugleich Raum für das einströmende Blut“. Durch das Sinken des Aortendrucks nach dem Beginn der Lungenathmung wird mittelst der Gefässmuskeln das Lumen der Nabel- und Placentar-Arterien verengt und „der Effect des arteriellen Verschlusses besteht wieder in einem vermehrten Zustrom des Placentarbluts zum Kinde“; es erscheine jedoch der Einfluss der fötalen Circulation und Respiration verschwindend gegen die Auspressung der Placenta durch den intrauterinen Druck.

Dass der Blutübergang während der ersten Minuten nach der Geburt in der That erfolgt, zeigte Schücking durch directe [164
Wägung der Neugeborenen vor der Abnabelung (sie nahmen auf der Wage um 30 bis 110 Gr. zu) zeigte er durch Messungen [166
des Blutdrucks in der Nabelvene (welche 40 bis 60 Millim. Quecksilberdruck in der Wehenpause, während der Wehe 100 Millim. und selbst das Doppelte ergaben) und durch Auffangen des aus der aufgeschlitzten Nabelvene ausströmenden Placentarblutes.

In Bezug auf letzteres ist bemerkenswerth, dass Litzmann [151
nach Abnabelung eines durch Kaiserschnitt geborenen Kindes aus dem Uterinende der durchschnittenen Nabelvene das Reserveblut, welches aber schon dunkel war „in ziemlich kräftigem Strahle und beträchtlicher Menge“ hervortreten sah. Der Uterus zog sich zusammen, so dass man in Intervallen eine zunehmende Erhärtung desselben beobachtete.

So richtig nun die ganze Auffassung von Schücking ist, darin geht er zu weit, dass er die Wirkung der kindlichen Athmung auf die Aspiration des Reservebluts „völlig bedeutungslos“ und „verschwindend“ gegen die des Wehendrucks nennt. Denn **vor** dem ersten Athemzug müsste das in den Fötus gepresste Blut in jeder Wehenpause wieder durch die Nabelarterien in die Placenta zurückfliessen, hier also der intrauterine Druck effectlos sein, **nach** dem Beginn der Lungenathmung aber strömt (durch die Aspiration seitens der Lungen) auch dann noch viele Minuten durch die Nabelvene Placentablut in den kindlichen Körper, wenn die Placenta blossliegt und der Fötus aus dem Uterus und Amnion herausgeschält wurde, wie ich oftmals an Thieren sah. Die Nabelarterien werden dabei hellroth und ihre Füllung nimmt allmählich — früher als die der Nabelvene — ab. Es wird also beim eben geborenen Menschen gerade die Lungenathmung von grosser Wichtigkeit für die Aufnahme des Reservebluts sein müssen. Eine Begünstigung muss dieselbe auch dadurch erfahren, dass nach der Geburt das Kind nur unter Atmosphärendruck steht, worauf Schücking und auch Fritsch mit Recht aufmerksam machen, [171 und dadurch, dass die Herzthätigkeit nach dem ersten Athemzuge frequenter wird (S. 56).

Nun sind aber schwere Bedenken erhoben worden gegen die Behauptung, dass auf die Blutmenge des Neugeborenen die Abnabelungszeit überhaupt von Einfluss sei. Namentlich haben M. Wiener und L. Meyer im Gegensatz zu Budin und Zweifel [179 gefunden, dass der Blutgehalt der Placenta bei früher Ab- [178 nabelung nicht erheblich grösser sei als bei später. Ersterer schliesst daher, dass die Aufnahme des ausreichenden Blutquantum durch Uteruscontractionen und die ersten Athemzüge zu Stande komme, eine weitere Auspressung der Placenta in den nächsten Minuten nach der Geburt nur geringe Blutmengen dem Kinde zuführe — bei einem Mittelgewicht der Placenta von 600 Gr. zwischen 12 und 13 Gr.

Gegen diese Schlussfolgerung ist aber geltend zu machen erstens, dass doch ein Unterschied von 2 bis 3 % im Blutgehalt der Placenten zu Gunsten der Schückingschen Ansicht gefunden wurde, auch von L. Meyer etwa 16 Gr., zweitens, dass bei später Abnabelung diejenigen Bestimmungen des Blutgehalts der Placenten allein in Betracht kommen dürfen, bei welchen zugleich mit oder sofort **nach** der Ablösung der Placenta abgenabelt wurde. Denn bei der Abnabelung $^3/_4$ bis 15 Minuten nach der Geburt des Kindes vor der Lösung der Placenta kann leicht Blutplasma von den verengten fötalen Gefässen in das mütterliche Blut in der Placenta übergehen, wodurch deren Blutgehalt nach der colorimetrischen Methode zu hoch, dagegen beim Exprimiren zu niedrig gefunden wird. Deshalb ist die Bestimmung der Blutmenge in den spät abgelösten Placenten überhaupt ungeeignet eine Entscheidung herbeizuführen.

Obgleich sich daher bei vergleichender (colorimetrischer) Bestimmung des Blutgehalts der Placenten nach Frühabnabelung,
gewöhnlicher Abnabelung und Spätabnabelung, welche Mayring [285
und von Haumeder ausführten, ein deutlicher Einfluss der [176
Abnabelungszeit gezeigt hat, indem der Blutgehalt durchschnittlich bei früher Abnabelung 164 bis 184, bei gewöhnlicher 111 bis 130, bei später 89 bis 91 Gr. betrug, so darf daraus doch nicht gefolgert werden, dass ersterenfalls 73 bis 95, und beim gewöhnlichen Verfahren 22 bis 39 Gr. Blut dem Neugeborenen vorenthalten würden.

Die folgenden Zahlen sind den Mayringschen Versuchen entnommen:

Abnabelung:	früh:	gewöhnlich:	spät:
Gewicht der Placenta	474 —892	454 —762	413 —664
Nabelschnurlänge	44 — 78	38 — 68	31 — 54
Ausgedrücktes Blut	15,3— 50,0	3,3— 13,3	4,6— 22,1
Rückständiges Blut	90,7—285,8	90,5—114,2	41,1—125,4
Blutgehalt der Placenta	114,8—291,3	100,3—125,1	46,1—130,5
Gewicht des Kindes	2510—4430	2730—3830	2530—3770
Länge des Kindes	48—52	48—51	45—51

und durchschnittlich nach Mayring (9 Fälle I) und Haumeder (10 Fälle II):

			I. Blut der Plac.		II. Blut der Plac.	
Abnabelung	Kind	Plac.	absol.	proc.	absol.	proc.
früh	3152	640	184,3	28,8	164,8	27,4
gewöhnlich	3221	556	111,3	20,5	130,3	21,7
spät	3119	557	88,8	15,7	91,4	15,2

So deutlich aus diesen Zahlen ein Einfluss der Abnabelungszeit auf die Blutmenge der Placenten hervorzugehen scheint, die Zahl der Fälle (19) und die grosse Abweichung der Einzelbestimmungen voneinander gestatten nicht, den Durchschnittszahlen einen hohen Werth einzuräumen; auch fehlt der Nachweis, dass die Neugeborenen bei später Abnabelung wirklich mehr Blut enthielten, als bei früher.

Adrian Schücking lieferte für seine Fälle diesen Beweis und
Illing findet die spät abgenabelten Kinder durchschnittlich um [176
57 Gr. schwerer, als die früh abgenabelten. Friedländer findet [285

die späte Abnabelung gleichfalls rathsam, Zweifel bei spät [178 abgenabelten die Gewichtsabnahme nach der Geburt geringer, als bei früh abgenabelten, ebenso Hofmeier, welcher bei Spätabnabelung ein Gewichts-Plus für die Neugeborenen und ein Gewichts-Minus [173 für die Placenten fand. In demselben Sinne spricht sich auf Grund seiner Beobachtungen Ribemont aus und ähnlich R. Luge, [258 welcher die Abnabelung normaler Weise erst eine Viertelstunde nach der Geburt des Kindes — nach vollständigem Zusammenfallen der Nabelvene vorgenommen haben will. Dagegen meint Steinmann, die späte Abnabelung sei für das Kind nicht vortheilhaft, weil er bei den täglich vorgenommenen Wägungen eher ein ungünstigeres Verhalten in Bezug auf Verlust des Körpergewichtes der spät, nämlich nach Aufhören des Nabelpulses, abgenabelten Kinder fand. Doch hat er bei seinen 52 Fällen nur in sieben nach mehr als $3^1/_2$ Minuten nach der Geburt und in keinem Falle nach mehr als sechs Minuten nach derselben die Abnabelung vorgenommen. Seine Versuche sind also nicht entscheidend.

Die Gewichtszunahme des Ebengeborenen während der [173 Nachgeburtsperiode (60 bis 70 Gr. nach Hofmeier) spricht jedenfalls sehr zu Gunsten der „physiologischen Transfusion“.

Die Beobachtung von Hayem, dass im Blute spät ab- [260 genabelter Neugeborener sich mehr rothe Blutkörper finden, als in dem früh abgenabelter spricht dafür, dass gerade die zuletzt aus der Placenta überfliessenden Blutmengen körperchenreicher sind, als die zuerst nach der Geburt austretenden, was vielleicht durch einen reichlicheren Übergang von Blutplasma aus der Placenta in die Mutter nach dem Ausstossen des Kindes zu erklären ist. Hiermit stimmt auch überein, dass im Blute spät abgenabelter mehr Hämoglobin vorkommen soll. [108, *36*

Übrigens bemerkt M. Wiener mit Recht, dass viel auf das [179 Verhältniss der Blutmenge im Kinde zu der im Mutterkuchen ankommt. Wiegt letzterer 600 Gr., in einem anderen Fall nur 400 und beidesfalls die Frucht drei Kilo, so kann diese doch in beiden Fällen gleich viel Blut enthalten.

Es muss die Gesammtblutmenge grosser neugeborener Thiere, und zwar bei Multiparen, nach früher und später Abnabelung bestimmt werden, um die letzten Zweifel zu beseitigen.

Nach meinen Erfahrungen an Thieren — allerdings in diesem Falle nur Meerschweinchen — muss ich Schücking darin vollkommen beistimmen, dass bei später Abnabelung viel mehr Blut in den Fötus (oder das Neugeborene) strömt, als bei früher Compression des Nabelstranges, und zwar ist mir dafür beweisend die vom ersten Athemzuge an abnehmende Füllung der Nabelarterien, welche selbst bei blossgelegter und abgelöster Placenta regelmässig sehr viel schneller eintritt, als die der Nabelvene. Man könnte einwenden, es sei auf diesen Unterschied schwerlich viel Gewicht zu legen, weil überhaupt die Placenta beim Meerschweinchen im Verhältniss zum Neugeborenen klein ist. Am 9. Juli 1883 excidirte ich drei kräftige Früchte. Sie wurden sogleich nebst ihren Placenten gewogen. Es ergab sich:

1. Fötus	92	Gr.	Placenta	5,3	Gr.	entspr.	1 : 17
2. „	92	„	„	5,8	„	„	1 : 16
3. „	96,5	„	„	5,5	„	„	1 : 17

Beim Menschen wiegt dagegen die Placenta zwischen 400 und 900 Gr. bei einem Körpergewicht des Ebengeborenen von 2500 bis 4500, das Verhältniss kann also, da die kleinsten Placenten bei den grössten Früchten nicht vorkommen, von 1 : 5 nicht einmal bis auf 1 : 11 herabgehen, während es beim Meerschweinchen 1 : 16 und sogar weniger als 1 : 17 normalerweise betragen kann. Aber es würde bei diesem schon ein Gramm von der Placenta transfundirendes Blut dem achten oder zehnten Theil der Gesammtblutmenge des Thieres gleichkommen, die späte Abnabelung also natürlich erscheinen.

Es kommt noch hinzu, dass ein Nachtheil später Abnabelung nicht bekannt ist. Im Gegentheil scheinen die Neugeborenen (169) in diesem Falle kräftiger zu sein oder zu werden und die von B. Schultze schon 1860 gegebene Vorschrift, das Kind sei erst, nachdem es geathmet und geschrieen habe, abzunabeln, erscheint vollkommen gerechtfertigt. Auch hat derselbe Forscher bereits 1864 gezeigt, dass der Fruchtkuchen bei Lösung der Placenta durch den Uterus selbst sein Blut nicht nach aussen entleert, indem die fötalen Gefässe unversehrt bleiben, also kann es, abgesehen von Diffusionsvorgängen, nur in den Fötus strömen.

Denn wenn man eine eben vom Uterus ausgestossene Placenta in warmem Wasser von der durchschnittenen Nabelvene aus mit warmer Milch injicirt, so kann man, wie Schultze bemerkt, (234) den Druck im kindlichen Gefässsystem sehr hoch steigern ohne dass auf der Uterinfläche der Placenta ein Tropfen Milch hervorquillt. Die Placenta schwillt an, krümmt sich wie im Uterus convex auf der Uterinseite, concav auf der Amnionfläche, und das in den mütterlichen Gefässen zurückgebliebene Blut wird aus den offenen Mündungen derselben herausgepresst. Ja es liessen sich sogar die sämmtlichen Cotyledonen von einander brechen, der einzelne Cotyledon liess sich anreissen, so dass die von Milch strotzenden Gefässe sichtbar wurden, ohne dass Milch ausfloss. Sowie aber ein Cotyledon mit dem Messer seicht angeschnitten wurde, quoll reichlich die eingespritzte Milch hervor.

Da also das Blut der kindlichen Placentargefässe weder in die mütterlichen Gefässe noch nach aussen sich bei Lösung der Placenta entleert, so muss es dem Neugeborenen zu Gute kommen, ausser dem Antheil an Blutplasma, welcher nach der Geburt und vor der Placentalösung in die mütterlichen Gefässe hineinfiltrirt. Es erscheint daher im Allgemeinen gerechtfertigt, wie Michaelis und Fritsch empfehlen, Ebengeborene — wenigstens [171
sehr kleine Kinder und Frühgeborene — so spät als möglich abzunabeln, tiefer als die Mutter zu halten, so lange die Placenta nicht gelöst ist und selbst nach ihrer Lösung vom Uterus die Abnabelung nicht sogleich vorzunehmen, sondern die Placenta höher als das Kind zu halten, damit Blut durch die Nabelvene allmählich in dasselbe hineinströme, ohne gewaltsam in es gedrückt zu werden, wie schon von Alters her durch das „Streichen" der Nabelschnur seitens der Hebamme oft geschieht.

Ob es in jedem Falle wünschenswerth ist, dem Ebengeborenen durch späte Abnabelung ein Plus von 20 oder 50 oder 100 Gramm Blut zukommen zu lassen, ist eine andere Frage. Manche verneinen sie, ohne freilich genügende Gründe dafür beizubringen. [268
Der Hauptgrund, es müsse eine enorme Blutdrucksteigerung durch Blutüberfüllung eintreten, erscheint wenig plausibel, da ja durch das Athmen des Kindes in den Lungen ein grosser neuer Raum geschaffen wird. Die Lungen enthalten schon nach dem ersten Athemzug viel mehr Blut, als vorher. Ferner ist gewiss, dass gleich nach der Geburt der Blutdruck in der Aorta erheblich sinkt, und niemand wird bezweifeln, dass die Gefässe der Baucheingeweide vor der Geburt nichts weniger als maximal gefüllt sind; also Raum für das Reserveblut ist zweifellos vorhanden, so dass Gefahren aus der vorsichtigen Zufuhr desselben sich nicht unmittelbar ergeben, zumal es das eigene Blut des Kindes ist, welches ihm wiedergegeben wird.

Die Natur scheint selbst auf eine späte Abnabelung hinzudeuten. Denn bei vielen Säugethieren, z. B. Meerschweinchen, findet die Zerreissung oder Zerbeissung der Nabelschnur, wie ich öfters wahrnahm, nicht sofort nach dem Austritt statt; und [107 vergleicht man die Blutfülle der Allantois, des Ersatzes für die Placenta beim Vogel, vor und nach dem Sprengen der Schale, so ergibt sich eine enorme Verminderung derselben. In den in der Eischale nach dem Ausschlüpfen zurückbleibenden Gefässen ist oft nur eine minimale Blutmenge vorhanden, falls nur das Hühnchen sich ohne alle Hülfe befreit, und es scheint mir die lange Zeit, da das Hühnchen im Ei mit den Lungen athmet, den Nutzen zu haben, dass durch Aspiration möglichst viel Allantoisblut in seinen Körper gelangt.

Dafür, dass eine späte Durchtrennung der Nabelschnur auch beim Menschen erfahrungsmässig sich besser bewährt hat, als eine unmittelbar nach dem Ausstossen des Kindes vorgenommene, [390
sprechen die von Ploss zusammengestellten Angaben von Reisenden über das Verfahren verschiedener uncultivirter Völker. Die Indianerinnen, welche in den Brasilianischen Urwäldern allein niederkommen, reissen die Nabelschnur ab oder zerbeissen sie mit den Zähnen. Sie werden dazu nicht sogleich im Stande sein, also findet hier bei diesem rohesten, thierischen Verfahren eine späte Abnabelung statt. Von den Caraïben wird der Nabelstrang abgebrannt, in Nicaragua derselbe erst nachdem die Placenta zu Tage getreten ist, durchschnitten, auch in Guatemala die Nachgeburt abgewartet. Die Negritas auf den Philippinen, welche ohne allen Beistand niederkommen, gebären stehend und fangen das Kind auf warmer Asche auf; sie legen sich alsbald neben demselben nieder und zerschneiden dann die Nabelschnur mittelst eines scharf geschnittenen Bambusrohrstückchens, einer Austernschale oder eines Steines. In allen diesen und ähnlichen Fällen von Entbindungen ohne Beistand muss die Abnabelung eine späte sein, weil die Mutter sich erholen muss, ehe sie die Operation ausführen kann. In anderen Fällen freilich, wo der Vater oder eine Frau sogleich nach der Geburt des Kindes und absichtlich vor Lösung der Placenta mit einer Muschel die Nabelschnur durchschneidet, wie in Neu-Holland und Neu-Caledonien, ist die frühe Abnabelung constatirt. Diese Fälle bilden aber die Minderzahl soweit mir die durch Ploss compilirten Berichte aus älteren und neueren Reisewerken bekannt geworden sind, und es lässt sich vermuthen, dass bei sehr früher Abnabelung die Kindersterblichkeit in jenen Ländern grösser als bei später sein wird.

Dass durch zu weit getriebenes Warten mit der Abnabelung beim Menschen der Ikterus begünstigt, oder ein anderer Nachtheil herbeigeführt werde, ist keineswegs bewiesen. Jedenfalls [263 spricht die Gesammtheit des guten Beobachtungsmaterials, welches bis jetzt vorliegt, für des Hippokrates Lehre, nicht sogleich [256 nach der Geburt des Kindes abzunabeln; die Erfahrung von Violet dagegen, welcher meint, dass man nicht bis zur Aus- [263 stossung der Placenta mit der Abnabelung warten soll, weil in diesem Falle 100 % der Kinder ikterisch wurden, bei früher Abnabelung dagegen 70 bis 80 %, ist nicht bestätigt worden. Auch Porak fand zwar bei später Abnabelung häufiger Ikterus, als bei früher, Hofmeier und Luge aber nicht. [266. 173. 176

Die geburtshülfliche Praxis hat zu entscheiden, ob bald nach dem Aufhören des Nabelschnurpulses oder erst mehrere Minuten nach dem Erlöschen desselben oder nach Lösung der Placenta ab- [7 zunabeln sei. Aber gegen das sofortige oft mit unüberlegter Hast sogar vor dem ersten Athemzug vorgenommene Unterbinden der Nabelschnur wird jeder Fachmann protestiren, weil dann die Blutmenge dem Neugeborenen vermindert und ihm die Sauerstoffeinathmung, an der sein Leben hängt, erschwert wird. Mag die Menge des den Sauerstoff aus der Luft bindenden Hämoglobins im fötalen Blute noch so gross sein, sie ist kleiner als die des Erwachsenen bei demselben relativen Blutgehalt des Körpers. Da aber das [81 Neugeborene vom Augenblick der Geburt an sehr viel mehr Sauerstoff braucht, als vorher — schon weil es sich erwärmen muss und sich viel mehr bewegt — so erscheint es zweckmässiger, das Hämoglobin aus der Placenta möglichst dem Fötus zu erhalten, was durch langsame Abnabelung erreicht wird.

Bei Thieren wird durch spätes Zerreissen der Nabelschnur ausserdem die Gefahr eines grösseren Blutverlustes durch die Nabelarterien beseitigt. Denn anfangs kann der Blutdruck in der Aorta und die Blutfülle jener Arterien bei weitem nicht so abnehmen, wie nach länger fortgesetzter Lungenathmung. Es wäre von erheblichem Interesse, zu messen, wie viel Blut aus den Nabelarterien bei früh und spät durchschnittener Nabelschnur ungleich entwickelter Thierembryonen ausfliesst. Man müsste dazu multipare Thiere verwenden und könnte, da die Herzthätigkeit beim Embryo auch ohne Athmung andauert, auf diese Art schon approximative Werthe für die Geschwindigkeit des Blutstroms in der Nabelschnur gewinnen und, wenn gleichzeitig von den betreffenden Placenten, wie es Budin und Steinmann thaten, das [108 aus der Nabelvene ausfliessende Blut gesammelt würde, eine werthvolle Controle haben. Dass die Menge des nach der Geburt des Kindes in dasselbe durch die Nabelvene einströmenden Blutes grösser ausfallen muss, als die in gleicher Zeit durch die Nabelarterien abfliessenden Mengen ist gewiss, weil letztere sichtbar früher sich verengen und früher blutleer werden. Wahrscheinlich ziehen sich die Ringmuskeln der Gefässe der fötalen Placenta nach der Geburt des Kindes (und auch noch nach Lösung der Placenta) stark zusammen, so dass ihr Inhalt in die Nabelvene gelangt. Auch steigt die Menge des durch diese zurückfliessenden Blutes, wie Steinmann [109 zeigte, deutlich mit der Stärke des vorher beobachteten Nabelschnurpulses. Entsprechendes muss gelten für die aus dem Fötus und Ebengeborenen durch die durchschnittenen Nabelarterien ausfliessenden Blutmengen; doch wird hier die bereits von Virchow [373 betonte starke Zusammenziehung der Ringmuskelfasern schnell die Blutung vermindern müssen, wie auch die Erfahrung lehrt.

Die spätere Schrumpfung der Nabelschnur gehört ebenso wenig wie die durch Thrombenbildung und Muskelcontractionen erfolgende Obliteration des Botallischen Ganges in den Rahmen dieses Werkes; beide seien hier nur genannt als Vorgänge, welche im späteren Leben nur pathologisch vorkommen. Der ebengeborene Mensch zeigt vermöge der Nabelschnur als physiologische für seine Fortdauer nothwendige Processe Erscheinungen, die, wie z. B. die Thrombose, die Transfusion, die Entzündung, die Mumification (auch Gangrän) für den seit längerer Zeit geborenen leicht tödtlich werden können.

Wegen der grossartigen Veränderungen seines Blutkreislaufs, die der Mensch erleidet, wenn er in die Welt eintritt und welche geradezu lebensgefährlich sind, ist es überhaupt nicht zu verwundern, dass soviele ihre eigene Geburt nicht oder nur kurze Zeit überleben.

II.

DIE EMBRYONALE ATHMUNG.

A. Die Athmung im Ei.

Ob vor der Geburt im Ei eine Athmung stattfinde oder nicht, ist Gegenstand vieler Speculationen in der alten und neuen Literatur gewesen, aber Beobachtungen und Experimente über den Gaswechsel embryonirter Eier im Vergleiche zu dem ebenso behandelter, unbefruchteter Eier waren nur in kleiner Zahl vorhanden und äusserst mangelhaft. Ich habe daher vor Allem Thatsachen festzustellen gesucht, welche die intraovare Respiration beweisen. Die von mir und die unter meiner Leitung in meinem Laboratorium ausgeführten Untersuchungen haben in der That erst sicher gestellt, dass vom Embryo im Ei normaler Weise ununterbrochen Sauerstoff aufgenommen wird und dass das Hämoglobin seines Blutes ihn bindet und festhält, aber nur eine kurze Zeit lang. Denn die Unterbrechung der Sauerstoffzufuhr hat schnell den asphyktischen Embryotod zur Folge. Ferner gelang es mir zum ersten Male widerspruchsfrei auch für die Kohlensäure-Ausathmung wenigstens des Vogel-Embryo im unversehrten Ei thatsächliche Beweise beizubringen.

Der Beweis für den Sauerstoffverbrauch der Embryonen wirbelloser Thiere ist hingegen bis jetzt ebensowenig geliefert wie der für eine Kohlensäureproduction seitens derselben. Baudrimont [110] und Martin-Saint-Anges haben zwar gefunden, dass die Eier der *Gartenschnecke* während der Entwicklung Kohlensäure verlieren, sie versäumten es aber unbefruchtete Eier derselben ebenso zu untersuchen, ob diese weniger Kohlensäure in gleicher Zeit exhaliren. Erst wenn ein solcher constanter Unterschied ermittelt sein wird, kann die Kohlensäurebildung im Schnecken-Embryo als bewiesen angesehen werden. Bis jetzt kann man sie nur als höchstwahrscheinlich bezeichnen.

Dass der Froschembryo in seinem unversehrten Ei mittelst der Kiemen, so unvollkommen dieselben auch noch sind, athmet, d. h. Sauerstoff aufnimmt, ist mir nicht zweifelhaft, seit ich in diesen Kiemenstümpfen die rothen embryonalen Blutkörper circuliren gesehen habe. Auch lässt sich nicht leugnen, dass der Sauerstoff aus dem umgebenden Wasser durch die Eihaut endosmotisch in das Ei-Innere gelangen muss, wenn inwendig der daselbst diffundirte Sauerstoff — auch vor der Hämoglobinbildung — verbraucht wird oder von Anfang an daselbst kein absorbirter Sauerstoff vorhanden war.

Ausserdem ist schon (1843) von Baudrimont und Martin-Saint-Anges gezeigt worden, dass Froschembryonen, wenn die Eier [110
in luftfreies Wasser unter Luftabschluss gebracht werden, wie in kohlensäurereichem, sauerstofffreiem Wasser, in wenigen Tagen zu Grunde gehen, während die Controleier in Gläsern mit lufthaltigem Wasser an der Luft sich entwickeln. Man muss aus diesen Versuchen, soweit sie mit Seine-Wasser angestellt wurden, auf die Nothwendigkeit des Sauerstoffs für das Embryoleben schliessen, während bei den mit destillirtem Wasser ebenso angestellten Experimenten die Möglichkeit besteht, dass ausserdem der Mangel an Salzen tödtlich gewirkt habe.

Ob die durch Kiemen, Haut und Magen (mittelst Schluckens) vom Froschembryo aufgenommene Sauerstoffmenge auch nach dem Verlassen des Eies genügt, das Leben zu erhalten, so dass die Lunge garnicht in Function tritt, ist eine bisher nicht untersuchte Frage von hohem morphologischem und physiologischem Interesse. Ich habe daher eine grössere Anzahl embryonirter Froscheier unter Luftabschluss in Gefässe gebracht, in welche sauerstoffhaltiges Wasser continuirlich einströmte (aus einer Quelle von nahezu constant 13° C.) so jedoch, dass keine Luftblasen sich ansammeln konnten, wenn durch den Einfluss des Lichtes auf das Chlorophyll der sorgfältig geschonten Algen Sauerstoffgas sich entwickelte. Die Einrichtung war diese:

Durch ein T-Rohr gelangt das Wasser einerseits mittelst eines Kautschukschlauchs unten in eine Klärflasche, andererseits in das Freie. Die Flasche ist nur durch einen lose aufgesetzten Trichter verschlossen, so dass keine Gasblasen sich oben ansammeln können. Die Flasche und der Trichter sind permanent vom langsam fliessenden Wasser angefüllt. Die Froschlarven werden in diesem sehr gross, erhalten aber nach drei Monaten ihre Extremitäten, und verlieren den Schwanz vollständig. Die Larven nehmen nach höchstens vier Monaten — ich beobachtete fast täglich vom April bis Anfang August 1882 und 1883 — vollständig den Froschcharakter an. Nur sucht keine an die Luft zu gelangen. Einen solchen Frosch von 34 Millim. Länge opferte ich am 8. August 1882, konnte aber nur eine sehr kleine Lunge mit viel dunkelem Pigment auffinden. Ich bin sogar zweifelhaft, ob das zarte luftfreie Gebilde eine functionsfähige Lunge war. Magen, Darm, Leber (mit grosser Gallenblase), die Brachial- und Schenkelnerven waren sehr gut, die Muskeln schlecht ausgebildet. Man muss demnach ein solches künstlich durch Verhinderung der Lungenathmung auf die Aufnahme des im Wasser diffundirten Sauerstoffs beschränktes Thier ein verkümmertes nennen. Es zeigt auch die Macht der Vererbung. Denn vor der Rückbildung des Ruderschwanzes waren die Larven äusserst kräftig. Trotz seines Nutzens mussten sie ihn einbüssen wie gewöhnliche Frösche an der Luft.

Bei dem zweiten Verfahren, welches ich mit Erfolg anwendete, tropft frisches, Infusorien enthaltendes, sauerstoffreiches Wasser in einen vielfach durchlöcherten Porzellan-Trichter, der lose auf einem grossen Becherglase steht. Das zufliessende Wasser dringt durch die Öffnungen des Trichters ein, das abfliessende wird durch den kreisförmigen Spalt zwischen Becherglasrand und Trichter fortgedrängt.

Auch so gelang es mir im Sommer 1883 vollständige Frösche zu züchten, welche nicht an die Luft kamen. Hier behielten auch einige Frösche bis zum August ihre langen Ruderschwänze neben den Extremitäten. Sie müssen aber reichlich genährt werden — mit frisch getödteten Kaulquappen — wenn sie eine Länge von mehr als vier bis fünf Cm. erreichen sollen. Ob sie geschlechtsreif werden können, bleibt zu ermitteln. Hier ist die Thatsache constatirt, dass einzig durch Absperrung der Embryonen und Larven des Frosches von der atmosphärischen Luft, also durch Verhinderung der Lungenathmung, einerseits das Larvenstadium erheblich verlängert, andererseits eine neue Abart des Frosches erzeugt werden kann, die ohne Lungen und unter Wasser athmet.

Wie verhält es sich nun mit der Athmung solcher Kiementragenden Embryonen, die, durch keine Blutgefässe mit dem Mutterthier in Verbindung stehend, von diesem in einem relativ weit differenzirten Stadium unter Zerreissung der Eihaut in das Wasser abgesetzt werden? Beim Erdsalamander (*Salamandra maculata*)

ist solches der Fall. Unmittelbar nach der Geburt im Wasser findet die Kiemenathmung statt. Woher bezieht aber der Embryo vor der Geburt seinen Sauerstoff? Nach Rusconi's sorg- [299
fältigen Beobachtungen sind die Kiemen am 30. Tage nach der Befruchtung von einer erstaunlichen Grösse und nehmen erheblich an Oberfläche und Verzweigungen ab, ehe die Geburt stattfindet, so dass sie am 65. Tage nach der Befruchtung auffallend klein erscheinen. Man muss hiernach annehmen, dass im Ei durch Diffusion in die Kiemen Sauerstoff aufgenommen wird, dass also geradezu eine Kiemenathmung im Ei vor der Geburt monatelang vor sich geht. Das Kleinerwerden der Kiemen im weiteren Verlauf der embryonalen Entwicklung würde keineswegs die Annahme eines verminderten Sauerstoffverbrauchs nöthig machen, da die Zahl der Blutkörper und die Hämoglobinmenge zunehmen müssen und durch die oberflächlichen nun weiter entwickelten Blutgefässe des Dotters und der Haut gleichfalls Sauerstoff endosmotisch aus der Lunge(?) und aus dem Blute der Mutter aufgenommen werden kann. Rusconi selbst gesteht, er finde keine Erklärung für das Kleinerwerden der Kiemen des Embryo vor der Geburt. Nach der obigen Auffassung erscheint sie weniger räthselhaft. Auch ist gerade bei dem von mir genauer beobachteten neugeborenen Erdsalamander die Kiemenathmung nur dann sehr ausgiebig, wenn man die Larven künstlich verhindert an die Oberfläche des Wassers zu schwimmen. Nur dann und dann immer fand ich die [300
Kiemen sehr stark ausgebildet und die Lungen luftleer und atelektatisch, sogar nach 14 Monaten. Wenn ich aber die Larven nicht — in der oben beschriebenen Weise (S. 106) — verhinderte, an der Wasseroberfläche Luft aufzunehmen, fanden sich jedesmal Luftblasen in der Lunge und die Kiemen wurden bald zurückgebildet.

Es ist also gewiss nicht richtig, was der sonst vorsichtige Rusconi behauptet, die Luft, welche er in den Lungen der jungen Larven in einer flachen Wasserschale fand, stamme nicht aus der Atmosphäre, sondern aus den Lungen selbst. Nur wenn die Thiere unter merklich vermindertem Luftdruck im Wasser längere Zeit verweilen, kommt es zu einer stets lebensgefährlichen Entwicklung von Gasperlen in ihnen und an ihrer Oberfläche, wie ich oft wahrnahm, wenn ich die Embryonen in hohen mit Wasser gefüllten Cylindern hielt, welche oben geschlossen unten offen im Wasser standen.

Werden in den ersten Entwicklungsphasen befindliche Froscheier in Wasser gehalten, das reines Sauerstoffgas statt Luft enthält, dann bleiben, wie Rauber beobachtete, die Kiemen auf einer [387 niederen Entwicklungsstufe stehen. Bei Erleichterung der Athemfunction werden also die Respirationsapparate dieser variabeln Wesen in der Ausbildung reducirt, bei Erschwerung derselben — in meinen obigen Versuchen — stärker ausgebildet.

Dass die Embryonen der Reptilien im Ei Kohlensäure bilden, ist noch nicht bewiesen, da aus der von Baudrimont [110 und Martin-Saint-Anges nachgewiesenen Kohlensäure-Abscheidung der befruchteten Ringelnatter- und Eidechsen-Eier nicht folgt, dass die Embryonen selbst die Kohlensäure bildeten. Es hätten zum Vergleiche auch unbefruchtete Reptilien-Eier untersucht werden müssen.

Auch die Sauerstoffaufnahme ist noch nicht direct dargethan. Man kann diese jedoch schon deshalb für sicher erklären, weil die Embryonen der Ringelnatter, die ich einmal fast unmittelbar nach dem Absetzen der Eier beobachtete, hellrothes Blut haben, welches unzweifelhaft Sauerstoffhämoglobin enthält (vgl. S. 22). Wie der Sauerstoff aber vorher im Körper des Mutterthiers in das Ei hineingelangt, ob etwa von der eingeathmeten Luft aus den Lungen durch Diffusion direct oder aus dem Blute indirect, ist unbekannt. Dass vor dem Absetzen der Eier das gesammte rothe Blut des Embryo vollkommen frei von Sauerstoff sei, dieser also erst nach dem Legen, wie beim Vogel, aus der Luft durch die hier weiche Schale eindringe, lässt sich nicht annehmen, weil der Embryo im frisch gelegten Ei zu weit entwickelt ist.

Die Respiration des Vogel-Embryo.

Wegen der relativ geringen technischen Schwierigkeiten ist die Athmung des Hühnerembryo im Ei am häufigsten untersucht worden, doch konnten erst in der neuesten Zeit bestimmte Beweise für die Kohlensäurebildung seitens des Embryo vor dem Beginn der Lungenathmung geliefert werden, weil man es früher versäumt hatte, nicht befruchtete bebrütete Eier, die ebenfalls Kohlensäure an die Atmosphäre abgeben, mit befruchteten ebenso bebrüteten desselben Alters unter gleichen Umständen zu vergleichen.

Zwar hatten schon Prevost und Dumas behauptet, dass auch unbefruchtete Eier Sauerstoff aufnehmen und Kohlensäure exhaliren und zwar weniger als befruchtete, auch Baudrimont und

Martin-Saint-Anges Ähnliches angenommen, aber die unter- [206, 349
suchten Eier befanden sich unter ganz anomalen Bedingungen, in trockener Luft, die gasometrischen Analysen sind den damaligen Zeiten entsprechend ganz ungenügend und die mitgetheilten Zahlen beweisen gar nicht die grössere Sauerstoffaufnahme und Kohlensäure-Exhalation seitens des embryonirten Eies, weil sie an sich fehlerhaft sind und Controlversuche fehlen, wie ich bereits an anderer Stelle zeigte. [309

Die ganze Frage musste daher noch einmal gründlich experimentell in Angriff genommen werden. Ich habe diese Arbeit zusammen mit Dr. Robert Pott in den letzten Sommern durchgeführt.

Eine kurze Zusammenstellung der für die Sauerstoff-Aufnahme des Vogelembryo überhaupt sprechenden Thatsachen sowie einige Beobachtungen über die Eigase seien der Darstellung der durch unsere quantitativen Bestimmungen der vom Hühnerembryo ausgeathmeten Gase ermittelten Thatsachen vorausgeschickt. —

Wenn die Allantois aus irgend welchem Grunde sich unvollkommen entwickelt, so gehen die Embryonen asphyktisch zu [243
Grunde. Die Erstickung tritt regelmässig ein, weil, wie jetzt feststeht, die Sauerstoffaufnahme seitens des Blutes, nämlich des Hämoglobins, in den Allantoisgefässen mangelhaft wird.

Wenn das Ei im kleinen geschlossenen Luftraum erwärmt wird, kommt entweder keine Embryobildung zu Stande oder der Embryo stirbt früh ab, wie Dareste fand und ich bestätigen [43
kann. Dabei wurde von uns Pilzbildung regelmässig beobachtet. Auch dann tritt die letztere, am Septum in der Luftkammer zumeist, ein, und damit sehr leicht der Embryotod, wenn die Eier in einem nur Sauerstoffgas enthaltenden kleinen geschlossenen Raum bebrütet werden, wie ich und Dr. Pott feststellten. Die [296
Luft in der nächsten Umgebung des bebrüteten Eies darf nicht einen Tag stagniren, wenn der Embryo sich weiter entwickeln soll. Noch weniger darf sie sauerstofffrei sein, wie Erman trotz Viborg behauptet hatte und Einige [343, 283
annahmen, ehe Schwann (1834) die Ermanschen sehr rohen [339
Versuche gründlich widerlegt und gezeigt hatte, dass sie nur die Möglichkeit der embryonalen Entwicklung in einer Luft beweisen, welche weniger Sauerstoff, als die Atmosphäre enthält.

Erstickung des Embryo tritt aber schnell ein, wenn das unversehrte bebrütete Ei in der Luft selbst ein (noch festzustellendes)

Minimum Sauerstoffgas nicht mehr aufnehmen kann. Eintauchen
des Eies in Wasser von seiner Temperatur ist nicht erforder- [110
lich, schon Beölung oder Firnissen der Eischale genügt, um den
Übergang des atmosphärischen Sauerstoffs durch die Schale, die
Schalenhaut und das Chorion an die Blutkörper in den Allantoisgefässen so zu erschweren, dass stets, wenn die ganze Respirations-
fläche bedeckt wird, in Hühnereiern schleunigst der Tod des Embryo eintritt. Herzstillstand und Venöswerden des gesammten [874
Blutes habe ich vom siebenten Tage an in einigen Secunden auch
nach dem Herausnehmen des Embryo aus dem Ei unter Abtrennung der Allantois eintreten gesehen; ich sah dasselbe nach
partieller Zerstörung der Allantois im geöffneten warmen Ei sich
ereignen.

Von spätestens der zweiten Woche an ist also das Leben des Embryo an die respiratorische Function der Allantois gebunden. Es fragt sich aber, ob die letztere auch im intacten Ei in ihrer ganzen Ausdehnung unversehrt sein muss, oder ob etwa bei theilweiser Ausschaltung derselben das Leben des Embryo, obzwar nur unter Missbildungen seiner Organe, bestehen bleiben kann. Schon Geoffroy St. Hilaire versuchte (1820) durch partielles Überziehen des Eies mit Firniss und anderen vermeintlich impermeabeln Stoffen die Ausbildung der Allantois local zu verhindern.

Die früheren Versuche mit partiellem Firnissen der Eier haben in der That zu auffallenden Resultaten geführt.

Wird nur der Theil des Eies gefirnisst (mit 2 Th. Wachs auf
1 Th. Colophonium) wo sich die Luftkammer befindet, dann soll,
wie Baudrimont und Saint-Anges fanden, schnell der Embryo- [110
tod eintreten, während in drei Eiern, deren Luftkammer-Schale
allein ungefirnisst blieb, die Entwicklung normal vor sich ging,
obwohl sie sieben Tage lang uneröffnet gefirnisst blieben. Dieselben Forscher beobachteten noch, dass, wenn die Eier zur Hälfte gefirnisst und mit der gefirnissten Hälfte nach unten liegend erwärmt wurden, die Entwicklung normal (bis zum siebenten Tage) fortschritt, aber die Allantois sich dann nur halbseitig entwickelte bis an den Rand des gefirnissten Theiles soweit die Luft Zutritt hatte. (Ich komme auf diese nur theilweise richtigen Angaben zurück). Wurden dagegen die zur Hälfte gefirnissten Eier mit der gefirnissten Hälfte nach oben ausgebrütet, dann liess sich nur eine Spur beginnender Entwicklung (am siebenten Tage) wahrnehmen.

Gute Bruthennen legen täglich die Eier um, so dass keine

Fläche keines Eies lange der Luft entzogen bleibt. Geschieht die Umwendung der im Brütofen auf Sand liegenden Eier gar nicht oder geschieht sie zu häufig, dann entwickeln sich manchmal, wie ich bereits (S. 11) bemerkte, asymmetrische Embryonen. Zwerg-Embryonen
konnten L. Gerlach und H. Koch (1882) dadurch entstehen [387
lassen, dass sie das ganze Ei bis auf einen 4,5 oder 6 Millim. im Durchmesser haltenden „Luftfleck“ in der Nähe oder unmittelbar über der Keimscheibe, firnissten. Es fanden sich dann häufig sehr kleine, aber entwickelte Embryonen vor, woraus folgt, dass der atmosphärische Sauerstoff für das Wachsthum mehr erforderlich ist, als für die Differenzirung. Leo Gerlach fand denn [391
auch, dass beim partiellen Firnissen befruchteter Eier die bisweilen darauf folgenden Wachsthumsanomalien oder Missbildungen (am dritten bis sechsten Tage der Bebrütung) den Entwicklungsstadien der ersten 15 Stunden entsprechen. So früh also muss die partielle Sauerstoffentziehung fühlbar werden.

Ganz in Übereinstimmung damit hatte schon im Jahre 1834
Theodor Schwann gefunden, dass frische befruchtete Hühner- [390
eier im Wasserstoffgas sich nur bis zu 15 Stunden entwickeln und nach 30-stündiger Bebrütung im Wasserstoffgas auch in der Luft absterben, nach 24-stündiger Bebrütung in demselben aber in der atmosphärischen Luft sich weiter entwickeln können. Sauerstoff ist also vom Anfang an nothwendig.

Diese Versuche bestätigte 1840 John Marshall, indem er [413
Hühnereier nach dem Bekleben mit mehrfachen Schichten Papiers
und Eierweiss zwar sich entwickeln sah, wie früher Towne, [416
nicht aber in Darm eingebundene unter Öl gehaltene Eier. In diesen kam es nicht zur Embryo- und Blut-Bildung.

Obwohl nun hierdurch die Experimente von Towne widerlegt wurden, welcher wie Erman behauptet hatte, dass der Embryo im Vogelei sich ohne Sauerstoffzutritt von aussen normal entwickeln könne, so sind doch eben diese Experimente keineswegs überflüssig gewesen. Denn sie beweisen, dass die Embryobildung und die Entwicklung normal sogar lange Zeit fortgehen kann, wenn der Sauerstoffzutritt erheblich erschwert, die Menge des zur Verfügung stehenden Sauerstoffs bedeutend vermindert ist. Selbst nach Bekleben des Hühnereies mit drei bis fünf Lagen Papiers und Eierweiss schlüpften nach 21 Tagen normale Hühnchen aus. Marshall zeigte, dass das Eierweiss zahlreiche Sprünge und Risse hatte und das Papier für Luft permeabel war, wie es Schwann für den Gyps bei Ermans Versuchen gezeigt hatte. Nur

impermeable Überzüge über das ganze Ei machten die Embryo-Bildung unmöglich. Als aber ein Firniss *(deux parties de gomme laque et une partie de colophane pour une pinte d'esprit de vin)* auf die ganze Oberfläche mehrerer Hühnereier von Réaumur applicirt worden, gelang es nach der Entfernung desselben — vermuthlich durch Auflösung in Alkohol — selbst dann noch einmal ein Hühnchen, allerdings mit einer Missbildung, durch Ausbrüten zu erhalten, als die Eier $2\frac{1}{2}$ Monate gefirnisst bei gewöhnlicher Temperatur aufbewahrt worden waren. Wenn diese Beobachtung [419
bei exacter Ausführung des Versuches sich bestätigen sollte, so würde folgen, dass die Ursache des Sterilwerdens frischer befruchteter Eier nach vierwöchentlichem Aufbewahren bei gewöhnlicher Temperatur durch Gasaustausch des Ei-Inhaltes und der Luft viel mehr, als durch innere, davon unabhängige Zersetzung bedingt ist, namentlich durch Wasserverlust, wovon weiter unten die Rede sein wird.

Auch Dareste stellte zahlreiche Versuche über die Wirkung [307
des partiellen Firnissens bebrüteter Eier an. Er verwendete dazu mit Vorliebe gewöhnliche Stiefelwichse ohne über deren (wechselnde) Zusammensetzung etwas anderes anzugeben, als dass sie ihm unbekannt sei! Wenn die Eier nur am stumpfen Pol gefirnisst wurden, wo die Luftkammer zu liegen kommt, dann gingen die Embryonen keineswegs jedesmal zu Grunde, aber die Allantois entwickelte sich angeblich an der Breitseite des Eies, wie schon Baudrimont und Martin-Saint-Anges behauptet hatten, da wo die Schale der Luft direct exponirt geblieben war, nicht aber an der die Luftkammer inwendig begrenzenden inneren Schalenhautlamelle.

Wurde der stumpfe Pol erst gegen den fünften Tag gefirnisst, dann gingen die Embryonen zu Grunde, weil die Allantois dann schon an das Septum gegen die Luftkammer sich angelegt habe; beim Firnissen nach diesem Termin aber blieben die Embryonen bis zum zwölften Tage am Leben, weil sie sich ausgebreitet habe. Firnissen des spitzen Eipoles hatte eine Störung der Entwicklung nicht jedesmal zur Folge. Hier konnten die Allantois und Luftkammer sich wie gewöhnlich ausbilden.

Diese Versuche hat in meinem Laboratorium Dr. Karl Düsing wiederholt und statt des Firniss den zum Verkitten mikroskopischer Präparate dienenden Asphaltlack verwendet, welcher sich zu diesem Zwecke vorzüglich geeignet erwies. Es stellte sich aber heraus, dass die Angaben von Dareste bezüglich der Allantois sehr ungenau sind. Wir sahen nach Schwärzung des stumpfen Eipoles in grosser Ausdehnung normale Hühnchen ohne Kunsthülfe im Brütofen ausschlüpfen, und niemand war nachher im Stande, die überall gleichartige gleichmässig das Hühnchen umhüllende Allantois unter der Schalenhaut (nach Ablösung der letzteren unter Wasser) von einer gewöhnlichen Allantois zu unterscheiden. Dass der Asphaltlack aber die Gasdiffusion enorm vermindert, wurde durch Wägungen bewiesen, indem total lackirte Eier nur etwa $^1/_{10}$ des Gewichtsverlustes nicht lackirter Eier beim Bebrüten erlitten. [394

Auch die andere durch keine Detailangaben erhärtete Behauptung von Dareste kann nicht richtig sein, dass die Gaskammer nach Schwärzung des stumpfen Pols sich regelmässig an der Breitseite bilde, sonst müssten wir sie daselbst gefunden haben. Endlich ist es nicht richtig, dass Firnissen des stumpfen Poles gegen den fünften Tag den Embryo tödte, weil die Allantois sich dann schon an das Septum — die innere Schalenhautlamelle — angelegt habe. Denn es ist längst bekannt, dass die Allantois erst am vierten Tage sich ausstülpt und erst am Ende des fünften Tages, [316 gefässreich geworden, die Athmung vermittelt. *Vers le cinquième* [356 *jour* kann nur das Ende des vierten oder den Anfang des fünften Tages bedeuten. Dann ist die Allantois aber noch nicht an der (noch kleinen) Luftkammer angelangt. Daher wird die spätere Angabe *du cinquième au huitième jour* richtig sein. Die un- [419, 36 gleiche Ausbildung und Ausdehnung der Allantois bei partiell lackirten Eiern, aus denen Hühnchen ausschlüpften oder in denen sie sich bis zum 19. oder 20. Tage entwickelten, habe ich aber überhaupt in keinem Falle constatiren können.

Die Versuche von Dareste, bei denen in total gefirnissten Eiern die Embryo-Anlage sich bildete, erklären sich durch die Permeabilität des Überzuges; desgleichen die von Martin- [436 Saint-Anges und Baudrimont. Collodium und Schuhwichse sind dazu ungeeignet, und Dareste selbst bemerkte, dass die damit total gefirnissten Eier während der Bebrütung 0,19 bis 0.27 Gr. täglich an Gewicht verloren, es konnte also der Überzug nicht gasdicht sein. Auch bildete sich in einem unmittelbar nach dem Legen noch warm gefirnissten Ei nach dreitägiger Bebrütung eine Luftkammer mit etwa ein Cc. Luft. Als aber Dareste frische Eier mit Olivenöl bestrich und einrieb, bildete sich nur eine sehr kleine Luftkammer oder keine, und es kam nicht zur Bildung des Embryo. Nur nachdem beim Brüten das Öl — durch die Federn der

Bruthenne — wieder abgerieben worden, entwickelten sich Embryonen in den beölten Eiern, nicht aber in dem sonst bewährten Brütofen. Dem entsprechend war auch die Gewichtsabnahme der total beölten nicht bebrüteten Eier eine minimale. Sie betrug 0,003 bis 0,013 Gr. täglich, 16 bis 19 Tage nach der Beölung. Frische nicht beölte Eier verlieren durchschnittlich 0,079 Gr. an der Luft in 21 Tagen im Sommer im Zimmer — und zwar [298, 328 im Minimum 0,066 im Maximum 0,105 täglich — also fast das Zehnfache.

Dieser Unterschied beseitigt zwar den Verdacht, dass doch die Ölschicht nicht impermeabel gewesen sei, nicht ganz, zeigt aber, dass die Beölung den Sauerstoffzutritt enorm erschweren muss.

Da bei derartigen Beölungen und den sämmtlichen früheren Versuchen, die Eier mit gasdichtem Firniss oder Lack zu überziehen, grosse Flächen der Kalkschale continuirlich dem Zutritt der Luft entzogen waren, so konnte das Überwiegen der sehr zahlreichen negativen Resultate über die seltenen positiven, bei welchen lebende Hühnchen ausschlüpften, recht wohl durch die Asymmetrie der der Luft entzogenen und exponirten Oberflächentheile und dadurch bedingte ungleiche Entwicklung beim Bebrüten beruhen. Es war daher wünschenswerth zu wissen, ob beim Betupfen der Ei-Oberfläche mit Asphaltlack und Glimmerplättchen mit gleichen Abständen der Tüpfel die Entwicklung etwa normal vor sich gehe, auch wenn die Hälfte der Oberfläche der Luft entzogen würde. Diese Frage hat Dr. Düsing in meinem Laboratorium (1883) durch viele Experimente entschieden. [394

Wurden die frischen befruchteten Eier stellenweise mittelst grosser oder kleiner Tupfen von etwa $^1/_4$ bis 2 □ Cm. Oberfläche bemalt, künstlich gesprenkelt, so dass mehr als $^1/_3$ und $^1/_2$ der ganzen Ei-Oberfläche nicht mehr für die Luft durchgängig war, so entwickelten sich dann doch die Hühnchen bis zum 18. und 19. Tage normal, einmal nur mit einer Missbildung (Polydaktylie). Da aber ganz dieselbe Missbildung (Verdoppelung der Hinterzehe) bei einem aus einem unveränderten Ei ausgeschlüpften Hühnchen bald darauf ebenfalls beobachtet wurde, so ist hier eher an eine erbliche Disposition zu Hyperplasien, als an einen teratogenen Einfluss des Lackirens zu denken. Das zweite Ei stammte übrigens von einem anderen Huhne. In nicht wenigen Fällen schlüpften ganz gesunde Hühnchen aus solchen mit Asphaltlack bemalten Schalen aus. Es gelang indessen nicht mit Sicherheit Anomalien der Allantois zu constatiren. Wahrscheinlich war der Gaswechsel mit der Atmosphäre an den freien Stellen im Vergleich zur Norm gesteigert, die Ausgleichung der Wärmeleitungsdifferenzen erleichtert. Die Grösse der abgesperrten Oberfläche erreichte in einem Falle, als gerade ein vollkommen wohlgebildetes kräftiges Hühnchen ohne alle Kunsthülfe im Brütofen am 21. Tage ausschlüpfte, genau die Hälfte der ganzen Ei-Oberfläche, was Dr. Düsing dadurch feststellte, dass er sie schachbrettartig in kleine schwarze und weisse Vierecke von $^1/_2$ und $^1/_4$ □Cm. mit Asphaltlack völlig symmetrisch eintheilte. Trotz des starken Asphaltgeruchs während drei Wochen kamen die Embryonen zur Reife; in einem Falle gedieh der Embryo bis zum 19. oder 20. Tage normal mit normaler Allantois bei $^2/_3$ Schwärzung.

Aus allen diesen Thatsachen folgt, dass der Vogelembryo schon sehr früh, nämlich sicher lange vor Ablauf des zweiten Tages, Sauerstoff aus der atmosphärischen Luft aufnimmt und unmittelbar darauf verbraucht. Ich habe denn auch mit Sicherheit im unversehrten bebrüteten und normal entwickelten Hühnerei mittelst einer Combination des Embryoskops und Spectroskops die Gegenwart von Sauerstoffhämoglobin in den Allantoisgefässen am Spectrum erkannt. Der Embryo mag der Luft viel oder wenig — im Verhältniss zum ausgeschlüpften Vogel — in der Zeiteinheit entnehmen, fest steht, dass er den mittelst seines Hämoglobins aufgenommenen Sauerstoff sofort in irgend welcher Weise verwendet. Denn sofort zeigt die Blutfarbe nach Unterbrechung der Sauerstoffzufuhr das charakteristische Aussehen des Erstickungsblutes. Doch kann die Menge des zum Ei gelangenden Sauerstoffs enorm vermindert werden, ohne die Entwicklung zu stören. Es wäre interessant zu wissen, ob beim Gegentheil, in einem permanenten Strome reinsten warmen Sauerstoffgases und bei gesteigertem Sauerstoffdruck, etwa die Incubationsdauer abgekürzt oder durch Steigerung der intraovären Oxydation der Embryo getödtet wird.

Ein Versuch von Baudrimont und Saint-Anges mit drei an Eiern vom 18. Tage angestellt, welche 22 Stunden warm in einem sehr sauerstoffreichen (etwa 85 proc. enthaltenden) Gasraum verweilten, ergab bemerkenswerthe Resultate. Sie fanden nämlich den Embryo roth, die Blutgefässe stark geröthet, die Allantois sehr resistent und ein Millimeter dick, das Amnioswasser roth. Dasselbe enthielt Blutkörper, welche sich rasch in der Flüssigkeit senkten und gequollen schienen. Diese auffallenden Veränderungen zeigten drei Eier. Ein anderes nur zehn Tage bebrütetes Ei verhielt sich aber ebenso im Sauerstoffgas; ein fünftes (in der Entwicklung vorher zurückgebliebenes) zeigte nichts abnormes.

In allen Fällen liess sich hierbei für die 10 und 18 Tage bebrüteten Eier eine Sauerstoffaufnahme — aus der Verminderung des anfänglichen Sauerstoff-Volums — nachweisen.

Die von Dr. Rob. Pott in meinem Laboratorium vor- [286
genommene Wiederholung dieser Versuche mit reinem Sauerstoffgas und sechsstündiger Durchleitung hat bestätigt, dass Allantois und Embryo auffallend roth aussehen: ihre ganze äussere Haut, sogar die Füsse und das Amnioswasser sind roth. Ich fand in dem letzteren aber keine rothen Blutkörper, sondern nur Leukocyten und constatirte mit Sicherheit spectroskopisch, dass die rothe Farbe von aufgelöstem Sauerstoffhämoglobin herrührt. Es ist also sehr wahrscheinlich, dass für dessen Bildung — am zweiten Tage — der Sauerstoffzutritt erforderlich ist. In stagnirendes Sauerstoffgas enthaltenden abgeschlossenen Räumen (abgesperrten Glasglocken) trat, wie (S. 110) erwähnt wurde, Schimmelbildung im Ei ein, und zwar immer zuerst in der Luftkammer, selbst wenn der Sauerstoff täglich einmal erneuert wurde. Die Röthung war aber auch da zu sehen.

Was nun die Betheiligung der Luft in der Luftkammer am Respirationsprocess des Embryo betrifft, so ist bekannt, dass unmittelbar nachdem das Ei gelegt worden, schon die Bildung der Gaskammer *(Cavitas s. Folliculus aëris)* am stumpfen, sehr selten am spitzen Eipol beginnt. Der Luftraum vergrössert sich beim befruchteten wie beim unbefruchteten Ei, indem Luft durch die Kalkschale und die äussere Lamelle der ihr bis zuletzt dicht anliegenden Schalenhaut eindringt und der Abstand der inneren Schalenhautlamelle von der äusseren stetig zunimmt. Bis zum Ende der Incubation dauert dieses Grösserwerden der Luftkammer im Ei, gleichviel ob darin ein Embryo sich entwickelt oder nicht. Aber sowohl bezüglich der absoluten Grösse, wie der Gestalt derselben zeigen die einzelnen Eier erhebliche Abweichungen.

An mehreren Eiern habe ich mittelst des Embryoskops die [356
allmähliche Zunahme der Luftkammer verfolgen können und durch directe Aufzeichnung der Grenzlinien auf die Eischale auch anschauliche Bilder des Wachsthums hergestellt, ohne dass die Entwicklung des Embryo im Geringsten gestört worden wäre. Folgende Zeichnungen zeigen, wie gross die Luftkammer beim Hühnerei in der

Regel wird, wie sie zunimmt und bald regelmässig, bald unregelmässig begrenzt erscheint.

Fig. *α* stellt das Resultat, das vier Eier gaben, dar. Die oberste Grenzlinie ist am siebenten Tage von zwei Eiern übereinstimmend erhalten worden, die darauffolgende zeigte ein Ei am

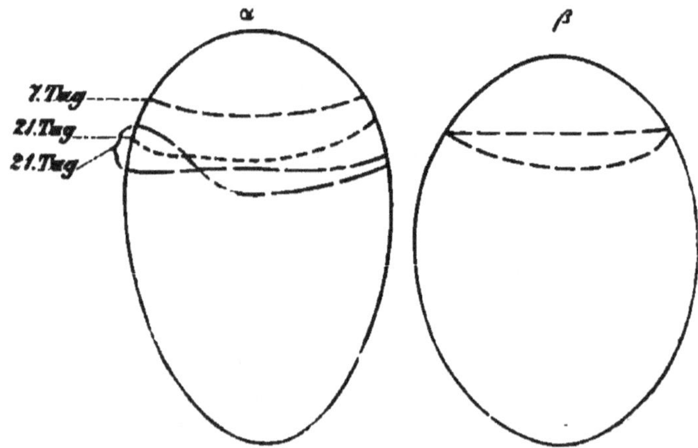

21. Tage einige Stunden vor der Schalensprengung; die beiden untersten Linien geben die periphere Begrenzung für ein viertes Ei zu derselben Zeit und beziehen sich auf den grössten von mir überhaupt beobachteten Luftraum.

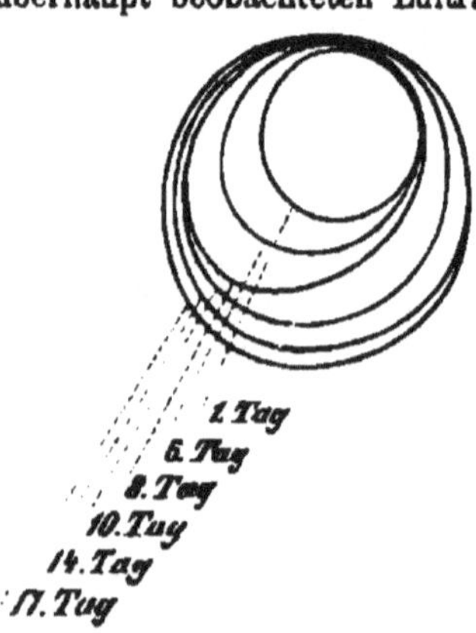

Fig. *β* zeigt ein unbefruchtetes Ei, das wie die Eier *α* im Brütofen erwärmt wurde. Man sieht deutlich, dass am 22. Tage die Grösse der Luftkammer hinter der des entwickelten Eies zurückbleibt.

Die dritte Figur zeigt die ooskopisch aufgezeichneten Grenzlinien vom Pol aus gesehen an einem befruchteten Ei, aus welchem trotz der häufigen Drehungen beim Zeichnen am Embryoskop am 21. Tage ein normales Hühnchen, ohne die geringste Hülfe, auskroch. Die excentrischen in sich zurücklaufenden Linien, z. Th. fast kreisförmig, zeigen das Wachsthum der Luftkammer an.

Nur einmal unter mehreren hundert Fällen habe ich die Luftkammer nicht an einem Eipol gefunden, sondern in der Mitte, so dass sich die Grenze ooskopisch ungefähr in dieser Weise zeigte:

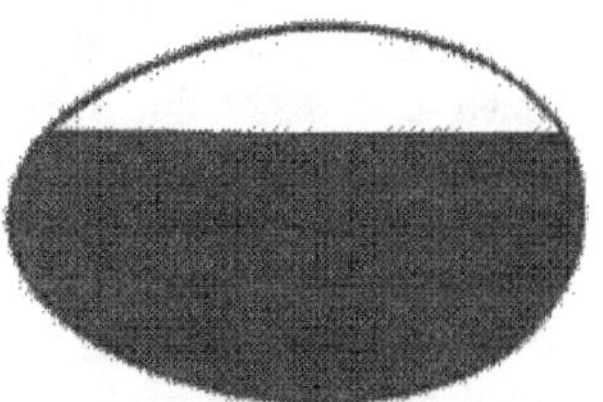

Das Hühnchen, welches aus diesem Ei im Brütofen ohne alle Hülfe ausschlüpfte, war in jeder Beziehung normal und blieb wie die anderen am Leben.

Ein wahrscheinliches Ergebniss meiner Beobachtungen ist, dass bei gleicher Erwärmung und sonstiger Behandlung unbefruchtete Eier oft, aber nicht regelmässig, eine kleinere Luftkammer haben, als entwickelte. Der Embryo verursacht keine regelmässige Vergrösserung der Luftkammer. Sowohl das befruchtete wie das unbefruchtete Ei entnimmt der Luft Sauerstoff vom Anfang an. Denn nach Allem, was über den Gasgehalt der Secrete und Excrete des Körpers bekannt ist, enthalten dieselben entweder gar keinen gasförmigen Sauerstoff oder nur Spuren davon, wenn sie frisch sind. Das eben gelegte Vogelei wird demnach vor der Berührung seitens der atmosphärischen Luft kein Sauerstoffgas als solches frei oder diffundirt enthalten. Somit muss es, gleichviel ob es befruchtet ist oder nicht, sein Sauerstoffgas aus der Atmosphäre beziehen. Ein Theil geht in die Luftkammer, ein Theil weiter in das Albumen, wo schon Mayow viel Sauerstoff, seinen *Spiritus nitro-aëreus* vermuthete, als er mittelst der Luftpumpe Gas daraus entwickelte. Über die Zusammensetzung der Eigase in der Luftkammer liegen jedoch nur wenige ältere Beobachtungen vor.

Fabricius von Acquapendente scheint der erste gewesen zu sein, welcher behauptete, die Gaskammer enthalte gewöhnliche atmosphärische Luft und das Hühnchen brauche sie (kurz vor dem Ausschlüpfen) zum Athmen. Andere wiesen darin Kohlensäure nach, so Paris 1810. Die Voreiligkeit, mit der man daraus [410
die Athmung des Embryo im Ei, sein Vermögen Kohlensäure zu bilden, als bewiesen ansah, obgleich Niemand damals die Gase in der Luftkammer unbefruchteter bebrüteter Eier prüfte, ist um so auffallender, als bereits Spallanzani gefunden hatte, dass auch unbebrütete Eier, ja sogar Eierschalen mit der Schalenhaut etwas Sauerstoffgas absorbiren und Kohlensäure bilden, wenn sie über Quecksilber in gewöhnlicher Luft mehrere Tage eingeschlossen wurden. Dareste wiederholte diese Versuche zwar und fand [419

angeblich nicht mehr Kohlensäure, als in der atmosphärischen Luft, er theilt aber keine Zahlen mit, und die von mir mit Dr. Pott ausgeführten Versuche beweisen, dass Spallanzani in der Hauptsache richtig beobachtet hatte, wovon weiter unten.

Gustav Bischof, in der Absicht mit Nasse (in Bonn) zu- [38
sammen i. J. 1823 die Veränderungen festzustellen, welche Eier in abgeschlossener atmosphärischer Luft während der Bebrütung hervorbringen, sammelte zunächst über ausgekochtem Wasser die Eiluft und bestimmte eudiometrisch ihren Sauerstoffgehalt. Er fand in der Luft von fünf Eiern zwischen 21,9 und 24,3 % Sauerstoffgas dem Volum nach, im Mittel 23,47 %, und war überrascht, dass in der Eiluft mehr Sauerstoff enthalten ist, als in der Atmosphäre. Hätte er nicht über Wasser, sondern über Quecksilber die Luft aufgefangen, so würde er vielleicht den Unterschied noch grösser gefunden haben, als 1 bis 3,4 %. Übrigens ist es nicht sicher, dass die Zahlen für bebrütete und nicht für unbebrütete Eier gelten, da Bischof erwähnt, die ungleiche Menge der Luft in jedem Ei rühre wohl vom verschiedenen Alter der Eier her. Eine Erklärung des hohen Sauerstoffgehaltes fehlt.

Derselbe wurde auch von Dulk (1830) gefunden, welcher [64
die Gase aus acht unbebrüteten Eiern zusammen über ausgekochtem Wasser auffing und in einem Versuche 25,26 in einem anderen 26,77 % Sauerstoff fand. Die atmosphärische Luft gab 20,5 bis 21. In den aus einem 20 Tage lang bebrüteten Ei mit abgestorbenem Embryo erhaltenen Kammer-Gasen wurden gefunden 6,19 % Kohlensäure. In drei anderen 20 Tage lang bebrüteten Eiern hatte das Sprengen der Schale durch das piepende Hühnchen bereits begonnen, ein Theil der Kohlensäure stammt hier also sicher aus den Lungen.

Bemerkenswerth ist bei diesen Bestimmungen (welche auf Veranlassung von Karl Ernst von Bär unternommen wurden) die Übereinstimmung der Zahlen trotz der schlechten Methode. Es ergaben sich für die Eigase in Volumprocenten:

Bebrütungs-Tage	Sauerstoff	Kohlensäure	Stickstoff	Kohlensäure plus Sauerstoff
0	25,26 u. 26,77	—	—	—
10	22,47	4,44	73,09	26,91
20	—	9,40	—	—
20	17,55	9,23	73,22	26,78
20	17,90	8,48	73,62	26,38

Der eingeathmete Sauerstoff war also ohne merkliche Volumänderung durch ausgeathmete Kohlensäure ersetzt worden. Die

Gase des unbebrüteten Eies hat aber Dulk auf Kohlensäure nicht untersucht.

Ferner behaupten Baudrimont und Martin-Saint-Anges, [110
welche ebenfalls über Wasser auffingen (1847), dass in der Eiluft mehr Sauerstoff als in der das Ei umgebenden Luft vorkommt, obgleich es ihre Versuche nicht jedesmal zeigen. Kohlensäure fanden sie bisweilen keine, jedenfalls weniger in der Eikammerluft, als in einem kleinen an das Ei gekitteten Kautschuk-Beutel. Die Versuche sind wegen dieses Materials und auch sonst so mangelhaft, dass sie neue Analysen der Eigase nöthig machen, namentlich um zu ermitteln, ob die Eischale, wie jene Autoren meinen, zuerst an der Stelle der Luftkammer Sauerstoff eintreten lässt, dann mit der Allantois-Entwicklung fortschreitend an allen Puncten (am 13. Tage) und ob die Kohlensäure reichlicher an der erwähnten Stelle, als an anderer, die Schale verlässt, während das Wasser im Ei an allen Puncten zu gleicher Zeit vom Anfang an verdunstet.

Wenn man das stumpfe Ei-Ende nach Bildung der Luftkammer luftdicht verklebte, würde sich wahrscheinlich beim befruchteten und unbefruchteten Ei mehr Kohlensäure in der Luftkammer finden, als normalerweise.

Es ist zwar von Berthelot in den über Quecksilber aufgefangenen Gasen der Kammern unbebrüteter wie drei bis fünf Tage bebrüteter Eier überhaupt keine Kohlensäure gefunden worden, wie Dareste berichtet, und nur 14 bis 20,5 Volum- [419, 3;
procent Sauerstoff; erwägt man aber, dass von ihm nur wenige Analysen ausgeführt wurden, dass die gesammte Gasmenge einmal nur 0,2 Cc., ein andermal nur 0,4 Cc. und 1,0 Cc. betrug, dass der Sauerstoff mittelst Kaliumpyrogallat bestimmt wurde und selbst ein Berthelot bei so kleinen Mengen zuverlässige Resultate nicht erhalten konnte — im ersten Versuch mit 0,2 Cc. fand er 0,04 Cc. Sauerstoff! — dann wird man die Abwesenheit der Kohlensäure bezweifeln dürfen.

Dass atmosphärischer Sauerstoff und Stickstoff ebenso in das unentwickelte, wie in das sich entwickelnde Ei an irgend einer Stelle eindringen müssen, ist die natürliche Folge der Gewichtsabnahme beider in der Luft. Denn beide verlieren Kohlensäure und Wasser, und zwar in trockener, warmer Luft in grossen Mengen in kurzer Zeit. Es muss also wegen der Starrheit der Kalkschale sehr bald nach dem Legen des Eies in diesem ein negativer Druck entstehen, so dass atmosphärische Luft durch die Kalkschale eindringt. Dass aber diese Luft procentisch mehr Sauerstoff und weniger Stickstoff enthält, folgt aus den bekannten Erfahrungen über Gasdiffusion. Denn nach Grahams Versuchen über Atmolyse (1867) enthält die in einen mit Kohlensäure gefüllten Kautschukballon eindringende atmosphärische Luft mehr Sauerstoff als Stickstoff. Nun können freilich die Bestimmungen von Bischof und Dulk nicht genau sein, weil sie die Gase über Wasser auffingen, und die Eischale mit der Schalenhaut verhält sich anders, als eine dünne Kautschukmembran, der Reibungscoefficient derselben muss auch ein anderer sein, als der eines Gypsplättchens, aber es ist doch wahrscheinlich, dass aus rein physikalischen Gründen in das Ei mehr Sauerstoff einströmt, als Stickstoff. Ausserdem muss die Eiluft zu jeder Zeit der Bebrütung Kohlensäure enthalten, weil der Ei-Inhalt diese fortwährend abgibt.

Für die Athmung des Embryo vor dem Beginn der Lungenthätigkeit folgt aus dem vorliegenden Material über die Luftkammergase jedenfalls, dass der an der inneren Schalenhautlamelle anliegende höchst gefässreiche Allantoisantheil leichter Sauerstoffgas aufnehmen und Kohlensäure abgeben kann, als andere Theile. Insofern ist die Luftkammer durch ihren Sauerstoffreichthum der Entwicklung günstig. Nach dem Beginn der Lungenathmung im Ei ist sie aber von besonderem Nutzen für die Athmung jedesmal, wenn das Hühnchen die Schale noch nicht gesprengt hat. Ich habe oft in der vollkommen unversehrten Eischale das reife Hühnchen am 21. Tage piepen gehört. Es athmet dann eine Zeitlang nur durch die Luftkammer, ohne welche es unfehlbar ersticken müsste.

Ob ausser Kohlensäure und Wasser vom bebrüteten Ei noch andere Gase, Stickstoff und ein schwefelhaltiges Gas abgegeben werden, müssen neue genauere qualitative und gasometrische Versuche zeigen, als diejenigen, aus welchen man es folgerte. Jedenfalls sind derartige Ausscheidungen, z. B. von Schwefelwasserstoff (?), der Wasser- und Kohlensäure-Abgabe gegenüber verschwindend klein. Ich habe daher diese ausschliesslich im Folgenden berücksichtigt, bemerkte aber, dass weder durch quantitative Bestimmungen des vom Ei absorbirten und exhalirten Stickstoffs, noch durch den Nachweis von Spuren anderer Gase die neu gefundenen Thatsachen erschüttert werden können.

Quantitative Bestimmungen der vom Vogelembryo respirirten Gase.

Um über die Grösse des Gaswechsels bebrüteter Eier Aufschluss zu erhalten, war es vor Allem erforderlich, die Gewichtsabnahme des Eies während der Gewichtszunahme des Embryo in ihm genau zu bestimmen. Sodann erschien es nöthig, unbefruchtete ebenso bebrütete Eier bezüglich ihrer Gewichtsabnahme an den einzelnen Brüttagen zu untersuchen, um festzustellen, ob überhaupt der Gaswechsel des Embryo einen Einfluss auf die Gewichtsabnahme während der Bebrütung hat.

Die von Dr. Rob. Pott und mir ausgeführten Untersuchungen [208 beantworten beide Fragen. Durch häufige Wägungen befruchteter Hühnereier, in denen sich der Embryo vom ersten bis zum letzten Tage normal entwickelte, einerseits, unbefruchteter mit jenen in demselben Brütofen ebenso erwärmter Hühnereier andererseits ergab sich die überraschende Thatsache, dass in beiden Fällen das Ei innerhalb der 21 Tage unter normalen Verhältnissen nahezu gleichviel an Gewicht verliert; es tritt sogar im Falle der Embryo abstirbt keine erhebliche Abweichung der die auf die Zeit bezogene Gewichtsabnahme ausdrückenden Linie von einer Geraden auf. [208

Schon Erman hat 1810 in einem Briefe an Oken die Be- [338 hauptung ausgesprochen, dass unbefruchtete Eier während der Bebrütung denselben Gewichtsverlust wie diejenigen erleiden, in welchen sich ein Embryo entwickelt. Es fehlen aber alle Zahlenangaben. Daher diese Notiz nur einen zweifelhaften historischen Werth hat. Prevost und Dumas hatten dagegen behauptet, [402 dass befruchtete Eier im ganzen Verlauf der Bebrütung mehr als unbefruchtete an Gewicht verlieren, etwa im Verhältniss von 13,5% zu 12,5%. Wir fanden die totale Gewichtsabnahme in 21 Tagen für: [208, 338

	Entwickelte Eier		Unentwickelte Eier		Unbebrütete Eier	
	Proc.	Grm.	Proc.	Grm.	Proc.	Grm.
im Minimum	16,8	8,87	16,5	8,18	2,95	1,40
im Maximum	21,3	11,63	21,4	12,07	4,37	2,11
im Mittel	19,6	10,27	18,5	9,70	3,47	1,66

Demnach verlieren bebrütete Eier mehr als sechsmal soviel an Gewicht in 21 Tagen, als unbebrütete bei Zimmerwärme im Sommer. Ob dagegen ein bebrütetes Ei einen Embryo enthält oder nicht, das lässt sich aus dem Gewichtsverlust nicht diagnosticiren. Bei Brutwärme verlieren befruchtete und unbefruchtete Eier in 21 Tagen mehr als 7 und weniger als 13 Grm., die entwickelten in der Regel einige Decigramm mehr als die unentwickelten.

Da die Anfangsgewichte dieser Thüringischen Hühnereier zwischen 48,3 und 59,86 lagen — das Mittel aus 70 frischen Eiern war 49,92 Grm. — so sind die relativen Werthe für [144 den Gewichtsverlust allein untereinander streng vergleichbar. Aber auch hier zeigt sich, wie an den Procentzahlen zu erkennen, zwar der Unterschied der bebrüteten und unbebrüteten Eier sehr auffallend, nicht aber der der befruchteten sich entwickelnden und der unbefruchteten ebenso bebrüteten. Beiderlei Eier nehmen in der vorliegenden Reihe um weniger als 22% und um mehr als 16% oder im Ganzen um etwa $^1/_6$ bis $^1/_8$ ihres Anfangsgewichtes ab; auch hier bleibt für die entwickelten Eier das Mittel um etwa 1% höher, als für die unentwickelten bebrüteten Eier. Dieser Unterschied kommt aber erst in der letzten Brütwoche zum Vorschein.

Ein Vergleich früherer Befunde mit diesen ganz zuverlässigen Zahlen zeigt, dass die totale relative Gewichtsabnahme bebrüteter Hühnereier sehr nahe constant ist. Denn Réaumur fand $^1/_8$, [419. 65 Copineau nach 20 Brüttagen $^1/_7$ bis $^1/_8$, Chevreul nach 21 etwa [278 $^1/_6$, Prout desgleichen 16%, Sacc 17%. [334

Über den Verlauf der Gewichtsabnahme vom 1. bis zum 21. Tage waren hingegen die Ansichten bisher so verschieden, die directen Ergebnisse der Wägungen widersprachen einander so sehr, dass eine neue Experimentaluntersuchung nöthig wurde mit Vermeidung der jene mangelnde Übereinstimmung bedingenden Fehlerquellen. Man braucht nur Originalabhandlungen früherer Forscher anzusehen, um diese Fehlerquellen zu er- [403. 338. 276. 270 kennen. Es wurden nämlich verschiedene Eier an verschiedenen Brüttagen gewogen, die Temperaturen nicht constant gehalten, die Wassermengen in der Brütluft nicht beachtet, unbefruchtete und befruchtete Eier nicht gehörig gesondert, Hennen statt des Brütofens benutzt u. a. m.

Ich habe daher besonders darauf geachtet, dass ein und dasselbe Ei oft unter immer denselben äusseren Umständen gewogen wurde, so dass sich die absolute tägliche Gewichtsabnahme desselben nach einem einfachen Ausgleichungsverfahren sehr genau finden liess. Das letztere ist mit den Einzelergebnissen der sehr zahlreichen von Dr. Rob. Pott in meinem Laboratorium ausgeführten Wägungen bereits 1882 veröffentlicht worden. Hier [294 seien nur unter Verweisung auf jene Abhandlung die Hauptresultate angegeben, sofern sie für die Physiologie des Embryo von Belang sind. [117

Es stellte sich heraus, dass bei völlig ungestörtem Verlauf der Bebrütung der tägliche Gewichtsverlust für jedes einzelne Ei constant ist ausser in den ersten und letzten Brüttagen. Der absolute tägliche Gewichtsverlust ist für entwickelte wie unentwickelte Eier zwischen 0,38 und 0,58 Grm. eingeschlossen, der relative zwischen $^1/_{132}$ und $^1/_{98}$; er beträgt im Mittel $^1/_{110}$, entspr. 0,45 Grm.

Der absolute tägliche Gewichtsverlust des entwickelten wie des unentwickelten Eies in den ersten Brüttagen ist, wahrscheinlich wegen grösseren Wasserverlustes der hygroskopischen Kalkschale beim schnellen Erwärmen auf 38°, etwas grösser, als in den folgenden, der zunehmende Verlust des entwickelten Eies in den letzten Brüttagen durch die schon vor der Schalen-Sprengung beginnende Lungenathmung erklärlich. Beim unentwickelten bebrüteten Ei verläuft die Gewichtsabnahme bis zum 22. Tage und darüber hinaus der Brütezeit in der Regel sehr nahe oder genau proportional.

Die Constanz der täglichen Gewichtsabnahme entwickelter Eier (welche übrigens, wie ich nach Abschluss der sie beweisenden Untersuchungen erfuhr, für das entwickelte Ei C. Ph. Falck [370 in Marburg durch zweimalige Wägung verschiedener Eier von ungleichen Brüttagen schon 1857 wahrscheinlich gemacht hatte) und ihre Übereinstimmung mit der ebenso der Brütezeit proportionalen Gewichtsabnahme unbefruchteter bebrüteter Eier, legte die Vermuthung nahe, dass der Embryo auf die Gewichtsabnahme bis in die dritte Brütwoche hinein keinen Einfluss habe.

In der That haben unsere Bestimmungen der vom entwickelten und unentwickelten bebrüteten Hühnerei in die umgebende Luft exhalirten Wassergas- und Kohlensäure-Mengen, sowie die daraus sich ergebenden Werthe für die gleichzeitig aufgenommenen Luft-Mengen, mit Sicherheit zu dem überraschenden Resultat geführt, dass wenigstens in der ganzen zweiten Woche die täglich verdunstenden Wassermengen W dem Gewichtsverlust G beim entwickelten Ei gleichkommen. Es muss zeitweise die Menge der entwickelten Kohlensäure K (zusammen mit anderen etwa vom Ei abgegebenen Gasen) dem Gewichte nach gleich sein der Menge des in derselben Zeit aufgenommenen Sauerstoffs S (zusammen mit dem etwa vom Ei der Luft entnommenen Stickstoff). Denn in der Gleichung $G = K + W - S$ ist $K = S$, wenn $G = W$ ist.

Was nun die absoluten Mengen dieser drei vom Hühnerembryo respirirten Gase betrifft, so war die Thatsache, dass befruchtete bebrütete Hühnereier Wassergas und Kohlensäure exhaliren, bereits zu Anfang des Jahrhunderts bekannt. Schwann fand, dass sogar im Wasserstoff- und Stickstoffgas etwas Kohlensäure von den Eiern abgegeben wird. Es war aber jeder Schluss auf die Betheiligung des embryonalen Stoffwechsels an dieser Kohlensäure-Exhalation so lange völlig unbegründet, als nicht die Mengen der von unbefruchteten Eiern gelieferten Kohlensäure quantitativ bestimmt und mit denen der befruchteten sich entwickelnden verglichen worden waren, was auch J. Baumgärtner unterliess. [306

Alle bisherigen Bestimmungen des von bebrüteten Eiern abgegebenen Wassers sind fehlerhaft und werden deshalb hier übergangen. Denn sie beziehen sich nur auf Eier, die in trockener Luft gehalten wurden, in welcher der Embryo bald abstirbt. Ich habe durch einen einfachen Kunstgriff die normaler Weise exhalirten Wassermengen recht genauer Bestimmung zugänglich gemacht: das zu untersuchende Ei befindet sich nämlich in einem kleinen Luftraum von der Bruttemperatur, in welchen zwar trockene Luft einströmt, in welchem aber ausser dem gewogenen Ei noch ein kleines gewogenes, offenes, Wasser enthaltendes Glasgefäss sich befindet. Nach sechsstündiger Luftdurchleitung mittelst eines Tropf-Aspirators wird das Wasserfläschchen mit eingeschliffenem Glasstöpsel wieder gewogen und der Gewichtsverlust von der Gewichtszunahme der vorgelegten, das gesammte aus dem Ei-Raum stammende Wasser zurückhaltenden Chlorcalciumröhren subtrahirt. Was übrig bleibt entspricht dann dem vom Ei exhalirten Wassergas. Controlversuche ohne Eier zeigten, dass dieses Verfahren für unseren nächsten Zweck genau genug ist. Denn die Zunahme des Chlorcalciumrohres betrug nur sechs bis neun Milligramm mehr als die Abnahme des Wassergefässes, und diese Differenz kann dem schon vorher im Ei-Raum vorhandenen Wassergas zugeschrieben werden. [295

Die vom Ei ausgeathmete Kohlensäure wurde mittelst der Kali-Apparate durch Wägung gefunden, Wasser und Kohlensäure überhaupt mit all den bei organischen Elementar-Analysen üblichen Cautelen, darum auch mit denselben Fehlerquellen, also bis auf $\pm 0{,}2\,\%$ genau, bestimmt. Die Luft trat langsam und gleichmässig stets trocken und kohlensäurefrei in den Ei-Raum ein und hatte daselbst stets die Brutwärme. Der Respirationsapparat [296, *Taf. III* ist in ähnlicher Form von Rob. Pott früher verwendet worden, [144

doch konnte er damals keine physiologischen Resultate liefern, [161
weil das Ei sich in trockener Luft befand. Unsere neuen Ver- [308
suche haben zu den in der folgenden Tabelle zusammengestellten Zahlen geführt, von welchen nur die für den Sauerstoff S nicht durch directe Wägung, sondern aus der Formel $G = W + K - S$ gefunden wurden. Alle Zahlen beziehen sich auf das Durchschnitts-Ei von 50 Gramm und auf 24 Stunden.

Tage	Gewichtsabnahme G		Wasserverlust W		Kohlensäureabgabe K		Sauerstoffaufnahme S		Tage
	Entw.	Unentw.	Entw.	Unentw.	Entw.	Unentw.	Entw.	Unentw.	
1	—	—	—	—	—	—	—	—	1
2	—	—	—	—	—	—	—	—	2
3	—	—	—	—	—	—	—	—	3
4	—	—	—	—	—	—	—	—	4
5	—	0,40	—	0,32	—	0,08	—	—	5
6	—	0,40	—	0,38	—	0,10	—	0,08	6
7	0,40	0,40	0,40	0,38	0,09	0,10	0,09	0,08	7
8	0,40	0,40	0,40	0,44	0,10	0,11	0,10	0,15	8
9	—	0,40	—	(0,48)	—	0,11	—	(0,19)	9
10	0,40	0,40	0,40	0,46	0,11	0,11	0,11	0,17	10
11	—	0,40	—	0,46	—	0,11	—	0,17	11
12	—	—	—	—	—	—	—	—	12
13	0,40	0,40	0,40	0,59	0,24	0,14	0,24	0,33	13
14	—	0,40	—	0,60	—	0,15	—	0,35	14
15	0,40	0,40	0,40	0,61	0,40	0,15	0,40	0,36	15
16	0,40	0,40	0,40	0,61	0,42	0,15	0,42	0,36	16
17	0,46	0,40	0,40	0,64	0,59	0,15	0,53	0,39	17
18	0,53	0,40	0,40	0,64	0,65	0,15	0,52	0,39	18
19	0,53	—	0,40	—	0,67	—	0,54	—	19
20	0,53	0,40	0,40	0,65	0,68	0,16	0,55	0,41	20
21	0,58	0,40	0,40	0,67	0,86	0,16	0,68	0,43	21

Die Zahlen für die unentwickelten Eier wurden durch 48 Einzelbestimmungen an 16 Eiern gewonnen, deren jedes zu einem sechsstündigen Respirationsversuche diente. In diesen sechs Stunden betrug die Gewichtsabnahme auf 50 Grm. Ei reducirt im Minimum 0,094, im Maximum 0,111, im Mittel 0,10, also in 24 Stunden 0,40 Grm. vom 5. bis 21. Tage. Der Wasserverlust für dieselben Eier nahm in dieser Zeit von Tag zu Tag zu, so dass das unentwickelte Ei am 20. Tage doppelt soviel Wasser an die umgebende Luft abgab, als am fünften Tage. Ebendasselbe gilt für die von ihm exhalirte Kohlensäure, nur dass diese durchweg dem Gewichte nach viermal kleiner ist, als die abgegebene Wassermenge.

Die Zahlen für die entwickelten Eier wurden durch 44 Einzelbestimmungen an 16 Eiern gewonnen, deren jedes ebenfalls zu einem sechsstündigen Respirationsversuche diente. In diesen sechs Stunden betrug die Gewichtsabnahme auf 50 Grm. Ei reducirt in der Zeit vom 7. bis 17. Tage, d. h. vor dem Beginn der Lungenathmung und nach Ablauf der ersten Brüttage, im Minimum 0,097, im Maximum 0,109, im Mittel 0,10, also in 24 Stunden gleichfalls 0,40 Grm. Vom 17. bis 21. Tage nahm aber die tägliche Gewichtsabnahme etwas zu, von 0,46 bis 0,58. Die tägliche Wasserexhalation für diese 16 entwickelten Eier betrug im Minimum für das Ei von 50 Grm. 0,08, im Maximum 0,11, im Mittel 0,10, also vom 7. bis 21. Tage in 24 Stunden durchschnittlich geradesoviel wie die tägliche Gewichtsabnahme: 0,40 in der Zeit vom 7. bis 17. Tage.

Die vom entwickelten Ei in sechs Stunden ausgeschiedenen Kohlensäuremengen wurden zu Anfang der dritten Woche viermal so gross wie zu Anfang der zweiten Woche und am 20. Tage im noch nicht gesprengten Ei fast zehnmal so gross gefunden, wie zu Ende der ersten Woche. Die täglich vom embryonirten Ei exhalirte Kohlensäure wird im Laufe der zweiten Woche mehr als verdoppelt, im Laufe der dritten Woche abermals mehr als verdoppelt.

Vergleicht man nun die für entwickelte und unentwickelte Eier unter gleichen äusseren Bedingungen erhaltenen Zahlen der Tabelle miteinander, so ergeben sich einige für die Physiologie des Embryo sehr wichtige bisher z. Th. als wahrscheinlich bezeichnete, aber nicht bewiesene, z. Th. sogar geleugnete Sätze mit voller Sicherheit, nämlich:

1) Der Vogel-Embryo producirt und exhalirt lange vor dem Beginn der Lungenathmung Kohlensäure im Ei.

Diese Thatsache wird dadurch bewiesen, dass das unbefruchtete Ei des Haushuhnes von der Mitte oder dem Ende der zweiten Brütwoche an erheblich weniger Kohlensäure ausscheidet, als das befruchtete, in welchem ein Embryo sich entwickelt. Der Unterschied beträgt in 24 Stunden bei dem mittleren Eigewicht von 50 Grm.:

	am 13.	15.	16.	17.	18.	19.	20.	21. Tage
in Grm.:	0,10	0,25	0,27	0,44	0,50	(0,52)	0,52	0,70 Kohlensäure.

Dieser Unterschied kann nur durch den Stoffwechsel des lebenden Embryo bedingt sein. Zugleich beweisen die Zahlen noch folgenden Satz:

2) Der Embryo im Hühnerei producirt in der letzten Brütwoche täglich wachsende Kohlensäuremengen.

3) Der Vogel-Embryo im Ei absorbirt lange vor dem Beginne der Lungenathmung Sauerstoffgas aus der atmosphärischen Luft.

Diese Thatsache wird dadurch bewiesen, dass das unbefruchtete Hühnerei vom Beginne der dritten Brütwoche an bis über ihr Ende hinaus erheblich weniger Gase aus der Luft aufnimmt, als das befruchtete, in welchem ein Embryo sich entwickelt.

Der Unterschied beträgt in 24 Stunden für das Ei von 50 Grm.:

am	15.	16.	17.	18.	19.	20.	21. Tage
in Grm.:	0,04	0,06	0,14	0,13	(0,14)	0,14	0,25.

Dass diese Differenzen in der That sich nur auf das Gewicht des vom Embryo, d. h. zunächst von dem Hämoglobin in den Allantoisgefässen, der Atmosphäre entnommenen Sauerstoffs beziehen, zeigt folgende Überlegung: Das Ei kann der umgebenden Luft nur Sauerstoffgas und Stickgas in wägbarer Menge entnehmen. Da ich mittelst des Embryoskops mit Sicherheit die Gegenwart von Sauerstoffhämoglobin im intacten entwickelten Ei spectroskopisch nachgewiesen habe (s. S. 116), so geht Sauerstoff aus der Luft durch die Kalkschale in die Allantois und wird ununterbrochen vom Embryo verbraucht, denn die Absperrung der Luft vom Ei hat seinen Tod schleunigst zur Folge. Es kann sich also nur noch darum handeln, ob neben dem Sauerstoff auch Stickstoff in wägbarer Menge durch die Eischale eindringt. Dass etwas Stickstoff beim Brüten in die Luftkammer des Eies gelangt, ist durch die oben mitgetheilten Analysen der Gase in derselben festgestellt, aber weder ein Verbrauch dieses Gases seitens des Embryo, noch eine chemische Bindung desselben durch irgend einen Eibestandtheil ist annehmbar, vielmehr wahrscheinlich, dass in das befruchtete und unbefruchtete Ei entweder annähernd gleiche Stickstoffmengen aus der Luft eintreten, die keine physiologische Verwendung finden, oder aber in das unentwickelte Ei etwas mehr Stickstoffgas, als in das entwickelte gelangt, weil dieses letztere durch seine stärkere Kohlensäureproduction die Diffusion erschwert. Wie es sich aber auch damit verhalten mag, die nach der Formel

$$G = K + W - L$$

das heisst:

Gewichtsverlust = Kohlensäure plus Wasser minus Luft

für die aufgenommene Luft erhaltenen Werthe, welche in der dritten Brütwoche für das entwickelte Ei viel grösser ausfallen, als für das unentwickelte, müssen solange auf Sauerstoff bezogen werden, bis gezeigt ist, dass wägbare Mengen von Stickstoffgas aus der Luft vom Embryo im Ei verbraucht werden. Jedenfalls entspricht aber die Differenz

$$[(K_e + W_e) - G_e] - [(K_u + W_u) - G_u]$$

wo e und u sich auf „entwickelte" und „unentwickelte" Eier beziehen und die in der dritten Incubationswoche stets positiv ausfällt, dem Sauerstoff, welchen der Embryo, d. h. sein Hämoglobin, bindet. Diese Werthe sind auch nicht einmal als maximale anzusehen, weil die in gleichen Zeiten den Embryo in der Kohlensäure, die er bildet, verlassenden Sauerstoffmengen zu gross sind. Z. B. würde er der Subtraction zufolge am 20. Tage 52 Cgrm. Kohlensäure, und darin über 37.8 Cgrm. Sauerstoff ausscheiden, aber nur 14 Cgrm. Sauerstoff aufnehmen. Es ist also in hohem Grade wahrscheinlich, dass ein dem vom unbefruchteten Ei aufgenommenen Sauerstoff gleiches Quantum ausserdem dem Embryo zu Gut kommt. Er scheidet thatsächlich, wenn er fast den ganzen Eiraum ausfüllt, am 20. Tage, 68 Cgrm. Kohlensäure aus und absorbirt 55 Cgrm. Sauerstoff, also sechs Cgrm. mehr, als er in der Kohlensäure abgibt. Der Kohlensäure bildende Process und die Sauerstoffabsorption, welche im unentwickelten Ei stattfinden, können in der letzten Brütwoche im entwickelten Ei neben den Oxydationen und der Sauerstoff bindenden Function des Embryo darum nicht stattfinden, weil dann die Bedingungen fehlen: an die Stelle des unentwickelten Ei-Inhalts ist der Embryo getreten. In der ersten und zweiten Woche dagegen gehen beide Vorgänge im befruchteten Ei nebeneinander her.

4) Der Vogel-Embryo exhalirt kein Wassergas vor dem Beginne der Lungenathmung. Die nach Ablauf der zweiten Brütwoche continuirlich zunehmenden, vom unentwickelten Ei täglich ausgeschiedenen Wassermengen sind merklich grösser, als die vom entwickelten Ei in derselben Zeit exhalirten. Der Embryo hat also vor der Lungenathmung auf die Wasserausscheidung des Eies gerade den entgegengesetzten Einfluss wie nach derselben. Denn er bewirkt eine Verminderung der Wasserabgabe. Von der ersten bis nach der Mitte der letzten Brütwoche verliert das embryonirte Ei täglich dieselbe Wassermenge, und diese Wasserexhalation stammt nicht vom Embryo. Sie beruht auf Verdunstung

des Eiwassers, wodurch allerdings die Gewebe und Säfte des Embryo concentrirter werden müssen; aber sie bildet keinen Theil der embryonalen Athmung, der Embryo nimmt vielmehr bis zum Beginne der Lungenthätigkeit Wasser auf. —

Für die Kenntniss der Athmung des Vogel-Embryo im Ei ist es von besonderer Wichtigkeit die neugewonnene Thatsache der Kohlensäurebildung und Sauerstoffbindung durch directe quantitative Bestimmungen des aufgenommenen Sauerstoffs zu erhärten. Bis jetzt hat nur Baumgärtner solche Versuche unternommen. Ich habe aber an anderer Stelle gezeigt, weshalb diese Bestim- [258
mungen nicht als zuverlässig bezeichnet werden können. Eine Wiederholung derselben erschien schon wegen der Complicirtheit des von Baumgärtner angewendeten Apparates mit seinen unvermeidlichen Fehlerquellen nicht rathsam. Ich erachtete es vielmehr für wünschenswerth, Bedingungen herzustellen, unter welchen die Gleichung $G = K + W - S$ vollkommen zutrifft. Da nun allein das Stickstoffgas der atmosphärischen Luft der absoluten Triftigkeit dieser Formel entgegenstand, so war es nur nöthig, die embryonirten Eier in reinem Sauerstoff zu untersuchen. Dr. Robert [259
Pott hat diese Versuche mit grosser Sorgfalt geradeso wie unsere früheren mit Durchleitung von Luft in meinem Laboratorium ausgeführt. Zunächst musste aber festgestellt werden, ob das Hühnerei in Sauerstoffgas sich überhaupt entwickelt. Wir fanden, dass ein grosser Unterschied in dieser Hinsicht zwischen bewegtem, strömendem, wenn auch sehr langsam strömendem, reinem oder fast ganz reinem Sauerstoffgas und ruhendem Sauerstoffgas besteht. Wurden die befruchteten Eier in Glocken ausgebrütet, die durch Salicylsäure enthaltendes Wasser gegen die Luft abgesperrt und mit Sauerstoff gefüllt waren, so trat allemal (S. 117) selbst dann Schimmelbildung ein, wenn täglich das (aus Kaliumchlorat dargestellte) gereinigte Sauerstoffgas erneuert wurde. Doch gelang es Embryonen unter diesen Bedingungen am Leben zu erhalten

vom	1.	bis	6.	Tage	vom	4.	bis	5.	Tage
„	3.	„	7.	„	„	5.	„	8.	„
„	3.	„	10.	„	„	9.	„	12.	„
„	3.	„	13.	„	„	11.	„	14.	„

also würde vielleicht bei besseren antiseptischen Maassregeln der Embryo auch im stagnirenden, nur einmal täglich erneuerten Sauerstoff am Leben erhalten werden können.

Wurde wiederholt sechs Stunden lang Sauerstoffgas durch den kleinen Respirationsraum unseres bereits erwähnten Apparates durchgeleitet, dann trat in keinem Falle der Embryotod ein (vgl. oben S. 110).

Solche sechsstündige Versuche ergaben nun zunächst die wichtige neue Thatsache, dass das einen Embryo enthaltende Ei mehr Kohlensäure producirt, wenn es von einer Sauerstoffatmosphäre umgeben ist, als wenn es wie gewöhnlich in atmosphärischer Luft ausgebrütet wird; also existirt unzweifelhaft eine Beziehung des eingeathmeten Sauerstoffs zur ausgeathmeten Kohlensäure lange vor dem Beginn der Lungenathmung. Es wurde auch unzweifelhaft mehr Sauerstoff absorbirt. Ich stelle einige Zahlen zusammen, die, um die Fehler nicht zu vervierfachen, sich auf die sechs Stunden jedes Versuchs beziehen. Sie bedeuten Centigramm und gelten für das Durchschnitts-Ei von 50 Grm.

Das entwickelte Ei

producirt Kohlensäure		Brüt-	nimmt Sauerstoff auf	
in Luft	in Sauerstoff	Tage	aus Luft	aus Sauerstoff
—	3	1	—	4
—	3	2	—	6
—	3	3	—	5
—	—	4	—	—
—	—	5	—	—
—	3	6	—	5
2	3	7	2	5
2	4	8	2	7
—	4	9	—	3
3	(10)	10	8	(9)
—	5	11	—	4
—	—	12	—	—
6	8	13	—	6
—	13	14	—	13
10	15	15	10	14
10	—	16	10	—
15	—	17	13	—
16	—	18	13	—
17	—	19	13	—
17	26	20	14	24
21	—	21	17	—

Hierbei ist vorausgesetzt, dass ein entwickeltes Ei im Sauerstoff unter sonst gleichen Umständen geradesoviel Wasser durch Verdunstung verliert, wie in Luft, nämlich zehn Centigramm in sechs Stunden. Die gesteigerte Kohlensäureausscheidung am zehnten

Brüttage bezieht sich auf ein Ei, welches vor dem Versuche gegen sieben Tage ohne Unterbrechung in Sauerstoffgas geathmet hatte. Hier zeigt sich besonders deutlich die Wirkung der reichlicheren Sauerstoffabsorption auf die oxydativen Processe im Embryo.

Um aber dem Einwande zu begegnen, dass es nicht die embryonalen Gewebe seien, welche die Kohlensäure reichlicher bildeten, sondern der übrige Inhalt des Eies, mussten noch Controlversuche mit unbefruchteten Eiern in einer Sauerstoffatmosphäre ausgeführt werden. Zehn derartige Bestimmungen zeigten, dass [246 in keinem Falle ein unentwickeltes Ei mehr Kohlensäure im Sauerstoff als in der Luft liefert. Die erhaltenen Kohlensäuremengen waren sogar in allen zehn Fällen kleiner als die bei den früheren Versuchen erhaltenen, was wahrscheinlich durch mehrwöchentliches Liegenlassen der Eier an der Luft, ehe sie in den Brütofen kamen, bedingt ist. Sie hatten Wasser verloren und waren dadurch etwas consistenter geworden.

Für den Embryo im Hühnerei ergab sich ferner als sehr wahrscheinlich, dass die Menge der von ihm producirten Kohlensäure nicht nur in einer Sauerstoffatmosphäre überhaupt grösser ist, als in der Luft, sondern auch in dieser und in jener um so grösser wird, ein je längerer Aufenthalt in Sauerstoff vorherging.

Hierdurch wird der Zusammenhang der Sauerstoffeinathmung und Kohlensäure-Bildung des Embryo im Vogelei lange vor dem Beginn der Lungenthätigkeit wiederum als ein physiologischer dargethan.

Ob bei trächtigen Säugethieren ein langer Aufenthalt im Sauerstoff statt in Luft und lange fortgesetzte Apnöe in ähnlicher Weise auf die Embryonen wirken, so dass etwa die Dauer der Schwangerschaft abgekürzt werden könnte, darüber werden erst künftige Untersuchungen Aufschluss geben können. Die kurze Dauer der Trächtigkeit kleiner Säugethiere kann ebenso wie die geringe Dauer der Incubation kleiner Vögel sehr wohl mit der bei kleinen Eiern und kleinen Thieren relativ reichlicheren Sauerstoffaufnahme in gleicher Zeit zusammenhängen.

Die Athmung des Säugethier-Embryo.

Dass der Embryo athmet, dass Sauerstoff von ihm verbraucht wird und in der Placenta in das Fötusblut gelangt, war schon zu Ende des vorigen Jahrhunderts allgemein angenommen. [247 Mayow hat es sogar hundert Jahre vor der Darstellung des [238

Sauerstoffs durch Priestley ausgesprochen. Er behauptete nämlich, dass die Placenta beim Fötus die Function der Lunge habe, indem sie nicht nur Ernährungsmaterial, sondern auch Sauerstoff, seinen *Spiritus nitro-aëreus* dem Fötus durch den Nabelstrang zukommen lasse, und verglich scharfsinnig den apnoischen Zustand des Fötus mit dem eines von ihm durch Transfusion arteriellen Blutes apnoisch gemachten Hundes. Die nähere Beschreibung dieses letzteren, jedenfalls unsicheren Versuchs fehlt zwar, aus den historischen Untersuchungen von B. S. Schultze folgt aber, [230 dass Mayow bereits richtigere Vorstellungen vom Athmungs- [76, 15 process hatte, als z. B. hundert Jahre später Haller, und ich stimme ihm bei, wenn er Mayow seiner wissenschaftlichen Bedeutung nach unmittelbar neben Harvey stellt. Borelli er- [390 kannte ebenfalls klar die Nothwendigkeit der Luftzufuhr von der Placenta zum Fötus. Der erste, welcher bestimmt aussprach, dass fortwährend nicht Luft, sondern Sauerstoff von der Placenta in den Fötus geht und dass dieser im Uterus erstickt, wenn er „kein Sauerstoffgas aus dem Blute seiner Mutter erhält und keines aus der Atmosphäre erhalten kann“ ist Girtanner (1794) gewesen. [76, 26

Aber auch Vesal brachte durch ein einfaches Experiment [76, 4 einen Beweis für die Placentarrespiration, indem er aus einer hochträchtigen Hündin oder Sau einen Fötus in der unversehrten Eihaut herausnahm und vergebliche Athembewegungen machen sah, bei denen Fruchtwasser aspirirt wurde. Als er dann die Eihaut entfernte, begann lebhafte Luftathmung. Also ist, so schloss man, dem von der Mutter getrennten und unter Luftabschluss im Ei gehaltenen Embryo das Bedürfniss nach Luft eigen. Vollständig wird aber das Vesal'sche Experiment erst dadurch, dass er nun einen zweiten Fötus beobachtete, welcher im Zusammenhang mit der Placenta im mütterlichen Körper nicht den geringsten Versuch zu athmen machte, sowie aber die Bloslegung [76 stattfand, wobei die Placentarcirculation unterbrochen wurde, anfing Luft zu athmen.

Schon diese Versuche von Mayow und von Vesal zeigen, wie B. Schultze hervorhob, dass der normale Placentarverkehr [240 denjenigen Reiz vom Fötus fernhält (d. h. nicht zur Wirkung kommen lässt, wenn er da sein sollte, oder nicht zu Stande kommen lässt, wenn er nicht da sein sollte, wie ich einschalten muss), welcher, sobald er durch Unterbrechung des Placentarverkehrs zur Wirkung kommt, Inspirationsbewegungen veranlasst. In dieser Fassung wird durch die Behauptung, die Lungenathmung komme normaler Weise bei intactem Placentarverkehr nicht zu Stande, keine Theorie präjudicirt, und es ist nicht die Möglichkeit ausgeschlossen, dass bei intactem Placentarverkehr ein anomaler starker Reiz doch die Lungenathmung in Gang bringe und dass normal schwache periphere Reize vorhanden sind, welche nicht zur Wirkung kommen. Hierauf lege ich grosses Gewicht, wie sich weiter unten zeigen wird.

Seiner Zusammenfassung der früheren Beweise für die Existenz der Placentarrespiration — Analogie mit der Allantoisathmung, Sauerstoffverbrauch bei der Herzaction, Beginn der Lungenathmung nach Unterbrechung der Placentarcirculation — fügt Schultze [240 noch einen hinzu. Er folgert nämlich aus dem Umstande, dass während vieler Monate auf grosser Fläche sauerstoffreiches mütterliches Blut in der Placenta unter osmotischen Vorgängen günstigen Verhältnissen neben dem fötalen existire, die Nothwendigkeit des Übergangs gewisser Antheile des Blutsauerstoffs aus dem Blute der Mutter in das des Fötus. Ja er meint sogar das Nabelvenenblut sei, wie das der Lungenvenen des Geborenen, mit Sauerstoff fast gesättigt, was nicht der Fall sein kann, weil der Übergang des Sauerstoffs von Blutkörperchen zu Blutkörperchen, also von Sauerstoffhämoglobin zu sauerstofffreiem und sauerstoffarmem Hämoglobin stattfindet.

Der Farbenunterschied des Nabelvenen- und Nabelarterienblutes pflegt ausserdem nicht so gross zu sein, wie der zwischen Pulmonalvenen- und Arterienblut des Geborenen. [377, 263

Frühere Beobachter konnten meist den Farbenunterschied des Blutes der Nabelgefässe überhaupt nicht wahrnehmen, jedoch nicht wegen zu geringer Differenz, sondern wahrscheinlich weil sie die Öffnung der Leibeshöhle des Mutterthieres und des Uterus nicht schnell genug und vielleicht auch nicht behutsam genug vornahmen. Doch sah ihn Joh. Müller beim Fötus des Schafes [69 und zwar auch an den Choriongefässen. Ich habe nicht nur oft bei Meerschweinchenembryonen die prall gefüllte Nabelvene arteriellroth neben den dunkelbraunrothen Nabelarterien gesehen, sondern, mehrere Minuten lang den Embryo in Salzwasser in der Hand haltend, diesen Unterschied festgehalten, wenn ich mit der grösstmöglichen Geschwindigkeit und Vorsicht operirt hatte. Ich lasse durch den Bauchschnitt den Uterus prolabiren, schlitze sofort am Kopfende des Embryo denselben auf, lasse den letzteren im Amnion in meine Hand ausschlüpfen, während der Uterus über die Placenta zurückgeschlagen wird, öffne das Amnion am Kopfende schnell, streife es ab und hüte mich dabei namentlich vor Zerrungen der Placenta und des Nabelstrangs.

So sah ich z. B. am 23. Dec. 1879 einen erst 22 Grm. schweren Meerschweinchenfötus sechs Minuten lang in der Luft hellrothes Blut aus der blossliegenden Placenta aufnehmen, dunkelrothes durch die Nabelarterien in dieselbe abgeben und zugleich unregelmässige Athembewegungen machen. Die zwei anderen ebenso nackten, zahnlosen, weichnägeligen Embryonen desselben Thieres, welche erst später excidirt wurden, athmeten nicht und bei ihnen war die Farbe der drei Nabelgefässe fast ganz gleich dunkel. [Vergl. 183, 222

Ich habe jedesmal die arterielle Farbe der Nabelvene bei dem zuerst ausgeschnittenen Embryo wahrgenommen, nicht oft beim zweiten und dritten. Je länger die Beobachtung dauert, um so mehr nimmt übrigens die Füllung derselben mit Blut ab.

Ich habe ferner bei einem nur 19 Gr. wiegenden Meerschweinchenfötus, welcher noch keine Athembewegungen machte (am 6. März 1883) die intensiv hellrothe Nabelvene durch die dünne Bauchdecke hindurch verfolgen können und nach Bloslegung derselben am lebenden Thier sie bis in den Arantischen Canal in der Leber ebenso hellroth gefunden, während das lebhaft schlagende Herz und das aus der Leber abfliessende Blut dunkelroth aussahen. Die Placenta hatte ich durch Zurückschlagen des Uterus vor Luftzutritt geschützt, und ich sah die fötale Leber an der Luft in wenigen Minuten auffallend hellroth werden, während die Nabelarterien noch dunkel blieben, die Nabelvene während der ganzen Operation arteriellroth war.

Von älteren Beobachtungen über den Farbenunterschied verdient namentlich diejenige von P. Scheel (1798) hervorgehoben [247 zu werden. Derselbe schrieb in seiner vortrefflichen Inauguralabhandlung folgendes:

„Das arterielle Fötusblut, welches der Wirkung der Placenta ausgesetzt gewesen ist und durch die Nabelvene zurückströmt, ist etwas heller roth (wenn auch nur wenig), als das venöse der Nabelarterien". Dieses erscheine aber, mit dem Blute Erwachsener verglichen, nicht mehr roth als dessen venöses Blut. „Man kann daher schliessen, dass im Uterus das Fötusblut entweder wegen geringerer Affinität zum Sauerstoff weniger davon aufnimmt, oder weniger mit ihm in Contact kommt, als es in den Lungen eines vollständiger Athmung sich erfreuenden Thieres der Fall ist. Zwar kann auch das Nabelvenenblut des Neugeborenen ganz die Farbe arteriellen Blutes Erwachsener zeigen, aber dieses trifft nur dann zu, wenn der Nabelstrang nicht sogleich nach der Geburt betrachtet wird; wenn er nämlich nur etwa eine Stunde der Luft ausgesetzt war, wirkt das Sauerstoffgas sehr schnell durch die

Gefässwand ein und ertheilt dem Blute eine sehr hellrothe Farbe". Auf die weniger exponirten und mit dickeren Wänden versehenen Nabelarterien dagegen wirke der Sauerstoff weniger leicht ein.

Ich kann diesem hinzufügen, dass doch nach Bloslegung der Placenta und des Nabelstrangs auch das Nabelarterienblut an der Luft in weniger als einer Stunde sehr hell werden kann (bei Meerschweinchenembryonen), so dass nur ein ganz geringer Farbenunterschied bleibt, indem alle drei Gefässe schon lange vor Ablauf einer Stunde hellarteriellroth gefärbt erscheinen.

Schon aus diesem Grunde, aber auch wegen der mit einer noch so vorsichtigen und schnellen Bloslegung des Nabelstrangs nothwendig verbundenen Eingriffe ist die hellrothe Farbe des Nabelvenenblutes natürlich kein zwingender Beweis für die völlige Unversehrtheit der gesammten placentaren Athmung des Embryo, wie M. Runge mit Recht hervorhob. Sie beweist nur, dass [344
Sauerstoffhämoglobin in der Nabelvene reichlicher als in den Nabelarterien enthalten ist, also dem Embryo auch nach der Bloslegung unter Wasser Sauerstoff auf diesem Wege zugeführt wird.

Ausser der Farbe des Blutes in den Nabelgefässen dient zum Beweise des Sauerstoffverbrauchs seitens des Embryo der directe Nachweis des Sauerstoffhämoglobins in demselben.

Im Jahre 1874 wurde in meinem Laboratorium vorzüglich [231
sorgfältig von Albert Schmidt, damals Studirendem, unter meinen Augen das Herzblut und Nabelvenenblut von Meerschweinchen- [121
embryonen, welche noch nicht geathmet hatten, unter Luftabschluss spectroskopisch untersucht, und wir konnten darin jedesmal Sauerstoffhämoglobin mit Sicherheit nachweisen. Die Methode, welche ich damals zur Untersuchung von Blut unter Luftabschluss angab, hat sich inzwischen auch in anderen Fällen der Blutuntersuchung unter Luftabschluss vorzüglich bewährt.

Hierdurch ist das Vorhandensein einer Placentarathmung definitiv bewiesen worden.

Bald darauf bestätigte Zweifel den wichtigen Befund auch [136
für das menschliche Neugeborene, indem er in der Vene des bei der Geburt vor dem ersten Athemzug abgebundenen Nabelstranges spectroskopisch gleichfalls Sauerstoffhämoglobin nachwies. Auch sah er die Nabelvene dunkel werden, wenn dem Mutterthier die Luftzufuhr abgeschnitten wurde. Bei Einleitung der künstlichen Respiration nahm sie wieder eine arterielle Farbe an und zwar in zwei Versuchen innerhalb einer halben Minute.

Auch diesen Versuch hatte ich, ohne von Zweifels Arbeit etwas zu wissen, in ähnlicher Weise angestellt. Wenn man bei einem hochträchtigen Meerschweinchen einen Fötus mit hellrother Nabelvene und dunkelrothen Nabelarterien bloslegt und die Trachea des Mutterthiers comprimirt, so wird schnell die Nabelvene dunkel und, falls der Fötus lebhaft Luft athmet, das Nabelarterienblut hellroth. Nach Aufhebung des Tracheaverschlusses nimmt das Nabelvenenblut wieder eine hellere Farbe an und die sämmtlichen Nabelgefässe sind dann hellroth. Da aber die Placenta sich an der Luft sehr schnell hellroth zu färben pflegt, so ist darauf zu achten. dass sie nicht der Luft mit exponirt bleibe.

Alle derartigen Versuche müssen in einem Bade von 0,6-procentiger Kochsalzlösung angestellt werden. Ich bemerkte aber auch im Wasser ein Hellerwerden des Placenta- und Nabelgefässblutes, wenn die Concentration der Salzlösung über jenen niedrigen Werth steigt, wegen directer Einwirkung des Salzes auf die Blutkörper.

Durch diese Beobachtungen und Versuche ist endgültig dargethan, dass der Säugethier-Embryo, nachdem einmal die Placenta entwickelt ist, an rothen Blutkörperchen haftenden Sauerstoff durch die Nabelvene regelmässig und ununterbrochen in sich aufnimmt. Wieviel Sauerstoff aufgenommen wird, ist streitig. Einige nehmen an, es werde sehr viel Sauerstoff vom Fötus in kurzer Zeit verbraucht, andere sehr wenig. Zu jenen gehören B. Schultze und Zweifel, zu diesen Pflüger und Zuntz. Namentlich hat [84] Pflüger zuerst mit guten Gründen gezeigt, dass der Sauerstoff- [285] verbrauch des Fötus wegen seiner relativ geringen Wärmebildung und Wärmeverluste und der geringen Energie seiner Muskelbewegungen — ausser der Herzthätigkeit — ein sehr viel geringerer als beim Geborenen sein muss, und Zuntz zeigte, dass bei Erstickung der Mutter der Sauerstoff aus dem fötalen Blute in der Placenta zurück in das mütterliche daselbst gehen muss, wenn letzteres sauerstofffrei wird. Ich habe wie gesagt den Zweifelschen Versuch bestätigt gefunden, aus welchem Zuntz dieses folgert. Man legt im körperwarmen Bade in physiologischer Kochsalzlösung den Fötus äusserst vorsichtig soweit frei, dass die Nabelgefässe sichtbar bleiben. Ist nun die Nabelvene hellroth, so wird sie dunkelroth bei Asphyxie der Mutter: nicht allein weil das Blut keinen Sauerstoff in der Placenta erhält, sondern auch weil das Blut der Nabelarterien daselbst seinen Sauerstoff abgibt; denn die Nabelvene wird bald dunkeler, als die Nabelarterien. [84] Auch zeigte Zuntz, dass das Blut der Uterusgefässe, wenn es sauerstoffarm geworden, bedeutende Sauerstoffmengen dem Fötus, der zu athmen angefangen hat, entziehen kann.

Sehr wichtig ist ferner die Beobachtung von Zuntz, dass jede länger dauernde Bewegung des Fötus das Blut der Nabelarterien dunkel macht. Denn hieraus folgt, dass auch im Embryo Muskelbewegungen mit Sauerstoffverbrauch verbunden sind.

Doch muss die dazu erforderliche Menge sehr klein sein, weil bei einem vom Kopf bis zur Fussspitze 15 Centim. messenden menschlichen Embryo noch 20 Minuten nach der Unterbrechung jeder Sauerstoffzufuhr Reflexbewegungen eintraten. Die That- [81, 617
sache, dass bei günstigen Beobachtungsumständen die Nabelvene hellarteriellroth gefärbt erscheint, kann nicht gegen die Annahme einer geringeren Oxydation im Fötus geltend gemacht werden, weil bekanntlich die hellarterielle Blutfarbe auch zu Stande kommt, wenn in viel Plasma die Blutkörper nicht so dicht zusammengedrängt sind, wie im weniger hellarteriellen Blute. [228

Hingegen spricht die grosse Geschwindigkeit des Sauerstoffverbrauchs im fötalen Blute nach vorzeitiger Abnabelung der verschiedensten Embryonen und die von mir durch besondere Versuche festgestellte Thatsache, dass der Fötus eine vorübergehende, auch eine sehr kurz dauernde Asphyxie der Mutter sehr oft nicht überlebt, entschieden für eine weitgehende Abhängigkeit des Fötuslebens von den geringen Mengen Sauerstoff, die er aus der Placenta erhält. Ein Beispiel mag zeigen, wie solche Versuche von mir angestellt wurden.

Am 15. März 1883 comprimirte ich einem trächtigen Meerschweinchen genau 60 Secunden lang die Trachea bis zum völligen Verschwinden ihres Lumens von 11 Uhr 42 Min. bis 11 Uhr 43 Min. Während dieser Minute fanden lebhafte Fruchtbewegungen statt. Die Pupille war erweitert, Exophthalmus, Cyanose traten ein. Die Bindehaut des Auges sowie die Cornea reagirten auf Berührungen nicht im Geringsten. Erst nach 11 Uhr. 44 Min. war der normale Reflex wieder da und ich liess das Thier sich von der lebensgefährlichen Sauerstoffentziehung in frischer Luft erholen. Um 11 Uhr $47\frac{1}{2}$ Min. sah ich wieder starke Fruchtbewegungen, also $4\frac{1}{2}$ Min. nach Lösung des Tracheenverschlusses. In diesem Falle hatten somit die Embryonen die Asphyxie der Mutter überlebt. Das Thier blieb sich selbst überlassen, erhielt aber kein Futter.

Von 4 Uhr 30 Min. 0 Sec. bis 4 Uhr 31 Min. 30 Sec. desselben Tages comprimirte ich wiederum die Trachea. 4 Uhr $33\frac{1}{4}$ Min. reagirte die Cornea noch nicht, $33\frac{3}{4}$ reagirte sie. Um 4 Uhr 35 Min. Fruchtbewegungen. Das Thier erholte sich. Um 4 Uhr 38 Min. schnitt ich zwei Früchte aus, welche zwar asphyktisch waren, aber beide noch soweit wiederbelebt werden konnten, dass sie schrieen. Sie starben gleich darauf. Thatsächlich überlebten diese Embryonen die $3\frac{1}{2}$ Min. währende Asphyxie der Mutter (davon

1½ Min. bei absoluter Sauerstoffentziehung), aber sie konnten nicht am Leben erhalten werden.

Um zu erfahren, ob der Embryo den ihm normaler Weise von der Placenta her zugeführten Sauerstoff für sich in kurzer Zeit verbraucht, wenn er keinen Sauerstoff an das mütterliche Blut bei Asphyxie derselben abgeben kann, wie in diesen Versuchen, sondern ihn in seinen eigenen Geweben verliert, habe ich die trächtigen Meerschweinchen mit Kohlenoxyd oder Leuchtgas, die der eingeathmeten Luft beigemengt wurden, vergiftet und in verschiedenen Zeitintervallen nach dem Beginn der Kohlenoxyd-Einathmung die Embryonen untersucht. War nämlich der Sauerstoffverbrauch der letzteren ein sehr rapider, so mussten sie schon in frühen Stadien der Vergiftung, während das Mutterthier noch athmete, sauerstofffreies dunkeles (asphyktisches) Blut in ihrem Herzen und in ihren sämmtlichen Gefässen enthalten, weil das Kohlenoxydblut der Mutter ohne (wegen der Anhäufung des Kohlenoxyd-Hämoglobins, *CO-Hb*, in diesem) dem Fötusblut Sauerstoff entziehen zu können, ihm keinen neuen Sauerstoff zuführen konnte und kein directer Übergang der hellrothen *CO*-Blutkörper aus der Mutter in den Fötus stattfindet.

Es stellte sich nun bei allen diesen Versuchen regelmässig heraus, dass die Embryonen in der That sehr dunkeles asphyktisches Blut enthielten, während das der schnell durch Kohlenoxyd getödteten Mutterthiere hellroth war, wie Kohlenoxydblut zu sein pflegt. Da bei diesen Versuchen die Thiere in einer kleinen Glasglocke sich befanden, in welche Leuchtgas eingeleitet wurde ohne Absperrung der atmosphärischen Luft, so ist es sehr unwahrscheinlich, dass im mütterlichen Blute gar keine unveränderten Blutkörper mehr vorhanden gewesen seien. Es kann aber wegen des Luftzutritts ein Rückgang des Fötus-Sauerstoffs in die Mutter nicht angenommen werden, folglich müssen die Embryonen ihren Sauerstoff selbst und zwar in wenigen Minuten vollständig oder fast vollständig verbraucht haben. Liess ich die trächtigen Thiere nur eben solange kohlenoxydgashaltige Luft athmen, dass sie sich ohne Kunsthülfe an der Luft wieder erholten, so fand ich doch nicht in allen Fällen die Embryonen noch lebend, ein schlagender Beweis, dass der Fötus nicht nur seinen Sauerstoff schnell verbraucht, sondern auch eine Unterbrechung der Sauerstoffzufuhr ohne nachweisbare Störung des Placentarkreislaufs nicht lange erträgt. Ich führe zwei Beispiele an, welche die Grenze der Vergiftungsdauer kennen lehren.

Am 5. Jan. 1883 begann ein hochträchtiges Meerschweinchen um 11 Uhr 20 Min. unter einer Glasglocke Leuchtgas mit der Luft zu athmen; 11 Uhr 25 Min. war in der reinen Luft die Respiration erloschen. Compressionen des Thorax genügten aber, um die Athmung wieder in Gang zu bringen, so dass 11 Uhr 32 Min. das Thier vollkommen wiederhergestellt war. Hierauf excidirte ich vier Früchte, von denen keins eine Inspirationsbewegung machte; bei dreien schlug das Herz noch, das vierte war todt. Hier war es also ganz allein die mangelnde Sauerstoffzufuhr in der Placenta, welche den intrauterinen Tod herbeiführte.

An demselben Tage liess ich ein anderes hochträchtiges Meerschweinchen wieder gerade fünf Minuten lang kohlenoxydhaltige Luft athmen und sich dann in der Luft vollständig erholen; 23 Min. nach dem Herausnehmen aus der Leuchtgas-Glocke excidirte ich diesem Thiere drei Früchte, welche sämmtlich Inspirationsbewegungen machten und deren Herzen sämmtlich thätig waren. In diesem Falle war also die Abschneidung der Sauerstoffzufuhr gerade noch überlebt worden.

Übrigens folgt aus der Thatsache, dass aus Todten lebende reife
Früchte excidirt worden sind, die Fähigkeit des Embryo, ohne [430
Zufuhr von Sauerstoff aus der Placenta kurze Zeit auszudauern.
Ich habe mich aber durch mehrere Versuche an hochträchtigen
Meerschweinchen davon überzeugt, dass selbst im günstigsten Falle
die Zeit, welche vom letzten Athemzuge der Mutter an bis zum
Augenblick der Befreiung reifer Früchte vergehen darf, ohne diese
ihrer Lebensfähigkeit zu berauben, nur nach Minuten zählt.

Am 13. März 1883 liess ich ein solches Thier nur sechs Secunden lang an einem kleinen Glase riechen, das 12-procentige Blausäure enthielt. Nach einer Minute verfiel es in Convulsionen und war dann respirationslos. Es gelang auch nicht mehr durch künstliche Athmung — Compression des Thorax und darauf Tracheotomie — die Athmung wieder in Gang zu bringen. Das Herz schlug nicht mehr fühlbar. Trotzdem bewegten sich die Früchte lebhaft noch nach sechs, nach sieben, sogar nach acht Minuten, wie man an den starken Hebungen und Senkungen der Bauchdecke sah. Als ich jedoch 13 Minuten nach der Vergiftung die Bauchhöhle öffnete, waren die zwei völlig reifen sehr grossen Früchte asphyktisch. Sie machten keine Athembewegung und es liess sich keine mehr durch kein Mittel hervorrufen, während die Herzen noch schlugen, auch ehe sie der Luft exponirt wurden. Auch das mütterliche Herz schlug in der Luft noch längere Zeit (sowohl die Vorkammern wie die Ventrikel). Dieser Versuch beweist, dass die reife Frucht den durch Athmungsstillstand der Mutter herbeigeführten Sauerstoffmangel nur kurze Zeit erträgt. Denn von einer directen Blausäurevergiftung des Fötus kann in diesem Fall nicht die Rede sein, weil nur der Dampf einer kalten 12-procentigen Lösung während sechs Secunden mit viel Luft eingeathmet wurde.

Bei den Versuchen von Breslau — an trächtigen Meerschweinchen, Hasen und Kaninchen — wurden wie bei diesem Versuche [316
die Früchte nicht allein durch Abschneiden der Sauerstoffzufuhr,

sondern auch durch Entziehung ihres eigenen Blutsauerstoffs in sehr ungünstige Bedingungen versetzt. Daher ist es nicht zu verwundern, dass bei Tödtung der Mutter durch Erstickung, Erstickung und Verblutung, Verblutung allein, Chloroform, Cyankalium im günstigsten Falle nur fünf Minuten nach dem Tode der Mutter lebende Junge erhalten wurden, nach mehr als fünf Minuten nur scheintodte, welche bald darauf abstarben, und nach acht Minuten nur todte. Wahrscheinlich ist bei diesen Experimenten die Todesursache mehrfach, indem Herabsetzung des Blutdrucks der Mutter für sich allein schon tödtlich wirken kann.

Die alte Frage, wie lange der von der Mutter völlig getrennte Fötus am Leben bleiben kann ohne Athembewegungen zu machen, schliesst sich hier an, sofern es bei den Versuchen sie zu beantworten sich darum handelte zu finden, wie lange ein isolirter Fötus ohne Sauerstoffzufuhr, z. B. unter Wasser, eine wichtige Lebenserscheinung, wie die Herzthätigkeit, erkennen lässt. Diese Frage ist bis jetzt nicht beantwortet. Denn weder die alten Versuche von Boyle, Legallois, Joh. Müller, noch die neueren von P. Bert (1864) über die grössere Resistenz Neugeborener gegen den Ertränkungstod noch überhaupt irgendwelche Experimente haben den Fötus nach der Isolirung in annähernd dieselben Bedingungen wie im Uterus versetzt. Einige dahin gehörende Beobachtungen hat Prunhuber (1875) zusammengestellt, aus welchen hervorgeht, dass ein im unversehrten Amnion geborener menschlicher Fötus von ungefähr vier Monaten noch $^{3}/_{4}$ Stunden lang im Fruchtwasser lebte, wie an seinen lebhaften und mannigfaltigen Bewegungen sich erkennen liess (Vignard 1853).

Dass das Herz eines Fötus, der in 0,6-procentiger Kochsalzlösung von 38° C. von dem Mutterthiere losgetrennt verbleibt, sehr viel länger schlägt, als das eines älteren Thieres, was leicht an einer Acupuncturnadel erkannt wird, habe ich wiederholt gesehen und auch erwähnt, dass die fötale Herzthätigkeit selbst dann noch fortdauern kann, wenn im Herzblut keine Spur von Sauerstoffhämoglobin mehr nachgewiesen werden kann. In dieser Beziehung gleichen die Embryonen niederen Wirbelthieren, namentlich Amphibien. Es ist zweifellos, dass sie, je jünger sie sind, um so weniger Sauerstoff, nicht nur absolut, sondern auch relativ, verbrauchen und ihre Lebensfähigkeit ohne Sauerstoff um so länger bewahren können, je weniger ihnen bereits im Ganzen zugeführt worden ist. Die Ursache dieses Verhaltens liegt wahrscheinlich in der sehr geringen oxydativen Thätigkeit des ganz jungen Embryo.

Es fragt sich, ob überhaupt vor der Placentabildung und der Bildung der Nabelvenen von dem mütterlichen Blute stammender Sauerstoff seitens des Embryo in messbarer Menge verbraucht wird. Die Untersuchung der Embryonen aplacentaler Säugethiere könnte darüber vielleicht Aufschluss geben. Wenn nämlich das Herzblut des Känguru-Embryo, so lange er noch im Uterus sich befindet, Sauerstoffhämoglobin enthält, und das ist sehr wahrscheinlich, dann wird nicht bezweifelt werden können, dass auch in so frühen Entwicklungsstadien der Embryo Sauerstoff verbraucht (wie das Hühnchen); und woher als durch Diffusion von den Blutkörperchen der Mutter sollte er ihn erhalten? In die Dottersackgefässe kann jedenfalls aus dem Nahrungsdotter bei Macropus nur sehr wenig Sauerstoff übergehen, weil nicht abzusehen ist, woher der Dotter neuen Sauerstoff erhalten sollte, es müsste denn die alte Ansicht von dem Zutritt der atmosphärischen Luft durch die Vagina des Mutterthieres wieder aufgenommen werden. [69

Auch für die Placentar-Athmung bildet übrigens der Übergang des Sauerstoffs vom mütterlichen Blute in das fötale eine grosse theoretische Schwierigkeit. Denn auf der einen Seite befindet sich Sauerstoffhämoglobin O_2-*Hb*, auf der anderen sauerstofffreies Hämoglobin *Hb* oder dieses mit wenig O_2-*Hb*, und die Gesammtheit des *Hb* haftet beiderseits an den farbigen Blutkörpern. Weshalb zerfällt nun das mütterliche O_2-*Hb*, indem es seinen Sauerstoff an das *Hb* des Fötus abgibt? Unter scheinbar denselben Umständen findet mütterlicherseits die Dissociation, kindlicherseits die Association des Sauerstoffs und Hämoglobins statt. Oder sind die Umstände beiderseits nicht die gleichen? Schon eine geringe Temperaturverschiedenheit würde genügen die Sauerstoffspannung der Blutkörperchen einseitig zu erhöhen, anderseitig zu vermindern; aber wenn ein Temperatur-Unterschied existirt, so ist das kindliche Blut das wärmere, was der Association ungünstig wäre. Vielleicht handelt es sich hier um eine Art Massenwirkung, indem viel sauerstofffreies Hämoglobin mit relativ wenig O_2-*Hb* in gegebener Zeit in Beziehung tritt und zugleich das fötale — immer nur relativ w e n i g Sauerstoff enthaltende — Blut schneller strömt, womit die Structur der Placenta wohl übereinstimmt. [163

Für die Entscheidung dieser Frage sind quantitative Bestimmungen des Hämoglobins im mütterlichen und fötalen Blute erforderlich. Es liegen aber bis jetzt nur wenige Zahlen darüber vor. Ich hatte den Hämoglobingehalt des fötalen Blutes aus einer

noch warmen menschlichen Placenta zu 12,20 % gefunden. 13
Hoesslin fand ihn für das aus dem placentaren Ende des Nabelstrangs ausfliessende Blut zu 11,93 %, für das aus dem fötalen Ende ausfliessende 12,89 %, im Maximum 13,82 %. Aus diesen untereinander und mit anderen Angaben (von Sörensen) sehr gut übereinstimmenden Befunden folgt, dass der reife menschliche Fötus relativ hämoglobinreiches Blut besitzt. Hoesslin [36:
fand auch, bei 13,72 % *Hb*, in diesem 5,88 Millionen Blutkörper auf das Cubikmillimeter Blut, also viel mehr, als im Frauenblut gefunden wird. Aus meinen Zusammenstellungen des Hämoglobingehaltes des Blutes Schwangerer geht deutlich hervor, dass derselbe nicht höher und öfters erheblich niedriger ausfällt, [18, 117
als der des Fötus. Denn bei Schwangeren wurden gefunden 8.81; 10,69 (Mittel aus neun Fällen); 11,67 (als Maximum der Schwangeren) und 13,33 ist schon eine Ausnahme. Wiskemann fand (1875) namentlich gegen Ende der Schwangerschaft den Hämo- [30
globingehalt des mütterlichen Blutes vermindert und constatirte spectroskopisch, dass Neugeborene im Nabelarterienblute mehr Hämoglobin enthalten, als ihre Mütter in gleichen Blutmengen. Schon früher hatte Nasse auf die Verminderung der Blutkörper-Anzahl und des Blutrothes während der Schwangerschaft aufmerksam gemacht. Spiegelberg und Gscheidlen fanden bei trächtigen Hündinnen ebenfalls das Hämoglobin relativ vermindert und zwar bei gesteigerter Blutmenge im Ganzen.

Wenn nun alle Beobachter darin übereinstimmen, dass gegen Ende der Schwangerschaft der Fötus relativ mehr Hämoglobin in seinem Blute enthält, als die Mutter, so gewinnt meine Hypothese an Wahrscheinlichkeit, derzufolge die Sauerstoffaufnahme in der Placenta wesentlich auf einer Massenwirkung beruht. Viel *Hb* durch eine permeable Membran von weniger O_2-*Hb* getrennt und mehr bewegt, nimmt diesem einen Theil des Sauerstoffs fort, was sich experimentell prüfen liesse.

Wenn durch das Obige der Sauerstoffverbrauch des Embryo, gleichsam die intrauterine Sauerstoffeinathmung ohne specifisches Respirationsorgan, nachgewiesen ist, so wird dadurch noch nichts über die intrauterine Kohlensäure-Abgabe des Fötus ausgesagt. Ob das Nabelvenenblut weniger Kohlensäure, als das Nabelarterienblut enthält, ist unbekannt. Aber die Existenz von Oxydationsproducten im Fötus, welche nicht von der Mutter stammen, wie z. B. Allantoin, machen es wahrscheinlich, dass Kohlensäure, wenn

auch nur in geringen Mengen, vom Embryo producirt und ausgeschieden wird. Sie muss dann vom mütterlichen Blute in der Placenta aufgenommen werden, worüber noch jede Untersuchung fehlt. Denn aus den von N. O. Bernstein in Ludwig's Laboratorium ausgeführten Versuchen über den Austausch von Blutgasen ergibt
sich weder für den Übertritt der Kohlensäure, noch für den [154
des Sauerstoffs etwas auf die Verhältnisse in der Placenta Anwendbares. Nur aus der von Rob. Pott und mir durch sehr zahlreiche und genau controlirte Versuche am Hühner-Embryo festgestellten Thatsache, dass im Vogelei der Embryo vom Anfang der Bebrütung an Kohlensäure entwickelt, folgt bis jetzt, dass wahrscheinlich auch der Säugethier- und Menschen-Fötus Kohlensäure bildet. Dann muss er sie auch durch die Placenta an die Mutter abgeben. Das Venenblut dieser, welches aus der Placenta zurückkommt, muss also mehr Kohlensäure enthalten, als das vom nicht schwangeren Uterus zurückkommende, was ebenfalls sich experimentell feststellen liesse.

Es wäre auch keineswegs die Entgasung unter Luftabschluss aufgefangenen Nabelvenen- und Nabelarterien-Blutes grösserer Thiere mit unüberwindlichen Schwierigkeiten verbunden. Nur derartige gasometrische Versuche können direct beweisen, dass der Fötus im Uterus Kohlensäure bildet, die sich dann reichlicher in den Arterien, als in der Vene des Nabelstrangs finden muss.

B. Die ersten Athembewegungen.

Das Problem, wie die erste Athembewegung des Neugeborenen zu Stande kommt, ist trotz einer sehr grossen Anzahl von Schriften darüber aus alter und neuer Zeit noch heute nicht gelöst. Frühere Autoren haben nicht selten schon nach einigen gelegentlichen Beobachtungen, ja sogar auf Grund eines einzigen pathologischen Falles, Hypothesen über Ursache und Wesen des ersten Athemzuges aufgestellt, welche allgemein gelten sollten. Eine experimentelle Prüfung derselben wurde nicht für nöthig gehalten. Erst seit 1812, seit Legallois das Respirationscentrum entdeckte, ist überhaupt die Fragestellung präcisirt worden. Denn jetzt wird der Reiz gesucht, welcher jenes Centrum nach der Geburt zum ersten Male erregt, so dass von ihm aus die Inspirations-Nerven und -Muskeln in Thätigkeit gesetzt werden und die erste Thoraxerweiterung eintritt. Dieser Reiz wird von Vielen im Blute gesucht. Kohlensäure-Anhäufung und Sauerstoff-Mangel oder Anhäufung leicht oxydabeler Stoffe im Blut sollen beim Erwachsenen das Athemcentrum erregen, wenn die gewöhnliche Athmung erschwert, wenn also Dyspnöe, nämlich Verstärkung der Athembewegungen, beobachtet wird. Daraus folgerte man, eben jene Reize seien beim ersten Athemzuge wirksam, in der Voraussetzung, dass, was vorhandene Athembewegungen verstärke, noch nicht vorhandene wachrufen müsse. Die Unzulässigkeit einer solchen Schlussfolgerung liegt auf der Hand. Nicht weniger willkürlich war die Ansicht, weil das überreichlich mit Sauerstoffgas versehene erwachsene Thier keine Athembewegung mehr macht, müsse der nicht athmende Fötus ebenfalls darum apnoisch sein, weil sein Blut sehr viel Sauerstoff enthalte, er also nicht athmen könne oder gewissermaassen nicht zu athmen brauche.

Ich habe mich bemüht, diese und andere Meinungen thatsächlich zu widerlegen und eine grosse Anzahl von neuen [190 Experimenten an trächtigen Thieren angestellt, welche das [345 Zustandekommen der ersten Athembewegungen höherer Wirbelthiere wesentlich anders als bisher zu erklären nöthigen.

Eine kurze Betrachtung der vorzeitigen Athembewegungen ungeborener oder im Ei geborener Menschen und Thiere wird zweckmässig der Untersuchung des ersten Athemzuges Ebengeborener vorausgeschickt, weil sie das Verständniss des Verhaltens dieser wesentlich erleichtert.

Vorzeitige Athembewegungen.

Wenn der Säugethier-Fötus noch ehe die atmosphärische Luft mit seiner Mund- oder Nasen-Öffnung in Berührung gekommen ist, Athembewegungen macht, so heissen dieselben **vorzeitig**, gleichviel ob sie intrauterin oder extrauterin im Amnioswasser stattfinden.

Schon Vesal sah (s. oben S. 134) deutlich derartige Be- [70, 4 wegungen. Winslow (1787) bemerkte beim Fötus des Hundes und der Katze die rhythmische Erweiterung und Verengerung der Nasenöffnungen, die Erhebung und Einziehung der Thoraxwand, die Bewegung der Bauchwand im Fruchtwasser nach Bloslegung im Uterus mit Schonung der Nabelschnur und sagte: *Liquorem* [247 *amnii respirare videntur.* P. Scheel (1798) war der Meinung, [247 es komme regelmässig Fruchtwasser in der Trachea vor, welches durch die ersten Lufteinathmungen in die Lungen aspirirt werde, und Herholdt kam durch Versuche an Thieren zu derselben Überzeugung. Er schreibt: [247

„Oft entleert es die Natur selbst unter der Geburt, manchmal aber bedarf es künstlicher Unterstützung. Vor der Entfernung jenes Wassers kann die Athmung nicht normal vor sich gehen. Die Asphyxie der Neugeborenen entsteht öfter, als man glaubt aus dieser Ursache, meine ich; nicht nur muss der Schleim aus der Rachenhöhle entfernt, sondern hierauf der Neugeborene in solcher Stellung gehalten werden, dass die Flüssigkeit ausfliessen kann.“

Auch bei neugeborenen reifen Meerschweinchen habe ich öfters wegen des Verbleibens von Fruchtwasser im Munde erschwerte, hustende Exspirationen und dyspnoische Inspirationen wahrgenommen. Dass dieselben beim Menschen sehr oft tödtlich enden, ist bekannt, auch dass vor vollendeter Geburt bisweilen mit dem Fruchtwasser Luft aspirirt wird. [41

Béclard öffnete hochträchtigen Thieren den Uterus und sah [10
den Fötus Athembewegungen im Ei ausführen, jedoch langsamer, als nach der Geburt. Jede Einathmung wurde durch Öffnen des Mundes, Erweiterung der Nasenlöcher, Hebung der Brustwände bezeichnet. Diese Bewegungen wurden schneller und stärker, je grösser die Störung des Placentarkreislaufs war. Wurde der Hals des lebenden Fötus unterbunden und die Luftröhre geöffnet, so fand sich eine dem Fruchtwasser ähnliche Flüssigkeit in derselben; wurde vorher eine gefärbte Flüssigkeit in das Fruchtwasser gespritzt, so war die in den Bronchien enthaltene ebenso gefärbt.

Ich stellte, um zu ermitteln, ob bei vorzeitigen intrauterinen Athembewegungen wirklich Fruchtwasser in die Bronchien gelangt, denselben Versuch an:

Einem hochträchtigen Meerschweinchen, welches am 9. März lebhafte Fruchtbewegungen erkennen liess, öffnete ich am 17. März die Bauchhöhle, so dass der Uterus prolabirte. Ich injicirte 11 Uhr 12½ Min. mittelst Einstichs 0,8 Cc. einer wässerigen blutwarmen Fuchsinlösung ohne Verletzung der Frucht in das Amnios-Wasser, sah wie der Fötus den Mund auf- und zumachte, desgleichen wie er die Nasenlöcher erweiterte und verengte und am Halse, dass er eine Schluckbewegung machte. Hierauf injicirte ich am andern Ende, wo ich Füsse wahrnahm, noch einmal 0.8 Cc. derselben Lösung 11 Uhr 13 Min. ohne Berührung des Fötus in das Fruchtwasser und trennte den Uterus ab. Das Junge bewegte sich nun in meiner Hand in dem sonst unverletzten Ei, aus welchem nichts ausfloss, sehr lebhaft strampelnd, meist mit beiden Vorderbeinen gleichzeitig, dann mit beiden Hinterbeinen gleichzeitig, und zwar so stark, dass 11 Uhr 14 Min. die Eihaut zerplatzte. Nun lag noch mit einer sehr grossen Placenta verbunden in meiner Hand ein ungewöhnlich grosser reifer Fötus, welcher mit offenen Augen stark schrie und bald mit geöffnetem Munde Luft athmete, während viel rosenrother Schaum aus den Nasenlöchern hervorkam, hierauf mit dem Athmen wieder pausirte, um dann aufs neue krampfhaft zu inspiriren. Er litt offenbar an hochgradigster Athemnoth und stellte bald alle Athembewegungen ein. Trotz seiner Reife und ungewöhnlichen Stärke konnte er die Dyspnöe nicht überleben. Er wog nämlich gerade 125 Grm. ohne die volle 10 Grm. schwere Placenta, während das Mutterthier ohne beide 704 Grm. wog (also betrug das Gewicht der Frucht zwischen ⅙ und ⅕ des Gewichts der Mutter, beiläufig bemerkt, ein Verhältniss wie es vermuthlich von keinem anderen Säugethier erreicht wird). Ich untersuchte nun, wo etwa im Innern des Fötus sich Fuchsin finde und sah sogleich, dass die Lippen, die Zunge, der Gaumen, der ganze Schlund intensiv fuchsinroth gefärbt waren, ebenso die Lungen auf ihrer ganzen Oberfläche rosenroth und die Innenfläche des Magens noch stärker roth. Die Lungen schwammen aber auf Wasser. Sie wurden dann in Weingeist gelegt und schrumpften darin sich entfärbend zusammen, während das umgebende farblose Liquidum sich nach und nach immer deutlicher färbte. Nach drei Stunden lagen die entfärbten Lungen in der anilinrothen alkoholischen Fuchsinlösung.

Es kann also nicht der geringste Zweifel darüber bestehen, dass durch das vorzeitige Athmen im intacten Säugethierei Fruchtwasser in die Lungen des Fötus gelangt, und zwar geht dasselbe in alle Theile der Bronchien bis in die Lungenalveolen ebenso wie nach der Geburt die Luft es thut. Die farbige Flüssigkeit war vor der gewaltsamen Sprengung des Eies sowohl aspirirt als auch verschluckt worden. Denn der Magen allein enthielt vielmehr fuchsinhaltige Flüssigkeit, als die bereits sehr stark gefärbte Mundhöhle enthalten konnte, als das Thier frei war. Leider ging der Befreiungsact so schnell vor sich, dass eine Ligatur vor demselben sich nicht anbringen liess, aber schon die grosse Menge des Farbstoffs in allen Theilen der Lunge beweist, worauf es ankommt, dass intrauterin Fruchtwasser geradeso ausgiebig aspirirt werden kann, wie nach der Geburt die Luft inspirirt wird, wenn nur genügend starke vorzeitige Athembewegungen stattfinden.

Ich habe auch bemerkt, dass der noch unreife Fötus vom Kaninchen und Meerschweinchen, wenn ich ihn so schnell aus dem mütterlichen Körper herausschneide, dass keine intrauterine Athembewegung stattfinden kann, ohne Schwierigkeit Luft athmet und in warmer Watte lange am Leben bleibt, während die aus denselben Thieren langsam excidirten, im Ei vorzeitig den Thorax erweiternden und mehrmals inspirirenden Embryonen, dyspnoisch Luft athmen und trotz der grössten Sorgfalt fast jedesmal bald nachher zu Grunde gehen, indem sie in immer längeren Pausen mit weit offenem Munde nach Luft schnappen. Offenbar ist hier, wie in dem obigen Fall, das in die Lungen aufgenommene Fruchtwasser Ursache der Athemnoth und des Todes wegen Absperrung des Sauerstoffs vom Blute.

Doch wird die zuerst von B. Schultze aufgestellte Behauptung, dass die Frucht intrauterine Inspirationen mit Aspiration des Fruchtwassers ausführen, sich aber vor der Geburt von dem dyspnoischen oder asphyktischen Zustande erholen kann, nicht allein durch theoretische Erwägungen, sondern auch namentlich durch ein Experiment von Geyl bestätigt. Der sehr instructive Versuch ist dieser: [200

Einem am 21/22 März 1879 geschwängerten Kaninchen wurde unter Chloroformnarkose und strengsten Lister'schen Cautelen am 12. April die Laparotomie gemacht. Im linken Uterushorn fanden sich vier, im rechten drei Junge. In jedes Ei wurde ein halbes Gramm einer wässerigen Anilinblaulösung injicirt. Nach einer ungefähr eine Minute lang fortgesetzten Compression der die Uterushörner versorgenden Gefässe wurde die Bauchhöhle mit Catgut geschlossen. Am folgenden Tage nahm das Kaninchen wieder Nahrung zu sich, am darauffolgenden bot es nichts Abnormes dar, als dass es sich wenig bewegte. Am 15. April (so ist wohl die Angabe „am 10. April" zu berichtigen) warf es sieben Junge, drei todte und vier lebende. Bei den ersteren wurden blau verfärbte Stellen in den Lungen wahrgenommen und bei einem der lebendig geborenen.

Die Frucht kann also vor ihrer Geburt Fruchtwasser aspiriren und mit dem Leben davonkommen. Denn aus Experimenten von Kehrer geht hervor, dass auch bei hohem Druck in die atelektatische Lunge ohne inspiratorische Bewegungen keine Flüssigkeit eindringt; sie kann nur bis zu den Stimmbändern vordringen.

Hiernach ist das Vorkommen von intrauterinen Athembewegungen mit Aspiration des Amnioswassers auch beim menschlichen Fötus in den letzten Monaten der Schwangerschaft wahrscheinlich weder so selten noch so gefährlich, wie früher angenommen wurde.

Ich habe auch manchmal beim Meerschweinchenfötus, den ich unter lebenswarmem Salzwasser im Amnion austreten liess, einzelne ganz deutliche Athembewegungen unmittelbar nach dem Prolabirenlassen des Uterus wahrgenommen, die sich nicht wiederholten und keine nachtheiligen Folgen hatten. Denn wenn nach längerem Zuwarten das Thier befreit wurde, zeigte es an der Luft die gewöhnliche Reflexerregbarkeit und Respiration Neugeborener ohne irgend ein Symptom der Asphyxie.

Endlich ist noch von besonderer Bedeutung, dass unzweifelhaft auch allein durch Stechen des Fötus, z. B. mittelst der Pravaz'schen Spritze durch die Bauchwand der Mutter hindurch, intrauterine Athembewegungen ohne nachtheilige Folgen ausgelöst werden können. Denn ich habe, wenn der Uterus in Salzwasser blosgelegt wurde, so dass man den Kopf des Fötus sehen konnte, Verengerung und Erweiterung der Nasenlöcher und andere inspiratorische Bewegungen nach dem Einstich wahrgenommen.

Wie die vorzeitigen Athembewegungen zu Stande kommen, ist eine Frage von eben so grossem praktischem wie theoretischem Interesse. Sie wird im Folgenden ihre Beantwortung finden.

Hier sei nur noch eine wichtige von mir gefundene und das bereits an anderer Stelle ausgesprochene Thatsache, welche weiter unten ihre Begründung findet, angeführt: Kein Embryo ist im Stande eine vorzeitige Athembewegung auszuführen oder nach Öffnung des Eies in der Luft zu inspiriren, wenn er nicht vorher auf Reflexreize mit Bewegungen der Extremitäten zu reagiren vermag. Mit anderen Worten: Das Zustandekommen der vorzeitigen und rechtzeitigen Athembewegungen des Fötus ist an das Vorhandensein der Reflexerregbarkeit gebunden.

Die Richtigkeit dieses Satzes wird durch meine Versuche an den Embryonen des Meerschweinchens, Kaninchens und Huhnes bewiesen, deren Beschreibung sich theils im Folgenden und in dem Abschnitt über die embryonale Motilität, theils im Anhang zu diesem Werke finden.

Wenn dieser Satz früher bekannt gewesen wäre, dann würden ohne Zweifel die wichtigen Untersuchungen von Schwartz (1858) über die vorzeitigen Athembewegungen und die scharf- [103. 75. 392
sinnigen Erörterungen der Ursache des ersten Athemzuges von Krahmer (1851) nicht so allgemein acceptirt worden sein, wie [391
es der Fall ist.

Die Ursache des ersten Athemzuges.

Die verbreitetsten Ansichten über die Ursache des ersten Athemzuges weichen erheblich von einander ab. Eine Gruppe von Autoren nimmt als Reiz für die Athmungscentren ausschliesslich die veränderte Beschaffenheit des fötalen Blutes an, welches durch die Unterbrechung der Placentarcirculation in der Geburt venös wird, indem eine Kohlensäure-Anhäufung oder Sauerstoff-Abnahme oder beides eintritt. Diese Störung des Gasaustausches zwischen Mutter und Frucht soll allein die erste Athembewegung, sei es vorzeitig, sei es rechtzeitig, intrauterin wie extrauterin zu Stande kommen lassen. Ob es dabei die Behinderung der Kohlensäure-Abgabe in der Placenta oder der Sauerstoff-Aufnahme in derselben sei. welche das Blut venös macht, so dass es das Respirationscentrum reizt und die erste Athembewegung auslöst, wird nicht erörtert, vielmehr als bewiesen angesehen, dass etwas mit Sauerstoffmangel oder Kohlensäure-Anhäufung im Fötusblute solidarisch Verbundenes dafür allein ausreiche und nothwendig sei. Der unbekannte Reiz, nach Pflüger leicht-oxydirbare Stoffe aus den Geweben, erregt das Centrum, so dass dann vermittelst der *Phrenici* das Zwerchfell, der Intercostalnerven die Zwischenrippenmuskeln usw. sich contrahiren, den Lungenraum erweiternd und so das Eindringen der Luft nothwendig bewirkend.

Eine zweite Gruppe von Forschern nimmt lediglich äussere
Reize als Athmungserreger an: unvermeidliche Insulte beim [427
Geburtsact, vor allem die schnelle Abkühlung der Haut, durch [77
welche centripetale Nerven stark erregt werden. Diese pflanzen die Erregung auf das Athmungscentrum fort, von dem aus dann die Inspirationsmuskeln, wie oben, in Thätigkeit gesetzt werden, gerade wie beim schon athmenden Menschen ein plötzliches kaltes Bad, eine kalte Übergiessung, eine starke Einathmung zur Folge hat.

Eine dritte Gruppe von Autoren schreibt beiden Factoren, den inneren und den äusseren Reizen, für die erste Athembewegung die gleiche Bedeutung zu; wenn der eine Reiz versage, trete der andere ein, auch könnten beide zusammenwirken, die Venosität des Blutes und die periphere Reizung.

Eine Erklärung des ersten Athemzuges ohne Zugrundelegung dieser beiden Momente oder eines der beiden kann entweder keine Gültigkeit für alle Fälle beanspruchen oder ist an sich für jeden Fall ebenso ungenügend, wie z. B. die alte wieder aufgenommene Annahme, dass Compression der Nabelschnur darum im eröffneten Uterus Athembewegungen auslöse, weil ein Gefühl von Luftmangel
(*a sense of want of air* Austin Flint 1880) entstehe. Wie das [253
Gefühl die motorischen Inspirationsnerven erregen soll, bleibt unerörtert und unbegreiflich, zumal auch hirnlose Neugeborene athmen, wenn das Halsmark unverletzt ist.

Auch die von vielen noch für nothwendig erachtete Berührung des Fötus oder seiner Mund- oder Nasen-Öffnung mit atmosphärischer Luft kann als Ursache der ersten Athembewegung nicht gelten, weil ja ohne Berührung mit Luft intrauterin Fruchtwasser aspirirt und eine Reihe von ausgiebigen Respirations-
bewegungen ausgeführt werden kann. Schon 1841 betonte [330
Volkmann mit Recht, dass Landthiere athmen, auch wenn sie unter Wasser geboren werden, und H. Nasse sah, nachdem er die Aorta einer hochträchtigen Hündin comprimirt hatte, den Fötus „gähnen, nach Luft schnappen" (wie er sich etwas ungenau ausdrückt), obgleich derselbe in der uneröffneten Amnionhöhle belassen wurde. Daher meint er, dass der „Antrieb" zum Athmen vom Venenblut ausgehe, d. h. also hier vom Venöswerden des
Blutes nach Absperrung der Zufuhr des arteriellen Blutes. [383

Aus der Thatsache, dass nach dem Venöswerden des mütterlichen Placenta-Blutes der Fötus Athembewegungen macht, folgt aber noch nicht, dass gerade venöses Blut das Athmungscentrum direct erregt.

Ebenso kann auch Vierordts Auffassung, der erste Athemzug sei die Folge der Athemnoth, welche durch Behinderung des Gaswechsels zwischen dem Blute der fötalen Capillaren der Nabelgefässe in der Placenta und dem mütterlichen Blute zu Stande komme — und dadurch auch zwischen dem Blute und dem Parenchym der Organe — nicht für ausreichend erklärt werden. Denn wie die Athemnoth und „das Bedürfniss, dass der Gaswechsel auf anderem Wege vermittelt werde, nämlich durch die Lungen" das Zwerchfell zum ersten Male zur Contraction bringen können, bleibt dabei unerörtert. [383

Voltolini meinte sogar, nur der Reiz der in die Lungen [414
eindringenden Luft auf die Vagusendigungen in der Lunge rufe die ersten Athembewegungen hervor. Er vergisst, dass schon eine Athembewegung gemacht worden sein muss, um die Luft in die Lungen zu bringen. Zuerst dehnt sich die atelektatische Lunge aus. Dann dringt Luft ein. Der Inspirationsreiz geht also der hypostasirten Erregung der Vagusenden in der Lunge nothwendig vorher, und es kann gar keine Luft in die Lungen eindringen, wenn ihr nicht vorher Platz gemacht worden ist durch active Erweiterung des Thoraxraumes. Ausser diesen zwingenden Gründen, welche auch von Anderen allzuoft übersehen werden, widerlegt schon die oben erwähnte Thatsache vollkommener Athembewegungen des Fötus im Fruchtwasser im unversehrten Ei alle Ansichten, die für den ersten Athemzug die Erregung von Nerven durch die atmosphärische Luft verlangen.

Viele Praktiker bezeichneten daher als alleinige Ursache des ersten Athemzuges den in Folge des gestörten Placentarkreislaufs eintretenden Sauerstoffmangel, nicht periphere Reize und namentlich nicht den Einfluss der atmosphärischen Luft. O. Franque ver- [133
wies (1862) zur Begründung dieser Meinung auf einen Fall, in welchem das Kind in vollen Eihäuten geboren wurde und ohne von der Luft berührt zu werden, vollständige Respirationsbewegungen machte. Er dachte nicht daran, dass in diesem Fall die Berührung mit fremden Gegenständen als Hautreiz gewirkt haben kann.

Schon vorher (1858) hatte Vulpian für den ersten Athemzug des Hühnchens im Ei die Venosität des Blutes in Anspruch genommen, durch welche das Respirationscentrum erregt werde. Aber beim Vogelembryo kommen starke Hautreize dadurch zu

Stande, dass er sich, wenn ihm nach Vollendung des embryonalen Wachsthums das Ei zu eng wird, gegen die Schale stösst. Er weckt sich selbst durch Eigenbewegungen. Diese bewirken Hautreize und dadurch kann die Lungenathmung in Gang kommen. Durch das gesteigerte „Sauerstoffbedürfniss" ensteht in den Allantoisgefässen nicht nothwendig Venosität des Blutes, denn dieses nimmt nach wie vor atmosphärischen Sauerstoff auf. Aber die aufgenommene Sauerstoffmenge genügt nicht mehr dem grösser gewordenen Hühnchen im Ei. Nun kann nach den oben (S. 116) mitgetheilten Thatsachen über die Sauerstoffaufnahme seitens des Hühnchens im Ei der Mehrbedarf desselben vor dem Beginn der Lungenathmung sehr wohl durch reichlichere Sauerstoffaufnahme gedeckt werden, wie es auch höchst wahrscheinlich der Fall ist. Wie soll aber dann die Venosität des Blutes zu Stande kommen? Solange die Lunge noch unthätig ist, kann normaler Weise allein durch schnelleren Sauerstoffverbrauch schwerlich im Vogelei der verlangte Sauerstoffmangel im Blute erreicht werden. Dagegen ist sehr bemerkenswerth, dass schon vor dieser Epoche, mehrere Tage vor dem Ausschlüpfen ungewöhnliche periphere Reize, ein Nadelstich, eine Berührung tiefe Inspirationen des Hühnchens auslösen können, wie ich oftmals wahrnahm.

Dasselbe gilt für ungeborene Säugethiere. Und doch — wollte man allein periphere Reize als nothwendig und ausreichend für die Auslösung des ersten Athemzuges bezeichnen, dann wären erst sehr bestimmte gegentheilige Angaben zu widerlegen. Z. B. konnte Schwartz in manchen Fällen von Nabelschnur-Repositionen und Wendungen ohne merkliche Störungen der Placenta-Respiration den Fötus betasten und bestreichen ohne Athembewegungen hervorzurufen. Er schliesst daraus etwas voreilig, dass Hautreize ohne Störung des placentaren Gasaustausches unwirksam sind; denn wenn er stärkere Hautreize angewendet hätte, würden die Inspirationen nicht ausgeblieben sein.

Umgekehrt hat man oft die peripheren Reize für vollkommen überflüssig angesehen auf Grund solcher Fälle, bei denen die ... Frucht intrauterin abstirbt und doch tief inspirirt hatte, etwa bei Nabelschnurcompression. Im Kehlkopf in den Bronchien und Lungen-Alveolen solcher todtgeborener Kinder ist Fruchtwasser, kenntlich an Lanugo-Haaren und Meconium, gefunden worden. Daraus zu folgern, hier sei der Beweis einer ersten Inspiration gegeben ohne jeden Hautreiz, nach alleiniger Beschränkung der Sauerstoffzufuhr, wie M. Runge und mit ihm Viele thaten, ist unstatthaft.

weil Hautreize im Uterus so wenig wie später jemals ganz fehlen können. Schon die gegenseitige Berührung der Hautflächen des Fötus, das Reiben am Amnion, die Bewegungen der Mutter müssen zu Erregungen der Hautnervenenden führen. Es fehlen also niemals beim ersten Athemzuge alle Hautreize, sowenig wie vorher, und nachher.

Trotzdem nimmt B. Schultze für das neugeborene Kind an, der Sauerstoffmangel „und die mit ihm verbundene Kohlensäureanhäufung errege das Athemcentrum", fügt aber hinzu, [237
wenn das letztere auf zu weit gehende Abnahme des Sauerstoffs im Blute nach Vollendung der Geburt nicht mehr reagire, dann sei es über die Norm gesteigerten Reizen anderer Art oft noch zugänglich; zu diesen gehöre namentlich Reizung der Hautnerven durch rasche Temperaturänderungen; daher sei das Schwingen behufs Wiederbelebung scheintodter Neugeborener (welches übrigens schon 1834 E. Rosshirt empfahl) mit flüchtigem Eintauchen [475
in kaltes Wasser und dazwischen Verweilen im warmen Bade zu combiniren. Die praktisch bewährte Vortrefflichkeit dieser Vorschrift beweist die Wirksamkeit der Temperaturreize als starker Erregungsmittel der Hautnerven, die mit dem Athmungscentrum in Verbindung stehen.

Bei dem Schultze'schen Schwingverfahren kommt auch der sehr feste Halt, der Druck mit dem Daumen und die unwillkürliche Reibung der Finger des Operateurs an der Haut des Kindes als Hautreizung nach meinen Erfahrungen mit in Betracht.

Ohne nun noch mehr Ansichten über die Betheiligung der Venosität des Blutes und der peripheren Reize an dem Zustandekommen der ersten Athembewegung hier zu erwähnen — sie führen nicht weiter — muss ich eine andere Hypothese kritisch betrachten, welche Lahs aufstellte. Ihm zufolge wird zwar durch Mangel an Sauerstoff im fötalen Blute ein starker Athmungsreiz hervorgebracht, er spricht auch den äusseren Hautreizen die athmungerregende Wirkung nicht ganz ab, aber für das typische Eintreten des ersten Athemzuges, ehe nach ihm Sauerstoffmangel und Hautreize zur Wirkung kommen, nimmt er die plötzliche oder hochgradige Auspressung der placentaren Blutbahnen gegen das fötale Herz in Anspruch. Bei der ohne Kunsthülfe beendigten [245
normalen Geburt soll eine solche Auspressung der Placenta zum ersten Mal während des Durchschneidens der Frucht oder bald nach demselben zu Stande kommen und wo sie ausbleibt, zunächst auch die Apnöe des Fötus bestehen bleiben.

Zur Begründung dieser Ansicht wäre es vor Allem nöthig gewesen zu zeigen, dass gesteigerte Blutzufuhr zum apnoischen Fötus für sich — ohne periphere Reize — überhaupt eine Inspiration auszulösen im Stande ist. Dieser Nachweis fehlt. Mit der Annahme, dass durch Auspressung der Placenta „eine kräftige Injection der Lungenblutbahnen“ eintreten müsse, ist keineswegs die Nothwendigkeit einer Erregung der Zwerchfellnerven dargethan. Selbst wenn alle Zweige der Lungenarterie vor dem ersten Athemzuge prall gefüllt würden, ist eine Erregung des Athemcentrums nicht nothwendig mitgegeben. Ohne eine solche Erregung tritt aber keine Inspiration ein. Die Versuche bei künstlich apnoisch gemachten Kaninchen und Hunden durch Injectionen grösserer Blutmengen in die Jugularvenen Athembewegungen hervorzurufen, ergaben kein sicheres Resultat, und wenn auch um vier bis acht Secunden früher, als ohne Injection, die Apnöe aufhörte, so ist doch zu bedenken, dass allein schon durch den mit der Einspritzung verbundenen centripetal fortgeleiteten Nervenreiz eine Inspiration wohl ausgelöst werden kann, wofür die vorher eintretenden (reflectorischen) Extremitätenbewegungen sprechen.

Weder das oft beobachtete minutenlange Verharren in der Apnöe nach der Geburt, noch das Luftathmen unmittelbar nach dem Austritt des Kopfes begünstigt eine solche Hypothese, welche nicht allein überflüssig, sondern auch unzulässig ist. Denn jede Wehe muss den Blutdruck in der Nabelvene erhöhen und doch sind vorzeitige Athembewegungen nicht normal. Nimmt man aber an, erst nach dem Durchschneiden des Kopfes werde die Auspressung der Placenta — wegen Abnahme des allgemeinen Inhaltsdrucks — ausgiebig genug, dann müsste in der Mehrzahl der Fälle die Luftathmung vor der vollendeten Geburt beginnen (immer die unbewiesene Füllung der Lungen mit Blut als unbewiesenen Athmungserreger vorausgesetzt), während das Gegentheil der Fall ist. Ausserdem tritt unmittelbar nach Compression der Nabelvene mit Schonung der Nabelarterien beim Thierfötus der erste Athemzug leicht ein, wie ich oft constatirte, also nach Absperrung des placentaren Blutstroms, und es ist bekannt, dass nach früher Abnabelung das apnoisch geborene Kind sogleich zu athmen beginnen, nach später Abnabelung die Apnöe verlängert werden kann. In jenem Falle fehlt die Entleerung des Fruchtkuchenblutes in die Frucht, in diesem erreicht sie ihr Maximum und doch beginnt in jenem die Lungenathmung früh, in diesem spät.

Endlich kann auch die vereinzelte Beobachtung von Kehrer (245) nicht zur Stütze dienen. Hier blieb das Kind zwei Minuten lang apnoisch und wurde nicht abgenabelt. Nach oder mit dem Eintritt der nächsten Wehe aber, die sich durch Herabrieseln von Blut aus den Geschlechtstheilen neben der Nabelschnur deutlich ankündigte, trat der erste Athemzug ein, aber nicht weil nun durch Lösung der comprimirten Placenta neues Blut in den Fötus strömte, auch nicht weil plötzlich der Sauerstoffmangel sich geltend machte, sondern, weil inzwischen die Erregbarkeit des Athemcentrums während der zunehmenden Venosität des Fötusblutes zugenommen hatte, so dass jetzt die Abkühlung und andere Hautreize, welche vorher nicht wirkten, zur Wirkung gelangten, wie ich nun zeigen werde.

Ich schicke nur die Bemerkung voraus, dass eine vortreffliche historisch-kritische Darstellung der Erkenntniss des Zusammenhanges der ersten Athembewegung mit Störungen der Placentarrespiration von B. Schultze in seinem Buche: „Der Scheintod Neugeborener“ gegeben worden ist, eine Darstellung, durch die ich selbst erst auf mehrere wichtige Arbeiten und Gedanken früherer Autoren aufmerksam geworden bin. Namentlich findet sich darin auch die Geschichte des Nachweises, dass Unterbrechung der Placentar-Circulation (somit auch -Respiration) Erstickungsgefahr für die Frucht und Erstickung der Frucht zur Folge hat. Es ist auch in jenem Werke die Beziehung der Lungenathmung zum placentaren Blutstrom besonders klar dargelegt und gezeigt worden, dass mit dem Beginne der Lungenthätigkeit die placentare Circulation verändert und zwar herabgesetzt werden muss. Dagegen ist der Fall nicht erwähnt, dass ohne vorherige Störung der placentaren Respiration Athembewegungen der Frucht möglich seien.

Diese Möglichkeit finde ich überhaupt nirgends angedeutet, ausser ganz beiläufig bei Kehrer. Sie wird entweder ohne [149
Gründe geleugnet oder garnicht erwähnt. Namentlich hat Schwartz mit Entschiedenheit behauptet, es trete bei völlig ungestörter [75
Placentar-Circulation und -Respiration durch Hautreize keine Athembewegung ein.

Hier knüpfen meine Untersuchungen an.

Vom rein physiologischen Standpuncte aus schien es mir sehr unwahrscheinlich, dass ein erregbares nervöses Gebilde, wie das Legallois'sche Centrum vor der Geburt absolut unerregbar sein und bleiben sollte bis der geringe Sauerstoffgehalt der fötalen Blutkörper noch etwas geringer geworden sei. Ein Hautreiz, welcher im letzteren Falle eine mächtige Inspiration zur Folge hat, wie unzählige Wiederbelebungen asphyktischer Neugeborener beweisen, soll gar keine Wirkung haben, auch nicht die geringste inspiratorische Zuckung wachrufen, wenn der geringe Sauerstoffgehalt des fötalen Blutes nicht abnimmt durch Störung der placentaren Circulation? Mir schien es wahrscheinlicher, dass das Respirationscentrum auch vor der Geburt, vor der Störung des Placentar-Kreislaufs erregbar sein müsse. Kann aber bei intacter Placentar-Circulation und -Respiration der Fötus zum Athmen intrauterin und extrauterin durch Hautreize gebracht werden, dann sind sämmtliche bisherige Theorien des ersten Athemzuges unrichtig oder wenigstens unvollständig.

Dass nun wirklich von den bestehenden Ansichten keine richtig sein kann, ist weniger durch eine kritische Beleuchtung derselben, als durch vielfältige Versuche und Beobachtungen, die ich an Hunden, Meerschweinchen und Kaninchen vor, während und nach der Geburt, sowie am Hühnchen im Ei und an einigen neugeborenen Menschen anstellte, jetzt nicht mehr schwer zu zeigen. Ich habe nämlich, ohne Unterbrechung der Placentarcirculation bei Thieren den Fötus Inspirationsbewegungen machen gesehen. Beim Meerschweinchen ist die Uteruswand gegen Ende der Tragzeit so durchscheinend, dass man bei hellem Sonnenlicht vollkommen deutlich die Bewegungen des Fötus erkennt, und es ist leicht bei diesem Thiere und dem Kaninchen die Embryonen mit unverletztem Amnion in blutwarmem Salzwasser herauszuschälen. Oft wird freilich schon beim Herausnehmen oder Prolabirenlassen des trächtigen Uterus an der Luft aus der aufgeschnittenen Bauchhöhle der Placentarkreislauf trotz aller Vorsicht unterbrochen.

Am 23. Jan. 1879 liess ich einen Fötus austreten. Er machte im Uterus eine unverkennbare Inspirationsbewegung, wie es nicht selten bei reifen Früchten unter gleichen Umständen geschieht. Jetzt schälte ich ihn ohne Verletzung des Amnion heraus und hielt ihn in blutwarmes Salzwasser. Es traten nun mehrere Athembewegungen ein. An sich wäre dieses Verhalten nicht ungewöhnlich. Es wird aber ausserordentlich merkwürdig dadurch, dass die ganze Zeit über intensiv hellrothes Blut in der prall gefüllten Nabelvene von der Placenta in den Fötus strömte, während die Nabelarterien venös gefärbt waren. Auch nach Ablösung des Amnion blieb der Farbenunterschied sehr auffallend. Trotz der hierdurch bewiesenen reichlichen Zufuhr von sauerstoffreichem Blute machte das Thier doch nicht ganz seltene Athembewegungen, indem es die Nasenlöcher erweiterte, den Brustraum etwas ausdehnte, die Bauchwand vorwölbte und sogar zuletzt, als ich es in der Hand halb aus dem warmen Wasser emporhob, seine Stimme hören liess.

Volle acht Minuten lang genoss ich dieses Schauspiel, wartend, dass die Nabelvene dunkel werde. Als ich dann in einer Pause, während gerade keine Inspirationen mehr stattfanden, mit der Pincette die Nabelschnur comprimirte, war die Füllung der immer noch intensiv arteriellroth gefärbten Vene auf der placentalen Seite prall, auf der fötalen collabirte sie fast ganz. Bei den Nabelarterien war dieser Unterschied nicht wahrnehmbar. Gleich nach der Compression begann nun das Thier energisch und häufiger zu athmen, wie Neugeborene, und blieb am Leben.

Am 15. Dec. 1879 sah ich einen der Reife nahen Fötus, den ich eben aus der Bauchhöhle des Mutterthiers hatte prolabiren lassen, beim Anfassen durch die Uteruswand hindurch zwei Athembewegungen im intacten Ei ausführen. Sofort wurden Uterus und Amnion aufgeschlitzt und die Frucht schnell herausgeschält. Als ich dieselbe nun an der Luft in der Hand hielt und den Nabelstrang betrachtete war ich nicht wenig verwundert die Nabelvene intensiv arteriellroth, die beiden Nabelarterien dunkelvenös gefärbt zu sehen, während der Fötus bereits Luft athmete. Nach mehreren Minuten nahm die Blutfülle der drei Nabelgefässe ab, so dass eine der beiden Arterien nur noch wie ein dünner Faden erschien. Dabei zeigte sich, dass in dem Maasse, wie die Dauer der Luftathmung zunahm, während zugleich das Thierchen sich lebhaft bewegte, die Farbe des Blutes der noch stark gefüllten einen Nabelarterie immer heller roth wurde, bis sie in der sechsten Minute nur wenig dunkler als das sehr helle Nabelvenenblut erschien. Es war also bereits in dieser Zeit trotz erhaltener Placentarcirculation und -Respiration durch die Lungenathmung das Aortenblut arteriell geworden. Das durch die Nabelvene einströmende Blut blieb noch länger hellroth, nahm aber zusehends an Menge ab. Ich unterband nun den Nabelstrang. Das Thier blieb am Leben.

Diese vorzüglich günstigen Beobachtungen an Meerschweinchen beweisen, dass auch bei erhaltener Sauerstoffzufuhr periphere Reize sowohl intrauterine Inspirationen (bei denen Fruchtwasser aspirirt wird) als auch extrauterine Lufteinathmungen auslösen können.

Gleichfalls am 15. Dec. 1879 schnitt ich einen sehr kleinen unreifen Fötus aus einer anderen Cavie, fand aber in diesem Falle die Nabelvene nur eben merklich heller als die Nabelarterien. Der Fötus machte sehr seltene und nicht tiefe Inspirationen, nachdem er von den Eihäuten befreit worden war. Sowie ich aber mit der Pincette eine der vier Extremitäten plötzlich stark comprimirte, trat jedesmal eine sehr tiefe Einathmung mit weit offenem Munde und Abwärtsbewegung des Zwerchfells ein. Kneipen der Rückenhaut hatte den gleichen Erfolg, doch weniger ausgesprochen, und schliesslich blieb jede mechanische Reizung erfolglos. Das Thier war noch nicht lebensfähig.

Diesen Versuch stellte ich in der Vorlesung an. Er beweist, dass auch bei ganz unreifen fast erstickten Früchten, deren Placentarcirculation unterbrochen worden, starke periphere Reize Athembewegungen veranlassen. Freilich sind dieselben vor der Reife des Fötus, wenn auch energisch und frequent, meist nicht anhaltend und nicht immer im Stande die Lungen so mit Luft zu versehen, dass sie auf Wasser schwimmen. Denn:

Am 26. Dec. 1879 excidirte ich einer trächtigen Cavie, an der lebhafte Fruchtbewegungen sichtbar waren, zwei sehr viel grössere Embryonen, als im letzterwähnten Versuch. Die erste wog $51\frac{1}{2}$ Grm und machte sogleich an der Luft viele und tiefe Inspirationen. Kein Theil der Lungen schwamm aber auf Wasser. Lässt man jedoch den reifen Fötus 4 bis 5 Minuten lang Luft athmen, dann gibt die Schwimmprobe ein positives Resultat.

Die obigen Versuche beweisen, dass periphere Reize, welche schon die Herausnahme aus der Bauchhöhle und Eihautlösung mit sich bringen, oder allgemeiner andere Eingriffe, als die Unterbrechung der placentalen Sauerstoffzufuhr, die erste Inspirationsbewegung bei fortdauernder Sauerstoffzufuhr auslösen können. Hiermit ist folgender Versuch zu vergleichen.

Am 6. Jan. 1879 schnitt ich einen fast reifen Meerschweinchenfötus aus, welcher im unversehrten Mutterthier fühlbar und sichtbar sich nicht selten lebhaft bewegt hatte. Da er aber innerhalb mehr als einer Minute, während der ich ihn in der Hand hielt, durch die pellucide Uteruswand ihn genau betrachtend, gar keine Bewegung machte, auch namentlich nicht eine einzige Athembewegung, so schälte ich ihn schnell aus dem Uterus heraus. Selbst jetzt trat im unversehrten Amnion immer noch keine Athembewegung oder sonstige Bewegung ein. Als ich aber die Nabelschnur comprimirte, vergingen nur 1 bis höchstens 2 Secunden, ehe eine starke inspiratorische Bewegung stattfand. Das Amnion wurde abgelöst und der Nabelstrang unterbunden. Die Athmung kam dann nach einigen tiefen Inspirationen in Gang und das Thier blieb am Leben.

Dieser Versuch beweist schlagend, dass auch dann, wenn trotz [75]
äusserer Reize keine Athembewegungen seitens des Fötus gemacht worden sind, allein die Unterbrechung der Placentarathmung schleunigst die Lungenathmung durch Auslösung der ersten Inspiration in's Leben ruft.

Dasselbe ergibt ein Versuch, den ich am 15. Jan. 1879 mit Kaninchenembryonen anstellte. Ich liess den Uterus mit acht nahezu reifen Früchten in blutwarmes Salzwasser aus der Bauchwunde des Mutterthieres prolabiren. Es fand bei keiner eine Bewegung statt. Kaum hatte ich aber von einem Fötus den Uterus abgelöst, so bewegte er die vier Extremitäten im Ei, ohne eine Athembewegung zu machen. Ebenso die sieben anderen. Nach der Abnabelung machten alle sieben kräftige Inspirationen. Nur beim ersten aber sah ich die Nabelvene etwas heller roth, als die dunkeln Nabelarterien, und binnen weniger als einer Minute wurde sie ebenso dunkel wie diese. Dann durchschnitt ich den Nabelstrang und sah sofort bei diesem bis dahin apnoischen Fötus, wie bei den sieben anderen, starke Inspirationen eintreten mit Heben und Senken des Unterkiefers, Kopfnicken und Hervortreten der Bauchwand, also Zwerchfellcontractionen. Dagegen hörten die Bewegungen der Beine nach der Durchschneidung der Nabelschnur bei allen acht Früchten fast sogleich auf, während die Athembewegungen immer seltener werdend fortgesetzt wurden.

Aus diesen Versuchen könnte man mit Schwartz folgern, [75. 393 dass der erste Athemzug allein durch die Unterbrechung der Placentarrespiration hervorgerufen werden könne, wenn nicht die Operation selbst Hautreize mit sich führte. Wenn bei Zeiten die Aspiration des Fruchtwassers verhindert worden wäre, was im letzten Falle nicht geschah, um stärkere Reize möglichst auszuschliessen, so wäre die Respiration wie gewöhnlich im Gang geblieben. Der letzterwähnte Versuch lehrt ausserdem, dass der durch Ablösung des Uterus gesetzte periphere Reiz Bewegungen ohne Inspirationsbewegungen im Ei bewirken kann. Letztere traten erst nach der Abnabelung ein.

Also kann ein äusserer Reiz allerlei Muskelbewegungen veranlassen, ohne die Respiration durch die Lungen beim Fötus zu erwecken, die dann ohne neue Reize erst nach Eintritt des Sauerstoffmangels ausgelöst wird.

Da mir aber viel daran lag die mit der Freilegung der Nabelschnur nothwendig verbundenen Eingriffe auf ein Minimum zu reduciren oder ganz zu beseitigen und den Fötus vor dem ersten Athemzuge in seiner normalen Apnöe fremden Reizen zugänglich zu machen, so verfiel ich darauf nur den Kopf oder nur die Mund- und Nasen-Öffnung des Fötus unter Salzwasser durch einen Bauchschnitt freizulegen. Da sich beim trächtigen Meerschweinchen durch Palpation die Stelle, wo der Vorderkopf liegt, leicht finden lässt, so gelingt diese Operation ziemlich sicher. Bei den mittelst derselben peripherer Reizung ohne Bloslegung des Uterus zugänglich gemachten Früchten trat in der Luft meistens nach einer halben Minute eine eigenthümliche, sehr unregelmässige flache [344 Athmung mit langen Pausen ein. Unter warmem Salzwasser aber blieben die Nasen-Öffnungen bei einiger Vorsicht unbeweglich bis ich durch einen starken Hautreiz, etwa einen Stich in eine Lippe, eine Inspiration hervorrief, während die Placentarcirculation im normalen Gang blieb. Ich konnte nämlich durch starke me- [180 chanische und elektrische Hautreizungen bei genügender Reife des Embryo jedesmal eine Inspiration hervorrufen, so dass der Fötus im Uterus Flüssigkeit aspirirte, in der Luft Luft athmete und sogar schrie, und dennoch enthielt, wenn ich ihn rasch extrahirte, oder durch einen Schnitt die Placenta freilegte, die Nabelvene intensiv arteriellrothes Blut. Beim Einführen eines Glasstabes oder des Thermometers in die Mundhöhle der sonst *in situ* und im Amnion und Uterus befindlichen Frucht verstärkte sich öfters das Schreien, und es begannen dann die Nasenlöcher sich stärker unregelmässig zu erweitern und zu verengern. Doch konnte ich deutlich einmal 60 Inspirationen in 22 Secunden bei 10° Lufttemperatur zählen. In anderen Versuchen war die Frequenz viel geringer. Überhaupt kommt es für die vorliegende Frage nur auf den ersten Athemzug an. Zur Erläuterung dienen die folgenden Protokolle:

Am 5. Februar 1880 legte ich durch den Uterus-Bauchschnitt in einer hochträchtigen Cavia den Kopf eines Fötus mit den Vorderfüssen allein blos, ventral, 9^h 15^m. Nach wenigen Secunden athmet der Fötus, schreit anhaltend und stark, zuckt mit Kopf und Vorderbeinen. Das Lid schliesst sich bei Berührung der Cornea fast ganz und ziemlich schnell. Der Fötus ist also fast reif. Er athmet vom Anfang an nicht im Geringsten dyspnoisch, nur sehr flach und unregelmässig, durch die Nase, um 9^h 23^m in einer Min. 38 mal. Zwischendurch schreit das halbgeborene Thier. Die Mutter 46 Inspirationen in 30 Sec. 9^h 24^m. Um 9^h 25^m arbeitet sich der Fötus von selbst durch die Wunde in's Freie. Ich erfasse ihn schnell und sehe die Nabelvene intensiv bellroth, die Nabelarterien dunkel, jedoch eine bereits etwas heller geworden. Nun athmet das Thier stürmisch, bewegt sich lebhaft mit den vier Extremitäten, schreit zwischendurch. Respirationsfrequenz unbestimmbar. Nabelvene stets hellarteriellroth. Nach 9^h 30^m nahm aber die Füllung derselben sichtlich ab. 9^h 33^m Resp. 16 in sechs Sec., dann Pause. Augen offen. 9^h 37^m Fötus II mit dunkeler Nabelschnur extrahirt. Erster Athemzug nach sechs Secunden auf Hautreize. Dann Fötus III asphyktisch. Nabelschnur schwarz. Keine Bewegung. Conjunctiva reactionslos. Auf jedes Kneipen an beliebiger Stelle des Körpers trat aber eine Inspiration mit Schreien ein. Gewicht der drei Embryonen zusammen 210 Grm. Alle drei wurden in Watte gewickelt und blieben am Leben.

Am 12. Febr. 1880. Hochträchtige Cavia in der Rückenlage festgebunden. Ein kleiner Bauchschnitt da, wo ein Fötuskopf fühlbar war, hatte das sofortige gewaltsame Hervordringen des sehr grossen und starken Embryo I zur Folge. Er athmete sogleich lebhaft während die Nabelvene arteriell gefärbt war, wurde abgenabelt und blieb am Leben. Vom Schnitt bis zur Abnabelung drei Minuten: 3^h 47 bis 3^h 50. Fötus II kam von selbst mit dem Vorderkopf gerade in die Wunde zu liegen, aus der nur noch die Vorderfüsse hervorragten. Er blieb 20 Sec. lang apnoisch, während ich mit Daumen und Zeigefinger ohne starken Druck den Kopf am weiteren Vortreten hinderte. Dann begann plötzlich die Luftathmung und zwar durch die Nasenlöcher, flach und unregelmässig. Bei jedem Druck, jedem stärkeren Hautreiz am Gesicht oder an den Füssen schrie das ungeborene Thier kräftig. In dieser Weise athmete es von 3^h $50\frac{1}{2}$ bis 3^h 55. Dann zog ich es schnell heraus, sah dass die Nabelvene intensiv arteriellroth war, decapitirte den starken Fötus sogleich, nahm die Lungen heraus und überzeugte mich, dass sie mitsammt dem Herzen auf Wasser schwammen. Um 4^h 2 hatte ich noch den Kopf von Fötus III in der Bauchwunde freigelegt. Er athmete nicht

Jedesmal aber, wenn ich mit der Pincette die Lippen comprimirte, erfolgte eine tiefe Inspiration; dann nach jedem Hautreiz ein Schrei, 4^h 6 extrahirt, Nabelvene völlig arteriellroth; abgenabelt. Das Thier bleibt am Leben.

Gegen diese Versuche, welche beweisen, dass bei hellrother Nabelvene durch starke Hautreize Athembewegungen ausgelöst werden können, und zwar sowohl in der Luft, wie im geschlossenen Ei — in warmem Salzwasser — ist von M. Runge eingewendet [34] worden, dass sie keineswegs die bisherige, hauptsächlich von Schwartz begründete Ansicht widerlegen, derzufolge bei völlig ungestörter Placentarcirculation kein Hautreiz eine Inspiration auslösen könne. Denn wenn auch die Nabelvene hellroth sei, könne doch der Placentarkreislauf gestört und unterbrochen sein, selbst im doppelt abgeklemmten Nabelstrang bleibe die Farbendifferenz bis zu einer halben Stunde sichtbar unter Wasser, und jedenfalls dürfe bei den obigen Versuchen nicht das Fortbestehen des normalen Gasaustausches in der Placenta angenommen werden, da derselbe durch den ersten Athemzug alterirt werde und schon die Vivisection ihn beeinträchtigen müsse. Die Früchte seien eben asphyktisch, und darum wirkten die Hautreize auch bei hellrother Nabelvene, bei apnoischen Thieren dagegen seien sie ganz wirkungslos.

Diese Einwände sind leicht zu widerlegen. Denn für die Beweiskraft meiner Versuche ist es völlig irrelevant, ob nach dem ersten Athemzuge der Placentarkreislauf gestört ist oder nicht. Es handelt sich darum, dass er **vor** demselben normal sei, so dass ohne anomale starke Reize keine Inspiration eintritt. Dieses ist aber wirklich der Fall. Denn der einzige Grund, weshalb er es nicht sein sollte, wäre durch die mit der vivisectorischen Operation gegebenen Verletzung bedingt. In der That **kann** die Operation den Placentarkreislauf leicht stören, sie muss es aber nicht; und wenn Schwartz und Runge meinen, jede Berührung des trächtigen Uterus mit Luft, jeder Schnitt veranlasse stürmische Contractionen desselben, beschränke dadurch die arterielle Blutzufuhr und unterbreche schnell die fötale Apnöe, so ist diese Behauptung thatsächlich nicht richtig. Denn die Apnöe kann bei vorsichtiger Ausführung des Versuchs erhalten bleiben, bis es dem Experimentator beliebt, sie zu unterbrechen, sei es durch Herbeiführung eines asphyktischen Zustandes — durch Nabelschnurcompression, Compression der Trachea des Mutterthieres — sei es durch starke Hautreize. Es ist mir sogar in einzelnen Fällen, wenn das Mutterthier sich längere Zeit ruhig verhielt, geglückt, mehrmals die Lungenathmung mit der Placentarathmung abwechseln zu lassen. Ein Beispiel:

Am 13. März 1882 wurde einem trächtigen Meerschweinchen im geräumigen Salzwasserbade von permanent 37,5 bis 38,5° die Bauchhöhle eröffnet, so dass nacheinander drei Früchte austraten. Fötus I machte sogleich, wegen zufälliger Bewegungen des Mutterthiers während der Excision, im Wasser einzelne Athembewegungen bei hellrother Nabelvene und nach starker mechanischer Hautreizung noch mehrere kräftige Inspirationen ohne im geringsten asphyktisch zu sein oder zu werden. Er wurde entfernt. Fötus II reagirte lebhaft auf sehr leise Berührungen durch bilateral-symmetrische Reflexe, machte aber vom Anfang an keine Athembewegung. Ich fasste nun die Nabelschnur mit Daumen und Zeigefinger und comprimirte sie ganz allmählich mit Vermeidung jeder anderen Berührung und Erschütterung. War das Thierchen durch die Operation asphyktisch geworden und athmete es deshalb nicht, so durfte es auch jetzt nicht athmen, war es apnoisch, so musste nach Absperrung der Sauerstoffzufuhr mindestens eine Inspiration nach leiser Berührung eintreten, die vorher ausblieb. Es trat eine solche, als ich die Nabelschnur ganz comprimirt hatte ohne erneuerte Reizung auf. Ich liess dann sogleich die Nabelschnur los und sah wie nach einigen heftigen Bewegungen des Fötus der Blutstrom in derselben sich wiederherstellte und die Athembewegungen völlig aufhörten, ohne dass irgend ein Symptom der Asphyxie erschienen wäre. Der Fötus wurde entfernt. Fötus III machte weder im Uterus noch nach Lösung der Häute im blutwarmen Wasser eine Athembewegung, antwortete aber auf leise Berührungen der Haut mit Reflexbewegungen der Extremitäten. Ich überzeugte mich auf das Bestimmteste, dass er mehrere Minuten lang höchst erregbar für solche schwache Reflexreize war ohne auch nur eine einzige Inspirationsbewegung zu machen. Dann hob ich das halbe Thier bis dicht über dem Nabel über die Wasserfläche empor und comprimirte an einer Stelle die Haut, während die Nabelvene hellroth war. Jetzt begann es unregelmässige Athembewegungen zu machen mit ziellosen meist symmetrischen Beugungen und Streckungen der Beine. Diese liess ich dauern von 9 Uhr 50 Min. bis 9 Uhr 57 Min. Dann tauchte ich das Thierchen wieder unter Wasser. Es machte darin keine Athembewegung mehr, obwohl es fünf Minuten darin blieb; 10 Uhr 2 Min. hob ich es wieder wie vorhin heraus, worauf die unregelmässige Luftathmung wieder begann; 10 Uhr 5 Min. wieder eingetaucht, keine Athembewegungen; 10 Uhr 10 Min. wieder an die Luft gebracht und abgenabelt. Das Thier athmet jetzt stürmisch und schreit, konnte aber wegen mangelnder Reife (die Nägel waren noch weich) nicht am Leben erhalten werden.

Dieser Versuch beweist, dass man unter besonders günstigen Bedingungen einen Fötus abwechselnd mit der Placenta allein und mit der Lunge und Placenta zugleich athmen lassen kann, ohne dass er asphyktisch gemacht wird. Die Unterscheidung eines normal-apnoischen Fötus, sei es in dem das Fruchtwasser ersetzenden warmen Salzwasser, sei es mit dem in dieses oder in die Luft aus dem Körper des Mutterthieres hervortretenden Kopf.

ist so leicht, dass die Entstehung des Einwandes, bei meinen obigen Versuchen seien die Früchte, welche nach Hautreizung bei hellrother Nabelvene Athembewegungen machten, asphyktisch gewesen, nur durch ungünstige Bedingungen bei Wiederholung derselben erklärt werden kann. Alle charakteristischen Erscheinungen der Asphyxie fehlen: Cyanose, Bewegungslosigkeit, Abnahme der Reflexerregbarkeit, Unempfindlichkeit gegen Licht usw. Die Embryonen sind natürlich gefärbt, weder blass noch hyperämisch, die Schleimhäute rosenroth, ihre Beweglichkeit, besonders nach Hautreizen sehr auffallend, die Empfindlichkeit des Auges gegen Licht vorhanden. [345. 350

Der fernere Einwand, bei geborenen Thieren bewirkten Hautreize während der künstlich erzeugten Apnöe keine Inspirationen, es läge also kein Grund vor, anzunehmen, dass es bei der natürlichen Apnöe des Fötus sich anders verhalte, wird durch die Thatsache hinfällig, dass es überhaupt nicht gelingt, bei ganz jungen Thieren künstlich durch Sauerstoffeinblasungen eine Apnöe zu erzeugen. Die künstliche Apnöe bei Erwachsenen ist aber der intrauterinen Apnöe nicht gleich zu stellen. Ich habe mich zwar wiederholt davon überzeugt, dass bei apnoischen Kaninchen starke Hautreize keine oder nur schwache Inspirationen hervorrufen. Dasselbe gilt aber auch für normal athmende. Damit ist für die Erklärung des ersten Athemzuges nichts gewonnen. Der sehr wesentliche Unterschied zwischen der künstlichen und der natürlichen fötalen Apnöe im Ei besteht darin, dass im letzteren Falle nur darum keine Athembewegungen eintreten, weil es an genügend starken peripheren Reizen fehlt, während im ersteren auch bei Application solcher Reize keine starke Inspiration eintritt. Bei der fötalen Apnöe enthält das Blut absolut und relativ wenig Sauerstoff und das Athmungscentrum ist deshalb nicht so schwer erregbar wie das des künstlich apnoisch gemachten Thieres, dessen Blut sehr viel Sauerstoff enthält und das an periphere Reize gewöhnt ist.

Schliesslich ist noch hervorzuheben, dass alle die vorgebrachten Einwände sich nur auf meine an Säugethieren angestellten Versuche beziehen und noch weniger, als bei diesen, bei den zahlreichen von mir am Hühnchen im Ei gemachten Beobachtungen zutreffen. Denn bei letzterem ist es ohne Unterbrechung der Allantois-Athmung, ja sogar ohne die geringste Störung derselben, leicht nach partiellem Abbrechen der Kalkschale und Ablösen der Schalenhaut am stumpfen Pol über der Luftkammer am 16. bis 20. Brüttage durch Stösse oder Nadelstiche Inspirationen hervorzurufen, so dass jeder Reiz eine Inspiration, und nur eine, zur Folge hat, worauf dann die frühere Apnöe wieder eintritt.

Dass nicht der Sauerstoffmangel oder Lufthunger, überhaupt keine unmittelbare Consequenz der Störung des Placentarverkehrs, wie zunehmende Venosität oder abnehmende Arterialität des fötalen Blutes, Kohlensäurezunahme desselben oder Anhäufung leicht oxydirbarer Substanzen im Fötusblute, als Reiz für ein Inspirationscentrum angesehen werden darf, der allein im Stande wäre die erste Athembewegung zu bewirken, geht auch deutlich hervor aus guten Beobachtungen Anderer über das Verhalten reifer im unversehrten Ei excidirter Embryonen. Dieselben machen nämlich öfters, wie Pflüger bemerkte als er Kaninchenembryonen bloslegte, bei behutsamer Manipulation gar keine oder nur sehr wenige Inspirationen, sogar nach Freilegung der Schnauze nicht immer, während sie unmittelbar nach dem Aufschlitzen des ganzen Amnion stürmisch zu athmen beginnen. Ferner sah v. Preuschen, der dieses am Hundefötus constatirte, denselben im uneröffneten Ei, das sich selbst überlassen blieb, absterben ohne eine irgend wie auffallende Inspirationsthätigkeit entfaltet zu haben, was Pflüger ebenfalls gesehen hatte.

Mit Recht bemerkt aber v. Preuschen, dass hieraus keineswegs die Nothwendigkeit des Luftzutritts zu den Luftwegen des Fötus folge, ebenso könnte durch die Verhinderung der plötzlichen Abkühlung der Haut, als des Hauptreizes für die Auslösung der regelmässigen Athmung, das Ausbleiben derselben erklärt werden; schliesslich habe das Halsmark seine Erregbarkeit verloren. Hätte der Verfasser den Embryo im Ei von aussen gereizt, z. B. durch einen Stich oder eine Quetschung, so würde er sich überzeugt haben, dass er auch ohne Abkühlung und ohne Luftzutritt sehr starke Athembewegungen ausführt. Denn wenn ich aus einem hochträchtigen Thiere einen Fötus mit dem Uterus ausschneide, und ihn nicht athmen sehe, so brauche ich nur seine Haut stark zu reizen, dann tritt jedesmal eine tiefe Inspiration ein.

Bekannt ist von Alters her die Wirkung starker Hautreize und ihre Application an bestimmten Stellen, z. B. das Besprengen der Magengrube mit einem Strahle kalten Wassers, um das asphyktische Neugeborene zur Inspiration zu veranlassen.

Auch die bei neugeborenen Thieren (Meerschweinchen, Kaninchen) von mir durch Streicheln des Rückens verursachten reflectorischen Stimmlaute, welche an den Quarrversuch von Goltz erinnern, zeigen die Wirkung peripherer Reize auf den Athmungs-

apparat gleich nach der Geburt. R. Olshausen machte beim Menschen eine ähnliche Beobachtung. Bei asphyktischen Neu- [332
geborenen, welche noch keine oder nur sehr seltene Athembewegungen gemacht hatten, gelang es ihm durch energische Reizung der Nackenhaut mit den Fingerspitzen quickende Töne hervorzurufen, welche Schlag auf Schlag jedesmal auf den Hautreiz folgten. Diese Laute hervorzurufen gelang lange ehe das Kind zu schreien begann und bei Kindern, welche nicht wieder belebt und nicht zum Schreien gebracht wurden. Die reflectorischen Laute waren übrigens inspiratorisch. Sie zeigen, wie lange die Reflexbahn von den Hautnerven zum Inspirationscentrum und von diesem in die centrifugalen inspiratorischen Nervenbahnen bestehen bleiben kann. Jedoch ist dabei nicht zu übersehen, dass „irgend eine Methode der künstlichen Respiration“ vorher angewandt wurde.

Auch durch die Untersuchungen von B. Schultze über die [405
Asphyxie Neugeborener wird, soweit sie rein thatsächlich sind, meine Behauptung gestützt, dass ein Venöswerden des fötalen Blutes für sich allein nicht ausreicht, eine Athembewegung auszulösen. Schultze zeigte nämlich, dass Behinderung des placentaren Gasaustausches tiefe Asphyxie herbeiführen kann, ohne dass eine einzige Athembewegung eintritt.

Zunächst ist in dieser Frage bemerkenswerth, dass durch die normale noch so kräftige Wehe keine Athembewegung hervorgerufen wird, obgleich dieselbe regelmässig die Sauerstoffaufnahme im Fruchtkuchen mehr oder weniger beeinträchtigt. Als eine der Ursachen, weshalb die normale, wenn auch kräftige Wehe Athembewegungen nicht veranlasst, sieht nun B. Schultze das langsame Anwachsen der Beschränkung des Gaswechsels im kindlichen Körper an. Er meint mit dem Nachlass der Wehe bleibe ein gewisser Grad von Sauerstoffmangel zurück, welcher eine verminderte Erregbarkeit der Nervencentra mit sich führe. Wenn nun die nächste Wehe langsam anwachsend folgt, bevor jener Mangel ausgeglichen ist, und so fort, so könne durch die wiederholte langsame Steigerung der Venosität, ohne Ausgleichung, eine solche Herabsetzung der Reizbarkeit (eine Art Narkose) herbeigeführt werden, dass auch der schliesslich enorm gesteigerte Sauerstoffmangel (oder eine mit ihm untrennbar verbundene Beschaffenheit des Blutes) nicht mehr als Reiz wirken könne.

Gegen diese Auffassung ist zweierlei geltend zu machen: erstens fehlt der Nachweis, dass die Erregbarkeit des Respirationscentrum schon bei der beginnenden Venosität abnimmt — es ist vielmehr sicher, dass sie steigt — zweitens ist es nicht bewiesen, dass überhaupt die Venosität für sich allein einen Reiz für die Medulla abgibt. Ich behaupte vielmehr, dass sie nur deren Erregbarkeit für periphere Reize steigert. Wirken dann periphere Reize ein — und zu diesen kann auch unter Umständen die Wehe gehören — so tritt die erste Inspiration ein, fehlen genügend starke derartige Reize, so bleiben sie aus, auch wenn die Venosität maximal wird.

Die Thatsachen stehen hiermit in vollem Einklang. Schultze selbst schreibt: „Doch constatirte Béclard die wichtige Thatsache, dass parallel der zunehmenden Uteruscontraction die Ausdehnung und die Häufigkeit der Athembewegungen sich steigerten, eine Thatsache, welche sogar von Béclard die richtige Deutung erfuhr", die Deutung nämlich, dass die Athembewegungen zunahmen, weil die Placentarcirculation immer mehr gestört wurde. In Wirklichkeit können aus diesem Grunde gerade bei Béclards Versuch (s. oben S. 148) die Wehen selbst den peripheren Reiz abgegeben haben durch Steigerung des Drucks auf den Fötus. Die Frage verdient eine nähere Prüfung. Ferner schreibt Schultze: [76, 25

„Nicht ganz selten ereignet es sich, dass bei normalen Geburten das Kind mit wenig oder gar nicht veränderter Pulsfrequenz, mit kräftiger Pulsation im Nabelstrang, mit gesundem Aussehen, weder blauroth noch bleich, zu Tage tritt und doch zunächst nicht athmet. Ich habe mir öfters die Beobachtung gestattet, ein solches Kind von selbst zum Athmen kommen zu lassen. Es vergeht eine Pause von Secunden, selbst mehreren Minuten, bis das Kind entweder sogleich mit lautem Geschrei oder mit anfangs ganz seichten, nach und nach an Tiefe gewinnenden Respirationen die Athmung beginnt, um sie ungestört fortzusetzen". Dabei sind intrauterine Athembewegungen nicht gemacht worden.

Diese Erscheinung habe ich selbst wahrgenommen und durch einen starken Schlag bei einem nicht im geringsten asphyktischen, aber apnoischen Kinde die erste Einathmung, dann Schreien eintreten lassen. Offenbar wird, wenn das Kind von selbst zu athmen anfängt, der Schlag als Hautreiz ersetzt durch die zunehmende Abkühlung. Ist nun bei Abwesenheit aller asphyktischen Symptome, wie in den vorliegenden Fällen, die Erregbarkeit der Medulla gering, so dauert es eine Weile, ehe sie auf Abkühlung und andere durch die Geburt bedingte Reize antwortet. Mit dem Sauerstoffverbrauch steigt ihre Erregbarkeit, und wenn — durch Verdunstung von der Hautoberfläche — auch die Reizstärke nicht zunähme, würde die vorhandene Berührung und Kälte schon ausreichen, da eben die Erregbarkeit des Centrums steigt.

Wäre die Arterialität des Blutes Bedingung für die hohe Erregbarkeit, und wirkte Venosität des Blutes sogleich Erregbarkeit-mindernd, dann müsste bei der Geburt die Erregbarkeit der Medulla sofort abnehmen, nach meiner Theorie aber nimmt die Erregbarkeit sofort zu, so dass Reize, welche vorher nicht die Athmung in Gang bringen konnten, weil sie zu schwach waren oder fehlten, nun ein leicht reagirendes Centrum vorfinden, nämlich Hautreize.

Darin hat Schultze unstreitig Recht, dass seine Methode der künstlichen Respiration „die Bedingungen für Wiedergewinnung der Erregbarkeit des Athemcentrum gibt, während die Einwirkung der Kälte einen starken Reiz für dieselbe ausmacht.“ [237
Aber es ist hierbei erstens nicht ausser Acht zu lassen, dass die Erregbarkeit des Halsmarks nicht nur bei maximal gesunkenem, sondern auch bei maximal gesteigertem Sauerstoffgehalt des Blutes abnehmen muss, in letzterem Falle vielleicht mehr als in ersterem. Denn bei asphyktischen Thieren, z. B. nach Blausäurevergiftung, kann eine starke traumatische Hautreizung, wie ein Stich oder Schnitt, viel tiefere Inspirationen veranlassen, als bei apnoischen. Es gibt also für die Erregbarkeit des Athemcentrum ein Optimum zwischen weitgehender Venosität und Arterialität seines Blutes gelegen. Zweitens kann der Sauerstoffgehalt des Blutes, wenn er eine gewisse Grenze überschreitet, nicht die Erregbarkeit des Athemcentrum herabsetzen und dann ein wirksames Erregungsmittel für dasselbe sein. Unterbrechung der Placentarrespiration soll mittelst hochgradiger Venosität des Blutes das Halsmark erregen, doch aber bei hochgradiger Venosität vorher das Halsmark seine Erregbarkeit einbüssen, da ja viel Blutsauerstoff für die Erhaltung derselben nothwendig sei. Diese doppelte Rolle, welche der Sauerstoffgehalt des Blutes dem Athemcentrum gegenüber nach B. Schultze spielen sollte, kann jetzt nicht mehr aufrecht erhalten bleiben. Vielmehr habe ich gezeigt, dass die Venosität des Blutes für sich allein kein Reiz für die Medulla ist, sondern diese durch die Hautreizung in Thätigkeit geräth und die Venosität des Blutes die Erregbarkeit der Medulla für Hautreize bis zu einer gewissen Grenze erhöht.

Im Einklang mit meinen Versuchen steht auch die Angabe von Kehrer, dass man unter normalen Verhältnissen ein re- [149
spiratorisches Spiel der Nasenflügel beobachtet, wenn sich der Kopf über dem Damm entwickelt, aber eine tiefe Inspiration erst eintrete, nachdem der Thorax die ihn umschnürenden Genitalien

verlassen hat. Offenbar wird hier allein schon durch die Abkühlung der Haut des Gesichts ein Athmungsreiz gesetzt, aber wegen der Compression des Thorax kommt es noch nicht zur Lungenentfaltung. Übrigens geschieht es bisweilen, dass dennoch das Kind, dessen Kopf allein ausgetreten ist, schon schwach schreit, was ich selbst in zwei Fällen wahrgenommen habe.

Bei Wiederkäuern sah Kehrer manchmal vor dem Austritt des Kopfes in den Wehenpausen den zähen Cervicalschleim (140 aspirirt werden, Luft drang dann bereits mit in die Luftwege und trat in grossen Blasen, ähnlich den Seifenblasen sogar rhythmisch wieder aus: ein neuer Beweis dafür, dass ohne Abkühlung der Fötus-Oberfläche und Reizung mit fremden Objecten die Lungenathmung in Gang kommen kann. Hier wird also abgesehen von dem Schleim nur der Druck des Uterus und die Bewegung der Frucht als peripherer Reiz wirken können nach Störung des placentaren Gaswechsels. Doch sind solche Fälle selten. In der Regel beginnen auch bei Säugethieren die Athembewegungen erst nach vollendeter Geburt.

Aus allen obigen und andern damit übereinstimmenden Erfahrungen ergibt sich, dass der erste Athemzug des neugeborenen Menschen nicht ausschliesslich durch das Venöswerden seines Blutes verursacht wird, obgleich diese durch die Unterbrechung der Placentarcirculation bedingte Veränderung regelmässig eintritt und dem Eintritt der Luftathmung sehr günstig ist. Die wahre Ursache der ersten Athembewegung ist vielmehr periphere Reizung, welche auch für sich allein ohne Venöswerden des fötalen Blutes die Lungenathmung wachrufen kann, wenn sie nur stark genug ist, und zwar vorzeitig (intrauterin) wie rechtzeitig (extrauterin). Sehr richtig erklärte schon 1841 Volkmann: Ort der Erregung — ist jeder Theil des Körpers, nicht blos die Schleimhaut der Lunge; reizender Nerv ist jeder Nerv mit centripetaler Leitung, der bis zum verlängerten Mark wirkt, nicht ausschliesslich der Vagus.

Nun gehört aber zur Auslösung der ersten Athembewegung beim Neugeborenen ausser dem Reiz noch die Erregbarkeit des Respirationscentrums. Wenn in der Geburt die Verarmung des fötalen Blutes an Sauerstoff sehr langsam und continuirlich vor sich geht, dann kann es geschehen, dass keine einzige Athembewegung eintritt, weil in keinem Augenblick die Reizstärke gross genug ist, um, trotz der anfangs steigenden, dann sinkenden Erregbarkeit des Athemcentrum dieses in Thätigkeit zu setzen, und das Kind wird sterbend

geboren oder stirbt ohne Athmung also apnoisch-asphyktisch, [74
oder es muss zu künstlichen Reizen und künstlicher Athmung geschritten werden, um es am Leben zu erhalten.

Ist andererseits die Erregbarkeit des Halsmarks gross, dann kann schon bei intacter Placentarcirculation ein vorzeitiges Athmen durch periphere Reizung, wozu auch die Abkühlung gehört, bewirkt werden.

Dazu kommt, dass oft beim Freilegen des Fötus die Placentarathmung gestört wird, ohne dass die Lungenathmung beginnt, welche aber dann durch die Abnabelung in Gang kommt. Also ist das Venöswerden des fötalen Blutes zwar von grossem Einfluss auf das Zustandekommen der ersten Inspiration, aber nicht von so grossem wie die ohne Reizung unmögliche Aufhebung des Fruchtkuchenkreislaufs. Ein verbreiteter Irrthum identificirt die schnelle Sauerstoffentziehung mit dieser Aufhebung bezüglich der Wirkung auf den fötalen Respirationsapparat. Wenn aber wirklich die Compression oder Unterbindung der Nabelschnur,
wie Schwartz meint, einzig durch Absperrung des Blutsauer- [75
stoffs vom Fötus athmungserregend wirkte, dann müsste bei reifen Früchten auch jede andere schnelle Sauerstoffentziehung bei intactem Placentarkreislauf intrauterine Athembewegungen veranlassen, was durchaus nicht der Fall ist. Denn nach Tödtung trächtiger Meerschweinchen durch Strangulation, Kohlenoxydgasathmung und Verblutung findet man keineswegs jedesmal Fruchtwasser in den Lungen oder Bronchien der Embryonen, und aus
dem von Schwartz selbst angeführten Versuche von Mayer er- [76
gibt sich, wenn er richtig ist, dass die Erstickung des Mutterthiers durch Einführen farbiger Flüssigkeit in die Trachea den Tod des Fötus bewirkt ohne dass dessen Lungen eine Spur des Farbstoffs enthalten (vgl. oben S. 149 den Versuch von Geyl), während derselbe im fötalen Magen sich vorfindet. (Ich komme später auf den allzuoft citirten fehlerhaften Mayerschen Versuch zurück.)

Es ist also nicht die erste Athembewegung ausschliesslich nothwendige Folge der Sauerstoffentziehung. Bei erhaltener Nabelcirculation und Sauerstoffreichthum des Fötus kann das Respirationscentrum durch äussere Reize anomaler Weise erregt und eine Inspirationsbewegung ausgelöst werden, bei erhaltener Nabelcirculation und Sauerstoffmangel unter Umständen gleichfalls aber nicht jedesmal, bei Unterbrechung der Nabelcirculation sehr häufig, aber in keinem Falle ohne nachweisbare periphere Erregungen, welche bei jeder Geburt sehr stark sind und in keinem Falle einer vorzeitigen Athembewegung fehlen. Der Umstand, dass die intrauterinen schwachen Reize erst wirken, wenn die placentare Respiration durch irgend welche Ursache, wie Nabelschnur-Umschlingung, -Compression, -Usur (durch Torsion), Asphyxie der Mutter, gestört ist, ohne nothwendig unterbrochen zu sein, erklärt sich durch die Abhängigkeit der Erregbarkeit der *Medulla oblongata* von dem Gasgehalte des fötalen Blutes. Diese Erregbarkeit nimmt eben mit abnehmendem Sauerstoffgehalte für periphere Reize zu bis zu einer gewissen Grenze und mit zunehmendem Sauerstoffgehalte ab. Es kann aber bekanntermaassen bei nervösen Apparaten der Effect einer Reizung bei geringer Erregbarkeit doch ebenso gross wie bei grosser Erregbarkeit sein, wenn nur die Reizstärke entsprechend gesteigert wird. Das ist es, worauf es hier ankommt. Bei unversehrter oder fast unversehrter Nabelcirculation konnte ich sehr oft den frischen Fötus im warmen Salzbade zu Reflexbewegungen durch mechanische Hautreizung bringen ohne dass er athmete; sowie aber der periphere Reiz stark war, trat die erste Athembewegung ein.

Endlich — und dieses ist von der grössten praktischen Bedeutung — muss bei allen Versuchen, ein asphyktisches Kind zum Athmen zu bringen die ausserordentliche Lebenszähigkeit desselben, auch seiner nervösen Centralorgane nicht ausser Acht gelassen werden. Selbst wenn das Herz gar nicht mehr fühlbar schlägt, wenn das Kind für todtgeboren angesehen wird, kann es doch noch gelingen durch Anwendung der künstlichen Lufteinblasung nach Einführung einer Röhre in die Stimmritze das Leben zu erhalten. So hat Robert Bruce in Edinburgh (1883) nach 30, in einem zweiten Fall nach 35, in einem dritten nach 45 Minuten langem Lufteinblasen in die Trachea die Wiederbelebung erzielt. Das Respirationscentrum erholt sich während der künstlichen Athmung, und darum halte ich es für die Pflicht jedes Arztes, nachdem er vergeblich nach B. Schultze, Sylvester, Marshall Hall, Pernice durch starke thermische, mechanische, elektrische Reize die erloschenen oder noch gar nicht eingetretenen Athembewegungen hervorzurufen versucht hat, direct Luft in die Lungen einzublasen, auch wenn das Herz schon still steht, und zwar in der Noth mit einem gewöhnlichen reinen Blasebalg. Das Kind muss während der Zeit in 37 bis 38° warmem Wasser sich befinden. Dieses Verfahren ist nach Versuchen an Thieren von allen Wiederbelebungsversuchen das aussichtsvollste und namentlich bei Weitem der Transfusion von Blut oder physiologischer Kochsalzlösung vorzuziehen.

Der Athmungsmodus Neugeborener.

Auch wenn der gewöhnliche Geburtstermin noch lange nicht erreicht ist, schon im sechsten Monate, pflegt das neu- [410 geborene Kind wie das künstlich zu früh geborene Säugethier sehr bald nach der Geburt seinen Thorax auszudehnen, eine noch zu bestimmende Luftmenge einzuathmen. Der grösste Theil derselben wird gleich darauf, meistens schreiend, wieder exspirirt. Diese Inspiration und Exspiration machen den ersten Athemzug aus. Auf ihn folgen in ungleichen Pausen weitere Ein- und Aus-Athmungen, bald stürmisch, bald ruhig; tiefe und flache Inspirationen, apnoische Ruhezustände, Schreien und Schweigen wechseln miteinander ab, bevor die Lunge soviel Luft aufgenommen hat, dass sie im Wasser nicht mehr untersinkt (S. 160. 162). Derjenige Zustand, in welchem die Lunge vor der Luftathmung sich ununterbrochen befindet und welchen 1835 Ed. Jörg Atelektase, [426 neuerdings Ludimar Hermann Anektase nannte, ist dann für [359 immer geschwunden und damit eine der wichtigsten Veränderungen herbeigeführt, die der Mensch überhaupt erleben kann.

Diese Thatsache, dass nach der mit Luftaufnahme verbundenen ersten Inspiration niemals wieder eine vollständige Atelektase der Lungen eintritt, hat V. Mardner (1861) durch eine [405, 24 eigenthümliche Annahme erklären wollen. Er meint, durch die erste ausgiebige Einathmung erhielten die inspiratorisch wirkenden Muskeln einen „Tonus". J. Bernstein (1878) suchte die Annahme einer Überdehnung der exspiratorisch wirkenden elastischen [118 Apparate, so dass sich namentlich die Muskeln und Bänder nicht mehr zu ihrer ursprünglichen Länge verkürzen, wahrscheinlich zu machen. Er meinte aber, anfangs von dieser Hypothese selbst nicht befriedigt, es könnte auch im Costovertebralgelenk des Neugeborenen eine Art Sperrzahnmechanismus das Zurücksinken der Rippen in die gesenkte Stellung nicht mehr gestatten; später [101 liess er diese Ansicht fallen. Dass wirklich eine bleibende Ausdehnung des kindlichen Thorax nach den ersten Athemzügen durch Erhebung der Rippen allein zu Stande kommen könne, suchte er durch Versuche an todtgeborenen Kindern zu beweisen, bei denen mit dem Blasebalg ausgeführte Lufteinblasungen in die Trachea eine — allerdings sehr geringe — dauernde Vergrösserung des sagittalen Thoraxdurchmessers bewirkten. Ohne alle active Muskelthätigkeit konnte auch nur durch solche Lufteinblasungen ein negativer Druck im Thoraxraume erzeugt werden, der nach Einbinden eines endständigen Quecksilbermanometers in die Trachea und bilateraler Öffnung der Brustwand 6 bis 7 Millimeter betrug. Eine bleibende Aspirationsstellung des Brustkorbes liess sich also an der Leiche künstlich herbeiführen. Dass aber die Aspiration beim lebenden Neugeborenen so eintritt und dass sie bleibend sei, ist durch diese Versuche nicht dargethan, sondern eine Hypothese. Diese Hypothese wurde anfangs von Hermann (1879) acceptirt und sogar eine geringe Aspiration des Thorax auch beim ungeborenen reifen Fötus von ihm vorausgesetzt.

Gegen die Erklärung der postnatalen Aspiration aus einer bleibenden Veränderung an der Thoraxwand machte aber Hermann geltend, es sei viel wahrscheinlicher, dass die Adhäsion und [184
Verklebung der Bronchialwände vor der ersten Entfaltung dem Lufteintritt einen grossen Widerstand bieten, als dass die Exspiratoren überdehnt würden oder Sperrzähne eingriffen. Es wurde in der That von ihm und O. Keller festgestellt, dass eine atelektatische Lunge eines erheblich grösseren Druckes der einzuführenden Luft behufs ihrer Entfaltung benöthigt, als eine nicht atelektatische. Zu den Versuchen dienten künstlich mittelst des leicht absorbirbaren Kohlensäuregases atelektatisch gemachte Lungen von erwachsenen Kaninchen. Bei diesen ergab sich, dass der atelektatische Zustand der Entfaltung einen besonderen Widerstand entgegenstellt, der durch den geringsten Luftgehalt der Lunge vermindert wird. Diesen Widerstand findet nun Hermann in der Verklebung und Adhäsion der Bronchialwände, welche der (expansiven) Elasticität des Thorax so lange beim apnoischen Fötus mit atelektatischen Lungen entgegenwirken sollen, bis Luft unter einem gewissen Druck eindringt.

Hiergegen machte Bernstein (1882) geltend, dass weder [10
die Bedingungen für eine Verklebung der Bronchialwände in der atelektatischen Lunge vorhanden seien, noch die vorausgesetzte elastische Spannung des Thorax, die ihn auszudehen tendire, vor der ersten Athmung sich nachweisen lasse; die neue — aspiratorische — Gleichgewichtsstellung des Thorax trete sogleich nach den ersten Athemzügen ein und werde durch die erwähnte Überdehnung bleibend; dass man die lufthaltige Lunge ausserhalb des Thorax nicht durch Druck allein wieder atelektatisch machen könne, sei wohl, abgesehen von Knickungen der Bronchien, der vor der völligen Entleerung der Alveolen eintretenden Schliessung der kleinen Bronchien zuzuschreiben.

Die von Bernstein manometrisch nachgewiesene Abwesenheit einer thoracalen Aspiration bei Todtgeborenen veranlasste wiederum Hermann experimentell zu prüfen, ob denn überhaupt in den [358 ersten Lebenstagen, selbst nach ausgiebigem Luftathmen, ein negativer Druck mittelst der auch von Bernstein angewendeten Donders'schen Methode erkennbar sei. Die an Leichen von 1 Stunde bis 4 Tage alten Kindern angestellten Versuche ergaben unzweifelhaft, dass auch nach der ersten Athmung der Thorax des Neugeborenen keine Aspiration in der Leichenstellung besitzt. Sie war sogar bei einem Kinde, das acht Tage gelebt hatte, minimal oder Null. Die Lunge sinkt nach Eröffnung des Thorax nicht zusammen. Die Ursache der Abweichung dieses Befundes von dem Bernstein's liegt in dem Umstande, dass letzterer mit dem Blasebalg unter viel zu starkem Drucke Luft einblies, so dass eine Überdehnung und 6 bis 7 Millim. negativer Spannung wohl erzielt werden konnten, während Hermann die bis zur deutlichen Erhebung der Brustwand dauernden Einblasungen aus einem Gasometer manometrisch controlirte. Beim Schaf-Fötus war es ihm ein Leichtes, das fehlerhafte Resultat willkürlich herbeizuführen durch Steigerung des Druckes der eingeführten Luft. „Die natürliche Inspiration des Neugeborenen erweitert also den Thorax nur innerhalb seiner Elasticitätsgrenzen", so dass er nach der ersten Einathmung sein ursprüngliches Volum wieder einnehmen würde, wenn nicht ein Quantum Luft durch die Adhäsion der Bronchialwände in der Lunge zurückgehalten würde. Die obige Hypothese von Bernstein ist somit unzulässig.

Aus der für die Kenntniss der Athmung des Neugeborenen wichtigen Entdeckung Hermanns folgt zunächst, dass in den ersten Tagen nach der Geburt die Lunge schon ohne Schreien oder actives Ausathmen viel ausgiebiger ventilirt wird, als beim Erwachsenen. Denn beim Neugeborenen setzt sich die Residualluft nicht zusammen aus der beim Collabiren der todten Lunge in der Luft entweichenden Collapsluft (Hermann) und dem Theil, der nicht ausgetrieben werden kann, der Minimalluft (Hermann), sondern sie ist selbst die Minimalluft, da die Lunge des Neugeborenen, welcher geathmet hat, beim Freilegen behufs Collabirenlassens keine Luft mehr abgibt. Nennt man mit Hermann die lufthaltige collabirte, im Wasser nicht untersinkende Lunge „protektatisch", um sie von der luftleeren untersinkenden atelektatischen zu unterscheiden, so zeigt folgende Zusammenstellung den Unterschied der neugeborenen und ausgewachsenen Lunge. [359

Beim Erwachsenen:		Beim Neugeborenen:
Tiefste Inspiration	Complementärluft	Tiefste Inspiration
Gewöhnliche Inspiration		Gewöhnliche Inspiration
Gewöhnliche Exspiration	Respirationsluft	Gewöhnliche Exspiration
Tiefste Exspiration	Reserveluft	Tiefste Exsp. = Protektase
Protektase	Collapsluft	
Atelektase	Minimalluft	Atelektase

Wieviel Wochen nach der Geburt die Collapsluft ein messbares Volum zeigt, ist noch zu ermitteln.

Die ersten Athemzüge sind beim Hühnchen im Ei ebenso wie beim künstlich herausgeschnittenen oder normal geborenen Säugethier und Menschen unregelmässig, bald tief, bald flach, bald schnell, bald langsam, selten und frequent. Sehr oft beginnt, wie schon Aristoteles wusste und ich oft wahrnahm, das [illegible]
ganz sich selbst überlassene Hühnchen vor dem Sprengen der Eischale zu piepen, indem es die Luft aus der Luftkammer athmet und dann durch die Schale weiter respirirt. Auch das kräftige Kind schreit normalerweise, wenn es lebensfrisch zur Welt kommt, meistens sogleich oder nach wenigen Augenblicken. Neugeborene Kaninchen und Cavien dagegen und andere Säugethiere lassen ihre Stimme nicht so früh hören, wenigstens nicht in der Mehrzahl [illegible]
der Fälle. Vielleicht handelt es sich hierbei, wie oben bereits angedeutet wurde (S. 166), um einen dem von Goltz entdeckten Quakreflex des Frosches analogen Reflex, indem eine Reizung der Rückenhaut durch den Act der Geburt den exspiratorischen Schrei auslöst. Denn das Grosshirn kann unmittelbar nach der Geburt seine hemmenden Wirkungen nicht entfalten. Ich habe neugeborene Meerschweinchen und Kaninchen nach Streicheln des Rückens wie die enthirnten Frösche regelmässig zum Quieken gebracht, während sie in den Pausen schweigen. Ich habe ferner sogleich nach der Geburt enthirnte und decapitirte Meerschweinchen sich lebhaft bewegen und athmen gesehen und einem zweitägigen anencephalen Kinde durch Reiben des Rückens rauhe Töne entlockt.

In zwei Fällen hörte ich (S. 170) das Kind vor der Voll- [407
endung der Geburt, nachdem eben der Mund frei geworden war, schwach schreien. In dem einen wurde es mit der Hand vor dem Gesicht geboren. In beiden war das Schreien unmittelbar nach der Geburt stärker. Elsässer berichtet über sieben der- [408

artige Fälle und C. H. A. Müller (Wiedebach) stellte 26 Fälle von frischen Todtgeborenen zusammen, deren Lungen Luft enthielten; einen davon beobachtete er selbst.

Immer sind bei solchem Luftathmen der Frucht während des Geburtsactes vorzeitige Inspirationen mit Fruchtwasseraspiration vorhergegangen, und wenn nach Verminderung des Fruchtwassers für die atmosphärische Luft Raum gewonnen wurde, ist kein Grund vorhanden, weshalb sie nicht mit dem Fruchtwasser und Meconium, oder auch beim Vorrücken des Kopfes für sich, in die Lunge gelangen sollte, falls nur noch Athembewegungen (bei anomaler Störung der Placentarathmung) stattfinden. Der letztgenannte Autor hat das Wesentliche, worauf es bei solchem verfrühtem und pathologischem Luftathmen ankommt, klar dargestellt. [431

Die bei neugeborenen Kindern und Säugethieren häufig beobachteten Rasselgeräusche während der ersten Athemzüge erklären sich einfach durch Aspiration von Cervical-Schleim und Mund-Fruchtwasser. Sie werden sehr viel stärker, wenn mehr Fruchtwasser in den Mund gelangte oder durch intrauterine Athembewegungen aspirirt worden war, sind aber weniger von physiologischem als praktischem Interesse. Indessen ist bemerkenswerth, dass ich ein solches Kind bereits in der ersten halben Stunde vollkommene Hustenbewegungen habe ausführen sehen, durch welche das aspirirte Fruchtwasser z. Th. entfernt wurde.

Auch das Umgekehrte kommt sehr häufig vor, dass Luft nicht in die Trachea, sondern in die Speiseröhre, den Magen und Darm gelangt, nachdem die ersten Athembewegungen in der Luft zu Stande gekommen sind. Ich sah öfters grosse Luftblasen im Magen der vor dem Ablauf der dritten Brütwoche von der Schale befreiten Hühnchen und in dem der Meerschweinchenfötus, die unmittelbar vorher Fruchtwasser geschluckt hatten. Auf dieses Verschlucken von Luft bei den ersten Athembewegungen, welches zu den constanten (physiologischen) Erscheinungen gerechnet wird, komme [419, 8 ich bei Besprechung der Darmgase des Ebengeborenen zurück.

Hier ist noch der den Athmungsmodus Ebengeborener betreffenden Entdeckung Kehrers (1877) zu gedenken, dass bei Neugeborenen die thoracale Athmung das Zwerchfellathmen bei Weitem überwiegt. Er stützt sich auf folgenden von ihm an neugeborenen Kindern und Thieren oft angestellten Versuch: [149

Das freie Ende eines elastischen Katheters wird mit einem dünnen Kautschukschlauche und dieser mit einer U-förmigen Glasröhre verbunden. Nachdem die Röhre mit lauem Wasser gefüllt worden, klemmt man den Schlauch zu, führt den Katheter in den Magen ein, entfernt die Klemme und beobachtet das Niveau der Wassersäule im U-Rohr. Bei jeder Einathmung sieht man dann ein Zurückweichen derselben gegen das Kind hin, bei jeder Ausathmung eine Schwankung in entgegengesetzter Richtung. Bei erwachsenen Hunden findet das Gegentheil statt. Da bedingt die Inspiration eine positive, die Exspiration eine negative Magendruckschwankung. Oder:

„Bei Erwachsenen geschehen die normalen, respiratorischen Druckschwankungen der Bauchhöhle in entgegengesetztem Sinne wie in der Brusthöhle, bei Neugeborenen dagegen in beiden Höhlen im gleichen Sinne."

Die Ursache dieser Verschiedenheit ist wahrscheinlich nur auf die bei Neugeborenen noch mangelhafte Thätigkeit des Zwerchfells zu beziehen. Denn Kehrer fand, dass nach Durchschneidung der Zwerchfellnerven auch bei erwachsenen Hunden der Magendruck inspiratorisch abfällt, exspiratorisch ansteigt.

Zu Gunsten seiner Erklärung führt er an:

1) Öffnet man bei jungen Hunden die Bauchhöhle, so sieht man bei der Inspiration die Costaltheile sich tief aushöhlen, indem „die dünnen Muskelplatten dem Zuge der sich inspiratorisch stark erweiternden Thoraxbasis mehr folgen, als sie ihm durch Contractionen entgegenwirken."

2) Bei Neugeborenen zieht sich der obere Rand des Epigastrium in einer Λ-Form inspiratorisch tief ein, während sich die Seitentheile der Thoraxbasis stark (das Brustbein weniger) vorwölben. Bei erwachsenen Hunden tritt dieselbe Art der Athmung nach völliger Zwerchfell-Lähmung ein.

3) Beim Fötus steht das Diaphragma so hoch, dass seine Kuppe bis zum dritten Rippenknorpel hinaufgeht. Nach der Geburt rückt es allmählich gegen die Bauchhöhle hinab. Bei Kindern in den ersten Tagen steht die Kuppe noch am vierten bis fünften Rippenknorpel. Der fötale Stand derselben entspricht dem noch geringen Volum der atelektatischen Lunge. Die unvollkommene Entfaltung der Lunge nach der Geburt wird daher ein Hinabrücken der Zwerchfellkuppe hintanhalten.

4) Bei reiner Zwerchfellathmung und tiefem Stand des Diaphragma tritt nach Lufteinblasung durch den Katheter eine inspiratorische Magendrucksteigerung ein, wie bei einem asphyktisch geborenen Kinde mit künstlich aufgeblähten Lungen beobachtet wurde. Die Zwerchfellkuppe am sechsten Rippenknorpel.

Auf Grund dieser Thatsachen wird das Überwiegen der Thoraxathmung bei Neugeborenen als eine durch geringe Energie des Zwerchfellmuskels verursachte Erscheinung anzusehen sein.

Auch bei neugeborenen Kaninchen und Meerschweinchen und frisch aus dem Uterus genommenen fast reifen Früchten jener Thiere macht das Luftathmen ohne Zweifel darum den Eindruck des „stürmischen Athmens", weil es weit mehr thoracal als diaphragmatisch ist. Wann der später normale Typus beginnt, indem sich das Verhältniss umkehrt und das abdominale Athmen dauernd überwiegt, muss noch ermittelt werden. Kehrer wies noch bei einem 27 Tage alten Hunde inspiratorische Magendruckabnahme nach, aber bei Kindern in der zweiten Woche schon inspiratorische Drucksteigerung.

Dass beim Neugeborenen je nach dem Geschlechte die costale und abdominale Athmung prävalire, beim weiblichen erstere, beim männlichen letztere, wie im späteren Leben, ist nach meinen Beobachtungen eine unhaltbare Behauptung. Ich finde bei allen Neugeborenen erstere vorherrschend. Dass aber auch in der allerfrühesten Jugend die costale Athmung allein nicht ausreicht, beweist der schnelle Tod ganz junger Thiere nach Durchschneidung der Zwerchfellnerven. Kronecker fand (1879), dass einige [436
Wochen alte Kaninchen sogleich nach der Durchschneidung des zweiten Phrenicus asphyktisch sterben, solche von einigen Monaten jedoch die Operation mehrere Tage überleben, während erwachsene Thiere, wie schon früher (1855) Budge feststellte, nach Durchschneidung beider Zwerchfellnerven Monate lang fortleben. Bei ihnen tritt die vorher wenig verwendete Rippenathmung in Wirksamkeit. Dieser Unterschied des neugeborenen und erwachsenen Thieres zeigt, dass bereits unmittelbar nach der Geburt das Diaphragma geradezu das Leben des eben geborenen Säugers erhält.

Die vom Athemcentrum ausgehenden inspiratorischen Impulse bewirken den obigen Versuchen zufolge vermittelst des Phrenicus und Zwerchfells keine so ausgiebige Thoraxerweiterung und dadurch Lungenausdehnung, als vermittelst der thoracalen Inspiratoren, dennoch genügt die Ausschaltung der ersteren, wegen Verminderung der Ventilation, den Tod herbeizuführen: ein neuer Beweis für das relativ grössere Sauerstoffbedürfniss des Neugeborenen.

Die Athmungsfrequenz Neugeborener.

Wenn es schon schwer ist für den Erwachsenen im wachen Zustande eine Zahl anzugeben, die seiner Athmungsfrequenz entspricht, weil durch geringfügige äussere und psychische Vorgänge der Rhythmus beeinflusst wird, so erscheint es doch noch viel schwerer, für das neugeborene Kind eine Zahl für die Athemzüge in einer Minute anzugeben, welche nicht allein für die eine Minute der Zählung gilt, sondern auch für die folgende und die darauffolgende Minute. Denn es ist noch keine Rhythmik vorhanden. Die Athmungsmechanik kann sich erst nach der Geburt ausbilden. Ich habe oftmals versucht, bei eben geborenen Kindern die Einathmungen zu zählen, aber die grosse Unregelmässigkeit derselben, die aperiodischen Pausen, in denen sie gar nicht athmen, gestatten nicht, bestimmte Zahlen als normale anderen vorzuziehen.

Bei einem eben geborenen weiblichen Kinde (12. Febr. 1869) zählte ich, um nur ein Beispiel anzuführen, drei ruhige Athemzüge mit offenem Munde innerhalb der ersten 30 Secunden, dann folgte ein Schrei, eine Pause, hierauf eine Reihe von 13 Schreien in 18 Secunden. Eine Minute nach der Geburt wurden die Finger bewegt und die Arme getrennt: eine Minute später im warmen Bade 5 Schreie in 13 Secunden. Das Bad dauerte zwei Minuten. Eine Minute nach demselben 30 Athemzüge in 34 Secunden, dann 18 in 25. Diese Athembewegungen waren äusserst unregelmässig, von wechselnder Tiefe und Frequenz, bald mit Schreien verbunden, bald nicht. Die Pausen dauerten mitunter mehrere Secunden. Das Kind war reif, es wog 3283 Grm. und war 48,5 Cm. lang. Die grösste Schädelbreite betrug 9,5 Cm.

Bei neugeborenen Thieren kann man eine ganz ähnliche Arhythmie der ersten Athmung beobachten. Sie ist ausgesprochen bei vollkommen gesunden Knaben und Mädchen.

Die erhebliche Verminderung der Respirationsfrequenz, welche bei erwachsenen Säugethieren nach doppelseitiger Vagotomie [227 eintritt, ist von Preuschen auch beim fast reifen Hundefötus beobachtet worden. Die Thiere ertrugen die Operation auffallend gut. Es gelang ihm sogar die doppelseitige Durchschneidung vor dem Eintritt der ersten Inspiration, und die vagotomirten Embryonen athmeten nach völliger Befreiung von den Eihäuten wie die intacten, nur langsamer und tiefer, beiläufig ein weiterer Beweis dafür, dass für die Auslösung der ersten Athembewegung nach der Geburt die Erregung der centripetalen Lungenvagusendigungen nicht erforderlich ist und zugleich ein Beweis dafür, dass die centripetalen Vagusfasern, welche von der Lunge an das Athemcentrum gehen, schon vor der Geburt functionsfähig sind; sie können aber nicht fungiren, weil der periphere Reiz noch fehlt, welcher jenem Centrum durch die Hautnerven zugeführt wird. [227

III.

DIE EMBRYONALE ERNÄHRUNG.

A. Bedingungen der Ernährung des Embryo.

Wenn der Embryo, gleichviel ob er viviparen oder oviparen Thieren zugehört, einen selbständigen Stoffwechsel besitzt und als ein lebendes Wesen bezeichnet werden muss, welches eine Sonderexistenz in seinem Ei hat, so leuchtet ein, dass nothwendig alle diejenigen äusseren Lebensbedingungen für ihn erfüllt sein müssen, deren alle lebenden Körper überhaupt zu ihrer Fortdauer bedürfen. Es muss ihm also Luft von einer gewissen Dichte und Temperatur, es muss ihm Wasser und Nahrung zugeführt werden. Da aber ferner der Embryo nicht im Stande ist, in der allgemeinen Concurrenz aller lebenden Wesen um diese fundamentalen äusseren materiellen Lebenserfordernisse sich gegen Schädlichkeiten, Verwundungen, Vergiftungen, Erschütterungen u. a. m. zu wehren und noch weniger durch actives Angreifen Anderen, was ihm nöthig ist, zu nehmen, weil seine Angriffs- und Vertheidigungs-Organe noch nicht entwickelt sind, so kann er nur dann am Leben bleiben, wenn er von Haus aus nicht nur mit Nahrung, sondern auch mit genügenden Schutzmitteln versehen ist, welche Wasser und Luft von geeigneter Beschaffenheit passiren lassen. Der wichtigste Schutz ist für ihn die Umhüllung, sei es der Uterus, sei es die harte Kalkschale des Vogel- und Schildkröten-Eies oder die weiche, pergamentähnliche Eischale des Fisches und der Natter. Trotz der ausserordentlichen Verschiedenheit der Eihüllen wirbelloser Thiere, deren Poren und Mikropylen, deren Dünnheit und Biegsamkeit und sonstige Eigenschaften störenden Einflüssen oft einen grossen Spielraum gewähren, ist die biologische Rolle, welche durchweg die Eischale spielt, in erster Linie die Schützung des Embryo gegen Schädlichkeiten. So vorzüglich sie sich dazu eignet, wenn die Entwicklung immer nur unter den seit vielen Generationen gewohnten Bedingungen stattfindet, so leicht versagt sie bei selbst geringfügiger künstlicher Änderung der äusseren Entwicklungsbedingungen, wie sich im Folgenden zeigen wird.

Es ist nämlich für die Begründung der Lehre von der embryonalen Ernährung zweckmässig, die äusseren Bedingungen derselben von den inneren getrennt zu betrachten, soweit es die Verständlichkeit der Darstellung erlaubt. Ich habe daher zuverlässige Angaben über die Einwirkung äusserer Agentien und geringer Änderungen der gewohnten Bedingungen auf den Embryo der Erörterung seines Stoffwechsels vorausgeschickt. Da ferner für diesen der Übergang von Stoffen aus der Mutter in den Fötus und umgekehrt nothwendig ist, so habe ich diesen Austausch noch als wesentliche Ernährungsbedingung der Säugethier-Embryonen im Anschluss an die äusseren Einflüsse betrachtet.

Im Ganzen ist auf diesem Gebiete zwar nicht wenig gearbeitet worden, da aber die Forscher meistens unabhängig voneinander und nach sehr verschiedenen Richtungen vorgingen, ist es zur Zeit noch nicht möglich, sämmtliche Thatsachen unter einheitliche Gesichtspuncte zu bringen. Ich muss mich oft mit der einfachen Angabe der Beobachtungs- und Versuchs-Ergebnisse begnügen, ohne bestätigen oder widerlegen und ohne erklären zu können; so namentlich in Betreff der Versuche über den

Atmosphären-Druck.

Wenn in den ersten Entwicklungsstadien begriffene Froscheier in Wasser von 10° C. unter einem Druck von drei Atmosphären verweilen, so wird die weitere Entwicklung gehemmt ohne Aufhebung der Entwicklungsfähigkeit. Rauber, welcher diesen Versuch [...] anstellte, constatirte, dass die Differenzirungsprocesse während der drei Tage, die der auf 200 Eiern lastende Druck dauerte, unterbrochen waren, die Mehrzahl der letzteren aber nachher sich weiter entwickelte, jedoch nicht weit.

Ein Überdruck von einer Atmosphäre hob die Entwicklung nicht auf, verzögerte aber dieselbe und bewirkte nach sechstägiger Dauer auffallende Abnormitäten. Die Embryonen waren kürzer und dicker als normale und die äusseren Kiemen weniger ausgebildet. Auch die nach einer bei drei Atmosphären erfolgten Explosion noch am Leben gebliebenen Embryonen waren abnorm: von 27 Larven wurden 20 hydropisch und blieben überhaupt in der Entwicklung zurück.

Bei $^{3}/_{4}$ Atmosphärendruck trat keine Hemmung und keine Verzögerung ein, aber bei einem Unterdruck von $^{1}/_{2}$ Atmosphäre blieben nach drei Tagen von 137 Embryonen nur 2 in fortschreitender Entwicklung und bei $^{1}/_{4}$ Atmosphärendruck starben alle Embryonen schon nach einem Tage. Hierbei trat, wie bei $^{1}/_{2}$ Atmosphärendruck, „die in den Gallerthüllen der Eier gelöste Luft in zahlreichen grösseren und kleineren Gasperlen zu Tage, so dass sämmtliche Eier auf der Oberfläche des Wassers schwammen.“ [367

Ich habe bei Salamander-Embryonen und -Larven schon bei $^{31}/_{32}$ Atmosphärendruck ebenfalls eine auffallende Gasentwicklung an der gesammten Oberfläche beobachtet, wenn die Thiere in flachen Schalen unter Luftabschluss unter lufthaltigem Wasser in oben verschlossenen fusshohen Glasgefässen verweilten (S. 108), z. B. in einem grossen umgekehrten mit einem Hahn versehenen Trichter, welcher ganz mit Wasser gefüllt ist. Die Embryonen und ganz jungen Larven der Amphibien sind also zweifellos höchst empfindlich gegen Luftdruckänderungen. Ihre grössere Sterblichkeit bei Gewittern kann damit zusammenhängen.

Es wäre interessant zu wissen, ob Vogeleier unter sonst normalen Bedingungen bei constant niedrigem und constant hohem Luftdruck sich regelmässig entwickeln, oder ob im ersteren Falle die Sauerstoffaufnahme erschwert, im letzteren gesteigert wird. Die Thatsache, dass viele Seevögel, Alken, Möwen, auch Uferschwalben, dicht über dem Meeresspiegel nisten, während der Kondor 5000 und mehr Meter höher horstet, spricht weniger gegen eine Empfindlichkeit des Vogelembryo für Luftdruckunterschiede, als für eine altbewährte Anpassung der einen Art an grossen, der anderen an geringen Atmosphärendruck.

So verständlich die deletären Wirkungen des verminderten Druckes bei hydrozoischen Eiern sind, da Luftentwicklung im werdenden Organismus wie im erwachsenen durch Kreislaufunterbrechung leicht tödtlich wird, so schwierig ist es, den schädlichen Einfluss gesteigerten Druckes zu erklären. Vielleicht kommt dabei neben der Zunahme der im Wasser diffundirten Sauerstoffmengen, welche die oxydativen Processe zu sehr beschleunigen könnten, eine mechanische Wirkung in Betracht, und in jedem Falle ist die Geschwindigkeit des Wechsels vom gewöhnlichen zum abnormen Druck bei solchen Versuchen zu berücksichtigen. In grossen Meerestiefen leben und entwickeln sich Thiere unter einem Druck von mehreren hundert Atmosphären, die beim

Heraufziehen zerplatzen. Wenn sie sehr langsam an die Oberfläche befördert werden könnten, dann würden sie wahrscheinlich sich dem gewöhnlichen Druck adaptiren. Ebenso ist es wahrscheinlich, dass bei sehr allmählich und continuirlich zunehmendem Druck die Embryonen sich hohem Drucke anpassen können und so nach und nach unbelebte Tiefen belebt werden; die Embryonen in schwimmenden Eiern im Meere würden sich dazu besonders eignen.

Dass der reife Säugethier- und Menschen-Fötus durch plötzliche Druckänderungen, die er während der Geburt erfährt, nicht nothwendig geschädigt wird, ist bekannt. Während der Wehe lastet auf dem Kinde ein sehr viel höherer Druck, als einer Atmosphäre entspricht, nach der Geburt nur der gewöhnliche Luftdruck. Vor dem Beginne der Uteruscontractionen wird wahrscheinlich ein Druck von etwas weniger als einer Atmosphäre auf dem Fötus lasten; sein Wachsthum würde ebenso wie die Fruchtwasserbildung andernfalls erschwert werden. Doch ist es schwierig, sich darüber Aufschluss zu verschaffen. Beim Vogelembryo geschieht die Entwicklung unter normalen Umständen vom ersten Tage bis zum Sprengen der Eischale unter negativem Druck, denn ununterbrochen verdampft das Eiwasser und vergrössert sich die Luftkammer, indem atmosphärische Luft durch die Schale hindurch aspirirt wird, bis durch die Sprengung Spannungs-Gleichheit sich herstellt.

Über den Einfluss der Luft-Entziehung, des Sauerstoff-Mangels und -Überflusses auf die Entwicklung des Embryo ist bereits in dem Abschnitt über die embryonale Athmung (S. 105 u. fg.) gehandelt worden im Zusammenhang mit dem Sauerstoffverbrauch und der Kohlensäurebildung des Embryo.

Der Einfluss gesteigerter und verminderter Luft-Temperatur auf die Entwicklung im Ei wird in dem Abschnitt über die Wärmebildung im Embryo erörtert werden.

Feuchtigkeit.

Über den Einfluss der Wasserentziehung auf die Entwicklung des Embryo liegen mehrere Beobachtungen vor.

Die Eier vieler Thiere aus den verschiedensten Classen können lange Zeit trocken liegen, ohne dass die Entwicklung des Embryo irgend eine Anomalie böte, wenn sie nach der Anfeuchtung einmal begonnen hat. So bei *Macrobiotus*. Es ist sogar für manche Eier, z. B. die von *Apus* und *Branchipus*, zur Embryogenesis nothwendig, vorher eingetrocknet gewesen zu sein. Für die Dauereier einiger Daphnoiden fand Weismann, dass anhaltendes Austrocknen in [105 ähnlicher Weise die Entwicklung beschleunigt, durch Abkürzung der Latenzperiode, wie Einfrieren. Eier von *Moina paradoxa*, welche drei Jahre lang trocken im Zimmer gelegen hatten, lieferten 8 bis 12 Tage nach dem Ansetzen mit Wasser von gewöhnlicher Zimmertemperatur zahlreiche Junge, während die unter Wasser aufbewahrten Dauereier meist erst nach mehreren Monaten sich entwickelten.

Wenn dagegen die trocken gewesenen Eier nach der Anfeuchtung sich entwickeln, vertragen die ausgeschlüpften Jungen die Trockenheit nicht mehr, wie z. B. für *Branchipus* schon B. Prevost bemerkte. [193, 437

Für das Vogelei ist während der Bebrütung eine gewisse Menge von Wassergas in der es umgebenden Luft nothwendig darum, weil das Ei in ganz trockener Luft zuviel Wasser durch Verdunstung auch bei unversehrter Schale verliert, wie Baudrimont und Martin Saint-Ange bewiesen, indem sie die Luft [110 mit concentrirter Schwefelsäure oder Chlorcalcium trockneten und sie bei Brutwärme über die embryonirten Eier strömen liessen. In Letzteren starben die Embryonen dann rasch ab. Aber die von Pott ausgeführten Versuche, das von Eiern im [149. 161 trockenen Respirationsraum exhalirte Wasser zu bestimmen, zeigen, dass die Embryonen vom 5. bis 10. Tage sechsstündige Trockenheit öfters vertragen. Es ist dabei die Thatsache constatirt worden, dass Hühnereier mit lebenden Embryonen an trockene Luft weniger Wasser abgeben, als ebenso behandelte unbefruchtete Eier, und zwar wurde von letzteren in sechs Stunden doppelt soviel Wasser exhalirt als von ersteren, während in der gewöhnlichen feuchten Luft der Unterschied kleiner ausfällt (vgl. oben S. 127). Die Gewebe und Häute des Embryo verhindern also in energischer Weise eine beschleunigte Wasserexhalation bei Trockenheit der Luft im Brutraum.

Viele entwickelte Eier gehen aber im Brütofen vor der Reife zu Grunde, wenn die Trockenheit anhält und nicht, besonders gegen Ende der Incubation, für reichliche Feuchtigung der Luft gesorgt wird. Sättigung derselben mit Wasserdampf ist nicht nur nicht schädlich, sondern günstig, kurzdauernde Trockenheit dagegen leicht tödtlich, indem das Hühnchen, welches mit Sprengung der

Schale bereits begonnen hat, an dieselbe fest anbackt, so dass es sich nicht befreien kann, wie ich mehrmals wahrnahm.

Andererseits ist die Hemmung der Wasserverdunstung des Eies durch Einschliessen desselben in ein verschlossenes Gefäss, dessen Luft täglich erneuert wird, wo aber der abgegebene Wasserdampf weitere Wasserabgabe verhindert, weil er stagnirt, für den Embryo lebensgefährlich (vgl. S. 110. 117. 131).

Für alle in der Luft zur Entwicklung disponirten Eier der Wirbelthiere ist eine beträchtliche Wasserexhalation nothwendig, so dass eine Concentration der histogenetisch sich combinirenden Flüssigkeiten eintritt, und doch auch eine grosse Tension des Wasserdampfes in der umgebenden Luft unerlässlich, so dass jener Wasserverlust durch Verdampfung des Eiwassers langsam und stetig verläuft.

Für die im Wasser sich entwickelnden Eier ist im Gegentheil eine Aufnahme von Wasser wahrscheinlich unentbehrlich, da sie bald nach dem Laichen quellen. Doch wären Versuche, Amphibien- und Fisch-Eier in feuchter Luft statt im Wasser zur Entwicklung zu bringen, oder zeitweise den Aufenthalt der embryonirten Eier im Wasser mit einem solchen in der Luft zu vertauschen, nach mehr als einer Richtung hin von grossem Interesse.

Die weder in Wasser noch in der freien Luft, sondern im Schlamme oder in der Erde sich entwickelnden Eier bedürfen sehr grosser Wasserdampfmengen und sterben doch wie Vogeleier schnell ab, wenn sie auch nur theilweise in Wasser eingetaucht werden. So konnte ich wiederholt die Eier der Ringelnatter bei grosser Feuchtigkeit nicht gegen Fäulniss, bei geringer nicht gegen Eintrocknung schützen. Die Eier der Weinbergschnecke aber habe ich im Laboratorium in Humus, der reichlich begossen wurde, leicht züchten können. Es ist räthselhaft, dass diese zersetzbaren Gebilde nicht unter solchen Umständen in Fäulniss übergeben.

Licht.

Über die Einwirkung verschiedenfarbigen Lichtes auf das Wachsthum der Embryonen liegen Angaben vor, welche sich zum Theil widersprechen. Die Schwierigkeit monochromatisches Licht von gleicher Intensität und Reinheit bei den zu vergleichenden Versuchen herzustellen, sowie identische Versuchsobjecte zu erhalten, kommt dabei ebenso in Betracht, wie die Vermeidung von Temperaturungleichheiten.

Die im Folgenden zusammengestellten Thatsachen lehren einstweilen nicht viel mehr, als dass ein Einfluss des Lichtes auf die embryonale Ernährung existirt.

J. Béclard beobachtete, dass im violetten und im blauen [461
Lichte die Eier der Fliege (*Musca carnaria*) grössere Maden liefern, als — in absteigender Folge — im Roth, Gelb, Weiss, Grün.

Emile Yung untersuchte die Wirkung ungleichwelligen Lich- [187
tes auf die Entwicklung der Froscheier (*Rana temporaria* und *R. esculenta*), der Forelleneier (*Salmo trutta*), der Schneckeneier (*Limnaeus stagnalis*), der Cephalopodeneier (*Loligo* und *Sepia*). [266
Er constatirte gleichfalls eine erhebliche Wachsthumsbeschleunigung im Violett, eine geringere im Blau, dann im Gelb und Weiss. Roth und Grün verhindern oder verzögern die Entwicklung; er erhielt wenigstens nur bei Cephalopoden eine vollständige Ent- [266
wicklung der Eier. Finsterniss verzögerte, aber hemmte nicht die Embryogenesis. Die Reihenfolge der Lichtarten ist bezüglich ihrer die embryonale Ernährung begünstigenden Wirkung absteigend: Violett, Blau, Gelb und Weiss (diese beiden stehen einander sehr nahe), Schwarz, Roth und Grün (letztere beide die Entwicklung verhindernd).

Mit der Thatsache, dass Violett die embryonischen Assimilationsprocesse entschieden begünstigt, hängt die andere [187, 278
zusammen, dass die Sterblichkeit der im Violett entwickelten und ausgeschlüpften Larven bei Nahrungsentziehung im Violett am geringsten ist, im Blau, Gelb, Weiss, Roth, Grün zunimmt. Denn das Plus des vorher assimilirten Materials verzögert das Absterben während das Thier in der Inanition vom eigenen Capital zehrt. Andererseits zeigte sich, dass vorher im Weiss embryonirte Eier vom Frosch am schnellsten im Violett zu Grunde gingen, so dass man dem kurzwelligen Lichte auch eine die Dissimilations- [176, 277
vorgänge des sich entwickelnden Organismus beschleunigende Wirkung zuschreiben muss. Dieses Licht beschleunigt den Stoffwechsel des ausgeschlüpften Embryo überhaupt, jedoch mehr die progressive Metamorphose, als die regressive. Auch Ascidienlarven (*Ciona intestinalis*) wuchsen schneller und wurden kräftiger im Violett. [266

So verdienstlich die Arbeit von Yung ist, über die Beeinflussung des Wachsthums im Ei gibt sie nur wenig Auskunft, da der Verfasser sich mehr mit dem Wachsthum der ausgeschlüpften Thiere beschäftigte. Bei Schneckeneiern fand er für die Entwicklungszeiten vom Einlegen bis zum Beginn des Auskriechens im Violett 17 Tage, Blau 19, Gelb 25, Weiss 27, Schwarz 33,

Roth 36 Tage; und im Grün kam es nur bis zur Bildung des Herzens. Aber es ist nicht annehmbar, dass in allen Fällen die Eier unmittelbar vor dem Einlegen in demselben Stadium sich befanden. Auch muss bei solchen Versuchen vor Allem die Temperatur sehr genau controlirt werden. In einigen Puncten [187, 218 erhielten endlich Andere andere Resultate; so meint F. William Edwards, die Finsterniss verzögere nicht, sondern verhindere [187, 283 die Entwicklung, Macdonnell, sie habe keinen fördernden und [188 keinen störenden Einfluss. Ein vollkommener und ununterbrochener lichtdichter Verschluss und gleiche Temperatur sind zur Entscheidung nothwendig. Vielleicht ist nur ein Minimum weissen Lichtes zur Entwicklung erforderlich. Die sehr bestimmten Angaben [190 von Higginbottom, dass die Dunkelheit bei *Rana temporaria* und *Triton* keine Entwicklungsverzögerung bedinge, können zwar kaum auf unvollständigem Lichtabschluss beruhen, da er die Eier in einer finsteren Höhle hielt, aber nach Anderen soll gute Belichtung die Entwicklung der Quappen beschleunigen. [191

Schenk fand die Eier des Frosches (*Rana temporaria*) und der Kröte (*Bufo cinereus*) bei Anwendung ungleichfarbiger Gläser in den ersten Stunden, sogar in den ersten Tagen, nicht je nach der Farbe ungleich entwickelt und sämmtliche Embryonen von den im Tageslicht entwickelten nicht verschieden, höchstens werde im Roth die Furchung zuweilen ein wenig beschleunigt. Erst als die Embryonen schon länglich geworden waren, traten deutliche Verschiedenheiten hervor, indem das rothe Licht eine Beschleunigung der Rotationen des Embryo im Ei bewirkte. Es scheint diese Wirkung aber viel mehr der Wärme, als dem Lichte zugeschrieben werden zu müssen. (Der Einfluss der Temperatur auf die embryonalen Bewegungen wird weiter unten in den Abschnitten über die embryonale Wärme und Motilität besprochen.)

Ferner bemerkte Schenk, dass auch die Bewegungen des Schwanzendes früher und häufiger im rothen Lichte erschienen, am spätesten und spärlichsten im blauen. Jedoch könne man nicht bestimmt erklären, dass sie früher im gelben und grünen Lichte aufträten, als im blauen. Auch nachdem die Blutcirculation im vollen Gange war, behielten die Quappen im rothen Lichte die grösste Lebhaftigkeit und blieben auffallend träge im blauen, träger als unter den übrigen farbigen Gläsern, selbst bei Erschütterungen der sie enthaltenden Gefässe. Die im grünen und gelben Lichte gezüchteten Thierchen verhielten sich wie die im Tageslicht entwickelten.

Sehr bemerkenswerth war das Resultat der mikroskopischen Untersuchung des Muskelgewebes blau belichteter Embryonen. An den quergestreiften Muskelfasern derselben fand nämlich Schenk eine ähnliche „Fettkörnchen-Metamorphose“ hier und da, wie an den Muskeln von Winterfröschen. Er meint, diese Veränderung sei nicht directer Lichtwirkung, sondern der Unthätigkeit des Embryo zuzuschreiben. Doch war die Gefrässigkeit der Quappen aus blau belichteten Eiern grösser als die aus roth belichteten. Die gesteigerte Beweglichkeit dieser schwand ebenso wie die Trägheit jener, wenn die farbigen Gläser durch farblose ersetzt wurden. Vertauschte man die rothen und blauen Gläser, dann wurden nach 5 bis 6 Tagen die vorher trägen Individuen übernormal beweglich, die lebhaften träge.

Endlich zeigte sich, dass im blauen Lichte die Pigmentbildung viel reichlicher stattfand, als im gelben (Kaliumbichromatlösung). Die Quappen erschienen unter der letzteren Flüssigkeit auffallend hellgefärbt. In der That besassen bei ihnen die Pigmentzellen zum Theil pigmentfreie Fortsätze, zum Theil waren die Pigmentzellen überhaupt nur spärlich ausgebildet, die Pigmentmassen im Schwanzende geringer als sonst. In diesem Falle kann es sich sowohl um eine directe photochemische Einwirkung, eine bleichende Wirkung des gelben Lichtes handeln, als auch eine Ernährungsstörung vorliegen.

Bei den Versuchen, das Sonnenlicht nur von unten auf die embryonirten Eier auftreffen zu lassen, wurde das deutlich begrenzte Afterfeld stärker entwickelt. [441

Aus allen diesen noch sehr fragmentarischen Angaben lässt sich nur soviel ableiten, dass in der That ein Einfluss ungleichwelligen Lichtes auf die embryonalen Ernährungsvorgänge existirt und das kurzwellige Licht, das Blau und Violett, den Stoffwechsel, sei es direct photochemisch, sei es indirect, am meisten begünstigt.

Bemerkenswerth ist in dieser Hinsicht, dass die Kohlensäureausscheidung nach den Untersuchungen von Robert Pott (1875) bei der ausgewachsenen Hausmaus im violetten Lichte merklich geringer, als im rothen, blauen, grünen und gelben Lichte ist, somit das Hauptproduct der Dissimilation gerade in der Lichtart vermindert erscheint, welche den Assimilationsprocessen des Embryo am günstigsten ist. Die Reihenfolge der übrigen Farben ist aber nicht entsprechend.

Serrano Fatigati fand (1879), dass Violett die Entwicklung [186
der Infusorien (welcher? ist nicht angegeben) beschleunigt, Grün

sie verlangsamt. Auch hatte das erstere ein schnelleres Auseinanderfahren der in kleinen Conglomeraten in destillirtes Wasser gebrachten Infusorien zur Folge, als jedes andere Licht, und es soll im violetten Licht die Kohlensäureproduction der Infusorien zu-, im grünen abnehmen. Diese Angaben stimmen also mit denen Yungs auch nur zum Theil überein.

Es bedarf noch umfangreicher Experimente mit reinem monochromatischen Lichte, um die Widersprüche zu beseitigen.

Für die Entwicklung des Vogels im Ei scheint die Einwirkung und Entziehung des Sonnenlichtes gleichgültig zu sein. Viele Vögel brüten in dunkeln Baumstämmen, Erdlöchern und Felsspalten, viele andere in offenen dem Tageslicht ausgesetzten Nestern ihre Eier aus. Alle Säugethierembryonen entwickeln sich im Dunkeln.

Elektricität und Magnetismus.

Rusconi wollte gefunden haben, dass die künstlich befruch- [illegible]
teten **Froscheier**, auf welche der Strom einer Volta'schen Säule von wenigen Platten einwirkte, sich etwas rascher entwickelten, als die nicht „galvanisirten". Diese Behauptung und die öfter wiederholte, dass bei Gewittern eben ausgeschlüpfte Froschquappen leicht zu Grunde gehen, werden zu Gunsten der Meinung an- [110
geführt, dass die Elektricität die Entwicklung des Frosch-Embryo beeinflussen könne.

Sogar der Einfluss des Magnetismus auf das Wachsthum des **Hühner- und Tauben-Embryo** ist geprüft worden und zwar von Maggiorani in Rom (1879). Die von ihm behauptete störende [illegible]
Wirkung der Magneten auf die Ausbildung der Embryonen darf aber zur Zeit nicht dem Magnetismus zugeschrieben werden. Denn — abgesehen davon, dass sie in mehreren Fällen gänzlich ausblieb — sind Controlversuche mit unmagnetischen Eisenstäben oder Hufeisen, welche genau so wie die magnetischen zu appliciren wären, nicht ausgeführt worden, so dass man nicht weiss, ob die beobachteten Störungen dem Metall, der durch das Anbringen der Magnete bedingten Veränderung oder dem Magnetismus zuzuschreiben sind. Die Möglichkeit der Einwirkung des letzteren auf die Entwicklungsvorgänge im Ei ist nicht zu bestreiten, bis jetzt spricht aber keine Beobachtung für die Wahrscheinlichkeit eines solchen Einflusses.

Ruhe des Eies.

Wenn ich ein frisches befruchtetes Hühnerei vor dem Beginn der Bebrütung wiederholt minutenlang heftig in der Hand geschüttelt hatte, in der Absicht die Bildung des Embryo zu verhindern, dann fand ich doch oft in den geschüttelten Eiern nach dem fünften Tage normale Embryonen. Es ist mir auch vorgekommen, dass am 20. und 21. Tage normale Hühnchen ohne alle Nachhülfe im Brütofen aus solchen stark geschüttelten Eiern ausschlüpften. Ob in diesen Fällen durch das Schütteln die Dotterhaut zerriss, oder ob nur im Falle eine Zerreissung der Dotterhaut nicht eintrat, die Entwicklung vor sich ging, was wahrscheinlicher ist, wurde nicht ermittelt.

Jedenfalls kann durch Schütteln des bereits entwickelten Eies die weitere Entwicklung — schon wegen Gefässzerreissung — leicht unterbrochen werden, und Dareste erhielt aus geschüttelten Eiern monströse Hühnchen, z. B. ein hyperencephales ohne [321
Augen mit verkümmertem Oberschnabel. Bedenkt man, wie zart und vergänglich das Material ist, aus dem sich die Keimblätter bilden, dann muss es Wunder nehmen, dass trotz heftigen und anhaltenden Schüttelns befruchteter Hühnereier, doch nicht selten die Embryogenesis normal stattfindet. Diese merkwürdige von mir sicher festgestellte Thatsache beweist auch, dass eine prädestinirte Orientirung der zum Aufbau des Vogel-Embryo dienenden Eitheile gegen eine Ei-Axe im Vogelei nicht existirt. Denn die durch das Schütteln dislocirten Moleküle können unmöglich sämmtlich in wenigen Stunden im Brütofen, ehe die Entwicklung beginnt, ihre früheren Stellungen und Lagen wieder einnehmen.

Auch ist festgestellt, dass befruchtete Hühnereier nach langen Eisenbahnfahrten sich normal entwickelten.

Die Beobachtung Pflügers, derzufolge Batrachier-Eier in [368
Wasser nach der Befruchtung Verschiebungen des Schwerpunctes erfahren, so dass sie mit der Ei-Axe — den schwarzen Pol oben — in den verlängerten Erdradius zu stehen kommen, beweist, dass eine neue Vertheilung des Protoplasma und Dottermaterials nach dem Eindringen des Samenkörperchens eintritt, indem specifisch Schwereres sich unten ansammelt. Pflüger fand die erste Theilungs-Axe beim Furchungsprocess unabhängig von der Ei-Axe, indem er die Eier an Gläser adhäriren liess, wobei die Entwicklung noch

fortging, obgleich, wie er und zugleich Roux fand, bei Eiern mit verticaler Ei-Axe die Ebene des ersten Furchungsmeridians [sic] und die Medianebene des Embryo zusammenfallen. Wenn also keine Eingriffe stattfinden, muss sich an jedem Ei vorher angeben lassen, wo dieses, wo jenes Organ entstehen wird — die Anlage des Centralnervensystems beginnt nach Pflüger stets in der weissen Hemisphäre — und man müsste, wenn Roux und Pflüger Recht haben, durch Stiche in bestimmte Stellen des sich eben furchenden Eies, ja schon in das vor kurzem befruchtete Ei, vorher bestimmbare Anomalien erzeugen können.

Trotzdem ist eine bedingte Gleichwerthigkeit der Theile des Eies (ausser den den Keim enthaltenden Molekülen) nicht ausgeschlossen, wie Pflüger durch zahlreiche Beobachtungen am Ei der Feuerkröte und scharfsinnige Deductionen zeigte.

Solche Verletzungen des Eies mit nachfolgenden constanten Anomalien des Embryo sind übrigens bis jetzt nicht ausgeführt worden. In der freien Natur kommen zwar, besonders bei Fisch-Embryonen, häufig Verletzungen und auch Missbildungen vor, es ist aber bemerkenswerth, dass fast alle Eier höherer Thiere sowohl gegen ununterbrochene Bewegung wie gegen Beschädigung durch Stoss, Druck, Stich, Schnitt u. dgl. traumatische Einflüsse durch den Ort, an dem sie sich entwickeln, schon einigermaassen geschützt sind.

Selbst die, behufs der Zufuhr absorbirten Sauerstoffs, der Strömungen des Wassers bedürftigen und mancherlei Stössen und Schüben ausgesetzten Eier der höheren und niederen pelagischen Thiere und der Flussfische können durch zu heftige und anhaltende Rotationen und Ortsänderungen entwicklungsunfähig werden. Wenn ich bei den Züchtungen der Forellen- und Lachs-Embryonen im Laboratorium den Strom des kalten Wassers beschleunigte, um nämlich die bei zu langsamer Strömung unvermeidliche Schimmelbildung hintanzuhalten, dann starben viele Embryonen ab. Und es ist gewiss, dass in ähnlicher Weise im Meere und in den Flüssen unzählige embryonirte Eier zu Grunde gehen. Andererseits sterben viele durch Stagnation des Wassers, wahrscheinlich wegen mangelnder Luftzufuhr.

Dass die fast ununterbrochene passive Bewegung der schwimmenden Fischeier, welche je nach dem Salzgehalt des Seewassers untersinken oder emporsteigen, für die Vertheilung derselben und damit die Möglichkeit ihrer Entwicklung von der grössten Be-

deutung ist, hat treffend Hensen gezeigt. Aber für die [455, 311
zahllosen mit Wimpern versehenen beweglichen Eier wirbelloser
Thiere, welche Grant zuerst beschrieb, muss dasselbe gelten. [1

Unversehrtheit des Embryo.

Dass der Embryo sich auch, nachdem er verwundet worden,
bis zur Reife entwickeln kann, ist bekannt, aber der Erfolg der
Verletzung kann bis jetzt nicht vorhergesagt werden.

Die experimentelle Teratologie ist eine noch so junge Wissenschaft, dass sich zur Zeit keine ganz allgemeingültigen Sätze [317
aus den zahlreichen Versuchen über den Einfluss frühzeitiger Verletzungen der Embryonen im Ei auf deren fernere Entwicklung aufstellen lassen. Doch verdienen namentlich die von Dareste, von [304
Panum und von Rauber bezüglich der künstlich erzeugten [308, 306
Missbildungen aufgestellten Hypothesen eine gründliche Prüfung
mittelst der traumatischen Methode, welche Fol und Warynski [261
mit Erfolg angewendet haben. Nach Trepanation des ein oder
zwei oder mehr Tage bebrüteten Hühnereies konnten sie thermo-
kaustisch ganz circumscripte Verletzungen herbeiführen und nach
sorgfältiger Verschliessung der Öffnung die Bebrütung fortdauern
lassen. Sie haben auf diese Weise namentlich Heterotaxien erzielt.
Die allgemeine physiologische Schlussfolgerung aus diesen Versuchen wird von den Verfassern folgendermaassen formulirt:

„Der Übergang der normaler Weise ursprünglich genauen
Symmetrie zur partiellen Asymmetrie des erwachsenen Allantois-
Wirbelthieres ist nicht der Abweichung dieses oder jenes speciellen
Organes zuzuschreiben, welche eine Lageänderung der anderen
Theile nach sich zöge, sondern einer allgemeinen und sehr früh-
zeitigen Ungleichheit der Entwicklung, der nur die das ganze
Leben hindurch vollkommen symmetrisch bleibenden Organsysteme
nicht unterworfen sind.“ Diese These bedarf noch thatsächlicher
Begründung.

Die grosse Häufigkeit und Tragweite selbst scheinbar geringfügiger Verletzungen oder mechanischer Einwirkungen ohne directe
Läsionen für das Zustandekommen der Missbildungen im Hühnerei,
hat Panum vorzüglich klargelegt. Bei den Embryonen der [303
Vögel sind freilich grobe Insulte von aussen wegen der Härte [308
der Eischale viel seltener als bei Säugethier-Embryonen, aber
dafür innere Schädlichkeiten um so mannigfaltiger, welche für
die Embryo-Anlage noch als äussere wirken, z. B. Adhäsionen,

Flüssigkeitsansammlungen. Ein Bruch der Schale, ein Ausbrechen kleiner Stücke derselben, zumal mit Schonung der Schalenhaut hat dagegen, wie schon Beguelin (s. oben S. 15) fand, und [96 Valentin, Leuckart, Schrohe, sowie ich selbst (S. 16), bestätigten, [302 durchaus nicht jedesmal eine Störung oder gar eine Unterbrechung der embryonalen Ernährung zur Folge.

Dagegen wird die Entwicklung meistens unterbrochen, wie schon Geoffroy St. Hilaire fand, durch Nadelstiche. Er, wie später Valentin, erzeugte durch verschiedene Mittel, z. B. Ausfliessen- [329 lassen von Albumen, Durchziehen eines Fadens in der Nähe der Keimscheibe, monströse Formen. Aber die willkürliche Erzeugung von ganz bestimmten Missgeburten gelang nicht. Der einzige von Valentin beobachtete Fall eines Doppelmonstrum nach Längsspaltung der hinteren Körperhälfte eines zweitägigen Hühnerembryo hat sich nicht wiederholen lassen. Alle späteren [302. 303 Experimentatoren stimmen darin überein: Durch Spaltung der Keimscheibe entstehen nicht Doppelmissbildungen, sondern nur eine Theilung in zwei Hälften.

Die physiologische Bedeutung dieser und aller an- [303. 23. 36 deren seither künstlich erzeugten Missbildungen ist so wenig erkannt, dass ich es vorziehe, dieses noch kaum zur Physiologie des Fötus zu rechnende Gebiet lieber gar nicht zu betreten. Speculationen über die Art der Nachwirkung eines einzigen Trauma auf die embryonale Gewebe-Ernährung sind solange unfruchtbar, bis es gelungen sein wird, mit astronomischer Gewissheit die auf eine ganz circumscripte Verwundung folgende Missbildung vorherzusagen.

Überhaupt lassen sich, wie Leo Gerlach (1880) bemerkte, alle derartigen Eingriffe, so verschiedenartig sie zu sein scheinen, in die drei Gruppen respiratorischer, thermischer und mechanischer Störungen gliedern. Er selbst bediente sich, wie die früheren Autoren meistens, der Beeinträchtigung des Sauerstoffzutritts durch Firnissen der Eier, erhielt aber bei Untersuchung von 60 Eiern vom 3. bis 6. Tage nur 19 ausgesprochene Abnormitäten.

Auch die Untersuchung der natürlich vorkommenden Monstrositäten, die ohne Zweifel nicht sämmtlich auf Anomalien der äusseren Entwicklungsbedingungen zurückführbar, sondern zum Theil erblich sind (wie die Polydaktylie), hat noch keine wichtige Erweiterung der Physiologie herbeigeführt, es sei denn die Thatsache, dass dem Embryo mehrere dem Geborenen zum Leben unentbehrliche Organe fehlen können, ohne dass darum seine

Ernährung Störungen erfährt. Panum stellte (1878) sogar die [303
Behauptung auf, dass sämmtliche Sinnesempfindungen, alle willkürlichen Bewegungen, wie die Athembewegungen und das Schlucken des Fruchtwassers, die ganze Gehirnthätigkeit und die Funktionen des Rückenmarks (diese wenigstens zum grössten Theil, wenn nicht ganz, wie die des Halsmarks) für die Ernährung, das Wachsthum und die Entwicklung des Fötus „vollkommen überflüssig" seien.

Dieser Satz, welcher sich ausschliesslich auf die Thatsache stützt, dass wohlgenährte acephale und andere monströse Neugeborene die Reife erreichen, ist nicht wörtlich zu verstehen; gerade aus den trefflichen Arbeiten von Panum selbst über die physiologische Bedeutung der Missbildungen lässt sich entnehmen, dass ein trophischer Einfluss des Rückenmarks auf die werdende Musculatur vorhanden ist. Denn die von ihm gehegte Vermuthung, dass die fettige Degeneration der Muskeln bei einem Fötus, dessen Rückenmark zum Theil zerstört ist, von der Degeneration des Nervengewebes abhänge, ist sehr wahrscheinlich. Das Rückenmark wäre dann für die embryonale Ernährung nothwendig. Augen, Ohren, Nase und Mundhöhle können allerdings fehlen, die äussere Haut aber nicht. Willkürliche Bewegungen kommen beim Fötus gar nicht vor, weil er noch keinen Willen hat. Andere Bewegungen können aber nicht fehlen. Wie würde sonst der Embryo im Vogel- und Fisch-Ei sich befreien können? abgesehen von der Wahrscheinlichkeit, dass bei dauernder Ruhe Verwachsungen eintreten müssten. Von inneren Organen darf niemals fehlen das Herz, und wenn ein Acardiacus oder Amorphus sich entwickelt und ernährt, so ist allemal (nach Hempel und Claudius, wie auch Panum hervorhebt) ein Zwillingsfötus da, dessen Gefässe mit dem herzlosen Monstrum in Verbindung stehen.

Dass aber mehrere wichtige Verdauungsorgane, welche dem Geborenen unentbehrlich sind, für das Wachsthum und die Ernährung des Fötus auch in den letzten Monaten nicht in Betracht kommen, wird durch das Vorkommen reifer Früchte ohne Magen und ohne Pankreas bewiesen. Das gut entwickelte, $18^1/_4$ Zoll lange, von F. Robert beschriebene Kind lebte sogar drei Tage [157
lang nach der Geburt (ohne die Brust zu nehmen), obgleich es keinen Magen hatte, indem die Speiseröhre direct in das Duodenum überging. Das Pankreas war höchst rudimentär. Die Milz fehlte gänzlich. Meconium und Harn wurden ausgeschieden.

Dieser Fall allein zeigt, dass eine intrauterine Magenverdauung für die Entwicklung der menschlichen Frucht nicht erforderlich ist, mag noch soviel Fruchtwasser verschluckt werden. Desgleichen ist ihm die Milz überflüssig. Solche beinahe unmögliche Vivisectionen ersetzende Experimente, welche gleichsam die Natur selbst' anstellt, gehören aber zu den grössten Seltenheiten.

Fernhaltung von schädlichen Stoffen.

Die Embryonen aller oviparen Thiere sind durch mehr oder weniger feste und mehr oder weniger dicke Hüllen, Kalkschalen, Häute, Gallertschichten u. a. von der Aussenwelt getrennt, so dass sowohl bei Hydrozoen (Amphibien, Fischen, Crustaceen u. v. a.), als auch bei Aërozoen (Vögeln, Reptilien, vielen Insecten u. a.) Schädlichkeiten verschiedenster Art vom Embryo ferngehalten werden. Die Mehrzahl aller Embryonen im gelegten Ei geht aber zu Grunde, weil der Schutz nicht genügt.

In angesäuertem Wasser z. B. entwickeln sich, wie Rauber gefand, die F r o s c h e m b r y o n e n nicht, wenn die Concentration auch eine minimale ist; sie starben bei seinen Versuchen in Schwefelsäure von $^1/_{18}$ pro Mille (wasserfrei berechnet), welche Lackmus nicht mehr röthet, zur Zeit der Kiemenentwicklung; bei $^1/_{[illegible]}$ pro Mille quollen die Eier bis zur Verdreifachung ihres Durchmessers auf.

In $^1/_3\,^0/_{00}$ Chromsäurelösung starben alle Embryonen in frühen Stadien ab; in $^1/_6\,^0/_{00}$ entwickelten sie sich zwar bis zum Verlassen der Eier, starben aber dann bald ab; in einer Lösung von $^1/_{12}\,^0/_{00}$, welche noch gelb war, gediehen sie besser, waren aber schwächer, als normal gezüchtete Embryonen desselben Alters. „Es entwickelten sich innere Kiemen, ein normales Spritzloch, die Larven aber wurden schwächer und schwächer und gingen sämmtlich zu Grunde, selbst solche, die schliesslich in frisches Wasser übertragen worden waren."

In Salicylsäure von 1 $^0/_{00}$ quollen die Dotter stark auf und die Entwicklung kam nicht zu Stande.

Aus diesen Versuchen geht hervor, dass selbst wenn der Säuregrad ein zu niedriger ist, um die Entwicklung im Ei zu hemmen, doch die ausgeschlüpften Larven ohne Zweifel wegen Coagulation von Albuminen zu Grunde gehen. Die Eihaut schützt also anfangs gegen diese Schädlichkeit, wenn dieselbe nicht — wie bei der Salicylsäure — zu mächtig eingreift.

Man sollte demzufolge meinen, dass befruchtete Froscheier in concentrirten Säuren schleunigst entwicklungsunfähig werden. Aber

Giacosa stellte einen Versuch an, welcher das Gegentheil beweist. Er untersuchte chemisch die schleimige, durchsichtige, fadenziehende sogenannte Gallerthülle des Froscheies, welche [418 in Wasser bekanntlich stark aufquillt und kam zu dem Ergebniss, dass dieselbe aus reinem Mucin besteht. Nachdem er nun mehrere embryonirte Froscheier in Eisessig gebracht hatte, bemerkte er, dass die pellucide Hülle schrumpfte und schliesslich nur eine dünne Membran übrig blieb, welche das Ei umschloss. Am vierten oder fünften Tage fand er zu seiner Verwunderung eine kleine Quappe todt auf dem Boden des Glasgefässes. Die Untersuchung der Eier zeigte, dass in den durch das niedergeschlagene Mucin geschützten Exemplaren die Embryonen sich bewegten, wie sie es vor dem Ausschlüpfen auch im Wasser zu thun pflegen. Ein Embryo sprengte in der That die Hülle, er sank aber, wie vom Blitze getroffen bewegungslos unter, als er mit der Säure in Contact kam.

Aus diesem Versuche folgt, dass die Mucinhülle für die embryonale Entwicklung nicht erforderlich ist. Schon Rusconi hatte die von derselben künstlich befreiten Eier im Wasser im Uhrglas sich normal ohne Verzögerung entwickeln gesehen. Der Nutzen des Schleimes besteht vielmehr darin, dass er die Adhäsion der Eier an Gegenständen im Wasser begünstigt, so dass sie nicht vom Strome fortgerissen werden, dass er den Embryo gegen Stösse schützt und die Fäulniss hintanhält. Ausserdem dient er, wie schon Rösel im vorigen Jahrhundert ganz richtig wahrnahm, den ausgeschlüpften Larven zur Nahrung, obgleich er vom Magensaft und Pankreassaft wenig angegriffen wird und zu den sehr schwer oder gar nicht verdaulichen Stoffen bei höheren Thieren gehört. Er wird vielleicht erst durch die Quellung verdaulich und er- [418 hält wahrscheinlich durch die während der Entwicklung aus dem Wasser sich niederschlagenden Substanzen und die anhaftenden Infusorien u. dgl. einen gewissen Nährwerth.

Ammoniakwasser von $^1/_{32}$ $^0/_{00}$, Lösungen von *Natriumcarbonat* von $^1/_2$ und $^1/_4$ $^0/_{00}$, sowie *Natriumchlorid*lösungen von 1 $^0/_0$ tödten die kleinen Froschlarven zum Theil schnell. [367 Frosch-Embryonen und -Larven gedeihen aber, den Versuchen Rauber's zufolge, in $^1/_3$ und $^1/_2$-procentigen Kochsalzlösungen sehr gut, ebenso Embryonen des *Flussbarsches*. Letztere ertrugen auch $^3/_4$ $^0/_0$, nicht aber die des Frosches, welche nur nach vorherigem mehrtägigem Aufenthalt in einer Lösung von $^1/_2$ $^0/_0$ zum Theil sich hielten. Eine Chlormagnesiumlösung von 0,36 $^0/_0$ — entsprechend dem Meerwasser — wurde von den Flussbarschembryonen, die sich nur anfangs in den Eihüllen bewegten, nicht ertragen.

Nach Varigni's Versuchen über die Einwirkung der im [386 Seewasser enthaltenen Salze hat sich das Kaliumchlorid als das schädlichste für die Entwicklung des Frosches im Ei und die Froschlarve erwiesen. Es ist nicht unwahrscheinlich, dass hierbei die giftige Wirkung der Kaliumverbindungen auf das embryonale Herz hauptsächlich in Betracht kommt (vgl. S. 33).

In den gewöhnlichen Nährsalzlösungen für Pflanzen (4 Calciumnitrat, 1 Kalisalpeter, 1 Kaliumphosphat, 1 kryst. Bittersalz, zusammen 7 Grm. Salze in 3,5 Lit. Wasser) fand Rauber nach 14 Tagen nur einzelne Embryonen abgestorben, wie es auch sonst vorkommt; bei Verdopplung der Salzmenge desgleichen. Bei 0,8%, also Vervierfachung, blieben von 70 Embryonen nur 3 am Leben.

In Erwägung dieser grossen Empfindlichkeit erscheint die Beobachtung von Kupffer um so auffallender, dass die Eier des Herbstherings bei 9 bis 11° C. in Wasser von etwa 2% Salz genau in derselben Zeit und unter Einhaltung desselben Verlaufs in den einzelnen Phasen vom Augenblick der Befruchtung an bis zum Ausschlüpfen des Fischchens am 7. Tage sich entwickeln, wie die Eier des Frühjahrsherings bei 14 bis 20° C. in Wasser von nur 0,5% Salz. [437. 31

Diese Unabhängigkeit der embryonalen Ernährung und Differenzirung von dem Salzgehalte des Wassers hängt aber ohne Zweifel mit dem viele Generationen hindurch fortgesetzten Wechsel des Aufenthaltes der Ostseeheringe in salzreichem Wasser (z. B. des Belt's) und im salzarmen (der Schlei) zusammen. Es müssen auch bezüglich der grossen Unterschiede in der Dauer der Entwicklung des Herings im Ei erbliche Momente mit in Anschlag gebracht werden, wenn der Norwegische Frühjahrshering nach Axel Boeck normaler Weise am 24. Tage, der der Ostsee am [437. 31 7. Tag ausschlüpft. Bei jenem ist die Kopfhaut schon im Ei pigmentirt, bei diesem 8 Tage nach dem Verlassen desselben noch nicht; jener wird im Ei 10, dieser nur 5,3 Millim. lang, und doch scheint die Reife oder der ganze Entwicklungsgrad des Embryo beidesfalls beim Ausschlüpfen keine Unterschiede zu bieten [437. 161 (Kupffer). Die Varietäten werden erst nach dem Ausschlüpfen, wie Heincke zeigte, nicht etwa nur kenntlich, sondern auch wirklich veranlasst. Aber die Coexistenz verschiedener Varietäten des Herings und seiner Embryonen unter denselben äusseren Bedingungen macht doch die Annahme erblicher noch unerkannter Verschiedenheiten im Ei unabweislich.

Froscheier entwickeln sich normal in Lösungen von 1 % und 2 % Rohrzucker, nicht in solchen von 5 % und darüber, auch nicht in Alkohol von 1 % (Rauber), aber in destillirtem Wasser (Rusconi).

Die tödtliche Wirkung concentrirter Salz- und Zucker-Lösungen ist wahrscheinlich z. Th. chemisch und auf directe Vergiftung, z. Th. auf Entziehung des für die embryonale Entwicklung höchst wichtigen Eiwassers und Erschwerung der Hydrodiffusionsvorgänge im Ei zurückzuführen, die des Alkohols auf Protoplasmagerinnung. Doch bedarf es, namentlich im Hinblick auf Giacosa's Versuch (S. 199), sehr umfassender Experimente, um den Nachweis im Einzelnen zu führen. Wenn Froscheier im Wasser ohne Hülle, mit Hülle im destillirtem Wasser und in Essigsäure sich normal entwickeln können, dann sind die Diffusionsvorgänge zwischen Embryo und äusserem (extraovärem) Medium nur von verschwindender Bedeutung, der Sauerstoffverbrauch (S. 106) des Batrachiereies ein minimaler und die directe Betheiligung der schleimigen Gallerthülle an der Ernährung des Embryo im Ei (intraovär) fast Null. Die Schädlichkeit der concentrirten Salz- und Zucker-Lösungen muss also auf etwas anderem beruhen, als auf Hemmung der oft fälschlich für unentbehrlich angesehenen Leistungen der Gallerthülle, z. Th. ohne Zweifel auf Vergiftung, d. h. chemische Umänderung der embryonalen Zellen.

Eine Reihe von Vergiftungsversuchen mit Froschembryonen, welche theils von mir, theils auf meine Veranlassung ausgeführt wurden, wird weiter unten (im Abschnitt über die embryonale Motilität) beschrieben werden.

Die Wirkungen verschiedener Gifte im Blute der Mutter auf den Säugethierfötus werden bei der Frage nach dem Übergange von Stoffen aus dem Blute der Mutter in das fötale Placentablut berührt werden (S. 207).

Versuche über die Wirkung der bekannteren für Erwachsene tödtlichen Gifte auf die Säugethier-Embryonen nach directer Einverleibung derselben *in situ* im Uterus, liegen nur in geringer Anzahl vor. Dieselben sind wegen des Eingriffs schwieriger als Versuche über den Übergang von Stoffen aus der Mutter in die Frucht. Es hat sich dabei die in physiologischer Hinsicht ungemein interessante Thatsache herausgestellt, dass einige der stärksten Gifte, wie Cyanwasserstoff, Strychnin, Curarin in Mengen, welche das erwachsene Thier schnell tödten, auf den Fötus entweder garnicht sichtbar oder nur schwach wirken.

Ich habe bereits an anderer Stelle darauf hingewiesen, [443 dass Blausäure auf neugeborene und ganz junge Säugethiere nicht entfernt so giftig, wie auf ältere wirkt. Gusserow stellte zahl- [19 reiche Versuche mit Strychnin an und fand, dass unter 47 der Reife nahen Kaninchen-, Katzen- und Hunde-Föten, denen er von 0,025 bis 0,15 Grm. Strychnin injicirte, nur ein kräftiger Kaninchenfötus unverkennbare Strychninkrämpfe zeigte. Die Injection fand bei allen nach der Abnabelung statt. Die Thiere bewegten sich lebhaft, schrieen auch zum Theil. Alle überlebten die Injection 5 bis 15 Minuten, einzelne noch länger. Von 18, die je 0,025 Strychnin erhielten, zeigten 2 leichte tetanische Streckungen ohne eigentliche Krämpfe, die 16 anderen nichts derartiges. Von 23, die je 0,05 Strychnin erhielten, lebten 7 noch 20 Minuten ohne Vergiftungs-Symptome, die 16 anderen zeigten mehr oder weniger deutliche Streckbewegungen von sehr kurzer Dauer, niemals deutliche Krämpfe; 4 fast reife Hundeföten überlebten die Einspritzung von je 0,1 Grm. Strychnin ohne besondere Erscheinungen geraume Zeit, ein Katzenfötus desgleichen 0,15. Vier geborene junge Kaninchen bekamen dagegen schon nach 0,012 Grm. Strychnin deutliche Streckkrämpfe. Sie überlebten jedoch die Vergiftung sämmtlich.

Auch die durch den Nabelstrang noch mit dem Mutterthier in guter Verbindung gebliebenen Früchte — 41 der Reife nahe Kaninchen-, Hunde-, Katzen-Föten — denen je 0,025 oder meist 0,5 Strychnin injicirt wurde, geriethen nicht ein einziges Mal in deutliche Krämpfe, den Beobachtungen Gusserow's zufolge. [542 Savory hatte zwar (s. u. S. 219) unter ähnlichen Umständen doch Streckkrämpfe zu sehen vermeint, da er aber selbst angibt, dass die Früchte am Leben blieben, so ist kaum zu bezweifeln, dass er die starken Reflexe und vorübergehende Spasmen mit dem eigentlichen Strychnintetanus identificirte.

Die geringe Wirkung des Strychnins auf den Säugethierfötus wird von Gusserow mit Recht mit der noch nicht vollkommenen Entwicklung des Rückenmarks in Verbindung gebracht.

Dasselbe muss für die Blausäure gelten. Die auffallende von mir oft gemachte Erfahrung dagegen, dass Curarin den Säugethierfötus sehr wenig afficirt und zwar um so weniger, je weiter er von der Reife entfernt ist, muss auf die noch unvollständige Entwicklung der peripheren Endigungen motorischer Nerven in den quergestreiften Muskelfasern bezogen werden.

Einfluss einiger Veränderungen des Blutes und Blutkreislaufs der Mutter auf den Fötus.

Die in theoretischer wie praktischer Hinsicht wichtigen Einflüsse veränderter Blutbeschaffenheit und Circulation der Mutter auf die Frucht sind methodisch-experimentell bis jetzt nur von Max Runge untersucht worden. Er ging davon aus, die Wirkung [81 einer Verminderung der Alkalescenz des mütterlichen Blutes auf den Fötus zu prüfen und vergiftete hochträchtige Kaninchen (nach Wallers Vorgang) zu dem Zweck mit 0,8-procentiger Salzsäurelösung, die in den Magen gespritzt wurde. Dabei stellte sich heraus, dass die Früchte stets abgestorben waren, wenn sie unmittelbar nach dem letzten Athemzuge der Mutter oder als diese sich nicht mehr von der Stelle bewegen konnte, excidirt wurden; dagegen blieben sie am Leben, wenn in einem früheren Vergiftungsstadium, dem der Dyspnöe, der Uterus eröffnet wurde. Das Fötusblut reagirte, auch wenn sie früher als die Mutter abstarben, normal, das der Mutter äusserst schwach alkalisch, die Ursache des Fötustodes wäre also nicht die verminderte Alkalescenz. Da aber die Lungen sich blutreich erwiesen und subpleurale Ekchymosen sich vorfanden, so vermuthete Runge, es hätten vorzeitige Athembewegungen stattgefunden, doch könne Sauerstoffmangel des Blutes nicht die Ursache derselben sein, weil man nicht weniger Sauerstoff im Blute Erwachsener nach der Säurevergiftung gefunden habe, als normalerweise darin vorkommt. Daher prüfte er die Möglichkeit, dass durch Anhäufung der Blutkohlensäure im Fötalblut — durch Steigerung der Spannung der Blutkohlensäure im mütterlichen — der Tod intrauterin herbeigeführt werde, indem weniger Kohlensäure fest chemisch im Blute gebunden werden kann, wenn dessen Alkali abnimmt. Aber die Versuche, bei denen hochträchtige Kaninchen ein Gemisch von 2 Vol. Kohlensäure und 1 Vol. Sauerstoff einathmeten, ergaben, dass die Jungen nach einer Inhalation von 35 Min. Dauer lebensfrisch blieben, nach einer von 54 Min. noch auf Reize reagirten und erst nach einer solchen von 83 Min. abstarben. Demnach muss „die Kohlensäure in grösseren Quantitäten sich im Fötus anhäufen und längere Zeit auf diesen einwirken, um ihn zu tödten.“ Somit konnten die Früchte nach Alkalientziehung weder in Folge einer Alkaliarmuth, noch einer Kohlensäureüberladung gestorben sein. Es blieb noch ein drittes Vergiftungssymptom, die enorme Erniedrigung des

Blutdrucks zu untersuchen. Runge durchschnitt daher trächtigen Kaninchen das Halsmark und entdeckte, dass schon 15 bis 30 Min., ja schon 13 Min. nach der Durchschneidung die Früchte todt waren. Je näher an dem verlängerten Mark die Durchtrennung ausgeführt war, um so schneller trat der Tod ein. Dieser konnte aber hinausgeschoben werden, wenn nach Ausschaltung des vasomotorischen Centrum mittelst Durchschneidung das rapide Sinken des Blutdrucks durch elektrische Reizung des Rückenmarks unterhalb der Schnittstelle verhindert wurde. Unter diesen Umständen gelang es selbst beim curarisirten Kaninchen die Früchte 25 und sogar 50 Min. lang im Uterus lebensfrisch zu erhalten. Plötzliche starke Herabsetzung des mütterlichen Blutdrucks ist also unbedingt lebensgefährlich für den Fötus.

Welche Ernährungsstörung gerade tödtlich wirkt, ist noch zu ermitteln. Änderungen der Diffusionsverhältnisse in der Placenta wegen Verlangsamung des mütterlichen Blutstroms, namentlich dadurch bedingter Sauerstoffmangel im Fötusblute, werden zunächst in Betracht kommen müssen.

Auch in den Fällen, wo das Mutterthier ein Gemenge von 1 Vol. Sauerstoff und 2 Vol. Kohlensäure statt Luft athmete, kann der Fötustod sehr wohl durch die plötzliche dabei eintretende Blutdruckerniedrigung herbeigeführt worden sein. Denn er trat nicht ein, wenn der Blutdruck nicht sehr erheblich sank — nicht unter 40 Millim. statt 112 — und trat ein, wenn es der Fall war — wenn er von 111 bis 30 und bis 14 Millim. sank (Runge).

Diese Thatsache, dass erhebliche Abnahme des arteriellen Blutdruckes Schwangerer leicht für die Frucht lebensgefährlich wird, ist von praktischer Bedeutung. Wenn auch beim Menschen, wie bei anderen Säugethieren, anhaltende intrauterine, vielleicht sogar convulsivische Bewegungen der Frucht bei acuter Anämie der Mutter, z. B. nach grossen Blutverlusten und nach Vergiftungen, ohne tödtliche vorzeitige Athembewegungen vorkommen können, so ist doch die intrauterine Erstickung wegen plötzlichen Sinkens des Blutdrucks immer wahrscheinlich. Die Transfusion einer 0,6-procentigen Natriumchloridlösung von 37,5° C. wird in solchen Fällen um so mehr zu versuchen sein, als selbst nach enormer Herabsetzung der fötalen Herzthätigkeit, bis zum anhaltenden Herzstillstand, eine Wiederbelebung möglich ist. Die [illegible] Küstner am Menschen erzielten günstigen Erfolge mit

Kochsalztransfusionen ermuntern zu Versuchen der Art in verzweifelten Fällen. Der Kaiserschnitt nach dem Tode hat dagegen ungleich weniger Aussicht auf Erfolg. [430

Übergang von Stoffen aus dem Blute der Mutter in die Frucht.

Allen placentalen Säugethieren ist, so lange sie im Uterus verweilen, unerlässliche Ernährungsbedingung die Aufnahme von Nährstoffen aus dem mütterlichen Blute. Weil die Placenta diesen Übergang vermittelt, kann sie in der That unbedenklich als specifisches Ernährungsorgan des Fötus bezeichnet werden. Dieses in physiologischer Hinsicht noch viel zu wenig untersuchte Gebilde ist vermöge seines Baues vorzüglich geeignet, sowohl gelöste und leicht diffundirende Stoffe aus dem Blutplasma der Mutter in das der fötalen, die Nabelarterien mit der Nabelvene verbindenden Capillaren übertreten zu lassen, als auch den Transport sehr kleiner Partikel mittelst etwa überwandernder Leukocyten zu ermöglichen; aber der directe Nachweis des Überganges auch nur eines einzigen natürlichen Blutbestandtheiles, ausser dem Sauerstoff, welcher dem Fötus zur Gewebebildung, zur Oxydation oder zu anderen Functionen diente, ist bis jetzt nicht geliefert. Man hat sich vielmehr, um überhaupt die Thatsache des Überganges gelöster diffundibler Stoffe aus dem Mutterblut in den Fötus zu beweisen, auf physiologisch oder chemisch leicht nachweisbare, der Mutter eingegebene und sonst nicht in deren Körper vorkommende Substanzen beschränken müssen.

Bei jedem Versuche zur Entscheidung der Frage, ob ein gelöster im Blute der Schwangeren befindlicher Stoff in den Inhalt des Uterus übergeht oder nicht, ist streng auseinander zu halten der Übergang desselben in das Fruchtwasser direct und nicht in den Fötus einerseits, in das Blut (und dadurch in den Harn) desselben andererseits. Die Möglichkeit besteht, dass eine Substanz aus der mütterlichen Placenta direct in die dem Amnion dicht
anliegende Schicht der fötalen Placenta (durch Joulin's *Mem-* [225
brana luminosa, welche Jassinsky bestreitet) in das Frucht- [166, 243
wasser gelange, ohne in den Fötus einzudringen. Es kann auch ein Stoff nur in das Blut des Fötus übergehen, ohne sich im Fruchtwasser zu finden, wie z. B. der Sauerstoff des Hämoglobins, und es kann sogar ein im Blute des fötalen Körpers aufgefundener, der Mutter eingegebener Stoff in dasselbe nur dadurch

gelangt sein, dass der Fötus Fruchtwasser mit jener Substanz verschluckte. Findet man also im Harn, in der Leber, im Herzblut des Fötus einen der Mutter eingegebenen Stoff, dann ist er nicht nothwendig vom Blute der Mutter an das Blut des Fötus abgegeben worden. Findet man den fraglichen Stoff im Fruchtwasser, so kann er dahin durch den Harn des Fötus oder direct gelangt sein; findet man ihn endlich im Magen und Darm der Frucht, so kann er durch Verschlucken des Fruchtwassers, das ihn direct aufnahm, dahin gelangt sein. Die Fälle zu sondern, ist nicht immer leicht.

Der erste zur Entscheidung der Frage, ob überhaupt fremde Stoffe vom mütterlichen Körper in die Frucht übergehen, angestellte Versuch stammt von A. F. J. C. Mayer (1817).

Es wurde einem trächtigen Kaninchen eine grüne Flüssigkeit, nämlich Indigo und Safrantinctur in destillirtem Wasser, in die Trachea injicirt, oder vielmehr „in die Lungen in verschiedenen Quantitäten zu wiederholten Malen gegossen". Tod nach zwei Stunden. Section $1/2$ Stunde später. Die Harnblase des Mutterthieres war voll von grünem in's Blaue spielendem Harn. Linkes Uterushorn leer, das rechte enthielt vier todte Embryonen. Das Amnioswasser aller vier war grün gefärbt, bei zweien besonders stark. Auch in dem mütterlichen Theile der Placenta hier und da Spuren davon. Bei dem Fötus der Magen voll und der Darmcanal fast voll von derselben grünen Flüssigkeit; Blase, Lungen und Luftröhre enthielten nichts davon.

In diesem Falle, den der Verfasser später „in den Hintergrund gestellt wissen" wollte, weil ihm das Experiment nicht [78
mit anders gefärbten und chemisch prüfbaren Flüssigkeiten gelang, war, wenn nicht blos eine schlechte Beobachtung vorliegt, der Farbstoff durch Verschlucken des Fruchtwassers in den fötalen Verdauungscanal gelangt, er müsste also vom Blute der Mutter in der Placenta aus direct in dasselbe übergegangen sein, was in diesem Falle sehr unwahrscheinlich ist.

Ich habe den Versuch an zwei hochträchtigen Meerschweinchen wiederholt. Da aber in beiden Fällen die Thiere fünf Minuten nach der ersten Injection des grünen Gemisches von Indigo und Safrantinctur starben, und die Section unmittelbar darauf im Harne der Mutter, im Darm, Magen, Oesophagus, Munde der sechs Embryonen und im Fruchtwasser nicht die geringste Spur einer grünen Färbung erkennen liess, so habe ich diese ganz unzweckmässige Methode weiterer Prüfung nicht für werth gehalten. Dieser Mayer'sche Versuch beweist nicht den Übergang des Farbstoffs. Vielleicht rührte die abweichende Färbung des Fruchtwassers von Meconium her. Heute muss der oft falsch verwerthete

(S. 171) von seinem Urheber selbst discreditirte Versuch endlich der Vergessenheit überliefert werden.

Dagegen haben Mayer's Versuche mit „blausaurem Kali“ (wahrscheinlich Ferrocyankalium, nicht Cyankalium), welches [433, 6
dem Mutterthier eingeflösst und in den Embryonen nachgewiesen wurde, zum ersten Mal (1817) den Übergang eines dem Organismus fremden Stoffes bewiesen. Albers wiederholte dieselben 1859. [410
Er meinte Anfangs, dass Blausäure und Cyankalium keine Wirkung auf den Fötus hätten, selbst wenn sie dem Mutterthier in grossen Mengen beigebracht werden. Die Früchte sollen sogar noch lange gelebt haben, nachdem die Mutterthiere an dem Gifte gestorben waren. Das letztere liess sich dann auch nicht im Fruchtwasser oder Fötusblute nachweisen, während es im Blute und Harn der Mutter sich wiederfinden liess. Später modificirte Albers diese Angaben. Er meinte, nachdem er die vor mehr als 40 Jahren von Mayer angefertigten Fötus-Präparate mit den blauen Reactionsflecken gesehen hatte, dass doch die beiden Gifte in alle Theile des Fötus übergehen könnten, es finde nur der Übergang bei grosser Dosis nicht jedesmal statt wegen des plötzlich eintretenden Todes. Diese Vermuthung ist von mir bestätigt worden.

Zu den ersten zuverlässigen Versuchen am Menschen gehören die von Schauenstein und Spaeth vom Jahre 1858, welche [226
das syphilitischen Hochschwangeren eingegebene Jod-Kalium einmal im Meconium, ein anderes Mal im Meconium und Fruchtwasser nachwiesen, beidesfalls ehe das Neugeborene Milch erhalten hatte. Quecksilber wurde nicht wieder gefunden. Auch Gusserow konnte (1872) nach Darreichung von Jodkalium an die Schwan- [58
geren im Harn des Neugeborenen und im Fruchtwasser — in diesem viel seltener — Jod nachweisen. Doch musste mindestens 14 Tage lang täglich Jodkalium den Müttern gegeben werden.

Ob nach Chloroforminhalationen seitens der Kreissenden und nach Morphiuminjectionen die Frucht mitvergiftet wird oder nicht, ist streitig. In derartigen Fällen ist die Entscheidung hauptsächlich darum schwierig, weil Neugeborene an und für sich viel schlafen und eine grössere Tiefe oder längere Dauer ihres Schlafes sich nicht immer feststellen lässt wegen Fehlens des Vergleichsobjects. Wahrscheinlich ist allerdings eine toxische Wirkung, weil der Übergang sowohl des Chloroforms als des Morphins aus dem Blute der Mutter in das des Fötus (welche beide auch durch die Milchdrüse in den Säugling gelangen und ihn schläfrig machen), zweifellos feststeht, und weil andere Substanzen von derselben oder

geringerer Löslichkeit und Diffundibilität den Fötus vergilten können (z. B. Atropin). Morphin der Mutter injicirt hatte in einem Falle Frequenzabnahme und Arhythmie des Fötalpulses zur [illegible]
Folge. Wenn auch die Ansichten der Praktiker über die etwaige [illegible]
Schädlichkeit des den Schwangeren verabreichten Morphins und Opiums für die Frucht getheilt sind, so werden dadurch solche Thatsachen nicht abgeschwächt. Die von einigen gehegte Meinung, bei regelmässigem Gebrauche beider könne der Fötus sich an die Vergiftung gewöhnen und schon morphinisirt zur Welt kommen, ist um so wahrscheinlicher, als bei den opiophagen Völkern schwerlich durchweg während der Schwangerschaft absolute Enthaltsamkeit sich wird durchführen lassen und die Annahme, dass bei ihnen die Alkaloide des Opiums die Placenta nicht passiren, höchst unwahrscheinlich ist.

Für alkoholische Getränke gilt dasselbe.

Nachdem Zweifel (1874) chemisch mittelst des Hofmann- [illegible]
schen Verfahrens den reichlichen und schnellen Übergang des Chloroforms aus dem Blute chloroformirter kreissender Frauen in das Blut des Nabelstrangs bewiesen hat, ist es in hohem Grade wahrscheinlich, dass bei jeder Geburt in der Chloroformnarkose das Kind an der Chloroformvergiftung participirt. Aber worin die nachtheiligen Wirkungen des Chloroforms in seinem Blute bestehen, ob überhaupt Nachtheile für das Neugeborene daraus erwachsen, scheint nicht festgestellt zu sein. Denn wenn [illegible]
auch Asphyxie des Neugeborenen in solchen Fällen eintritt, ist nicht gesagt, dass sie ohne die Narkose nicht eingetreten wäre. Und es tritt bekanntlich durchaus nicht bei jeder Chloroformnarkose der Mutter Asphyxie oder Coma des Kindes ein.

Für Thierversuche besteht dieselbe Schwierigkeit. Auch wenn das Mutterthier 38 Min. lang chloroformirt blieb, sind die Embryonen, falls die Narkose nicht zu tief war und die künstliche Athmung rechtzeitig begann, von Fehling lebend excidirt [136
worden, desgleichen von Gusserow sogar nach dem Tode des [19
Mutterthieres. So lange es dem Fötus an Sauerstoff im Blute der Placenta nicht mangelt, wird ihm wahrscheinlich die aus dem Blute der Mutter zugeführte geringe Chloroformmenge nichts anhaben können; denn auch bei Erwachsenen ist bekanntlich reichliche Zufuhr von Sauerstoff das sicherste Mittel die Chloroformwirkung zu vermindern. Übrigens soll Chloralhydrat, besonders im Klystier gegeben, stärker als Chloroform wirken und wie dieses nach 5 bis 10 Minuten den Fötuspuls herabsetzen. [illegible]

Hiermit steht im Einklang die von M. Runge durch sorg- [94
fältige Experimente festgestellte Thatsache, dass längere Zeit fortgesetzte Chloroforminhalationen bei Kaninchen dann dem Fötus lebensgefährlich werden und ihn tödten können, ohne das Mutterthier zu tödten, wenn durch sie der Blutdruck erheblich herabgesetzt wird. Breslau hatte gefunden, dass wenn er binnen [316
wenigen Minuten das Mutterthier mit Chloroform tödtete, 5 Min. nach dem Tode desselben die Jungen nur scheintodt waren. Runge fand sie unter diesen Umständen sogar vollkommen lebensfrisch 4 Min. nach dem Herzstillstand der Mutter. Hierbei sank der Blutdruck, aber die Zeit war zu kurz zur Tödtung des Fötus. Ebenso kann man, wie Runge zeigte, die Chloroformnarkose lange anhalten lassen, ohne das Leben des Fötus zu gefährden, wenn man nur durch Regulirung der Chloroforminhalationen dafür sorgt, dass der Blutdruck nicht zu tief sinkt, um nicht mehr als etwa ein Drittel. Auch hierbei kann die Narkose vollständig sein.

Es folgt aus diesen Versuchen mit grosser Wahrscheinlichkeit, dass im Blute der Mutter befindliches Chloroform, auch wenn es reichlich in den Fötus übergehen sollte, diesen doch nicht schädigt (die Wirkung auf das neugeborene Kind kommt weiter [361
unten zu Sprache), sondern erst indirect durch erhebliche Herabsetzung des mütterlichen Blutdruckes (s. oben S. 204) der Frucht im Uterus gefährlich wird.

Bei kleinen Thieren tritt aber dieser Fall leicht ein.

Ich habe früher bei zahlreichen Versuchen an chloroformirten trächtigen Meerschweinchen, deren Uterus ich im körperwarmen Salzwasser öffnete, um an den Embryonen zu experimentiren, so oft die Uterusgefässe schleunig venös und die jungen Früchte asphyktisch werden sehen, dass ich meistens vom Chloroformiren trächtiger Thiere zu vivisectorischen Zwecken absehen musste.

Auch nach Inhalationen von Äthyläther sah Runge den [94
Blutdruck des Mutterthieres (Kaninchen) rasch und erheblich sinken, so dass die Früchte abstarben. Es war aber dazu ein energischeres Einathmen als beim Chloroform nöthig und der Blutdruck erreichte erst nach längerer Zeit die niedrigen tödtlichen Werthe. Ob dann Äther im Fötusblut vorkommt, ist noch zu ermitteln. —

Von der Mutter schnell bis zur äussersten Lebensgefahr eingeathmetes Kohlenoxyd, welches nach meinen Versuchen (S. 140) nicht nachweisbar in den Fötus übergeht, kann letzteren ebenfalls indirect durch Unterbrechung der Sauerstoffzufuhr tödten.

Übrigens meinen Gréhant und Quinquaud, es könne doch von [186]
dem Kohlenoxyd, das die Mutter einathmete, eine geringe Menge
in den Fötus übergehen, während Högyes in völliger Überein- [187]
stimmung mit meinen Beobachtungen spectroskopisch keine Spur von Kohlenoxydhämoglobin im Fötusblut fand, wenn auch des Mutterthieres Blut viel davon enthielt. Die Differenz erklärt sich durch ungleiche Dauer der Einathmung. Die Französischen Forscher liessen die Thiere (nur zwei Hündinnen) 35 Min. lang athmen. Auch Fehling konnte bei drei trächtigen Kaninchen nach $1^1/_2$ bis [188]
$2^1/_2$ Stunden langer Einathmung von Leuchtgas und Luft in den Früchten Kohlenoxydhämoglobin nachweisen; bei einem vierten war jedoch der Nachweis „nicht sicher", trotzdem die Einathmung mit Vermeidung der Asphyxie 1 Stunde 25 Minuten dauerte.

Es verteht sich von selbst, dass wenn überhaupt Kohlenoxyd übergeht, es sich nur um einen Übergang vom Blutplasma zum Hämoglobin, nicht um einen solchen von Kohlenoxydhämoglobin handeln kann. — [189]

Ein vorzügliches Mittel, die Verbindung von Mutter und Frucht zu demonstriren, ist nach Flourens Krappfütterung. Eine Sau erhielt während der letzten 45 Tage der Trächtigkeit ihrer [190]
Nahrung Krapp zugemischt und die Jungen hatten rothgefärbte Knochen und Zähne, wie die Mutter selbst. Ausser dem Knochengewebe war kein Theil des Organismus gefärbt, namentlich nicht das Periost, nicht die Knorpel, nicht die Sehnen.

Philipeaux gab einem Kaninchen während der ganzen [191]
Dauer seiner Trächtigkeit mit dem Futter täglich 2 Grm. basisch essigsaures Kupfer. Das Thier befand sich wohl, setzte sogar Fett an, und warf am 32. Tage zehn Junge von zusammen 500 Grm. Gewicht. Dieselben wurden in einem Platintiegel verascht und enthielten 5 Milligramm metallisches Kupfer. Somit gehört das basische Kupferacetat zu den Verbindungen, deren Metall in noch zu ermittelnder Form in der Placenta von der Mutter auf die Frucht übergeht, meint der Verfasser. Bedenkt man jedoch, dass nur ein halbes Milligramm Kupfer in jedem Fötus durchschnittlich gefunden wurde, während 64000 Milligramm des Kupfersalzes in den Körper des Mutterthieres gelangten, und erwägt man, dass häufig — bei Anwendung von Messingbrennern zum Veraschen — kleine Kupfermengen in thierischen Theilen gefunden worden sind, so wird dieser Versuch viel mehr gegen als für die Diffundibilität der Kupferverbindung sprechen. Jedenfalls hätten eben geborene Kaninchen von einer

nicht vergifteten Mutter in genau derselben Weise mit demselben Brenner zur Controle untersucht werden müssen. Ein halbes Milligramm Kupfer ist für den ganzen 50000 Milligramm schweren Fötus so wenig, dass man zunächst an eine Fehlerquelle denkt, wenn auch 0,001 % Kupfer im vorliegenden Fall sollten nachweisbar gewesen sein.

Derselbe Einwand ist gegen die Versuche von Clouet zu [328 erheben, der zwei trächtigen Kaninchen Kupferacetat eingab und in der Leber und den Muskeln der Früchte Kupfer nachwies.

Magendie injicirte in die Venen einer trächtigen Hündin [354 Kampher, worauf das Blut derselben einen starken Kamphergeruch annahm. Das Blut eines nach 3 bis 4 Minuten dem Uterus entnommenen Fötus hatte zwar diesen Geruch nicht, er war aber sehr deutlich an dem eines nach 15 Minuten extrahirten Fötus wahrzunehmen, sowie an dem der übrigen. Auch dieser Versuch, wo nur der Geruch als Reagens diente, ist ungenügend.

Zu den Stoffen, welche sich zu solchen Versuchen gut eignen, gehört **Atropin**. Denn eine Viertelstunde nach Injection von einem Cubiccentimeter einer einprocentigen wässerigen Lösung von Atropinsulphat unter die Haut eines hochträchtigen Meerschweinchens zeigte mir der erste excidirte Fötus ebenso weite Pupillen, wie die drei in den folgenden 20 Minuten excidirten. Alle waren fast reif. In diesem Falle muss das Atropin direct durch das Blut in weniger als 15 Minuten übergewandert sein. Das Mutterthier selbst zeigte 7 Minuten nach der Injection die maximale Pupillenweite.

Auch beim Menschen geht Atropin über. In einem Falle waren zweimal nacheinander 2 Milligr. Atropin in Lösung drei Stunden vor der Entbindung injicirt worden. Das Kind hatte sehr erweiterte Pupillen, welche auf Licht nicht reagirten. [266, 64

In einem bemerkenswerthen Gegensatze zu diesen Thatsachen stehen die durchaus negativen Ergebnisse der Thierversuche von **Wolter**, welcher hochträchtige Thiere mit Strychninnitrat, [67 Morphinacetat, Veratrin, Curare, Ergotin (der Deutschen Pharmakopöe) tödtete und in keinem Falle in dem Blute des Fötus jene **Gifte** nachzuweisen vermochte. Vielleicht war in allen Fällen die Zeit vom Einspritzen des Giftes bis zur Excision des Fötus zu kurz.

Eine andere Substanz, welche in grossen Mengen in das Blut des Mutterthieres eingespritzt werden kann, ohne dass eine Spur davon in das fötale Blut der Zottencapillaren übergeht, ist das Indigcarmin. Jassinsky fand nach 20 Minuten bei (48 Hündinnen, deren Chorionzotten zwei Epithelschichten haben, zwar die äussere, besonders die Kerne, ziemlich stark gefärbt, die inneren Epithelien zeigten aber nur eine schwache Färbung, und in der Zotte selbst, sowie im Fötusblute war „nicht die geringste Spur von Carmin zu finden". Auch Zuntz und Wiener fanden zwar den in eine Vene injicirten Farbstoff im Fruchtwasser bei hochträchtigen Kaninchen, nicht aber im Fötus wieder. Es liegt also hier ein Fall vor, welcher den oft bezweifelten Übergang einer Substanz aus dem mütterlichen Blute in das Amnioswasser mit Umgehung des Embryo beweist.

Das leicht lösliche und diffundirende Curarin eignet sich ebenfalls nicht zur Anstellung solcher Versuche, weil, wie ich fand und Soltmann für Curare feststellte, es grosser Mengen bedarf, um (64 den Fötus damit bewegungslos zu machen. Daher ist nicht zu verwundern, dass die Versuche nach Vergiftung des Mutterthiers (Kaninchens) mit grossen Curare-Mengen und Unterhaltung der (134 künstlichen Athmung die Embryonen (denen es also an Sauerstoff nicht fehlte) mobil gefunden wurden. Hieraus folgt nicht, dass Curarin nicht überging.

In anderen Fällen erklärt sich das negative Ergebniss durch ungenügende chemische Prüfung. So konnte Benicke in sieben Fällen Salicylsäure, die er einige Tage oder Stunden vor der Entbindung eingegeben hatte, zwar im Harn des Kindes, nicht aber im Fruchtwasser mittelst einer hellgelben Eisenchlorid- (86 lösung nachweisen, und Fehling erhielt ebenfalls viele negative (334 Resultate beim Versuche, den dem trächtigen Thiere oder der (215 Gebärenden verabreichten Stoff im Fruchtwasser nachzuweisen. (134 Dass aber daraus nicht geschlossen werden darf, der Fötus entleere keinen Harn in das Amnioswasser, bewies M. Runge, in- (93 dem er gemeinsam mit Baumann eine deutliche Salicylsäure-Reaction erhielt, die bei dem gewöhnlichen Verfahren ausblieb. Statt direct die verdünnte wässerige Ferrichloridlösung dem Fruchtwasser zuzusetzen, dessen Eiweiss nicht entfernt war, wurde nämlich das Fruchtwasser zuvor angesäuert und dann mit Äther geschüttelt und hierauf erst, nach Verdunstung des Äthers, das Eisenchlorid zugesetzt. So wurde in 5 von 8 Fällen eine deutliche hellviolette Färbung erhalten, die bei directem Zusatz des Reagens nicht eintrat. Zweifel bestätigte diese Versuche. (172

Auch Jodkalium wiesen Runge und Baumann im Frucht- (45 wasser nach und zwar mittelst Stärkekleisters, einer Spur Kalium-

nitrit und Salzsäure, aber weder Kaliumjodid noch Salicylsäure in allen Fällen. Erst G. Krukenberg wies Jodkalium, das [473
Kreissenden eingegeben worden war, jedesmal im Fruchtwasser nach. Es ist aber möglich, dass jene Stoffe durch den Harn des Fötus in dasselbe gelangen wie das Chinin. Wenn ein Gramm Chinin sulphat unter der Geburt verabreicht wurde, dann konnte es nach anderthalb Stunden im Urin des Kindes nachgewiesen werden, wie Porak (1878) ermittelte. Nach drei Tagen war diese Ausschei- [88
dung beendet. Runge gab Hochschwangeren mehrere Tage vor dem wahrscheinlichen Termin der Niederkunft täglich ein Viertel bis ein halbes Grm. chlorwasserstoffsaures Chinin. In dem unmittelbar nach der Geburt geprüften kindlichen Harn liess sich Chinin in den meisten Fällen vollkommen sicher nachweisen.

Sehr bemerkenswerth ist, dass nach Peter Müller Äthyl- [474
bromid vom ebengeborenen Kinde ausgeathmet wird, wenn die Gebärende grössere Mengen davon eingeathmet hatte.

Eine grössere Anzahl von weiteren Fällen, die den Übergang verschiedener Stoffe aus dem mütterlichen Blute in das fötale betreffen, aber unsicher sind, hat Gusserow zusammengestellt. [56
Phosphor, Quecksilber, Blei, Arsenik, Schwefelsäure, mit denen die Hochschwangere vergiftet worden war, sind in keinem Falle mit Sicherheit im Fötus nachgewiesen worden. Es ist aber nicht schwer, ein langes Verzeichniss von Stoffen zu entwerfen, von denen sich vorhersagen lässt, dass sie leicht von dem mütterlichen Blute in das der fötalen Placentarcapillaren übergehen werden, so dass sie im Harn des Neugeborenen oder des schnell excidirten Thierfötus nachgewiesen werden können. Denn da nach Gusserow's Entdeckung Benzoësäure (in den Magen Gebärender eingeführtes in [18
Wasser aufgelöstes benzoësaures Natrium) in das noch nicht geborene Kind übergeht und dann im Harne desselben Hippursäure erscheint, ist es im höchsten Grade wahrscheinlich, dass auch alle anderen ähnlichen Umwandlungen im reifen Fötus werden hervorgerufen werden können, womit jedesmal auf's Neue der Übergang einer löslichen Substanz aus dem Mutterblut in den Fötus dargethan wäre. Namentlich wird Nitrobenzoësäure in der Mutter Nitrohippursäure im Fötus, Chlorbenzoësäure dort Chlorbenzoësäure hier, Toluylsäure dort Tolursäure hier liefern.

Ferner wird so gut wie Jodkalium, auch nachweisbar Bromkalium übergehen, desgleichen Chlorcäsium, Chlorrubidium, Chlorlithium und eine Anzahl von Alkaloiden.

Zahlreichere Versuche mit derartigen theils spectroskopisch, theils durch chemische und physiologische Wirkungen leicht nachzuweisenden Stoffen würden an grösseren Thieren anzustellen sein, um mehr fötales Blut und Nierensecret zur Verfügung zu haben. Solche Experimente könnten namentlich Aufschluss geben über die Zeit, welche erfordert wird, um einen im Blute der Mutter circulirenden gelösten Stoff durch die Placenta hindurch in das Blut des Fötus gelangen zu lassen. Bis jetzt scheint selbst bei kleinen Thieren noch in keinem Falle eine Dauer von weniger als fünfzehn Minuten für die Resorption und den Übergang einer fremden Substanz einschliesslich ihrer Vertheilung im fötalen Körper nachgewiesen zu sein. Diese Zeit ist aber ohne allen Zweifel auf den normalen placentaren Stoffverkehr nicht im geringsten übertragbar. Denn wenn die Nabelvene nach Compression der Trachea des Mutterthieres ganz dunkel geworden ist, kann sie — wie ich bei Meerschweinchen wiederholt sah — nach dem Wiederbeginn der Luftathmung seitens der Mutter binnen einer Minute wieder eine helle rothe Farbe annehmen; der Sauerstoff braucht also weniger als eine Minute, um sich von dem mütterlichen Hämoglobin abzuspalten und mit dem fötalen in der Placenta zu verbinden. Was vom Sauerstoff gilt, kann möglicherweise auch für andere Stoffe gelten. Und wenn auch die Diffusion gelöster Salze und Albuminate langsam verläuft, so liegt doch kein Grund vor, ihr eine Dauer von mehr als einigen Minuten zuzuschreiben. Messende Versuche liegen darüber bis jetzt nicht vor. Da aber, wie ich gefunden habe (s. u.), Blausäure in den Fötus injicirt binnen 1 bis 2 Minuten Convulsionen beim Mutterthier bewirken kann, so ist für den Übergang in umgekehrter Richtung eine ähnliche Geschwindigkeit wohl annehmbar. Nur werden die Bedingungen, sie herzustellen, schwierig wegen der Vertheilung in dem viel grösseren mütterlichen Organismus.

Die Geschwindigkeit des Überganges hängt von so vielen zusammenwirkenden Factoren ab, dass sich kaum für eine Substanz mit Sicherheit vorhersagen lässt, ob sie nach einigen Minuten, nach einer Stunde oder überhaupt nicht nachweisbar sein werde. Fehling meint, dass viel von der Art der Application des angewandten gelben Blutlaugensalzes und Natriumsalycilats bei gleichen Mengen abhängt. Bei Einspritzung in eine Vene des Mutterthieres werde leicht der Stoff zu rasch aus dem mütterlichen Kreislaufe ausgeschieden, um in der Placenta in einer zum Nachweise genügenden Menge überzugehen, während er subcutan und in den Magen eingeführt im Fötusharn nachgewiesen wurde.

Wenn man aber bedenkt, dass die auf die eine oder andere Art injicirten Substanzen lange genug im mütterlichen Körper verweilen, um z. B. beim Kaninchen in einer Viertelstunde einen und denselben Theil leicht über hundertmal die Uteringefässe passiren zu lassen, so wird man die negativen Ergebnisse eher ungenügender Ausführung der chemischen Prüfung und zu früher Öffnung der Bauchhöhle zuschreiben dürfen, als der vermeintlich zu schnellen Ausscheidung aus dem Kreislauf der Mutter.

Trotz des lebhaften osmotischen Verkehrs zwischen mütterlichem und fötalem Placentablut ist die Dauer des Übergangs bis zur Nachweisbarkeit im Fötus ausserordentlich verschieden, schon weil die Diffusionszeit mit der Concentration des Blutplasma beiderseits variirt, abgesehen von Verschiedenheiten des osmotischen Äquivalents und Ungleichheiten des Zottenepithels.

Einen Beweis für den Übergang **geformter Gebilde** würde die intrauterine Vaccination liefern. Zwar ist für den Menschen die Frage praktisch entschieden, da durch Impfung der Schwangeren das Kind gegen Vaccine und Variola nur in seltenen Fällen immun wird, da aber das Variolagift von der Mutter auf den [192
Fötus übergehen kann und Fehlimpfungen bei kleinen Kindern [148
vorkommen, deren Mütter erfolgreich vor ihrer Entbindung geimpft worden waren, so ist die intrauterine Impfung, welche Bollinger und Underhill sogar empfahlen, und damit der Übergang geformter Elemente, bewiesen. „Rickert impfte eine Heerde von ca. 700 trächtigen Mutterschafen während der sechs letzten Wochen der Trächtigkeit mit Ovine. Die Lämmer dieser Schafe wurden in einem Alter von 4 bis 6 Wochen mit guter Schafpockenlymphe geimpft; bei keinem von ihnen wurde auch nur eine einzige Impfpocke hervorgebracht, während 36 gleichzeitig geimpfte Control-Lämmer die schönsten Pusteln zeigten. In gleicher Weise constatirte Roloff, dass Lämmer, die einige Wochen nach der Impfung ihrer Mütter geboren wurden, von den in der Heerde herrschenden natürlichen Pocken unberührt blieben."

Eine im achten Monate schwangere Frau wurde mit gutem Erfolge revaccinirt, das Kind derselben im dritten und vierten Lebensmonat aber mit frischer Lymphe ohne Resultat geimpft (A. E. Burckhardt). [192

Eine im neunten Monate Schwangere wurde von Tellegen (1839 in [150
Groeningen) geimpft. Die Kuhpocken nahmen den natürlichen Verlauf. Nach drei Wochen gebar sie ein ausgetragenes Kind, welches etwa 40 kleine Pocken hatte, so gross, wie Pocken am zweiten Tage der Eruption zu sein pflegen. An den folgenden Tagen kamen neue Pocken hinzu. Als die Mutter dieses Kindes geimpft wurde, war ihr nicht geimpfter Ehemann heftig an

Varioloiden erkrankt. Trotzdem wurde sie nicht, sondern nur der Fötus in ihr inficirt, nachdem sie geimpft worden: ein Beweis für den Übergang des Virus durch die Wandungen der fötalen Capillaren der Placenta. Das Kind wurde im folgenden Jahre ohne Erfolg geimpft.

Underhill vaccinirte eine im achten Monat Schwangere und erhielt gut ausgebildete Schutzpocken. Nach sechs Wochen erfolgte die Entbindung [244] und das Kind wurde nach drei und nach vier Monaten sorgfältig mit frischer Lymphe ohne Erfolg geimpft. In diesem Falle musste das Virus nach Impfung der Mutter von dieser in den Fötus übergehen und ihn geradeso wie einen beliebigen Theil des mütterlichen Körpers gegen Vaccine immun machen.

In der That sprechen ausser diesen noch einige wenige Versuche zu Gunsten der Möglichkeit, die Frucht im Uterus durch Impfung der Mutter, ja schon durch Injection humanisirter Lymphe unter die Haut derselben, mitzuimpfen, aber der Erfolg lässt sich in keinem Falle vorhersagen. Die vorhandenen Erfahrungen beweisen nur die Thatsache, dass die Placentarzotten den Übergang sehr kleiner ungelöster Theile gestatten.

Auch spricht für einen solchen Übergang ein Versuch von Reitz, welcher einem trächtigen Kaninchen zweimal Zinnober [246] in das Blut injicirte und dann nicht allein in den Muskelfasern des Uterus und in der Placenta Zinnoberpartikelchen auffand, sondern auch im Blutgerinnsel aus dem Herzen des Embryo. Es ist aber noch nicht sicher, ob diese Partikel wirklich Zinnoberkörnchen waren. Auch fragt es sich, ob Partikel durch Überwanderung von farblosen Blutkörpern aufgenommen werden können oder frei in das fötale Blutplasma gelangen. Die Wahrscheinlichkeit, dass mittelst der Überwanderung von Leukocyten von der Mutter in die fötale Placenta Körnchen übergehen, indem sie vorher vom Protoplasma jener aufgenommen waren, ist un- [248] bestreitbar. Übrigens ist der Versuch von Reitz nicht bestätigt worden. Fehling und andere erhielten nur negative Resultate. [249, 250]

Jedenfalls muss bei allen derartigen Untersuchungen die specielle Beschaffenheit der übertragbaren oder nicht übertragbaren geformten Elemente genau festgestellt werden. Milzbrandbacillen gehen nach Straus und Chamberland (1883) ebenso [253] wie septische Vibrionen von der Mutter auf den Fötus über, aber nicht constant. Bollinger hatte den Übergang jener (1876) [257] geleugnet und Davaine (1864) zwar in der mütterlichen Placenta die Milzbrandbakteridien massenhaft gefunden, nicht aber im Fötus. Das syphilitische Virus geht nach Kassowitz gar nicht über, auch nicht vom Fötus auf die Mutter. Recurrens-Spirillen dagegen gehen von der Mutter auf den reifen und 7-monatlichen Fötu-

über, wie Spitz und Albrecht fanden, ebenso das Variola-Contagium (da bei Variola der Mutter in einzelnen Fällen Kinder mit Pockeneruptionen zur Welt kamen). Man muss also für jeden ein- [331
zelnen Infectionsstoff die Durchgängigkeit besonders feststellen und nicht ausser Acht lassen, dass selbst nach Feststellung der Möglichkeit des Übertrittes die Wahrscheinlichkeit desselben im Allgemeinen keine grosse ist, weil die Infection der Frucht sonst viel häufiger vorkommen müsste. Behms Versuche über intrauterine Vaccination an 33 Schwangeren ergaben nur 2 erfolglose Impfungen der 33 Kinder, d. h. nur zweimal einen Übergang des Virus der Vaccine auf den Fötus, wobei zu bedenken ist, dass auch die zwei erfolglosen Impfungen nicht streng beweisen. Denn die Möglichkeit mangelhafter Technik beim Impfen kann nicht ganz ausgeschlossen werden.

Demnach ist zwar, wie Behm hervorhebt, die intrauterine Vaccination beim Menschen möglich, aber selten und besonders im Hinblick auf die ungemein sorgfältigen Experimente von [440
Gast, der 16 Schwangere und deren 16 Kinder mit Erfolg impfte, so unsicher (im Gegensatz zur intrauterinen Vaccination bei Schafen), dass für die Praxis zunächst davon abzusehen sein wird. Schaf-Placenten verhalten sich in dieser Hinsicht ganz anders als Menschen-Placenten, aus welchem Grunde ist noch unbekannt.

Den besten Beweis für die Unsicherheit der sogenannten intrauterinen Vaccination beim Menschen liefern die Fälle von Zwillingsgeburten pockenkranker Mütter, bei denen das eine Kind pockenkrank, das andere vollkommen gesund war. Dabei ist beobachtet, dass beide Früchte lebten, beide todt waren und auch eines gesund und lebend, das andere todt und mit Pusteln bedeckt war. —

Es existiren ausser den hier erwähnten noch viele Angaben über den Übergang ungelöster Stoffe aus dem Blute der Mutter in das des Fötus in der Placenta. Die meisten sind aber [331
negativ und unsicher. [58

Am wahrscheinlichsten ist gegenwärtig der Übergang des Scharlachgiftes, der Masern- und Intermittens-Mikrobien, so- [401
wie der Tuberkelbacillen. Es steht zu erwarten, dass sowohl das Malariagift, als auch die Koch'schen Bacillen (welch letztere von Demme in Säuglingen von nur drei Wochen gefunden wurden) in todtgeborenen Kindern intermittenskranker und tuberkulöser Mütter nachgewiesen werden, wie es bei den Recurrens- [331
Spirillen bereits glückte. Bei künftigen Untersuchungen dieses [375

durch Thierexperimente nicht sehr schwer zu bearbeitenden Gegenstandes wäre bezüglich des Übergangs von festen Partikeln, z. B. Zinnoberkörnchen, aber auch Infectionsstoffen, namentlich eine sorgfältige Untersuchung der Leukocyten im Nabelvenenblut vorzunehmen. Denn diese können, wie ich (1864) entdeckte, leicht auch bei höheren Thieren solche Partikel aufnehmen und, wie von Recklinghausen fand, weithin transportiren.

Der Übergang von Stoffen aus dem Fötus in die Mutter.

Durch die stetige Massenzunahme des Fötus im Uterus während
der Schwangerschaft ist bewiesen, dass in gleichen Zeiten mehr
Stoffe aus der Mutter in die Frucht übergehen, als aus dieser in
jene. Frühere Autoren haben sogar gemeint, es gehe gar nichts
vom Fötus in die Mutter über; andere widersprachen. Besonders
Alexander Harvey und M'Gillivray betonten, dass in der Pla- [87
centa eine Diffusion in beiden Richtungen stattfinden müsse. Weil
der Fötus Eigenschaften des Vaters entwickelt, müsse er vermöge
jener matripetalen Strömung (wie ich sie nannte) die Constitution
der Mutter modificiren können, so dass diese bei späteren Ge- [382
burten Junge zur Welt bringt, welche dem Vater der ersten ähneln,
auch wenn mehrere ganz verschiedene Väter auf diesen folgten.
In der That ist solches bei Pferden beobachtet worden.

Doch haben frühere Versuche, namentlich Injectionen starker
Gifte in die Nabelgefässe gegen die Placenta hin, keine Wirkungen
auf die Mutter ausgeübt, wie Magendie behauptet; und wenn [342
manche meinten, dass excrementelle Stoffe des Fötus in der [351
Placenta zur Ausscheidung kommen müssen, sei es durch eine
elective Function des Gewebes derselben, sei es diffusiv, so wies
doch Niemand solche Substanzen nach. Die Annahme, dass fremde
einmal dem mütterlichen Organismus einverleibte leicht diffundirende
Stoffe zuerst in den Fötus und dann wieder von diesem
zurück in die Mutter gelangen, ist nur dann zulässig, wenn [54
sie nicht im fötalen Organismus zersetzt, nicht mit dem Harn in
das Fruchtwasser ausgeschieden werden, wo sie bleiben könnten,
und im Mutterblute in geringerer Menge vorhanden sind.

Der Übergang fremder Stoffe aus der fötalen Placenta in die Mutter blieb also fraglich. Erst Savory hat durch einige merkwürdige Experimente gezeigt, dass ein solcher Übergang stattfinden kann.

Er injicirte Strychninacetat in den Fötus einer Hündin nach Bloslegung desselben, so dass er nur noch durch den Nabelstrang mit der Mutter zusammenhing. Der Fötus verfiel in Tetanus. Einem zweiten Fötus desselben Thieres wurde nach Bloslegung, nicht aber Extraction, ebenso Strychnin injicirt. Beide Früchte wurden dann reponirt und die Bauchhöhle zugenäht. Neun Minuten nach der ersten Injection verfiel die Mutter in Tetanus und war 28 Minuten nach derselben todt; 5 Min. später wurden vier Früchte extrahirt, und zwar waren die zwei vergifteten todt, die beiden andern lebten.

Bei einem anderen Versuche injicirte Savory aus einer Katze excidirten lebenden Embryonen nach der Abnabelung Strychninlösung und brachte sie dann im tetanischen Zustande in die Bauchhöhle einer anderen Katze. Binnen 20 Min. trat, wie zu erwarten war, keine Vergiftung ein. Wenn die Circulation im Fötus aufgehoben ist, geht von ihm, wie vom todten Fötus, die Substanz nicht in das mütterliche Blut über.

Eine andere Katze zeigte erst nach mehr als 10 Min. nach Einspritzung der Strychninlösung in zwei Früchte, die mit Erhaltung des Placentarkreislaufs herausgenommen und dann reponirt worden waren, leichte Spasmen, war aber nach 17 Min. todt, während die beiden Jungen noch lange lebten und fortfuhren, spastische Bewegungen zu machen. Die beiden anderen Früchte waren nicht afficirt.

Bei einem hochträchtigen Kaninchen löste ferner Savory sechs Früchte so ab, dass sie nur noch mittelst der Nabelschnur mit der Mutter zusammenhingen und spritzte jedem Strychnin in die Bauchhöhle. Alle sechs machten sogleich tetanische Bewegungen, überlebten aber alle die Mutter, welche nach 15 Min. in Krämpfe verfiel und nach weiteren 3 bis 4 Min. starr starb.

Ähnlich verhielt sich eine Hündin, welche 30 Min. nach Injection eines Grm. Strychnin in der essigsauren Lösung in einen Fötus und weitere Injectionen in noch vier Früchte Strychninspasmen zeigte. Immer war die Empfindlichkeit der Früchte gegen Strychnin geringer, als die der Mutter.

Eine Bestätigung erhielten diese wichtigen Experimente Savory's vom J. 1858 durch Gusserow, welcher an 24 trächtigen Kanin- [19
chen, 7 Hündinnen und 5 Katzen ebenfalls mit Strychnin ganz ähnliche Resultate erhielt, und zwar nach einem vervollkommneten Verfahren, indem er die Embryonen nicht ganz freilegte, sondern mittelst der Pravaz'schen Spritze die Strychninlösung in eine kleine freigelegte Hautstelle derselben injicirte, welche sogleich mit einer kleinen Arterienklammer geschlossen wurde. Je weiter entwickelt die Früchte waren, um so leichter gelang es, den Übertritt des Giftes aus ihnen in das Mutterthier zu erzielen. Blieben die Jungen nach der Injection von 0,025 oder 0,05 Grm. Strychnin am Leben und durch die Placenta mit dem Mutterthier im Zusammenhang, so traten bei dieser allemal Krämpfe ein: einmal 11 Min. nach der Injection von je 0,5 Strychnin in drei Früchte, einmal 14 Min. nach Injection von 0,5 in einen Fötus. In allen übrigen Fällen traten die ersten Erscheinungen gesteigerter Reflex-

erregbarkeit bei dem Mutterthiere frühestens 20 bis 21 Min. nach der Injection in den Fötus ein, einmal erst nach 36 Min., um dann in Strychninkrämpfe überzugehen. Diese führten meistens nach 30 bis 47 Min. zum Tode.

Mit Recht schliesst Gusserow: Da die dem Fötus injicirte Dosis Strychnin, einem ausgewachsenen Organismus direct beigebracht, in 3 bis 5 Min. die heftigsten Krämpfe mit tödtlichem Ausgange jedesmal herbeiführt, so ist durch obige Experimente, wie durch die Savory's, bewiesen, dass vom Fötus zur Mutter Stoffe übergehen können. Es besteht also unzweifelhaft fortdauernd ein Übergang in dieser Richtung, der aber nur langsam und allmählich stattfindet.

Ich habe gleichfalls den Übergang von einzelnen leicht diffundirenden Stoffen vom Fötus in die Mutter experimentell nachgewiesen und gefunden, dass die für den Übergang erforderliche Zeit, bald sehr viel kürzer, bald sehr viel länger sein kann, als man für den in entgegengesetzter Richtung stattfindenden anzunehmen pflegt. Einige von meinen Versuchen mögen als Belege dienen.

Am 31. Juli 1882 wurde im 0,6-procentigen Kochsalzbade von 38° bei einem hochträchtigen Meerschweinchen durch einen Bauch- und Uterus-Einschnitt ein Vorderbein eines Fötus unter Wasser freigelegt und sogleich zwei Zehntel Cubiccentimeter einer zwölfprocentigen Blausäurelösung in dieses Bein mittelst einer sehr genau schliessenden und calibrirten Spritze injicirt. Darauf Reposition des Beines. Nach zwei Min. hatte das Mutterthier Krämpfe, Dyspnöe, Asphyxie, und war nach vier Min. respirationslos. Der sogleich excidirte vergiftete Fötus war ebenfalls todt. Einen zweiten gelang es noch lebend zu extrahiren. Hierauf prüfte ich das Herzblut der Mutter auf Blausäure und erhielt durch Destillation desselben mit verdünnter Schwefelsäure deutliche Bläuung des Guayak-Kupfervitrol-Gemisches in der Vorlage. Auch [152, *II*, 121] entwickelte sich aus diesem Blute nach Zusatz von Wasserstoffsuperoxyd kein Sauerstoff. Es war also binnen wenigen Minuten Cyanwasserstoff vom Fötus durch die Nabelarterien, die fötalen Capillaren und das mütterliche Blut der Placenta in das Herz und die Gefässe des übrigen mütterlichen Körpers gelangt. Die Menge der Blausäure, welche eingespritzt wurde, betrug 0,024 Grm. Weitaus der grösste Theil dieser Dosis musste im Fötus zurückbleiben, da dieser selbst nach wenigen Minuten reactionslos war (obgleich von ungewöhnlicher Grösse und fast reif), also nur eine kleine Giftmenge in die Placenta befördern konnte. Diese war genügend, das Mutterthier zu tödten.

Am folgenden Tage Wiederholung desselben Versuchs in der Luft. Genau $1\frac{1}{2}$ Min. nach Injection von 0,2 Cc. der 12-procentigen Blausäurelösung in den Fötus begannen die Convulsionen der Mutter. Das Blut des Fötus war hellkirschroth, das der Mutter dunkelvenös. Ersteres noch deutlich nach Cyanwasserstoff.

Auch mit wässriger Nicotinlösung habe ich den Meerschweinchenfötus im Uterus vergiftet und bemerkt, dass er nach 1 $^1/_4$ Min. gerade wie die ausgewachsenen Thiere in klonische Krämpfe (*in situ* im Uterus) verfiel, namentlich die Vorderbeine pendelnd auf und ab bewegte und stark zitterte. Besonders beim Freilegen wurden in zwei Fällen diese Erscheinungen deutlich. Die Nabelvene blieb dabei hellroth. Das Mutterthier zeigte jedoch bei diesen Nicotinvergiftungen des Fötus einmal zwar nach 2 Minuten, ein anderes Mal aber erst sehr spät, und beidesfalls wenig ausgesprochen, die Dyspnöe und das Zittern, so dass man deutlich die grosse Verschiedenheit zwischen Blausäure und Nicotin bezüglich der Geschwindigkeit ihres Durchgangs durch die Placenta hieraus erkennt. Selbst nach Injection eines halben Cubiccentimeters einer etwa 50procentigen Nicotinlösung in die fötale Placenta zeigte das Mutterthier erst nach mehr als 10 Minuten geringe Vergiftungssymptome und starb nicht durch die Vergiftung.

Ich wählte daher zu weiteren Versuchen das leicht diffundirende Curarin, welches ich mir aus Curare darstellte, indem ich dieses mit 99,5-procentigem Alkohol extrahirte, den filtrirten Auszug mit Äthyläther fällte und den abfiltrirten Niederschlag in destillirtem Wasser löste. Die Lösung ward (am 3. Aug. 1882) so verdünnt, dass zwar ein Frosch nach subcutaner Injection von 0,8 Cc. derselben nach 1$^1/_4$ Minute bewegungslos wurde, nach subcutaner Injection derselben Menge aber bei einem männlichen Meerschweinchen dieses erst nach 10 Minuten total gelähmt und nach einer Viertelstunde todt war.

Dieselbe Menge in einen Fötus eines hochträchtigen Meerschweinchens eingespritzt bewirkte erst nach 52 Minuten beginnende Muskelschwäche und nach 60 Minuten totale Lähmung. Dann extrahirte ich drei lebende, noch unreife Früchte, von denen jedoch zwei bald asphyktisch zu Grunde gingen, nach kräftigen Inspirationsversuchen. Die dritte war sehr beweglich. Aber auch die beiden andern hatten noch nach der Lähmung der Mutter sich intrauterin lebhaft bewegt.

In diesem Falle hatte also das Gift vom Fötus aus die Mutter getödtet ohne den Fötus selbst, der vor der Reife gegen Curarin wenig empfindlich ist, erheblich zu schädigen. Die Früchte hatten nur von der Abnahme der Sauerstoffzufuhr wegen der herabgesetzten Athmung der Mutter zu leiden, wie aus der sehr dunkeln Farbe der Placenten und Uteringefässe zu ersehen war.

Da die verzögerte Resorption durch die Verdünnung der Lösung bedingt sein konnte, so bereitete ich eine concentrirtere Lösung des ebenso von mir selbst dargestellten Curarins. Von dieser genügte 0,5 Cc., um einen grossen Frosch 2$^3/_4$ Min. nach der subcutanen Injection total zu lähmen, und ein erwachsenes männliches Meerschweinchen war 4 $^1/_4$ Min. nach der subcutanen

Einspritzung von 0,4 Cc. bewegungslos und dann todt. Als ich aber (am 4. Aug. 1882) 0,4 Cc. dieser Lösung in ein freigelegtes Bein eines Fötus eines hochträchtigen Thieres 11 Uhr ,40 Min. injicirte, worauf die Wunde wieder zugenäht wurde, zeigten sich um 4 Uhr (also nach 4 1/3 Stunden) gar keine Lähmungserscheinungen. Ich injicirte daher einem anderen Fötus desselben Meerschweinchens 0,8 Cc. derselben Lösung um 4 Uhr 0 Min. und um 4 Uhr 5 Min. einem dritten Fötus desselben Thieres ebenfalls 0,8 Cc. Bis 4 Uhr 29 Min. blieb es unverändert, senkte dann den Kopf und war nach wenigen Minuten gelähmt. Jetzt extrahirte ich vier unreife Früchte: eine war todt, bei zweien schlug zwar das Herz noch, sie bewegten sich aber nicht, die vierte unberührte war lebhaft, schrie und war offenbar gar nicht von der Vergiftung der drei anderen und der Mutter betroffen.

Für die Geschwindigkeit der Resorption durch die Placenta in der Richtung vom Fötus zur Mutter ist also die Menge und die Concentration wesentlich.

Da sich aber gegen diese Schlussfolgerung der Einwand erhebt, dass trächtige oder weibliche Thiere überhaupt gegen Curarin weniger empfindlich sein könnten, als männliche, so habe ich noch Control-Versuche angestellt.

Eine und dieselbe (wie beschrieben dargestellte) Curarinlösung diente zu folgenden subcutanen Injectionen (am 5. Aug. 1882).

1) Ein erwachsenes männliches Meerschweinchen erhielt subcutan 0,4 Cc. und war nach 8 Minuten total gelähmt.

2) Ein trächtiges Meerschweinchen erhielt subcutan 0,4 Cc. und war erst nach 12 Minuten ausser Stande, den Kopf erhoben zu halten. Nach 17 Minuten war es total bewegungslos. Man erkannte aber bis 2 Minuten vorher Fruchtbewegungen. Hierauf excidirte ich drei Embryonen, deren Herzen noch länger als eine Stunde schlugen, obwohl sonst keine Bewegungen mehr ausgeführt wurden.

3) Einem anderen trächtigen Meerschweinchen wurde ein Fötus soweit blossgelegt als nöthig war, um ohne Verlust 0,4 Cc. in die Bauchhöhle zu injiciren. Er wurde dann reponirt und die Wunde zugenäht. Keine Wirkung. Daher nach 32 Minuten Öffnung und abermalige Injection in denselben Fötus, da ein zweiter sich nicht vorfand. Es wurde 0,8 Cc. eingespritzt und wieder die Wunde mit Suturen geschlossen. Gerade 30 Minuten später senkte das Mutterthier den Kopf und war nach weiteren 4 bis 5 Min. gelähmt. Ich excidirte den Fötus, in dessen Bauchhöhle sich noch ein Theil der Lösung vorfand. Das Herz schlug aber kräftig an der Luft. Der Fötus selbst war asphyktisch.

4) Ein nicht trächtiges, etwas kleineres weibliches Meerschweinchen erhielt hierauf subcutan 0,4 Cc. derselben Lösung. Nach 12 Minuten fiel es um und war nach 13 Minuten total gelähmt, dann sogleich respirationslos.

Am 9. August injicirte ich subcutan von einer und derselben Curare-Lösung drei männlichen und drei weiblichen Meerschweinchen gleiche Mengen in gleicher Weise und notirte den Zeitpunkt der Lähmung. Es ergab sich:

I.	♂ 465 Grm. 0,08 Cc. total gelähmt nach 8 Min.	♀ 447 Grm. 0,08 Cc. gelähmt nach $10\frac{1}{2}$ Min.
II.	♂ 810 Grm. 0,15 Cc. gelähmt nach 5 Min. respirationslos nach $8\frac{1}{2}$ Min.	♀ 450 Grm. 0,15 Cc. Beginn der Lähmung nach 8 Min. total gelähmt nach 11 Min. respirationslos nach 12 Min.
III.	♂ 715 Grm. 0,30 Cc. gelähmt nach $2\frac{1}{4}$ Min.	♀ 595 Grm. 0,30 Cc. gelähmt nach $2\frac{3}{4}$ Min.

Also ist nur bei sehr grosser Dosis der Zeitunterschied sehr klein und selbst da, weil das männliche Thier, wie in den anderen Fällen, schwerer als das weibliche war, die Resistenz des letzteren gegen das Gift erheblich grösser.

Aus diesen Experimenten folgt, dass der obige Einwand allerdings berücksichtigt werden muss, denn ein und dieselbe tödtliche Dosis einer reinen Curarinlösung, nämlich 0,4 Cc., lähmte subcutan in ganz gleicher Weise applicirt

das männliche Thier	nach	8 Minuten
„ weibliche nicht trächtige	„	13 „
„ trächtige	„	17 „

in den Fötus eines ebenso trächtigen Thieres injicirt überhaupt nicht. Es bedurfte einer Steigerung der Giftmenge, um vom Fötus aus nach 30 Minuten Lähmung hervorzurufen. Wenn sich diese Verschiedenheiten männlicher und weiblicher Individuen gegenüber denselben Giftmengen bestätigen — ich habe noch mehrere Versuche, welche dafür sprechen, angestellt — dann muss die Verzögerung der Wirkung nach Injection in den Fötus bei einigen Substanzen mit auf jene Immunität gegen kleine Mengen bezogen werden, sei es nun, dass überhaupt die motorischen Nervenenden in den Muskelfasern weiblicher Thiere gegen Curarin weniger empfindlich sind, wie es beim Fötus der Fall ist, sei es, dass die Abschwächung der Wirkung auf Kreislaufsverhältnisse zurückführbar wäre.

Ein fernerer Beweis für den Übergang eines Stoffes aus dem Blute des Fötus in den der Mutter wird durch das bereits (S. 138) erwähnte Dunkelwerden der Nabelvene bei Erstickung der Mutter geliefert, indem dann der fötale Sauerstoff übergeht.

Endlich ist der Übergang von kohlensaurem Alkali aus dem fötalen Theile der Placenta in den mütterlichen Theil, obgleich noch nicht experimentell nachgewiesen, als ein solcher Beweis anzusehen. Andernfalls müsste nämlich eine derartige Kohlensäure-Anhäufung im Embryo stattfinden, dass er lange vor der Reife an einer Kohlensäure-Vergiftung zu Grunde ginge. Aus dem Vogelei geht die vom Embryo gebildete Kohlensäure in die Atmosphäre, aus dem Menschen- und Säugethier-Fötus kann die in seinen Geweben gebildete Kohlensäure nur durch die Nabelarterien in die Placenta entweichen, von wo das mütterliche Blut sie fortschafft, und zum kleinen Theil vielleicht mit dem fötalen Harn in das Fruchtwasser gelangen.

Da ohne Zweifel mit dem fortschreitenden Wachsthum des Fötus diese Kohlensäure nebst anderen Producten des embryonalen Stoffwechsels zunehmen muss, so wird von Woche zu Woche die Blutbeschaffenheit im kindlichen Körper eine andere, der des Geborenen immer mehr ähnelnde, und es ist eine Rückwirkung dieser veränderten Blutbeschaffenheit des Fötus auf die Mutter nicht allein möglich, sondern auch sehr wahrscheinlich. Nur lässt sich über die Art dieser Rückwirkung zur Zeit etwas bestimmtes nicht angeben. Die geistreiche Hypothese von C. Hasse über (96) die Erregung der Uterusnerven durch jene reichlicher übergehenden Kohlensäuremengen entbehrt noch allzusehr thatsächlicher Grundlagen. Er meint, der rechtzeitige Eintritt der Geburtsthätigkeit sei abhängig von einem betimmten Gehalte des in die fötale Placenta strömenden Blutes an Stoffen der regressiven Metamorphose, vor allem an Kohlensäure. Die nervösen Centralapparate der Uterusmusculatur sollen beim Menschen zu Ende des zehnten Fruchtmonats durch das immer kohlensäurereicher gewordene fötale Blut, welches immer mehr Stoffwechselproducte an das mütterliche abgebe, so verändert werden, dass Erregungen der motorischen Uterusnerven und dadurch Wehen eintreten. Man sieht keinen Grund, weshalb gerade zu Ende des zehnten Monats (zur Zeit der zehnten Menstruationsepoche seit der Befruchtung) jene Wirkung sich geltend machen soll, und woher die Uteruscontractionen bei Fehlgeburten kommen, sagt die Hypothese nicht.

Durch die obigen Experimente von Savory, Gusserow und mir ist die Möglichkeit des Überganges verschiedener Stoffe aus dem Blute des Fötus in das der Mutter mit Sicherheit dargethan. Es kann also die Wirklichkeit einer permanenten Diffusion in matripetaler Richtung nicht mehr bestritten werden. Die in der Placenta vorhandenen Bedingungen sind, wie namentlich Turner durch vergleichende Untersuchung vieler Placenten gezeigt hat, in der That derartig, dass ein solcher Übergang von Bestandtheilen des fötalen Blutplasma nothwendig erscheint. Damit gewinnt die Anschauung neuen Boden, dass eine physische Beeinflussung der Mutter durch den Vater schon nach einer einzigen fruchtbaren Begattung stattfinde. Die Erfahrungen der Thierzüchter werden dadurch dem Verständniss etwas näher gerückt; ebenso die Thatsache, dass die Frau durch den Mann (nach wiederholten Schwangerschaften) in ihrer physischen Constitution dauernd verändert wird. Doch gehören Betrachtungen über die Art, wie diese Einflüsse wirken, nicht in die Physiologie des Embryo.

Eine andere Frage hingegen steht in enger Beziehung zu den obigen Experimentaluntersuchungen. Können Bestandtheile des Fruchtwassers in den mütterlichen Organismus übergehen, ohne vorher den Fötus zu passiren?

Ehe es bekannt war, dass in den späteren Stadien der fötalen Entwicklung ein Übergang von indigschwefelsaurem Natrium und von Jodkalium aus dem Blute der Mutter in das Fruchtwasser und nicht in den Fötus stattfinden kann, konnte die Annahme, es gehe aus dem mütterlichen Blute nichts direct in das Amnioswasser über, berechtigt erscheinen. Nachdem aber von Zuntz, Wiener und G. Krukenberg jene Annahme widerlegt ist, muss zugegeben werden, dass auf demselben Wege, auf dem eine Substanz in das Fruchtwasser hineingelangt, eine Substanz aus demselben hinaus in das mütterliche Blut gelangen kann. Die experimentelle Entscheidung der Frage hat bis jetzt nur Gusserow versucht und er kam zu einem negativen Resultat, indem er aus zehn Versuchen folgert, dass der Übergang von Stoffen aus dem Fruchtwasser zum mütterlichen Blute fast Null sei.

Prüft man jedoch die einzelnen Versuche genau, so kommt man zu einem anderen Ergebniss, wie ich im Folgenden zeigen will.

Die Beschreibungen der Versuche I, VI und X lauten:

I. Bei einem Kaninchen mit fast reifen Jungen wird in eine Amnionhöhle 0,025 Strychnin eingespritzt. Nach einer Viertelstunde treten bei dem Mutterthiere Strychninkrämpfe auf. Das Junge des betreffenden Eies lebte noch.

VI. Hochträchtige Katze. In eine Eihöhle wurden 0,05 Strychnin injicirt. 20 Minuten darnach traten leichte Strychninkrämpfe bei der Mutter auf. Der betreffende Fötus lebte noch.

X. Bei einer Hündin am Ende der Schwangerschaft wurde in eine Eiblase ebenfalls 0,05 Strychnin injicirt. Der Fötus blieb am Leben. Schon nach 15 Minuten begann beim Mutterthier deutliche Erhöhung der Reflexerregbarkeit, der nach weiteren 5 Min. Krämpfe folgten. Als das Ei geöffnet wurde, lebte der Fötus noch.

Diesen drei Versuchen zufolge ist der Übergang von Stoffen aus dem Fruchtwasser in das mütterliche Blut beim Kaninchen, beim Hunde und bei der Katze durchaus nicht „fast Null". Ihnen stehen nun sieben negative Experimente gegenüber. Von diesen müssen aber zwei gestrichen werden, weil dabei Chloroform angewendet wurde, welches bekanntermaassen die Wirkungen des Strychnins erheblich abschwächt und sogar während einer tiefen Narkose garnicht in die Erscheinung treten lässt. Ich habe mich durch mehrere Versuche an erwachsenen Thieren davon überzeugt. Wenn also in den Versuchen VI und X trotz des Chloroforms die Strychninwirkung auftrat, wenn auch abgeschwächt, so sprechen beide *a fortiore* zu Gunsten des Überganges und die Versuche III und IV nicht dagegen. Somit bleiben noch fünf negative Versuche an nicht chloroformirten Kaninchen. Bei II wurden nur 0,037 Strychnin injicirt und nach 35 Min. keine Wirkung beobachtet. Bei V wurden in zwei Eier je 0,025 Strychnin eingespritzt und nach 45 Min. keine Wirkung wahrgenommen. Es ist sehr wahrscheinlich, dass in diesen Fällen die geringere Quantität des Giftes an dem Ausbleiben der Krämpfe nach Injection in das Fruchtwasser schuld ist. Schliesslich bleiben also nur drei negative Versuche: VII, VIII und IX. Bei VII und IX waren die Embryonen noch sehr klein, die zur Resorption taugliche Oberfläche also ebenfalls klein, sodass das Ausbleiben der Wirkung des Strychnins auf das Mutterthier nach 45 Min. im einen, nach 30 Min. im anderen Falle nicht auffallend erscheint, zumal wenn die Eihäute anfangs weniger permeabel sind als später. Bei VIII war aber das Kaninchen dem Ende der Gravidität nahe. „In eine Fruchtblase wurden 0,05 Strychnin injicirt. Der Embryo lebte nur wenige Minuten. Nach 40 Min. noch gar keine Einwirkung auf die Mutter bemerklich. Sobald das Fruchtwasser des betreffenden Eies in die Bauchhöhle des Mutterthieres gebracht war, bekam dasselbe nach 3 Min. tödtliche Krämpfe." Bedenkt man, wie complicirt die zum Gelingen erforderlichen Versuchsbedingungen sind, dass bei einem anderen Versuche von Gusserow das in den Fötus selbst injicirte Strychnin erst nach 36 Minuten, bei meinen Versuchen das leicht diffundirende Curarin vom Fötus aus erst nach 52 Minuten (S. 221) auf die Mutter sichtbar zu wirken begann, so wird man diesen einen negativen Versuch den drei positiven gegenüber nicht für beweiskräftig ansehen dürfen. Dass überhaupt in den sieben negativen Versuchen die Früchte früh abstarben, kann durch „die Einwirkung der sauren Flüssigkeit auf die Körperoberfläche“ bedingt sein. Dann wird aber dieselbe auch die resorbirenden Stellen functionsunfähig gemacht haben können, zumal das Fruchtwasser etwas getrübt war.

Das Wenige, was bis jetzt über die Möglichkeit des Überganges von Bestandtheilen des Amnioswassers in das mütterliche Blut bekannt ist, spricht jedenfalls viel mehr zu Gunsten derselben, als dagegen. Denn die drei positiven Versuche von Gusserow würden, wenn ein solcher Übergang nicht stattfindet, die Annahme erfordern, dass das injicirte Gift, ehe es in die Mutter gelangte, mit Fruchtwasser vom Fötus verschluckt worden wäre. Diese Annahme setzt aber eine so schnelle Resorption vom Magen aus beim Fötus voraus, einen so schnellen Transport letaler Strychninmengen durch die Nabelarterien in die fötale Placenta und einen so rapiden Übergang von dieser in die mütterliche Placenta, dass sie nicht zulässig erscheint, bis weitere Versuche vorliegen.

Es kann nicht als unwahrscheinlich bezeichnet werden, dass einzelne Producte des fötalen Stoffwechsels, welche mit dem fötalen Harn in das Fruchtwasser gelangen, von da aus in kleinen Mengen und langsam in das mütterliche Blut, wenn auch auf Umwegen, übertreten, z. B. Allantoin, welches im Harne Schwangerer von Gusserow nachgewiesen wurde. Inwiefern freilich ein solcher Übertritt von Excreten des Fötus in die Säfte des mütterlichen Organismus für den Stoffwechsel des ersteren förderlich oder nothwendig sei, lässt sich noch nicht absehen. Einstweilen muss die Möglichkeit auch eines solchen Überganges offengehalten werden.

Fasse ich das allgemeine für die embryonale Ernährung wichtigste Endresultat der auf den Übergang von Stoffen aus dem Blute der Mutter in den Fötus nebst seinem Fruchtwasser und umgekehrt bezüglichen Versuche zusammen, so ergibt sich als sicher:

1) dass viele leicht diffundirende gelöste Stoffe aus dem Blute in den Sinus des mütterlichen Theiles der Placenta in das Blut der Zottencapillaren des fötalen Theiles derselben übergehen können;

2) dass Sauerstoff thatsächlich von dem Hämoglobin der mütterlichen Blutkörper in der Placenta an das Hämoglobin der fötalen Blutkörper in den Zottencapillaren abgegeben wird, so lange er in genügenden Mengen vorhanden ist (S. 137);

3) dass einzelne gelöste Stoffe (wie das indigschwefelsaure Natrium und Jodkalium) vom mütterlichen Blute direct an das Fruchtwasser abgegeben werden können, ohne in das Fötusblut überzugehen;

4) dass leicht diffundirende gelöste Stoffe aus dem Blute der Zottencapillaren in das Blut der Sinus des mütterlichen Theiles der Placenta reichlich übergeben können;

5) dass Sauerstoff thatsächlich von dem Hämoglobin der fötalen Blutkörper in der Placenta an das Hämoglobin der mütterlichen Blutkörper daselbst übergeht, wenn in letzteren nur ein Minimum oder kein Sauerstoff enthalten ist;

6) dass einzelne gelöste Stoffe aus dem Fruchtwasser wahrscheinlich in geringen Mengen in das mütterliche Blut übergehen können;

7) dass geformte Elemente wahrscheinlich in völlig unversehrten (normalen) Placenten nur dann übergehen können, wenn sie ausserordentlich klein sind und auch dann nicht regelmässig ein Übergang stattfindet, sondern nur unter gewissen, theils durch die Organisation (bei Schafen) gegebenen, theils anomalen Bedingungen (bei gesteigertem Blutdruck? u. a.) oder vermittelst überwandernder Leukocyten;

8) dass geformte Elemente vom Fötus an das mütterliche Blut in der Placenta nicht nachweislich abgegeben werden, ein solcher Übergang aber möglich ist.

Die in der Säugethierplacenta stattfindenden für die Ernährung des Fötus fundamentalen Diffusionsvorgänge können solange nicht physiologisch mit Erfolg discutirt werden, bis über den feineren Bau der Placenta mehr zweifelfrei erkannt ist. Da man zur Zeit [676] nicht einmal sicher weiss, ob die diffundirenden Substanzen vom Plasma des mütterlichen Blutes direct durch das Zottenepithel in das Plasma des fötalen Blutes in den Zottencapillaren übergehen oder erst eine structurlose Membran passiren müssen (bei der Placenta der Hündin haben alle Chorionzotten nach Jassinsky [674] eine doppelte *Membrana propria* und eine doppelte Epitheliaidecke) und da die Betheiligung des Zottenepithels selbst an der chemischen Umänderung der diffundirenden Stoffe noch unbekannt ist, auch die Beziehung der Zotten zu den Uterindrüsen und die Permeabilität der Eihäute nicht gründlich untersucht wurde, so [673] lohnt es sich nicht, über den Modus des Überganges von gelösten Stoffen und geformten Elementen aus dem mütterlichen Organismus in den fötalen und umgekehrt schon jetzt Hypothesen aufzustellen. Dass es sich dabei nicht um eine einfache Diosmose handelt, die Verhältnisse viel complicirter, als bei einer dialytischen Membran sind und als früher angenommen wurde, auch bei den Thier- und Menschen-Placenten sehr ungleich sein müssen, wird heute kein Physiologe bestreiten. [675]

B. Der embryonale Stoffwechsel.

— —

Von den embryonalen Stoffwechselvorgängen ist bis jetzt keiner in zureichender Weise untersucht worden. Schon die nächstliegende Frage, welche chemischen Verbindungen im Ei, im Dotter, im Blutplasma der mütterlichen Placenta, in der Uterinmilch, im Fruchtwasser als Nährstoffe für den Embryo anzusehen sind, also die Frage nach der chemischen Beschaffenheit der Nahrung des sich entwickelnden Thieres und Menschen vor der Geburt, ist höchst unvollständig und unbestimmt beantwortet.

Trotz zahlreicher chemischer Analysen des Nahrungsdotters der Fisch- und Vogel-Eier und vieler Einzeluntersuchungen des Inhaltes der Mollusken-, Insecten- und anderer Eier, trotz des Nachweises recht interessanter krystallinischer Stoffe in den Dotterplättchen (Ichthin, Ichthidin, Ichthulin, Emydin u. a.), die aber als chemische Individuen nicht gelten können, trotz des sehr allgemeinen Vorkommens von Lecithin, Vitellin, Nuclein, Lutein und anderen sehr complicirten theils phosphorhaltigen, theils schwefelhaltigen den Albuminen verwandten Stoffen im Ei, ist weder eine chemische Beziehung der isolirbaren Bestandtheile zum Embryo erkannt, noch auch zur Zeit angebbar, woraus die Nahrung des Embryo — im chemischen Sinne — besteht. Dass sie Eiweiss, Fette, Kohlenhydrate, Salze und Wasser enthält, wie die Nahrung des Geborenen, ist ebenso gewiss, wie die Thatsache, dass im Nahrungsdotter jene Nährstoffgruppen zum Theil durch ganz andere Verbindungen repräsentirt sind, als in der postembryonalen Nahrung und in ihm noch andere Verbindungen präexistiren, die der Milch und späteren Nahrung des Geborenen mangeln können. Einstweilen fehlt es an Methoden zur chemischen Untersuchung der Nahrung des Embryo, ohne sie durch die Eingriffe, ja schon Gewinnung, zu zersetzen oder umzuwandeln.

Die sich daran anschliessende Aufgabe, den Mechanismus und Chemismus der Ernährung des Embryo klarzulegen, wurde noch kaum in Angriff genommen. Zwar steht fest, dass, was beim geborenen Säugethier die Hauptsache ausmacht, die Mundverdauung, Magenverdauung und Darmverdauung beim Fötus theils ganz fortfällt, theils eine relativ untergeordnete Rolle spielt, so dass auch die Resorption vom Magen und Darm aus vor der Geburt beim Säugethier fast ganz fehlen kann, ohne die fötale Ernährung zu unterbrechen, aber wie diese letztere zu Stande kommt, ist sehr dunkel.

Die in die Augen fallende Verschiedenheit der Ernährung ungeborener und erwachsener Organismen beruht auf der normalerweise untrennbaren Verbindung von Ernährung und Massenwachsthum beim Embryo, welche bei erreichtem physiologischem Gleichgewichtszustand mit der Bilanz Null aufhört. Diese Thatsache beweist schon für sich allein, dass die assimilatorischen und anaplastischen Processe, die Vorgänge der sogenannten progressiven Stoffmetamorphose, über die dissimilatorischen und kataplastischen Processe der regressiven Metamorphose sehr bedeutend überwiegen müssen. Es ist sogar fraglich, ob anfangs in den ersten Stadien der Embryogenesis die Dissimilation nicht ganz fehlt.

Während der normalen Entwicklung aller Embryonen ist ein auch nur vorübergehender Gleichgewichtszustand — abgesehen von Unterbrechungen der Entwicklung — ebenso ausgeschlossen wie ein Rückgang, ein Überwiegen der Ausgaben des Embryo über seine Einnahmen, der z. B. beim Hungerzustande Geborener vorkommt. Der Embryo kann sich nur im Nahrungsüberfluss entwickeln, und doch kann in ihm keine oder nur eine minimale Luxus-Consumption normaler Weise stattfinden, weil seine Ausgaben im Vergleiche zu den postnatalen sehr gering sind. Dieses eigenthümliche Verhältniss wird dadurch ermöglicht, dass die Nahrung ihm bereits zur Assimilirung zum Theil fertig, zum Theil fast fertig zugeführt wird.

Indessen gewisse dem Verdauungsvorgange ähnliche Processe der Nahrungsmetamorphose müssen nothwendig in jedem Embryo stattfinden, weil jeder eine Menge von chemischen Verbindungen in seinen Geweben enthält, die dem Ei, aus welchem er sich entwickelte, fehlen. Solche specifisch embryonale Ernährungsvorgänge nehmen vor Allem das Interesse des Physiologen in Anspruch. Er wird daher namentlich den specifischen Ernährungsapparaten des Embryo und seiner Adnexen die Aufmerksamkeit zuzuwenden haben, um über die Nahrung desselben und die Art ihrer Zufuhr zu ihm Aufschluss zu erhalten.

Ich habe bei Vergleichung der in der Literatur sehr zerstreuten Angaben über die Ernährungsweise verschiedenartiger Thierembryonen zwar nicht viele, aber doch einige Thatsachen von Belang gefunden, welche im Folgenden zusammengestellt sind und nebst eigenen Beobachtungen, die ich einschalte, als Material zu einer künftigen Darstellung des embryonalen Stoffwechsels dienen können.

Die Ernährung der Embryonen wirbelloser Thiere.

Wegen der Kleinheit der meisten Embryonen wirbelloser Thiere sind ihre Stoffwechselvorgänge schwer zu ermitteln. Doch hat wenigstens über éine Gruppe, die Cladoceren oder Büschelkrebse, Weismann eine inhaltreiche Untersuchung veröffentlicht, der ich die zunächst folgenden Angaben entnehme.

Werden die Embryonen der **Daphniden** (Wasserflöhe) vor [210
ihrer völligen Reife und Chitinbekleidung aus dem, auf dem Rücken der Mutter befindlichen Brutraum in Wasser gebracht, so sterben sie regelmässig ab, wie Lubbock bemerkte. Dieser Thatsache [210
reihte Weismann, welcher sie bestätigte, noch die andere an, dass, wenn man ein trächtiges Weibchen vom gewöhnlichen Wasserfloh (*Daphnia pulex*) unter sehr schwachem Druck des Deckgläschens beobachtet hat, das Thier in frisches Wasser zurückversetzt lebendig bleibt, die Embryonen aber im Brutraum fast regelmässig absterben. „Solche eingeklemmte Thiere suchen sich nämlich zu befreien und schlagen besonders mächtig mit dem Hinterleib auf und ab. Dabei aber öffnen sie jedesmal den Brutraum, und wenn dies oft hintereinander geschieht, so sterben die Eier ab."

Beide Beobachtungen zeigen, dass die Flüssigkeit im Brutraum kein Wasser ist. Weismann hat ihre Beschaffenheit, Herkunft und Bedeutung untersucht, und ist zu dem interessanten Resultat gekommen, dass dieses Fluidum ein **Nährwasser** für die Embryonen in den Sommereiern ist, welches aus dem Blute stammt; denn bei einigen ist es ein placenta-artiger nur während der Trächtigkeit vorhandener **Nährboden**, der den Durchtritt des Blutplasma gestattet. Und zwar ist das Filtrat jedenfalls von grossem Nährwerth für den Embryo, weil derselbe im Verhältniss zum Ei und zur Mutter enorme Dimensionen erreicht. Er schwillt sogar derart an, dass er schliesslich die Eihaut sprengt.

Diejenigen Arten, welche wenig Deutoplasma (Dottermaterial) für ihre Embryonen disponibel haben, sind mehr auf diese directe Ernährung vom Blute aus eingerichtet, während die dotterreicheren Eier einer solchen Nahrungsquelle nicht in dem Grade bedürfen.

Durch besondere Versuche stellt nun Weismann fest, dass die mittelst des Nährbodens dem Blute entzogene Nährflüssigkeit, welche er Fruchtwasser nennt, unter einem geringeren Drucke, als das Blut selbst steht, somit eine Filtration aus diesem in den Brutraum hinein sehr wohl eintreten kann. Er constatirte nämlich im Innern des Nährbodens eine bedeutende Verlangsamung oder Stauung des Blutstroms. Unterbrach er denselben, dann fiel der Nährboden zusammen, welcher von dem Gegendruck der Embryonen nicht comprimirt wird, also muss der Blutdruck höher sein, als der intrauterine Druck.

Während der Embryo-Entwicklung wächst auch das Gewölbe des Nährbodens, welches, da der grösste Theil des cordipetal strömenden Blutes es passiren muss, als ein wahrer Blutsinus, ein Rückensinus, zu bezeichnen ist.

Das Nährwasser weicht in seinem chemischen Verhalten vom Blut ab. Es wird durch Osmiumsäure schneller als dieses gebräunt und scheint mehr Albumine zu enthalten. Daher wird der Nährboden als ein drüsiges Organ anzusehen sein. Übrigens verändert sich die Concentration des Nährwassers während der Embryo-Entwicklung erheblich. Eine möglichst gleichmässige Durchmischung desselben wird durch rhythmische, schaukelnde Bewegungen des Nährbodens erzielt, welche an die rhythmischen Schaukelbewegungen des Uterus anderer Krebse (*Branchipus*) erinnern, wenn die trächtige Daphnie unter dem Deckglas festgeklemmt ist. Bei denjenigen Arten, wo das Herz dicht genug unter dem Nährboden pulsirt, macht dagegen der Nährboden nur passive Bewegungen entsprechend den Herzschlägen. „Durch die Befestigung des Herzens an dem Nährboden wird derselbe bei jeder Systole abwärts gezogen und bei jeder Diastole schnellt er wieder zurück" (bei *Bythotrephes*). Dadurch kommt das Nährwasser in eine fluctuirende Bewegung. Mit dem Wasser, in welchem die trächtigen Thiere schwimmen, scheint es in osmotischem Verkehr nicht zu stehen, da die Chitinschale, welche den Brutraum nach aussen verschliesst, sehr dick ist im Vergleich zur Lamelle, welche ihn nach innen abgrenzt.

Aus allen diesen von Weismann durch Beobachtungen und Versuche näher begründeten Angaben ergibt sich, dass bei manchen Daphnien zur Ernährung der Embryonen eine besondere Nährwasserdrüse oder Fruchtwasserdrüse, oder wenigstens ein Filtrationsapparat dient. Die functionelle Ähnlichkeit dieses Nährbodens mit der Placenta der Säugethiere ist überraschend. Dagegen darf die Nährflüssigkeit nicht eigentlich als Fruchtwasser bezeichnet werden. In den Embryo dringt sie durch Diffusion ein, und von ihr wird nichts oder nur sehr wenig zurück in das unter einem viel höheren Druck stehende Blut gelangen können. Das rapide Wachsthum des Embryo scheint mit merklichen Ausscheidungen nicht verbunden zu sein.

Auch die auf dem Rücken schwimmenden Polyphemiden besitzen einen uterusähnlichen Brutbehälter. Aus dem Blute der Mutter geht auch hier, von der Wandung des Brustsacks aus, Nährstoff an die Eier und Embryonen. Die Nährkammer nimmt im Lauf der Entwicklung bedeutend an Umfang zu, so dass die Ernährung der Embryonen in einer fast beispiellosen Weise begünstigt wird. Denn nicht nur erreichen die Embryonen eine relativ bedeutendere Grösse und Ausbildung, als in irgend einer anderen Cladocerengruppe vor dem Ausschlüpfen aus der Bruthöhle, sondern bei *Evadne* sind sie schon vor der Geburt trächtig geworden, indem sie eine Anzahl in der Furchung begriffener Eier in ihrem Fruchtbehälter mit zur Welt bringen. C. Claus, [211
dem ich diese Angaben entnehme, findet die nutritive Function des Brutraums durch das nach dem Eintritt der Eier beginnende Wachsen der inneren Lamelle oder „Placentarplatte" desselben bedingt, welche gleich Anfangs einen hellen Nährsaft absondert, das Fruchtwasser Weismann's.

Andere vivipare Arthropoden haben vermuthlich ähnliche Organe, doch sind bezüglich der Ernährung ihrer Embryonen nur sehr wenige zuverlässige Angaben vorhanden.

Die Verschiedenheit der Medien, in welchen Insecteneier zur Entwicklung gelangen, macht es wahrscheinlich, dass der Embryo von seinem, bei Vielen schliesslich im Mitteldarm eingeschlossenen Nahrungsdotter zehrt, bis er ausschlüpft und [464
durchaus nicht in allen Fällen aus der Umgebung vor seiner Reife Nährstoffe aufnimmt. Selbst bei den Gallwespen (namentlich den die grossen „Gallen" oder „Galläpfel" an Eichblättern erzeugenden *Cynips*), deren Larve vom Centrum der Kugel aus sich durchfrisst,

ist es mir sehr zweifelhaft, ob aus dieser Nahrung in das Ei gelangen kann. Die dicke Hülle hat für dasselbe vielmehr den Vortheil gegen Fäulniss, Nässe, Kälte, Hitze, Räuber zu schützen und das Ei zu fixiren.

Bei Entozoen der verschiedensten Art ist ein Eindringen der Säfte des Wirthes in das geschlossene Ei zwar in vielen Fällen wahrscheinlich, in manchen sicher, aber, soviel mir bekannt, als allgemein nothwendig für die Ernährung des Embryo, nachdem er gebildet und vor der Reife, nicht erwiesen, während in dem postembryonalen Larvenstadium eine Nährstoffaufnahme durch das Integument auf dem Wege der Endosmose bei vielen mundlosen parasitischen Würmern vorkommt.

Die Ernährung des Fisch-Embryo.

Was beim erwachsenen Wirbelthier für den Stoffwechsel, für die Zufuhr von Nährstoffen und die Wegschaffung von Verbrennungsproducten nothwendig ist, das Blut, vermittelt auch beim Wirbelthier-Embryo schon sehr früh, ja schon ehe es selbst vollständig entwickelt ist, die Ernährung. Beim Fisch-Embryo, überhaupt bei allen mit einem Nahrungsdotter versehenen Wirbelthierembryonen, ist es der Inhalt der Dottersackgefässe, welcher den Transport der Nahrung in die Körpergefässe, in das Herz und die Gewebe des Embryo direct vermittelt. Jener Inhalt ist nun zwar selbst nach dem Beginne der regelmässigen Herzthätigkeit noch kein fertiges Blut, sondern Blutplasma oder Hämolymphe mit relativ wenigen und grossen Körperchen, aber diese zum Theil schon rothen Blutkörper, welche von denen Geborener erheblich abweichen, sind für den Stoffwechsel und die Athmung von der grössten Wichtigkeit. Um so auffallender ist es, dass bei einigen Fischen die embryonalen Blutkörper ganz fehlen können, wie besonders die von Kupffer entdeckte Thatsache beweist, dass der Embryo des Herings seine ganze Entwicklung im Ei vollendet, ohne dass Blutkörperchen in ihm sich bilden. Die „er von dem kräftig und frequent pulsirenden Herzen in die Aortenbogen gepumpte Flüssigkeit ist ein fester Körperchen entbehrendes Plasma „und es ist nirgends, weder auf dem Dotter, noch an irgend einer Stelle des Körpers etwas zu entdecken, was auf entstehende Blutkörperchen zu beziehen wäre".

Sogar mehrere Tage nach dem Ausschlüpfen enthält die Hämolymphe des jungen Herings keine farbigen und keine farblosen Blutkörper, obwohl das Thierchen wächst und sich weiter differenzirt. Es darf aber die völlige Abwesenheit von Leukocyten noch bezweifelt werden. Die Athmung wird durch die äussere Oberfläche und, wie Kupffer meint, durch die flimmernde innere Oberfläche des Darmes vermittelt.

Wie dem auch sei, dass die Ernährung eines so hochstehenden Wirbelthier-Embryo ohne Hämoglobinbildung, ohne die Bildung von Blut vor sich geht, erscheint sehr merkwürdig, zumal die Embryonen des Herings bei gewöhnlicher Temperatur des umgebenden Wassers sich am vierten Tage im Ei bewegen und beim Ausschlüpfen am 6. bis 8. Tage die Muskeln des Auges vollständig vorhanden sind und den Augapfel drehen. Allerdings ist im Übrigen die erste Jugendform des ausgeschlüpften Herings eine wenig entwickelte und die Nachentwicklung ausserhalb des Eies hat mehr nachzuholen, als bei anderen Fischen; dadurch wird aber an der Thatsache nichts geändert, dass ohne rothes Blut schon im Ei die Ernährung stattfindet bis zur Ermöglichung complicirter Bewegungen und Pigmentabscheidung im Auge. Dabei zeigte sich, dass die am 8. Tage unter sonst gleichen Umständen ausgeschlüpften Thierchen nicht weiter entwickelt waren, als die am 6. Tage ausgeschlüpften. Zwei Tage lang stand also der Differenzirungsprocess still, während die Ernährung keine Unterbrechung erfuhr. Denn die Embryonen bewegten sich in beiden Fällen vom vierten Tage an.

Wie wenig andererseits die fortschreitende Differenzirung im Ei von der Ernährung abhängt, zeigt die von Hensen genauer [435 ermittelte Ungleichheit des Entwicklungsgrades mehrerer Ostseefische beim Ausschlüpfen, deren Eier sehr klein sind, folglich einen sehr kleinen Nahrungsdotter enthalten. So haben die Eier einer Scholle, der Kliesche (*Platessa limanda*) nur 0,85 bis 0,90 Millimeter im Durchmesser, während der Fisch im ausgewachsenen Zustande 20 bis 40 Centim. lang wird. Eine ganze Anzahl von Fischen hat vor der Resorption des Dotters kein rothes Blut (Scholle, Flunder, Hering, Kliesche u. a.); dennoch bewegen sie sich im Ei (sonst würden sie es nicht sprengen) und sogleich nach dem Ausschlüpfen. Hier muss also mit einem Minimum von Nahrung und Sauerstoff, während der intensivsten Differenzirungsprocesse, das Leben des Embryo im Ei erhalten werden.

Die Eier des Knurrhahns (*Cottus scorpio*) mit 1,4 Millimeter im Durchmesser, sowie die des Seehasen (*Cyclopterus lumpus*) liefern dagegen Junge, die mit vollem Kreislauf, reichlich mit rothem Blute versehen, lebhaft und weit entwickelt ausschlüpfen, wie Hensen fand. In diesen Fällen enthalten die Eier (zum Theil ;ss grosse) Fetttropfen. Die reichlichere Nahrung hängt hier ohne Zweifel mit der im Ei weiter fortgesetzten Differenzirung zusammen. Beim Hering hat aber, wie bei vielen anderen Fischen, weder die Grösse der Eier, noch die der Embryonen einen Einfluss auf die Zeit des Ausschlüpfens. Diejenigen Eier, welche am meisten Wasser aufnehmen, liefern nach H. A. Meyer die grössten Embryonen. ;ss

Ich habe bei Forellen-Eiern, die ich zur Beobachtung und Demonstration der embryonalen Herzthätigkeit und Blutströmung züchtete (S. 22), regelmässig den grösseren Embryo mit einem grösseren Dottersack versehen gefunden. Wird ein solches Ei mit einer Nadel angestochen oder mit einem spitzen Messer angeschnitten und der Dotter mit Wasser in Contact gebracht, so sieht man, dass er eine salbenartige Consistenz hat oder annimmt und mit Wasser absolut nicht mischbar ist. Die durch die Eihaut eindringenden Wassermengen müssen also den in ihnen gelösten Sauerstoff direct an die Blutkörper abgeben, welche nachweislich lange vor der Sprengung des Eies Sauerstoffhämoglobin enthalten. Dieser Sauerstoff muss durch die äussere Eihülle (Eischale) aus dem Wasser an die oberflächlich gelegenen Dottersackgefässe gehen. Ist dem so, dann können auch leicht diffundirende im umgebenden Wasser gelöste Salze auf demselben Wege eindringen. Doch scheint bei den meisten Fischeiern es daran im Ei nicht zu fehlen. Der Versuch, Fische in reinem sauerstoffhaltigem destillirtem Wasser zu züchten, müsste darüber Aufschluss geben. Es ist aber schon aus dem Grunde nicht wahrscheinlich, dass erhebliche Mengen von aufgelösten Stoffen aus dem Wasser eindringen, weil das Ei selbst eine concentrirtere Lösung der dem Embryo allein tauglichen Nahrungsbestandtheile enthält als das umgebende Wasser, daher die Züchtung von Fischeiern in salzreichem Wasser immer sehr viel schwieriger gelingen wird, als in salzfreiem. Die Eihülle der Amphibien, Fische und vieler niederer Hydrozoen ist permeabel für Wasser — denn nach dem Ablegen quellen die Eier — aber die Vorstellung, dass Salze oder gar irgendwelche organische Substanzen von aussen eindringen müssen, ist in hohem Grade unwahrscheinlich. Der Nahrungsdotter ist mehr als ausreichend fähig, den Bedarf an festen Nährstoffen zu decken, da auch nach dem Ausschlüpfen dieser Vorrath nicht erschöpft zu sein pflegt und als Vorrathskammer dient.

Eine Sonderstellung nehmen unter den Fischen bezüglich der embryonalen Ernährung einige Plagiostomen (Quermäuler, Selachier, Elasmobranchier) ein. Bei einigen viviparen Haien und Rochen, welche in einem Uterus die Entwicklung im Ei durchmachen, findet zwar die Ernährung wesentlich durch den Dottersack statt, aber es ist derselbe durch eine Art Placenta — die Dotterplacenta, Dottersackplacenta oder *Placenta vitellina* — ausgezeichnet, deren Blutgefässe mit denen des Mutterthieres in osmotischem Verkehr stehen, ähnlich wie bei Säugethieren die Zottencapillaren mit den mütterlichen Blutsinus. Wenn auch
ohne Zweifel die Hauptfunction dieser schon Aristoteles be- [25
kannten, von Johannes Müller näher untersuchten Haiplacenta [463
eine respiratorische ist, so kann doch ihre Betheiligung an der Zufuhr von gelösten Bestandtheilen kaum bezweifelt werden. Functionell steht dieses Gebilde der Allantois des Vogels nahe, ist mit ihr aber nicht isodynam, eben weil es ausser dem Gaswechsel, auch den Stoffwechsel i. e. S. vermittelst des Dottersacks, dem es aufliegt, ausgiebiger vermitteln kann. Die Dottersackgefässe der oviparen Fischembryonen müssen von innen die Nährstoffe, von aussen den Sauerstoff und Wasser aufnehmen und dem Embryo zuführen, bei dem viviparen gestreiften Glatthai (*Mustelus laevis*) aber fehlt die Umspülung des Eies mit lufthaltigem Wasser. Da ist also das mütterliche Blut die Sauerstoffquelle für das zuströmende Blut, wie bei den Säugethieren.

Joh. Müller fand sowohl bei *Carcharias*, als auch bei *Scoliodon* die von Aristoteles beschriebene Verbindung des Embryo mit dem Uterus durch eine Placenta und *Mustelus vulgaris* mit freiem, *Mustelus laevis* mit fest der Unteruswand adhärirendem Dottersack. Also besteht hier zwischen zwei Species desselben Genus ein grosser physiologischer Unterschied. Er beschrieb bereits 1839 die Placenta der Carcharias und bildete sie ab. Eine schematische Zeichnung erläutert das Verhältniss der fötalen zur uterinen Placenta bei diesen Haien. Ich habe die Figur (Taf. VII, Fig. 2) reproducirt und colorirt und die fötalen Gefässe hineingezeichnet, um die auffallende functionelle Übereinstimmung dieses Gebildes mit der menschlichen Placenta zu veranschaulichen. Der Dottersack besitzt wie gewöhnlich ein gefässreiches durch den Dottergang mit dem Darm zusammenhängendes Entoderm und ein gefässloses Ektoderm, welches sich als Nabelstrangscheide über dem Dottergang und dem *Vasa omphalo-mesaraica* fortsetzt und mit der äusseren Haut des Embryo an der Insertionsstelle des Nabelstranges zusammenhängt. Beide Häute sind zur *Placenta foetalis* in einen Knauf von Falten gelegt. Dadurch entsteht eine sehr unregelmässige Höhle im Dottersack mit einer Menge von Buchten. „Diese runzeligen Falten sind an der dem Uterus zugewandten Seite mit dem Uterus auf das innigste verbunden und lassen sich nicht ohne einige Gewalt vom Uterus ablösen. Die *Placenta uterina* wird durch sehr stark hervorspringende runzelige Falten der inneren Haut des Uterus gebildet, welche genau den Falten der *Placenta foetalis* entsprechen. Beiderlei Falten sind ineinander geschoben und liegen so innig und fest aneinander als die *Placenta uterina* und *foetalis* bei irgend einem Säugethiere." Jene erhält Blut von den Uterusgefässen, diese von den starken Omphalomesenterialgefässen. Das fötale und uterine Gefässnetz sind juxtaponirt und zwischen beiden Zellen mit Kernen vorhanden, welche den Wechselverkehr wahrscheinlich vermitteln. [403]

Die Ernährung des Amphibien-Embryo.

Beim Erdsalamander, dessen Embryo fast ein Jahr lang in der Mutter von seinem Nahrungsdotter sich ernährt, sind trotzdem schon nach dem Ablauf eines halben Jahres im Ei die Verdauungsorgane derartig entwickelt, dass sie auch die spätere Nahrung des postembryonalen Thieres, allerlei kleine Wasserthiere mit harten Chitinhüllen und künstliche Albuminpräparate verdauen können, wenn man die Embryonen unter Wasser aus dem Ei befreit. Ich habe zwei Mitte December, also mindestens 4 bis 5 Monate vor der Reife, aus dem trächtigen Thiere künstlich befreite Embryonen mit Serumalbumin und Caseïn in Brunnenwasser, das täglich gewechselt wurde und Zimmertemperatur hatte, Monate lang am Leben erhalten. Benecke stellte ein ähnliches Experi- [208] ment an und bemerkt, dass Anfang October die Embryonen von etwa 2½ Centim. Länge als Mitteldarm einen zwar gewundnen, aber nur von Dotterelementen ausgekleideten Canal mit dünner Bindegewebswand und unregelmässigem Lumen besitzen und nur Vorder- und End-Darm ausgebildet sind. Trotzdem liessen sich die künstlich befreiten Embryonen Monate lang im Wasser am Leben erhalten. Bei besserer Pflege würden sie wahrscheinlich viel länger am Leben geblieben sein.

„Trotz ihres noch mangelhaften Darmcanales nehmen sie sofort nach der Befreiung aus den Eihäuten nicht nur kleine Daphnien, Cyclopiden, sondern auch verhältnissmässig sehr grosse Regenwürmer zu sich, ja einer dieser Frühgeborenen verschlang am Tage nach seiner Geburt schon den Schwanz und Hinterleib eines seiner Geschwister und würgte dasselbe in der Zeit von zwei Tagen bis zu den Achseln herunter, wo es sich ablöste. Der Koth dieser Thiere besteht aus kleinen Cylindern, in denen ausser den Panzern der verschluckten Crustaceen reichliche Mengen der den Darm noch erfüllenden Dottermassen sich vorfinden." [209]

Dieser eigenthümliche Fall einer halb embryonalen, halb postnatalen Ernährung zeigt, wie schnell die Verdauungsorgane sich adaptiren können, zugleich aber auch, wie früh der Wille zu schlucken und zu schlingen da ist, und dass er sich ohne Übung sofort bethätigt, selbst dann, wenn der Hunger noch nicht hervortritt, denn der Nahrungsdotter war noch lange nicht verzehrt. Es wird hierdurch verständlich, wie die Sage entstehen konnte, dass die Embryonen des Erdsalamanders sich zum Theil gegenseitig vor der Geburt auffressen sollen.

Übrigens hat bereits Rusconi den Salamander-Embryo ausserhalb der Mutter sich entwickeln gesehen. Baudrimont und Saint-Ange bestätigten seine Angabe und behaupteten, die Entwick- [110
lung finde sogar rascher statt, als unter gewöhnlichen Umständen. Dieses letztere muss ich nach meinen zahlreichen mehrjährigen Versuchen entschieden leugnen. Die Entwicklung der Salamander-Embryonen, welche sich vom Tage ihres Austritts an (Anfang April) bis zu 14 Monaten im Wasser hielten, war sehr ungleich, aber constant weniger fortgeschritten, als unter gewöhnlichen Umständen, da ihre Länge sich binnen Jahresfrist nicht verdoppelte. Die Geschwindigkeit der extrauterinen Entwicklung hängt jedoch von der Menge und Qualität der Nahrung ab, denn einige, denen es an Daphnien, mit denen ich sie fütterte, fehlte, blieben im Wachsthum zurück. Auch ist die Temperatur von grossem Einfluss, wie bei den Forelleneiern, aus denen bei meinen Züch- [343
tungen einige Fischchen 55, andere 70 Tage nach der Befruchtung ausschlüpften und bei den Froscheiern, deren Ernährungs-Energie, freilich innerhalb enger Grenzen, mit der Temperatur des umgebenden Wassers steigt und fällt.

Die Ernährung der in sauerstoffhaltigem Wasser Monate lang unter Abschluss der Atmosphäre und Vermeidung von Gasblasenbildung gehaltenen Embryonen des Erdsalamanders und des Frosches zeigte mir noch eine Eigenthümlichkeit. Während nämlich im ersten Vierteljahr oder noch etwas länger unter günstigen Umständen, d. h. bei reichlicher Nahrung, nicht zu hoher und nicht zu niedriger Temperatur, und langsam strömendem Wasser, die im Embryonalzustand künstlich zurückgehaltenen Thiere schnell wachsen und embryonal bleiben, tritt eine entschiedene Verkümmerung ein, wenigstens beim Frosch (*Rana temporaria*), wenn der mächtige Ruderschwanz sich nach einigen Monaten zurückbildet und die Extremitäten hervortreten. Diese Thatsache (S. 107), welche meinen Erwartungen nicht entsprach, da ich die Erhaltung dieses unter den ungewohnten Umständen nützlicheren Organs für wahrscheinlicher hielt, beweist, wie mächtig die Vererbung wird, wenn sie schon lange gewirkt hat. Trotz der günstigsten Bedingungen verliert die Froschlarve nach Absperrung der Atmosphäre im lufthaltigen Wasser den ihr zur Lebenserhaltung äusserst wichtigen Schwanz und erhält sie die ihr nur auf dem Lande wichtigen im Wasser viel weniger brauchbaren Beine. In Folge davon wird ihre ganze Ernährung benachtheiligt. Ich halte es aber für möglich, dass dennoch bei noch besserer Fütterung, als ich sie gewährte, der geschwänzte kiemenathmende Frosch dauernd gezüchtet werden kann. Anfangs ist die Nahrung des noch ganz embryonalen Thieres rein animalisch, sie besteht ausschliesslich aus der nach dem Absetzen der Eier im Wasser stark quellenden mucinreichen Gallerte und den anhaftenden Infusorien. Werden die eben ausgeschlüpften Froschquappen von dieser getrennt, so verhungern sie (nach den Versuchen von Higginbottom) und verzehren sie nach 13-tägigem Fasten binnen 7 Tagen die ganze Gallerte. Dann nehmen sie vegetabilische Nahrung zu sich, besonders massenhaft Chlorophyll von Grashalmen und Algen, wie ich oftmals direct beobachtete. Sie können sich bei dieser Nahrung allein völlig zu Fröschen metamorphosiren. Doch habe ich sie zugleich frischgetödtete Froschquappen mit Gier verzehren gesehen.

Die Ernährung des Vogel-Embryo.

Nach der Entwicklung des Dotterkreislaufs werden zwar ohne Zweifel Bestandtheile des Nahrungsdotters vom Blute durch die Gefässwand aufgenommen, aber weitaus der grösste Theil des gelben Dotters bleibt im Vogelei unresorbirt bis zum letzten Drittel der Incubationszeit. Die Tafel VI zeigt in Fig. 1 in natürlicher Lage einen Hühner-Embryo vom 20. Tage in der Allantois und Eischale, in Fig. 2 einen solchen vom 19. Tage nach Ablösung der Häute mit dem Dotter im Dottersack in natürlicher Grösse von oben gesehen, auf einer Schiefertafel horizontal liegend, wodurch, wegen Ausbreitung des fluctuirenden Dottersacks, die grosse Menge des innerhalb 2 Tagen vor dem Ausschlüpfen noch aufzunehmenden Nährmaterials besonders deutlich wird. Während der Resorption färbt sich, wie E. H. Weber 1851 bemerkte, die Leber am 19. und 20. Tage der Bebrütung immer mehr dottergelb. Zuerst entstehen gelbe Streifen, und der rechte Lappen wird schneller gelb, als der linke. Die Blutcapillaren bleiben roth, die Gallencapillaren werden gelb, und Weber sah in ihnen massenhaft angehäufte kleinste gelbe Kügelchen. Er meinte sogar, es gelange die ganze Dottermasse durch die *Vasa omphalo-mesaraica* und vielleicht Lymphgefässe in die Leber, wo sie verändert und in den Gallencapillaren deponirt werde, um später wieder vom Blute zum Theil aufgenommen und assimilirt zu werden. Er fand den *Ductus vitello-intestinalis* verschlossen, sodass (am 19. bis 20. Tage durch stärkeren Druck) kein gelber Dotter [361 in den Darm gelangte. Auch für Fische (*Alosa* und *Gobius*) behauptete de Filippi (1847), dass der Nahrungsdotter nicht [341 in den Darm, sondern in die Leber eintrete bei der Resorption. Jedoch ist nicht zu bezweifeln, dass ein grosser Theil des Nahrungsdotters direct in den Darm gelangt, weil man (wie bei *Salamandra*) Dotterplättchen im Darm findet und die Resorption beim Hühnchen in den letzten Tagen vor und den ersten Tagen nach dem Auskriechen zu schnell vor sich geht, als dass sie durch die inzwischen verkümmerten Dottersackgefässe allein bewerkstelligt werden könnte. Die gelbe Substanz in den Gallengängen, welche E. H. Weber sah, kann zum Theil Fett, zum Theil Bilirubin gewesen sein, wich aber, wie er erklärt, erheblich von der Galle in der Gallenblase ab. Diese ganze Frage bedarf einer gründlichen Untersuchung.

Wie es sich auch mit der Resorption verhalten mag, jedenfalls wird normaler Weise der Dotter zwar nicht immer vor dem Aufbrechen, aber immer vor dem Auseinanderfallen der Schale vollständig in die Bauchhöhle aufgenommen und in ihr der Dottersack durch Assimilation seines Inhalts schnell kleiner, so dass man schon durch den Anblick und Palpation bei eben ausgeschlüpften Hühnchen, welche man einige Tage hungern lässt, sogleich den Verbrauch des Dotters erkennen kann, wie ich öfters wahrnahm. Schliesslich ist vom Dotter nichts mehr übrig. Der Rest des Dottersacks pflegt dann auch meist nicht wieder gefunden zu werden. In mehreren Fällen, bei verschiedenen Vogelarten, ist er aber in Form eines Divertikels am Darm mit ziemlich langem Stiele doch gesehen worden, so von Budge, der auch [161 andere Angaben darüber sammelte. Er fand in dem gestielten Bläschen eine gelbe Masse. Der Stiel entsprang von der Oberfläche des Darmes mit feinen Fäden, welche sich bis zur Innenfläche nicht erstreckten.

Wann der Dotter vollständig assimilirt ist, habe ich nicht ermittelt, aber mich davon überzeugt, dass wenige Stunden nach dem Verlassen der Schale gekochtes Eigelb, das dem Thiere vorgesetzt worden, verschluckt wurde. Freilich habe ich andererseits die eben ausgeschlüpften Hühnchen mehrere Tage ohne alle Nahrung am Leben erhalten. Während sie aber im letzteren Falle bedeutend abmagern und langsamer zu wachsen scheinen, werden sie, wenn vom Anfang an ausser dem Dotter, der ihre Bauchhöhle erfüllt, andere Nahrung ihnen gereicht wird, nach der sie picken können, schnell stark und lebhaft.

Demnach ist der Dotter eine Reserve-Nahrung, welche um so schneller zur Resorption gelangt, je weniger fremde Nahrung durch den Schlund in den Kropf eingeführt wird.

Die oft discutirte Frage, ob **Bestandtheile der Kalkschale des Vogeleies von dem Embryo zu seiner Ernährung** verwendet werden, ist noch in der neuesten Zeit bald bejaht, bald verneint worden auf Grund von chemischen Untersuchungen des Ei-Inhaltes und der zugehörigen Schale vor und nach der Bebrütung.

Prout (1822) war der erste, welcher behauptete, [275. 208, 31 zu Ende der Incubation finde sich erheblich mehr Calcium und Magnesinm im Ei-Inneren, als zu Beginn derselben. Seinen Bestimmungen zufolge lieferte der Inhalt eines befruchteten Eies von 59 Grm.

	Frisch	In der 2. und 3. Woche	Am letzten Tage
Schwefelsäure	0,01 bis 0,025	0,015 bis 0,025	0,015 bis 0,025
Phosphorsäure	0,2 „ 0,225	0,195 „ 0,235	0,205 „ 0,216
Chlor	0,06 „ 0,065	0,05 „ 0,06	0,035 „ 0,04
Alkalien und Alkalicarbonate	0,16 „ 0,17	0,14 „ 0,15	0,12 „ 0,13
Erden und Erdcarbonate	0,045 „ 0,05	0,015 „ 0,035	0,19 „ 0,20

Also wurden aus dem reifen Hühnchen im Ei viermal soviel Calcium- und Magnesium-Verbindungen erhalten, als aus dem Inhalt des frischen Eies. Doch wurden im Ganzen nur 13 Eier untersucht. Die Schlussfolgerung, der Embryo entnehme der Schale Kalk, ist schon wegen dieser geringen Anzahl als nicht genügend begründet anzusehen. Dazu kommt, dass Prout die Schalen garnicht untersuchte und deutlich durchblicken lässt, eine Neubildung von Calcium und Magnesium im Ei während der Bebrütung könne nicht ausgeschlossen werden. Obwohl er ausdrücklich hervorhob, die Eierschalen seien individuell so verschieden, dass sich nicht einmal eine mittlere Kalkmenge für dieselben angeben lasse, bedachte er nicht, wie sehr der Inhalt zweier Hühnereier von gleichem Gewicht variiren kann. Mit demselben Rechte, wie eine Zunahme des Kalkes, hätte man eine Verminderung des Chlors während der Bebrütung auf Grund seiner Befunde annehmen können, weil sich davon im reifen Hühnchen nur etwa halb soviel wie im frischen Ei fand, wie die mitgetheilten Zahlen zeigen.

Aus einem anderen Grunde sind die Bestimmungen des Kalkes im frischen Ei-Inhalt und Hühnchen einerseits, in den Schalen des ersteren und letzteren andererseits, welche Vaughan und Bills (1878) in Michigan ausführten, nicht beweisend. Hier [289 war nämlich die Methode mangelhaft, sofern der Kalk in der Asche, nach Auflösen derselben in Salzsäure und Fällung mit Schwefelsäure nach Alkoholzusatz bestimmt wurde. Hiernach enthielte das eben reife Hühnchen etwa fünfmal soviel Kalk (CaO), wie der frische Ei-Inhalt, jenes 0,157 Grm., dieser 0,029 im Durchschnitt. Nun ist aber die letztere Ziffer so klein, dass sie nicht richtig sein kann. Der Inhalt des frischen Eies müsste dann weniger als 1 pro Mille Kalk enthalten. Zudem entspricht der Kalkgehalt der Schalen durchaus nicht dem Unterschiede. Denn 6 frische Eischalen lieferten zusammen 3,241 Grm. Calciumsulphat weniger als 6 Schalen von bebrüteten Eiern mit reifen Hühnchen. Demnach hätte der Embryo keinen Kalk der Schale entzogen, vielmehr ihr durchschnitttlich 0,223 Kalk zugeführt. Also ist die ganze Rechnung unzulässig. Der Kalk muss für jede Ei-Schale und den zugehörigen Ei-Inhalt einzeln, nicht für 6 zusammen bestimmt werden, und wenn auch die von Vaughan und Mills untersuchten 12 frischen Eierschalen als Mittelwerth für eine Eischale 2,341, die 12 bebrüteten 2,208 Grm. Kalk lieferten, so wäre es nach Obigem völlig unstatthaft, zu folgern, es würden durchschnittlich 0,133 Grm. Kalk vom Embryo der Schale entnommen.

Noch weniger brauchbar sind die Bestimmungen von J. Gruwe in Greifswald (1878). Er fand in einem reifen Hühnerembryo [290 und in 7 bebrüteten entwickelten Eiern der letzten Woche durchschnittlich sehr viel mehr Calciumphosphat, als in 4 frischen Eiern, aber in der Kalkschale des bebrüteten Eies zweimal ebenfalls sehr viel mehr Calciumphosphat, als in der des unbebrüteten. Hieraus schliesst der Autor, in der Schale werde während der Bebrütung Calciumcarbonat in Calciumphosphat zum Theil umgewandelt und vom Embryo verwendet; Lecithin liefere wahrscheinlich die Phosphorsäure. Wenn aber die Schale bebrüteter Eier solche

16*

Veränderungen erfahren soll, dann müsste sie am Ende der Incubation weniger Calciumcarbonat, weniger Calcium im Ganzen und doch mehr Calciumphosphat enthalten, so dass eine nicht unerhebliche Menge Lecithin oder sonstige phosphorhaltige Substanz aus dem Ei-Inneren Phosphor an die Schale abgäbe, ohne für den Embryo verwendbar zu bleiben. Diese sehr unwahrscheinliche Consequenz findet weiter unten ihre Widerlegung durch den Nachweis, dass frischer Ei-Inhalt nicht mehr Phosphorsäure liefert als reife Hühnchen.

Wenn Prout's Lehre von der Betheiligung der Eierschale an der Ernährung des Embryo durch ihre Anhänger keine thatsächliche Unterstützung erhielt, so ist sie doch von ihren Gegnern keineswegs widerlegt worden. C. Voit in München verglich [illegible] 12 unbebrütete Eier mit 8 entwickelten, untersuchte aber nicht die einzelnen Eier. Für die Schalen ergab sich (nach Fosters Bestimmungen) in Grm. auf ein Ei von 50 Grm. reducirt:

	Trocken	Asche	Kalk
Ei entwickelt	4,315	4,112	2,157
Ei unentwickelt	4,351	4,083	2,142

Die Schalen der entwickelten Eier enthielten also nicht weniger Kalk, als die der frischen, wie schon E. Hermann und [illegible] Voit früher (1871) gefunden hatten. In einem Hühnchen wurden aber nur 0,0234, im unentwickelten Ei-Inhalt nur 0,0345 Grm. Kalk gefunden, was nicht richtig sein kann (vergl. S. 245).

Alle bisherigen Bestimmungen des Kalkgehaltes der Schalen, der Hühnchen und des frischen Ei-Inhaltes können die Frage nicht entscheiden, weil sie sich entweder nur auf die Erzielung von Durchschnittswerthen beschränken oder ganz unrichtig sind, oder zu wenige einzelne Eier betreffen.

Daher wurde von Dr. Rob. Pott und mir eine grössere Anzahl von unbebrüteten, bebrüteten unentwickelten und entwickelten Eiern, im ganzen 34, einzeln untersucht, nämlich der Inhalt und die Schalen von 10 eben reifen Hühnchen, von 10 entwickelten Eiern der 1. und 2. Woche, von 9 bebrüteten unentwickelten Eiern und von 5 unbebrüteten. Aus den erhaltenen Zahlen geht mit Sicherheit hervor, dass **die Kalkschale des [illegible] Eies bei der Ernährung des Embryo sich nicht betheiligt.**

Ich stelle hier die zum Beweise erforderlichen, den Kalk und die Phosphorsäure betreffenden Zahlen zusammen:

Ei-Nr.	Bebrütungsdauer in Tagen	In der Asche des Ei-Inhalts Kalk Grm.	In der Asche des Ei-Inhalts Phosphorsäure Grm.	In der Asche der Ei-Schale Kalk Grm.	In der Asche der Ei-Schale Phosphorsäure Grm.	Das Ei
1	6	0,1213	0,2253	2,0466	0,0446	entwickelt
2	7	0,1314	0,1901	2,1322	0,0412	"
3	7	0,0923	0,2192	2,0000	0,0430	"
4	4	0,1191	0,2203	2,8020	0,0451	"
5	6	0,1312	0,2010	2,0439	0.0423	"
6	12	0,0983	0,2219	2,0000	0,0420	"
7	12	0,1283	0,2786	2,0016	0,0432	"
8	12	0,1164	0,2241	2,0894	0,0452	"
9	14	0,1100	0,2458	2,1349	0,0461	"
10	15	0,1137	0.2582	2,3239	0,0454	"
11	21	0,1787	0,1998	2,3825	0,0449	Hühnchen
12	21	0,1143	0,2342	2,6181	0,0405	"
13	21	0,1178	0.2256	2,8474	0,0400	"
14	21	0,1223	0,2146	2,0456	0,0399	"
15	21	0,1747	0,2093	2.8709	0,0402	"
16	21	0,1320	0,1940	2,0543	0,0413	"
17	21	0,1801	0,2467	2,1265	0,0431	"
18	21	0,1234	0,2631	2,4739	0,0408	"
19	21	0,0913	0.2345	2,0738	0,0405	"
20	21	0,1622	0,2146	2,0401	0,0448	"
21	1. Woche	0,1194	0,2969	2,9540	0,0476	unentwick.
22	"	0,1121	0,1903	2,0000	0,0423	"
23	"	0,1242	0,2725	2,0324	0,0410	"
24	2. Woche	0,1326	0,2315	2,0004	0,0430	"
25	"	0.1543	0.2279	2,1213	0,0412	"
26	"	0,1199	0.2365	2,4519	0,0450	"
27	3. Woche	0,1124	0,2097	2,1848	0,0493	"
28	"	0,1016	0.2321	2,0942	0,0442	"
29	"	0,1453	0,2100	2,2084	0,0481	"
30	nicht erwärmt	0,1232	0,2622	2,4445	0,0480	au der Luft 3 Wochen gelegen
31	" "	0,1425	0,2213	2,9846	0,0445	
32	" "	0,1213	0.2340	2,0000	0,0421	
33	" "	0,1146	0,2407	2,1421	0,0390	
34	frisch gelegt	0,1124	0,2534	2,1345	0,0401	—

In verschiedener Weise lässt sich aus diesen Zahlen der [?] Beweis dafür ableiten, dass der Embryo keinen Kalk und keine Phosphorsäure der Eischale entnimmt.

Zunächst zeigt sich, dass der Kalk des Gesammt-Eies (Inhalt + Schale) im Minimum 2,0923, im Maximum 3,1265, im Mittel (aus den 34 Summen) 2,3869 Grm. beträgt. Von den 10 Eiern mit reifen Hühnchen haben 5 einen geringeren, 5 einen höheren Kalkgehalt, als diesem Mittel entspricht; sie können aber nicht bezüglich ihres Gesammt-Kalkgehaltes 10 unentwickelten Eiern gleichgestellt werden, weil sie zusammen 24,9299, durchschnittlich also 2,493 Grm. Kalk, jene aber durchschnittlich nur 2,352 enthalten. Setzt man daher für jedes einzelne der 34 Eier den Gesammt-Kalk = 100 und berechnet man für jedes, wieviel auf den Inhalt, wieviel auf die Schale kommt, so wird man eher Aufschluss erhalten über die etwaige Änderung der Vertheilung des Kalks durch die Bebrütung. Es ergibt sich hier folgendes:

Eier	Kalk i. M.	
	Schale	Inhalt
5 Unbebrütete	95,0	5,0
9 Bebrütete unbefruchtete	94,6	5,4
10 Unvollständig entwickelte	94,8	5,2
10 Vollständig entwickelte	94,3	5,7

Die Unterschiede sind sehr klein. Da aber ein Skeptiker aus ihnen ableiten könnte, der Embryo entnehme doch einige Milligrm. Kalk der Schale, so ist es nicht überflüssig hervorzuheben, dass den 5 unbebrüteten Eiern mit 4,6; 4,8; 5.0; 5,0; 5,7 % Kalk für das Ei-Innere 5 reife Hühnchen mit 4.0; 4,2; 4,2; 4,7; 5,7 % Kalk gegenüberstehen. Ausserdem ist aus der Tabelle leicht zu ersehen, dass ein constantes Verhältniss zwischen dem Kalk der Schale und dem des Inhalts nicht existirt. Es schwankt schon bei den 14 unentwickelten Eiern zwischen 96,1 : 3,9 und 93,2 : 6,8 und es beträgt für die zehn eben reifen Hühnchen zwischen 96,0 : 4,0 und 92,2 : 7,8. Die Einzelwerthe für diese sind nämlich

Ei:	11	12	13	14	15	16	17	18	19	20
Schale:	93.0	95,8	96,0	94,4	94,3	94.0	92,2	95,3	95,8	92.6
Hühnchen:	7.0	4,2	4,0	5,6	5,7	6,0	7,8	4.7	4.2	7.4

Bei den 10 nicht vollständig entwickelten Eiern bewegt sich das Verhältniss zwischen 95,6 : 4,4 und 94,0 : 6,0.

Man kann also auf diesem Wege nur zeigen, dass das Verhältniss des Kalks in der Schale zu dem des Inhalts nach der Entwicklung des Embryo in 17 aus 20 Fällen die äusserste Grenze nach oben nicht überschreitet. Die 3 Fälle, in denen die 6,8% überschritten werden, sind also durch den Entwicklungsprocess nicht bedingt.

Auf anderem Wege lässt sich aber die Unwahrscheinlichkeit einer Verwendung des Schalenkalks zur Embryobildung noch anschaulicher darthun.

Das Gesammt-Innere des unentwickelten Eies liefert im Maximum 0,1543, im Minimum 0,1016 Kalk, im Mittel 0,124. Wenn nun das reife Hühnchen mehr Kalk enthält, als das frische Ei-Innere, dann muss der Kalkgehalt der Hühnchen diesen Mittelwerth erheblich öfter überschreiten, als nicht erreichen. In Wahrheit aber sind die Werthe 5mal niedriger und 5mal höher als das Mittel, und der niedrigste Werth, den die 34 Eier lieferten, 0,0913, gehört einem reifen Hühnchen an. Die Eier, welche unreife Embryonen der 1. bis 3. Woche enthielten, bleiben sogar in 7 Fällen von 10 unter dem Mittel, die vom 12. bis 15. Tage in 4 von 5 Fällen.

Ferner beträgt das Minimum des Kalks in der Schale unentwickelter Eier 2,0000, das Maximum 2,9840, das Mittel 2,268. Verlöre die Schale durch den Embryo an Kalk, dann müssten die 10 Hühnchenschalen dieses Mittel öfter nicht erreichen, als überschreiten. In Wahrheit aber sind die Werthe 5mal höher und 5mal niedriger als das Mittel, und die 7 niedrigsten Werthe (2,000 bis 2,032) finden sich gerade nicht bei den Schalen reifer Hühnchen, vielmehr ist der mittlere Kalkgehalt der Schalen letzterer 2,353 zufällig höher (um 0,085), als das allgemeine Mittel. Dass die Schalen der 10 unvollständig entwickelten Eier meist unter dem Mittel bleiben, kann hiergegen um so weniger in's Gewicht fallen, als die zu ihnen gehörigen Ei-Contenta nicht etwa entsprechend mehr Kalk enthalten, sondern ebenfalls, wie bereits erwähnt wurde, der Mehrzahl nach (in 7 von 10 Fällen) und durchschnittlich unter dem allgemeinen Mittel (0,124) bleiben.

Schliesslich ist auch aus dem das Mittel übersteigenden Kalkgehalt von 5 Hühnchen nichts für eine Entkalkung der Schale herzuleiten, weil die zu ihnen gehörenden 5 Schalen zusammen nicht weniger, sondern mehr als das verfünffachte allgemeine Mittel (2,268) an Kalk lieferten, im Durchschnitt jede 2,295.

Also an Kalk enthält das Hühnchen nicht mehr und nicht weniger als der Ei-Inhalt, aus dem es sich entwickelt. Die Schale des Vogeleies verliert keinen Kalk während der Bebrütung.

Dasselbe gilt für den Phosphor. Denn es lieferten:

Phosphorsäure.	Min.	Max.	Mittel.
14 Schalen von unentw. Eiern . . .	0,039	0,049	0,044
10 „ „ entwick. „ . . .	0,042	0,046	0,044
10 „ „ Hühnchen	0,040	0,045	0,042
Der Inhalt von 14 unentw. Eiern	0,190	0,297	0,228
„ „ „ 10 entw. „	0,190	0,279	0,228
10 eben reife Hühnchen	0,194	0,263	0,224

Demnach kann die Behauptung, der Embryo gebe Phosphor in irgend einer Verbindung an die Schale ab, nicht aufrecht erhalten werden, vielmehr wird der Phosphorgehalt des Ei-Inneren und der der Eischale durch die Bebrütung und Embryobildung ebensowenig verändert wie der Kalkgehalt beider.

Woher die von der veraschten Eischale gelieferte Phosphorsäure stammt, kann nicht zweifelhaft sein, denn die Phosphate des Calcium und des Magnesium müssen als präexistirende Verbindungen in der Schale angenommen werden. Dass aber die vom Ei-Inneren, dem Dotter und Albumen und Embryo gelieferte Phosphorsäure, deren Menge fünfmal so gross, als die von der Schale gelieferte ist, nicht von Phosphaten allein herstammt, ist gewiss. Lecithine und Nucleïne müssen beim Erhitzen und Veraschen zerstört, durch den Sauerstoff der Luft oxydirt werden und so Phosphorsäure erst bilden. Das Calcium des Ei-Inneren kann nur zum Theil im Phosphat vorhanden sein.

Von anderen Ergebnissen, zu denen Dr. Pott und ich in Betreff des Stoffwechsels im bebrüteten Vogelei kamen, ist hier noch hervorzuheben, dass die Schalen der unbebrüteten Eier mehr Wasser enthalten, als die der bebrüteten, nämlich jene im Mittel 0,612, diese 0,471 (unentw.), 0,355 (unvollst. entw.), 0,375 (vollst. entw.), daher die grössere Brüchigkeit der letzteren. Das abgegebene Wasser kommt nicht dem Embryo zu gut, sondern es wird an die Luft exhalirt (S. 126 fg.).

Die reifen Hühnchen enthalten aber absolut weniger Trockensubstanz und mehr Wasser, als der Inhalt der unbefruchteten 21 Tage lang bebrüteten Eier, erstere 24,50, letztere 23,18 Grm. Wasser durchschnittlich, wie sich schon aus der ungleichen Wasserexhalation beider vorhersagen liess (S. 127). Dieser Punct verlangt eine nähere Betrachtung. Es seien für ein entwickeltes und ein unentwickeltes normales Ei von 50 Grm. folgende Werthe in Grm. für 21 Brüttage gefunden worden, welche jedenfalls der Wahrheit nahe kommen müssen (nach S. 123 und der Taf. VIII):

	G		*W*		*K*		*L*
Entw.	9,80	=	7,90	+	6,15	−	4,25
Unentw.	9,25	=	10.26	+	2,50	−	3,51

wobei wieder *G* die Gewichtsabnahme, *W* das exhalirte Wassergas, *K* die ausgeathmete Kohlensäure und *L* die aufgenommene Luft bedeutet, so folgt daraus zunächst, dass bei Erwärmung des unbefruchteten Eies auf Brüttemperatur während 21 Tagen 2,36 Grm. Wasser (*W*) mehr abgegeben werden, als vom entwickelten Ei in derselben Zeit. Das Hühnchen im Ei kann schon wegen der Bildung seiner Häute, trotz seiner wasserreichen Gewebe, nicht soviel Wasser exhaliren, wie nicht differenzirter Ei-Inhalt. Ferner verliert das embryonale Ei in den drei Brütwochen 3,65 Grm. Kohlensäure (*K*) mehr als das unbefruchtete, welche allein durch den Stoffwechsel in den embryonalen Geweben entstehen oder abgespalten werden. Das eben reife Hühnchen enthält also erheblich weniger Wasser und weniger Kohlenstoff als der Dotter und das Albumen, aus denen er sich gebildet hat. Von einem der wichtigsten organischen Elemente muss der Embryo, um während der Entwicklung am Leben zu bleiben, viel hergeben, nämlich mehr als ein Grm. Kohlenstoff. Das bebrütete befruchtete Ei verliert im Ganzen $1\frac{2}{3}$ Grm., das bebrütete unbefruchtete nur etwa $\frac{2}{3}$ Grm. Kohlenstoff. Die Kohlensäure, in welcher diese $1\frac{2}{3}$ Grm. Kohlenstoff entweichen, stammt aus den Allantoisarterien, somit aus den Geweben des Embryo, und nur ein kleiner Theil der vom entwickelten Ei exhalirten Kohlensäure kann in der zweiten Hälfte der Brütezeit, unabhängig vom Embryo, wie im unentwickelten bebrüteten Ei entstehen, weil dann fast kein Albumen mehr da ist.

Es ist hierdurch sicher dargethan, dass mit den assimilatorischen Functionen des embryonalen Gewebes schon in sehr frühen Entwicklungsstadien dissimilatorische Processe solidarisch verbunden sind. Die embryonale

Ernährung ist nicht ohne oxydative Zersetzung möglich. Daher die Nothwendigkeit der Sauerstoffzufuhr vom Anfang an.

Durch die Kohlensäure-Abgabe muss ferner die Trockensubstanz des Eies während der Bebrütung mehr abnehmen, wenn sich ein Hühnchen darin entwickelt, als wenn dieses nicht der Fall ist. In der That ergeben die directen Bestimmungen für die Trockensubstanz des Ei-Inhalts einen grossen Unterschied, während die Gesammtmenge der Mineralstoffe in der Trockensubstanz unverändert bleibt, wie die folgende Tabelle zeigt.

Eier	Trockensubstanz in Grm.			Mineralstoffe in Grm.		
	Min.	Max.	Mittel	Min.	Max.	Mittel
9 unentw. bebrüt.	10,89	13,10	11,78	0,50	0,59	0,54
5 unbebrütet . . .	10,56	13,23	11,72	0,51	0,59	0,55
10 unvollst. entw. .	11,49	13,10	12,18	0,50	0,59	0,56
10 Hühnchen	8,52	11,51	9,85	0,52	0,59	0,55

Da die 10 unvollständig entwickelten Eier in die Zeit vom 4. bis 15. Brüttage fallen und viel Trockensubstanz liefern, so folgt, dass die Verminderung der Trockensubstanz durch Kohlenstoff-Verlust trotz der reichlichen Sauerstoff-Aufnahme fast ganz in die letzte Brütwoche fällt.

Endlich ergibt sich noch aus dem Obigen deutlich, dass, da ein grosser Theil des vom bebrüteten entwickelten Ei abgegebenen Wassers aus dem Blute der oberflächlich liegenden Allantoisgefässe stammt, das Blut in den Allantoisvenen, welches in den Embryo zurückströmt, weniger Wasser enthalten muss, als das ihn verlassende Blut. Die Gewebe des Embryo nehmen aber absolut continuirlich an Wasser zu; der Nahrungsdotter und das Eiweiss können an die Dottersack- und Allantois-Gefässe nur einen Theil dieses Wassers liefern — ersterer wird sichtbar consistenter, letzteres nimmt schnell ab —, folglich muss der Embryo durch Verschlucken des Amnioswassers in den späteren Entwicklungsstadien seinen Bedarf an Wasser decken. In der That ist zuletzt das Amnioswasser bis auf den letzten Tropfen verschwunden.

Wegen dieser reichlichen Wasseraufnahme in der letzten Incubationswoche ist es nicht unwahrscheinlich, dass nicht allein der absolute, sondern auch der relative Wassergehalt des eben zum Ausschlüpfen reifen normalen Hühnchens etwas grösser wird, als der des Hühner-Embryo der zweiten Woche.

Die wenigen Bestimmungen des Wassergehaltes frischer Hühner-Embryonen und unmittelbar nach dem Ausschlüpfen getödteter Hühnchen von Rob. Pott stehen damit im Einklang. Denn ich berechne aus seinen [118
Zahlen für den frischen Embryo vom 3. Tage 88 bis 90% (2 Fälle), vom 4. Tage 68,3 bis 83,4%, vom 6. Tage 69,1% (1 Fall), vom 11. Tage 58,7% Wasser, während auf die reifen Hühnchen zwischen 69,0 und 74,1% (10 Fälle) Wasser kommt, und zwar enthielten 8 von 10 Hühnchen über 70% Wasser. Der Umstand, dass die Summe des frisch gewogenen Hühnchens plus seiner gesondert gewogenen Schale immer erheblich kleiner ausfiel, als das Gewicht des unversehrten Eies mit dem lebenden Hühnchen (wegen des un- [208, 363
vermeidlichen Wasserverlustes durch Verdunstung vor der Wägung) kommt als Einwand hierbei nicht in Betracht, weil die Trockensubstanz des Hühnchens dieselbe bleibt und der Wassergehalt desselben nur noch grösser ausfiele, wenn jene Differenz seinem Gewichte hinzugefügt würde. Da es sich aber nur um das Wasser an der Oberfläche handelt, welches der Haut und dem Flaume adhärirt, so wäre diese Addition unzulässig.

Die Ernährung des Säugethier- und Menschen-Embryo.

In der placentalen Entwicklungszeit ist, wie schon vor mehr als zwei Jahrhunderten der geniale John Mayow bestimmt aussprach, die Placenta nicht nur die Lunge, sondern auch das Ernährungsorgan des Fötus. Und doch wurde noch in diesem Jahrhundert die nutritive Function ihr abgesprochen. [440

Aus der Placenta erhält die Nabelvene die zum Aufbau und Leben der Frucht erforderlichen Nährstoffe. Aristoteles wusste bereits, dass die (placentalen) Säugethier-Embryonen durch den Nabel ernährt werden. [213

Dass aber das Nabelvenenblut die einzige Nährstoffquelle nicht ist, kann heute nicht mehr fraglich erscheinen, denn es steht jetzt fest, was früher oft zweifelnd geäussert wurde, dass [247. 300
ausser der Zufuhr von Nährstoffen durch die Nabelvene auch noch eine Aufnahme von Fruchtwasser seitens des Fötus stattfindet, theils durch Verschlucken, theils durch Resorption desselben. Wenn auch das intrauterine Schlucken nicht allgemein als nothwendig anerkannt ist, da lebende wohlgenährte, reife Monstra ohne Kopf und Mundöffnung oder mit undurchgängigem Oeso- [50
phagus vorkommen, so wird doch dadurch das regelmässige oder unregelmässige Verschlucken von Fruchtwasser seitens normaler Früchte nicht im Mindesten unwahrscheinlich gemacht und namentlich davon die Resorption durch die fötale Haut und Nabelschnur nicht im geringsten berührt.

Diese beiden Nährwege, von denen die erste mehr in den

späteren, die letztere mehr in den früheren Stadien der embryonalen Entwicklung vorkommen kann, seien zunächst erörtert.

Über das Verschlucken und Verdauen des Fruchtwassers sind die Ansichten getheilt.

Dass die Hühnerembryonen im Ei Fruchtwasser schlucken, [illegible]
welches man dann im Magen in grösseren oder geringeren Mengen vorfindet, haben bereits Harvey (1651) und Haller oft beobachtet. [illegible]
Ich kann diesen Befund bestätigen. In sehr vielen Embryonen vom 17. Tage an bis zur völligen Reife fand ich theils weisse und gelblich-weisse Coagula, theils eine gelbliche Flüssigkeit reichlich, theils beides im Magen, so dass in diesem Falle nicht allein die Aufnahme des Amnioswassers durch den Schnabel, sondern auch die Verdauung seiner Albumine im Ei als normaler Weise vorkommend anzusehen ist. Was für das Haushuhn gilt, wird in dieser Beziehung auch für andere Vögel gelten. Und weshalb sollte es nicht auch für den vom Fruchtwasser umgebenen Embryo des Säugethiers gleichfalls Geltung haben? da doch Schluckbewegungen intrauterin möglich sind. Was sollte den Fötus verhindern, seinen Mund intrauterin zu öffnen, da er es doch, wenn er zu früh geboren wird, sogleich vermag?

Im Magen todtgeborener menschlicher Früchte fand Osiander (schon im vorigen Jahrhundert) nebst vielen anderen guten Beobachtern mehr oder weniger Fruchtwasser, wie Scheel be- [illegible]
richtet und bestätigt. Sollte es da nur durch vorzeitige Athembewegungen mit starker Aspiration, also abnormer Weise verschluckt worden sein, und liesse sich dasselbe auch für die Fälle annehmen, in denen bald nach der Geburt Fruchtwasser durch Erbrechen entleert ward, so ist doch das constante Vorhandensein von Flüssigkeit in der Darm-, Mund-, Nasen- und Rachen-Höhle des Fötus kaum anders, als durch intrauterine Aufnahme, namentlich Verschlucken desselben, zu verstehen. Denn wollte man einwenden, jene Höhlen seien mit einer anderen Flüssigkeit als Fruchtwasser angefüllt, so wäre das schon von Reigner de Graaf [illegible]
constatirte Fehlen der Flüssigkeit im Magen mundloser und acephaler Monstren unverständlich und eine anderweitige Herkunft derselben erst nachzuweisen.

Mit Recht hebt Rauber hervor, dass zu einer gewissen Zeit [illegible]
der fötalen Entwicklung Fruchtwasser-Buchten durch die Mund- und Nasen-Öffnung sich in das Innere des Fötus erstrecken, dass die Nasen-Rachen-Höhle und der Kehlkopf vor der Geburt Fruchtwasser enthalten — die Trachea fand er ohne Lichtung, also leer —

und dass dieses „innere Fruchtwasser“ bei der Bildung der Nasen- und Mund-Höhle noch „äusseres Fruchtwasser“ war, welches nicht einmal aspirirt oder verschluckt worden zu sein braucht. Bei der Geburt wird es theils abfliessen, theils verschluckt und bei der ersten Athembewegung oft zum Nachtheil des Kindes aspirirt. Zu Anfang umspült es den ganzen Embryo und muss in alle seine durch rapide Zelltheilung wachsenden Gewebe dringen.

Dass aber später, zumal kurz vor der Geburt, viele Schluckbewegungen stattfinden, ist durch viele Beobachtungen erwiesen, da im Fruchtwasser suspendirte vom Fötus abgestossene Theile, auch Meconium im Magen vorkommen. Ich führe einige Beispiele an.

In dem Magen eines 7 bis 8 Monate alten Pferdefötus fand [6
Crepin eine grosse Menge Hornstückchen von derselben Beschaffenheit, wie an den Hufen des Fötus. Viele waren 3 bis 4 Centim. lang, 3 bis 10 Millim. breit, 3 Millim. dick. Im Fruchtwasser fanden sich noch mehr solcher Körper, welche sich von den Hufen nachweislich abgelöst hatten. In zwei anderen Füllen eines intrauterinen Todes des Pferdefötus, wurde dasselbe beobachtet. [105, 190
Oft finden sich Haare im Magen neugeborener Kälber, ja sogar ganze Haarballen.

Im Magen der noch nicht reifen Meerschweinchenembryonen, welche mit dem Kopf zuerst schnell ausgeschnitten wurden und keine intrauterine Athembewegung gemacht hatten, fand ich gleichfalls Haare, in dem reifer oft grosse Mengen einer gelblichen Flüssigkeit, welche die Eiweissreactionen gab.

Schon Needham (1667) fand im Fötusmagen nicht selten in das Fruchtwasser entleertes Meconium wieder und Haller [76, 12. 24
erwähnt das constante Vorkommen von Haaren — die mit dem Fruchtwasser verschluckt wurden — im Meconium des Neugeborenen. Ähnlich Moriggia, welcher das Meconium des [306
Rindsfötus untersuchte.

Derartige Beobachtungen sind viel zu häufig, als dass sie für pathologisch gehalten werden dürften; es liegt dazu kein Grund vor. Selbst dann, wenn **nur** durch vorzeitige Inspirationsbewegungen Amnioswasser in den Magen gelangen sollte (was eine ganz [76, 228
willkürliche Annahme ist), würde es eher zulässig sein, solche vorzeitige Athembewegungen für physiologisch, als die Schluckbewegungen für pathologisch zu erklären; denn die bei reifen Todtgeborenen oder unmittelbar nach der Geburt Gestorbenen im Magen und Darm gefundenen Wollhaare und Epidermis-Schuppen

sind so reichlich, dass lange Zeit hindurch sehr viel Fruchtwasser verschluckt worden sein muss, und den Magen des reifen Hühnerembryo fand ich niemals leer.

Somit ergibt sich aus den vorhandenen Erfahrungen die grösste Wahrscheinlichkeit für das häufig vorkommende intrauterine Verschlucken von Fruchtwasser als eines physiologischen Actes. Auch Zuntz spricht sich auf Grund seiner Experimente in demselben (39) Sinne aus. Er injicirte nämlich trächtigen Kaninchen indigschwefelsaures Natrium in eine Vene und fand nur das Fruchtwasser und den Mageninhalt, aber sonst keinen Theil des Fötus bläulich gefärbt.

Wird aber Fruchtwasser verschluckt, so wird es auch in der späteren Embryonalzeit zum Theil verdaut und resorbirt werden können. Denn die Magenschleimhäute menschlicher Neugeborener und vieler nicht zu wenig entwickelter Embryonen mehrerer Thierarten sind peptisch wirksam gefunden worden — wovon weiter unten — und, was die Resorption betrifft, so liegen auch darüber ältere und neuere Beobachtungen vor, welche deren Möglichkeit beweisen. Boerhaave berichtet von einem durch die Ungeschicklichkeit der Hebamme verletzten Neugeborenen, dessen Baucheingeweide zum Theil bloslagen. Man sah da die Strömung der Lymphe in den Chylusgefässen, obwohl das Kind keine Nahrung erhalten hatte, und Brugmans fand bei unreifen Thierembryonen die Chylusgefässe *semper liquore subpellucido repletum*. Beides berichtet P. Scheel (1798). (217)

Wiener injicirte in den Magen des Fötus im Uterus (bei (300) Kaninchen und Hunden?) verdünnte Milch und fand nach etwa 9 Stunden die Darmzotten besonders an den Spitzen mit zahlreichen Fetttröpfchen erfüllt, konnte auch 2 bis 3 Stunden nach Injection von gelbem Blutlaugensalz in die Fruchtblasen im Mesenterium und in der Haut die Berliner-Blau-Reaction mit positivem Erfolge anstellen. Das fötale Darmepithel und die Chylusgefässe können also intrauterin schon ähnlich resorbirend wie später wirken, wenn auch nicht entfernt in so ausgedehntem Maasse wegen ihrer geringeren Entwicklung.

Es bedarf kaum weiterer Versuche zum Beweise der Resorptionsfähigkeit der Darmwand im Fötus. Ohne das Stattfinden von Resorptionsvorgängen würde auch die Consistenz des Meconium, das schon im 5. Monat angetroffen wird, unverständlich sein. Um mehr als einen Monat zu früh geborene Kinder verdauen sofort nach der Geburt das Colostrum und die Milch, welche sie bei sich behalten, also resorbiren. Somit kann nicht geleugnet werden, dass der Fötus schon lange vor der Geburt dem Geborenen resorbirbare, in seinen Verdauungscanal gelangte Flüssigkeit auch resorbiren kann, und dass er sie, wenn es der Fall ist, resorbirt.

Was die **Resorption des Fruchtwassers durch die Haut des Embryo** betrifft, so wurde dieselbe zwar bis jetzt nicht direct nachgewiesen, sie ist aber kaum zu bezweifeln.

Nach der Geburt ist allerdings die menschliche Haut entweder garnicht oder sehr wenig geeignet, in wässeriger Lösung befindliche Salze und Albumine durchtreten zu lassen, es wurde jedoch, soviel mir bekannt, das ungeborene Kind daraufhin noch nicht untersucht, und wenn auch für dasselbe, sowie für den der Reife nahen Säugethierfötus, sowie den Vogel im Ei kurz vor dem Ausschlüpfen, eine ähnliche Impermeabilität der Haut sich bei umfangreichen und gründlichen Prüfungen herausstellen sollte, so wäre doch damit die Möglichkeit eines anderen Verhaltens der noch wenig entwickelten embryonalen Haut in früheren Stadien keineswegs ausgeschlossen.

Die Bedingungen für eine Resorption des Fruchtwassers seitens des unreifen Embryo im Uterus, wie im Vogelei, sind insofern schon günstiger, als der Contact ein sehr lange dauernder, allseitiger und gleichmässiger ist. Auch hat die Körperoberfläche des Embryo eine ganz andere Beschaffenheit, als die des Geborenen, wie die Entwicklungsgeschichte derselben beweist. [30
Namentlich ist die Abschuppung der Oberhaut beim Embryo, das Vorhandensein besonderer sich früher oder später vor der Geburt abstossender Membranen (das Epitrichium Welcker's, die Epitrichialschicht Kerbert's) beweisend für die abweichende Beschaffenheit des embryonalen Integuments. Anfangs ist jedenfalls die Permeabilität viel grösser als später, und der Gedanke, dass die Ernährung des Embryo, namentlich die Wasserzufuhr, sowohl vor, als auch eine Zeitlang nach der Placentabildung zum Theil durch Aufnahme von Fruchtwasser seitens der Haut bewerkstelligt werde, nicht als unwahrscheinlich zu bezeichnen.

Bereits gegen Ende des ersten Monats ist in menschlichen Eiern etwas Fruchtwasser vorhanden, im zweiten Monat wurde [30, *311*
es in beträchtlicher Menge gefunden. Ungefähr von dieser Zeit [98
an könnte die Resorption durch die Haut beginnen, sei es, indem die polygonalen Zellen der Oberhaut selbst sich mit der Flüssigkeit zunächst imprägniren und sie dann an die unter ihnen befindlichen kleineren Zellen der künftigen Schleimschicht abgeben,

weil diese wasserärmer sein müssen, sei es, indem das Amnioswasser direct zwischen den Oberhautzellen eindringt.

Weder die Lymphgefässe im subcutanen Gewebe, noch die Hautcapillaren — überhaupt die Verbreitung der Blutgefässe in der Haut — sind bei Embryonen soweit untersucht, dass man den Zeitpunct ihrer Betheiligung an dem fraglichen Resorptionsprocess bestimmen könnte. Dass aber ein solcher stattfinde, ist schon längst behauptet worden, so von Lobstein (1802) und [13 P. Scheel (1798), welcher auch ältere Experimente über die frühzeitige resorptive Function der Embryo-Haut anführt, wie es scheint, von Brugmans. Dieser sah nach Unterbindung der Vorder- [247. 6 beine von jungen Kaninchen-Embryonen, die er in warmes Kaninchen-Fruchtwasser tauchte, angeblich nach Ablösung der Haut die *vasa lymphatica subcutanea* der unterbundenen Theile strotzend gefüllt. Nach Lösung der Ligatur verschwand schnell die Turgescenz.

Ich habe wiederholt bemerkt, dass junge — noch unbehaarte — Meerschweinchen-Embryonen, welche lebend in eine sehr verdünnte, blutwarme Carminlösung gebracht wurden, schon nach wenigen Stunden grosse Mengen des rothen Farbstoffs durch die Haut fast an allen Stellen der Oberfläche aufnahmen, so zwar, dass beim Einlegen der abgespülten intensiv rothen Früchte in destillirtes Wasser nur Spuren des Farbstoffs wieder austraten.

Diese unvollkommenen Versuche fordern zu erneuter Prüfung auf.

Jedoch ist — nach obigen Erfahrungen bewährter Beobachter — schon jetzt die Betheiligung des Fruchtwassers am Ernährungsprocess des Fötus nicht mehr zweifelhaft.

Es hat sich ergeben, dass im **Normalzustand vom Fötus Fruchtwasser verschluckt, verdaut, resorbirt werden kann.** Wenn auch der Albumingehalt ein geringer ist, so wird die absolute Menge des aufgenommenen Albumins durch Cumulirung sehr gross und die im Amnioswasser enthaltenen Salze (Natriumphosphat, Calciumphosphat u. a.), vor allem sein Wasser, müssen dem Fötus zu gute kommen.

Daraus aber, dass auch ohne die Möglichkeit zu schlucken in seltenen Fällen von menschlichen Missgeburten (auch Katzen, Lämmern) die Frucht reif und wohlgenährt lebend zur Welt [30 kommen kann, wird keinenfalls geschlossen werden dürfen, die Betheiligung des Fruchtwassers an der Ernährung des Fötus sei für die normale Entwicklung entbehrlich, wie Manche meinen. [34 Sie tritt nicht nur zur Ernährung mittelst der Nabelvene fördernd hinzu, sondern sie bildet, wie ich zeigen werde, wegen der reichlichen Wasserzufuhr einen wesentlichen Theil der normalen fötalen Ernährung. Denn jene Missbildungen können, wenn ihnen das Vermögen zu schlucken erst in den letzten Entwicklungsstadien fehlte, nichts dagegen beweisen; in den frühen Stadien aber dringt das Amnioswasser direct in das embryonale Gewebe. Übrigens verhalten sich solche Monstren derartig anomal, dass von ihnen nicht in allen Fällen behauptet werden darf, sie seien normal ernährt.

Allein schon darum ist der viel zu weitgehende Schluss von Panum und von Gusserow, das Verschlucken des Fruchtwassers sei nur ein accidenteller Vorgang, der mit der Ernährung in keinem Zusammenhang stünde, sei ein Luxus für den Fötus, unzulässig, weil man nicht weiss, auf welchem anderen Wege den Monstren, die nicht schlucken konnten, Wasser in genügenden Mengen zugeführt wurde. Vor allem kommt dabei die Möglichkeit einer gesteigerten Wasserzufuhr durch die Haut in Betracht. Denn in der Amniosflüssigkeit sind 97 bis 98 %, auch über 99 % Wasser gefunden worden. [433

Niemand wird heutzutage behaupten, das Fruchtwasser sei die einzige Nahrung des Fötus. Nur gegen eine solche ganz veraltete Anschauung richten sich manche der häufiger vorgebrachten unhaltbaren Gründe gegen das Verschlucken des Fruchtwassers [433
seitens des Embryo.

Die festen Bestandtheile des Amnioswassers werden beim Säugethier- und insbesondere beim Menschen-Embryo nicht weniger nutritiv verwerthet werden, wie vom Hühnchen im Ei, für welches die Frage durch meine directen Beobachtungen erledigt ist.

Bei weitem nicht so klar ist die Betheiligung des Inhalts der Nabelblase an der Ernährung des Säugethier-Embryo.

Die Art und Weise der Aufnahme von Nährstoffen seitens des Embryo der Säugethiere, welchen der Nahrungsdotter i. e. S. fehlt, ist in der ersten Zeit, vor der Bildung des Nabelstrangs, überhaupt unbekannt. Während von dem Vogel-Embryo und dem aplacentalen Känguru-Embryo mit grossem Dottersack unzweifelhaft durch die mächtigen Omphalo-mesenterial-Venen Nährstoffe aufgenommen werden und ausserdem in ihn durch Endosmose — auch Quellung und Imbibition — flüssige Eibestandtheile dringen, können bei den placentalen Säugethieren, und folgerichtig auch beim Menschen, deren Eier keinen eigentlichen Nahrungsdotter enthalten, nur im Anfang aus dem Nabelbläschen Stoffe in den Embryo gelangen (S. 73), und osmotische Processe in den Chorionzotten in der zweiten Woche müssen vor der Bildung der (auch beim Menschen anfangs paarigen) Nabelvene hauptsächlich die Stoffaufnahme direct vermitteln. Aber es ist nach den wenigen über den Inhalt, die Grösse, das Wachsthum, die Rückbildung, die Gefässe der Nabelblase und ihre Verbindung mit dem Embryo bisher angestellten Beobachtungen höchst wahrscheinlich, dass sie für die embryonale Ernährung von Bedeutung ist, bis die placentare Nahrungszufuhr in Gang kommt.

Beim $4\frac{1}{2}$-monatlichen Pferde-Embryo führen die Dottersackgefässe noch Blut, werden also mit dem Inhalte des Nabelbläschens in osmotischem Verkehr stehen. Beim 5-monatlichen Pferde-Fötus schwindet aber meist schon das Nabelbläschen, welches anfangs nach Franz Müller durch eine besondere Öffnung mit der (18) Uterushöhle in Communication steht und erst später sich verschliesst, wenn die Rückbildung begonnen hat.

Bemerkenswerth ist daher, dass der Inhalt der Uterushöhle und des Nabelbläschens ähnlich sind. Beide enthielten kohlensauren Kalk, Cholestearin, Fett, Pigment. Die Flüssigkeit in den älteren, geschlossenen Bläschen war graugelblich, trübe mit Flocken und Körnern. In der Uterushöhle fand sich eine ähnliche schmutziggelbe Flüssigkeit, welche zuweilen Niederschläge auf der Uterusschleimhaut und am Chorion ausschied. (18)

Hiernach ergiesst das Nabelbläschen seinen Inhalt in der frühesten Zeit frei in die Uterushöhle. (18)

Wichtiger ist eine Beobachtung von Rauber, welcher im Inhalt des Dottersacks von Kaninchen-Embryonen genau derartige Gebilde entdeckte, wie sie den gelben Dotter des Hühnereies ausmachen. Diese grossen, mehr oder weniger feinkörnigen kernlosen Kugeln, welche in Gruppen in unmittelbarer Nähe des Dottersackepithels beim Kaninchen auftreten, sollen zur Ernährung des (13) Embryo dienen, wie beim Vogel. Sie können allerdings in der präplacentalen Zeit des ersten Kreislaufs zur Resorption in der Urdarmhöhle gelangen, jedoch fehlt jeder Nachweis, dass diese Dottersackkugeln, welche den Elementen des gelben Dotters der Vogeleier ähnlich sind, wirklich als Ernährungsmaterial dienen und die Bedeutung eines gelben Dotters haben. Ob sie von der Mutter oder vom Embryo stammen, ist nicht ermittelt.

Verfolgt man die Entstehung, Ausbildung und Rückbildung des Dottersacks (des Nabelbläschens, der Dotterblase, der *Vesicula umbilicalis*, des *Saccus vitellinus s. vitellum continens* bei Thieren), beim menschlichen Embryo und bei den Säugethieren vergleichend, so drängt sich die Ansicht auf, dass sein noch fast unbekannter

Inhalt wenigstens eine Zeit lang dem Embryo zur Nahrung dient, und zum Theil durch den Dottergang, zum Theil durch die Omphalo-mesenterial-Venen in ihn gelangt. Bei dem Macropus-Embryo mit dem enorm grossen Dottersack und den mächtigen Dottersackgefässen kann dieser Ernährungsmodus keinem Zweifel unterliegen, aber beim menschlichen Embryo macht das Wachsthum der *Vesicula umbilicalis* noch lange nach der Bildung der Placenta (S. 73) eine Betheiligung an der Ernährung des Embryo ebenfalls wahrscheinlich.

Die wenigen zuverlässigen Daten über das Nabelbläschen jüngster menschlicher Embryonen von Allen Thomson (A. T.), Kölliker (K.), His (H.), Wagner (W.), Coste (C.) stehen zwar unter sich wegen der grossen Schwierigkeit, in den ersten zwei Monaten das Alter der Frucht zu bestimmen, nicht ganz im Einklang, widersprechen aber keineswegs der Annahme, dass vor und während der Placenta-Bildung, ja sogar noch einige Zeit nachher die Nabelblase für die Ernährung auch des menschlichen Embryo von Bedeutung sei.

Ich stelle die wichtigeren Beobachtungen, soweit es mir möglich war sie zu sichten, chronologisch zusammen.

Erster Monat.

Ende der 2. Woche liegt die Nabelblase dem Embryo dicht an und hat in einem Falle 1,9, in einem anderen 2 Mm. im Querdurchmesser (H.). Der darmlose Embryo setzt sich mit seinen Rändern in den grossen Dottersack fort (A. T. bei K.).

Anfangs der 3. Woche ist derselbe birnförmig und der quere Durchmesser beträgt in 4 Fällen zwischen 1.2 und 2,1 Mm. (H.).

In der 3. Woche ist er in grosser Ausdehnung in Verbindung mit dem Darm (C. bei K.) und hat 2,3 bis 3 Mm. im Querdurchmesser (H.), Gefässe bemerklich (K.).

Ende der 3. oder Anfangs der 4. Woche ist die Nabelblase ohne Dottergang in weiter Verbindung mit dem Darmcanal (K.), aber auch durch einen kurzen, weiten Stiel, den Dottergang, mit dem Darm verbunden, oval, 2.2 Mm. lang (W. bei K.), dann kurzgestielt und 2,7 Mm. dick (H.), endlich mit einem beträchtlich breiten und langen Stiel mit der Leibeshöhle verbunden (C. bei K.) und 9,3 Mm. lang (A. T. bei K.).

In der 4. Woche Dottersack links mit ganz kurzem Stiele (K.); kurz gestielt (H.).

Ende der 4. Woche Dottersack 4,5 Millim. (C. bei K.). Dottergang leicht gewunden, auf dem Dottersack ein Gefässnetz (K.).

Zweiter Monat.

In der 5. Woche 4,5 Millim. (K.), 5 und 4,5 und 4 Mm. und langgestielt (H.).

Anfangs der 6. Woche mit Dottergang als dünnem Strang (K.).

Im 2. Monat gross (K.).

Vierter und fünfter Monat.

Im 4. und 5. Monat noch deutlich, rundlich, weiss, 7 bis 11 Mm. im Durchmesser, enthält eine Flüssigkeit, zeigt häufig noch Blutgefässe, *Vasa omph.-mes.* an der inneren Oberfläche kleine gefässhaltige Zotten. Ein Stiel, der den Dottergang noch erkennen lässt, verbindet das N. mit dem Nabelstrang, indem die *Vasa omph.-mes.* weiter bis zum Embryo verlaufen. Zuletzt Nabelbläschen 4 bis 7 Mm., enthält Fett und Carbonate (H.). Persistenz bis zuletzt (S. 73 und 76).

Demnach ist die Nabelblase anfangs in weiter Verbindung mit der ihr dicht anliegenden offenen — in sie übergehenden — Leibeshöhle, dann durch einen kurzen weiten, hierauf durch einen länger und dünner werdenden Stiel, den Dottergang (*Ductus entericus, ductus vitello-intestinalis*) mit dem Darm verbunden. Sie nimmt in den ersten Monaten zu, dann in der zweiten Hälfte der Schwangerschaft ab und wird schliesslich ganz rudimentär, ohne jedoch unkenntlich zu werden. Flüssigkeit ist regelmässig in ihr gefunden worden, und diese kann sowohl durch die directe Communication mit der Leibeshöhle, bez. dem Darm des Embryo, als auch mittelst der Omphalo-mesenterial-Venen in die Frucht gelangen, reichlich vor, spärlich nach der Bildung der Placenta. Woher freilich die wachsende Nabelblase selbst neues Material bezieht, ist noch zu erforschen, und trotz der hier zusammengestellten Thatsachen kann die Betheiligung der Nabelblase an der Ernährung placentaler Säugethier-Embryonen bis jetzt nicht als nothwendig für ihre Entwicklung bezeichnet werden. Sie ist nur wahrscheinlich.

Durchaus unentbehrlich für die Ernährung des Säugethierfötus ist dagegen die Nährstoff-Aufnahme durch die Nabelvene, welche, nachdem (beim Menschen in der dritten oder vierten Woche) der Allantoisgang im Bauchstiel als Nabelstrang (S. 76) an das Chorion sich inserirt hat, mit der Nabelcirculation in Gang kommt.

Wollte man aber dann und in der folgenden Zeit bis zur Reife der Frucht einzig und allein durch das Nabelvenenblut die Wasser- und Nährstoff-Zufuhr geschehen lassen, so würde demselben eine Beschaffenheit zugeschrieben werden müssen, welche es nicht haben kann.

Da nämlich der Embryo sehr schnell wächst, also Albumine, Fette und andere Kohlenstoff-Verbindungen reichlich ansetzt, auch feste anorganische Verbindungen, welche der Kürze halber Salze heissen mögen, in der langen Zeit reichlich in sich aufspeichert, so muss das Nabelvenenblut absolut mehr von all diesen Verbindungen, überhaupt mehr feste Stoffe, zuführen, als das gleichzeitig aus dem Embryo abfliessende Nabelarterienblut fortschafft. Mit dem Wachsthum des Embryo nimmt aber auch die absolute Menge des in ihm enthaltenen Wassers zu. Er nimmt also mehr Kohlenstoff-Verbindungen, mehr Salze und mehr Wasser auf, als er gleichzeitig abgibt, sonst wäre sein Wachsthum, ein Stoffansatz von durchschnittlich 11 bis 14 Grm. täglich beim Menschen, unmöglich. Demnach müsste das Nabelarterienblut einerseits weniger feste Stoffe, als das Nabelvenenblut enthalten — weil continuirlich wachsende Mengen im Embryo verbleiben — andererseits concentrirter als das Nabelvenenblut sein — weil die Wassermenge im Embryo stetig zunimmt. Dieser Widerspruch kann nur dadurch aufgelöst werden, dass man entweder ausser der Nabelvene noch eine Nahrungsquelle für den Embryo annimmt, welche ihm Wasser (oder Wasser und darin gelöste Bestandtheile) liefert oder die absoluten Blutmengen der Arterien kleiner als die der Vene setzt. Wollte man nämlich behaupten, bei Gleichheit dieser Blutmengen sei die Concentration des Nabelarterienblutes gleich der des Nabelvenenblutes, weil jenes Stoffwechselproducte des Embryo anstatt der im Embryo zurückgebliebenen Nährstoffe enthalte und wegführe, welche den Ausfall deckten, dann wäre der Ansatz von Nährstoffen in den Geweben des Embryo unmöglich (es würden dann soviel feste Stoffe abgeführt, als zugeführt). Die absolute Menge der festen Stoffe in dem in die Nabelarterien ausfliessenden Blute muss also etwas geringer sein, als die absolute Menge der festen Stoffe im gleichzeitig aus der Nabelvene einfliessenden Blute, und zwar auch wenn dieses die einzige Nahrungsquelle nicht ist. Denn während der Entwicklung wächst nicht allein der Fötus und die Placenta, sondern auch die absolute Blutmenge der Frucht immer auf Kosten der Mutter. Eine Unterbrechung des Placentarkreislaufs durch Stauung wird vermieden dadurch, dass in dem Maasse als der Fötus wächst, in der Placenta aus dem mütterlichen Blute auch mehr Wasser und zugleich mehr feste Bestandtheile in das fötale direct übergehen, als aus diesem in jenes; der Überschuss bleibt im Fötus und häuft sich in ihm an, namentlich in der Leber. Dass in der That auch mehr Wasser in das Blut der Zottencapillaren übergeht, als aus ihm austritt, folgt aus dem grösseren Gehalt des fötalen Blutes an festen Stoffen.

Schon Denis und Poggiale hatten (1830) diesen Unterschied entdeckt. Ersterer fand für das Nabelarterienblut das sehr hohe Volumgewicht 1070 bis 1075. Es wurde an Trockensubstanz gefunden in Procenten:

Fester Rückstand	Davon Blutkörper	In dem
21,9	13,99	mütterlichen Venenblut
29,85	22,2	kindlichen Nabelarterienblut
17,0	9,7	Blut erwachsener Hunde
22,0	16,5	Blut einen Tag alter Hunde
25,2	—	Nabelarterienblut
25,5	—	Nabelvenenblut
25,6	17,2	Placentablut
20,2	12,6	Blut eines erwachsenen Hundes
23,2	16,5	Blut eines eine Stunde alten Hundes

Panum fand die Unterschiede noch grösser. Er untersuchte das Blut der jungen Hunde unmittelbar nach der Geburt. Das specifische Gewicht desselben betrug 1053,69 und 1060,4, das der Mutter 1039,6. Im gequirlten Blute der letzteren wurden 13,83, im Blute der Neugeborenen 19,26; 22,33 und 22,8 % feste Stoffe gefunden. Die Menge des Hämoglobins im Mutterblute verhielt sich zu der im Fötusblut wie 53 zu 96 bis 100 (siehe auch oben S. 144). Das Verhältniss des festen Rückstandes im gequirlten Blute zum Körpergewichte betrug bei den neugeborenen Hunden (zweimal beobachtet) 1,39 %, bei einem sieben Wochen alten Hunde 0,956 %. bei erwachsenen Hunden 0,932 und 0,907 %.

Aus allen diesen Bestimmungen folgt, dass das fötale Blut wenigstens in der letzten Zeit der intrauterinen Entwicklung beim Menschen und beim Hunde erheblich concentrirter, als das der Mutter ist. Schon in den ersten Wochen des extrauterinen Daseins nimmt nach Vierordt der Hämoglobingehalt ab. Der Wassergehalt nimmt aber postnatal zu.

Denn nach von Bezold ist der gesammte Wassergehalt des fötalen Körpers relativ grösser, als der des Erwachsenen. Die von Fehling gefundenen Zahlen zeigen dasselbe und zugleich in welchem Maasse schon vor der Geburt die anfänglich höchst wasserreichen Gewebe des Embryo consistenter werden. Er fand den Wassergehalt eines menschlichen Embryo aus der sechsten Woche zu 97,54 %, sein Körper enthält also noch zu Ende des zweiten Fruchtmonats sehr viel mehr Wasser als Blut, Milch, Lymphe. Der Wassergehalt liegt im 4. Monat zwischen 90 und 92 %, im 5. zwischen 88 und 93 % (7 Fälle), im 6. Monat zwischen 83 und 90 % (3 Fälle), im 7. zwischen 82 und 85 % (4 Fälle).

betrug im 8. einmal 82,9% und erst beim reifen Neugeborenen, welcher allerdings todt zur Welt kam, 74,1%. Bischoff hatte für das Neugeborene nur 66,4% Wasser gefunden. Jedenfalls nimmt das fötale Blut, welches auch schwerer gerinnt, wie ich und Andere constatirten, wegen seiner hohen Concentration eine Sonderstellung ein.

Für die fötale Ernährung folgt hieraus zunächst, dass nothwendig in der Placenta Wasser aus dem mütterlichen Blute in das concentrirtere fötale in den Zottencapillaren übergehen muss. Dann ist aber auch nothwendig — nach der obigen Darlegung — die absolute Blutmenge, welche von der Placenta fort in den Fötus strömt, in gleichen Zeiten etwas grösser, als die in matripetaler Richtung in den Nabelarterien strömende Blutmenge.

Denn wenn das fötale Blut in der Placenta zugleich mehr feste Stoffe und mehr Wasser aufnimmt, als es hinbringt, dann muss die Menge des zum Fötus strömenden Nabelvenenbluts im Ganzen etwas grösser sein, als die Menge des gleichzeitig in die Placenta strömenden Nabelarterienblutes.

Hiermit ist aber noch keineswegs ausgeschlossen, dass auf anderem Wege dem Fötus Wasser (oder Wasser und darin gelöste Bestandtheile) zugeführt werde. Dass die Zufuhr durch das Nabelvenenblut in der That nicht genügt, zeigt die folgende Deduction.

Aus der grösseren Concentration des Fötusblutes einerseits, dem grösseren Wasserreichthum der fötalen Gewebe andererseits folgt nothwendig, dass nicht alles Wasser der letzteren ausschliesslich von dem Nabelvenenblute geliefert sein kann, weil seine Gewebe vermöge ihres hohen Wassergehaltes dem Blute Albumine, Salze und andere zum Theil wirklich gelöste, zum Theil nur scheinbar gelöste Stoffe continuirlich entziehen; und wenn auch im Verlaufe der Entwicklung ihr relativer Wassergehalt eben durch diese Diffusionsprocesse, welche zur Consolidirung der Gewebe führen, abnehmen muss, so bedarf doch der sich weiter differenzirende Organismus, dessen absoluter Wassergehalt bis zuletzt immer mehr zunimmt, um dem Blute immer mehr feste Stoffe auf osmotischem Wege entnehmen zu können, immer neuer Wassermengen, die das Nabelvenenblut selbst ihm nicht liefern kann, weil es weniger Wasser als die Gewebe enthält. Die ganze fötale Ernährung hängt also davon ab, dass Wasser in die Frucht gelangt, welches nicht vom Nabelvenenblut eingeführt wird.

Im erwachsenen Menschen ist das Verhältniss ein ganz anderes, weil da eine Concentration des Blutes in den Lungen und in den Hautcapillaren durch die Verdunstung sehr grosser Wassermengen stattfindet, welche dem Fötus gänzlich fehlt. Ausserdem ist beim normalen Erwachsenen im Stoffwechselgleichgewicht die totale Blutmenge als constant anzusehen — sie nimmt nicht continuirlich zu wie beim Fötus — und nur durch Getränke und Nahrung wird neues Wasser zugeführt. Durch dieses einzig vom Verdauungscanal aus theils direct, theils indirect aufgenommene Wasser wird der Ausfall gedeckt, nicht durch Wasseranziehung aus den Geweben. Denn das Blut- und Lymph-Plasma enthält durchschnittlich mehr Wasser (bis über 90%), als die Gewebe; es versorgt sie allein mit Wasser. Beim Fötus hingegen sind die Gewebe im Allgemeinen wasserreicher als das Blut, es muss ihnen also anderswoher, als aus dem Blute allein, Wasser geliefert werden, d. h. aus der Amniosflüssigkeit.

Auf drei Wegen erhält also der Fötus das ihm zur Entwicklung nothwendige Wasser:

1) Er verschluckt grosse Quantitäten Fruchtwasser, welches vom Verdauungscanal aus theils mittelst der Blutgefässe, theils mittelst der Chylusgefässe in den späteren Stadien resorbirt wird.

2) Es diffundirt in den früheren Stadien viel Fruchtwasser durch die embryonale Haut.

3) Es gelangt Wasser von der Placenta her mit Nährstoffen durch die Nabelvene in den Fötus.

In allen drei Fällen wird dem Blute im Fötus Wasser zugeführt. Es muss also dasselbe mit dem Nabelarterienblute zum grossen Theile den Fötus verlassen. Ein kleiner Theil geht durch die Nieren in das Fruchtwasser zurück, ein sehr kleiner Theil durch die Hautdrüsen in den späteren Entwicklungstadien in die Hautsecrete und ein Bruchtheil in die Galle und das Meconium. Das übrigbleibende aufgenommene Wasser verbleibt in den Geweben, wo es während der Entwicklung absolut bedeutend zunimmt, während es relativ abnimmt.

Der grosse Unterschied des Wasserwechsels beim Ungeborenen und beim Geborenen besteht also darin, dass bei diesem alle einmal ausgeschiedene Wasser ausgeschieden bleibt (Exspirationswasser, Schweiss, Harn, Fäces, Geschlechtsproducte u. a.), während der Fötus von dem ausgeschiedenen Wasser einen grossen Theil wieder aufnimmt. Denn das durch Haut und Nieren von ihm ausgeschiedene Wasser gelangt durch die Amniosflüssigkeit wieder in den Magen und das durch die Nabelarterien fortgeführte grösstentheils durch die Nabelvene zurück in das Blut.

Das Nabelvenenblut ist aber im Gegensatz zur Amniosflüssigkeit viel weniger, weil es Wasser zuführt, als weil es feste Stoffe in den Fötus bringt, für diesen von Bedeutung. Beträgt die Kreislaufsdauer des Neugeborenen 12 Secunden (Vierordt), dann muss die des Fötus mit dem Placenta-Kreislauf kurz vor der Geburt wenigstens das Doppelte betragen und bei Vollendung jedes Blutumlaufs die Summe der von der Mutter entnommenen Stoffe für den Menschen 3 bis 5 Milligramm betragen, wenn der Embryo in 280 Tagen durchschnittlich um 12 Grm. täglich an Gewicht zunimmt. Davon müssen wenigstens 2 bis 3 Grm. feste Stoffe sein.

Welche Stoffe es aber sind, die mit dem Nabelvenenblut in den Fötus eingeführt werden, ist noch nicht festgestellt. Es können nur solche sein, die entweder unmittelbar aus dem Plasma des mütterlichen Blutes der Placenta stammen oder sich aus diesen gebildet haben, sei es vermöge eines specifischen Chemismus im Zottenepithel oder in dem spärlichen Zottenparenchym, sei es im fötalen Zotten-Capillar-Blute selbst, wenn zunächst von den Uterin-Drüsen und Carunkeln und einem Import von Nährstoffen durch überwandernde Leukocyten abgesehen wird.

Sollen nun unter den Bestandtheilen des mütterlichen Blutplasma diejenigen bezeichnet werden, welche in das fötale Blutplasma der Zottencapillaren übertreten, so begegnet man der bisher nicht überwundenen Schwierigkeit, dass gerade die in erster Linie dem Fötus erforderlichen Albumine am schwersten diffundiren. Gegen einen Übertritt der Chloride und Phosphate des Kalium und Natrium auch noch des Zuckers, der Seifen und allenfalls der Phosphate des Calcium und Magnesium lassen sich solche Bedenken nicht erheben; wie aber Albumine übergehen sollen, ist schwer zu verstehen, und wie der Fötus mit dem ihm nothwendigen Eisen versorgt wird, ganz unbekannt. Man hat zwar angenommen, Eiweiss könne in der leichter diffundirenden Form von Peptonen übergehen, da aber die Menge der Peptone im mütterlichen Blute eine sehr geringe ist und eine peptonisirende Function der Placenta nicht wohl zugeschrieben werden kann, so hat Zuntz die im höchsten Grade unwahrscheinliche Möglichkeit [81] einer Synthese des Albumins aus Harnsäure, Kohlenhydraten, Fetten im Fötus in Betracht gezogen, ohne zu bedenken, dass in diesen Ingredientien der Schwefel fehlt und in keinem höheren thierischen Organismus Albumin synthetisch aus Stoffen entsteht, welche nicht selbst schon Albumine sind. Derartige Speculationen führen keinen Schritt weiter in der Erkenntniss der Herkunft embryonaler Nährstoffe. Es ist auch nicht abzusehen, wie das Fett durch Diffusion die epitheliale Scheidewand und die Gefässwand passiren soll.

In Erwägung all dieser Schwierigkeiten, welche der allgemein verbreiteten Annahme eines reichlichen Übergangs von Nährstoffen durch Diffusion aus dem mütterlichen Blute in das fötale in der Placenta entgegenstehen, ist die Prüfung eines anderen Modus des Stoffübergangs, nämlich des Transports von Eiweiss, Fett, Kohlenhydraten, Lecithinen und anderen Verbindungen — auch Salzen — durch überwandernde Leukocyten nicht etwa nur zulässig, sondern nothwendig.

Diese Möglichkeit bildet die Grundlage einer originellen Hypothese über die Ernährung der Frucht in der placentalen Zeit und nach der Geburt, welche A. Rauber aufstellte. Er meint nämlich, in der Placenta finde eine physiologische Auswanderung farbloser Blutkörper aus dem Blute der Mutter in das des Fötus statt und nach der Geburt thue sich eine neue Abzugsquelle für dieselben in den Milchdrüsen auf, so dass „dasselbe Ernährungsmaterial nunmehr nach letzteren, d. i. nach der Hautoberfläche, geworfen" werde. Einen ähnlichen Gedanken hatte Aristoteles, welcher nach der Geburt die Nahrung des Fötus in die Brüste zu wandern und sich allmählich in Colostrum und Milch umwandeln liess, während Paracelsus umgekehrt meinte, der Embryo werde dadurch ernährt, dass die Milch aus den Brüsten auf unbekanntem Wege zu ihm hinabströme. Wahrscheinlich hat die Uterinmilch zu solchen Ideen Anstoss gegeben.

Sicher ist, dass der Inhalt der Chorionzotten, sowie sie sich in die Schleimhaut des Uterus eingesenkt haben, mit dem Inhalte der Blut- und Lymph-Gefässe derselben in osmotischen Verkehr treten muss. Die Möglichkeit, dass mit der weiteren Ausbildung der Zottencapillaren und vollends nach dem Entstehen der Placenta Lymphkörper aus dem mütterlichen Blute in das fötale einwandern, kann nicht geleugnet werden, zumal sowohl das Blut Schwangerer, wie das des Fötus der späteren Zeit reicher an solchen Elementen ist. Um aber einen directen Beweis oder Wahrscheinlichkeitsgrund für diese Migration der Lymphkörper zu haben, muss das Blut der Nabelvene mit Bezug auf seinen Gehalt an Leukocyten untersucht und mit dem der Nabelarterien verglichen werden. Finden sich in letzterem weniger farblose

Blutkörper im Verhältniss zu den farbigen, dann wird eine Einwanderung von farblosen Blutkörpern (in der Placenta) in das fötale Blut wahrscheinlich. Solche vergleichende Untersuchungen hat Rauber in der Weise ausgeführt, dass er Schnitte von bestimmter Dicke aus einem doppelt unterbundenen in Chromsäure gehärteten Nabelschnurstück anfertigte und die Körperchen auf gleichgrossen Flächen zählte. Er fand bei verschiedenen Altersstufen des Fötus in der Nabelvene mehr Lymphkörper als in den Arterien und zwar nach vorläufigen Zählungen im Verhältniss von 12 bis 13 zu 11. Wenn auch der Unterschied klein ist, durch seine Constanz wird er ungemein wichtig. Denn wenn regelmässig eine Einwanderung in der Placenta statthat, dann wird der Transport des Nährmaterials von dem Blute der Mutter in das des Fötus verständlicher.

Ob im Embryo selbst eine Emigration der Art normal stattfindet, ist fraglich. Das Vorkommen von Wanderzellen und farblosen Blutkörpern im späteren Embryoleben steht fest und schon Fontana sah im Schwanze der Froschlarve und im Hühnerembryo die Blutkörperchen vom Herzstoss fortgestossen allmählich den Widerstand, den sie vor sich fanden, überwinden und in der gallertigen Substanz der Gewebe Canäle bilden (vgl. S. 68).

Wahrscheinlich spielen die Leukocyten bei der Differenzirung wie bei der Ernährung eine Hauptrolle wegen ihres Vermögens, fremde Stoffe in sich aufzunehmen und wegen ihrer ausserordentlichen Beweglichkeit. Die Art und Weise, wie sie die Nahrung des Embryo an den richtigen Ort schaffen, ist freilich ebenso räthselhaft, wie die Beschaffenheit der Nahrung selbst.

Erst in den letzten Jahren ist über diese letztere durch die Untersuchung der Uterinmilch etwas bekannt geworden.

Die in verschiedenen Trächtigkeits-Stadien der Wiederkäuer und der Stuten in ungleichen Mengen vorhandene, weissliche, auch schwach röthliche oder gelbliche Uterinmilch ist zwar in chemischer Beziehung nur ungenügend untersucht worden, soviel aber lässt sich schon als wahrscheinlich hinstellen, dass sie für die Ernährung der Frucht von Bedeutung sein muss. Oft wurde sie früher für die Nahrung mancher Thier-Embryonen, namentlich der Wiederkäuer, angesehen, aber auch für ein Zersetzungsproduct erklärt.
Ercolani vertheidigte seit 1869 mit Erfolg die erstere Ansicht. [30
Bonnet, welcher die Uterinmilch und das während der Brunst [11
abgeschiedene Uterinsecret mikroskopisch untersuchte und in [62
beiden enorme Mengen von Leukocyten fand, so dass der Saft

sich wie Eiter verhielt, spricht sich dahin aus, dass es sich [390, 11 hier um eine Massen-Auswanderung farbloser Blutkörper handele. Er meint, dass sogar schon vor der Befestigung des Eies im Uterus eine Einwanderung in dasselbe stattfinden könne und hebt hervor, dass nach derselben die Hyperämie der Uterinschleimhaut chronisch wird, während die Ovarien blutarm werden!

„Zieht man in Betracht, dass das Ei des Schafes am 13. Tage ein 9 Mm. langes und 1,5 Mm. breites Bläschen darstellt, an dem sich eben der Fruchthof anzulegen beginnt, und dass es am 17. Tage als ein 35 Cm. langer spindelförmiger Sack mit einem Embryo von 4,5 Mm. Länge und geschlossenem Amnion mit einer 2,6 Cm. langen Allantois, die von reichen Blutgefässen überzogen ist, mit pulsirendem Herzen, geschlossenem Darm, deutlichen Wolff'schen Körpern und zwei Kiemenbögen gefunden wird, so wird man zugeben müssen, dass ein solches Wachsthum eine reichliche Nahrung voraussetzt, die wohl kaum aus Plasma allein bestehen dürfte. In der That habe ich auch an allen Keimblasen bis zum 21. Tage die Zellen des Ektoderms mit Fetttröpfchen erfüllt gefunden, die in jeder Hinsicht sich mit den in der Uterinmilch frei schwimmenden deckten.“ [111

Dieses Fett entstehe durch den Zerfall der ausgewanderten Lymphkörper. Ferner bemerkt Bonnet:

„Wie gross aber das Nahrungsbedürfniss des Eies auch schon vor Einleitung des fötalen Kreislaufs sein mag, lässt sich daraus vermuthen, dass in der Uterinschleimhaut nach jeder Richtung hin die absondernde Fläche vergrössert wird. Die an ihren blinden Enden wuchernden Drüsen erreichen oft das Doppelte ihres Ausmaasses und während dieses Wucherns beginnt schon an ihrer Mündung die Fettausscheidung im Epithel und die Emigration von Lymphzellen. Diese Partie ist mit den letzteren vollgepfropft und ausgebaucht, während in der Tiefe erst vereinzelte Lymphzellen im Drüsenlumen auftreten, das Epithel noch deutlich nach der Mündung zu flimmert und den Drüseninhalt fortschafft, um neuer Füllung Platz zu machen.“ [390, 16

Dass die Lymphkörper bei ihrer Passage durch das Epithel verändert werden, erklärt Bonnet für sicher und hält dafür, dass ihre massenhafte Auswanderung aus den Blutgefässen durch die durch Drüsenwucherung bedeutend vergrösserte Schleimhaut-Oberfläche erheblich begünstigt werde. „Die Thatsache, dass in späteren Perioden, nach Einleitung des fötalen Kreislaufs, sich auch aus den Uterincarunkeln Uterinmilch ausdrücken lässt, beweist, dass auch in späterer Zeit das Secret reichlich abgesondert wird und gewiss nicht ohne Bedeutung für die Ernährung der Frucht ist.“

Entsprechend den grösseren Anforderungen der letzteren, während sie rasch wächst, würde also die Uterinmilch als

Nährmaterial für dieselbe in späterer Zeit reichlicher abgesondert.

Die Rauber'sche Idee gewinnt hierdurch an Wahrscheinlichkeit. Wenn auch eine Einwanderung der Lymphkörper als Ganzes in den Embryo nicht gesehen wurde, so sprechen doch die Beobachtungen dafür, dass einzelne Zerfallproducte derselben, wie Fett, auch wohl Salze (Kaliumverbindungen), in den Embryo [341 eintreten.

Wahrscheinlich ist das Vorkommen der Uterinmilch ein allgemeineres, als man bis jetzt annahm, da ausser bei den Wiederkäuern und Einhufern auch bei einzelnen Nagern, wie den Meerschweinchen, Bonnet im trächtigen Uterus einen dem Colostrum ähnlichen Saft fand.

Bei trächtigen Meerschweinchen habe ich ausserdem eine enorme Ansammlung von Fett in den breiten Mutterbändern regelmässig wahrgenommen. Von dem massenhaft beiderseits sich ausbreitenden gelben Fettgewebe gehen mächtige hellrothe Arterien zum linken, wie zum rechten Uterushorn, wenn darin Embryonen sich entwickeln und sehr dunkelrothe Venen gehen vom Uterus zurück in das Fettgewebe. In der Uteruswand verzweigen sich diese Gefässe, welche offenbar das Nährmaterial nicht nur für die wachsenden durchscheinenden Muskelfasern, sondern indirect auch für den Fötus liefern. Denn in den Uterindrüsen und in der Uterinmilch des Schafes fand Bonnet sehr häufig zahlreiche [209 Fetttröpfchen.

Auch der menschliche Fötus bezieht, den Untersuchungen von G. von Hoffmann in Wiesbaden zufolge, seine Nahrung nicht [346 allein aus dem mütterlichen Blute der Placentarsinus, sondern auch aus echter Uterinmilch, welche diesem Blute sich beimischt. Er kam durch die mikroskopische Betrachtung des mittelst capillarer Glasröhrchen von der Haftfläche frisch ausgestossener Placenten durch Einstich erhaltenen, an geformten Elementen sehr reichen Flüssigkeit, zu dem Resultat, dass beim Menschen eine Uterinmilch von der Serotina (*Decidua placentalis*) abgesondert werde, und zwar in die Räume hinein, in welchen sich die Placentarzotten befinden, so dass diese die geeigneten Bestandtheile aufnehmen könnten.

Wenn sich dieses bestätigt, dass die Uterinmilch allgemein verbreitet ist, dann gewinnt in der That die von früheren Autoren seit Harvey und Haller aufgestellte, von Prevost und [56. 310. 401

Morin, sowie von Eschricht (1837) und neuerdings von [illegible] Ercolani und Rauber wieder aufgenommene Ansicht des Aristo- [illegible] teles noch mehr an Wahrscheinlichkeit, dass **die Uterinmilch zur Ernährung des Fötus dient.** Die Frage, wie dieselbe [213, [illegible] in den Embryo gelangen soll, ist auch nicht mehr so schwer zu beantworten wie früher, seit Jassinsky genauer nachwies, dass die Chorionzotten theils in die Uterindrüsen hineinwachsen, theils selbst während der Schwangerschaft modificirte Uterindrüsen sind (von ihm sogenannte „dicke Zotten"). [156 vgl. [illegible]

Der Mechanismus der Resorption des Utriculardrüsen-Secrets ist sogar von Spiegelberg für das Schaf und die Kuh in der [illegible] Weise aufgefasst worden, wie die Resorption verdauter Nährstoffe und der Fettkügelchen seitens der Darmzotten beim Geborenen. Er meint, dass vom wandständigen Epithel der Uterindrüsen aus sich neue, bald wieder — hauptsächlich durch fettige Metamorphose — zu Grunde gehende Zellen bilden, welche das embryotrophische Material liefern; dasselbe werde, nachdem es das Epithel und Bindegewebe der Zotten durchdrungen hat und in ihnen weiter verändert worden, von den fötalen Capillaren aufgenommen: das Netz sternförmiger Zellen im Zottenstamme scheine, nach seinem Gehalt an Fetttröpfchen zu urtheilen, die Fortleitung der Fötalnahrung zu vermitteln. Dagegen macht Bonnet geltend, das [illegible] Fett stamme nicht von einer fettigen Degeneration des Uterinepithels, vielmehr handele es sich um eine fettige Infiltration desselben, doch meint er, das Fett werde „unter dem Einfluss der Epithelien" gebildet. Ich finde keinen Grund gegen die Annahme einer Einwanderung präformirten Fettes aus den fettreichen mütterlichen Geweben (S. 269) mittelst der Wanderzellen, seit letztere direct beobachtet wurden. Dass dieselben ihrerseits wie die Zellen in der Brustdrüse fettig zerfallen können, kann jedoch ebenso wenig geleugnet werden, wie die Möglichkeit einer Einwanderung in die kindlichen Capillaren.

Die Ähnlichkeit der Uterinmilch und Mammarmilch bezüglich der morphotischen Bestandtheile ist so gross, dass eine chemische Ähnlichkeit sich vermuthen lässt — bis jetzt wurde nur cadaverös zersetzte Uterinmilch analysirt — und die Verschiedenheit der Nahrung des Menschen und Säugethieres vor und nach der Geburt wäre dann nicht mehr so gross, wie wegen der Verschiedenheit des Ernährungsmodus bis jetzt angenommen wurde.

Die Producte des embryonalen Stoffwechsels.

Um über die Natur der im Embryo stattfindenden Ernährungsprocesse Aufschluss zu erhalten, ist vor Allem die Ermittlung derjenigen Stoffe nothwendig, welche in ihm selbst entstehen und nicht von der Mutter oder der umgebenden Flüssigkeit in ihn gelangen können.

Als ein solcher Stoff ist das von Claude Bernard in der Placenta der Kaninchen und anderer Nager, sowie in der Leber entdeckte Glykogen anzusehen, welches W. Kühne in embryonalen Muskeln (1859) nachwies. Wann die fötale Leber diese Verbindung producirt, lässt sich darum kaum feststellen, weil schon die Anlage der Leber glykogenhaltig ist und während ihrer Entstehung die verschiedensten Theile des Embryo — auch die erste Anlage des Hühnchens im Ei —, ja fast alle embryonalen Gewebe, Glykogen oder den leicht aus ihm entstehenden Traubenzucker enthalten. [205

Nach den Untersuchungen von M'Donnel ist dieses fötale [168
Glykogen unzweifelhaft identisch mit dem Erwachsener ($C_6H_{10}O_5$). Er fand es im Knorpelgewebe von Hühner- und Schaf-Embryonen sogleich nach dessen Erscheinen, doch verschwindet es daraus während der Entwicklung. In der Haut, in den Federn, in den Haaren, in der Hornsubstanz ist es beim Embryo reichlich, später garnicht vorhanden. Die Hornsubstanz der Füsse eines viermonatlichen Rindsfötus lieferte 18%, die der Füsse eines fast reifen Rindsfötus nur Spuren Glykogen. Auch in der Haut schwand die Substanz als dickere Haare erschienen. Die Lungen der Embryonen verschiedener Thiere enthalten bis zu 50% ihres Trockenrückstandes an Glykogen, welches zur Zeit der Geburt kaum mehr nachweisbar ist. Fötales Muskelgewebe mit 8 1/3 bis 11 2/3 % Trockensubstanz enthielt je nach dem Alter 0,8 bis 3 1/2 % Glykogen, welches bei Schafen mitunter erst mehrere Wochen nach der Geburt verschwindet. Im Herzmuskel des reifen Fötus fehlt es überhaupt. In der Leber häuft es sich an, während es in anderen Organen abnimmt. Die Leber eines 1/2 Mtr. langen Rindsfötus lieferte 2%.

Die Mengen des Glykogens, welche aus der Leber der während der Geburt (z. B. durch Kephalotripsie) getödteten reifen [57
menschlichen Frucht dargestellt werden können, sind ebenfalls gross, wenn auch sehr ungleich. G. Salomon erhielt aus der unmittelbar nach der Extraction eines solchen 4 Kilo schweren Kindes zerkleinerten, ziemlich kleinen Leber 1.2 Grm. trockenes

Glykogen, aus der 238 Grm. schweren Leber eines anderen über 4 Kilo schweren mehr als 11 Grm.

Bei so grossen Mengen kann die glykogenbildende Function der fötalen Leber nicht bezweifelt werden, aber das Vorkommen dieser Substanz in der Placenta, in den meisten noch nicht einmal deutlich differenzirten embryonalen Geweben und in der Leber-Anlage lange ehe die Gallensecretion beginnt, lehrt, dass keinesfalls beim Embryo die Leberzelle die einzige Bildungsstätte des Glykogens sein kann. Vielmehr ist es wahrscheinlich, dass alles junge Protoplasma Glykogen bildet und dass Leukocyten es dahin bringen, wo nicht schon die noch nicht differenzirten embryonalen Zellen es erzeugt haben.

Trotz der zahlreichen durch Hensen und Cl. Bernard angeregten Experimental-Untersuchungen über die Frage, woher das Glykogen stammt und was aus ihm wird, ist bis jetzt bezüglich des Ursprungs und der Umwandlungen dieser für den Fötus offenbar sehr wichtigen Substanz in ihm selbst nichts sicheres festgestellt. Nur die Vermuthung, dass sie theils als ein Reserve-Nährstoff, theils als Verbrennungs-Material dienen könne, ist wahrscheinlich. Denn in den Lebern der winterschlafenden Säugethiere, mit deren Stoffwechsel der des Fötus grosse Ähnlichkeit hat, ist viel Glykogen gefunden worden und die Leichtigkeit, mit der im Organismus Glykogen in ein Dextrin und Zucker und dieser in Kohlensäure und Wasser verwandelt wird, sowie sein sehr allgemeines Vorkommen in den Muskeln, ausser gerade im Herzen, dem thätigsten Muskel, macht die Annahme plausibel,dass die geringen vom Fötus producirten Wärmemengen, unter Schonung der Albumine, hauptsächlich durch Verbrennung des Glykogens erzeugt werden, daher anfangs viel, später immer weniger davon sich anhäufen kann.

Jedenfalls gehört diese stickstofffreie Verbindung zu denen, welche im Fötus selbst entweder ihrer ganzen Menge nach oder zum grossen Theil entstehen und vergehen. Das Vogelei enthält kein Glykogen, der ganz junge Embryo gibt aber bereits die charakteristische Jod-Reaction.

Wenn man de Kürze halber die Stoffe der progressiven Metamorphose anaplastisch, die der regressiven Metamorphose kataplastisch nennt, dann gehört das Glykogen, welches im Embryo aus der ihm gelieferten Nahrung gebildet wird, zu den anaplastischen Stoffen. Es wird unter keinen Umständen als solches ausgeschieden, sondern angehäuft und von dem sich entwickelnden Organismus functionell verwerthet, wie das Fett.

Die embryonale Fettbildung und der embryonale Fettansatz sind jedoch ebenfalls experimentell physiologisch bis jetzt kaum untersucht worden.

Ob das im Säugethier-Embryo regelmässig vorkommende Fett in ihm selbst aus Eiweiss oder anderen ihm fertig zugeführten Stoffen gebildet oder ihm als solches vom mütterlichen Placentablute geliefert wird, ist noch eine offene Frage. Da aber die Structur der Zotten und die Erfahrungen über den Durchgang geformter Elemente aus dem mütterlichen in das fötale Blut entschieden gegen die regelmässige Überwanderung von freien Fettkörnchen in den Fötus sprechen, so ist nur eine embryonale Fettbildung und ein Import von Fett mittelst einwandernder Leukocyten im Embryo als wahrscheinlich anzusehen. Letzteren Fall habe ich bereits (oben S. 266) auf Grund der Beobachtungen mehrerer Forscher dargelegt. Bezüglich des ersteren müssen genauere Bestimmungen der gesammten Fettmenge im Embryo ausgeführt werden, ehe die Entscheidung getroffen werden kann. Die totale Fettmenge beträgt beim Menschen nach Fehling in [334
Procenten:

Monat:	4	5	6	7	8	9	10
Fett %:	0,45 bis 0,57	0,28 bis 0,6	0,72 bis 1,98	2,21 bis 3,47	2,44	8,7 (todtfaul)	9,1

Ein Fettansatz von mehr als ein Grm. monatlich findet erst vom 6. Fruchtmonat an statt. Vorher enthält der Embryo überhaupt nur sehr geringe Fettmengen, kann also vorher weder mehr als Spuren von Fett bilden, noch erhebliche Mengen fertig zugeführt erhalten, es sei denn, dass das Fett gar nicht abgelagert, sondern sofort wieder zerstört würde.

Eine schnelle Oxydation des Fettes im jungen Embryo ist aber sehr unwahrscheinlich, weil er nur wenig Wärme producirt, wenig Sauerstoff verbraucht.

Für die Embryonen des Kaninchens fand Fehling für die [334

dritte Woche	2,06	bis	2,18 %	Fett	(2 Fälle)
vierte Woche	2,32	„	5,9 „	„	(12 „)
die letzten Tage	4,7	„	5,1 „	„	(2 „)
Neugeborenen	5,9	„	7,2 „	„	(2 „)

Trotz der grossen Schwankungen im Einzelnen ergibt sich hieraus, dass auch beim Kaninchenfötus in der späteren Entwicklungszeit viel mehr Fett im Verhältniss zum Körpergewicht angesetzt wird, als in der früheren.

Eine Zunahme der Fettbildung während der Entwicklung behauptet auf Grund einiger weniger Bestimmungen F. W Burdach auch für das Schneckenei (*Limnaeus stagnalis*). Denn die in der Furchung begriffenen Eier A lieferten viel weniger Ätherextract als fast reife Embryonen enthaltende Eier B. Es betrug nämlich die Trockensubstanz der

Eier	A	A	B	B
Gewicht	0,4375	0,2335	0,275	0,161
Fett	0,003	0,0015	0,006	0,001
Procent	0,685	0,642	2,181	1,553

Die Gewichte der frischen Eier waren bei A 12,4655 und 5,5015, bei B 7,089 und 8,82 Grm. Aus diesen Zahlen geht schon hervor, um wie kleine Mengen Fett es sich überhaupt handelt. Die Methode der Darstellung durch Extraction mit Äther und Alkohol und die Anzahl der Versuche sind unzureichend. Doch sind die Endresultate nicht widerlegt worden. Die mit Zahlen belegte Angabe des Verfassers, dass mit der Entwicklung die Albumine ab-, die Mineralstoffe zunahmen, erhöht nicht das Vertrauen in dieselben.

Im bebrüteten Hühnerei nimmt die Menge der mit Äther extrahirbaren Stoffe ab, und zwar wenn ein Embryo sich darin entwickelt, wie Prevost und Morin, sowie R. Pott zeigten, schnell, wenn das bebrütete Ei unbefruchtet war, nach letzterem langsam. Pott fand für 100 Grm. des frischen Albumens und Dotters im bebrüteten entwickelten Eie folgende Werthe in Grm.:

Brüttag	5	7	11	17 (3 Fälle)
Ätherextract	12,80	11,06	9,73	7,87 bis 7,93

Hiernach ist eine Fettbildung im Hühnerembryo oder eine Ansammlung von aufgenommenen in Äther löslichen Stoffen in ihm, also eine Fettzunahme, sicher und die später noch auszuführenden Bestimmungen des Fettgehaltes ungleich entwickelter Hühner-Embryonen müssen zeigen, wieviel von dem aus dem gelben Dotter entnommenen Fette im Embryo sich wiederfindet, wieviel umgewandelt wird.

Es ist sehr wahrscheinlich, dass ein Theil des Fettes — von dem übrigens im Albumen allein nur äusserst geringe Mengen (0,004 % bis 0,02 % der Trockensubstanz desselben in 6 Fällen) gefunden wurden — während der späteren embryonalen Entwicklung oxydirt wird und die exhalirte Kohlensäure zum Theil liefert. Denn auch das bebrütete unbefruchtete Ei erfährt eine zwar anfangs nur geringe, später aber sehr merkliche Verminderung seines Fettgehaltes. Am 17. Tage der Erwärmung auf 39° enthält die Trockensubstanz seines Dotters (und Albumens) 39,68 % Fett, d. h. soviel wie der trockene Dotter (mit dem Albumen) des embryonirten Eies am 7. Brüttage (39,98 %). Da nun auch das erwärmte unbefruchtete Ei Kohlensäure entwickelt, liegt es nahe, diese von dem Fett abzuleiten und zwar in beiden Fällen. Doch ist die Identificirung von „Fett“ und „Ätherextract“ nicht gestattet und die in den späteren Incubationstagen vom Embryo erzeugte Kohlensäure stammt nicht davon her, sondern aus der Lunge.

Inwieweit bei dem Stoffansatz des Embryo der eigene Stoffwechsel desselben einerseits, die unmittelbare Apposition von fertig zugeführten Stoffen andererseits betheiligt ist, kann also aus den vorhandenen Thatsachen nicht erkannt werden. Der Stoffansatz ist beim Embryo bekanntermaassen sehr viel energischer und rapider, als zu irgend einer Zeit beim Geborenen, wie schon das Massenwachsthum im Ei beweist, aber der Sauerstoffverbrauch ist in derselben Zeit viel geringer, als nach der Geburt, und da ein lebhafter Stoffwechsel, d. h. eine schleunige chemische Umsetzung der den Geweben zugeführten Bestandtheile der Nahrung, nicht ohne reichliche Sauerstoffzufuhr beim Geborenen vorzukommen pflegt, so erscheint es zunächst plausibel, dem Ansatz präexistirender Stoffe beim Embryo das Übergewicht einzuräumen. Jedenfalls wird dieses für die Albumine streng gültig sein, weil sie schlechterdings nicht synthetisch aus Stoffen, die nicht schon Albumine sind oder abspalten, im Säugethier oder ausserhalb desselben künstlich zusammengesetzt werden können. In Betreff der Eiweissmengen aber, welche in den einzelnen Fruchtmonaten vom Embryo angesetzt, also direct der Mutter entzogen werden, lässt sich etwas sicheres zur Zeit nicht angeben; denn die Bestimmungen des procentischen Eiweissgehaltes ganzer Früchte von Fehling sind [334
nicht ausreichend, die relative Albuminzunahme zu verschiedenen Zeiten sicher erkennen zu lassen.

Dagegen ergibt sich diese in ausgeprägter Weise aus mehreren Bestimmungen des Gesammtstickstoff-Gehaltes des Hühner-Embryo und des ihm zugehörigen Dotters und Albumens, welche Pott ausführte. Er fand in der Trockensubstanz an Stickstoff [148

im Dotter und Albumen	6,42	6,31	6,15	6,08	5,08%
im Embryo	6,18	7,69	8,08	8,11	9,42%
Brüttage	5	7	8	10	15

Hieraus geht hervor, dass der relative Eiweissgehalt der Embryo-Trockensubstanz mit der progressiven Entwicklung zunimmt, während zugleich der der zum Aufbau des Embryo dienenden Albumen- und Dotter-Substanzen abnimmt. Doch ist es unstatthaft, aus der Stickstoff-Bestimmung direct die Albumin-Mengen zu berechnen, weil ausser diesen noch Lecithine, Nucleïne, Vitelline im Ei Stickstoff enthalten und zum Theil erst Albumine abspalten.

Dass bei der absoluten und relativen Zunahme der embryonalen Gewebe an Eiweiss immer nur präexistentes Albumin oder durch Umwandlung aus albumin-ähnlichen oder Albumin abspaltenden Stoffen mittelst der Protoplasma-Thätigkeit erzeugtes Albumin sich anhäuft, niemals aber aus kataplastischen Stoffen, wie Harnsäure, Sulphaten, Ammoniak usw. ohne lebendes Eiweiss die anaplastischen Albumine erzeugt werden, ist für den Embryo des Vogels sowenig wie für den des Säugethiers zu bezweifeln.

Wenn es sich aber darum handelt zu beweisen, dass im embryonalen Organismus wahre chemische Synthesen und Spaltungen nicht allein vorkommen können, sondern auch geradeso verlaufen wie beim Erwachsenen, dann genügt dazu schon der Hinweis auf die Bildung einer ganzen Reihe von Blut- und Secret-Bestandtheilen im Ei. Das rothe Hämoglobin, das Bilirubin, das Chorioidea-Pigment, der Harn-Farbstoff und andere gefärbte Substanzen des Fötus werden nicht aus dem mütterlichen Blute fertig eingeführt, sondern im Fötus erst gebildet. Der Säugethierfötus bildet diese und sehr viele andere als solche nicht in der Uterinmilch, nicht im Blutplasma der Mutter und nicht im Fruchtwasser enthaltenen Stoffe aus den in der Placenta übergehenden Verbindungen. Dazu gehören jedenfalls Elastin, Collagen, Keratin, Mucin u. a. Dagegen sind Kreatin, Kreatinin, Xanthin in der Uterinmilch nachgewiesen worden. Ihr Vorkommen im Fötus wird also zwar nicht ihre Einwanderung in denselben beweisen, aber auch nicht als Zeichen oxydativer Eiweisszersetzung in ihm gelten können. Diese letztere wäre durch den Nachweis von Sulphaten im Harn eines Fötus, der noch nicht geathmet hat, sicherer dargethan, als durch das häufige Vorkommen von Harnsäure, Uraten und Harnstoff im Fötalharn, weil diese Stoffe im mütterlichen Blute in grösserer Menge vorkommen, als Sulphate. Die Präexistenz quantitativ bestimmbarer Sulphate im mütterlichen Placenta-Blute ist sogar sehr fraglich.

Wenn aber in einem beliebigen Organe oder Safte des Fötus regelmässig reichlich Harnstoff nachgewiesen würde, wie z. B. in der Leber des Erwachsenen, ohne sich im Nabelvenen-Blute in entsprechenden Mengen zu finden, dann würde eine Eiweisszersetzung vor der Geburt direct bewiesen sein. Denn der Harnstoffgehalt des Fruchtwassers ist inconstant und niedrig (s. u.). Bis jetzt ist, soviel ich finde, nur einmal in einem menschlichen Fötus, der

noch nicht Luft geathmet hatte, reichlich Harnstoff gefunden worden, und zwar von C. Hecker in einer bernsteingelben Flüssigkeit [472
beider Pleurahöhlen eines kurz vor der Geburt erstickten Kindes. Der Befund ist obwohl pathologisch, doch physiologisch wichtig, weil das Rippenfell keine Abnormität zeigte und die zwei Unzen Flüssigkeit nicht Fruchtwasser sein konnten und nur den fötalen Geweben entstammten.

Auch die Bildung von mehreren Verdauungsfermenten in den fötalen Secreten des Magens und Darms, die Hippursäure-Bildung im Fötus nach Verabreichung von Benzoësäure an die Mutter und die Bildung wesentlicher Bestandtheile der Galle, sowie des Meconium (aus verschlucktem Fruchtwasser und Gallenbestandtheilen) beweisen, dass im menschlichen Fötus schon sehr lange vor der Geburt dieselben chemischen Processe wie beim Erwachsenen ablaufen, ohne directe specifische Betheiligung des sich differenzirenden embryonalen Protoplasma in allen Fällen.

Ein früher für ein specifisches Product des fötalen Gewebelebens angesehener Stoff ist das bei Kühen in der Allantoisflüssigkeit und im Kälberharn aufgefundene Allantoin. Da dasselbe aber von Gusserow auch im Harn schwangerer Frauen nachgewiesen worden ist und, nur in viel geringerer Menge, auch aus Männerharn Allantoinkrystalle gewonnen wurden, so kann aus [56
dem Vorkommen dieser Substanz im Fötus nichts sicheres bezüglich ihrer Bildung in demselben gefolgert werden. Zwar kann das Allantoin im Harn Schwangerer sehr wohl aus dem Nabelarterienblute stammen, ehe aber diese Vorstufe des Harnstoffs als kataplastisches Product des fötalen Stoffwechsels betrachtet wird, muss gezeigt werden, dass nicht-schwangere Frauen nichts oder nur Spuren davon in ihrem Harne enthalten.

Frappanter als der Säugethierfötus beweist der während seiner ganzen Entwicklung von der Mutter völlig getrennte Vogelembryo, dass sehr intensive chemische Processe regelmässig im Ei stattfinden, und zwar nicht nur Synthesen von neuen, vorher im Eierweiss und Eigelb nicht vorhandenen Stoffen — die Bildung des Hämoglobin schon am 3. Tage im bebrüteten Hühnerei ist eines der auffallendsten Beispiele — und Spaltungen präexistirender complicirter Verbindungen, sondern auch kataplastische Processe. Die Kohlensäure-Bildung des Embryo vor dem Beginne der Lungen-Athmung und die Ausscheidung von Fäces im Ei liefern unwiderlegliche Beweise dafür.

Zu den anorganischen Verbindungen, welche continuirlich dem

Fötus zugeführt werden und deren Existenz im Nabelvenenblut und Fruchtwasser nachgewiesen oder nicht zu bezweifeln ist, gehören Chlornatrium, Chlorkalium, Natrium- und Kalium-Phosphat, Calcium- und Magnesium-Phosphat. Eben diese Salze, weil sie sich in jedem Blute finden, müssen in den Nabelarterien den Fötus verlassen, und zwar in etwas geringerer Menge, als sie ihm zugeführt wurden, da er sie sämmtlich während seines Wachsthums aufspeichert und kein Grund vorliegt zu der Annahme ihrer Bildung im Fötus aus anderen Verbindungen, es sei denn, dass sehr kleine Mengen Phosphat aus Lecithin entstehen. Die Chloride und Phosphate des Säugethier-Fötus sind jedenfalls zum weitaus grössten Theil unmittelbar aus dem Blutplasma der Mutter abzuleiten.

Für das kohlensaure Natrium kann dasselbe nicht behauptet werden. Die älteren Angaben über die chemische Reaction des Fruchtwassers besagen, dass es entweder neutral oder alkalisch reagire, in einem Fall sei die blaue Färbung des rothen Papiers beim Trocknen verschwunden, sei also durch Ammoniak verursacht gewesen. In diesem Fall war aber das Fruchtwasser zersetzt. Der Widerspruch in den Angaben über die Reaction des ganz frischen Amnioswassers erklärt sich wahrscheinlich einfach dadurch, dass beim Betrachten des eben eingetauchten rothen, violetten oder blauen Lackmuspapiers keine Farbenänderung wahrgenommen wurde („neutral"), während nach nochmaligem Betrachten desselben wenige Minuten später starke Bläuung zu sehen war („alkalisch"). So wenigstens fand ich bei Prüfung frischen menschlichen und Schaf-Fruchtwassers die Reaction. Dieselbe verhielt sich auch gegen Curcumapapier genau wie eine wässerige Lösung von Natriumbicarbonat, indem auch da die Bräunung an der Luft durch Kohlensäureabgabe zu Stande kommt.

Somit ist es als höchst wahrscheinlich anzusehen, dass Natriumbicarbonat im Amnioswasser enthalten ist; der Geschmack desselben, den ich deutlich salzig mit schwachem, aber deutlich laugenhaftem Beigeschmack fand, stimmt damit überein.

Ob dieses kohlensaure Natrium im Fruchtwasser aus dem Fötus oder aus der Mutter stammt, ist freilich eine offene Frage, die durch den Hinweis auf das Vogelei nicht beantwortet wird.

Die relative Gesammtmenge der Salze nimmt, wie sich schon wegen der allmählichen, continuirlich fortschreitenden Wasserabnahme der fötalen Gewebe erwarten liess, während der ganzen Entwicklungszeit stetig zu.

Aus den neunzehn Aschebestimmungen Fehling's könnte [334
man sogar ableiten, dass die Zunahme des procentischen Gesammtaschegehalts menschlicher Früchte wenigstens vom 2. bis zum 8. Monat der Zeit ziemlich genau proportional verlaufe, wenn die Einzelfälle zahlreicher wären. Denn er fand für die 6. Woche 0,001 % Asche, für den 4. Monat 0,98 und 1,01 % (2 Fälle), für den 5. Monat 1,04 bis 1,91 % (7 Fälle), für den 6. Monat 1,94 bis 2,84 % (3 Fälle), für den 7. Monat 2,54 bis 2,94 % (4 Fälle), für den 8. Monat 2,82 und für die reife Frucht 2,55 %.

Auch aus den Bestimmungen der Mineralstoffe im Dotter und Albumen bebrüteter embryonirter Hühnereier, welche Pott aus- [148
führte, ergibt sich deutlich, dass im Embryo vom 2. bis 11. Brüttage der Gehalt an Mineralstoffen schnell zunimmt. Seine Säfte und Gewebe werden continuirlich concentrirter. Denn es wurden gefunden in der Dotter- und Albumen-Trockensubstanz:

Brüttag	2	4	5	7	11
Mineralstoffe	12,47	11,91	10,85—9,16	8,7—8,25	7,59—7,11 %.
			(2 Fälle)	(2 Fälle)	(2 Fälle)

Diese auffallende relative Abnahme der Mineralbestandtheile der Trockensubstanz des gelben Dotters und weissen Albumens während der Entwicklung des Embryo kann nur auf einer Zunahme der Gewebe des letzteren an Phosphaten, Chloriden, Carbonaten beruhen. Dass dabei die Kalkschale unbetheiligt ist, habe ich bereits (oben S. 246) bewiesen.

Darin also stimmen die Embryonen der Säugethiere und Vögel überein, dass mit dem Wachsthum eine stetige continuirliche absolute und relative Zunahme ihrer Säfte und Gewebe an Mineralstoffen, an Albuminen und Fetten regelmässig stattfindet. Die Abnahme des Wassergehaltes hängt damit zusammen. Der gesammte Glykogengehalt nimmt aber Anfangs zu und dann noch vor der Geburt, d. h. dem Sprengen des Eies, bei beiden rapide ab.

Dass bei all diesen chemischen Vorgängen die fötale Leber die Hauptrolle spielt, indem sie einen grossen Theil des frischen Nabelvenenblutes (des Allantois- und Omphalo-mesenterial-Venenblutes S. 69) aus erster Hand erhält, ist gewiss. Aber worin im Einzelnen die specifischen Functionen der schon sehr früh ausserordentlich grossen embryonalen Leber bestehen, bleibt noch [438
zu entdecken. Dass in den Leberzellen viel Sauerstoff vom Hämoglobin der Nabelvenenblutkörper abgespalten und verbraucht wird,

beweist die von mir auch beim lebenden Säugethier-Embryo gesehene dunkele Farbe des Lebervenenblutes im Gegensatze zu der hellen des Blutes im Arantischen Ductus.

Einfluss der Geburt auf den fötalen Stoffwechsel.

Die Veränderungen, welche der Stoffwechsel des Säugethier- und Menschen-Fötus im Gegensatz zu allen anderen Wirbelthieren durch die Geburt erfährt, sind im Einzelnen noch kaum erforscht worden, aber sehr eingreifend. Sie tragen dazu bei, die normale Fortexistenz des Kindes, nachdem es seine Geburt unversehrt überlebt hat, oft fraglich erscheinen zu lassen.

Zunächst muss der diffusive Stoffaustausch zwischen Blut und Geweben unmittelbar nach der Geburt wesentlich verändert werden, weil nach Absperrung des Arantischen und des Botallischen Ganges der arterielle Blutdruck enorm abnimmt. Das von den Lungen schon beim ersten Athemzuge aspirirte Blut aus der rechten, nun nicht mehr so reichlich wie vor der Geburt mit Blut versorgten Herzkammer wird durch sehr schnellen Wasserverlust beim Ausathmen concentrirter, muss also den Geweben mehr Wasser als vor der Geburt entziehen. Ausserdem gibt das Blut in den Lungen Kohlensäure zum ersten Male ab, ohne dafür irgend welchen Ersatz zu erhalten; ja es wird durch die Unterbrechung des Placentarkreislaufs und den Abfluss des Fruchtwassers jede Zufuhr von Wasser und von Nährstoffen irgendwelcher Art völlig abgeschnitten und im grellsten Contrast zu dem intrauterinen Überfluss jetzt sogar durch plötzlich gesteigerte Sauerstoff-Aufnahme das mit auf die Welt gebrachte Capital an oxydirbarer Substanz sogleich vermindert. Die sehr grossen vorher niemals erlebten ebenfalls plötzlichen Wärmeverluste und die Muskelbewegungen, weniger die der Extremitäten, als die des Athmungsapparates, erhöhen noch die Intensität jener kataplastischen Vorgänge, welche mit dem allmählichen Ingangkommen der regelmässigen Respiration, mit den zunehmenden Mengen des vom Hämoglobin in den Blutkörpern der Lungencapillaren gebundenen Sauerstoffs sich mehren und nothwendig vom ersten Augenblick des extrauterinen Lebens an die Bildung und Ausscheidung der Gewebe- und Blut-Kohlensäure steigern.

Der Zustand des ebengeborenen Kindes ist aus allen diesen Gründen in der That als ein sehr hülfloser zu bezeichnen. Es befindet sich in einer schlimmeren physiologischen Verfassung, als der hungernde Erwachsene, schon weil dieser mehr Fett zusetzen kann, und als die mit Nahrungsdotterresten aus Eiern ausschlüpfenden Vögel. Auch sind die meisten Thiere nicht der Gefahr einer so schnellen Abkühlung wie das Menschenkind ausgesetzt.

Alle Nachtheile, welche fast plötzlich gerade den menschlichen Organismus durch die Geburt treffen, werden aber unter normalen Umständen beseitigt durch die Aufnahme assimilirbarer Nahrung, durch Einsaugen des Colostrum und der Milch. Dadurch erhält das Blut sein in den Lungen verlorenes Wasser wieder. Den Geweben werden die zur gesteigerten Kohlensäure-Bildung und Wärme-Production erforderlichen Fette und Kohlenhydrate durch die Milchfette und den Milchzucker ersetzt. Dem gesteigerten Eiweisszerfall, welcher durch die Ausscheidung von mehr Harnstoff sich kundgibt, wird durch die Caseïn-Zufuhr zwar nicht Einhalt gethan, aber eine weitere Verminderung des angeborenen Albumin wird nun verhütet und bald wieder neuer Stoffansatz ermöglicht. Die anaplastischen Processe erhalten wieder das Übergewicht.

Die Verfolgung dieser wichtigen Veränderungen des Säuglings gehört nicht mehr in den Rahmen dieses Buches (S. 17), welches sich auf die intrauterinen Vorgänge und die Functionen des Neugeborenen vor der ersten Nahrungsaufnahme beschränkt.

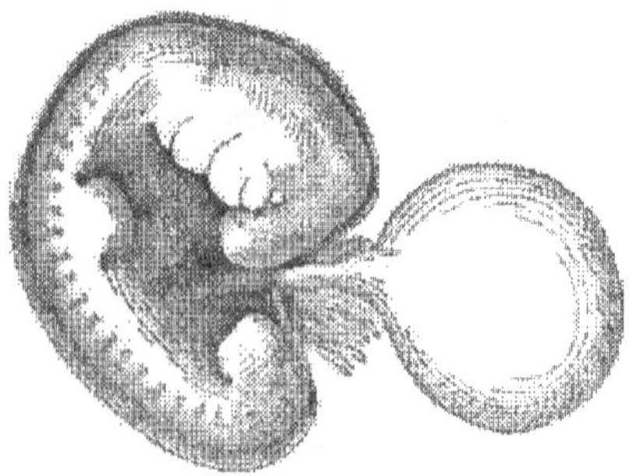

Zum besseren Verständniss der in diesem Abschnitte discucutirten frühesten embryonalen Ernährungsprocesse, besonders der nach den obigen Auseinandersetzungen (S. 257—259) wahrscheinlichen Betheiligung der Nabelblase an ihnen, auch beim Menschen, kann die beistehende Skizze eines etwa vierwöchentlichen menschlichen Embryo dienen, welche nach einem mir gütigst von

Hrn. Professor His in Leipzig zur Verfügung gestellten Originalphotogramm gezeichnet wurde. Es ist das Portrait desselben Embryo, welchen His in seiner Anatomie menschlicher Embryonen abgebildet und *B* genannt hat (S. 14). Man sieht die gestielte Nabelblase und, hier deutlicher als in der photographischen Aufnahme, den Bauchstiel. Der Embryo ist dicht vom Amnion umhüllt. Der übrigen Ausbildung nach würde dieser Embryo ungefähr einem Hühnerembryo vom 5. Tage entsprechen.

IV.

DIE EMBRYONALEN ABSONDERUNGEN.

Das Fruchtwasser.

Obgleich das Fruchtwasser in seiner Gesammtheit nicht vom Embryo abgesondert wird, findet es doch passend hier vor der Erörterung der eigentlichen fötalen Secrete und Excrete seinen Platz, weil Einige noch heute meinen, es sei im Wesentlichen nur fötaler Harn und werde allein vom Embryo gebildet.

Die Benennung dieser viel discutirten Flüssigkeit als *Liquor amnii*, auch *Humor amnii*, *Colliquamentum amnii*, „Amnioswasser“, und schlechtweg *Amnios* ist nicht befriedigend erklärt. Denn weder das griechische *Amnion*, eine zum Auffangen des Blutes der Opferthiere dienende Schale, noch *Amnos* oder *Amnios*, Lamm, noch auch *ἀμεινος*=*optimus* und *amneios*, zum Schaf gehörig, geben eine irgend annehmbare Ableitung.

Ἀμεινος ὑμην, *optima membrana* ist ebenso sinnlos wie die Ableitung vom Lamm, also von *ἀμνεῖος*, weil die das Fruchtwasser einschliessende Wasserhaut, das Amnios oder Amnion, „weiss und weich wie ein Schaf“(!) sei oder weil die früheren Anatomen ihre Untersuchungen am Fötus gewöhnlich an Schafen angestellt haben sollen, bei denen sie nach Aufschlitzen des Tragsacks den Embryo durch diese Haut hindurch erblickten. Das Amnion des Menschen muss den Ärzten und Hebammen viel früher bekannt gewesen sein, als das des Schafes. Aristoteles sagt ausdrücklich, die Flüssig- [25, 7. 7
keit werde „von den Frauen“ *προ-φορος* genannt, offenbar weil sie zuerst austritt, d. h. vor dem Kinde. Die schon von Empedokles gebrauchte Bezeichnung *Amnios* für die sie umfassende Haut ist erst spät auch für die Bezeichnung des Fluidum selbst verwendet worden. Da diese Haut aber im Verhältniss zu den anderen Eihäuten sehr zart und zerreisslich ist, vermuthe ich, dass ihr uralter Name von *ἀμενος* schwach, zart, abzuleiten ist. Daraus wurde dann *ἄμνιος*, und erst die unkritischen Commentatoren des Galen, welche manche sinnlose anatomische Benennung verschulden, übersetzten „Schafhaut“ und „Schafwasser“, trotzdem die guten Deutschen Ausdrücke *Kindswasser*, *Eiwasser*, *Geburtswasser*, *Mutterwasser* u. a. theils vorlagen, theils sich von selbst darboten.

Die Bedeutung des Fruchtwassers ist in der neuesten Zeit kaum noch zweifelhaft zu nennen. Ein Nahrungsmittel für den Fötus ist es zwar (s. o. S. 256), aber wenn es nicht sehr reichlich verschluckt wird, kann es weniger zur Ernährung, als zur Speisung mit Wasser beitragen, wie schon aus seinem geringen Volumgewicht hervorgeht. Dasselbe beträgt nach Levison stets [233 zwischen 1,0005 und 1,007, für Fruchtwasser, das bei der Geburt aufgefangen wurde, nach Prochownick zwischen 1,0069 und 1,0082 (bei Hydramnios zwischen 1,0060 und 1,0085), in der 20. Woche jedoch 1,0122. [234

Ausserdem ist bewiesen, dass eine monströse Frucht sich entwickeln kann, wenn die Möglichkeit zu schlucken fehlt, wenn nämlich die Speiseröhre von vornherein undurchgängig ist oder die Mund- und die Nasenöffnung mangelt oder der ganze Kopf. Solche Monstren sind oft sehr wohl genährt, wenn sie geboren werden und ihr Darm enthält Meconium. Somit ist das [235, 236 intrauterine Verschlucken von Fruchtwasser weder zur Ernährung des Fötus vom Darm aus noch zur Meconiumbildung unentbehrlich. Dass es aber durch die Haut dringt und lange, ehe von Schlucken die Rede sein kann, für die embryonale Histogenesis wesentlich ist, also eine embryotrophische Rolle spielt, wurde bereits im vorigen Abschnitt nachgewiesen.

Der äusserliche Nutzen des Fruchtwassers ist darin zu suchen, dass es dem Fötus die Bewegung, die Lage- und Stellungs-Änderung ermöglicht, seine Temperatur gleichmässig erhält, gegen schädliche Einwirkungen von aussen — Stoss, Druck, Bewegungen der Mutter — guten Schutz gewährt, den Placentarverkehr vor Störungen bewahrt und die Haut geschmeidig erhält, auch [235 das etwaige Zustandekommen von Uteruscontractionen durch [237 Fötusbewegungen erschwert.

Beim Vogelembryo kommen z. Th. ähnliche Momente in Betracht. Namentlich würden die energischen Schaukelbewegungen des Embryo ohne grosse Fruchtwassermengen nicht möglich sein.

Die alte Ansicht, das Zusammenwachsen der Glieder mit dem Rumpfe werde durch das Amnioswasser verhindert, ist dagegen unbewiesen, sogar durch nichts bis jetzt wahrscheinlich gemacht worden. Doch hat O. Küstner (1880) anlässlich seiner Untersuchungen über die Häufigkeit des angeborenen Plattfusses hervorgehoben, dass bei geringer Fruchtwassermenge die Oberflächentheile des Fötus unmittelbar der Amnionfläche, somit der Uteruswand, anliegen können, wodurch der intrauterine Druck auf die Gestaltung des Fötus leicht einen erheblichen Einfluss gewinnen kann.

Das Schlüpfrigwerden der Geburtswege nach dem Blasensprung ist darum zu den regelmässigen dem Fötus und der Mutter nützlichen Eigenthümlichkeiten des Fruchtwassers nicht zu zählen, weil Thiere und Frauen manchmal die Frucht im intacten Ei zur Welt bringen und sogenannte trockene Geburten, bei denen das Fruchtwasser viele Stunden vor dem Austritt des Kindes abfliesst, nicht zu den Seltenheiten gehören. Freilich sind dann die Schmerzen in der Austreibungsperiode wahrscheinlich grösser. Insofern erleichtert das Fruchtwasser den Austritt des Kindes.

Die Menge des Fruchtwassers beim Menschen bestimmte H. Fehling durch Sprengen der Eiblase mit dem Finger oder [216
Troicart, Aufsammeln der sofort abgegangenen Flüssigkeit und Abmessen derselben; das nachsickernde Wasser wurde in eine tarirte leinene Unterlage auf wasserdichtem Zeuge aufgefangen. Am schwierigsten war es dabei, das Nachwasser vollständig und ohne Verunreinigung mit Blut oder Harn zu gewinnen. Bei 34 meist reifen Früchten betrug das Minimum des Fruchtwassers in Cubiccentimetern 265, das Maximum 2300 (abnorm); im Durchschnitt hatten reife Kinder 680, Früchte von der Mitte des neunten und bis zur Mitte des zehnten Monats 423 Cc. F. Levison [225
fand im Mittel aus 22 Fällen 821 Gramm, Gassner im Mittel aus 35 Fällen 1730 Grm. für das Ende der Schwangerschaft.

Zwischen Entwicklungsgrad der Frucht und Fruchtwassermenge besteht durchaus keine Proportionalität, auch zwischen Gewicht [215
der Placenta und Fruchtwassermenge keine, aber die schwereren Früchte haben nach Gassner mehr Fruchtwasser, als die weniger schweren und für Thiere wird dasselbe behauptet. Bei Nabel- [114
schnurumschlingung kommt eine grössere Fruchtwassermenge öfters vor, wobei aber zu bedenken ist, dass bei grosser Nabelschnurlänge und vermehrtem Fruchtwasser das Zustandekommen der Umschlingung begünstigt wird und auch ohne Hydramnios und früh Umschlingungen vorkommen. Eine grössere Nabelschnurlänge geht durchaus nicht regelmässig zusammen mit einer grösseren Fruchtwassermenge, wie Fehling meinte. G. Krukenberg zeigte auf Grund von Fehling's eigenen Zahlen, dass die [473. 215
vorliegenden Messungen damit nicht im Einklang stehen, denn es ergibt sich für reife und frühgeborene Früchte für die durchschnittliche

Nabelschnurlänge	36	44	56	63	73	Cm.
Fruchtwasser	970	562	1015	619	578	Ccm.

Dass Thierembryonen, welche meistens einen relativ kürzeren

Nabelstrang, als der menschliche Fötus haben, allgemein von einer relativ geringeren Fruchtwassermenge umgeben seien, ist nicht wahrscheinlich, und dass die spiraligen Windungen der Nabelschnur und ihrer Gefässe (durch welche eine Transsudation oder Filtration begünstigt werden könnte) bei Thieren zu der Fruchtwassermenge in Beziehung ständen, so dass dieselbe bei nichttorquirtem Nabelstrang geringer wäre, ist ebenfalls nicht wahrscheinlich. Das Schaf hat viel, das Meerschweinchen wenig Fruchtwasser, auch wenn der Nabelstrang beidesfalls nicht oder wenig gedreht ist.

Auch die Insertion des Nabelstrangs in die Placenta könnte für die Menge des Fruchtwassers von Belang sein, sofern bei tieferer Einsenkung vielleicht ein höherer Wasserdruck auf der Placenta lasten würde. Stauungen des umbilicalen Blutstroms werden jedenfalls bei anomaler Insertion leichter eintreten. So würde es verständlich, dass bei Randeinsenkung der Nabelschnur das Fruchtwasser (nach Fehling) manchmal vermehrt gefunden zu wurde. Doch ist dieser Befund physiologisch nicht verwerthbar.

Wovon die Menge des Fruchtwassers abhängt, ist unbekannt.

Dass die amniotische Flüssigkeit den Charakter einer serösen Flüssigkeit hat, welche unmittelbar, wenigstens zum Theil, aus Blutgefässen transsudirt sein kann, zeigt ihre chemische Zusammensetzung. In Mengen von 300 bis 2045 Cc. aufgefangen enthielt sie nach Fehling's Bestimmungen bei 16 Geburten zwischen 1,07 und 1,60 Procent Trockenrückstand und zwischen 0,51 und 0,88 Procent Asche. Prochownick fand zwischen 1,3 und [illegible] 1,8 % Trockenrückstand und zwischen 0,39 und 0,59 % anorganische Stoffe (in 8 Fällen) zu Ende der Schwangerschaft.

Jedenfalls existirt keine constante Beziehung zwischen [illegible] Fruchtwasser-Menge und -Concentration. Mit der Zunahme tritt wenigstens eine merkliche Verdünnung nicht jedesmal ein. Dagegen ergibt sich aus den vorliegenden 9 Bestimmungen des [illegible] Albumins von Fehling, dass der trockene Rückstand mit dem Albumingehalt steigt; allerdings bewegen sich die Procentzahlen für letzteren nur zwischen 0,059 und 0,25, für ersteren zwischen 1,[illegible] und 1,42, und innerhalb dieser Grenzen ist der Parallelismus nicht in allen Fällen vorhanden, auch nicht bei den 14 Bestimmungen [illegible] von Prochownick, welche zwischen 0,06 und 0,71 % Eiweiss ergeben, aber die Abweichungen sind nicht zahlreich; im Allgemeinen steigt mit der Concentration des Fruchtwassers sein Albumingehalt.

Der Harnstoffgehalt des Fruchtwassers ist grossen Schwankungen unterworfen. Nach Fehling's Bestimmungen an 15 Früchten
enthielt das Fruchtwasser in der 6. Woche in Procenten 0,008
Harnstoff, bei einem 54 Centim. langen, 4010 Grm. schweren neugeborenen Knaben 0,0083, in 7 Fällen 0,026 bis 0,048, und in
4 Fällen 0.051 bis 0,081, im 10. Monat 0,046, im 9. Monat 0,030
durchschnittlich. Es besteht keine Proportionalität zwischen relativer Harnstoffmenge und Entwicklungsstufe, wie schon nach [215
den sehr abweichenden Angaben über den Harnstoffgehalt des
Fruchtwassers reifer Früchte zu vermuthen war. Die absoluten
Mengen des Harnstoffs im ganzen Fruchtwasser konnten wegen
der Unmöglichkeit, dieses ohne Verlust zu sammeln, nicht ermittelt
werden. Zu Ende der Schwangerschaft fanden verschiedene Forscher sehr ungleiche Harnstoffmengen, welche zum Theil, namentlich wenn sie hoch ausfielen, wahrscheinlich den Methoden der
quantitativen Bestimmung zuzuschreiben sind. Picard fand 0,0267
bis 0,035, Litzmann (Colberg) 0,05, Winckel 0,42, (bei Hy- [336
dramnios 0,086 bis 0,104), Gusserow 0,14 bis 0,35, Prochownick
0.018 bis 0,026 (bei Hydramnios bis 0,034) Procent Harnstoff im
menschlichen Fruchtwasser. Jedoch hat man im Allgemeinen in
den frühesten Stadien (in der 6. Woche) den Harnstoffgehalt am
niedrigsten gefunden, und manchmal fehlt der Harnstoff gänzlich,
ohne dass jedesmal eine totale Zersetzung vorher vorhandenen
Harnstoffs, etwa die Bildung von Ammoniumcarbonat, oder mangelhafte chemische Prüfung angenommen werden darf.

Da jede seröse Flüssigkeit zwischen 0,006 und 0,06 oder (die
Ovarialflüssigkeit mitgerechnet) 0,16 Procent Harnstoff enthält, so
wäre die Ableitung des im Fruchtwasser normaler Weise gefundenen
Harnstoffs allein aus der fötalen Niere nicht gerechtfertigt.

Der Harn des Fötus wird beim Menschen selbst dann, wenn
der Harnstoffgehalt des Fruchtwassers höher steigt, als man ihn in
serösen Flüssigkeiten findet, als alleinige Harnstoffquelle nicht in
Anspruch genommen werden dürfen, weil die Harnentleerung des
Fötus und der Harnstoffgehalt des Fötusharns quantitativ bisjetzt
nicht bestimmt und andere Quellen nicht ausgeschlossen sind.
Wenn das Fruchtwasser von der 6. bis 20. Woche nicht mehr
als 0,018 Proc. Harnstoff enthält, dann verhält es sich eben wie
eine seröse Flüssigkeit, und der im Allgemeinen in den letzten
Fötalmonaten höhere Harnstoffgehalt erklärt sich durch eine mehr-
malige Urinentleerung des Fötus nicht sicher. Eine solche [228
Erklärung kann jedoch nicht widerlegt werden.

Der Umstand, dass im Fruchtwasser mehr Calciumphosphat und Chlornatrium, als im ersten Urin der Neugeborenen gefunden wird, spricht nicht gegen die intrauterine Vermischung von Fruchtwasser und Fötalharn, weil jene Stoffe, wie die Alkaliphosphate (die Scherer nachwies), aus dem mütterlichen Blute stammen können.

Dass aber eine Beimischung von Fötalharn zum Fruchtwasser, welche gegen Ende der Schwangerschaft wahrscheinlich ist, nicht immer vorkommt, geht aus dem Vorhandensein des letzteren hervor, wenn dem Fötus Niere, Blase und Harnröhre gänzlich fehlten oder die Nieren völlig functionslos waren wegen frühzeitiger Degeneration.

Um überhaupt annähernd die Harnmenge zu bestimmen, welche der Fötus in das Fruchtwasser hinein entleeren könnte, liess Fehling Schwangere täglich zweimal salicylsaures Natrium oder Ferrocyankalium nehmen. Letzteres konnte unter 17 Versuchen nur dreimal im Fruchtwasser nachgewiesen werden, und aus den drei positiven Ergebnissen würde sich ein Gehalt des Fruchtwassers an Harn von höchstens etwa 1 Procent ergeben, so schwach fielen die Reactionen aus.

Ausserdem fehlte gewöhnlich das gelbe Blutlaugensalz im ersten Urin des Neugeborenen, war aber im zweiten vorhanden. Beim salicylsauren Natrium gab schon nach wenigtägigen Verabreichungen der erste Urin des Neugeborenen eine positive Reaction.

Alle derartigen positiven Versuche beweisen aber nicht, dass dem Fruchtwasser Fötalharn beigemischt wird und die negativen nicht, dass es nicht der Fall ist. Denn wenn ein fremder Stoff vom Magen der Schwangeren aus in das Amnioswasser gelangt, so ist damit noch nicht bewiesen, dass er nothwendig den Fötus erst passirt haben, von der Niere oder gar den Hautdrüsen desselben herrühren muss, er könnte auch möglicherweise von der Nabelschnur, den Eihäuten, der Placenta aus in das Fruchtwasser gelangt sein. Und in Betreff der negativen Versuche gilt, dass wenn ein fremder der Mutter injicirter Stoff sich im Harn des Neugeborenen, nicht aber im Fruchtwasser sich wiederfindet, dieses Fehlen möglicherweise nur auf einer zufällig ausgebliebenen Harnentleerung in die Amnionhöhle, noch wahrscheinlicher aber auf mangelhafter Prüfung beruhen kann (S. 212). Da beim Menschen einerseits Jodkalium sowohl im Harn des Neugeborenen, als auch im Fruchtwasser, nachdem es vor der Entbindung der Mutter

verabreicht worden, nachgewiesen wurde, andererseits ein solcher leicht diffundirender Stoff stets im Fötalharn sich wiederfand, wenn er im Fruchtwasser erschien, so war die von Gusserow wieder aufgenommene Ansicht früherer, nicht experimentirender, [56
sondern speculirender Mediciner nicht unwahrscheinlich, dass nämlich nicht allein der Fötus reichlich in das Fruchtwasser urinire, sondern dieses selbst ausschliesslich ein Excret des Fötus sei.

Hiermit komme ich zur Erörterung eines der ältesten und interessantesten Probleme aus der Physiologie des Embryo, zur Frage nach dem Ursprung des Fruchtwassers.

Offenbar wird die Annahme der Entstehung desselben einzig durch die hypothetische harnbildende oder sonstige wasserausscheidende Thätigkeit des Embryo unzulässig, wenn, abgesehen von den Missbildungen ohne uropoëtische Organe, mit Sicherheit dargethan werden kann, dass ein leicht diffundirender Stoff reichlich aus dem Blute der Mutter in das Fruchtwasser übergehen kann, ohne in das Fötalblut überzugehen.

Zuerst stellte einen solchen Versuch Zuntz an, indem er [336
hochträchtigen Kaninchen eine wässerige Lösung von indigschwefelsaurem Natrium in eine Jugularvene injicirte, und zwar langsam innerhalb einer Stunde. Die dann durch raschere Einspritzung schnell sterbenden Thiere zeigten stets eine bläuliche Färbung des Fruchtwassers, während kein Theil des Fötus, namentlich nicht die Niere, die Leber und die kleine Menge Harn, welche in der Blase gefunden wurde, auch nur die geringste Spur einer Bläuung zeigte. Sogar nach vorheriger Tödtung des Fötus durch Einspritzen concentrirter Kalilauge in denselben erschien unter obigen Versuchsbedingungen die bläuliche Farbe des Amnioswassers.

Wiener hat an trächtigen Kaninchen noch mehr solche [73
Injectionsversuche (mit indigschwefelsaurem Natrium) angestellt, welche in der That nicht den geringsten Zweifel mehr gestatten, dass an der Fruchtwasserbildung das Blut der Mutter direct betheiligt ist. Wurden Lösungen der genannten Substanz von verschiedener Concentration in eine Jugularvene des hochträchtigen Mutterthieres eingespritzt, so konnte der Farbstoff fast immer, wenn auch manchmal nur in minimalen Mengen, im Fruchtwasser nachgewiesen werden, gleichviel ob die Mutter viel oder wenig davon erhalten hatte. Im Fötus war dagegen keine Spur des Farbstoffs auffindbar; in der fötalen Harnblase wurde wiederholt ein wenig klaren Urines gefunden.

Um aber günstigere Bedingungen für den Übergang des Farbstoffs von der Mutter in den Fötus zu schaffen, verhinderte Wiener die Ausscheidung des indigschwefelsauren Natrium in den Nieren der Mutter durch doppelseitige Nephrotomie vor der Injection in die Jugularvene. Auch jetzt erhielt er dasselbe Resultat: in den Früchten war keine Spur des Farbstoffs nachzuweisen, im Fruchtwasser fanden sich grosse Mengen desselben. Dabei ist besonders bemerkenswerth, dass der mütterliche Theil der Placenta gefärbt, der fötale nicht gefärbt gefunden wurde (S. 212), aber die Eihäute intensiv blau waren. Es ist also der Farbstoff höchstwahrscheinlich nicht durch die Placenta, sondern durch die Eihäute direct in das Amnioswasser übergegangen. Doch gelten diese Befunde nur für die Früchte aus der zweiten Hälfte ihrer intrauterinen Entwicklung, indem bei den Embryonen der Kaninchen aus der ersten Hälfte der Trächtigkeit „so gut wie nichts“ vom Farbstoff im Fruchtwasser gefunden wurde, selbst nicht nach Nephrotomie der Mutter. Auch bei zwei trächtigen Hündinnen ging das Pigment weder in den Fötus, noch in das Fruchtwasser über.

Mit vollem Rechte schliesst aber Wiener aus den Versuchen an hochträchtigen Kaninchen, dass Stoffe aus dem mütterlichen Blute direct in das Fruchtwasser übertreten. Die grosse Verschiedenheit der Kaninchen- und Menschen-Placenta gestattet zwar einstweilen nicht, den bis jetzt ausschliesslich nach Injection der einen Substanz, nur in die Venen allein von Kaninchen in den letzten Stadien der Gravidität, auf den Menschen zu übertragen, trotz dieser Einschränkungen aber wird hierdurch die Ansicht von Gusserow und anderen, derzufolge „das Fruchtwasser ausschliesslich ein Product des Fötus ist“ widerlegt. Die davon unabhängige alte von ihm neubegründete Hypothese, dass der Fötus-Harn in das Amnioswasser entleert, ist aber deshalb nicht widerlegt, und Wiener hat sich angelegen sein lassen, sie durch besondere Versuchsreihen zu beweisen, welche weiter unten beschrieben werden (im folgenden Abschnitt).

Hier handelt es sich darum, zu prüfen, ob etwa andere dem normalen Organismus fremde leicht in sehr kleinen Mengen erkennbare Stoffe sich ebenso wie Indigcarmin verhalten, indem sie zwar regelmässig von dem Blute der Mutter aus in das Fruchtwasser, nicht aber in denselben Mengen in derselben Zeit in den Fötus übergehen. Diese Frage ist durch eine sehr verdienstliche Untersuchung von G. Krukenberg in Bonn klar beantwortet [157 worden. Die Substanz, welche er anwendete, Jodkalium, wurde zwar vor ihm schon oft zu Versuchen über den Stoffaustausch zwischen Mutter und Frucht benutzt (S. 207 und 212), aber niemand erhielt vor ihm constante Resultate. Krukenberg konnte zehnmal bei Geburten am normalen Ende der Schwangerschaft bei noch wenig erweitertem Muttermunde ganz reines Fruchtwasser durch Sprengen der Fruchtblase mittelst eines langen Troicarts erhalten, nach vorheriger gründlicher Ausspülung der Vagina und nachdem die gebärenden Frauen nur einige Stunden vorher Jodkalium in wässeriger Lösung verschluckt hatten. In diesen zehn Fällen gelang der Nachweis jedesmal. Als Reagens diente Stärkekleister, dem eine Spur Kaliumnitrit und etwas Schwefelsäure hinzugefügt wurden. Zur Untersuchung wurde das Fruchtwasser bis zur Trockene eingedampft, der Rückstand verascht, die Asche in heissem Wasser filtrirt. Das Filtrat, 2 bis 3 Ccm. im Ganzen, gab dann nach dem Erkalten auf Zusatz einiger Tropfen des Reagens die Blaufärbung des Jodamylum.

Auch bei hochträchtigen Kaninchen, welchen je 1 ½ Grm. Kaliumjodid in 50-procentiger Lösung subcutan eingespritzt worden, gelang es 1 ½ Stunden später, sogar auf directen Zusatz des Reagens zum Fruchtwasser jedesmal (bei 24 Prüfungen rein aufgefangenen Amnioswassers von sechs hochträchtigen Kaninchen) das Jod mit Sicherheit nachzuweisen. Dabei war die Blaufärbung jedesmal sehr intensiv. Aber die 62 Nieren der Früchte gaben zerdrückt oder verascht entweder gar keine Jodreaction (26) oder nur eine „schwache (18), mässig starke (6), keine deutliche (12)“ Blaufärbung. Urin konnte von keinem Fötus erhalten werden.

Diese Versuche bestätigen vollkommen die Auffassung des Fruchtwassers als eines Transsudats aus dem mütterlichen Blute. Denn wenn so leicht diffundirende Substanzen, wie Jodkalium, bei Thieren (Kaninchen) und Kreissenden reichlich in das Fruchtwasser übergehen, ohne jedesmal im Fötus nachweisbar zu sein, dann ist die Schlussfolgerung sehr wahrscheinlich, dass ein Theil des Fruchtwassers in der letzten Zeit der Gravidität vom Blute der Mutter direct in die Amnionhöhle gelangt. Möglich erscheint es sogar, dass sämmtliches Fruchtwasser nur aus dieser Quelle stamme, wenn nämlich der Fötus keinen Harn und sonst kein Excret ihm beimischt, wie es bei Missbildungen mit Hydronephrose der Fall ist oder sein kann.

Dieses wichtige Resultat wird noch dadurch gestützt, dass nicht, wie bei den intravenösen Injectionen des Indigcarmin, etwa anomale Transsudationen erst veranlasst werden können und die Versuche an der gesunden Frau ausgeführt wurden.

Nun hat sich aber auch bei Krukenberg's Versuchen bestätigt gefunden, was Wiener bei Thieren aus früheren Trächtigkeitsstadien beobachtete, dass da nämlich kein Jodkalium oder nur wenig in das Fruchtwasser und in den Fötus übergeht. Bei Kaninchen, die 17 bis 21 Tage nach der (nicht wiederholten) Befruchtung wie die anderen behandelt wurden, waren keine oder nur eben noch nachweisbare Spuren von Jod im Fruchtwasser aufzufinden, d. h. 9 bis 13 Tage vor dem Ende der Tragzeit. Auch in einem Falle einer Frühgeburt beim Menschen — das Kind wog 1850 Grm., die Nabelschnur war 42 Cm. lang — konnte zwar im ersten Urin des Kindes unmittelbar nach der Geburt, nicht aber im Fruchtwasser Jodkalium nachgewiesen werden.

Die Ursache für das Ausbleiben des Übergangs von Stoffen in das Fruchtwasser, welche in den letzten Wochen oder Tagen der Gravidität reichlich übergehen, suchte Wiener in den zwischen den Eihäuten befindlichen Flüssigkeitsschichten; Krukenberg fand aber in der hierbei fast allein in Betracht kommenden Flüssigkeit zwischen Amnion und Chorion entweder (16 mal) keine oder (6 mal) nur eine schwache Reaction bei Kaninchen. Er meint, es seien vielmehr die Eihäute, namentlich das Chorion, welche, auch beim Menschen, zu Beginn der Gravidität oder vor den späteren Stadien den Durchtritt erschweren, indem ihre Permeabilität im Laufe der Entwicklung des Embryo immer mehr zunähme. Allerdings stimmen die Experimente und die anatomischen Befunde mit dieser Hypothese viel besser überein. Für das Kaninchen folgt schon aus Wiener's und Krukenberg's Versuchen, dass gegen Ende der Gravidität die diffundirenden Stoffe aus dem mütterlichen Blute direct durch die Eihäute in das Amnioswasser übergehen, zu Anfang der Tragzeit aber nicht.

Es ist also wahrscheinlich, dass gegen Ende der Schwangerschaft auch beim Menschen ein Theil des Fruchtwassers aus dem Mutterblut in die Amnionhöhle hinein transsudirt.

Keine Eigenschaft des Fruchtwassers spricht gegen diese Annahme. Keine aber schliesst die Beimischung von fötalem Harn aus. —

Das Problem von der Herkunft des Fruchtwassers vor dem Ende der Gravidität ist durch H. Jungbluth (1869) von einer anderen Seite her seiner Lösung näher gebracht worden. Dieser Forscher entdeckte nämlich an der dem Amnion dicht anliegenden

Partie der fötalen Placenta-Gefässe kleinste Arterien, welche durch Capillaren mit Venen zusammenhängen, *Vasa propria*, die mit den Nabelschnurgefässen communicirend wohl geeignet scheinen, von der Zeit an, da sich der Fruchtkuchen zu bilden beginnt, bis zu ihrer Obliteration, seröse Flüssigkeit in die Amnionhöhle durchtreten zu lassen. Das ungewöhnlich lange Bestehen dieser Jungbluth'schen Gefässe würde übermässige Fruchtwasserabsonderung, Hydramnios, bedingen, wogegen bei Mangel an Fruchtwasser diese Gefässe schon sehr früh verkümmern würden.

Auf Grund seiner Injectionsversuche an menschlichen Placenten spricht es daher Jungbluth mit Bestimmtheit aus, dass die amniotische Flüssigkeit weder, wie man früher annehmen wollte, von der uterinen Placenta, noch von den Speichel- oder Thränendrüsen des Fötus, noch von seinen Schweissdrüsen, noch von seinem Darm, noch von seinen Nieren, noch seinen Brustdrüsen, noch vom Nabelstrang herstammt, sondern allein von dem Fruchtkuchen — der fötalen Placenta — und zwar durch besondere dem Amnion ganz dicht anliegende Blutcapillaren der Grenzmembran, den *Vasa propria*.

Dieser neuen Ansicht zufolge ist also das Fruchtwasser wenigstens zum Theil ein Transsudat des fötalen Blutes in dem Fruchtkuchen, welches mit dem mütterlichen in osmotischem Verkehr steht, kein Secret, kein Excret des Fötus und kein directes Transsudat aus dem mütterlichen Blute, dessen Beschaffenheit jedoch selbstverständlich nicht ohne Einfluss auf die Zusammensetzung und Menge des Fruchtwassers sein kann. Es ist ferner die enorm gesteigerte Absonderung des Fruchtwassers in pathologischen Fällen — bei Hydramnios und vielleicht auch bei Hydrorrhöe der Schwangeren — nur die Steigerung eines physiologischen Processes und überhaupt eine scharfe Grenze zwischen physiologischer und pathologischer Fruchtwassermenge nicht zu ziehen. [348

In historischer Beziehung ist eine Äusserung von Lobstein [116 in seinem Buche über die Ernährung des Fötus (1802) geradezu als ein Vorläufer der Jungbluth'schen Arbeit anzusehen. Jener sagt nämlich (§. 31): „Die Beobachtung lehrt, dass sehr kleine Blutgefässe auf der dem Fötus zugewandten Oberfläche des Mutterkuchens sich verbreiten; dass diese einen Theil der wässerigen Flüssigkeit durchschwitzen lässt, die man in die Nabelgefässe eingespritzt hat; dass man dort sehr oft Wasser zwischen den beiden Häuten ausgetreten findet usw. Alles dieses scheint anzudeuten, dass eine seröse Exsudation von der glatten Oberfläche dieses Theiles ausgeht. Indessen muss man doch die wahre Quelle des Fruchtwassers in der ganzen Ausdehnung der Häute des Eies suchen.“ Hierin liegt viel mehr, als eine blosse Divination. Denn hiernach ist anzunehmen, dass Lobstein bereits dieselben Beobachtungen und Schlüsse wie Jungbluth machte. Letzterer schrieb 1869: „Entfernt man an einer reifen frisch zur Injection benutzten Placenta die Wasserhaut und löst dann an jenen Stellen, welche dem blossen Auge feinere Gefässverästelungen offenbaren, kleinere und grössere Läppchen der mit dem Parenchym des Fruchtkuchens verwachsenen Grenzmembran ab, so bemerkt man, wie aus dem Parenchym in die Membran hinein feine Gefässe eindringen, um dieselbe nicht wieder zu verlassen.“ Das Blut in diesen *Vasa propria* ist es, welches das Fruchtwasser durch das Amnion hindurch diffundiren lässt.

Eine glänzende Bestätigung erhielt die Jungbluth'sche Theorie durch F. Levison (1873). Dieser bewies durch Injectionen von den Nabelstranggefässen aus (Arterien oder Vene) die Existenz der Jungbluth'schen Capillaren und fand sie bei Placenten unreifer Kinder ziemlich zahlreich, bei solchen ausgetragener wie Jungbluth selbst gar nicht, war aber Hydramnios vorhanden gewesen, dann sehr reichlich auch bei diesen.

Die alten Ansichten, denen zufolge ausser dem Harn des Fötus, auch sein Speichel, sein Nasenschleim, sein Brustdrüsensecret, sein Schweiss als ausschliessliche oder überwiegende Bestandtheile des Fruchtwassers anzusehen seien, sind demnach abgethan. Insbesondere folgt die Unzulässigkeit der Identificirung von Fruchtwasser und fötalem Schweiss aus dem späten Auftreten der Schweissdrüsen. Dieselben erscheinen nach Kölliker erst im fünften Monat und zwar als solide Auswüchse des *Stratum Malpighi* der Oberhaut. Erst im siebenten Monat sind Schweissporen und Schweisscanäle in der Epidermis, aber noch sehr undeutlich zu erkennen.

Andererseits kann auch der Uterus nicht als nothwendig für die Fruchtwasserabsonderung angesehen werden, da bei Extrauterinschwangerschaften, wie schon Scheel (1798) bemerkte, reichlich Fruchtwasser gefunden wird. Aber die Eihäute, die Jungbluth'schen Gefässe und vielleicht auch die Nieren des Fötus sind nothwendig für die reichliche Secretion des Amnioswassers, erstere mehr in der letzten Zeit, die *Vasa propria* nach der Placentabildung, die Nieren nur in der letzten Entwicklungszeit. Bei

Früchten mit verschlossenen Harnwegen ist wenig Fruchtwasser gefunden worden. [56

So paradox es klingt: der Fötus entleert seinen Harn in die Amnionhöhle und trinkt ihn mit den übrigen Gemengtheilen des Fruchtwassers um so reichlicher, je näher der Geburtstermin heranrückt, wie der Vogelembryo in seinem Ei vor dem Ausschlüpfen.

Woher stammt aber das Fruchtwasser vor der Placenta-bildung? Nach Scherer sollen die Gewebe des Fötus es liefern, [433 womit freilich über das Wie? keine Aufklärung gewonnen ist.

Es lässt sich leicht zeigen, dass diese oft wiederholte Behauptung von der Wasserabscheidung seitens des Embryo im höchsten Grade unwahrscheinlich ist. Sie beruht ohne Zweifel auf einer Verwechslung des absoluten und relativen Wassergehaltes der embryonalen Gewebe. Der letztere nimmt stetig im Laufe der Entwicklung ab. Da aber der absolute Wassergehalt des ganzen Embryo während derselben Zeit stetig zunimmt, und zwar sehr erheblich, so ist es unmöglich, dass der Embryo mehr Wasser abgibt, als er aufnimmt. Das von ihm angeblich ausgeschiedene Fruchtwasser könnte also nur gleich sein der Differenz des aufgenommenen Wassers minus dem zurückbehaltenen Wasser. Ich habe aber dargethan (S. 256), dass die hauptsächliche Quelle, aus der die Frucht ihren grossen Bedarf an Wasser deckt, eben das Fruchtwasser ist. Für den in allen Stadien dem Auge direct zugänglichen und stets von Flüssigkeit umspülten Hühner-Embryo ist es bewiesen, dass er dieselbe in sich aufnimmt, verschluckt und vorher, wenn die Leibeshöhle sich schliesst, mit seinen wachsenden und sich differenzirenden Geweben förmlich in Buchten umwächst, sich überall mit Wasser imprägnirend (durch Endosmose und ohne Zweifel noch mehr durch Quellung). Es ist also klar, dass die vom Anfang an im Ei vorhandene Flüssigkeit durch die absolute Wasserzunahme des Embryo vom ersten Tage an abnehmen muss. Sie kann somit nicht durch eben diesen Embryo zu gleicher Zeit durch eine wasserausscheidende Thätigkeit der Gewebe zunehmen. Dasselbe muss vor der Placenta-Bildung für den Säugethier- und Menschen-Embryo gelten.

Nach anderen soll das Fruchtwasser aus den Omphalomesenterialgefässen transsudiren. Da aber in der allerersten Zeit das Fruchtwasser kein oder wenig Albumin zu enthalten scheint, so ist auch diese Provenienz fraglich. Hat es einen hohen Albumingehalt, so ist auch die Placenta schon gebildet. In der ersten

Zeit der Placentabildung wird das in der Obliteration begriffene Gefässnetz des Chorion viel eher geeignet sein, Albumin durchtreten zu lassen, als die Placentagefässe selbst. Daher, wenn ersteres verkümmert ist und nur noch die Placenta fungirt, auch der fötale Harn sich zumischt, welcher nur wenig Albumin enthält, der Albumingehalt wieder bedeutend abnimmt. Die Bestimmungen des Albumingehalts verschiedener Fruchtwasserproben aus verschiedenen Monaten zeigen mit dieser Anschauung übereinstimmende Zahlen. Vogt und Scherer fanden, dass 1000 Theile [134
Fruchtwasser vom Menschen enthalten im [135

	3. Monat	4. Monat	5. Monat	6. Monat	10. Monat
Wasser	983,47	979,45	975,84	990,29	991,74
Albumin u. Mucin	—	10,77	7,67	6,67	0,82
Extract	7,28	3,69	7,24	0,34	0,60
Salze	9,25	6,09	9,25	2,70	7,06

Auch Fehling bestimmte den Albumingehalt des Fruchtwassers, das bei der Geburt abfloss, zu 0,59 bis 2,5 pro mille, Spiegelberg fand in dem vom sechsten Monat 1,4 $^0/_{00}$ Albumin, 4,2 Albumin- [13
derivate, 3,6 Harnstoff und 7,95 Salze, Prochownick im 2. Monat [111,
0,43 bis 0,85, im 5. Monat 7,1 pro mille Albumin. Wahrscheinlich spielt die nur in den ersten Zeiten der Gravidität reichliche Flüssigkeit zwischen Chorion und Amnion eine Rolle bei dem Ersatze des vom Embryo aufgenommenen Wassers.

Über die Herkunft des Fruchtwassers vor der Placentabildung ist also etwas sicheres noch nicht bekannt.

Auch die Frage, wie es in der Norm nach Obliteration der Jungbluth'schen Gefässe durch die beim Menschen gefässlosen Häute, das Chorion und Amnion dringen mag, bleibt zu beantworten. Denn dass in der späteren Entwicklungszeit gar kein neues Fruchtwasser abgesondert werde, lässt sich nicht annehmen.

Eine mögliche Art des Durchgangs hat F. N. Winkler bei [34
einer Untersuchung der menschlichen Placenta aufgefunden. Er wies nicht nur in der Chorionbindegewebsschicht und in der Gallertschicht, sondern auch im Amnion Saftcanälchen nach, welche nach der Eihöhle zu frei ausmünden und meint, dieselben erlangten ungefähr zu der Zeit ihre Persistenz, in welcher die Capillaren obliteriren. Er fand die Verbindung der Saftcanälchen mit Gefässen verschiedensten Calibers — Arterien und Venen, vor-

wiegend ersteren — sehr häufig und meint sogar, die Saftcanälchen durchbrächen an feinsten Capillaren die Wand derselben; aber auch mit den Nabelschnurgefässen ständen sie in Verbindung und gerade in der Nabelschnursulze und dem placentaren Theil des Chorions sucht er die Hauptabsonderungsstätte des Fruchtwassers nach dem Schwinden der Jungbluth'schen Gefässe.

Dass Saftcanälchen im Nabelstrang existiren, war mir seit 1865 bekannt. Damals nämlich injicirte Max Schultze in Bonn mittelst Einstich dieselben. Köster sah später die Injectionsmasse an der Oberfläche zu Tage treten. Die Saftcanäle waren überall in der Wharton'schen Sulze reichlich vorhanden. [30, 346

Es kann also in der That ein Theil des Fruchtwassers in der späteren Zeit von diesen und den Winkler'schen Saftcanälen herstammen, um so mehr als in einem exquisiten Falle von Hydramnios eine sehr spärliche Gallertschicht, ein normales Chorion, auch im placentaren Theil keine Abweichung, dagegen im Amnion eine sehr bedeutende Ektasie der Saftcanäle, die bis in die Nabelschnursulze sich verfolgen liess, von Winkler beobachtet wurde.

Es wäre von Interesse zu wissen, ob in solchen abnormen Fällen auch die Menge der (schon 1798 von Scheel gesehenen) Lymphkörperchen im Fruchtwasser etwa grösser ist, als in der Norm. [247

Historisch ist zu bemerken, dass bereits Boerhaave behauptete, dass Fruchtwasser *in amnii canaliculos abeat* und in *cavum amnii instillet.* Und van der Bosch meinte, obgleich im Amnion Blutgefässe fehlten, könnten doch mit solchen in Verbindung stehende Gefässe *minoris ordinis, arteriolae videlicet serosae seu lymphaticae* darin vorkommen, welche weder mit blossem Auge leicht gesehen, noch durch die gewöhnlichen farbigen Injectionsstoffe ausgefüllt werden könnten. Auch in die Pericardial- und Peritoneal-Höhle könnten solche Gefässe die dem Fruchtwasser sehr ähnlichen Flüssigkeiten absondern. So berichtet 1798 P. Scheel, welcher hinzufügt, Wrisberg habe sogar blutführende Gefässe, aber nur wenige, aus den Choriongefässen in das Amnion übergehen gesehen. Wahrscheinlich seien dieselben jene farblosen nur abnormer Weise bluthaltigen Gefässe des van der Bosch. Scheel discutirt mit Scharfsinn die Existenz und Herkunft jener hypothetischen Amniongefässe. Doch hat er weder die Jungbluth'schen Capillaren, noch die Winkler'schen Saftcanälchen gesehen, und es ist jetzt sicher, dass Blutgefässe im Amnion überhaupt nicht und im Chorion beim Menschen nur anfangs vorkommen. [247 [247 [31, 153. 155

Dass aus den chemischen und physikalischen Eigenschaften des Fruchtwassers nichts gegen seine Ableitung aus dem mütterlichen Blute gefolgert werden kann, wurde bereits hervorgehoben (S. 294). Auch die von Gusserow ermittelte Abwesenheit einer [19
fibrinbildenden Substanz ist kein Gegengrund, da auch andere unzweifelhaft aus Blut oder Lymphe und Blut transsudirte Flüssigkeiten nicht auf Zusatz von Blutkörpern gerinnen, z. B. die [47
Cerebrospinalflüssigkeit und die durch Erschwerung des venösen Blutstromes transsudirenden ödematösen Säfte.

Kein Bestandtheil des Fruchtwassers, namentlich nicht der bereits von Wöhler und von Fromherz und Gugert darin [373, 441
nachgewiesene Harnstoff, spricht dagegen, das Vorkommen von [311
Ptomaïn und Spuren von Oxysäuren dafür. Denn im Meconium fehlen, wie Senator und Baginsky zeigten, die Producte des [382, 87
fauligen Eiweisszerfalles. Finden sich also Spuren davon im Fruchtwasser, dann müssen sie entweder direct oder indirect, d. h. durch die Nieren des Fötus, aus dem mütterlichen Blute in dasselbe übergegangen sein, so namentlich die von Senator in ihm nachgewiesenen Ätherschwefelsäuren. Doch kann ich be- [467
züglich des von ihm gefundenen Phenolgehaltes des einige Tage aufbewahrten und in einer Gebär-Anstalt ammoniakalisch gewordenen ersten Harnes des Neugeborenen den Zweifel, dass die Reaction durch ein Antisepticum zu Stande kam, nicht unterdrücken. Unter fünf Proben war die Reaction 3mal negativ, 2mal positiv, und zwar einmal sehr stark.

Wie es sich auch damit verhalten mag, bis heute hat keine chemische Untersuchung des Fruchtwassers eine Thatsache kennen gelehrt, welche gegen seine Entstehung aus Blut, und zwar durch Transsudation, spräche.

Es ist dann aber noch zu prüfen, ob ausser den Eihäuten, den Jungbluth'schen Capillaren etwa der Nabelstrang an einer solchen Transsudation betheiligt ist. Fehling stellte geradezu die [211
Hypothese auf, dass ein Theil des Fruchtwassers aus den Nabelgefässen stamme. Indem der Druck in denselben durch die Umschlingung zunehmen müsse, könne eine Transsudation oder Filtration des Plasma die Wirkung der jedenfalls immer vorhandenen Diffusion steigern und modificiren, zumal es im Nabel- [illegible]
strang an Capillaren nicht fehle. [illegible]

Für die frische Nabelschnur hat H. Fehling nachgewiesen, dass Natriumsalicylat aus ihren Gefässen in einem mit frischem Fruchtwasser gefüllten Glascylinder in einer Stunde in merklicher

Menge diffundirt. Die unterbundenen Enden befinden sich dabei ausserhalb der Flüssigkeit. Andere Versuche ergaben ihm das wichtige Resultat, dass die Wharton'sche Sulze der Nabelstränge solcher Früchte, deren Mütter kurz vor der Entbindung salicylsaures Natrium erhalten hatten, die Salicylsäure an die Kochsalzlösung oder das Wasser abgab, in welches man sie aufgehängt hatte. Also ist der Übertritt von diffundirenden Stoffen aus der Nabelschnur in das Fruchtwasser auch im unversehrten schwangeren Uterus sehr wohl möglich, zumal auch von der mit Wasser gefüllten und in Wasser aufgehängten Nabelvene innerhalb 6 bis 12 Stunden nachweisbar Eiweiss und Mucin in die äussere Flüssigkeit [218
übergehen.

Hierbei ist namentlich zu bedenken, dass ebenso auch in die Nabelarterien und in die Nabelvene die im Fruchtwasser gelöst enthaltenen Stoffe und Wasser eintreten können. Bei der langen Dauer des Contactes von Nabelschnur und Amnioswasser ist es von vornherein garnicht einmal unwahrscheinlich, dass Fruchtwasserbestandtheile, Wasser zumal, in das Nabelschnurblut regelmässig auf diesem Wege gelangen.

Nun hat aber G. Krukenberg gewichtige Bedenken gegen [173
die von Fehling angenommene Permeabilität der Nabelgefässe und der Wharton'schen Sulze geäussert. Er bestätigte zwar den Versuch, indem er ein Stück Nabelschnur bald nach der Geburt mit einer Jodkalium-Lösung füllte, dasselbe in einen mit frischem Fruchtwasser gefüllten Glascylinder hing und nach einer Stunde in diesem Jod nachweisen konnte, will aber daraus keinen Schluss auf die lebende Nabelschnur ziehen, weil die Intima der Gefässe ohne den Contact mit Blut functionsunfähig werden müsse. Es ist nicht klar, wie dadurch das positive Ergebniss der Versuche entwerthet werden soll. Denn dass die lebende Intima im Contact mit Blut ebenfalls diffundible Stoffe durchlasse, wird doch dadurch nicht unwahrscheinlich gemacht. Indessen suchte Krukenberg durch Wiederholung der Versuche mit der lebenden Nabelschnur Gewissheit zu erlangen.

Unmittelbar nach der Geburt des Kindes wird eine Lösung von 1 Grm. Jodkalium in 2 Grm. Wasser in die Placenta injicirt und eine hochgehaltene möglichst lange Nabelschnurschlinge in ein schmales, mit lauwarmer 0,6% Chlornatrium-Lösung gefülltes Glas gehalten. Sie verbleibt in demselben bis die Nabelvene collabirt. Nur 2 Versuche gelangen. In beiden war im kindlichen Harn Jod nachweisbar, in der verdünnten Kochsalz-Lösung nicht. In beiden Versuchen dauerte aber der Contact der Nabelschnur und der Lösung, in welche Jodkalium hineindiffundiren sollte, nur eine Viertelstunde.

Durch diese zwei negativen Befunde wird die von Fehling vertheidigte Wahrscheinlichkeit eines Übergangs diffundirter Stoffe aus dem Nabelstrangblute in das Fruchtwasser also kaum vermindert.

Wenn durch die bisherigen Untersuchungen die Ansicht, dass das Fruchtwasser des Säugethier- und Menschen-Fötus ausschliesslich ein Product des fötalen Stoffwechsels sei, immer mehr an Wahrscheinlichkeit verloren hat, so könnte man dagegen bezüglich der Herkunft des Fruchtwassers in den Eiern oviparer Thiere schon die Frage, ob es vom Embryo allein abstammt, fast überflüssig finden. Und doch ist diese Frage nicht unberechtigt. Denn im Vogelei ist sämmtliches Wasser, welches der reife Embryo später enthält, und noch mehr als dieses, nämlich das exhalirte Wasser, bereits enthalten. Eine Zufuhr von Wasser findet beim Vogelei von aussen keinenfalls statt, während in das Säugethierei continuirlich erhebliche Wassermengen aus dem Blute der Mutter überströmen. Beim Vogelei kann auch nicht die Rede sein von einer Transsudation aus dem mütterlichen Blute. Aber die Thatsache kann nicht geleugnet werden, dass vorher eine dem Fruchtwasser ähnliche Flüssigkeit im frischgelegten Ei, also ausschliesslich von dem Mutterthier stammend, existirt, nur nicht schon gegen andere Eibestandtheile abgegrenzt. Diese Flüssigkeit sammelt sich beim Beginn der Bebrütung um die Embryo-Anlage an (S. 28) und ist zwar noch kein Fruchtwasser, solange die Amnionhöhle offen bleibt, aber sie bildet den Anfang, gleichsam das Grundcapital, zu welchem, nachdem sich das Amnion geschlossen hat, neue Flüssigkeit aus dem Albumen hinzukommt. Dieses sehr wässerige Fluidum wird durch die Wasserexhalation des Eies concentrirter und muss durch das Amnion eindringen, denn die histogenetischen Processe im Embryo, die Bildung des Skelets, der Muskeln, der Haut mit den Federn usw. erfordern viel Wasser, welches im Embryo absolut zunimmt. Dass eben dieses Fruchtwasser, welches ein Diffusat (Transsudat) des Ei-Inhaltes und zwar des Albumens ist, später, nach Schliessung der Leibeshöhle, verschluckt wird, wie vom Säugethierfötus, und so der embryonalen Ernährung auch zuletzt zu gut kommt, ist einer von den Gründen gegen seine Ableitung vom Embryo. Es kann auch sehr wohl nach Vereinigung der Amnionfalten, während durch das Amnion continuirlich ein Diffusionsprocess stattfindet, bei dem aus dem übrigen Ei Flüssigkeit in die Amnionhöhle gelangt, welche also von der Mutter stammt, der Salz- und Albumin-Gehalt steigen. Denn wenn der Embryo mit dem Amnion wächst und immer mehr Raum einnimmt und zugleich dem übrigen Ei-Inhalt dadurch Raum entzieht, kann sehr leicht eine Abgabe von Wasser durch den negativen Druck im Ei durch das Amnion und die Kalkschale hindurch zu Stande kommen. Das bebrütete Ei verliert bis zuletzt viel Wasser durch Verdampfung.

Die Behauptung, beim Säugethier und Menschen erzeuge der Fötus allein das Fruchtwasser, kann somit durch den Hinweis auf den im hartschaligen gelegten Ei eingeschlossenen Vogel-Embryo nicht erhärtet werden. Fest steht vielmehr, was Virchow [133, 10 bereits 1850 annahm, dass sowohl die Mutter, als auch der Fötus bei der Bildung des Fruchtwassers normaler [114 Weise direct betheiligt sind. Hierdurch ist das viel discutirte Problem von der Entstehung des Fruchtwassers zwar keineswegs gelöst, aber ein wichtiger Schritt vorwärts gethan.

Aus der ganzen obigen Darstellung und Kritik der Thatsachen geht hervor, dass das Amnioswasser aus mehr als einer Quelle fliesst. Zu Anfang des Embryo-Lebens ist es eine ganz andere Flüssigkeit, als zu Ende desselben. An seiner Bildung betheiligen sich die Eihäute, die Placenta, der Fötus und vielleicht auch der Nabelstrang. In welchen Mengen der fötale Harn dem Fruchtwasser sich beimischt, kann erst die genauere Untersuchung der fötalen Nierenfunction zeigen, welche auch Gründe für die Entleerung der fötalen Harnblase in die Amnionhöhle beibringen wird.

Die embryonale Lymphe.

Dass der Vogelembryo lange vor seiner Reife in seinen Lymphgefässen ebenso wie der Säugethierfötus lange vor der Geburt Lymphe führt, ist nicht zu bezweifeln und aus dem späten [297 Erscheinen der Lymphdrüsen — His fand keine Andeutungen [318 vom Lymphgefässsystem bei 4-wöchentlichen menschlichen Embryonen — folgt keineswegs, dass nicht schon in frühen Stadien echte Lymphe neben Blut im Embryo vorhanden sei.

Der bereits erwähnte Wasserreichthum der embryonalen Gewebe namentlich der früheren Stadien — 90 bis 92% in den Lungen, in den Muskeln und im Gehirn des 4- bis 6-wöchentlichen Rindsembryo nach Schlossberger — muss zum Theil jedenfalls [496 auf Organlymphe bezogen werden, welche ohnehin vom sogenannten Parenchymsaft im postnatalen Leben nicht völlig geschieden gedacht werden kann. Sie muss vor der Schliessung der Leibeshöhle beim Embryo mit dem Amnioswasser zum Theil in Continuität stehen.

Wiener folgert auch mit Recht aus seinen Versuchen, dass [298] die Lymphbewegung beim weiter entwickelten Fötus eine lebhafte ist. Denn wenn einem Kaninchen- oder Hunde-Fötus subcutan injicirtes indig-schwefelsaures Natrium schon „nach kurzer Zeit“ (nach wieviel Stunden ist allerdings nicht angegeben) sich in der Harnblase wiederfindet und 1 bis $1\frac{1}{2}$ Stunden nach subcutaner Einspritzung wässerigen Glycerins unter die Haut des Kaninchenfötus fötale Hämoglobinurie eintritt, so muss schon eine energische Lymphbewegung vorhanden sein. Die vom Verfasser nicht erwähnte Resorption des Glycerinwassers durch die Venen kommt aber jedenfalls wesentlich mit in Betracht und die plötzlich eindringende Flüssigkeitsmasse kann eine vorhandene geringe Strömung steigern. Deshalb ist ein anderes Experiment von Wiener von grösserem Werthe für den Beweis, dass im Fötus die Lymphe schon ähnlich wie beim Geborenen strömt. Er injicirte Kaninchen- und Hunde-Embryonen $\frac{1}{2}$ bis $\frac{3}{4}$ Pravaz'sche Spritze Olivenöl in die Peritonealhöhle und fand dasselbe nach 7 bis 16 Stunden in den meisten Organen, namentlich in Längsreihen kleiner Fetttropfen im [300] Zwerchfell. Ebenso wird die Function der Resorption mittelst der Darmlymphe bewiesen durch Wiener's Versuche mit Ferrocyankalium. Er injicirte 5- bis 10-procentige Lösungen davon in die Fruchtblasen, worauf die Embryonen fast regelmässig deutliche Schluckbewegungen machten und 2 bis 3 Stunden später mittelst Eisenchlorid das Salz in sämmtlichen fötalen Geweben nachgewiesen werden konnte, besonders in der Magen- und Darm-Wand, im Mesenterium, in der Cutis, in den Nieren. Es muss also, sei es vom Verdauungscanal allein aus, sei es von ihm und der äusseren Nabelschnur aus, eine Resorption stattgefunden haben. Die Nabelschnur enthält Saftcanälchen. [illegible]

Da in den frühesten Stadien, in denen das Blut noch nicht differenzirt ist, eine Trennung von Lymphe und Blut beim Wirbelthierfötus nicht existirt, dieser also darin den wirbellosen Thieren gleicht, so empfiehlt es sich beim ganz jungen Embryo wie bei diesen den Saft, aus welchem beide hervorgehen müssen, Hämatolymphe zu nennen, und da die fertige Lymphe mit dem Blutplasma die grösste Ähnlichkeit hat, so wäre es besonders interessant, zu wissen, ob bei grossen Säugethierembryonen beide oder nur die Lymphe durch Sauerstoffaufnahme unter Hämoglobinbildung roth werden.

Die ursprünglich in der Embryonal-Anlage des Hühnereies vorhandene Flüssigkeit, welche bereits strömt, nämlich von kälteren Theilen in wärmere Theile, wird unter dem Einflusse des aus der atmosphärischen Luft stammenden Sauerstoffs unmittelbar nach dem Beginne der Herzthätigkeit immer mehr roth durch Hämoglobin-Bildung, ist aber dann noch kein Blut im eigentlichen Sinne, schon weil die Blutkörperchen, welche die farblose, bisjetzt nicht bekannte, nur durch Sauerstoffzutritt von aussen roth werdende hämoglobinogene Substanz enthalten müssen, noch nicht ihre charakteristische Form erhalten haben. Dieser ursprünglich strömende Saft ist vielmehr Hämatolymphe, welche in den Blutgefässen später Blut wird, während der Rest ausserhalb derselben Lymphe heisst. Diese erhält erst später besondere Gefässe, in welchen sie beim Embryo zum Theil durch Lymphherzen fortbewegt wird.

Dass wenigstens bei der Lymphströmung in der Allantois der Hühnerembryonen Lymphherzen — am Rücken, in dem Winkel zwischen Becken und Steissbein — mitwirken, zeigte Albrecht Budge (1882). Er sah sie vom 8. Tage an pulsiren und [350, 351
zwar unabhängig vom Blutpuls, fand, dass sie vom 10. bis 20. Tage an Grösse zunehmen und die Allantoislymphe durch dieselben zum Theil direct in die Beckenvenen gelangt, während ein anderer Theil durch die *Ductus thoracici* in die Jugularvenen fliesst. Der Inhalt der Lymphherzen war wasserhell und schien Leukocyten zu enthalten. Die Pulsationen, bei 8- bis 18-tägigen Embryonen mit blossem Auge erkennbar, erlöschen bald nach Herausnahme derselben aus dem Ei. Nach Abtrennung des unteren Rumpftheils zählte Budge noch 16 Schläge in der Minute. Berührung mit einer Nadel und Benetzung mit warmem Wasser stellten die erloschene Thätigkeit auf kurze Zeit wieder her. Kali blieb angeblich ohne Einfluss. Da bei erwachsenen Hühnern keine Lymphherzen gefunden wurden, so handelt es sich hier wahrscheinlich um eine embryonale Function, welche wesentlich für die Allantoiscirculation sein kann. Doch ist unabhängig von ihr eine permanente Lymphströmung im Körper des Embryo sicher gestellt, welche früher beginnt, als die Thätigkeit der Lymphherzen. Schon beim ausgeschlüpften Hühnchen liessen letztere sich nur unvollkommen mit Injectionsmasse (Berliner Blau) füllen.

Die Verdauungs-Säfte des Embryo.

Die Secrete und die Absonderungsfähigkeit der embryonalen Verdauungsdrüsen zu untersuchen hat darum ein besonderes Interesse, weil dieselben trotz ihrer — wenigstens bei höher differenzirten Thieren — pränatalen Unthätigkeit doch sofort nach der Geburt in Action treten. Es fragt sich daher zunächst, in welchem Entwicklungsstadium die Drüsen jene specifischen die Verdauung der postnatalen Nahrung allein ermöglichenden Stoffe liefern, die man Fermente oder Enzyme nennt.

Die wenigen hierüber ausgeführten Untersuchungen lassen merkwürdige Verschiedenheiten nach der Thierart erkennen und machen die genauere vergleichende histologische Durchforschung der embryonalen Drüsen wünschenswerth. Auf diesem Wege wird man auch in Betreff der Fermentbildung beim Geborenen Aufschluss erhalten. Denn es ist gewiss, dass die Enzyme sich im Embryo bilden, sonst wäre unverständlich, warum man sie — wenn sie vom Blute der Mutter stammten — nicht sämmtlich constant schon in frühen Stadien vorfindet.

Der embryonale Speichel.

Die für eine jede rationelle Ernährung des Säuglings wichtige Frage, ob der Speichel des Neugeborenen **Ptyalin** enthält, ist verschieden beantwortet worden.

An drei Neugeborenen experimentirte Julius Schiffer in der Weise, dass er ihnen mit Stärkekleister gefüllte Tüllbeutelchen in den Mund brachte. Der durch die Saugbewegungen ausgepresste Kleister wurde dann auf Zucker geprüft. In allen Fällen fiel das Ergebniss positiv aus. Hiernach kann der gemischte Mundspeichel des Menschen von der Geburt an gekochte Stärke in Zucker verwandeln. Für Parotisinfuse von Kindesleichen der ersten Lebenstage fand Korowin dasselbe, auch für den gemischten, anfangs nur sehr spärlich sich absondernden Mundspeichel neugeborener Kinder. Die diastatische Wirkung desselben war sogleich nach der Geburt erkennbar und nahm allmählich zu, wie auch die Menge des secernirten Speichels.

Dagegen behauptete Ritter von Rittershain, der kindliche Speichel habe bis zur 6. Woche nicht die Eigenschaft, Stärkemehl in Dextrin und Zucker zu verwandeln. Andere meinen sogar, die Zuckerbildung beginne erst beim Zahnen.

Um den Mundspeichel von Neugeborenen zu gewinnen, lässt man dieselben leicht gepresste Stückchen Meerschwamm saugen, die dann ausgedrückt werden. Die Absonderung geht aber sehr langsam vor sich, während später bekanntlich dem Säugling der Speichel zum Munde herausfliesst ohne künstliche Reizung, namentlich beim Zahnen.

Die Speicheldrüsen des Fötus vom Rinde untersuchte Moriggia und fand sie wie die des neugeborenen Kalbes nicht wirksam. [206
Ob solche Verschiedenheiten in der Natur der Drüsen begründet sind oder den Untersuchungsmethoden zur Last fallen, werden künftige zahlreichere Prüfungen festzustellen haben.

Einstweilen sprechen die drei positiven, sorgfältig controlirten Fälle von Schiffer sehr zu Gunsten der zuckerbildenden Eigenschaft des Speichels neugeborener Kinder. Denn das älteste der drei war nur zwei Stunden, das jüngste erst wenige Minuten alt und die Dauer der Einwirkung betrug nur fünf Minuten. Das aus der reichlichen Reduction des Kupferoxyds bei Anstellung der Trommer'schen Probe zu folgernde Vorhandensein von Ptyalin schon beim reifen Fötus, oder wenigstens bei dem Kinde in der Geburt, ist um so auffallender, als dasselbe bei seiner ersten natürlichen Nahrung nach der Geburt keine Gelegenheit hat, Amylum oder Dextrin in der Nahrung zu sich zu nehmen, vielmehr das einzige Kohlenhydrat der Milch, den Milchzucker, schleunigst in den Magen befördert. Und dasselbe gilt für alle Säugethiere.

Freilich gibt es nicht wenige, welche, wie die Meerschweinchen und Mäuse, schon nach einigen Tagen pflanzliche Nahrung zu sich nehmen. Sogar vor der Reife von mir excidirte und durch künstliche Ernährung mit Kuhmilch am Leben erhaltene Meerschweinchen nehmen nicht selten in den ersten Tagen andere Nahrung, Grashalme und Brod zu sich. Es ist also die diastatische Wirksamkeit des fötalen Speichels jedenfalls eine für die Ernährung des Neugeborenen vortheilhafte Eigenschaft, wenn sie auch nur im Falle es an Muttermilch oder anderer Milch fehlt, verwerthet wird.

Von diesem Gesichtspuncte aus erscheint das Fehlen der saccharificirenden Eigenschaft des wässerigen Infuses der Parotis, der Submaxillaris und Sublingualis gerade bei denjenigen Säugethieren, welche nach der Entwöhnung am meisten Stärke und Dextrin in Zucker umwandeln, nicht wahrscheinlich. Doch erhielt H. Bayer sogar für das dreiwöchentliche Kalb dieses [483
negative Resultat. Da nur ein Individuum untersucht wurde, ist der Befund nicht als gesichert anzusehen.

Der embryonale Mundschleim.

Von neugeborenen Kälbern wird, wie Kehrer bemerkte, ein zäher, schaumiger, fadenziehender Mundschleim entleert, bisweilen in reichlichen Mengen sogar vor der Geburt, so dass er das Amnioswasser trübt oder, wenn dieses verschluckt worden, ersetzt, indem statt seiner eine leicht milchig getrübte, Speichelkörperchen und grosse Plattenepithelien enthaltende stark fadenziehende Gallerte gefunden wurde.

Auch bei anderen Thieren, z. B. Meerschweinchen, kommt eine schaumige schleimige Masse in den Nasenöffnungen bei den ersten Athembewegungen oft zum Vorschein, welche aber mit Fruchtwasser vermischt sein muss. Denn normaler Weise ist immer die Nasen- und Mund-Höhle des Fötus mit Fruchtwasser und Schleim angefüllt, welche beim ersten Athemzug verschluckt werden oder sogar zum Theil in die Trachea gelangen können. Von da aber werden sie durch das gleich anfangs starke Exspiriren normaler Weise leicht wieder entfernt (vgl. oben S. 177).

Dasselbe gilt für das menschliche Neugeborene, dessen Mundschleim-Absonderung eine minimale ist. Es glückte aus diesem Grunde auch bisjetzt nicht, der Gebärenden eingegebene leicht diffundirende Stoffe, z. B. Jodkalium, in der Mundflüssigkeit des Kindes nachzuweisen. Übrigens werden, wie Kölliker fand, die Schleimdrüsen der Lippen, der Zunge, des Gaumens usw. beim menschlichen Embryo in einer viel späteren Zeit angelegt, als die Speicheldrüsen und die Thränendrüse, nämlich erst im vierten Monat.

Der embryonale Magensaft.

Aus den Versuchen von Hammarsten (1874) und Sewall (1878) geht hervor, dass der Magensaft neugeborener Hunde weder Lab noch Pepsin enthält. Auch Wolffhügel fand ihn unfähig, gekochtes Fibrin zu verdauen und Langendorff sogar am 2. und 5. Tage nach der Geburt peptisch völlig unwirksam. Weder der Mageninhalt noch die Magenschleimhaut zeigte saure Reaction. Doch war bei einem Hunde 10 Minuten nach der Geburt schwach saure Reaction nachweisbar. Möglicherweise ist lediglich verschlucktes Fruchtwasser Schuld an dem vorherigen Ausbleiben der sauren Reaction.

Der Magen neugeborener Katzen enthält gleichfalls kaum nachweisbare Spuren von Pepsin, sogar der von $3^1/_2$ bis $5^1/_2$ Zoll langen Katzenembryonen wurde völlig unwirksam gefunden.

wogegen der des Kaninchenembryo schon sehr früh peptisch
wirksam ist, so dass bereits beim neugeborenen Thiere eine
Secretion des Magensaftes wahrscheinlich wird, umsomehr als sein
Mageninhalt sauer reagirt und beim neugeborenen Thier peptisch [203
wirksam gefunden worden ist.

Im Labmagen des Rindsembryo, dessen Inhalt bald [202
alkalisch, bald schwach sauer, aber peptisch unwirksam [203. 218
gefunden wurde, muss doch schon früh die Pepsinbildung beginnen,
da das Ferment bei 120 Millim. langen Embryonen zwar nicht, [202
aber bei den 165 Millim. langen in Spuren und bei grösseren
Embryonen constant in bedeutender Menge sich findet. Es ist
von Moriggia vom 3. Monat an nachgewiesen worden und kann
bei passender Säuerung und Erwärmung eine völlige Selbst- [205
verdauung des Embryo veranlassen, so dass, wie er meint, vielleicht das Verschwinden abgestorbener Früchte in geschlossenen
Cysten auf diese Weise zu Stande kommen könnte.

Auch Alexander Schmidt in Dorpat erhielt aus der Magen- [271
schleimhaut eines zwei Stunden nach der Geburt, ehe es Milch
erhalten hatte, getödteten Kalbes ein wirksames Extract, welches
Serumalbumin in 35 Minuten verdaute, auch Fibrin leicht auflöste, freilich nicht so schnell wie künstlicher Magensaft von
einem 6 Wochen alten Kalbe. Aber die dialysirte Pepsinlösung
vom neugeborenen Kalbe verdaute durch Essigsäure gefälltes und
ausgewaschenes Caseïn in drei Versuchen bis zur Nichtfällbarkeit
durch Kaliumferrocyanid und Essigsäure binnen 7 bis 9 Minuten.
Also ist der Magensaft des eben geborenen Kalbes in hohem
Grade peptisch wirksam. Der Labmagen des Kalbsfötus bringt
auch schon (nach Schlossberger) die Milch zum Gerinnen. [496

Bei einem Schafembryo von 70 Millim. und einem solchen
von 90 Millim. Länge war Pepsin noch nicht, bei einem von
190 Millim. Länge nur in Spuren nachweisbar (Langendorff). [202
Es wurde keine Säure gefunden (Grützner). [218

H. Sewall fand den Saft im vierten Magen von Schafembryonen ebenfalls neutral, ausserdem mucinreich und im Gegensatz
zu Langendorff das Extract der Magenschleimhäute von 9 bis
$17\frac{1}{2}$ Zoll langen Schafembryonen proteolytisch wirksam, was
dafür spricht, dass die Bildung des Pepsins oder eines Pepsinogens
unabhängig von der Säurebildung stattfindet. Das Extract brachte
übrigens erst bei Schafembryonen von $15\frac{1}{2}$ bis $17\frac{1}{2}$ Zoll Länge
Milch zum Gerinnen. [272

Im Magen des 45 Millim. langen Rattenembryo und in dem der neugeborenen Albinoratten wurde Pepsin gefunden. [296

Die Untersuchung zahlreicher Schweinsembryonen ergab Langendorff für die frühen Stadien (45 bis 100 Millim. Körperlänge vom Scheitel bis zum After) jedesmal in 16 Versuchen [302 ein negatives Resultat. Bei 120 bis 135 Millim. wurde er in Spuren, in grösserer Menge bei 170 bis 190 Millim. gefunden, [214 kann aber auch bei viel weiter entwickelten Embryonen mit Haaren und Zähnen vollständig fehlen. Meist scheint es intrauterin in geringer Menge vorhanden zu sein, aber erst kurz vor der [302 Geburt aufzutreten. Doch vermisste Sewall jede peptische und [277 Lab-Wirkung bei 5 bis 7 Zoll langen Schweinsembryonen.

Mageninhalt und Magenschleimhaut reagiren meistens nicht [298 sauer. Ersterer, nach Grützner, bei jüngeren Embryonen meistens [214 eine zähe Schleimmasse, bildet bei älteren eine gelbliche, alkalische Kupferlösung leicht reducirende Flüssigkeit und enthält kein Pepsin, auch wenn die Schleimhaut peptisch wirksam ist, [296 nicht. Der reducirende Stoff wurde auch beim Embryo des Rindes gefunden und wird vielleicht auf einen Bestandtheil des verschluckten Fruchtwassers zu beziehen sein.

Bereits unmittelbar nach der Geburt liefert der Magen [226 menschlicher Früchte trotz der spärlichen Labdrüsen Pepsin [303 und das Labferment. Elsässer fand die Magenschleimhaut todt- [302 geborener Kinder peptisch wirksam. [315

Bei einem viermonatlichen Fötus fand Zweifel kein Pepsin, dagegen Langendorff bei 7 Früchten vom Anfang des 4. Monats sowie vom 5. und 6. Monat, jedesmal Pepsin im sauren Extract der Magenschleimhaut, womit übereinstimmt, dass Kölliker [30, 134 im 5. Monat „die Magendrüsen schon ganz gut ausgebildet" [47 fand. In einem Fötus vom Anfang des 3. Monats fehlte das Pepsin, und die Magensäure auch in den späteren Entwicklungsstadien. Überhaupt wurde der Mageninhalt neutral oder schwach alkalisch gefunden, wahrscheinlich durch verschlucktes Fruchtwasser.

Trotz der Verschiedenheit des peptischen Verhaltens embryonaler Magenschleimhäute, welche wahrscheinlich auf der von Sewall nachgewiesenen sehr ungleichen Entwicklungsgeschwindig- [277 keit der Magendrüsen beruht, wird man es als sicher hinstellen dürfen, dass vom Magensafte neugeborener und etwas zu früh geborener Säugethiere die Milch in der Regel coagulirt wird; dagegen ist unmittelbar nach der Geburt der Magen nicht bei allen Thieren im Stande, Caseïn zu verdauen. Beim Kinde findet eine Pepsinverdauung schon einige Stunden nach der Geburt statt, bei denjenigen Thieren, welche bereits in frühen Embryo-Stadien peptisch wirksame Magenschleimhäute besitzen, gleichfalls, beim Hunde hingegen scheint erst mehrere Tage nach der Geburt die Pepsinwirkung aufzutreten. Es wäre interessant, daraufhin das Colostrum der Hunde, Schweine, Kaninchen und anderer Thiere vergleichend zu untersuchen. Die vorhandenen Analysen lassen erkennen, dass vor und sogleich nach der Geburt noch kein Caseïn im Michdrüsensecret enthalten ist. Findet es sich etwa im Colostrum der Thiere, deren Junge schon sofort nach der Geburt Pepsin enthalten, in dem derjenigen, deren Junge pepsinfrei sind, nicht, so wäre eine wichtige Correlation vorhanden.

Bezüglich des ersten wechselnden Auftretens der beiden Magenfermente im Embryo ist es nicht erlaubt anzunehmen, dass sie durch das Blut des Mutterthieres in ihn präformirt gelangten, weil dem Fötus des Hundes das Pepsin und Lab bis nach der Geburt fehlt und weil die embryonalen Organe nicht peptisch wirksam gefunden wurden, wenn die Magenschleimhaut es war [202 und nicht war; auch ist das von mir sehr oft bei Hühnerembryonen vom 17., vom 18. und 19. Tage constatirte Vorkommen von weissem coagulirtem Albumin im Magen nur verständlich, wenn die Pepsinbildung im Embryo im Ei vor sich geht. Ob sie in der Drüse stattfindet oder diese nur die Pepsinausscheidung vermittelt, ist freilich unentschieden. Dass aber der Vogelembryo lange vor dem ersten Athemzuge massenhaft die albuminhaltige Flüssigkeit in seiner Umgebung verschluckt und verdaut, ist darum nicht zweifelhaft, weil man sich sonst nicht erklären könnte, wohin sie verschwindet. Hier liegt ein zweifelfreier Fall von embryonaler Magenverdauung vor, welche auf einer Pepsinwirkung beruhen muss.

Ganz dasselbe gilt nach meinen Beobachtungen für die Embryonen des Meerschweinchens, in deren Magen ich jedesmal Flüssigkeit mit darin suspendirten Gerinnseln, d. h. Fruchtwasser mit schon zum Theil coagulirtem Albumin, fand. Die Flocken geben mit Kalilauge und Kupfervitriol exquisite Violettfärbung. Also wird zu schliessen sein, dass auch bei anderen Säugethieren eine intrauterine Eiweissverdauung im Magen regelmässig stattfindet.

Der embryonale Pankreassaft.

Die bei den Säugethieren unmittelbar oder sehr bald nach der Geburt stattfindende Aufnahme von Fetten mit der Muttermilch macht es wahrscheinlich, dass das dem Pankreassaft eigenthümliche fettverdauende Ferment, das Pankreatin, bereits im Secret der Drüse des Neugeborenen sich werde nachweisen lassen. In der That fand Zweifel beim neugeborenen Menschen und Hammarsten bei 12 Stunden alten Hunden die fettspaltende Wirkung ausgeprägt. Freilich kommt es dabei wahrscheinlich auf die „Ladung" der Drüse an.

Denn das Eiweiss-verdauende Ferment oder Trypsin wurde zwar bei Katzen und bei Hunden am ersten und zweiten Lebenstage nachgewiesen, bei hungernden Thieren enthielt aber das Pankreas nur Spuren desselben.

Ganz junge Schweinsembryonen lieferten Langendorff kein Trypsin, es fand sich aber constant bei einer Rumpflänge von 13 bis 15 Centimeter an, zuerst in Spuren, später in zunehmender Menge. Beim Embryo des Rindes wurde es constant gefunden, nachdem die Rumpflänge 25 Centim. erreicht hatte, vorher nicht oder in Spuren.

Bei neugeborenen Kaninchen findet sich Trypsin constant: bei 63 bis 76 Millim. langen Embryonen wurde es in Spuren nachgewiesen (Langendorff).

Drei menschliche Früchte vom 5. und 6. Monat lieferten Trypsin, drei andere vom 4., vom 5. und vom 6. Monat nicht.

Die positiven Befunde sind darum besonders werthvoll, weil Hunde- und Katzen-Embryonen auf das proteolytische Ferment bis jetzt nicht untersucht wurden. Aus der Thatsache, dass dasselbe beim menschlichen Embryo schon ziemlich früh, wenn auch nicht regelmässig vorkommt, folgt die Unabhängigkeit seiner Entstehung von der Einführung irgendwelcher Nahrung in den Magen vor der Geburt, es sei denn, dass man das Auftreten des Trypsins im Embryo mit dem verschluckten Fruchtwasser in Zusammenhang bringen will. Die Untersuchung des Pankreas-Secrets bei kopflosen Monstren oder solchen Neugeborenen, welche nicht schlucken können, würde deshalb von besonderem Interesse sein. Da hungernde Neugeborene nur Spuren oder kein Trypsin lieferten, so ist zu erwarten, dass solche Missgeburten ebenfalls keines erzeugen im Falle es nur nach Einführung von Nahrung oder Fruchtwasser in den Magen entsteht.

Das dritte Pankreasferment, welches wie das Ptyalin des Speichels saccharificirend wirkt und darum **Pankreas-Ptyalin** heisst, ist von Langendorff bei den jungen Schweinsembryonen mit einer Rumpflänge unter 9 Centim. nicht gefunden worden. Bei den über 10 Centim. langen ist es stets vorhanden, und [202 seine Menge nimmt mit der weiteren Entwicklung zu, so dass bei grossen Embryonen gekochte Stärke in wenigen Minuten saccharificirt wird.

Beim Rindsembryo tritt dieses Ferment später auf, erscheint [203 dann aber reichlich. Es fehlt dem neugeborenen Kaninchen gänzlich, desgleichen nach Sousino dem Pankreas-Infuse der 5 bis 14 Tage alten eben getödteten Kaninchen und Hunde (nur wenn das Infus zu faulen beginnt, erhält es eine geringe diastatische Wirksamkeit), wurde aber in grossen Rattenembryonen und [483 neugeborenen Ratten in reichlichen Mengen nachgewiesen, ebenso von Langendorff bei drei neugeborenen Katzen. Doch wider- [202 sprechen sich hier die Versuche; denn Sousino vermisste es bei ganz jungen Katzen. [482

Das menschliche Pankreas liefert im 4., 5. und 6. Monat das zuckerbildende Ferment nicht. Auch fehlt es dem Neugeborenen. [202

Hiernach gilt für das diastatische Ferment, welches im fötalen Leben übrigens auch in anderen Theilen als dem Pankreas vorkommt, z. B. in den Muskeln und Lungen, wenn der Pankreassaft oft noch unwirksam ist, dasselbe wie für das Trypsin: beide bilden sich gleichsam autochthon im Embryo in räthselhafter Weise. Denn es lässt sich nicht annehmen, dass sie vom Blute der Mutter direct oder durch das Fruchtwasser indirect in den Fötus gelangen. Dann wäre das Fehlen des saccharificirenden Fermentes im Pankreassaft des neugeborenen Kaninchens, Hundes und Menschen unverständlich. Das ungleiche Verhalten verschiedener Thierarten bezüglich des Vorkommens dieses Fermentes im Embryo ist überhaupt merkwürdig. Die bis jetzt vorliegenden spärlichen Untersuchungen der morphologischen Entwicklung des Pankreas geben darüber noch keinen Aufschluss. Durch die genauere Verfolgung der Entwicklung des Pankreas, namentlich beim Embryo des Schweines und Rindes, würden aber ohne Zweifel die morphologischen Bedingungen der Fermentbildung vor der Geburt ermittelt werden können.

Nach den Versuchen von Korowin ist sogar der Pankreassaft des menschlichen Säuglings innerhalb der ersten zwei Lebens- [207 monate ohne jede diastatische Wirkung auf gekochte Stärke, was bei der künstlichen Ernährung beachtet werden muss.

Der embryonale Darmsaft.

Da noch im Darmcanal des neugeborenen Kindes die Drüsen numerisch und, ausser den Lieberkühn'schen Drüsen, auch qualitativ von denen des Erwachsenen abweichen, so ist kaum zu bezweifeln [371], dass auch das Secret ein anderes ist. Eigenthümlich verhalten sich namentlich die Brunner'schen Drüsen, welche beim Neugeborenen nach Werber in viel grösserer Anzahl als beim Erwachsenen [illegible] vorhanden sind, nach der Geburt also rückgebildet werden müssen. Und doch lässt sich eine Function derselben im Embryo bisjetzt nicht angeben; es sei nur erwähnt, dass bei einigen neugeborenen Thieren von Sousino der Darmsaft diastatisch [illegible] wirksam gefunden wurde. Doch waren die Proben nicht ganz sicher, und eine Verwerthung einer solchen saccharificirenden Eigenschaft des Darmsaftes seitens des Embryo im Uterus lässt sich ebensowenig wie beim Pankreas-Saft annehmen.

Die embryonale Galle.

Die frühe Entwicklung der Leber, welche zu Ende der vierten Woche beim Menschen schon zweilappig ist und durch eine [illegible] unter der Lungenanlage hinter dem Herzen und über dem [illegible] Nabelstrang vor dem Magen und Duodenum hervortretende Wulstung [370] der vorderen Leibeswand sich sofort zu erkennen gibt, lässt auf eine frühe gallenbildende Thätigkeit derselben schliessen. In der That fand ich schon bei Meerschweinchenembryonen, welche noch sehr weit von der Reife entfernt waren, öfters die Gallenblase mit gelber Flüssigkeit prall gefüllt, was um so auffallender ist, als eine Function der Galle beim Embryo, sei es eine verdauende, sei es eine antiseptische, nicht annehmbar ist. Sie kann einstweilen nur als ein Excret, das mit dem Meconium ausgeschieden wird und als ein Educt der complicirten, in der fötalen Leber stattfindenden chemischen Processe angesehen werden. Beim Neugeborenen, der das Milchfett verdaut, ist die Gallenfunction nicht zu bezweifeln.

Der Icterus des Neugeborenen gehört aber schon nicht mehr zur Physiologie des Fötus, ist vielmehr, wie er auch zu Stande kommen mag, eine pathologische Erscheinung, allerdings eine sehr häufige. Physiologisch ist eine besonders von Hofmeier (1882) [illegible] hervorgehobene durch die erste Nahrungsaufnahme des Neugeborenen gesteigerte Gallenabsonderung. In diesem Buche handelt es sich aber ausschliesslich um die Functionen vor der ersten Nahrungsaufnahme. Und in Bezug auf die Gallenbereitung vor dieser steht

jedenfalls soviel fest, dass sie schon sehr lange vor der Geburt im Gange sein muss wegen der dunkeln Farbe des Meconium. Dafür spricht auch, dass nach Kölliker beim Menschen die Gallenblase schon im zweiten Monat vorhanden ist und die Gallensecretion im dritten Monat auftritt, ohne jedoch während der ganzen Fötalzeit erheblich zu werden. Bis zum fünften oder sechsten Monat scheint die Gallenblase Schleim und erst von da an hellgelbe also wahrscheinlich billirubin-haltige Galle zu enthalten. Doch findet sich im dritten bis fünften Monat eine gallenähnliche Materie im Dünndarm, später auch im Dickdarm: [30, 395
der Vorläufer des Meconium. In diesem Darminhalt von drei- [494
monatlichen Früchten konnte Zweifel bereits **Gallensäuren** [268
und **Gallenfarbstoff** nachweisen.

Die Magen- und Darm-Gase des Neugeborenen.

Der **Darmcanal des Ungeborenen enthält niemals Gas.** Der mit Schleim und Meconium angefüllte Fötaldarm sinkt daher nach doppelter Unterbindung am Ösophagus und Rectum rasch in Wasser unter. Nach dem Beginn der Lungenathmung aber enthält zuerst der Magen, dann der Darm Gas und zwar fand Breslau (1865) nach einer halben Stunde bei jedem Kinde, [458
welches lebhaft geschrieen hatte, bei der Percussion die Magengegend, später immer grössere Strecken des Unterleibs tympanitisch, und zwar vor jeder Nahrungsaufnahme. Darum nahm er an, das Gas sei atmosphärische Luft, welche durch Schlucken nach Beginn der Lungenathmung in den Verdauungscanal gelange. Er hob auch hervor, dass ein Gasgehalt des Darmes in einer nicht bereits in Verwesung übergegangenen Kindesleiche in forensischer Hinsicht ebenso wichtig wie der Luftgehalt der Lunge sei.

Es muss hiernach bei frischen Kindesleichen Atelektasie der Lunge stets mit luftfreiem Darminhalt zusammen vorkommen. Ob aber **nothwendig** nach Beginn der Lungenathmung Luft in den Darmcanal eintritt, ist fraglich. Breslau erklärt zwar auf Grund seiner Versuche und Beobachtungen, dass mit der grössten Wahrscheinlichkeit anzunehmen sei, ein Kind, dessen Darmcanal überall völlig luftfrei gefunden wurde, habe extrauterin nicht gelebt, aber er fügt hinzu, dass in Fällen von Lebensschwäche, wo z. B. sehr schwache Schluckbewegungen gemacht werden, doch in der Lunge und nicht im Darm Luft gefunden werden könnte. Der Gerichtsarzt wird eine solche Möglichkeit im Auge zu behalten haben. Für die Lehre von der Verdauung ist immerhin der Unterschied des Darminhaltes unmittelbar vor und nach der Geburt insofern beachtenswerth, als er zeigt, dass intrauterin kein Gährungsprocess mit Gasentwicklung im Fötus stattfindet. Es wird in seinem Darm weder Wasserstoff, noch Kohlensäure, noch Grubengas usw. entwickelt und die Luft im Darme des Neugeborenen kann nur atmosphärische Luft sein, welche nach den ersten Athemzügen an Menge zunimmt. Daher konnte Breslau den Satz aufstellen, dass ein von oben herab bis über die Hälfte mit Luft gefüllter Darmcanal ein Beweis ist für ein extrauterines Leben von mehr als einigen Augenblicken. Erstreckt sich der Luftgehalt auch über das Colon, so hat das Kind mindestens zwölf Stunden gelebt, wenn dagegen nur im Magen Luft gefunden wird, „so ist es im höchsten Grade wahrscheinlich, dass der Tod des Kindes unmittelbar nach der Geburt erfolgte".

Auch Kehrer fand (1877) — und zwar sogleich nach den ersten Athemzügen — am Epigastrium einen tympanitischen Percussionston und erklärt das Magengas des Neugeborenen für eingedrungene atmosphärische Luft, da es nach rascher noch in den Eihäuten vorgenommener Unterbindung der Speiseröhre beim neugeborenen Hunde fehlte, während die Lungen lufthaltig waren. Er unterscheidet ferner die in dem verschluckten zähen Schleim der Mund-, Nasen-, Rachen-Höhle eingeschlossenen Luftbläschen von dem den Magen aufblähenden freien Gase und meint, dass zwar erstere, nicht aber letzteres durch Schlucken leicht in den Magen gelangen könnten, denn das Verschlucken freier Luft ist eine schon dem Erwachsenen, um so mehr dem Neugeborenen schwierige Operation. Hingegen zeigte derselbe Forscher durch Versuche, welche bereits erwähnt worden sind (S. 178), dass inspiratorische Erweiterung des Thorax mit Lungenentfaltung bei fehlender oder schwacher Zwerchfellathmung, wie sie dem Neugeborenen zukommt, sehr leicht auch Luft in den Magen eintreten lässt.

Findet sich also, bei Abwesenheit von Fäulniss, Luft im Magen und Darm einer Kindesleiche von einigen Stunden, dann wird man auch die Lungen lufthaltig finden, es sei denn, dass künstlich Luft allein in den Magen geblasen worden wäre.

Hiermit stimmt überein, dass ich oft im Magen des reifen, aber noch nicht ausgeschlüpften Hühnchens, welches im Ei gepiept hatte, grosse Luftblasen und den Magen frisch dem Uterus entnommener grosser Meerschweinchen voll Luft fand, auch wenn sie erst wenige Athembewegungen gemacht hatten. Da den

Hühnchen das Diaphragma fehlt, so wird der Lufteintritt während der Exspiration bei diesem wesentlich erleichtert sein. In der That fand Kehrer bei erwachsenen Säugethieren nach Ausschaltung der Zwerchfellthätigkeit mittelst Durchschneidung der *Nervi phrenici*, ein Anwachsen des Druckes im Magen während der Ausathmung, ein Abnehmen desselben während der Einathmung, das Gegentheil von dem Verhalten bei intacten Thieren.

Es ist somit das Auftreten von Luft im Magen und Darm neugeborener Säugethiere und eben ausgeschlüpfter oder noch nicht ausgeschlüpfter Vögel, welche aber schon mit der Lungenathmung begonnen haben, nicht auf Schluckbewegungen allein zurückzuführen, sondern hauptsächlich auf eine unwillkürliche Aspiration durch die Verkleinerung des Lungenraums während der Exspirationen. Und bezüglich des Magens und Darms ungeborener Säugethiere im Ei steht fest, dass sie keine Luftblasen enthalten. Ich habe bei Meerschweinchenembryonen, die unter Wasser geöffnet wurden, mich von der Richtigkeit dieser von Breslau festgestellten Thatsache oft überzeugt. Für die im fötalen Darm ablaufenden chemischen Processe, die Verdauung des Albumins vom verschluckten Fruchtwasser und die Meconiumbildung, ist also gewiss, dass sie ohne alle Gasentwicklung stattfinden.

Das Meconium.

Die ersten Excremente des Neugeborenen, welche schon bei Aristoteles *μηκωνιον* heissen, das Kindspech, oder Mutterpech, ist deshalb von besonderem Interesse für die Physiologie des Fötus, weil sein constantes Vorhandensein eine gewisse Thätigkeit der fötalen Verdauungsdrüsen, sein Hinabrücken im Darmcanal eine fötale Peristaltik beweist.

Bezüglich des ersteren Punctes steht fest, dass das Meconium einzig von verschlucktem Fruchtwasser sich nicht herleiten lässt. Daher ist es wünschenswerth, möglichst viele zuverlässige Angaben über das erste Auftreten des Meconium im fötalen Darm zu sammeln.

Von Hennig wurde einmal in einem 11 Cm. langen mensch- [100
lichen Embryo aus der ersten Hälfte des vierten Monats hellgelbgrünes Meconium gesehen; vom Anfang des fünften Monats an fand er es regelmässig und im siebenten Monat den ganzen Dickdarm damit angefüllt, wie die meisten anderen Beobachter. Vor der Ausscheidung der Galle wird kein Meconium gefunden. Nach derselben und besonders gegen Ende der Schwangerschaft ist es fast immer sehr klebrig und dunkelgrün gefärbt — vermuthlich

durch Biliverdin — und wird beim Trocknen fast schwarz. Diese Eigenschaften hat nur der in der That pechähnliche Dickdarminhalt des Frühgeborenen und des Ebengeborenen vor der ersten extrauterinen Nahrungsaufnahme. Nach derselben sind die Fäces des Säuglings, der nur Milch erhält, normalerweise rothgelb, einer Bilirubinlösung ähnlich gefärbt.

Die bis jetzt vorliegenden Untersuchungen über das Meconium beschränken sich fast ganz auf den Darminhalt Todtgeborener und die erste Entleerung nach der Geburt, wenn sie vor der ersten Milchaufnahme stattfand. Beim Vogelembryo fand ich meistens in der Schale, ehe das junge Thier von selbst ausgeschlüpft war, Fäcalmassen, und zwar grüngefärbte, das sichere Zeichen von Verdauungsthätigkeit, Gallenabsonderung und Peristaltik vor völliger Reife.

Bei jungen Säugethieren ist hingegen oft mehrere Tage nach der Geburt, auch wenn sie nicht hungern, keine Koth- und Harn-Ausscheidung zu beobachten, woraus aber nicht folgt, dass das Mutterthier, welches die Jungen — wahrscheinlich weil sie vom Fruchtwasser salzig schmecken — eifrig beleckt, die Excrete derselben verschlucke, so dass das Lager trocken, rein und warm bleibt. Allerdings ist die Reinlichkeit der Vogelnester auffallend und die Entleerung der Fäces über den Rand des Nestes nach aussen — bei offenen Nestern — spricht für die Vererbung eines Instinctes von complicirter Art.

Eine Meconium-Entleerung vor der Geburt ohne alle pathologischen Erscheinungen ist bei Säugethieren eine Seltenheit. Bei asphyktischen menschlichen Neugeborenen wird sie dagegen häufig beobachtet. Da aber auch ohne asphyktische Symptome die Entleerung des Meconium in das Fruchtwasser stattfinden kann, und z. B. auffallend oft eintritt nach Verabreichung von Chinin an die Gebärende, wie Porak und Runge fanden, so ist es durchaus [illegible] nicht statthaft, jedesmal auf Asphyxie zu schliessen, wenn Meconium abgeht. Dass nach starken intrauterinen Athembewegungen die Darmentleerung leicht zu Stande kommt, erklärt sich durch die bis dahin nie vorgekommene starke Contraction und Abwärtsbewegung des Zwerchfelles bei den vorzeitigen Inspirationen mit Fruchtwasser-Aspiration.

Umgekehrt wird die Seltenheit einer intrauterinen Defäcation ohne solche Störungen der fötalen Ruhe verständlich durch die Langsamkeit, mit der das Meconium sich ansammelt und die Langsamkeit, mit der es im Darm abwärts vorrückt. Die Trägheit des fötalen Darmcanals hat sogar zu der Meinung verführt, dass ihm alle und jede peristaltische Bewegung fehle. Ich habe deshalb diesen Gegenstand experimentell geprüft, indem ich (1881 und 1882) theils im körperwarmen Salzwasser, theils an der Luft den fötalen Darm vom Magen bis zum Rectum mechanisch, elektrisch und chemisch reizte und farbige Flüssigkeiten dem lebenden Fötus im Uterus in den Magen injicirte, um zu erfahren, nach wieviel Zeit der Mageninhalt den Dünndarm passiren kann. Die letzteren Versuche sind zwar wegen septischer Infection trotz bekannter Cautelen sehr schwierig und darum nicht zahlreich gewesen, die ersterer Art haben aber mit voller Sicherheit gezeigt, dass nach Reizung des fötalen Dünndarms und Dickdarms locale sehr starke Constrictionen eintreten, und zwar Zusammenziehungen sowohl der circulären, wie der longitudinalen Muskelfasern. Ferner sah ich in einigen Fällen deutlich nach Öffnung der Bauchhöhle an der Luft den fötalen Darm sich bewegen. Hiernach ist es in hohem Grade wahrscheinlich, dass auch im unversehrten Fötus eine peristaltische Bewegung des Darmcanals vorkommt, durch welche schon lange vor der Geburt, der Dünndarminhalt fortbewegt wird, das Meconium in den Mastdarm gelangt.

Einige Versuchsprotokolle mögen zur Erläuterung dienen.

Am 23. Jan. 1882. Zwei grosse Meerschweinchenembryonen, welche ich im 0,6 %-Kochsalzbad bei 37 bis 38° asphyktisch werden liess, wurden nach dem Aufhören aller Bewegungen geöffnet. Dann zeigte der Dünndarm überall entschiedene, aber langsame und nur selten maximale Constrictionen bei tetanisirender elektrischer Reizung, bei Compression mit der Pincette, bei chemischer Reizung (mit Rubidiumchlorid und Kaliumbromid in Substanz). Alle diese Reize wirkten selbst noch nach Abkühlung der Thiere an der Luft.

Am 16. Febr. 1882. Hochträchtiges Meerschweinchen; fünf fast reife Früchte. Beim Öffnen der Bauchhöhlen sehr schwache sporadische peristaltische Bewegungen an der Luft, oft längere Pausen völliger Ruhe; nach mechanischer und tetanisirend elektrischer Reizung starke locale Constrictionen, in letzterem Falle beiderseits von der Reizstelle, bei grosser intrapolarer Strecke an beiden Elektroden und in der Mitte die Anschwellung:

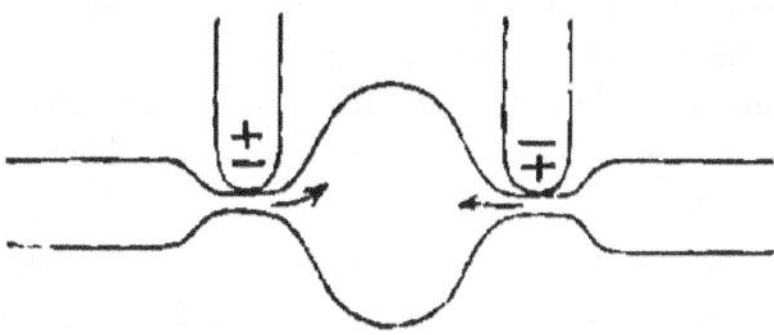

Durchschneiden des Darmes gab nicht wie beim Mutterthier eine energische anhaltende Contraction, sondern nur Verschluss des Lumens beiderseits unter Umschlagen der Darmwand mit der Schleimhaut nach aussen. Während Durchschneidung des Rectum der erwachsenen Thiere mir fast jedesmal beiderseitige kräftige Contraction bis zum Schwinden des Lumens und Ausstossung der Fäces von beiden Seiten zeigte, blieb das fötale Rectum (beim Anschneiden) in diesem Versuche unthätig.

Am 31. Mai 1882. Hochträchtiges Meerschweinchen: drei Früchte an der Luft schnell excidirt. Fötus I lebhaft, athmet, zeigt nach Eröffnung der Bauchhöhle an der Luft gar keine Peristaltik, aber starke Constrictionen nach localer Compression mit der Pincette und nach Durchschneidungen des Dünndarmes und Dickdarmes zu beiden Seiten des Schnittes, desgleichen nur weniger regelmässig nach Application eines feuchten Kochsalzkrystalls. Fötus II, etwas abgekühlt, athmet ziemlich ruhig, zeigt sehr deutliche anhaltende Peristaltik nach Eröffnung der Bauchhöhle an der Luft, locale Verengerungen auch nach Reizung mit der Pincette, weniger ausgeprägt nach Kochsalzreizung. Fötus III, etwas abgekühlt, athmet, ziemlich ruhig, zeigt keine Darmbewegung nach Bloslegung, aber starke Zusammenziehungen nach mechanischer Reizung.

Am 7. März 1883. Ein Meerschweinchenfötus zeigt ausgezeichnete Constrictionen des Dünndarms nach flüchtiger localer Compression mit der Pincette selbst nach dem Abkühlen so wie die Figur andeutet:

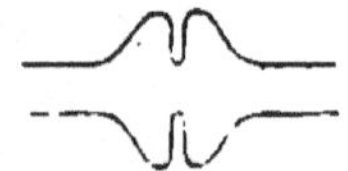

Am 21. März 1882. Hochträchtiges Meerschweinchen. Einem Fötus wurde durch den Uterusbauchschnitt (S. 161) nur Mund und Nase bloslegt um 1 Uhr 40 an der Luft. Durch starkes Kneipen der Haut gelang es zwischen 1 U. 43 und 1 U. 50 Inspirationen hervorzurufen. Dann wurde eine concentrirte wässerige Anilinblau-Lösung in den Schlund eingespritzt. Der Fötus verschluckte davon rasch ziemlich viel; 1 U. 55 die Wunde zugenäht nach Reposition des Fötuskopfes. Abends 7 Uhr nahm das Mutterthier reichlich Nahrung zu sich und schien munter zu sein. Am 22. März früh um 6 Uhr war es weniger lebhaft und um 7 früh todt. Section 1 U. 30. Schon putrider Geruch vorhanden. Der Farbstoff war reichlich vorhanden im Magen, im ganzen Duodenum, Jejunum, Ileum des Fötus bis etwa 5 Millim. von Cöcum entfernt. Nirgends sonst fand ich Spuren des zum grössten Theil im Darm grün gewordenen Anilinblau, namentlich keine Spur in den Lungen. Die Lungen schwammen auf Wasser. Dieser Versuch zeigt, dass der Mageninhalt, also auch verschlucktes Fruchtwasser, den ganzen Dünndarm hindurch binnen weniger als 16 Stunden fortbewegt werden kann beim Fötus, wahrscheinlich innerhalb viel kürzerer Zeit, denn der Fötus war vor der Mutter gestorben.

In mehreren Fällen traten langsame, starke, locale Contractionen bei starkem flüchtigem elektrischem Reiz und nach Durchschneidungen mit der Schere an beiden Schnittflächen überall am Dünndarm, Colon, Rectum ein beim reifen Meerschweinchenfötus; am Blinddarm war der Reizerfolg nicht so deutlich.

Aus diesen und ähnlichen Versuchen folgt das Vermögen des fötalen Darmes, sich peristaltisch zusammenzuziehen, wenn er von aussen gereizt wird und wenn Flüssigkeit reichlich in den Magen und von diesem aus in ihn gelangt. Freilich habe ich nur einen Fall zu registriren, in dem vorherige Athembewegungen völlig ausgeschlossen werden konnten. Doch ist nicht einzusehen, weshalb von diesen die Peristaltik im Fötus im Ei abhängig sein sollte, da sowohl im Uterus wie im Vogelei der Darminhalt normalerweise immer vom Dünndarm in den Dickdarm hinabrückt. Das Meconium könnte keine Gallenbestandtheile enthalten, wenn die fötale Galle nicht peristaltisch vom Duodenum in das Colon gebracht würde. Auch beweisen die Versuche von Wiener, denen zufolge in den Magen des Fötus im Uterus injicirte Milch nach neun Stunden schon in den Chylusgefässen wiedergefunden wurde, die fötale Peristaltik.

Trotz dieses Nachweises der peristaltischen Darm- und auch Magen-Bewegung beim Fötus ist nicht zu bezweifeln, dass sie im Vergleiche zu der des Erwachsenen ausserordentlich langsam verläuft. Ich finde den Darmcanal beim Meerschweinchenembryo, so lange er noch weit von der Reife entfernt ist, ganz anders gefüllt als beim Neugeborenen. Im ersteren Falle sind nämlich das Rectum und Colon weiss und leer, wie auch meistens das Cöcum, dagegen das Duodenum, Jejunum und Ileum schon gelbgefärbten Inhalt zeigen. Dabei sind letztere, in früheren Entwicklungsstadien nur das Duodenum, dann successive die beiden anderen Abschnitte, viel stärker ausgedehnt, so dass der Dünndarm erheblich dicker als der Dickdarm und Mastdarm erscheint, im auffallenden Gegensatz zum Erwachsenen. Die vorzügliche Klarheit der mikroskopischen Bilder, welche mir die Dünndarmzotten des Meerschweinchenfötus lieferten, macht es ferner wahrscheinlich, dass ich bei Wahrnehmung von kleinen Gestaltänderungen derselben mich nicht täuschte. Diese Contractionen der Zotten können für die Resorption der Peptone (vom verdauten Fruchtwasseralbumin) während der ganzen letzten Fötalzeit von Bedeutung sein. Gleichzeitig wird der übrige gallige Inhalt nach dem Rectum zu peristaltisch weiter transportirt, weil nur von dem Duodenum aus neues Füllungsmaterial nachrückt. Dieses wird nach und nach zu Meconium, welches erst das Colon ausdehnt.

Für den menschlichen Fötus muss dasselbe gelten. (vgl. 75, 263

Der Ursprung des Meconium kann in keinem Falle zweifelhaft sein. Auch wenn wegen Fehlens der Mund- und Nasen-Öffnung oder Verschluss des Ösophagus kein Fruchtwasser verschluckt wird, findet sich Meconium im Darm. Also wird man die Galle, den Darmsaft, das Secret der Brunner'schen Drüsen, den Pankreassaft oder, wenn die letzteren Secrete noch fehlen, die Galle allein mit Schleim als Constituentien des Meconium in diesen Fällen anzusehen haben, denen sich abgestossenes Darmepithel und bei [238] normaler Bildung, wenn Schluckbewegungen stattgefunden haben, abgestossene Wollhaare und nicht resorbirte Fruchtwasserbestandtheile, namentlich Epidermiszellen und Fett von der *Vernix caseosa*, reichlich beimengen.

Dass die Galle hauptsächlich das Meconium liefert, wird auch durch das gänzliche Fehlen desselben bei Missgeburten bewiesen, wo keine Galle abgesondert wurde und zugleich die Mundöffnung — also die Möglichkeit Fruchtwasser zu schlucken — fehlte. [247, 5] Das Fruchtwasser kann nicht überwiegend bei der Meconiumbildung betheiligt sein. Denn das verschluckte Fruchtwasser [247, 5] wird fast vollständig zur Resorption gelangen müssen bis auf die auch im Magen des siebenmonatlichen menschlichen Fötus [17] gefundenen ungelösten Theile, wie Epidermiszellen und Haare.

Von den im Meconium mit Sicherheit nachgewiesenen chemischen Verbindungen sind zu nennen Cholestearin, welches nach Zweifel vom fünften Monat an ein regelmässiger Bestand- [238] theil des fötalen Darminhalts ist. Es kann kaum zweifelhaft sein, dass dieses Cholestearin von der fötalen Leber gebildet wird, ebenso wie das in Krystallen im Meconium vorkommende Bilirubin und Taurin, sowie die Taurocholsäure. [7]

Dagegen wird das im Meconium gefundene Fett von Förster (1858) mit Recht von der mit dem Fruchtwasser verschluckten [148] *Vernix caseosa* abgeleitet. Das Mucin des Dickdarminhalts Todtgeborener stammt wahrscheinlich zum Theil aus der Galle, zum Theil aus dem Darm.

Albumine, Peptone, Tyrosin, Leucin, Lecithin, Traubenzucker, Milchsäure, Lactate wurden im Meconium von Zweifel nicht aufgefunden. Die von ihm nachgewiesenen fetten Säuren, Stearinsäure, Palmitinsäure, Ölsäure, Ameisensäure können von den Fetten der *Vernix caseosa* abgeleitet werden. Der Aschegehalt wurde zu 0,87; 0,978 und 1,238%, der Wassergehalt zu 80% (rund) [238] gefunden, und die quantitative Analyse der Aschen macht das Vorkommen von Kaliumchlorid, Natriumchlorid, Eisenphosphat und den Phosphaten des Calcium und Magnesium wahrscheinlich. Wie diese Verbindungen sich auf die Galle und Reste nicht resorbirten verschluckten Fruchtwassers vertheilen, ist kaum zu ermitteln. Wahrscheinlich stammen sie aber weit überwiegend von der Galle her, also aus dem Leberblut. Denn wenn im Meconium keine Spuren von Albumin oder Pepton und keines der Zerfallproducte der intestinalen Eiweissverdauung nachgewiesen werden können, dann muss auch die vollständige Resorption der übrigen, nicht albuminoiden gelösten Bestandtheile des verschluckten Fruchtwassers angenommen werden. Beim nicht reifen schnell ausgeschnittenen Fötus des Meerschweinchens habe ich wiederholt im Dünndarm und Cöcum gelbe Flocken gesehen, während der Magen voll Flüssigkeit war. Jene Flocken können sehr wohl durch gallensaures Alkali gefällte Peptone vom Albumin des verschluckten Fruchtwassers gewesen sein. Doch kann ich die mit der Kali-Kupfer-Probe erhaltene Violettfärbung als Beweis für ihre Eiweissnatur nicht anführen, weil es unmöglich war, bei den kleinen Embryonen des Meerschweinchens (und der Maus) den Dünndarminhalt ohne Beimengung von abgestossenen Zotten zur Anstellung der mikrochemischen Reaction zu gewinnen.

Fäulnissproducte sind aber überhaupt im fötalen Darmcanal nicht nachweisbar. Namentlich vermisste Senator darin Indol [479
und Phenole, wie auch A. Baginsky, welcher vergeblich nach [478
Oxysäuren und Phenolen im menschlichen Meconium suchte. Die Abwesenheit fauliger Producte des Albuminzerfalles im Darmcanal ist demnach für den Fötus charakteristisch.

Ich kann auch aus den Untersuchungen von Demant, [481
welcher im wässerigen Auszuge der unteren Hälfte eines frischen 7- bis 8-monatlichen menschlichen Fötus Ammoniak, Peptone, Leucin, Tyrosin nachwies und nach Zusatz des Millon'schen Reagens zum Destillat eine rothe Farbe erhielt (Phenol?), keinen Grund gegen die Abwesenheit von Fäulnissproducten im normalen lebenden Fötus herleiten. Denn Leucin und Tyrosin konnte derselbe Forscher in frischen Embryonen des Meerschweinchens und in einem 24 Stunden alten Hündchen nicht nachweisen, der Nachweis des Phenols und Ammoniaks aber in zerstückelten und längere Zeit mit Wasser behandelten und an der Luft filtrirten embryonalen Theilen beweist nicht deren Vorkommen im lebenden Gewebe. Die in den drei Versuchen erhaltene Pepton-Reaction schliesst durchaus nicht die Bildung von Peptonen beim Kochen aus. Übrigens können, wie schon hervorgehoben wurde, Peptone ohne Fäulniss im Magen des Fötus sich bilden.

Die Existenz der Alkalisulphate im Meconium wird von den

21*

Einen behauptet, von den Anderen geleugnet. Zur Entscheidung der Frage nach ihrer Präexistenz wäre die Fällung eines wässerigen filtrirten Auszuges völlig frischen Meconiums mit Baryumchlorid zu versuchen. Löst sich der Niederschlag in Salpetersäure nicht, dann würde das Vorhandensein löslicher Sulphate im Meconium erwiesen sein. Der Versuch wäre, wenn grössere Mengen Meconium bei Fehlgeburten und Frühgeburten gewonnen werden können, von Interesse, weil ein positives Ergebniss, die Darstellung wägbarer Mengen von Baryumsulphat auf diesem Wege, die Existenz oxydativer Eiweisszersetzung im Fötus und zwar in dessen Leber beweisen würde. C. G. Lehmann scheint der einzige zu sein, welcher im wässerigen Auszuge des Dünndarmcontentum menschlicher Embryonen (vom 5. bis 6. Monate) Sulphate nachwies. Er spricht wenigstens von Spuren von Alkalisulphaten. [... Das Meconium im Dickdarm des 7- bis 9-monatlichen menschlichen Fötus enthielt dagegen keine Spur von Sulphaten. Dass sich in der Meconium-Asche, wie auch Maly (1881) hervorhebt, viele Sulphate (des Calcium und Natrium) finden, beweist nichts für ihre Präexistenz, weil schon der Schwefel des Taurins zu ihrer Bildung während der Veraschung Anlass geben kann.

Schliesslich ist noch bezüglich jeder chemischen Untersuchung des Meconium zu bemerken, dass eine Übereinstimmung der Ergebnisse nur dann erwartet werden kann, wenn auf die Herkunft geachtet wird. In einer kleinen historisch-kritischen Abhandlung unterscheidet J. Ch. Huber in Memmingen überhaupt zwei Arten [... von Meconium, welche nicht selten im fötalen Darm genau geschieden vorkommen, nämlich das *Meconium amnioticum*, welches die Bestandtheile des verschluckten Fruchtwassers enthält und gelbbraun ist, und das *Meconium hepaticum*, welches Gallenbestandtheile enthält und dunkelgrün gefärbt ist. Letzteres, das gallige Meconium, enthält auch charakteristische gelblich-grüne meist ovoide Körperchen von 0,005 bis 0,03 Millim. im Durchmesser (Tardieu), welche Huber Meconkörper nennt. Sie können zum forensischen Nachweise des Kindspechs dienen, sind nach ihm meistens mit Schleim umhüllt, in Essigsäure und Äther unlöslich, in Kalilauge löslich.

Übrigens kommen beide Meconium-Arten auch gemischt an einer und derselben Darmstelle vor.

Der embryonale Harn.

Die Frage, ob normalerweise schon vor der Geburt die Niere in derselben regelmässigen Weise fungirt, wie nach derselben, ist streitig. Bischoff sprach bereits 1842 in seiner „Entwicklungsgeschichte" die Ansicht aus, dass sowohl in den fötalen Nieren, als auch in den Wolff'schen Körpern (Urnieren) Harn abgesondert werde und erklärt: „Es ist möglich, dass dieser Harn in der späteren Zeit des Fötallebens der Amniosflüssigkeit beigemischt wird". [373, 844

Virchow nimmt eine fötale Harn-Secretion und -Entleerung in die Blase im Uterus ausdrücklich an und fügt hinzu, durch fötale Harnretention, die zu Hydronephrose führe, werde das Leben der Frucht gefährdet. [373

Litzmann sah mehrmals Kinder unmittelbar nach der [309, 98
Geburt und bei Steiss- und Fuss-Geburten noch vor der Geburt des Kopfes eine ziemliche Menge Urin von sich geben. Dieser muss also von der fötalen Niere im Uterus secernirt worden sein.

Auch Hecker schreibt: „Da der Act der Geburt, nament- [428
lich bei Unterendlagen der Frucht, häufig Veranlassung gibt, dass die Blasengegend derselben gedrückt wird, so wird der Urin oft *inter partum* entleert, und man findet bei Obductionen todtgeborener Kinder nur in der Minderzahl der Fälle die Harnblase davon angefüllt; mitunter ist sie ganz prall von Urin ausgedehnt."

Es liegt daher nahe, die Harnbildung des Fötus und die fötale Harnentleerung im Uterus als einen normalen Vorgang anzusehen. Nach den bereits (S. 212) erwähnten Versuchen von H. Fehling und nach denen von Porak kann aber diese Harnentleerung zweifelhaft erscheinen. Denn ersterer fand in weit über hundert Versuchen ausnahmslos bestätigt, dass der Mutter kurz vor der Entbindung eingegebenes Natrium-Salicylat oder gelbes Blutlaugensalz im zweiten und dritten Urin des Neugeborenen sich viel deutlicher nachweisen liess, als im ersten.

Auch Porak schliesst aus seinen mit vielen verschiedenen [94
Stoffen angestellten Versuchen über die Placentardiffusion, dass die Niere des Ungeborenen langsamer fungire, als die des Geborenen und nach der Geburt erst allmählich in energische Thätigkeit gerathe, und zwar kann das Kind doppelt soviel Zeit brauchen, die Salicylsäure auszuscheiden, wie die Mutter.

Bei derartigen Experimenten ist zu beachten, dass auch Säuglinge, deren Mütter Salicylsäure erhielten, bald die Salicylreaction

im Harn geben, die Substanz also in die Milch übergeht. [214, 21
Wenn nun die Schwangeren 10 bis 30 Tage vor der Entbindung täglich Salicylsäure erhalten und im ersten Harn des Neugeborenen davon weniger nachgewiesen werden kann, als im zweiten und dritten, so hat der Befund nur Werth, falls die Neugeborenen keine Milch von ihrer eigenen Mutter erhalten; aber auch dann darf man nicht folgern, wie es bisher geschah, dass die fötale Niere sehr viel langsamer secernirt als die postnatale, sondern nur die des Ebengeborenen. Denn der Harn, welcher der „erste" genannt wird, ist schon kein fötaler mehr, sondern zum Theil, wenn nicht ganz, erst nach dem Beginn der Lungenathmung secernirt, d. h. nach rapider Abnahme des Aortendrucks und damit auch des Blutdrucks und der Geschwindigkeit des Blutstroms in der Nierenarterie, also unter ungünstigen Absonderungsbedingungen. Jedenfalls ist die Annahme, dass der erste Harn des Neugeborenen ausschliesslich vor der ersten Störung des Placentarkreislaufs im Uterus secernirt worden sei, nicht begründet. Der zweite Harn des Neugeborenen muss auch schon durch den grossen Wasserverlust durch Haut und Lunge concentrirter werden und darum mehr von der kurz vor der Geburt der Mutter eingegebenen Substanz enthalten.

Es kann also das Fehlen des leicht diffundirenden gelben Blutlaugensalzes im ersten Harn und seine Nachweisbarkeit im zweiten und dritten Harn des Neugeborenen, trotzdem die Zufuhr aus dem mütterlichen Blute längst aufgehört hat, sehr wohl auf Störung der Nierenfunction während der Geburt wegen Abnahme der Geschwindigkeit des Blutstromes in den Nieren beim Sinken des arteriellen Druckes bezogen werden.

Mehr als diese Experimente legen die seltenen Fälle reifer oder nahezu reifer Missgeburten ohne Nieren, Blase und Harnröhre Zeugniss ab für die geringe Bedeutung der Niere für das Leben der Frucht vor der Geburt. Sie können aber nichts gegen die Secretion vor der Geburt bei vorhandener Niere aussagen. Ahlfeld beobachtete einen solchen Fall und schliesst aus der Thatsache, dass eine Frucht bei vollständigem Mangel der Nieren sich bis zur Reife intrauterin entwickeln kann, ohne dass die Bildungsanomalien über die locale Zone hinausgehen, die Niere könne während des intrauterinen Lebens bedeutungslos sein. Er vermuthet weiter, die Niere sei vielleicht auch dem normalen ...ns bedeutungslos, erst mit der Geburt würde also unter normalen Verhältnissen die eigentliche Nierenfunction, die harnbildende Thätigkeit beginnen.

Diese letztere Anschauung ist ganz unrichtig. Die dafür beigebrachten Gründe sind unzutreffend und andere Gründe bezeugen die Harnbildung vor der Geburt.

So ist die Thatsache, dass bei angeborenem Verschluss der Urethra viel Harn in der stark gespannten fötalen Blase gefunden wurde, z. B. von Sallinger 150 Grm., darum nicht als werthlos [409 für die Frage zu bezeichnen, weil es sich dabei um kranke Früchte handele. Ahlfeld gibt selbst zu, dass auch gesunde Früchte mit voller Harnblase bei offener Harnröhre geboren werden.

Die Frage, ob der Fötus im Ei Harn secernirt, kann nur bejaht werden, weil man bei gesunden neugeborenen Kindern und Säugethieren allzuoft viel Harn in der Blase findet. Ich habe auch bei den aus dem Mutterthier excidirten und sofort decapitirten nahezu reifen Meerschweinchenembryonen die Harnblase bisweilen prall gefüllt gesehen. Wiener fand dasselbe auch [73 bei einem Menschenfötus.

Also muss die embryonale Niere thätig sein, freilich in geringerem Grade, vielleicht ausgiebig nur gegen Ende der intrauterinen Zeit, und in etwas anderer Weise als später.

Josef Englisch hat (1881) die Behauptung aufgestellt, dass [66 die Harnbildung sicher am Ende des vierten oder zu Anfang des fünften Monats beginne, indem er das Nierenbecken und die Blase bei fünfmonatlichen Früchten wiederholt mit Harn gefüllt, das Nierenbecken sogar hydronephrotisch erweitert fand bei Verschliessungen der Harnwege. Er hebt hervor, dass fast bei allen Beobachtungen über vollständigen Verschluss der Harnröhre vor der Geburt ohne Nebenöffnungen die Blase ausgedehnt war, und zwar bis zu einem Grade, dass sie zu einem Geburtshinderniss Anlass gab. Derselbe meint, dass die Harnstauung, im Falle es nicht zur Bildung einer Seitenöffnung, gleichsam eines Sicherheitsventils, komme, den Tod der Frucht zur Folge habe. Die Frucht sterbe im sechsten oder siebenten oder achten Monat. Doch sei es „immerhin merkwürdig“, dass auch reife Früchte mit Harnröhrenverschluss geboren werden, welche urämische Erscheinungen erst am zweiten und dritten Tage zeigen.

Englisch hat viele Fälle zusammengestellt, und wenn auch damit nicht zugleich dargethan ist, dass der normale Fötus den Harn vor der Geburt schon reichlich entleert, so ist es doch wahrscheinlich. Depaul, Hecker, Gusserow und Andere [330, I. 127

nehmen als normalen Vorgang eine Harn-Entleerung in das Fruchtwasser hinein an, wie es schon 1820 Betschler, 1822 Meckel, ja schon 1671 Portal gethan hatte. Ahlfeld behauptet dagegen, ein gesunder Fötus, dessen Apnöe nicht unterbrochen werde, lasse zu keiner Zeit der Schwangerschaft Harn. Eine sehr geringe intrauterine Secretion gibt er zu, eine Excretion sei pathologisch, weil nur bei erschwertem Abfluss des fötalen Blutes durch die Nabelarterien der Blutdruck in den Nierenarterien genügend steige, um eine grössere Secretmenge zu ermöglichen. Wenn aber die Blasenfüllung nur gering ist, kommt es nicht zu einer Entleerung.

Nun fand aber Dohrn bei 75 normal Geborenen 52 mal, d. h. in 69 % der Fälle die Blase nicht leer, und dass sie in den übrigen 31 % ganz leer war, lässt sich nicht behaupten. Die Harnmenge stieg mit dem Gewicht der Frucht und betrug im Mittel 7 ½ Ccm. (im Maximum 25,5 Ccm.).

Je länger die Geburt gedauert hatte, um so geringer waren die gefundenen Harnmengen, was gegen eine die Harnbildung begünstigende und für eine die Harnentleerung befördernde Wirkung der Wehen spricht.

Bei Todtgeborenen und asphyktisch Geborenen ist, wie es scheint, die Harnblase öfter leer oder grösstentheils entleert gefunden worden, als bei normalen Früchten. Ob bei der Entleerung die Bauchpresse (bei vorzeitigen Athembewegungen) wesentlich mitwirkt, ob der Wehendruck oder Compression durch Fruchtbewegungen reflectorisch oder gar unmittelbar dieselbe zu Wege bringt, wie überhaupt eine Störung der Placentarcirculation die Harnentleerung bewirkt, ist trotz vieler Discussionen nicht entschieden, aber wahrscheinlich die intrauterine Austreibung des Harns eine rein mechanische ohne Reflexwirkung.

Physiologisch kann wenigstens eine solche, auch ausgiebige und häufige Entleerung der Harnblase vor der Geburt (in das Fruchtwasser) sehr wohl stattfinden, wenn auch nur wenig Harn vor der Geburt täglich abgesondert wird. Denn es fehlt nicht an Zeit zur Ansammlung. Findet man also Harn in der Blase des Neugeborenen, so ist es wahrscheinlich, dass längere Zeit vorher Harn entleert wurde in das Amnioswasser, findet man keinen, so ist es wahrscheinlich, dass erst in der Geburt oder kurz vor derselben die Entleerung stattfand. Dass dabei immer nur wenige Cubiccentimeter auf einmal zur Ausscheidung kommen, folgt aus den Messungen der Harnmengen des Neugeborenen und Säuglings in den ersten zehn Lebenstagen. Aus denselben geht

hervor, dass am ersten Lebenstage — im Mittel aus 10 Fällen — 12 Cc., am zweiten — im Mittel aus 14 Fällen — ebenfalls 12 Cc. Harn ausgeschieden wurden, am dritten dagegen 23 Cc. Vom letzteren Tage an steigt die Harnmenge fast täglich. Durch Katheterisiren erhielt Hofmeier unmittelbar nach der Geburt in 8 [361
Fällen durchschnittlich 9,9 Grm. Urin, im Minimum 1,5, im Maximum 24 Grm. Man wird also nicht fehlgehen, wenn man die vor der Geburt auf einmal ausgeschiedenen Harnmengen in diese Grenzwerthe einschliesst. Wiener fand einmal in der [73
Blase eines Fötus, dessen Mutter an Verblutung aus einem geborstenen Schenkelvarix vor dem Beginne der Wehen gestorben war, über 10 Cc. Harn. Es ist aber unbekannt, ob der Fötus diesen Harn in einem Tage bildete, ob er nothwendig alle 24 Stunden einmal Harn entleert. Aus den wenigen Fällen, in denen bei angeborenem Harnröhrenverschluss die Blase prall gefüllt, sogar stark gespannt gefunden ward, kann allerdings nicht ohne Weiteres auf eine öftere Entleerung in der Norm geschlossen werden, weil unbekannt ist, ob in jenen Fällen etwa zufällig gesteigerter Blutdruck eine abnorme Steigerung der Secretion zur Folge hatte (Ahlfeld). Namentlich wird eine solche Steigerung des Blutdrucks in dem Falle anzunehmen sein, wo nicht nur die Blase, sondern auch die Ureteren enorm erweitert und die Urethra verschlossen gefunden wurden. Ausserdem ist bis jetzt nicht ermittelt, ob die in solchen Fällen in der Harnblase enthaltene Flüssigkeit Harn ist. Lothar Meyer fand darin einmal weder [373
Harnstoff noch Harnsäure, anderemale aber deutlich erkennbar Harnstoff neben Eiweiss. Es kann sehr wohl durch intrauterine [56
Blutdrucksteigerung zu einer abnormen Secretion oder Transsudation in den fötalen Nieren kommen, ehe dieselben im Stande sind, eigentlichen Harn zu bilden oder wenigstens zum Theil diejenigen Processe zu ermöglichen, welche für die Nierenfunction Erwachsener charakteristisch sind.

Unter diesen Umständen war es eine sehr verdienstliche Untersuchung, welche Gusserow vornahm, indem er durch [19
das Experiment am Menschen direct zu entscheiden suchte, ob die fötale Niere ebenso wie die des Erwachsenen fungiren kann. Davon ausgehend, dass die Umwandlung der dem Erwachsenen eingegebenen Benzoësäure (des Natriumbenzoates) in Hippursäure (Natriumhippurat) ausschliesslich oder fast ausschliesslich in dem Nierengewebe stattfinde, folgerte er, dass der Nachweis von Hippursäure im Harn des Neugeborenen unmittelbar nach der Geburt,

wenn die Gebärende nicht lange vorher Benzoësäure erhalten hatte, einen strengen Beweis liefere für die Umwandlung der Benzoësäure in Hippursäure in der Niere des Fötus. Denn woher sollte die Hippursäure im Fötusharn sonst stammen, da sie direct in den Fötus nicht gelangen kann?

Es wurde also Kreissenden benzoësaures Natrium eingegeben und soweit möglich sofort nach der Geburt des Kindes der Harn desselben mit dem Katheter abgelassen, jedenfalls bevor das Kind die Mutterbrust genommen hatte. Fruchtwasser wurde nur dann auf Hippursäure geprüft, wenn es ohne die geringste Verunreinigung, namentlich mit mütterlichem Harn, aus der weit vor die Genitalien sich vordrängenden Eiblase oder mittelst eines Troicarts erhalten werden konnte. Auf Hippursäure und Benzoësäure wurden Harn und Fruchtwasser nach dem bewährten Verfahren von Bunge und Schmiedeberg mit Unterstützung des letzteren geprüft.

Ich stelle die Resultate übersichtlich zusammen:

Versuch	Dosis benz. Natr.	Harn des Kindes	Fruchtwasser	Zeit des Auffangens
I.	1 Grm. in 3 St.	viel Hipp. keine Benz.	keine Hipp. keine Benz.	$1\frac{3}{4}$ St. nach d. letzt. Dosis
II.	1,5 Grm. 4 bis 5 St. vor dem Blasenspr. 0,5 nach dems.	wenig Hipp. keine Benz.	viel Hipp. keine Benz.	—
III.	0,5 Grm. $2\frac{1}{2}$ St. vor d. Geb. 0,5 eine halbe St. vor ders.	deutlich Hipp. keine Benz.	— —	—
IV.	1 Grm. in 3 St. dann 0,5.	deutlich Hipp. keine Benz.	deutlich Hipp. keine Benz.	3 St. nach d. letzt. Dosis
V–VII.	—	keine Hipp. keine Benz.	keine Hipp. keine Benz.	—

In 4 Fällen wurde also im Harn des Ebengeborenen Hippursäure deutlich erkannt, in 3 Fällen nicht, in 2 Fällen war sie auch im Fruchtwasser nachweisbar, in keinem Falle wurde unveränderte Benzoësäure im Harn oder Fruchtwasser aufgefunden.

Dieser Befund genügt zum Beweise, dass der menschliche Fötus im Uterus im Stande ist, wie der Erwachsene, Benzoësäure in Hippursäure zu verwandeln, welche von ihm auch mit dem Harn ausgeschieden wird; daher auch die Hippursäure in zwei Fällen im Fruchtwasser gefunden werden konnte, in welches der Fötus seinen Harn entleerte. Wenn es ferner feststeht, dass im erwachsenen Organismus ausschliesslich die Niere jene Umwandlung bewirkt, dann ist auch bewiesen, dass die Niere des reifen Fötus wie die des Geborenen fungiren kann. Was aber für den Hund von Schmiedeberg und Bunge gefunden wurde, gilt nicht ohne weitere Prüfung für den Menschen. Doch ist es wahrscheinlich, dass auch bei diesem die Niere an der Hippursäurebildung nach Einführung von Benzoësäure betheiligt sei, weil dieselbe bei verschiedenartigen Nierenkrankheiten nach Blix beeinträchtigt war.

Die am Kaninchen- und Hunde-Fötus von Wiener an- [98
gestellten Versuche beweisen ebenfalls, dass die fötale Niere functionsfähig ist, aber nicht, dass sie regelmässig Harn absondert. Denn wenn durch die Bauchdecken der Mutter hindurch dem Fötus beigebrachtes indigschwefelsaures Natrium nach 20 Minuten in den Epithelien der gewundenen Harncanälchen und in einem Falle nach 25 Minuten in der fötalen Harnblase sich vorfand und $1\frac{1}{2}$ Stunden nach Injection von Glycerinwasser unter die fötale Haut Hämoglobinurie eintrat, so dass die Harncanälchen mit Hämoglobin „förmlich ausgespritzt“ und das Nierenbecken damit erfüllt erschienen, auch das Fruchtwasser hämoglobinhaltig und roth wurde, so folgt daraus noch nicht, wie Wiener meint, dass [73
die Secretion der fötalen Niere normaler Weise lebhaft ist und es wiederholt zur Füllung der Blase und ihrer Entleerung in das Amnioswasser kommen müsse, obwohl beides möglich ist. Denn es ist natürlich, dass nach plötzlicher Einführung grösserer Flüssigkeitsmassen in den fötalen Körper die Ausfuhrstätten, in erster Linie die Nieren, plötzlich in erhöhte Thätigkeit gerathen. Nur das V e r m ö g e n zu fungiren ist durch diese Versuche, wie durch die Gusserow's, bewiesen. Auch die Lungen haben lange vor der Geburt das Vermögen zu fungiren, bleiben aber bis zu derselben normaler Weise functionslos. So verhält es sich nun zwar nicht mit den Nieren, aber dass diese nicht so energisch und namentlich nicht so regelmässig fungiren wie nach der Geburt, kann nicht zweifelhaft sein.

Bezüglich des Termins, wann beim Menschenfötus die eigentliche Harnbildung beginnt, fehlt es an Beobachtungen. G. Krukenberg [473
konnte im ersten Harn einer zu frühgeborenen 1850 Grm. schweren Frucht unmittelbar nach der Geburt Jodkalium nachweisen, welches der Mutter eingegeben worden war. —

Wenn durch die Gesammtheit der bisher bekannten Erscheinungen es zweifellos feststeht, dass im Uterus nicht allein eine Harnsecretion, sondern auch eine Harnexcretion sehr oft normaler Weise stattfindet, so ist doch damit noch nicht erkannt, ob die Entleerung in das Fruchtwasser continuirlich oder in Pausen geschieht. Ersterenfalls müsste die Blase des Fötus entweder immer voll oder immer leer gefunden werden. Sie könnte gleichsam überlaufen oder nichts zurückhalten, je nach der Weite der Urethra. Da aber beim schnell dem Uterus entnommenen Säugethierfötus nach meinen Erfahrungen gerade wie beim ebengeborenen Kinde die Blase bald viel, bald wenig oder gar keinen Urin enthält, so ist es sicher, dass die Harnentleerung im Uterus zeitweise erfolgt, wie auch Gusserow hervorhebt. Damit stimmt überein [illegible] der sehr wechselnde Harnstoffgehalt des Fruchtwassers, von welchem bereits die Rede war.

Damit stimmt ferner überein das ungleiche Verhalten ebengeborener Kinder beiderlei Geschlechts bezüglich der Harnentleerung. Denn manchmal wird bereits wenige Augenblicke nach dem ersten Schrei von Knaben der Urin in kräftigem Strahle entleert, bisweilen sogar noch vor der Abnabelung eine solche Harnausscheidung wiederholt, während es in anderen Fällen erst nach Stunden zu einer geringen Urinexcretion des noch nüchternen Neugeborenen kommt. Geradeso verschieden wie das noch nicht vollständig geborene Kind sich in dieser Hinsicht verhält, wird sich das noch ungeborene verhalten. Da aber ein plötzlicher Tod Hochschwangerer unter Umständen, welche die sorgfältige Freilegung des Fötus gestatteten, selten ist, so wird es schwierig sein, beim Menschen den thatsächlichen Beweis zu liefern. Die vereinzelte derartige Beobachtung von Wiener (S. 329) ist deshalb [illegible] besonders werthvoll.

Dass durch anomale Steigerung des arteriellen Blutdruckes wegen vorzeitiger Obliteration des Botalli'schen Ganges (beim 6-monatlichen Fötus) in der That erheblich vermehrte Harnbildung und Harnausscheidung in das Fruchtwasser eintreten und sogar Hydramnios entstehen kann, geht aus Beobachtungen von Nieberding (1882) hervor, der dabei Herzhypertrophie constatirte. [illegible]

Auch O. Küstner fand — neben Ascites und Lebercirrhose [illegible] bez. Stauungsleber — in drei Fällen von eineiigen Zwillingen Herzhypertrophie bei dem Hydramnios-Zwilling, was ebenfalls mit der Annahme einer abnormen Vermehrung des Fruchtwassers durch fötale Harnentleerung sich verträgt.

Besonders instructiv ist aber ein von Schatz beobachteter [477
Fall von eineiigen Zwillingen mit getrennten Amnien, welche im
8. Monat geboren wurden. Der erstgeborene hatte eine enorme
Menge Fruchtwasser — der Blasensprung lieferte etwa 3 Kilo —
und urinirte während der 6 Stunden, die er lebte, sehr reichlich,
fast stündlich. Der zweitgeborene hatte wenig Fruchtwasser, lebte
12 Stunden und urinirte garnicht. Dasselbe Verhältniss kann im
Uterus bestanden haben. Denn Niere und Herz waren beim erstgeborenen $1^1/_2$ mal so schwer wie beim zweitgeborenen Kinde.
Das Kind mit dem grösseren Herzen erzeugte höheren arteriellen
Druck, lieferte mehr Harn und dadurch mehr Fruchtwasser. —

Bezüglich der fötalen Bildung und Absonderung der einzelnen
Bestandtheile des fötalen menschlichen Harnes ist darum sehr
wenig bekannt, weil fast nur der Harn todtgeborener Früchte zur
Verfügung steht und daraus auf den neugeborener nicht ohne
Weiteres geschlossen werden darf. Alle Untersuchungen des Harnes,
welcher von lebenden Neugeborenen nach dem ersten Athem- [436
zuge stammt, können über die Beschaffenheit des fötalen Harnes
nicht aufklären, weil durch den eingeathmeten Sauerstoff mächtige Oxydationsprocesse eingeleitet werden. Man ist also beim
Menschen auf todtgeborene Früchte angewiesen, deren harnbildende
Organe normal und deren Harnwege nicht verschlossen sind. Die
Blase solcher enthält aber allzuoft nur ganz geringe Harnmengen;
daher die Anzahl der Analysen eine kleine ist.

Fest steht, dass normaler Weise nur wenig **Harnfarbstoff**
vom Fötus gebildet wird, denn der Harn Neugeborener hat eine
sehr blasse Farbe, noch blasser als die Nummer I der Vogel'schen [399
Harnfarbenscala.

Virchow fand den fötalen Harn aus dem Nierenbecken, [373, 845
wie aus der Blase, sauer, blassgelb, häufig durch Epithelien getrübt, von einem an frisches Brod und frisches Fleisch erinnernden Geruch.

Dass die Reaction des von Dohrn unmittelbar nach der Geburt
mittelst des Katheters erhaltenen Harns nicht constant, sondern
nur in 73 % der 75 Fälle normal Geborener sauer, in 23 % neutral
und in 4 % alkalisch gefunden wurde, lässt noch keinen Schluss [340
über die Unregelmässigkeit der Säurebildung im Fötus zu. Bei
ganz frisch unmittelbar nach der Geburt aufgefangenem Harn
fanden Hofmeier und Hecker die Reaction fast jedesmal [428, 304
sauer (einmal neutral). Dieser intrauterin gebildete Harn wird
aber sehr bald neutral und dann alkalisch an der Luft. Den Harn

aus der Blase frisch dem Uterus entnommener Meerschweinchen-Embryonen fand ich jedesmal sauer.

Im ersten immer sehr blassen, dünnflüssigen und im ganz [364
frischen Zustande schwach sauren Urin des gesunden neugeborenen Menschen wurde wie in dem todtgeborener Kinder nur un- [429
gefähr ein halbes Procent (bis 0,6 %) trockenen Rückstandes [313
und 0,24 (auch 0,27) Procent Asche gefunden. [36

Hoppe erhielt aus der Blase eines todtgeborenen Kindes [36
Harn mit nur 0,34 % festen Bestandtheilen.

Jedoch fanden untengenannte Autoren für den Harn am ersten Lebenstage den Wassergehalt in vier Fällen zwischen 98,65 und 99,62 % und in einem Falle zu 95,12 %. Es wird demnach die Dichte auch des fötalen Harnes ziemlich grossen Schwankungen unterworfen sein.

Das Volumgewicht des Harnes Neugeborener wurde von [390
den einen im Mittel zu 1009 oder 1010, von anderen zu 1002,8 (Min. 1001,8, Max. 1006 Dohrn) gefunden. Da das specifische [390
Gewicht des Harnes nach der Geburt zuerst steigt, dann etwa vom dritten Tage an innerhalb der ersten zehn Tage nach Martin, Ruge und Biedermann abnimmt, so ist es wahrscheinlich [364
vor der Geburt höher, als 1010 im Mittel. In der That fand Dohrn bei einem zu früh und todt geborenen Kinde 1012.

Martin, Ruge und Biedermann fanden ferner im Harn des Neugeborenen am ersten Tage an Harnstoff im Minimum 0,06 %, im Maximum 1,6637 %. Dohrn erhielt für den Harn unmittelbar nach der normalen Geburt in 10 Fällen 0,14 bis 0,83 %, Hofmeier ebenso in 6 Fällen i. M. 0,24 % (war aber die Mutter vor der Entbindung chloroformirt worden, dann stieg der Harnstoffgehalt des Harnes auf das Doppelte und blieb auch in den ersten Tagen nach der Geburt höher). [364

Normaler Weise wird wenigstens in den späteren Entwicklungsstadien auch Harnsäure von der Niere oft relativ reich- [346
lich abgesondert. Sie ist fast jedesmal im Harn unmittelbar [390
nach der Geburt nachweisbar. In einem vor der Zeit und todt geborenen Fötus fand Wöhler (1846) einen aus Harnsäure bestehenden Nierenstein, Virchow in dem Harne einer reifen [373, 646
während einer schweren Zangengeburt gestorbenen Frucht, Ammoniumurat als Sediment, Schwartz in acht Fällen im Harne Todtgeborener Harnsäure. In dem unmittelbar nach der Excision der Blase entnommenen Harn der Meerschweinchen-Embryonen sah ich nach mehrstündigem Stehenlassen im Uhrglase ungleich braun

pigmentirte Krystalle von genau dem Verhalten der Harnsäurekrystalle im Menschenharn und erhielt mit Salzsäure aus solchem
Harn jedesmal Harnsäure, wie aus diesem. Gusserow fand [56
ebenfalls in dem Harn eines in der Geburt schnell abgestorbenen
Kindes Harnsäurekrystalle.

Aus dem Harnsäure-Infarct Neugeborener darf dagegen nicht
auf eine Harnsäureproduction des Fötus geschlossen werden, weil
jener nicht leicht vor dem 2. Lebenstage aufzutreten pflegt [373. 860
und nach Virchow nur nach dem Beginne der Lungenathmung
beobachtet wird. Doch fanden Martin, Hoogeweg und [56. 75
Schwartz auch intrauterin entstandene Urate.

Ein nicht seltener, wenn nicht regelmässiger Bestandtheil des
normalen Fötusharns vom Menschen scheint Eiweiss zu [373. 847. 951
sein (Virchow). Doch wurde es im Harne des Neugeborenen und
Säuglings der ersten Tage (von Martin, Ruge und Bieder- [268. 364
mann) nur in Spuren „ziemlich häufig" nachgewiesen. Dieselben
Beobachter fanden einmal am ersten Tage den Harne einer Missgeburt ausserordentlich reich an Albumin. Schwartz fand jedesmal Eiweiss im Harne Todtgeborener, Dohrn in dem lebender [76
Neugeborener in 62 % seiner (75) Fälle keine Spur, in 23 % Spuren,
in 9 % mässige Mengen, in 6 % viel. Den Albumingehalt des
Harnes Todtgeborener hält er für eine Leichenerscheinung, ohne
jedoch zureichende Gründe dafür beizubringen. Es kann der beim
lebenden Neugeborenen inconstante Eiweissgehalt des Harnes mit
einer Steigerung des arteriellen Blutdruckes während der Geburt
(vor dem ersten Athemzuge) zusammenhängen. Eine Untersuchung
des Harnes Neugeborener nach später und nach früher Abnabelung würde darüber vielleicht Aufschluss geben, ob etwa das Auftreten des Albumin im Harn von der Blutmenge abhängt.

Jedenfalls ist die Albuminurie eben geborener Kinder als eine
constante Erscheinung nicht zu bezeichnen, ob der Fötus im Uterus
regelmässig Eiweiss durch die Nieren ausscheidet, ganz unbekannt.

Auch Indican wurde im Harne des Neugeborenen nach- [268
gewiesen. Auf Indigo prüfte aber Senator sechsmal mit nega- [479
tivem Resultat.

Bilirubin ist kein normaler Bestandtheil des Harnes un- [269
geborener und ebengeborener Früchte, findet sich aber sogar
krystallisirt sehr häufig neben Harnsäure-Infarct bei eintägigen
und älteren Säuglingen der ersten Zeit, auch wenn der Icterus
nur wenig ausgeprägt war, als postmortales Product im Blute.
Ob dabei in der Niere neben Bilirubin auch Hämatoidin oder [262

letzteres etwa nur bei Harnsäure-Infarct sich krystallinisch ausscheidet, ist noch zu ermitteln. Jedenfalls bildet sich normalerweise weder das eine noch das andere Pigment im lebenden Fötus so reichlich, dass es in der Niere zur Ausscheidung käme, und ein sicherer Fall von gallenfarbstoffhaltigem Harne der unmittelbar nach der Geburt aufgefangen worden wäre, ist mir nicht bekannt geworden. Findet sich Bilirubin im Harne Neugeborener, dann ist dieser Harn erst viele Stunden nach der Abnabelung secernirt worden und der vielfach discutirte *Icterus neonatorum* vorhanden, für welchen nach Orth die Bilirubinkrystallausscheidung geradezu charakteristisch ist. [366]

Kleine Mengen von Ätherschwefelsäuren konnte Senator in den 7 Fällen, in denen er sie im Harn neugeborener Kinder suchte, nachweisen. Es ist aber nicht sicher, ob diese Schwefelsäure von zersetztem Albumin der fötalen Gewebe oder von dem Blute der Mutter abstammt. Aus einer fötalen Eiweisszersetzung im Darm können hingegen die gepaarten Schwefelsäuren des neonatalen Harns nicht abgeleitet werden, weil im Meconium weder Indol, noch Phenole nachgewiesen werden konnten [479] (vgl. S. 323).

In dem der Blase von Meerschweinchen-Embryonen entnommenen Harn sah ich nach mehrstündigem Stehenlassen im Uhrglase Chlornatrium-Krystalle. Im Harn eines todtgeborenen Kindes fanden Wislicenus und Gusserow 0,18 % Natriumchlorid. [58]

Die Chlormenge des Harnes Neugeborener schwankt in Dohrn's 75 normalen Fällen zwischen 0,02 und 0,3 %. Wahrscheinlich hängt dieser grosse Unterschied der minimalen und maximalen Werthe mit dem Kochsalzgehalt der mütterlichen Nahrung zusammen. Es ist wenigstens kein Grund dagegen angebbar. Bei einer so leicht löslichen und so leicht diffundirenden Substanz wie Natriumchlorid erscheint der reichlichere Übergang aus dem mütterlichen Blute in das fötale in der Placenta, wenn jenes viel davon enthält, nothwendig.

Überhaupt ist nicht zu bezweifeln, dass sich im fötalen Harn noch viele im Blutplasma der Mutter gelöste, leicht diffundirende Stoffe werden nachweisen lassen, welche theils durch die Nabelvene, theils durch Verschlucken des Fruchtwassers in den Fötus gelangen können.

Die Allantoisflüssigkeit.

Die Flüssigkeit, welche sich im Harnsack ansammelt, kann nicht zu allen Zeiten des Embryolebens als Harn bezeichnet werden, weil sie schon da ist, ehe die Nieren entwickelt sind. Man hat aber seit Decennien, nach Bischoff's Vorgang, die bei manchen Säugethier-Embryonen in frühen Stadien in der Allantoisblase gefundene oft wie Harn gelb gefärbte Flüssigkeit als das Secret der Wolff'schen Körper angesehen.

Die chemischen Untersuchungen der meist alkalisch reagirenden Allantoisflüssigkeit von Kühen, Schweinen, Schafen, Katzen, Hühnern durch Majewski, Tschernoff, Claude Bernard, Stas, [507. 601 Schlossberger u. A. haben allerdings ergeben, dass häufig, jedoch nicht constant, dieselben Bestandtheile wie im embryonalen Harn vorkommen, namentlich Harnstoff, Harnsäure (Urate), Allantoin, Chloride, Phosphate und Sulphate der Alkalien, Eisen, Calciumcarbonat. Es wurde aber auch oft Zucker (nicht Dextrose) und Albumin darin nachgewiesen.

Irgendwelche physiologische Schlussfolgerung über die Function der Urnieren lässt sich mit Sicherheit bis jetzt aus den zum Theil sich widersprechenden und lückenhaften qualitativen und quantitativen Analysen nicht ableiten, es sei denn, dass ein frühes Vorkommen von Harnstoff, Uraten und besonders Sulphaten im Harnsack eine schon früh beginnende embryonale Albuminzersetzung mit Oxydation sehr wahrscheinlich macht. Die Excrete werden aus dem noch nicht vollständig differenzirten Blute durch die Urnieren mittelst des Urachus in den Harnsack (die Allantoisblase) gelangen müssen.

Der embryonale Schweiss.

In früheren Zeiten wurde das Secret der Schweissdrüsen des Embryo als Hauptbestandtheil des Fruchtwassers angesehen. Da aber diese Drüsen erst im fünften Monat der Schwangerschaft auftreten und erst im siebenten die ersten noch sehr undeutlichen Spuren der Schweissporen und Schweisscanäle in der Epidermis (nach Kölliker) sichtbar werden, so ist diese alte Ansicht irrig. [30 Nur in den letzten Wochen der Fötalzeit könnte sich dem bereits vorhandenen Fruchtwasser etwas Schweiss beimischen und auch die Fruchtschmiere durchtränken. Dass überhaupt keine Schweissabsonderung intrauterin eintrete, scheint wegen der hohen Temperatur nicht annehmbar zu sein; aber es lässt sich zur Zeit nicht eine Thatsache zum Beweise einer intrauterinen Schweissabsonderung auch in der letzten Zeit anführen. Der Geborene schwitzt normaler Weise, wenn die Temperatur der ihn umgebenden Luft steigt, bei Einhüllung in schlechte Wärmeleiter usw., nicht aber im Wasser und selbst nicht in Wasser von höherer Temperatur als seine eigene, es sei denn, dass er sich stark bewegt. Der ungeborene Mensch hingegen, welcher sich nicht stark bewegt und permanent in einer Flüssigkeit von nahezu seiner eigenen Temperatur sich aufhält, hat keinen physiologischen Grund zur Schweisssecretion, da diese hauptsächlich als Regulator der Eigenwärme für den Geborenen dient. Das abgesonderte Wasser verdampft in der Luft und dadurch wird die Haut kühl. Beim Fötus kann aber keine Verdunstung stattfinden, es ist also das Schwitzen desselben nicht von demselben Erfolge wie nach der Geburt.

Trotz dieser Erwägungen wage ich nicht zu behaupten, dass der Fötus im Uterus niemals Schweiss absondere, es wird aber recht schwierig sein, eine etwaige Secretion vor der Geburt zu beweisen.

Die *Vernix caseosa*.

Während früher fast allgemein angenommen wurde, jedes reife neugeborene Kind komme mit „Kindsschleim" oder „Käsefirniss, Kinderschmiere, Fruchtschmiere", *Smegma embryonum* oder *Vernix caseosa* zur Welt, steht jetzt fest, dass die Haut oft ganz rein ist. Elsässer fand (1833) sogar bei fast der Hälfte der 245 von ihm daraufhin beobachteten Neugeborenen beiderlei Geschlechts die Haut so sauber „wie geseift", bei der anderen Hälfte die Vernix bald fingerdick aufliegend, bald über den ganzen Körper oder einzelne Theile, besonders am Rücken, in dünner Schicht aufgelagert, reichlicher an faltigen Hautstellen.

Nach Wislicenus besteht, wie Gusserow mittheilt, die *Vernix caseosa* aus reinem Fett. Namentlich wurde darin keine Ammoniakseife nachgewiesen.

Ob ein Caseïn darin vorkommt, ist unbekannt.

Elsässer untersuchte, um über die Herkunft des räthselhaften Excretes Aufschluss zu erhalten, 116 Knaben und 129 Mädchen. Er fand keine constanten Beziehungen zwischen den Mengen des Fruchtwassers und „Kindsschleims". Das Vorkommen und die Menge des letzteren fand er auch unabhängig vom Geschlecht und der Anzahl der vorhergegangenen Geburten. Dagegen sprach er bereits mit Bestimmtheit aus, es handle sich um ein Secret der Hauttalgdrüsen, da er die *Vernix caseosa* am reichlichsten gerade an denjenigen Hautstellen abgelagert fand, wo die Talgdrüsen am zahlreichsten sind, sie aber fehlte, wo jene Drüsen fehlen, wie in der Hohlhand und an der Fusssohle.

Heute lässt sich nicht mehr bezweifeln, dass die *Vernix caseosa* neugeborener Kinder in der That nichts anderes als Hauttalg ist, welcher sich zwar langsam aber lange ausscheidet, so dass es schliesslich beim reifen Fötus zu einer bedeutenden Ansammlung auf der Hautoberfläche kommen kann. Diese Ausscheidung ist von physiologischem Interesse darum, weil sie auf's Neue beweist, wie irrig die Annahme einer gänzlichen oder fast gänzlichen Functionslosigkeit der fötalen Drüsen ist und welch intensive, complicirte chemische Vorgänge in den embryonalen Hautdrüsen stattfinden müssen, um solche Quantitäten von Fett aus dem Blute abzusondern. Übrigens hat bereits John Davy nachgewiesen, dass weitaus der grösste Theil der *Vernix caseosa* aus abgestossenen Epidermiszellen und Wasser besteht. Letzteres, über drei Viertel des Gewichtes, stammt ohne Zweifel vom Fruchtwasser grösstentheils her. Bei der Desquamation, welche, wie Kölliker meint, sich vielleicht mehrmals im Embryoleben wiederholt, müssen die Epidermiszellen sich mit dem Hauttalg zu einer Masse vermengen. Diese haftet dann oft der neuen Haut fest an, oft aber wird sie vom Amnioswasser abgespült und das Fett (gegen 9 % nach Davy) bleibt dann in diesem suspendirt und wird reichlich verschluckt.

Das Brustdrüsensecret Neugeborener.

Die Thatsache, dass bei fast allen neugeborenen Kindern beiderlei Geschlechts kleine Mengen eines dem Colostrum ähnlichen Saftes von den beiden Brustdrüsen abgesondert werden, entbehrt bis jetzt einer gründlichen physiologischen Prüfung. Die Menge des sogenannten „Brüstesaftes“ oder der „Hexenmilch“ ist meistens so gering, dass die chemische Analyse noch nicht vollständig vorgenommen werden konnte. Die Reaction fand Guillot neutral oder alkalisch, Schlossberger deutlich alkalisch, Quevenne stärker alkalisch als die der Frauenmilch. Der erstgenannte gibt an, das Secret werde an der Luft sauer und sondere sich in einen serösen und einen rahmartigen Theil, der zweitgenannte, es gerinne für sich erhitzt nicht, scheide aber auf Zusatz von Säuren oder Lab deutliche Flocken aus; auch erhielt er starke Reactionen bei Prüfung auf Zucker. Hauff fand darin 96,75 % Wasser, 0,82 Fett, 2,38 Caseïn, Zucker und Extractivstoffe, sowie 0,5 % Asche; [illegible] Quevenne fand 1,4 % Fett, 2,8 Caseïn, 6,4 % Zucker und Extractivstoffe (nach einer Mittheilung von Funke). Die qualitative Zusammensetzung lässt also die Annahme berechtigt erscheinen, dass es sich um eine Art Colostrum oder Milch handelt, wenn auch Opitz angibt, das Secret sei bei spärlicher Absonderung anders beschaffen, nämlich wasserhell und fadenziehend.

Die mikroskopische Untersuchung und das Wenige, was man von der sonstigen Beschaffenheit des Fluidums weiss, machen es wahrscheinlich, dass es sich hier um ein Colostrum handelt, wie es von den Milchdrüsen Schwangerer und eben Entbundener secernirt wird. Denn abgesehen von den Angaben, es schmecke süss, sehe weiss, gelblich-weiss, auch bläulich-weiss aus wie Milch (bei Mädchen und Knaben bis zur 30. auch bis zur 40. Woche), ist das Vorkommen von Colostrumkörperchen und Milchkügelchen, [illegible] d. h. Fettkügelchen, welche sich wie solche verhalten, ein gewichtiger Grund für die Identificirung des mütterlichen und fötalen [illegible] Colostrum, welches sich oft aus der Brust des Neugeborenen, meist aber erst nach der 24. Stunde, auspressen lässt. Daher [illegible] auch der Name „Milch der Neugeborenen".

Über die Entstehung der Hexenmilch hat bereits im Jahre 1851 Scanzoni eine Ansicht ausgesprochen, welche durch [illegible] spätere Untersuchungen über die Entwicklung der Brustdrüse vollkommen bestätigt worden ist. Er meinte, die Aushöhlung der von Kölliker (1850) noch bei Früchten aus dem siebenten Schwangerschaftsmonate gesehenen anfangs soliden Wucherungen des *Rete Malpighi*, kleinen einfachen Warzen der Oberhaut, welche die erste Anlage der Milchdrüsen bilden, erfolge nach der Sprossenbildung durch eine fettige Metamorphose der centralen Zellen, so dass zuletzt von dem warzenförmigen Fortsatze der Oberhaut nur ein blasiger mit einem engen Ausführungsgange versehener Hohlraum übrig bleibe, dessen Wände durch Sprossenbildung entstandene Verästlungen zeigen. Auch in diesen tritt die fettige Entartung der Zellen ein. Die Producte der Fettmetamorphose treten dann in den ersten Tagen nach der Geburt des Kindes aus den noch in der Entwicklung begriffenen Organen hervor, nämlich Colostrumkörper und Milchkügelchen, und diese Secretion versiegt erst gänzlich bei älteren Kindern zu einer Zeit, in der die Entwicklung der Brustdrüse als vollendet angesehen werden kann. Diese Auffassung ist namentlich durch Th. Kölliker 1879 bestätigt worden.

V.

DIE EMBRYONALE WÄRMEBILDUNG.

A. Einfluss der äusseren Temperatur auf den Embryo im Ei.

Von der grössten Wichtigkeit für die embryonale Entwicklung ist die Temperatur der nächsten Umgebung des Eies, und zwar gilt allgemein für alle Thiere, dass bei niedriger Ei-Temperatur jedes Wachsthum und jede Differenzirung still steht, ebenso wie bei abnorm hoher. Während aber im letzteren Falle die Unterbrechung der Functionen des befruchteten Eies eine definitive, weil auf Zerstörung des Keimes beruhende ist, kann im ersteren nach geeigneter Wiedererwärmung die Entwicklung normal vor sich gehen. Der Keim war in der Kälte nicht todt, nicht entwicklungsunfähig geworden, sondern er war leblos und zugleich lebensfähig, d. h. anabiotisch.

Die Eier vieler Thiere aus den verschiedensten Classen können vor dem Beginne der Embryogenesis einfrieren, ohne nach dem langsamen Aufthauen irgend welche Anomalie der Entwicklung zu zeigen. Es hat sogar bei einigen Arten das Einfrieren einen die Embryobildung beschleunigenden Einfluss, wie Weismann fand. (105 Für die Eier der sumpfbewohnenden **Daphninen** schliesst er aus seinen Eisversuchen, dass sie durch ein- oder mehrmaliges Einfrieren im Laufe des Winters zu sofortiger Entwicklung disponirt werden, sobald nach dem Aufthauen das Wasser eine gewisse Temperatur (10 bis 17°) erreicht. Die nicht eingefrorenen Eier entwickeln sich erst viel später. Durch Erwärmen über 20° wird die Latenzperiode, welche mehrere Monate dauern kann, nicht abgekürzt, und die Erwärmung auf 20 bis 28° hebt sogar die günstige Wirkung der vorherigen Abkühlung auf. Werden dagegen die jungen Thiere plötzlich derselben Kälte ausgesetzt, wie die Eier, so gehen sie zu Grunde wie die älteren Individuen.

Dass die Embryobildung in den Eiern des Seidenspinners, welche behufs ihrer Überwinterung stark abgekühlt werden, zwar nicht unterbrochen, aber sehr erheblich verzögert wird, ist den Seidenzüchtern längst bekannt und Réaumur hat schon interessante Experimente angestellt zum Beweise, dass man die Entwicklung der Lepidopteren nach Belieben durch Abkühlung und Erwärmung verzögern und beschleunigen kann. Besonders deutlich zeigt sich diese Erscheinung bei den Puppen der Schmetterlinge. In den gemässigten Zonen wird durch die niedrige Temperatur im Winter eine ausserordentlich grosse Anzahl von Insecteneiern in der Embryo-Bildung und Entwicklung zurückgehalten bis im Frühling ausser der erforderlichen Temperatur auch die den auskriechenden Raupen und Larven nöthige Blattnahrung da ist. Diese eigenthümlichen Anpassungserscheinungen müssen durch eine sehr lange Reihe von Generationen sich erblich befestigt haben.

Schon Gaspard erkannte (1822) den Einfluss der Temperatur auf die Entwicklungsgeschwindigkeit der Schneckeneier. (33) Nach seinen Versuchen dauerte die Entwicklung bei etwa 20° C. im Zimmer 21 Tage, und ebenso lange bei etwa 28° des Tages und 10° Nachts im Garten, dagegen 38 Tage bei 12° und 45 Tage bei 6° oder 8°. Ich selbst habe die Embryonen aus den Eiern der Weinbergschnecke am 6. August 1883, nachdem ich sie in feuchter Erde im Laboratorium sich hatte einige Wochen entwickeln lassen, ausschlüpfen gesehen. Dabei schien schon die warme Ausathmungsluft des Beobachters und die Nähe einer Kerzenflamme die anfangs ungemein trägen Bewegungen zu beschleunigen. Also muss die Empfindlichkeit der Embryonen gegen Temperaturänderungen eine sehr grosse sein.

Besonders empfindlich sind gegen Temperatursteigerungen auch Salmonideneier und zwar, wie John Davy (1856) fand, (34) anfangs mehr als nach der Entwicklung des Embryo. Er erwärmte die Eier in Wasser auf dem Wasserbade, und zwar jedesmal sechs von einer grösseren Anzahl, die am 9. November befruchtet worden waren.

Die folgende Zusammenstellung zeigt das Ergebniss, wobei Fahrenheit in Celsius umgerechnet ist.

Die mittlere Zimmertemperatur war ungefähr 12,8° C. Die Abkürzung „entw." bedeutet „entwickelten sich normal vollständig". Je weiter entwickelt der Embryo ist, um so mehr Resistenz gegen abnorme Erwärmung besitzt er nach diesen Versuchen. Auch behielten die in der Entwicklung fortgeschritteneren bei weiten Transporten (z. B. von 1000 Englischen Meilen innerhalb sechs Tagen) und in feuchter Luft ihre Entwicklungsfähigkeit in grösserer Zahl, als die ganz jungen Embryonen.

Datum	Ungefähres Alter in Tagen	Dauer d. Erwärmung oder Abkühlung in Stunden	Temperatur Centesimal	Befund
10. Nov.	1	2	26,1 bis 26,7	alle 6 todt
10. Nov.	1	2	21,1 „ 25,5	alle 6 todt
11. Nov.	2	1	21,1 „ 20,5	alle 6 todt
1. Dec.	21	1ʰ 22ᵐ	23,9 „ 25,5	3 todt; 3 entw.
13. Dec.	33	1ʰ 25ᵐ	27,8 „ 25,5	2 todt; 4 entw.
20. Dec.	40	1ʰ 28ᵐ	36,7	alle 6 todt
21. Dec.	41	1ʰ 5ᵐ	21,1 bis 27,8	1 todt; 5 entw.
23. Dec.	43	1ʰ 20ᵐ	28,9 „ 27,8	alle 6 entw.
24. Dec.	44	2ʰ 4ᵐ	22,2 „ 21,1	alle 6 entw.
2. Jan.	52	4	21,1 „ 22,2	alle 6 entw.

Forelleneier gehen, in Eis eingefroren, nicht leicht zu Grunde, und die Embryonen bleiben sogar am Leben, wenn der Eisklotz, in dem sie festgefroren waren, langsam aufthaut. Dagegen sterben die Eier bald ab, wenn sie nur einer mässigen Wärme, etwa 12° C., ausgesetzt werden, und wenn man sie einige Zeit in der Hand hält. Ich habe ebenfalls beim Lachs- und Forellen-Ei [197. II eine grosse Empfindlichkeit gegen Temperatur-Erhöhung gefunden, welche die Schimmelbildung begünstigt. Dabei war aber die individuelle Verschiedenheit der Embryonen bezüglich ihrer Resistenz auffallend.

Dass im Allgemeinen die Entwicklung des Fischembryo im Ei in kälterem Wasser langsamer, als in wärmerem vor sich geht — freilich innerhalb enger Grenzen — ist, wie Coste (1856) für Flussfische zeigte, gewiss; doch liegen nicht viele zuverlässige Zahlenangaben darüber vor. Nach H. A. Meyer (1883) dauerte die [434 Entwicklung des Seeherings im Ei elf Tage in 10 bis 11° warmem Wasser, 15 Tage bei 7 bis 8°, und bei niedrigerer Temperatur noch länger, wahrscheinlich 40 Tage bei 3 bis 4°. Doch können diese Unterschiede schwerlich einzig und allein auf Temperaturdifferenzen bezogen werden. Denn abgesehen davon, dass in keinem Versuch die Wasserwärme constant erhalten werden konnte, schwankte auch der Salzgehalt etwas; und die Dauer der Entwicklung des Herings im Ei, von der Befruchtung desselben bis zum Ausschlüpfen, variirt auch nicht unerheblich bei derselben

Temperatur und demselben Salzgehalt. Die kürzeste Entwicklungszeit fand Meyer zu 135 Stunden, doch konnte er höhere Temperaturen nicht genauer prüfen, weil bei 20 bis 22° schon am dritten Tage Pilzbildung eintrat. Die Entwicklung wurde bis dahin beschleunigt.

Erneute Versuche sind um so wünschenswerther, als Kupffer gefunden hatte, dass die Entwicklung des Herings im Ei innerhalb weiter Grenzen unabhängig vom Salzgehalt und der Temperatur (zwischen 9 und 20°) sich vollzog (S. 200). Da jedoch der Salzgehalt in diesen Versuchen bei 9 bis 11° etwa 2 %, bei 14 bis 20° nur 0,5 % betrug, so kann möglicherweise die beidesfalls gleiche Entwicklungsdauer (von sieben Tagen) und Reife beim Ausschlüpfen damit zusammenhängen, dass bei niederer Temperatur der höhere, bei höherer der geringere Salzgehalt für die Ernährung des Embryo günstiger ist, was einer eingehenden experimentellen Prüfung wohl werth wäre.

Auf die Entwicklungsgeschwindigkeit des **Froschembryo** ist, wie schon 1822 Gaspard fand, die Temperatur von sehr grossem Einfluss. Baumgärtner beobachtete, dass die kalte Witte- [197, 36. 6 rung (zu Anfang April 1829) die Embryobildung erheblich verzögerte. Am 29. oder 30. März gelegte Eier zeigten erst am 7. und 8. April Bewegungen des Embryo; geringe Erwärmung hatte eine beschleunigende Wirkung. Bei 12° C. geht die Entwicklung normal vor sich, bei 20 bis 25° ist sie nach Baudrimont und Martin St.-Ange (1847) beschleunigt, bei 30° erlischt sie nach [110 Rauber (1883), wenn nicht eine ganz allmähliche Erwärmung vorherging. In diesem Falle wird eine Temperatur von + 30° C. tagelang, eine solche von 37° und 40° stundenlang ohne Schaden ertragen. Bei 5° steht die Entwicklung still (Rauber). [197

Genauere Versuche, deren Beschreibung durch Abbildungen sehr anschaulich gemacht sind, stellte 1848 Higginbottom an. [198 Er fand für den eben abgesetzten Laich von *Rana temporaria* die Zeit der Entwicklung bedeutend kürzer bei 15½° als bei 14½° C. Er brachte vier offene Schalen mit Laich am 11. März 1848 in verschieden temperirte Luft:

I blieb bei 15,5° C. im Dunkeln; am 20. März schlüpften die Embryonen aus, am 22. Mai war die erste Larve in einen Frosch vollkommen umgewandelt, viel früher als die bei 14,4° C. im Lichte im Zimmer gezüchteten und als die im Freien in Tümpeln sich entwickelnden Exemplare.

II blieb bei 13,3° C. im Zimmer; am 20. März lagen die Embryonen mit deutlich erkennbarem Kopf und Schwanz gekrümmt im Ei, am 25.

schlüpften einige aus, am 18. August waren die ersten in Frösche verwandelt.

III blieb bei durchschnittlich 11,7° C. im Freien bedeckt, also im Dunkeln: am 20. März waren die Embryonen noch nicht gestreckt, am 31. März schlüpften sie aus, am 28. August war der erste vollkommene Frosch da.

IV blieb im finsteren Felsenkeller bei constant 8,9° C. vom 11. März bis 15. Mai, bei 10 bis 12,2° von da bis zum 6. Juli, bei constant 12,8° C. bis zum 31. October; am 31. März schlüpften die Embryonen aus (wie bei III in 2,8° C. wärmeres Wasser). Am 31. October erschien die erste Kaulquappe vollständig in einen Frosch verwandelt.

Die ausserordentliche Empfindlichkeit des Froschembryo und der Froschquappe gegen Temperaturschwankungen wird dadurch besonders deutlich, dass bei diesen Versuchen als völlige Reife bei $15\frac{1}{2}$° im Zimmer erreicht war, die Quappen im Freien bei 11,7° klein und die im Keller von 8,9° noch kleiner waren. Als in letzterem die Temperatur auf 12,8° stieg, holten sie das Versäumte nach. Dass die Finsterniss keine Beschleunigung und keine Verzögerung der Entwicklung im Ei bewirkte, wurde durch besondere Versuche erwiesen; eine einmal beobachtete Beschleunigung liess sich auf eine geringe Temperatursteigerung wegen Bedeckung des Gefässes zurückführen.

Auch die Embryonen des Wassersalamanders (*Triton punctatus*, *T. cristatus*) zeigen eine grosse Empfindlichkeit für Temperaturschwankungen.

Vom Augenblick des Einlegens frischer Eier bis zum Ausschlüpfen vergingen 14 Tage bei 15,5°, dagegen 21 Tage bei 8,9° und ebensoviel bei 10°; die vorderen Extremitäten erschienen bei 15,5° nach 39 Tagen, bei 10° nach 49 Tagen; bei 8,9° waren sie nach 62 Tagen noch nicht zu sehen. [190

Über die für die Entwicklung der Reptilien-Embryonen erforderlichen Temperaturen liegen nur sehr wenige Angaben vor. Dass sie je nach der Thierart weit auseinander liegen und selbst bei einer und derselben ihre Eier ausbrütenden Schlange die Constanz der Bruttemperatur im Vogelei nicht entfernt erreichen, ist gewiss. In den Tropen sind die Embryonen in den Eiern der Saurier vom Anfang an bis zuletzt wärmer, als in den gemässigten Zonen. Wie hoch diese Eiwärme steigt, hat Valenciennes (1841) [407 ermittelt, indem er ein Thermometer zwischen die Windungen einer grossen in Paris brütenden Schlange (*Python bivittatus*) auf die Eier legte, ein zweites unter die Flanelldecke brachte, auf welcher diese lagen, und ein drittes daneben in die Luft hing. Während der ganzen Incubationszeit vom 8. Mai bis zum 2. Juli verliess die Schlange spiralig zusammengewunden die Eier nicht, und die Temperatur unter ihr, also nahezu die der Eier betrug:

vom 1. bis 10. T.	vom 11. bis 20. T.	vom 21. bis 32. T.	vom 33. bis 56. T.
41,5 bis 37°	35,8 bis 32,5°	35,7 bis 32,5°	34,7 bis 29°

während die Temperatur unter der Decke zwischen 20,5 und 28,5°, die der umgebenden Luft zwischen 17 und 23° auf und ab schwankte.

Demnach bilden diese Reptilien bezüglich der für die Entwicklung ihrer Embryonen erforderlichen Wärmemengen den Übergang von den nicht brütenden und bei variabler niederer Temperatur sich entwickelnden Amphibien zu den brütenden und nur bei nahezu constanter höherer Temperatur sich entwickelnden Vögeln. Doch vertragen auch die Embryonen dieser grosse Schwankungen, wenn dieselben nicht lange dauern.

Harvey beobachtete zuerst (1633), dass das bebrütete Hühnerei, welches gegen Ende des dritten Tages von der Brutwärme bis auf die Lufttemperatur sich abkühlen konnte, beim erneuten Erwärmen sich weiter entwickelt:

Er schreibt: „Wird das Ei längere Zeit kühler Luft ausgesetzt, dann pulsirt das *punctum saliens* seltener und bewegt sich träger. Wenn man aber den warmen Finger anlegt oder eine sonstige gelinde Wärme anwendet, erlangt er sogleich seine Kräfte und Leistungsfähigkeit wieder. Ja sogar nachdem das Herz nach und nach erschlafft ist, und voll Blut gar keine Bewegung macht, kein Lebenszeichen mehr von sich gebend, dem Tode gänzlich erlegen zu sein scheint, wird nach dem Auflegen meines warmen Fingers in dem Zeitraum von 20 meiner Pulsschläge das kleine Herz wieder lebendig und richtet sich auf, und wie durch ein Heimkehrrecht zurückgekehrt vom Tode, nimmt es seinen früheren Tanz wieder auf. Und das wurde auch mittelst einer beliebigen anderen gelinden Wärme, nämlich des Feuers oder lauwarmen Wassers erreicht, so dass es in unsere Macht gegeben ist, nach Belieben die unglückliche Seele dem Tode zu überliefern, oder in's Leben zurückzurufen.“ Diese Abhängigkeit der wichtigsten embryonalen Function von der Temperatur wurde am vierten Tage beobachtet.

Dareste bestätigte und erweiterte über 200 Jahre später die Beobachtung, indem er das Ei zwei Tage lang abgekühlt hielt (bei wieviel Grad ist nicht angegeben), so dass bei den Controleiern kein Herzschlag mehr zu erkennen war, worauf nach dem Wiedererwärmen das Hühnchen nach 23 statt 21 Tagen ausschlüpfte. Er beobachtete auch durch die Schalenhaut nach partiellem Ablösen der Schale das Herz bei künstlicher Beleuchtung, sah, dass es beim Abkühlen während einiger Tage stillstand und beim Erwärmen weiter schlug und die weitere Entwicklung in

Gang kam. Nach einer Abkühlungspause von drei oder vier Tagen traten gleichfalls Herzschläge wieder ein, aber keine anhaltenden, und der Tod blieb nach zwei bis drei Tagen nie aus. (Vergl. oben S. 31).

Diese Versuche beweisen, dass auch die Embryonen von idiothermen Thieren anabiotisch sind. Wärmeentziehung bewirkt Stillstand der Lebensvorgänge ohne Tod, da die Wiedererwärmung den Fortgang der Entwicklung zur Folge hat, so dass nur eine Pause und nicht einmal eine morphologische oder physiologische Anomalie nothwendig eintritt.

Colasanti sah sogar hartgefrorene Eier, welche während [147
zwei Stunden bis auf — 4° und während etwa einer halben Stunde bis auf — 7° und — 10° abgekühlt worden waren, im Brütofen sich normal entwickeln. Sie wurden nach achttägiger Bebrütung geöffnet und enthielten normale Embryonen, wie die nicht abgekühlten Controleier. Hierbei ist aber wahrscheinlich, dass die entwicklungsfähig gebliebenen Eier im Inneren nicht jene niederen Temperaturen erreichten. Denn ich fand meist, wenn ich frische Eier so lange in einer Kältemischung liegen liess, dass sie im Inneren total festgefroren waren, die Schale gesprengt, offenbar wegen der Volumzunahme des Wassers im Ei beim Festwerden. Liess ich dagegen entwickelte bebrütete Eier aus der letzten Incubationswoche festfrieren (behufs Anfertigung von Scheiben zum topographischen Studium des Embryo), dann blieb die Schale unversehrt, weil die Luftkammer genügend geräumig war. In Colasanti's Versuchen war die Dauer der Abkühlung, etwa zwei Stunden, eine kurze.

Die höchste Temperatur, welche das Hühnerei erträgt, ohne dass der Embryo in ihm abstirbt, wird zu 42° und sogar fälschlich zu 45° C. angegeben. Es ist nach meinen Erfahrungen [110
sicher, dass auf die Dauer schon die erstere Temperatur nicht [419
vertragen wird, namentlich gegen Ende der Incubationszeit nicht. Ebenso findet nach meinen Beobachtungen bei 37° C. keine vollständige Entwicklung statt, bei 25° hört die Entwicklung auf (nach Rauber). [367

Die Temperatur von 39° ist mir immer als die geeignetste für die ganze Incubationszeit erschienen. Zum Schluss derselben ist sie lieber auf 38° zu erniedrigen, als zu Anfang, wo auch 40° gut vertragen wird.

Wird ein befruchtetes Ei längere Zeit auf 50° C. erwärmt, dann tritt schon eine theilweise Coagulation ein, und es ist [110 wahrscheinlich, dass überhaupt die schädliche Einwirkung der zu sehr gesteigerten Wärme auf den Embryo zum Theil auf partieller Coagulation von Albuminen beruht.

Wird die Brutwärme nur sehr wenig gesteigert, dann kann, wie Dareste entdeckte, eine beschleunigte Entwicklung mit zurückbleibendem Wachsthum, eine Zwergbildung eintreten. Vielleicht würde eine etwas erhöhte Brutwärme mit Zufuhr reinen Sauerstoffs, statt atmosphärischer Luft, die Incubationszeit ohne Zwergbildung abkürzen, da eine Beschränkung der Sauerstoffzufuhr zunächst das Wachsthum mehr als die Differenzirung afficirt (vergl. S. 112).

Dass eine erhebliche Abkühlung oder Erwärmung der die Vogeleier umgebenden Luft die Entwicklung nicht im Geringsten stört, wenn sie kurze Zeit dauert und nicht oft sich wiederholt, wird auch durch die Thatsache bewiesen, dass die brütenden Vögel zeitweise das Nest verlassen, auch die besten Bruthennen, und durch gelegentliche Beobachtungen an künstlich bebrüteten Eiern. Ich habe wiederholt den Brütofen sich stundenlang auf 32° bis 35° abkühlen und sich bis 43° erwärmen lassen ohne Nachtheil für die Embryonen; Dareste ging einmal bis 20°. Hierbei ist aber zu bedenken, dass das Ei-Innere sich nur äusserst langsam abkühlt und erwärmt, so dass die schlechten Wärmeleiter, die Schale, die Schalenhaut, die Luft in der Luftkammer, das Albumen, ebenso sehr die Gefahr schneller Abkühlung, wie die plötzlicher Überwärmung vermindern. Doch ist es rathsam, die in den Brütofen einzulegenden Eier vorher schon etwas zu erwärmen, um häufige Schwankungen der Brütofentemperatur zu vermeiden.

Bei einer Brutwärme von constant 30° bis 35° vom Anfang an sah Dareste den Tod des Embryo regelmässig vor dem Beginn der Allantoisathmung eintreten.

Panum, welcher den Einfluss der Temperaturschwankungen auf die befruchteten Eier prüfte, um diesen wichtigsten Factor bei der Entstehung von Missbildungen näher kennen zu lernen, fand, dass ein allmähliches Sinken der Temperatur eher ein Absterben und Erkranken des Embryo verursacht, als ein rasches Sinken, dass die Temperaturschwankungen in den früheren Perioden besser vertragen werden, als in den späteren und in diesen die Empfindlichkeit gegen ein Steigen der Temperatur besonders bemerklich ist, ferner dass überhaupt eine übernormale Temperatur auf den Embryo verderblicher wirkt, als eine unternormale, welche auch länger vertragen wird, endlich dass einzelne Ei-Individuen (vielleicht solche mit dickerer Schale?) sich von anderen durch ein grosses Widerstandsvermögen unterscheiden, indem sie normale Embryonen enthielten unter denselben Verhältnissen, bei welchen jene erkrankten oder zu Grunde gingen.

Mit diesen Sätzen stimmen meine Erfahrungen völlig überein, wie ohne Zweifel die vieler Züchter, welche sich der Brütöfen bedienen.

Hingegen ist das von Panum aus seinen Versuchen gefolgerte Überwiegen der Erkrankungen des Embryo über das Absterben desselben nach länger fortgesetztem, aber nicht bedeutendem Sinken der Temperatur von Anderen nicht bemerkt worden.

Würden zu derartigen Versuchen nicht die voluminösen Hühnereier, sondern sehr kleine Eier, etwa die des Sperlings oder Zaunkönigs verwendet, dann würde wahrscheinlich eine noch grössere Resistenz des Embryo gegen schnelle Änderungen der Brutwärme gefunden werden. Denn wegen der Kleinheit dieser Eier muss sowohl die Abkühlung, wenn der brütende Vogel das Nest verlässt, als auch die Erwärmung, wenn er wiederkommt, viel schneller den Embryo afficiren, als beim grossen Ei, folglich derselbe häufiger schnellen und nicht unerheblichen Wechsel besser vertragen müssen.

Um den Einfluss der äusseren Temperatur auf den Säugethierfötus zu ermitteln, ist eine Änderung der mütterlichen Eigenwärme nothwendig.

Wenn auch im Allgemeinen eine Abnahme der Fötuswärme bei Abnahme der mütterlichen Blutwärme, eine Zunahme der ersteren bei Zunahme der letzteren sich erwarten lässt, so ist es doch von grossem Interesse zu wissen, inwieweit diese Ab- und Zunahme der Embryowärme von der der Uterusblutwärme abhängt, im Besonderen wie schnell sie erfolgt, welche Grenzen nach oben und unten nicht überschritten werden dürfen, ohne das Leben der Frucht zu gefährden und ob überhaupt selbst geringe Erhöhung und Erniedrigung der Muttertemperatur dauernd vom Fötus ertragen wird.

Diese Fragen sind trotz ihrer praktischen Wichtigkeit nicht oft Gegenstand der Untersuchung gewesen. M. Runge hat die [385
Wirkung gesteigerter Temperatur untersucht und ich stellte ebenfalls eine Anzahl Versuche darüber an; über die Wirkung der

Abkühlung des Mutterthieres auf den lebenden Fötus habe ich gleichfalls experimentirt.

Schon Hohl hatte 1883 gefunden, dass die fötale Herzfrequenz bei Erhöhung der mütterlichen Temperatur steigt, bei Abnahme derselben fällt; ebenso V. Hüter, Winckler und Fiedler (bei Abdominaltyphus). Besonders Kaminski stellte diese Abhängigkeit fest. Er fand, dass die Temperatur Hochschwangerer während einer Typhus- und Recurrensfieber-Epidemie von Einfluss auf die Früchte war, indem diese, sowie etwa 40° erreicht wurde, nicht nur eine enorm gesteigerte Herzfrequenz, sondern auch sehr oft wiederholte Bewegungen zeigten. Erreichte die Mutter 42 bis 42,5° und blieb diese Temperatur eine Zeitlang bestehen, so starb das Kind. Für dasselbe waren schon 40° der Mutter lebensgefährlich. Treffend bemerkt dazu Runge, dass wegen der für den Fötus im Uterus bestehenden Unmöglichkeit sich abzukühlen, dessen Tod durch Wärmestauung bei hohen Temperaturen der Mutter eintreten müsse, während diese am Leben bleibt. Das Fruchtwasser ist selbst mindestens so warm wie das Blut der Uterusgefässe. Wenn also der Fötus Wärme producirt, was weiter unten bewiesen werden wird, dann muss allein schon wegen behinderter, oder sehr erschwerter Wärmeabgabe seine Eigenwärme steigen und diese Steigerung kann leicht die des umgebenden schon überwarmen mütterlichen Blutes übertreffen und den Tod im Uterus herbeiführen.

Aus Runge's Versuchen, bei denen trächtige Kaninchen (in einem Kasten in warmer Luft) künstlich erwärmt wurden, ergibt sich, dass selbst zwei Stunden lang anhaltende Vaginaltemperaturen von 39,8 bis 41° vom Fötus gut vertragen werden, dagegen solche von 42,4 bis 42,6 wenn sie nur eine halbe Stunde anhielten, tödtlich waren. Doch wurden bei einer Vaginaltemperatur von

41,3	bis	42°	nach	9	Min.	von 5	Jungen	2 lebend
41,6	„	41,8°	„	20	„	„ 5	„	2 „
41,5	„	42,3°	„	21	„	„ 5	„	3 „

gefunden. Aber diese sieben Jungen starben, nachdem sie einige Athembewegungen gemacht oder auf Reflexreize mit Zuckungen geantwortet hatten. Für Kaninchen muss also bei Erwärmung in heisser Luft die dem Fötus lebensgefährliche Temperatur der Mutter schon zwischen 41° und 42° liegen, wenn sie zehn Minuten übersteigt. Mit zunehmendem Alter scheint die Resistenz der Embryonen gegen die höhere Temperatur etwas zuzunehmen, doch ist die Zahl der Experimente noch nicht gross genug diese Zunahme zu beweisen.

Überhaupt werden künftige Versuche nicht allein verschiedene Thierarten, sondern auch verschiedene Arten der Erwärmung zu prüfen haben. Die Erwärmung der eingeathmeten und den Körper des Mutterthieres umgebenden Luft ist zur Erzielung schneller Überwärmung des Fötus wenig geeignet. Die Untersuchung trächtiger Thiere im Bade, dessen Temperatur continuirlich zunimmt, führt rascher und ohne die Complicationen des sogenannten „Hitzschlags" zum Ziel.

Am 24. Juli 1883 brachte ich ein trächtiges Meerschweinchen in ein Bad von 0,6-proc. Kochsalzlösung. Die Temperatur des Bades stieg von 37,6 bis 44,2° binnen 13 Minuten, die des Mutterthieres — im Rectum gemessen — in derselben Zeit von 37,5 bis 40,9°, welch letztere Temperatur $11^h\ 18^m$ erreicht wurde. Ich beobachtete dann

Uhr	Wasser	Mutterhier im Rectum	Bemerkungen
$11^h\ 18^1/_2{}^m$	—	41,0°	—
— 19	45,8°	41,3	starke anhaltende Fruchtbewegungen: das Wasser wird daher nicht weiter erwärmt.
— $20^1/_2$	—	41,8	Fötus I excidirt 42.2 im Rectum; er athmet, Herz schlägt kräftig, Reflexe lebhaft.
— 28	42,5	42,5	Fötus I im Wasser mit dem Kopf in der Luft 42,2.
— 31	42,1	42,6	—
— 34	41,8	42,4	Fötus II excidirt ganz unter Wasser: zeigt 42,2 im Rectum, lebt.
— 40	—	42,0	Fötus III excidirt; ebenso; 41,6 im Rectum.

Die drei Früchte lebten noch mit kräftigem Herzschlage, häufigen Inspirationen und Reflexbewegungen etwa 10 Minuten, waren aber zu unreif, um dauernd erhalten zu werden. Sie wogen nur 46; 49,5 und 51 Grm.

Bei diesem Versuche haben also drei Früchte noch eine Temperatur von 41,6 bis 42,2° gehabt, nachdem sie ganz aus dem Uterus und Amnion herausgeschält worden; zwei davon ertrugen eine mütterliche Temperatur von 41,0 bis 42,4 eine volle Viertelstunde im Uterus. Fötus I ertrug mit dem Kopf zeitweilig in der Luft $19^1/_2$ Minuten lang die Wasserwärme von 45 bis 41° (abnehmend) und war den grössten Theil der Zeit ganz unter Wasser in Verbindung mit der Placenta wie Fötus II.

Somit ist die Resistenz gegen abnorm hohe Temperaturen bei diesen unreifen Früchten sehr gross.

Am 26. Juli 1883 wurde ein hochträchtiges Meerschweinchen im Bad wie oben gefesselt und einem Fötus ein Thermometer in das Rectum tief eingeführt.

Uhr	Wasser-temperatur	Rectum d. Mutterth.	Fötus I im Rectum	(im Wasser mit hellrother Nabelvene).
3h 58m	38,1°	37,0°	—	
4h 2m	41,0	—	38,8°	
— 3m	—	—	39,1	
— 5	—	39,3	40,3	bewegt sich.
— 7	41,0	39,5	41,2	reagirt lebhaft und schnell auf schwache Hautreize.
— 9	43	40,1	42,5	
— 11	43,2	40,7	43,0	
— 14	43,2	41,2	43,7	
— 15	—	41,5	44,0	Fötus bewegt sich.
— 16	—	—	44,0	Mutterthier sehr unruhig inspirirt Wasser.
— 17	43,5	42,5	—	—
— 18	—	—	43,4	—
— 20	42,8	42,7	43,2	Fötus bewegt sich.

Als jetzt Fötus I, den ich bis dahin ununterbrochen in der Hand unter Wasser gehalten hatte, abgenabelt und an die Luft gebracht wurde, starb er 4h 25m mit 41° Eigentemperatur.

Fötus II war vom Anfang an im uneröffneten prolabirten Uterus im Wasser geblieben, wurde 4h 22½m befreit, athmete und bewegte die Glieder wie ein normales Thier von derselben Entwicklungsphase;

Fötus III ebenso 4h 23m excidirt.

Fötus IV und V waren im Uterus in der Bauchhöhle belassen worden. Nach der Excision 4h 26m athmeten und bewegten sich beide lebhaft.

Die fünf Früchte wogen zusammen 222 Grm. ohne die Placenten, jede also durchschnittlich 44 bis 45 Grm. Sie waren somit noch sehr weit von der Reife entfernt und hätten nicht am Leben bleiben können.

Nichtsdestoweniger wurden folgende Temperaturen ertragen:

Fötus I ertrug nur halb (und zwar vorn) mit den Eihäuten und dem Uterus bedeckt, aber im Zusammenhang mit der Placenta und mit hellrother Nabelvene apnoisch, eine innerhalb 40,5 und 43,5 schwankende Wasserwärme 18 Minuten lang ohne Athemnoth. Er blieb natürlich gefärbt, bewegte die Extremitäten und erreichte eine Eigentemperatur von 44°, ohne während der daraufffolgenden Minuten bewegungslos zu werden. Er starb erst an der Luft nach jähem Temperaturwechsel.

Fötus II und III ertrugen im uneröffneten Uterus von Wasser umgeben 20 Minuten lang die Temperatur 40,5 bis 43,5 und athmeten kräftig, sich lebhaft bewegend an der Luft nach dem Blosslegen.

Fötus IV und V ertrugen im Uterus in dem Mutterthier 17 Minuten lang die mütterliche Temperatur von 40,1 bis 42,7, sogar zwölf Minuten lang 41,2 bis 42,7.

Dass Fötus I von warmem Wasser umgeben die enorme Rectaltemperatur von 43 bis 44° volle neun Minuten lang ertrug, sich dabei nur etwas lebhafter bewegend als Früchte im normal temperirten Fruchtwasser, ist sehr beachtenswerth. Diese Temperaturen sind völlig genau. Die drei Thermometer wichen um weniger als 0,1° von einander ab. Die Badewärme variirte jedoch und war an anderen Stellen höher als die angegebene. Es kann daher nicht behauptet werden, dass das Wasser gerade in der ganzen nächsten Umgebung des Fötus I die angegebenen Grade zeigte.

Soviel folgt aber aus diesen Beobachtungen mit Sicherheit, dass der unreife Meerschweinchenfötus von 40 bis 50 Gramm Körpergewicht im Uterus in dem Mutterthier, im Uterus in warmem Wasser, vom Uterus halb befreit in warmem Wasser bei erhaltener Placentarcirculation Eigentemperaturen von mehr als 42° erreichen und wenigstens zehn Minuten lang ertragen kann, ohne dass die Herzthätigkeit, die Beweglichkeit der Glieder und das Vermögen nachher an der Luft Inspirationen zu machen erheblich vermindert erschiene im Vergleiche zu normalen Früchten desselben Entwicklungsgrades.

In einem Falle einer Steigerung der mütterlichen Temperatur von 40° auf 43,5° binnen vier Stunden beim Menschen, wo der Kaiserschnitt unmittelbar nach dem letzten Athemzuge gemacht wurde, war das ausgetragene Kind todt. Wäre die Operation etwas früher ausgeführt worden, dann hätte es vielleicht erhalten bleiben können. [386

Wie schnell die Abnahme der Fötuswärme bei **Abkühlung** der Mutter eintritt, beweisen meine Versuche am Meerschweinchen, bei denen ich durch Festbinden des Mutterthieres mittelst vier Fäden (an jeder Extremität einen), deren Eigenwärme herabdrückte und zugleich die beim Menschen zu fötalen Temperaturmessungen vorzüglich geeignete Steisslage künstlich herbeiführte, indem vom Fötus nur der Steiss oder nur dieser und ein Hinterbein durch eine kleine Öffnung in der Bauchwand, Uteruswand und in den Eihäuten blossgelegt wurde (wie bei dem letztbeschriebenen Versuch).

Am 17. Jan. 1880 führte ich so bei einer hochträchtigen Cavie ein Thermometer in den durch einen Schnitt etwas erweiterten Anus des Fötus. Um $2^h\,51^m$ wurde das Mutterthier in der Rückenlage festgebunden, wodurch die Eigenwärme schnell abnahm.

$2^h\,56^m$ Mutter 37,5°. Luft 10°.

— 59 Linkes Hinterbein des Fötus blossgelegt und Thermometer eingeführt. Heftige Bewegungen des Fötus. Dann

Uhr	Mutter	Frucht	
3h 2m	36,4°	37,4°	Das Bein wird bewegt
— 6m	36,5	37,1	Mutter höchst unruhig
— 7m	36,4	37,1	„ wieder ruhig
— 8m		37,0	Die isolirte fötale Extremität wird nicht mehr bewegt.
— 10m		36,9	
— 12m	▾	36,8	
— 13m	35,8	36,7	
— 14m	35,8	36,6	

3h 15m Fötus durch die Bauchwunde völlig extrahirt. Er beginnt sogleich lebhaft Luft zu athmen bei erhaltener Placentarcirculation und auf dem Mutterthier liegend; bei einer constanten Lufttemperatur von 10° zeigt im Rectum der Fötus um 3h 15m 35,9° } während der ganzen Zeit Bewegungen der
— 18m 34,9 } Extremitäten und Luftathmen.
— 20m wird der Fötus abgenabelt und zeigt 34,5. Nach plötzlichen heftigen Bewegungen der Mutter prolabiren deren Gedärme, worauf eine weitere Abkühlung eintritt.

3h 25m Fötus I in Watte 30,2° bleibt am Leben.

— 34m Fötus II wird mit dem Kopf in die Öffnung gebracht, Uterus und Amnion werden aufgeschlitzt, jedoch nur gerade über der Mund- und Nasen-Öffnung. Es treten Athembewegungen nach etwa fünf Secunden ein nach Kneifen der Lippen. Dann wird das Thermometer in die Mundhöhle eingeführt: 3h 36m.

3h 38m Mundhöhlentemperatur des Fötus im Uterus über 33,0°, kann wegen der Unruhe des Thieres nicht mehr gemessen werden.

3h 42m Mutter im Rectum 33,2°.

— 43m Fötus II extrahirt. Nabelvene voll und arteriellroth.

— 50m Abgenabelt. Fötus II bleibt am Leben.

4h 4m Mutter im Rectum 30,7° abnehmend.

Es wurde noch ein Fötus III extrahirt, welcher aber bereits intrauterin abgestorben war. Er wog 82 Grm., die beiden lebenden zusammen 173 Grm.

Die Messungen am ersten Fötus zeigen, dass bei schneller Abkühlung der Mutter die Frucht nicht so schnell, dagegen nach der Extraction rapide — in fünf Minuten um 1,4° — sich abkühlt.

Das wirksamste und zugleich das bequemste Mittel in kürzester Zeit die Körpertemperatur ohne Nachtheil für Mutter und Frucht herabzusetzen ist, wie ich nach vielen Versuchen mit kalten Bädern, mit Äther, mit kalter Luft, kaltem Luftzug, Übergiessen mit kaltem Wasser, Festbinden auf kaltes Metall, Auflegen auf Schnee, gefunden habe, das Zerstäuben des Wassers, wie es seit Lister in der Chirurgie im Spray zu anderen Zwecken angewendet wird. Während bei der gewöhnlichen Behandlung Fieberkranker durch Vollbäder mittelst Leitung allein dem überwarmen Körper Wärme entzogen wird, wobei eine dauernde Herabsetzung der Körpertemperatur nur nach mehrfacher Wiederholung des

Bades erzielt werden kann, ist durch einen einmaligen kurzen Aufenthalt (5 bis 15 Minuten) im Sprühnebel eine Stunden lang anhaltende sehr bedeutende Abkühlung leicht zu erzielen, weil ausser der Wärme-Entziehung durch Leitung die durch Verdunstung des Thaues auf der Oberfläche abkühlend wirkt. Dasselbe geschieht bei derjenigen rapiden Wärme-Entziehung, die bei Regulirung der Körperwärme des Gesunden regelmässig eintritt, wenn er schwitzt. [509

Ich habe eine grosse Zahl von Experimenten an männlichen Meerschweinchen ausgeführt, welche die Wirksamkeit des neuen Verfahrens beweisen und es wünschenswerth erscheinen lassen, bei grösseren Thieren und Menschen ähnliche Versuche anzustellen. Bei manchen Fiebernden wird ohne Zweifel die Abkühlung mittelst des Spray mit Erfolg angewendet werden können und auch local bei Entzündungen kalte Umschläge ersetzen. Hier seien einige Versuche an trächtigen Thieren als Beispiele beschrieben.

Am 17. Januar 1884 wurde ein hochträchtiges Meerschweinchen an den vier Füssen auf kaltes Zinkblech festgebunden. Luft 15,6° C. Um 9 Uhr 16 Min.: Rectum 37,9. Hierauf Spray von kaltem Wasser mit Anblasen etwa fünf Minuten lang. 9 Uhr 22 Min. Fruchtbewegungen.

Rectum	35,5	34,4	33,1	32,4°
Uhr	9.27	9.31	9.39	9.44

Während der Zeit grosse Unruhe, Geschrei, aber dann und wann Fruchtbewegungen. Um 9.50 extrahirte ich einen Fötus, der sich sogleich bewegte und schrie, obgleich er nur 32,1 im Rectum zeigte. In Wasser von nahezu 40° getaucht, erwärmte sich derselbe schnell: 9.55 bis 33,3 und 9.56 bis 34,5, dann 9.57 bis 35,0. Um 9.56 wurde ein zweiter Fötus extrahirt mit nur 30,1 Rectum-Temperatur. Dieser starb an einer zufälligen Verletzung. Gewicht beider Früchte zusammen 128 Grm. Mutterthier 10.2 nur 29,0° und 10.7 nur 28.3°.

Dieser Versuch zeigt, dass eine Abnahme der Temperatur des Fötus im Uterus von der Norm bis 32°, also um mehr als 6° innerhalb einer halben Stunde gut vertragen wird und im warmen Bade seine Temperatur binnen weniger Minuten um mehrere Grade steigt.

Am 29. Januar 1884 wurde ein hochträchtiges Meerschweinchen frei auf wasserdichten Stoff auf dem Tisch bei 13° Lufttemperatur dem Spray von $7\frac{1}{2}$° warmem Wasser sechs Minuten lang ausgesetzt, von 10 Uhr 6 Min bis 10 Uhr 12 Min.

Rectum	38,6	37,4 γ	35,2 γ	33,9°
Uhr	10.6	10.15	10.37	11.10

In dieser Zeit häufiges Zittern und dann und wann Fruchtbewegungen. Um 11 Uhr 15 Min. abgerieben in warme Luft gebracht. 2 Uhr 50 Min. Vagina

36,5, Fruchtbewegungen. Da aber diese nachliessen und dann aufhörten, so öffnete ich 3 Uhr 5 Min. die Bauchhöhle. Es wurden drei Früchte, zusammen 125 Grm. wiegend, extrahirt. Alle drei lebten. Eine starb jedoch bald. Temperatur der anderen in der Luft circa 35,5.

Aus diesem Versuch folgt, dass die Früchte eine Abnahme von 4,7° des sie ernährenden Blutes innerhalb einer Stunde vertragen.

In einem anderen Falle dauerte der Spray von $8\frac{1}{2}$° warmem Wasser sieben Minuten, die mütterliche Temperatur sank auf 35,3° in einer Stunde und doch blieben die drei kleinen Früchte am Leben.

Nach zahlreichen ähnlichen Beobachtungen an männlichen Meerschweinchen muss ich diese neue Anwendung des Sprüh-Nebels als die sicherste zur schnellen und gefahrlosen Herabsetzung der Körpertemperatur bezeichnen und würde selbst bei fiebernden hochschwangeren Frauen diese bequeme und angenehme Methode dem lästigen Vollbade unbedenklich vorziehen.

Für den Embryo folgt aus der Gesammtheit obiger Erfahrungen über den Einfluss der äusseren Temperatur, dass kein Embryo einen Wärme-regulirenden Mechanismus besitzt, ein solcher vielmehr erst nach der Geburt bei idiothermen Thieren zu Stande kommt. Andernfalls könnte sich der Embryo der letzteren nicht so schnell abkühlen und erwärmen wie es der Fall ist. Die Embryonen der Säugethiere und Vögel gleichen also in dieser Beziehung den Amphibien.

B. Die fötale Eigenwärme.

Den Beweis für die Wärmeproduction des Vogelembryo im Ei und des Säugethierfötus im Uterus lieferte zuerst durch sorgfältige thermometrische Beobachtungen Felix von Baerensprung [167 1851. Die Ergebnisse seiner werthvollen Untersuchungen habe ich im folgenden auf Centesimalgrade umgerechnet.

Die Wärme des bebrüteten Hühnereies.

Um die Innentemperatur bebrüteter Hühnereier zu messen, wurde die Kugel des sehr empfindlichen Thermometers, welches zur Controlirung des Brütofens diente, innerhalb des letzteren durch die Schale des Eies gestossen und bis in die Mitte des Dotters geführt. Es wurde gefunden: [167

Incubationstag	Temperatur des Brütraums	Temperatur des Eies	Diff.
3	39,25	39,18	− 0,07
3	38,87	38,94	+ 0,07
4	39,00	39,00	± 0,00
4	38,44	38,25	− 0,19
5	38,75	{38,31 / 38,25 / 38,25}	− 0,47
5	39,62	39,37	− 0,25
5	38,37	38,87	+ 0,50
6	38,50	38,87	+ 0,27
6	39,56	39,37	− 0,19
7	39,37	39,37	± 0,00

Demnach war die Eitemperatur

höher als die des Brütraums in 3 Fällen
gleich der „ „ „ 2 „
niedriger als die des „ „ 5 „

aber der Embryo war noch klein im Verhältniss zum Ei.

Ferner ist die Temperatur des bebrüteten Eies auch für denselben Tag nicht constant, denn sie variirte am dritten Tage um 0,24°, am vierten um 0,75, am fünften um 1,12 und am sechsten um 0,50°.

Es zeigt sich hingegen deutlich, dass die Eitemperatur von der des Brütofens auch innerhalb der engen Grenzen 38,37 und 39,62 abhängig ist, denn man hat bei einer durchschnittlichen

Brütofentemperatur		die Eitemperatur im Mittel.
39,50 (39,62 bis 39,37)	. . .	39,37 (dreimal)
39,00 (39,25 „ 38,75)	. . .	38,87 (39,18 bis 38,31)
38,44 (38,50 „ 38,37)	. . .	38,62 (38,87 „ 38,25)

also die höhere Eitemperatur bei grösserer Ofenwärme.

Aus dieser ganzen Versuchsreihe ergibt sich wegen der unvermeidlichen Schwankungen der Temperatur des Brütofens während der Messungen nichts in Betreff der Wärmeproduction des noch sehr kleinen Embryo.

Um diese zu constatiren, wurde deshalb die Temperatur der sich entwickelnden Eier mit der todter verglichen. Es wurden elf von jeder Art zugleich in dem Brütofen gemessen, indem [illegible] der Keim vorher durch Schütteln bei den elf Controleiern getödtet worden war. Es ergab sich

Incubationstag	Temperaturen des Ofens	des todt. Eies	des leb. Eies	Differenz zw. todt. u. leb. Ei
3	39,25	39,31	39,50	+ 0,19
4	38,12	38,50	38,62	+ 0,12
5	38,12	37,94	38,19	+ 0,25
5	39,25	39,37	39,62	+ 0,25
6	38,50	37,94	38,31	+ 0,37
7	35,37	36,62	37,12	+ 0,50
7	38,00	38,06	38,37	+ 0,31
8	38,56	38,25	38,94	+ 0,69
8	37,94	37,87	38,18	+ 0,31
10	38,00	37,75	38,25	+ 0,50
10	38,12	37,94	38,12	+ 0,18

Es war demnach in allen Fällen das sich entwickelnde Ei wärmer als das todte. Der Unterschied beträgt im Mittel 0,33° (0,12 bis 0,69).

Ausserdem zeigt diese Versuchsreihe, dass in neun Fällen das lebende Ei wärmer als seine Umgebung war, in nur einem Falle gleich warm und in einem weniger warm, während das todte Ei sechsmal kälter (−), fünfmal wärmer (+) als der Brütofen gefunden wurde, wie folgende Übersicht zeigt:

das lebende Ei:	+0,25	+0,50	+0,06	+0,37	−0,18	+1,75	+0,37	+0,35	+0,25	+0,28	0,00
das todte Ei:	+0,06	+0,37	−0,18	+0,12	−0,56	+1,25	+0,06	−0,44	−0,06	−0,25	−0,18
Incubationstag	3	4	5	5	6	7	7	8	8	10	10

Es scheint hiernach das bebrütete Ei in den ersten Tagen sich weniger vom todten in seiner Temperatur zu unterscheiden, als in den späteren vom siebenten an. Mit dem Wachsthum des Embryo nimmt seine Wärmeproduction zu.

Dass der Vogelembryo überhaupt eine Eigenwärme besitzt oder dass während der Entwicklung desselben Wärme erzeugt wird, ist zwar durch obige Messungen nicht bewiesen, aber sehr wahrscheinlich gemacht. Noch zwei Belege dafür. [167

In einem Falle sank die Temperatur des Brütofens auf 33,62, die des todten Eies auf 33,87, die des sich entwickelnden aber nur auf 34,87. Der Bebrütungstag war der vierte. Hier betrug die Differenz 1,00, was beweist, dass die embryonische Lebensthätigkeit die Abkühlung verzögert. In der That pulsirte noch das Herz des Embryo lebhaft.

In dem anderen Falle war die Temperatur des Brütofens bedeutend tiefer gefallen, so dass die entwickelten Eier leblos waren. Es ergab sich

Incubationstag	Temperaturen des Ofens	des todt. Eies	des entw. Eies	Differenz
10	—	—	23,00	+ 0,50
10	21,62	22,50	22,94	+ 0,44
5		22,37	22,75	+ 0,38
5	—	—	22,75	+ 0,38
5	—	—	22,75	+ 0,38

Die entwickelten Eier hatten also nach dem Erlöschen der Lebensthätigkeit eine höhere Temperatur bewahrt.

Es wäre wichtig ähnliche Messungen an Eiern der späteren Incubationstage auszuführen.

Aus den bisjetzt vorliegenden Messungen lässt sich nur für den dritten bis zehnten Bebrütungstag eine geringe Wärmeproduction des Hühnerembryo als wahrscheinlich ableiten, welche theils auf die Herzarbeit, die Bewegungen der Extremitäten, die Amnioncontractionen, theils auf die Reibung des Blutes an den Gefässwandungen, in letzter Instanz auf Oxydationen mittelst des der umgebenden Luft entnommenen Sauerstoffs zu beziehen sein wird. Dass die so gebildeten Wärmemengen gegen Ende der Bebrütung viel grösser als in der ersten Zeit sein müssen, folgt schon aus einer von mir oft gemachten Beobachtung. In späteren Entwicklungsstadien fühlen sich nämlich die entwickelten Eier mit lebenden Embryonen schon in der Hand etwas wärmer an, als die unentwickelten oder die, in denen der Embryo seit längerer Zeit abgestorben ist.

Die Wärme des Säugethier-Fötus.

Um zu ermitteln, ob die Frucht im Uterus wärmer, als das Mutterthier ist, wurde von Baerensprung das Thermometer durch eine kleine Öffnung in die Bauchhöhle bis an das Zwerchfell [illegible] eingeführt, hierauf in das Becken, sodann nach Öffnung des Uterus in diesen und in zwei Fällen auch noch in die Bauchhöhle des Fötus. Bei sieben Kaninchen ergab sich (in Centigrade umgerechnet):

Zustand	Bauchhöhle	Beckenhöhle	Uterus	Fötus
1. nicht trächtig	38,75°	38,37°	38,50°	–
2. nicht trächtig	38.50	38.37	38,37	–
3. seit etwa 8 Tagen trächtig	39,56	39.62	—	–
4. trächtig	38,87	39,12	39,19	–
5. hochträchtig	39,25	39.37	39,50	–
6. hochträchtig	39.25	39,37	39,60	39,[illegible]
7. hochträchtig	38,94	39,44	39,37	–

Eine nicht trächtige Dachshündin hatte in der Bauchhöhle 38,75, in der Beckenhöhle 38,62, eine trächtige Schäferhündin in jener 38,62, in dieser 38,87, im Uterus 39,06; der Fötus zeigte ebensoviel.

Bei den nicht-trächtigen Thieren ist also die Bauchhöhle wärmer, als der Uterus gefunden worden, bei den trächtigen dagegen der Uterus mit Fötus wärmer als die Bauchhöhle, woraus folgt, dass ersterer eine Wärmequelle enthält.

Dasselbe wird durch die von mir gefundene Thatsache wahrscheinlich gemacht, dass der Fötus im Uterus bei schneller Abnahme der mütterlichen Eigenwärme sich nicht so schnell wie die Mutter abkühlt. Auf die Art der Abkühlung kommt in dieser Hinsicht wenig an. Festbinden, Benetzung mit Äther, Eintauchen in Wasser, der Spray wirken in demselben Sinne.

Am 14. Januar 1884 wurde ein hochträchtiges Meerschweinchen auf dem Rücken an der Luft festgebunden. Uterusbauchschnitt; ein Thermometer in das Rectum des Fötus und ein zweites in das des Mutterthieres eingeführt:

Von den in ein bis zwei Minuten langen Intervallen vorgenommenen Ablesungen sind folgende bemerkenswerth. Der Pfeil ▲ bedeutet zunehmend, ▼ abnehmend wie bisher.

Uhr	Rectum d. Mutter	Rectum d. Fötus	Bemerkungen
9. 8	36,6	—	
9.11	36,1	36,2	
9.16	36,0	36,0	
9.21	35,8	35,9	Die Benetzung des Halses und der Brust
9.25	35,7	35,7	mit Äther beginnt 9.22.
9.30	34,8	35,4	Das Mutterthier zittert.
9.33	34,3	35,2	Haare mit kleinen Eisnadeln besetzt.
9.36	33,9	34,9	Zittern.
9.47	32,3	33,9	Das Thier wird etwas unruhig. Die
9.50	31,5	33,5 ▼	Ätherbenetzung beendigt. Übergiessung
9.52	31,3	32,7	mit Wasser von 40°.
9.55	31,1	32,2	
9.58	30,9	—	Warmes Bad von 42°
9.59	31,0	32,2	Der Fötus wird im Bade extrahirt,
10. 1	31,3 ▲	32,4 ▲	schreit und bleibt am Leben. Placenta sehr dunkel.
10. 4	—	34,4 ▲	

Es wurden dann noch zwei asphyktische Früchte extrahirt, die beide bald zum Athmen gebracht wurden. Gewicht der drei zusammen 208,3 Grm.

Dasselbe zeigten mir andere ähnliche Beobachtungen, bei denen sich herausstellte, dass der Temperaturunterschied zwischen Mutter und Frucht öfters erheblich zunimmt, während die mütterliche Temperatur schnell abnimmt, z. B.

Am 16. Januar 1884 wurde ein trächtiges Meerschweinchen durch Festbinden auf kaltes Metall in Luft von 12,2° abgekühlt. Uterusbauchschnitt. Einen Fötus-After blosgelegt; zwei Thermometer wie oben.

Fötus:	37,7	37,50	37,36	37,23	37,15	36,92	36,65
Mutter:	—	36,61	36,23	36,08	35,97	35,77	34,40
Diff.:	—	0,89	1,13	1,15	1,18	1,15	2,2
Uhr	9.2	9.7	9.9	9.10	9.11	9.13	9.17

Das Thier zitterte fast ununterbrochen und wurde nun über eine Minute lang in kaltes Wasser (7,8°) getaucht. Jetzt trat eine plötzliche Abkühlung des Fötus ein:

Fötus:	34,17	33,81	33,33	33,25	32,93	32,58
Mutter:	33,28	32,90	32,32	31,85	31,54	31,40
Diff.:	0,89	0,91	1,01	1,40	1,39	1,18
Uhr:	9.25	9.27	9.28	9.29	9.31	9.33

Nun wurde das nasse zitternde Thier in ein Bad von 35,2° gebracht, dessen Temperatur allmählich stieg. Der Fötus zeigte 9 Uhr 36 Min. 31,9 und wurde 9 Uhr 41 Min. extrahirt. Er hatte dann 33,1, das Bad 36,6. Die Nabelvene war heller als die Arterien. Der Fötus wurde ebenso wie ein anderer 9 Uhr 50 Min. extrahirter zum Schreien und fortgesetzten Athmen gebracht, aber beide Früchte, zusammen 157 Grm. wiegend, blieben nicht am Leben.

Immerhin beweist der Versuch, dass ein Fötus in 37 Minuten um 5,8° im Uterus abnehmen kann ohne zu sterben und dabei mit wachsender Abkühlung der Mutter der Fötus sich langsamer abkühlt.

Der Unterschied zwischen Mutterthier und Fötus kann also bis über einen Centesimalgrad steigen, wenn durch Fesselung die Eigenwärme des ersteren rasch herabgedrückt wird, aber dann sinkt stetig auch die Analtemperatur der Frucht. Eine trächtige Cavie, die (am 16. Januar 1880) festgebunden wurde, um $3^h 38^m$, zeigte $3^h 43^m$ noch 37,4 als Maximum, $3^h 56^m$ nur noch 35,6, zugleich aber der allein mit dem Hinterende des Körpers exponirte Fötus 36,1, somit einen halben Grad mehr als das Rectum der Mutter, wobei ich in beiden Fällen das dünne Thermometer soweit einführte, als ohne Verletzungen möglich war. Der fötale After wurde durch einen kleinen Einschnitt erweitert, welcher jedoch Controlversuchen zufolge den grossen Temperaturunterschied nicht verursachen konnte. Bei den Bemühungen von Cohnstein (28 dagegen auf thermoelektrischem Wege bei trächtigen Kaninchen durch Einstechen in den Uterus die höhere Temperatur desselben im Vergleich zur Vagina nachzuweisen, zeigte sich, dass allerdings die Verletzung an sich eine geringe temperatursteigernde Wirkung hatte. Doch geht aus den Messungen am Spiegelgalvanometer hervor, dass regelmässig der trächtige Uterus wärmer als der unträchtige ist. Ersterer wurde erheblich wärmer als die Scheide gefunden, letzterer nicht.

Die Wärme des menschlichen Fötus.

Über die Temperaturen eben geborener, unreifer Missgeburten und frühgeborener vor Abkühlung geschützter Kinder sind mir keine zuverlässigen Angaben bekannt. Die Temperatur reifer Neugeborener, welche gleich nach der Geburt, so schnell es irgend geschehen konnte, in ein warmes Tuch eingeschlagen wurden, und denen das Thermometer etwa zwei Zoll tief in den After geschoben ward, ergaben Baerensprung und Veit sechsmal eine etwas (14 höhere, viermal eine gleiche und sechsmal eine etwas niedrigere

Temperatur für das Kind verglichen mit der Temperatur der Scheide der Mutter vor der Entbindung. Nach derselben wurde das Thermometer bis in den Uterus eingeführt. Vergleicht man die Temperatur des Ebengeborenen mit dieser Uterustemperatur unmittelbar nach der Geburt, so ergibt sich aus den Zahlen der genannten Beobachter zwölfmal eine höhere Temperatur für das Kind trotz seiner schnellen Abkühlung, nur einmal kein Unterschied und nur zweimal ein Minus. Alle Differenzen zwischen Mutter und Kind sind übrigens so klein, dass man aus dieser Versuchsreihe nur folgern darf, die Eigenwärme des eben geborenen Kindes sei meist nur eben höher, als die des Uterus unmittelbar nach der Entbindung. Für die Temperatur des Ungeborenen folgt hieraus allein noch nicht, dass er höher temperirt sei, als seine Umgebung, weil die Temperatur des Uterus nach der Geburt etwas abnehmen kann und die des Neugeborenen unmittelbar nach derselben thatsächlich abnimmt. Wenn man aber bedenkt, dass vom Augenblick der Geburt an das Kind sich sehr schnell abkühlt, nach zehn Minuten und vor der Abnabelung um einen ganzen [282
Grad, somit alle an Neugeborenen erhaltenen Zahlen zu niedrig sein werden, wird es allerdings schon hiernach wahrscheinlich, dass normaler Weise der menschliche Fötus wärmer, als seine Mutter ist.

Aus den Messungen von R. Schäfer (1863) ergibt sich im [186
Mittel aus 23 Fällen für die Analtemperatur neugeborener menschlicher Früchte vor der Abnabelung 37,8, für die Vagina der Mutter unmittelbar nach der Entbindung 37,5, also 0,3 zu Gunsten der Frucht, welche 17 mal um 0,1 bis 0,9 wärmer, zweimal um 0,2 kälter als die Mutter und viermal ebenso temperirt wie diese gefunden wurde. Es ergab sich für

	das Kind	die Mutter
36,8—37,5	7 mal	14 mal
37,6—38,3	10 „	7 „
38,4—39,1	6 „	2 „

Schröder führte (1866) ein wie eine Uterussonde gekrümmtes [321
Thermometer bei sieben Schwangeren im letzten Monat in den Uterus ein und fand die Temperatur desselben 0,1 bis 0,5° höher als die der Axilla und 0,05 bis 0,32 höher als die der Scheide. Bei einem eben geborenen Kinde zeigte das Rectum 38,43, nachdem vor drei Minuten das Thermometer eingeführt worden war, während der Uterus drei bis zehn Minuten nach der Entbindung 38,2 zeigte. Also auch hier ein Plus von 0,2 für das Kind.

Übrigens wurde die Uterustemperatur Kreissender regelmässig höher gefunden, als die Schwangerer und Entbundener, was Schröder mit Recht durch die bei der Muskelcontraction während der Wehen freiwerdende Wärme erklärt. Die höchste Temperatursteigerung während einer normalen Wehe übersteigt zwar nach Hennig 0,1 nicht, doch kann eine Erwärmung der Frucht durch die Wehen dadurch bedingt werden. In der Geburt wird also das Kind eine etwas höhere Temperatur als vor dem Beginne der Wehen haben können und auch wahrscheinlich haben, da seine Wärmeverluste sich vermindern müssen, wenn die Uterusmusculatur sich erwärmt. Bei Steissgeburten liesse sich diese Folgerung prüfen.

Bei 85 normalen Geburten fand G. Wurster die Temperatur des Neugeborenen (meistens vor der Abnabelung) im Rectum nur 45-mal höher, als die der Vagina der Mutter während der ganzen Geburt und unmittelbar nach derselben, 14-mal niedriger; in den 26 übrigen Fällen verhielt sich die Temperatur des Kindes vor der Geburt zu der mütterlichen Temperatur anders als nach derselben. Alle Werthe liegen zwischen 36,5 und 38,5 und zwar betrug die Temperatur nur sechsmal weniger als 37, dagegen 40-mal 37,5 und mehr. Als Mittel ergibt sich aus allen Messungen 37,5, dagegen als Mittel aus 313 Messungen in der Vagina bei den 85 normalen Geburten 37,3, somit ein Plus von 0,2 zu Gunsten des Neugeborenen.

Die mittlere Scheidentemperatur nach der normalen Geburt betrug 37,3, die höchste während derselben im Mittel 37,4.

Die Messung der Temperatur des Neugeborenen erfordert die grösste Aufmerksamkeit, weil es sich, wie gesagt, sehr rasch abkühlt und die Quecksilbersäule sogleich fällt, nachdem sie in zwei bis drei Minuten das Maximum erreicht hat. Nach einer Viertelstunde zeigte sie im Mittel 35,95, in der Hälfte der Fälle unter 36,2, im Minimum 34,4, einmal bei einem Frühgeborenen nach vier Stunden 33,87 (Schröder).

Als höchste Differenz zwischen Rectum des Neugeborenen und Scheide der Mutter fand Wurster 0,9.

Das Hauptresultat, dass der Ebengeborene durchschnittlich bei normalen Geburten 0,1 bis 0,2 höher temperirt ist, als die Scheide der Mutter, wird durch einige pathologische Beobachtungen von physiologischem Interesse erhärtet. So wurde bei einer Steissgeburt das Thermometer in den Mastdarm des ungeborenen Kindes eingeführt; $8^1/_3$ Stunden nach Beginn der Wehen zeigte es 39,4, die Vagina 38,9, und neun Stunden nach demselben 39,65, die

Vagina 39,1. Nach weiteren fünf Viertelstunden hatte das Kind 39,55, die Mutter 38,8; eine Viertelstunde später erfolgte die Geburt. [56

In zwei Fällen bestimmte auch Sommer die Temperatur der Frucht vor der Geburt bei Steisslage, und zwar in der Austreibungsperiode, so dass die kindliche Rectaltemperatur mit der Vaginaltemperatur der Mutter verglichen wurde. Im ersten Fall ergab sich

Uhr	Kind	Mutter	Unterschied
9	37,5	37,3	0,2
11	37,3	37,0	0,3
12	37,3	37,0	0,3

Im zweiten Falle hatte das Kind 37,9, die Mutter 37,7.

Alexeeff fand in einem Falle von Steisslage im Rectum [282 der Mutter 38,5, in dem des Fötus 39,6 (bei zwei Messungen), dann 38,7 und 38,6 und in der Scheide der Mutter 38,3. In einem zweiten Falle von Steisslage hatte das Rectum des Fötus 38,6 und 38,5 (bei fünf Messungen zwischen zwölf und sieben Uhr), während die Mutter in der Achselhöhle gleichzeitig 37,0 im Minimum, 37,8 im Maximum zeigte. In einem dritten Fall hatte das Kind 38,3 und 38,2 im Rectum, die Mutter 37,6 im Rectum und in der Scheide, im vierten jenes 38,5, die letztere 37,8. Also betrug der Unterschied in den beiden letztgenannten Fällen + 0,7° C. zu Gunsten des Fötus. Der erste ist abnorm mit absolut hohen Werthen und + 1,1° Differenz, beim zweiten fehlen Angaben über die Rectal- und Vaginal-Temperatur der Mutter.

Auch die Gesichtslagen dienten zu Temperaturmessungen. Alexeeff fand unter der Zunge des Kindes 38,2, nach $1\frac{1}{2}$ Stunden 38,4, eine halbe Stunde später 37,6, gleichzeitig bei der Mutter im Darm 37,1, in der Scheide 37,0, im Uterus neben dem vorliegenden Kopf 37,3. In zwei anderen Fällen von Gesichtslage hatte der Mund des Kindes 37,9 und 37,8, der Uterus 37,6, die Scheide 37,2. Im vierten Falle zeigte die Zunge der Frucht 38,1, der Uterus 37,8.

Diese werthvollen Beobachtungen sind für die höhere Temperatur des Fötus vor dem Beginn der Wehen, wie ich bereits hervorhob, darum noch nicht völlig beweisend, weil während und kurz nach den Uteruscontractionen die Uterus- und Vaginal-Temperatur — wegen der durch die Muskelthätigkeit frei werdenden Wärme — steigt und zwar um 0,05 bis 0,6. Die Grösse [54 der Unterschiede spricht aber sehr zu Gunsten der höheren Fötus-temperatur.

Die höchste überhaupt beim Neugeborenen beobachtete Anal-temperatur beträgt 40,35. Die Geburt war aber nicht normal, [illegible] die mütterliche Temperatur vor derselben 40,3, nach derselben 41,6. Das Kind war ein sehr starker lebender Knabe.

Wichtiger als diese pathologischen Erfahrungen ist für die vorliegende Frage die von Winckel festgestellte Thatsache, dass die Differenz zwischen schwangerem Uterus und Vagina 0,13 bis 0,16 zu Gunsten des ersteren beträgt, während ein Unterschied der Temperatur zwischen Scheide und nicht-schwangerer Gebär- [illegible] mutter nicht besteht oder erstere sogar, freilich sehr wenig, [illegible] höher temperirt sein kann. Doch ist noch nicht bewiesen, dass der schwangere Uterus durch den Fötus und nicht allein durch den vermehrten Blutzufluss der Mutter höher erwärmt wird. —

Im Ganzen geht aus den Beobachtungen, welche ich hier zusammenfasste, hervor, dass der menschliche Fötus in dem letzten Monate vor seiner Geburt constant eine etwas höhere Temperatur hat, als die ihn umgebenden Theile der Mutter. Die Differenz beträgt aber höchstenfalls einige Zehntel eines Centesimalgrades [illegible] schwerlich bis zu einem Grade, wie Hennig behauptet. Die Wärme-production des Fötus ist also zwar eine sehr geringe, aber es ist eine thermometrisch nachgewiesene Wärmeproduction als normal vorhanden anzusehen.

Daher verdient die Idee von Cohnstein Beachtung, dass [illegible] man in Fällen, in welchen die bekannten diagnostischen Kennzeichen unzureichend sind, mit Hülfe des Thermometers entscheiden solle, ob die Frucht intrauterin lebt oder nicht. Wird das erwärmte Thermometer zwischen Uteruswand und Fruchtblase eingeführt und zeigt es weniger oder nicht mehr Wärme an, als in der Vagina, so ist die Diagnose auf Tod der Frucht zu stellen. In der That bestätigten die Beobachtungen von Cohnstein und Fehling die Brauchbarkeit des Verfahrens, welches jedoch, wenn es blos zur Erkennung der Schwangerschaft verwendet werden soll, nicht ohne Gefahr ist, da durch die Einführung des Thermometers die Schwangerschaft vorzeitig unterbrochen werden kann. Ausserdem zeigt unter pathologischen Verhältnissen der Uterus oft eine höhere Temperatur als die Scheide. [illegible]

Das physiologisch werthvolle Ergebniss der von Fehling [illegible] zur Prüfung der praktischen Brauchbarkeit des Cohnstein'schen Vorschlags angestellten Messungen ist die Gleichheit der Temperatur des Uterus und der Vagina in zehn Fällen vor der Geburt todtfauler Früchte, während die zur Controle an lebenden Früchten vorgenommenen Messungen die Differenzen + 0,15; + 0,2 (zweimal); + 0,25; + 0,3° C. zu Gunsten des Uterus, also des Fötus, ergaben. In einem Falle (Steisslage, Kind seit zwei bis drei Tagen abgestorben) war sogar der Uterus 0,1° C. niedriger temperirt, als die Scheide. Aber in einem Falle von Fieber der Mutter, welche seit drei Wochen keine Kindesbewegungen mehr gespürt hatte, war die Uterus-Temperatur höher (+ 0,2) als die der Scheide. *Also* ist Gleichheit der Uterin- und Vaginal-Temperatur kein Beweis, sondern nur ein Wahrscheinlichkeitsgrund für den Tod der Frucht und eine Differenz beider ist noch kein sicherer Beweis für das Leben der Frucht.

Die Messungen müssen wegen der Kleinheit der in Frage kommenden Temperatur-Unterschiede äusserst sorgfältig — mit gekrümmten, oft controlirten Thermometern — ausgeführt werden. Die Bemerkung Fehling's, dass beim Herausziehen des Ther- [284
mometers aus der Gebärmutter in die Scheide, stets, auch wenn beide gleich temperirt sind, anfangs ein kleiner Abfall stattfinde, könnte den Verdacht entstehen lassen, dass die gefundene Temperaturgleichheit des Uterus und der Scheide nur scheinbar, und ersterer in Wirklichkeit immer — auch bei faultodten Früchten — wegen seines Blutreichthums etwas höher temperirt sei, aber das Thermometer nicht lange genug darin verweilte. Die Zeit von fünf Minuten, während welcher sein Stand sich nicht merklich änderte, erscheint im vorliegenden Falle etwas kurz. Doch kann auch der kleine Abfall durch zu weites Herausziehen des Thermometers vor dem darauffolgenden Zurückschieben in den Scheidengrund bedingt gewesen sein.

Jedenfalls würde es von hohem Interesse sein, noch mehr solcher Messungen an faultodten Früchten zur Verfügung zu haben. Denn sie könnten den Beweis liefern, dass die höhere Temperatur des ruhenden schwangeren Uterus nicht allein von der gesteigerten Blutzufuhr seitens der Mutter, sondern auch von der Wärmeproduktion des Fötus abhängt, einen Beweis, welcher bisjetzt fast ausschliesslich auf Thierversuchen ruht.

Die Wärme des Ebengeborenen.

Bei 37 unmittelbar nach der Geburt gemessenen Kindern (vermuthlich reifen und abgenabelten) fand Baerensprung für [167 das Rectum (wie in allen folgenden Fällen) das Mittel 37,8, das Maximum 39,0 und das Minimum 36,6, bei 30 Schaefer (sofort [illegible] nach der Abnabelung) 37,6 im Mittel, bei 85 Wurster (meist vor der Abnabelung) 37,5 im Mittel.

				W.	B.	S.
Es hatten Neugeborene zwischen	36,4	und	37,0	14	5	[illegible]
" " " "	37,1	"	38,0	61	22	[illegible]
" " " "	38,1	"	39,1	10	10	6

demnach hatten von 152 Neugeborenen 126 mehr als 37° gleich nach der Geburt.

Im Mittel aus wenigen Beobachtungen hatte Roger 37,2 [illegible] gleich nach der Geburt, einige Minuten später 36,4 gefunden, [illegible] Wurster als Maximum des normal Geborenen 38,5, Schaefer 39,1. [illegible]

Durch ein lauwarmes Bad wird jedesmal die Eigenwärme der Neugeborenen vermindert. In 22 Fällen betrug nach Baerensprung, der aber die Temperatur des Bades nicht angibt, die Abnahme durchschnittlich 0,98, im Maximum 1,62, im Minimum 0,3[illegible]. Die Temperatur ist überhaupt nach dem ersten Bade am niedrigsten. Sie steigt nach ein bis ein und einhalb Tagen auf 37,5 im Mittel.

Bei 16 Neugeborenen, deren Temperatur nach dem Abnabeln zwischen 36,8 und 38,6 variirte nahm dieselbe durch ein Bad [illegible] von der gleichen Temperatur wie das Neugeborene um 0,4 bis 1,2, im Mittel um 0,8 ab, nur einmal um 0,2. In diesem Falle war die Vernix, ein schlechter Wärmeleiter, sehr reichlich.

In fünf Fällen war die Temperatur des Badewassers 1° [illegible] höher, als die des Neugeborenen. Dennoch ergaben die Messungen 0,2 bis 0,8 weniger nach dem Bade, im Mittel 0,6. Die Anfangstemperaturen lagen zwischen 36,8 und 37,8; wahrscheinlich ist hier die Abnahme durch die geringe Intensität der thermogenen Processe des Kindes oder durch Erweiterung der Hautgefässe und dadurch gesteigerten Verlust unmittelbar nach dem Bade bedingt, während sie unmittelbar nach der Geburt durch die rasche Wärmeabgabe wegen Verdunstung des Fruchtwassers in erster Linie verursacht sein muss.

Zwischen der sechsten und neunten Lebensstunde fand Schaefer bisweilen 1,5 weniger als gleich nach der Geburt, zwischen der 10. und 15. Stunde öfters 0,9 weniger, aber bei drei Kindern zw[illegible] Stunden nach der Entbindung gleiche Temperatur wie unmittelbar nach derselben und bei zweien 13 und 18 Stunden nach der Geburt 0,8 mehr, als sogleich nach derselben. Die Nahrungsaufnahme ist als temperatursteigerndes Moment vom grössten Einfluss, aber in den letzterwähnten Ausnahmefällen kann auch eine höhere Zimmertemperatur, dichtere Einhüllung oder irgend ein zufälliger übersehener Umstand, die gewöhnliche Abkühlung verhindert haben.

Bei 21 Neugeborenen bestimmte Schaefer unmittelbar nach [198 der Geburt vor der Abnabelung und dann sofort nach derselben die Rectumtemperatur, während die Kinder in ein Leinentuch eingewickelt waren. Er fand in 20 Fällen eine Abkühlung, in einem blieb die Temperatur sich gleich. Die Abnahme erreichte nur einmal 0,8 und betrug im Mittel 0,3, nämlich 37,9—37,6. Man wird aber der Abnabelung selbst den temperatur-herabsetzenden Einfluss nicht zuzuschreiben haben, weil nach meinen Versuchen an Thierembryonen die Eigenwärme auch ohne Abnabelung bei erhaltener Placentarcirculation an der Luft rapide abnimmt.

Die umfassendsten Messungen der Temperatur Ebengeborener führte (1880) im Dresdener Entbindungsinstitut Karl Sommer [377 aus. Sie bestätigen die vorstehenden Befunde früherer Beobachter fast durchgehends. Seine Messungen wurden sämmtlich durch Einführung des Thermometers in den Mastdarm (einige Centimeter weit) ausgeführt, wo es liegen blieb, bis es nicht mehr stieg oder, was bei eben Geborenen schon nach drei Minuten oft eintrat, zu sinken begann. Das Einführen des Instrumentes in den After störte nicht den Schlaf der Neugeborenen. Es ergab eine um etwa 0,4° C. höhere Temperatur als die Messung der Achselhöhle. Drang das Thermometer in Meconium, trat Stuhldrang oder Schreien ein, dann stieg die Temperatur um einige Zehntelgrade. Alle Kinder wurden sofort nach der Geburt vor dem Abnabeln gemessen, nachdem sie in trockene warme Tücher gewickelt worden.

Als Gesammtmittel ergab sich für 101 Neugeborene 37,72. Das Minimum 36,8 kam nur einmal vor, desgleichen das Maximum 38,7.

Die männlichen Neugeborenen hatten im Minimum 37,74, die weiblichen 37,69.

Auch die Rectaltemperatur der Mütter wurde bestimmt. Sie betrug im Mittel 37,51, (36,6 einmaliges Minimum und 38,5 einmaliges Maximum). Also ergibt sich für die Frucht ein durchschnittliches Plus von 0,21. Neu und wichtig ist Sommer's Nachweis, dass dieses Plus mit der Entwicklung der Frucht zunimmt. Denn es ist geringer bei Kindern von weniger als 48 Centimeter

Körperlänge, als bei grösseren. Bezeichnet I die Neugeborenen von weniger als 48, II die von 48 bis 50 und III die von 50 und mehr Centimetern Körperlänge, so ergibt sich im Mittel:

	Kind	Mutter	Differenz
I	37,72	37,57	0,15
II	37,76	37,53	0,23
III	37,67	37,44	0,23

Es ist also die Eigenwärme der gut entwickelten Neugeborenen etwas höher, als die der schwachen. Jedoch fiebert das Kind, wenn die Mutter fiebert. Einmal zeigte es 39,3 als kurz vor der Ausstossung die Mutter 39,2 im Rectum hatte. Ferner ergab sich:

Kind wärmer als Mutter	80 mal
Kind und Mutter gleichwarm	7 „
Mutter wärmer als Kind	14 „

Oder in Beziehung zur Reife:

	I 15 Fälle	II 46 Fälle	III 40 Fälle
Kind wärmer	9 mal (60 %)	38 mal (82,6 %)	33 mal (82,5 %)
Mutter wärmer	4 „ (26,6 %)	6 „ (13 %)	4 „ (10 %)

Demnach wird mit zunehmender Entwicklung die Wärmeproduction im Allgemeinen gleichfalls als zunehmend anzusehen sein.

Der grösste beobachtete Unterschied zu Gunsten der Frucht betrug 0,7.

Den schlagendsten Beweis dafür, dass die Wärme des Fötus nicht ausschliesslich von der Mutter mitgetheilt sein kann, liefern Zwillingsgeburten. Denn hier fand Sommer einmal die Temperatur 0,3 höher beim zweiten, als beim ersten Kinde. Wurster hatte 0,2 mehr für das zweite gefunden.

Sehr zahlreiche Messungen führte Sommer aus über die Eigenwärme in den ersten Stunden nach der Geburt. Das Minimum wurde oft erst nach zwei bis vier Stunden erreicht und zwar betrug der Temperaturabfall durchschnittlich 1,87 nach dem ersten Bade; bei Knaben war die mittlere Differenz vor und nach dem Bade 1,44, bei Mädchen 2,29. Hierbei erfahren die gut entwickelten Kinder eine geringere Abkühlung, als die kleinen (Maximum der Abnahme 4,1 einmal).

In jedem Falle bestätigt sich, dass Neugeborene in Luft wie in Wasser sich schneller abkühlen, als Erwachsene und das

Temperatur-Minimum ist tiefer und anhaltender bei schwachen und asphyktischen Kindern, als bei starken. Hieraus folgt, dass die Wärmeabgabe nicht allein durch die relativ grössere Oberfläche des Kindes bedingt sein kann. Sie muss zum Theil in geringerer Oxydation ihren Grund haben, d. h. in geringerem Sauerstoffverbrauch.

Die Temperaturschwankungen Neugeborener in der ersten Zeit nach der Geburt könnten trotz der regelmässigen anfänglichen Abnahme relativ gering erscheinen, wenn man erwägt, [167
dass in diese Zeit die grössten Veränderungen des Organismus fallen, wie Baerensprung hervorhebt. Auch betont er mit Recht, dass nach der Geburt das Kind auf einmal das ganze Maass der erforderlichen Wärme selbst produciren müsse. Jedoch irrt er in der Meinung, vor der Geburt empfange die Frucht den grössten Antheil ihrer Wärme von der Mutter. Die warme Umgebung des Fötus verhindert vor der Geburt seine Abkühlung, ohne dass darum nothwendig ihm von der Mutter Wärme — in den letzten Monaten — zugeführt würde, wie etwa den Knochen oder Nägeln. Im Gegentheil, wenn es feststeht — und man darf nicht mehr daran zweifeln — dass der Fötus wärmer, als seine Mutter ist, **dann muss er Wärme an dieselbe abgeben.** Dabei ist zu bedenken, dass die Wärmeverluste des Neugeborenen enorm sind, der Ungeborene wird also leicht Wärme abgeben, wenn der Uterus sich abkühlt. Ein kleines, nacktes, nasses neugeborenes Thier, welches nicht immer sogleich, wie gemeiniglich das Menschenkind, mit schlechten Wärmeleitern umgeben wird, kühlt sich im Wasser, wie in der Luft innerhalb einer Stunde bis nahe an die Temperatur der Umgebung ab und hört auf sich zu bewegen. Die Resistenz des Neugeborenen gegen Kälte ist bekanntlich viel geringer, als die des Erwachsenen.

Am 17. Januar 1880 excidirte ich einem normalen hochträchtigen Meerschweinchen einen Fötus, der in Watte gewickelt, im Brütofen warm gehalten und mit Kuhmilch ernährt wurde. Das Thierchen war munter und verhielt sich ganz wie ein Neugeborenes. Am 20. Januar, nach mehr als drei Tagen, nachdem also seine Lebensfähigkeit und im Besonderen sein Wärmebildungsvermögen unzweifelhaft feststand, legte ich es im Zimmer auf Schnee, ohne es damit zu umgeben, und bestimmte die Rectumtemperatur.

Uhr	Rectum	Bemerkungen
3·27	38,7°	auf Schnee gesetzt.
·50	28,0	Zittern; Wackeln; Augen offen.
·51	27,2	Zittern lässt nach.
·53	26,4	Athmung noch frequent.

Uhr	Rectum	Bemerkungen
3·54	25,6°	Augen halb geschlossen.
·54½	24,9	Hornhautreflex noch da.
·57	23,8	schläfrig.
·59	22,4	schläfrig; Cornea reagirt.
4·0	21,6	ruhig; Athmung weniger energisch.
·1	21,0	bis 20,8°.

Jetzt berührte ich das Thierchen; es streckte sich und war todt, denn die Respiration erlosch und alle Reflexe blieben aus. Das Herz stand still und es liess sich nach Öffnen des Thorax keine Systole mehr hervorrufen.

Diese Beobachtung beweist, dass innerhalb 33 Minuten die enorme Abkühlung von 17° eintreten kann, ehe der Tod eintritt, obgleich das Thier bereits lange Luft athmete, viel Nahrung aufgenommen und oxydirt hatte, also mehr Wärme producirte, als es vor der Geburt konnte. Ähnliche Beobachtungen an neugeborenen Hündchen machte schon 1824 W. Edwards, ohne sie freilich so rapide Abnahmen zu constatiren.

Der Fötus kühlt sich überhaupt schneller ab in kalter Umgebung und erwärmt sich schneller in warmer Umgebung, als das erwachsene Thier.

Welche Wärmeverluste dagegen ein fast reifer Fötus theils im Uterus theils frei nach vorheriger Überwärmung ohne Schaden erträgt, zeigt u. a. folgender Versuch:

Am 11. Januar 1884 wurde ein hochträchtiges Meerschweinchen an den Extremitäten gebunden in der Rückenlage in ein Bad von 0,6-procentiger Kochsalzlösung gebracht, dessen Temperatur in der kurzen Zeit von 2 Uhr 48 Min. bis 3 U. 12 Min. allmählich von 36,0° bis 46,2° stieg. Die Temperatur der Bauchhöhle der Mutter stieg während derselben Zeit nur von 38,3° bis 39,0°, aber die eines mittelst Uterusbauchschnitts nur mit dem Kopfe blosgelegten in das Wasser ragenden Fötus im Schlunde von 38,4 bis 42,1°. Ich beobachtete mit Hülfe von zwei Assistenten:

Mutter	38,3°	38,4	38,5	38,6	38,7	38,7	38,8	38,9	39,0°.
Fötus	38,4°	38,5	38,6	38,9	40,0	40,3	41,3	41,6	42,1°.
Uhr	3.02	3.03	3.05	3.06	3.08	3.08½	3.10	3.11	3.12.
Bad	38,8°	39,2	—	41,3	43,6	44,4	45,5	46,1	46,2°.

Also stieg die Temperatur des Fötus, der zum grössten Theil im Uterus in normaler Verbindung mit der Mutter sich befand, gar keine asphyktischen Symptome zeigte, auf Hautreize normal reagirte, in 10 Min. um 3,7°, während die Bauchhöhle der Mutter um 0,7° zunahm. Um 3 U. 13 Min. wurde jedoch letztere unruhig, der Fötus prolabirte und zeigte bei tiefer in den Schlund eingeführtem Thermometer 43,1° in der Luft. Er blieb dann nass in der Luft liegen bis 3 Uhr 37 Min., bewegte sich normal lebhaft und kam mit 31,1° im Rectum in das Bad von 42,3° um 3 U. 39 Min. Hierauf wurde notirt:

Fötus	32,9°	34,1	35,6	36,5	37,7	38,1	39,4	40,1°.
Bad	42,3°	42,6	42,6	42,3	42,3	42,3	41,5	41,4°.
Uhr	3.40	3.42	3.42½	3.42½	3,43	3.43½	3.46½	3,48.

Der Fötus, lebhaft, wurde noch von Minute zu Minute controlirt bis 3 Uhr 55 Min. In dieser Zeit blieb seine Temperatur über 40°, ohne 40,7 zu überschreiten, während das Bad von 41,4 bis auf 39,9 sank. Von da ab nahm auch die Fötustemperatur langsam wieder ab. Das Thier blieb am Leben und war lebhaft wie normale Neugeborene.

In diesem Falle hat also

Fötus I zuerst sich erwärmt von 38,4 auf 42,1 in 10 Minuten,
dann sich erwärmt von 42,1 auf 43,1 in wenigen Min.,
hierauf sich abgekühlt von 43,1 auf 31,1 in < 24 Min.,
dann sich erwärmt von 31,1 auf 41,4 in 11 Min.,
endlich sich abgekühlt von 41.4 auf 40,4 in 7 Min.,

um schliesslich ohne die geringste nachtheilige Wirkung zur Norm zurückzukehren.

Ein zweiter um 3 Uhr 13 Min. excidirter Fötus, welcher sogleich Luft athmete, überlebte hingegen den raschen häufigeren Temperaturwechsel nicht. Anfangs blieb dieser Fötus II im Uterus in der Bauchhöhle von 2 U. 48 bis 3 U. 13 (Mutter 38,3° um 3 U. 2 M.), während das Bad von 36,0° auf 46,2° stieg. Dann:

Fötus II	39,7°	38,4	37,3	36,2	39,2	33,7	33,5	33,7°	†
3 Uhr	—	17ᵐ	18ᵐ	20ᵐ	22ᵐ	31ᵐ	32ᵐ	33ᵐ	35ᵐ
	i. Bad v. 44,9°	i. der Luft	i. Bad v. 43,9°	i. der Luft	i. Bad v. 43,1° dann bis 3,31 in der Luft.	i. Bad v. 41,7°	i. Bad v. 42,0°	i. Bad v. 42,8°	i. Bad v. 44,0°

Der Tod trat ein, obgleich das Temperatur-Intervall nur 6,2° betrug (gegen 12° bei Fötus I), aber es fand ein 8-maliger Wechsel statt (gegen einen 4-maligen bei Fötus I).

Am 15. Januar 1884 brachte ich ein hochträchtiges Meerschweinchen mit 38,4 im Rectum in ein 0,6%-iges Kochsalzbad von 37,8°. Um 9 U. 12 M. Fötus 38,4 A, wurde unter Wasser extrahirt und schnell vom Amnion befreit; bewegt sich. Dann:

Fötus	38,6°	40,7	41,0	42,1	43,2	43,7°.
Bad	39°	42,6	43,8	44,5	45,5°	—
Uhr	9.21	9.25	9.26	9,27	9.28	9,29.
Mutter	—	39,4°	—	—	—	40,8°.

Mit dieser ausserordentlichen Temperatur von 43,7° blieb der Fötus unter Wasser völlig normal beweglich und antwortete präcise auf schwache Reflexreize ohne eine Athembewegung zu machen. Die Verbindung mit der Mutter durch die Placenta bleibt unversehrt.

Um 9 U. 31 M. nahm ich den Fötus aus dem Wasser heraus, weil seine Temperatur einen Augenblick bis 44,9 stieg. Das Thierchen athmete nun in der Luft und kühlte sich durch die Verdunstung des ihm anhaftenden

Wassers enorm ab: 9 U. 35 M. 35,3. Ein zweiter und ein dritter Fötus, zwischen 9 U. 31 und 32 excidirt, wurden an der Luft zum Athmen gebracht, konnten aber wie der erste nicht am Leben erhalten bleiben, weil sie nicht entwickelt genug waren. Die drei Früchte wogen zusammen 123 Grm.

In diesem Falle hat also ein Fötus, der noch mit der Placenta in Verbindung nicht athmete und unter Wasser verblieb in 8 Min. um 5,1° zugenommen, sogar einen Augenblick die Temperatur von 44,9° erreicht und nachher noch geathmet und sich bewegt.

Es wird daraus zu folgern sein, dass auch im Uterus der Fötus immer dann schnell wärmer wird, wenn die mütterliche Blutwärme und das Fruchtwasser die fötale Temperatur übersteigen, aber nicht allein durch Leitung der mütterlichen Wärme, sondern möglicherweise durch Steigerung embryonaler Oxydationsprocesse. Diese letztere kann jedoch beim Fötus nicht wie beim Geborenen zu einer dauernden Temperaturerhöhung, zum Fieber führen und auch die subnormale Temperatur im Uterus nicht bestehen bleiben, wenn die Mutter sich nach längerer Abkühlung wieder erwärmt. Das Fruchtwasser muss vielmehr als guter Wärmeleiter hier schnell ausgleichen. In welchen Zeiträumen die herabgesetzte Temperatur des Fötus im Ei ohne Nachtheil für ihn wieder steigt, erläutert der folgende Versuch.

Am 4. Februar 1884 tauchte ich ein hochträchtiges Meerschweinchen mit 38,3° im Rectum um 4 U. 10 Min. ein einziges Mal ganz in Wasser von $7\frac{1}{2}$° und liess es dann nass in Zimmerluft von $18\frac{1}{2}$° durch die Verdunstung des den Haaren anhaftenden Wassers sich abkühlen. Nachmittags

4 U. 14 M. 37,7° ▾ 4.16 Fruchtbewegungen.

4 U. 20 M. 36,3 ▾ lebhafte Fruchtbewegungen.

4 U. 39 M. 35,1 constant; Fruchtbewegungen in warmer Luft.

4 U. 58 M. 34,6; das Thier abgerieben in Werg und Watte.

5 U. 54 M. 35,5 ▴ Fruchtbewegungen.

6 U. 45 M. 36,9 ▴. Das Thier ist trocken und munter, wurde während der ganzen Nacht warm gehalten und zeigte am 5. Februar um 9 U. 21 M. Vm. 40,2. Hierauf brachte ich es in einen nur von 9 U. 27 bis 30 M. dauernden ununterbrochenen Sprühnebel aus Wasser von $13\frac{1}{2}$°. Schon 9 U. 34 M. 38,5 ▾.

9 U. 45 M. 37,2 Fruchtbewegungen.

9 U. 58 M. 36,2; lebhafte Fruchtbewegungen um 9 U. 57 M. Das Thier wurde dann trocken gerieben, zeigte aber noch

11 U. 15 M. 35,7 ▴ und 12 U. 6 M. 36,5 ▴. Daher wurde das Thier in Spreu und Werg warm gehalten.

4 U. 6 M. 38,5 und 6 U. 30 M. Abds. 38,9.

Am 6. Februar 9 U. 33 M. 39,0°, normal. Das Thier zeigte gar keine Anomalie während der folgenden Tage.

Am 9. Februar hatte das Rectum um 8 U. 50 M. 38,9°. Von 8 U. 52 M. bis 9 U. 2 M. blieb es dem Spray von 14° warmem Wasser ausgesetzt. Schon 9 U. 4 M. 37,9°. Fruchtbewegungen. Das Thier bleibt nass in einem geräumigen Glaskasten mit Zimmerluft.

9 U. 13 M. 36,3° und 9 U. 49 M. 35,3.

11 U. 20 M. 35,3 und 11 U. 40 M. 35,1.

Zwischen 7 U. 30 und 8 Uhr Abends warf das Thier vier reife und in jeder Beziehung normale Junge, und zeigte eine Rectumtemperatur von 38,2. Alle fünf Thiere blieben am Leben.

Dieser instructive Versuch zeigt, dass der Fötus im Uterus innerhalb kurzer Zeit eintretend, sehr grosse Wärme-Entziehungen gut verträgt, wenn sie nicht lange anhalten. Das Mutterthier wurde abgekühlt

Am 1. Tage	von 38,3	auf 34,6	also um	3,7°	in	48	Min.
„ 2. „	„ 40,2	„ 36,2	„ „	4,0°	„	37	„
„ 6. „	„ 38,9	„ 35,3	„ „	3,6°	„	59	„

so dass, nach den früheren Versuchen, die Früchte um wenigstens zwei Grad mit abgekühlt worden sein müssen, denn es dauerte jedesmal mehrere Stunden, bevor die normale Temperatur wieder erreicht wurde. Trotzdem trat keine nachtheilige Wirkung ein, es sei denn, dass man die Erregung von Uteruscontractionen und dadurch den vielleicht beschleunigten Eintritt der Geburt dahin rechnen will. Die Neugeborenen waren aber sehr munter. Somit ist bewiesen, dass zwar bei erheblicher Abnahme der mütterlichen Blutwärme die fötale Blutwärme gleichfalls abnimmt, aber in geringerem Maasse als die mütterliche und dass sich der abgekühlte unversehrte Fötus im unversehrten Uterus bei der Wiedererwärmung der Mutter gleichfalls schnell wiedererwärmt und bald darauf lebensfrisch zur Welt kommen kann. Auch dann ist es leicht durch Besprengen mit wenig Wasser, durch einmaliges secundenlanges Eintauchen in kaltes Wasser, durch den Sprühnebel und auf andere Weise das schon längst Luft athmende Thier schnell um mehrere Grade abzukühlen und im stärker geheizten Brütofen es um mehrere Grade zu überwärmen. In dem einen wie in dem anderen Fall tritt aber jetzt die Rückkehr zur Norm viel schwieriger und langsamer ein als vor der Geburt, weil die Ausgleichung mittelst der Placenta und der Uterusgefässe fehlt und das gut leitende Fruchtwasser durch die schlecht leitende Luft ersetzt ist.

Alle diese Sätze gelten auch für das neugeborene Kind.

Schon wegen der im Verhältniss zur Masse viel grösseren Oberfläche des Kindes verliert es in gleichen Zeiträumen relativ mehr Wärme, bedarf darum mehr Schutz gegen Abkühlung. Aber auch abgesehen davon sind weder die regulatorischen Einrichtungen des kindlichen Körpers so vollkommen, noch die thermogenen Processe so manigfaltig und ausgiebig wie später, die Bewegungen z. B. wegen des längeren Schlafes weniger häufig.

Hiernach wird also der Neugeborene nur eben das ganze Maass der erforderlichen Wärme aus sich selbst produciren können, wenn er höchst sorgfältig vor Abkühlung geschützt wird, wie es auch bei allen idiothermen Thieren — Säugethieren und Vögeln — der Fall ist. Somit schwindet der „im höchsten Grade überraschende“ Unterschied zwischen dem Fötus und Neugeborenen, welchen nach Baerensprung's Ansicht der Athmungsvorgang ausgleichen soll. Man darf nicht vergessen, dass auch vor der Geburt Sauerstoff verbraucht und dass nach derselben die eingeathmete Luft im Kinde erwärmt und nahezu blutwarm ausgeathmet wird.

Wenn also die Abkühlung des Neugeborenen in den ersten Minuten nach der Geburt nicht grösser gefunden wird, so hat dieses mehr noch als in dem veränderten Blutumlauf und der neuen Art den Sauerstoff aufzunehmen, in dem Umstande seinen Grund, dass die Abkühlung verhindert wird durch warme Einwicklungen und die Bettwärme der Mutter, die Nestwärme der Thiere usw. Um wieviel übrigens die Wärme des Neugeborenen nach dem ersten warmen Bade abnimmt, zeigen schon Baerensprung's eigene Messungen. Er fand [167, [illegible]]

Neugeborene	Sogleich nach d. Geb.	Nach dem Bade	Nach 12 Stunden	Differenz
1	38,7	37,5	37,1	−1,6
2	39,1	37,4	37,1	−2,0
3	38,2	36,8	37,4	−0,8
4	37,9	36,5	36,6	−1,3
5	38,9	37,9	37,2	−1,7
6	38,2	37,7	37,0	−1,2
7	37,0	36,4	37,4	+0,4
8	37,4	36,2	37,4	0

Einen halben Tag nach der Geburt hat also in 6 Fällen von 8 die Temperatur um 0,8 bis 2,0 abgenommen, ist nur in einem Falle um 0,4 gestiegen und nur in einem Falle hat sie die ursprüngliche Höhe wieder erreicht, letzteres beides nach einem Abfall von 0,6 und von 1,2 Grad nach dem Bade.

Die angeborene Temperatur nimmt auch, wenn das Bad die Blutwärme hatte, im warmen Wochenzimmer beim gut eingewickelten nüchternen Neugeborenen um 1 bis 2 Grad innerhalb der ersten Hälfte des ersten Tages ab, und zwar nach A. Schütz am schnellsten in der ersten Viertelstunde. Nach der Nah- [292
rungsaufnahme beginnt erst die eigene Wärmeproduction erheblich zu steigen. Wenn dagegen ein Kind unmittelbar nach der Geburt in feuchte — mit Wasserdampf gesättigte — Luft von 39° oder in einen Brütofen gelangte, würde wahrscheinlich keine Abnahme, sondern eine Zunahme der Temperatur stattfinden. Es wäre wichtig, den Versuch am Menschen auszuführen, weil man auf diese Weise die Wärmeproduction des nüchternen Neugeborenen erkennen könnte.

Nach den Messungen von A. Schütz an eben geborenen [292
sofort in warme Decken gewickelten Kindern, bei denen nur die Nase und das Thermometer im Rectum frei blieben, erreicht letzteres fast stets innerhalb der zwei ersten Stunden seinen tiefsten Stand, bis 33,6° im Minimum und — nach dem Bade von 35° — im Durchschnitt 34,9°. Es ergab sich dabei ferner, dass nach dem Ablauf der ersten 24 Stunden das Missverhältniss zwischen Wärme-Production und -Verlust nahezu ausgeglichen war.

Nach Andral sinkt aber die Temperatur des Neugeborenen [285
bis zur 12. Lebensstunde, auch nachdem sie im Augenblick der Geburt merklich höher als die der Mutter gewesen; doch soll sie ihm zufolge nur in der ersten halben Stunde nach der Geburt unter die Norm des Erwachsenen sinken, was keinesfalls allgemein gültig ist. Lépine constatirte diese Abkühlung bis unter die [283
Norm bei schwächlichen Kindern in der ersten halben Stunde und es ist nach Förster u. A. richtig, dass bei kräftigen und schweren Neugeborenen überhaupt die Temperatur-Abnahme nach der Geburt geringer ausfällt. Im Schlafe scheint die Eigen- [280
wärme des Neugeborenen zu sinken. Beim Schreien steigt sie. [284

Dieses Alles spricht wiederum zu Gunsten der embryonalen Wärmeerzeugung durch Verbrennungsprocesse.

Jedenfalls liegt kein Grund vor, für die von Andral auf- [286
gestellte Behauptung, dass die höhere Temperatur des Kindes unmittelbar nach der Geburt von dem Uterus herstamme, also nicht von einer dem Ungeborenen eigenen Wärmequelle.

Andral fand bei sechs eben geborenen Kindern in der Achselhöhle:

Zeit nach der Geburt	I.	II.	III.	IV.	V.	VI.
0	38,4	38,3	38,2	38,1	37,8	36,7
15 Min.	—	37,5	—	—	—	36,5
20 Min.	37,9	-	—	37,7	—	—
30 Min.	-	--	37,6	—	37,3	—
8 Stund.	—	—	—	37,2	—	36,3
12 Stund.	37,5	37,1	37,3	—	37,3	—

Wären diese Temperaturabnahmen durch den Verlust der dem Neugeborenen vom Uterus mitgetheilten Wärme allein bedingt, dann wäre unverständlich wie der Fötus regelmässig eine höhere Temperatur als die Mutter haben kann. In den vorliegenden Fällen hatten die Mütter nach Andral's eigener Angabe nur zwischen 37,6 und 37,9 liegende Temperaturen.

Die Eigenwärme des Embryo beweist, dass Oxydationen in ihm stattfinden.

Das in physiologischer Beziehung wichtigste Ergebniss der zahlreichen an Embryonen und Ebengeborenen ausgeführten Temperaturbestimmungen ist die Thatsache, dass allgemein der Fötus in seinen späteren Entwicklungsstadien eine etwas höhere Temperatur hat, als seine nächste Umgebung. Die Embryonen der Vögel und Säuger gleichen darin den ausgebildeten Amphibien und Fischen und vielen niederen Thieren, dass sie nur wenig wärmer, als das sie umgebende Medium sind und sehr leicht, wenn dieses abgekühlt wird, sich mitabkühlen, wenn es erwärmt wird, sich ebenfalls erwärmen, im Gegensatz zu den ausgebildeten idiothermen Thieren; denn diese, die Vögel und Säuger, brauchen sehr viel mehr Zeit, um sich in der Kälte abzukühlen, in der Wärme zu erwärmen, als ihre eigenen Embryonen.

Bedingt ist dieser Unterschied und jene Übereinstimmung durch das Fehlen regulatorischer Einrichtungen beim Embryo. Beim ausgewachsenen Thier wird die Körpertemperatur constant gehalten innerhalb enger Grenzen durch das Constanthalten des Verhältnisses der Wärmeerzeugung zur Wärmeabgabe. Beim Fötus bleibt dagegen dieses Verhältniss nur so lange constant als die nächste Umgebung (das Fruchtwasser usw.) im Uterus constant temperirt bleibt. Sobald das letztere verlassen wird, [illegible]zeitig oder rechtzeitig, muss eine Abnahme der Temperatur [illegible]rucht eintreten, weil das ihr anhaftende Wasser verdunstet, [illegible]ine sehr grosse Wärmemenge erforderlich ist, weil anfangs

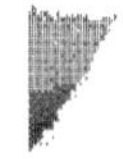

ehe die Lungencirculation und Lungenathmung vollkommen im Gange sind, nur wenig Sauerstoff aufgenommen werden kann, also auch relativ wenig Wärme erzeugt wird, weil durch die Ausathmung der Luft sehr grosse Wassermengen in den Lungen verdampfen und weil es noch gänzlich an Nahrung fehlt, welche oxydirt werden könnte.

Vorher fehlte die Verdampfung des Wassers von der Hautoberfläche, wurde trotz fehlender Lungenathmung genügend Sauerstoff durch die Nabelvene aufgenommen, kein Wasser durch Ausathmen abgegeben und genug Nahrung zugeführt. Den Ausfall zu decken und zugleich den Mehransprüchen zu genügen, dazu ist das Ebengeborene in gewöhnlicher Luft nicht im Stande und selbst nach reichlicher Milchzufuhr erst dann, wenn für Umhüllung mit schlechten Wärmeleitern gesorgt wird. Es ist deshalb durchaus rationell, frühgeborene und schwächliche rechtzeitig geborene Kinder stundenlang im Brütofen verweilen zu lassen, ein Verfahren, das ich bei Thieren, die ich zur physiologischen Untersuchung dem Uterus lebend entnahm, seit Jahren mit dem besten Erfolge angewendet habe. Werden die postnatalen Wärmeverluste vermieden, dann reicht die Wärmeerzeugung des Neugeborenen aus.

Um nun zu beweisen, dass die Temperatur des Fötus einzig und allein durch seine eigene Wärmeerzeugung, also durch Oxydationsprocesse in ihm steigt, wenn die Umgebungstemperatur constant die der Mutter bleibt, wäre vor Allem der Nachweis von Verbrennungsproducten im Fötus erforderlich. Dieser Nachweis fötaler Oxydationsproducte ist nur für den Vogelembryo völlig sicher geliefert durch die quantitativen vergleichenden Kohlensäurebestimmungen. Für Säugethiere liegen nur ganz vereinzelte Beobachtungen vor.

In den Muskeln von neun Rindsembryonen von sehr ungleicher Entwicklung fand F. Krukenberg Hypoxanthin; auf Kreatin [73] wurden sieben geprüft mit positivem, vier mit negativem Ergebniss. Die untersuchten Embryonen maassen von der Schwanzwurzel bis zur Schnauzenspitze 865, 520, 460, 320, 290, 287, 190, 184, 180 Mm.; im kleinsten und grössten wurde Kreatin, Hypoxanthin und Inosit mit Sicherheit nachgewiesen, und Krukenberg meint, dass die Muskeln des jüngsten Embryo relativ nicht viel ärmer an diesen Stoffen waren, als die des fast ausgetragenen Fötus von 865 Mm.

Diese Befunde liefern zwar für sich allein noch keinen Beweis für die Bildung von Oxydationsproducten im Embryo selbst, weil sowohl das Kreatin als auch das Hypoxanthin präformirt, aus dem mütterlichen Blute stammen könnte. Da aber auch im entwickelten Vogelei kataplastische Stoffe, wie namentlich Harnsäure und Harnstoff gefunden worden sind und vom Säugethierfötus nicht viel weniger Kohlensäure gebildet werden kann, als nachgewiesenermaassen vom gleich entwickelten Vogelembryo gleicher Grösse, so ist auch für ersteren die Bildung von Oxydationsproducten als zweifellos schon jetzt zu bezeichnen (Vgl. S. 116, S. 128, S. 129, S. 132, wo von der Sauerstoffaufnahme des Vogelembryo, S. 138, wo von der des Säugethierfötus die Rede ist, S. 334: Harnsäure u. a.).

VI.

DIE EMBRYONALE MOTILITÄT.

A. Die Bewegungen thierischer Embryonen.

Zu den räthselhaftesten Erscheinungen in dem gesammten Gebiete der Physiologie des Embryo gehören die Bewegungen, welche er im Ei ohne nachweisbare äussere Reize ausführt. Man hat sie als instinctive, auch als reflectorische, ja sogar zum Theil als willkürliche Bewegungen bezeichnet, ohne den Nachweis ihrer Übereinstimmung mit den entsprechenden Bewegungsarten Geborener zu liefern und eine Erklärung zu geben, welche jene Benennungen rechtfertigte. Ich habe daher die Bewegungen der Embryonen verschiedener Thiere seit mehreren Jahren in den Sommermonaten sorgfältig beobachtet und stelle zunächst ausser meinen Befunden eine Reihe von früheren kritisch zusammen, welche in der Literatur sehr zerstreut sind.

Über die Bewegungen der Embryonen niederer Thiere.

Zu den vielen biologischen Entdeckungen des unermüdlichen Swammerdam (gest. 1685), welche er in seinem grossen Werke „Die Bibel der Natur“ beschrieb und durch zahlreiche Abbildungen erläuterte, gehört auch die Beobachtung der lebhaften Bewegungen, welche die Embryonen verschiedener Schnecken zeigen, ehe sie das Ei verlassen.

Der treffliche Zootom schreibt von den Schneckeneiern, [20 die er untersuchte: „Die kleinsten davon waren nicht grösser, als eine Nadelspitze. Hielt ich sie an einem dunkeln Ort gegen ein brennendes Licht und besah sie alsdann, so sah ich, wie sie sich in der Feuchtigkeit der inneren, Amnium genannten, Haut ziemlich geschwind und sehr zierlich herumdrehten ... Bei anderen nackten Schnecken habe ich vielmals das noch im Ei verborgene

Schneckchen durch die äussere Schale des Eies hindurch scheinen, sich sehr artig rühren und bewegen sehen, bevor es noch an's Tageslicht kam."

Diese Beobachtungen, von deren Richtigkeit ich mich selbst überzeugte, blieben lange unbekannt. Denn Leeuwenhoek machte die Entdeckung noch einmal. Er schrieb am 1. Oct. 1695 in seinen Briefen über die enthüllten Geheimnisse der Natur von den lebenden Eiern der Holländisch *Veen-Oesters* oder *Veen-* ? *Mosselen* genannten Muscheln: „Sogleich bemerkte ich mit grossem Vergnügen und mit grosser Verwunderung, wie diese nicht geborenen, noch in ihren Häuten eingeschlossenen Muscheln sich langsam herumwälzten, und zwar nicht eine kurze Zeit hindurch, sondern einige drei Stunden lang ... Sie kamen bei diesen Umwälzungen keiner Seite der Haut, in welcher sie eingeschlossen waren, näher, sondern blieben immer gleich weit von ihr entfernt, nicht anders, als wenn wir eine Kugel sich um ihre Axe herumdrehen sehen. Unter diesen Verhältnissen sah ich bald das Thier von seiner platten Oberfläche, wo ich dann die Gestalt und die feinsten Theile der Schale erkannte und begriff, wie die Schale wachsen könne, bald die Muschel von ihrer schmalen Seite. Mit einem Worte, dieses Schauspiel, das alle anderen an Reiz übertraf, genoss ich mit meiner Tochter und mit dem Kupferstecher zwei ganze Stunden hindurch; und an jeder noch nicht geborenen Muschel, die wir ansahen, erschienen uns diese Phänomene, welche weit über unseren Verstand gingen."

Nach mehr als einem Jahrhundert haben mehrere fleissige Beobachter diese Thatsache der embryonalen Rotationen auf's Neue entdeckt; offenbar waren die Mittheilungen der beiden Holländischen Entdecker ihnen unbekannt geblieben.

So beschrieb S. Stiebel 1815 in seiner Inaugural-Dissertation die Drehungen des Embryo der Teichhornschnecke (*Limnaeus stagnalis*). Er unterschied eine Axendrehung von einer kreisförmigen Bewegung des Embryo; erstere, zuerst langsam, später schnell, beginne am 4. bis 5. Tage und sei im Sonnenlicht schneller als im Schatten, letztere am 6. bis 7. Tage, dann blieben beide Bewegungen eine Zeitlang zusammen sichtbar.

Hugi beobachtete an derselben Schneckenart 1823 gleichfalls sowohl die schnelle wohl über vierzigmal in der Minute erfolgende Axendrehung oder das Wälzen des Embryo, als auch die sehr langsame Rotation „im Ei herum". Er sah erstere erlöschen als die Schale deutlich wurde und bemerkte dann, dass der Embryo öfters Kopf und Fuss aus der eben gebildeten Schale hervorstreckte.

Umfassender sind die Untersuchungen von C. G. Carus, [5 welcher in mehreren Abhandlungen, besonders 1823 und 1832, und bei mehreren Arten, auch Bivalven (bei *Unio-*, *Anodonta-* und *Limnaeus-*, sowie *Paludina-*Arten) die Rotationen des Embryo im Ei genau beschrieb. Bei einigen finde, so meint er, nur eine Rotation im Ganzen in einer Ebene statt, nur in éiner Richtung, mit ungleicher Geschwindigkeit; bald brauche eine Umdrehung 18 bis 80 Secunden, dann wieder, z. B. bei *Unio intermedia*, nur 15 bis 16 Secunden. Übrigens nahm die Umdrehungsgeschwindigkeit zu nach dem Wechseln des länger bewohnten Wassers; der Embryo bewege sich, auch wenn man die Schalenhaut zerreisse, noch eine Zeitlang fort, jedoch unregelmässiger als im Ei, während P. J. Vanbeneden und A. Ch. Windischmann später beim *Limax-*Embryo nach dem vorsichtigen Zerreissen der Eihüllen dieselbe Regelmässigkeit der Drehung wie vorher wahrnahmen, welche [166 auch im Ei stets in derselben Weise, das Kopfende vorn, verlief.

Diese Beobachtungen erregten bald, nachdem sie bekannt wurden, grosses Aufsehen. Selbst ein erfahrener Zoologe [120 glaubte, es handle sich nicht um Schnecken, sondern Räderthiere, und wurde erst eines besseren überzeugt, als ihm Hugi die ausgeschlüpfte Schnecke zeigte. Andere meinten, nicht ein Embryo, sondern ein Wurm bewege sich im Ei. Ein Englischer Beobachter traute seinen Augen nicht und rief sein Dienstpersonal herbei, um sich zu vergewissern. Dann hielt er den Embryo für ein Entozoon.

Seitdem ist aber an so vielen Embryonen nicht nur von zahlreichen Gasteropoden, sondern auch von anderen niederen Thieren die rotatorische Bewegung im durchsichtigen Ei gesehen worden, dass man sie für eine sehr weit verbreitete Erscheinung ansehen muss. Ihre Erklärung ist lange streitig gewesen.

Während die ersten Entdecker bescheiden sagten, diese Phänomene gingen weit über ihren Verstand, waren die Wiederentdecker mit unkritischen Erläuterungen nicht zurückhaltend. So fand Stiebel eine interessante Ähnlichkeit der Bewegung des Schneckenembryo mit der Planetenbewegung, wodurch gewissermaassen ein Übergang aus der unorganischen in die organische Natur gegeben sei. Carus meinte, die Polarität der Gegend, wo die Kiemen sich entwickeln, bewirke den von ihm als Ursache der Drehung angenommenen Respirationswirbel.

Die richtige Erklärung gab zuerst E. Grant (1827), welcher bei vielen Gasteropoden-Embryonen die Axendrehung und Kreisbewegung im Ei sorgfältiger beobachtete und jedesmal als deren Ursache Cilienschwingungen erkannte, wie er auch die Bewegungen ganzer Eier zuerst auf Cilien zurückgeführt hat.

Diese Wimperbewegung ist das erste Lebenszeichen des Embryo und namentlich viel früher sichtbar als der Herzschlag. Bei *Trochus* und bei *Nerita* sind die Wimpern so lang und ihre Oscillationen so rasch, dass der Embryo im Ei sich rastlos um die eigene Axe dreht. Wenn er ausschlüpft, wird er mit grosser Geschwindigkeit durch das Wasser gestossen. Vor diesem locomotorischen Effect hat das intraovuläre Flimmern bei vielen Arten eine schleunige Zufuhr von Meerwasser zur Folge, nachdem die Embryonen mit diesem mittelst einer durch ihre Eigenbewegungen entstandenen Öffnung des Eies in unmittelbare Berührung gekommen sind. Das Wasser bringt dann in gleicher Zeit mehr Sauerstoff zur Athmung und mehr Kalk zur Schalenbildung.

Die bei den cephalophoren Mollusken sehr allgemein vorkommenden lebhaft vibrirenden Cilien an verschiedenen Puncten der Embryo-Oberfläche sind jedenfalls schon darum von grossem physiologischem Interesse, weil sie den durch die Eihaut stattfindenden osmotischen Verkehr, die Aufnahme des im Wasser diffundirten atmosphärischen Sauerstoffs und der gelösten Salze erheblich steigern müssen. Diese Wirkung hat die Flimmerbewegung, wenn auch nicht in so hohem Grade, schon ehe der Embryo rotirt. Bei dem Ackerschneckenembryo beginnt sogar die Dotterrotation vor seiner Bildung und dauert, namentlich von Temperaturschwankungen abhängig, bis zum Ausschlüpfen. Es kommt nun für die Kreisdrehung, welche eine Art Manège-Bewegung ist, und die Axen-Drehung oder Wälzbewegung nicht eine selbst bei sehr kleinen Embryonen mit langen und starken Cilien kaum mögliche Ruderwirkung der letzteren, sondern als Hauptursache der Rotation die durch das Flimmern in Gang gebrachte Strömung des Eiwassers in Betracht. Ausserdem sah Rabl (1879) Planorbis-Embryonen schon sehr früh mittelst besonders grosser Cilien, die am Rande der Mundöffnung schwingen, Fruchtwasser in den Darm treiben, wodurch aber nicht nothwendig der ganze Embryo bewegt wird. Auch hier ist dessen Kreisbewegung „anfangs nur langsam und schüchtern, bald aber schneller und lebhafter.“

In sehr vielen, wenn nicht allen Fällen ist diese ungleiche

Geschwindigkeit der Drehungen zu Anfang und zu Ende der intraovulären Entwicklungszeit bemerkt worden.

Bei einer *Tritonia* sah Sars am 18. Tage, nämlich 6 Tage [39
nach beendigtem Furchungsprocess, einige Embryonen im Ei sich langsam im Kreise drehen und zwar mittelst Cilien. Am 25. oder 26. Tage werden diese Bewegungen recht lebhaft. Am 30. oder 31. Tage platzt die Eihaut, die Embryonen treten hervor und schwimmen rasch mittelst ihrer Cilien herum. Schon 5 bis 6 Tage vorher fahren sie in allerlei Richtungen äusserst rasch durcheinander. Jedes Ei enthält nämlich mehrere (5 bis 11) Dotter (wie bei *Aplysia*).

In diesem Falle, wie in vielen damit übereinstimmenden, schwimmt der Embryo anfangs wie eine todte Masse im Eiwasser und wird von dem Strome getragen, welcher durch langsame Summirung der ciliaren Stösse zu Stande kommt. Ist der Embryo einmal am Rotiren, dann genügt dieselbe Flimmerthätigkeit, die Bewegung zu beschleunigen, weil die Trägheit der Masse des Embryo hinzukommt. Ausserdem nehmen jedenfalls die Cilien an Länge, Stärke und Zahl zu. Sie können aber, wie gesagt, wegen der zu grossen Masse des Embryo in keinem Falle als locomotorische Instrumente angesehen werden, welche, sei es durch den inzwischen ausgebildeten Willen, sei es reflectorisch, wie Ruder wirkten. Es ist nicht erforderlich, dass alle Wimperhaare in derselben Richtung schlagen, denn es wird immer nur ein Theil durch die antagonistische Wirkung eines anderen Theiles, wenn solche vorhanden, neutralisirt werden können. Ganz dasselbe gilt für die Axendrehung. Nur kommt es hierbei sogleich zu einer grösseren Umdrehungsgeschwindigkeit, weil die Widerstände geringer sind.

Ausser den Rotationen zeigen die Embryonen der Weichthiere häufig noch Eigenbewegungen, welche auf Contractionen der eben gebildeten Muskelfasern beruhen. Schon Everard Home sah den Embryo der Flussmuschel im durchsichtigen Ei die sich bildenden Schalen schliessen und öffnen (1826). [3

Auch sah Leeuwenhoek bei kleinen Embryonen von See- [31
muscheln in ihren durchsichtigen Eihüllen nicht nur Bewegungen, [32
sondern er bemerkte auch, dass sie „zuweilen ihren Körper in die Länge streckten, und dass sie dabei einen Theil noch mehr hervorstreckten, an welchem man jetzt eine runde Öffnung bemerkte, worauf dann das Thier seine gewöhnliche, länglich runde Gestalt wieder annahm; aber sobald das geschehen war, wiederholte es die beschriebene Bewegung, ohne sich jedoch von der Stelle zu

bewegen, denn jedes derselben war in einer Haut eingeschlossen. Jede von diesen Bewegungen wurde etwa in zwei Secunden ausgeführt.“

Hierzu bemerkt Ernst Heinrich Weber (1828) mit Recht, dass diese an Testaceen *(pisciculos testaceos vulgares)* im frühen Embryozustand beobachteten Bewegungen mit der von ihm selbst an Blutegelembryonen wahrgenommenen Ähnlichkeit haben. Er sah nämlich, dass die linsenförmigen, den Dotter einschliessenden ganz jungen Eilinge, welche erst eine halbe Linie im Durchmesser gross und noch ganz durchsichtig sind, schon mit einem Munde und trichterförmigen Schlauche versehen waren, der von der Oberfläche zum Centrum führt. Dieser macht schluckende Bewegungen, zieht sich ein und streckt sich wieder hervor. Ausserdem zieht sich der Rand des Thieres ein und dehnt sich wieder aus, so dass Einbiegungen an ihm entstehen, die wie Wellen um den ganzen Dotter stundenlang im Kreise rechts herumlaufen.

Auch der *Planorbis*-Embryo macht, wie Rabl fand, während er sich vermöge seiner Cilien dreht, vermöge seiner Muskelfasern selbständige Bewegungen im Ei. Diese beschränken sich anfangs fast nur auf den Fuss, welcher gewöhnlich nach rückwärts gegen die Schale gezogen wird. Einen besonderen Rhythmus, wie er von Anderen behauptet wird, bemerkte Rabl nicht, fand vielmehr, dass die Zusammenziehungen sehr unregelmässig nach bald längeren, bald kürzeren Pausen und bald mehr bald minder kräftig erfolgen. Ebensowenig bemerkte er selbständige Contractionen der Nackengegend, wie sie bei anderen Schnecken vorkommen; die Aufblähungen des Nackens seien die Folge der Erschlaffung des Fusses, seine Abflachung sei Folge der Contraction des Fusses, daher die rhythmische Abwechslung zwischen Nacken- und Fuss-Contraction einzig durch die Fussbewegungen bedingt sei; übrigens sei eben dieses Wechselspiel physiologisch wichtig, weil es das Blut oder die Hämolymphe in die verschiedenen Körpertheile treibt, die Circulationsorgane ersetzend, gerade wie die ciliare Rotation die Respiration und zum Theil schon Assimilation ermöglicht und begünstigt.

Die Bewegungen des Embryo von *Nemertes* beobachtete Desor. Er sah am 12. bis 14. Tage die durch Wimpern verursachte sehr langsame und unregelmässige Dotterdrehung, welche die Dotter auch im Wasser fortsetzen nach dem Öffnen des (mehrere Dotter enthaltenden) Eies. Am 21. Tage traten erst die activen Contractionen und Streckungen des Embryo ein, völlig unabhängig von der Dotterdrehung. Auch dieses Vorstrecken und Zurückziehen des Kopfendes findet in gleicher Weise im Ei, wie nach dem Öffnen desselben im Wasser statt. Das Thier „scheint vollkommen seine Bewegungen zu beherrschen, und wenn man es umherschwimmen und an verschiedene Gegenstände anstossen sieht, so möchte man versucht sein zu glauben, dass es mit einem gewissen Grade von Neugierde begabt sei.“ Eher ist die wechselnde Füllung und Entleerung der Leibeshöhle mit Dotterflüssigkeit, bez. Wasser, dem Schlucken und Erbrechen zu vergleichen. Übrigens trägt der Embryo an seiner Oberfläche ähnliche Wimpern wie die ihn umgebende Dotterhülle, so dass ihm nach Abstreifung der letzteren auch passiv durch Cilienschwingungen der Flüssigkeitswechsel an seiner Oberfläche zu Statten kommt.

Über die ebenfalls auf einer Wimperbewegung beruhende Rotation der Dotterkugel im Kaninchenei siehe S. 73.

Bei zahlreichen Heteropoden sah Fol den Embryo mittelst [243 Cilien lange vor dem Ausschlüpfen im Ei sich sehr lebhaft drehen. Die motorischen Wimpern entstehen am spätesten in der Umgebung des Mundes.

Auch in den Eiern der Seeigel bewegt sich — und zwar 12 bis 24 Stunden nach der Befruchtung — der Embryo, indem er sich bald continuirlich um sich selbst dreht, bald ruckweise seine Lage ändert. Die Eihaut reisst dann, der Embryo sitzt in der Öffnung und nun sieht man die zahlreichen Cilien nach Derbès, [339 welcher schliesslich den Embryo sich ganz frei machen und geradeaus sich bewegen, sowie (angeblich mittelst der Cilien als locomotorischer Gebilde) sich drehen und hin- und herschwanken sah. Dufossé sah auch vor dem Ausschlüpfen die Cilien sich be- [340 wegen und nach 24 bis 42 Stunden den Embryo starke Bewegungen machen, so dass die Eischale platzte.

Ich selbst sah (im Juni 1883) nach dem Anstechen einer grossen Clepsine unter dem Mikroskop eine Anzahl junger Clepsinen von jener, an deren Unterseite sie adhärirten, sich trennen und ungemein lebhaft bewegen und zwar in derselben Weise nur energischer als die alten. Was dabei besonders merkwürdig erscheint, ist die Thatsache, dass der Schlund sogleich kräftige Schluckbewegungen machte wie bei dem Mutterthier und zwar wie bei diesem auch nach der Abtrennung von dem übrigen Körper: eine rein erbliche Bewegung.

Über die Bewegungen der Embryonen allothermer Wirbelthiere.

In Froscheiern entdeckte Swammerdam eine drehende Bewegung des Embryo: „Sehr wunderbar und schön liess es, wenn die Frucht sich am 5. Tage in dem Wasser-Amnion herumtrieb, kehrte und drehte. Denn sie war beinahe beständig in Bewegung.“

Die Ursache dieser Rotation fand Bischoff in der Flimmerbewegung. In Froscheiern sah er vier Tage nach dem Beginn des Furchungsprocesses Kopf, Bauch und Schwanz der Embryonen angelegt und an ihrer Oberfläche Wimperbewegungen durch sehr feine glashelle Cilien. Sie drehten sich noch nicht, aber nach 2 ½ Stunden fing der erste Embryo an zu rotiren. „Die Drehungen erfolgten mit dem Rücken voraus, nicht in einer Horizontalebene, sondern wahrscheinlich in einer Spirale, indem bei derselben Lage des Eies bald der Rücken, bald der Bauch oben war. Das Chorion war etwas oval und änderte seine Form bei der Drehung des länglichen Embryo nicht; vielmehr wurde derselbe, wenn er mit seiner Längenaxe in die Queraxe des Chorion kam, offenbar angehalten, krümmte sich stärker und rückte langsam fort, bis er wieder in die Längenaxe des Eies kam, wo die Bewegung dann ziemlich schnell war.“ Als Bischoff ein Ei mit drehendem Embryo in kälteres Wasser legte, wurde die Bewegung sehr langsam, beschleunigte sich aber wieder beim Erwärmen. Ebenso blieben die meisten Embryonen bei eintretender Abendkühle ruhig; am anderen Morgen in der Sonnenwärme waren fast alle in der Drehung begriffen. Spontane Bewegungen des ganzen Körpers sah Bischoff damals noch keine und doch verliessen an demselben Morgen viele die Eihüllen, das heisst vor Ablauf des 5. Tages, seitdem der Theilungsprocess des Dotters begonnen hatte.

Diese Drehung der Froschembryonen im Ei sah auch Peschier (1817) mit der Lupe, sowie H. Cramer (1848), der [illegible] den Embryo langsam und gemessen wie um eine ideelle ihm durch Rücken und Bauch gestossene Spindel sich drehen sah. Die Cilien nahm er nicht wahr.

Für die Eier von *Rana temporaria* fand S. L. Schenk, dass die drehende Bewegung ungefähr in dem Stadium zuerst auftritt, in welchem die Rückenfurche wahrgenommen wird und ununterbrochen anhält, bis der Embryo die Eihülle verlässt. Bei Erwärmung auf 24° bis 30° brauchte derselbe zu einer Umdrehung viel weniger Zeit als vorher, da die einzelne Rotation zwischen 5 und 13 Minuten erforderte. Wurde der Embryo in äusserst verdünnte Säuren gelegt, so hörte gleich die Bewegung auf. Die Flimmerhaare an der Oberfläche der Embryonen sah Schenk peitschenförmig schlagen, aber nicht an allen Stellen in derselben Richtung.

Hierdurch wird die auffallende Ungleichheit der Rotationszeiten verständlicher. Denn diese dauerte in 2 Fällen zwischen 5 und 6, in 5 zwischen 6 und 7, in je 1 zwischen 7 und 8, zwischen 8 und 9, zwischen 10 und 11, zwischen 12 und 13 Minuten wahrscheinlich bei Zimmertemperatur. Die Richtung der Drehung war stets so, dass der Kopf des Embryo nach links sich bewegte, wenn der Beobachter vom Schwanzende desselben ausging, also wenn der Kopf der Uhrzeigerspitze entsprach, entgegengesetzt der Uhrzeigerdrehung.

Ich selbst habe diese Drehung des Froschembryo (im Mai 1879 und April 1880) mit besonderer Rücksicht auf die Frage, ob sie wirklich ununterbrochen vor sich geht, beobachtet. Und ich finde, dass, abgesehen von dem anhaltenden Stillstande derselben bei niedriger Temperatur, schon lange ehe der Embryo das Ei verlässt, noch eine Unterbrechung durch Eigenbewegungen desselben eintreten kann. Bisweilen bewegt der Embryo plötzlich zuckend den Kopf, und sehr oft sah ich ihn den Kopf seitlich gegen den Schwanz biegen, ein-, auch zweimal nach links, dann ein-, zweimal nach rechts, dann wieder nach links usw. Der Übergang von der sinistroconvexen C zu der dextroconvexen Ɔ Krümmung und umgekehrt (Tafel VII, Fig. 1) geschah meist schnell, so dass der Embryo eine Ƨ- und S-Form annahm, dann die C und Ɔ Form, in der links- wie in der rechts-gebogenen Stellung aber oft während mehrerer Secunden verharrte. Wenn nur das Ei um 180° gedreht wird — bei ruhendem Embryo — tritt selbstverständlich dieselbe Lageänderung, ein C statt Ɔ ein.

Ich bemerke ausdrücklich, dass auch diese sonderbaren Eigenbewegungen lange vor dem Verlassen der Eihülle eintreten und bequem mit blossem Auge erkannt werden, auch von der Rotation, die sie unterbrechen, völlig unabhängig sind. Die Betrachtung des durchsichtigen Eies mit der Lupe lässt ferner unzweifelhaft erkennen, dass der Embryo mit dem Kopf gegen die Eihaut stösst, wahrscheinlich sie damit durchstösst. Gerade strecken kann sich die Larve erst nach dem Verlassen des Eies. Und dann sieht man sie immer noch ab und zu dieselben Bewegungen wie im Ei ausführen, ohne den Ort zu verlassen. Der Kopf biegt sich plötzlich seitlich gegen den Schwanz bald links, bald rechts. Waren also diese Bewegungen, welche mit dem directen Anstossen des Kopfes gegen die Eihaut alterniren, Versuche des Embryo sich zu befreien, so setzt die eben ausgeschlüpfte geradgestreckte Larve die Bewegung vielleicht nur aus alter Gewohnheit fort, wie das ausgeschlüpfte Hühnchen eine Zeitlang gern die gewohnte Lage, die es im Ei inne hatte, wieder einnimmt. Oder stellen die seitlichen Kopfbewegungen etwa Vorübungen für das bald eintretende Schwimmen vor?

Jedenfalls machen diese schnellenden Biegungen des Froschembryo im Ei kurz vor, ausserhalb derselben kurz nach dem Ausschlüpfen ganz den Eindruck von activen Bewegungen ohne angebbaren äusseren Reiz. Sie gehen ausnahmslos vom Kopf aus und treten wahrscheinlich dann zum ersten Male ein, wenn die morphische Entwicklung soweit fortgeschritten ist, dass die Lebensfähigkeit auch nach Durchbrechung der Eihülle fortdauern kann. Sie setzen eine gewisse Ausbildung des Nervensystems voraus. [162, 41

Im Gegensatz zu diesen energischen, in der Wärme meist raschen, aber schon bei niederer Zimmertemperatur recht lebhaften, activen Bewegungen steht nun die continuirliche, durch sie gestörte Rotation, welche sofort nach dem Ausschlüpfen aufhört, obwohl die Flimmerbewegung, wie ich mich leicht überzeugte, auch dann noch — sogar nach dem Zerquetschen der Larve — an der Oberfläche bleibt. Hieraus geht hervor, dass die Drehung nicht durch das Peitschen der glashellen Wimpern an der Oberfläche des Embryo direct bedingt ist, sonst müsste auch die eben ausgeschlüpfte Larve gleichsam von der Stelle gerudert werden, was nicht der Fall ist. Eine solche Ruderarbeit können die Cilien in diesem Falle trotz ihrer Rastlosigkeit wegen der Masse des Embryo, welche im Verhältniss zu ihrer eigenen Länge zu gross ist, ebensowenig wie bei den Schnecken-Embryonen (S. 389) leisten. Dagegen müssen sie, zum grössten Theil nach éiner Richtung schwingend, in dem geschlossenen Ei eine Strömung hervorrufen, und durch diese wird dann der Embryo, wenn durch Summirung der einzelnen Stösse der Kreisstrom oder die spiralige Strömung schnell genug geworden ist, mitgetrieben wie ein todter Körper, geradewie im Schneckenei der bewimperte Embryo.

Übrigens geht nicht allemal die Drehung in derselben Richtung im Raume vor sich. In zwei nebeneinanderliegenden Eiern (3 und 5 der Fig. 1, Taf. VII) sah ich den einen Embryo wie den

Uhrzeiger, den anderen in entgegengesetzter Richtung sich drehen wegen Rollung des Eies. Und in einem anderen Ei wechselte der Embryo die Rotationsrichtung, indem er auch die Lage wechselte, von der sinistroconvexen zu der dextroconvexen plötzlich übergehend. Constant ist nur die Richtung der Drehung vom Kopf zum Schwanz hin. Endlich fand ich Schenk's Angaben auch in Betreff der Drehungsgeschwindigkeit unvollständig. Denn nicht selten ist diese (schon bei 17° C.) erheblich grösser, als er sagt. Ich sah die einzelne Rotation schon in éiner Minute bisweilen sich fast vollenden. Hatte das Wasser 34°, so wurden zwei Umdrehungen in 85 Secunden beobachtet, bei 36° sogar vier in 65 Secunden. Dagegen war bei 13° nur eine sehr langsame Bewegung wahrzunehmen.

Wo aber das Temperatur-Optimum liegt, welches die grösste Rotationsgeschwindigkeit ohne Schädigung herbeiführt, ist noch zu ermitteln. Meine Versuche zeigen, dass das Temperaturmaximum, welches die Cilien ertragen, erheblich höher liegt, als dasjenige, welches der Embryo erträgt. Denn bei 32 bis 33° waren alle Embryonen in lebhaftester activer oder drehender Bewegung begriffen. Bei 36° nahmen die activen Schlängelungen bedeutend ab, aber die Kreisdrehung ging schleunig vor sich, z. B. in 17 Secunden eine Rotation. Bei 38 bis 39° war keine einzige active Bewegung in den Eiern mehr zu sehen, aber die Umdrehungen fanden nach wie vor statt. Sogar als das Wasser, in dem die Eier sich befanden, durch vorsichtiges Zugiessen von warmem Wasser 41° erreicht hatte und alle Embryonen ohne Zweifel schon der Wärmestarre nahe waren, ging die circuläre Bewegung noch in vielen Eiern von Statten. Erst bei 42° war sie überall erloschen (Vgl. S. 346).

Auch die Versuche, welche mein Assistent Dr. Otto Flöel auf meinen Wunsch an Froschembryonen im Ei anstellte, haben das Temperatur-Optimum nicht kennen gelehrt, zeigen aber sehr deutlich den beschleunigenden Einfluss der Wärme. Ich stelle hier einige seiner Beobachtungen zusammen.

4. April 1882. Die Dauer jeder Rotation beträgt bei sechs Embryonen in Wasser von 14.6° (bei einer Lufttemperatur von 13,3°) 20, 20, 14, 18, 16, 10 Minuten, variirt also bei derselben Temperatur erheblich nach den Individuen.

5. Apr. In Wasser von 21,5° (Luft 16,9°) dauerte jede Umdrehung bei einem Embryo ungefähr $^3/_4$ Minute, und 5 Umdrehungen fanden ohne active Bewegung statt. Ein anderes Ei gab bei 24° für eine Rotation $2^1/_2$, bei 25° nur 1 Minute.

6. Apr. In zwei Eiern, die plötzlich in Wasser von 35° gebracht wurden, machten die Embryonen einige active Bewegungen und waren dann todt. Ein anderes Ei gab folgende Zahlen (Luft 17,5°):

Wassertemperatur:	24°	25°	29°	31°	32°	33°	36,5°	40°
Dauer d. Rotation in Secunden	180	140	60	40	35	45	45, 40, 40	—

Die Temperatur wurde plötzlich von 36,5 auf 40 erhöht, worauf Stillstand eintrat.

6. Apr. Die Erwärmung des Wassers von 26,5° bis 37,8° fand allmählich innerhalb einer Stunde statt, bei einer Lufttemperatur von 17,5°.

Wassertemperatur:	26,5°	27°	30°	31°	32°	33°	34°	36°	37°	37,6°	37,8°
Dauer einer Rotation in Secunden	40	45	45	30	30	30	30	25	30	35	120

Bei 29° eine lebhafte active Bewegung, bei 37,8° eine zweite Umdrehung von 7 Minuten Dauer. Nach Erwärmung auf 40° und Abkühlung Tod.

7. Apr. Luft 16°.	Wassertemperatur	13°	16,5°	
	Rotationsdauer	25	13	Minuten

beim ersten Embryo. Beim zweiten dauerte eine Rotation 12 Minuten bei 20°. Beide unterbrachen die Beobachtung durch Ausschlüpfen, indem sie lebhafte Bewegungen machten, mit dem Kopfe die Eiwand durchbohrend. Aber sie verliessen das Ei ohne eine active Bewegung auszuführen.

Ganz ähnliche drehende passive und active Bewegungen wie beim Froschembryo sind an den Embryonen vieler **Fische**, ehe sie das Ei verlassen, beobachtet worden.

So constatirte Rusconi, dass die Eier des Hechtes dreissig [illegible] Stunden nach der Befruchtung eine ziemlich langsame Rotation zeigen, welche er einer Wimperbewegung zuschrieb.

In den Eiern der *Alosa finta* sah de Filippi zwei Tage nach der Befruchtung die Embryonen sich bewegen, von denen einige am dritten Tage das Ei verliessen. (34)

Lachsembryonen, welche noch so stark gekrümmt waren, dass Kopf und Schwanz fast aneinander stiessen, sah Schonberg sich dann und wann im Ei zusammenziehen und ausdehnen. [illegible]

In den Eiern der Steinforelle erkannte ich sehr deutlich bei guter Beleuchtung mit der Lupe, ja schon mit unbewaffnetem Auge am 43. Tage nach der Befruchtung starke Rumpfbewegungen, ein Vorschnellen der Mitte und Ausbiegen des oberen Schwanztheiles. Am folgenden Tage sah ich auch seitliche starke Kopfzuckungen und Annähern des Kopfes an den Schwanz ohne angebbare äussere Ursache im unversehrten Ei. Die Augen waren schon sehr dunkel. Am 46. Tage bewirkte ein rascher Druck auf das Ei mit dem Messerrücken ungemein lebhaftes Hin- und Herschlagen mit dem Schwanzende, so dass die Spitze fast bis an den Vorderkopf gelangte. Diese energischen Bewegungen wiederholten sich öfters nach einmaliger Reizung und müssen schon reflectorisch genannt werden. Denn am folgenden Tage konnte ich den Embryo, welcher gerade gestreckt schon 10 bis 11 Mm. lang sein kann, nicht nur nach einem Stich in das Ei, durch einen Druck auf dasselbe jedesmal zu lebhaften Schlangenwindungen und Achtertouren veranlassen, sondern auch nach Anschneiden des Eies mitsammt dem Dottersack heraustreten lassen, und in dem umgebenden Wasser bewegte sich das embryonische Thier in derselben Weise wie im Ei, nur bleibt es in der Ruhelage geradegestreckt, wie die — am 55. Tage — von selbst ausgeschlüpften Thiere. Jede Berührung des Rumpfes und Schwanzes hatte dann eine neue Bewegung zur Folge. Doch liessen sich zu dieser Zeit noch keine regelmässigen Reflexe constatiren. Meistens wird der berührte Theil nicht abgewendet, sondern Kopf und Schwanz werden, wie im Ei, einander genähert. Bemerkenswerth ist dabei die grosse Lebenszähigkeit des Embryo, welcher noch viertelstundenlang nach dem Aufhören der Herzthätigkeit fast blutleer und nach dem Abschneiden des Dottersacks in dem ihm nicht zusagenden Wasser doch mit den reflectorischen schnellenden Bewegungen fortfährt, wenn man ihn berührt. Die am 55. Tage und später ausgeschlüpften Forellen bewegen sich, trotzdem der schwere Dottersack sie dabei hindert, bisweilen sehr schnell vorwärts, bis sie gegen ein Hemmniss, z. B. ein Forellenei, anstossen, drehen sich auch im Kreise schnell herum, offenbar ziellos. Die Muskelkraft, welche dabei wirksam ist, muss in Anbetracht der Kleinheit des Thieres (etwa 1 Centim.) und der Masse des Nahrungsdotters, sehr gross sein. Auch die Kiemendeckel werden, wie ich bemerkte, ungemein schnell (viel schneller als das Herz) hin- und herbewegt, aber zu Anfang des extra-ovären Daseins, mit (kurzen) Intermissionen, wie im unversehrten Ei.

Da diese von mir häufig im Ei beobachteten Schwingungen der Kiemendeckel sehr frequent sind, so muss dem Embryo schon ein bedeutendes Bewegungsvermögen zukommen, lange ehe er ausgeschlüpft ist. Einige Zählungen seien hier mitgetheilt. Wegen der grossen Frequenz zählte ich nur mittelst der zwölf ersten (einsylbigen) Ziffern (sieben = siebn) und bezeichnete jede Dodekade mit einem Strich ohne hinzusehen und den Bleistift zu erheben. So wurden Zickzacklinien oder Treppenlinien erhalten bei continuirlicher Beobachtung und nachher die Zahl der Absätze mit zwölf multiplicirt.

Vier am 45. Tage (20. Febr. 1882) nach der Befruchtung (6. Jan. 1882) beobachtete normale, im Laboratorium gezüchtete Forellenembryonen lieferten mir folgende Zahlen.

Ei A. Embryo zum Theil ausgeschlüpft.

			in 1 Minute	
			Herz	Kiemendeckel
$10^h 20^m$	Kiemendeckel	52 mal in 22 Secunden	·	142
· 21	Herz	52 „ „ 52 „	60	·
· 24	Lebhafte Bewegung	15 „ „ 14 „	64	·
· 25	„ „	13 „ „ 12 „	65	·
· 27	Weiter ausgeschlüpft	14 „ „ 12 „	70	
· 28	Kiemendeckel kaum zu zählen		·	
· 29	Herz	31 mal in 19 Secunden	97	
· 31	„	50 „ „ 36 „	83	

Jede Berührung hat heftige Bewegungen zur Folge.

$10^h 40^m$ durch solche plötzlich der Embryo von der Eihaut ganz befreit. Nachher bewirkt gleichfalls jede noch so leise Berührung des Schwanzes heftige Bewegungen.

			in 1 Minute	
			Herz	Kiemendeckel
$2^h 47^m$	Kiemendeckel	64 in 15 Secunden	·	256
	Herz	50 „ 40 „	75	·

Ei B. Unvollständig ausgeschlüpft.

$2^h 45^m$	Herz	50 in 38 Secunden	79	·
· 54	Kiemendeckel	108 „ 22 „	·	295
· 55	„	96 „ 21 „	·	274

Ei C. Eben vollständig ausgeschlüpft.

$3^h 0^m$	Herz	31 in 34 Secunden	55	·
	Kiemendeckel	96 „ 30 „	·	192

Ei D. Vollständig ausgeschlüpft.

$3^h 5^m$	Herz	50 in 40 Secunden	75	·
	Kiemendeckel	108 „ 20 „	·	324!
	„	132 „ 28 „	·	283
$3^h 8^m$	„	72 „ 11 „	·	393!

Die enorme Geschwindigkeit dieser Kiemendeckelschwingungen schon im Ei, vollends während des Ausschlüpfens und unmittelbar nach demselben gehört zu den auffallendsten Erscheinungen, welchen ich bei Untersuchung der embryonalen Bewegungen überhaupt begegnet bin. Ich hielt die vier jungen Forellen A, B, C, D noch 9 Tage am Leben (bis zum 1. März) in Uhrgläsern voneinander getrennt mit einem grünen Blatt in jedem, um ihnen Sauerstoff zuzuführen, aber jene Oscillationen gingen ohne Unterbrechungen weiter vor sich. Sie werden auch im Ei in den letzten Tagen der Entwicklung nicht häufig lange unterbrochen.

An einem ebenfalls am 45. Tage nach der Befruchtung am 20. Febr. ausgeschlüpften Forellenembryo erhielt Hr. Sy in meinem Laboratorium folgende Frequenzen der Kiemendeckelschwingungen:

10^h 39^m	in 15 Sec.	68	entspr.	272	in der Minute
11^h 10^m	„ 25 „	120	„	288	„ „ „
· 20^m	„ 40 „	200	„	300	„ „ „
· 32^m	„ 25 „	104	„	250	„ „ „
·	„ 30 „	144	„	288	„ „ „
· 55^m	„ 40 „	176	„	264	„ „ „

Auch die Embryonen der Äsche *(Thymallus vexillifer)* im unverletzten durchsichtigen Ei zeigen dieselbe Erscheinung. Dr. Flöel zählte hier vor dem Sprengen des Eies im einem Ei 180, in einem zweiten 280, nach dem Ausschlüpfen 300 Schwingungen des Kiemendeckels in der Minute und 120 Herzschläge. Das Wasser zeigte beidesfalls 11°.

Bei diesen Embryonen finden häufig im Ei mehr oder weniger heftige Stösse, active Bewegungen statt, so dass hier ebenfalls Drehungen vom Kopf zum Schwanz hin eintreten. Diese aperiodischen Rotationen sind von sehr ungleicher Dauer. Nach Dr. Flöel's für mich ausgeführten Beobachtungen betrug sie bei einem Ei am 15. April 1882 in Wasser von 11° (bei Luft von 12°) für eine Rotation dieser Art 1) 3 $^1/_3$ Minuten, 2) 8 Min., 3) 32 Min. Dazwischen fanden bisweilen energische Bewegungen mit Lageveränderung oder Ruhepausen von einigen Minuten Dauer statt. Die Anzahl der Stösse betrug bei der Rotation 1) 68, bei 3) 152. Bei anderen Äschenembryonen wurden ähnliche Differenzen erhalten.

Sowohl diese Drehungen, als auch die durch Flimmerbewegung bedingten der Froschembryonen, welche ich bei Fischen nicht beobachtete, haben jedenfalls einen grossen Vortheil für den Embryo im geschlossenen Ei. Denn sie erhalten das Fruchtwasser in steter Bewegung; dadurch kommen immer andere Theile desselben in raschem Wechsel an die Eihaut und können aus dem umgebenden Wasser Sauerstoff aufnehmen und vielleicht Kohlensäure in dasselbe abgeben. In demselben Sinne, nur noch viel energischer, arbeiten die Kiemendeckel entsprechend dem durch die fortgeschrittene Entwicklung gesteigerten Sauerstoffverbrauch. Beim Frosch, dessen Embryo viel früher das Ei verlässt, erschien ein solcher gesteigerter Wasserwechsel unnöthig. Dass aber die Forellen- und Äschen-Embryonen im Ei wirklich Sauerstoff aufnehmen, ist durch die hellrothe Farbe ihres Blutes bewiesen; im Herzen, in den grossen Gefässen des durchsichtigen Körpers und ganz vorzüglich in den Dottergefässen (S. 22) erkennt man sie leicht. –

Es ist, um über die Beschaffenheit der alle diese Bewegungen vermittelnden contractilen Substanzen im Embryo Aufschluss zu erhalten, von Wichtigkeit, Änderungen — etwaige Steigerungen und Abnahmen — der Motilität zu beobachten nach Einwirkung verschiedener chemisch reiner Stoffe (Vgl. S. 198).

Strychnin und Morphin führen bei gewöhnlicher Temperatur nach älteren Angaben schnell die Bewegungslosigkeit der Froschembryonen herbei; wahrscheinlich ist aber bei den Versuchen die zur Lösung verwendete Schwefelsäure wirksamer als das Alkaloid gewesen. Da jedoch die Embryonen nach Strychninvergiftung sich im Ei krampfhaft bewegten, nach Morphinvergiftung nicht, mag auch eine toxische Wirkung der beiden Basen hinzugekommen sein. Die Versuche (von Baudrimont und Martin Saint-Ange 1843) sind zu wiederholen.

Wegen der kurzen Dauer der Beobachtungszeit in jedem Frühjahr konnten auch in meinem Laboratorium nur wenige Versuche nach dieser Richtung ausgeführt werden. Ich fand jedoch und Dr. Flöel bestätigte, dass Einlegen von Äscheneiern einige Tage vor dem Beginn der Sprengung in einprocentige wässerige Chlorkaliumlösung einen deutlichen Einfluss auf den Embryo hat.

Während eines sechsstündigen Aufenthaltes in jener Lösung verkürzte sich die Dauer der erwähnten durch active Stösse zu Stande kommenden Drehungen und die Stösse waren energischer. Es ergab sich

die Dauer der Rotation:	67	85	60	62	Secunden
die Anzahl der Stösse:	13	14	18	16	bei 12°.

Als aber dieses Ei 24 Stunden in der einprocentigen Kaliumchloridlösung von 18° bis 11° gelegen hatte, dauerte eine Rotation neun Minuten und die Anzahl der viel schwächeren Stösse des Embryo innerhalb derselben betrug 136, während das Herz fast normal 72 mal in der Minute schlug und die Kiemendeckel 160 mal in der Minute schwangen. Nach dem Zurückbringen in Wasser veränderte zwar der Embryo bisweilen seine Lage im unversehrt gebliebenen Ei, führte aber keine regelmässigen Stösse mehr aus. Beim Erwärmen zeigte er keine Veränderung und ging bei 30° zu Grunde.

Ein zweites Äschenei blieb zwei Stunden in 6 Grm. der einprocentigen Kaliumchloridlösung von 8,5° bis 18,5° liegen. Keine Rotationen, keine regelmässigen Stösse; in Intervallen von einigen Minuten lebhafte Bewegungen des Embryo mit Lageänderung. Nach sechs Stunden in der Lösung bei 12,5° Kiemendeckel 200 i. d. Min. Nach 24 Stunden in derselben war das Thier ausgeschlüpft und todt.

Im dritten Ei — in Wasser — machten die Kiemendeckel bei 8,5° und bei 12,5° in der Minute 180 Schwingungen, am folgenden Tage nach dem Ausschlüpfen dagegen 300 (bei 94 Herzschlägen), dann in Wasser von 11° noch 280 in der Minute. Der Embryo brauchte aber 42 Minuten zu einer Umdrehung und machte während derselben 100 Stösse vor dem Ausschlüpfen bei 12,5°.

Ein viertes Äschenei in 5 Grm. einprocentiger Lithiumchloridlösung von 8,5 bis 18,5° verhielt sich wie das erste in Kaliumchloridlösung und brauchte nach 6 Stunden ebenfalls 42 Minuten zu einer Umdrehung bei 12,5°. Während derselben fanden 216 Stösse statt und in der Minute 240 Kiemendeckelschwingungen, dann eine Pause. Herz 92 in der Minute. Nach 24 Stunden in der Lösung 100 Herzschläge und 171 Kiemendeckelschwingungen in der Minute. Am darauffolgenden Tage schlüpfte das Thier in Wasser von 18° aus und machte 300 Kiem.-Deckel-Schwing. und 120 Herzschläge in der Minute, hierauf in 2 Grm. der einprocentigen Kaliumchloridlösung gebracht 302 Kiem.-Deckel-Schw. und 140 Herzschläge, nach einer halben Stunde jedoch nur 79 Herzschl. in d. Min.

Ein fünfter Äschenembryo im Ei in 3,4 Grm. einprocentiger Ammoniumchloridlösung von 8,5 bis 18,5° brauchte nach 6 Stunden 40 Stösse zu einer Umdrehung bei 80 Herzschlägen und 200 Kiem.-Deckel-Schwing. in der Minute. Nach 24 Stunden in der Salmiaklösung war der Embryo im ungesprengten Ei abgestorben.

Ein sechstes Äschenei wurde in Wasser von 14,5° beobachtet. Der Embryo machte 150 Herzschläge in der Minute. Dem Wasser wurde etwas Kaliumchlorid zugefügt. Sofort trat grosse Unruhe des Embryo ein, wodurch die Zählung der Herzschläge unmöglich. In den darauffolgenden 20 Minuten betrug die Herzfrequenz i. d. Min. 132, 108, 90, 70, 0 und der Embryo erholte sich in Wasser nicht.

Ein siebentes Äschenei zeigte in Wasser von 14,5° ebenfalls 150 Herzschläge. Nach Zusatz von wenig Chlorkalium nahm diese Frequenz etwas zu, dann ab: innerhalb der nächsten 25 Minuten betrug sie nämlich nacheinander 160, 156, 150, 85½, 40 i. d. Min. Das Ei wurde dann in Wasser gelegt und der Embryo erholte sich.

Ein achtes Äschenei zeigte in Wasser von 16,5° ebenfalls 150 Herzschläge i. d. Min. Nach Chlorammoniumzusatz trat keine Frequenzsteigerung ein. Nach einer halben Stunde: 60 Herzschläge in der Minute.

Auch auf die vorhin beschriebene Flimmer-Rotation, welche in embryonirten Froscheiern vor sich geht, wirkt Kaliumchlorid in einprocentiger Lösung schnell, und zwar verzögernd. Ein Tropfen Ammoniakwasser in das Uhrglas gebracht hebt sie sofort auf (vgl. S. 199).

Aus diesen und anderen Beobachtungen, welche geradeso in meinem Laboratorium in grösserer Zahl ausgeführt worden sind, folgt, dass die contractilen Substanzen des Fisch- und Frosch-Embryo gegen sehr kleine Mengen neutral reagirender Alkalisalzlösungen ungemein empfindlich sind. Um so bemerkenswerther erscheint diese Eigenschaft, als noch vor der Ausbildung von Ganglienzellen und Muskelfasern im eigentlichen Sinne Lereboullet den Forellen-Embryo sowohl allgemeine Bewegungen, als auch [...] starke Zuckungen des Schwanzes ausführen sah, wenn er das Ei öffnete (vgl. S. 397). Schon am 17. und 18. Tage sah er auch das Herz langsam und unregelmässig schlagen nach Öffnung des Eies. Es bestätigt sich also wiederum, dass der Embryo sich bewegt, ehe seine Muskelfasern und die dazu gehörenden motorischen Nerven ausgebildet sind.

Moritz Nussbaum kam (1883) zu demselben Resultat. Er [...] sah den der Quere nach halbirten Forellen-Embryo nach Berührung der unteren Dottersackhälfte die gleichbörtigen Muskeln zusammenziehen und bei starker Reizung die ganze zugehörige untere Körperhälfte zucken trotz der Trennung des Gehirns vom Rückenmark. „Die Nerven stammen somit aus dem Rückenmark und vermitteln das Schmerzgefühl bei Berührung", aber „die Nerven functioniren, bevor sie sich in den Stämmen mit einer Markscheide umgeben haben: an der Peripherie bleiben sie stets marklos".

Den Herings-Embryo sah Kupffer sogar, ohne dass Blutkörperchen und Hämoglobin auffindbar waren, am vierten Tage seit der Befruchtung, als auch das Herz anfing, langsam zu [437. 1 ...] pulsiren, sich bewegen und am siebenten seit dem Ausschlüpfen den Augapfel drehen. Den Act des Ausschlüpfens selbst beschreibt er gerade so, wie ich ihn beim Forellen-Embryo sah: Beim Sprengen erfolgt ein bogenförmiger Riss der Eihaut nahe am Kopf, indem dieser durch heftige Streckungen des ringförmig liegenden Embryo gegen dieselbe geschleudert wird. Dann zwängt sich durch weitere Streckbewegungen der Kopf in den Riss und einige kräftige Stösse mit dem Schwanze genügen zur völligen Befreiung. Derartige Bewegungen hat der Embryo vorher im intacten Ei oft ausgeführt.

Die Embryonen des Erdsalamanders, der ein Jahr lang trächtig ist, verhalten sich ganz anders. Wenn die Eileiter unter Wasser geöffnet werden, und zwar schon ein halbes Jahr vor der Reife, dann sprengen die Embryonen schnell ihre durchsichtige Hülle, schwimmen lebhaft umher und fangen die kleinen Wasserflöhe in ihrer Nähe. Sie zeichnen sich ebenso durch ihre Gefrässigkeit wie ihre Geschicklichkeit im Erfassen der lebenden Wasserthiere aus, welche sie gierig verschlingen. Dass ein Embryo so complicirte coordinirte Bewegungen ausführt, lange vor der Vollendung seines normalen Eilebens seinen arglos im Aquarium

umherschwimmenden Opfern förmlich auflauert und sich des Gebrauchs seiner Sinnesorgane wie manches ausgebildete Thier erfreut, ist vielleicht ohne Beispiel und zeigt, wie mächtig der reine Instinct werden kann, wie früh die erblichen Bewegungsimpulse im Embryo in Action treten. Ich habe sogar die Mitte December aus dem trächtigen Thiere herausgeschnittenen Salamanderembryonen monatelang so unter Wasser am Leben erhalten, obwohl die Befruchtung der Eier im Mai und Juni stattfinden und die [299
Reife erst in denselben Monaten des folgenden Jahres erreicht sein soll, wie Benecke meint. Bei der natürlichen Geburt befreien sich ihm zufolge die lebhaften Jungen geradeso aus ihren Eihüllen wie die frühgeborenen; sie haben nur den Vortheil, dass schon beim Gebäract die Eihaut platzt, indem das Mutterthier dabei sich zwischen Steine, in enge Ritzen zwängt, dadurch die Compression des Abdomen und die Austreibung befördernd. Die von mir unter Wasser gehaltenen in der Gefangenschaft ohne Kunsthülfe geborenen Salamanderjungen wurden im März, im April und im Mai abgesetzt. Es scheint also doch die Befruchtung der Eier an keinen bestimmten Termin gebunden zu sein oder die Trächtigkeitsdauer erheblich — wahrscheinlich je nach der Umgebung — zu variiren, im Trockenen lang, im Nassen kurz zu dauern.

Ausserdem ist der noch nicht pigmentirte Salamanderembryo im Stande, schon vor der Bildung seiner Extremitäten, wenn am Kopfe die ersten Anlagen der Kiemen als flache Wülste be- [300
merklich werden und der Schwanz hervorzuspriessen beginnt, den Kopf seitlich lebhaft zu bewegen, wenn er berührt wird oder in eine andere Flüssigkeit gelangt. Diese Bewegung darf aber nicht auf Reflexreize bezogen werden, sondern findet ohne Zweifel (wie beim Vogelembryo) auch im Ei statt.

Bei höheren Wirbelthieren, als Amphibien und Fischen, scheint das Rotiren des Embryo im Ei nicht vorzukommen und schon bei Reptilien nicht beobachtet worden zu sein (vgl. S. 73).

In den Eidechseneiern entwickelt sich der Embryo schon [9
lange, ehe sie gelegt werden. Daher ist es nicht auffallend, dass Emmert und Hochstetter schon am ersten Tage im gelegten Ei das embryonische Herz lebhaft schlagen sahen. Aber die Embryonen bewegten den ganzen Körper in den jüngst gelegten Eiern nur schwach, in reiferen lebhafter und anhaltender; in noch reiferen lagen die Jungen spiralig, die Extremitäten gegeneinander gekehrt und fest an den Leib gepresst. Künstlich befreit, öffneten sie die Augen und bewegten sich wie ganz reife, von selbst aus-

geschlüpfte Eidechsen. Dieses Auskriechen beginnt mit dem Durchbrechen des Kopfes.

Hierin erkennt man eine gewisse Annäherung an das Verhalten des Vogelembryo.

Die Embryonen der Ringelnatter nähern sich den letzteren noch mehr. Ich habe deutlich gesehen (im September 1881), wie der reife Ringelnatterembryo im eben in Wasser abgesetzten durchsichtigen Ei ohne die geringste äussere Erregung sich in Pausen träge, nach und nach lebhaft bewegte, bis endlich der Kopf die Eihaut durchstiess. Diese Bewegungen des Embryo im Ei im Wasser in einer Porzellanschale ohne die geringste Änderung in der Umgebung können nur angeboren sein. Sie sind impulsiv.

Eine andere Ringelnatter setzte am 8. Juli 1882 in einem Glasgefäss 22 weisse Eier ab, von denen elf sehr fest aneinander hafteten. Einige öffnete ich, um die Herzthätigkeit der spiralig gewundenen noch kleinen Embryonen zu sehen, aber eine andere Bewegung konnte in diesem frühen Entwicklungsstadium nicht constatirt werden, obwohl das Herz kräftig und anhaltend auch im geöffneten Ei schlug.

Das Ausschlüpfen der Jungen von *Python bivittatus* beobachtete Valenciennes. Nachdem die Eier 56 bis 61 Tage lang bebrütet worden waren, wurde die Schale gesprengt und ein kleiner Schlangenkopf trat aus der Spalte hervor. Die kleinen Thiere blieben aber noch einen Tag im Ei, bald den Kopf, bald den Schwanz hervortreten lassend. Dann verliessen sie die Eihülle und krochen frei umher, badeten sich schon innerhalb der ersten 10 bis 14 Tage und ergriffen später, nachdem sie sich gehäutet hatten, junge Sperlinge wie die Alten, indem sie dieselben sie umschlingend erstickten und verschlangen. Also liegt hier wiederum ein Fall vor von der Vererbung eines sehr complicirten Nerv-Muskel-Mechanismus und Ernährungs-Instinctes.

Über die Bewegungen des Embryo im Vogelei.

Kein Object ist zur Ermittlung der morphotischen Bedingungen embryonaler Bewegungen so geeignet, wie das Hühnchen im Ei. Denn in anatomischer Beziehung ist dasselbe besser untersucht, als irgend ein anderer Wirbelthierembryo; in physiologischer freilich geschah erst wenig. Besonders die früh eintretenden Bewegungen sind selten und nur beiläufig erwähnt worden. Es erforderte deshalb diese Frage eine neue und eingehende Prüfung.

In historischer Hinsicht sei vorausbemerkt, dass die ersten activen Bewegungen des Hühnchens von Anderen nicht vor dem 6. Tage der Bebrütung gesehen worden sind. [338, 167

Harvey (1651) schreibt vom 6. Tage: „Schon bewegt sich [29 auch der Fötus und biegt sich ein wenig und streckt den Kopf, obwohl noch nichts vom Gehirn gefunden wird ausser der klaren in der Blase eingeschlossenen wässerigen Flüssigkeit . . Gegen das Ende dieses Tages und zu Anfang des 7. unterscheidet man die Zehen der Füsse, der Fötus macht schon den Eindruck eines Hühnchens, öffnet den Schnabel und strampelt *(calcitrat)*."

Übrigens gebührt wahrscheinlich Béguelin das Verdienst, [16 zuerst die rhythmischen Bewegungen im offenen Hühnerei (Mitte des 18. Jahrhunderts) gesehen zu haben. Er bemerkte in einem seit dem 5. Juli bebrüteten, am 7. geöffneten Ei am 3. Incubationstage den Herzschlag und am 6. „eine schwebende Bewegung des ganzen Körpers", welche ihm jedenfalls nur darum „mit der Bewegung der Pulsader vollkommen" übereinzustimmen schien, weil er die beim Schaukeln des Embryo eintretenden mit diesem isochronen Verbiegungen der grossen Gefässe irrig für deren Puls hielt. Am 14. Tage „war das Schweben nicht mehr so augenscheinlich, dagegen bemerkte man die Bewegung seiner Keulen". Am 17. Tage lebte es noch. „Dieses Küchlein hat 15 ganze Tage in seiner geöffneten Schale gelebet" (S. 15).

Everard Home (1822) sah nach 6 Tagen die ersten Extremitätenbewegungen. [274

Karl Ernst von Baer (1828) sah deutlich am 6. Tage [37 die ersten Bewegungen, ein Zucken einzelner Glieder, welches er dem Hinzutreten der kalten Luft zuschrieb. Am 7. Tage sah er die pendelnden durch Amnion-Contractionen bedingten allgemeinen Bewegungen. Durch Reizung des Amnion mit einer Nadel konnte er diese verstärken, sogar neu hervorrufen, wenn sie aufgehört hatten. Das durch die rhythmischen Zusammenziehungen des Amnion veranlasste Schaukeln war am 8. Tage sehr lebhaft, weniger an den folgenden Tagen. Am 11. und 12. und 13. Tage wurden auch die activen Bewegungen des Embryo lebhafter, sein Lagewechsel häufig. Ein um den 14. bis 16. Tag aus dem Ei genommenes Hühnchen machte Athembewegungen, indem es nach Luft schnappte. Baer meinte, das Hin- und Herschwanken des Embryo auf dem Nabel wie auf einem festen Stiel sei nur zum Theil durch das contractile Amnion bedingt, welches die Bewegung des

Embryo unterstütze, da er sagt: „Dass das Amnion dabei selbstthätig ist, erschien mir unverkennbar (obgleich ganz unerwartet, denn erst nachdem das Amnion sich an dem einen Ende unter starker Runzelung zusammengezogen hatte, bewegte sich der Embryo nach dem entgegengesetzten Ende von der Flüssigkeit getragen“ und: „Am auffallendsten war es mir, dass dieses Hin- und Herschwanken nicht blos vom Embryo bedingt wird, sondern noch mehr vom Amnion, welches sich bald an dem einen, bald an dem anderen Ende zusammenzieht, indem es sich runzelt. Es schien mir daher eine Art unregelmässige Pulsation im Amnion.“

Diese Angaben bestätigte (1854) zunächst Remak. Er [?] meinte aber, das Pendeln werde nicht vom Amnion nur unterstützt, sondern einzig durch dasselbe bedingt. Er sagt: „Am 8. Tage sieht man zunächst nach Eröffnung des Eies lebhafte nur wenige Minuten andauernde Bewegungen des Embryo innerhalb des Amnions. Erst wenn dieselben aufgehört haben, beginnen die abwechselnden kräftigen Zusammenziehungen des vorderen und hinteren Theiles des Amnions, durch welche das Hin- und Her-Schwanken des Embryo entsteht. Baer's Vergleich mit Pulsationen ist insofern zutreffend, als in der That die regelmässigen Alternationen an das Verhalten des Herzens erinnern. Nicht immer ist das Wechselspiel zwischen dem vorderen und hinteren Theil sofort deutlich ausgesprochen. Vielmehr findet zuweilen erst eine stürmische wellenförmige Bewegung statt, die allmählich der rhythmischen ruhigen Zusammenziehung Platz macht. Eine solche dauert an einer Amnionshälfte nahezu eine Secunde und wiederholt sich bis zwölfmal und darüber. Wenn sie aufgehört oder schwächer geworden, kann sie durch Reizung mit einer Nadel zuweilen noch auf einige Male hervorgerufen werden. Durch Aufschlitzen des Amnions wird sie unterbrochen. Doch sieht man an ausgeschnittenen Stücken unter dem einfachen Mikroskope noch spontane darmähnliche Bewegungen, die durch Berührung mit einer Nadelspitze lebhafter werden.“

Bei näherer Besichtigung des Amnions entdeckte dann Remak zahlreiche Muskelfasern in demselben, welche sich aber nicht, wie er erwartet hatte, in die Bauchwände hinein fortsetzen, sondern am Nabel aufhören. Vom 10. Tage an sind sie um die „Hälfte kleiner, da sie sich durch Theilung vermehrt haben“. Nerven fand Remak im Amnion nicht. Er bestätigt übrigens Baer's Angabe, dass auch die Wand des Dottersackes Spuren von Contractilität zeigt und meint schliesslich, so stürmische Zusammenziehungen des Amnion, wie nach Luftzutritt möchten im intacten Ei unter normalen Verhältnissen nicht vorkommen.

Diese letztere Meinung wurde jedoch von Vulpian (1857) [29
widerlegt, welcher im uneröffneten Ei den Kopf des Embryo sich regelmässig von unten nach oben und schräg von rechts nach links in einem Bogen bewegen sah, indem er das Ei mit dem stumpfen Ende nach oben gegen eine Flamme hielt. Die Pausen zwischen den vielleicht 10 bis 20 mal in der Minute sich wiederholenden Lageänderungen des Kopfes waren ungleich lang. Diese Beobachtung gilt für den 6. Tag. Am 8. Tage sah er dieselbe Bewegung vielleicht etwas gleichmässiger. An den folgenden Tagen wurde die Durchlichtung wegen der Dunkelheit des wachsenden Hühnchens unausführbar.

Die Bewegungen im uneröffneten Ei schreibt Vulpian den Amnion-Contractionen zu. Er selbst sah aber ausser den letzteren am 7. Tage selbständige Bewegungen des Embryo, nämlich einige brüske Streckungen der hinteren Gliedmaassen. Vom 10. und 11. Tage an kamen allgemeine Bewegungen dazu und namentlich Inspirationsversuche. Zu eben dieser Zeit, bisweilen schon am 8., nie am 7. Tage, fand er ferner die Allantois contractil und elektrisch reizbar. Sogar am 18. Tage war ihre Contractilität in einigen Fällen noch ausgesprochener, als die des Amnion. Aber dieses soll bis zuletzt ebenso wie die Allantois sein Contractionsvermögen behalten und am 12. bis 14. Tage in höherem Grade entfalten, als die Allantois.

Derartige Angaben über die elektrische und mechanische Reizbarkeit der beiden Häute sind darum von grossem Interesse, weil in beiden zwar glatte Muskelfasern, aber keine Nerven gefunden worden sind. [29

Kölliker bestätigte (1861) die Existenz einkerniger Muskel- [30
fasern, die man hier am besten als contractile Faserzellen bezeichnet, in der Faserschicht des Amnion, konnte in demselben gleichfalls keine Nerven auffinden und hebt noch hervor, dass das Amnion zu keiner Zeit und bei keinem Thiere selbständige Gefässe besitzt, endlich dass von Bewegungen desselben bei Säugern nichts bekannt ist.

Mit Recht macht Hr. v. Kölliker in einer brieflichen Mittheilung an mich gegen die Zurückführung des unregelmässigen Oscillirens allein auf die Contractionen des Amnion vom 6. bis 8. Tage geltend, dass am 7. Tage der Embryo schwache selbständige Bewegungen zeigt. Er meint (1879), dass auch Baer die activen

Bewegungen des Hühnchens von den passiven nicht streng unterschieden habe.

Aus diesen Befunden der vorzüglichsten Beobachter ergibt sich, dass die selbständigen Bewegungen am 6. und 7. Tage zuerst und dass die pendelnden passiven Bewegungen gleichfalls am 6. und 7. Tage zuerst sichtbar wurden.

Ich habe mich aber auf das bestimmteste davon überzeugt, dass bereits am 5. Tage das Amnionpendeln stattfinden kann und an demselben Tage der Embryo selbständige oder active Bewegungen und zwar des Rumpfes ausführt. Bald wird die untere Körperhälfte gestreckt, bald die obere. Auch nähert sich das Kopfende dem Schwanzende, so dass durch die darauf eintretende Entfernung beider voneinander ein Wechsel der Körperkrümmung eintritt wie zwischen ∪ und ⌣. Sowie die Eier mehr als vier Tage im Brütofen bei 38° bis 39° gelegen haben, kann man sicher sein, in der Mehrzahl derselben den Embryo in dieser Weise sich activ bewegen zu sehen, wenn beim Öffnen mit Behutsamkeit verfahren und jede Abkühlung und zu starke Erwärmung vermieden wird.

Es gelingt dann leicht den längere Zeit lebenswarm bleibenden Embryo sich bewegen zu sehen, während ganz entgegen Baer's Vermuthung zu allen Zeiten der Incubation der Zutritt kalter Luft eine Hemmung der embryonalen Bewegungen zur Folge hat.

Es ist nicht zu verwundern, dass bisher niemand die zwar schwachen aber vollkommen deutlichen activen Rumpfbewegungen am 5. Tage gesehen hat. Bisher ist allgemein der Embryo fast nur von Morphologen genauer betrachtet worden. Ich weiss ausser Harvey keinen früheren Physiologen zu nennen, welcher sich die Aufgabe stellte, die Functionen des Embryo zu erforschen. Mir hat sich bei dieser Untersuchung, mehr als bei irgend einer anderen, die Nothwendigkeit gezeigt, in der Erforschung der Lebensprocesse die ganze Aufmerksamkeit ausschliesslich auf eine einzige möglichst speciell formulirte Frage zu concentriren. Wenn man ein bebrütetes Ei öffnet, ohne vorher ganz genau zu wissen, was man eigentlich sehen will, so geschieht es leicht, dass man garnichts deutlich sieht oder sicher feststellt. Ich habe es daher vorgezogen, eine grössere Anzahl von Eiern zu opfern, um die verschiedenen Bewegungen des Embryo getrennt genau zu beobachten, anstatt in éinem Ei mehrere Bewegungserscheinungen zugleich in's Auge zu fassen, es sei denn, dass sie sich von selbst aufdrängten.

Nur auf diese Weise bin ich in verhältnissmässig kurzer Zeit wenigstens über die fundamentalen embryonalen Bewegungsphänomene einigermaassen in's Klare gekommen, indem ich zu diesem Zwecke ein halbes Tausend Eier öffnete.

Hätte übrigens Dareste eine bessere ooskopische Beleuchtung angewendet, so würde er wahrscheinlich gesehen haben, dass die Amnioncontractionen und die selbständigen Bewegungen des [104
Embryo früher auftreten, als er angibt. Ich sah beide zuerst [103
nach Ablauf des 4. und vor Beginn des 6. Tages, Dareste sah nach Ablauf des 5. Tages die erste Contraction eines Embryo, welchem das Amnion fehlte, später die Amnioncontractionen.

Gehäufte Beobachtung hat mir die Überzeugung verschafft, dass in der That ausnahmslos die activen Bewegungen das primäre sind. Und dieses Resultat erhält durch die Dareste'sche Beobachtung des sehr seltenen Embryo ohne Amnion von 5 Tagen, der sich dennoch bewegte, eine erfreuliche Bestätigung.

Vor allem handelt es sich darum, die Ursache der räthselhaften Contractionen des Amnions zu finden.

Dass nicht die mit der Öffnung des Eies verbundenen Eingriffe den Reiz abgeben, war schon durch Vulpian's Beobachtungen am durchlichteten Ei sehr wahrscheinlich. Ich habe durch Vervollkommnung des Verfahrens, den Embryo ohne Verletzung der Schale zu beobachten (S. 14), zunächst sicher erkannt, dass die Amnioncontractionen, entgegen Remak's Vermuthung, ebenso stürmisch im intacten, wie im erwärmten geöffneten Ei verlaufen.

Die Art der Bewegung, ihr Rhythmus, die Grösse der Excursionen, ihre Dauer, ihre Frequenz sind in beiden Fällen dieselben.

Da sich ihre Erklärung nur geben lässt, wenn man auch die anderen Bewegungen des Embryo kennt, so empfiehlt es sich eine chronologische Übersicht der Bewegungserscheinungen des Rumpfes, des Kopfes und der Extremitäten des Hühnchens im Ei vorauszuschicken.

Im befruchteten Hühnerei findet schon am ersten Tage, während das mittlere Keimblatt sich ausbildet, eine active Bewegung der grossen, kugeligen, grobkörnigen, schon von Baer gesehenen Bildungselemente statt. Diese Körper zeigen nämlich, wie Peremeschko wahrnahm, beim Erwärmen auf 32 bis 34° C. im befruchteten [48
eben bebrüteten und unbebrüteten Ei Formänderungen, langsame amöboide Contractionen und Ausdehnungen, und in Folge davon Wanderungen. Sie liegen in der Keimhöhle. Ob diese contractilen zelligen Gebilde erst nach der Befruchtung entstehen, oder

auch im unbefruchteten Ei präexistiren, ist noch zu ermitteln. Ihre Zahl nimmt nach der Ausbildung der drei Keimblätter ab, so dass am dritten Tage nur noch wenige gefunden werden.

Auch beim Meerschweinchenei nimmt Hensen eine Wanderung der Zellen (des mittleren Keimblattes) an.

Diese bei der Keimblätterbildung durch Amöboidbewegungen des Protoplasma zu Stande kommenden, auch wohl durch Strömungen, welche Temperaturdifferenzen bedingen, begünstigten Zellenwanderungen sind höchstwahrscheinlich von regelmässigem Vorkommen. Aber keines der durch sie in den ersten 24 Stunden gebildeten Differenzirungsproducte hat eine selbständige Beweglichkeit. Die erste Andeutung des Embryo, der Primitivstreifen, ist immobil.

Bald nach Ablauf des ersten Tages wird häufig schon die erste auf Contraction und Expansion beruhende Bewegung wahrgenommen: das *punctum saliens* erscheint. Von diesem war bereits im ersten Abschnitt ausführlich die Rede (S. 23).

Alle anderen Gebilde des zweiten Tages zeigen keine Bewegung. Namentlich sieht man an den Urwirbeln keine Spur einer Bewegung.

Die oft schon am zweiten Tage beginnende Kopfkrümmung und die am Ende des dritten Tages nicht immer schon vorhandene Körperkrümmung des Embryo, ebenso die am dritten Tage eintretende Lageveränderung durch Wachsthumsprocesse verursacht, beruhen durchaus nicht auf activer Motilität. Die Beobachter sind darüber einig, dass am dritten Tage das Kopfende eine Drehung erfährt, indem es vorher nach unten mit dem Gesicht gerichtet war und nun auf seine linke Seite zu liegen kommt, aber eine Erklärung fehlt hierfür noch ebenso wie für die Kopf- und Schwanz-Krümmung.

Die Kopf- und Körper-Krümmung nimmt am vierten Tage zu, so dass der vorher retortenförmig gestaltete Embryo nunmehr eine Hufeisenform erhält, wobei das Herz dicht an den Gesichtstheil zu liegen kommt. Diese Lage hat dann eine eigenthümliche Pendelbewegung zur Folge. Man sieht nämlich gegen Ende des vierten Tages, dass Kopf und Schwanz bei vielen Embryonen einzeln, bei einigen gleichzeitig durch jeden Herzschlag einen Stoss erhalten, so dass ein mit den Herzcontractionen isochrones Pendeln des Kopf- und Schwanz-Endes gegeneinander stattfindet.

Dieses Pendeln beobachtete ich auch am Kopfe allein in der letzten Stunde dieses Tages, als die Schwanzkrümmung eben erst begonnen hatte, 139 mal in der Minute. Da es mit den Herzcontractionen genau isochron ist, so gestattet es die Herzfrequenz an den Oscillationen des Kopfes, z. B. des pigmentirten Auges zu zählen. Freilich ist es bisweilen so schwach, dass es leicht übersehen wird. Übrigens ist diese pendelnde Bewegung der beiden Körperenden rein passiv, ausschliesslich durch den Herzstoss bedingt, und ihre Frequenz wird durch alle Umstände, welche die Herzfrequenz ändern, ebenso geändert. Noch am achten Tage ist sie an den Erschütterungen des Leibes bei jedem Herzschlag kenntlich.

Von anderen Beobachtern scheint nur His dieses Pendeln [124
gesehen zu haben. Er sah am früh herausgenommenen Embryo wie mit jeder Herzsystole der Kopf einen Stoss erfährt, in Folge dessen er sich etwas aufrichtet, um sich dann beim Eintritt der Diastole wieder rückwärts zu biegen. Mit Recht bemerkt His weiter, dass, im Verhältniss zu den übrigen bei der Körperformung wirksamen Kräften, die Blutspannung in den Aorten nicht gering sei und zur Gefässverlängerung und Streckung des Halses, sowie zu dem Zurückweichen des Herzens selbst beitragen müsse.

Die ersten activen Embryo-Bewegungen treten in der ersten Hälfte des fünften Tages ein. Es sind ausschliesslich Rumpfbewegungen, Neigungen der oberen und unteren Körperhälfte des hufeisenförmig gekrümmten Embryo gegeneinander, welche man regelmässig innerhalb der ersten Minuten, manchmal noch in der zwölften Minute nach dem Öffnen des warm gehaltenen Eies wahrnimmt. In den Pausen findet ausserdem die Oscillation durch den Herzschlag in demselben Sinne statt, welche mit den activen Bewegungen und Streckungen theils des Kopfendes, theils des Schwanzendes, theils beider in keinem Falle verwechselt werden kann, weil sie regelmässig und viel frequenter ist, und lange nicht so ausgiebige Excursionen macht. Auch hören die Eigenbewegungen nach dem Herausnehmen des Embryo aus dem Ei sofort auf, das Herzpendeln nicht. Jene gleichen übrigens den an Amphibien- und Fisch-Embryonen beobachteten Contractionen und Expansionen, nur dass beim Vogelembryo die Volarseiten von Rumpf und Kopf gegeneinander gewendet sind und die Krümmungen des Leibes in der Regel in dieser Zeit nicht dextroconvex oder sinistroconvex sind.

Am fünften Tage finden die Rumpfbewegungen meist ohne jede selbständige Bewegung des Kopfes und des Schwanzes statt. Nach Aufschlitzen des Amnion sieht man, jedoch selten, seitliche

Kopfbewegungen eintreten. Die Gliedmaassen werden, auch am **sechsten Tage** noch, nur passiv mit dem Rumpfe bewegt: bilateral-symmetrisch. Erst am **siebenten** treten asymmetrische Bewegungen der einzelnen Gliedmaassen auf, aber Kopf und Schwanz bewegen sich noch gegeneinander. Der erstere macht jetzt unzweifelhaft selbständige, oft nickende Bewegungen.

Am **achten Tage** treten selbständige Änderungen der Lage ein, auch Schlagen mit den Flügeln. Die Beugungen und Streckungen der Extremitäten sind sehr lebhaft, besonders am neunten Tage und an den folgenden Tagen, nehmen aber vom sechzehnten an wieder ab. Nach dieser Zeit scheinen nur ab und zu Eigenbewegungen den Schlaf zu stören, und Lageveränderungen kommen in den letzten Tagen vor dem Sprengen nicht mehr vor.

Während alle diese activen Bewegungen, das Nicken und Drehen des Kopfes, das Strampeln und Flügelschlagen unzweifelhaft automatisch (erblich) sind, sofern sie durch keinen auffindbaren äusseren Reiz hervorgerufen werden — im geschlossenen Ei verlaufen sie geradeso wie im geöffneten — ist das Schaukeln im Amnion nicht als eine active, aber auch nicht als eine rein passive Bewegung aufzufassen.

Vom fünften bis zum achten Tage tritt das Schaukeln in steigender Energie in ungleichen Intervallen auf, meist finden etwa acht Schwingungen des Embryo in der halben Minute um seinen Nabel als festen Punct statt. Man sieht deutlich, dass der Embryo hin und her geworfen wird, indem an einem Ende des Sackes, in dem er flottirt, die Muskelfasern sich zusammenziehen und die Flüssigkeit mitsammt dem Hühnchen an das andere Ende schleudern. Dann ziehen sich hier die Muskelfasern zusammen, werfen den Embryo in die vorige Lage zurück, und so geht es minutenlang fort. Nach vielfach wiederholter Beobachtung ist mir die wahrscheinlichste Ursache des Beginnes der Schwingung, d. h. der Amnioncontraction, ein Anschlagen des Embryo gegen das Amnion, ein förmliches Ausschlagen mit den Beinen, welches ich unmittelbar vor dem Schaukeln mehrmals gesehen habe. Das Nachlassen und Aufhören der Contractionen des Amnion wird wahrscheinlich durch eine Abnahme seiner Erregbarkeit bedingt, welche übrigens am elften Tage maximal zu sein scheint. Später, vom zwölften Tage an, werden die Schwingungen seltener und träger. Das heftige Hin- und Herschwingen ist einem ruhigen Wogen gewichen, bis in den letzten Tagen der Incubation überhaupt kein Amnionschaukeln mehr stattfindet. Es würde schon an Platz dazu fehlen.

Somit ist dieses merkwürdige Phänomen im bebrüteten Vogelei (vielleicht auch im Schildkrötenei, wo es aber noch niemand gesehen hat) weder rein passiv noch activ, sondern der Embryo gibt durch eine heftige Eigenbewegung den ersten Anstoss zur Contraction, dann wird er durch diese passiv fortgeschleudert gegen das ruhende Ende des Amnion, reizt dieses, so dass es sich contrahirt und den Embryo zurückschleudert usw.

Ob auch die allererste Amnioncontraction am fünften Tage in dieser Weise zu Stande kommt, bleibt fraglich, ist aber darum wahrscheinlich, weil die activen Bewegungen zuerst auftreten.

Zu den activen Bewegungen des Hühnchens im Ei gehört auch die Sprengung der Schale vor dem Ausschlüpfen. In den Fällen, wo einen Tag oder zwei Tage vor dem Ende der Brütezeit das Hühnchen im völlig unverletzten Ei piept, muss, wie schon Sacc (1847) bemerkte, das Hühnchen mit dem Schnabel die [338
Allantois durchbohrt haben und in die Luftkammer eingedrungen sein. Hierdurch gewinnt es einen grossen Raum für seine Bewegungen und kann weiter Luft athmen. Inzwischen muss die Allantoiscirculation durch die Aspiration des Blutes seitens der Lungen (S. 89) bald abnehmen und während der zuletzt sehr schnell vor sich gehenden Resorption des hernienartig prolabirenden Dotters auch die Füllung der Gefässe des Dotters schnell abnehmen. Wenn aber das gesammte Blut (bis auf einen kleinen in der Allantois zurückbleibenden Theil) im Körper circulirt, dann steigen die Ansprüche desselben an die Lunge, welche schliesslich die erforderliche Sauerstoffmenge durch die Schale hindurch nicht mehr beschaffen kann. Es tritt also Sauerstoffmangel des Blutes ein, dadurch grössere Erregbarkeit des Respirationscentrums, dadurch verstärkte Athembewegungen durch die peripheren Reize, wie Reibung an der Innenwand des Eies und der Körpertheile aneinander, dadurch Zusammenziehungen accessorischer Inspirationsmuskeln und heftige Bewegungen besonders des Kopfes, wahrscheinlich Convulsionen. Dabei wird die brüchig gewordene Schale gesprengt, wenn der sehr scharfe kleine Nagel an der Spitze des Oberschnabels gegen die Schale schlägt. In diesem Augenblick ist die Athemnoth vorüber, neue Luft reichlich zum Einathmen da, und durch weitere Bewegungen, namentlich Wiederholungen der Athemnoth bei Drehungen des Kopfes wiederholt sich die Sprengung, bis das Ei auseinanderfällt.

Dass der Hühnerembryo nicht, wie mehrfach angenommen

wird, vor dem Ausschlüpfen pickt und dadurch die Eischale sprengt, hat Spalding richtig hervorgehoben. Das Hühnchen ist nicht [illegible] in der Lage, überhaupt im Ei picken zu können, obwohl manche es annehmen, vielmehr schleudert es mit Gewalt den Kopf, welcher unter dem Flügel halb verborgen ist, stirnwärts, so dass die Schnabelspitze gegen die Schalenhaut stösst. Oft bleibt dann diese das erste Mal intact, während die Schale selbst einen Sprung erhält oder sogar ein Stück abspringt. Beim zweiten, dritten Mal gelangt oft die Schnabelspitze in's Freie und oft piept dann das Hühnchen lebhaft. Meist aber dreht es sich im Ei um und wiederholt das Zurückschleudern des Kopfes. Diese Lageänderungen kann man zum Theil im Embryoskop sehen, so gut wie die Athembewegungen im völlig unversehrten Ei am zwanzigsten Tage. So wird eine zweite, dritte, vierte Stelle getroffen, entweder mit Absprengung von Schalenstückchen oder nur mit Erzeugung von Sprüngen in derselben, bis dann im halben oder ganzen Umkreis die Cohäsion der Schalentheilchen erheblich abgenommen hat. Nun genügt eine starke Bewegung des Thieres, die beiden Hälften auseinander fallen zu lassen. Und zwischen ihnen liegt als das Bild der Hülflosigkeit das nasse, schwache, wärmebedürftige Hühnchen piepend und anfangs unvermögend auch nur den Kopf zu heben und zu hocken. So sah ich das Auskriechen normalerweise ablaufen. Von Willkür kann dabei nicht die Rede sein.

In vielen Fällen durchbohrt aber das reife Hühnchen, wenn es nämlich im intacten Ei nicht piept, das Septum zwischen ihm und der Luftkammer nicht, sondern sprengt, durch Abnahme der Allantoiscirculation in den erwähnten Zustand der Athemnoth versetzt, vorher die Schale. Ich habe nicht selten Hühnchen gesehen, welche bei völlig unverletztem Septum das Ei gesprengt hatten. Dasselbe erwähnt auch Sacc, welcher schon annahm, was ich oben angab, dass die Schale nicht durch den gehörnten Schnabel gerieben und dann durchgerieben, sondern durch Anschlagen gesprengt wird beim Zurückwerfen des Kopfes in der Athemnoth. Doch meint er irrigerweise, dieses geschehe nur beim Ausathmen (Piepen) im geschlossenen Ei. Denn viele Hühnchen schlüpfen, wie gesagt, aus, ohne vorher ihre Stimme hören zu lassen. Und ich habe dieses intraováre Piepen so laut und anhaltend und nach so langen Pausen immer wieder kräftig werden gehört vor der Eisprengung, dass man das Hühnchen in diesem Stadium noch ganz und gar nicht asphyktisch nennen kann.

Es kommt überhaupt zu keiner Dyspnöe, wenn in demselben

das Ei von aussen geöffnet wird, sei es vom Beobachter, sei es von der Henne, die an der Stimme im Ei erkennt, dass ihr Brutgeschäft beendigt ist.

Zwei seltenere Arten der Eisprengung erwähnt ausser den beschriebenen noch K. E. v. Baer. Die eine bezieht sich auf die ungewöhnliche Lage mit dem Kopf nach dem spitzen Ei-Ende zu; hier durchstosse das Hühnchen die Schalenhaut schneller und piepe nicht vor dem Ausschlüpfen. Die andere kommt bei normaler Lage der Luftkammer vor, wenn zuerst die Schalenhaut gesprengt wird, aber am Rande des Septum, so dass erst nachher, sogar erst nach Absprengung eines Schalenstückchens die Schnabelspitze in den Luftraum gelangt. Dann können fast 24 Stunden vom ersten Sprengversuch bis zum merklichen Grösserwerden der Öffnung vergehen.

Ist normalerweise die Zeit vom ersten Sprengversuche bis zum zweiten Abspringen oder Rissigwerden der Kalkschale eine so lange, dann liegt Grund vor zu der Annahme, dass durch Vertrocknung die Schalenhaut schwer zerreissbar und straff geworden sei und dass die Muskelkraft des Hühnchens nicht mehr ausreiche sie zu zerreissen. Sehr oft gehen in den Brutanstalten die Hühnchen auf diese Weise im unvollständig gesprengten Ei zu Grunde und man findet dann die Schalenhaut stellenweise so fest mit dem Flaum verwachsen (angebacken), dass man sie trocken nicht ohne Verletzungen ablösen kann (S. 188). —

Endlich bemerkte ich noch eine eigenthümliche Bewegungserscheinung am jungen Hühnerembryo, die ich nirgends erwähnt finde.

Wenn man mit einer Nadel einem lebenden Hühnerembryo, dessen Zehen eben gesondert erscheinen, einen der künftigen Flügel oder ein Bein oder den Schwanz sanft vom Rumpf abhebt, so schnappt das Glied gleich nach dem Loslassen wie ein Taschenmesser in seine frühere Lage zurück. Der Versuch lässt sich mit einiger Vorsicht öfters an derselben Extremität wiederholen. Es handelt sich hier durchaus nicht um Reflexbewegungen, denn zu dieser Zeit bewirkt weder der elektrische Reiz, noch Stechen, Quetschen, Amputation der Gliedmaassen die geringste Antwortsbewegung, auch ist das Zurückschnellen kein Reizungsvorgang, sondern es beruht nur auf der Elasticität des embryonalen noch nicht einmal deutlich contractilen Gewebes, wofür der Beweis leicht geliefert wird durch Anstellung desselben Versuchs am herausgenommenen eben abgestorbenen Embryo. Der Erfolg ist hier derselbe. Jedesmal kehrt der abgebogene Theil nach dem Loslassen sofort oder nach wenigen Augenblicken in seine frühere Lage zurück; also handelt es sich hier um eine in der Richtung des Längenwachsthums der Extremitäten wirkende Kraft des embryonalen Gewebes.

In Betreff des chronologischen Verhältnisses der einzelnen von mir am Hühnchen im Ei beobachteten Bewegungserscheinungen vom 2. bis 22. Tage verweise ich auf die Beilage I, wo auch Näheres über die directe und indirecte Reizung der embryonalen Muskeln, die Tetanisirbarkeit derselben und andere physiologische Einzelheiten aus meinen Beobachtungs- und Versuchs-Protokollen zu finden ist.

Über die Bewegungen der Säugethier-Embryonen.

Bei trächtigen Säugethieren sieht man gegen Ende der Tragzeit häufig die Bauchdecke durch die Bewegungen der Früchte gehoben werden, wenn man die Thiere auf den Rücken legt. Bei einigen, z. B. dem Meerschweinchen, scheint öfters eine Welle über den ganzen Bauch zu verlaufen, dann nämlich, wenn schnell nacheinander mehrmals eine Vorwölbung der Bauchhaut durch Fötusbewegungen stattfindet. Steckt man eine lange und dünne Nadel in den Fötus, so kann man fast jedesmal die Bewegungen schon aus einiger Entfernung erkennen. Sie sind sehr unregelmässig, manchmal lebhaft und schnell, dann wieder träge, und öfters nimmt man auch bei hochträchtigen Thieren viertelstundenlang gar keine Fruchtbewegungen wahr, dann wieder plötzlich zuckende Schwankungen der Nadel. Man hört auch leicht bei höchträchtigen Thieren stethoskopisch die Fruchtbewegungen als ein eigenthümliches Knistern und Knacken. Bei kataplegischen Meerschweinchen fand ich sehr häufig die Fruchtbewegungen [illegible] bedeutend verstärkt. Es ist nicht schwer eine einzelne Extremität des Fötus durch einen kleinen Bauch- und Uterus-Einschnitt hervorzuziehen und von dieser aus intrauterine Kneifreflexe hervorzurufen. Auch sah ich das isolirte Bein ohne künstliche Reizung sich lebhaft bewegen.

Da die Vermuthung zulässig erschien, eine Ursache der intrauterinen Extremitätenbewegungen sei der Wechsel im Sauerstoffgehalt des Blutes, so achtete ich besonders darauf, ob etwa die Bewegungen der vier Extremitäten stärker werden, wenn vorzeitig ein Ei respirirt wird. Ich fand aber, dass im unversehrten Ei in vielen Fällen die Embryonen die Beine nicht bewegen, wenn sie Inspirationsbewegungen machen, in sehr vielen dagegen die Beine bewegten, während ich das intacte Ei in der Hand hielt vor der ersten Athembewegung, also wie im nicht eröffneten Mutterthier, und endlich, dass viele Früchte sowohl starke Extremitäten-Streckungen und -Beugungen als auch zugleich vorzeitige Athembewegungen machen, nachdem der Uterus blosgelegt worden. Im unversehrten Uterus (im blutwarmen Bade mit 0,6 Proc. Kochsalz) sah ich auch diejenigen ganz unreifen Meerschweinchenembryonen lebhaft die vier Extremitäten bewegen, welche noch keine Athembewegungen machen konnten (einer war 10,3, ein anderer 10,7 Gramm schwer).

Nahezu reife Cobaya-Embryonen, welche mit dem Kopf allein aus dem Uterus durch eine Schnittwunde nach aussen hervorragten und bei erhaltener Placentarcirculation Luft athmeten, habe ich intrauterin und extrauterin sich oft lebhaft bewegen gesehen, selbst nach Abnahme der Eigenwärme der Mutter und Frucht bis gegen 33°. Sie arbeiten sich ohne alle Hülfe mit den Beinen förmlich heraus in's Freie und nehmen nach der Abnabelung oft gleich die natürliche Stellung älterer Meerschweinchen an.

Viele Versuche zeigen auch, dass nicht jede Art der Verminderung des Sauerstoffs im fötalen Blute Extremitätenbewegungen zur Folge hat. Damit ist jedoch ein Zusammenhang der beiden Erscheinungen nicht ausgeschlossen. Dass aber, wie ich fand, Erstickung des trächtigen Mutterthieres auch ohne alle sichtbare Fruchtbewegungen eintreten kann, ist nicht etwa auf die zur Erregung der Centromotoren zu langsame Abnahme des Sauerstoffgehalts zurückzuführen. Denn man hat Kaninchenembryonen in allmählich verdünnter Luft unter der Glocke der Luftpumpe sich eine Zeitlang sogar convulsivisch bewegen gesehen, und als die Bewegungen in stark verdünnter Luft aufgehört hatten, traten sie nach Luftzutritt wieder ein.

Dass starke Blutentziehungen bei Thieren die Lebhaftigkeit der Fruchtbewegungen steigern würden, war nach den Erfahrungen am Menschen wahrscheinlich.

Bei der Tödtung mittelst Verblutens ist die Wirkung in der That auffallend, sie tritt jedoch etwas spät ein. Ein Beispiel:

Bei einem hochträchtigen Meerschweinchen, dem ich aus beiden Schenkelarterien, ohne zu pausiren, volle zehn Grm. Blut entzog, so dass seine Schleimhäute weiss wurden, sah ich sieben Minuten nach Beginn des Aderlasses so starke Bewegungen des Fötus eintreten, wie ich sie sonst nie wahrgenommen hatte. Die Erhebungen der Bauchwand nahmen aber dann, obwohl sie ungemein zahlreich wurden, an Umfang ab, und als nach zehn Minuten gar keine Fruchtbewegungen mehr erschienen, schnitt ich, achtzehn Minuten nach Beginn der Blutentziehung, das Junge heraus. Es machte keine Bewegungen mit den Extremitäten mehr, sondern Athembewegungen, die es aber auch bald einstellte. Durch Compression des Thorax liess sich viel Schaum aus den Nasenlöchern hervortreiben: intrauterin aspirirtes Fruchtwasser.

Dass in diesem Falle durch die Blutentziehung der mit langen Zähnen, Nägeln und Haaren versehene fast reife 73 Grm. schwere, 148 Millim. lange Fötus im Uterus Convulsionen hatte und dabei auch Inspirationsbewegungen machte, ist gewiss. Die Ursache der Krämpfe kann aber nicht Anämie des Fötus gewesen sein, weil ich nach dem Tode desselben das Herz und die Gefässe strotzend voll sehr dunkeln Blutes fand. Wahrscheinlich waren die Krämpfe nur Begleiterscheinungen der starken vorzeitigen Inspirationsversuche und diese durch die Abnahme des Blutdrucks und der Sauerstoffzufuhr zur Placenta verursacht, wodurch die Erregbarkeit des Athemcentrum zunahm. Denn ich habe öfters beobachtet, dass bei hochträchtigen Meerschweinchen Compression der Trachea bis zur höchsten Lebensgefahr anhaltende sehr starke Fruchtbewegungen nach sich zieht und dass diese sogar noch minutenlang fortdauern, wenn die Mutter schon respirationslos geworden oder todt ist. Einmal traten fünf, ein anderes Mal elf Minuten nach dem letzten Athemzuge des Mutterthieres starke Fruchtbewegungen ein, als schon die Herzthätigkeit der Mutter am Erlöschen war.

Dass erhebliches Sinken des Blutdrucks schnellen Tod der ... Früchte zur Folge hat, zeigte auch Max Runge, ohne freilich auf eine etwaige praemortale Steigerung der intrauterinen Fruchtbewegungen zu achten (Vgl. S. 204).

Die autonomen Bewegungen der schnell aus dem Uterus geschnittenen, nahezu reifen und sogleich luftathmenden Kaninchenembryonen sind geradeso wie die der natürlich geborenen reifen Jungen sehr manigfaltig, ungeregelt, asymmetrisch, arhythmisch. Manchmal treten lange Pausen ein, dann wieder scheinen die Beugungen und Streckungen, das Wälzen auf der warmen Watte, das Hin- und Her-Werfen des Kopfes nach links und rechts, nach oben und unten, hinten und vorn kein Ende zu nehmen. Werden die Thierchen ruhiger, so machen sie doch öfters Bewegungen mit ihren Beinen, welche ganz das Ansehen haben, als wenn sie sich gegen etwas zu stemmen beabsichtigten, als wenn der Fortfall der früher jeder Extension Widerstand leistenden Uteruswand noch ungewohnt wäre. Daher das eigenthümliche Strampeln und förmliche Schleudern der Gliedmaassen. Dabei bleiben die Thiere in jeder Lage, die man ihnen ertheilt, widerstandslos liegen, aber nicht regungslos, wie plötzlich ergriffene erschrockene geborene Thiere.

Im Gegensatz zu den nackt und blind geborenen Kaninchen sind die mit dichtem Pelz, offenen Augen und langen Schneidezähnen geborenen Meerschweinchen, auch wenn sie eine Woche vor dem normalen Termin (von ungefähr neun Wochen) durch den Kaiserschnitt oder Abortus an das Tageslicht gelangen, viel schneller im Stande zu laufen, sich zu erheben und den Kopf aufzurichten. Aber anfangs bleiben sie völlig hülflos in jeder Lage liegen und erheben sich unvollständig, obwohl sie schon ehe sie den Kopf emporhalten können mit demselben Drehbewegungen von einer Seite zur andern machen.

Zweimal (an zwei gleich alten zusammen 173 Grm. wiegenden Cobaya-Embryonen, die ich aus dem Uterus herausschnitt) konnte ich unzweifelhaft fühlen, dass der Fötus meinen zwischen die Zähne gehaltenen Fingernagel mit bedeutender Anstrengung **biss**. Beissen kommt aber intrauterin schwerlich vor. Der eine war vor zehn, der andere vor neun Min. extrahirt worden, ersterer abgenabelt, letzterer nicht. Ein drittes Mal biss ein eben excidirter Fötus meinen Finger unerwarteter Weise recht kräftig. Lässt man die Embryonen der Kaninchen (Hasenkaninchen) in blutwarme physiologische Chlornatriumlösung austreten, dann sieht man sie auch, wie Zuntz bemerkte, mitunter wischende Bewegungen mit [91, 618. 620 den Beinen an der Nabelgegend und am Kopfe machen und die Zunge leckend vorstrecken (s. u.).

Ich habe mich ferner wiederholt davon überzeugt, dass der nahezu reife Meerschweinchenfötus, wenn man ihn im Uterus in blutwarme physiologische Kochsalzlösung aus der in dieselbe halb eingetauchten passend befestigten Mutter durch einen Bauchschnitt prolabiren lässt, sich geradeso bewegt wie in der Luft. Nur treten bei erhaltener Placentarcirculation öfters Pausen der Ruhe ein. Dann konnte ich durch allerlei Hautreize, wie Kneifen, Stechen, an jeder beliebigen Stelle Reflexbewegungen hervorrufen, welche energischer als die Eigenbewegungen waren. Ich habe sogar wiederholt bei solcher Versuchsanordnung die Embryonen nach Zerrung eines Spürhaares die bekannte kratzende Bewegung mit der Vorderpfote derselben Seite machen gesehen bei intactem Amnion. War aber der Hautreiz sehr stark, dann trat auch oft eine Inspirationsbewegung ein. Nichtsdestoweniger kann ein solcher Fötus, wenn er auch viel Kochsalzlösung aspirirt hat, falls man ihn nachher an der Luft warm hält und durch Schwingen das aspirirte Wasser entfernt, dauernd am Leben erhalten werden.

Endlich habe ich wiederholt noch nicht ganz ausgetragene Meerschweinchen, ehe sie mit dem Kopfe an die Luft kamen. mit einem raschen Schnitt tief decapitirt und gesehen, wie der Kopf für sich allein noch fünf Minuten lang Athembewegungen mit Mund und Nase machte, besonders nach Quetschung einer Lippe, und zugleich die Extremitäten des kopflosen Rumpfes sich wie bei unversehrten Früchten bewegten, wenigstens die Hinterbeine. Diese zeigten auch Reflexe geradeso. als wenn die Enthauptung nicht stattgefunden hätte (vgl. oben S. 402). Die Lungen blieben atelektatisch.

Man sieht aus diesen Thatsachen, wie weit die Unabhängigkeit der fötalen Bewegungen von der Luftathmung geht. Sie zeigen auch, wie die Beobachtungen an anencephalen menschlichen Neugeborenen (s. u.) und die Experimente mit Exstirpation des Gehirns, wie sie zuerst O. Soltmann an neugeborenen Thieren ausführte, die Unabhängigkeit der Extremitätenbewegungen des Embryo vom Grosshirn. Wurden beim neugeborenen Hunde die beiden Hemisphären mitsammt dem Streifenhügel, mit Erhaltung der Sehhügel und Vierhügel exstirpirt, so gingen alle vorher von dem Thiere ausgeführten Bewegungen — auch Saugen — ganz unverändert ebenso nach der Operation wie vor derselben von Statten (Soltmann 1876) und ich habe sogar bei den eben erwähnten Versuchen nach Enthirnung fast reifer aus dem Uterus herausgeschnittener Meerschweinchenembryonen die Bewegungen der vier Extremitäten oder wenigstens der Hinterbeine genau so, wie bei den daneben befindlichen nicht enthaupteten Controlthieren, fortgehen sehen, so dass niemand nach Verdeckung des Kopfes sagen konnte, ob diese auch enthirnt oder enthauptet waren oder nicht.

Nur darin geht Soltmann zu weit, dass er sämmtliche Bewegungen des Neugeborenen nicht nur für unwillkürlich erklärt — das sind sie — sondern auch für ausschliesslich „durch die als Reiz wirksamen Kräfte der Aussenwelt“ zu Stande gekommen ansieht, während sie in Wahrheit zum grossen Theil aus inneren Ursachen — wie bei dem noch garnicht durch äussere Reize erregbaren und doch sich bewegenden jüngeren Embryo — abzuleiten, d. h. impulsiv sind, wovon weiter unten.

Aus der von Soltmann entdeckten Thatsache, dass durch den elektrischen Reiz von der Grosshirnrinde aus beim neugeborenen ...de und Kaninchen keine Muskelbewegungen ausgelöst werden können — während solches in der zweiten Lebenswoche bereits der Fall ist — wird unmittelbar zu folgern sein, dass elektrische Reizung der Hirnrinde beim Fötus ebenfalls keine motorischen Effecte haben wird. So lange keine Bewegungsvorstellungen da sind, im intrauterinen Leben und unmittelbar nach der Geburt, kann demnach überhaupt kein Einfluss der Grosshirnrinde auf die Bewegungen sämmtlicher Muskeln zu Stande kommen, weder ein excitomotorischer, noch ein hemmender. Mit anderen Worten: die fötale Motilität ist unabhängig von der Rinde des Grosshirns im Gegensatz zu der Motilität des Geborenen, und die Ausbildung motorisch fungirender Theile in der grauen Rinde ist abhängig von peripheren sinnlichen Eindrücken nach der Geburt.

Demnach ist es vollkommen unzulässig, das Vorhandensein einer Willkür beim Embryo anzunehmen, weil diese ohne Vorstellungen und individuelle Empfindungserinnerungen dem Messer ohne Heft und Klinge gleichen würde.

Umsoweniger darf beim Embryo der Säugethiere (und des Menschen) ein ausgebildeter Wille angenommen werden, als gerade das für diesen charakteristische Merkmal der Reflexhemmung meist gänzlich fehlt. Soltmann konnte durch elektrische Reizung gerade derjenigen Hirntheile, namentlich der vorderen *Lobi* der [47
Hemisphären, keine Reflexdepression beim neugeborenen Hunde hervorrufen, welche doch Simonoff (1866) bei Hunden von wenigen Wochen schon functionsfähig fand. Es gehen also beim Neugeborenen — und darum *a fortiori* beim Embryo — vom Gehirn keine Erregungen in das Rückenmark, welche den Ablauf von Reflexen hemmten, wie Soltmann hervorhob. Ausserdem fand er, dass selbst starke periphere Reizungen, Umschnürungen und andere bei Erwachsenen reflexhemmend wirkende Eingriffe bei neugeborenen Thieren wirkungslos bleiben, wenn das Rückenmark dicht unter der *Medulla oblongata* durchschnitten war, wie bei den analogen Versuchen an erwachsenen Thieren von Lewisson (1869), welche eine starke Reflexdepression kennen lehrten. Es bleibt auch die Reflexlähmung, welche letzterer nach Quetschung einzelner Theile, wie der Niere, des Uterus, eintreten sah, bei neugeborenen Hunden und Kaninchen, aus, wie Soltmann bemerkte. Dem- [47
nach wird beim Fötus des Hundes und des Kaninchens die Abwesenheit aller Reflexhemmungsapparate auch im Rückenmark als sicher anzusehen sein. Dasselbe gilt wahrscheinlich auch für den Menschen, welcher gerade in der ersten Zeit seines extrauterinen Lebens eine grössere Neigung zu Convulsionen zeigt.

Doch darf dieser Befund nicht verallgemeinert werden. Bei dem neugeborenen und frühgeborenen Meerschweinchen habe ich unzweifelhafte Zeichen bereits wirksamer Reflexhemmung wahrgenommen. Wenn man nämlich ein unberührtes Thier beobachtet, während in nicht zu kleinen Pausen ein starker kurzer Schall [u ertönt, so sieht man jedesmal beide Ohrmuscheln stark bewegt werden. Wird aber unter sonst gleichen Umständen das Thierchen mit einer Tiegelzange oder Hakenpincette an der Nackenhaut schwebend sehr fest gehalten, so bleibt nach wenigen Augenblicken, spätestens Minuten, der Ohrmuschelreflex aus beim Ertönen des unsichtbaren Hammerschlags oder er wird ganz schwach. Bei erwachsenen Meerschweinchen gelingt dieser Versuch insofern noch besser, als sie während der ungewohnten starken peripheren Reizung sich meist vollkommen ruhig verhalten, während das junge Thier fortfährt die Glieder zu bewegen oder zu schreien. Aber allein aus dem constanten Schwächerwerden des Ohr-Reflexes in dieser Lage folgt evident, dass bei eintägigen und erst vor einer halben Stunde oder mehreren Stunden aus dem Uterus geschnittenen noch nassen Cavien, denen die Nabelschnur noch anhängt, eine reflexhemmende Wirkung starker peripherer Reize vorhanden ist.

Nicht so deutlich zeigte sich, nach anderen Versuchen, die ich anstellte, die Reflexhemmung beim Neugeborenen, z. B. beim Irisreflex. Wird Magnesiumlicht mittelst einer Sammellinse auf das Auge eines neugeborenen Meerschweinchens concentrirt, so verengert sich die Pupille stärker wenn es unberührt ist, als wenn ein sehr starker peripherer Reiz einwirkt. Bei erwachsenen Meerschweinchen fand ich aber den Unterschied der Pupillenweite grösser. Bei ihnen bleibt die Pupille sehr gross im hellen Licht nach Kneifen der Haut. Für andere Reflexe — nach elektrischer und mechanischer Haut- und Schleimhautreizung — gilt dasselbe. Immerhin bleibt die Thatsache bestehen, dass die neugeborenen Cavien, welche, wie erwähnt, viel reifer, als Hunde, Katzen, Kaninchen und andere Thiere geboren werden, schon einen wirksamen Reflexhemmungsapparat mit auf die Welt bringen.

Auch die Versuche von Tarchanoff sprechen dafür, welcher [30] fand, dass schon bei neugeborenen Meerschweinchen die Reizung der Vorderlappen die Reflexbewegungen mässigt. Wenn man solche Versuche bei den der Reife nahen frisch dem Uterus entnommenen Embryonen ausführte, müsste sich ein Zeitpunct ermitteln lassen, in welchem die Reflexbewegungen wie bei den neugeborenen Hunden, Katzen und Kaninchen nicht durch centrale Reizung vermindert werden können.

Der bemerkenswerthe Unterschied der Embryonen in dieser Beziehung (vgl. die hemmende Wirkung der Herzvagusreizung S. 57) kann nur auf ungleiche Ausbildung des Gehirns zurückgeführt werden. Die Gattungen *Canis*, *Felis*, *Cuniculus*, *Homo* haben noch nicht soviele Verbindungen zwischen sensorischen und motorischen Centren im Gehirn zur Zeit der Geburt ausgebildet, wie *Cavia*. Letztere hält sich, läuft, hört, sieht, beisst und bewegt sich eine Viertelstunde bis eine Stunde nach der Geburt viel vollkommener, als erstere.

Auf die Folgen dieser grossen Verschiedenheit der Entwicklung des Centralnervensystems für die psychische Ausbildung nach der Geburt habe ich an anderer Stelle hingewiesen. Je mehr [372] Bewegungen ein neugeborenes Thier vor und sogleich nach der Geburt vollständig ausführen kann, umsoweniger neue Bewegungen kann es später erlernen. —

Da in der Literatur über die Bewegungen der vorzeitig und rechtzeitig geborenen Säugethiere sehr wenige Angaben existiren, so seien hier mehrere von mir unmittelbar nach oder während der Betrachtung des lebenden Objects niedergeschriebene specielle Beobachtungen angereiht. Sie sollen zugleich als Belege für das Vorige und für einige der folgenden allgemeineren Sätze dienen.

Am 5. Febr. 1875 schnitt ich einem hochträchtigen Meerschweinchen drei Junge heraus. Alle drei noch nicht ausgetragen, schrieen doch bevor die Wasserhaut von ihrem Kopfe ganz entfernt war; sie hatten schon ziemlich lange Haare, Zähne, Nägel und offene Augen mit brauner Iris. Die drei Nabelschnüre wurden durchschnitten, nicht unterbunden, vertrockneten nach einigen Tagen. Die Thiere wurden in Watte und später im Brütofen warm gehalten. Die ersten drei Stunden bewegten sie die vier Extremitäten und den Kopf völlig unsymmetrisch, blieben in den ihnen ertheilten Stellungen auf dem Rücken, auf der Seite, auf dem Bauche liegen, meist sehr lebhaft die Beine bewegend, ohne eine coordinirte Bewegung zu Stande zu bringen. Erst nach drei Stunden bewegte sich eins von den Thierchen ein wenig geradeaus, die Beine anziehend beim aufrechten Hocken, aber dann wieder wälzte es sich auf dem weichen Tuch und war erst vom vierten Tage an im Stande, sich regelmässig vorwärts zu bewegen. Unmittelbar nach der künstlichen Frühgeburt machten alle drei Früchte, als ein Glasröhrchen in den Mund gebracht worden, Saugbewegungen, zwar nicht jedesmal beim Einführen des Röhrchens, aber meistens. Dasselbe gilt für die Beissbewegungen: Der Fingernagel, zwischen die Zähne gebracht, wurde nach ein bis zwei Stunden schon merklich festgehalten. Die Thiere wurden nun eine Woche lang blos durch Saugenlassen an ausgezogenen Glasröhrchen mit erwärmter Kuhmilch ernährt; eines starb schon am 8. Febr. Die beiden anderen fingen am 11. Febr. selbständig an Weissbrod in Milch anzunagen. Sie wurden dabei Tag und Nacht im Brütofen gehalten in Watte, deren Temperatur jedoch die Blutwärme nicht erreichte. Am 8. Febr. tranken die Thiere nicht aus einem ihnen vorgehaltenen dünnwandigen Porzellantiegelchen mit Milch, sondern bissen den Tiegelrand fest, obgleich die Schnauze in die Milch getaucht wurde. Am 12. Febr. tranken sie jedoch, indem die Lippen mit Milch durch freiwilliges Eintauchen benetzt und dann die Flüssigkeit eingeschlürft wurde, worauf deutliche Schluckbewegungen eintraten; die Lippen wurden aber nicht abgeleckt. Ich sah am 12. Febr. das eine Thier sehr geschickt, nachdem es in Milch aufgeweichte Semmelstückchen reichlich zu sich genommen hatte, mit den Vorderbeinen links und rechts die Schnauze abtrocknen, genau so wie alte Meerschweinchen es zu thun pflegen. Bei jenem Zernagen des Semmels wurde übrigens zwischendurch hartnäckig an dem Tiegelrande g e n a g t, wie es schien, überhaupt an allem, was an die Lippen oder die Zähne gerieth. Sehr auffallend war, dass noch am 12. Febr. häufig abwechselnd das eine Thier unter das andere kroch und genau dieselben s t o s s e n d e n Bewegungen mit der Schnauze gegen die untere Bauchpartie ausführte, wie sie ganz junge säugende Meerschweinchen an ihrer Mutter auszuführen pflegen. Die beiden Thierchen hatten aber gar keine Mutter zu sehen bekommen. Denn ich hatte zwar am 5. Febr. etwa $^3/_4$ Stunde lang ein erwachsenes weibliches Meerschweinchen in ihre Nähe gebracht. Dasselbe blieb aber bewegungslos sitzen, ohne die mindeste Notiz von den drei Frühgeborenen zu nehmen und diese verhielten sich genau so wie in seiner Abwesenheit. Hiernach scheint also die Aufsuchung der Zitze nicht zufällig zu sein, sonst würden die zwei Thiere sie nicht an sich gegenseitig gesucht haben mit Überfluss an Nahrung.

Am 12. Febr. Nachm. brachte ich für die Dauer einer Viertelstunde ein trächtiges Meerschweinchen zu den zwei kleinen. Es nahm keine Notiz von ihnen. Die Kleinen setzten ihre eigenthümlichen Bewegungen, Stossen gegen Hals, Brust und Bauch gegeneinander in ihrer Gegenwart fort, krochen auch einige Mal unter und über die Alte, ohne aber zu saugen. Gleich darauf, nachdem die Alte entfernt worden war, wurde den Jungen Brod und Milch vorgesetzt, welches sie begierig nahmen. Die Thiere waren wie gesagt noch nicht reif, doch lebte eines über zwei Jahre. —

Am 7. Febr. 1879 öffnete ich einer trächtigen *Cavia cobaya*, deren Früchte l e b h a f t e B e w e g u n g e n zeigten, schnell die Bauchhöhle. Sofort prolabirten drei Embryonen im Uterus in ein vorher bereit gehaltenes blutwarmes Wasserbad, blieben aber noch mit dem mütterlichen Körper in Zusammenhang. Nun sah ich bei zweien während etwa einer Minute keinerlei Bewegung, hierauf bei allen dreien Athembewegungen mit offenem Munde auch nach der Ablösung des Uterus. Nur beim ersten glaubte ich vor der ersten Athembewegung im intacten Ei nach der Herausschälung aus dem Uterus sehr schwache Bewegungen der Hinterbeine wahrzunehmen. Jedenfalls zeigt dieser Versuch (wie der folgende), dass Dyspnöe o h n e starke Bewegungen bei unreifen Früchten, die sich schon bewegen können, eintreten kann.

Am 3. Jan. 1879 wurde einem trächtigen Meerschweinchen die Bauchhöhle geöffnet. Sogleich prolabirte der Uterus mit einem Fötus. Dieser machte Athembewegungen, welche durch die dünne Uteruswand hindurch deutlich an dem weiten Öffnen des Mundes und Zurückwerfen des Kopfes erkannt wurden. Sie wurden nach Eröffnung des Uterus häufiger in dem noch geschlossenen Ei. Ausserdem fanden statt, aber nur einen Augenblick, pendelnde Bewegungen beider Beinpaare. Dasselbe Verhalten zeigte, jedoch ohne die geringsten Extremitätenbewegungen der zu zweit herausgenommene Fötus, ein dritter war schon länger intrauterin abgestorben, ein vierter, als ich ihn herausnahm, schon erstickt. Alle waren wenig behaart, die Zähne weich, die Längen der drei lebenden Jungen 94, 100, 103 Millim. von der Nasenspitze bis zum After geradlinig. Sie starben ohne andere als respiratorische Bewegungen zu machen nach einigen Minuten. Diese Beobachtung zeigt, dass die Extremitätenbewegungen bei unreifen Früchten sehr schnell nach der Störung der Placentarathmung erlöschen und nur die Athembewegungen fortbestehen.

Einen grossen Meerschweinchenfötus sah ich (im Jan. 1879) im unversehrten Mutterthier, dessen einzige Frucht er war, sich längere Zeit hindurch vor dem Ausschneiden bewegen (an den Erhebungen der Bauchwand), als wenn er sich streckte. Darauf liess ich, die Bauchhöhle öffnend, den Tragsack prolabiren und sah durch dessen durchscheinende dünne Wand hindurch den Fötus ohne die geringste Athembewegung eine starke Rumpfbewegung ausführen, wie ganz junge Embryonen von Fischen und Hühnern es zu thun pflegen, so dass auch die Extremitäten, die vorderen und hinteren zugleich, passiv eine Lageänderung erfuhren. Nach der völligen Freilegung, Abnabelung und dem Beginne des Luftathmens wiederholten sich diese zuckenden Rumpfbewegungen, wobei die vier Extremitäten förmlich geschleudert wurden. Es blieb kein Zweifel bestehen, dass diese Bewegungen mit den vorher im intacten Uterus und Mutterthier ausgeführten identisch und von der Luftathmung oder einer intrauterinen Dyspnöe völlig unabhängig waren. Nach fünf Min. wurden diese Bewegungen seltener und hörten nach weiteren zwölf Min. ganz auf. Noch 22 Min. nach dem Herausschneiden keine Reaction auf starke Schallreize, aber entschiedene Versuche sich aus der Rückenlage zu befreien. Augen offen. Die Extremitäten werden nun selbständig asymmetrisch bewegt. Beim unsanften Berühren und Abtrocknen Quieken. Noch sieben Minuten später behält aber das Thier wieder jede ihm ertheilte Lage mehrere Secunden lang bei, auch die der einzelnen Extremitäten. Bei Berührung der Conjunctiva schliesst sich das Auge langsam und nicht vollständig. An einem Beine frei aufgehängt, bewegt das Thierchen die drei anderen einzeln. Eine Minute nach diesen Versuchen hat überhaupt bereits die Widerstandslosigkeit aufgehört. Die Extremitäten behalten die ihnen ertheilten Lagen nicht mehr bei, sondern kehren in die Lage der halben Flexion sogleich zurück. Reaction auf Schallreize 56 Min. nach dem Herausnehmen noch nicht vorhanden; 57 Min. nach demselben deutliche Kaubewegungen. Beim Anblasen schliesst sich das Auge jetzt sehr schnell; 64 Min. nach demselben erhob sich zwar das hingelegte Thier noch nicht von selbst, sass aber auf seinen vier Füssen, als ich es hinsetzte, eine Min. lang, fiel dann um, erhob sich von selbst wieder nach einigen Secunden und blieb dann in seiner natürlichen Stellung, mit den Vorderbeinen unsymmetrische Bewegungen ausführend. Die Beobachtung musste abgebrochen werden. Sie zeigt aber, wie schnell nach der künstlichen Geburt die Bewegungen zweckmässig werden. Allerdings war der fast reife Fötus 150 Millim. lang von der Nase bis zum After.

Am 7. Jan. 1879 entnahm ich dem Uterus vier lebende nur 20 bis 21 Millim. lange Meerschweinchen-Embryonen in den unversehrten Eihäuten. Keiner bewegte sich. Auch nach dem Freilegen trat keine Athembewegung und keine sonstige active Bewegung ein. Sehr junge Embryonen verhalten sich durchweg nach dem Bloslegen ruhiger als ältere, woraus aber nicht folgt, dass sie sich im Uterus garnicht bewegen. Manchmal sah ich auch grössere unversehrte Embryonen sich dauernd ganz ruhig verhalten.

So am 14. Jan. 1879 drei eines Meerschweinchens. Eines war 81, eines 83 Millim., das dritte ungefähr ebenso lang. Nur eins machte im Ei eine einzige Athembewegung, keines irgendwelche Extremitätenbewegung. Das Herz aller drei schlug noch sehr lange nach dem Herausnehmen und zwar schneller nach dem Eintauchen in handwarmes Wasser. In diesem Falle war die Motilität der Embryonen auch vor dem Öffnen der Bauchhöhle nicht constatirt worden. Dennoch waren sie normal und die Nabelvene des einen sehr hellroth beim Herausnehmen, der Magen mit gelber Flüssigkeit prall gefüllt.

Die S. 160 bereits erwähnten Kaninchen-Embryonen vom 15. Jan. 1879 machten im unversehrten Ei geradeso unregelmässige, nicht associirte, ganz uncoordinirte Bewegungen wie nach der Ablösung der Amnien in warmer Watte in der Luft. Sie konnten aber durch das warme Bad mit freiem Kopf nicht am Leben erhalten werden; Länge zwischen 10 $^1/_2$ und 11 Centim. Der Magen enthielt Fruchtwasser.

Der S. 158 erwähnte Meerschweinchenfötus vom 23. Jan. 1879 bewegte sich in dem frei auf dem Rücken liegenden (kataplegischen) Mutterthier lebhaft, sodass fast jedesmal, wenn an einer Stelle eine Vorwölbung der Bauchdecke stattfand, unmittelbar darauf an einer nahegelegenen Stelle eine ähnliche Erhebung stattfand. Im freigelegten Uterus machte der Fötus deutlich sichtbar symmetrische Bewegungen, indem er die Vorderbeine streckte und dann die Hinterbeine. Diese Bewegungen ausserhalb der Mutter im Ei entsprachen genau den Veränderungen der Bauchwand vorher. Die beiden Vorderbeine wurden gleichzeitig, die beiden Hinterbeine ebenfalls gleichzeitig gestreckt, bez. angezogen. Im Ei fanden nur selten nicht gleichzeitige bilaterale Bewegungen statt, nach der Abnabelung aber häufig abwechselndes Pendeln des linken und rechten Vorderbeines, das man auch sonst oft beim Neugeborenen wahrnimmt.

9. März 1879. Hochträchtige Cavie: links und rechts lebhafte Fruchtbewegungen; aber in langen Pausen. Ich stach rechts in den Fötus eine 1$^1/_2$ Zoll lange Heftnadel $^3/_4$ Zoll tief ein, so dass ihr Heft frei sich bewegte: sofort fing dieselbe an, mit unzählbarer Frequenz unregelmässig hin und her zu schwingen in sehr grossen und kleinen Excursionen. Linkerseits trat die Nadelbewegung erst nach mehreren Secunden ein, dann aber sehr stark, wenn auch in Pausen. Ausserdem links schon beim Drücken der Frucht mit der Hand u. z. des Kopfes stärkere Bewegungen. Also ungeborene Meerschweinchen haben eine relativ hohe Reflexerregbarkeit.

Am 10. März 1879 um 11 Uhr 39 Min. sah ich den Kopf eines jungen Meerschweinchens in der Eihaut aus der Scheide eines schon länger beobachteten hochträchtigen Thieres austreten. Das halb geborene Junge machte sogleich eine Athembewegung im Ei; hierauf presste das Mutterthier mit einem Ruck die hintere Hälfte vollends aus und versuchte die Eihaut zu zerbeissen. Hierbei schien ihm meine Anwesenheit störend, es floh in eine Ecke seines Kastens und schleppte das auf dem Rücken liegende Junge am Nabelstrang hinter sich her. Dasselbe machte unterdessen zuckende Bewegungen mit den Vorderbeinen. Die Eihaut zerriss. Darauf wurden die anfangs seltenen Athembewegungen stürmisch. Erst vier Minuten nach der Geburt piepte das Junge. Seine Augen waren vom Anfang an offen. Schon vor $11^h 44^m$ machte es lebhafte Kopfbewegungen. Um diese Zeit erschien die Placenta. Sie wurde liegen gelassen, indem die Mutter mit den Zähnen ein zweites Junges, den Kopf zuerst, förmlich herausholte; $10^h 47^m$ war dasselbe geboren und piepte sogleich. Auch machte es sofort lebhafte zuckende Bewegungen der Vorderbeine und des Kopfes. $11^h 48^m$ wurde es ebenso wie das erste am Nabelstrang nachgeschleppt, wobei dieser zerriss. Die Mutter leckt eifrig das Junge, welches $11^h 49^m$ heftig athmet. Hierauf frisst die Mutter, unbekümmert um die Jungen, die Placenta. Beide Jungen werden übrigens durch die Reste des Nabelstrangs und der Eihaut, welche sich als Stränge um die Hinterbeine gewickelt haben, bei ihren lebhaften völlig unregelmässigen Bewegungen behindert. Um $12^h 7\frac{1}{2}^m$ holte die Mutter mit den Zähnen, den Nabelstrang zerrend, die zweite Nachgeburt heraus und begann sogleich dieselbe zu verzehren. Aber um $12^h 9^m$ erschien vor dem Scheideneingang ein dritter Fötuskopf in intacter Eihaut mit offenen Augen. Ich nahm das Mutterthier in die Hand, hielt es in der Rückenlage und sah, wie $12^h 10\frac{1}{2}^m$ durch eine plötzliche Bewegung die Frucht ausgestossen wurde. Sie war kleiner, als die beiden ersten, bewegte sich aber gerade so wie diese, athmete $12^h 11^m$, schrie und machte strampelnde Bewegungen, durch welche die Reste der Eihaut abgestreift wurden. Bei den drei Jungen traten nach minutenlangen ununterbrochenen regellosen Bewegungen der Extremitäten und des Kopfes Pausen der Ruhe ein, wobei sie jede ihnen ertheilte Stellung beibehielten, ohne dass jedoch sämmtliche Extremitäten dabei völlig bewegungslos geworden wären.

Die Berührung der Bindehaut des Auges hatte $11^h 57^m$ bei dem ersten und zweiten Jungen prompten Lidschluss zur Folge, beim zweiten trat er jedoch nicht so schnell wie beim ersten ein, bei jenem also 10, bei diesem 18 Minuten nach der Geburt.

Ausser dieser Reflexbewegung und dem Ohrmuschelreflex constatirte ich vor $11^h 57^m$ bei beiden Jungen die Empfindlichkeit für Schmerz, also innerhalb der ersten 18, bez. 10 Minuten nach der Geburt. Denn leichtes Comprimiren eines Fusses mit einer Pincette hatte regelmässig einen Schrei zur Folge.

Als ich nach $2\frac{3}{4}$ Stunden die Thiere wiedersah, welche inzwischen auf Heu mit der Mutter im Kasten gelegen hatten, waren sie alle drei respirationslos, kalt und noch ganz nass. Die Mutter hatte sich offenbar nicht um dieselben bekümmert. Es gelang mir das zuerst geborene grösste durch Baden in Wasser von 38°, Abreiben mit warmer Watte, sanfte Compressionen der Brustwand zum Leben zurückzurufen. Ich konnte es jedoch nicht zum kräftigen Saugen bringen. Die ersten mit Schlucken verbundenen Saugbewegungen traten $4^h 50^m$ ein. Alle drei Junge waren nicht ganz ausgetragen, die Nägel klein und weich, die Zähne klein. Das Unvermögen, gleich anfangs sich wie reife neugeborene Cavien laufend fortzubewegen und aufrecht zu halten, beweist, dass es sich hier um eine (wahrscheinlich durch mehrere Stiche vom Tage vorher provocirte) Frühgeburt handelt. Um so wichtiger ist der constatirte Befund bezüglich der Reflexe. An den drei Jungen war nicht die geringste Verletzung zu sehen, was auch bei der Feinheit der angewendeten Nadel sich nicht erwarten liess.

Am 9. Dec. 1878 sah ich ein schon länger isolirt gehaltenes Meerschweinchen während des Gebäractes. Das nasse Neugeborene I stand schon auf seinen vier Füssen, als ich 2 U. 45 hinzukam und zerrte stark an seiner Nabelschnur, II noch ganz nass und blutig und in Verbindung mit seiner Placenta zerreisst seine Nabelschnur durch Dehnung beim Fortgehen und bleibt dann in einer Ecke des Kastens, in welchem es zur Welt kam; beide hatten eine dunkelbraune Iris. Um 2 U. 56 Min. trat der Kopf der dritten Frucht (III) hervor. Diese knirschte bis 2 U. 59 Min. mit den Zähnen und kroch dann aus der Vagina heraus, war 3 U. 0 M. frei, liess seine Stimme 3 Min. lang quiekend hören und zerrte an der ihm noch anhaftenden Wasserhaut und dem Nabelstrang, so dass diese zerriss und das Thierchen vom Tisch auf den harten Boden fiel. Es war sogleich regungslos und respirationslos. Um 3 U. 4 M. athmete es wieder häufig und machte heftige pendelnde Bewegungen aller vier Extremitäten. 3 U. 9 M.: Die Augen von I und II schliessen sich bei Berührung constant, aber nicht so schnell und vollständig wie beim Erwachsenen. 3 U. 12 M.: III hat sich wieder aufgerichtet, dreht sich um und kriecht in eine Ecke. 3 U. 16 M.: I und II zittern und knirschen mit den Zähnen. In diesem Falle waren die drei Neugeborenen völlig reif und unterstützten durch active Bewegungen den Geburtsact, wenigstens machte III den Eindruck eines Thieres, welches sich aus einer unangenehmen Lage zu befreien sucht, als es sich mit den Vorderbeinen aus der Scheide herausarbeitete.

Alle diese Beobachtungen sind nicht als vereinzelt anzusehen, sondern als Beispiele meist oft wiederholter Einzelfälle. Nur die normale Geburt sah ich beim Meerschweinchen selten.

B. Die Bewegungen des menschlichen Fötus.

In der wievielten Woche seines Lebens der menschliche Fötus zum ersten Male seine Glieder bewegt, ist noch unbekannt. Die Arme und Beine sind bekanntlich in der vierten Woche angelegt, erstere etwas früher als letztere.

Die gewöhnliche Angabe, dass in der 17. oder 18. Woche frühestens, in der 22. spätestens, in der Regel um die Mitte des von der Befruchtung bis zur Geburt verfliessenden Zeitraums von 40 Wochen, die ersten Bewegungen der Frucht bemerkt werden, gilt nur für die schon starken, meist pochenden Kindsbewegungen, welche, ohne dass vorher die Aufmerksamkeit besonders auf die Erscheinung gerichtet wurde, sich geltend machen. Wenn die Hand, ohne stark zu drücken, längere Zeit ununterbrochen aufgelegt wird, kann man schon vor der 17. Woche mitunter sehr deutliche Fruchtbewegungen wahrnehmen, welche nur der Ungeübte mit Darmbewegungen verwechselt. Auch spricht schon die Thatsache, dass primipare Frauen meistens die ersten Bewegungen später als secundipare bemerken, zu Gunsten der Ansicht, dass mit Steigerung der Aufmerksamkeit und wiederholter manueller Prüfung — durch anhaltendes Handauflegen — der Zeitpunct der ersten äusserlich wahrnehmbaren Bewegungen der Frucht noch in den Anfang des vierten Monats fällt. Wahrscheinlich wird der Embryo aber noch viel früher sich zu bewegen anfangen. Ich bin überzeugt, dass schon der fünf- bis sechs-wöchentliche Embryo sich bewegt, und man wird ihn bei grösserer Sorgfalt im Beobachten abortirter Eier gewiss eines Tages sich bewegen sehen. Denn schon beim einzölligen Embryo ist die Nabelschnur [168, 242 ein wenig torquirt. In der achten Woche hat wohl regelmässig die Spiraldrehung begonnen. Wodurch anders als durch Fötusbewegungen sollte sie entstehen? Bei multiparen Thieren, welche sich garnicht oder nur anfangs und später nur unvollständig im Uterus umdrehen können, ist die Nabelschnur nicht torquirt. Ich habe wenigstens niemals an ihr Spiraltouren bemerkt (beim Meerschweinchen).

Freilich sind die Hülfsmittel zur Erkennung der Fruchtbewegungen noch sehr unvollkommen, so wünschenswerth es auch in praktischer wie theoretischer Beziehung wäre, den Zeitpunct der ersten activen Bewegung sicher feststellen zu können. Ausser dem Auflegen der Hand auf die blosse Bauchhaut ist noch die Auscultation mit dem Stethoskop (früher auch dem Metroskop, einem spitzwinkelig geknickten Hörrohr, welches durch die Vagina bis an den Mutterhals geführt wurde) oder durch Auflegen des Ohres diagnostisch zu verwerthen, aber nur der Geübte unterscheidet die durch Kindsbewegungen hervorgerufenen Geräusche, ein eigenthümliches Knistern, von den durch die peristaltischen Bewegungen des Darmes der Mutter und andere Bewegungen verursachten Schalleindrücken. Das binaureale oder diotische Stethoskop ist bei weitem das geeignetste Instrument hierzu. Ich habe mit demselben die fötalen Herztöne bei schwangeren Frauen besser gehört, als mit dem gewöhnlichen Stethoskop. Das Nabelschnurgeräusch, der Aortenpuls, das Uteringeräusch, Muskelgeräusche erschweren zwar die Beobachtung, wer jedoch in vorgerückten Stadien das Geräusch der Fötusbewegung deutlich vernommen hat, wird auch zu Ende der ersten Hälfte der Schwangerschaft es erkennen. Um es zu charakterisiren sei bemerkt, dass man es einigermaassen nachahmen kann, wenn man, wie mir mein verehrter College B. Schultze mittheilte, die Ohrmuschel nach vorn umlegt und ohne stark zu drücken, mit ihr den äusseren Gehörgang verschliesst, indem man zugleich den Daumen gegen die Rückseite der Ohrmuschel leicht stemmend mittelst des Daumennagels den vorderen Rand eines Fingernagels abwechselnd innen und aussen streift (knipst). Der abgebrochene, trockene fast als ein Knistern zu bezeichnende Schall gleicht dem der Kindsbewegungen. Depaul will bei neun Frauen unter zwölf [illegible] schon vor Ablauf der vierzehnten Woche diese Reibungsgeräusche des sich bewegenden Fötus gehört haben, was ich nicht bestreiten will, da ich selbst bei Meerschweinchen Fötusbewegungen sehr lange vor der Reife hörte (mit dem Stethoskop) und bei sehr kleinen Embryonen derselben im unversehrten Ei die Extremitätenbewegungen sah, d. h. zu einer Zeit, in der die Placenta kaum $1\frac{1}{2}$ Centim. im Durchmesser hatte.

Da je früher man beobachtet, dieses Geräusch um so leiser, die Wahrnehmungen unsicher werden, so ist für die Ermittlung des Zeitpuncts, wann sie zuerst auftreten, und für die Beurtheilung der Art jener intrauterinen Bewegungen, das Verhalten der durch natürliche Frühgeburten und künstliche Eingriffe zu Tage tretenden intacten Früchte wichtig.

In dieser Beziehung hat eine Beobachtung von Erbkam — vom [234
Jahre 1837 — Interesse. Er fühlte einen von ihm an den Beinen extrahirten viermonatlichen Fötus in seiner Hand deutlich sich hin und her bewegen, durchschnitt und unterband schnell die Nabelschnur und legte das besonders mit den Beinen fortwährend zuckende Kind in ein Gefäss in warmes Wasser. Eine gute halbe Stunde währten dann noch die Bewegungen: Anziehen der Füsse und Arme, Umwenden des Kopfes von einer Seite zur andern, Öffnen des Mundes wie zum Athmen. Sobald das kühl gewordene Wasser durch warmes ersetzt wurde, erneuerten sich die Zuckungen. Dass hier eine viermonatliche Frucht vorlag, soll aus den Angaben der „in der Geburtshülfe bewanderten" zum vierten Male schwangeren Frau und aus den folgenden Daten hervorgehen: die Länge betrug $6\frac{1}{2}$ Zoll, das Gewicht 16 Loth. Geschlecht nicht erkennbar. Die äusserliche Besichtigung liess auf ein Mädchen schliessen, jedoch zeigte die Section die Hoden in der Bauchhöhle. Die Placenta „von der Grösse eines Handtellers", die Nabelschnur „ungefähr" acht Zoll lang. Hiernach kann die Mitte der Schwangerschaft wohl nicht erreicht gewesen sein.

Ein zweiter Fall wurde von Zuntz beobachtet, welcher ein vier Mo- [81
nate altes unverletztes menschliches Ei eine Viertelstunde nach der Ausstossung erhielt, und in dem er beim Betasten Extremitätenbewegungen des Fötus fühlte.

Da die Altersbestimmung genau war, so ist hierdurch das Auftreten von Kindsbewegungen schon nach sechzehn Wochen bewiesen. Ausserdem zeigt der Fall, dass ein solcher Fötus eine bedeutende Lebenszähigkeit besitzt, da er fünfzehn Minuten lang in Fruchtwasser ohne Sauerstoff lebte. Auch die Bewegungen, welche das reife Neugeborene mit seinen Extremitäten ausführt, sind unabhängig von dem Ingangkommen der Lungenathmung. [43
Denn man sieht öfters eben geborene Kinder, welche noch nicht geathmet haben, „sich sehr gut bewegen, indessen sind diese Bewegungen nie so lebhaft, als diejenigen, die nach dem Anlangen des hellrothen Blutes eintreten" (Bichat).

Über die Ursachen der Fruchtbewegungen vor der Geburt könnte man Aufschluss zu erhalten hoffen durch genaues Vergleichen der Häufigkeit, Stärke, Geschwindigkeit, Ortsänderung, und Richtung der Erhebungen der Bauchdecke mit physiologischen und pathologischen Zuständen der Mutter. Obwohl dieses Gebiet bisher für sich nicht wissenschaftlich bearbeitet wurde, ist es gewiss der gründlichsten Untersuchung werth. Ich habe nur eine geringe Anzahl von Thatsachen vorgefunden.

Zunächst ist von zuverlässigen Ärzten beobachtet worden, dass nach sehr bedeutenden Blutverlusten bei hochschwangeren Frauen die Kindsbewegungen lebhafter werden. Kussmaul beschreibt einen solchen Fall.

Eine im sechsten Monate Schwangere gerieth durch einen starken Blutverlust aus einem erweiterten Ast der *Arteria epigastrica* rasch in einen Zustand grosser Erschöpfung und Anämie. Nachdem die Blutung gestillt war, traten ungemein belästigende heftige Kindsbewegungen ein, welche erst im Verlaufe des zweiten Tages sich mässigten und am dritten bei zunehmender Erholung der Mutter zur Norm zurückkehrten.

Dass diese intrauterinen Convulsionen durch Abnahme des mütterlichen Blutdrucks, also wahrscheinlich durch Sauerstoffmangel bedingt sind, ist kaum zu bezweifeln. Übrigens sind die Kindsbewegungen bei chronischer Blutarmuth der Mütter keineswegs ungewöhnlich lebhaft oder häufig, und wenn der Aderlass eine Ohnmacht der Mutter hervorruft, können alle Kindsbewegungen aufhören. So berichtet Depaul, dass eine Frau, die im sechsten Monat venäsecirt wurde, in Folge davon in eine tiefe Ohnmacht fiel und von da an keine Fruchtbewegungen mehr fühlte; sie gebar dann eine todte Frucht. Absichtlich liess sich dieselbe Frau bei ihrer zweiten und dritten Schwangerschaft im sechsten Monat wieder einen Aderlass machen. Die Wirkung war die gleiche: tiefe Ohnmacht, Aufhören der Kindsbewegungen, und zum zweiten und dritten Mal wurde nach einiger Zeit eine todte Frucht geboren.

Dass Temperaturveränderungen des mütterlichen Blutes und der Bauchdecke, z. B. Abkühlung durch Auflegen der kalten Hand Fruchtbewegungen veranlassen können, wird oft behauptet. Allerdings könnte ein solcher Einfluss, wie der letztgenannte, schon wegen der Gefässverengerung in Betracht kommen.

Auch ist nach grosser körperlicher Anstrengung und Sorge eine bedeutende Steigerung der Kindsbewegungen beobachtet worden und zwar im neunten Monat (von Whitehead 1867).

Es traten drei Wochen vor der Geburt des gesunden Kindes Paroxysmen auf. Zu Anfang eines jeden folgten sich die von fühlbarem Zittern des Fötus begleiteten Stösse des Fötus alle vier bis fünf Secunden, nahmen dann an Stärke und Frequenz ab und hörten nach zwei Minuten auf. Nach vier bis fünf Minuten trat ein neuer Anfall ein. Der Kopf ging schnell hin und her, 20mal bis 30mal über den untersuchenden Finger in einem Paroxysmus. Die Anfälle dauerten fünf Stunden. Als sie aufgehört hatten, traten bis zur Geburt keine Convulsionen der Frucht mehr ein.

Wenn hierbei der Einfluss der sehr grossen Abspannung der Mutter, die sich kaum noch bewegen konnte, im Zusammenhang mit den Fötuskrämpfen stehen kann, so gibt es doch Fälle genug, bei denen heftige Erregungen, Gehirnerschütterungen der Mutter ohne allen Einfluss auf die Kindsbewegungen blieben. Dass allerdings ein Schreck leicht Abortus bewirkt, gehört in eine andere Kategorie. Vielleicht handelt es sich aber auch in jenem ersterwähnten Fall zunächst um Uteruscontractionen.

Nach einem Sturz der Schwangeren (von der Leiter, von [193
einem auf dem Tisch stehenden Stuhl) sind zwar im dritten, im vierten und im achten Monat intrauterine Verletzungen, Amputationen der Finger, der Zehen, eines Armes (der dann bei der Geburt mit der Placenta abging) beobachtet worden, über gesteigerte Bewegungen des Fötus aber in solchen Fällen wird nicht berichtet.

Über die ungleiche Lebhaftigkeit der Kindsbewegungen in den einzelnen Monaten ist nichts allgemein gültiges ermittelt worden. Anfangs, wenn der Embryo von relativ grossen Mengen Fruchtwasser umgeben ist, könnte er sich am leichtesten rühren, gerade in dieser Zeit — vor dem vierten Monat — sind aber noch keine Bewegungen der Gliedmaassen sicher wahrgenommen worden. Später dagegen, wenn durch sein eigenes schnelles Wachsthum der Fötus in seinen Muskelbewegungen immer mehr beengt wird, das Fruchtwasser sich, weil es reichlicher verschluckt wird, relativ vermindert, dann sind seine wahrnehmbaren Gliederbewegungen am manigfaltigsten. Wie der Säugethier-Embryo liegt der menschliche Embryo meistens mit gekreuzten angezogenen Beinen und auf der Brust gekreuzten Armen im Uterus, und er ist in der That später kaum in der Lage Bewegungen auszuführen, welche, ohne stärkeren Druck zu verursachen, ihm eine andere als diese zusammengekauerte Haltung gestatteten. Aber in dieser Haltung, zu der er immer wieder zurückkehren muss, weil jede andere mehr Raum verlangt, verändert er in der manigfaltigsten Weise seine Lage und seine Stellung.

Die Lage bezeichnet das Verhältniss der kindlichen Längenaxe zur Uteruslängsaxe, ist also z. B. eine Geradlage, wenn beide zusammenfallen, eine Querlage, wenn es nicht der Fall ist.

Die Stellung des Fötus im Uterus wird nach den Beziehungen eines Theiles desselben, z. B. des Rückens, zu den verschiedenen Regionen der Uteruswand bezeichnet bei gegebener Lage. So kann bei der Geradlage der Rücken vorn, hinten, rechts, links liegen. (384

Diese Unterscheidungen sind von geringem Interesse für die Physiologie; sie haben bekanntlich für die Geburtshülfe die grösste Bedeutung. Daraus erklärt sich die ansehnliche Zahl von Untersuchungen über die Änderungen der Lage des Fötus und seinen Stellungswechsel. Hier sei nur erwähnt, dass die Ursache der gegen Ende der Gravidität eintretenden normalen bleibenden Schädellage und Stellung (mit dem Kopf im kleinen Becken) noch immer nicht ganz befriedigend erklärt ist.

Ein wesentlich mitwirkender Factor für das Vorliegen des Schädels in weitaus der Mehrzahl aller Fälle ist jedenfalls die Schwere. Der Kopf ist der schwerste Theil des reifen Fötus. Daher hat man seit Hippokrates die sogenannte *Culbute* mit der neuen Gleichgewichtsstellung, welche der Fötus nach dem Ablauf des siebenten Monats zu behalten pflegt, indem er bis dahin verschiedentlich lag und nun den Kopf nach unten gewendet zeigt, dem von Duncan nachgewiesenen grösseren specifischen Gewichte des Kopfes zugeschrieben. Diese Ansicht erhält eine Bestätigung durch Versuche von Veit, welcher eine grosse Anzahl frischer todter Früchte in Salzwasser vom gleichen specifischen Gewichte schwimmen liess und sah, dass der Kopf tiefer zu stehen kam als der Steiss. Die Früchte nehmen eine schräge Stellung ein, welche der normalen Lage im Uterus entspricht, weil ihr Schwerpunct (auch nach Poppel) dem Kopfe näher als dem Steiss liegt.

Wenn die Schwere eine Hauptursache für die Kopfrichtung nach unten ist, so darf man sie doch nicht als die einzige ansehen. Simpson hebt hervor, dass der Fötus durch den Druck der Uteruswand, wenn er sich bewegt, zu Reflexbewegungen veranlasst werde, indem er dem Druck ausweichen müsse; dadurch komme die Frucht in die bequemste Lage und Stellung, welche den kleinsten Raum einnimmt und den geringsten Druck mit sich führt.

Wenn auch, namentlich wegen der oft sehr schwachen Reflexreize und der geringen Reflexerregbarkeit des Fötus, hiergegen sich Einwände erheben lassen, so ist doch diese Hypothese ungleich wahrscheinlicher, als die oft wiederholte Annahme eines etwas mysteriösen Instinctes. Eine erhebliche Wirkung wird ohne Zweifel dem Uterus selbst zuzuschreiben sein, dessen Gestalt durch die zunehmende Spannung seiner Wände auf die Lage der Frucht von grossem Einfluss sein muss. Zumeist wird freilich immer die Schwere in Betracht kommen.

Dafür spricht der oft constatirte Einfluss der Lage und Stellung der Mutter auf die Frucht, sodann die grosse Zahl von Schwerpuncts- und Dichte-Bestimmungen, sowie der Umstand, dass auch bei Fehl- und Frühgeburten meistens der Kopf zuerst geboren wird, wie bei normalen Geburten.

In dieser Hinsicht ist auf die intrauterine Lage, Stellung und Haltung reifer Acephalen besonders zu achten.

Die kopflosen Monstren sind auch ebenso wie die Anencephalen oder hirnlosen Früchte wegen ihrer Bewegungen von hohem Interesse für die Physiologie, weil sie zeigen, wie wenig die Hirnthätigkeit zur Entwicklung und zur Bewegung vor der Geburt benöthigt wird. In der Literatur finden sich jedoch nur spärliche Angaben über die Bewegungen solcher Monstren, welche selten einige Stunden oder Tage am Leben blieben, vielmehr meistens in der Geburt oder unmittelbar nach derselben starben, wenn sie nicht schon todt geboren wurden.

Gerade diese wenigen Fällen sind um so lehrreicher.

Einer der ältesten aber ganz schlecht beobachteten ist der von Emmerez (1667): eine kopflose reife Frucht, die er zergliederte, hatte vier [88
Tage gelebt und sich bewegt; an der Stelle des Kopfes sah man „eine wie Fleisch aussehende Masse".

Lavergne berichtet von einem männlichen Kinde, das an der Stelle [13
des Gehirns eine hellrothe wie eine Geschwulst aussehende Masse zeigte und nur die unteren zwei Drittel des Kleinhirns „und des ihm entsprechenden" Halsmarks besass, übrigens normal gebildet und reif war. Dieses Wesen schrie bei seiner Geburt einigemale schwach, athmete ziemlich frei und bewegte die unteren Gliedmaassen. Es lebte drei Tage und zwölf Stunden, ohne Nahrung zu sich zu nehmen.

Eine anencephale Frucht, welche vor der Geburt sich lebhaft bewegt hatte, starb unter Krämpfen mit „zuckenden Bewegungen der Zunge" nach ungefähr zwei Minuten (Beck 1826). [100

Ein (1834 von Strähler beobachteter) achtmonatlicher Anencephalus [121
hatte an der Stelle des grossen Gehirns eine runde schwammige Geschwulst, athmete ungleich, verfiel in Convulsionen, nahm keine Nahrung und starb nach 38 Stunden. Die Section zeigte am Halsmark und Rückenmark nichts anomales. Die ganze Schädelhöhle war aber mit jenem schwammigen Gewebe erfüllt.

F. Lallemand erzählt von einem im achten Monat geborenen männ- [15
lichen schädellosen Kinde, dessen Gehirn und Rückenmark angeblich zerstört gewesen sein sollen, welches aber zwei Tage vor der Geburt sich bewegte. Es wurde nicht bemerkt, ob es in der Geburt noch lebte. Die peripheren Nerven und die Muskeln waren nicht degenerirt. Die intrauterinen

Bewegungen wären also durch centrale pathologische Reizung der erst von ihren Austrittsstellen an verfolgbaren motorischen Nerven entstanden. Wahrscheinlich aber war ein geringer nicht wahrgenommener Rest des Rückenmarks noch vorhanden.

Derselbe Beobachter sah ein reifes oder fast reifes hirnloses Kind, welches drei Tage lebte. Es schrie stark, sog, wenn man ihm etwas zwischen die Lippen brachte, schluckte, musste aber künstlich ernährt werden, weil keine Amme es säugen wollte. Es bewegte seine Gliedmaassen, und beugte die Finger, wenn ihm ein fremder Körper in die Hand gelegt wurde. Doch waren die Bewegungen schwächer, als bei einem gleichalten normalen Fötus. Vom Gehirn fand sich nichts, aber das Halsmark (Markknollen und Brücke) war vorhanden.

Wenn dagegen auch das Halsmark fehlt mit dem Athmungscentrum, dann können die Acephalen nicht mit der Lunge athmen. Sie leben dann nur bis zum Augenblick der Geburt oder sterben gleich nach derselben.

Zwei exquisite Fälle der Art, welche 1861 Lussana beobachtete, dienen zum Beweise.

Der eine Fötus, weiblich, wurde im Anfang des neunten Monats lebend geboren und zwar mit schwachem Herzschlage, der nach zwei Minuten aufhörte, und ohne alle Athembewegungen. Die sichtbar daliegende Schädelbasis war nur mit einer rothen, dicken, festen Membran bekleidet ohne alle Hirnsubstanz. Die Wirbelsäule normal. Das Rückenmark im ersten Wirbelring beginnend. Der andere Fötus, männlich, wurde im achten Monat geboren und lebte noch bei der Geburt, obwohl er nicht schrie, überhaupt nicht athmete. Er zeigte noch nach zwanzig Minuten deutliche Herzschläge. Auch hier fehlten, wie im ersten Falle, das grosse und das kleine Gehirn gänzlich, alle Verbindungstheile und das Halsmark.

Aus dem Vorhandensein der Blutcirculation der Ernährung und dem „Leben", welches sich durch Bewegungen der Gliedmaassen kundgegeben haben muss, folgt, dass weder das Gehirn noch die *Medulla oblongata* für die intrauterine Entwicklung schlechthin nothwendig ist. Zugleich ergibt sich aus diesen seltenen Befunde, dass die Respiration ohne die Medulla nicht, aus den oben erwähnten Fällen, dass sie ohne das Gehirn sehr wohl zu Stande kommt, wie nach den Versuchen an Thieren zu erwarten war.

Unter den vielen von Johann Friedrich Meckel beschriebenen und zusammengestellten Fällen von Acephalie und Anencephalie finden sich nur sehr wenige mit genauen Angaben über Lebensäusserungen. Gerade hierauf aber kommt es an.

Bei einem grossen und fetten hirnlosen reifen weiblichen Hemicephalen, welcher sechs Stunden lebte, also athmete und vermuthlich seine Glieder bewegte, fand sich an Stelle des Gehirns eine achtzehn Linien lange, vierbreite, vier bis sechs Linien dicke viereckige, von der Haut nicht bedeckte weiche schwammige Masse, welche, wo der erste Wirbel anfängt, in das Rückenmark überging. Es wäre interessant zu wissen, ob ein solches Monstrum seinen Unterkiefer, seine Augen und Augenlider bewegt.

Das ohne Gehirn und „ohne Rückenmark" geborene wohlgenährte etwa
acht-monatliche von Eschricht beschriebene Monstrum mit doppeltem Ge- [152
sicht scheint vor der Geburt gestorben zu sein. Er lässt sich den unvollkommenen Mittheilungen über dasselbe nicht entnehmen, ob es sich bewegt hatte.
Dasselbe gilt für den von Svitzer beschriebenen Anencephalus, dem an- [155
geblich gleichfalls „Gehirn und Rückenmark ganz und gar" mangelten, während Herz und Gefässsystem nichts ungewöhnliches darboten.

Dagegen hatte sich der Anencephalus von C. E. Levy noch vier [156
Tage vor der Geburt bewegt. Vom Rückenmark fand sich bei ihm angeblich „keine Spur". Trotzdem Bewegungen, Circulation, ganz normale Extremitäten! Die Frucht wohlgenährt, der Reife ziemlich nahe. Dieser Fall ist namentlich darum höchst merkwürdig, weil die Missbildung „in einer sehr frühen Periode des Embryolebens entstanden sein muss"; die Muskelcontractionen, welche drei Tage vor der Geburt erst aufgehört hatten, müssten demnach ohne centrale Impulse stattgefunden haben, was ganz und gar räthselhaft wäre. Der Verfasser bildet übrigens Nervenwurzeln am und im offenen Spinalcanal ab. Es wird also vermuthlich vom Rückenmark doch etwas übrig geblieben sein (wie in dem obigen Fall S. 436).

Überhaupt muss man alle früheren Fälle in denen, wie in den drei letzterwähnten, das Rückenmark bei reifen oder fast reifen lebenden Früchten gefehlt haben soll, von vornherein stark bezweifeln. Denn wo „Leben", also die Motilität des Kindes vor der Geburt, festgestellt werden kann, da muss auch vom Rückenmark wenigstens ein geringer Theil erhalten sein.

Über die Bewegungen eines von mir selbst beobachteten Anencephalus habe ich an anderer Stelle berichtet. [372, 435

Über das Verhalten mikrocephaler Früchte vor der Geburt
liegt eine merkwürdige Thatsache vor. Mir theilte nämlich die
den Deutschen Anthropologen wohlbekannte Frau Becker aus Hanau,
Mutter von drei mikrocephalen und drei gesunden Kindern, [372
mit, dass sie nach der Geburt des ersten Mikrocephalen jedesmal richtig vorhergesagt habe, ob sie abermals einen solchen oder ein gewöhnliches Kind gebären werde. Sie erkannte es an der ausserordentlichen Lebhaftigkeit der Kindsbewegungen oder der Unruhe des Uterus; fast ununterbrochen habe es in den letzten Monaten in ihrem Leibe gepocht und sich gerührt, wodurch ihr vielfach Schmerzen und Beschwerden entstanden. Die letzteren
erwähnen auch Schaaffhausen und H. Gerhartz. [88. 91

Um so auffallender erscheint diese intrauterine Beweglichkeit (welche schwerlich dem Uterus allein zukam), als eines der mikrocephalen Kinder (ein weibliches) nach der Geburt bis in das vierte, ein anderes (männliches) bis in das fünfte Jahr ausser kleinen Beugungen und Streckungen an Rumpf und Gliedern keine selbständigen Bewegungen ausführte, so dass ersteres nicht vor Ablauf des vierten Jahres Gehen lernte. Im achten Jahre war es aber, wie ich mich überzeugte, sehr mobil, wie andere mikrocephale Kinder, im fünfzehnten wieder schwerfällig.

Wenn es noch eines Beweises dafür bedürfte, dass für das Lebendigbleiben des Fötus ausserhalb des Uterus, insbesondere für die Fortsetzung seiner Extremitätenbewegungen das grosse und das kleine Gehirn nicht vorhanden zu sein brauchen, so würden die schon (S. 420) erwähnten an Thieren vorgenommenen Enthirnungen dafür Zeugniss ablegen.

In einigen Fällen voreiliger Kephalotripsie sind auch beim menschlichen Fötus Bewegungen der Extremitäten nach der Extraction beobachtet worden, so i. J. 1844 von Laborie bei einer männlichen Frucht, welche athmete und die Beine bewegte, obwohl die ganze linke Hemisphäre weggenommen, die rechte stellenweise in Brei verwandelt und an mehreren Puncten voll ergossenen Blutes war. Es fand sich in der Schädelhöhle ein beträchtlicher Bluterguss, besonders auf dem *Tentorium cerebelli.* Doch fehlen bei dieser Section genauere Angaben über die erhaltenen Theile, wie bei den übrigen ähnlichen mir bekannt gewordenen Fällen von Kephalotripsie mit kurze Zeit nach der Geburt fortdauernden Extremitätenbewegungen der Frucht. Physiologisch sind solche Untersuchungen darum wünschenswerth, weil sie unausführbare Vivisectionen am Menschen zum Theil ersetzen können. Eine einzige Augenbewegung der Frucht setzt voraus, dass der *Nervus oculomotorius* oder der *N. trochlearis* oder der *N. abducens* erhalten geblieben sein muss, Bewegungen der Gesichtsmuskeln lassen auf Unversehrtheit von *Facialis*-Fasern (bez. des motorischen *Trigeminus*) schliessen, wie Athembewegungen auf Intactheit der Spitze des *Calamus scriptorius* mit den *Nervi phrenici* oder *intercostales*, und wenn die Zunge noch bewegt wird, kann der *Hypoglossus* nicht ganz zerstört worden sein. Geradeso beim Rückenmark. Alle Angaben über das gänzliche Fehlen desselben bei vorhandenen oder kurz vorher vorhanden gewesenen Extremitäten-Bewegungen können nicht richtig sein. Derartige Behauptungen liessen sich durch einfache Kneifreflexe an den eben geborenen Monstren direct widerlegen.

Fasst man nun alle Erfahrungen über die Bewegungen der

Extremitäten beim menschlichen Fötus zusammen, so ergeben sich zunächst folgende Sätze:

1) Der Fötus bewegt seine Arme und Beine lange vor dem Beginn der sechzehnten Woche, wahrscheinlich lange vor der zwölften Woche.

2) Reife Früchte ohne grosses und kleines Gehirn können lebend geboren werden und ihre Glieder bewegen; auch können sie athmen, wenn die *Medulla oblongata* vorhanden ist.

3) Reife Früchte ohne Gehirn und ohne *Medulla* mit Rückenmark können zwar lebend geboren werden, aber nicht athmen. Dass sie die Extremitäten bewegen, ist wahrscheinlich.

4) Veränderungen im mütterlichen Körper, welche jedesmal mit Sicherheit die Lebhaftigkeit der Fruchtbewegungen steigerten, lassen sich nicht angeben, abgesehen von pathologischen, toxikologischen, traumatischen, überhaupt unphysiologischen Einflüssen, welche mittelbar durch Erregung von Uteruscontractionen oder auf unbekannte Weise die Kindsbewegungen verstärken können.

5) Die Eigenbewegungen der Frucht sind von viel geringerem Einfluss auf ihre letzte Lage und Stellung, als ihr Schwerpunct und als die Spannung der Uteruswand, die Gestalt des Uterus, sowie die Lage und Stellung der Mutter.

6) Die ersten Gliederbewegungen Neugeborener sind unabhängig von dem Zustandekommen der Lungenathmung und stets abhängig vom Rückenmark.

Wenn nun der normale Fötus lange vor der Ausbildung seines Grosshirns sich bewegt und hirnlose Früchte sich ebenso bewegen können, so ist der Schluss nahegelegt, dass auch beim reifen Neugeborenen und ganz jungen Säugling die Bewegungen der Gliedmaassen ohne Betheiligung des Grosshirns stattfinden, wie bei den von Goltz des Grosshirns beraubten erwachsenen Thieren und z. Th. bei der mikrocephalen Becker.

In der That ist die Ähnlichkeit der Gliedmaassen-Beugungen und -Streckungen bei Sieben-, Acht- und Neun-Monats-Kindern mit denen ausgetragener Früchte eine sehr grosse. Der Unterschied ist nur ein quantitativer. Die Frühgeborenen bewegen sich langsamer und seltener, als reife Früchte, aber die Art, wie sie sich bewegen, ist dieselbe. Die Arme und Beine werden unzweifelhaft geradeso stärker und schwächer gebeugt wie im Ei. Lange nach der Geburt hält sich das Kind noch ebenso zusammengekauert, wie vor derselben. Es scheint in den ersten Tagen oder Wochen an die neue Situation sich nicht gewöhnen zu können.

Das Neugeborene bewegt sich unmittelbar nach der Geburt geradeso, wie es vor derselben sich zu bewegen gewohnt war, abgesehen vom Athmen und Zittern; weil es aber den bedeutenden pränatalen Widerstand der Uteruswand nicht mehr vorfindet und neue Reize einwirken, erfahren die postnatalen Bewegungen, Haltungen und Körperlagen Modificationen. Es ist zu verwundern, dass trotz dieser ausserordentlichen Erleichterung und der neuen Einflüsse, dennoch neugeborene Kinder — im Gegensatz zu den meisten Säugethieren — sehr lange Zeit, besonders im Schlafe, immer wieder die intrauterine Stellung einnehmen, wenn man sie sich selbst überlässt, sich ganz ähnlich, nur lebhafter als der Hemicephalus bewegen und erst spät die Hände und Füsse erheblich weiter von ihrem Rumpfe entfernen, als sie es vor der Geburt gekonnt hatten. Das eben ausgeschlüpfte Hühnchen behält höchstens einige Stunden lang die Eilage bei.

Sucht man demnach eine Erklärung für das Zustandekommen der unregelmässigen, völlig zwecklosen oder, vom Standpunct des Erwachsenen betrachtet, unzweckmässigen Bewegungen des neugeborenen Menschen, so wird man dabei eine Betheiligung des Grosshirns auszuschliessen, die Bewegungen des Ungeborenen einzuschliessen haben.

C. Die Eintheilung der fötalen Bewegungen nach ihren Ursachen.

Die von den Embryonen der niederen Thiere aus den verschiedensten Classen ausgeführten Bewegungen sind ebenso wie die der Embryonen höherer Thiere, mit denen sie zum Theil auffallend übereinstimmen, durchaus nicht von einerlei Art. Soviel geht mit Sicherheit aus den obigen Zusammenstellungen hervor. Es müssen also verschiedene Ursachen wirksam sein bei der embryonalen Motilität und demnach gerade wie beim ausgebildeten Organismus verschiedene ursächlich voneinander unabhängige Bewegungen unterschieden werden. Der gewöhnlichen überlieferten Anschauung zufolge werden alle organischen Bewegungen gern in willkürliche und unwillkürliche getheilt. Beiderlei Bewegungen sind ohne besondere Kritik dem Neugeborenen zugeschrieben worden.

Die Schwierigkeit, willkürliche und unwillkürliche Bewegungen begrifflich scharf zu unterscheiden, ist allerdings so gross, dass bereits von Einigen der Unterschied schlechtweg geleugnet worden ist und alle willkürlichen Bewegungen nur als höchst verwickelte Complexe unwillkürlicher Bewegungen aufgefasst werden konnten. Es fehlte an einem positiven Merkmal, welches ausnahmslos in allen Fällen der einen Classe vorhanden, in allen der anderen nicht vorhanden wäre. Gibt es in der That ein solches Kriterium nicht, dann gibt es auch keine Willkür, sondern nur unwillkürliche Bewegungen und nur scheinbar willkürliche. Es handelt sich demnach bei der Unterscheidung um nichts Geringeres, als die Rettung der Willkür.

Zu den unbestritten unwillkürlichen Bewegungen des Menschen gehören ausser den durch Stoss, Schub, Hub u. dgl. verursachten

Das Neugeborene bew... geradeso, wie es vor ders... abgesehen vom Athmen und Z... pränatalen Widerstand der U... neue Reize einwirken, erfahr... tungen und Körperlagen M... dass trotz dieser ausserorde... Einflüsse, dennoch neugebo... meisten Säugethieren — sch... immer wieder die intrauterin... sich selbst überlässt, sich ... Hemicephalus bewegen und ... heblich weiter von ihrem R... Geburt gekonnt hatten. Das ... höchstens einige Stunden lang...

Sucht man demnach eine ... der unregelmässigen, völlig zw... Erwachsenen betrachtet, unzw... geborenen Menschen, so wird ... Grosshirns auszuschliessen, die ... zuschliessen haben.

... seiner
... Theile
... halber ab
... z. B. die
... andere
... reflexiven
... ist an
... ganglienzellen
... Nerven-
... Aus-
... und im
... -Be-
... von

…kenden Reizes wieder wachge-
…erdankt". Diese Bestimmung
…stinctive Bewegungen passen.
…kürbewegung von diesen und
…n „durch die abgerundete,
…kes angepasste, präformirte
…ndene Vorstellung von der
…s Erinnerungsbild früherer
…sslich als Empfindungsrest
…und das Motiv liefert. Es
…hen keine Willkür. Ausser-
…n keine Willkürbewegung.
…aber das Vorhergegangen-
…zen, an das Rückenmark
…das Erlernen von neuen
…hen, ist unmöglich, wenn
…willkürlichen Bewegungen,
…iligt war, disponibel ge-

…, wenn ihm auch noch so
…nen Bewegungen geblieben
…ücke die Erinnerung an jene
…anz gewiss keine Vorstellung
…en wird, und seine Bewegungen
…kürlichen Bewegungen kann man
müssen also unwillkürlich sein.
…h ist, alle die anderen vorhin er-
…ewegung in einer einzigen Gruppe
…über zu stellen, zumal einige wohl-
…, wie die imitativen und expressiven,
… vorkommen, andere unwillkürliche,
… Theil geradeso willkürlich aus-
… zuerst will… Bewegung
… wird, so … htfertigt,
… die Beweg… … schen-
…viel ob … oder
… Bewegunge…
… (Eindrü…
… äussere K…
…ngen, Vorst…
… innere K…

rein passiven Ortsänderungen des ganzen Organismus oder seiner Theile die durch directe künstliche Reizung peripherer Theile hervorgerufenen Bewegungen, welche hier der Kürze halber als irritative Bewegungen bezeichnet werden sollen (wie z. B. die Muskelcontraction nach elektrischer, chemischer und anderer Reizung der betreffenden Muskelnerven), ferner die reflexiven oder Reflex-Bewegungen, deren Zustandekommen gebunden ist an centripetale und centrifugale durch mindestens zwei Ganglienzellen (beim Menschen) mittelst intercentraler Fasern verbundene Nervenfasern. Unwillkürlich sind auch manche expressive oder Ausdrucks-Bewegungen (Mienen, Geberden, Interjectionen) und im späteren Leben auch einige imitative oder Nachahmungs-Bewegungen und Nachahmungsversuche. Denn das Eintreten von Krämpfen bei Gesunden, welche sehr oft in kurzer Zeit von Convulsionen Befallene sehen, ist unwillkürlich und zugleich imitativ. Sodann sind alle diejenigen erblichen Bewegungen unwillkürlich, welche man als instinctiv im engeren Sinne bezeichnet, obwohl sie in vielen Fällen das Ergebniss individueller Absichtlichkeit, Überlegung, also einer Willkür zu sein scheinen. Da alle echten instinctiven Bewegungen ein Ziel haben, so können die ziellosen, unwillkürlichen Bewegungen, z. B. gesunder schlafender, falls kein äusserer Reiz sie auslöst, zu den eigentlichen instinctiven Bewegungen nicht gerechnet werden. Ich habe diese als impulsive Bewegungen, da der Ausdruck „automatisch“ nicht bestimmt genug ist, in eine besondere Gruppe zusammengestellt. Sie haben kein Ziel und entspringen niemals einer Überlegung. Alle willkürlichen Bewegungen haben dagegen einen Zweck und entspringen einer Überlegung dessen, der sie ausführt, so zwar, dass allemal bei der erstmaligen Ausführung unmittelbar vor der Contraction der betreffenden Muskeln ein bewusstes Motiv und das Bild der auszuführenden Bewegung dem Psychomotorium vorliegt. Hierin muss ich Griesinger und C. Wernicke beipflichten, welch letzterer erklärt, dass die ersten Bewegungen unseres Leibes, die Veränderungen in dem Zustande der Musculatur, zu Empfindungen Anlass geben, von denen Erinnerungsbilder in der Grosshirnrinde zurückbleiben. Diese Erinnerungsbilder von Bewegungsempfindungen, Bewegungsbilder oder Bewegungsvorstellungen, bestehen fort neben den Erinnerungsbildern von den Empfindungen der Sinne. Die Willkürbewegung unterscheidet sich nun dadurch von der Reflexbewegung, dass sie nicht nothwendig einem Reize sofort nachfolgt, „sondern Erinnerungsbildern früherer Empfindungen, die nur gelegentlich eines von aussen wirkenden Reizes wieder wachgerufen werden, ihre Entstehung verdankt". Diese Bestimmung allein würde auch auf manche instinctive Bewegungen passen. Es unterscheidet sich aber die Willkürbewegung von diesen und den anderen organischen Bewegungen „durch die abgerundete, distincte, der Erreichung eines Zweckes angepasste, präformirte Bewegungsform, d. h. durch die vorhandene Vorstellung von der auszuführenden Bewegung", welche als Erinnerungsbild früherer Bewegungen, als Bewegungsbild, schliesslich als Empfindungsrest in der Grosshirnrinde aufgespeichert ist und das Motiv liefert. Es gibt also ohne Grosshirnrinde beim Menschen keine Willkür. Ausserdem sind alle Instincte ererbt, dagegen keine Willkürbewegung.

Alle willkürlichen Bewegungen setzen aber das Vorhergegangensein einer grossen Zahl von unwillkürlichen, an das Rückenmark geknüpften Bewegungen voraus. Und das Erlernen von neuen Bewegungen, z. B. der Zunge beim Sprechen, ist unmöglich, wenn nicht zahlreiche Empfindungsreste von unwillkürlichen Bewegungen, an denen auch die Grosshirnrinde betheiligt war, disponibel geblieben sind.

Nun hat aber das Neugeborene, wenn ihm auch noch so viele Empfindungsreste von intrauterinen Bewegungen geblieben sein sollten, und wenn neue Eindrücke die Erinnerung an jene Bewegungen wachrufen könnten, ganz gewiss keine Vorstellung von der Bewegung, die es ausführen wird, und seine Bewegungen sind völlig ziellos. Zu den willkürlichen Bewegungen kann man sie daher nicht rechnen. Sie müssen also unwillkürlich sein.

Da es aber nicht praktisch ist, alle die anderen vorhin erwähnten Arten organischer Bewegung in einer einzigen Gruppe den Willkürbewegungen gegenüber zu stellen, zumal einige wohlcharakterisirte Bewegungsarten, wie die imitativen und expressiven, theils mit, theils ohne Willkür vorkommen, andere unwillkürliche, wie die Reflexbewegungen zum Theil geradeso willkürlich ausgeführt werden können, auch manche zuerst willkürliche Bewegung durch Wiederholung unwillkürlich wird, so ist es gerechtfertigt, eine Eintheilung nach den einzelnen die Bewegungen verursachenden Momenten zu versuchen, gleichviel ob sie willkürlich oder unwillkürlich seien. Alle organischen Bewegungen sind unmittelbar entweder durch äussere Momente (Eindrücke, äussere Reize, Zustandsänderungen der Umgebung, äussere Kräfte) oder durch innere Momente (Gefühle, Erinnerungen, Vorstellungen, innere Reize, Zustandsänderungen des Organismus, innere Kräfte) verursacht.

Jene sollen **allokinetisch**, diese **autokinetisch** heissen. Dann lassen sich alle Bewegungen des Menschen und der höheren Thiere in folgende sechs Arten einordnen oder aus ihnen zusammensetzen, vorausgesetzt, dass in jedem einzelnen Fall die unmittelbare oder nächste Bewegungsursache allein in Betracht genommen wird:

I. Allokinetische Bewegungen.

Die unmittelbare Ursache der Bewegung ausserhalb der motorischen Centren.

a) **Passive** Bewegungen: eine äussere Veränderung bewirkt die Bewegung ohne Betheiligung der Centren und der Psyche und der Muskeln, wie beim todten Organismus (z. B. Transport).

b) **Irritative** Bewegungen: eine äussere Veränderung wirkt direct auf die motorischen Apparate (z. B. ein Reiz auf die Bewegungsnerven), so dass mit Umgehung der Centren und der Psyche die Muskeln in Thätigkeit gerathen.

c) **Reflex-**Bewegungen: eine äussere Veränderung wirkt indirect (centripetal) auf die contractilen Gebilde vermittelst der Centren niederer Ordnung, stets mit Ausschliessung psychischer Vorgänge von der unmittelbaren Ursache der Bewegung.

II. Autokinetische Bewegungen.

Die unmittelbare Ursache der Bewegung innerhalb der motorischen Centren.

d) **Impulsive** Bewegungen: eine innere rein physische centrale Veränderung verursacht die Muskelcontractionen ohne alle periphere und psychische Ursache.

e) **Instinct-**Bewegungen: eine innere durch ererbte Erinnerung bedingte Veränderung verursacht ohne oder mit unmittelbar vorausgehender peripherer Ursache bei gewisser psychischer Verfassung (Stimmung) der Centren die Muskelcontractionen.

f) **Vorgestellte** Bewegungen: eine innere nicht ererbte, sondern durch individuelle Erinnerung bedingte centrale Veränderung verursacht die Vorstellung der (überlegten) Bewegung und diese Vorstellung verursacht die Muskelcontractionen.

Demnach ist betheiligt an der unmittelbaren Ursache

der **passiven** Bewegungen: weder ein peripherer Reiz, noch eine physische, noch eine psychische centrale Änderung, der irritativen Bewegungen: ein peripherer Reiz ohne physische und ohne psychische centrale Änderung,

der Reflex-Bewegungen: ein peripherer Reiz mit physischer und nicht psychischer centraler Änderung.

der impulsiven Bewegungen: kein peripherer Reiz und keine psychische, sondern nur eine physische centrale Änderung,

der instinctiven Bewegungen: eine ererbte centrale physische und dann psychische Änderung theils mit, theils ohne unmittelbar vorhergehenden peripheren Reiz,

der vorgestellten Bewegungen: eine nicht ererbte centrale psychische und dann physische Änderung theils mit, theils ohne unmittelbar vorhergehenden peripheren Reiz.

Alle Bewegungen des Menschen und der Thiere fallen entweder sofort in eine dieser sechs Kategorien oder lassen sich als Combinationen derselben auffassen oder als durch Wiederholung, gegenseitige Interferenz und verschiedenartige Störung modificirte Bewegungen aus ihnen ableiten, z. B. alle Nachahmungen, Ausdrucksbewegungen und alle krankhaften Muskelcontractionen, alle Bewegungen des Kindes.

Einige von diesen sind bereits in meinem Buche „Die Seele des Kindes“ (2. Aufl. 1884) ausführlich behandelt worden, wo [372
man auch Näheres über die organischen Bedingungen jeder Bewegungsclasse mit Zugrundelegung eines einfachen Schema angegeben findet.

Von den so unterschiedenen Bewegungsarten kommen nun beim thierischen und beim menschlichen Fötus und Neugeborenen allein nicht in Betracht die vorgestellten Bewegungen, zu denen die ersten Nachahmungen und die Handlungen oder überlegten Bewegungen gehören, was jetzt keiner weiteren Erläuterungen bedarf. Die ersten Nachahmungen finden nicht vor dem Ablauf des ersten Vierteljahres statt, die ersten überlegten Bewegungen desgleichen.

In Betreff der anderen Bewegungen ist folgendes zu bemerken.

Passive Bewegungen des Fötus.

Passive Bewegungen erleidet der menschliche Fötus regelmässig bis zum Tage seiner Geburt, ausser durch die Locomotion der Mutter, durch Druck und Stoss auf die den Uterus umgebenden Theile, Spannungsänderungen der Uteruswand und (S. 434) nament-

lich durch die Verschiebung des Schwerpunctes, sowie durch Stellungsänderungen der Mutter, zuletzt durch Wehen. Der Fötus nimmt im Allgemeinen, wenn der Uterusraum gross genug und die Reibung nicht zu stark ist, zweite Schädellage ein, wenn die Mutter sich legt, erste, wenn sie aufsteht, wie Höning beob- [334
achtete. Diese Änderungen, rein passiv, sind von den Kindesbewegungen unabhängig, desgleichen die Mehrzahl der zuerst genauer von Valenta und B. Schultze (1868) ermittelten Änderungen der Lage und Stellung des Kindes in den letzten Wochen der [335
Schwangerschaft.

Übrigens erleiden alle Embryonen aller Thiere passive Bewegungen. Dieselben sind zum Theil schädlich oder gleichgültig für das Leben und die Entwicklung des Embryo, zum Theil von grosser Wichtigkeit, unter Umständen sogar unentbehrlich für beide.

In die erste Kategorie gehören bei viviparen Thieren die durch locomotorische Bewegungen der Mutter herbeigeführten Ortsänderungen, welche sogar bei zu lange fortgesetzter, zu sehr beschleunigter und zu oft wiederholter Geh-, Lauf- und sonstiger Fort-Bewegung der Mutter bekanntermaassen leicht schädlich werden können durch Herbeiführung einer Frühgeburt u. a., dagegen Monate lange Ruhe sich in vielen Fällen bei den zum Abortus geneigten Frauen als günstig für die Frucht erwiesen hat. Doch muss im Allgemeinen die Muskelbewegung, körperliche Arbeit und mässiges langsames Gehen schon darum als vortheilhaft für die Frucht bezeichnet werden, weil dadurch die ganze Blutcirculation, somit auch die des Uterus beschleunigt, namentlich durch die Muskelcontractionen der venöse Abfluss des Blutes in das Herz und die Ventilation in den Lungen begünstigt wird.

Die bei der Frau, wegen ihrer häufigen aufrechten Stellung, mehr als beim Säugethier in Betracht kommenden passiven Fötusbewegungen durch das Athmen, können durch zu grosse Lebhaftigkeit, z. B. beim Husten und Lachen der Mutter, leicht eine Zerreissung des Amnion und vorzeitigen Abfluss des Fruchtwassers verursachen. Derartige starke passive Bewegungen sind ebenso wie die Wendung (durch Lagerung der Kreissenden, durch Handgriffe) nicht Gegenstand der Physiologie des Fötus, sondern der Geburtshülfe.

Dagegen sind mehrere bereits erwähnte passive Bewegungen embryonirter Eier, wie das Gewendetwerden des Vogeleies durch das brütende Thier (S. 112), das passive Schwimmen und Schweben der Fischeier in Flüssen, Seen und Meeren (S. 194), das Fortgetragenwerden kleiner Eier durch den Wind, das Herabgespültwerden anderer aus trockener Höhe in feuchte Erde durch den Regen (S. 187), sowie das langsame Rollen von Eiern hydrozoischer Thiere auf dem Grunde u. a. m. zur zweiten Kategorie gehörig und von grosser Bedeutung für das Leben und die Entwicklung der Embryonen, weil in vielen Fällen nur so die erforderliche Sauerstoff- und Wasser-Menge, ein in jeder Beziehung geeigneter Standort für die Embryogenesis und für das Ausschlüpfen gefunden werden kann.

Auch die durch Flimmerbewegung verursachte intraoväre Drehung zahlloser Embryonen niederer Thiere, besonders der Mollusken und Amphibien, gehört zu diesen nothwendigen passiven Embryo-Bewegungen. Denn sie ermöglicht allein den erforderlichen Luft- und Wasser-Wechsel (S. 388. 399).

Endlich sind noch eben dahin zum Theil zu rechnen die merkwürdigen schaukelnden Bewegungen des Vogelembryo im Amnioswasser (S. 412), sofern sie durch Amnioncontractionen im Gang bleiben. Sie müssen die Blutströmung im Embryo abwechselnd centrifugal und centripetal begünstigen.

Irritative Bewegungen beim Fötus.

Irritative Bewegungen können beim Säugethier-Fötus auftreten, wenn durch anomales Blut der Mutter seinem Rückenmark Gifte zugeführt oder dessen Ernährungszustand plötzlich geändert wird. Dann können intrauterine Convulsionen zu Stande kommen. Übrigens werden solche abnorme krampfhafte Bewegungen gerade durch die beiden Gifte, Blausäure und Strychnin, welche in ausgeprägtester Weise Streckkrämpfe bei Erwachsenen hervorrufen, bei Neugeborenen und Ungeborenen nicht verursacht, wie ich für neugeborene Hunde, Meerschweinchen, Kaninchen bei directer Vergiftung mit Blausäure feststellte (1870) und Gusserow für den Kaninchenfötus bei Vergiftung der Mutter und des Fötus mit Strychnin fand (vgl. S. 201). Diejenigen Centromotoren, auf welche die Krampf erregenden Gifte einwirken und die peripheren motorischen Nerven mit den Muskeln sind demnach wahrscheinlich noch nicht genügend ausgebildet. Durch unmittelbare Reizung centrifugaler Nerven in ihrem Verlaufe verursachte fötale Bewegungen kommen im Uterus normal nicht vor und sind bekanntlich auch nach der Geburt selten.

Die irritativen durch künstliche Reizung der Nerven und Muskeln des Embryo und Neugeborenen verursachten Bewegungen der Muskeln, und im nothwendigen Zusammenhang damit die embryonale motorische Reizbarkeit, sind bisher trotz ihres hohen physiologischen Interesses nur sehr wenig untersucht worden.

Schon Bichat fand, dass die mechanische und elektrische Reizung der Meerschweinchen-Embryonen und zwar der quergestreiften Muskeln, wie der Bewegungs-Nerven und der nervösen Centralorgane, um so schwerer Bewegungen veranlasst, je jünger sie sind, was ganz richtig ist. Er bemerkte auch schon das auffallend schnelle Erlöschen der motorischen Reizbarkeit nach Abtrennung der Embryonen vom Mutterthier. Je näher der Reife der Fötus, um so länger persistirt im Allgemeinen die Erregbarkeit nach der Isolirung, so dass noch die Tetanisirbarkeit eine Zeitlang besteht, während sie beim jüngeren sofort erlischt oder gänzlich fehlt, wie ich oft constatirte.

Als ich jedoch Kaninchenembryonen wenige Tage vor der zu erwartenden Geburt schnell aus dem Uterus schnitt und durch directe elektrische Tetanisirung des Rückenmarks mittelst Einstechen der bis nahe an die Spitze gefirnissten Nadelelektroden — den Enden der secundären Drahtrolle des Schlitteninductoriums — reizte, zeigte es sich, dass ein typischer Streckkrampf eintrat und zwar ein inspiratorischer Tetanus mit weit geöffnetem Munde und weit ausgestreckten Extremitäten. Mehrmals wurde dabei der Fötus so hart, dass ich anfangs meinte, er sei plötzlich todtenstarr geworden. Er erholte sich aber jedesmal von dem enormen bis zu zwanzig Secunden dauernden Tetanus. Also der nahezu reife Fötus verhält sich bezüglich seiner Rückenmarksreizbarkeit oder der Erregbarkeit seiner motorischen Nerven dem geborenen Thier viel ähnlicher als der weniger reife. Denn es besteht da nur ein gradueller Unterschied, sofern der Fötus stärkerer Reizbedarf, um in Tetanus zu gerathen.

Auch in der Hinsicht ist der reifere Fötus vom unreifen verschieden, dass er, wie ich fand, durch subcutane Injection einer Curare-Lösung, wie das geborene Thier, bewegungslos wird ohne Convulsionen. Nur dauert die Vergiftung länger. Ein nahezu reifer Kaninchenfötus, den ich aus dem Uterus schnitt, war nach Einspritzung von 0,4 Cubiccentimeter einer starken Curarelösung erst nach siebzehn Minuten bewegungslos; ein mit ihm excidirter nicht vergifteter Control-Fötus lebte noch mehrere Tage: ein erwachsenes Kaninchen dagegen, dem ich eine kleinere Dosis derselben Lösung ebenso einverleibte, war nach fünf Minuten bewegungslos. Also ist auch noch kurz vor der Geburt der Zusammenhang von Nerv und Muskelfaser nicht völlig consolidirt, denn die Resorption und der Kreislauf können an der Verzögerung nicht wohl schuld sein (vgl. S. 223).

Bei Meerschweinchen-Embryonen, welche ich erst nachdem sie im Uterus erstickt waren ausschnitt, so dass durch kein Mittel mehr eine Athembewegung ausgelöst werden konnte (während ein zuvor schnell excidirter Control-Embryo lebhaft Luft athmete), liess sich durch starke Inductionswechselströme jedesmal leicht ein Tetanus der Beine vom Rückenmark aus erzielen. In einem Falle wogen die (zwei) Embryonen je 33 Grm. Sie waren asphyktisch, aber die Herzthätigkeit und Reflexerregbarkeit noch erhalten, nur erheblich vermindert. Die directe Tetanisirbarkeit der Muskeln hatte dagegen, wie die Versuche am Controlthier zeigten, sogar bei percutaner Reizung noch nicht sich merklich verringert. Sie gleicht also der der Amphibien.

Methodisch prüfte zuerst O. Soltmann die motorische Er- [48
regbarkeit bei neugeborenen Thieren (Hunden, Katzen, Kaninchen). Er kam zu dem Resultat, dass unter möglichst gleichen Umständen ein und derselbe elektrische Reiz, auf den durchschnittenen Schenkelnerven applicirt, bei Neugeborenen einen relativ sehr viel geringeren Effect hat, als bei Erwachsenen, und dass viel stärkere Reize (Öffnungs-Inductions-Schläge) erforderlich sind, um beim Neugeborenen vom motorischen Nerven aus eine Muskelzuckung auszulösen, als beim erwachsenen Thier. Ferner zeigte das Myogramm neugeborener Katzen und Kaninchen eine ganz andere Gestalt als das älterer Thiere. Die Zusammenziehung des Muskels geschieht langsamer, träger; er verharrt länger auf dem Maximum der Contraction und braucht zur Wiederausdehnung sehr viel mehr Zeit. Auch genügen sechzehn Stromunterbrechungen in der Secunde, um beim neugeborenen Kaninchen einen vollkommenen Tetanus zu erzeugen, welcher aber wie die einzelne Zuckung — auch bei directer Muskelreizung — myographisch dem des ermüdeten Muskels erwachsener Thiere gleicht.

Diese Resultate der Experimente Soltmann's verdienen [45
weitere Prüfung an den Muskeln anderer Thiere, die vor dem Termin der normalen Geburt aus dem Uterus excidirt worden sind. Aus den vorliegenden noch sehr fragmentarischen Untersuchungen lässt sich nur mit Wahrscheinlichkeit folgern, dass die Muskeln der Embryonen sich den glatten Muskeln der Erwachsenen

viel ähnlicher, als den quergestreiften verhalten, wenn sie direct oder vom Nerven aus elektrisch gereizt werden.

Vollkommen stimmen hiermit überein meine Versuche über die elektrische Reizbarkeit der Muskeln des Hühnerembryo, deren Ergebnisse in der Beilage chronologisch verzeichnet sind. Denn da trat die Langsamkeit der elektrischen Reizwirkung besonders deutlich hervor.

Dabei fand ich die wichtige Thatsache, dass selbst nach dem Eintritt der ersten Bewegungen des Embryo weder vom Rücken aus, noch direct die stärksten elektrischen oder traumatischen Reize deutliche Zusammenziehungen bewirken. Höchstens wird an einer geringen Änderung des Lichtreflexes eine minimale Reizwirkung erkannt. Aber vom fünften Tage an nimmt die directe elektrische Reizbarkeit des embryonalen contractilen Gewebes täglich zu, und am neunten Tage kann man vom Rücken aus Streckungen der vier Extremitäten erzielen, wobei Erregbarkeit von Tetanisirbarkeit streng zu scheiden ist. Denn erst am fünfzehnten Tage lassen sich die Muskeln der Beine und Flügel tetanisiren. Aber auch dann noch verhalten sie sich gegen elektrische Reizungen träge wie ermüdete postembryonale Muskeln. Nur die Blutgefässe reagiren schon früh, indem sie sich nach starker und $^1/_2$ Minute anhaltender Reizung mit Inductionswechselströmen deutlich verengern und nach der Reizunterbrechung langsam zur Norm zurückkehren. Vulpian scheint Ähnliches beobachtet zu haben für die venösen Allantoisgefässe der fünf bis sechs letzten Brüttage, und es gehört auch die Beobachtung von Kölliker vom Jahre 1848 hierher, welcher sowohl die Arterien, als auch die Vene der Nabelschnur nach tetanisirender elektrischer Reizung sich lebhaft contrahiren sah, am Stamm und an den Ästen in frischen Placenten des Weibes. In allen diesen Fällen von Gefässverengerung durch elektrische Reizung kann es sich wohl nur um directe Reizung glatter Muskelfasern handeln.

Endlich ist ein sehr bemerkenswerthes Factum die Contractilität des Amnion, also contractiler völlig nervenfreier Faserzellen im bebrüteten Vogelei, wovon bereits die Rede war (S. 407). Da hier nicht wie bei dem nervenfreien embryonalen Herzen der ersten Entwicklungsphasen ein noch nicht differenzirtes quergestreiftes, später an Nerven und Ganglienzellen reiches Muskelgewebe, sondern ein ausschliesslich embryonales Gebilde vorliegt, welches sich nicht weiter differenzirt, so ergibt sich die Aufgabe, zu untersuchen ob das Amnion überhaupt aus echten glatten Muskelfasern besteht. Die elektrische und mechanische Reizbarkeit dieser Haut steht fest. Ist sie aus echten glatten Muskelfasern zusammengesetzt, dann wäre ein Beweis für die selbständige Reizbarkeit derselben ohne Nervenvermittlung geliefert, wie er sonst nicht vorliegt. Denn die glatte Musculatur des fötalen Darmes war bei den von mir angestellten Reizversuchen (S. 319) längst nicht mehr nervenfrei.

Reflexbewegungen des Fötus.

Dass Reflexbewegungen des Säugethier- und Menschen-Fötus, wenigstens gegen Ende der intrauterinen Entwicklung, vorkommen, wurde bereits erwähnt. Dabei ist der durch das Anstossen der Glieder gegen die Uteruswand entstehende Druck, die plötzliche Druckänderung, der Reflexreiz. Ein anderer wird im Uterus normal vor der Geburt dadurch zu Stande kommen können, dass die Frucht sich selbst berührt, es muss aber die embryonale Reflexerregbarkeit zu der Zeit, in welcher diese immerhin schwachen Reize wirken, bereits einen hohen Grad erreicht, das Rückenmark sich also schon weit differenzirt haben.

In der That ist es nicht schwer, sich durch künstliche elektrische, mechanische, chemische und thermische Reizung der Haut älterer Kaninchen- und Cobaya-Embryonen von dem Vorhandensein der Reflexerregbarkeit zu überzeugen. Der Cobaya-Embryo kann sogar, auch wenn er intrauterin erstickt ist, so dass keinerlei Reiz mehr eine Athembewegung nach dem Ausschneiden auslöst, durch starke Compression eines Beines mit der Pincette, sowie durch starke an einer beliebigen Hautstelle applicirte Inductionswechselströme zu unregelmässigen Gliederbewegungen oft noch veranlasst werden. Wenn man ihn schnell excidirt, ehe er zum Athmen kommt, dann können schon schwache Reize, eine Berührung mit dem Finger, nicht allein Inspirationen, sondern auch regelmässige und unregelmässige Reflexe der Extremitäten, und zwar diese vor jenen, bewirken. Ich habe diese Thatsache wiederholt festgestellt (S. 161).

Im geschlossenen Ei geborene Hunde und Katzen bewegen sich, wie Kehrer sah, oft so stark, dass die Eihaut platzt, ver- [149
muthlich wegen der ungewohnten Berührung mit der Unterlage oder auch durch Abkühlung zu der Steigerung ihrer impulsiven intrauterinen Motilität reflectorisch veranlasst, denn unter diesen Umständen treten nicht constant Athembewegungen ein.

Hieraus folgt auch die Unabhängigkeit der Gliederreflexe vom Athmungsreflex. Dieselbe ist sogar beim Menschen beobachtet worden. Denn R. Olshausen bemerkte, dass wenn bei ganz tiefster Asphyxie durch künstliche Athmung der Puls sich wieder gehoben hat, das Neugeborene aber noch regungslos und mit geschlossenen Augen daliegt, ein Kitzeln der Fusssohlen schon eine Reflexaction der Schenkelmuskeln auslöst, ehe es gelingt, durch irgendwelche Reize Respirationsbewegungen hervorzurufen und B. Schultze beobachtete, dass bei den nach seinem [illegible] bekannten Verfahren wiederbelebten asphyktischen Neugeborenen schnelles Eintauchen in eiskaltes Wasser nicht nur den beginnenden Athembewegungen grösseren Umfang gibt, sondern auch bei flüchtigem Eintauchen kräftige Beugungen der Extremitäten des bis dahin schlaffen Kindes bewirkt. Also gehört schnelle Abkühlung zu den motorischen Reflexreizen.

In Betreff der Reflexerregbarkeit beim Hühnchen im Ei, welche stets für elektrische wie thermische und traumatische Reize in den letzten Tagen der Incubation gross ist, ergaben alle meine Versuche bald nach dem Auftreten der ersten activen Bewegungen am fünften Tage ein negatives Resultat, entsprechend der äusserst geringen Erregbarkeit sämmtlicher Theile des Embryo, ausser dem Herzen zu dieser Zeit. An den folgenden Tagen, bis zum zehnten, ist wegen der Lebhaftigkeit der nun manigfaltigeren activen Contractionen und Lageänderungen die Entscheidung, ob eine Antwortsbewegung auf einen Stich, Schnitt, Stoss u. dgl. erfolgt oder ob derartige Eingriffe effectlos bleiben, sehr schwierig. Jedenfalls ist die Reflexerregbarkeit bis zum Beginn der Lungenathmung viel geringer als später, und vor der Möglichkeit, den Schnabel zu öffnen, minimal, am fünften und sechsten Tage Null. Die activen Bewegungen des Embryo, welche man zu dieser Zeit und später ooskopisch im unversehrten Ei wahrnimmt, sind ebensowenig wie das Amnionschaukeln reflectorischer Natur in dem Sinne, dass sie durch äussere Reize ausgelöst würden, erschweren aber die Ermittlung der Wirkungen dieser.

Ich habe indessen durch einen einfachen Kunstgriff annähernd den Zeitpunct bestimmen können, in welchem die ersten unzweifelhaften Reflexbewegungen nach künstlicher Hautreizung sich constatiren lassen. Wenn man nämlich den sehr beweglichen Embryo im warmen offenen Ei sich langsam soweit abkühlen lässt, dass während einer halben bis ganzen Minute gar keine

Bewegungen mehr stattfinden und dann schwache Hautreize einwirken lässt, so kann man, falls auf dieselben jedesmal eine Zeitlang eine Bewegung folgt, diese letztere als eine Reflex-Antwort mit Fug und Recht auffassen. So konnte ich an einer grossen Anzahl von Embryonen des Huhnes feststellen, dass Reflexbewegungen am achten Tage noch nicht, am zwölften schon oft wenn auch schwach eintreten. Am zehnten können sie vielleicht beginnen, am elften aber sind sie wahrscheinlich erst regelmässig wenn auch noch schwach vorhanden (siehe die Beilage).

Eine wichtige Reflexbewegung des Hühnchens, welches im Ei noch nicht mit der Lunge geathmet hat, ist die erste Inspiration bei ungestörter Allantoiscirculation. Von dieser war bereits wiederholt die Rede (S. 151. 165. 176 und S. 413), und es wurde hervorgehoben, dass eine Athembewegung auch beim Säugethierfötus nicht eintritt und nicht künstlich hervorgerufen werden kann, ehe die Reflexerregbarkeit da ist (S. 151).

Zahlreich sind die Reflexbewegungen des neugeborenen Thieres und Menschen, doch war von diesen bereits an anderer Stelle ausführlich die Rede. [372

Impulsive Bewegungen.

Wenn das neugeborene Kind mit seinen Händen in der Luft ziellos umherfährt, völlig ungeordnete Beinbewegungen ohne den geringsten äusseren Anlass ausführt und ohne angebbare Ursache Grimassen macht, z. B. die Stirn runzelt, dann macht es impulsive Bewegungen. Das neugeborene Kind bewegt wie das ungeborene die Gliedmaassen auch ohne äussere Reize aus einem ihm selbst völlig unbekannten inneren Impuls. Diese Art von organischer Bewegung, welche ohne irgendwelche vorausgegangene Empfindung, vor der ersten Wahrnehmung, später besonders im Schlafe, vorkommt, habe ich in meinem oben erwähnten Buche [372 zuerst bestimmt von anderen Bewegungen unterschieden und als die Grundlage der Willensausbildung erkannt. Die impulsiven Beugungen und halben Streckungen der Extremitäten, nicht die viel weniger ausgeprägten Reflexbewegungen sind es, welche das Gebahren des Fötus und des Neugeborenen vor Allem charakterisiren. Am ähnlichsten sind ihnen die Bewegungen der aus tiefem Winterschlafe halberwachten Säugethiere, welche noch nicht die frühere Wärme wiedererlangt haben. Namentlich der Hamster zeigt dann dieselben kaum beschreibbaren, uncoordinirten, ziellosen, trägen und dazwischen wieder schnellenden oder stossenden

Bewegungen der Gliedmaassen wie der Fötus der Säugethiere, und wie das zu früh und das reif geborene Menschenkind. Es handelt sich dabei um eine Art Entladung angesammelter Bewegungsimpulse, welche, wenn das Rückenmark genügend entwickelt ist, geradeso nothwendig die Muskelzusammenziehung bewirken, wie etwa der Wasserdampf, wenn er genügend überhitzt wird, eine Explosion des Behälters verursacht, in dem er eingeschlossen war. Diese impulsiven völlig unbewussten, unwillkürlichen Muskelcontractionen sind ganz und garnicht expressiv, nicht Ausdrucks-Bewegungen. Man hat zwar letztere häufig sowohl dem Fötus wie dem Ebengeborenen zugeschrieben — namentlich hat man oft in dem ersten Schrei ein Zeichen des Unwillens oder eine Schmerzäusserung sehen wollen — aber derartige Ansichten sind gänzlich unhaltbar. Denn um einen beliebigen geistigen Zustand durch Muskelbewegungen auszudrücken ist vor Allem erforderlich die Unterscheidung jenes Zustandes von einem anderen. Nun ist aber der Fötus überhaupt nicht in der Lage, verschiedener Gemüthszustände sich bewusst zu werden, die er dann durch Extremitätenbewegungen oder ein Mienenspiel kund gäbe. Denn der Sitz von Gemüthsbewegungen ist das Grosshirn. Der hirnlose Fötus bewegt aber gleichfalls die Glieder. Es wird demnach zum Mindesten willkürlich sein, die Gliederbewegungen vor der Geburt als Ausdruck etwa des Unwillens über eine unbequeme Lage aufzufassen, selbst wenn der Fötus nicht ununterbrochen schliefe. Und was den ersten Schrei unmittelbar nach oder schon in der Geburt betrifft, so ist er schon darum kein Ausdruck des Zornes, des Schmerzes oder der Hülflosigkeit, wie Manche meinten, weil auch hirnlose Neugeborene schreien. Dieser erste Laut, nichts als eine Reihe von lauten Exspirationen, mitunter ein regelrechtes Niesen, kann nicht wohl etwas anderes als eine durch die mit jeder Geburt verbundene starke periphere Reizung (auch Abkühlung) verursachte Reflexbewegung sein. Geradewie nach der merkwürdigen Entdeckung von Goltz ein enthirnter Frosch beim Streichen der Rückenhaut quakt, und wie nach meinen Versuchen eben geborene Meerschweinchen, wenn man ihnen den Rücken reibt, quieken, so schreit vermuthlich das eben geborene Menschenkind (S. 166. 176), gleichviel ob hirnlos oder nicht, weil seine Haut während der Geburt stark mechanisch gereizt, nach derselben stark abgekühlt wird. Sein erster Schrei ist ein Reflexschrei.

Die meisten anderen Bewegungen des Neugeborenen sind impulsiv. Es kommen nur noch ausser den bereits betrachteten in Frage

Instinctive Bewegungen.

Da diese zwar auf ein bestimmtes Ziel gerichtet sein müssen, aber ausschliesslich ererbt sind und von ihnen das Subject nichts zu wissen braucht, so kann man dem Ungeborenen alle Instinctbewegungen im eigentlichen Sinne nicht absprechen. Indessen behaupten, die Kindsbewegungen im Uterus seien instinctiv, weil sie den Zweck hätten, die bequemste Haltung im kleinstmöglichen Raume der Frucht zu verschaffen, ist darum unzulässig, weil diese auch ohne alle Fruchtbewegungen allein durch das specifische Gewicht des Kopfes, die Uterusgestalt und die Spannung der Uteruswand rein passiv zu Stande kommen kann (S. 434 u. 446). Beim Neugeborenen dagegen treten schon complicirte, theils instinctive, theils reflectorische Bewegungen regelmässig ein, nämlich das Saugen mit und ohne Schluckbewegungen.

Im Gegensatz zu diesem erblichen Ernährungs-Instinct sind alle Rumpf- und Extremitäten-Bewegungen des Fötus und Ebengeborenen nicht instinctiv, sondern, sofern sie nicht ohne jede Betheiligung seinerseits rein passiv zu Stande kommen, in erster Linie impulsiv, in zweiter Linie reflectorisch. Erst eine Stunde oder mehrere Stunden nach der Geburt treten normaler Weise wahrscheinlich einfache reine instinctive, sehr viel später vorgestellte, darunter imitative, gemischte und zuletzt reine Willkür-Bewegungen auf, während die irritativen Muskelcontractionen nur künstlich hervorgerufen werden oder zufällig sind, sowohl intrauterin wie nach der Geburt.

Von den bei Säugethieren normalerweise nach der Geburt vorkommenden instinctiven Bewegungen ist nun namentlich das Saugen, welches auch ohne Berührung der Lippen während des Schlafes eintreten kann, und das gewöhnlich beim Milchsaugen darauffolgende Schlucken, welches aber für sich vor der Geburt und zu Anfang des Lebens eine reine Reflexbewegung darstellt, von physiologischem Interesse.

Zu welcher Zeit des Fötallebens die ersten Schluckbewegungen ausgeführt werden, ist zwar noch nicht ermittelt, dass aber in der zweiten Schwangerschaftshälfte dieselben stattfinden, wird nicht bezweifelt. Nur ob sie normalerweise stattfinden oder nur bei Sauerstoffmangel, „bei den leichtesten Graden" von intrauteriner Asphyxie, ist streitig. Es wurde jedoch bereits im Abschnitt [97, 391 über die Ernährung das erstere als höchstwahrscheinlich dargethan.

Das Eindringen des Fruchtwassers in den Magen ist physiologisch (S. 252). Allein jene Darlegung widerspricht der Ansicht nicht. dass intrauterin nur bei Abnahme der Sauerstoffzufuhr durch die Nabelvene Schluckbewegungen stattfinden. Neugeborene machen öfters Schluckbewegungen, wenn man ihnen, während sie schlafen, die Nase zuhält. Solche intrauterine geringe schnell vorübergehende Abnahmen der Sauerstoffzufuhr zum Fötus sind nicht als pathologisch zu bezeichnen, vielmehr unvermeidlich und können ohne irgend welche schädliche Nachwirkungen ablaufen (S. 149).

In jedem Falle liegt kein Grund vor gegen die Annahme, dass das Schlucken mit Einführung von Fruchtwasser in den Magen eine allgemeine Eigenschaft aller Embryonen höherer Thiere und des Menschen ist. Zu früh geborene Kinder verschlucken am ersten Lebenstage die ihnen eingeflösste Milch. Also wird auch der ebenso weit entwickelte Fötus schlucken können, falls er nur den Mund aufmacht und Fruchtwasser in die Mundhöhle gelangt. Kein Mensch lernt erst Schlucken, wie etwa Essen.

Da aber sechs Hirnnerven und eine grosse Anzahl von Muskeln nicht allein schon differenzirt, sondern auch erregbar sein müssen, um den vollkommenen Schluckact (mittelst des Centrum im verlängerten Mark) zu Stande kommen zu lassen, so kann von einem Schlucken in frühen Embryostadien, d. h. vor dem vierten Monat beim Menschen, nicht wohl die Rede sein.

Ganz dasselbe gilt vom Saugen.

Bei Säugethieren ist, wie das Schlucken, schon oft das Vermögen zu saugen lange vor der Reife constatirt worden. Ich habe an künstlich befreiten nicht reifen Embryonen des Meerschweinchens öfters den Versuch angestellt, ihnen ein mit beliebiger Flüssigkeit gefülltes oder auch leeres Glasröhrchen in den Mund einzuführen und in der Mehrzahl der Fälle, wenn die Früchte nicht zu jung waren, wie auch beim lebensfähigen Kaninchenfötus geschicktes Saugen wahrgenommen, falls nur das Röhrchen auf die Zunge gebracht wurde. Blosse Berührung der Lippen genügt nicht. Doch sah ich öfters der Geburt nahe Kaninchenembryonen, die schnell abgenabelt und in den Brütofen gebracht wurden, aneinander starke Saugbewegungen machen. Sie fassten Hautfalten und Beine ihrer Geschwister mit den Lippen und sogen daran kräftig.

Auch beim menschlichen Fötus ist wiederholt von Schottin und von O. Soltmann ein Saugen am Finger beobachtet (s. o.) worden, wenn derselbe beim Touchiren Kreissender gerade in die

Mundöffnung gerieth. Schon Scheel bemerkte dasselbe, wenn er dem eben geborenen Kinde den Finger in den Mund einführte. Ich habe beim Kinde, dessen Kopf erst geboren war, deutliches Saugen beim Einführen eines Elfenbeinstäbchens wahr- [373
genommen.

Dass Saugen beim Menschenfötus vor Ablauf der normalen intrauterinen Entwicklung stattfinden kann, zeigen folgende Fälle:

T. E. Baker berichtet von einem Kinde, welches nach Angabe der [4
Mutter zwei ein halb Monat zu früh geboren wurde und einen Monat zwanzig Tage nach der Geburt nur ein Pfund dreizehn Unzen wog. Zu dieser Zeit konnte das vierzehn Englische Zoll lange Kind gut saugen, während es anfangs die Brust nicht nahm.

Das von J. Rodmann behandelte, gleichfalls — aber schon drei Wochen [16
nach der Frühgeburt — ein Pfund dreizehn Unzen wiegende männliche Kind nahm in der ersten Woche die Brust nicht und fing erst vom Ende der dritten Woche an, die Muttermilch theelöffelweise zu nehmen, war aber vom Anfang an lebhaft, wenn es in Flanell eingewickelt der Bettwärme sich erfreute. Zwei Frauen wechselten mit der Mutter ab, ihm diese zwei Monate lang zu erhalten, da Entziehung der Wärme Krämpfe verursachte. Die Behauptung, dieses Kind sei neunzehn Wochen nach der Empfängniss geboren worden, ist jedoch schon wegen seiner Grösse irrthümlich.

Aber keineswegs alle frühreifen und fast reifen Neugeborenen saugen bei Berührung der Lippen oder beim Einführen des Fingers in den Mund. Es fehlt hier die maschinenmässige Sicherheit, welche die reinen Reflexbewegungen charakterisirt. Auch ist bemerkenswerth, dass nicht alle neugeborenen Säugethiere, namentlich Meerschweinchen nicht, an dem in die Mundhöhle regelrecht eingeführten Stäbchen oder Röhrchen saugen, und dass der erkrankte, wie der gesättigte Säugling in der Regel nicht saugt. Man kann das Ausbleiben der Saugbewegungen bei letzterem nicht etwa einer Ermüdung der betheiligten Muskeln zuschreiben. Denn auch wenn diese Zeit hatten sich von der letzten Saugarbeit zu erholen, weigert das Kind sich oft entschieden zu saugen. Vielmehr ist es wahrscheinlich ein Sättigungsgefühl, welches hier bestimmend einwirkt, wie beim Erwachsenen, wenn er nach einer reichlichen Mahlzeit noch einmal kauen soll. Also muss eine gewisse Stimmung zum Saugen da sein. [373

Mit der Annahme eines besonderen Instinctes zum Saugen ist freilich wenig erklärt. Es wäre ein eigenthümlich perverser Instinct, der das Neugeborene, wenn es hungert, zwar an allem Saugbaren zu saugen treibt, aber oft genug wegen einer geringfügigen Rauhigkeit oder nur Verschiedenheit des mit den Lippen zu berührenden Objects versagt, wenn ihm statt der gewohnten Brust eine andere oder eine Saugflasche geboten wird, die ihm zuträglichere Nahrung bietet als jene. Deshalb muss man dem Saugact auch den Charakter einer Reflexbewegung zuerkennen, wenn er auf einen peripheren Reiz sofort folgt. Dieser tritt jedoch vor der Geburt nicht ein, wenn auch alle Säugethiere, welche nach der Geburt die Zitze in den Mund nehmen, also wahrscheinlich alle ausser den Cetaceen und Pinnipedien, schon kurz vor der Geburt saugen können.

Jedenfalls folgt aus der Thatsache, dass eben geborene reife und nicht reife Früchte beim Einführen eines geeigneten Gegenstandes in den Mund Saugbewegungen machen können nicht, dass sie normalerweise intrauterin saugen, sondern zunächst nur, dass lange vor der Geburt die Reflexbahn von den sensorischen Nerven-Endigungen in der Zunge und in den Lippen in das Halsmark und von da durch den Hypoglossus in die Zunge formirt und widerstandsfrei, d. h. gangbar ist. Das Saugen ist also eine erbliche Bewegung und keine reine Reflexaction. Daher muss man das Saugen Neugeborener und Ungeborener instinctiv nennen, um so mehr, als auch im Schlafe Saugbewegungen ohne peripheren Reiz sehr früh eintreten können. Eine Absicht ist keinesfalls nothwendig.

Bei den einen tritt dieser vom Grosshirn anfangs unabhängige Saugmechanismus sofort mit grosser Energie in Thätigkeit, bei anderen sehr unvollkommen. Bei dem relativ noch sehr wenig entwickelten dennoch schon saugenden Fötus der Beutelthiere ist sogar die Saugfunction vor allen anderen Bewegungen in der auffallendsten Weise bevorzugt.

Nach dem Verlassen der Gebärmutter macht der an der Zitze haftende Fötus des Känguruh langsame starke Athembewegungen und bewegt die Extremitäten, wenn man ihn stösst, wie Owen berichtet. Er ist aber anfangs zu schwach, um durch actives Saugen die Milch aufzunehmen; diese wird ihm durch Muskelcontractionen der Drüse förmlich eingespritzt nach desselben Forschers und W. Rapp's Angaben. Räthselhaft ist dabei, wie der 24 Fötus, den das Mutterthier mit dem Munde aus dem Uterus (S. 74) an die Zitze bringt, daselbst immer wieder sich anhängt. Da nach Blainville die runde Löcher darstellenden Nasenöffnungen offen zu und der Mund zur Aufnahme der Zitze nur gerade weit genug ist bei ganz jungen Marsupialien, so ist vielleicht der Geruchsinn der Führer auf dem dunkeln Wege. Jedenfalls kann nur durch

die Nase geathmet werden, und dass mit der Entwicklung der Musculatur sehr bald active Saugbewegungen eintreten, ist sicher. Die jungen Känguruhs saugen noch, nachdem sie den Beutel verlassen können, und, den Kopf aus demselben hervorstreckend, fressen sie Gras zu gleicher Zeit mit dem Mutterthier, wenn dieses sich wieder aufrichtet zur Zitze sich zurückwendend. Dieses geschicht, nach Owen, bis sie zehn Pfund schwer, nach Home, [40
bis sie neun Monate alt sind, so dass oft ein neuer Fötus, der sich jedesmal an eine neue Zitze anheftet, zugleich mit dem grossgewordenen saugt. Diejenige Eigenschaft der Zitze (Grösse, Gestalt, Geruch?), welche das ältere Junge an die von ihm ursprünglich benutzte Zitze immer wieder zurückführt und das neue Junge von dieser ab-, der unbenutzten zuwendet, ist nicht bekannt.

Ausser den Beutelthieren gibt es noch eine Gruppe von Säugern, welche ihren Jungen die Milch in den Mund spritzen, nämlich die Wallfische, vielleicht alle Cetaceen. Und zwar scheint es bei diesen überhaupt nicht zum Saugen seitens der Jungen zu kommen, so dass es also wahre Milch spendende Säugethier-Weibchen gibt, welche ihre Jungen nicht säugen. Wie nämlich W. Rapp be- [24
merkt, ist der Mund der Cetaceen zum Saugen nicht zu gebrauchen. Die Mundhöhle ist sehr lang, bei einigen Arten schnabelförmig, und die Lippen sind schwer beweglich und hart. Auch ist die hohe Lage des Kehlkopfs der Cetaceen, welcher bis an die hinteren Nasenöffnungen hinaufreicht und den Schlund dadurch in einen rechten und linken Canal theilt, dem Mechanismus des Saugens, wie Hunter bemerkte, ungünstig. In der That fand Rapp beim Braunfisch die Milchdrüse nicht frei unter der Haut und der dicken Fettschicht, sondern von einem starken Hautmuskel bedeckt. Durch ihre Lage zwischen diesem Muskel und den Bauchmuskeln kann die Drüse stark comprimirt werden, „so dass die Milch dem jungen Thiere, ohne dass es nöthig hätte zu saugen, in den Rachen eingespritzt wird“. Schon Aristoteles wusste [25
übrigens, dass die jungen Delphine zwar mit Milch ernährt werden, aber dieselbe nicht aus der Drüse heraussaugen. Er sagt vom Delphin, seine Brüste hätten keine Zitzen, wie die der Vierfüsser, sondern die Milch quelle jederseits aus einem Canal hervor und werde von dem der Mutter nachfolgenden Jungen aufgefangen. Es lässt sich nicht annehmen, dass bei dieser Ernährung die Milch ohne Beimischung von Seewasser in den Magen des Jungen gelangt.

Wenn nun bei Marsupialien während der ersten Zeit der

Lactation, bei Cetaceen während der ganzen Lactationszeit die Milch nicht durch Saugbewegungen von dem Jungen aufgenommen. sondern ihm in den Mund gespritzt wird, so kann auch bei anderen Säugethieren eine ähnliche Entleerung der Drüse durch die Contraction glatter Muskelfasern, wodurch die anfangs oft genug unvollkommenen Saugbewegungen unterstützt würden, in Betracht kommen.

In der That habe ich selbst bei zwei kräftigen Ammen die Milch in gewaltigem Strahl aus der ganz freien vollen und unberührten Brust herausspritzen sehen, wenn der Säugling ein paar Stunden lang nicht angelegt worden war. Bichat erwähnt (43) gleichfalls, dass die Milch, wenn sie im Überfluss vorhanden ist, bisweilen mit Gewalt ausgespritzt werde, was eine lebhafte Contraction der Milchgänge voraussetze.

Im Allgemeinen aber erfordert die Entleerung der Brustdrüse eine nicht unerhebliche Muskelarbeit seitens des Säuglings, um den schon von Pascal entdeckten Unterschied des Luftdrucks innerhalb und ausserhalb der Mundhöhle herbeizuführen. Und diese Saugbewegungen sind erblich.

D. Die Verschiedenheit des ruhenden und thätigen embryonalen Nerven und Muskels.

Eine der dankbarsten Aufgaben wäre die Untersuchung des embryonalen Nervmuskelapparates einmal in der Ruhe, sodann in der Thätigkeit und unmittelbar nach derselben. Die für den Muskel und Nerven des Geborenen bereits festgestellten Unterschiede in den elektrischen, elastischen, thermischen, chemischen Eigenschaften und in dem morphotischen Verhalten bei der mikroskopischen Beobachtung müssen sämmtlich bezüglich ihrer Stichhaltigkeit beim Embryo mit allen Hülfsmitteln der modernen physiologischen Experimentirkunst geprüft werden. Ich würde selbst diese Aufgabe in Angriff genommen haben, wenn nicht der Mangel eines geeigneten Untersuchungsobjectes davon abhielte.

Wenigstens kann bezüglich der Ermittlung des Zeitpunctes, wann z. B. Actionsströme im fötalen Muskel (und Nerven) eintreten und wann die elektrischen Gegensätze am Längsschnitt und Querschnitt im Fötalleben zuerst auftreten, am Säugethier- und Vogel-Embryo nicht mit Aussicht auf viel Erfolg experimentirt werden. Denn die geringfügigsten Eingriffe verändern das contractile Gewebe allzuschnell. Dass jedoch die elektromotorischen Kräfte demselben von vornherein nicht fehlen, lässt sich mit Sicherheit voraussagen, und es wird wahrscheinlich die Auffindung der die elektrischen Gegensätze im ausgeschnittenen Nerven und Muskel bedingenden Stoffe — um sie kurz zu bezeichnen — der elektrogenen Substanzen beim Geborenen durch die Prüfung der embryonalen Gewebe nicht wenig erleichtert werden. Von ganz besonderem Interesse wäre die Untersuchung der Embryonen elektrischer Fische.

In welchem Entwicklungsstadium die Embryonen des Zitterwelses (*Malopterurus*), des Zitteraales (*Gymnotus*), des Zitterrochens (*Torpedo*), auch des *Mormyrus, Tetrodon, Trichiurus* zum ersten Male elektrische Entladungen zu Stande bringen, ist noch unbekannt. Bei der Schwierigkeit, Eier und Embryonen derselben zu erhalten, ist aber die Aussicht, jenen Zeitpunct genau zu bestimmen, eine geringe. Hr. Marey theilte mir zwar mündlich mit, er wisse von Hrn. Pancieri, dass dieser den Torpedo-Embryo elektrisch gefunden habe, etwas Näheres ist mir jedoch darüber von dieser Seite nicht bekannt geworden. Hingegen theilte mir (1884) der gründlichste Kenner der elektrischen Organe, Hr. Babuchin in Moskau mit, dass ihn diese Frage schon seit langer Zeit beschäftigt habe und seinen zahlreichen Beobachtungen und Versuchen zufolge die Torpedo-Embryonen, so lange sie noch nicht pigmentirt sind und so lange vom Dottersack noch etwas gesehen werden kann, nicht elektrisch schlagen, obwohl sie sich dann schon längst lebhaft bewegen. Erst nachdem die Fischchen grau geworden sind und der Dotter resorbirt ist, gelingt es mittelst des Froschnerven die elektrische Entladung zu constatiren. Dann ist auch das Nervennetz — die Endverzweigung der elektrischen Nervenfasern — erkennbar, von dem vorher nichts zu sehen war. Übrigens waren die Platten des elektrischen Organs beim Embryo von *Torpedo* ausserordentlich dünn, so dass die Isolirung schwer gelang.

Jede weitere Beobachtung über das Verhalten dieser Embryonen wäre für die Elektrophysiologie von grosser Wichtigkeit, zumal an der Ableitung des elektrischen Organs beim Zitterrochen von umgewandelten Muskeln nach den trefflichen Untersuchungen von Babuchin, nicht mehr gezweifelt werden kann. Es fragt sich zunächst, in welchem Entwicklungsstadium die elektrischen Nerven functionsfähig werden und ob das elektrische Organ, dessen Säulen dem genannten Beobachter zufolge im ausgewachsenen Thiere keine numerische Zunahme erfahren, schon vor dem Erreichen der später bleibenden Säulenanzahl wirksam ist.

Bezüglich des Chemismus der embryonalen Muskeln und Nerven ist ebenfalls äusserst wenig bekannt, obgleich hier das Material leichter beschafft werden kann.

Die oft wiederholte Behauptung, der embryonale Muskel werde nicht todtenstarr, beweist für sich allein schon, wie mangelhaft beobachtet wurde. Denn ich habe sehr häufig todtenstarre Meerschweinchen-Embryonen gesehen, deren Muskeln sowohl im Uterus (z. B. nach Vergiftung des Mutterthieres mit Leuchtgas) als auch nach der Excision starr wurden. Aber es fragt sich, in welchem Entwicklungsstadium des Muskelgewebes dieses die Eigenschaft erhält starr zu werden. Dass beim Menschenfötus die Muskelstarre nicht vor dem siebenten Fruchtmonat eintreten soll, wird öfters angegeben, ist jedoch sehr zweifelhaft; es sind mir Einzelbeobachtungen zur Begründung nicht bekannt geworden. Da im Allgemeinen ein Muskel nach anhaltender Thätigkeit leichter sauer und starr wird, als nach anhaltender Ruhe, so ist es nicht unwahrscheinlich, dass im embryonalen Muskelgewebe die Ausscheidung des für die Muskelstarre nach W. Kühne's Untersuchungen charakteristischen Myosins schwerer und unvollständiger vor sich geht, als im Muskelgewebe des Geborenen, aber es folgt keineswegs daraus das Unvermögen des contractilen Gewebes im Embryo zu irgend einer Zeit seiner Entwicklung zu erstarren.

Die Todtenstarre des Blutes, nämlich seine Gerinnung, tritt nur in der allerersten Zeit beim Embryo nicht ein, in einer Zeit, da das Blut diesen Namen kaum verdient, vielmehr noch Hämatolymphe genannt werden sollte (S. 304).

Einzelheiten zur Chemie der fötalen Muskeln wurden bereits oben (S. 271. 381) angegeben und ihre physiologische Verwerthung wurde daselbst angedeutet.

Über die Nerven des Fötus liegen einige quantitative Bestimmungen vor von Bibra, über die des Neugeborenen von
Schlossberger. Im Allgemeinen enthält ihnen zufolge das un- [526
entwickelte Gehirn relativ mehr Wasser und weniger mit Äther extrahirbare Stoffe als das entwickelte, und beim Neugeborenen sind die Unterschiede in der quantitativen Zusammensetzung der einzelnen Hirntheile überhaupt noch nicht oder nur sehr wenig ausgeprägt. Doch lässt sich aus diesen wenigen Daten und den sonstigen beiläufigen chemischen Beobachtungen nichts mit Sicherheit über einen Unterschied des ruhenden und thätigen Nerven- und Muskel-Gewebes ableiten. Beide sind lange vor ihrer morphotischen und späteren chemischen Complicirtheit functionsfähig. Und es ist höchstwahrscheinlich, dass die contractilen Zellen bei der

Contraction Sauerstoff verbrauchen (S. 110. 139 Z. 3). Freilich kann das embryonale Herz noch eine Zeitlang thätig sein, wenn in seinem Blute kein Sauerstoffhämoglobin mehr nachweisbar ist (S. 142), und die ausserordentliche Lebenszähigkeit des Herzmuskels beim Embryo (auch des Menschen) deutet darauf hin, dass derselbe — und wahrscheinlich auch andere embryonale Muskeln — einen im Verhältniss zu seiner Masse enormen Arbeitsvorrath zur Disposition hat.

VII.

DIE EMBRYONALE SENSIBILITÄT.

A. Die fünf Sinne vor der Geburt.

Ein für das Leben des Embryo allgemein charakteristisches Merkmal ist seine Isolirung, seine durch die Eihäute, Eischale, den Fruchtsack bedingte Abtrennung von der Umgebung, welche die Einwirkung von Sinneseindrücken auf ein Minimum reducirt. In dieser Hinsicht führen fast alle Embryonen vor ihrer Reife ein Leben ähnlich dem im traumlosen Schlafe nach der Geburt. Aber wie in diesem zwar die Sinnesthätigkeit und die daran sich anknüpfenden psychischen Vorgänge fehlen, nicht aber das Vermögen durch genügend starke Reize (beim Erwachen) die Sinnesorgane in Thätigkeit kommen zu lassen, so auch beim Embryo, welcher lange vor der Reife erregbar ist. Der grosse Unterschied der Zustände vor der Geburt und nach derselben besteht darin, dass dem Embryo die Erfahrung fehlt, daher selbst wenn seine Nervenendapparate an der Peripherie und im Centrum schon ausgebildet wären, was nicht der Fall ist, nothwendig deren Reaction auf adäquate Reize anders ausfallen muss, als später. Es ist in physiologischer und namentlich in psychogenetischer Beziehung wichtig zu untersuchen, wann beim Menschen und Thier die einzelnen Sinnesnerven erregbar werden und wie sich der Neugeborene und Fötus überhaupt gegen Eingriffe, gegen Berührungen, thermische, elektrische, chemische Hautreize, gegen Geschmacks- und Geruchs-Eindrücke, gegen Schall und Licht verhält. Indem ich bezüglich dieser Verhältnisse auf den ersten Abschnitt meines bereits oben erwähnten Buches „Die Seele des Kindes“ (2. Aufl. 1884) verweise, stelle ich im Folgenden noch eine Reihe von Thatsachen zusammen, welche sich auf die Sensibilität des Fötus beziehen und zu einigen zum Theil neuen Schlussfolgerungen führen.

Die Hautempfindlichkeit vor der Geburt.

Die Sensibilität der Oberfläche des Embryo ist längere Zeit vor der Reife gering. Gegen Ende der intrauterinen Zeit aber lässt sich bei vielen Thieren schon eine erhebliche Hautempfindlichkeit leicht constatiren. Steckt man bei einem hochträchtigen Meerschweinchen eine dünne Nadel in den Embryo, nachdem einmal Fruchtbewegungen wahrgenommen wurden, so kann man gewiss sein, nach dem Stich eine neue Fruchtbewegung eintreten zu sehen. Ich habe diesen Versuch oft angestellt, um ohne Öffnung der Bauchhöhle die Fruchtbewegungen an den — manchmal sehr schnellen — Schwankungen des Nadelkopfes (S. 416) zu zeigen und in der Absicht, den Zeitpunct, wann zuerst die Reflexerregbarkeit des Embryo merklich wird, zu bestimmen. Da aber nach Wiederholung des Einstichs leicht Abortus eintritt, so musste ich davon abstehen, in dieser Weise zu prüfen.

Auch schon die Palpation der Meerschweinchenfötus mit Daumen und Zeigefinger, ohne Verletzung, hat häufig stossende Bewegungen der Früchte zur Folge, so dass also ein starker Druck wie der Stich wirkt. Beide sind Reflexreize und beide können, wenigstens kurz vor der Geburt und bei einem so entwickelt zur Welt kommenden Thiere ohne Zweifel Schmerzempfindung veranlassen.

Auch bei Kaninchenembryonen lässt sich, wenn sie der Reife nahe sind, die Sensibilität der Haut, unmittelbar nach dem schnellen Herausschneiden aus dem Uterus, leicht darthun. Ein Fall diene statt vieler zum Beweise. Am 19. März 1879 schnitt ich fünf fast reife Embryonen einem grossen Kaninchen innerhalb fünf Minuten aus. Während sie vor dem Öffnen des Uterus anfangs bewegungslos waren, sah ich schon beim Anfassen und vollends nach dem Ausschneiden derselben mehrere sogleich die Extremitäten bewegen. Als sie abgenabelt waren, bewegten sich alle fünf lebhaft, sowie ein Fuss geklemmt oder irgend eine Hautstelle stark elektrisch gereizt wurde. Es war auch die Reizung der Hautnerven mittelst einer Reihe schnell aufeinanderfolgender starker Inductionsschläge ohne Zweifel schon schmerzhaft, denn die Thiere schrieen während und kurz nach der Reizung so stark, dass man sich über die Kraft ihrer Stimme wundern musste. Gleich nach dem Verlassen des mütterlichen Körpers schrieen sie aber nicht. Auch beim blossen Stechen der Haut mit einer spitzen Nadel, Betupfen derselben mit starken Mineralsäuren und Versengen mit heissen Glasstäben wurde jedesmal heftiges Schreien gehört, aber disonstigen reflectorischen Beantwortungen der schmerzerregenden Hautreize waren durchaus ungeregelt und unzweckmässig. Die blinden Thierchen konnten der elektrischen Pincette und der Nadel nicht entfliehen, und ihre zwar lebhaften, aber völlig uncoordinirten, hier und da mehr wie zufällig bilateral-symmetrischen und kriechenden Bewegungen verriethen nur, dass sie die starke traumatische, elektrische, thermische, chemische Hautreizung empfanden. Zudem bewirkte Abkühlung eine Abnahme der ohne künstliche Reizung gleich anfangs vorhandenen weniger energischen Bewegungen; es schien als wenn die Thiere einschliefen, während Erwärmung ihre Motilität bis zu Krämpfen steigerte, indem namentlich der Kopf hin und her geworfen wurde und das ganze Thier sich bisweilen um und um wälzte. Ungeschützt kühlen sich die Embryonen äusserst schnell ab.

Wenn sie bei den ersterwähnten Versuchen sich so verhielten, als wenn sie Schmerz empfänden, so zeigte bei mässiger Erwärmung ihr possirliches Benehmen weit eher das Gegentheil an. Man konnte sich des Eindrucks nicht erwehren, dass die drolligen Bewegungen dieser Embryonen wie die ganz ähnlichen reifer Thiere, einem gewissen Lustgefühl entsprangen oder davon begleitet waren.

Ferner ist bemerkenswerth, dass wenn einmal die Reflexerregbarkeit der Haut auftritt, doch die Reflexzeit eine viel längere, als bei Erwachsenen ist. Es können bei Kaninchenembryonen, deren Haut mit heissen Stäbchen berührt oder versengt oder mit Schwefelsäure angeätzt worden, ein bis zwei Secunden vergehen vom Moment der Berührung bis zur Antwortsbewegung. Mit dieser Verzögerung der peripheren oder intercentralen Vorgänge der Reflexbewegung steht die geringere Empfindlichkeit der Embryonen gegen Schmerz im Zusammenhang. Denn wenn auch nach den eben mitgetheilten Erfahrungen der Reife nahe Früchte Schmerz empfinden können, so bewirken doch nur die stärksten Eingriffe starkes Schreien und verhältnissmässig starke Reflexe. Schwächere Reize, welche das geborene Thier stark afficiren, bleiben bei unreifen Früchten völlig unbeantwortet, und nichts ist irriger, als die Meinung, dem unreifen Fötus der Säugethiere komme eine hohe Reflexerregbarkeit zu. Dass sie allerdings vor der Geburt fortwährend steigt, erkennt man schon an der zunehmenden Mannigfaltigkeit der Fruchtbewegungen bei den von aussen ohne Verletzung palpirten trächtigen Thieren, sowie daran, dass der Lidschluss nach Berührung der Bindehaut des Auges regelmässig noch langsam und unvollständig bei vorzeitig geborenen oder excidirten Meerschweinchen eintritt, wie ich finde. Berührung der Corneamitte allein hat nicht einmal ein Zucken, Berührung der Bindehaut nur trägen und halben Lidschluss zur Folge, bisweilen sogar bei weiter entwickelten über 85 Grm. wiegenden Embryonen des Meerschweinchens.

Da also die Hautnerven-Erregbarkeit des Fötus in der letzten Zeit seiner intrauterinen Entwicklung erheblich steigt, unmittelbar nach der Geburt aber nicht so gross wie später ist, um dann wieder mit dem Beginne der reflexhemmenden Gehirnthätigkeit zu sinken, so gewinnt die Frage ein besonderes Interesse, ob anästhesirende Mittel, welche wie z. B. Chloroform, beim Geborenen den Schmerz nach starker Erregung sensorischer Nerven vermindern oder annulliren und, falls die Narkose tief genug ist, die Motilität aufheben, beim Fötus ebenfalls die Erregbarkeit herabsetzen. Ich habe nur wenige Versuche darüber angestellt. Diese zeigten aber deutlich, dass erstens die Chloroform-Narkose beim excidirten lebhaften, luftathmenden Kaninchenfötus viel schneller verläuft als beim Geborenen, zweitens bei blosser Einathmung chloroformhaltiger Luft, Motilität und Sensibilität nicht leicht schwinden, drittens beim Benetzen der Haut mit Chloroform im Brütofen die Hautempfindlichkeit bald für die allerstärksten Reize erlischt, aber schnell wieder erscheint. Folglich sind es die peripheren sensorischen Nerven, welche vom Chloroform beim Fötus bei localer Application stark, bei innerlicher Anwendung sehr wenig afficirt werden, und das Rückenmark wird erst in zweiter Linie von dem Anästheticum verändert. Das Gehirn spielt dabei noch keine merkliche Rolle. Solche Experimente über die Giftigkeit anderer Stoffe, z. B. des Alkohols, beim Fötus versprechen ergiebige Resultate.

Bezüglich der Hautempfindlichkeit des Hühner-Embryo folgt schon aus den bei Erwähnung seiner Reflexerregbarkeit angeführten Thatsachen, dass sie anfangs gänzlich fehlt oder wenigstens durch kein bekanntes Mittel nachweisbar ist. Denn kein noch so starker elektrischer, chemischer, thermischer, traumatischer Hautreiz hat vor dem zehnten Tage der Incubationszeit auch nur die geringste Reflexbewegung zur Folge, so gross auch die Beweglichkeit schon vom fünften Tage an ist und so empfindlich gegen dieselben Eingriffe schon vom dritten Tage an das Herz, vom fünften Tage an das Amnion sich erweist.

Ich halte diese Thatsache für eine der wichtigsten aus dem gesammten Gebiete der Physiologie des Embryo und habe eine sehr grosse Anzahl von Beobachtungen und Versuchen angestellt, ehe ich mich davon überzeugte, dass die Sensibilität des Embryo später auftritt als die Motilität. Zuerst finden nur Bewegungen aus inneren physischen Ursachen statt, impulsive Bewegungen (S. 442), ohne dass periphere Reize da sind und ohne dass solche, wenn sie auftreten, wirksam werden können. Viel später erst wird die Hautsensibilität durch Reflexbewegungen nachweisbar.

Mit diesem Befunde an allen normalen Embryonen stimmt in bemerkenswerther Weise überein die Thatsache, dass diejenigen Embryonen (des Kaninchens), welche ich nach der Excision aus dem Uterus, Abnabelung und Trocknung im Brütofen chloroformirte, in der tiefsten Narkose noch oft viele Bewegungen machten, aber selbst auf die stärksten Hautreize (Inductionswechselströme, welche einen millimeterlangen Funken zwischen den Zinken der elektrischen Pincette überspringen lassen) nicht reagirten. Die Sensibilität erschien aber bald wieder.

Die motorische Function ist also die festere.

Wie es sich mit der Hautempfindlichkeit des menschlichen Fötus verhält, ist wenig untersucht. Bei Achtmonatskindern fand Kussmaul eine ausgesprochene Reflexerregbarkeit wie bei reifen [80
Neugeborenen. Kitzelte er die Innenfläche der Hand, so contrahirte sie sich und fasste die Federfahne, mit welcher er gekitzelt hatte. Auf Kitzeln der Fusssohle wurden die Beine meist lebhaft bewegt, im Knie- und Hüft-Gelenk gebeugt und gestreckt, und die Zehen gespreizt.

Die grosse Empfindlichkeit der Nasenschleimhaut gegen Berührung war dagegen bei drei Siebenmonatskindern mehrere [80
Tage nach der Geburt noch nicht ausgebildet, denn Kitzeln bewirkte nur zweifelhafte Reflexe. Genzmer bemerkte in dieser [83
Hinsicht bei einem Achtmonatskinde keine geringere Empfindlichkeit als bei reifen Neugeborenen. Als er aber bei Frühgeborenen in den ersten Tagen mit Nadelstichen an der Nase, Oberlippe, Hand die Empfindlichkeit prüfte, wurde kein Zeichen des Unbehagens bemerkt, oft nicht einmal ein leises Zucken; und doch wurde die Nadel so tief eingeführt, dass ein Blutstropfen zum Vorschein kam.

Die normaler Weise intrauterin vorkommenden Hautreize, zu denen Stechen und Kitzeln nicht gehören, sind theils durch Berührung der Uteruswand beim Lagewechsel der Frucht, theils durch gegenseitige Berührung der Körpertheile gegeben. Auch kommt dabei die Nabelschnur in Betracht.

Das Anstossen gegen die Uteruswand, in der ganzen zweiten

Hälfte der Schwangerschaft der Mutter fühlbar, findet nach allen Richtungen statt. Es muss aber dem Fötus einen grossen Unterschied ausmachen, ob er gegen harte seinen strampelnden Füssen nicht ausweichende Gegenden, also namentlich nach hinten, stösst („pocht“, „klopft“, wie es der Mutter scheint) oder gegen die ihm nachgebenden Weichtheile, also namentlich nach vorn, wo man seine Bewegungen sieht. Die grosse Verschiedenheit des Widerstandes ist jedenfalls für die schliessliche Stellung mitbestimmend. Man kann sich kaum der alten Vorstellung verschliessen, dass der Fötus sich in die Lage bringt, in welcher er möglichst wenig gedrückt wird (S. 434). Auch nach der Geburt pflegt häufig das schlafende Kind und auch der schlafende Erwachsene eine sehr unbequeme Lage mit einer bequemeren zu vertauschen ohne zu erwachen und ohne sich nachher im Geringsten der Veränderung zu erinnern. Ohne die Annahme einer wenn auch noch so undeutlichen Empfindung von äusserem Druck lässt sich aber diese Vorstellung von dem Einnehmen der „bequemsten“ Lage nicht halten. Und in dieser Lage können die Gliedmaassen sich immer noch beugen und in beschränktem Maasse strecken, wenigstens sich stärker und schwächer beugen. Es ist aber unwahrscheinlich, dass ihre gegenseitige Berührung eine Empfindung veranlasst, weil anfangs, so lange die Lage noch oft verändert wird, das Sensorium den obigen Reizversuchen zufolge zu wenig entwickelt sein wird, so schwache Reize zu bemerken und später, wenn die definitive Körperstellung eingenommen worden, die Gliedmaassen gleichfalls ihre gegenseitige Lage nur wenig verändern, so dass fast immer dieselben Hautstellen von den Armen und Beinen berührt sind. Man kann sich nun durch einen einfachen Versuch davon überzeugen, dass wenn nur einige Minuten nacheinander ein Körpertheil ohne Bewegung einen anderen eben berührt (ohne stark gegen ihn gedrückt zu werden) die Berührung nicht mehr empfunden wird. Wenn man nämlich — etwa vor dem Einschlafen oder nach dem Aufwachen — sich in ähnlicher Weise wie der Fötus zusammenkauert und regungslos verharrt, geht bald alle Kenntniss der Lage verloren, weil keine Berührungsempfindung persistirt. Die geringste willkürliche Bewegung orientirt wieder über die Lage des bewegten Theiles.

Da also der Fötus gegen Berührungen der äusseren Haut durch seine eigenen Extremitäten wenig empfindlich ist — anderenfalls würde das schlafende Neugeborene durch seine eigenen oft heftigen Bewegungen sich selbst wecken müssen — so ist er wahrscheinlich ausser Stande andere Druckempfindungen zu haben, als die durch Anstossen gegen die Uteruswand veranlassten.

Ob ausserdem durch Berührung der Lippen seitens der Hände, welche schon lange vor der Geburt vorkommen könnte, eine Empfindung und dadurch intrauterines Saugen an den Fingern ausgelöst wird, bleibt dahingestellt.

Die Berührungen der Nabelschnur sind wohl zu wenig nachhaltig, um, abgesehen von anomalen Fällen, z. B. einer Umschlingung, zu Empfindungen Anlass geben zu können.

Dass beim Säugethier-Fötus die an Reflexbewegungen kenntliche Hautempfindlichkeit noch fortdauert, nachdem alle Athembewegungen (des vorzeitig, sei es im Ei, sei es nach Abtrennung in 0,6-procentiger Kochsalzlösung gereizten Thierchens) aufgehört haben, zeigen die Versuche von Högyes (1877) und die mei- [481
nigen (S. 449. 451). Hierdurch wird wiederum die Unabhängigkeit der fötalen Reflexerregbarkeit, also der centripetalen Hautnerven und centralen sensorischen Ganglienzellen, von der Athmung dargethan, und umgekehrt erhält die von mir aufgestellte Theorie der ersten Athembewegungen, welche auf der Abhängigkeit derselben von bereits bewährter Reflexerregbarkeit, also Hautsensibilität beruht, hierdurch eine bemerkenswerthe Stütze. Athembewegungen kann nur dér Fötus machen, dessen Hautnerven fungiren oder functionsfähig sind (s. S. 151 u. 170). Erstickt man ein trächtiges Thier, so zeigen die Embryonen desselben oft noch lange, nachdem es aufgehört hat, auf Reflexe zu antworten und nachdem sie selbst alle Athembewegungen eingestellt haben, Bewegungen der Extremitäten und des Kopfes nach mechanischer Hautreizung, während erwachsene idiotherme Thiere zwar oft noch lange nach dem Erlöschen der Hautempfindlichkeit vereinzelte, meist völlig effectlose Inspirationen machen, nicht aber nach dem Erlöschen der Respiration Hautreflexe zeigen, wie die Amphibien.

Über Änderungen der Hautempfindlichkeit des Embryo nach den Häutungen desselben und je nach den Mengen der *Vernix* [423
caseosa fehlt es an Beobachtungen. [408

Desgleichen ist über den Temperatursinn des Thierfötus noch nichts bekannt. Wahrscheinlich hat derselbe normalerweise überhaupt vor der Geburt keine Temperaturempfindungen, weil er keine Gelegenheit zur schnellen und erheblichen Änderung seiner Hauttemperatur im gleichmässig temperirten Fruchtwasser im Uterus erlebt, somit nicht in die Lage kommt, über zwei verschiedene Temperaturen zu urtheilen, wenn er bereits urtheilen könnte. Aber auch die abnorme Abkühlung (S. 356. 363. 373) oder Erwärmung (S. 353. 355. 375) des freigelegten Säugethierfötus, von denen erstere Abnahme, letztere Zunahme der Motilität herbeiführt, kann schwerlich echte Temperaturempfindungen verursachen, weil der Fötus an allen Puncten ziemlich gleichmässig dabei seine Temperatur ändert.

Über das Verhalten frühgeborener Kinder gegen *thermische* Reize wurden Versuche noch nicht bekannt gemacht. Es ist auch nicht statthaft, aus dem Abnehmen der Lebhaftigkeit unreifer neugeborener Menschen bei längerer Abkühlung und Zunahme derselben beim Erwärmen (vgl. jedoch S. 457 Z. 19 v. o.) zu folgern, dass der Fötus, dessen Temperatur vom Anfang an bis zur Geburt nahezu constant bleibt, eine *Kälteempfindung* oder *Wärmeempfindung* habe. Im Uterus fehlt die Hauptbedingung für das Zustandekommen einer Temperaturempfindung: schneller Wechsel der Hauttemperatur, und die Unwahrscheinlichkeit des Zustandekommens einer deutlichen tactilen oder thermischen Empfindung im Uterus wächst, wenn man die Annahme gelten lässt, dass der Fötus schläft. Denn Schlafende sind gegen Erwärmung und Abkühlung wenig empfindlich und schlafende Kinder bewegen sich zwar oft bei Berührung lebhaft, haben aber keine Erinnerung daran, wenn sie gleich darauf erwachen. Durch blosses Abkühlen oder Erwärmen werden schlafende Kinder wie Erwachsene viel schwerer geweckt, als durch Berührungen.

Ähnliches gilt für den Vogelembryo im Ei. Doch ist hierbei eine von mir öfters gemachte Beobachtung geeignet die Annahme, dass der fast reife Hühnerembryo schon Kälte und Wärme unterscheidet, zu stützen. Wenn ich nämlich ein Ei, in welchem bereits das Hühnchen piept, ohne dass ein Anfang zum Sprengen desselben gemacht wäre, schnell abkühlte, wurde das Piepen oft viel lauter und anhaltender, hörte dagegen ganz auf, wenn das Ei wieder erwärmt wurde. Bei localer Steigerung der Eischalen-Temperatur aber durch Concentration der Sonnenstrahlen mit einer Linse begann wieder das charakteristische Piepen. Also unterscheidet das Hühnchen am 20. und 21. Tage im unverletzten Ei Kälte und Wärme.

Wegen der grossen Empfindlichkeit der Fisch- und Amphibien-Embryonen gegen Temperaturschwankungen des umgebenden Wassers (S. 345 fg.) steht zu vermuthen, dass auch sie durch thermische Reize schon früh (im Ei) zu Reflexen veranlasst werden können.

Das Schmeckvermögen des Fötus.

Den sichersten Beweis dafür, dass ein bis zwei Monate vor der Geburt der Fötus bereits des Vermögens Geschmacksempfindungen zu haben, sich erfreut, liefern Experimente von Kussmaul an eben geborenen Sieben- und Acht-monatskindern. Er [80 fand, dass sie auf Benetzung der Zunge mit Zuckerlösung ganz anders reagiren, als auf solche mit Chininlösung. In jenem Falle wölbten sie die Lippen schnauzenförmig vor, pressten die Zunge zwischen die Lippen und begannen behaglich zu saugen und zu schlucken. „Auf Chininlösung dagegen wurde das Gesicht verzogen. Bei leichteren Graden der Einwirkung contrahirten sich nur die Heber der Nasenflügel und der Oberlippe, bei stärkeren auch die Runzler der Augenbrauen und die Schliessmuskeln der Augenlider; letztere wurden zusammengekniffen und selbst einige Zeit geschlossen gehalten. Der Schlund gerieth hierbei in krampfhafte Zusammenziehung, die Kinder würgten, der Mund öffnete sich weit, die Zunge wurde, selbst bis zur Länge von einem Zoll, daraus hervorgestreckt, und die eingebrachte Flüssigkeit öfter sammt dem reichlich ergossenen Speichel wieder theilweise ausgestossen. Zuweilen wurde der Kopf lebhaft geschüttelt, wie es Erwachsene thun, wenn sie von Ekel heimgesucht werden.“ Diese mimischen Bewegungen zeigten mehrere unreife Früchte, ebenso wie reife, namentlich ein Knabe, der im siebenten Monat geboren war und dessen rothe Haut noch Wollhaare bedeckten, dessen Hände blau und kalt waren.

Auch Genzmer fand die Geschmacksempfindlichkeit der [83 bis zu acht Wochen vor dem Normaltermin geborenen Kinder für Bitter und Sauer nicht merklich stumpfer, als die reifer Früchte. Übrigens wurden bezüglich der Lebhaftigkeit der Reaction grosse individuelle Unterschiede bemerkt. Aber dass die Reflexbahn vom Geschmacksnerven, wenigstens von den bitter-empfindenden und den süss-empfindenden Nervenfasern, auf die Bewegungsnerven der Gesichts-, Zungen-, Schlund-, Kiefer-Muskeln bereits zwei Monate vor der Geburt hergestellt und gangbar ist, wird hiernach nicht bezweifelt werden dürfen. Diese Folgerung ist um so werthvoller, als intrauterin schwerlich eine Gelegenheit zur Benutzung der Bahn oder eine wahre Geschmacksempfindung eintreten wird.

Denn wenn auch das Fruchtwasser nicht, wie frühere Autoren [74 meinten, ununterbrochen dasselbe bleibt, also nicht darum dem

Embryo keine Geschmacksempfindungen erweckt, so dürfen doch die qualitativen und quantitativen Veränderungen der Zusammensetzung des Fruchtwassers, welches der Fötus verschluckt, auch wenn man einen noch so grossen Spielraum ihnen gestattet, als starke Geschmacksreize nicht in Anrechnung gebracht werden, weil sie zu langsam geschehen. Die Grundbedingung für alle Nervenerregung und Empfindung, schnelle Änderung der Umgebung des erregbaren Nervenendes, ist nicht verwirklicht, es sei denn, dass man dem Fötus zutraue, er unterscheide, ob er das verschluckte Fruchtwasser oder die eigene Mundflüssigkeit (Mundschleim oder gar Speichel) im Munde habe.

Schon deshalb wäre eine solche Annahme unberechtigt, weil weder das Fruchtwasser noch der Mundschleim einen starken Geschmack hat, Ebengeborene aber gegen *schwache* Geschmacksreize sich indifferent verhalten. Ausserdem sondert der Fötus sehr wenig Speichel ab (S. 307).

Wenn durch diese Erwägung das Zustandekommen einer Geschmacks*empfindung* oder nur eines Geschmacksreflexes vor der Geburt höchst unwahrscheinlich wird, so kann darüber doch kein Zweifel bleiben, dass die Endigungen der Schmecknerven schon intrauterin objectiv durch adäquate Reize schwach erregt werden. Die Amniosflüssigkeit enthält salzig, laugenhaft schmeckende, durch den etwa beigemischten Fötalharn wohl auch bittersüsse und säuerliche Stoffe in Lösung. Wenn diese Lösung, wie es der Fall ist, sehr häufig über den Zungenrücken in die Speiseröhre gleitet, werden die Endigungen des Geschmacksnerven in der Zunge schwach erregt werden müssen und die Reaction des Neugeborenen gegen diese Geschmacksreize, wenn sie stark sind, erscheint dadurch verständlicher. Es kommt ihm vielleicht eine unklare Erinnerung an die sich summirenden intrauterinen Erregungen zu Statten.

Dagegen ist die Entstehung einer Geschmacksempfindung durch innere inädaquate Reize vor der Geburt nicht annehmbar. Denn eine solche ist beim gesunden Erwachsenen im wachen Zustande sehr selten, auch im Traume nicht häufig und dann durch Erinnerungen bedingt. Geschmackshallucinationen bei Geisteskrankheiten und Vergiftungen (namentlich nach Santonin) sind relativ selten, und wenn auch Magendie und ich selbst bei Säugethieren
utaner Injection stark schmeckender Stoffe, von denen
n Mund kam, lebhafte, kauende, leckende, schmatzende
Bewegungen wahrnahmen, so handelt es sich doch

dabei wahrscheinlich um adäquate Erregung der Schmecknerven auf ungewöhnlichem Wege, nämlich vom Blute aus.

Dem Embryo fehlt auch zu solcher Geschmacksreizung die Gelegenheit, wenn die Mutter, wie es die Regel ist, sie nicht an sich selbst erlebt.

Dass übrigens für das Zustandekommen der Geschmacksreflexe beim Frühgeborenen das Grosshirn nicht erforderlich ist, beweist eine wichtige Beobachtung von Prof. O. Küstner, welcher den bereits (S. 437) erwähnten Anencephalus, nachdem er ihm Glycerin auf die Zunge gepinselt hatte, den Mund spitzen sah. Dabei wurde die Zunge zwischen die Alveolarfortsätze gelegt und wieder zurückgezogen, dann wieder dazwischengelegt usf. Nach Auswischen des Mundes wurde Essig auf die Lippen und die Zunge gebracht. Dieses hatte Aufreissen des Mundes und wiederholtes Hervorstrecken der Zunge zur Folge. Dabei war das ganze Gesicht cyanotisch, die *Conjunctiva bulbi* beiderseits injicirt. Die Lidspalte liess nämlich den Bulbus beiderseits bis etwa zur Hälfte der Iris sichtbar werden.

Diesem Anencephalus fehlten dem Sectionsbericht von Prof. O. Binswanger zufolge, die Brücke, die Hirnschenkel, die Vierhügel und der Rückentheil des Mittelhirns völlig, alle Theile des Grosshirnmantels (ausser kleinen Resten der vorderen Pole beider Stirnlappen) und der ganze Stammtheil der Hemisphären.

Somit müssen die Geschmacksreflexe mit Unterscheidung der beiden Geschmacksqualitäten süss und sauer ohne das Grosshirn zu Stande kommen können.

Über den Geschmacksinn reifer Neugeborener wurde an anderer Stelle ausführlich berichtet. [372

Der Geruchsinn vor der Geburt.

Da die Anfüllung der Nasenhöhle mit einer stark riechenden Flüssigkeit nicht nur keine Geruchsempfindung, sondern auch eine erhebliche Verminderung der Empfindlichkeit für Gerüche zur Folge hat, wie E. H. Weber fand, so kann es nicht zweifelhaft sein, dass vor der Geburt die Aërozoen durch keinen objectiven Geruchsreiz eine Geruchsempfindung erfahren. Denn beim Fötus enthält bis zur Geburt die Nasenhöhle keine Luft. Die Grundbedingung für das Zustandekommen einer Geruchsempfindung durch äussere Reizung beim Menschen, das Einathmen gasiger

Stoffe, fehlt gänzlich. Die Nasenhöhle ist wie die Mundhöhle vor der Geburt mit Fruchtwasser angefüllt, sofern sie ein Lumen hat.

Dagegen ist die Möglichkeit der Erregung des Riechnerven durch innere inadäquate Reize vorhanden. So wäre es denkbar, dass im reifen Fötus Änderungen des Blutstroms oder der Gewebespannung theils peripher, theils central subjective Gerüche veranlassen könnten. Aber dieselben sind im höchsten Grade unwahrscheinlich, weil bei gesunden erwachsenen Menschen derartige innere Reizungen des *N. olfactorius* im wachen Zustande zu den grössten Seltenheiten gehören, namentlich im Traum ohne eine directe Beziehung zu riechenden Stoffen in der Umgebung nach vielen Erkundigungen, die ich darüber einzog, nicht oft vorkommen, und wenn es der Fall ist, durch persönliche Erinnerungen, wie andere Träume, enstehen. Der Embryo kann aber solche Geruchs-Erinnerungen nicht haben. Ferner sind Geruchshallucinationen bei Gehirnkrankheiten und Vergiftungen (z. B. mit Santonin) im Verhältniss zu anderen Hallucinationen selten; endlich ist zu bedenken, dass der Embryo, selbst wenn er das Vermögen besitzt, irgend eine Riechnervenerregung zu empfinden, wegen der Langsamkeit der Änderungen, welche als Reize wirken könnten, nicht in günstiger Lage für das Zustandekommen solcher Reizungen sich befindet.

Also Geruchsempfindungen treten vor der Geburt beim Menschen nicht ein.

Für den menschlichen achtmonatlichen (frühgeborenen) Fötus ist aber die Erregbarkeit des ersten Hirnnervenpaares festgestellt. Denn Kussmaul bemerkte bei ihm während des Schlafes, wie beim reifen Neugeborenen, wenn die Düfte der *Asa foetida* oder des Dippel'schen Öles in die Nase eingeathmet wurden, unzweideutige Äusserungen der Unlust.

Die Fähigkeit, Geruchsempfindungen zu haben, ist demnach vor der Geburt vorhanden. Es fehlt jedoch die Gelegenheit, sie zu verwerthen.

Bei den Embryonen der Hydrozoen, zumal der Fische, mag es sich anders verhalten. Da können vielleicht die Riechnerven, wie bei Erwachsenen, durch objective Reize erregt werden, und das Hühnchen, welches vor dem Ausschlüpfen stundenlang Luft athmet, kann sehr wohl sogleich nach demselben riechen. Denn es macht oft Abwehr- und Schluck-Bewegungen, wenn man ihm flüchtige Substanzen mit charakteristischem Geruch vorhält, z. B.

Propionsäure, Ammoniakwasser, Jodtinctur, Essigsäure; oft schüttelt es energisch den Kopf, wenn der Reiz stark ist und pickt nach dem Glase, welches die flüchtige Substanz enthält. Das leere Schlucken spricht für eine Erregung der Geschmacksnerven, um so mehr, als ein vor dem 21. Tage ausgeschlüpftes normales Hühnchen, dem ich die Nasenöffnungen verklebte, nachdem es alle die erwähnten Reactionen gezeigt hatte, sie noch zeigte, wenn auch schwächer, obwohl es nicht mehr durch die Nasenöffnungen athmen konnte. Da es aber (mit Augenschliessen, Schlucken, Piepen, Kopfschütteln) viel langsamer auf Thymol, Kampher und *Asa foetida* antwortete, als nach Entfernung des verschliessenden Fettes, so ist eine Betheiligung des Olfactorius (nicht allein der Nasalzweige des Trigeminus) höchst wahrscheinlich. Übrigens sind diese Versuche, auch an zwei bis drei Wochen alten Hühnchen, nicht leicht auszuführen wegen der Lebhaftigkeit der Thierchen. Werden sie festgehalten und gefesselt, dann treten leicht Reflexhemmungen ein, so dass sie auf keinen Geruchsreiz reagiren.

Die dem Uterus kurze Zeit vor der zu erwartenden Geburt entnommenen, abgenabelten und im Brütofen gehaltenen Früchte des Kaninchens und Meerschweinchens geben nach meinen Beobachtungen meistens schon nach einer Stunde, wenn sie vom Anfang an gut athmeten, unzweideutige Zeichen ihres Riechvermögens, verhalten sich aber unter denselben äusseren Umständen individuell ungleich. Einige schleudern den Kopf förmlich nach rückwärts empor, wenn die Dämpfe des Amylnitrit, der Propionsäure, des Chloroforms in geringer Menge ihrer Einathmungsluft beigemischt werden und wenden bei Wiederholung des Versuchs, die Öffnung der Flasche, welche eine jener Flüssigkeiten enthält, dem blinden Thierchen zu nähern, energisch den Kopf jedesmal ab, andere lassen sogar nach dem ungewohnten Eindruck die Stimme hören und werden sehr unruhig. Manche ebenso lebhafte Kaninchen, Geschwister der erwähnten, antworten dagegen erst nach mehrere Secunden langen Pausen durch solche Reflexbewegungen oder auch garnicht deutlich auf die Geruchsreize. Selbst diejenigen vorzeitig künstlich geborenen Kaninchen, welche ich lange Chloroform enthaltende Luft athmen liess, so dass sie bereits ruhig wurden, reagirten doch öfters sofort durch schnelle Kopfbewegungen auf Amylnitrit, dessen Dämpfe ich in ihre Nase mit der Luft, die sie athmeten, einströmen liess. Schon nach dem ersten Riechversuche der Art pflegt aber eine Abnahme der

Erregbarkeit des Olfactorius einzutreten, welche sich durch längere Dauer der Reflexzeit und Ausbleiben aller Reflexe kund gibt.

Über das Geruchsvermögen reifer Neugeborener wurde an anderer Stelle berichtet.

Der Gehörsinn vor der Geburt.

Während der Sehsinn und der Riechsinn des Embryo im Uterus durch keine adäquate Reizung in Thätigkeit gerathen können, sind für den Hörsinn mehrere Vorgänge als objective Reize angebbar, welche theils mit dem unbewaffneten Ohr, theils mittelst des Stethoskops und des Mikrophons wahrgenommen werden, nämlich der Aortenpuls und die fortgeleiteten Herztöne der Mutter, das Uteringeräusch, Darmgeräusche derselben durch Gasentwicklung und Peristaltik, auch Muskelgeräusche, ferner das Nabelschnurgeräusch, die fötalen Herztöne, die abgebrochenen Geräusche bei der Fruchtbewegung. Dazu kommt die Stimme der Mutter und äussere durch Reibung der Kleidungsstücke und Körperberührung bedingte Schallerzeugung.

Es konnte daher die Frage aufgeworfen werden, ob der Fötus etwa schon vor der Geburt irgend welche Schallempfindung durch den einen oder den anderen von diesen Schallreizen erhalte und nicht taub sei (Portal).

Völlig widerlegen lässt sich zwar eine solche Annahme zur Zeit nicht, aber ihre Unwahrscheinlichkeit geht aus dem Verhalten der Neugeborenen gegen Schalleindrücke hervor.

Denn die meisten sind in der ersten Stunde nach der Geburt gegen die stärksten Hautreize gleichgültig, reagiren in keiner Weise auf die lautesten Geräusche. Man könnte zwar diese Unempfindlichkeit von der plötzlichen Änderung des Mediums herleiten wollen: vorher werde der Schall durch das Fruchtwasser, jetzt durch die Luft dem Ohre zugeleitet und diese Verschlechterung der Leitung sei schuld an der temporären Taubheit des Neugeborenen. Aber von mehreren Forschern ist festgestellt worden, dass vor der Geburt die Paukenhöhle derartig mit einer zähen Masse oder Gallertgewebe und dann lockerem Bindegewebe angefüllt ist, dass von einem freien Lumen derselben und Fortleitung der Schallwellen durch das Trommelfell und die Gehörknöchelchen nicht die Rede sein kann.

Es kommt also für die fraglichen intrauterinen Schallempfindungen nur noch die Kopfleitung in Betracht. Da aber nach meinen Beobachtungen an gut hörenden Kindern während der ersten Säuglingsperiode das Ticken einer Taschenuhr und das Schwingen einer Stimmgabel durch Kopfleitung nicht percipirt wird, so ist es höchst unwahrscheinlich, dass eine auf diesem Wege etwa zu Stande kommende Erregung des Hörnerven vor der Geburt schon eine Schallempfindung nach sich ziehe.

Ebenso wird intrauterin eine solche durch innere Reizung schwerlich zu Stande kommen.

Der menschliche Fötus hat vor seiner Geburt keinerlei Schallempfindungen; der ganze Complex der zum Hörorgan gehörigen Theile bleibt bis nach dem Beginn des Luftathmens functionslos, wie das Auge. Soviel lässt sich mit einer die Gewissheit streifenden Wahrscheinlichkeit behaupten.

Aber die Erregbarkeit des Hörnerven und die **Fähigkeit** Schall zu empfinden oder wenigstens auf Schallreize in unzweideutiger Weise zu reagiren, ist schon einige Zeit vor der Geburt vorhanden und bethätigt sich, wenn die Luftathmung so eingeleitet wird, dass durch die Eustachische Röhre Luft in das Mittelohr gelangt. Unreife durch künstlich herbeigeführten Abortus erhaltene Meerschweinchen-Embryonen habe ich geradeso wie reife Neugeborene, nur schwächer, auf Schallreize antworten gesehen. Der charakteristische von mir (1878) beschriebene Ohrmuschelreflex [53
trat bei dem ersten Fötus deutlich 19 Minuten nach der Geburt ein und fehlte noch gänzlich vier Minuten nach derselben. Bei dem zweiten wurde gleichfalls dieser akustische Reflex gerade nach 19 Min. deutlich, nach 16 Min. war noch keine Spur davon zu sehen, bei dem dritten nach acht Min. noch nicht. Die Prüfung geschah mittelst eines lauten Klanges, durch Anschlagen eines Eisenstäbchens an einen kleinen Glastrichter dicht am Ohr, und wurde von der Geburt an fast von Minute zu Minute wiederholt, so dass ich mit voller Sicherheit den Zeitpunct des ersten Auftretens dieses Gehörreflexes constatiren konnte, zumal beim zweiten Fötus, da der erstgeborene schon reagirende zur Controle benutzt wurde. Die Ohrmuschel zeigte kurz nach dem Erklingen des Tones eine momentane Gestaltänderung, indem ihr vorderer oberer Rand sich nach der Mittellinie des Körpers zu umlegte und wenigstens eine Zuckung dieses Theiles der Ohrmuschel wahrnehmbar wurde. Denselben Reflex gab mir eine aus dem Winterschlaf nicht völlig erwachte Fledermaus für alle Stimmgabel-Töne von 1000 bis 37 000 Doppel-Schwingungen in der Secunde.

Aus diesen Versuchen ergibt sich die Erregbarkeit des Hörnerven und die Gangbarkeit des Reflexbogens von ihm auf die Ohrmuskelnerven vor Ablauf der ersten halben Stunde des extrauterinen Lebens auch bei unreifen Früchten der *Cavia cobaya*. Dieselben waren wenigstens eine Woche zu früh geboren und hatten noch keine Milch erhalten, keine Saugbewegungen gemacht. Mit dem Ingangkommen der Lungenathmung wurde der Ohrreflex immer deutlicher. Bei zwei zusammen 173 Grm. wiegenden, aus dem Uterus geschnittenen, gleichalten Cobaya-Embryonen war der Reflex 56 und 75 Min. nach der Geburt so stark, dass anfangs jedesmal beim Erklingen des Glases die Thiere zusammenfuhren und nach sehr häufiger Wiederholung der Probe noch die Ohrmuschelbewegung machten. In einem anderen Falle reagirte ein Fötus nach etwa 15, ein asphyktisch geborener erst nach 40 Min. deutlich. Bei den dem Uterus entnommenen der Geburt nahen, sonst auf allerlei Reflexreize prompt antwortenden Kaninchen-Embryonen habe ich dagegen weder den Ohrmuschelreflex, noch irgend eine andere Antwort auf starke Schallreize innerhalb der ersten Stunden bemerkt, was um so mehr auffällt, als das erwachsene (wilde) Kaninchen sehr scharf hört.

Allein schon das Stärkerwerden der Reflexbewegung und, wie ich nach Schätzungen hinzufügen kann, die bald kürzer werdende Reflexzeit trotz gleichbleibender Reizstärke innerhalb der ersten Lebensstunde beim Meerschweinchen spricht dafür, dass die Reflexbahn vor der Geburt nicht gangbar ist.

Wenn ich trotzdem die Vermuthung einmal aussprach, zu dass vielleicht einige Säugethiere schon ehe sie geboren die Stimme ihrer Mutter vernehmen könnten, so möchte ich jetzt, nachdem reichere Erfahrung zu Gebote steht, dieser Möglichkeit kein Gewicht beilegen. Die brüllende Löwin kann durch Erschütterung ihr Junges im Uterus vielleicht erregen, aber zu einer Gehörsempfindung wird es nicht kommen, da trotz der zur Schallfortpflanzung an das äussere Ohr keineswegs ungünstigen Bedingungen die Schallwellen das innere Ohr des Fötus nicht erreichen. Denn die Trommelhöhle enthält keine Luft, ehe geathmet worden und die Kopfleitung ist höchst unwahrscheinlich.

Anders die Vögel. Das Hühnchen folgt sehr bald nach dem Ausschlüpfen dem Lockruf der Henne. Es hat aber schon ein bis zwei Tage vor dem Sprengen des Eies mit den Lungen geathmet (bis zu 90 mal in der Min.) und mehrere Stunden vor dem Austritt aus dem Ei seine eigene Stimme ertönen lassen.

Weiteres über das Hörvermögen reifer neugeborener [Pl. 304
Menschen und Thiere wurde an anderer Stelle berichtet. [377. 59

Die ziemlich zahlreichen anatomischen Untersuchungen des Ohres frühgeborener und reifer Kinder von Wreden, Wendt, Tröltsch, Urbantschitsch, Moldenhauer, Lesser u. A. zeigen übereinstimmend, so sehr sie in Einzelheiten voneinander abweichen, dass sehr häufig der fötale Charakter des Mittelohrs mit dem schräg gestellten Trommelfell längere Zeit nach dem Beginne der Luftathmung persistiren kann und andererseits allein aus dem Vorhandensein von Luft in der Paukenhöhle der Leiche in keinem Falle auf die Dauer des extrauterinen Lebens sichere Rückschlüsse gemacht werden können. Die Ohrenprobe hat schon deshalb nur einen untergeordneten forensischen Werth, weil auch beim Fehlen der Luft in der Trommelhöhle doch schon Luft geathmet worden sein kann, dann nämlich, wenn die Eustachische Röhre noch nicht durchgängig war.

Der Gesichtsinn vor der Geburt.

Alle Säugethiere sind bis zu ihrer Geburt ohne Unterbrechung in einem finsteren Raum eingeschlossen, so dass selbst im Falle ihre Augen schon während der intrauterinen Zeit offen wären, keine Lichtempfindung durch adäquate Erregung der Sehnerven zu Stande kommen kann. Denn wenn man sich in einem völlig finsteren Raume befindet, so ist es gleichgültig für die Empfindung des Schwarz, ob man die Augen geschlossen oder offen hat.

Die Fähigkeit, das Lid zu heben, ist sicher schon vor der Geburt vorhanden. Denn frühgeborene Kinder öffnen die Augen oft gleich nach der Geburt und unterscheiden nach Kussmaul's [50
Beobachtungen (1859) Hell und Dunkel. Viele Säugethiere dagegen werden bekanntlich, wie die Hunde, Katzen, Kaninchen, Mäuse, [12
Fledermäuse, mit fest verschlossenen Augenlidern geboren. Beim Menschen sind vor der Geburt die Lider vom sechsten Monat an nicht mehr verklebt. [100. 14

Im Gegensatz zu den Säugethieren werden die Vögel, welche in offenen dem Sonnenlicht ausgesetzten Nestern brüten, schon vor dem Sprengen der Schale eine objective Sehnervenerregung und eine schwache Lichtempfindung haben, zumal wahrscheinlich bei keinem Vogel das Auge bis zum Ausschlüpfen geschlossen bleibt. Die weissen Eierschalen sind sehr leicht durchgängig für Sonnenstrahlen (S. 14).

Auch Amphibien, Fische und andere mit offenen oder von durchscheinenden Lidern bedeckten oder lidlosen Augen das durchsichtige Ei verlassende Thiere werden vor dem Auskriechen eine objective Sehnervenreizung durch Lichtstrahlen erfahren müssen. Hier wirkt der adäquate Reiz schon auf das embryonische Organ ein, was bei keinem Säugethier der Fall ist.

Daraus folgt aber noch nicht, dass dem Fötus der Säugethiere vor der Geburt alle Lichtempfindung fehlen müsse.

Nicht nur die Erregbarkeit der Netzhaut, sondern auch die Fähigkeit, Licht zu empfinden, ist schon zwei Monate vor dem (35) normalen Geburtstermin vorhanden. Denn ein unreifes Siebenmonatskind wendete 24 Stunden nach der Geburt in der Dämmerung den vom Fenster abgewendeten Kopf auch bei veränderter Lage wiederholt dem Fenster und Licht zu. Und bei einem (36) Achtmonatskind wurde mit dem Wechsel der Lichteindrücke gleich nach der Geburt die Pupille verengert und erweitert. Auch bei den von mir kurz vor dem Ablauf der Tragzeit ausgeschnittenen Meerschweinchen verengerten sich die Pupillen, wenn helles Licht einfiel und sie erweiterten sich wieder im Schatten. Bei den längere Zeit vor dem normalen Geburtstermin excidirten Meerschweinchen verändert sich hingegen die Pupillenweite nicht im directen Sonnenlicht und im Schatten. Wahrscheinlich sind dann die Vierhügel, der Opticus, die Retina noch nicht genügend entwickelt. Diese Reactionslosigkeit fand ich bei Embryonen mit ziemlich harten Zähnen, dichten Haaren, Nägeln und dunkelbrauner Iris. Physostigmin und Nicotin wirkten dann bereits nach localer Application. Bei dem von mir beobachteten Anencephalus, welchem die Vierhügel fehlten, bewirkte das directe Sonnenlicht nicht die geringste Veränderung der Pupille. [37a. 6]

Die normalen reifen neugeborenen Meerschweinchen flüchten sich in dunkele Ecken. Starke Lichteindrücke müssen demnach gleich nach der Geburt Unlust bewirken. Beim künstlich vor der Reife extrahirten Embryo, der die Augen weit offen haben kann, ist dagegen das Licht nicht so wirksam. Ich habe ihn das Auge anfangs im Hellen weit offen halten gesehen, was übrigens auch bei fast vollendeter Entwicklung (harten Zähnen, grossen Nägeln, dichtem Fell) vorkommt. Öfter sah ich den mit geschlossenen Lidern extrahirten Embryo, als directes Sonnenlicht oder helles Gaslicht auf denselben wirkte, die Lider fester zukneifen, was für eine Lichtempfindlichkeit vor der Reife spricht. Die Iris aller nahezu reifen Meerschweinchen, die ich aus dem Uterus herausnahm, fand ich dunkelbraun. In diesem Falle entsteht also das Irispigment nicht, wie es meistens beim Menschen der Fall ist, postnatal.

Dass die Pupillenverengerung durch Licht beim vorzeitig excidirten fast reifen Fötus nach Atropinisirung vor der Geburt ausbleibt, beweisen Versuche wie die S. 211 erwähnten. Nachdem die Pupillen des hochträchtigen Mutterthieres maximal erweitert waren und sich im directen Sonnenlicht nicht verengerten, schnitt ich die fast reifen Früchte aus und fand bei allen die Pupillen weit und unempfindlich gegen directes Sonnenlicht. Auch hatte nachträgliches locales Atropinisiren eines Auges keine Zunahme der Pupillenweite zur Folge. Also wirkt Atropin vor der Geburt wie nach der Geburt mydriatisch. In dem ersterwähnten Fall (S. 211) starben die vier Thiere in der Nacht nachher, und am folgenden Morgen waren alle Pupillen ausser der des direct nachträglich atropinisirten Auges wieder verengt.

Wenn nun schon lange vor der Geburt die Netzhaut erregbar und die Fähigkeit, Licht zu empfinden, vorhanden ist, ohne dass doch jemals ein Lichtstrahl in das Auge gedrungen wäre, dann können inadäquate intrauterine Reize möglicherweise wirksam sein. Wie beim Geborenen ein Druck, ein Stoss, ja schon eine Steigerung des intraoculären Drucks subjective Lichtempfindungen, die Phosphene, veranlassen kann, so könnte auch in dem durch die lange Ruhe vielleicht besonders empfindlichen Sehorgan des nahezu reifen Fötus durch innere Reize eine Netzhauterregung zu Stande kommen. Sein Gesichtsfeld ist, falls er nur wach ist, schwarz, und diese Schwärze selbst schon eine Empfindung, durch schwache Sehnervenerregung bedingt, aber allerdings erst dann, wenn sie mit anderen Lichtempfindungen verglichen worden. Sie wechselt von der tiefsten Finsterniss bis zu Grau. In diesem Schwarz können möglicherweise subjective Lichterscheinungen dann und wann in und vor der Geburt auftreten. Aber sie können nur accidentell und von keiner Bedeutung für die Bethätigung des Lichtempfindungsvermögens nach der Geburt sein und fehlen wahrscheinlich normalerweise wegen des festen intrauterinen Schlafes. Bis zuletzt ist auch die unvollkommene Functionsfähigkeit des [93 *Tractus opticus* wahrscheinlich der Fortleitung von Netzhauterregungen in das Centrum, zunächst in die Vierhügel und dann in die künftige erst nach der Geburt sich ausbildende Sehsphäre hinderlich. Daher steht zu vermuthen, dass ein bis zwei Monate zu früh geborene Kinder viel langsamer geringe Helligkeitsunterschiede und Farben erkennen lernen, als reife.

Näheres über die Lichtempfindlichkeit reifer Neugeborener wurde an anderer Stelle berichtet. [372, 4. 173

B. Gemeingefühle vor der Geburt.

Für das Zustandekommen mehrerer Gemeingefühle scheinen schon viele Wochen vor der Geburt beim menschlichen Fötus die Bedingungen grossentheils verwirklicht zu sein.

Aus den mimischen Reactionen unreifer Neugeborener auf bittere Stoffe, welche unmittelbar nach der Geburt in den Mund gebracht wurden, folgt zwar nicht, dass sie mit einem Ekelgefühl verbunden seien — auch der hirnlose Neugeborene reagirt ähnlich auf Essig (S. 477) — aber dass eine Art Unlustgefühl niederen Grades dabei auftritt und nach Einführung von Zuckerlösung oder Glycerinwasser das Gegentheil, eine Art Lustgefühl niederen Grades, kann nicht als unwahrscheinlich bezeichnet werden. Dann kann man aber das Vermögen, Lust und Unlust zu unterscheiden, dem Fötus nicht absprechen und es liegt nahe, jeder reflectorischen Abwehrbewegung ein dunkles Unlustgefühl als steten Begleiter zuzugesellen. Ob der Fötus, wenn auch nur in den beiden letzten Monaten, irgendwelche Gelegenheit habe, wirklich Unlust zu empfinden, ist jedoch zweifelhaft. Denn dass er seinen eigenen Harn mit Fruchtwasser vermischt zu dieser Zeit verschluckt, fast überall gedrückt wird, wenn er sich rührt, würde in Erwägung, dass er sich daran allmählich gewöhnt hat, zur Entstehung des Unlustgefühls selbst dann nicht ausreichend sein, wenn die Frucht sich dieser Thatsachen bewusst wäre. Wahrscheinlich ist es, dass erst nach der Geburt die erste Regung des Unlustgefühls sich geltend macht. Aber aus den obigen Experimenten folgt unzweideutig, dass vor derselben die Fähigkeit, Lust und Unlust zu unterscheiden, besteht, sonst würden nicht nach Reizung derselben Zunge zuerst mit Chinin, dann mit Zucker zweckmässige Abwehrbewegungen und Saugbewegungen gemacht werden. Sie ist also pränatal und ererbt und im eigentlichen Sinne angeboren.

Dasselbe gilt vom *Hunger*. Mit Unrecht wird behauptet, [52 der Ungeborene könne den Hunger nicht kennen. Denn woher sollte ihm wohl genügende Nahrung zugeführt werden, wenn die Mutter hungert oder viel Blut verliert? Welche Stoffe es auch sein mögen, die in der Placenta behufs Ernährung des Fötus aus dem mütterlichen Blute in die fötalen Capillaren übergehen, ihre Mengen müssen je nach dem Ernährungszustande der Mutter Schwankungen unterliegen. Es ist wenigstens unwahrscheinlich, dass die Frucht vor der Mahlzeit der Mutter gerade so viel Nährmaterial in gegebener Zeit erhalte, als nach derselben. Also wird der Fötus das eine Mal ein stärkeres Nahrungsbedürfniss haben können, als das andere Mal. Diese Bedingung für das intrauterine Zustandekommen des Hungers wäre somit erfüllt. Die andere freilich, ein des *Hungergefühls* und *Sättigungsgefühls* fähiges Sensorium, ist, wenn der Fötus schläft, nicht annehmbar. Er könnte aber durch anhaltende Verminderung der Nahrungszufuhr geweckt werden wie durch Sauerstoffhunger. Den *Durst* kennt der stets vom Fruchtwasser umspülte Fötus gewiss nicht. Aber er verschluckt wahrscheinlich mit dem zunehmenden Bedarf seines schnell wachsenden Körpers an Wasser immer grössere Fruchtwassermengen, weil durch die Resorption vom Magen aus das im Ösophagus und in der Rachenhöhle nach seiner Anfüllung zurückgebliebene „innere“ Fruchtwasser (S. 253) das Nachrücken neuer Portionen des „äusseren“ Fruchtwassers zur Folge hat.

Das *Muskelgefühl* kann dem reifen Fötus nicht abgesprochen werden, weil derselbe sich bewegt. Doch lässt sich Näheres darüber noch nicht aussagen. *Schmerz* empfindet auch der reife Fötus ohne Zweifel nur in geringem Grade, weil der Neugeborene auf starke Hautreize, wenn sie localisirt sind, nur schwach reagirt. Da aber frühgeborene Kinder und der Anencephalus auf starke ausgedehnte Hautreize, z. B. einen Schlag mit der Hand, durch Unruhe, auch Schreien antworten, so ist es wahrscheinlich, dass der Fötus etwas Schmerz empfinden kann, wenn er nicht zu wenig entwickelt ist.

C. Das Schlafen und Erwachen vor der Geburt.

Schläft der menschliche Fötus ohne Unterbrechung bis zur Stunde seiner Geburt? oder erwacht er dann und wann schon vor derselben? Kann er im Uterus stundenlang wach sein? Das sind Fragen, welche bis jetzt keine befriedigende Antwort fanden. Durch sorgfältige Abwägung der Wahrscheinlichkeitsgründe scheint aber eine bestimmte Antwort nicht unmöglich.

Über die Ursachen des Schlafes und die Unterschiede desselben vom wachen Zustande mögen die Meinungen noch so sehr auseinander gehen, darüber ist nicht gestritten worden, dass bei möglichster Abwesenheit äusserer Reize im finsteren stillen Raum, auf weichem Lager, in reiner Luft ein durch vorhergegangene körperliche oder geistige Anstrengung stark ermüdeter und gesunder Mensch in der Regel bald einschlafen wird und dass die Einwirkung starker Reize, wie blendend hellen Lichtes, lauter Geräusche, steinigen Ruhelagers und übler Gerüche auch beim Ermüdeten das Einschlafen erschwert. Es gibt aber viele gesunde Menschen, welche auch unter diesen Umständen bei hochgradiger Ermüdung einschlafen, und alle, die sich die gewohnte Nachtruhe nur ein paarmal versagt haben, werden durch sehr starke, wechselnde und anhaltende äussere Reize schliesslich am Einschlafen nicht verhindert. Also ist im Allgemeinen zwar die Abwesenheit äusserer Reize für das Einschlafen günstig, aber nicht unerlässlich. Ermüdung oder ein ihr verwandter Zustand, welcher auf Anstrengungen jedesmal folgt und während des Wachseins — das schon eine Art Anstrengung ist — sich vorbereitet, muss dagegen als nothwendige Vorbedingung des Einschlafens angesehen werden. Hieraus folgt natürlich keineswegs, dass Schlaf in jedem einzelnen Falle unmittelbar auf Ermüdung folgen müsse. Gar manche an hartnäckiger Agrypnie leidende Menschen können oft trotz der Ermüdung und Abwesenheit äusserer Reize nicht einschlafen. Bei diesen ist die Erregbarkeit der Nerven abnorm erhöht, so dass schon die durch den Blutstrom und die Muskeln verursachten inneren Reize, besonders entotische Geräusche, die Berührungen der Haut durch das Lager, Gemeingefühle und die Erinnerung an vergangene Sinneseindrücke ausreichen, den wachen Zustand zu erhalten. In dem pathologischen Zustande der Übermüdung ist dieses die Regel.

Nimmt man hinzu, dass Unermüdete, welche durch einen langen natürlichen tiefen Schlaf sich erquickt haben, auch bei Abwesenheit äusserer Reize nur sehr schwer oder garnicht sogleich wieder einschlafen können, so lassen sich bezüglich des gewöhnlichen Einschlafens ohne künstliche Mittel folgende Sätze als sicher hinstellen:

I. Ermüdete schlafen bei Abwesenheit starker äusserer Reize leicht ein;

II. Nimmt die Ermüdung (durch lange Dauer des Wachseins) zu, so pflegt, auch wenn starke Reize fortdauern, Schlaf einzutreten;

III. Übermüdete schlafen oft auch bei Abwesenheit starker äusserer Reize nicht leicht ein;

IV. Unermüdete schlafen auch bei Abwesenheit äusserer Reize nicht leicht ein;

V. Alles Wachsein ist nothwendig mit einem Ermüden, sei es der Muskeln, sei es der Sinnesorgane und des Gehirns, verbunden. Denn alles Wachsein erfordert ein Thätigsein und Thätigkeit bewirkt regelmässig Ermüdung.

Von diesen Sätzen findet auf den Fötus keine Anwendung nur der dritte, weil ihm die Möglichkeit, sich (durch anhaltende Anstrengung) in den Zustand der Übermüdung zu versetzen, fehlt. Die vier anderen Sätze sind zu discutiren.

Zunächst kann in der ersten Zeit des Embryo-Lebens ein Wachsein und Schlafen nicht unterschieden werden, weil die Erregbarkeit der Oberfläche und der sämmtlichen Sinnesnerven, selbst wenn Reize da wären, sich noch nicht ausgebildet hat. Während der Entwicklung steigt die Erregbarkeit, wie ich sicher feststellte, gegen das Ende der Fötalzeit zu immer schneller. Da aber die Reize, ausser den durch Berührung gegebenen, nicht an Intensität und Mannigfaltigkeit zunehmen, so ist ein Grund für die Ermüdung des Fötus durch Sinnes- oder gar Gehirn-Thätigkeit nicht vorhanden. Denn mag man den Berührungsempfindungen einen noch so grossen Spielraum gewähren, niemand wird behaupten, dass sie eine anstrengende Gehirnthätigkeit beim Fötus zur Folge haben. Thermische Reize fehlen gänzlich; ebenso können optische, akustische, Geruchs-Eindrücke garnicht, Geschmacksreize kaum als Gegenstand einer Anstrengung des fötalen Sensorium in Betracht kommen. Die Muskelcontractionen sind unter allen Umständen, mit Ausnahme der Herzthätigkeit, welche hierbei nicht mitgerechnet werden darf, gering und können keine merkliche Ermüdung herbeiführen.

Es könnte hiernach scheinen, dass der Fötus, weil er weder durch die Functionen seiner Sinnesorgane, noch durch Muskelarbeit ermüdet ist, nicht zum Einschlafen komme laut Satz IV. Eine solche Schlussfolgerung wäre jedoch völlig unberechtigt. Denn mit irgend etwas muss das wache Gehirn sich beschäftigen, sonst ist es nicht wach, entweder mit gegenwärtigen oder mit vergangenen Empfindungen und deren Nachwirkungen, zugehörigen Vorstellungen u. a. Woher sollte nun dem Fötus dieses zum Wachsein unerlässliche Material kommen? Er hat keine Gelegenheit, ausser durch Berührungen von höchst gleichförmigem Charakter, eine Empfindung seines Zustandes zu erfahren; seine Bewegungen sind vielleicht zum Theil durch diese Berührungen veranlasst, aber Niemand wird selbst in diesem Fall annehmen wollen, dass der Fötus, nachdem einmal die Glieder bewegt worden, über diese Motion nachdenke oder gar eine folgende plane. Es ist eben nichts da, um den Zustand des Wachseins, sollte er einmal durch ungewöhnliche Reize von aussen oder krankhafte plötzliche Änderungen von innen herbeigeführt werden, zu erhalten. In Ermangelung von Beschäftigung muss der Fötus in einen schlafähnlichen Zustand gerathen. Denn für ihn, wie für jedes lebende Wesen gilt Satz V, demzufolge Wachsein irgendwelches Thätigsein ermüdungsfähiger Theile verlangt.

Aber widerspricht nicht diese Behauptung, dass der Fötus immerzu schläft oder höchstens mit ganz kurzen Pausen ununterbrochen schläft, dem Satz IV? Soll ein Unermüdeter, wenn auch ein Fötus, doch fest schlafen?

Es lässt sich zeigen, dass hierin kein Widerspruch liegt. Der Fötus ist dem unermüdeten, d. h. dem aus erquickendem Schlafe soeben erst erwachten, geborenen Menschen nicht an die Seite zu stellen. Denn wenn er auch durch eigene Muskelbewegungen und eigene psychische Thätigkeit nicht ermüdet, so sind doch durch das rapide Wachsthum seiner Gewebe und durch die mit dem Wachsein der Mutter nothwendig gegebene Anstrengung derselben andere Gründe vorhanden, ihn dem ermüdeten Geborenen nahe zu stellen.

Über das räthselhafte Wachsen der embryonalen Gewebe lässt sich mit Gewissheit aussagen, dass es nicht allein massenhafte Zufuhr von wenig Sauerstoff enthaltenden chemischen Verbindungen, sondern auch Sauerstoff als solchen erfordert, der dem Fötus durch das Blut zugeführt wird. Für die Muskelarbeit und etwaige geistige Thätigkeit bleibt bei der Schnelligkeit des Wachsthums und damit dem zweifellos schnellen Sauerstoffverbrauch seitens der embryonalen Gewebe, nur sehr wenig Blutsauerstoff disponibel. Der Embryo gleicht also hierin dem in Winterschlaf versunkenen Thiere und dem schläfrigen Geborenen, bei welchen der zugeführte Sauerstoff für die Muskel- und Gehirn-Arbeit nur noch zum kleinsten Theile verfügbar ist, weil er im ersteren Falle zur Wärmebildung, im letzteren zur Oxydation der durch die vorhergegangenen Anstrengungen gebildeten Producte, der Ermüdungsstoffe, verwendet wird, wie ich anderwärts wahrscheinlich machte. In der That wies Soltmann bereits nach, dass die Muskeln ungeborener Thiere sich sehr ähnlich (bezüglich ihres Verhaltens gegen Reize) wie ermüdete Muskeln älterer Thiere verhalten.

Der Einwand, es sei nicht bewiesen, dass zum Wachsthum der Gewebe Blutsauerstoff erfordert werde, ist darum von geringer Bedeutung, weil thatsächlich die Empfindlichkeit aller Embryonen gegen Sauerstoffentziehung eine ganz ausserordentliche ist. Schon eine partielle Lackirung des bebrüteten Hühnereies, Benetzung mit Wasser, eine auffallend geringfügige Verletzung der Allantoisgefässe hat schleunigen Stillstand der Entwicklung und den Tod des Embryo zur Folge. In einem Augenblick sieht man beim Hühnchen, das vor der Zeit aus dem Ei genommen wird, das arterielle Blut die Farbe des asphyktischen annehmen. Ausserdem ist kein Fall bekannt von physiologischem Gewebewachsthum ohne reichliche Zufuhr von sauerstoffhaltigem Blute zu den wachsenden Theilen. Bei partieller Sauerstoffentziehung ist es beim Embryo nicht die Differenzirung, sondern das Wachsthum, welches zurückbleibt (S. 112).

Wer trotzdem an der Ansicht festhält, dass der Fötus zum Wachsthum seiner Gewebe keinen Sauerstoff oder nur minimale Mengen Sauerstoff brauche, wird das regelmässige Vorkommen von Oxydationsproducten, namentlich Harnstoff, Allantoin, Harnsäure in seinen Excreten, und dadurch im Fruchtwasser, schwerlich verständlich finden können. Denn allein von den Muskel-Bewegungen können jene Producte nicht hergeleitet werden.

Für die Annahme, dass der Fötus sich wie ein Ermüdeter verhält und schläfrig ist oder schläft, sind diese Producte, namentlich in der letzten Zeit der Reifung, wo sie mit dem Fruchtwasser reichlich verschluckt werden, also zum Theil wieder zur Resorption gelangen, nicht unwichtig. Denn als Erzeugnissen des Stoffwechsels kann ihnen wenigstens zum Theil, ebenso wie den directen Erzeugnissen des Stoffumsatzes im thätigen Muskel des Geborenen, möglicherweise eine müde-machende Wirkung zukommen.

Jedenfalls kann nicht geleugnet werden, dass die im Blute der Mutter constant vorhandenen, zum Theil leicht diffundirenden Ermüdungstoffe, welche, während dieselbe wach ist, also empfindet und arbeitet, sich anhäufen, in der Placenta mit dem für den Fötus nöthigen Ernährungsmaterial zum Theil übergehen müssen. Einen schlagenden Beweis dafür, dass schlafmachende Stoffe aus dem Blute der Mutter nicht nur exosmotisch austreten, sondern auch noch beim Kinde hypnotisch wirken können, lieferte mir die Beobachtung eines zwölf Tage alten Säuglings, welcher auffallend länger und fester schlief (dabei tiefer und regelmässiger athmend als sonst), nachdem er eine Stunde nach Beendigung einer einstündigen Chloroformnarkose der Mutter deren Brust erhalten hatte. Da hier die Wirkung des in die Milchdrüse diffundirten und dann erst vom Magen aus resorbirten Schlafmittels eclatant war, warum sollten nicht die Ermüdungsstoffe der Mutter, normalerweise nur die eine Schranke in der Placenta passirend, vom Blute direct auf das centrale Nervensystem ermattend wirken? Die nach der Chloroformirung Kreissender an den Neugeborenen gemachten Erfahrungen scheinen dafür zu sprechen.

Ein Widerspruch ist also nicht vorhanden. Der Fötus verhält sich wie ein Ermüdeter, obwohl er sich nicht anstrengt. Er schläft bei der Abwesenheit starker Reize im Uterus leicht ein (Satz I), wenn er einmal wach werden sollte. Hiermit sind aber die Fragen, welche zu Anfang aufgeworfen wurden, noch nicht ganz beantwortet.

Wird der Ungeborene überhaupt wach? Kann er geweckt werden? und wach bleiben?

Das neugeborene Kind erwacht theils durch sein Nahrungsbedürfniss und andere unbekannte innere Reize, theils durch Nässe, Kälte und andere äussere Reize.

Da nun $6\frac{1}{2}$- bis 10-monatliche Früchte weckbar sind, sie werden durch den Vorgang der Frühgeburt, bez. Geburt, wach, so muss man die Eigenschaft, geweckt werden zu können, dem Fötus im letzten Drittel der Schwangerschaft zuerkennen. Jedes reife Neugeborene wird durch den Geburtsact normalerweise geweckt und zwar durch die sehr starken äusseren Reize, welche mit demselben untrennbar verbunden sind. Aber vor der Geburt fehlen derartige Reize gänzlich.

Es scheint jedoch nicht ausgeschlossen, dass andere an ihre Stelle treten, welche die ungeborene Frucht wecken, freilich nicht dieselben, welche den Säugling wecken, der, wie der Fötus, eine physiologische Schlafsucht zeigt. Aber ein Stoss gegen den schwangeren Uterus, eine Verwundung des Fötus, ein grosser Blutverlust der Mutter, vielleicht auch Inanition derselben, haben so häufig, wie Erfahrungen an Menschen und Thieren lehren, gesteigerte Lebhaftigkeit der Fruchtbewegungen zur Folge (S. 432), dass man ein Wachwerden der Frucht nicht unwahrscheinlich nennen kann. Es ist zwar kein Wachsein im vollen Wortsinne, welches dann eintreten wird, weil die höheren Sinnesorgane ruhen. Aber etwas Schmerz kann auch der Fötus empfinden und dieser daher ihn, wie das winterschlafende Thier und den im stillen finsteren Raum fest schlafenden Säugling, wecken. Wer Schmerz empfindet ist wach.

Dagegen ist nicht annehmbar, dass dieser wache Zustand im Uterus lange dauere, weil der Schock entweder bald den Tod oder Asphyxie herbeiführen oder die starke Erregung Ermüdung und neuen Schlaf nach sich ziehen wird (Satz II).

Auch liegt kein Grund vor, weshalb ein Mensch unter normalen Verhältnissen vor seiner Geburt auch nur ein einziges Mal wach werden sollte, da schon das satte Neugeborene starker Reize bedarf, wie das winterschlafende Thier, um geweckt zu werden, solche aber im Uterus anomal sind, und die Erregbarkeit des Fötus in früheren Stadien sich als auffallend gering erwiesen hat.

VIII.

DAS EMBRYONALE WACHSTHUM.

Das embryonale Wachsthum beruht auf drei verschiedenen, aber in der Regel in organischem Zusammenhang stehenden Vorgängen: 1) der Massen- und Grössen-Zunahme von Zellen, 2) der Zelltheilung und dadurch bedingten numerischen Vermehrung der Zellen, 3) der Zunahme intercellulärer Substanzen.

Wenn auch keiner von diesen Processen von der Ernährung unabhängig ist, unzweifelhaft alle drei mit der gesteigerten Zufuhr geeigneten Nährmaterials beschleunigt, unter ungünstigen Ernährungsbedingungen herabgesetzt (verlangsamt oder aufgehoben) werden, so ist doch zur Zeit eine Ursache für die rapide Zunahme der Zellen-Anzahl und dadurch der Masse des Embryo im Ei bei günstigen Entwicklungsbedingungen nicht angebbar. Die Erblichkeit spielt dabei die Hauptrolle. Da aber diese selbst nichts weniger als klar erkannt ist, muss einstweilen darauf verzichtet werden, den organischen Wachsthumsprocess im Embryo mechanisch zu erklären. Es ist auch bis jetzt eine ernstlich discutirbare Hypothese über die Ursache des Aufhörens der Massenzunahme nach einer gewissen Zeit nicht aufgestellt worden. Das Concurrenzprincip verspricht aber bei consequenter Anwendung auf dieses Gebiet in der Zukunft eine Aufhellung der Hauptfrage, wie es kommt, dass die einzelne Zelle gewisse Dimensionen niemals überschreitet. Die specielle Physiologie des Embryo kann sich damit nicht befassen, weil es ihr noch zu sehr an Thatsachen über die Wachsthumsbedingungen der Zellen fehlt und die gerade beim Embryo energischer als jemals später stattfindende Zelltheilung erst in der letzten Zeit eingehend beobachtet wurde.

Hingegen ist das Massen- und Längen-Wachsthum menschlicher Früchte schon länger zum Gegenstande der Wägung und Messung gemacht worden. Es ist auch der Wunsch, eine möglichst grosse Anzahl von — um es kurz auszudrücken — embryometrischen Einzelbestimmungen zur Verfügung zu haben, vollkommen berechtigt. Ohne sie würde man nie dahin kommen, eine Wachsthumscurve für den Embryo zu construiren. Jedoch sind alle daran geknüpften Erwartungen, aus einer gegebenen Embryo-Länge oder -Masse das Alter genau zu bestimmen von vornherein als verfehlt zu bezeichnen. Wollte jemand aus dem Gewichte oder der Körperlänge von 100 ungleichaltrigen Säuglingen im Alter von ein bis neun Monaten deren Alter genau berechnen, so würde das Zutreffen auch nur eines Falles mit der Wirklichkeit als Zufall zu betrachten sein. Und doch wird noch immer die Hoffnung gehegt, aus der Länge und dem Gewicht des Fötus sein Alter genau zu bestimmen. Zunächst handelt es sich um Gewinnung grosser Zahlen, welche unter einander streng vergleichbar sein müssen, um das Wachsthum des Embryo als Function der Zeit darzustellen. Man kann aus den vorliegenden nicht eben zahlreichen Daten nur innerhalb weit auseinanderliegender Grenzwerthe Wachsthumscurven mit minimalen und maximalen Werthen, also statt der Linien nur ungleich breite Streifen, ableiten, welche zwar bereits einige allgemeine Schlussfolgerungen über das Wachsthum des Embryo, nicht aber im einzelnen Fall die Altersbestimmung gestatten. Ist doch noch immer das Zeitintervall nicht bekannt, welches zwischen dem Augenblick des befruchtenden Coitus und dem Augenblick der Befruchtung des Eies beim Menschen *in maximo* liegen kann. Das Alter des Embryo kann aber richtig immer nur von dem Augenblick der Befruchtung des Eies an datirt werden.

Über das **Wachsthum des menschlichen Fötus** ist namentlich von Hecker, Hennig, His, Fehling, C. Toldt, Ecker und von Kölliker einiges Material beigebracht worden.

Mehrere numerische Ergebnisse seien hier übersichtlich zusammengestellt.

Körperlängen des menschlichen Embryo in Centimetern.

Frucht-Monate.	Nach Toldt (an 200 Explr.)	Nach Hennig (an 100 Explr.)	Nach Hecker	Grenzen
1.	1½ (1,3)	(¾)	—	0,2—1,5
2.	3½	4	—	0,8—4
3.	7	8⅔	4—9	2—11
4.	12	16⅓	10—17	9,5—18
5.	20	27½	18—27	15—28
6.	30	35¼	28—34	23—37
7.	35	40¼	35—38	33—40,3
8.	40	44⅓	39—41	36—44,4
9.	45	47⅙	42—44	42—48,5
10.	50	(49)	45—47	45—52

Die Zahlen können sämmtlich der Natur der Sache nach nur approximativ sein. Die Maasse für den zweiten Monat sind von der Scheitelwölbung entlang der Mittellinie des Rückens bis zur Steiss- (Schwanz-) Spitze mit Hülfe eines unmittelbar angelegten wohl durchnässten dünnen Fadens von Toldt abgenommen worden; Hennig's Zahlen sind seiner 1879 veröffentlichten Wachsthums- [100
curve von mir entnommen und darum ungenauer. Die Hecker-schen Zahlen können wegen der grossen Abweichungen im Einzelnen nur als ungefähre Werthe angesehen werden. Die Grenzwerthe sind zum Theil den Angaben von Panum entnommen. [537

Trotz der grossen Differenzen stimmen die beiden ersten Reihen in einem wichtigen Ergebniss überein, darin nämlich, dass um die Mitte der Schwangerschaft die monatliche Längenzunahme am grössten ist, nach Toldt im sechsten, nach Hennig im fünften Monat. Dividirt man die absolute Körperlänge, welche zu Ende jedes Monats erreicht ist, in die absolute Zunahme desselben Monats, so erhält man das relative monatliche Wachsthum, wie es die folgende Tabelle zeigt.

Frucht-Monate.	Zunahme nach T.		Zunahme nach Hn.	
	absolut	relativ	absolut	relativ
1.	1,5	1,000	$\frac{3}{4}$	1,000
2.	2	0,571	$3\frac{1}{4}$	0,812
3.	3,5	0,500	$4\frac{2}{5}$	0,523
4.	5	0,417	$7\frac{4}{5}$	0,419
5.	8	0,400	$11\frac{7}{10}$	0,410
6.	10	0,333	$7\frac{3}{4}$	0,219
7.	5	0,143	5	0,124
8.	5	0,125	$4\frac{1}{12}$	0,093
9.	5	0,111	$2\frac{1}{6}$	0,059
10.	5	0,100	$(1\frac{5}{6})$	0,037

So abweichend die Mittelwerthe im Einzelnen sind, man erkennt deutlich, dass beiden Beobachtungsreihen zufolge die absolute monatliche Längenzunahme zwischen der 17. und 24. Woche, also gerade kurz vor und nach der Hälfte der Schwangerschaft, ihr Maximum erreicht, ferner dass die relative monatliche Längenzunahme im ersten und zweiten Monat am grössten ist, indem der Embryo im zweiten Monat mehr als die ganze nach Ablauf der ersten vier Wochen erreichte Länge zusetzt, was später nicht wieder vorkommt (s. die erste Tabelle). Eine

Verdopplung der erreichten Länge binnen Monatsfrist findet überhaupt nur noch einmal statt, nämlich im dritten Monat (nach beiden Beobachtern). Endlich ist der zweiten Tabelle zu entnehmen, dass vom Anfang an bis zur Geburt die Geschwindigkeit des relativen Längenwachsthums zwar von Monat zu Monat, aber sehr ungleichmässig abnimmt.

Übrigens ist vor dem Beginn der zweiten Woche nach der Begattung noch keine Spur von dem Embryo wahrgenommen worden. Der von Coste beschriebene menschliche Embryo aus der dritten Woche hatte bereits eine Länge von 4,4 Millim.

Der von Kölliker gemessene Embryo vom Ende des ersten Monats hatte 14 Millim. Länge, der kleinste der von His untersuchten menschlichen Embryonen über zwei Millim. Ihm zufolge entsprechen sich folgende Zahlen: (37)

Wochen	2—2½	2½—3	3½	4	4½	5
Embryo-Länge	2,2—3	3—4,5	5—6	7—8	10—11	13 Millim.

Vom Beginn bis zum Alter von 2½ Monaten geschieht das Wachsthum nach Hamy gleichmässig. Von da ab nennt er (24) den Embryo Fötus und findet für den Fötus von

Monaten	2½	3	3½	4	5	6	7	8	9
Centimeter	2,2	5,9	9,5	13,8	25,6	31,4	38,0	41,6	48,5

und für den Negerfötus von

Monaten	4	5	6	7	8	9
Centimeter	10,9	20,1	25,0	26,5	36,5	42,0

Im letzteren Falle war die Zahl der beobachteten Einzelfälle kleiner als im ersteren. Es ist daher noch unentschieden, ob der schwarze Fötus weniger intrauterin zunimmt, als der weisse. Aus den obigen Zahlen folgt aber wiederum, wenn es erlaubt ist, aus so wenigen Messungen überhaupt etwas zu schliessen, dass beim letzteren die absolut grösste Längenzunahme im fünften Monat stattfindet.

Vergleicht man das Längenwachsthum vor der Geburt mit dem des geborenen Kindes, so findet man, dass seine Geschwindigkeit zu keiner Zeit des Lebens wieder erreicht wird, wie ein Vergleich der obigen Tabellen mit den von Quetelet in seiner Anthropometrie mitgetheilten ergibt. Construirt man aus beiden Zahlenreihen Wachsthumscurven, so wird der Unterschied der pränatalen und postnatalen Wachsthumsgeschwindigkeit besonders deutlich.

Das eben geborene männliche Kind hat nach Quetelet 43,7 bis 53,2 Centim. Körperlänge. Der Mittelwerth ist nach ihm für Belgische Knaben 50,0, für Mädchen 49,4 Centim. Das Minimum fand er für letztere zu 43,8, das Maximum zu 55,5 Centim. Er gibt aber nicht an, ob die Kinder sämmtlich ausgetragen waren und ob die Messungen aus je 50 Fällen für Knaben und Mädchen oder aus zusammen 50 Fällen resultiren.

Ahlfeld findet als Mittel für die Körperlänge der Neugeborenen 50,5, Hecker für die aus Altbaiern 51,2 (Ergebniss aus [230, I. 46 985 Beobachtungen). Als Minimum nimmt der letztere 48 an, als Maximum fand er 58 Centimeter. Aus B. Schultze's für 60 Thüringer Neugeborene gelegentlich einer anderen Untersuchung ausgeführten Messungen ergibt sich im Mittel 50,0, nämlich [523

	Min.	Max.	Mittel
28 Mädchen	47	51,5	49,25
32 Knaben	48	52,5	50,75

Dagegen fand Schröder für 364 Bonner Neugeborene [524 nur 49,0.

Das Mittel aus diesen sämmtlichen Mitteln beträgt 50,0 ohne Berücksichtigung des Geschlechts. Im Allgemeinen sind weibliche Individuen von der Geburt an kleiner als männliche.

Dieser Unterschied zeigt sich constant auch in den von R. Thoma (1882) zusammengestellten Messungen von Elsässer, Roberts, Casper und Liman, welche für Knaben 49,8 und [94, 132 50,5 und 49,1, für Mädchen 48,2 und 50,0 und 48,2 Centim. als minimale und maximale Werthe und Normalmittel Neugeborener auf Grund von 900 Beobachtungen ergeben.

Unter den ungewöhnlich schweren und grossen und sogenannten überreifen Kindern sind stets mehr Knaben als Mädchen gefunden worden.

Die Grösse der Frucht im Verhältniss zu derjenigen der Mutter ist ebenso ungleich bei verschiedenen Thieren wie die Wachsthumsgeschwindigkeit derselben. Das Extrem bezüglich der relativen Grösse scheint den Messungen Weismann's zufolge bei den Daphnoiden erreicht zu sein, wo bei einer Mutter- [210, 119 länge von 2,3 Millim. die Jungen kurze Zeit nach der Geburt 1,8 Millim. hatten. Der Ausdruck „kurze Zeit" ist unbestimmt, aber andere Messungen zeigen ein ähnliches Verhältniss unmittelbar nach der Geburt.

Übrigens kommen bezüglich des Quotienten N : M, wo N das

Gewicht des reifen Ebengeborenen, M das der Mutter, auch innerhalb derselben Thierart und sogar, wie man sich schon an Meerschweinchen überzeugen kann, bei einem und demselben Individuum grosse Abweichungen vor. Ich habe bei Meerschweinchen eine Frucht von fast einem Viertel des Gewichts der Mutter beobachtet (S. 8). Schwerlich hat für irgend ein anderes Säugethier der Quotient N : M einen so hohen Werth. Er schwankt aber wahrscheinlich bei allen Thierarten erheblich.

Dasselbe gilt für den Menschen. Ein neugeborenes Kind kann nur $1^1/_2$ bis 2 Kilo wiegen und doch ausgetragen [29, I. 45] sein (48 Centim. Länge haben), ein anderes ebenso reifes zwischen fünf und sechs Kilo, und es ist gewiss, dass ein und dieselbe Mutter sehr ungleich schwere reife Kinder zur Welt bringen kann, ohne ihr eigenes Gewicht entsprechend zu verändern. Das schwerste neugeborene Kind scheint das von Vysir beobachtete gewesen zu sein, welches angeblich 8,5 Kilo wog. Es überlebte wegen seiner Grösse die Geburt nicht. [30]

Es ist jedenfalls nicht wahrscheinlich, dass ein constantes Verhältniss der Körperlänge zum Körpergewicht und zur Reife auch bei den Kindern einer und derselben Mutter existirt, weil beide von mehreren von einander unabhängigen Factoren bedingt sein müssen, wie Ernährung, Veränderung der Mutter durch vorhergegangene Schwangerschaften, Erblichkeit, Verschiedenheit der Väter u. a. m.

Nimmt man nun 48 bis 50 Centim. Körperlänge als Ausgangspunct für das reife Neugeborene an, so entfallen im Durchschnitt auf jeden der neun intrauterinen Kalendermonate mehr als fünf Centim. Längenzunahme, wogegen auf jeden der ersten neun extrauterinen Kalendermonate eine Längenzunahme von durchschnittlich weniger als drei Centim. kommt. Denn die Körperlänge des einjährigen Kindes kann im Mittel nicht höher als 70 Centim. nach Quetelet, als 76 nach Zeising angenommen werden.

Wieviel schneller das Längenwachsthum vor der Geburt als nach derselben vor sich geht, ersieht man auch daraus, dass zur Verdopplung der Körperlänge des Neugeborenen an sechs Jahre erfordert werden (die Körperlänge des Sechsjährigen 105 bis 115 Ctm.) und — von Riesen abgesehen — diese Verdopplung im ganzen Leben nicht wieder erreicht wird, während dem Fötus von $5^1/_2$ Monaten $4^1/_2$ Monate genügen, seine Körperlänge zu verdoppeln, d. h. von 25 auf 50 Centim. zu bringen, und zwar nachdem er sie vorher in weniger als $1^1/_2$ Monaten bereits einmal verdoppelt, nämlich von 12,5 auf 25 Centim. gebracht hatte. Geht man von der zu Anfang der fünften Woche erreichten Länge von 1,5 aus (statt 1,3 His), so tritt die Verdopplung der Körperlänge in den folgenden 35 Wochen bis zur Geburt nicht weniger als fünfmal ein, indem jene Zahl sich verdreiunddreissigfacht.

Der neugeborene Mensch hingegen kann in seinem ganzen Leben die angeborene Körperlänge nicht einmal vervierfachen. Hieraus folgt, dass die Ernährung vor der Geburt eine relativ ausserordentlich reichliche sein muss, verglichen mit der nach derselben.

Für das Massenwachsthum ergibt sich Entsprechendes. Das Gewicht des eben geborenen Knaben setzt Quetelet zu 3,1 Kilo, das des eben geborenen Mädchens zu 3,0. Er findet das Gewicht der grossen Majorität aller neugeborenen Kinder zwischen 3,0 und 3,5. Hecker fand für 1096 Neugeborene das Mittel 3,275 [230, I. 45 (Knaben 3,31, Mädchen 3,23), Schröder für 364 in Bonn geborene nur 3,179 (das schwerste 4,95, bei Hecker die zwei schwersten zwischen 5 und 5,5). Frankenhäuser erhielt von 1488 Neugeborenen das Mittel 3,203, und zwar für 770 Knaben 3,261, für 718 Mädchen 3,130. Das Mittel aus diesen Mitteln beträgt 3,25 ohne Rücksicht auf das Geschlecht. Veit fand als ungefähres mittleres Gewicht aus 2550 Beobachtungen 3,262 Kilo. [230, I. 45

Für das Massenwachsthum des Fötus lassen sich zwar noch weniger allgemein gültige Durchschnittsangaben berechnen, als für seine Längenzunahme, weil die Zahl der gewogenen Früchte von bekanntem Alter nur eine kleine ist. Geht man jedoch davon aus, dass der Embryo zu Anfang der neunten Woche nicht weniger als vier Grm. wiegt, so folgt hieraus allein schon, dass innerhalb der folgenden 32 Wochen sein Gewicht das Achthundertfache davon erreicht und sich successive im Ei nicht weniger als neun- bis zehnmal (dieses bei schweren Kindern, jenes bei sehr leichten) verdoppelt. Der geborene Mensch pflegt dagegen sein angeborenes Gewicht von $3^1/_4$ Kilo in seinem ganzen Leben nur fünfmal zu verdoppeln und nur um das 21- bis 22-fache zu vermehren.

Einige nähere Anhaltspuncte für das fötale Massenwachsthum geben die Wägungen von Hecker und die von Kölliker, [320. 230, II. 45 deren Grenzwerthe hier mit jenen zusammengestellt sind. Die Placentagewichte sind nicht mit eingeschlossen.

Monat	Maximum	Minimum	Mittel	Kölliker
3	20	5	11	3—13
4	120	10	57 (41)	25—50
5	500	75 (112)	284 (222)	72—256
6	1280 (938)	375	634 (656)	265—489
7	2250	780	1218 (1343)	517—860
8	2438	1093	1569 (1609)	—
9	2906	1500	1971 (1983)	—
10	—	1562	—	—

Die hier zusammengestellten Zahlen Hecker's gelten nur für frische Früchte, die Kölliker's für Spiritus-Präparate Die letzteren sind also sämmtlich viel zu niedrig. Neue Bestimmungen mit besserer Controle des Fötus-Alters sind dringend zu wünschen. Doch hat Thoma bereits auf Grund der vorhandenen Zahlen das Körpergewicht als Function der Körperlänge darzustellen versucht. [84

Da aber hierbei die Körperlänge vom Scheitel bis zur Sohle genommen wurde, und die Einzelwerthe zu sehr von einander abweichen in Beziehung zu ihrer absoluten Anzahl, wird hier nicht näher darauf einzugehen sein. Auch die von Fehling aus [ss Hecker's Wägungen abgeleitete Folgerung, dass das relative Wachsthum des menschlichen Embryo im vierten Schwangerschaftsmonate sein Maximum erreiche, kann nicht als sichergestellt angesehen werden.

Aus den von Fehling ausgeführten Wägungen und Messungen ergibt sich folgende Tabelle, in der *m* = männlich und *w* = weiblich.

Hiernach würde das Längenwachsthum des menschlichen Fötus besonders vom dritten Monat an bis zum sechsten die grösste Geschwindigkeit erreichen (S. oben S. 499).

Alle Zahlen der dritten Columne, ausser der für den achten Monat, fallen zwischen die Hecker'schen Grenzwerthe. Das Minimum für den achten Monat müsste hiernach 928 statt 1093 heissen. Doch variiren alle Zahlen viel zu sehr, als dass man sie zu allgemeinen Folgerungen oder genauen Altersbestimmungen verwerthen könne.

Länge in Centim.		Gewicht der frisch. Frucht		Alter der Frucht
2,5 w		0,975		6. Woche
12 m	12,7	36,5	46,5	4. Monat
13,5 m		56,5		4. Monat
18,5 m		95,5		5. Mon. 1. Hälfte
18,5 m		104,7		5. „ 1. „
19 w		156,8		5. „ 2. „
21,5 m	21	244	200 ..	5. „ 2. „
22,5 m		235,5		5. „ 2. „
23 w		264		5. „ 2. „
24 w		299		5. „ 2. „
26 m		361,8		6. Monat
30 w	29,8	575	569,3 ...	6. „
33,5 m		771		6. „
34,5 w		910		7. „
34 m		832,9		7. „
36 w	34,9	836	924	7. „
35 m		1117		7. „
38 m		928		8. „
53,5 m		3294		reif, todtgeb.

Die noch wenig untersuchte Abnahme des Körpergewichts Neugeborener vor der ersten Nahrungsaufnahme muss als eine [293 physiologische Erscheinung angesehen werden. Denn auch wenn kein Meconium und kein Harn vor dem ersten Anlegen an die Mutterbrust zur Ausscheidung kommen, ist allein schon der grosse Wasserverlust durch die sogleich nach der Geburt beginnende Lungenathmung und durch die Verdunstung von der Hautoberfläche aus genügend, um eine sehr merkliche Gewichtsabnahme herbeizuführen. Von dieser wesentlich verschieden ist die in den ersten Lebenstagen zwar bei den meisten, nicht aber bei allen Säuglingen eintretende Körpergewichtsabnahme.

Bei 100 Kindern, welche H. Haake in Leipzig unmittel- [517 bar nach der Geburt und an den folgenden Tagen wog, und welche sämmtlich als reif und gesund bezeichnet werden, betrug für 51 Knaben das Minimum 2,55 Kilo, das Maximum 4,2 Kilo, und für 41 Mädchen das Minimum ebenfalls 2,55, das Maximum 3,883 Kilo, das Knaben-Mittel 3,259, das Mädchen-Mittel 3,183 Kilo. Nicht allein aber fand er das Gewicht normaler reifer weiblicher eben geborener Kinder durchschnittlich geringer als das männlicher, sondern auch die in den (beiden) ersten Tagen nach der

Geburt regelmässig eintretende Gewichtsabnahme geringer, und die am zweiten oder dritten Tage beginnende Gewichtszunahme durchschnittlich grösser als bei Mädchen.

Die wenig später von Winckel veröffentlichten Wägungen ⁽²⁸⁾ ergaben damit fast genau übereinstimmende Resultate. Er wog 100 Kinder und fand für 56 Knaben das Durchschnittsgewicht 3,375, für 44 Mädchen 3,245 Kilo unmittelbar nach der Geburt. (Anfangs werden die Kinder sämmtlich als ausgetragen bezeichnet, später heisst es, sieben davon seien zu früh geboren gewesen, die Zahlen sind wahrscheinlich deshalb etwas zu klein). Der schwerste Knabe wog 4,166 Kilo, das schwerste Mädchen 4,041 Kilo.

Die Knaben sind also schon bei der Geburt durchschnittlich etwas schwerer als die Mädchen, wie auch Hecker gefunden hatte. Winckel ermittelte ferner, dass alle Neugeborenen schon innerhalb der ersten 24 Stunden nach der Geburt an Gewicht abnehmen und zwar durchschnittlich jedes 116 Grm. Diese Gewichtsabnahme dauert gewöhnlich zwei bis drei Tage und die schwereren Knaben verlieren dabei gewöhnlich weniger als die Mädchen. Von den zu diesen Wägungen verwendeten 100 Kindern waren 93 ausgetragen, sieben zu früh geboren. Die letzteren nahmen etwas mehr ab als die ersteren. Auch die Gewichtszunahme vom dritten Tage an gestaltete sich dabei für die Knaben günstiger, ganz wie es Haake gefunden hatte; doch gehört dieselbe nicht mehr in den Rahmen dieses Werkes.

Die Ursachen der Gewichtsabnahme sogleich und bald nach der Geburt findet Winckel in der Harn- und Meconium-Ausscheidung, der vermehrten Hautthätigkeit — er sah Neugeborene wenige Stunden nach der Geburt Schweiss reichlich absondern — der Entfernung der Vernix, der Abnahme des Fettes unter der Haut und — wie auch Haake — der anfangs nicht energischen Assimilation der Nahrung. Ich sehe aber ausserdem in der vom ersten Athemzuge an ausserordentlich zunehmenden Wasser-Abgabe durch die Lungen einen Hauptgrund für den Gewichtsverlust am ersten Tage, welche mit der Verdampfung des Wassers von der Haut aus zusammen schwer in's Gewicht fallen muss.

Über das **Wachsthum der Placenta** des Menschen liegen Wägungen von Hecker vor. Ich stelle hier die die frische Placenta betreffenden Zahlen aus seiner Tabelle zusammen. Sie bezeichnen Gramm. ⁽²⁹⁾

Monate	3	4	5	6	7	8	9	10
Maxima	59	135	365	594	625	812	(625)	(655)
Minima	20	55	60	155	(186)	186	312	343
Mittel	36	80	178	273	374	451	461	481
Anzahl	3	17	24	14	19	32	45	62

In den letzten Monaten wächst also die Placenta sehr viel langsamer, als in den früheren.

Auch über das **Wachsthum des Nabelstrangs** liegen Messungen von Hecker vor, aus welchen hervorgeht, dass beim Menschen derselbe sehr regelmässig dem Fötus-Wachsthum entsprechend zunimmt und vom vierten Monat ab immer im Mittel länger als die maximale Länge des Fötus ist. Die folgende [340
Tabelle, aus Hecker's Zahlen (Centimeter) zusammengesetzt, zeigt deutlich die Richtigkeit dieser von ihm gefundenen Beziehungen:

Monate	3	4	5	6	7	8	9	10
Maxima	15	29	50	58	65	89	(89)	94
Minima	3,5	8	19	20	21	(30)	30	32
Mittel	7	19	31	37	42	46	47	51
Fötus-Länge im Maximum	9	17	27	34	38	41	44	47

Nur im dritten Monat erreicht die durchschnittliche Länge der Nabelschnur die maximale des Fötus nicht. Die Zahl der Fälle für diese Zeit beträgt aber nur zehn, während auf die anderen sieben Monate zusammen 314 Fälle kommen.

Über das fötale Wachsthum des **Meerschweinchens** liegen dankenswerthe Bestimmungen von Hensen vor, aus welchen [341
hervorgeht, dass vom 16. bis 21. Tage, also in der dritten Woche, das Gewicht des Fötus um mehr als das zehnfache zunimmt, in der vierten dasselbe stattfindet und von da an erst die Massenzunahme langsamer geschieht. Hensen fand in Gramm:

Tage	16	21	29	36	43	50	59	64	67
Minimum	—	0,11	1,14	3,18	11,24	24,40	60,00	75,0	—
Maximum	—	0,14	1,39	4,40	12,46	27.57	82.75	99,4	—
Mittel	0,01	0,12	1,23	3,66	12,08	25,39	65,69	83,99	87.2
Fälle	1	3	3	4	4	6	4	4	131

Vor dem Ende der zweiten Woche nach der Begattung ist noch nichts vom Embryo zu sehen, wie Bischoff fand. [33, 39]

Aus den obigen Zahlen und einigen von mir folgt für die neun Wochen, während welcher der Meerschweinchenfötus sich im Uterus entwickelt, wenn man dieselben mit der grössten Genauigkeit graphisch zusammenfasst und die Grenzwerthe möglichst weit auseinander nimmt, dass ein Embryo wiegt

in der 3. Woche	weniger als	0,2 Grm.				
„ „ 4. „	mehr „	0,1	und weniger als	1,5	Grm.
„ „ 5. „	„ „	1	„ „ „	4	„
„ „ 6. „	„ „	3	„ „ „	12	„
„ „ 7. „	„ „	9	„ „ „	28	„
„ „ 8. „	„ „	21	„ „ „	72	„
„ „ 9. „	„ „	40	„ „ „	120	„
eben geboren reif	„ „	70	„ „ „	149	„

Über das Massen- und Längen-Wachsthum des Hühner-Embryo liegt eine Reihe von Bestimmungen von C. Ph. Falck [70] vor, welcher auch viele Messungen der einzelnen Theile desselben an den verschiedenen Brüttagen ausführte und die Ergebnisse seiner embryometrischen Bestimmungen mit den ebenfalls von ihm selbst an ausgewachsenen Hühnern ausgeführten metrisch-statistischen Beobachtungen verglich. Er fand, dass das Hühnchen eines 20 Tage lang bebrüteten Eies bis zum Ende des Wachsthums sein Gewicht um das 56fache steigert. Die Längen des Kopfes des Schnabels, des Auges, des Flügels, des Beines, des Rumpfes usw. wachsen um das 1,6- bis 6,5fache. Das Längen-Wachsthum des Flügels (1 : 6,5) ist nach dem Ausschlüpfen das grösste und das des Schnabels (1 : 2,2), des Auges (1 : 1,6) und des Kopfes das geringste, während das Massenwachsthum nach dem Ausschlüpfen viel grössere Differenzen zeigt. Die Hoden des Hahnes wiegen 756 mal mehr als die des eben zum Ausschlüpfen reifen Hähnchens, die Ovarien des Huhnes 870 mal mehr als die des eben reifen Hühnchens, dagegen das Gehirn nur 4 mal mehr, die Augäpfel 5,8 mal mehr, das Rückenmark 18,7 mal mehr, der Magen 41,2 mal mehr, die Vorderarmbeine 233 mal mehr.

Vergleicht man damit das Längen- und Massen-Wachsthum des Embryo, so ergibt sich in Bezug auf ersteres die höchst merkwürdige, von Falck selbst nicht erkannte Thatsache, dass in der zweiten Hälfte der Incubation, genauer in der Zeit vom zehnten bis zum zwanzigsten Brüttage, mehrere Organe fast ebensoviel oder mehr wachsen, als in dem ganzen übrigen

Leben zusammengenommen, und zwar gerade diejenigen, welche zuerst in dem selbständigen Dasein nach dem Verlassen des Eies in ausgiebigster Weise in Function treten, namentlich das Gehirn, das Auge, der Schnabel, die Zehen. Denn es ergab sich für zehn Hühnchen in Millimetern:

Brüttage	10	11	12	13	14	15	16	17	18	19	20
Länge des Gehirns	12	11	13	13	13,5	15	—	16	15	16	14
Breite des Gehirns	12	11	11	12	11,5	12	—	14	14	14	14
Längste Zehe	4	6	—	—	—	11	15	14	17	19	21
Schnabel	4	7	8	9	9,5	9	11	10	14	15	14
Augapfel	8	8	8	9	9,5	10	—	10	10,5	11	10

Der ausgewachsene Hahn hatte in Millimetern:

	Hahn	20täg. Hähnchen zum Hahn	10täg. Hühnchen z. 20t. Hühnchen
Länge des Gehirns	26	1 : 1,6 bis 1,8	1 : 1,4 bis 1 : 1,16
Breite des Gehirns	25 (22)	1 : 1,8 (1,5)	1 : 1,3 „ 1 : 1,2
Längste Zehe	64	1 : 3	1 : 5.2
Schnabel	32	1 : 2,3	1 : 3,7
Augapfel	19	1 : 1,7	1 : 1,3

Die Unterschiede fallen, bezüglich des Gehirns und Auges, noch mehr zu Gunsten des Embryo aus, wenn man nicht das 20tägige, sondern das 21tägige reife Hühnchen und nicht einen Hahn von 1745,65 Grm., der „sicher zu den stärksten Exemplaren gehörte" zu den Messungen verwendet, sondern einen gewöhnlichen Hahn.

Immerhin sind die Unterschiede deutlich genug, und die Thatsache kann als gesichert angesehen werden, dass im embryonalen Leben diejenigen Theile am schnellsten wachsen, welche am frühesten nach der Geburt in Function treten, während die nach derselben am längsten wachsenden auch am spätesten zu functioniren beginnen: die Geschlechtsorgane.

Zur Orientirung, namentlich in Betreff der Grösse der in der Beilage I untersuchten Embryonen kann noch die folgende aus den 44 Protokollen von Falck zusammengesetzte Übersicht dienen.

Gewicht und Länge des Hühner-Embryo:

Tag.	Gewicht	Grösste Länge ausgestreckt	Breite d. Rumpfes
1.	—	—	—
2.	0,005; (0,06)	7	1
3.	0,01; 0,02; (0,2); (0,33)	6; 9	4
4.	0,04? (0,94); 0,12; (1,2): (1,3)	12	—
5.	0,18: 0,18	16; 16	—
6.	0,31: 0,5: 2,03	20; 18	3: 6
7.	0,73	26	7
8.	1,1; 1,86	30	6
9.	1,48: 1,61	42; 34	9
10.	2,33: 2,53	50; 40	8
11.	3,55; 6,72	62	8
12.	4,30; 5,1	75; 69	9
13.	5,50; 6,08	79; 66	9
14.	8,31; 9,76	85; 88	10: 12
15.	10,91: 1,11	95; 84	12: 21
16.	13,8; 14,05	115; 100	13
17.	15,8; 12,97	113; 112	10: 21
18.	18,6; 20,65	119; 140	14
19.	22,78; 23,96	134; 130	19
20.	31,20; 32,45	150: 135	19
21.	34,57 im Mittel	140;	31: 33

Die eingeklammerten Zahlen stammen von Pott. [.68

Fünf Hühnchen vom 21. Tage wogen [275

29,6; 34,54; 36,33; 36,9; 37,22.

Zehn Hühnchen vom 21. Tage [706

29,81; 32,23; 33,19; 36,77; 37,07
31,66; 32,35; 35,45; 37,06; 38,50.

Das arithmetische Mittel aus diesen 15 Wägungen frischer Hühnchen vom 21. Tage beträgt 34,57, das Minimum ist 29,6, das Maximum 38,5. Demnach beträgt der **durchschnittliche** tägliche Stoffansatz beim Hühnchen im Ei vom 3. bis zum 21. Tage der Bebrütung wenigstens 1,64 und höchstens 2,13 Grm., im Mittel 1,92 Grm. Dabei ist aber zu unterscheiden der Stoffansatz durch wirkliches Wachsthum, histogenetische Vorgänge, einerseits, die Gewichtzunahme durch Verschlucken des Wassers und Resorption des gelben Dotters gegen Ende der Bebrütung andererseits. Eine numerische Trennung lässt sich noch nicht durchführen, eine genaue Wachsthumscurve noch nicht construiren.

Doch ergibt sich aus der vorläufigen, nur aus den wenigen Wägungen von R. Pott von mir abgeleiteten Embryo-Gewicht-Zunahme-Curve (Taf. VIII Fig. 3), wie aus den 42 Wägungen von Falck, dass in der ersten Brütwoche die tägliche Massenzunahme des Embryo zwar relativ sehr gross, aber absolut klein ist, in der zweiten Woche von Tag zu Tag mehr zunimmt und in der dritten am meisten beschleunigt ist. Die Wachsthumscurve des Hühner-Embryo steigt bis zum sechsten Tage sehr allmählich an, vom sechsten bis zum elften wird sie steiler und vom elften bis zum letzten Brüttage noch steiler. Sie bleibt die ganze Zeit convex gegen die Abscissenlinie.

Eine genauere Bestimmung der das fötale Wachsthum ausdrückenden Curve ist zur Zeit nicht zu geben, weil dazu erst viel mehr und viel sorgfältigere Wägungen erforderlich sind, als bis jetzt vorliegen. Doch sind die behufs Gewinnung des nöthigen thatsächlichen Materials zu überwindenden Schwierigkeiten fast nur technischer Art, diese ganze Untersuchung nur quantitativ und kaum neuer Methoden und Principien bedürftig.

Ganz anders die Art des fötalen Wachsthums, die qualitative Analyse desselben. Wenn man bedenkt, dass schon die Furchung des Eies eine erbliche Eigenschaft desselben ist, die erste Anlage des Embryo und vollends seine rapide Differenzirung im weiteren Verlaufe seiner Ausbildung, selbst bei verzögertem Wachsthum, ganz und gar nicht nothwendig erscheint auf Grund der bisher als allgemein gültig erkannten mechanischen Grundsätze, dann wird es unabweisbar, diese zu modificiren. Es tritt vor Allem an den Physiologen die gebieterische Pflicht heran, das grosse Problem der Entwicklung experimentell in Angriff zu nehmen und den Begriff der Erblichkeit in seine Theilstücke zu zerlegen.

Einer vervollkommneten Physiologie der Zukunft bleibt die Urbarmachung dieses reichen Gebietes vorbehalten. Aber es ist der grösste Fortschritt auf dem Wege dahin, bald nachdem Darwin die neue allgemeine Entwicklungs- und Concurrenz-Lehre begründet hatte, vor bald zwei Decennien gethan worden durch Häckel's epochemachende Entdeckung, dass die individuelle oder ontogenetische, also embryonale Entwicklung im Grossen und Ganzen eine abgekürzte und zwar vielfach modificirte aber noch kenntliche phylogenetische oder Stammes-Entwicklung ist.

Was früher wohl hier und da geahnt oder vermuthet, dann mit phantastischen Ausschmückungen und widerlichen naturphilosophischen Verunstaltungen behauptet wurde, ist auf dem Wege, durch das morphologische Genie des Begründers der Gasträa-Theorie, mit siegreicher Überwindung der Massenangriffe und Bekehrung der Gegner, wissenschaftliches Gemeingut zu werden: die Wiederholung der Metamorphosen des Stammes im Embryo.

Vor dieser Thatsache bleibt die Physiologie einstweilen ohne sie zu begreifen stehen.

IX.

ZUSAMMENFASSUNG DER ERGEBNISSE.

Sowohl der Umfang dieses Buches, als auch die grosse Anzahl der darin erwähnten einzelnen Beobachtungen und Experimente erschweren die Kenntnissnahme der aus denselben abgeleiteten allgemeinen Thatsachen. Es wird daher eine kurze Übersicht des Ganzen dem Leser erwünscht sein, damit er sich in dem Gebiete der hier zum ersten Male im Zusammenhang dargestellten Physiologie des Embryo besser orientiren und erkennen kann, was bereits erreicht, was neu ist, was durch fortgesetzte Beobachtungen und Versuche am lebenden Fötus zu ermitteln sein wird. Es eröffnen sich dabei Ausblicke auf die Anatomie, Physiologie und Pathologie des Menschen, welche die Fruchtbarkeit der genetischen Methode in helles Licht stellen.

In der Einleitung wurde bereits die Schwierigkeit des Unternehmens hervorgehoben. Der vorliegende Entwurf einer methodischen Untersuchung der Lebenserscheinungen vor der Geburt konnte der Natur der Sache nach die einzelnen Functionen nicht mit gleicher Ausführlichkeit behandeln, weil nach Möglichkeit das in der Literatur zerstreute thatsächliche Material berücksichtigt werden sollte und von diesem zwar ein grosser Theil die Blutströmung und Athmung, aber nur ein sehr kleiner die Ernährung und Sensibilität im embryonalen Leben betrifft. Indessen hat der Verfasser sich bemüht, durch eigene und unter seiner Leitung ausgeführte Untersuchungen die Bedingungen und Eigenthümlichkeiten gerade der früher weniger beachteten physiologischen Functionen des Embryo zu ermitteln, weil eine wahre Erkenntniss der Lebensvorgänge des geborenen und erwachsenen Menschen nur durch Verfolgung ihrer Genesis erzielt werden kann. Auch gewährt es eine grosse intellectuelle Befriedigung die allmähliche Ausbildung jeder Function von dem Stadium embryonaler Entwicklung an, wo sie noch unerkennbar ist, bis zur Reife zu erforschen.

Die Hauptschwierigkeit dabei ist durch den Mangel an grossen Embryonen, die Veränderlichkeit derselben und die Unvollständigkeit der morphologischen, besonders histologischen Detail-Angaben für die späteren Entwicklungsstadien bedingt.

Lebende menschliche Embryonen aus frühen Stadien, lebende Fehlgeburten, Misgeburten, besonders Anencephalen, auch Frühgeburten kommen dem Physiologen nur zufällig oder in kleiner Anzahl zur Untersuchung, sind aber zur Erkenntniss der embryonalen Lebensvorgänge besonders wichtig. Sie können Vivisectionen ersetzen.

An reifen neugeborenen Kindern fehlt es zwar nicht, aus deren Verhalten kann jedoch nur wenig auf das der Ungeborenen geschlossen werden, und gewöhnlich wird die eben geborene Frucht mit dem Neugeborenen, d. h. dem Säugling, verwechselt. In keinem Zeitpunct erfährt aber der Mensch so grosse physiologische, zum Theil lebensgefährliche Veränderungen, wie an seinem Geburtstage (S. 6. 280).

Die an schwangeren Frauen wahrnehmbaren Lebenserscheinungen des Fötus sind nicht mannigfaltig, seine Motilität und seine Herzthätigkeit fast die einzigen vor der Geburt direct erkennbaren Lebenszeichen desselben, und die an ihm ohne Schädigung der Mutter ausführbaren Experimente von äusserst geringem Umfang.

Um die Physiologie des Fötus als selbständigen Wissenschaftszweig zu begründen, ist daher das Thier zu verwenden. Von Säugethieren eignet sich dazu in Europa besonders das Meerschweinchen, das Schaf, der Hund, die Katze, das Kaninchen, deren Früchte der Beobachter in eine körperwarme 0,6-procentige Kochsalzlösung in einem geräumigen Bade austreten lässt. Von den Embryonen der Vögel wurde das Hühnchen am meisten untersucht, welches den grossen Vorzug hat, eine genaue Altersbestimmung zu gestatten, wenn die Brutwärme annähernd constant gehalten wird. Der vom Verfasser construirte einfache Brütofen (S. 10) bewährte sich während fünfzehn aufeinanderfolgender Jahre besser, als die in Brütanstalten verwendeten Apparate, für wissenschaftliche Zwecke, da diese sehr häufiges Öffnen und Besichtigen des Brutraumes benöthigen.

Ausser den Vogeleiern wurden besonders noch Schlangen-, Frosch-, Fisch- und Schnecken-Eier physiologisch untersucht und die mit durchsichtiger Hülle — namentlich unter den Fischeiern die Äscheneier — bevorzugt. Doch bildet die Kleinheit dieser

Objecte ebenso wie ihre Zersetzbarkeit ein grosses Hinderniss beim Experimentiren.

Um bequem die Embryonen oviparer Thiere in ihren Eiern in der Wärme zu betrachten und zu reizen, bewährte sich ein vom Verfasser construirter Präparirkasten (S. 13), um sie — vor allem farblose embryonirte Vogeleier — ohne Öffnung zu beobachten, des Verfassers Embryoskop oder Ooskop (S. 14) nebst dem Eiwärmer (S. 15). Auch lässt sich bei grosser Vorsicht die embryonale Entwicklung im geöffneten und mit Glimmer wieder verschlossenen Vogelei verfolgen (S. 16).

Die grösste Erschwerung des Verständnisses der beobachteten Lebenserscheinungen aller Embryonen ist durch den Mangel der morphologischen Untersuchung des fungirenden Substrates bedingt, nachdem einmal der Embryo sich gebildet hat. Die Entwicklung des Muskel- und Nerven-Gewebes, der Nervenendigungen in den Muskeln und Drüsen und Sinnesorganen ist noch allzuwenig bekannt. Doch wurden durch Feststellung neuer Thatsachen rein physiologischer Natur wenigstens die an die Histologie zu richtenden Fragen schärfer präcisirt.

Die thatsächlichen Ergebnisse betreffen die embryonale Circulation, Respiration, Ernährung, Secretion, Wärmebildung, Motilität, Sensibilität und das Wachsthum im Ei.

Die embryonale Circulation.

Unter allen Functionen des Embryo ist seine Herzthätigkeit und Blutströmung am häufigsten Gegenstand der Untersuchung gewesen.

Bezüglich der ersteren kann als allgemein gültig der Satz ausgesprochen werden, dass bei den Embryonen aller Thiere das Herz in der allerersten Zeit unregelmässig, sowohl ungleich stark, als auch ungleich frequent und ungleich schnell schlägt. Es fehlen ihm die für das ausgebildete höhere Wirbelthier charakteristischen Regulatoren vollständig, und es ist wahrscheinlich, dass im embryonalen Herzen nach der Ausbildung seiner Muskelfasern beim Menschen und bei allen Thieren diese sich nicht gleichzeitig contrahiren. Dagegen arbeitet das Herz älterer Schnecken-, Fisch-, Reptilien-, Vogel- und Säugethier-Embryonen nach des Verfassers Zählungen auffallend regelmässig und kräftig unter gleichbleibenden äusseren Umständen.

Die beim Hühner-Embryo genauer beobachtete Füllung und Entleerung des eben erst geschlossenen noch nicht getheilten

Herzrohres lehrt, dass die erste Systole nach Verschmelzung der vorher getrennt entstandenen Herzhälften stets erst nach völligem Verschluss des Herzcanals eintritt, was auch für das Säugethier gelten muss.

Die Thatsache, dass alle embryonischen Herzen, ehe an ihnen die Querstreifung der Muskelfasern und nervöse Gebilde (Ganglienzellen und Nervenfasern) erkennbar sind, kräftig schlagen, lässt vermuthen, dass die contractilen Zellen des Herzschlauchs vor jeder Zusammenziehung von einem und demselben Reize erregt werden. Eine Übertragung der Contraction von einer Zelle auf die andere ist dagegen höchst unwahrscheinlich. Jener Reiz muss in dem schon vor der Herzbildung durch Wärmedifferenzen in Strömung gerathenen Fluidum gesucht werden, aus dem das Blut hervorgeht, d. h. in der anfangs noch farblosen **Hämatolymphe**: denn Absperrung der Blutzufuhr zum embryonalen Herzen hat schleunigst Herzstillstand zur Folge.

Die Bewegung des Blutes im jüngsten Embryo-Herzen geschieht immer so, dass es von hinten (unten) durch die Omphalomesenterial-venen einströmt und durch eine peristaltische Contraction des Herzcanals nach vorn (oben) getrieben wird. So vermittelt zuerst das Herzrohr nur die Strömung vom Gefässhof in die Embryo-Anlage. Die erste cordipetale Blutbewegung in den Gefässen wird gar nicht durch die Herzthätigkeit, sondern vor dieser (durch Temperatur-Differenzen) eingeleitet (S. 28), die erste cordifugale, von der Embryo-Anlage fort in die *Area vasculosa*, nur durch die Herzthätigkeit.

Die Frequenz aller bisher lebend beobachteten embryonalen Herzen ist zu Anfang ihrer Thätigkeit geringer als bald nachher. So bei Schnecken, Fischen, Amphibien, Reptilien, beim Hühnchen und auch beim Säugethier. Für das Hühnchen im Ei ergab sich im Besonderen aus vielen Zählungen, dass die Herzfrequenz vom zweiten bis fünften Tage zunimmt; sie kann sich sogar verdoppeln, von 90 auf 180 in der Minute steigen, und nimmt dann nicht sogleich wieder ab (S. 30).

Mehrere nicht unwichtige neue Thatsachen wurden gefunden bei Untersuchung verschiedener Einflüsse auf das zwei- bis viertägige Hühnchen-Herz im geöffneten und warm gehaltenen Ei und auf das frisch blosgelegte Herz des Meerschweinchen-Embryo, sowie auf die ausgeschnittenen embryonalen Herzen:

Alle bisher untersuchten Embryo-Herzen sind ausserordentlich empfindlich gegen Temperatur-Änderungen, und zwar gilt allgemein für alle, dass die Frequenz bei der geringsten Abkühlung abnimmt und bei der geringsten Erwärmung zunimmt. Dabei wurden die Herzen von Säugethier-Embryonen (wie schon früher die der Hühnchen) durch Abkühlung zum vollkommenen Stillstand gebracht und durch darauffolgende Erwärmung wieder zum kräftigen Schlagen veranlasst (S. 37. 40). Die Erwärmung kann eine Frequenzzunahme bis zur Unzählbarkeit herbeiführen, aber keinen Herztetanus im lebenden Embryo.

Am merkwürdigsten ist das Verhalten des embryonalen Herzens gegen elektrische Einflüsse. Durch Inductions-Wechselströme kann nämlich eine dauernde Systole, ein wahrer Herztetanus, ohne nachtheilige Folgen erzeugt werden (S. 32). Der constante galvanische Strom hingegen bewirkt nur eine geringe Frequenz-Steigerung, wenn alle Abkühlung vermieden wird, oder keine Änderung der Frequenz. Diese Thatsachen zeigen, dass das Verhalten junger embryonaler Herzen (der Vögel und Säugethiere) gegen elektrische Reize wesentlich verschieden von dem ausgewachsener ist; ohne Zweifel enthalten sie noch keine Hemmungsganglien.

Auch gegen Berührungen verhält sich das Embryo-Herz anders, da jede kurz dauernde Berührung mit einem körperwarmen Stäbchen eine vorübergehende Frequenzsteigerung zur Folge hat. Wasserentziehung durch Verdunstung des Eiwassers bewirkt Frequenzabnahme.

Eine grössere Anzahl chemischer Reizversuche lehrte, dass das embryonale Hühnchen-Herz, noch ehe die Querstreifung seiner Muskelfasern erkannt werden kann, durch Kaliumverbindungen in minimalen Mengen gelähmt wird, während Natriumsalze in verdünnten Lösungen sich indifferent verhalten; Chlornatrium in Substanz auf das Herz gebracht bewirkt aber eine rapide Abnahme der Frequenz. Desgleichen Chloralhydrat, Aldehyd, Atropin, Nicotin, Chinin, Ammoniak u. a. in fast homöopathischer Dosis. Die Empfindlichkeit des Embryo-Herzens gegen chemische Reize (Herzgifte) ist grösser als die irgend eines differenzirten contractilen Gewebes.

Lässt man den nicht vergifteten Embryo im offenen Ei an der Luft absterben, so tritt vor dem definitiven Herzstillstand eine prämortale Frequenzzunahme ein.

Diese erinnert an die vorübergehende Erregbarkeitszunahme absterbender Nerven beim geborenen Thiere.

Das ausgeschnittene Herz, auch schon das in dem aus dem

Ei genommenen Embryo, verhält sich anders als das *in situ*, zeigt z. B. eine auffallende Arhythmie. Es ist als ein absterbendes Herz anzusehen. Für dieses gilt allgemein, dass je grössere Pausen zwischen zwei Systolen eintreten, um so länger die einzelne Contraction andauert und die Entleerung um so ausgiebiger wird.

Grosse Ähnlichkeit zeigt das physiologische Verhalten des embryonalen Herzens der Vögel und Säugethiere mit dem von Insectenlarvenherzen (S. 35), auch, bezüglich seiner grossen Lebenszähigkeit, mit dem von ausgewachsenen Amphibienherzen (S. 38). Die Herzen von Meerschweinchen-Embryonen schlagen noch, wenn keine Spur Sauerstoff in ihrem Blute aufgefunden werden kann, sogar noch zehn Minuten nach dem Erstickungstode der Mutter.

Dieser Resistenz verdankt man die Erkenntniss, dass die menschliche Herzthätigkeit zu Anfang der dritten Woche beginnt. Die Entwicklungsgeschichte lehrt, dass es vor dem Ende der zweiten Woche nicht schlägt, weil dann der Herzcanal noch nicht geschlossen ist.

Die Entdeckung der Herztöne des Fötus bei der schwangeren Frau (im Jahre 1822) versprach eine reichere physiologische Ausbeute, als bis jetzt gewonnen wurde. Die praktische Wichtigkeit derselben zur Erkennung der Gravidität vom fünften Monat an hat zwar zu einer sehr grossen Häufung der Frequenzbestimmungen durch Zählung bei der Auscultation geführt, aber im Verhältnisse zur aufgewendeten Mühe wenige neue physiologische Thatsachen kennen gelehrt. In Betreff der Methode wird von vielen Ärzten nach zweifacher Richtung gefehlt: 1) Statt mit nur einem Ohr zu auscultiren, sollte stets ein binaureales oder diotisches Stethoskop verwendet werden, weil man damit die fötalen Herztöne viel deutlicher hört. 2) Statt, wie es Viele thun, nur während fünf oder zehn Secunden die Herztöne zu zählen, muss während mindestens 15 oder 20 oder 30 Secunden, am besten während einer vollen Minute, gezählt werden, um übereinstimmende Resultate zu erhalten (S. 43. 46).

Die Annahme, dass während der ganzen zweiten Schwangerschaftshälfte die Frequenz constant bleibe, ist nicht ganz zutreffend. Fast immer steigt dieselbe vorübergehend nach Fruchtbewegungen, wahrscheinlich weil die Muskeln die Venen comprimiren und dadurch in gleichen Zeiten mehr Blut in das Herz einströmt.

Eine eingehende Kritik der zahlreichen Arbeiten zur Entscheidung der Frage, ob vor der Geburt weibliche Früchte eine höhere Herzfrequenz haben, als männliche, so dass sich das Geschlecht vorher bestimmen liesse (S. 44 bis 50), hat gezeigt, dass zwar in sehr vielen Fällen die Vorhersagung wirklich eingetroffen ist, in sehr vielen anderen vorzüglich genau beobachteten aber nicht. Bei den häufigen Frequenzen (etwa der Hälfte aller Fälle) von 135 bis 145 Herzschlägen in der Minute sind beide Geschlechter gleich oft vertreten; bei den hohen über 145 kommen immer noch etwa ein Drittel Knaben, bei den niedrigen unter 135 ein Drittel Mädchen vor. Zur Vorhersagung des Geschlechts des neugeborenen Kindes kann also die Zählung der kindlichen Herzschläge an der Schwangeren im einzelnen Falle nicht verwendet werden.

Auch hängt die fötale Herzfrequenz gerade im Augenblick der Zählung von mehreren Factoren ab, welche nicht alle bekannt sind. Mit der Fieberwärme der Mutter pflegt sie zu steigen (S. 51. 352), nach langer Ruhe des Fötus ihren tiefsten (physiologischen) Stand zu erreichen.

Ein sehr wichtiger Unterschied der fötalen und postnatalen Herzthätigkeit besteht in der weitgehenden Unabhängigkeit der ersteren vom Gehirn und Halsmark. Auch beim menschlichen Anencephalen ohne Respirations-Centrum ist die Herzthätigkeit beobachtet worden (S. 53. 436).

Die ersten Athembewegungen des ebengeborenen normalen Kindes bewirken zuerst eine bedeutende aber kurzdauernde Steigerung (S. 56), dann eine länger anhaltende sehr erhebliche Abnahme (S. 54) der Herzfrequenz. Die künstlichen bei Wiederbelebung asphyktisch geborener Kinder angewendeten Hautreize haben regelmässig eine schnelle und bedeutende Hebung der gesunkenen Herzthätigkeit zur Folge. Dieses gilt auch für den vorzeitig dem Uterus entnommenen und künstlich zum Athmen gebrachten Säugethierfötus. Am meisten trägt aber zur Hebung der Herzthätigkeit bei die Erwärmung im Brütofen und im körperwarmen Bade.

Eine Kritik der Angaben über die Veränderungen der fötalen Herzfrequenz vor, während und nach der Geburt hat ferner erkennen lassen, dass die Frequenz vor dem Beginne der Wehen nur sehr selten von der schlafender Neugeborener erreicht wird und Morgens, Nachmittags und Abends bei Ausschluss aller Störungen keine constanten Unterschiede bietet. Während der Vorwehen nimmt die fötale Herzschlagzahl fast jedesmal zu, dagegen zu Anfang und zu Ende jeder Wehe nach mehreren guten Beobachtern ab, falls nur die Geburt nicht regelwidrig verläuft.

Diese physiologische Abnahme der fötalen Herzfrequenz während der Uterus-Contractionen ist verschieden erklärt worden. Eine Kritik der betreffenden Hypothesen (S. 58 bis 65) ergibt, dass dabei höchstwahrscheinlich die Hemmungsfasern des *Nervus vagus* betheiligt sind, deren Erregung durch den von der contrahirten Uterus-Musculatur auf die Oberfläche des Fötus ausgeübten Druck reflectorisch — durch Hautnerven — zu Stande kommen könnte. Denn aus den vorliegenden Versuchen verschiedener Forscher geht hervor, dass normalerweise die hemmende Vagus-Wirkung entweder schon kurz vor der Geburt oder wenigstens während derselben sich geltend machen kann. Freilich verhalten sich verschiedene Thierarten darin ungleich; auch sind gewiss (S. 65) mehrere Factoren bei der Veränderung der fötalen Herzthätigkeit während der Geburt wirksam, welche sich zum Theil oder ganz compensiren können. Denn in manchen Fällen bleibt die fötale Herzthätigkeit während der ganzen Geburt constant, in einzelnen tritt auch eine Beschleunigung in der Wehe, in anderen eine grosse Unregelmässigkeit (zwischen 100 bis 200 Schläge in der Minute) ein. Die Frequenzzunahme zwischen zwei Wehen erklärt sich aus einem Nachlass der Vagus-Erregung bei Nachlass des Druckes und Erleichterung der Herzarbeit nach Wiedereröffnung des Placentarcapillarsystems, welches durch Compression während der Wehe verengt werden muss.

Die sehr kurze Dauer eines Herzschlags beim Fötus von 0.4 Secunden und weniger lässt es fast sicher erscheinen, dass die Herzpause zwischen beendigter Systole der Ventrikel und beginnender Systole der Atrien nicht nur absolut, sondern auch relativ kürzer als beim Geborenen ist.

Im Ganzen folgt aus den vorliegenden Untersuchungen der embryonalen Herzthätigkeit ausser den angeführten Thatsachen, dass eine systematische vergleichend-physiologische Ermittlung der Bedingungen, unter welchen das *punctum saliens* der verschiedensten Thiere seine Thätigkeit beginnt und fortsetzt, die grösste Erweiterung der Kenntniss dieses fundamentalen Lebensvorganges in sichere Aussicht stellt.

Über die Bewegung des Blutes im Embryo ist viel mehr gearbeitet worden, so dass hier weniger Neues zu beschreiben, als vielmehr Altes zu bestätigen und zum Theil von neueren Irrthümern zu befreien war. Die Hämatolymphe strömt bei allen Embryonen, ehe sie rothe Blutkörperchen enthält, und zwar bei allen unregelmässig. Die Bewegungen des embryonalen Rumpfetragen wesentlich bei zum Ingangbringen des Blutkreislaufs. Die Beschreibung desselben beim Hühner-Embryo und beim Menschen gliedert sich der Entwicklung des Gefässsystems entsprechend in drei Theile. Die Dottercirculation (I) findet zuerst statt und zwar die primitive (I a) vor der Verschmelzung der beiden primitiven Aorten, die zweite nach derselben (I b), und diese ist durch die Strömung in dem Netz der *Area vasculosa* charakterisirt. Dann folgt die sogenannte zweite Circulation oder der Allantoiskreislauf (II), welche beim Säugethierfötus dem Chorion- (II a) und Placentar-Kreislauf (II b) entspricht, endlich der Kreislauf des Neugeborenen (III), mit dem ersten Athemzuge beginnend. Beim Menschen beginnt I a Ende der zweiten Woche oder zu Anfang der dritten. I b in der vierten Woche oder Ende der dritten Woche, II a mit der Ausbildung der Umbilicalgefässe Ende der dritten oder zu Anfang der vierten Woche, II b mit der Placentabildung im dritten Monat. III mit der Geburt. Genauere Zeitbestimmungen sind nicht zu erwarten.

Eine Kritik der vorliegenden Beschreibungen der embryonalen Blutcirculation ergibt, dass die Füllung des Herzens mit Blut meistens nicht richtig angegeben ist. Denn die untere *Vena cava* ergiesst ihr Blut nicht durch das *Atrium dextrum* und dann das *Foramen ovale* in das *Atrium sinistrum*, sondern zugleich in beide Vorhöfe. Sie hat zwei Mündungen, eine untere rechte für das *A. dextrum* und eine obere linke für das *A. sinistrum*, indem ihr Lumen durch den *Isthmus atriorum* geschieden ist (S. 80. 81. 87).

Eine Analyse der Erscheinungen des fötalen Blutumlaufs lehrt die Nothwendigkeit wenigstens acht Grade der Arterialität oder Venosität zu unterscheiden (S. 85. 86) und zeigt, dass ein Theil des venösesten Blutes, welches bereits einmal in der unteren Körperhälfte war, durch die untere Hohlvene, die rechte Kammer, den Botallischen Gang und die Aorta zurückkehrt und, was noch auffallender, ein Theil des arteriellsten Blutes aus der Umbilicalvene durch das Herz, die Aorta und die Umbilicalarterien in die Placenta zurückkehrt.

Für die grossen Veränderungen der Circulation nach der Geburt und im Vogelei zu Ende der Incubation ist die Ausdehnung der atelektatischen Lunge wesentlich, da sie die stärkere Füllung der Lungencapillaren durch Aspiration und zugleich die Verödung des Botallischen Ganges bewirkt. Durch die Aspiration sinkt der Blutdruck in der Aorta (S. 89. 101. 102), weil wegen Unterbindung der Nabelvene weniger Blut in den *Ductus Arantii* und die *Cava inferior* zum Herzen strömt, so dass der *Ductus Botalli* vollends obliterirt und auch der Widerstand der Körpercapillaren sich vermindert. Es folgt auf die Abnahme des Blutdrucks in der Aorta eine sehr starke Zusammenziehung der Ringmuskeln der Nabelarterien, wodurch dem Verbluten auch bei nicht unterbundener Nabelschnur (bei Thieren) vorgebeugt wird.

Eine Revision der Arbeiten über den Einfluss der frühen und späten Abnabelung auf das eben geborene Kind zeigt, dass eine kleinere oder grössere (bis zu 100 Grm. betragende) Blutmenge nach dem Austritt der Frucht aus der Placenta in dieselbe hineinströmt, und zwar hauptsächlich durch Aspiration seitens der Lungen, weniger durch Compression der Placenta. Diese „physiologische Transfusion“ kann dem schwächlichen Neugeborenen möglicherweise das Leben retten, und auch für den kräftigen ist vom physiologischen Standpunct die späte Abnabelung — nach Erlöschen des Nabelschnurpulses — der frühen bei weitem vorzuziehen, schon weil die Menge des Hämoglobins im Blute, welches bei den ersten Athembewegungen Sauerstoff in der Lunge bindet, dadurch erheblich steigt.

Die Respiration des Fötus.

Zwei Probleme waren es, welche auf diesem Gebiete vor allen anderen gelöst werden mussten, erstens: bildet der Embryo normalerweise vom Anfang seines Daseins an Kohlensäure in messbarer Menge und bedarf er reichlicher Sauerstoffzufuhr? zweitens: wie kommen unmittelbar nach der Geburt die ersten Athembewegungen normalerweise zu Stande? Beide Fragen sind ihrer Lösung wesentlich näher gebracht worden.

Bezüglich der Sauerstoffzufuhr steht fest, dass dieselbe dem Embryo nothwendig ist. Bei Erschwerung derselben entwickelt er sich langsam und unvollkommen, bei Erleichterung derselben können die embryonalen Athmungsorgane hydrozoischer Embryonen (der Amphibien) über ein Jahr lang persistiren, bei Verhinderung der Embryonen (der Amphibien), welche durch Haut, Darm und Kiemen athmen, an die Luft zu kommen, entwickeln sich die letzteren enorm und die Lungen bleiben rudimentär.

Der Vogelembryo bedarf zu seinem Wachsthum (mehr noch als zu seiner Differenzirung) nicht allein des gasförmigen Sauerstoffs, es darf die Luft in der Umgebung nicht einmal 24 Stunden lang stagniren, wenn er am Leben bleiben soll. Nichtsdestoweniger kann sich das Hühnchen im Ei auch dann normal entwickeln.

wenn mehr als die Hälfte der Eischale mit Asphaltlack impermeabel gemacht worden ist; aber der Lack muss in Tupfen oder in schmalen Streifen vertheilt sein, nicht eine Hälfte des Eies im Zusammenhang bedecken. Im reinen strömenden Sauerstoffgas entwickelt sich das Hühnchen normal, es bildet sich aber reichlicher Sauerstoffhämoglobin, das Integument und das Fruchtwasser werden roth. In der Bildung des Sauerstoffhämoglobins im Hühnerembryo — am zweiten Tage — liegt ferner ein Beweis für die Sauerstoffaufnahme vom Anfang an. Denn in luftdicht abgeschlossenen Eiern bildet sich kein rothes Herz aus.

Die Gasaufnahme schreitet normal von Tag zu Tag fort, indem sich die Luftkammer stetig vergrössert (S. 118). Dieselbe liegt nicht immer am stumpfen Pol, manchmal an der Seite und sehr selten am spitzen Eipol. In allen drei Fällen schlüpfen reife Hühnchen aus. Bei allen sind die venösen Allantoisgefässe hellroth (sauerstoffhaltig), die arteriellen dunkler (sauerstoffarm).

Die Sauerstoffaufnahme des Säugethier-Embryo ist durch die 1874 gemachte Entdeckung (S. 137) bewiesen, derzufolge regelmässig unter absolutem Luftabschluss nach des Verfassers Methode aufgefangenes Nabelvenenblut das Spectrum des Sauerstoffhämoglobins zeigt. Man sieht auch bei schneller und doch behutsamer Öffnung des Uterus stets anfangs die Nabelvene heller roth als die Nabelarterien.

Bezüglich der Kohlensäure-Bildung des Embryo konnte keiner der früheren Versuche beweisend sein, weil entweder nur embryonirte Eier geprüft wurden oder bei der Untersuchung unbefruchteter Eier zur Controle keine Kohlensäure unter den Exhalationsproducten gefunden wurde. Eine sehr eingehende neue Experimentaluntersuchung nach dem bei der Elementaranalyse verwendeten Verfahren zur Kohlensäurebestimmung hat aber gezeigt, dass jedes bebrütete Ei, gleichviel ob es befruchtet worden oder nicht, Kohlensäure ausscheidet, und zwar das entwickelte Ei stets viel mehr als das unentwickelte von dem Beginne der zweiten Hälfte der Incubation an. In der ersten Hälfte derselben ist die Kohlensäure-Abgabe ebenso wie die Luftaufnahme nicht erheblich verschieden beim entwickelten und unentwickelten Ei. Da aber das sich entwickelnde bebrütete Hühnerei namentlich in der letzten Brütwoche täglich wachsende Kohlensäuremengen an die Luft abgibt, das unbefruchtete bebrütete dagegen in dieser Zeit nicht merklich mehr (S. 127), als zu Ende der zweiten Woche, so folgt unabweisbar, dass der Vogel-Embryo lange vor dem Beginne der Lungenfunction Kohlensäure bildet, welche gasförmig an die Atmosphäre abgegeben wird. Es zeigte sich ferner, dass das Hühnchen im Ei etwas mehr Sauerstoff aus der Luft aufnimmt, als es in der Kohlensäure an dieselbe wieder abgibt (S. 130). Durchschnittlich verliert das befruchtete Hühnerei in den drei Brütwochen drei bis vier Grm. Kohlensäure mehr als das unbefruchtete (S. 249). Es producirt auch mehr Kohlensäure im reinen bewegten Sauerstoffgas, als in der atmosphärischen Luft und nimmt im ersteren Falle mehr Sauerstoff auf, als im letzteren.

In allen diesen Fällen scheidet das Vogelei, gleichviel ob es entwickelt oder unentwickelt, bebrütet oder unbebrütet ist, ausser der Kohlensäure beträchtliche Mengen von Wasserdampf (Wassergas) aus. Eine sehr grosse Anzahl von Wägungen zur Bestimmung desselben nach einer neuen, auch sonst zur Bestimmung des exhalirten Wassers bei kleineren Thieren vorzüglich geeigneten Methode (S. 126) hat die merkwürdige Thatsache sicher festgestellt, dass beim bebrüteten, entwickelten Hühnerei die täglich abgegebenen Wassermengen, ausser in den ersten und letzten Tagen, den täglichen Gewichtsverlusten fast gleichkommen, folglich muss das Gewicht der täglich ausgeschiedenen Gase (Kohlensäure) geradeso gross sein wie das Gewicht der gleichzeitig aufgenommenen Gase (Luft). Das unentwickelte bebrütete Ei gibt aber mehr Wasser ab, besonders zuletzt — in den 21 Brüttagen zwei bis drei Grm. mehr — als das entwickelte. Die Gewichtsverluste sind, abgesehen vom Anfang und Ende der Incubation, auffallend genau proportional der Zeit, demgemäss auch die Wasserverluste. Der Embryo selbst exhalirt aber im Ei vor dem Beginne der Lungenathmung kein Wasser, sondern nimmt aus dem übrigen Ei-Inhalt Wasser auf. So kommt es, dass der Vogelembryo trotz der bedeutenden Gewichtsabnahme des Eies, die bis zum letzten Brüttage durch Wasserverdunstung bedingt ist, dennoch stetig an Wasser zunimmt, während zugleich der relative Wassergehalt des Embryo mit seiner Entwicklung bis zu einem gewissen Zeitpunct abnimmt (S. 251), um zuletzt (durch reichlicheres Fruchtwasser-verschlucken) wahrscheinlich wieder etwas zuzunehmen.

In Betreff der Sauerstoffaufnahme und Kohlensäure-Bildung des Säugethierfötus ist die (S. 145) verlangte Differenz des Nabelarterienblutes (mit weniger Sauerstoff und mehr Kohlensäure) und Nabelvenenblutes (mit mehr Sauerstoff und weniger Kohlensäure)

inzwischen experimentell gasometrisch von anderer Seite dar- [522
gethan worden. Somit kann kein Zweifel mehr darüber bestehen, dass der Säugethierfötus den von der Placenta stammenden am Hämoglobin seiner Blutkörperchen haftenden Sauerstoff zum Theil zu Oxydationen verwendet. Aber die Menge des vom Embryo aufgenommenen Sauerstoffs ist relativ gering im Vergleich zu der des Geborenen. Trotz dieses geringen Quantums muss man den Sauerstoff vom Anfang der Embryogenesis an für fundamental lebenswichtig erklären, weil er nicht allein sehr schnell verbraucht wird, sondern auch die Sauerstoff-Entziehung schleunigen Tod oder Scheintod zur Folge hat.

Die Frage, wie die erste Athembewegung des neugeborenen Menschen, Säugethiers und Vogels zu Stande kommt, ist durch eine ausgedehnte Specialuntersuchung des Verfassers anders als von sämmtlichen früheren Forschern beantwortet worden. Keine der bis jetzt aufgestellten Hypothesen genügt den von ihm festgestellten, zum Theil neuen Thatsachen. Denn weder die älteren noch die neuesten Ansichten vertragen sich mit dem vom Verfasser (S. 158. 164) beobachteten Lungenathmen bei intacter Placentar-Circulation und -Respiration (bez. Allantois-Circulation und -Respiration).

Zunächst wurde festgestellt, dass überhaupt kein Embryo im Stande ist, Athembewegungen auszuführen, wenn er nicht schon vorher auf Hautreize von genügender Stärke mit Reflexbewegungen der Extremitäten antworten kann. Sodann ist gewiss, dass in keinem Ei alle Hautreize fehlen, vielmehr der Fötus, sowie seine Hautnerven hinreichend entwickelt sind, theils durch Eigenbewegungen, theils durch intrauterine Veränderungen (Berührungen, Spannungsänderungen) fortwährend Erregungen vieler centripetaler Nerven erfährt.

Ferner liess sich der schon von Anderen ausgesprochene Satz beweisen, dass grössere Mengen Fruchtwasser vor der Geburt aspirirt werden können ohne Nachtheil für die Frucht. Derartige vorzeitige Athembewegungen lassen sich durch mechanische Reize (Stiche) künstlich wachrufen ohne Schädigung des Fötus. Aber auch sehr geringfügige Beeinträchtigungen der Placentar- oder Allantois-Athmung bewirken ohne künstliche Reize vorzeitige Inspirationen, die überlebt werden können.

Daher stellte der Verfasser auf Grund seiner Erfahrungen den Satz auf, dass die Erregbarkeit des Athemcentrum für Hautreize mit der Abnahme des Sauerstoffs im Fötusblut bis zu einer gewissen Grenze steigt und mit der Zunahme desselben fällt, so dass ersterenfalls vorher vorhandene für die Auslösung einer Inspiration nicht ausreichende periphere (Haut-) Reize nach dem Venöswerden des embryonalen Blutes intrauterin und extrauterin wirksam werden können, letzterenfalls ihre Wirkung wieder verlieren. Denn bei grosser Erregbarkeit genügen allgemein schwache Reize, um denselben physiologischen Effect herbeizuführen, wie bei geringer starke Reize.

Im Ganzen ergibt die Untersuchung des Verfassers, dass der erste Athemzug des Ungeborenen und des freigemachten Fötus zu Stande kommt: 1) durch künstliche starke periphere Reize bei unversehrter Placentarathmung, 2) durch Störung der placentaren Sauerstoffzufuhr ohne künstliche Reize, indem hier die nie fehlenden natürlichen Reize wegen Zunahme der Erregbarkeit des Centrum wirksam werden. Bei der normalen Geburt vereinigen sich regelmässig beide Momente: sehr starke periphere Reizung durch den Geburtsact (auch die Abkühlung) und erhebliches Wachsen der centralen Erregbarkeit wegen Unterbrechung der Placentar- (bez. Allantois-) Athmung. Die periphere Reizung ist aber das wichtigere und unerlässlich, während die Sauerstoffabnahme nicht unter allen Umständen vorhanden zu sein braucht, obwohl sie normaler Weise bei jeder Geburt, oft schon während derselben (in der Wehe) eintritt theils ohne, theils mit Athembewegungen: ersteres, wenn die peripheren Reize zu schwach, letzteres, wenn sie genügend stark sind.

Eine Kritik der Hypothesen über die Ursache der ersten Inspiration bestätigt diese Erklärung vollkommen, indem sie zeigt, dass ihr nicht nur keine einzige hergehörige Thatsache widerspricht, sondern auch keine unvermittelt bleibt. Die Praxis hat seit Jahrhunderten die Wirksamkeit starker Hautreize bei asphyktisch geborenen Kindern bewiesen, das Experiment ihre geringe Wirksamkeit bei apnoischen mit Sauerstoff reichlich versehenen Thieren dargethan.

Die embryonale Ernährung.

Bezüglich der Ernährung unterscheiden sich alle Embryonen wesentlich von den geborenen Thieren dadurch, dass sie, gleichviel ob ihnen ein Nahrungsdotter zur Verfügung steht oder nicht, keine oder nur wenige active Bewegungen behufs Einführung der Nahrung machen, letztere ihnen vielmehr im buchstäblichen Sinne des Wortes zuströmt. Das Imgangbleiben dieses Stromes erfordert eine Reihe von äusseren Bedingungen, welche nur wenig untersucht worden sind. Der Verfasser stellte mehrfach Beobachtungen darüber an und sammelte eine Anzahl von Angaben Anderer, aus welchen hervorgeht, dass von besonderer Wichtigkeit sind: der Einfluss des Atmosphären-Drucks, der Einfluss der Feuchtigkeit, der Einfluss des Lichtes, der Einfluss von Bewegungen des Eies und Verletzungen des Embryo. Doch lassen sich in Bezug auf alle diese Momente bis jetzt noch keine allgemeingültigen Sätze aufstellen, welche genaueren Aufschluss über die Beziehungen derselben zur Ernährung des Embryo geben. Hier kommen die in rein physiologischer Hinsicht noch sehr wenig im Einzelnen ermittelten Anpassungen und starke erbliche Eigenschaften vor Allem in Betracht. Denn während die Eier nicht weniger Gliederthiere trocken, im luftverdünnten Raum, festgefroren, auch überhitzt, ausdauern können, sind die der Amphibien schon gegen geringfügige Änderungen des atmosphärischen Druckes, gegen Wassermangel und Temperatur-Schwankungen höchst empfindlich, und das befruchtete bebrütete Vogelei geht in trockener Luft zu Grunde, obwohl es grosse Wassermengen abgeben muss, um nur die Entwicklung zu Stande kommen zu lassen. Indessen hat sich aus den neuen Untersuchungen ergeben, dass die normalerweise vom Vogelei exhalirten Wassermengen durch partielle Lackirung der Eier erheblich herabgesetzt werden können, ohne die embryonale Entwicklung zu stören.

Die nicht zahlreichen über die Vergiftung von Embryonen verschiedener Art bis jetzt gesammelten Erfahrungen zeigen, dass manche Gifte, welche für das Geborene tödtlich sind, das noch unreife Ungeborene nur wenig oder garnicht afficiren, weil das centrale und periphere Nervensystem noch nicht entwickelt ist. Es gehören dahin Curarin, Blausäure, Strychnin, um nur einige der stärksten Gifte zu nennen.

Die vom Verfasser und seinen Schülern beobachtete Wirkung der Chloralkalien auf das contractile Gewebe der Embryonen hat zur Unterscheidung der Natrium- und Kalium-Verbindungen in dieser Hinsicht geführt. Erstere lähmen das Herz erst in viel grösseren Mengen, als letztere. Doch bedürfen alle Angaben über die Wirkung verschiedener Gifte auf die Motilität der Embryonen noch ausgedehnter Prüfung (S. 33. 400).

Von den Ernährungsbedingungen des Fötus der Säugethiere, insbesondere des Menschen, sind namentlich zwei vom Verfasser näher erörtert worden, nämlich der Übergang von Stoffen aus der Mutter in die Frucht und der von Stoffen aus der Frucht in die Mutter. Der Beweis für den ersteren ist für zahlreiche leicht diffundirende Substanzen durch frühere und neue Versuche geliefert. Auch der Übergang geformter Gebilde, namentlich der Intermittens- und Recurrens-Mikrobien kann stattfinden; es findet aber nicht regelmässig beim Menschen (im Gegensatz zum Schaf) der Übergang des Pockengiftes statt. Der Übergang gelöster Stoffe aus dem Fötus in die Mutter ist ebenfalls durch die Versuche früherer Autoren und die neuen des Verfassers bewiesen, welch letztere namentlich die Abhängigkeit der Resorption in der Placenta von der Menge und Concentration der Lösung darthun.

Unter den die inneren Ernährungsvorgänge des Embryo betreffenden Thatsachen sind die folgenden hervorzuheben:

Der embryonale Stoffwechsel unterscheidet sich von dem postnatalen im Allgemeinen dadurch, dass er nicht ohne ein rapides Massenwachsthum stattfindet. Die anaplastischen Vorgänge überwiegen bei weitem die kataplastischen. Dabei ist durch die Untersuchung von Fischembryonen schon von Anderen ermittelt worden, dass bei einigen die Differenzirung zeitweise stillstehen kann, ohne dass die Ernährung eine Unterbrechung erfährt, bei anderen die intensivste Differenzirung bei der kleinsten Nahrungszufuhr stattfindet (S. 235). Namentlich die Entwicklung des Herings-Embryo ohne Blutkörper, ohne Hämoglobin, also ohne Blut i. e. S. (S. 234) ist merkwürdig.

Der Nahrungsdotter ist sowohl eine zu sofortiger Verwendung im Ei bereite Masse resorptionsfähiger und zur Assimilation geeigneter Nahrung, als auch ein Nahrungs-Vorrath für die Zeit nach dem Ausschlüpfen, besonders bei Fischen und Vögeln. Die Hühnchen können mehrere Tage nach dem Ausschlüpfen allein von dem Eigelb des Dotters in ihrer Bauchhöhle leben.

Die durch placenta-artige Gebilde im Brutraum ernährten Gliederthiere (Daphnien), die Haie mit einer Dottersackplacenta und die placentalen Säugethiere müssen hingegen schon bald nach der Geburt neue Nahrung erhalten, wie die jungen Amphibien.

Die alte Frage, ob beim Vogelembryo die Kalkschale sich an der Ernährung betheiligt, wurde vom Verfasser auf Grund [illegible] sehr eingehenden quantitativen chemischen Untersuchungen entschieden verneint. An Kalk enthält das eben ausgeschlüpfte Hühnchen nicht mehr als der Ei-Inhalt, aus dem es sich bildete, an Phosphor ebenso. Die Schalen unbebrüteter Eier enthalten aber mehr Wasser als die bebrüteter. Dieses Wasser kommt dem Embryo nicht zu gut, sondern es verdampft. Für den Vogelembryo in dem hartschaligen Ei gilt streng die Gleichung $G = W + K - L$ oder der Satz, dass die totale tägliche Gewichtsabnahme G gleich ist dem täglichen Wasserverlust W, d. i. dem Gewicht des gleichzeitig verdampften Wassers, plus dem täglichen Kohlensäure-Verlust K minus der täglich aufgenommenen Luft L (hauptsächlich Sauerstoff).

Weil das Hühnchen im Ei, wie der Verfasser zum ersten Male einwandsfrei bewies, mehr Kohlensäure bildet, als das unbefruchtete ebenso bebrütete Ei, so muss das reife Hühnchen weniger Trockensubstanz enthalten, als das frische Ei, was auch wirklich der Fall ist (S. 250).

In Betreff der Ernährung des menschlichen Embryo ist es gewiss, dass derselbe grosse Mengen Fruchtwasser, wie das Hühnchen im Ei, verschluckt, verdaut und resorbirt, auch in den früheren Entwicklungsstadien durch die Haut aufnimmt. So lange die Leibeshöhle noch nicht geschlossen ist, dringt das Fruchtwasser in fast alle Theile des Embryo direct und ermöglicht eine schnelle Wasseraufnahme seitens der embryonalen, rapide wachsenden und sich theilenden Zellen.

Die Nabelblase kann nur in den ersten Monaten sich an der Ernährung des Embryo beim Menschen betheiligen, da gewöhnlich die Omphalo-mesenterial-Gefässe verkümmern. Bei Säugethieren verhält es sich zum Theil anders.

Weitaus die wichtigste Nahrungsquelle für den menschlichen Fötus ist das Blut der Placenta, welches mit dem Blute des Fötus in den Capillaren der Zotten in osmotischem Wechselverkehr steht, so dass ausser dem Sauerstoff des Hämoglobins der rothen Blutkörper der Mutter und dem Wasser vom mütterlichen Blutplasma der Placentar-Sinus, namentlich Albumine und Salze (wahrscheinlich auch Blutzucker) in den Fötus übergehen, während von diesem in die Mutter kohlensaure Alkalien und einige andere Producte des fötalen Stoffwechsels hinüberdiffundiren. Ein Übergang von Leukocyten aus dem mütterlichen Blute in das fötale ist als gewiss anzusehen, und diese können mit Fettkügelchen beladen sein.

Für das Verständniss der Ernährung des Fötus ist ferner von besonderer Wichtigkeit der vom Verfasser gelieferte Nachweis (S. 263), dass unmöglich das Blut der Nabelvene allein das erforderliche Wasser liefern kann, vielmehr ist das Blut des Fötus concentrirter, als seine namentlich anfangs sehr wasserreichen Gewebe. Die Gewebe müssen also dem Blute Albumine, Salze und andere histogenetisch wichtige Stoffe continuirlich entziehen: sie bedürfen zu dieser fundamentalen osmotischen Function immer neuer Wasserzufuhr, weil sie sonst bald so concentrirt wie das Nabelvenenblut selbst werden würden. Das Plus an Wasser erhält der Embryo aus der verschluckten und resorbirten Amniosflüssigkeit.

Welche Beschaffenheit und physiologische Bedeutung die in der Neuzeit wieder wie schon im Alterthum als embryotrophisches Material angesehene Uterinmilch hat, ist zwar noch zweifelhaft, aber die Wahrscheinlichkeit gewinnt an Boden, dass dieses eigenthümliche Secret viel allgemeiner verbreitet ist, als man gewöhnlich annimmt und sehr wohl, zum Theil mittelst überwandernder Leukocyten, aus der Serotina in das Blut der fötalen Capillaren in der Placenta gelangen kann, auch zur Ernährung taugliche Bestandtheile enthält (S. 270).

Von den Producten des embryonalen Stoffwechsels, welche ausschliesslich im Embryo entstehen oder nur in sehr kleinen Mengen aus dem mütterlichen Blute stammen, ist namentlich das in fast allen Organen anfangs reichlich, später spärlicher vorkommende Glykogen physiologisch wichtig. Es kann als ein Reservestoff angesehen werden, welcher durch die im Laufe der Entwicklung zunehmenden Oxydationsprocesse wahrscheinlich immer mehr zu Kohlensäure und Wasser verbrannt wird. Auch eine embryonale Fettbildung ist nachgewiesen. Sie nimmt mit der Entwicklung zu (S. 273). Endlich wurde ebenfalls auf Grund von quantitativen Bestimmungen Anderer die absolute und relative Zunahme des Embryo an Albuminen dargethan.

Eine ganze Reihe von wohl charakterisirten Stoffen im Embryo beweist, dass in ihm wahre Synthesen und Spaltungen fortwährend stattfinden, so namentlich das Auftreten farbiger Substanzen, des Hämoglobins, Bilirubins, Augenpigmentes im völlig von der Mutter getrennten Vogelembryo (S. 276), dessen Ei sie nicht enthält. Die relative Zunahme der embryonalen Gewebe an Mineralstoffen während der Entwicklung wird dagegen wesentlich auf einer Aufspeicherung der fertig zugeführten Phosphate und Chloride beruhen.

Im Ganzen ist durch die kritische Sichtung der Thatsachen mit voller Sicherheit dargethan worden, dass beim Embryo von Anfang an mit immer zunehmender Intensität und Ausdehnung neben den mit dem beispiellos schnellen Wachsthum zusammengehenden anaplastischen (Assimilations-) Processen kataplastische (Dissimilations-) Processe ablaufen, so dass unzweifelhaft der Fötus nicht nur einen selbständigen Stoffwechsel besitzt, sondern auch nachweislich viele von den chemischen Vorgängen in seinen Organen zeigt, welche qualitativ genau so im geborenen Organismus beobachtet sind.

Die Veränderungen des Chemismus unmittelbar nach der Geburt sind beim Menschen durch die plötzliche Absperrung der Nahrungszufuhr von der Placenta und der Wasserzufuhr aus dem Fruchtwasser, sowie durch den ebenso plötzlichen Beginn der Lungenathmung bedingt. Dadurch wird das neugeborene Kind in einen lebensgefährlichen Zustand versetzt, welcher dem des frierenden, durstigen, hungernden und erstickenden Geborenen ähnlich und dem der aus dem Winterschlaf geweckten Säugethiere an die Seite zu stellen ist (S. 280).

Die embryonalen Absonderungen.

Die Thätigkeit der embryonalen Drüsen zu untersuchen gewährt darum ein besonderes Interesse, weil dieselbe vorzüglich geeignet erscheint, über die Bedingungen der Secretion überhaupt Aufschluss zu geben, und weil sie auf's Neue den selbständigen Chemismus im Embryo beweist.

Eine Sichtung der früheren Beobachtungen mehrerer Forscher zeigt, dass namentlich bezüglich der Verdauungsdrüsen eine bemerkenswerthe Verschiedenheit bei verschiedenen Thieren existirt, welche wahrscheinlich auf der ungleichen Entwicklungsgeschwindigkeit beruht. Bis jetzt sind die Verdauungsfermente hauptsächlich beim Säugethierfötus aufgesucht worden.

Das Ptyalin des Speichels und Bauchspeichels fehlt dem menschlichen Fötus und Neugeborenen entweder gänzlich oder es findet sich ersteres bei diesem nur in sehr geringer Menge, was für die künstliche Ernährung des jungen Säuglings wichtig ist. Auch manche herbivore Säugethiere können zu Anfang des Lebens Stärke in Dextrin und Zucker nicht verwandeln.

Im Magensaft muss beim Hühnchen und Meerschweinchenfötus nach des Verfassers Beobachtungen schon längere Zeit vor der Reife eine Proteolyse stattfinden (S. 311), während für andere Thiere der Nachweis des Pepsins im fötalen Magensaft nicht gelang, bei neugeborenen Hunden z. B. nicht. Trypsin wurde von Anderen bald früh, bald spät, bald gar nicht gefunden, das fettspaltende Pankreatin im Pankreassaft neugeborener Menschen und Hündchen nachgewiesen. Die Galle gehört allgemein zu den frühesten Erzeugnissen der fötalen Secretionsthätigkeit.

Im Ganzen folgt aus dem ungleichzeitigen und ungleich reichlichen Auftreten der einzelnen Enzyme beim Fötus mit der grössten Wahrscheinlichkeit, dass sie nicht alle fertig gebildet von der Mutter ihm zugeführt werden und allein die energische Albuminverdauung im Magen des Hühnchens zeigt, dass wenigstens Pepsin ganz unabhängig vom Mutterthier in den noch nicht fertig ausgebildeten Magendrüsen sich bilden kann.

Hier eröffnet sich ein ergiebiges Feld für neue Untersuchungen über die Lehre von der Secretion.

Auch diejenigen Secrete des Fötus, welche schon vor der Geburt nicht allein abgesondert, sondern auch ausgeschieden werden, sind von grossem physiologischem und praktisch-medicinischem Interesse, namentlich die der Hautdrüsen (*Vernix caseosa*) und der Nieren. Erstere beweisen, dass schon intrauterin intensive chemische Processe in den Hauttalgdrüsen stattfinden, welche zur Absonderung reinen Fettes führen, letztere, dass im Embryo bereits früh eine specifische oder elective Aussonderung von gewissen Blutbestandtheilen vor sich geht. Denn eine Kritik der physiologischen und pathologischen Befunde lehrt, dass unzweifelhaft normalerweise Harn oder eine ihm ähnliche Flüssigkeit von den fötalen Nieren (wahrscheinlich vorher Allantoisflüssigkeit (S. 337) schon von den Wolff'schen Körpern) nicht allein secernirt, sondern auch excernirt wird. Alle dagegen vorgebrachten Gründe sind nicht stichhaltig. So ist das häufige Fehlen von leicht diffundirenden der Mutter eingegebenen Stoffen im ersten Harn des Neugeborenen nebst ihrer Nachweisbarkeit im zweiten und dritten lange nach der Abnabelung durch eine Beeinträchtigung der Nierenfunction während der Geburt erklärlich (S. 326). Die Fälle von menschlichen Misgeburten ohne Nieren können nichts gegen die secretorische Thätigkeit normaler Nieren im normalen Fötus beweisen, die enorme Ansammlung von Harn oder eines ihm ähnelnden Fluidum bei Verschluss der Urethra vor der Geburt kann nur durch eine Nierenthätigkeit zu Stande kommen. Dass viele Früchte mit leerer Harnblase geboren werden, fällt nicht so schwer in's Gewicht, als das häufige Vorkommen von Harn in der fötalen Blase nach schneller Excision bei Thieren. Auch die Umwandlung von Benzoaten in Hippurate im Fötus nach Einverleibung ersterer in den mütterlichen Kreilauf während der Geburt (S. 330), die Abscheidung von Indigcarmin in den gewundenen Harncanälchen des Fötus nach Einspritzung unter die Haut desselben, und die fötale Hämoglobinurie nach ebensolcher Injection von Glycerinwasser (S. 331) — längst von Anderen festgestellte Thatsachen — liefern Beweise für das Vermögen der fötalen Nieren, vor der Geburt zu secerniren.

In demselben Sinne spricht der Nachweis von Harnstoff, Uraten, Chloriden im Inhalte der fötalen Harnblase.

Mit dem Nachweise der Harnsecretion ist die Harnexcretion vor der Geburt zwar nicht bewiesen, sie ist aber aus mehreren Gründen höchst wahrscheinlich; namentlich die beobachtete Harnentleerung unmittelbar nach der Geburt spricht dafür.

Von anderen fötalen Excreten ist besonders untersuchenswerth das Meconium, welches aus Bestandtheilen der Galle und nicht resorbirten aus verschlucktem Amnioswasser stammenden Substanzen besteht, beidesfalls ohne Beimengung von Producten fauligen Albuminzerfalles, wie er im Darmcanal Geborener regelmässig vorkommt. Vor der Ausscheidung der Galle fehlt das Meconium und lange Zeit nach dem Beginne derselben sammelt es sich im Dünndarm an, so dass, wie der Verfasser fand, allgemein bei unreifen Embryonen der Dünndarm viel dicker als der Dickdarm ist und bei reifen das Umgekehrte statthat. Durch das Vorrücken des Meconium vom Duodenum durch das Jejunum und Ileum in das Colon und Rectum unter völlig normalen Entwicklungsverhältnissen ist auch die überdies vom Verfasser bei vielen Embryonen direct wahrgenommene peristaltische Bewegung des Darmcanals bewiesen. Durch elektrische, chemische und mechanische Reizung des embryonalen Darmes in 38 ° C. warmer Kochsalzlösung von 0,6 % gelang es dem Verfasser, die Contractilität der circulären und longitudinalen glatten Muskelfasern zu beweisen. Ihre Thätigkeit im intacten Fötus konnte er durch Injection von Farbstoffen in den Magen desselben im Uterus darthun. Dass dabei eine antiperistaltische Bewegung vorkommt, lehrte die unmittelbare Beobachtung, auch Durchschneidung des Darmes an irgend einer Stelle mit darauffolgender energischer Ausstossung des Inhalts nach beiden Richtungen. Dass aber für gewöhnlich auch beim Fötus die Antiperistaltik das Übergewicht nicht erlangt, erklärt sich durch die Thatsache, dass stets vom Magen aus — durch verschlucktes Fruchtwasser — und vom Duodenum aus — durch Gallenabsonderung in dasselbe — die neue Füllung geschieht, somit der geringste Widerstand nach unten (hinten), wo das Colon anfangs noch leer ist, dem Fortrücken des Gemenges sich bietet. Übrigens steht fest, dass die Peristaltik beim Embryo sehr viel träger als beim Geborenen ist. Die Athmung begünstigt das Hinabrücken des Meconium, und vorzeitige Inspirationsbewegungen verursachen leicht intrauterine Defäcation.

Forensisch wichtig ist die bereits bekannte, vom Verfasser durchaus bestätigte Thatsache, dass (S. 315) der Darm des frischen Fötus kein Gas enthält. Bei Atelektase der Lungen muss der ganze Verdauungscanal luftfrei sein, wenn alle Fäulniss fehlt, weil die Luft nur beim Athmen verschluckt oder aspirirt wird. Ein Kind, dessen Darm und Magen gar keine Gase enthalten, wird auch fast jedesmal eine Lunge haben, die nicht auf Wasser schwimmt, weil nur bei grosser Lebensschwäche das Schlucken und die Aspiration der atmosphärischen Luft beim Athmen ausbleiben kann, und ein Kind mit lufthaltigem Darm hat keine atelektatische Lunge mehr, es sei denn, dass künstlich Luft in den Magen allein geblasen worden wäre. Die Verdauung der Albumine des verschluckten Fruchtwassers findet somit im Fötus ohne alle Gasentwicklung statt. Dasselbe gilt für das Hühnchen im Ei. Denn erst nach dem Beginne der Luftathmung, gleichviel ob in der noch intacten oder schon gesprengten Kalkschale, fand der Verfasser Gasblasen im Magen, coagulirtes Albumin aber schon viel früher. —

Die kritische Prüfung der bisherigen zahlreichen Untersuchungen über das Fruchtwasser führt zu dem bestimmten Resultate, dass es nicht ausschliesslich vom Fötus ausgeschieden wird. Es kann nicht fötaler Schweiss sein, weil die Schweissdrüsen sich spät entwickeln und erst im siebenten Monat Schweiss-Canäle und -Poren in der Epidermis auftreten (S. 296), nicht ausschliesslich fötaler Harn, weil auch bei Früchten mit verschlossenen Harnwegen Amnioswasser vorkommt. Wegen der während der Entwicklung continuirlich zunehmenden absoluten Wassermenge des ganzen Embryo, welche, wie der Verfasser bewiesen hat, vom Nabelvenenblut unmöglich allein geliefert werden kann, ist es überhaupt unmöglich, dass der Embryo alles Fruchtwasser ausscheide. Vielmehr ist bewiesen, dass er viel davon in sich aufnimmt. Sein Antheil an der Bildung des Amnioswassers kann also nur gleich sein dem stets kleinen Unterschiede des von ihm aufgenommenen und zurückbehaltenen Wassers, d. h. wesentlich den intrauterin ausgeschiedenen Harnmengen. Dazu kommen die aus der fötalen Placenta wenigstens in früheren Stadien transsudirenden Antheile, die aus dem Nabelstrang etwa austretenden kleinen Mengen und namentlich in späteren Stadien die reichlichere Transsudation aus dem mütterlichen Blute durch die Saftcanälchen des Chorion und Amnion. Thatsächlich gehen nach den Versuchen der besten Beobachter leicht diffundirende Stoffe aus dem mütterlichen Blute zu Ende der Tragzeit leicht in das Fruchtwasser direct über, ohne den Fötus zu passiren, zu Anfang der Gravidität aber nicht (S. 294). Also kann die Neubildung des Fluidums, welches der Fötus um so reichlicher verschluckt, je älter er wird, sehr wohl durch Transsudation aus dem mütterlichen Blute zu Stande kommen, nicht aber durch eine Excretion des Fötus, welche seinen bereits erreichten absoluten Wassergehalt vermindern müsste.

Eine sorgfältige Revision der sämmtlichen Eigenschaften des Fruchtwassers, namentlich seiner Zusammensetzung, zeigt, dass dieser Darlegung nichts widerspricht. Vielmehr werden durch die obige Sichtung des thatsächlichen Materials sich bisher widersprechende Angaben miteinander in Einklang gebracht.

Von der zwischen Amnion und Chorion normalerweise vorhandenen Flüssigkeit hat niemand behauptet, sie stamme vom Fötus: gerade diese ist es, welche zur Neubildung des Amnioswassers, wenn die Frucht davon immer mehr aufnimmt und den eigenen Harn mit verschluckt, besonders geeignet erscheint.

Die embryonale Wärmebildung.

Die grosse Empfindlichkeit der Embryonen gegen Temperaturschwankungen, für die niederer Thiere durch frühere Versuche erwiesen, wurde vom Verfasser auch für den Säugethierfötus genauer dargethan. Es stellte sich heraus, dass erhebliche Steigerung der mütterlichen Temperatur regelmässig eine solche des Fötus zur Folge hat, so aber, dass der letztere bis zu den tödtlichen Temperaturen hinauf dauernd höher als erstere temperirt ist und 42 bis 43° C., in einzelnen Fällen sogar auf ganz kurze Zeit 44° C., einmal 44.9° C., überlebt (S. 354. 375). Der Fötus des Meerschweinchens kann mehr als 42° im Uterus in der Mutter oder im Uterus in warmer physiologischer Kochsalzlösung, auch frei in dieser, zehn Minuten lang gut vertragen, wenn er auch noch sehr weit von der Reife entfernt ist. Auch das Hühnchen im Ei überdauert 42°, jedoch nur, wenn diese Temperatur nicht Tage lang anhält. Namentlich zu Ende der Incubation ist eine solche Steigerung der Brutwärme lebensgefährlich.

Durch die neuen Thatsachen, dass kein Theil eines überwarmen trächtigen Thieres so hohe Temperaturen zeigt, wie die Früchte in ihm, und die Differenz von Mutter und Frucht bei künstlicher Überwärmung der ersteren schnell zunimmt — bis 2,5° C. (S. 354) und 2,9° C. (S. 375) zu Gunsten des Fötus — wird die oft behauptete Wärmebildung im Fötus schon wahrscheinlich und als Ursache des Fötustodes bei anhaltender Überwärmung der Mutter eine Wärmestauung annehmbar gemacht.

Diese Wärmeproduction des Fötus beweisen aber noch besser die zahlreichen Experimente des Verfassers, bei welchen das Mutterthier nach einem von ihm angewendeten neuen Verfahren abgekühlt wurde, nämlich durch Zerstäubung von Wasser (Spray). Regelmässig zeigt sich dabei, dass der Fötus sich erheblich langsamer abkühlt, als der wärmste Theil der Mutter. Mit der Dauer der Abkühlung wächst die Differenz zwischen der mütterlichen und der fötalen Rectum-Temperatur — sie kann 2° C. übersteigen (S. 363) — weil eben der Fötus in den Eihäuten sich viel langsamer abkühlt als die Mutter, und zwar auch nach Öffnung der Bauchhöhle der letzteren und des Uterus behufs Einführung des Thermometers in den After des Fötus. Die Abkühlung des Meerschweinchenfötus kann dabei *in utero* mehr als 6° in einer halben Stunde betragen, ohne dass er zu Grunde geht, wenn ein warmes Bad darauf folgt.

Hingegen verträgt der Säugethierfötus sehr plötzlichen und öfters in kurzen Pausen wiederholten Temperaturwechsel nicht (S. 375) und kühlt sich nach völliger Bloslegung in kalter Luft ausserordentlich schnell ab, z. B. der fast reife und drei Tage lang wohlgepflegte Meerschweinchenfötus auf Schnee um 17° in 33 Minuten (S. 374).

Kein Embryo besitzt einen Wärme-regulirenden Mechanismus. Dieser bildet sich vielmehr bei den anfangs des Schutzes gegen Abkühlung höchst bedürftigen, eben geborenen Säugethieren und eben ausgeschlüpften Vögeln ganz allmählich nach der Geburt aus.

Trotzdem steht fest, dass der Embryo schon früh etwas Wärme bildet, wie es, nachdem einmal seine Sauerstoffaufnahme und Kohlensäureproduction bewiesen war, nicht anders erwartet werden konnte. Der Nachweis der Wärmebildung im bebrüteten Hühnerei wurde schon früher von anderer Seite wahrscheinlich gemacht durch den Vergleich der Temperatur von Eiern mit lebenden und todten

Embryonen im allmählich abgekühlten Brütofen und durch den Nachweis, dass unentwickelte Eier etwas kühler als entwickelte in demselben Brütofen sind. Dabei musste das Thermometer in das Ei gestossen werden. Der Verfasser konnte ohne Verletzung der Eier mit Sicherheit in der zweiten Hälfte der Incubationszeit allein durch Berührung vorhersagen, ob in ihnen sich ein Embryo entwickelte oder nicht. Die grosse Empfindlichkeit der menschlichen Hand für Temperaturdifferenzen liess hier niemals im Stich. Das Ei mit lebendem Embryo fühlt sich stets merklich wärmer an, als das genau ebenso behandelte unbefruchtete, durch Schütteln entwicklungsunfähig gemachte oder einen todten Embryo enthaltende Ei daneben.

Dass der Fötus des Säugethieres, wenn er nicht allzu jung ist, stets etwas höher temperirt gefunden wird, als die Mutter, wurde schon hervorgehoben. Des Verfassers Verfahren zum Nachweise der Differenz beruht in der Herstellung einer Art künstlicher Steisslage, so dass der After des Fötus durch einen kleinen Uterusbauchschnitt freigelegt wird behufs Einführung des dünnen Thermometers, während zugleich ein anderes die Temperatur im Rectum der Mutter anzeigt.

Eine Zusammenfassung der von den besten Beobachtern am Kinde während und sogleich nach der Geburt ausgeführten Messungen lässt keinen Zweifel mehr aufkommen darüber, dass der Fötus kurz vor der Geburt, so lange er lebt, einige Zehntel, stets wenigstens ein Zehntel Centigrad höher als seine Mutter temperirt ist. Die Wärmeproduction des menschlichen Fötus in der letzten Zeit der Schwangerschaft ist daher als bewiesen anzusehen. Denn der Annahme, es fänden keine thermogenen Processe im Fötus statt und die Differenz der fötalen und mütterlichen Temperatur komme nur durch vermehrte Blutzufuhr zu Stande, widerspricht die höhere Temperatur des entwickelten von der Mutter getrennten Vogeleies und die unmittelbar nach der Geburt beim Menschen constatirte kleine Temperaturdifferenz zu Gunsten des Ebengeborenen, welcher wärmer ist, als das Blut seiner Mutter. Folglich muss der Fötus in den letzten Entwicklungsstadien an seine Mutter Wärme abgeben. Der Uterus des trächtigen Thieres ist deshalb wärmer, als der des nicht trächtigen. Er schützt, weil er sehr blutreich ist, die Frucht vor der Geburt vor Abkühlung unter die Blutwärme der Mutter, und sein Blut erhält durch Ausgleichung der kleinen Differenz die Fötustemperatur normalerweise fast constant.

Unmittelbar nach der Geburt dagegen tritt gewöhnlich eine bedeutende schnelle Abnahme der kindlichen Temperatur ein, weil jene schützende körperwarme Hülle fortfällt, das Wasser von der Haut verdampft, viel Wasser warm ausgeathmet und die Nahrungszufuhr unterbrochen wird. Gelangt das Neugeborene sogleich in einen Brütofen, dann fehlt die Temperaturabnahme, daher das Verfahren, schwächliche Neugeborene, namentlich zu früh geborene Kinder in Brütöfen zu halten, nach des Verfassers Versuchen an Thieren, sehr zu empfehlen ist.

Die Wärmequelle kann beim Fötus keine andere als beim Geborenen sein, muss also in Oxydationsprocessen gesucht werden. In der That gelang bereits der Nachweis mehrerer Oxydationsproducte des fötalen Stoffwechsels und zwar ausser dem der Kohlensäure, der des Harnstoffs, der Harnsäure, der Sulphate.

Die fötale Oxydation ist zwar eine geringe, sie ist aber vom Anfang an vorhanden und für das Leben des Fötus fundamental. Denn die Unterbrechung der Sauerstoffzufuhr hat schleunigen Stillstand seiner Lebenserscheinungen zur Folge, und zwar (beim Hühnerei) schon in den frühesten Stadien der Embryogenesis.

Die embryonale Motilität.

Die Embryonen aller Thierclassen zeigen eigenthümliche Bewegungen, welche vom höchsten physiologischen Interesse sind, weil sie zum Theil ohne irgend einen nachweisbaren äusseren Reiz zu Stande kommen. Der Verfasser hat diese von ihm bei den Embryonen der Fische, Amphibien, Reptilien, Vögel und Säugethiere im Ei beobachteten Bewegungen impulsiv genannt, um sie von allen anderen Bewegungen des Ungeborenen und des Geborenen zu unterscheiden. Sie gehen allen diesen vorher und bilden den Ausgangspunct für die Entwicklung des Willens nach der Geburt. Ihre Charakteristik und ihr Verhältniss zu den anderen beim Fötus beobachteten Bewegungsarten hat der Verfasser in seinem Buche „Die Seele des Kindes, Beobachtungen über die geistige Entwicklung des Menschen in den ersten Lebensjahren“ (Leipzig, 2. Aufl. 1884) gegeben.

Auch bei wirbellosen Thieren, namentlich bei Mollusken in durchsichtigen Eiern sind diese Bewegungen leicht wahrzunehmen. Sie sind aber complicirt mit anderen Bewegungen, welche eine sehr grosse Verbreitung im Thierreich zeigen, nämlich den seit

Jahrhunderten bekannten **Rotationen**, Wälzungen um die Längsaxe und Rad-Drehungen um eine ideelle Axe entweder in einer Ebene wie um eine Spindel oder spiralig. Diese mit ungleicher Geschwindigkeit theils einzeln, theils gleichzeitig im unverletzten Ei im Fruchtwasser normalerweise auch bei den Embryonen von anuren Amphibien vom Verfasser beobachteten Bewegungen, beruhen, wie auf's Neue bestätigt wird, garnicht auf Muskelcontractionen, sondern auf **Flimmerbewegung**. Das Oscilliren der Wimpern an der Embryo-Oberfläche ist die erste Lebenserscheinung im Ei und tritt namentlich früher als die Herzthätigkeit ein. Sie ist durch die Beschleunigung der Diffusionsvorgänge von grosser Bedeutung für die Athmung und Ernährung des werdenden Organismus und überdauert dessen Leben bei plötzlicher Tödtung oft um ein Beträchtliches.

Unterbrochen werden diese Drehungen bei hydrozoischen Embryonen durch deren immer schnell verlaufende **Eigenbewegungen** noch vor der Ausbildung von Muskelfasern. Theils sind es Streckungen und Beugungen des Rumpfes, Annähern des Kopfes an den Schwanz des hufeisenförmig oder C-förmig gekrümmten Embryo, theils schnellende Biegungen einer Körperhälfte, auch Stossen mit dem Kopfe gegen die Eihaut, welche in unregelmässigen Pausen ohne erkennbaren äusseren Reiz, namentlich bei Fröschen und Fischen, stattfinden. Ausserdem zeigen letztere — wenigstens Forellen und Äschen — eine durch ihre ausserordentlich hohe Frequenz merkwürdige, schwingende **Bewegung der Kiemendeckel** vor, zugleich mit und nach dem Ausschlüpfen. Die auffallende Energie dieser Vibrationen, welche mehrere hundertmal in der Minute stattfinden können, beweist auf's Neue die Intensität des embryonalen Stoffwechsels selbst bei der niedrigen Temperatur von wenigen Graden über dem Eispunct.

Auch die aperiodischen Bewegungen vieler Schnecken, welche Kopf und Fuss aus der kaum gebildeten Schale hervorstrecken, sowie das abwechselnde Schliessen und Öffnen der sich entwickelnden Schalen der Flussmuscheln im Ei, das lebhafte, fast heftige Schlucken der Blutegel-Embryonen, endlich die durch Stossen zu Stande kommende ruckweise Umdrehung und die durch Stossen, Drehen, Winden, Sich-strecken und andere starke Muskelbewegungen schliesslich herbeigeführte Sprengung der Eihüllen, bei sehr vielen gänzlich verschiedenen Thieren niederer und höherer Organisation im Wesentlichen übereinstimmend, fordern den Scharfsinn des Experimentators heraus, nicht weniger wegen der Natur der Kraftquelle für die Arbeitsleistung, als wegen des ausgeprägt erblichen Charakters der ganzen organischen Bewegungsmaschinerie. Namentlich der Umstand, dass schon vor der morphologischen Differenzirung der letzteren in Ganglienzellen, Nerven- und Muskel-Fasern — von Knochen, Knorpeln, Bändern ganz abgesehen — sehr viele energische Contractionen und Expansionen zu Stande kommen, ist ein schlagender Beweis für die Unzulänglichkeit der Theorien der thierischen Bewegung überhaupt, und die Thatsache, dass viele Embryonen vor beendigter Entwicklung im Ei künstlich befreit, wie ihre Eltern sich durch active Bewegungen, Auflauern, Jagen, Beissen usw. (S. 403) Nahrung verschaffen können, nöthigt zur Anerkennung einer instinctiven oder psychischen Erblichkeit von ausserordentlicher Zähigkeit.

Dasselbe lehrt in ausgedehntem Maasse die Untersuchung der Motilität des Vogelembryo. Der Verfasser hat jahrelang im Sommer mit besonderer Aufmerksamkeit die Bewegungserscheinungen des Hühnchens im Ei in jeder Entwicklungsstufe beobachtet und mehrere neue Thatsachen festgestellt. Zunächst fand er, dass der Embryo sich viel früher bewegt, als sämmtliche Beobachter bis jetzt angeben, nämlich schon in der ersten Hälfte des fünften Brüttages, und zwar nicht allein im warmen eben geöffneten, sondern auch im völlig unverletzten, durchlichteten Ei. Diese frühen Bewegungen sind schon doppelter Art. Erstens bewegt der noch sehr kleine Embryo (wie ohne Zweifel auch der des Säugethieres der entsprechenden Entwicklungsstufe) den Rumpf, indem er bald die vordere, bald die hintere Körperhälfte streckt oder das Kopfende dem Schwanzende einen Augenblick nähert. Zweitens beginnt schon am fünften Tage das für den Vogelembryo charakteristische Hin- und Her-Schwingen in und mit dem Amnion, welches der Verfasser der Kürze halber das Amnionschaukeln nennt. Entgegen allen früheren Angaben wurde festgestellt, dass dieses im geschlossenen unversehrten Ei in jeder Hinsicht geradeso stattfindet, wie in dem noch völlig lebenswarmen eben geöffneten, und der Zutritt kalter Luft dieses und andere embryonale Bewegungen nicht etwa steigert, sondern im Gegentheil hemmt. Die bisher vergeblich gesuchte Erklärung des in den folgenden Brüttagen an Energie rasch zunehmenden, vom zwölften Tage an wieder abnehmenden Amnionschaukelns ist durch genaue Beobachtung und viele Versuche gefunden worden. Denn es zeigte sich, dass der Embryo selbst durch eine heftige

Eigenbewegung den ersten Anstoss zur Contraction des Theiles des Amnion gibt, dessen Faserzellen gerade dadurch mechanisch gereizt werden. Durch die locale Zusammenziehung des Amnion wird dann der Embryo passiv fortgeschleudert an das entgegengesetzte ruhende Ende des Amnion-Sackes. Dadurch kommt dieses, wiederum mechanisch gereizt, zur Contraction, wirft den Embryo zurück und so fort.

Eine andere rein passive Bewegung erfährt das Kopfende und Schwanzende des Embryo vom vierten Tage an durch die Pulsationen des noch extrathoracalen Herzens: ein mit der Herzsystole isochrones Pendeln des Kopf- und Schwanz-Endes gegeneinander. Während in der ersten Woche die activen Rumpfbewegungen nach dem Herausnehmen des Embryo aus dem Ei sofort erlöschen, dauert das Herzpendeln, wie es der Kürze wegen heissen mag, noch fort (S. 410).

Die vier Gliedmaassen des Hühnchens werden übrigens noch am sechsten Tage nur passiv genau bilateral-symmetrisch mit dem Rumpfe bewegt, am siebenten beginnen asymmetrische und nickende Bewegungen; am achten und neunten treten selbständige Lageänderungen ein, die Beugungen und Streckungen der Glieder, das Schlagen mit den Flügeln werden häufiger und energischer ohne nachweisbaren Reiz.

Die lebhaften stossenden Bewegungen des reifen Hühnchens vor und nach dem ersten Sprengversuch wurden mittelst des Embryoskops genauer verfolgt und bewiesen, dass es sich dabei nicht um ein „Picken“ handelt; vielmehr tritt regelmässig, während das Hühnchen noch im intacten Ei Luft athmet, verstärkte Lungenathmung (höchstwahrscheinlich Athemnoth wegen Sauerstoffmangels) ein und der Kopf wird dabei zurückgeworfen, so dass der scharfe Haken am Oberschnabel die Schalenhaut zerreisst und, wenn die Bewegung genügend stark war, ein Sprung in der dicht darüber liegenden durch Wasserverdampfung brüchiger gewordenen Kalkschale entsteht (S. 413). Dann hört die Athemnoth auf und durch die drehenden Bewegungen des Hühnchens und wiederholtes Anschlagen des Schnabels gegen Schalenhaut und Kalkschale, wenn das erste Fenster dabei gleichsam verloren ging, so dass die Luftzufuhr wieder erschwert wurde, entstehen neue Risse, bis die Schale auseinanderfällt.

Die darauf folgenden Bewegungen des noch nassen, hülflosen Hühnchens sind nicht so vollkommen zweckmässig, wie gewöhnlich angenommen wird. Es dauert immer mehrere Stunden, ehe das Thier aufrecht stehen oder nur den Kopf frei emporhalten kann (Beilage I). —

Die Bewegungen der Säugethier-Embryonen wurden theils im Uterus oder nur im Amnion im körperwarmen 0,6 %-procentigen Kochsalzbade beobachtet. Am intacten trächtigen Thier kann man durch Einführung einer langen dünnen Nadel intrauterine Fruchtbewegungen hervorrufen, die auch stethoskopisch leicht gehört werden (S. 416). Eine bedeutende Steigerung erfahren die Fruchtbewegungen nach grossen Blutverlusten der Mutter und bei Erstickung derselben. Doch sind die fötalen Extremitäten-Bewegungen unabhängig von der Lungenathmung, denn sie treten schon ein, ehe mit der Lunge geathmet werden kann; auch lassen sich bei asphyktischen Früchten, wenn gar keine Inspiration mehr zu Stande kommt, reflectorische Beinbewegungen leicht hervorrufen. Athembewegungen treten aber nie ein, wenn nicht die Glieder vorher reflectorisch bewegt werden konnten. Eine Abnahme der mütterlichen Temperatur bis 33° C. hindert nicht die Selbstentwicklung des fast reifen Meerschweinchenfötus durch einen Uterusbauchschnitt, und noch elf Minuten nach dem letzten Athemzuge der Mutter sah der Verfasser den Fötus sich lebhaft im Uterus bewegen.

Wenn im physiologischen Kochsalzbade der Uterus mit äusserster Vorsicht eröffnet wird, dann sieht man durch die dünnen Häute hindurch den lange Zeit apnoischen fast reifen Fötus der *Cavia cobaya* bei sanfter Berührung völlig coordinirte Reflexbewegungen machen. Sogar die charakteristischen kratzenden und wischenden Bewegungen mit den Vorderbeinen machen die Früchte im Amnioswasser, ohne eine einzige Athembewegung, maschinenmässig genau. Sie beissen und saugen sogleich nach der Befreiung. Weitere Experimente zeigten, dass der Fötus seine Glieder nach der Enthirnung oder Decapitation geradeso bewegt wie vorher. Mund und Nase des abgetrennten Kopfes machen für sich allein noch Athembewegungen. Für eben geborene Thiere gilt dasselbe. Das Grosshirn beeinflusst die Bewegungen desselben noch nicht, wie auch aus Experimenten Anderer hervorgeht. Jedoch darf daraus noch nicht auf Abwesenheit aller Reflexhemmungsvorrichtungen im Halsmark und Rückenmark geschlossen werden. Vielmehr konnte der Verfasser wahre Reflexhemmungen beim neugeborenen Meerschweinchen sicher nachweisen 1) durch Weiterwerden der Pupille bei Beleuchtung mit Magnesiumlicht, sowie eine sehr starke Hautreizung stattfand, 2) durch Nachlas-

des von ihm entdeckten Ohrmuschelreflexes bei lautem Schall sowie irgend eine Hautstelle der Thierchen sehr fest comprimirt wird.

Allgemein gilt, dass je mehr Arten coordinirter Bewegung ein Thier fertig mit auf die Welt bringt, um so weniger es später neu erlernen kann.

In dieser Beziehung nimmt das Menschenkind die letzte Stelle ein, da es nach der Geburt am meisten neue Bewegungen erwirbt.

Wahrscheinlich bewegt der menschliche Embryo die Glieder vor der siebenten Woche. Auch für ihn gilt, dass das grosse und kleine Gehirn, sogar die *Medulla oblongata*, für das Zustandekommen der Extremitätenbewegungen nicht erforderlich ist. Reife anencephale Früchte ohne Respirationscentrum sind lebend geboren worden (S. 436). Dagegen sind alle Berichte über lebend geborene Kinder ohne Rückenmark unglaubwürdig.

Die Mannigfaltigkeit der schon vor der Geburt regelmässig stattfindenden, nach derselben sich immer complicirter gestaltenden Muskelbewegungen ist bei allen Wirbelthieren viel grösser, als bisher angenommen wurde. Vor allem die Thatsache, dass selbst nach dem Eintritt der ersten selbständigen Bewegungen des Embryo durch keine noch so starken elektrischen, traumatischen, thermischen, chemischen directen oder Reflex-Reize deutliche Zusammenziehungen hervorgerufen werden können, dann auch die ebenfalls vom Verfasser durch viele Experimente ermittelte Thatsache, dass die Muskeln der Embryonen, wenn sie bereits sich nach künstlicher Reizung contrahiren, noch lange nicht tetanisirt werden können, Muskelerregbarkeit und Tetanisirbarkeit also nicht zusammenfallen, endlich das Saugen und Schlucken vor der Geburt, bilden Ausgangspuncte zu neuen vielversprechenden physiologischen Untersuchungen der Contractilität überhaupt, des Zusammenhangs von Nerven- und Muskel-System im Besonderen.

Ein Versuch des Verfassers vom Jahre 1881, alle vom geborenen Kinde und Thier ausgeführten Bewegungen auf Grund der ihnen unmittelbar zu Grunde liegenden Ursachen zu classificiren, hat sich bei seiner Anwendung auf den Ungeborenen so vollkommen bewährt, dass er zum Schlusse noch angedeutet sein mag.

Entweder ist die unmittelbare Ursache einer thierischen

Bewegung bei vorhandenem Vermögen der Bewegung eine äussere, d. h. ausserhalb des Organismus gelegene und dem betreffenden Bewegungsapparate fremde, oder eine innere, d. h. in ihm vorhandene mit ihm zugleich nothwendig thätige. Die Bewegungen der ersteren Art werden allokinetisch, die letzteren autokinetisch genannt.

Jede der beiden Gruppen enthält drei verschiedene Abtheilungen.

Die erste Gruppe umfasst alle passiven ohne irgend welche physiologische Action des bewegten Körpers vor sich gehenden Bewegungen. Diese sind namentlich bei Embryonen niederer Thiere, deren Eier im Wasser schweben, fortgetrieben werden und zu Boden sinken, von grosser Wichtigkeit, beim menschlichen Fötus in der Geburtshülfe von praktischer Bedeutung (S. 434. 445), bei allen viviparen Thieren durch die Bewegungen der Mutter mannigfaltig, bei oviparen niemals fehlend. Die zweite Art allokinetischer Bewegungen, die durch Reizung der contractilen Theile oder ihrer Nerven direct herbeigeführte Contraction, ist mehr Gegenstand des Experimentes als der Beobachtung, da sie natürlicherweise nicht leicht ohne Bloslegung des Fötus eintritt. Die passendste Bezeichnung für diese Bewegungen nach directer peripherer Reizung ist irritativ. Drittens sind in diese Gruppe noch alle reinen Reflexbewegungen zu rechnen, welche zwar ebenfalls einen peripheren Reiz, z. B. eine Berührung, Abkühlung, als unmittelbare Ursache benöthigen, aber nicht ohne Betheiligung eines nervösen Centralorgans auch beim Fötus zu Stande kommen und durch das Fehlen psychischer oder physischer centraler Processe vor der Action sich auszeichnen.

Die zweite Gruppe umfasst dagegen gerade die durch psychische und physische centrale Processe erst ausgelösten Bewegungen und zwar vor Allem die vom Verfasser schon früher (1880) als impulsiv bezeichneten psychogenetisch besonders wichtigen, bei allen Wirbelthierembryonen regelmässig sehr früh eintretenden Zuckungen, Beugungen und Streckungen des Rumpfes und viele andere sich daran anschliessende Contractionen und Expansionen auch des neugeborenen, des schlafenden und des aus dem Winterschlaf erwachenden Thieres. Viel später erscheinen erst die Bewegungen der zweiten Classe: erbliche psychische Vorgänge bedingen unter gewissen äusseren und inneren Bedingungen wohlcharakterisirte zweckmässige coordinirte Bewegungen, deren Ursache man dem Instinct zuschreibt. Das erste Saugen gehört dahin. Die letzte Abtheilung autokinetischer Bewegungen enthält die durch Vorstellungen nach eigener Erfahrung erst hervorgerufenen bei der erstmaligen vollkommenen Ausführung immer überlegten, coordinirten (motivirten) Actionen oder Handlungen im eigentlichen Sinne. Von den sechs Bewegungsarten ist diese letzte die einzige, welche erst nach der Geburt, nachdem durch die Sinne individuelle psychische Erfahrungen zu Stande kamen, erscheint. Sie fehlt dem Fötus gänzlich.

Bezüglich der näheren Begründung und Erläuterung aller Unterscheidungen wird auf die früheren Arbeiten des Verfassers verwiesen.

Die embryonale Sensibilität.

Bei Embryonen jeder Art ist die Einwirkung von Sinneseindrücken im Vergleiche zum späteren Leben eine minimale schon wegen ihrer Isolirung im Ei. Die Sinnesorgane entwickeln sich aber sehr früh, und die Prüfung der Erregbarkeit des nervenreichsten und ältesten, der äusseren Haut, hat gezeigt, dass lange bevor die Embryonen für sich lebensfähig sind, ihre Hautempfindlichkeit vorhanden ist, da sie auf schmerzerregende Eingriffe, namentlich starke elektrische, traumatische, chemische und thermische Reize (Abkühlung wie Erwärmung) deutlich, oft lebhaft, durch allerlei zuerst ungeordnete, dann geordnete Reflexe reagiren. Vom grössten theoretischen Interesse ist dabei die vom Verfasser durch sehr zahlreiche Versuche festgestellte Thatsache, dass ausnahmslos der Embryo sich „von selbst“ bewegt, lange bevor periphere Reize irgend welcher Art wirksam sind, d. h. die Sensibilität tritt regelmässig später auf, als die Motilität.

Es ist zwar nicht immer leicht, beim Embryo eine vorhandene Empfindlichkeit der Sinnesnerven zu beweisen, weil gerade beim Experimentiren unter den günstigsten Umständen die impulsiven Bewegungen des kleinen Wesens sehr zahlreich zu sein pflegen, so dass man nicht wissen kann, ob eine auf einen peripheren Reiz folgende Bewegung eine Reflexantwort ist oder auch ohne denselben eingetreten wäre; jedoch hat der Verfasser beim Säugethier- und Vogel-Embryo in der Weise operirt, dass er durch vorsichtige Abkühlung des Eies die Intensität der ursprünglichen Bewegungen herabsetzte und nun die Reflexreize wirken liess. Es zeigte sich immer die Hautsensibilität später als die directe Erregbarkeit des contractilen Gewebes.

Durch die zeitliche Trennung der beiden später zusammen fungirenden sensorischen und motorischen Nerven und Nervenendapparate, welche wahrscheinlich auf einer ungleichen Entwicklungsgeschwindigkeit der vorderen und hinteren Hörner des Rückenmarks beruht, gewinnt das Verhalten der reifen und unreifen Embryonen gegen anästhetische Mittel ein besonderes Interesse.

Hier zeigte sich — zunächst für die Früchte des Kaninchens — dass die Chloroformnarkose, nachdem die Lungenathmung (im Brütofen) in Gang gekommen, beim Einathmen chloroformhaltiger Luft schwer zu Stande kommt, indem die Motilität und Sensibilität nicht leicht erlöschen, dass sie viel schneller verläuft als beim Geborenen und dass auch beim ausgiebigen Benetzen der Haut mit Chloroform zwar die Sensibilität bald erlischt, aber schnell wiedererscheint. Die gesteigerte Ventilation beim luftathmenden Fötus und die höhere Temperatur der Luft im Brütofen erklären die geringe Wirkung der anästhetischen Mittel beim Fötus nicht. Dieselbe beruht wahrscheinlich auf einer geringeren Entwicklung der nervösen Centralorgane. Die geringe Empfindlichkeit derselben auch gegen andere Gifte verdient eine gründliche Untersuchung.

Von den an die Ausbildung sensorischer Hirnnerven geknüpften Sinnen ist der Geschmack zuerst nachweisbar vorhanden. Sogar ein (menschlicher) Anencephalus unterscheidet Süss und Sauer (S. 477), und vorzeitig geborene Meerschweinchen können, wie frühgeborene Kinder, Süss von anderen Geschmacksqualitäten sogleich unterscheiden.

Geruchsempfindungen treten erst nach der Geburt beim Säugethier ein, beim Vogel sogleich nach dem Ausschlüpfen.

Hören können die Säugethiere vor der Geburt und in den ersten Minuten oder Stunden nach derselben nicht. Der charakteristische Ohrmuschelreflex des Meerschweinchens (und der Fledermaus) fehlt anfangs gänzlich, tritt dann nach lautem Schall unvollständig und langsam, schliesslich immer schneller ein (S. 481). Das Hühnchen hört aber schon vor dem Verlassen der Eischale.

Die Empfindlichkeit der Netzhaut für Licht ist beim Menschen schon mehrere Wochen vor der Geburt vorhanden, wie das Verhalten frühgeborener Kinder beweist (S. 483). Beim nahezu reifen Thierfötus wirken mydriatische Mittel (Atropin) wie beim geborenen, myotische (Physostigmin) sogar schon ehe das Licht die Pupille verengt.

Das Verhalten der Neugeborenen gegen Sinnesreize wurde vom Verfasser an anderer Stelle („Seele der Kindes") ausführlich betrachtet.

Von Gemeingefühlen können dem reifen Fötus ein schwaches Lust- und Schmerz-Gefühl, Muskelgefühle, auch Hunger nicht abgesprochen werden. Aber er hat nach Ausbildung der dazu erforderlichen Nerven kaum Gelegenheit, starke Empfindungen und Gefühle zu haben, weil er höchstwahrscheinlich in der letzten Entwicklungszeit fast ununterbrochen bis zur Geburt schläft.

Das embryonale Wachsthum.

Ausser der Volum- und Massen-Zunahme der Zellen, sowie ihrer Vermehrung durch Theilung, kommt für alles organische Wachsthum, und zumeist für das rapide Wachsthum aller Embryonen, die während jener Assimilations- und Zeugungs-Processe regelmässig stattfindende Zunahme der intercellulären Substanzen sehr wesentlich in Betracht, also der Secrete und Excrete der embryonalen Zellen.

Aber diese Seite des Wachsthums, durch erbliche Eigenschaften bestimmt, ist noch nicht im Einzelnen erforscht.

Die Wägung und Messung der Embryonen und ihrer Theile, die **Embryometrie**, ist auch unvollkommen und bis jetzt nicht ausreichend zur Construction einer genauen Wachsthumscurve. Zwar würden sich ohne grosse Schwierigkeiten besser übereinstimmende Zahlen gewinnen lassen, wenn man zu diesem Zwecke stets nur den ganz frischen Embryo und seine Theile ohne Wasserverlust wägen wollte — namentlich nicht Spirituspräparate und todtfaule Früchte — und wenn man, von dem Anlegen eines nassen Fadens ganz absehend, stets die grösste geradlinige Entfernung des Kopfendes (Scheitelwölbung) von dem Steiss (Chorda-Ende, Schwanzwurzel) zu Grunde legen wollte; aber selbst im Falle derartige in Wahrheit untereinander vergleichbare, weil gleichwerthige, Zahlen in grossen Reihen vorlägen, würde das Gesetz des embryonalen Wachsthums doch nicht genau gefunden werden können, weil die Altersbestimmung der Früchte des Menschen zur Zeit nur innerhalb relativ weit auseinander liegender Fehlergrenzen möglich ist.

Immer gibt die Zeit von der ersten Begattung nach der letzten Menstruation oder die von der befruchtenden Cohabitation an bis zur Geburt, d. h. bis zur Ausstossung der unreifen oder reifen Frucht, ein maximales Alter für diese, weil man nicht weiss, wieviel Tage beim Menschen vom Eintritt der Samenfäden in den Uterus bis zum Eindringen derselben in das Ei vergehen und, im Falle die vorzeitig oder rechtzeitig geborene Frucht todt ist, sich nicht jedesmal genau ermitteln lässt, wann sie abstarb. Nur in dem einen seltenen Fall, wo bei einer immer ganz regelmässig Menstruirten die Begattung unmittelbar vor der zu erwartenden Blutung stattfand und diese dann ausblieb, lässt sich mit sehr hoher Wahrscheinlichkeit annehmen, dass die Befruchtung und Begattung fast zusammenfallen. Einen minimalen Werth für das Fötusalter liefert die Zeit von dem Tage der zum ersten Male nach der Cohabitation ausgebliebenen Regel bis zur Geburt, jedoch nur wenn die Frucht noch lebend ausgestossen wird. Da aber diese maximalen und minimalen Zeitwerthe sich nur selten genau ermitteln lassen, auch die Dauer der Schwangerschaft nachgewiesenermaassen, wie man auch rechnen möge, nicht constant ist, auch bei einer und derselben Frau nicht, so kann einstweilen die Geschwindigkeit des embryonalen Wachsthums, namentlich für die ersten zwei Monate, schlechterdings nicht genau angegeben werden. Dieselbe ist durchaus nicht constant, da bei Mehrgeburten die gleichalten Früchte oft ungleich schwer sind, die Ernährung derselben variirt.

Aus den vorhandenen Messungen und Wägungen menschlicher Früchte ergibt sich nur im Allgemeinen, dass die absolute Längenzunahme im fünften und sechsten, die relative im ersten und zweiten Fruchtmonat am grössten ist (S. 499).

Für den Thierfötus fehlt es noch zu sehr an Einzelbestimmungen. Nach den vorliegenden (S. 507) verzehnfacht das Meerschweinchen, von dem vor dem Ende der zweiten Woche noch nichts zu sehen ist, sein Gewicht in der dritten Woche und noch einmal in der vierten. Das Hühnchen, dessen Altersbestimmung am genauesten ist, zeigt die merkwürdige Erscheinung, dass von der Mitte der Incubation an bis zum Ausschlüpfen gerade diejenigen Theile — Gehirn, Auge, Schnabel, Zehen — welche unmittelbar nach dem Verlassen der Schale zumeist in Function treten, um fast ebensoviel oder mehr wachsen, als in der ganzen übrigen Lebenszeit (S. 509), während die Geschlechtsdrüsen im Ei am wenigsten wachsen und im selbständigen Dasein zuletzt zu fungiren beginnen.

Die Gründe für dieses eigenthümliche Verhalten können erst

aufgefunden werden, wenn der vage Begriff der Erblichkeit präcisirt sein wird. Dann auch kann die wichtige Aufgabe in Angriff genommen werden, ein Differenzirungsgesetz zu begründen, welches gestattet, aus einem einzigen Merkmal des Embryo mit Sicherheit den Grad seiner ganzen Entwicklung zu erkennen. Dass die Differenzirung im Ei eine durch unzählbar häufige Wiederholung constant gewordene, für jede höhere Thierart charakteristische und ein durch die Beschaffenheit des Eies und des in es eingedrungenen Spermakörperchens bedingtes physiologisches Phänomen ist, steht fest.

Aber es ist ebenso wichtig, nur weniger bekannt, dass die Differenzirung und die individuelle Verschiedenheit gleichalter Geschwister-Embryonen auch des Menschen nicht allein durch die Erblichkeit, d. h. durch die Beschaffenheit der zu ihrer Bildung sich vereinigenden männlichen und weiblichen Geschlechtsproducte verursacht wird, sondern auch von dem Wachsthum, sofern dieses Grössenzunahme ist, unabhängig bleibt.

Fötus aus dem fünften Monat (weiblich).
Nach einer Photographie.

Endlich zeigt schon der Anblick eines menschlichen Fötus, der in allen seinen Theilen als ein solcher sich bereits zu erkennen gibt, wie verschieden das Wachsthum vor der Geburt von dem nach der Geburt verläuft. Das beistehende Bild eines frischen zuerst photographirten, dann zinkographirten, fast fünfmonatlichen weiblichen Fötus z. B. lehrt, dass die untere Körperhälfte viel weniger ausgebildet ist als die obere, die Hüften weniger als die Schultern, die Beine weniger als die Arme. Der Kopf ist relativ grösser, das Becken, der Fuss relativ kleiner als beim Säugling und vollends als beim Erwachsenen.

Diese Ungleichheiten der Grössenzunahmen des Menschen nach weit fortgeschrittener, zum Theil beendigter Differenzirung lange vor der Geburt bleiben bei schnellem und langsamem Wachsen, bei guter und schlechter Ernährung im Ei bestehen. Sie sind erblich, und zwar bei jeder Thierart andere, sogar beim Stamme einer Familie verschieden von denen beim Stamme einer anderen derselben Art.

Hier reiht die Physiologie des Embryo Problem an Problem.

BEILAGEN.

I. Physiologische Beobachtungen über das Hühnchen im Ei vom ersten bis zum letzten Tage der Bebrütung und sein Verhalten nach dem Ausschlüpfen von W. Preyer.

II. Physiologische Beobachtungen an lebenden Meerschweinchen-Embryonen verschiedenen Alters von demselben.

III. Über den Blutkreislauf des Säugethier- und Menschen-Fötus von Dr. R. Ziegenspeck.

IV. Literatur zur speciellen Physiologie des Embryo nebst Namenregister.

V. Erläuterung der Tafeln.

I.

Physiologische Beobachtungen über das Hühnchen im Ei vom ersten bis zum letzten Tage der Bebrütung und sein Verhalten kurz nach dem Ausschlüpfen.

Vorbemerkung.

Ich stelle im Folgenden ausschliesslich auf eigener Beobachtung beruhende Thatsachen über die Bewegungserscheinungen des Hühnchens im Ei zusammen. Wenn Andere ähnliche Mittheilungen über das Verhalten anderer Embryonen machen, werden sich genauer die Zeitpuncte bestimmen lassen, in denen die ersten Muskelcontractionen, die ersten Reflexbewegungen u. v. a. eintreten. Durch die vorliegende auf der Untersuchung von mehreren hundert Hühnerembryonen fussende chronologische Zusammenstellung ist nur ein Anfang gemacht. P.

Am 1. Tage.

Der Embryo noch nicht kenntlich.

Am 2. Tage.

Die Systole und Diastole des Herzschlauchs beginnt in der zweiten Hälfte — wahrscheinlich manchmal schon in der ersten Hälfte — des zweiten Tages (S. 23). Durch die anfangs selteneren, unregelmässigen, später frequenten, rhythmischen Herzcontractionen kommt der Dotterkreislauf in Gang. Anfangs ist aber das Blut nicht roth gefärbt, und die Systole verläuft sehr viel langsamer als später.

Am 3. Tage.

Die Pulsationen des Herzens werden frequenter, die Dottercirculation vervollständigt sich. In einem nicht mehr brutwarmen Ei vom Ende dieses Tages schlug das Herz fünf Min. nach dem Öffnen noch 91 mal in der Min. In einem anderen derartigen Fall (Gefässe blass) betrug die Frequenz nur 56 in der Min. Im lebenswarmen Ei kann sie aber in der ersten Minute nach dem Öffnen bis über 150 steigen, wenigstens gegen Ende dieses Tages.

Bewegungen macht der Embryo noch keine. Die oft schon am zweiten Tage beginnende Kopfkrümmung und die am Ende des dritten Tages nicht in allen Fällen vorhandene Körperkrümmung, desgleichen die am dritten Tage eintretende Lageänderung, sämmtlich durch Wachsthumsprocesse bedingt, haben mit der Motilität nichts zu thun.

Beim elektrischen Tetanisiren des Embryo erfolgt keine andere sichtbare Wirkung als die auf das Herz, und diese nur, wenn letzteres in die intrapolare Strecke zu liegen kommt. Dann tritt anfangs Zunahme der Schlagzahl, hierauf Herztetanus ein.

Der constante Strom hat überhaupt keine sichtbare Wirkung, es sei denn, bei gesteigerter Intensität, elektrolytische Gasentwicklung.

Die Einwirkung anderer (thermischer, mechanischer, chemischer) Reize ist an der Änderung der Herzthätigkeit kenntlich (S. 31 fg.).

Am 4. Tage.

Die Herzthätigkeit wird ausgiebiger. In der 20. Stunde, drei Min. und elf Min. nach dem Öffnen, 120 Schläge in der Min. Gegen Ende dieses Tages sah ich, dass Kopf und Schwanz bei vielen Embryonen einzeln, bei einigen gleichzeitig durch jeden Herzschlag einen Stoss erhalten, so dass ein mit dem Pulse isochrones Pendeln des Kopf- und Schwanz-Endes gegeneinander stattfindet. Einmal zählte ich 130, ein andermal 139 in der Min., als der Kopf nach eben erst begonnener Schwanzkrümmung allein pendelte, in der letzten Stunde dieses Tages. Die Oscillationen des Kopfes (Auges) gestatten, die Zählung der Herzschläge leicht auszuführen. Manchmal sind sie jedoch so schwach, dass man sie leicht übersieht.

Am vierten Tage sah ich nach $1^1/_2$ Min. langem Tetanisiren mit starken Inductions-Strömen vorübergehend Gefässverengerung jedesmal eintreten, welche den Reiz etwas überdauerte.

Auf Stechen, Quetschen, Schneiden reagirt der Embryo nicht im Geringsten. Erwärmen hat regelmässig eine Zunahme der Herzschlagzahl zur Folge und verzögert bei Verhinderung der Verdunstung des Eiwassers die Abnahme im offenen Ei. Abkühlung vermindert die Herzfrequenz, demgemäss auch das Kopfpendeln. Jedoch zählte ich auch in dem offenen an der Luft abgekühlten Ei (aus der sechsten Stunde) noch 97 Schläge, im nicht erwärmten, aber noch nicht abgekühlten, aus der vierten Stunde an der Luft 125 in der Minute.

Wiederholt habe ich vor dem Einlegen des Eies in den Brütofen ein etwa groschengrosses Stück der Schale am stumpfen Ende mitsammt der äusseren Schalenhaut von der Luftkammer entfernt und am Beginne des vierten Tages die Entwicklung normal gefunden. In einem solchen Falle schlug das Herz 109 mal, in einem anderen ungewöhnlich weit entwickelten 127 mal in der Minute (in der ersten Stunde dieses Tages), während im intacten Ei von der 23. Stunde 101 gefunden wurden. Also hindert das Abbrechen von Schalenstücken am stumpfen Pol die erste Entwicklung nicht im Geringsten.

Am 5. Tage.

Die ersten activen Embryo-Bewegungen treten in der ersten Hälfte dieses Tages ein. Es sind nur Rumpfbewegungen, Neigungen der oberen und unteren Körperhälfte des hufeisenförmig gekrümmten Embryo gegeneinander, in den ersten Minuten (manchmal noch in der zwölften Min.) nach dem Öffnen des warm gehaltenen Eies. In den Pausen findet ausserdem zu allen Stunden die viel schnellere Oscillation durch den Herzschlag in demselben Sinne statt, welche mit den activen Beugungen und Streckungen, theils des Kopfendes, theils des Schwanzendes, theils beider, nicht verwechselt werden kann und in dem mit unverletztem Amnion auf ein warmes Uhrglas gebrachten Embryo noch manchmal Minuten lang fortgeht.

Neben diesen zwei Bewegungserscheinungen, bisweilen **zugleich** mit beiden, findet eine passive Bewegung des Embryo durch die Contractionen des nun geschlossenen Amnion statt. Es ist ein Schaukeln, bald schwach, bald stark, schnell oder langsam ablaufend, oft in ziemlich langen Intervallen (8 in 25, in 33, in 46 Secunden), oft ganz unregelmässig, während die durch den Herzstoss bedingten Oscillationen (100 in 38, in 42 und in 43, auch

54 Sec.) ganz regelmässig bleiben (in dem warm gehaltenen oben offenen Ei).

Darüber kann ein Zweifel nicht bestehen, dass die Beugungen und Streckungen des Vorderkörpers und die des Hinterkörpers, sowie die viel seltener von mir am Ende dieses Tages gesehenen seitlichen Neigungen des Kopfes unabhängig vom Amnion vor sich gehen; denn manchmal sieht man nur anfangs gleich nach dem Öffnen des Eies das Amnionschaukeln und. erst nachdem dieses aufgehört hat, die Bewegungen des Embryo eintreten, welche ich auch dann noch wahrnahm, nachdem ich das Amnion aufgeschlitzt hatte und sogar, wenn der Kopf an der Luft bloslag. Dabei geschieht es wohl, dass der Kopf seitlich sich gegen den Schwanz bewegt und zurück (noch in der neunten Minute nach dem Öffnen). Wenn aber der Embryo herausgenommen wird, hört sogleich alle Bewegung auf, und sein Blut nimmt die dunkele Farbe des Erstickungsblutes an.

Trotz dieser Motilität des Embryo ist die elektrische Reizbarkeit aller seiner Theile minimal. Nur bei Anwendung sehr starker Inductionswechselströme gelingt es bisweilen beim Beobachten des ganz frischen Embryo im directen Sonnenlicht an einer geringfügigen Änderung des Lichtreflexes eine Art Contraction der gereizten Theile nach der ersten Application des Reizes zu constatiren, z. B. wenn die feinen Platinelektroden (die Enden der secundären Rolle des Schlitteninductoriums) über den hinteren Extremitäten in den Rücken eingeführt werden, eine Contraction des Schwanzes.

Stechen, Quetschen, Schneiden irgend eines Theiles des Embryo bleibt völlig unbeantwortet. Wenn man aber ein Stück vom Amnion vorsichtig herausschneidet, geschieht es wohl, dass der Embryo sich einige Male stärker krümmt und expandirt.

Bei den Rumpfbewegungen werden die Extremitäten immer nur passiv mitbewegt. In einzelnen Fällen scheint eine active Bewegung derselben einzutreten; wenn z. B. der Vorderkörper sich bewegt, scheinen die Flügelstümpfe sich zu bewegen, sogar sich zu nähern. Je öfter man aber mit alleiniger Rücksicht auf die Frage, ob die Gliedmaassen unabhängig vom Rumpf bewegt werden, untersucht, um so sicherer kommt man zu der Einsicht, dass am fünften Tage weder Flügel-, noch Bein-Stümpfe für sich activ bewegt werden.

Die Vermuthung, dass die von mir am fünften Tage gesehenen Kopfbewegungen nicht physiologisch seien, sondern durch den

Eingriff beim Öffnen veranlasst würden, wird widerlegt durch die Thatsache, dass ich in der zweiten Hälfte des fünften Tages bereits embryoskopisch im unverletzten warmen Ei an den pigmentirten Augen im directen Sonnenlicht arhythmische Ortsänderungen gesehen habe, freilich nicht in jedem Ei. Zu Anfang des fünften Tages sind oft die Augen noch nicht dunkel genug, um die ooskopische Beobachtung zweifelfrei zu machen, die Schwanzkrümmung oft erst im Beginn. Auch im frisch eröffneten Ei ist zu Anfang des fünften Tages die Beobachtung ohne directes Sonnenlicht nicht leicht. In der 18. Stunde aber zeigt mein Embryoskop sicher die Kopfbewegung im intacten Ei an.

Zum Beleg einige Beobachtungsprotokolle:

10. Stunde. Ei Nr. 159. Ausgezeichnete active Bewegungen, jedoch nur des Rumpfes, und zwar des mittleren und hinteren Theiles, in Pausen von mehreren Secunden; aber auch der Hals wand sich dann und wann, so dass, da ich den Rücken von oben sah, es das Aussehen hatte, als wenn ein Wurm oder eine kleine Schlange dahinglitte, indem die Bewegung vom Nacken anfing und sich über den Rücken zum Schwanz fortzupflanzen schien. In diesem Falle fand gar kein Amnionschaukeln und kein Herzpendeln statt. Noch 7 Min. nach dem Öffnen zählte ich 100 Herzschläge in 1 Min.

21. Stunde. Ei Nr. 129. Lebhafte active Bewegungen des Rumpfes. Anfangs auch unregelmässiges durch Amnioncontractionen verursachtes Schwanken. Das mit dem Herzschlag isochrone Oscilliren des Kopfes und Schwanzes deutlich. Es wird durch die activen Rumpfstreckungen, wobei die Convexität des Embryo abnimmt, um sich dann wieder herzustellen, dann und wann unterbrochen, sogar noch 12 Min. nach dem Öffnen des Eies. Das Herz machte in der 1. Min. 100 Schläge in 46 Sec., in der 7. Min. 100 in 45 Sec. Es pulsirt noch regelmässig nach 24 Min., nach 3 ½ Stunde bei 14° viel langsamer, aber nach 4 Stunden beim Erwärmen wie anfangs, trotzdem das Ei unbedeckt blieb und keine Spur von activen Bewegungen und von elektrischer Reizbarkeit des Embryo selbst mehr übrig war.

23. Stunde. Ei Nr. 148. Ausgezeichnet deutliches Schaukeln durch Contractionen des Amnion, welches zuerst an einem Ende, dann am entgegengesetzten sich sichtbar zusammenzieht und den Embryo hin und her wogen macht, wobei der Nabel als Befestigungspunct dient. Zugleich sehr deutliches mit dem Herzschlag isochrones Oscilliren des Kopfes. Ich sah den Embryo vom Rücken aus. Kaum hatte ich ihn im intacten Amnion herausgehoben, da wurde sein Blut asphyktisch gefärbt und er war todt.

In einem anderen Ei (Nr. 151) aus der 23. St. war das Amnionschaukeln gleichfalls typisch ausgeprägt. Es fanden in der ersten Minute nach dem Öffnen 8 Schwingungen in 25 Secunden statt, nach 3 Min. 8 in 33 Sec. sehr gleichmässig. Nach 5 Min. stand das Amnion still und der Embryo machte keine Bewegungen, aber das passive Pendeln durch den Herzschlag dauerte fort: 100 mal in 42 Sec., nachdem ich 10 Min. nach Öffnung des Eies das Amnion aufgeschlitzt hatte; 18 Min. nach der Öffnung bewirkte die Tetanisirung des Rückens zwischen den hinteren Gliedmaassen eine Contraction des

Schwanzes, welche aber sehr schwach war. Die Eitemperatur betrug 2 Min. später noch 38°.

24. Stunde. Ei Nr. 131. Anfangs wenig energische Contractionen des Amnion. Dann traten lebhafte active Bewegungen des Embryo ein. Der Kopf wurde seitlich mehrmals hin- und herbewegt, auch die hintere Körperhälfte für sich gegen den Kopf gewendet und für sich dann und wann gestreckt. Selbst nach dem Aufschlitzen des Amnion, als der Kopf an der Luft blosslag, traten diese Bewegungen ein; 9 Min. nach dem Öffnen bog sich der Kopf zum Schwanz, so dass der Embryo dextroconvexe Krümmungen erfuhr, die auch eintraten, wenn sich das Schwanzende dem Kopf zu contrahirte. Sehr deutliches Herzpendeln. Als ich aber 11 Min. nach dem Öffnen den Embryo herausnahm, war er sofort regungslos. Nur das Herz schlug noch.

In einem anderen Ei (Nr. 156) aus der letzten Stunde des 5. Tages war das Amnionschaukeln schwach und unregelmässig: 8 Schwingungen in 40 Sec. in der ersten Min. nach dem Öffnen, dann Ruhe. Es trat eine active Rumpfbewegung ein, indem Kopf- und Schwanz-Ende des hufeisenförmig gekrümmten Embryo sich näherten. Nach 24 Min., als ich den Embryo und das Amnion durch Nadelstiche zu reizen versuchte, trat keine Bewegung ein. Als ich aber ein Stück aus dem Amnion herausschnitt, krümmte sich der Embryo stärker und wechselte mehrmals zwischen Beugung und Streckung ab, immer die U-Gestalt behaltend. Die Zerstörung der Hirnblasen war hier, wie in anderen Fällen, wirkungslos.

Einen dritten Embryo (Ei Nr. 161) von derselben Stunde konnte ich mit den Gefässen auf ein warmes Uhrglas bringen, wo das Oscilliren des Kopf- und Schwanz-Endes im Herzrhythmus (100 in 38 Sec.) fortging. Von keinem Puncte der Oberfläche aus liess sich durch elektrische Reizung eine Contraction herbeiführen.

Bei einem vierten Embryo (Nr. 163) desselben Alters sah ich eine starke Zusammenziehung des Rumpfes in der Mitte, so dass die beiden künftigen Flügel einander genähert wurden und zu zucken schienen; 4 Min. nach dem Öffnen des Eies dauerte das Pendeln des Kopfes durch den Herzstoss fort.

Schliesslich ist noch zu bemerken, dass auch stark geschüttelte Eier am fünften Tage lebende Embryonen enthalten können, und wenn ein Theil der Schale und Schalenhaut von der Luftkammer entfernt und vor der Incubation mit Papier verklebt worden war, habe ich gleichfalls die Entwicklung normal vor sich gehen sehen. Ein solches Ei (Nr. 67) entleerte ich zu Beginn des fünften Tages mitsammt dem Embryo in eine warme Porcellanschale und zählte dann noch 100 Herzschläge in der Min., im Ei selbst (Nr. 231) zu dieser Zeit (2. St.) wenig mehr (100 in 53 Sec. im Ei Nr. 257).

Am 6. Tage.

In den ersten wie in den letzten Stunden dieses Tages sieht man sehr häufig unmittelbar nach dem vorsichtigen Öffnen des

Eies, wenn der Embryo *in situ* bleibt, die schon am fünften Tage wahrgenommenen Zu- und Abnahmen der Convexität desselben, indem bald nur einmal, bald mehrmals hintereinander (bis viermal) der Kopf sich dem Schwanz nähert und umgekehrt, wie beim Forellen-Embryo. Diese active Bewegung des hufeisenförmig gekrümmten Embryo betrifft immer nur eine Körperhälfte allein, die vordere oder die hintere. Jede dieser beiden Hälften streckt sich und beugt sich für sich, bisweilen so schnell, dass die Änderung wie eine Zuckung erscheint, meistens aber langsam.

Die Bewegungen des Kopfendes erkannte ich auch ooskopisch im unverletzten Ei an den kleinen Bewegungen des bereits dunkeln Auges von den ersten Stunden dieses Tages an mit voller Sicherheit.

In keinem Falle aber sah ich, auch zu Ende dieses Tages nicht, unzweideutige active Bewegungen einzelner Gliedmaassen. Dieselben werden zwar bewegt, so dass jeder Ungeübte beim ersten Anblick der beschriebenen Rumpfbewegungen den Eindruck erhält, als wenn die Flügel und Beine sich activ bewegten. In Wahrheit aber pendeln sie meistens nur durch passives Geschleudertwerden hin und her bei den Krümmungsänderungen des Körpers. Ich will damit nicht leugnen, dass die an diesem Tage oft eintretenden Zuckungen der Extremitäten schon auf einer selbständigen Motilität des Embryo beruhen, was für den fünften Tag gewiss noch nicht gilt, aber wichtig ist es, dass in keinem Fall am sechsten Tage eine einzelne Extremität für sich bewegt wird. Wenn active Zuckungen oder passive Bewegungen durch Rumpfcontractionen auftreten, so werden immer beide Flügel oder beide Beine gleichzeitig in demselben Sinne bewegt: bilateral-symmetrisch.

Ausserdem sieht man schon gleich zu Beginn des sechsten Tages geradeso wie zu Ende desselben die schaukelnden Bewegungen des Embryo, welche durch Amnioncontractionen bedingt sind, und zwar sah ich sie ooskopisch geradeso schnell und stark im unverletzten Ei wie im eröffneten vor sich gehen, nämlich acht Schwankungen in 25 bis 30 Secunden; dann tritt oft eine Pause ein, worauf das Oscilliren weitergeht.

Endlich ist noch an diesem Tage wohl ausgeprägt das Pendeln des Kopfes durch den Herzstoss; oft auch wird der Schwanz gleichzeitig mit dem Kopf durch jeden Herzschlag schwach gehoben, und zwar zieht sich das Herz regelmässig und sehr kräftig im oben eröffneten Ei zusammen: 100 mal in 40 bis

48 Secunden, durchschnittlich 136 mal in der Minute im normalen Zustande.

Traumatische Reizung hatte nicht die geringste Antwortsbewegung zur Folge; weder Quetschen und Stechen irgend eines Körpertheils, noch auch die Amputation eines Fusses bewirkte eine Reaction, und starke elektrische Reize hatten selbst in den letzten Stunden dieses Tages nur äusserst schwache, an einer minimalen Änderung des Lichtreflexes der gereizten Theile kenntliche Contractionen zur Folge. Sowohl für elektrische als auch traumatische Reizung scheint die gereizte Körperstelle nach dem vorsichtigen Herausheben des Embryo gleichgültig zu sein. Nur das Herz wird in der beschriebenen auffallenden Weise beeinflusst (S. 31).

Einige Protokolle im Auszug mögen als Belege dienen:

1. Stunde. Ei Nr. 68. Zwei active Annäherungen des Kopf- und Schwanz-Endes. Die Extremitäten dabei passiv mitbewegt. Herz 100 in 48 Sec.

Ei Nr. 132. Eine ebensolche active Bewegung. Ausserdem die passive Kopf- und Schwanz-Oscillation durch den Herzschlag.

Bei dem Ei Nr. 232 letztere besonders deutlich, stärker und häufiger beim Erwärmen, als bei der gewöhnlichen Brütwärme. Noch 25 Min. nach dem Öffnen und vielem Temperaturwechsel 100 mal in 53 Sec.

2. Stunde. Ei Nr. 70. Der Embryo bewegt sich schon oft, den Kopftheil und Schwanztheil gesondert streckend und beugend, nach 7 und 8 Min. sogar zuckend, so dass die künftigen Flügel sich selbständig zu bewegen schienen und einmal die Beine desgl.

Ei Nr. 92. Regelmässiges Amnionschaukeln: 8 mal in 25 Sec. Dann Pause. Dann 8 in 30 Sec. Pendeln des Kopfes und Schwanzes durch den Herzstoss: nach 2 Min. 100 in 45 Sec., nach weiteren 3 Min. in 43 und dann noch 7 Min. in 53 Sec.

4. Stunde. Ei Nr. 61. Amnion sogleich aufgeschlitzt, worauf 4 energische Rumpfbewegungen schnell nacheinander, durch die Kopf und Schwanz einander jedesmal genähert werden. Gliedmaassen passiv mitbewegt. Herz 100 in 40, dann in 50, dann wieder in 40 Sec.

5. Stunde. Ei Nr. 184 und Ei Nr. 186 liessen uneröffnet sehr deutlich an den Bewegungen der Augen im Ooskop das Amnionschaukeln und unregelmässige Bewegungen des Embryo erkennen.

20. Stunde. Ei Nr. 113. Zuckungen des Vorderkörpers für sich und des Hinterkörpers für sich. Decapitation hat keine Bewegung zur Folge. Elektr. Tetanisiren des Nackens bewirkt schwache Contractionen.

22. Stunde. Ei Nr. 71. Vorzüglich ausgeprägtes Amnionschaukeln mit Pausen. Starke Contractionen des Unterkörpers. Herz in der 1. Min. nach dem Öffnen 100 in 44 Sec., in der 11. Min. in 56 Sec. Keine Extremitätenbewegungen. Kopf und Schwanz bewegen sich gegeneinander und voneinander. So gewiss diese Bewegungen selbständig sind, so gewiss

das Fehlen jeder Bewegung nach beliebiger künstlicher Reizung. Das Ei lag auf warmem Sand.

24. Stunde. Ei Nr. 96. Vorzügliches Amnionschaukeln gleich beim Öffnen des Eies. Jede traumatische Reizung, sogar Amputation, ohne Effect. Anfangs fanden aber Zuckungen der Extremitäten statt, von denen es zweifelhaft ist, ob sie durch Rumpfbewegungen allein bedingt oder schon davon zum Theil unabhängig waren.

Am 7. Tage.

Ganz dieselben Bewegungserscheinungen, welche am sechsten Tage am Embryo wahrgenommen werden, sieht man am siebenten Tage deutlicher, häufiger, energischer vor sich gehen, namentlich die Streckung und Beugung der oberen wie der unteren Körperhälfte und die dadurch bedingte intermittirende Annäherung des Kopfes an den Schwanz und umgekehrt, ferner das Schaukeln durch Amnioncontractionen, auch das durch den Herzschlag verursachte mit dem sehr starken Gefässpuls isochrone Oscilliren des Kopfes und endlich die allerdings noch äusserst schwachen Zusammenziehungen beim elektrischen Tetanisiren, welche in der zweiten Hälfte dieses Tages jedoch leichter eintreten.

Charakteristisch für den siebenten Tag ist das erste Auftreten von deutlich selbständigen Bewegungen des Kopfes und des Schwanzes, sowie der vier Gliedmaassen, sogar der Füsse, welche zwar selten und schwach sind, aber unzweifelhaft stattfinden, wie ich mich an möglichst schnell geöffneten nicht abgekühlten Eiern überzeugte.

Auch in uneröffneten Eiern sieht man leicht sowohl diese unregelmässigen activen, als auch regelmässige passive (8 mal in 35 Sec.) durch Amnioncontractionen bedingte bald träge, bald ungemein lebhafte Bewegungen des Embryo, die mit Pausen der Ruhe alterniren und zwar beides ebenso in der ersten wie in der letzten Stunde dieses Tages.

Einige Protokolle mögen die Einzelheiten erläutern.

1. Stunde. Ei Nr. 73. Sehr deutliche Streckungen des Hinterkörpers. Herz 100 Schläge in 39 Sec. Während des elektrischen Tetanisirens steht das Herz still und schlägt nach beendigter Reizung weiter. Es fand aber keine Bewegung des Embryo statt, so lange die Reizung dauerte. Nach derselben eine Zuckung der hinteren Körperhälfte, nicht der Extremitäten. Durch Nadelstiche keine Reflexbewegung oder directe Contraction erzielbar.

Bei einem anderen Ei (Nr. 80) machte das Herz 100 Schläge in 37 Sec. und bei einem dritten (Nr. 94), von derselben Incubationszeit, war das durch das Amnion bedingte Schaukeln schwach aber deutlich, die Reizbarkeit der Leibessubstanz Null, der elektrische Herztetanus leicht herzustellen.

8. Stunde. Ei Nr. 62. Sehr deutliche Streckung des Hinterkörpers. Beugungen der Extremitäten schwach, so dass man zweifeln konnte, ob sie activ seien. Aber der Kopf neigte sich und hob sich selbständig, abgesehen von dem Amnionschaukeln, das bald aufhörte. Herz 100 in 45 Sec. Die Amputation eines Fusses, sowie Stechen in den Rücken, blieben gänzlich unbeantwortet. Dasselbe bei einem anderen Ei (Nr. 93), in dem der Embryo zuckende Bewegungen des Kopfes und Rumpfes machte, obgleich durch künstliche Reizung keinerlei Zusammenziehung erhalten werden konnte, und ausserdem die mit dem Herzschlag isochronen Oscillationen des Kopfes zeigte.

15. Stunde. Ei Nr. 99. Starkes Amnionschaukeln in ungleichen Intervallen. Nach Zerreissung des Amnion mit zwei Pincetten Ruhe. Sehr schwache und seltene Bewegungen der Füsse. Weder die Amputation eines Beines, noch die stärkste elektrische Reizung mit Inductionswechselströmen hatte den geringsten Erfolg am Embryo in dem Ei und ausserhalb desselben.

In einem anderen Ei (Nr. 254) sah ich regelmässiges Amnionschaukeln ohne es zu öffnen ooskopisch: 8 Schwingungen in 29 Sec.

19. Stunde. Ei Nr. 116. In 37 Sec. 12maliges Hin- und Herschwingen durch Contractionen des Amnion in ungleichen Intervallen. Während dieses Schaukelns active Beugungen und Streckungen der Beine, welche aber auch, nachdem das Amnion zur Ruhe gekommen war, stattfanden. Der Gefässpuls während der Bewegung 100 in 38 Sec. Eine Viertelstunde nach der Bloslegung waren Embryo und Amnion ganz bewegungslos, als aber der Rücken eben oberhalb der beiden Beine elektrisch tetanisirt wurde, hob sich ganz deutlich sowohl das rechte als auch das linke. Nach Herausnahme des Embryo dagegen war kaum noch eine Oberflächenänderung beim Tetanisiren des Halses wahrnehmbar.

Der Embryo eines anderen Eies (Nr. 111), dessen Herz 100 mal in 33 Sec. schlug, gab gleichfalls unmittelbar nach dem Herausnehmen nur sehr schwache am Lichtreflex kenntliche Zuckungen, als die Nadelelektroden in den Rücken eingesenkt wurden. Traumatische Reizung hatte gar keinen Erfolg.

Ein drittes Ei (Nr. 251) zeigte im Ooskop sehr deutlich das Amnionschaukeln, ohne dass es geöffnet worden.

22. Stunde. Ei Nr. 243. Active lebhafte Bewegungen des Kopfes und Schwanzes sogar nach dem Abheben des Embryo im intacten Amnion von dem übrigen Ei-Inhalt, mit dem es durch einen Theil der Allantoisgefässe noch eben zusammenhing. Die arhythmischen oft drehenden Bewegungen des Kopfes entsprechen vollkommen den an anderen unversehrten Eiern (z. B. Nr. 170) ooskopisch im directen Sonnenlicht wahrgenommenen.

Die um diese Zeit mit grösster Behutsamkeit aus dem Ei genommenen Embryonen sind, auch wenn sie gegen Vertrocknung und Abkühlung geschützt werden, immer augenblicklich bewegungslos. Sogar das Herz verliert meist sofort beim Herausnehmen an Energie. Bei einem Embryo (Nr. 230), welchen ich im unverletzten wasserhellen Amnion aus dem Ei nahm, schlug es noch

22 mal in 15 Sec., dann stand es still und schlug in längeren Pausen während der Abkühlung weiter und während der sogleich seine Pelluciditát verlierende Embryo weiss wurde, wie alle Embryonen dieses Alters an der Luft und im Ei beim Absterben es werden. Ich sehe darin den Beginn der Todtenstarre des embryonalen Gewebes.

Am 8. Tage.

Die embryoskopische Betrachtung des intacten Eies vom achten Tage lässt eine bedeutende Zunahme der Lebhaftigkeit und Ausdehnung der Bewegungen des Embryo erkennen. Ich sah sowohl den Kopf im Bogen schwingen (8 mal in 28 Sec.), was durch die Contractionen des deutlich sichtbaren, oft scharf begrenzten Amnion bedingt ist, als auch in den Pausen unregelmässige ganz selbständige Bewegungen des Kopfes und sogar schlagende Bewegungen der Beine unzweifelhaft durch die Eischale hindurch. Man konnte drehende und seitliche Kopfbewegungen wie im eröffneten Ei erkennen. In der Wärme nehmen diese Bewegungen an Mannigfaltigkeit im Allgemeinen zu, im kühl gewordenen Ei sind sie träge und hören bald ganz auf, indem die Gefässe sich ooskopisch sichtbar verengern.

Im warm gehaltenen offenen Ei fallen zuerst die ausgiebigen energischen Amnioncontractionen auf. Dieselben sind oft sehr beschränkt und bewirken nicht immer Embryobewegungen, besonders wenn sie langsam ablaufen. Man erkennt sie leicht an den mannigfaltigen Verbiegungen und wechselnden Windungen der Blutgefässe, während der Embryo ruhig daliegt oder allein der Kopf durch das sich local vorwölbende Amnion passiv bewegt wird.

Von Reflexbewegungen nach traumatischer und elektrischer Reizung ist nichts wahrzunehmen, weder bei directer noch bei indirecter elektrischer Reizung ein Tetanus der Glieder herbeizuführen, weder im Ei noch unmittelbar nach dem Herausnehmen.

Das Herz macht beim Öffnen des Eies und nach mehreren Minuten, wenn vor Abkühlung geschützt, 100 Schläge in 43, in 39, in 40 Sec., welche in vielen Fällen isochrone Rumpfoscillationen hervorrufen. Bei bedeutender Erwärmung steht das Herz still, um beim Abkühlen weiter zu schlagen. Bei stärkerer Abkühlung steht es wieder still.

Die activen, zum Theil drehenden, schnellen und langsamen nickenden Kopfbewegungen und die Extremitätenbewegungen, auch die der Flügel, finden während des Amnionschaukelns und auch nach Zerstörung des Amnion noch statt, wie im intacten ruhenden Amnion. Desgleichen sieht man in diesem Falle auch starke Contractionen des Rumpfes, welcher sich öfters gegen den Kopf neigt. Auch neigt sich die Vorderhälfte des Körpers gegen die hintere Hälfte. Alle diese Bewegungen, besonders schnell die der Beine und Flügel, hören bei geringer Abkühlung auf und sind in der Wärme lebhafter.

Selbständige Lageänderungen des Rumpfes, nur im warmen Ei zu sehen, treten am achten Tage zuerst auf und scheinen vom Kopf auszugehen.

Wenn man mit einer Nadel eine Extremität vom Rumpf sanft abhebt, so klappt sie sogleich, wie ein Taschenmesser, in ihre frühere Lage zurück.

Durch Nadelstiche und Erwärmung kann das Amnion zu Contractionen veranlasst werden.

Am 9. Tage.

Im ooskopisch betrachteten Ei sieht man schon zu Anfang dieses Tages oft ungemein lebhafte Contractionen des Amnion, wie am achten Tage, und ausserdem active Bewegungen des Kopfes und ein Strampeln der Beine, auch Verbiegungen einzelner grösserer Gefässe während dieser Bewegungen.

Das Verhalten des blosgelegten Embryo wird besonders durch die folgende Beobachtung illustrirt.

Das Ei Nr. 184, aus der ersten Stunde dieses Tages, zeigte uneröffnet im Sonnenlicht eine starke drehende Bewegung des Kopfes. 11.15 Vm. wurde es geöffnet, ohne Blutung. Kopfdrehungen, Amnionschaukeln 11.16. Bis 11.22 zucken die Füsse, dann alles regungslos. Plötzlich 11.23 fängt der Embryo an sich activ zu schaukeln um den Nabel: 8 mal in 32 Sec. Ohne lebhafte Phantasie konnte man meinen, er wünsche sich besser zu placiren oder wenigstens seine Lage zu ändern. Davon kann aber nicht die Rede sein, denn nachdem zuletzt 6 mal in 26 Sec. äusserst kraftvoll in einem Bogen von 80° geschwungen worden, trat eine Pause im Schaukeln von mehreren Minuten ein. Nun bewegte der Embryo zugleich Kopf und Glieder. Dabei sah ich, wie während völliger Ruhe des Amnion der Embryo gegen dasselbe mit einem Bein ausschlug, und dass es an der getroffenen Stelle gleich darauf sich contrahirte. Nun begann das Schaukeln auf's Neue, ohne jede active Betheiligung des Embryo, welcher förmlich vom einen zum anderen Ende des Amnionsackes geschleudert wurde, so täuschend auch anfangs der Schein war, als wenn er sich selbst hin- und herwürfe. Dieselbe Beobachtung machte ich später noch mehrmals. Jedesmal wenn Amnionschaukeln eintrat, hatte der Embryo vorher gegen das Amnion gestossen mit den Beinen oder dem Kopf, vorn oder hinten, rechts oder links. Unter blieb stets der Nabel als Drehpunct fest. Als ich die Eiwärme abnehmen liess, hörten schnell alle Bewegungen auf; beim erneuten Erwärmen auf die Bruttemperatur fing das Schlagen mit den Füssen wieder an und 11.45 das Schaukeln wie vorhin. 11.50 in 30 Sec. 6 mal. Während der Amnioncontractionen traten auffallende Verbiegungen und Verlagerungen der grösseren und in Folge davon auch der kleineren Allantoisgefässe im offenen Ei ein [auch im unversehrten embryoskopisch sichtbar], so dass es manchmal aussieht, als fänden Schlangenwindungen der rothen Adern statt, während der Gefässpuls (11.19 in 36 Sec. 100 und 11.35 in 32 Sec. 100) ohne Unterbrechung weitergeht. Endlich um 12.0 unterbrach ich den Versuch, indem ich elektrisch tetanisirte. Die Reizerfolge waren jedoch in jeder Beziehung minimal: kein Tetanus, keine Zuckung, nur eine Änderung des Lichtreflexes an der Oberfläche bezeugte die Einwirkung.

Bei einem anderen Embryo, Nr. 140, aus der 20. Stunde hatte elektrische Tetanisirung des Rückens eine schwache kurze Streckung der Beine — keinen Tetanus — zur Folge. Auch hier waren die Contractionen der Oberfläche äusserst schwach. Das Amnion machte, während der Embryo immobil blieb, acht starke Contractionen in 40 Sec. mit Verbiegungen der Gefässe besonders am spitzen Ende, wo der Embryo nicht lag. Das blosgelegte Herz machte noch nach der Isolirung des Embryo auf einem warmen Uhrglas 100 Schläge in 62 Sec. Es waren weder dann noch im Ei irgend welche Reflexbewegungen hervorzurufen.

Dieser Mangel an Reflexen bei lebhaften selbständigen Bewegungen, besonders des Kopfes, ist in allen Fällen zu constatiren. Die Drehungen des Kopfes sind jedoch nur bei ruhendem Amnion sicher als active zu bezeichnen. Denn während des Schwingens (bei dem Ei Nr. 188 z. B. 8 mal in 45 Sec.) erkannte ich leicht, dass der sich contrahirende Theil des Amnion den Kopf vortreibt. Dass dabei aber auch unzweifelhaft active Bewegungen stattfinden können, beweist das Weitergehen der Flügel- und Fuss-Bewegungen.

Herzfrequenz 100 in 37 und 39 Sec. normal, leicht am Gefässpuls zu zählen.

Eine Abquetschung irgend einer Extremität hat keinerlei Reaction zur Folge.

Am 10. Tage.

Selbständige bald schnelle, bald langsame Bewegungen des Kopfes, ein Nicken, bei sonstiger Ruhe im intacten durchlichteten Ei warnehmbar. Ausserdem vorzüglich deutliches rhythmisches Amnionschaukeln (z. B. in der ersten und in der achten Stunde 8 in 33 Sec. und in 31 Sec.) und sogar lebhafte Beugungen und Streckungen der Gliedmaassen, durch welche sehr auffallende Verlagerungen und Streckungen der Gefässe entstehen.

Beim Öffnen dasselbe. Auch die Füsse bewegen sich. Die vier Extremitäten rühren sich einzeln.

Durch elektrische Reizung, auch vom Rücken aus, sind sie aber nur in äusserst schwache Thätigkeit zu setzen. Dagegen wird das Herz, wenn es in die die Elektroden verbindende gerade Linie zu liegen kommt, wie bisher, zum tetanischen Stillstand gebracht und schlägt nach der Reizunterbrechung weiter (100 mal in 31 Sec. bei erhöhter Temperatur, im todten Embryo ausserhalb des Eies Nr. 189).

Drehungen des Kopfes und Rumpfes, welche Selbständigkeit vortäuschen können, werden, wie ich sicher erkannte, häufig durch locale Zusammenziehungen des Amnion bewirkt, auch vor und nach dem zehnten Tage. Aber auch bei ruhendem Amnion werden Kopf und Rumpf seitlich bewegt (besonders im Ei Nr. 209).

Das Herz schlägt in einem Fall 100 mal in 54 Sec. (Ei Nr. 242) nach Durchtrennung des Amnion.

Traumatische Reize jeder Art fand ich noch wirkungslos. Beim Herausnehmen ist der Embryo fast jedesmal sogleich leblos, was daran erkannt wird, dass er seine Pellucidität verliert (starr wird), auch wenn das Herz noch fortarbeitet.

Am 11. Tage.

Auch am elften Tage sind die Bewegungen des Kopfes mittelst des Embryoskops sehr leicht zu erkennen, theils an dem abwechselnden Verschwinden und Wiedererscheinen der dunkeln Augen, theils an dem Hin- und Her-Gehen des dunkeln Flecks von oben nach unten und von rechts nach links und umgekehrt, je nach der Lage des belichteten Eies. Auch sieht man dazwischen rasches Zucken, rasches Annähern des Kopfes an den Schwanz, Schlagen mit den Beinen und lang anhaltendes Schaukeln durch Amnioncontractionen bei scharf begrenztem Amnion.

Im warmen offenen Ei sah ich zweimal ausser den Amnionbewegungen und den Beugungen des Kopfes und der Glieder, welche vollkommen dem ooskopischen Bilde entsprechen, Schluckbewegungen, wenigstens ein Schliessen und Öffnen des Schnabels im Fruchtwasser (Ei Nr. 3 aus der 5. St.). Bei der Lebhaftigkeit der Bewegungen des ganz frischen Embryo ist es nicht leicht zu entscheiden, ob ein Stich oder Stoss durch Reflexbewegungen beantwortet wird oder nicht. Ist der Embryo ruhig geworden, dann hat kein Trauma, nicht einmal eine Amputation und die Decapitation, den geringsten Effect. Dieser Gegensatz ist besonders am elften Tage auffallend, wo der Embryo schon mit den Flügeln förmlich schlägt und den Kopf ganz unabhängig vom Rumpf neigt und dreht. Im Ganzen sprechen aber die Versuche entschieden zu Gunsten des Vorhandenseins einer geringen Reflexerregbarkeit. Denn wenn ich den lebhaften Embryo wenig im offenen Ei abkühle, pflegt er nach unsanfter Berührung wieder einige uncoordinirte oder schlagende Bewegungen auszuführen. Nach dem Herausnehmen hört aber jede Reaction auf. Das Amnionschaukeln (8 mal in 28 Sec. in der letzten Stunde bei Ei Nr. 136) erreicht am elften Tage seine maximale Energie. Wird das Ei nur wenig abgekühlt, so hört es auf, um in der Wärme wiederzubeginnen. Aber die Contractionen des Amnion überdauern lange das Leben des Embryo. Puls in 36 Sec. 100.

Am 12. Tage.

Bei guter Beleuchtung erkennt man im uneröffneten Ei nicht allein die Allantoisgefässe deutlich, sondern man kann sie auch pulsiren sehen. Der grosse Embryo macht allerlei theils zuckende, theils langsam ablaufende Bewegungen der Flügel und Beine und des Kopfes, welche mittelst des Embryoskops leicht erkannt werden und nach dem Öffnen des Eies vollkommen entsprechend gesehen werden. Häufig kommen dazu locale schwächere Amnioncontractionen und Biegungen des Rumpfes, so dass der Kopf dem Schwanzende sich nähert und umgekehrt. Lebhaftigkeit sehr abwechselnd.

Gefässpuls 100 in 48 Sec. Elektrische Reizbarkeit im Zunehmen. Denn bei Einführung der Nadelelektroden in den Rücken treten starke Zuckungen der Gliedmaassen ein — kein Tetanus — und nach Application desselben Reizes an die Zehen oder die Hautoberfläche sieht man bisweilen allgemeine Zuckungen des Rumpfes als eine Art Reflexantwort. Es ist kaum zweifelhaft, dass diese Bewegungen durch den peripheren elektrischen Reiz hervorgerufen werden. Tetanisirt man die Nackengegend, so wird der Schnabel geöffnet. Diese Wirkung lässt sich sogar mehrere Minuten nach dem Erlöschen der activen Bewegungen und nach dem Herausnehmen des Embryo constatiren. Desgleichen die Contractilität der Haut. Aber mechanische Reize sind überall effectlos. Trotz vieler Versuche, den Embryo, welcher sich (während er im offenen Ei bei intacter Circulation sich abkühlt) kaum noch activ bewegt, durch traumatische Reize, Quetschungen, Amputationen zu einer Reflexbewegung zu bringen, ist eine bestimmt als solche zu bezeichnende Bewegung von mir nicht beobachtet worden, aber es ist in hohem Grade wahrscheinlich, dass die nach minutenlanger Ruhe auf den starken Eingriff unmittelbar folgende Bewegung reflectorischer Art ist (Ei Nr. 405).

Am 13. Tage.

Während noch am zwölften Tage die embryoskopische Beobachtung keine Schwierigkeiten bietet, ist am Ende des 13. wegen der zunehmenden Dunkelheit schon weniger wahrnehmbar. Jedoch konnte ich deutlich noch in der 14. Stunde das charakteristische Amnionschaukeln und in der fünften Stunde energische zuckende Bewegungen des dunkeln Embryo erkennen.

Im eröffneten Ei ist das erstere merklich schwächer oder langsamer als bisher. Das stürmische Schwingen ist einem langsamen Wogen gewichen. Dagegen sind die activen nun oft asymmetrischen Beugungen und Streckungen der Beine und Flügel, auch die Bewegungen der Füsse und des Kopfes ungemein lebhaft.

Die elektrische Reizung, die directe wie die vom Rücken aus, hat zwar Contractionen zur Folge, aber ein Tetanus ist nicht erzielbar. Beim Einstechen der Elektroden in den Schenkel werden die Zehen gehoben, in die Kopfhaut, das Auge geöffnet. Jedoch ist bei den lebhaften Bewegungen der Gliedmaassen unmittelbar nach der Eiöffnung eine Reflexbewegung beim Quetschen, Schneiden, Stechen oder beim Brennen irgend eines Körpertheils mit dem Inductionsfunken schwer als solche zu erkennen. Beim Öffnen des Eies wird öfters der Schnabel geöffnet und geschlossen.

Beim Herausnehmen stirbt der Embryo schnell und nur eine geringe elektrische Reizbarkeit der Haut bleibt noch einige Minuten bestehen. Dieser Umstand dient dazu, zu zeigen, dass am 13. Tage die Reflexerregbarkeit bereits vorhanden ist. Denn lasse ich den Embryo einige Minuten im geöffneten Ei unberührt liegen, bis er keine oder nur noch seltene selbständige Bewegungen ausführt — wegen der abnehmenden Wärme — so gelingt es leicht in einem gewissen Stadium durch sanfte Berührungen auf's Neue Bewegungen, besonders der Beine, hervorzurufen. Einmal, in der 13. Stunde, sah ich am ruhenden Thier die elfmalige Berührung eines Beines mit einem Stiftchen elfmal nacheinander durch eine Beugung desselben beantwortet werden. Die Reflexreizbarkeit ist somit ausgebildet.

Gallenblase mit grüner Galle prall gefüllt.

Das Herz: 56 mal in 40 Sec., also nur 84 in 1 Minute (vereinzelte Beobachtung).

Am 14. Tage.

Die embryoskopische Betrachtung ist durch die zunehmende Verdunkelung erschwert. Jedoch erkannte ich leicht ausser den Gefässen bald schwache, bald energische zuckende Bewegungen des Kopfes und der einzelnen Glieder, sowie auffallend starke Verlagerungen der Gefässe der Allantois bei diesen Bewegungen.

Im eröffneten Ei fällt dasselbe Zucken des Kopfes und Halses, sowie das nicht seltene langsame Öffnen und Schliessen des Auges auf. Selbst bei völlig ungestörter Circulation, die an dem Ausbleiben aller Athembewegungen bei sonstiger Activität, besonders der Füsse kenntlich ist, kann ein Tetanus durch Inductionsschläge nicht herbeigeführt werden, weder bei directer Application der Elektroden auf die Flügel und Schenkel, noch beim Einstechen derselben in das Rückenmark. Bei elektrischer Reizung des Unterkiefers an der Gurgel trat Öffnen des Schnabels ein, nicht bei blossem Druck oder Stich. Überhaupt hat traumatische Reizung jeder Art, und selbst das Versengen der Haut mit dem elektrischen Funken, keine ausgesprochene Antwortsbewegung regelmässig zur Folge; es lässt sich wenigstens, so lange die activen selbständigen Bewegungen dauern, keine derselben als die Wirkung der Reizung sicher hinstellen. Schon bald nach dem Aufhören derselben ist die Reflexreizung erfolglos, die Körperoberfläche wird jedoch durch starke elektrische Reize deutlich afficirt, nachdem der Embryo herausgenommen worden. Erst wenn man das Ei nach dem Öffnen langsam geradeso weit abkühlen lässt, dass keine oder nur seltene Extremitätenbewegungen erfolgen, gelingt es, Reflexe mit voller Sicherheit von Eigenbewegungen zu unterscheiden, wie am 13. Tage.

Am 15. Tage.

Im Ooskop sehr deutliches Bild der rothen mannigfaltig verzweigten Allantoisgefässe. Embryo in seinen einzelnen Theilen nicht mehr zu erkennen, bewegt sich oft in langen Pausen zuckend.

Ausser lebhaften activen Bewegungen der Gliedmaassen sieht man beim Öffnen des warmen Eies energische Athembewegungen. Der Schnabel wird auf- und zugemacht.

Vom Rücken aus und direct ist der Embryo elektrisch tetanisirbar. Die Flügel und Beine werden gestreckt.

Die Reizbarkeit ist im Zunehmen, und sie erlischt nicht so schnell nach dem Herausnehmen des Embryo aus dem Ei wie bisher. Denn man erhält auch dann mit starken elektrischen Reizen vom Rücken aus und direct noch tetanische Bewegungen der vier Extremitäten und Zusammenziehungen der Haut, nachdem alle active Bewegung längst aufgehört hat. Die Reflexerregbarkeit ist jedoch dann meist für elektrische und traumatische Reizung nicht mehr zu constatiren. An dem noch im Ei sich bewegenden Hühnchen ist sogleich nach dem Öffnen eine Antwortsbewegung nach Comprimiren eines Beines oder Flügels mit der Pincette nicht oft sicher erkennbar wegen seiner Lebhaftigkeit, sowie letztere abgenommen hat, aber leicht nachzuweisen.

Das Amnion zieht sich bisweilen auch nach dem Tode des Embryo noch wogend zusammen. Das Herz schlägt nach Eröffnung des Thorax an der Luft weiter, z. B. 82 mal in der Min. (Ei Nr. 196).

Am 16. Tage.

Ooskopisch sind zuckende Bewegungen an der Peripherie des ganz undurchsichtigen Embryo noch sicher erkennbar, und zwar wird bisweilen die dunkle Masse sehr oft und stark bewegt, anderemale selten und schwach. Die Extremitäten sind im Eispiegel nur selten einzeln erkennbar, die rothen Blutgefässe vorzüglich deutlich. Oft bleibt alles in Ruhe, weil vermuthlich der Embryo schläft. Puls ooskopisch gezählt einmal zwischen 170 und 180 in der Minute.

Die elektrische Reizbarkeit nimmt zu. Es ist schon leichter, vom Rücken aus tetanisirend, die Flügel und Beine in Bewegung zu setzen. Jedoch erlischt die Erregbarkeit nach Unterbrechung des Blutstroms der Allantoisgefässe schnell, und die Erfolge der Reizungen sind dann meistens gering.

Hebt man den Kopf möglichst schnell heraus, so treten öfters Athembewegungen ein, aber dieselben werden erst energisch, wenn starke periphere Reize einwirken, z. B. Comprimiren und Stechen der Beine. So sah ich in einem Fall sechsmal hintereinander tiefe Inspirationen eintreten, eine jedesmal nach der peripheren Reizung, ausserdem allgemeine Rumpfbewegungen, vielleicht schon als Schmerzäusserungen. Jedenfalls ist die Reflexerregbarkeit für mechanische Reize an diesem Tage eine sehr grosse.

Auch gelang es mir mitunter am Hühnchen vom Ende des 16. Tages, dessen Schnabel ich mit Schonung der Allantois von der Luftkammerfläche aus durch Ablösung der Schalenhautlamelle zum Theil sichtbar gemacht hatte, rein reflectorische Athmungen durch Berührung der Haut mit einer Nadelspitze auszulösen. Diese Inspirationen, bei fast unversehrter Allantois und jedenfalls energischer Allantoiscirculation (mit hellrothem Blute, ohne Blutungen), sind nicht im geringsten dyspnoisch, wie die nach Herausnahme aus dem Ei und starker Hautreizung, sie treten auch **nur** nach peripherer Reizung ein. Der Schnabel wurde hierbei nicht so weit geöffnet, wie bei Reizung nach Störung des Allantoiskreislaufs. Also steht fest, dass schon am Ende des 16. Tages Athembewegungen durch Hautreize eintreten können ohne Venosität des Blutes, deren Tiefe nach Herbeiführung der letzteren zunimmt.

Am 17. Tage.

Trotz der grossen Dunkelheit des Gesichtsfeldes im Embryoskop erkennt man noch in der letzten Stunde dieses Tages an der Grenze des schwarzen Embryoschattens unzweifelhaft active Bewegungen. Manchmal zuckt der Embryo zusammen, wenn ich das Ei auflege behufs Durchlichtung. In den meisten Fällen ist er bewegungslos. Die Blutgefässe erscheinen immer deutlich arteriell-roth so lange er lebt. Ich erkannte die wechselnde Füllung derselben.

Beim Öffnen des Eies und schleunigen Herausnehmen des Hühnchens macht dasselbe häufige und energische Athembewegungen, den Schnabel öffnend und schliessend und den Thorax expandirend. Auch Zuckungen des ganzen Rumpfes kommen dabei vor. Die elektrische Tetanisirbarkeit des Beines vom Nerven aus war noch mehrere Minuten nach der letzten Inspiration vorhanden, sogar die Zehen wurden dabei noch gespreizt, aber vom Rücken aus liess sich ein Tetanus der Glieder dann nicht mehr hervorrufen.

Ein Ei von 16 Tagen 19 Stunden liess ich auf Sand von 18 ° C. in ebenso temperirter Luft drei Stunden liegen und öffnete es dann erst. Die Reflexerregbarkeit des kalten Embryo war nicht erloschen, beim Comprimiren der Füsse traten inspiratorische Bewegungen ein; ausserdem wurden die Zehen und Flügel bewegt, und beim Erwärmen die Beine. Die Abkühlung im unversehrten Ei wurde also gut vertragen.

Im **Magen** eine eierweissartige Masse.

In einem gewiss sehr seltenen Falle von gänzlichem Mangel der Augen ohne sichere Spur von begonnener Entwicklung derselben und erheblichem Rückstand in der ganzen Ausbildung des Kopfes und Rumpfes lag der Embryo regungslos im eröffneten Ei, beantwortete jedoch starke elektrische Reizung der Zehen durch Rumpf- oder Bein-Bewegungen. Die elektrische Reflexerregbarkeit war also trotz der mangelhaften Ausbildung vorhanden. Auch liessen sich die Gliedmaassen nach dem Herausnehmen noch direct und indirect elektrisch tetanisiren. Das Ei war am 3. Mai 11 U. 15 Min. in den Brütofen gelegt worden und wurde am 19. Mai 3 U. 35 Min. geöffnet.

Am 18. Tage.

Die Abgrenzung der Luftkammer ist noch intact und gerade so scharf wie bisher und ihre Vergrösserung ebenso sicher ooskopisch zu erkennen. Auch kann man an der rothen Farbe des Blutes selbst am 18. Tage noch erkennen, ob der Embryo im unversehrten Ei lebt. Dagegen gehören ausgiebige Bewegungen — Zuckungen der dunkeln Peripherie des Embryoschattens — in diesem zu den Seltenheiten. Anhaltende lebhafte Bewegungen eines Fusses sah ich nicht häufig im intacten Ei. Sie scheinen gegen das Septum der Luftkammer gerichtet zu sein (vgl. Taf. VI. Fig. 1).

Beim Öffnen des warmen Eies (aus der 1. St.) bleibt der wahrscheinlich schlafende Embryo ruhig oder zuckt nur einige Male. Nach dem Herausnehmen aus der Schale, was freilich ohne Blutung durch Verletzung der Allantois nicht ausführbar ist, schnappt er nach Luft, den Schnabel mehrmals weitaufreissend. Schützt man das Hühnchen möglichst vor Abkühlung, so gelingt es leicht, mittelst starker elektrischer Reize vom Rücken aus einen Tetanus der Flügel und tetanische Streckungen der Beine zu bewirken. Dabei erneute Athembewegungen. Die percutane elektrische Reizung des Schenkelnerven hat ausgeprägten Tetanus des Beines mit Spreizung der Zehen zur Folge. Sogar fünf Minuten nach dem Aufhören aller in den Pausen zwischen diesen Reizungen eintretenden activen Bewegungen der Glieder konnte ich durch elektrische Reizung des blosgelegten Schenkelnerven einen eine volle Minute dauernden Tetanus der Beinmuskeln hervorrufen.

Sowohl die traumatische, als auch die elektrische Hautreizung hat starke Reflexbewegungen zur Folge, z. B. Comprimiren der Beine, abwehrendes Schlagen mit den Beinen und erneute Einathmungsbewegungen. Bricht man am Ende des 18. Tages die Luftkammer auf und berührt man die unversehrte Schalenhautlamelle über der Allantois so tritt sehr oft eine Reflexbewegung ohne Einathmung ein, wobei die Häute unversehrt bleiben.

Im Magen viel coagulirtes weisses Albumen. Der Embryo muss schon längst durch Schluckbewegungen den grössten Theil des Amnioswassers in sich aufgenommen haben.

Augen fest geschlossen.

Bezüglich des ersten Athemzuges ist bemerkenswerth, dass ein Hühnchen vom Ende des 18. Tages entschalt, als ich aus einem Allantoisgefäss Blut ausfliessen liess, im Fruchtwasser deutliche Inspirationsbewegungen machte, wobei aber zu bedenken, dass jede mechanische Reizung (Berührung) nicht zu vermeiden war. Übrigens Reflexerregbarkeit gross; selbständige Bewegungen vielleicht etwas weniger lebhaft als in früheren Stadien.

Am 19. Tage.

Im Embryoskop erkennt man ausser der scharf abgegrenzten grösser gewordenen Luftkammer sehr gut in dem dunkeln Ei die hellere Stelle, welche dem Reste des noch nicht resorbirten Dotters entspricht und in dieser oft ein Schnellen eines grauen Flecks, der Zehen. Ausserdem ist — wahrscheinlich durch das Schleudern der Füsse oder eines Fusses — bisweilen schon nach Ablauf des 18. Tages die Perforation des Septum der Luftkammer erzielt. Denn man sieht manchmal deren Peripherie an einer Stelle unterbrochen, während sie an demselben Ei Tags zuvor noch scharf begrenzt war. Der unregelmässig begrenzte in die Luftkammer hineinragende Theil des Hühnchens macht dann — schon zu Anfang des 19. Tages — deutliche, rhythmische Athembewegungen, in einem Falle 72 bis 90 in der Minute. In diesem Ei war nirgends die geringste Öffnung der Schale zu entdecken, und es schlüpfte in der darauffolgenden Nacht ein normales kräftiges Hühnchen ohne alle Kunsthülfe aus demselben aus, also vor Ablauf des 20. Tages.

Wenn man ein Hühnchen von 18 Tagen und etlichen Stunden schnell, ohne Abkühlung zu gestatten, aus dem Ei nimmt, so kann man sich leicht von dem grossen Fortschritt bezüglich der Reflexerregbarkeit überzeugen. Ich sah in einem Falle das Hühnchen, welches sich während des Ablösens der Eischale lebhaft bewegte, aber keine Athembewegung machte, jede Compression eines Fusses oder eines Flügels mit einer ungemein tiefen Inspiration beantworten. Dabei wurde der Schnabel weit geöffnet, die Zunge vorgeschoben, der Thorax ausgedehnt; einmal trat ausserdem eine allgemeine Bewegung des Rumpfes ein. Achtmal nacheinander wiederholte ich die Reizung und jedesmal bewirkte sie eine Inspiration. Zwischen den peripheren Reizungen Ruhe. Im Magen viel coagulirtes weisses Albumin.

Ein anderes Hühnchen verhielt sich ähnlich.

Am 20. Tage.

Im Embryoskop erkennt der Geübte sogar am 20. Tage an zuckenden Bewegungen der dunkeln Masse gegen den hellen die Luftkammer abgrenzenden Rand hin mit Sicherheit, ob das Hühnchen lebt oder nicht. Übrigens gibt auch die im unversehrten Ei wahrnehmbare Röthung der peripheren Allantoisgefässe ein Kriterium ab, desgleichen die bisweilen schon zählbaren Athembewegungen.

Diese sind jedoch nicht so regelmässig wie nach dem Sprengen der Kalkschale. Ihre Frequenz kann 90 in der Minute übersteigen stundenlang ehe das Hühnchen die Luftkammer ausfüllt.

Öffnet man das Ei, so findet man die Reflexerregbarkeit gross, da schon bei sanfter Compression eines Fusses Bewegungen des ganzen Körpers erfolgen, und zwar unmittelbar nach dem Herausnehmen aus dem Ei. Gleich darauf erlischt die traumatische und die elektrische Reflexerregbarkeit, aber noch nach mehreren Minuten sind alle vier Extremitäten vom Rücken und von der Abdominalseite aus mit starkem intermittirendem elektrischem Reize leicht in anhaltenden Tetanus zu versetzen. Im Magen geronnenes Eiweiss, weiss wie Schnee. Alle diese Angaben gelten auch für ein durch Erniedrigung der Brutwärme in der Entwicklung zurückgehaltenes Hühnchen in den ersten Stunden des 20. Tages.

Ein Hühnchen vom Anfang des 20. Tages konnte ich, ohne dass es eine einzige Bewegung machte, vollständig entschalen. Erst als ich dann die Allantois abstreifte, machte es einige schwache Athembewegungen. Sowie ich aber einen Fuss oder Flügel mit einer Nadel stach, trat jedesmal eine ungemein tiefe Inspiration mit weitgeöffnetem Schnabel ein. Bei Berührung des Augenlides heftiges Kopfschütteln, beim Herabdrücken des Augenlides wurde die Nickhaut vorgeschoben. Diese Beobachtung bestätigt die bedeutende Zunahme der Reflexerregbarkeit, die Abhängigkeit der Athembewegungen von peripheren Reizen, und die Annahme, dass das Hühnchen vorher im Ei fest schlief.

Bei einem anderen Hühnchen von 19 Tagen und 5 Stunden gelang es sogar, die harte Schale vollständig zu entfernen, ohne die Häute im geringsten zu verletzen. Das Thier bewegte sich, machte aber selbst dann noch keine Athembewegung, als ich mit Schonung der Allantoisgefässe durch einen glücklichen Zufall ein Stückchen der Schalenhaut ablösend — es fand überhaupt gar keine Blutung statt — die Schnabelspitze bloslegte; aber sowie ich in einen Schenkel mit einer Nadel gestochen hatte, trat eine tiefe Inspiration, die erste, ein mit Biegung der Zungenspitze nach unten und gewölbtem Zungenrücken; bei Wiederholung des Reizes ebenso, also bei intacter Allantoiscirculation.

Einige Hühnchen beginnen schon vor Ablauf des 20. Tages die Schale zu sprengen.

So hatte Nr. 212 in der 8. Stunde damit noch nicht begonnen, in der 11. ein Schalenstück abgesprengt. Ihm folgte am 21. Tage in der 18. Stunde ein zweites zwei Centimeter vom ersten entferntes Stück aus der Eimitte. In der 24. Stunde befreite ich das Thier von der Schale. Es blieb am Leben (S. 579 unten).

Ein anderes Hühnchen (Nr. 436) hatte nach 19 Tagen und 23 Stunden ein kleines Stück der Schale mitten aus dem Ei abgesprengt und durch den Schnabel zu athmen begonnen, da es laut piepte. Ooskopisch liessen sich hierbei die Athembewegungen an den mit ihnen isochronen Schwingungen der Luftkammerscheidewand erkennen. Ich zählte 100 Resp. in 85 Sec., dann 50 in 45 Sec. Die Athmung auffallend regelmässig in der 3. Stunde des 21. Tages. Nach 20 Tagen 14 Stunden hatte das Thier sich von selbst ganz befreit, und zwar war nach 20 Tagen 4 St. erst ein kleines Schalenstück abgesprengt. In der 18. Stunde des 21. Tages blieb das Hühnchen in den Stellungen, die ich ihm ertheilte, z. B. auf dem Rücken, liegen, zitterte stark und machte die Augen auf und zu.

Am 21. Tage.

Die normal entwickelten Hühnchen sprengen meistens am 21. Tage die Eischale mittelst der Schnabelspitze, indem sie mit dem spitzen Höcker am Oberschnabel, welcher später obliterirt, die Schalenhaut ritzend, dagegen stossen. Viele können auch nach künstlicher Ablösung der Schale an diesem Tage am Leben erhalten werden, wenn die Allantois blutärmer geworden ist. Aber die durch Verminderung der Brutwärme in der Entwicklung zurückgehaltenen Embryonen, welche man am 21. Tage bloslegt, sterben meist sofort wie die normal-warmen, auf früheren Entwicklungsstufen aus dem Ei genommenen.

Sehr oft sprengt das Hühnchen die Eischale, indem es sich dreht, an zwei Puncten, die nicht in annähernd derselben Entfernung vom Pole liegen, manchmal ganz unregelmässig mitten im Ei und ohne vorher die Luftkammerscheidewand durchstossen zu haben, oder es stösst durch das Chorion und zugleich an die Schale an zwei weit von einander entfernten Stellen. Dass zuerst das Chorion durchstossen, die Luft der Luftkammer eingeathmet und dann die Kalkschale gesprengt würde, wie man gewöhnlich annimmt, ist nicht die Regel. Das Sauerstoffgas der Luftkammer wird vom Hämoglobin der Allantoisgefässe und der immer unter der Scheidewand liegenden Dottersackgefässe aufgenommen, welche beide an dieser Stelle bis zuletzt das grösste Caliber behalten, zuletzt obliteriren.

In hohem Grade bemerkenswerth ist es, dass diese Allantoisgefässe noch stark gefüllt sind, dass arterielles und venöses Blut an der Farbe in ihnen sich noch unterscheiden lässt und dass an ihnen sogar der Puls noch erkannt werden kann, nachdem bereits das Hühnchen an einer anderen Stelle die Allantois und Schale durchstossen und atmosphärische Luft zu athmen angefangen hat.

Die zurückbleibende eingeschrumpfte aber stets noch Blut enthaltende Allantois ist zwar gleichsam die Nachgeburt des Hühnchens, sie fungirt aber im Gegensatz zur Säugerplacenta noch lange nach dem Beginne der Lungenathmung, indem ihre Gefässe durch Aspiration immer mehr Blut verlieren.

Lässt man ein Hühnchen im Brütofen ohne alle Hülfe sich selbst von der Schale befreien, so findet man fast ausnahmslos in der leeren Schale ausser der trockenen Allantois und der Schalenhaut noch grünliche (durch Galle gefärbte) Fäces, das Meconium des Hühnchens, und oft eine gelbliche gallertige Masse. Ich habe wenigstens in einem derartigen Falle die Fäces in der Schale nur sehr selten vermisst.

Beschreibung einzelner Fälle:

Nr. 268 hatte kurz vor der 22. Stunde des 21. Tages das erste Schalenstück und zwar ohne Verletzung der Schalenhaut abgesprengt um 10 Uhr Vm. am 12. Mai. Es piepte selten und schwach im Ei. Um 11 keine Veränderung. Zwischen 11 und 12 aber wurden in schneller Folge unter häufigerem und lauterem Piepen immer mehr Schalenstücke abgesprengt, der Schnabel und eine Zehe kamen zum Vorschein und gerade als der 21. Tag ablief, Mittags 12 Uhr, hatte das Hühnchen durch heftige Bewegungen die beiden nur noch an einer Stelle zusammenhängenden Schalentheile auseinander gesprengt. Es blieb einige Minuten mit dem Hinterkörper in der einen Schalenwölbung liegen: das Bild der Hülflosigkeit. Während des Ausschlüpfens, d. h. während des Beiseite-schiebens der Schale schloss sich das Auge bei Berührung des Augenwinkels, nicht bei Annäherung eines Gegenstandes. Nun blieb 2½ Stunde lang das Thierchen im Brütofen sich selbst überlassen. Dann hielt ich ihm ein Stückchen Eiweiss vor. Es pickte sogleich danach und brachte es dahin, dass das Stückchen im Schnabel blieb und verschluckt wurde; ein anderes Stück zu nehmen weigerte es sich. Ferner hielt jetzt das Hühnchen den Kopf empor und drehte ihn correct einem um es langsam bewegten Gegenstande, z. B. Bleistift, folgend. Es hockte aber noch, unvermögend zu stehen.

Das Ei Nr. 302 war am Abend des 2. Juni unversehrt, am Morgen des 3. Juni in der letzten Stunde des 21. Tages hatte das Hühnchen mitten zwischen den Polen ein mehr als markgrosses Stück abgesprengt und lag blos, durch beginnende Vertrocknung der zurückgebliebenen Häute an der Fortsetzung seines Befreiungswerkes verhindert. Es piepte schwach. Ich befreite das Thier völlig, aber noch 20 Minuten später lag es in äusserster Hülflosigkeit da und verblieb in der Stellung, die es im Ei eingenommen hatte, bewegte beim Anfassen die Beine hin und her, piepte und zitterte. Hierauf blieb das Thierchen auf Sand in einem hohen Becherglas im dunkeln Brütofen den Abend, die Nacht und den Morgen über, 15 Stunden lang; danach hielt es meist den Kopf aufrecht konnte aber noch nicht auf den Zehen stehen und pickte richtig nach Sandkörnchen, also am 22. Tage in der 18. Stunde.

Das Ei Nr. 191 öffnete ich in der letzten Stunde des 21. Tages. Das Hühnchen bewegte sich lebhaft, öffnete mehrmals weit den Schnabel. Augen fest geschlossen. Elektrische Reflexerregbarkeit gross. Im Magen viel weisses coagulirtes Albumin.

Das Hühnchen Nr. 212 piepte in der 18. Stunde beim Anfassen des schon durchlöcherten Eies (S. 577) und stiess häufig gegen die blosliegende Schalenhaut. Das Piepen war abwechselnd schnell und langsam, laut und leise, in der 19. St. die Resp. 25 in 20 Sec. am Heben und Senken des Kopfes im Ei zu erkennen. Nach einer halben Stunde Resp. 36 in 28 Sec. Bei stärkerem Erwärmen ziehendes lauteres Piepen im Ei, wahrscheinlich Schmerzäusserung. In der 24. Stunde löste ich die Schale ganz ab. Es trat nun ein stärkeres Piepen beim unsanften Berühren, Stechen, Drücken, Abkühlen, sogar bei plötzlichem Lichteindruck, Erwärmen, Aufheben mit der Hand ein.

Die Reflexe sind sämmtlich viel stärker, als bei den Hühnchen, welche noch nicht Luft geathmet haben. Auch ist das schnelle Auf- und Zumachen des Schnabels bei jenen viel häufiger, wahrscheinlich theils ein Schlucken, theils Probiren. Denn der reichlichere Eintritt von Luft in die Lungen nach der Sprengung der Schale wird vermuthlich eine Trocknung der Schleimhäute und dadurch eine neue Empfindung bewirken, welche ähnliche Bewegungen wie beim Schmecken hervorrufen könnte.

Ein am 30. Juli 9.50 Vm. eingelegtes Ei fand ich am 19. Aug. 3.15 Nm. an einer Stelle nahe am spitzen Pole gesprengt. Ich öffnete es, fand aber die Luftkammer wie gewöhnlich am stumpfen Pole und am spitzen die noch sehr blutreiche Allantois dicht unter der Schalenhaut. Ich löste das piepende Hühnchen von der Schale ganz ab und sah, dass der Dotter vollständig resorbirt war, also nach 20 Tagen 5 St. 25 Min. In diesem Falle lag zwar das Hühnchen normal im Ei, hatte aber lange vor der Obliteration der Allantoisgefässe (vielleicht nur zufällig) die brüchige Schale mit der Schnabelspitze an einer ganz ungewöhnlichen Stelle durchstossen. Neben diesem Ei lag ein am 29. Juli 5.15 Nm. eingelegtes, an welchem am 19. Aug. 3 U. Nm. gleichfalls ein grosses Stück ausgesprengt war, dessen Hühnchen aber den gelben Dotter ganz und garnicht resorbirt hatte und todt war. Es hatte viel zu früh zu sprengen versucht und war lange vor dem Ablauf der 21. Stunde des 21. Tages gestorben. Ein drittes Ei, ebenfalls am 29. Juli 5.15 Nm. eingelegt, welches neben jenen beiden lag, lieferte dagegen am 19. Aug. in der Frühe, also nach 20½ Tagen ein normales Hühnchen, das sich allein befreite.

Man sieht, wie verschieden in der Zeit unter genau denselben äusseren Bedingungen die Resorption des Dotters, die ersten Sprengversuche und das Ausschlüpfen sich verhalten.

Hühnchen Nr. 328 hatte am 4. Juli 9½ Uhr Vm. in der 23. Stunde des 21. Tages ein Stück der Schale mitten aus dem Ei abgesprengt, so dass der Schnabel hervorragte. Starkes Piepen. Bis zum 5. Juli 8 Uhr Vm. keine Veränderung: nur hatte sich die Schalenhaut durch Eintrocknen von der Schale abgehoben. Es war Gefahr da, dass das Hühnchen durch fernere Eintrocknung zu Grunde ginge. Ich legte es vor eine über acht etwa neuntägigen Küchlein sitzende Gluckhenne. Sogleich erhob sich diese, ging auf das Ei zu, pickte einmal danach und verliess es dann. Nun löste ich die Schale ab und legte das in der ursprünglichen Stellung verharrende Hühnchen wieder vor die Henne. Sie ging nahe heran und verliess wieder mit ihren Küchlein das hülflose Thierchen, das nun in den Brütofen zurückgebracht wurde: 22 Tage 21 Stunden.

Ei Nr. 395. Am 29. April 11 Uhr Vm. eingelegt, am 20. Mai 11¼ Uhr Vm. aufgebrochen, also nach Ablauf des 21. Tages. Als ich mit Schonung der Schalenhaut und Allantois ein Schalenstück abgelöst hatte, wurden wogende unregelmässige Bewegungen des Hühnchens in kurzen Pausen wahrgenommen. Dass es Athembewegungen waren, bewies das bald hörbare Piepen im Ei bei völlig unverletzten Eihäuten. Das Embryoskop zeigte auch die grosse Luftkammer überall scharf abgegrenzt. Ich fand bei weiterem Ablösen der Schale in der That nirgends in der Luftkammerscheidewand eine Perforation, aber in der Allantois reichlich hellrothes Blut, den Dotter noch wallnussgross, nicht resorbirt. Nach Ablösung der Allantois enorm tiefe Inspirationen, starke Abkühlung. Die künstliche Hautreizung bewirkte jedesmal eine tiefe Einathmung.

Dieser Versuch beweist, dass bei gänzlich unversehrter Allantois-Circulation und -Respiration und unversehrter Schalenhaut und Luftkammer dennoch die Lungenathmung im Ei beginnen kann, sogar mit leisem Piepen, und dass die Inspirationen an Tiefe zunehmen, wenn die Allantois verletzt wird und periphere Reize einwirken (S. 577).

Am 22. Tage.

Manche reife Hühnchen sprengen die Eischale, sogar die Luftkammer nicht und ersticken, manche sprengen die Schale nicht vor dem Ablauf des 21. Tages.

In der 15. St. des 22. Tages (Nr. 254) fand ich einmal den Dotter noch wie eine Hernie heraushängen. Das Hühnchen machte nach Ablösung der Schale und Schalenhaut ohne Verletzung der Allantois enorm tiefe Inspirationen, die an der Luft sich wiederholten. Dann starb es.

Aus einem am 25. Juni in den Brütofen gelegten Ei schlüpfte am 17. Juli 11 U. 15 M. ein normales Hühnchen aus, also am 22. Tage. 11 U. 17 M: Vergebliche Versuche den Kopf und Rumpf zu heben; häufiges Piepen, unzweckmässige Bewegungen mit langen Pausen völliger Ruhe. Das Hühnchen wirft sich dann wieder förmlich herum, schleudert die Beine, bewegt die kleinen Flügel heftig, auch bilateral-symmetrisch, besonders nach dem Anfassen. 11 U. 21 M. Haltung schon vorwiegend centrirt, aber die Schnabelspitze berührt fast ohne längere Unterbrechungen den Boden. Das Hühnchen hockt auf dem Tarso-metatarsus; es zittert (in kälterer Luft). 11 U. 22 M. Nachdem ich den Schnabel einen Augenblick in lauwarmes Wasser getaucht hatte, traten sehr viele schnell aufeinanderfolgende Schluckbewegungen ein. 11 U. 25 M. Die Zehen sind noch sämmtlich krumm, aber nicht so stark gekrümmt wie im Ei (Taf. VI, Fig. 2). 11 U. 33 M. Reflexerregbarkeit gross; fast auf jede Berührung folgt Piepen, intensives Licht bewirkt nicht allein Pupillenenge, sondern auch Lidschluss. 11 U. 35 M.: Wenn in der Ruhe ein hoher lauter Klang ertönt, dann macht das Thierchen eine halbe Hebung, ebenso beim lauten Schnarren. 12 Uhr: der Kopf mehr erhoben. 4 Uhr: Kopf immer noch nicht dauernd oben, die hockende Haltung sicherer. 5 U. 15 M.: Kopf von jetzt an oben gehalten. Sämmtliche Zehen von jetzt an gestreckt. Das Thier blieb am Leben und stand am folgenden Morgen fest auf den Zehen. Der Versuch zeigt, dass selbst ein verspätet ausgeschlüpftes Hühnchen noch sechs Stunden braucht, um seinen Kopf zu balanciren.

Ei Nr. 256. Das Hühnchen hatte mitten aus dem Ei vor der 15. Stunde ein Stück der Schale abgesprengt und piepte kräftig beim Anfassen des Eies. In der 21. Stunde löste ich die Schale mit den Häuten ganz ab. Dotter noch nicht völlig resorbirt. Bei jeder Berührung piepte das Hühnchen, nahm, sich selbst überlassen, noch drei Stunden nach der Befreiung jedesmal fast genau dieselbe Stellung wie im Ei ein, konnte nicht stehen, machte die Augen öfters auf und zu, beim Piepen nicht jedesmal auf, athmete sehr unregelmässig, manchmal stürmisch bald tief, bald flach, schnell und langsam, manchmal garnicht während mehrerer Secunden. Bei Berührung der Hornhaut und Bindehaut hob sich das untere Augenlid langsam. Elektrische Hautempfindlichkeit vorhanden. Dem lauteren Piepen und den lebhafteren Reflexbewegungen nach zu urtheilen, muss die Berührung mit der elektrischen Pincette Schmerz verursacht haben. Auf starke Geräusche erfolgte jedesmal lauteres Piepen und manchmal eine Kopfbewegung. Beim Piepen wird die Zunge vorn fest gegen den Gaumen gedrückt und zugleich der Unterkiefer energisch nach unten bewegt. Nach Ablauf der 24. Stunde wurde das Hühnchen 256 in Watte zum Trocknen in den Brütofen gelegt, wo es 14 $^1/_2$ Stunde (die Nacht über) blieb.

Es konnte aber trotz der langen Ruhe in der 15. Stunde des 22. Tages sich noch nicht erheben, nicht stehen, nicht picken. Es schliesst die Augen durch die Nickhaut und das untere Lid bei Berührung und sogar beim Annähern eines dunkeln Gegenstandes in mehr als ein $^1/_2$ Centimeter Entfernung ohne Berührung. Es schluckt oft, piept wenn es berührt wird, legt sich wenn freigelassen immer noch in der Lage, die es zuletzt im Ei inne hatte, auf die Seite, zuckt manchmal mit dem ganzen Körper, mit den Beinen, mit den Flügeln, mit dem Kopfe, scheint meistens zu schlafen. Respiration in der Ruhe regelmässiger, langsamer (20 in 25 Secunden), aber von apnoischen Pausen unterbrochen. Reaction auf Schallreize äusserst lebhaft. Das Thier springt plötzlich auf und fällt dann wieder in seine Lethargie zurück. Es kann auch auf die Füsse gesetzt den Kopf nicht aufrecht oder median halten, selbst wenn der Schnabel als Stütze dient. In der 16. Stunde wurden Erhebungsversuche gemacht, aber mit wenig Erfolg. Das Kopfnicken machte mehr den Eindruck von Picken, besonders wenn dabei der Schnabel geöffnet wurde, was auch ohne pickbare Objecte bisweilen geschah. Das Thier bewegt sich auf dem Laufknochen hockend einige Centimeter von der Stelle, schläft aber öfters wieder ein, besonders wenn es nicht in sehr warmer Umgebung sich befindet, und fällt oft um. In der 22. Stunde ist das Picken nach Flecken, nach Sandkörnchen, nach geschriebenen Buchstaben, nach vorgehaltenen beliebigen Objecten schon sehr correct orientirt, das Piepen stärker und häufiger. Der Kopf wird im wachen Zustande erhoben gehalten und dann und wann ein Hüpfversuch gemacht. Aber ein Stehen auf den Zehen ist noch nicht möglich. Bei geringer Abnahme der Brutwärme in der Umgebung tritt leicht Zittern ein, obwohl das Thierchen jetzt fast trocken ist.

Ich liess es nun die ganze Nacht vom 22. zum 23. Tage in einem glatten Tiegel zubringen, so dass es keine Gehübungen (nur Stehübungen) machen konnte. Trotzdem konnte es am Morgen, in der Mitte des 23. Tages sogleich mit hoch erhobenem Kopf auf den Zehen wie erwachsene Hühner gehen, fiel aber öfters um und in die hockende Lage zurück. Es pickt nach Puncten und Strichen, die ich mit Bleistift vor ihm hinzeichne, nach Hirsekörnern, nach Ritzen im Holz. Dabei ist sehr auffallend, wie oft die Schnabelspitze neben das Hirsekorn auf die Tischplatte aufschlägt. Das erste Hirsekorn kam gleich das erste Mal in den Schnabel, fiel heraus und wurde dann nach zweimaligem ungenauem Picken aufgenommen und verschluckt. Nach dem zweiten Hirsekorn pickte aber das Hühnchen sechsmal, ohne es fassen zu können. Dagegen nahm es ein Sandkörnchen auf und verschluckte dasselbe. Es pickte fast nach allem und auf gleichartiger weisser Fläche besonders nach den Nägeln seiner Füsse. In der 16. Stunde kann es sich stehend auf den Füssen erhalten, schreiten und einige Schritte laufen, aber es fällt oft, namentlich rücklings in die hockende Lage oder auf die Seite. Mit den Flügeln wird einzeln symmetrisch oft geschlagen, wie um das Gleichgewicht zu behalten. Den Geruch des Thymols flieht das Thier nicht, beim Tabakrauch schüttelt es heftig den Kopf wie abwehrend, bleibt aber stehen, als ihm ein damit gefülltes Gläschen vorgehalten wurde.

Am 24. Tage hat dieses Hühnchen (Nr. 256) immer noch keine Nahrung zu sich genommen und piept mit kurzen Unterbrechungen, wenn es wach ist, den ganzen Tag.

Am 25. Tage hat es, vom Anfang an völlig isolirt, ausser den paar Hirsekörnern noch keine Nahrung zu sich genommen. Als es aber auf den Boden gesetzt wurde, lief es sogleich mit grosser Geschwindigkeit einen Meter weit wie ein älteres Huhn, obgleich es schon wegen der Enge seiner bisherigen Behälter (Becherglas, Tiegel oder Glasglocke) keine Gelegenheit hatte, sich im schnellen Gehen oder Laufen zu üben. Andererseits stösst das Thier immer noch mit Vehemenz gegen das Glas seines Behälters. Es hat also nicht gelernt, dass der unsichtbare Widerstand unüberwindlich ist. Das Piepen wird mit sehr kurzen Pausen kräftig den ganzen Tag fortgesetzt, obgleich kein anderes Hühnchen oder Huhn im ganzen Laboratorium neben ihm vorhanden ist. Nachdem es aber am 7. Mai $11\frac{1}{2}$ Uhr Vm. in der 16. Stunde des 25. Tages und in der 20. Stunde seines 4. Lebenstages zum ersten Male gehacktes hartgekochtes Eierweiss und Eigelb vorgesetzt erhalten und davon genommen hatte, wurde das Piepen viel weniger laut und häufig. Zu bemerken ist, dass zwar das Hühnchen, welches inzwischen ungemein oft mit dem Schnabel nach allerlei Zielpuncten gepickt hatte, doch zehnmal und öfter neben das Eiweissstückchen pickte, ehe es dasselbe fasste. Oft freilich kam gleich beim ersten Male das weisse Stückchen in den Schnabel und wurde verschluckt. Das Eigelb wurde consequent liegen gelassen und aus dem Gemenge das Eierweiss vollständig herausgelesen. Da aber auch Stückchen des Dotters in den Schnabel kamen, die wieder herausfielen, so kann nur angenommen werden, dass gelb und weiss verschieden empfunden werden. Wasser nimmt das Hühnchen nicht von selbst zu sich, wohl aber beim Halten des Schnabels in Wasser.

Das Thier macht keine Fluchtbewegungen, wenn man es ergreift.

Am 26. Tage pickt es mit dem Schnabel links, rechts und vorn am Rumpf sehr geschickt.

Am 27. Tage — vom Beginne der Bebrütung an gerechnet — trinkt es von selbst wie ein altes Huhn, den Kopf zurückbeugend; es pickt nicht mehr eifrig gegen Glas, sondern nur wenn man sich seiner Glasglocke nähert gegen deren Wandung; es scheint seine eigenen Excremente nicht mehr aufzufressen, wie vor einigen Tagen wiederholt unmittelbar nach der Defäcation geschah.

Am 28. Tage (am 10. Mai Vm.) trinkt es gierig zum ersten Male ihm vorgesetztes rohes Eierweiss und Eigelb wie erwachsene Hühner. Der Kropf erschien nachher von aussen gelb und prall gefüllt.

Am 29. Tage, dem 8. seit dem Ausschlüpfen, fällt das Hühnchen bei Laufversuchen noch oft; es pickt nach allem und jedem, oft verkehrt, was ich aber auch erwachsene Hühner habe thun sehen. —

Das Hühnchen Nr. 268 piept und pickt nach allem Möglichen abgegrenzten in seiner Nähe zu Anfang des 22. Tages. Ich setzte nun vor dieses erst 3stündige Thier das eben beschriebene, 8 Tage alte (Nr. 256) und zwischen beide einen Eidotter. Sofort pickte letzteres offenbar in feindseliger Absicht das erstere, und zu meinem Erstaunen erwiderte dieses das Picken. So fuhren sich die beiden Hühnchen mit dem Schnabel gegen den Kopf, bis das ältere allein Herr des Dotters war, indem das jüngere seine Bemühungen, etwas von demselben zu erhaschen, einstellte. Als ich dann das letztere in ein hohes Becherglas und in den Brütofen zurückbrachte, machte es energische Versuche, über den Rand desselben zu springen.

Vor Ablauf der ersten 24 Stunden sprang es in der That 5 Centim. hoch, schritt ziemlich sicher, frass Eiweissstückchen und stritt sich wiederholt mit dem älteren Hühnchen (Nr. 256). Beim Streicheln des Rückens beider, also am ersten und neunten Tage, maschinenmässiges Piepen wie beim Quakversuch. Auch das jüngere Hühnchen hatte am ersten Tage einen Theil seiner eigenen Excremente wieder, wie das Eigelb, pickend und schluckend zu sich genommen. Beide Hühnchen sind äusserst empfindlich gegen Kälte. —

Das Hühnchen Nr. 302 piepte jedesmal energisch am 22. Tage, wenn ich mit dem Finger gegen den Strich den Rücken streichelte, dagegen unregelmässig, wenn ich den Kopf, die Flügel u. a. streichelte.

Das Hühnchen im Ei Nr. 457 hatte erst nach Ablauf von 21 Tagen ein Stückchen der Schale abgesprengt und zwar bis nach der 23. Stunde nur das eine. Nach 22½ Tagen war die Sprengung weiter ausgedehnt. Am 22. Tage liessen sich sehr deutlich ooskopisch die Athembewegungen am Oscilliren des Luftkammer-Septum zählen und zwar waren sie auffallend regelmässig in der 23. Stunde: 43 in der halben Minute. Am Ende des 22. Tages piepte das Hühnchen im Ei wie am 23. Tage sehr munter. Ich überzeugte mich in diesem Falle bestimmt, dass das Septum nicht durchstossen war. Also athmete das Hühnchen nicht die Luft der Luftkammer durch den Schnabel ein, sondern nur die atmosphärische Luft. —

Das Hühnchen A begann die Sprengung ebenfalls erst einige Stunden nach dem 21. Tage und schritt nicht fort damit bis gegen Ende des 22. Ich löste daher jetzt die ganze Schale ab und bemerkte, dass nach 1½ Stunden der Kopf auf kurze Zeit gehoben wurde, dass sehr zahlreiche rasch aufeinanderfolgende Schluckbewegungen nach fünf Stunden eintraten, wenn der Schnabel mit Wasser einen Augenblick benetzt wurde, dass nach Streicheln des Rückens, nicht der Brust, jedesmal gepiept ward, dass in der sechsten Stunde der herumgeführte Bleistift richtig mit dem Kopf verfolgt wurde. Aber sieben Stunden nach dem Ausschlüpfen konnte das Thierchen noch nicht stehen und gehen, sondern bewegte sich rutschend vorwärts. Es gelang ihm auch nur nach vielen fruchtlosen Anstrengungen, wenn es auf den Rücken gelegt worden, sich in die natürliche Stellung unter häufigem Piepen zurückzubringen. Übrigens war dieses Ei im Brütofen nicht einmal gewendet worden, es lag während der 22 Tage zu ⅛ bis ½ im warmen Sand und nur beim drei- oder viermaligen Prüfen im Embryoskop — ob der Embryo noch lebte — kam die Unterseite einige Augenblicke direct an die Luft.

Bei dem Ei Nr. 394, welches am 29. April 11 Uhr Vm. eingelegt und im letzten Drittel der Incubationszeit meist nur auf Sand von 37° gelegen hatte, fand ich erst am 21. Mai die Schale gesprengt, das Hühnchen im Innern piepend. Ich befreite es völlig und fand die Allantois fast blutleer, nur hier und da ein rothes Gefäss, den Dotter resorbirt. Jedenfalls war durch langes Lungenathmen im Ei das Allantoisblut fast ganz aspirirt worden.

Diese Protokolle, denen ich noch viele ähnliche anreihen könnte, genügen, um die alte weitverbreitete Meinung thatsächlich zu widerlegen, derzufolge das Hühnchen unmittelbar nach dem Ausschlüpfen der Henne nachlaufen, sich gerade halten und allerlei complicirte Gleichgewichts-Bewegungen correct ausführen soll. Aber sie zeigen zugleich, dass mehrere Stunden ausreichen, die combinirten Augen- und Pick-Bewegungen wie beim erwachsenen Huhn zu Stande kommen zu lassen, so dass in dieser Hinsicht weniger Lernzeit, als z. B. zum Laufen, ja schon zum Stehen, erforderlich ist.

Ausserdem folgt aus den hier zusammengestellten Beobachtungen, dass die Hühnchen unmittelbar vor und nach dem Ausschlüpfen sich sehr ungleich verhalten bezüglich der zum Selbständigwerden erforderlichen Zeit, aber völlig übereinstimmen bezüglich der Art ihrer zahlreichen erblichen verwickelten Bewegungen.

II.

Beobachtungen des Verfassers an lebenden Meerschweinchen-Embryonen.

Vorbemerkung.

Von den in diesem Buche erwähnten, aber nicht beschriebenen Versuchen und Beobachtungen, deren ich namentlich viele an Meerschweinchen-Embryonen angestellt habe, theils zu eigener Orientirung, theils zur Demonstration, wurden mehrere kurz protokollirt, und einige Auszüge aus diesen Vivisectionsberichten stelle ich im Folgenden zusammen, weil sie manches Beachtenswerthe enthalten, Angaben im Texte bestätigen und zu neuen Forschungen auf diesem wenig bearbeiteten Gebiete veranlassen können.

Die Gewichte beziehen sich auf die ganz frischen Früchte ohne Placenta; die grossen Buchstaben bezeichnen jedesmal ein trächtiges Meerschweinchen, welches die beigesetzte Zahl von Embryonen enthielt, die römischen Ziffern diese letzteren in der Reihenfolge der Beobachtung, bez. Bloslegung. Das Alter der Embryonen ist nach den Angaben S. 507 u. 508 aus dem Gewichte ermittelt worden, wobei zu bedenken, dass beim Meerschweinchen vor dem Ende der zweiten Woche nach befruchtender Begattung die Embryogenesis nicht beginnt und häufig die Gewichte und Entwicklungsgrade bei gleichem Alter — vom Begattungstage an gerechnet — sehr ungleich sind; daher ist eine Altersbestimmung nach Tagen aus dem Gewichte nicht möglich.

Embryonen der 3. Woche.

Embryogewicht 0,027 bis 0,127 Grm.

A. Drei Embryonen: I wiegt 0,127 Grm. mit einer Placenta von $10\frac{1}{2}$ Millim. im Durchmesser, II 0,099 Grm. mit Plac. von $8\frac{1}{2}$ Millim. Durchm. und III 0,027 Grm, mit Plac. von $7\frac{3}{4}$ Millim. Durchm. Die drei Früchte sind auch selbst auffallend ungleich entwickelt, obgleich in demselben Uterushorn. I. Länge *in situ* $12\frac{1}{2}$ Millim. Zehen garnicht gesondert. Das Herz macht nach dem Abkühlen des Eies an der Luft noch *in ovo* 50 kräftige regelmässige Schläge in 40 Sec., also 75 in 1 Min. Übrigens sonst keine Bewegung wahrnehmbar, ausser im ersten Augenblick des Freilegens der Decidua im warmen Salzwasser eine zweifelhafte Rumpfbewegung am hinteren Ende. Die 4 Extremitäten schnellen mit Kraft zurück beim Abheben. Auge stark pigmentirt. Schwanz noch $4\frac{1}{2}$ Millim. lang.

II. Weder im Ei in warmer Umgebung noch an der Luft die geringste Bewegung. Herz noch ganz extrathoracal, schlägt voll Blut *in ovo* 20 mal in 13 Sec. kräftig, also 92 mal i. d. Min. Visceralbogen verschwunden. Noch keine Zehen. Auge weniger pigmentirt.

III. Grösster Durchmesser der Hufeisenform des Embryo *in situ* $7\frac{1}{2}$ Millim. Nicht die geringste Bewegung zu erkennen. Extremitäten erst angelegt. Ein Visceralbogen noch vorhanden. Allantois noch ganz frei, so gross, wie das noch ganz extrathoracale Herz. Auge noch weniger pigmentirt als bei II.

Dass der eine Embryo beinahe 5 mal soviel wiegt als der andere und entsprechend weiter differenzirt ist, beweist auf's Neue die Unzulässigkeit der Altersbestimmung aus dem Differenzirungsgrade oder dem Gewicht. Nach Bischoff's Angaben und Abbildungen müssen diese Embryonen aus der 3. Woche nach dem Begattungstage stammen, also aus der ersten von der Embryogenesis an, III kann keinesfalls älter als 18 Tage, I und II können älter, aber nicht mehr als 21 Tage alt sein.

Embryogewicht 0,05 bis 0,16 Grm.

B. Fünf Embryonen. I: Extremitäten noch schaufelförmig ohne Andeutung der Zehen. Augen schwach pigmentirt. Länge *in situ* 12 Mm. Das ganz extrathoracale Herz schlägt schnell und kräftig; die embryonalen Gefässe überall blutführend, aber trotz der Beobachtung unter den günstigsten Umständen im körperwarmen Bade war nicht eine einzige Rumpf-Bewegung zu sehen, und elektrische Reize blieben überall — auch an der Luft — völlig wirkungslos. Keine Reflexe, keine Hautcontraction, keine Lageänderung. Ebenso II; I und II wogen zusammen 0,33 Grm., also jeder Embryo durchschnittlich 0,165 Grm. Dagegen war III merklich weniger entwickelt, wog 0,055 Grm.; Hinterextremitäten erst eben als Stummel angelegt; Auge kaum pigmentirt; grösste Länge der Hufeisenform *in situ* 7 Mm. Das extrathoracale Herz schlug lebhaft; sonst keinerlei Bewegung im Ei und ausserhalb desselben, auch elektrisch oder mechanisch keine zu erzielen. Embryo IV wieder weiter entwickelt, aber (nach Vergleichung mit Bischoff's Befunden) nicht 22 Tage alt. Gewicht 0,155; grösste Länge *in situ* 10 Mm. Auge pigmentirt. Herz macht mehr als 140 Schläge in der Min. Alle Gefässe gut gefüllt, aber keine Bewegung. Elektrische Erregbarkeit Null. Embryo V geradeso.

Dem Gewichte nach würden I, II und IV in die 4. Woche gehören, dem Entwicklungsgrade nach sind sie aber noch keine 22 Tage alt.

Embryonen der 4. Woche.

Gewicht eines Embryo 0,59 Grm.

C. Vier Embryonen von zusammen 2,37 Grm.; I bewegte den Rumpf *in situ* stark. Elektrische Tetanisirung gab aber keine Contraction, sondern nur eine Änderung des Lichtreflexes der Oberfläche an der gereizten Stelle (S. 450). Das Herz schlug noch nach der Bloslegung an der Luft, abgekühlt und fast blutleer. Es stand systolisch still beim elektrischen Tetanisiren, schlug dann nach einer Pause weiter (wie beim Hühnerembryo S. 32). Die beiden Herzkammern sehr scharf voneinander abgehoben. Systole beider aber isochron für das Auge. Das Zurückschnellen der Extremitäten deutlich wie beim Hühnchen (S. 415). Keine Reflexe. Keine Inspiration.

Zehen noch nicht getrennt. Länge geradlinig 16 Mm. *in situ*.

Dieser Embryo ist der kleinste Meerschweinchen-Embryo, an dem ich Bewegungen mit Sicherheit wahrgenommen habe. Es ist aber nach den Befunden an Hühnerembryonen, die schon, wenn sie nur 0,18 Grm. wiegen, sich bewegen, sehr wahrscheinlich, dass auch die Meerschweinchen der 3. Woche sich strecken und den Rumpf krümmen. Nur hat es bis jetzt nicht gelingen wollen, es zweifelfrei zu sehen.

Embryonen der 5. Woche.

Embryogewicht 1,59 Grm.

D. Ein Embryo. Derselbe machte sogleich beim Austritt des Eies in das körperwarme Bad einige auffallend kräftige, langsame sinistroconvexe Krümmungen der hinteren Rumpfhälfte, bewegte auch in zierlicher Weise die Vorderbeine für sich und die Hinterbeine für sich. Nach Zerreissung des Amnion reizte ich an der Luft — das Thierchen über den Wasserspiegel haltend — mit starkem tetanisirendem elektrischem Reize den Rücken und bemerkte, dass zwar kein Tetanus, wohl aber nach jeder Reizung Bewegungen des der Reizstelle entsprechenden Beinpaares eintraten. Ferner liessen sich bereits mit voller Sicherheit Reflexbewegungen, localisirte, wie Zurückziehen des an den Zehen elektrisch gereizten Fusses, und allgemeine nach stärkerer peripherer Reizung, constatiren. Endlich erwies sich die Haut als überall contractil.

Embryogewicht 1,73 Grm.

E. Drei Embryonen, von gleicher Grösse: I wog 1,735 Grm. Alle 3 bewegten im Ei, in warmem Salzwasser beobachtet, lebhaft die 4 Extremitäten pendelnd, auch einzeln, und den Rumpf und Kopf, diesen nickend und seitlich, sinistroconvex und dextroconvex. Der nackte Embryo im Salzwasser geradeso mobil wie im Ei; aber an der Luft erloschen sehr bald alle

Bewegungen: da jedoch auf mechanische Reizung eine ganz schwache Beinbewegung und eine Contraction der Bauchwand eintraten, ist die Reflexerregbarkeit nicht zweifelhaft. Die Extremitäten zeigten stark das Zurückschnellen nach dem Abheben vom Körper. Nabelschnurpuls deutlich.

Zehen getrennt, Schwanz schon zurückgebildet. Herz deutlich gehälftet. Grösste Länge *in situ* geradlinig bei I 26,4 Millim.

Embryogewicht 2,25 Grm.

F. Vier Embryonen; bewegten *in situ* im Amnion von selbst sehr lebhaft die Vorderbeine hin und her, wurden aber beim Herausnehmen an der Luft sofort bewegungslos und in warmer Kochsalzlösung nicht wieder beweglich. Das Zurückschnellen der Extremitäten wie beim Hühner-Embryo sehr deutlich (S. 415). Elektrische tetanisirende Reize wirkten nur ganz local und schwach. Die Reflexerregbarkeit in diesem Fall nicht ganz sicher festzustellen, aber sehr wahrscheinlich, weil beim Bloslegen an der Luft stärkere Bewegungen an der Haut der Bauchgegend und an dem Gesicht eintraten: äusserst unvollkommene Inspirationsversuche, wobei der Mund geschlossen blieb. Die Hinterextremitäten wurden nicht bewegt.

Zehen an allen Füssen gesondert. Länge 1) in der intrauterinen Haltung von der Stirn bis zum Steiss 27 bis 28 Mm., 2) mit dicht anliegendem nassem Faden von der Schnauze bis zum Steiss 53 Mm.

Embryogewicht 2,99 Grm.

G. Fünf Embryonen; davon wogen zwei zusammen 5,98.

Im Ei machten sie ungemein lebhafte Bewegungen der Beine von selbst, zum Theil bilateral-symmetrisch, pendelförmig, zum Theil links und rechts alternirend. Deutliche ungeordnete Reflexe nach elektr. Hautreizen vorhanden. An der Luft noch kurze Zeit mechanische Hautreize ebenfalls wirksam. Athembewegungen an der Luft an der Bauchwand kenntlich (Zwerchfellbewegungen).

Länge geradlinig 31 Millim.

Embryogewicht 3,33 Grm.

H. Vier Embryonen von zusammen 13,31 Grm. Im Ei Nabelvene hellroth. Sehr lange anhaltende asymmetrische Bewegungen der 4 Extremitäten. Nach dem Bloslegen an der Luft starke aber seltene Inspirationen, d. h. Zwerchfellcontractionen. Herz schlägt noch viele Minuten lang kräftig bei Zimmerwärme. Es gelingt nicht, vom Rücken aus einen Tetanus der Beine hervorzurufen, obgleich die Beine bei elektrischer Reizung des Rückens ihre Lage verändern, also eine Nervenerregung vorhanden sein muss. Hingegen liess sich die Reflexerregbarkeit mit voller Sicherheit feststellen, da flüchtige elektrische Reizung einer Zehe eines Hinterbeines dessen Zurückziehung und eine Bewegung des Vorderbeines derselben Seite bewirkte.

Embryogewicht 3,45 Grm.

I. Ein Embryo (von 3,45 Grm. und 33 Millim. Länge *in situ*, 39 Mm. von der Stirn bis zum Steiss nach Geradstreckung) im warmen Kochsalzbade in den Häuten freigelegt, bewegte sich schon ganz wie ältere Früchte.

namentlich mit den Vorderpfoten am Kopfe seitlich hin und her, aber auch mit den Hinterbeinen links und rechts alternirend. An der Luft wurde der Mund aufgemacht, aber die Erregbarkeit erlosch sofort. Placenta 19 Millim. im Durchmesser.

Embryonen der 6. Woche.

Embryogewicht 6,2 Grm.

J. Vier Embryonen, davon einer klein und mit auffallend dickem Amnion, schlecht genährt, schon länger todt, die 3 anderen gleich grossen zusammen 18,6 Grm. schwer.

Lebhafte asymmetrische, impulsive Bewegungen der 4 Extremitäten *in situ*, auch der Rumpf bewegte sich im Ei sogleich. Starke Reflexe, da Berührung der Zehen mit der elektr. Pincette sofortiges Zurückziehen des Beines und oft allgemeine Rumpfbewegungen zur Folge hatte. An der Luft deutliche Athembewegungen, besonders der Bauchwand. Herz dann noch 50 Schläge in 26 Sec. sehr regelmässig. Haut höchst contractil.

Embryogewicht 6,93 Grm.

K. Ein Embryo mit einer normalen Placenta; ausserdem 2 verkümmerte Placenten ohne erkennbare Embryoreste.

Nabelvene sehr hellroth. Durch die pellucide Uteruswand hindurch sah ich den Embryo die 4 Glieder lebhaft und anhaltend hin und her bewegen, auch zucken und Schluckbewegungen machen. An der Luft traten nach Compression der Zehen deutliche Reflexe ein, auch starke Inspirationen sogar noch nach mehreren Minuten.

Der ganze Darm farblos, zieht sich nach dem Tode des Fötus nach mechanischem Reiz noch deutlich an der Reizstelle zusammen. Im Magen farblose Flüssigkeit, in der Gallenblase desgl. Augenlider fest geschlossen.

Länge geradlinig *in situ* 46 Millim.

Embryogewicht 7,70 Grm.

L. Drei Embryonen. Lebhafte asymmetrische Bewegungen der vier Beine *in situ* im Ei. Der Mund wurde bei einem geöffnet. Inspirationsversuch. Tetanisiren vom Rücken aus unmöglich, aber beim Berühren der Zehen mit der elektr. Pincette wurde das eine Bein angezogen, also Hautreflexe vorhanden. Haut contrahirt sich auf starken elektrischen Reiz jedesmal deutlich.

Spürhaare schon vorhanden. Länge geradlinig frisch *in situ* 35 Mm.

Embryonen der 7. Woche.

Embryogewicht 15,2 bis 24,0 Grm.

M. Drei Embryonen: I 22,9, II 24,0, III 15,2 Grm. schwer, also ein Unterschied von 57 % im Gewicht bei gleichem Alter.

Bei diesen unter Wasser (mit Salz) bei 38° beobachteten Früchten traten von selbst Bewegungen der Zunge und Oberlippe ein. Es war leicht, mittelst starker Inductionswechselströme vom Rücken aus anhaltenden Tetanus sowohl der vorderen, als auch der hinteren Extremitäten noch nach dem Herausnehmen an der Luft zu erzielen. Die Reflexe nach elektrischer Reizung der sehr contractilen Haut bei den Vorderbeinen besser ausgeprägt, als bei den Hinterbeinen. Nach starken Hautreizen Inspirationen *in ovo*. Bei einem das Fruchtwasser gelb, bei den zwei anderen nicht.

Der Magen war bei allen dreien voll von grünlichgelber Flüssigkeit; bei I und II im Duodenum gelbes Meconium sichtbar, bei III nicht. Bei I und II Gallenblase schon mit gelber Flüssigkeit gefüllt. Zehen und Spürhaare sehr lang.

Grösste Länge geradlinig nach Geradstreckung von der Schnauze bis zum Steiss I 90,0, II 90,0, III 78,5 Millim., II *in situ* 62 Millim. von der Stirn bis zum Steiss.

Die noch lange nicht lebensfähigen Thiere machten an der Luft nur wenige Athembewegungen.

Embryogewicht 19 Grm.

N. Siehe S. 136: Farbe des Blutes im Herzen und in der Leber.

Embryogewicht 22 Grm.

O. Drei Embryonen. S. 37. Herzthätigkeit von der Temperatur abhängig.

P. Drei Embryonen. S. 136. Vorzeitiges Athmen bei hellrother Nabelvene.

Embryonen der 8. Woche.

Embryogewicht 24,8 bis 37,7 Grm.

Q. Drei Embryonen: I ein kleiner von 24,8 Grm., II ein mittelgrosser von 34,0 Grm., III ein grosser von 37,7 Grm. Also bei gleichem Alter in demselben Uterus ein Unterschied von 12,9 Grm. oder fast 50% (S. 502).

Alle drei machten Athembewegungen an der Luft, III starke und häufige etwa 10 Min. lang. Dennoch schwammen die Lungen nicht auf destillirtem Wasser, sondern sanken geradeso schnell unter wie die der beiden anderen und sahen auch geradeso roth (atelektatisch) aus wie diese. Die elektrische Reflexerregbarkeit bei allen dreien leicht zu constatiren.

Die Entwicklung schien trotz des ungleichen Wachsthums bei allen dreien fast gleich zu sein: lange Zehen und Haare.

Embryogewicht 33 Grm.

R. Drei Embryonen. S. 38: Herzthätigkeit abhängig von der Temperatur.

Embryogewicht 41 Grm.

S. Drei Embryonen. S. 375: Temperatursteigerung.

Embryogewicht 41,7 Grm.

T. Drei Embryonen. S. 357: Abnahme der Temperatur.

Embryogewicht 44 bis 45 Grm.

U. Fünf Embryonen. S. 354: Temperatursteigerung.

Embryogewicht 46 bis 51 Grm.

V. Drei Embryonen. S. 353: Temperatursteigerung.

Embryogewicht 51,5 Grm.

W. Zwei Embryonen. S. 160: Erste Athembewegungen.

Embryogewicht 53 bis 54,7 Grm.

X. Drei Embryonen: I wurde im unversehrten Amnion in einem 0,6% Kochsalzbad blosgelegt um 9 U. 10 Vm. Sowie das Tageslicht auf das halbgeöffnete Auge fiel, schloss sich dieses: desgl. später nach Berührung (durch das Amnion hindurch). Um 9 U. 13 spritzte ich ½ Cc. einer wässerigen Lösung von Anilinblau mit einer feinen Spritze in den Mund. Sofort wurde geschluckt, die Zunge bewegt, gekaut und mit einer Vorderpfote eine Wischbewegung am Munde gemacht, dann wieder Ruhe; 9 U. 17 Injection von 1 Cc. der Lösung in den Mund, ein Theil vermischte sich aber mit dem Fruchtwasser im geschlossenen Amnionsack, so dass dieser nach einer dritten Injection von 1 Cc. um 9 U. 21 sich blau scharf abhob von dem umgebenden Badewasser und eine Zerreissung sofort kenntlich werden musste. Aber eine solche trat nicht ein, obgleich der grosse Fötus sich wiederholt ganz ausstreckte, wie ein aus dem Schlafe erwachendes Thier, und auch sonst die Beine lebhaft bewegte, als die Temperatur des umgebenden Wassers von 37½ auf 39° stieg. Das Amnion folgte allen Bewegungen, auch den oft heftigen Reflexen nach Berührung der Zehen, ohne zu zerreissen. Um 9 U. 18 Puls der Nabelschnur 60 in 23 Sec. ganz regelmässig und ununterbrochen, 9 U. 29 in 22 Sec. 60, also constant ca. 150 bis 160 in der Minute. Die Vene war aber vom Anfang an bis zuletzt nicht viel heller als die Arterien. Trotzdem machte der nicht im geringsten cyanotische und auf ganz leise Berührungen prompt reagirende Fötus während der ganzen Zeit nicht eine einzige Athembewegung, weder mit den Nasenöffnungen, noch mit der Bauchwand oder dem Thorax, auch nicht, als ich 9 U. 31 mit einem starken Faden plötzlich eine Ligatur fest um den Hals legte und dann schnell abnabelte. Erst hierauf machte der Mund an der Luft inspiratorische Bewegungen, wie bei einem enthaupteten Fötus. Die mechanische Reizung der Füsse hatte auch jetzt noch Reflexbewegungen zur Folge. Das Herz schlug noch lange sogar nach zweimaligem Einschnitt in die Ventrikel. Der Magen war voll von blauer Flüssigkeit, die völlig atelektatischen normalen Lungen waren nicht gefärbt; also ist bewiesen, dass der Fötus im Fruchtwasser schluckt, ohne vorzeitig zu athmen. Es fand überhaupt während der 21 Min. vom Freilegen unter Wasser bis zum Herausnehmen nicht die geringste Athembewegung statt, weil alle stärkeren peripheren Reize vermieden wurden.

Fötus II, der sich schon vorher im Uterus bewegt hatte, wie an der Erhebung der mütterlichen Bauchdecke zu sehen war, prolabirte aus der Bauchhöhle um 9 U. 44. Ich schlitzte den Uterus auf und führte unter Wasser eine Insectennadel in das Herz ein. Dieselbe zeigte 100 Schläge in

49 Sec. an, um 9 U. 47 in 25 Sec. 50, und zwar schlug das Herz ganz regelmässig, während der Fötus im körperwarmen Bade ungereizt ruhig blieb, aber nicht im Mindesten cyanotisch war und auf leise Berührungen prompt mit gleichseitigen oder ungeordneten Reflexbewegungen antwortete. Es wurde jedoch keine Athembewegung gemacht, auch keine Erweiterung der Nasenöffnungen gesehen. Nun comprimirte ich die Nabelschnur um 9 U. 47¹/₄. Es traten dann — unter Wasser — nicht etwa Erstickungskrämpfe, sondern in langen Pausen völlig isolirt im Ganzen 31 inspiratorische Bewegungen ein, die ersten stärker, die letzten immer träger, bis um 9 U. 53 völlige Ruhe den Tod anzeigte. An der Luft liess sich nun kein Reflex mehr erzielen, keine Athmung mehr hervorrufen. Die Herznadel zeigte noch 50 Schläge in 32 Sec. an, also 94 in d. Min. Während der Erstickung hatte sie zeitweise gar keine Bewegung gemacht. Der Fötus wog 53 Grm.

Dieser Versuch beweist, dass der apnoische und nicht cyanotische Fötus mit hoher Reflexerregbarkeit nach Absperrung des placentaren Blutstroms mit seltenen und nicht tiefen Inspirationen — hier etwa 5 in der Minute — erstickt, ohne die geringste Convulsion, solange stärkere periphere Reize fehlen.

Fötus III zeigte starke Contractionen des Darmes nach mech. Reiz. Er wog 54,7 Grm. Bei ihm wie bei II gelbes Meconium bereits im Rectum, also die Peristaltik längst vorhanden. Bei beiden weisses Coagulum und grünlich-gelbe Flüssigkeit im Magen, gelbe Flüssigkeit in der Gallenblase. Bei II viel klarer Harn in der Harnblase, bei III die Blase leer. Das Fett der breiten Mutterbänder war bereits sehr beträchtlich vermindert (S. 269).

Embryonen vom Ende der 8. oder vom Anfang der 9. Woche.

17. Vier Embryonen: I 64,0; II 52,4; III 49,4; IV 56,2 Grm., also wiederum von sehr ungleichem Gewicht bei gleichem Alter und in demselben Uterus. Ich liess sie in ein Kochsalzbad von 39° austreten und beobachtete I im unverletzten Amnion, die anderen frei davon. Alle 4 verhielten sich ungereizt vollkommen ruhig, wie fest schlafend, nur ohne die geringste Athembewegung zu machen, obwohl die Nabelvene bald hell-, bald dunkelroth aussah. Sowie ich aber einen Fuss berührte, wurde er (bei Compression einer Zehe auch der andere entgegengesetzte) rasch angezogen. Beim Kitzeln hinter der Ohrmuschel traten (auch bei unverletztem Amnion) ungemein zahlreiche und rasche, fast heftige Kratzbewegungen des Hinterbeines derselben Seite, mit maschinenmässiger Sicherheit ein. Diese charakteristische Bewegung ist also fest vererbt. Das halboffene Auge schloss sich regelmässig beim Berühren, auch einmal nach dem Belichten (im Amnion). Alle diese und noch andere (ungeordnete) Reflexbewegungen traten ohne die geringste Athembewegung prompt ein. Nach Compression der Nabelschnur traten sehr vereinzelte Inspirationen in langen Pausen ein, so lange künstliche periphere Reize fehlten. Nach Wiederherstellung des Nabelblutstroms wieder vollkommene Apnöe und hohe Reflex-

erregbarkeit wie vorher. So beobachtete ich die 4 Früchte im warmen Bade, im Zusammenhang mit Placenta und Mutterthier, fast eine halbe Stunde lang. Dann wurden sie mit je zwei Klemmpincetten schnell abgenabelt und in den Brütofen gebracht. Zwei liessen sogleich, die zwei anderen bald darauf ihre Stimme hören. Sie waren dann sehr munter, wurden einzeln lebend gewogen und hierauf decapitirt. Dabei machte der Kopf für sich allein noch minutenlang starke inspiratorische Bewegungen (die Lungen schwammen auf Wasser) und die Hinterbeine bewegten sich geradeso wie beim intacten Thier (S. 420), das sich wie ein reifes neugeborenes Meerschweinchen aufrecht setzte. Die Vorderbeine der Enthaupteten bewegten sich nur nach Berührung, also nur reflectorisch. Was aber besonders auffiel, das ist die Thatsache, dass der abgetrennte Kopf bei zweien geradeso stark oder noch stärker auf Schall reagirte, durch Bewegung der Ohrmuscheln (S. 481), wie beim unversehrten Thier und zwar kaum eine halbe Stunde nach dem Beginne der Lungenathmung. Ein Fötus reagirte auf den Schallreiz garnicht. Der vierte wurde darauf nicht geprüft, sondern diente zur Ermittlung der Reizbarkeit des Darms. Dieser zeigte sich unmittelbar nach der Bloslegung im warmen Bade überall contractil auf mechanischen Reiz. Im Rectum schon viel Meconium.

Dieser Versuch beweist, dass man bei sorgfältiger Präparation den apnoischen Fötus sehr lange im körperwarmen Bade beobachten und in verschiedener Weise bei erhaltener Placentarcirculation zu Reflexbewegungen veranlassen kann, ohne dass er die geringste Athembewegung macht (S. 161, 419), sowie dass vorübergehende Compression der Nabelschnur im Wasser ohne starke periphere Reize sehr gut vertragen wird, namentlich die Rückkehr zur intrauterinen Apnöe nicht hindert (S. 164).

Embryogewicht 64 Grm.

Z. Zwei Embryonen. S. 357: Temperaturabnahme.

Embryonen der 9. Woche.

Embryogewicht 69,4 Grm.

V. Drei Embryonen. S. 363: Temperaturabnahme.

Embryogewicht 70 Grm.

A. Drei Embryonen. S. 162: Erste Athembewegungen.

Embryogewicht 73 Grm.

H. Ein Embryo. S. 418: Intrauterine Bewegungen.

Embryogewicht 78,5 Grm.

A. Zwei Embryonen. S. 364: Temperaturabnahme.

Embryogewicht 82 bis 86,5 Grm.

Π. Drei Embryonen. S. 356: Temperaturabnahme.

Embryogewicht 92 bis 96,5 Grm.

Ξ. Drei Embryonen. S. 98: Verhältniss der Blutmenge zur Placentar-Blutmenge.

Embryonen der 10. Woche.

Embryogewicht 125 Grm.

Σ. Ein Embryo. S. 148: Aspiration von Fruchtwasser.

III.

Über den Blutkreislauf des Säugethier- und Menschen-Fötus

von

Dr. R. Ziegenspeck
in Jena.

Mein hochverehrter Lehrer, Herr Professor Preyer, bezieht sich in diesem Werke wiederholt auf meine Inaugural-Dissertation, welche mehrere Eigenthümlichkeiten des fötalen Kreislaufs zum Gegenstande hat.

Da aber die von mir gegebene Darstellung wenig bekannt und die Originalarbeit nicht allgemein zugänglich ist, hielt es der Herr Verfasser für wünschenswerth, dass ich hier kurz das Wichtigste wiedergebe und einiges Neue, das erst nach vollendetem Druck derselben zur Reife gelangte, beifüge.

1. Beschreibung der Einmündung der unteren Hohlvene in die Vorhöfe des Herzens.

Die von mir vertretene Anschauung stammt von Casp. Friedr. Wolff, dem Begründer der Entwicklungsgeschichte. Derselbe war eines Tages bemüht, sich das *Foramen ovale* der alten Galenischen Beschreibung vor Augen zu führen. Dieses Foramen sollte das *Septum atriorum* durchsetzen, und nach Harvey's Ansicht sollte das Blut **beider** Hohlvenen im rechten Vorhof sich mischen und ein Theil davon durch eben dieses Foramen in den linken Vorhof gehen, um von dort, mit dem indirect ebenfalls aus dem rechten Vorhofe stammenden Blute der Lungenvenen vermischt, in den linken Ventrikel und den oberen Körper zu gelangen.

Er wunderte sich nun nicht wenig, als er mit einer Sonde weder vom linken Vorhof direct in den rechten, noch vom rechten direct in den linken kommen konnte, sondern allemal erst in das Lumen der unteren Hohlvene zurückgehen musste. Er schloss daraus: Das *Foramen ovale* ist nicht einfach, sondern doppelt und jedes der beiden *Foramina* ist die besondere Mündung je eines Astes der am *Isthmus atriorum* gabelig getheilten unteren Hohlvene.

Der in der medicinischen Wissenschaft in Deutschland damals herrschende Haller behielt trotzdem nach wie vor die Harvey'- [140
sche Lehre bei. In Frankreich lehrte Sabatier, der fötale [146
Kreislauf gleiche einer 8: das Blut der unteren Hohlvene ergiesse sich ganz in den linken Vorhof, sobald das *Septum atriorum* vorhanden sei, und werde durch die *Valvula Eustachii* abgehalten, in den rechten Vorhof einzutreten; das Blut der beiden Ventrikel werde nirgends im Körper gemischt; das des linken gehe durch den *Arcus aortae* in den oberen Körper, von wo es durch die *Vena cava superior* in den rechten Vorhof zurückkehre, aber kein Tropfen fliesse aus dem *Arcus aortae* in die *Aorta descendens*, welche nur morphologisch mit jenem vereinigt sei; der rechte Ventrikel wiederum gebe nichts an die Lungen und somit an den oberen Körper ab, sondern sende Alles durch den Stamm der Lungenarterie, den *Ductus arteriosus* (fälschlich *Botalli*) in die *Aorta descendens*, deren eigentliche Wurzel der Stamm der Lungenarterie sei, durchströme die Placenta und den unteren Körper und kehre in der unteren Hohlvene nach dem linken Vorhofe des Herzens zurück. Das Gleiche berichtet Bichat, nur gibt [44
er zu, dass mit zunehmender Reife des Fötus mehr und mehr Blut aus der Lungenarterie durch die Lungen in's linke Herz und dem entsprechend mehr und mehr Blut aus der unteren Hohlvene in den rechten Vorhof fliesse, so dass der Kreislauf des Erwachsenen sich allmählich vorbereite.

Die nach meinem Dafürhalten allein richtige Lehre Wolff's scheint bis heute noch keine Anhänger gefunden zu haben, trotzdem Kilian und sein Schüler Knabbe sie bedingt vertreten [430. 146
haben. Durchsucht man die heute gebräuchlichen Lehrbücher der Anatomie, Physiologie, Entwicklungsgeschichte und Geburtshülfe, so findet man bald die alte Lehre Harvey's, bald die Sabatier's, bald ein Gemisch von beiden reproducirt.

Um mir ein eigenes Urtheil zu bilden, schnitt ich an Herzen von Meerschweinchenföten zuerst die untere Hohlvene von der rechten Seite her auf, dann von der linken. Ich kam beim ersten Versuch mit der Scherenspitze in den rechten Vorhof, bei dem zweiten in den linken Vorhof und hatte ungefähr das Bild der gewöhnlichen Beschreibung, nur war es in beiden Vorhöfen fast genau dasselbe. In dem einen Falle schien ein Foramen nach links, in dem anderen eins nach rechts zu gehen. Nun schnitt ich die untere Hohlvene von hinten her auf und gelangte zu dem überraschenden Bilde Fig. 1. Ich untersuchte noch 17 Föten von Meerschweinchen und erhielt jedesmal dasselbe Resultat. Die untere Hohlvene ist in Fig. 1 von hinten her aufgeschlitzt, mit Stecknadeln auseinander gehalten und zeigt die Stelle, wo die untere Hohlvene in zwei Äste sich theilt. Ich untersuchte darauf die Herzen von vier in Spiritus aufbewahrten menschlichen Früchten und endlich dasjenige eines frischen menschlichen Fötus, welches in Fig. 1 in natürlicher Grösse wiedergegeben ist. Nachträglich untersuchte ich noch die Herzen von sechs frischen Schaffföten und konnte auch an ihnen das Gleiche wahrnehmen. Die untere Hohlvene wurde hier ebenfalls aufgeschlitzt und mittelst Stecknadeln und Pincette auseinander gehalten (wie in Fig. 1). Die in der Mitte vorspringende Kante ist der vielbesprochene *Isthmus atriorum*, zu beiden Seiten befinden sich die Lumina der Gabeläste der unteren Hohlvene. Der rechte Canal setzt sich nicht mehr weit in den rechten Vorhof fort, der linke dagegen bis ziemlich zur Mitte des *Septum atriorum*. Das Lumen derselben ist spaltförmig, die Wandung zuerst musculös; in dem abgebildeten

Fig. 1.

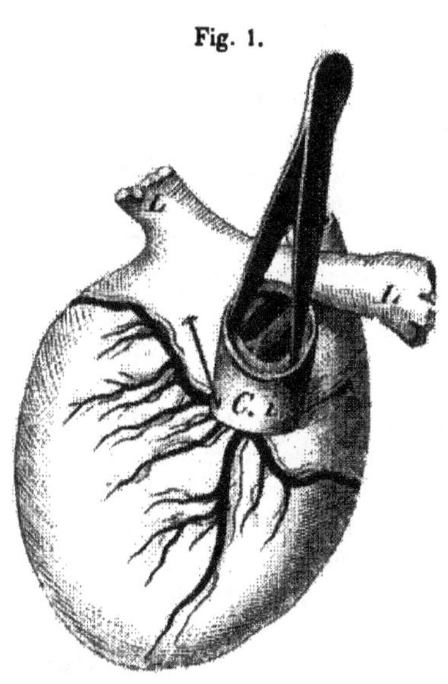

L. L. = Lungenvenen.
C. i. = V. Cava inf.

Falle sprangen links Muskelbündel wie *Trabeculae carneae* aus ihr hervor und gingen nach oben, wie unten in das *Septum atriorum* über. Nach dem Ende zu wird die laterale Wandung eines jeden Canals häutig, durchscheinend und bildet mit dem freien Rande einen nach vorn offenen Bogen. Ich glaubte, den linken häutigen Theil als *Valvula foraminis ovalis*, den rechten als *Valvula Eustachii* ansprechen zu müssen. Wenn der fleischige Theil des rechten Astes nicht das *Tuberculum Loweri* ist, so muss ich gestehen, dass ich dieses nicht habe finden können.

Ob nun jene Klappen, wie Wolff, Kilian u. A. annehmen, als Fortsetzung der *Intima* der unteren Hohlvene in das Herz hinein anzusehen sind, das müssen genauere, mikroskopische Untersuchungen entscheiden. Es ist zum mindesten ebenso wahrscheinlich, dass die Gabelung nicht eine Theilung der Vene selbst, sondern vielmehr in ihrer morphotischen Grundlage eine aus Elementen des Herzens hervorgegangene Spaltung darstelle. Sowohl die laterale, als auch die mediale Wand des spaltförmigen Lumens ist nicht sichtlich von der Musculatur des Herzens abgegrenzt. Die laterale Wand ist dicker als die Venenwand, und, wie oben bereits betont wurde, springen Muskelbündel in das Lumen vor. Ferner wäre noch anzuführen, dass eher Herzelemente (Muskelbündel) auf die Venenwand überzugreifen scheinen, als umgekehrt. Die untere Hohlvene erhält nämlich an ihrem Ansatze Verstärkung an ihrer Wandung von Seiten der Herzmusculatur, namentlich springt ein solches Bündel als kielförmige Längsleiste noch eine Strecke weit in das Lumen der Vene vor und geht vom oberen Ende des *Isthmus atriorum* aus.

Der *Isthmus atriorum* ist das zugeschärfte hintere Ende des *Septum atriorum*, welches in einem nach hinten offenen Bogen in das hier, wie bei jeder Gabelung der Venen, erweiterte Lumen der unteren Hohlvene hineinragt. Nach meinem Dafürhalten bilden sich die an beiden *Foramina ovalia* befindlichen Klappen und die Gabeläste (so nennt sie Wolff) der unteren Hohlvene folgendermaassen:

Nach Kölliker sind bis ungefähr um die 12. Woche des embryonalen Lebens die Vorhöfe noch ungetheilt. Erst um diese Zeit beginnt eine den bis dahin gemeinschaftlichen Vorhof halbirende Längsfalte sich von der Vorhofswand in das Vorhofslumen hinein zu erstrecken, aus welcher im weiteren Verlaufe des Wachsthums das *Septum atriorum* entsteht. Gleichzeitig mit dieser Falte zeigen sich aber auch rechts und links von der Mündung der unteren Hohlvene die faltenförmigen Anlagen der Klappen. Es liegt daher nahe, anzunehmen, dass das *Septum atriorum* und die Klappen aus einer und derselben Anlage sich entwickeln. Jene Längsfalte erstreckt sich bis zum Lumen der unteren Hohlvene, wird an diesem getheilt und setzt sich zu beiden Seiten desselben noch fort. So entstehen 3 Falten, bez. 1 Falte, welche auf die Ebene projicirt Y-förmig sein würde. Die so gebildeten drei Falten wachsen zum Theil zusammen und führen zur Bildung der oben beschriebenen Verhältnisse. Fälle von sogenanntem Offenbleiben des *Foramen ovale*, wo also eine Öffnung thatsächlich zwischen rechtem und linkem Vorhof besteht, sprechen nur zu Gunsten dieser Hypothese: die drei Anlagen sind sich eben nicht weit genug entgegen gewachsen, sondern auf einer Stufe stehen geblieben, wie ich sie in zwei Fällen bei Föten aus dem vierten bis fünften Monat fand.

Die ganze Einrichtung hat höchstwahrscheinlich einen regulirenden Effect auf den Kreislauf des Fötus.

2. Die Functionen der Einmündung der unteren Hohlvene.

Mag die Gabelung der unteren Hohlvene an ihrer Einmündung in streng morphologischer Hinsicht nicht vollständig dem Wortlaute entsprechen, in physiologischer Hinsicht entspricht das eben beschriebene Verhalten diesem Ausdrucke vollkommen. Abgesehen also von anatomischen, noch strittigen Puncten, kann man sich für das Verständniss der Function am besten auf folgende Weise ein Bild davon machen:

Fig. 2.

Man nehme ein viereckiges Brettchen, mache an der einen Seite einen bogenförmigen Ausschnitt und schärfe das Brettchen im Bereiche des Bogens zu (Fig. 2), so hat man ein Schema des *Septum atriorum* mit dem *Isthmus*.

Fig. 3.

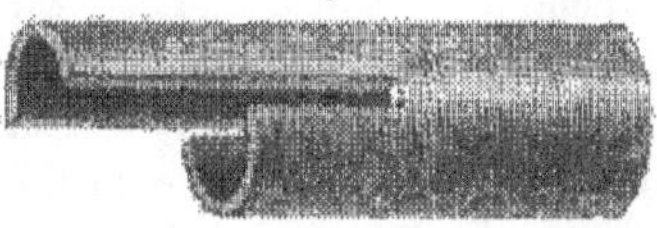

Man nehme ferner ein Stück Kautschuckschlauch, spalte diesen mit der Schere eine Strecke weit der Länge nach, mache die eine Hälfte des gespaltenen Theils kürzer (Fig. 3), halte das Brettchen mit dem Ausschnitte nach sich zu gewendet und füge den Ausschnitt des Brettchens in den Spalt des Schlauchs ein und zwar so, dass der kürzer gespaltene Theil auf die rechte, der längere auf die linke Seite zu liegen kommt (Fig. 4). Klebt man nun die Ränder des Längsspalts an das Brettchen fest, schärft die freien nach vorn gewendeten Ränder dieses Theils mit der Schere zu und schneidet sie leicht bogenförmig, nach vorn concav, aus, so hat man ein ziemlich genaues Bild des thatsächlichen Verhaltens der *Foramina ovalia.* Im Grossen und Ganzen sind diese Verhältnisse einem Yförmigen Glasrohr zu vergleichen (Fig. 5). Lässt man mittelst zweier an *b* und *c* angebrachter und gleichstark saugender Kautschuckballons gleichzeitig eine Flüssigkeit durch *a* aspirirt werden, so wird durch *c*

Fig. 4.

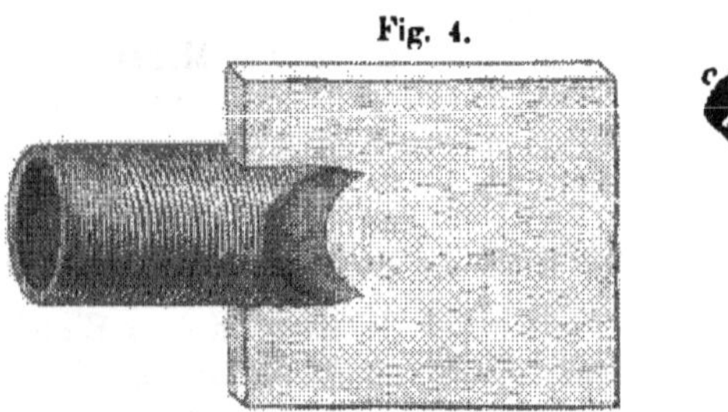

Fig. 5.

ebensoviel wie durch *b* fliessen, wenn die Ballons gleichstark comprimirt und beide leer waren. Ist aber z. B. der Ballon an *c* stärker comprimirt gewesen oder noch besser, war der an *b* halb mit Flüssigkeit gefüllt geblieben, so wird viel mehr durch die Mündung *c* fliessen, und die Füllung der beiden Ballons wird nachher dennoch nahezu die gleiche sein.

Dieser Vorgang findet am Herzen ebenfalls statt und muss einen regulatorischen Effect haben, indem nämlich jeder Vorhof nur so viel Blut aus der unteren Hohlvene aufnimmt, als zu seiner completen Füllung nothwendig ist. Wird z. B. *intra partum* der Schädel des Kindes stark comprimirt, so dass die obere Hohlvene mehr Blut als gewöhnlich in den rechten Vorhof sendet, so wird natürlich weniger Blut, vielleicht gar nichts, aus der unteren Hohlvene in das rechte Herz gelangen. Dann tritt die *Valvula Eustachii* in Function, dann wird dieser häutige Theil des rechten Canals mit seinem freien Rande gegen das *Septum atriorum* gedrängt und dem Blute der unteren Hohlvene der Eintritt verwehrt, auch wenn dieses mit einem merklichen positiven Drucke andrängen sollte. Derselbe Vorgang spielt sich im linken Vorhofe ab, wenn der Vorhof, etwa durch Compression des Thorax, reichlicher aus den Lungenvenen gefüllt wird. In der Zwischenzeit wird nun selbstverständlich ein Plus aus der unteren Hohlvene in die andere Herzhälfte sich ergiessen.

Während der Vorhofssystole fungiren beide Klappen in gleicher Weise und verhindern den Rückfluss des Vorhofsinhalts in die untere Hohlvene (S. 83).

Nimmt man an, dass ein gewisser Grad von Füllung des Ventrikels der Reiz zu seiner Contraction ist, so wird es nur auf diese Weise möglich, dass jede Herzhälfte annähernd gleichzeitig diesen Impuls erhält. Daher mag es wohl auch kommen, dass die beim Fötus so beträchtlichen Kreislaufstörungen weniger gefährlich für ihn sind, als für den Geborenen und vor Allem, wie man beobachtet hat, sich so rasch wieder ausgleichen.

Ein besonderer Vortheil erwächst aus dieser Einrichtung noch in der Hinsicht, dass die von dieser Störung am häufigsten betroffenen Theile, Kopf oder Lunge, gerade während derselben mehr von dem nährstoffreichen und sauerstoffreichen Blute der unteren Hohlvene erhalten. Wird z. B. der Kopf comprimirt, so fliesst mehr Blut als gewöhnlich aus der oberen Hohlvene in das rechte Herz, die *Valvula Eustachii* legt sich an und nöthigt das Blut der unteren Hohlvene sich zum grösseren Theil nach links zu ergiessen (S. 81. 87), und zwar geht jetzt in der Zeiteinheit gerade soviel Blut mehr durch die linke Mündung, als der rechte Vorhof aus dem Kopfe mehr erhält. Vom linken Herzen wird der Kopf versorgt, dieser erhält also vorzugsweise frisch arterialisirtes Blut der *Vena cava inf.* Da die Lungenvenen nach wie vor dieselbe Blutmenge liefern, so erhält das linke Herz gerade so viel Blut mehr aus der *Cav. inf.* als sonst, wie das rechte aus der *Cav. sup.* mehr erhält, und ist dadurch in den Stand gesetzt, den durch die Compression vermehrten peripheren (capillaren) Widerstand im Kopfe zu überwinden.

Dasselbe geschieht, nur in umgekehrter Anordnung, wenn durch Compression des Thorax oder vorzeitige Athembewegungen mehr Blut aus den Lungenvenen fliessen sollte.

3. Folgerungen.

Sieht man ab von den abenteuerlichen Anschauungen Galen's und denen der Gegner Harvey's, so bleiben als Typen aller noch heute in den Büchern wiedergegebenen Theorien zu widerlegen

1) die Harvey'sche und 2) die Sabatier'sche Lehre. Die erstere war auf eine unrichtige Auffassung der anatomischen Bedingungen begründet. Die vorliegende anatomische Beschreibung als richtig vorausgesetzt, wird Niemand annehmen, das Blut der unteren Hohlvene gehe durch den rechten Ast vollständig in den rechten Vorhof, mische sich mit dem Blute der oberen Hohlvene und gehe dann durch dieselbe Mündung zum Theil zurück in die Hohlvene, in die linke Mündung und in den linken Vorhof. Sehr richtig bemerkt Kilian: selbst wenn die ältere anatomische Beschreibung richtig wäre, wann soll das Blut von rechts nach links fliessen? In der Diastole? Da ist der rechte Vorhof selbst nicht gefüllt. In der Systole? Dann müsste der rechte Vorhof in Systole sein, während der linke in Diastole sich befindet, was den Thatsachen widerspricht, denn die Thätigkeit beider Herzhälften ist synchron.

Ebenso besteht nie ein Kreislauf in Form einer 8, wie ihn der sonst um die Lehre vom Fötuskreislauf hochverdiente Sabatier annimmt. Nach Kölliker sind die Lungen, und somit auch [30
ihre Gefässe, schon im ersten Monat angelegt, das *Septum atriorum* entwickelt sich aber erst im dritten Monat. Es wird also viel früher Blut aus dem rechten Ventrikel stammend durch die Lungen gehen, in den linken Theil des gemeinsamen Vorhofs einmünden und dort mit dem Blute beider Hohlvenen gemischt werden, als sich eine Trennung der Vorhöfe vollzieht. Es wird also in noch viel ausgedehnterem Maasse eine Vermischung des dem Herzen zuströmenden Bluts in dieser frühesten Zeit stattfinden, als dieses Bichat (s. oben) für den reifen Fötus und in ganz geringem Grade annimmt. Kilian hat über den Einmündungsmechanismus der unteren Hohlvene eine plausiblere Ansicht; er lässt, wie Bichat, die untere Hohlvene ursprünglich ganz nach links münden, aber im Laufe des Wachsthums soll sie von links nach rechts gleichsam herüberwachsen, doch bleibt er darin Sabatier getreu, dass er durch jene Stelle der Aorta zwischen *Subclavia sinistra* und *Ductus arteriosus* gar kein Blut fliessen lässt. Diese Stelle möchte ich der Kürze wegen *Pars communicans* oder „Schaltstück" der Aorta nennen, weil sie gleichsam *Arcus aortae* und *Aorta descendens* vereint, oder genau genommen: nicht trennt. Kilian stützt sich dabei auf einen Sectionsbefund Meckel's, wo jene Strecke fehlte und auf Injectionsversuche, bei welchen verschieden gefärbte Massen von den Arterien des Herzens aus injicirt, an dieser Stelle nicht zur Vereinigung gelangten. Wahrscheinlich waren seine Injectionsmassen in Wasser unlöslich und

wurden durch eine dazwischen eingeklemmte kleine Blutmenge an der Vereinigung gehindert, denn durch die *Pars communicans* fliesst höchstwahrscheinlich eine nicht unbedeutende Blutmenge. Ich berichte über diese Behauptung Kilian's so ausführlich, weil sie mich zu einer Betrachtung veranlasste, durch welche der Kreislauf des Fötus klarer als bisher beurtheilt werden kann:

Nimmt man des Beweises wegen an, es gäbe eine Zeit im embryonalen Leben, wo die Lunge noch nicht vorhanden, das *Septum atriorum* aber schon ausgebildet wäre, so flösse natürlich vom Blute des rechten Herzens nichts durch die Lunge in das linke Herz, sondern es flösse ungetheilt in die *Aorta descendens*.

Nennt man nun die Blutmenge, welche die obere Hohlvene dem rechten Herzen zuführt A, den Zuschuss, welchen das rechte Herz aus der unteren Hohlvene erhält, Z, so geht A + Z aus dem rechten Ventrikel in die *Aorta descendens*, in den unteren Körper, in die Placenta und kommt endlich in der unteren Hohlvene gesammelt wieder zum Herzen zurück. Am *Isthmus atriorum* theilt sich diese Blutmenge, und die untere Hohlvene muss den erhaltenen Zuschuss Z wieder an das rechte Herz abgeben, wenn der Kreislauf nicht gestört werden soll. Es bleibt A übrig, welches in das linke Herz und von da vollständig durch den *Arcus aortae* in den oberen Körper geht, um in der oberen Hohlvene in den rechten Vorhof zurückzukehren, wo der Kreislauf von Neuem beginnt. Auf diese Weise allein wäre es möglich, dass kein Tropfen durch die *Pars communicans* flösse und dennoch der Kreislauf nicht gestört würde. Nun sind aber die Lungen vor vollständiger Zweitheilung des Herzens schon entwickelt, folglich muss jederzeit eine gewisse Blutmenge, L genannt, von A + Z im Stamm der Lungenarterie subtrahirt und durch die Lungenarterien, die Lungen, die Lungenvenen in das linke Herz fliessend zu A im linken Vorhof addirt werden. Es müsste sich nun der Blutgehalt des *Arcus aortae* und des oberen Körpers, der aus dem linken Herzen stammt, stetig und progressiv um dieses L vermehren, wenn nicht diese selbe Blutmenge L fortwährend wieder abflösse, durch die *Pars communicans* in die *Aorta descendens* strömte und dem unteren Körper zurückgegeben würde.

I. Es fliesst demnach genau soviel Blut (L) durch die *Pars communicans* aus dem *Arcus aortae* der *Aorta descendens* zu, als durch die Lungen aus dem Stamm der Lungenarterie in das linke Herz fliesst.

II. Ferner fliesst gerade soviel Blut durch die linke

Mündung der *Vena cava inf.* in das linke Herz, wie aus der oberen Hohlvene in das rechte sich ergiesst.

Kurz zusammengefasst lässt der Kreislauf sich folgendermaassen darstellen (Fig. 6):

Das Blutvolumen A + Z aus dem rechten Ventrikel giebt L durch die Lungen an das linke Herz ab, so dass A + Z − L durch den *Ductus arteriosus* der *Aorta descendens* zufliesst.

Fig. 6.

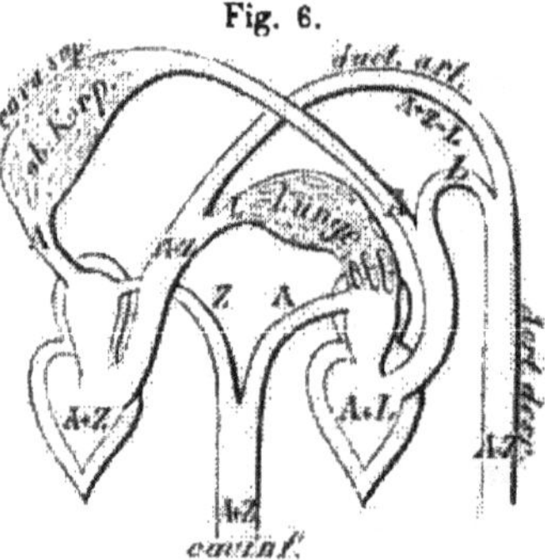

A + L aus dem linken Ventrikel geht in den *Arcus aortae*, A in den oberen Körper, L durch das Schaltstück aus dem *Arcus aortae* in die *Aorta descendens*, so dass hier + L und − L sich heben und wiederum A + Z in den unteren Körper und die Placenta gehen müssen. Von da kehren beide Blutmengen in der *Vena cava inf.* zurück, A in das linke, Z in das rechte Herz.

Der übrige Kreislauf der *Aorta descendens* in Bezug auf Placenta, Leber usw. ist in der „Physiologie des Embryo“ so genau beschrieben, dass ich nicht Eulen nach Athen tragen will.

4. Veränderungen des fötalen Kreislaufs durch die Geburt.

Mit den ersten Athemzügen wird A + Z aus dem rechten Ventrikel vollständig in die Lungen aspirirt, von wo es durch die Lungenvenen dem rechten Herzen zugeführt wird. Die Lunge gleicht durch die Thätigkeit der Athemmuskeln einem Schwamme, welcher sich im rechten Ventrikel vollsaugt und in den linken Vorhof ausgedrückt wird. Dadurch wird eine reichlichere Füllung des linken Vorhofs bewirkt und ein positiver Druck darin erzeugt; die sogenannte Klappe legt sich an und schliesst das linke *Foramen ovale*, welches sich vielleicht nur dann noch öffnet, wenn durch die der Austreibung folgenden Wehen das aus der Placenta ausgepresste Blut mit einem Überdrucke andrängt. Der linke Ventrikel sendet *A* + *Z* in den *Arcus aortae*, *A* geht in den oberen Körper und nur *Z* allein bleibt für den unteren Körper übrig und geht in die *Aorta descendens*. Dadurch sinkt der Druck so bedeutend in der Aorta, dass der Puls der Nabelarterien verschwindet, so dass der ganze Placentarkreislauf fortfällt. Der linke Ventrikel ist noch zu schwach, um einen Überdruck in dem von ihm versorgten Gefässgebiet zu bewirken. Beide Ventrikel sind gleich mächtig, daher ist auf beiden Seiten des *Ductus arteriosus* der gleiche Druck, es findet kein Durchströmen, das ist keine Druckausgleichung durch ihn statt, daher collabirt er.

Diese Verhältnisse sind meisterhaft dargestellt worden von B. S. Schultze in seinem Buche über den Scheintod Neuge- [illegible]
borener (1870).

Wer ihm entgegen, wie Zuntz und Cohnstein, behauptet, [illegible]
dass nicht durch die beginnende Action der Lunge die fötalen Blutwege verschlossen werden, sondern, dass unabhängig von derselben die Wege activ durch Contraction der Ringmusculatur der Gefässwände sich verschliessen und den Kreislauf des Geborenen herbeiführen, so dass der Nabelschnurpuls aufhört, der muss annehmen, dass gerade zur Zeit der Geburt derartige Vorgänge sich nach anderen Gesetzen vollziehen als vorher und nachher.

Ein gesundes, mit fliessendem Blute gefülltes Gefäss zieht sich spontan nie so local und so vollständig zusammen, dass es den Kreislauf unterbräche. Der Tonus der Ringmuskelfasern und die Spannung der Flüssigkeit stehen immer in einem gewissen Antagonismus zu einander. Erst am fast leeren Gefässe erhält die Muscularis das Übergewicht zu einer derartigen Contraction. Die Versuche der genannten Forscher, durch die Nabelarterien einige Zeit (wie lange?) nach der Geburt Flüssigkeit zu injiciren, sind so ungenau beschrieben, dass man unmöglich entscheiden kann, ob alle Fehlerquellen ausgeschlossen sind. Es ist nichts ungewöhnliches, Nachblutungen aus den Nabelarterien beim Neugeborenen zu beobachten, wenn eine Störung der Respiration eintritt, und ausnahmslos verengern sich die Nabelarterien erst nach Abnahme der Blutfülle (B. S. Schultze).

Endlich:

Da nach der Geburt weniger Blut als vorher in der Zeiteinheit durch das Capillarsystem in das Venensystem des Körpers hinübergedrängt werden kann, so lange der Druck im Arterienrohr gesunken ist, so findet auch das nach Austreibung des Fötus sowohl durch bleibende Verkleinerung des Uterus, als auch durch die nachfolgenden Wehen aus der Placenta in das Venensystem des unteren Körpers gedrängte Blut ohne bedeutende Störung darin den nöthigen Raum.

Erst im Verlaufe von einigen Tagen erlangt der linke Ventrikel die physiologische Hypertrophie seiner Wandung, welche ihn befähigt, den an ihn gestellten Anforderungen zu genügen. und nun erst steigt die Frequenz der Herzschläge wieder annähernd zu derselben Höhe, wie sie vor der Geburt vorhanden war; während der Zeit der Insufficienz jedoch, d. h. in den ersten nach der Geburt folgenden Tagen war ein Abfall der Herzfrequenz vorhanden, der im Schlaf sogar das von mir beobachtete Minimum von 78 Schlägen erreichte. [171

Eine derartige strenge Trennung des arteriellen und venösen Blutes, wie sie sich beim Geborenen findet, besteht demnach nicht im Kreislaufe des Fötus. Unverkennbar ist Sabatier, der eine so klare und ziemlich richtige Beschreibung der Anatomie des fötalen Kreislaufs gegeben hat, nur durch sein Suchen nach einer Analogie der Function mit der des Geborenen dazu gebracht worden, den Kreislauf in Form einer 8 anzunehmen. Viel eher ist noch Harvey Recht zu geben, welcher den fötalen Kreislauf demjenigen des Fisches vergleicht, indem der Fötus *zwei Herzen wie eins* benutze.

Die Blutwege des Geborenen werden also *neben* denjenigen von Blut durchströmt, welche der eigentlichen Ernährung der fötalen Gewebe dienen. So wird das Gewebe der Lunge von den Bronchialgefässen nach wie vor ernährt; durch diejenigen Gefässe aber, welche nach der Geburt dem Gasaustausche dienen, fliesst vorher ebenfalls Blut hindurch, ohne dass es Sauerstoff aufnimmt, wie durch den Darm eine Blutsäule bewegt wird, ohne dass dieser eine solche resorbirende Function, wie nach der Geburt, zukommt.

Jena, im September 1884.

IV.

Literatur zur speciellen Physiologie des Embryo.

Die fortlaufende Numerirung der einzelnen Schriften bezieht sich auf die kleinen Ziffern, welche im Text mit einer eckigen Klammer versehen sind. Die liegenden Ziffern bezeichnen daselbst Seitenzahlen. Die eingeklammerten Nummern in dem folgenden Verzeichniss sind mir im Original nicht bekannt geworden. Mehrere Abhandlungen erhielt ich zu spät zur Benutzung im Text. P.

---

1. R. E. Grant: Die beweglichen Eier der Flustren. Zeitschrift für organische Physik v. Heusinger. Eisenach 1827. I, 411. 416 und 1828. II, 54. 55 (Wimperbewegung bei Eiern).
2. R. E. Grant: Die Wimpern junger Gasteropoden und die Ursache der Spiralform einschaliger Schalthiere. Ebenda I, 264-268 und II. 419 (Embryo-Drehungen).
3. Everard Home: Fortpflanzung der Auster und der Flussmuschel. Ebenda I, 395 (Schalen-Öffnung u. -Schliessung beim Embryo).
4. T. E. Baker: Ein ausserordentlich kleines Kind. Ebenda I, 261 (Saugbewegungen vor der Reife).
5. C. G. Carus: Das Drehen des Embryo im Ei der Schnecken. Ebenda II, 470 und *Acta nat. curios.* 1832. XIII, 2, 765.
6. Crepin: Ein Pferdefötus, in dessen Magen Hufstückchen gefunden wurden. Ebenda (Zeitschr. f. org. Ph.) II, 570. 571 (Intrauterine Schluckbewegungen).

[7.] J. C. Gehler: *De iusto funiculi umbilicalis deligandi tempore.* Leipzig 1789.

8. Emmert und Hochstetter: Die Entwicklung der Eidechsen in ihren Eiern. Archiv für die Physiologie von Reil u. Autenrieth. Halle 1811. X, 85. 95. 100-104. 376 (Rumpfbewegungen des Embryo im Ei).

9. F. Stiebel: Entwicklung der Teichhornschnecke. Deutsches Archiv für die Physiologie v. J. F. Meckel. Halle u. Berlin 1815. I, 424. 1816. II, 562 (Drehungen des Embryo im Ei).

10. P. A. Béclard: Versuche, welche zu beweisen scheinen, dass der Fötus Fruchtwasser aspirirt. Ebenda I, 154 (Vorzeitige Athembewegungen).

11. G. Jäger: Koth- und Harn-Ausleerung bei neugeborenen Säugethieren. Ebenda 1817. III, 546.

12. Emmert und Burgätzy: Schwangere Fledermäuse und ihre Eihüllen. Ebenda 1818. IV, 30. 33 (Fledermäuse blind geboren).

13. Lavergne: Ein schädelloses Kind. Ebenda 309 (Schreien ohne Gehirn).

14. Portal: Über die Pupillarmembran, die Beschaffenheit der in den beiden Augenkammern enthaltenen Feuchtigkeit, den die Paukenhöhle beim menschlichen Fötus anfüllenden Schleim, woraus sich schliessen lässt, dass die Neugeborenen eine Zeitlang weder sehen, noch hören. Ebenda 640.

15. F. Lallemand: *Observations pathologiques propres à éclairer plusieurs points de physiologie.* Auszug in: Deutsches Archiv für die Physiologie, herausgeg. v. J. F. Meckel. 1819. V, 271—296 (Intrauterine Bewegungen bei lädirtem Rückenmark und Gehirn).

16. J. Rodman: Geschichte eines zwischen dem 4. und 5. Monate geborenen u. aufgezogenen Kindes. Ebenda 1820. VI, 374—379 (Saugen vor der Reife).

17. Blainville: Die weiblichen Zeugungstheile und der Fötus der Beutelthiere. Ebenda 450—453 (Die ersten Saugbewegungen des Känguruh-Embryo).

18. J. F. Meckel: Eine merkwürdige Missgeburt. Ebenda 1822. VII, 1—22 (Fötalharn).

19. A. Gusserow: Stoffaustausch zwischen Mutter und Frucht. Archiv für Gynäkologie. XIII, Heft 1. 17 Stn.

20. Swammerdam († 1685): Bibel der Natur. Leipzig 1752. S. 62. 77. 322. 75 (Bewegungen der Schnecken- und Frosch-Embryonen im Ei).

21. Leeuwenhoek: *Opera omnia seu arcana naturae. Lugd. Batav.* 1722. *Epist.* 95 vom 1. Oct. 1695 (Drehen des Muschel-Embryo im Ei).

22. Ernst Heinrich Weber: Swammerdam's Entdeckung, dass sich die kaum sichtbaren Keime der Schnecken im Eie um sich selbst drehen, zusammengestellt mit Leeuwenhoek's Entdeckung, dass dieselben Bewegungen bei den kleinen Keimen der Muscheln stattfinden, nebst einigen Bemerkungen über die Bewegungen an den Keimen der Blutegel. Archiv für Anatomie und Physiologie von J. F. Meckel. Leipzig 1828. 418—423.

23. Ernst Heinrich Weber: Entwicklung des medicinischen Blutegels. Ebenda 380—390. 406 (Bewegungen des Blutegel-Embryo). Mit Abb.

24. W. Rapp: Anatomie und Physiologie der Walfische. Ebenda 1830. 360. 361 (Milchaufnahme seitens des neugeborenen Walfisches).

25. Aristoteles: Thierkunde (*ἱστορίαι περὶ ζώων*). Herausgeg. v. Aubert u. Wimmer. Leipzig 1868. I, 279 u. sonst.

26. William Harvey: *Exercitationes de generatione animalium.* London 1651 (Bewegungen des Hühnchens im Ei; Herzthätigkeit desselben; Reizversuche am Embryo-Herzen).

27. Karl Ernst von Baer: Über Entwicklungsgeschichte der Thiere. Beobachtung und Reflexion. Königsberg 1828. I, 92. 107. 108. 124. 131. 136—138 (Bewegungen des Hühnchens im Ei).

28. R. Remak: Die Zusammenziehung des Amnions. Archiv für Anatomie, Physiologie und wissenschaftliche Medicin v. Johannes Müller. Berlin 1854. 369—373 (Das Schaukeln des Hühnchens im Ei).

29. Vulpian: *La physiologie de l'amnios et de l'allantoide chez les oiseaux. Mémoires lus à la société de biologie.* Paris 1858. 2. Reihe. Jahrgang 1857. IV, 269—278 (Das Schaukeln des Hühnchens im durchlichteten Ei. Contractilität der Allantoisgefässe).

30. Albert v. Kölliker: Entwicklungsgeschichte des Menschen und der höheren Thiere. 2. Auflage. Leipzig 1879.

31. Albert v. Kölliker: Entwicklungsgeschichte des Menschen. 1880 (Auszug aus der 2. Auflage Nr. 30 mit einigen Zusätzen).

32. Johann Friedrich Meckel: Handbuch der pathologischen Anatomie. Leipzig 1812. I, 237—245 (Lebende kopflose und hirnlose Missgeburten).

33. Johann Friedrich Meckel: *Descriptio monstrorum nonnullorum.* Leipzig 1826. 3—8 (Lebende Missgeburten).

34. Laborde: *Sur quelques points de physiologie chez l'embryon et, en particulier, sur la physiologie du coeur au moment de sa formation.* In: *Gazette médicale de Paris.* 16. Nov. 1878. 5. Reihe. VII, 568 und 29. März 1879. 6. Reihe. I, 166.

35. R. Wernicke: Zur Physiologie des embryonalen Herzens. In: Sammlung physiologischer Abhandlungen, herausgeg. v. Preyer. Jena 1877. I, 239—283. Auch Inaug.-Diss. Jena 1876. (Physiol. Labor. Jena).

36. Th. Ludw. Wilh. Bischoff: Entwicklungsgeschichte des Kaninchen-Eies. Braunschweig 1842. 120. 122. 133 (Embryonische Herzaction). 59 (Drehung des Froschembryo). 56 (Dotterdrehung).

37. Peschier: Chemisch-physiologische Bemerkungen über den Froschlaich. Deutsches Archiv für die Physiologie, herausgeg. v. J. F. Meckel. Halle u. Berlin 1817. III, 363 (Drehung des Frosch-Embryo im Ei).

38. M. Rusconi: Über künstliche Befruchtungen von Fischen und über einige neue Versuche in Betreff künstlicher Befruchtung an Fröschen. Archiv für Anatomie, Physiologie u. wissenschaftl. Medicin, herausgeg. v. Joh. Müller. Berlin. Jahrgang 1840. 187 (Rotation im Hechtei).

39. Sars: Entwicklung der *Tritonia ascanii.* Bericht über die Versammlung Deutscher Naturforscher und Ärzte in Prag 1837. Prag 1838. 185.

40. E. Home: Über die Erzeugungsart des Känguruhs nebst einer Beschreibung der Zeugungstheile desselben. Archiv für die Physiologie von Reil. Halle 1797. II, 397. 402 (Saugen des Känguruh-Embryo).

41. Th. Ludw. Wilh. Bischoff: Entwicklungsgeschichte des Hunde-Eies. Braunschweig 1845. 46. 97 (Herzthätigkeit des Hunde-Embryo).

42. Gellé: *Etat spécial de l'oreille moyenne dans la période foetale. Gazette médicale de Paris.* 24. Aug. 1878. VII, 411. 412 (Hörvermögen des Fötus und Neugeborenen).

43. Xavier Bichat: Allgemeine Anatomie angewandt auf die Physiologie und Arzneiwissenschaft. Übers. v. Pfaff. Leipzig 1803. II, 1. Abth. 263. 267. 336 und 2. Abth. 241 (Erregbarkeit vor der Geburt).

44. W. Preyer: Fruchtbewegungen während des Erschrecktseins. In des Verf. „Die Kataplexie und der thierische Hypnotismus". Sammlung physiologischer Abhandlungen, herausgeg. v. Preyer. Jena 1878. II, 1. Heft, 89.

45. O. Soltmann: Einige physiologische Eigenthümlichkeiten der Muskeln und Nerven des Neugeborenen. Habilitationsschrift. Breslau 10. Nov. 1877. 20 Stn.

46. O. Soltmann: Die Functionen des Grosshirns der Neugeborenen. Jahrbuch für Kinderheilkunde. Neue Folge. Leipzig 1876. IX, 106—148 und Centralblatt für die medicinischen Wissenschaften. 1875. 209—210.

47. O. Soltmann: Das Hemmungsnervensystem der Neugeborenen. Jahrb. für Kinderheilkunde. N. F. Leipzig 1877. XI, 101—114 und 54. Jahresbericht der Schles. Gesellschaft für vaterländische Cultur. Breslau 1877 (Med. Sitzung 17. Nov. 1876) 242—243.

48. Peremeschko: Die Bildung der Keimblätter im Hühnerei. Sitzungsber. d. k. Akad. d. Wissenschaften. Wien 20. Febr. 1868. LVII, 2. Abth. (Zellenwanderung im Ei).

49. V. Hensen: Embryologische Mittheilungen. Archiv für mikroskopische Anatomie, herausgeg. v. Max Schultze. Bonn 1867. III, 501 Z. 18 v. o. (Dasselbe).

50. Adolf Kussmaul: Untersuchungen über das Seelenleben des neugeborenen Menschen. Leipzig u. Heidelberg 1859. 16—40.

[51.] M. Küstner: *De placentae solutione et de iusto funiculi umbilicalis subligandi tempore.* Breslau 1829.

52. A. Genzmer: Untersuchungen über die Sinneswahrnehmungen des neugeborenen Menschen. Inaugural-Dissertation (Tastempfindungen 6—11, Temperatursinn 11—12, Schmerzgefühl 12—13, Muskelgefühl 13—14, Geschmacksempfindung 14—17, Lufthunger 17—18, Hunger und Durst 18—19, Geruch 19—20, Gehör 20—21. Gesichtssinn 21—25, Reflexe 25—28). Halle 1873. Neudruck mit Zusätzen 1882.

53. W. Preyer: Zur Physiologie Neugeborener. Kosmos, Zeitschrift für einheitliche Weltanschauung auf Grund der Entwicklungslehre. Leipzig 1878. III. Gehör (22—37). Gesicht, Geruch. Geschmack (128—132) Neugeborener.

54. G. Wurster: Die Eigenwärme der Neugeborenen. Berliner klin. Wochenschrift. Nr. 37. 1869.

55. G. Wurster: Beiträge zur Tokothermometrie mit besonderer Berücksichtigung des Neugeborenen. Inaug.-Diss. Zürich 1870.

56. A. Gusserow: Zur Lehre vom Stoffwechsel des Fötus. Archiv für Gynäkologie. Leipzig 1872. III, 2 Heft. 241.

57. G. Salomon: Der Glykogengehalt der Leber beim neugeborenen Kinde. Centralblatt f. d. med. Wiss. 1874. Nr. 47. S. 738—741.

58. Schaaffhausen: Die mikrocephale Becker. Corresp.-Bl. d. Deutsch. Ges. f. Anthropologie 1877. Nr. 11. 135 (Motilität).

59. Kubassow: Wirkung der von der Mutter eingenommenen Arzneimittel auf die Frucht. Allgem. Wiener medicin. Zeitung 7. Dec. 1880 (Ref.).

60. L. Schonberg: Der Laich des Lachses und dessen allmähliche Entwicklung. Froriep's Notizen. Dec. 1826. XVI, 83 (Bewegung des Lachsembryo im Ei).

61. H. Gerbartz: Die Mikrocephalie und ihre Ursachen. Inaug.-Dissert. Bonn 1874 (Motilität).

62. A. F. Hohl: Veränderlichkeit der fötalen Herztöne. In des Verf. „Geburtshülfl. Exploration". Halle 1833. 77.

63. B. S. Schultze: Das Nabelbläschen, ein constantes Gebilde in der Nachgeburt des ausgetragenen Kindes. Mit 6 Tafeln. Leipzig 1861.

64. Dulk: Die in den Hühner-Eiern enthaltene Luft. Schweigger-Seidel's Jahrb. der Chemie u. Physik. XXVIII (Journ. f. Chemie u. Physik LVIII) 363—369. Halle 1830.

65. Josef Englisch: Angeborene Verschliessungen und Verengerungen der männlichen Harnröhre. Archiv f. Kinderheilkunde v. Baginsky, Herz u. Monti. Stuttgart 1881. II, 98—101.

66. Flourens: *La coloration des os du foetus par l'action de la garance, mêlée à la nourriture de la mère. Comptes rendus de l'Ac. d. sc.* Paris, 4. Juni 1860. L, 1010—1011.

67. Wolter: Versuche über den Übergang fremdartiger Stoffe durch den Placentarkreislauf auf den Fötus. Deutsche Zeitschr. für Thiermedicin u. vergleichende Pathologie. VII, 3. Heft. 193—210. Leipzig 1881.

68. S. L. Schenk: Die Rotationen der Embryonen von *Rana temporaria* innerhalb der Eihülle. Archiv für die gesammte Physiologie des Menschen und der Thiere, herausgeg. v. Pflüger. Bonn 1870. III. 89—93.

69. Joh. Müller: *De respiratione foetus.* Leipzig 1823. 1 Taf., 260 Stn. [und: Zur Physiologie des Fötus in Nasse's Zeitschr. für Anthropologie. 1824].

70. E. Gayot: *La Culture intensive de l'oeuf et son incubation.* Paris 1878. 54—59.

71. F. Hoppe-Seyler: Meconium. In des Verf. Spec. Physiol. Chemie. Berlin 1878. I, 332. 340.

72. C. Fr. W. Krukenberg: Embryonale Muskeln. Untersuchungen des physiol. Instituts zu Heidelberg. III, Heft 3 u. 4. 5 Stn.

73. M. Wiener: Über die Herkunft des Fruchtwassers. Archiv für Gynäkologie 1881. XVII, S. 24—44 und Breslauer ärztliche Zeitschrift Nr. 14. 24. Juli 1880.

74. K. F. Burdach: Die Physiologie als Erfahrungswissenschaft. 2. Aufl. Leipzig 1837. II, 783 (Geschmacksinn des Embryo). 1838 III. 202.

75. Hermann Schwartz: Die vorzeitigen Athembewegungen. Ein Beitrag zur Lehre von den Einwirkungen des Geburtsactes auf die Frucht. Leipzig 1858. 308 Stn.

76. B. S. Schultze: Der Scheintod Neugeborener. Jena 1871. (Dazu: Deutsche Klinik, 15. Jan. 1858, S. 21—23: Über auscultatorische Wahrnehmung der intrauterinen Athembewegungen.)

77. F. Hoppe-Seyler: Ursache des ersten Athemzuges. Zeitschr. f. physiolog. Chemie, herausgeg. v. Hoppe-Seyler. Strassburg 1879. III, 110.

78. A. F. J. C. Mayer: Übergang von Farbstoffen aus der Mutter in den Fötus. Deutsches Archiv für die Physiologie v. J. F. Meckel. Halle

u. Berlin 1817. III, 503. u. Med.-chirurg. Zeitung von Ehrhart. Salzburg. II, 431 u. IV, 140. 1817; auch Hufeland's u. Osann's Journal der praktischen Heilkunde. 1824. S. 97.

79. Bischoff: Lebenszähigkeit des Fötus der Warmblüter. Pflüger's Archiv f. d. ges. Physiologie. Bonn 1877. XV, 50—51 (Herzthätigkeit).

80. Pflüger: Lebenszähigkeit des menschlichen Fötus. Ebenda XIV, 628 (Herzthätigkeit).

81. Zuntz: Respiration des Säugethier-Fötus. Ebenda XIV, 605—627. 616 (Lebenszähigkeit des menschlichen Fötus).

82. Bonnet: Eigenthümliche Stäbchen in der Uterinmilch des Schafes. Deutsche Zeitschr. für Thiermedicin u. vergleichende Pathologie. VII, 3. Heft, 211—215. Leipzig 1881.

83. Dareste: *Développement des végétations cryptogamiques dans l'oeuf de la poule pendant l'incubation. Gazette médicale de Paris.* 15. Oct. 1881. S. 592—593.

84. Max Runge: Einfluss einiger Veränderungen des mütterlichen Blutes und Kreislaufs auf den fötalen Organismus. Archiv für experimentelle Pathologie u. Pharmakologie. X. 324 (32 Stn.). Leipzig 1879.

85. Max Runge: Der Übergang der Salicylsäure und des Jodkalium in das Fruchtwasser. Centralblatt für Gynäkologie 1877. Nr. 5. 3 Stn.

86. Laborde: *Développement du coeur. Le Progrès médical.* Paris, 29. März 1879. 244.

87. Alexander Harvey: *On the foetus in utero inoculating the maternal with the peculiarities of the paternal organism.* [*Monthly Journal of medical science for Oct. 1849 and Sept. 1850*, nach 342.]

88. W. Moldenhauer: Die Paukenhöhle beim Fötus und Neugeborenen. Centralblatt für die med. Wiss. 1876. 906 (Ref.).

89. H. Schmaltz: Das Schleimpolster in der Paukenhöhle des Neugeborenen. Ebenda 1877. 524. (Ref.).

90. Urbantschitsch: Äusserer Gehörgang des Neugeborenen. Ebenda 1878, 39 (Ref.) u. Mittheilungen aus dem embryolog. Institut v. Schenk. 1878. 2. Heft. 135.

91. Jul. Böke: Untersuchung und Semiotik des Gehörorgans beim Kinde. Jahrb. für Kinderheilkunde. Leipzig 1878. XII. 356.

92. Flechsig: *Tractus opticus* beim Neugeborenen. Tageblatt der 45. Naturforscherversammlung. Leipzig 1872. 75.

93. Emmerez: Ein lebender Acephalus. *Philosophical Transactions II, for 1667.* London. S. 480.

94. R. Thoma: Grösse und Gewicht der anatomischen Bestandtheile des menschlichen Körpers. Leipzig 1882 (Wachsthum).

95. Wiener: Zur Physiologie der fötalen Niere. Breslauer ärztliche Zeitschrift. 24. Sept. 1881. Nr. 18.

96. Beguelin: Abhandlung von der Kunst geöffnete Eier beim Lampenfeuer auszubrüten. Aus d. Franz. v. J. G. Krünitz. Hamburgisch. Magaz. od. gesammelte Schriften aus der Naturforschung und den angenehmen Wissenschaften überhaupt. XIX, 1. St. 118—156. Hamburg u. Leipzig 1757.

97. F. Ahlfeld: Thätigkeit der fötalen Niere und Harnblase. Archiv für Gynäkologie. Berlin 1879. XIV, 287—294 u. 1872. IV, 161—165.

[98.] Porak: *De l'absorption des médicaments par le placenta et de leur élimination par l'urine des enfants nouveau-nés.* Paris 1878.

99. C. Toldt: Altersbestimmung menschlicher Embryonen. Prager medicin. Wochenschrift. 1879.

100. Hennig: Wachsthumsverhältnisse der Frucht und ihrer wichtigsten Organe in den verschiedenen Monaten der Tragzeit. Arch. f. Gynäkologie. Berlin 1879. XIV, 314—318.

101. J. Bernstein: Zur Entstehung der Aspiration des Thorax bei der Geburt. Pflüger's Archiv 1882. XXVIII, 229—242.

102. H. Schwartz: Die auscultatorische Wahrnehmbarkeit intrauteriner Athembewegungen. Deutsche Klinik. 5. Febr. 1859. S. 53—54.

103. Preyer: Embryoskopie. Sitzungsberichte der Jenaischen Gesellschaft für Medicin und Naturwissenschaft. Sitzung vom 13. Juni 1879. Zeitschrift für Naturwissensch. Jena 1879. XIII, Suppl. II, 80—88.

104. Dareste: *Sur l'absence totale de l'amnios dans les embryons de poule. Comptes rendus de l'acad. d. sc.* 23. Juni 1879. LXXXVIII. 1320—1332.

105. Erasmus Darwin: *Zoonomia or the laws of organic life.* I. London 1801. S. 190.

106. J. F. E. Aschmann: Über die Neugeborenheit. Würzburg 1842. S. 36. 37.

107. O. Schiller: Nabelschnurtrennung bei Thieren und wilden Völkern. In.-Diss. Berlin 1881.

108. F. Steinmann: Über den Zeitpunct der Abnabelung Neugeborener. Diss. Dorpat. 4°. 1881. 73 Stn., 3 Taf. (Hier eine historische Skizze u. Ribemont's, sowie Budin's Arbeiten referirt).

109. Joh. Heinr. Beck: Über den ursprünglichen Hirnmangel. Nürnberg 1826. § 4.

110. A. Baudrimont & Martin-Saint-Ange: *Recherches sur les phénomènes chimiques de l'évolution embryonnaire des oiseaux et des batraciens. Annales de chimie et de physique.* 3. Reihe. XXI, 195—295. Paris 1847.

111. Bonnet: Zur Kenntniss der Uterin-Milch. Deutsche Zeitschrift für Thiermedicin. VI, 430—443. Leipzig 1880.

[112.] Trew: *De differentiis inter hominem natum et nascendum.* 1736.

113. Bochefontaine: Die hemmende Wirkung des Herzvagus Neugeborener. *Gazette médicale.* Paris 1877. Nr. 22. 273.

114. Franz Albert Klamroth: Über Entstehung des Fruchtwassers. Diss. Berlin 1881. 8°. 24 Stn.

115. J. F. Lobstein: *La nutrition du foetus.* Strassburg 1802. Deutsch v. Kestner. Halle 1804. 214 Stn.

116. Foster und Balfour: Grundzüge der Entwicklungsgeschichte. Übers. v. N. Kleinenberg. Leipzig 1876. 71 Holzschn.

117. Preyer: Gaswechsel und chemische Veränderungen des bebrüteten Hühnereies. Sitzber. d. Jenaischen Ges. f. Med. u. Naturw. 19. Mai 1882. S. 13—15. Zeitschr. f. Naturw. XVI. Suppl. Jena.

118. J. Bernstein: Entstehung der Aspiration des Brustkorbes bei der Geburt. Archiv für d. gesammte Physiologie d. Menschen u. d. Thiere. Bonn 1878. XVII, 617—623 (vgl. Nr. 184 u. 101, sowie 359).

119. C. Rabl: Entwicklung der Tellerschnecke. Zeitschr. für Morphologie, herausgeg. v. Gegenbaur. 1879. 588 (Flimmern), 616 (Eigenbewegungen), 631 (Herzthätigkeit).

120. Hugi: Bewegungen der Embryonen bei Limnaeus. Isis 1823. S. 214.

121. Strähler: Beobachtung eines An(en)cephalus. Schmidt's Jahrb. der Medicin VI, 97. 1835.

122. Depaul: Hörbarkeit der Fötusbewegungen. Ebenda. XCIII, 258. 1857.

123. J. Whitehead: Convulsionen des Fötus im Uterus. Ebenda. CXXXVII, 181. 1867.

124. W. His: Herzthätigkeit des Vogelembryo. In des Vf. „Untersuchungen über die erste Anlage des Wirbelthierleibes". Leipzig 1868. 100. 101. 151.

125. Lejumeau de Kergaradec: Fötale Herztöne. Froriep's Notizen aus dem Gebiete der Natur- und Heilkunde. 1822. II, 191. 202—207. 250—255. III, 159. 304.

126. Dugès: Fötale Herztöne. Ebenda III, 14—16. 237. 1822.

127. Libertin: Fötale Herztöne und Uteringeräusch. Schmidt's Jahrb. d. ges. Med. 1837. XIV, 38—40.

128. J. Quadrat: Zunahme der fötalen Herzfrequenz nach Kindesbewegungen. Ebenda. XX, 55. 1838.

129. Albert Schmidt: Sauerstoff im Fötusblut und Unabhängigkeit der fötalen Herzthätigkeit vom Blutsauerstoff. 1874. In Preyer's Sammlung physiologischer Abhandlungen. Jena 1877. I, 131. 166. 167 (Aus dem physiologischen Laboratorium in Jena). Vgl. Nr. 231.

130. G. Adelmann: Einfluss der Wehen auf die fötale Herzfrequenz. Schmidt's Jahrb. d. ges. Med. 1. Suppl. 312. 1836.

131. Depaul: Einfluss von Blutverlusten auf die Kindesbewegungen. Monatsschrift für Geburtskunde. 1862. XVIII. Suppl. 33.

132. V. Hüter: Der Fötuspuls. Ebenda. 23—66. 1862.

133. Dubois: Constanz der fötalen Herzfrequenz. Ebenda 42.

134. H. Fehling: Stoffwechsel zwischen Mutter und Kind. Archiv für Gynäkologie. Berlin 1876. IX, 313—318 [u. X, 392].

135. Zweifel: Respiration des Fötus. Ebenda. IX, 291—305.

136. Frankenhäuser: Benutzung der Herztöne der Frucht zur Diagnose des Geschlechts derselben. Monatsschrift für Geburtskunde und Frauenkrankheiten. Berlin 1859. XIV, 168.

137. Engelhorn: Fötale Herzfrequenz. Archiv für Gynäkologie. 1876. IX, 360—369.

138. O. Franque: Athembewegungen eines in vollen Eihäuten geborenen Kindes. Monatsschrift f. Geburtskunde. 1862. XVIII. Suppl. (Ref.).

139. Laveran: *The foetal heart. The Lancet:* 21. Dec. 1878. London. II, 896.

140. Joh. Dogiel: Physiologie des Herzens der Larve von *Corethra plumicornis. Mémoires de l'acad. imp. des sciences de St. Pétersbourg.* 7. Reihe. XXIV. Nr. 10. Juli 1877.

141. Haake: Über den Werth der Frankenhäuser'schen Entdeckung, aus der Frequenz der Fötalherzschläge das Geschlecht des Fötus zu bestimmen. Monatsschrift für Geburtskunde und Frauenkrankheiten. Berlin 1860. XV, Heft 6.

142. Breslau: Über die Frankenhäuser'sche Entdeckung, das Geschlecht des Fötus durch Zählung der Herztöne erkennen zu können. Ebenda 1860.

143. C. Steinbach: Zur Diagnose des Fötalgeschlechts. Ebenda. 1861. XVIII, 428—446.

144. F. A. Schurig: Vorausbestimmung des Fötalgeschlechtes durch Zählung des Fötalpulses. Ebenda. 1863. XXI, 459.

145. Zepuder: Beobachtungen über den Werth der Frankenhäuser'schen Theorie. Österreichische Zeitschrift für praktische Heilkunde. IX. 1863. Nr. 2. 29—30 u. Monatsschr. für Geburtskunde. Berlin 1862. XIX, 371.

146. J. H. Knabbe: *Disquisitiones historico-criticae de circulatione sanguinis in foetu maturo, novis observationibus anatomicis exaratae.* Diss. in. *Bonnae* 1834. 4°. 107 Stn. Text. 4 Taf.

147. G. Colasanti: Einfluss der Kälte auf die Entwicklungsfähigkeit des Hühnereies. Archiv für Anatomie, Physiologie und wissenschaftliche Medic. 1875. 477—479.

148. Rob. Pott: Die chemischen Veränderungen im Hühnerei während der Bebrütung. „Die landwirthschaftlichen Versuchs-Stationen." XXIII. 203—247.

149. F. A. Kehrer: Beiträge zur klinischen und experimentellen Geburtskunde und Gynäkologie. Giessen 1867. I, 2. Heft, 97—103 (Fötaler Kreislauf), 169 (Erster Athemzug). 1877. 6. Heft (Lungenathmung, Magengase). 1879, II, 1. Heft, 19—48 (Fötalpuls).

150. Martin Saint-Ange: *La circulation du sang chez le foetus de l'homme* (Dem Verf. nicht bekannt geworden).

151. Rob. Pott: Die Gewichtsabnahme und Respiration des Hühnereies. Fühling's landwirthschaftliche Zeitung. Berlin u. Leipzig. 26. Jahrg. 3. Heft. März 1876. 178—190 (Ergänzung zu Nr. 148).

152. Eschricht: Gesichtsverdoppelung mit Mangel an Gehirn und Rückenmark. Arch. f. Anat., Phys. u. wiss. Medic. 1834. 268—272 (Motilität).

153. A. Retzius: Die Scheidewand des Herzens beim Menschen mit besonderer Rücksicht auf das *Tuberculum Loweri.* Ebenda 1835. 161—170.

154. C. Vogt: Untersuchung zweier Amniosflüssigkeiten. Ebenda 1837. 69—73.

155. Svitzer: Ein Hemicephalus. Ebenda 1839. 35—38.

156. P. J. Vanbeneden & A. Ch. Windischman: *Embryogénie des Limaces.* Ebenda 1841. 176—195 (Blutbewegung). Vgl. Nr. 433. S. 142.

157. H. L. F. Robert: Hemmungsbildung des Magens, Mangel der Milz und des Netzes. Ebenda 1842. 57—60.

158. C. E. Levy: Misgeburt mit vollständiger Wirbelspalte. Ebenda 1843. 22—33. 2 Taf.

159. G. Kunze: Bewegungen des Blutegel-Embryo. Ebenda 1846. 432—4[illegible]

160. J. Budge: Fünfwöchentlicher menschlicher Embryo. Ebenda 1847. S. 7—13 (Circulation).

161. J. Budge: Der *Ductus vitelli intestinalis* bei Vögeln. Ebenda. 14—16 (Ernährung).

162. H. Cramer: Zellenleben in der Entwicklung des Froscheies. Ebenda 1848. 20—77.

163. E. Desor: Embryologie von *Nemertes*. Ebenda 511—526 und 1849. 82. 83.

164. Franz Müller: Das Nabelbläschen der Pferde-Embryonen. Ebenda 1849. 286—291.

[165.] Devergie und Hohl: Geburten kranker, missgestalteter und todter Kinder. 1850. S. 164 (Lebensfähigkeit der Monstren).

166. H. Meckel von Hemsbach: Die Verhältnisse des Geschlechts, der Lebensfähigkeit und der Eihäute bei einfachen und Mehrgeburten. Archiv f. Anatomie, Physiologie u. wissensch. Medic. 1850. 234—272.

167. Felix von Baerensprung: Temperatur des Fötus. Ebenda 1851. 126—142.

168. Adrian Schücking: Die Blutmenge der Neugeborenen. Ein Beitrag zur Abnabelungstheorie. Berliner klinische Wochenschrift. 29. Sept. 1879. Nr. 39 und Centralbl. f. Gynäkologie. Nr. 12. S. 297. 1879.

169. Adrian Schücking: Zur Physiologie der Nachgeburtsperiode. Untersuchungen über den Placentarkreislauf nach der Geburt. Ebenda 1877. 14. Jahrg. 3—7. 18—21 u. Centralblatt für Gynäkologie. Nr. 14. S. 341. 1879.

170. Illing: Einfluss der Nachgeburtsperiode auf die kindliche Blutmenge. Inaug.-Diss. Kiel 1877.

171. H. Fritsch: Zur Theorie der Abnabelung. Centralblatt für Gynäkologie 1879. Nr. 16. S. 385—387 (Hier auch Michaelis citirt).

172. Zweifel: Wann sollen die Neugeborenen abgenabelt werden? Ebenda 1878. Nr. 1. Vgl. Arch. f. Gynäkologie XII, 249.

173. Hofmeier: Zeitpunct der Abnabelung. Centralbl. f. Gynäk. 1879. Nr. 18 und Zeitsch. f. Geburtsh. u. Gynäk. IV, 114. 1879.

174. Rob Ziegenspeck: Welche Veränderungen erfährt die fötale Herzthätigkeit regelmässig durch die Geburt? In.-Diss. Jena 1882. 8°. (Zum Theil aus dem physiologischen Institut in Jena).

175. Luge: Über den zweckmässigsten Zeitpunct der Abnabelung. Inaug.-Diss. Rostock 1879.

176. R. v. Haumeder: Über den Einfluss der Abnabelungszeit auf den Blutgehalt der Placenta. Centralblatt für Gynäkologie 1879. Nr. 15. S. 361—365.

177. Welcker: Blutmenge des Neugeborenen. Zeitschrift für rationelle Medicin. 3. Reihe. IV, S. 145.

178. L. Meyer: Die Blutmenge der Placenta. [Centralblatt für Gynäkologie 1878, Nr. 10 u. 1879, Nr. 9.]

179. M. Wiener: Einfluss der Abnabelungszeit auf den Blutgehalt der Placenta. Archiv für Gynäkologie. Berlin 1879. XIV, 34—42.

180. W. Preyer: Die Ursache der ersten Athembewegung. Sitzungsberichte der Jenaischen Gesellschaft für Medic. u. Naturwissenschaft. 6. Febr. 1880, S. 17—20, auch in Nr. 344.

181. Litzmann: Die Blutentleerung der Nabelvene. [Centralblatt für Gynäkologie. Nr. 12. 292.]

182. J. Steinberg: Gesammtblutmenge junger Thiere. Archiv für die ges. Physiologie des Menschen und der Thiere v. Pflüger. VII, 101—107 Bonn 1873.

183. W. Preyer: Quantitative Bestimmung des Hämoglobins und Gesammtbluts durch das Spectrum. In des Vf. „Die Blutkrystalle". Jena 1871. 129. 131. 221—225 (Placentar-Athmung, Methode zur Bestimmung der Hämoglobin- und Blut-Mengen Ungeborener und Neugeborener. Placentarblut).

184. L. Hermann: Aufhören des atelektatischen Zustandes der Lungen bei der Geburt. Archiv für d. gesammte Physiologie des Menschen u. d. Thiere. Bonn 1879. XX, 365—370 (Vgl. Nr. 118).

185. E. Serrano Fatigati: *Influence des diverses couleurs sur le développement et la respiration des infusoires. Comptes rendus de l'académie des sciences.* Paris. LXXXIX. 1. Dec. 1879. 959—960.

186. B. Rawitz: Lebenszähigkeit des Embryo. Arch. für Physiologie, herausgeg. v. E. du Bois-Reymond. 1879. Suppl.-Bd. 69—71 (Herzthätigkeit).

187. Emile Yung: *Influence des différentes couleurs du spectre sur le développement des animaux. Archives de zoologie expérimentale par H. de Lacaze-Duthiers.* Paris 1878. VII. 251—282. *Comptes rendus.* 16. Dec. 1878. Vgl. Nr. 266.

188. Rob. Macdonell: *Recherches physiologiques sur la matière amylacée des tissus foetaux. Comptes rendus de l'acad.* Paris 1865. LX. 963—965 [u. Brown-Séquard *Journ. de physiol.* 1865. VI, 554—574.] Centralbl. f. med. Wiss. 1866. S. 214—216.

189. Rob. Macdonuell: *Experiments regarding the influence of physical agents on the development of the tadpole.* [Brown-Séquard, *Journ. de physiol.* 1859. II, 625—632.]

190. John Higginbottom: *Influence of physical agents on the development of the tadpole, the triton and the frog. Phil. Trans.* 1850. 431—436 und Brown-Séquard *Journ. de physiol.* 1863. VI. 204—210.

191. Philipeaux: *Expérience montrant que si l'on fait prendre du sous-acétate de cuivre à une lapine pendant toute la durée de la gestation on trouve du cuivre chez les petits au moment de leur naissance. Gazette médicale.* Paris 1879. 13. Sept. 471.

192. A. E. Burckhardt: Zur intrauterinen Vaccination. Deutsches Archiv für klinische Medicin, red. v. Ziemssen u. Zenker. XXIV. 506—509. Leipzig, 23. Oct. 1879.

193. N. Knox: *Amputation intra-utérine des doigts et des orteils. Gazette médicale de Paris.* 6. Reihe. I, 494. Paris, 27. Sept. 1879.

194. A. Lesser: Zur Würdigung der Ohrenprobe. Referat in Zeitschr. f. Ohrenheilkunde, herausgeg. v. Knapp u. Moos. VIII, 323—324. Wiesbaden 1879 u. in Centralbl. f. d. med. Wiss. 1879. 568.

195. A. Weismann: Die Dauereier der Daphnoiden. Zeitschr. f. wissenschaftl. Zoologie, herausgeg. v. Kölliker. 1879. 407—416. 437.

196. Karl Maggiorani: Einfluss des Magnetismus auf das befruchtete Ei. Allgem. Wiener medicin. Zeitung. 1879. Nr. 36 u. fg.

197. Karl Heinr. Baumgärtner: Embryo der Forelle und des Frosches. In des Verf. „Beobachtungen über die Nerven und das Blut". Freiburg 1830.

198. Romanus Schaefer: *De calore et pondere recens natorum*. In.-Diss. Greifswald 1863.

199. Prevost und Dumas: *Développement du coeur*. Froriep's Notizen. VI, 209—212. 1824 (In der 39. St. schlägt d. Herz beim Hühnchen).

200. Karl Schroeder: Fötale Herztöne. In des Verf. „Schwangerschaft, Geburt und Wochenbett". Bonn 1877. 17.

201. Jean de Tarchanoff: *Les centres psychomoteurs des animaux nouveau-nés. Gazette médicale de Paris.* 13. Juli 1878. VII, 341—343.

202. O. Langendorff: Entstehung der Verdauungsfermente beim Embryo. Arch. f. Physiologie v. E. du Bois-Reymond. 1879. S. 95—112.

203. O. Hammarsten: Eiweissverdauung bei Neugeborenen. In: Beiträge zur Anatomie und Physiologie als Festgabe C. Ludwig gewidmet von seinen Schülern. Leipzig 1874. 116—129.

204. G. Wolffhügel: Die Magenschleimhaut neugeborener Säugethiere. Zeitschrift für Biologie. München 1876. XII, 217—225.

205. A. Moriggia: *Poteri digerenti del feto ed autodigestioni.* Centralbl. für die medicin. Wissenschaften. Berlin 1874. 349—350.

206. Jul. Schiffer: Die saccharificirenden Eigenschaften des kindlichen Speichels. Arch. f. Anat., Physiol. u. wissensch. Med. Leipzig 1872. 469—473 (auch Ritter von Rittershain citirt).

207. Korowin: Die fermentative Wirkung des pankreatischen Saftes und des Parotissecretes Neugeborener auf Stärke. Centralblatt für die medic. Wissensch. Berlin 1873. 261—262. 305—307.

208. Rob. Pott und W. Preyer: Über den Gaswechsel und die chemischen Veränderungen des Hühnereies während der Bebrütung. Pflüger's Archiv. Bd. XXVII. S. 320—371. 1 Taf. 1882.

209. B. Benecke: Entwicklung des Erdsalamanders. Zoologischer Anzeiger, herausgeg. v. Carus. Leipzig 1880, Jan.

210. A. Weismann: Abhängigkeit der Embryonalentwicklung vom Fruchtwasser der Mutter bei Daphnoiden. Zeitschr. für wissenschaftl. Zoologie. XXVII, 146—183. Vgl. Nr. 195.

211. C. Claus: Fortpflanzung der Polyphemiden. Denkschriften der math.-naturw. Classe der k. Akad. d. Wissenschaften zu Wien. XXXVII, 152. 1877.

212. A. Rauber: Über den Ursprung der Milch und die Ernährung der Frucht im Allgemeinen. Leipzig 1879. 5—6. 15—26.

213. Aristoteles: Zeugung und Entwicklung der Thiere (περὶ ζώων γενέσεως), übers. v. Aubert u. Wimmer. Leipzig 1860. 197. 347—349 (Uterinmilch).

214. F. Fontana: Blutkörperbewegung im Embryo. Archiv für die Physiologie von Reil. Halle 1797. II, 480.

215. H. Fehling: Physiologische Bedeutung des Fruchtwassers. Archiv für Gynäkologie, redig. v. Credé u. Spiegelberg. XIV, 221—244. Berlin 1879.

216. W. Reitz: Passive Wanderungen von Zinnoberkörnchen von der Mutter in die Frucht. Sitzungsberichte der mathem.-naturwissensch. Classe der Akad. d. Wissensch. zu Wien. 1868. LVII, 2. Abth.. 10 u. 1. Abth.

217. Dareste: *Suspension des phénomènes de la vie dans l'embryon de la poule. Comptes rendus.* Paris 1878. LXXXI, 1045—1048. LXXXVI, 723.

218. P. Grützner: Embryonaler Magensaft. In des Verf. Habilitationsschrift über Bildung und Ausscheidung des Pepsins. Breslau 1875. S. 30. Anm

219. S. L. Schenk: Zur Physiologie des embryonalen Herzens. Sitzungsberichte der math.-naturw. Classe der Akad. d. Wiss. zu Wien 1867. LVI, 2. Abth. 111—115.

220. Cohnstein: Die Thermometrie des Uterus. Virchow's Archiv für patholog. Anatomie u. Physiologie und f. klin. Med. Berlin 1875. LXII, 141—143 u. Archiv f. Gynäkologie. Berlin 1872, IV. 547—549.

221. K. Schroeder: Fötus-Wärme. Virchow's Archiv 1866. XXXV.

222. C. Ruge: Die Gebilde im Nabelstrang. Zeitschrift für Geburtshülfe und Gynäkologie. Stuttgart 1877. I, 1—21.

223. C. Ruge: Über Capillaren im Nabelstrang. Ebenda. 253—259.

224. A. Werber: Bemerkungen zum normalen Bau des Darms beim Neugeborenen. Berichte über die Verhandlungen der naturforschenden Gesellsch. zu Freiburg i. Br. 1865. III. Heft 3/4. 137.

225. F. Levison: Fruchtwasser. Jahresbericht üb. d. Leistungen u. Fortschritte d. gesammten Medicin v. Virchow u. Hirsch. Berlin 1874. 8. Jahrg. für 1873. II, 650 u. Archiv für Gynäkologie 1876. IX. 517—519.

226. Schauenstein und Spaeth: Übergang von Medicamenten in den Fötus. Froriep's Notizen. Jahrg. 1859. II, Nr. 17, 269—271.

227. F. v. Preuschen: Die Ursachen der ersten Athembewegungen. Zeitschrift für Geburtshülfe u. Gynäkologie. Stuttgart 1877. I, 353—365.

228. E. F. W. Pflüger: Respiration des Fötus. Archiv f. d. gesammte Physiologie d. Menschen u. d. Thiere. Bonn 1868. I, 61—68. 80—82

229. Hennig: Fötuswärme. Archiv für Gynäkologie. Berlin 1879. XIV. 307.

230. C. Hecker und Buhl: Klinik der Geburtskunde. Leipzig. 1861. I u. 1864, II.

231. Albert Schmidt: Sauerstoffhämoglobin im Fötusherzblut. Centralblatt für die medicinischen Wissenschaften. 1874. Nr. 46. S. 728 (Physiolog. Laboratorium Jena). Vgl. Nr. 129.

232. R. Olshausen: *Asphyxia neonatorum* und Hypnotismus. Centralblatt für Gynäkologie. 1880. Nr. 8.

233. William Harvey: Blutkreislauf des Fötus. In des Verf.: *Exercitatio anatomica de motu cordis et sanguinis.* Frankfurt 1628. 27. 28. 29. 33—36.

234. Erbkam: Lebhafte Bewegung eines viermonatlichen Fötus. Neue Zeitschrift für Geburtskunde. Berlin 1837. V, 324—326.

235. Hermann Jungbluth: Beitrag zur Lehre vom Fruchtwasser und seiner übermässigen Vermehrung. Inaug.-Diss. Bonn 1869. 29 Stn. 1 Taf. und Virchow's Archiv. Berlin 1869. XLVIII, 523—524.

236. B. S. Schultze: Die fötalen Gefässe bleiben bei Lösung der Placenta unversehrt. Jenaische Zeitschrift für Medicin und Naturwissenschaft. I, 2. Heft. 1864. 240.

237. B. S. Schultze: Über die beste Methode der Wiederbelebung scheintodt geborener Kinder. Ebenda. II, 4. Heft. 1866. 451—465.

238. B. S. Schultze: Zur Kenntniss von der Einwirkung des Geburtsactes auf die Frucht, namentlich in Beziehung auf Entstehung von Asphyxie und Apnöe des Neugeborenen. Virchow's Archiv. 1866. XXXVII, 2. Heft, 145—163.

239. B. S. Schultze: John Mayow über Apnöe und Placentarrespiration. Jenaische Zeitschrift für Medicin und Naturwissenschaft. IV, 141—144. 1868.

240. B. S. Schultze: Die Placentarrespiration des Fötus. Jenaische Zeitschrift für Medicin und Naturwissenschaft. 1868. IV, 541—552.

241. Hamy: *Taille du foetus pendant la vie intra-utérine.* [*Société de biologie.* Paris, 21. Febr. 1880.] *Progrès médical.* 8. Jahrg. Nr. 9. 28. Febr. 1880. 170. Paris.

242. H. Fol: *Développement des hétéropodes. Archives de zoologie expérimentale par* Lacaze-Duthiers. Paris 1876. V, 122. 123 (Wimperdrehung im Ei).

243. Camille Dareste: *Anomalie des annexes de l'embryon.* Ebenda. 193 (Allantoisathmung).

244. F. N. Winkler: Ursprung des Fruchtwassers. Archiv für Gynäkologie. Berlin 1872. IV. 252—254. Darüber Jungbluth, ebenda 554—557.

245. H. Lahs: Ursache des ersten Athemzuges. Ebenda. 311—321.

246. John Davy: *On the vitality of the ova of the Salmonidae of different ages. Proceedings of the Royal Soc. London.* London 1857. VIII, 27—33.

247. P. Scheel: *De liquore amnii asperae arteriae foetuum humanorum, cui adduntur quaedam generaliora de liquore amnii. Diss. in. physiologica. Hafniae.* 1798. 66 & 78 Stn.

248. G. Colasanti: Die Lebensdauer der Keimscheibe. Archiv für Physiologie, herausgeg. v. E. du Bois-Reymond. 1877. 479—488.

249. A. v. Tröltsch: Paukenhöhle des Fötus und Neugeborenen. Wiener medic. Presse. 29. Febr. 1880. XXI, 282 (Ref.).

250. J. Gruwe: Studien über letzte Entwicklungsvorgänge im bebrüteten Vogelei. In.-Diss. Greifswald 1878.

251. B. v. Anrep: Entwicklung der hemmenden Functionen bei Neugeborenen. Archiv f. d. gesammte Physiologie v. Pflüger. Bonn 1880. XXI, 79—80.

252. Langendorff: Der *nervus vagus* neugeborener Thiere. Im Jahresber. üb. d. Leistungen u. Fortschritte in d. gesammten Medicin, v. Virchow u. Hirsch. 14. Jahrg. für 1879. I, 1. 181—182. Berlin 1880.

253. Austin Flint: *Cause of the first Respiratory Act after Birth and of Respiratory Efforts in Utero. American Journal of the Medical Sciences.* N. S. Philadelphia 1880. LXXX, 83—84.

254. N. O. Bernstein: Der Austausch an Gasen zwischen arteriellem und venösem Blute. Berichte der math.-phys. Classe der königl. sächs. Gesellschaft d. Wissenschaften 1870. 124—129 mit 1 Taf. (Placentar-Athmung).

255. A. Mayring: Einfluss der Abnabelungszeit auf den Blutgehalt der Placenten. In.-Diss. Erlangen 1879. 34 Stn. Text.

256. Ch. Porak: *Le moment ou il faut pratiquer la ligature du cordon ombilical.* [*Revue mensuelle de médecine et de chirurgie.* 1878. Nr. 5. 6. 8.]

257. Friedländer: Die Placenta- und Lungenblut-Circulation nach der Geburt. [Berliner klin. Wochenschr. 1877. Nr. 27.]

258. Zweifel: Untersuchungen über das Meconium. Archiv für Gynäkologie 1875. VII, 475—490.

259. J. Orth: Bilirubinkrystalle bei Neugeborenen. Virchow's Archiv. 1875. LXIII, 447—462.

260. Hayem: Blutkörper-Menge Neugeborener. [*Gazette hebdomad.* 1877 Nr. 22.]

261. H. Fol und St. Warynski: *Sur la production artificielle de l'inversion viscérale ou hétérotaxie chez les embryons de poulet. Comptes rendus de l'Ac. d. sc.* Paris, 4. Juni 1883. XCVI, 1675—6.

262. E. Neumann: Bilirubinkrystalle im Blute Neugeborener u. todtfauler Früchte. Archiv der Heilkunde, herausgeg. v. E. Wagner. 1867. VII, 170—173.

263. G. Violet: Die Gelbsucht der Neugeborenen und die Zeit der Abnabelung. Virchow's Archiv. 1880. LXXX, 353—379.

264. B. S. Schultze: Zur Kenntniss von den Ursachen des *Icterus neonatorum.* Ebenda 1880. LXXXI, 176—180 (Berichtigung zu Nr. 263 bezüglich der Ätiologie).

265. Dauzats: *Recherches sur la fréquence des battements du coeur du foetus.* Inaug.-Diss. Paris 1879. 193 Stn. (Gibt auch die Literatur.)

266. E. Yung: *Influence des lumières colorées sur le développement des animaux. Comptes rendus.* 30. Aug. 1880. XCI. 440—441, vgl. Nr. 1[illegible].

267. G. Bischof: Chemische Untersuchung der Luft, welche sich in den Hühnereiern befindet. Schweigger's Journ. f. Chem. u. Physik. XXXIX. 446—447. Nürnberg 1823.

268. A. Martin, C. Ruge und R. Biedermann: Harn Neugeborener. Berichte der Deutsch. chem. Gesellsch. Berlin 1875. VIII, 1184—1191 [und Zeitschrift für Geburtshülfe u. Frauenkrankheiten I, 273 u. Martin u. Ruge, Verhalten von Harn u. Nieren Neugeborener. Stuttgart 1875.]

269. E. Neumann: Bilirubin im Blute Neugeborener. Wagner's Archiv der Heilkunde. IX, 40—48. 1868 (Krystallbildung postmortal).

270. C. Ph. Falck: Beiträge zur Kenntniss der Bildung und Wachsthumsgeschichte der Thierkörper. Schriften der Gesellsch. zur Beförderung der gesammten Naturwissenschaften zu Marburg. VIII. Marburg 1857. 165—249.

271. Al. Schmidt: Peptische Wirksamkeit des Magensaftes vom neugeborenen Kalbe. Pflüger's Arch. f. d. ges. Physiologie. Bonn 1876 XIII, S. 93. 102.

272. Sewall: Peptische Wirksamkeit des fötalen Magensaftes. *The Journal of physiology.* London und Cambridge 1878. I, S. 320—334.

273. Everard Home: *On the placenta. Philos. Transactions. Roy. Soc. London for 1822.* London 1822. II, 401—407. Mit 7 Taf.

274. Everard Home: *On the changes the egg undergoes during incubation.* Ebenda. 339—356. Mit 10 Taf.

275. William Prout: *Some experiments on the changes which take place in the fixed principles of the egg during incubation.* Ebenda. 377—400. Ein Auszug im Journal für Chemie. N. R. VIII, 1. Heft, 60—82.

276. Karl Voit: Verhalten der Kalkschale des Hühnereies während der Bebrütung. Zeitschrift für Biologie. XIII, 518—526. 1877.

277. Karl Sommer: Körpertemperatur des Neugeborenen. Deutsche medicinische Wochenschrift. 1880. 6. Jahrg. Nr. 43—45, 569—573. 581—586. 595—598 u. Inaug.-Diss. Berlin 1880.

278. Roger: Temperatur der Kinder. [*Arch. gén.* 4. Reihe. Im 4. bis 9. Bde. 1844 je eine Abhandlung.]

[279.] W. Edwards: *De l'influence des agents physiques sur la vie.* 1824 (Eigenwärme der Kinder; geringe Resistenz Neugeborener gegen Kälte).

280. Förster: Thermometermessung bei Kindern. [Behrend's und Hildebrand's Journ. für Kinderkrankeiten. 39. Bd. 1862.]

281. Neugebauer: Morphologie der menschlichen Nabelschnur. Inaug.-Diss. Breslau 1858 (S. 35).

282. Alexeeff: Temperatur des Kindes im Uterus. Arch. f. Gynäkologie. X, 141—144. 1876. Berlin.

283. R. Lépine: Temperatur des eben geborenen Kindes. [*Gaz. méd.* 1870. Paris. *Mém. de la Soc. biolog.* I, 207—210. 1869.]

284. Fehling: Temperaturen todter Früchte im lebenden Uterus. Arch. f. Gynäk. VII, 143—147. 1875. Vgl. VI, 385. 1874.

285. Andral: *Sur la température des nouveau-nés. Comptes rendus.* Paris 1870. LXX, 825—829.

286. Rob. Pott: Respiration des Hühnerembryo in einer Sauerstoffatmosphäre. Pflüger's Archiv f. d. ges. Physiologie. 31. Bd. 268—279. 1 Taf. 1883 (Physiolog. Laboratorium in Jena).

287. Winckel: Temperaturstudien bei der Geburt und im Wochenbette. Monatsschrift für Geburtskunde. XX, 409—451. 1862 und XX, 1863.

288. C. Pilz: Normale Temperatur im Kindesalter. Jahrb. f. Kinderheilkunde. N. F. IV, 414—423. 1871.

289. V. C. Vaughan und H. V. Bills: *Estimation of lime in the shell and in the interior of the egg, before and after incubation.* In Foster's *Journal of Physiology.* I, 434—436. London 1879.

290. Geyl: Intrauterine Inspirationen. Archiv für Gynäkologie. Berlin 1880. XV, 388—389.

291. H. Ploss: Historisch-geographische Notizen zur Behandlung der Nachgeburtsperiode. In: Beiträge zur Geburtshülfe, Gynäkologie u. Pädiatrik. Festschrift. Leipzig, Engelmann, 1881. S. 12—31 (Frühe und späte Abnabelung).

292. A. Schütz: Gewicht und Temperatur bei Neugeborenen. Mit 2 Taf. Ebenda. S. 165—194.

293. Opitz: Thätigkeit der Brustdrüse bei Neugeborenen. Ebenda. S. 185—198.

294. W. Moldenhauer: Physiologie des Hörorgans Neugeborener. Ebenda. S. 199—204.

295. Rud. Leuckart: Die Parasiten des Menschen. 2. Aufl. Leipzig u. Heidelberg, Winter, 1881 (Embryonen der Bandwürmer bewegen ihre Haken u. v. a.).

296. Wilh. His: Zur Embryologie der Säugethiere und des Menschen. Arch. f. Anat. u. Entwicklungsgeschichte, herausgeg. v. His u. Braune. Jahrg. 1881. 4. u. 5. Heft. Leipzig 1881. S. 303—329. 2 Taf.

297. J.H. Chievitz: Lymphdrüsen im fötalen Zustande. Ebenda. S. 347—370.

298. M. Rusconi: *Histoire naturelle, développement et metamorphose de la salamandre terrestre.* Pavia 1854 (Athmung im Ei S. 50).

299. R. Bonnet in München: Die Uterinmilch und ihre Bedeutung für die Frucht (mit 1 Taf.). In „Beiträge zur Biologie als Festgabe dem Anatomen und Physiologen Th. L. W. von Bischoff gewidmet von seinen Schülern". Stuttgart, Cotta, 1882. S. 221—263.

300. F. V. Birch-Hirschfeld in Dresden: Die Entstehung der Gelbsucht neugeborener Kinder. Virchow's Archiv. 87. Bd. Heft 1, 1—38. Berlin 1882.

301. Leo Gerlach: Künstliche Erzeugung von Doppelbildungen beim Hühnchen. Sitzungsber. der physikal.-medicin. Societät zu Erlangen. Sitzung vom 8. Nov. 1880. 14 Stn.

302. Schrohe: Einfluss mechanischer Verletzungen auf die Entwicklung des Embryo im Hühnerei. Dissertation. Giessen 1862.

303. Panum: Physiologische Bedeutung der angeborenen Misbildungen Virchow's Archiv. Berlin 1878. LXXII, 69—91. 165—197. 289—324.

304. Dareste: *Production artificielle des monstruosités.* Paris 1877.

305. Rauber: Künstliche Erzeugung von Mehrfachbildungen. Virchow's Archiv. Berlin 1878. LXXIV, 113—118.

306. Geoffroy Saint-Hilaire: *Des différents états de pesanteur des oeufs au commencement et à la fin de l'incubation.* [*Journal complémentaire des sciences médicales.* VII. 1820.]

307. Dareste: *Sur l'influence qu'exerce sur le développement du poulet l'application partielle d'un vernis sur la coquille de l'oeuf. Annales des sciences naturelles.* 4. *Sér. Zool.* IV, 119—128. 1855, auch *Comptes rendus de l'Ac. d. sc.* Paris 1855. 963. Vgl. Nr. 419.

[308.] Panum: Entstehung der Misbildungen in den Eiern der Vögel. Berlin 1860. Mit 12 Taf. 260 Stn.

309. Litzmann: Fötalleben. Im Handwörterbuch der Physiologie. Braunschweig 1840. III, 1. Abth. 91—105.

310. J. L. Prevost & A. Morin: *Recherches physiologiques et chimiques sur la nutrition du foetus.* [*Mém. de la Soc. de phys. et d'hist. nat. de Genève.* IX. 1841. 235—260. *Journ. de Pharm.* II. 1842. 304—311 (Uterinmilch).]

311. J. L. Prevost & A. Morin: *De la nutrition dans l'oeuf.* [Ebenda. IX. 1846. 249—256. 321—327]

312. C. Fromherz und A. Gugert: Chemische Untersuchung des Fruchtwassers. Schweigger Journ. L (= Jahrb. XX). Halle 1827. 66—87. 187—207.

313. G. Owen Rees: *Chemical examination of the liquor amnii.* [*Guy's Hosp. Rep.* III. 1838. 393—397.]

314. W. Prout: *Liquor amnii of a cow.* [*Thomson Ann. Phil.* V. 1815. 416—417.]

315. J. L. Lassaigne: *Analyse du méconium du foetus d'une vache.* [*Journ. de Méd.* V. 1819. 79.]

316. Breslau: Das Fortleben des Fötus nach dem Tode der Mutter. Monatsschrift für Geburtskunde. XXIV, 81—100. 1864.

317. Engel: Entstehung von Misgeburten durch äussere Bedingungen. [Wiener medicin. Wochenschrift. 1865. Nr. 2—4.]

318. J. Moleschott: Zur Embryologie des Hühnchens. [In des Verf. Untersuchungen zur Naturlehre. 1866. X, 1—47.]

319. E. Sertoli: Entwicklung der Lymphdrüsen. Wiener akad. Sitzungsberichte. Math.-naturw. Cl. 2. Abth. LIV. 1866. 2 Taf.

320. C. Hecker: Gewicht des Fötus in den verschiedenen Monaten der Schwangerschaft. Monatsschr. f. Geburtskunde. XXVII, 286—299. Berlin 1866.

321. Dareste: *Sur la viabilité des embryons monstrueux de l'espèce de la poule. Comptes rendus de l'Acad. d. sc.* Paris. 96. Bd. S. 1672—4. 1883.

322. G. Hartmann: Intrauterine Überfüllung der Harnblase. Monatsschr. f. Geburtskunde. XXVII, 273—279.

[323.] F. A. Forel: Entwicklung der Najaden. Würzburg 1867. Inaug.-Diss. 40 Stn. 8°.

324. G. Albini: *Sulla determinazione del sesso negli animali.* [*Rendiconto della r. Acad. Napoli.* 1867. VI, 269—275.]

325. A. Rauber: Fötale Fruchtwasserbuchten. Centralbl. f. d. med. Wiss. 1869. 273—277.

326. J. Clouet fils: *De l'empoisonnement du foetus.* [*Journ. de chimie médicale.* 1869. V, 309—316.] Centralbl. f. d. med. Wiss. 1869. Nr. 50. S. 800.

327. Oken: Der Athmungsprocess des Fötus. Siebold's Lucina. III. 1806. 294—320 (Sauerstoffaufnahme des Fötus in der Placenta).

328. M. Runge: Einfluss des schwefelsauren Chinins auf den fötalen Organismus. Centralbl. f. Gynäkologie. 1880. Nr. 3 u. Centralbl. f. d. med. Wiss. 1880 416 (Ref.).

329. Valentin: Künstliche Doppelbildung beim Hühner-Embryo. [Repertorium f. Anatomie u. Physiologie. II, 161]. (In Nr. 302 im Auszug).

330. Theodor Schwann: *De necessitate aëris atmosphaerici ad evolutionem pulli in ovo incubito.* Berlin. Inaug.-Diss. 1834. 32 Stn. Müller's Archiv. 1835. 121—127.

331. Behm: Intrauterine Vaccination. Zeitschr. f. Geburtshülfe u. Gynäkol. VIII, 1—21. Stuttg. 1882 (Hier auch Kassowitz, Spitz u. Albrecht citirt).

332. A. Russel Simpson: *Hydramnios and the source of the Liquor Amnii.* *Edinburgh Medical Journal.* Nr. 325. Juli 1882. S. 33—38.

333. Martin Schurig: *Embryologia historico-medica.* 1732.

334. Fehling: Zur Physiologie des placentaren Stoffverkehrs. Archiv für Gynäkologie. Berlin 1877. XI, 523—557 (Stoffansatz beim Fötus 524, Austausch von Stoffen zwischen mütterlichem und fötalem Blute 537

335. Prochownick: Das Fruchtwasser und seine Entstehung. Ebenda. XI, 304. 561.

336. N. Zuntz: Quelle und Bedeutung des Fruchtwassers. Pflüger's Archiv. Bonn 1878. XVI, 548.

337. Bollinger: Über die Bedeutung der Milzbrandbacterien. Deutsche Zeitschr. f. Thiermedicin u. vergl. Pathologie. 1876. II, 341 (Der Fötus wird nicht inficirt).

338. Sacc: *Sur les modifications qui s'opèrent dans l'oeuf de la poule pendant l'incubation. Annales des sciences naturelles.* 3. Reihe (Zool. VIII. Paris 1847. 150—192.

339. Derbès: *Le mécanisme et les phénomènes qui accompagnent la formation de l'embryon chez l'oursin comestible.* Ebenda. 91.

340. Dufossé: *Le développement des oursins.* Ebenda. VII. 1847. 4.

341. Ph. de Filippi: *L'embryogénie des Poissons.* Ebenda. 66. 67 (E. H. Weber 71).

342. W. S. Savory: *An experimental inquiry into the effect upon the mother of poisoning the foetus.* Sep.-Abdr. 1857.

343. W. Preyer: Verlängerung der Embryonalzeit bei Wirbelthieren. Sitzungsber. d. Jenaischen Gesellsch. f. Medicin u. Naturwissensch. 20. Mai 1881. 2 Stn.

344. M. Runge: Ursache des ersten Athemzuges des Neugeborenen. Zeitschrift für Geburtshülfe und Gynäkologie. Bd. VI, Heft 2. 395—4?? Stuttgart 1881.

345. W. Preyer: Die erste Athembewegung des Neugeborenen. Ebenda. Bd. VII. Heft 2. S. 241—253.

346. G. von Hoffmann: Sicherer Nachweis der sogenannten Uterinmilch beim Menschen. Ebenda. Bd. VIII. Heft 2. S. 258—286. 1 Taf. 1882 (Vgl. Nr. 536).

347. M. Hofmeier: Die Gelbsucht der Neugeborenen. Ebenda. VIII S. 287—353. 1882.

348. O. Küstner: Zur Kenntniss des Hydramnion. Archiv f. Gynäkologie Bd. X. Heft 1.

349. P. Lussana: Zwei Fälle von gänzlicher Anencephalie. Schmidt's Jahrb. d. gesammten Medicin. CXVI, S. 31. 1862.

350. A. Budge: Lymphgefässe in der Allantois. Centralblatt für die medicinischen Wissenschaften. 1881. Nr. 34.

351. A. Budge: Lymphherzen bei Hühnerembryonen. Archiv f. Anat. u. Physiologie. Anat. Abth. 1882. 350—358.

352. J. Mourson & F. Schlagdenhauffen: Ptomain im Fruchtwasser. *Comptes rendus.* 30. Oct. 1882. S. 793—794.

353. B. Gaspard: Einfluss der Temperatur auf die Entwicklung der Schneckeneier (*Helix pomatia*). Magendie's *Journal de physiologie expérimentale et pathologique.* II, 295. §. 20. Paris 1822.

354. Magendie: Übergang des Kamphers in den Fötus. Meckel's Archiv. III, 582. 1817.

355. H. C. Chapman: Circulation beim Känguruh-Fötus. *Proceedings of the Academy of natural sciences of Philadelphia.* 17. Dec. 1881. S. 468—471. 1 Taf.

356. W. Preyer: Das Embryoskop. Zeitschr. f. Instrumentenkunde. Mai 1882. S. 174—176.

357. L. Gerlach und H. Koch: Production von Zwergbildungen im Hühnerei auf experimentellem Wege. Biologisches Centralblatt. II, 681—686. 15. Jan. 1882.

358. C. Dareste: *Production du nanisme. Comptes rendus.* LX. 1865. 1214—1215 (Bei 42 bis 43° erzeugte Zwergembryonen im Hühnerei).

359. L. Hermann: Das Verhalten des kindlichen Brustkastens bei der Geburt. Pflüger's Archiv. XXX. 276—287. 1883 (vgl. Nr 118. 184. 101) und XXXIII. 198—210. 1884 (K. B. Lehmann) u. XXXV.

360. A. Vysin: Die Geburt einer ungewöhnlich stark entwickelten Frucht. Wiener medicinische Presse. 8. Oct. 1882. Sp. 1297—98.

361. E. H. Weber: Die Function der Leber beim Hühner-Embryo. *Annotationes anatomicae et physiologicae.* II, 241—246. 1851 [Ber. d. kgl. sächs. Ges. d. Wiss. 1850. S. 15].

362. H. v. Hoesslin: Hämoglobin und Blutkörper im Fötusblut. Zeitschr. f. Biologie. XVIII, 640—641. München 1882.

363. M. Wiskemann: Hämoglobin im Fötusblut. In des Verf. In.-Diss. Freiburg 1875 u. Ztschr. f. Biol. 1876. XII.

364. M. Hofmeier: Stoffwechsel des Neugeborenen und seine Beeinflussung durch die Narkose der Kreissenden. Virchow's Archiv. LXXXIX, 3. 493—536. 1882.

365. R. Bruce: *Resuscitation of the still-born infant. Edinburgh Medical Journal.* Nr. 335. Mai 1883. S. 971—973.

366. Wiener: Zur Frage des fötalen Stoffwechsels. Centralbl. f. Gynäkologie. 1883. Nr. 26.

367. Rauber: Einfluss der Temperatur, des atmosphärischen Druckes und verschiedener Stoffe auf die Entwicklung thierischer Eier. Berichte der naturforschenden Gesellschaft zu Leipzig. 8. Mai 1883. 16 Stn.

368. Pflüger: Einfluss der Schwerkraft auf die Theilung der Zellen und auf die Entwicklung des Embryo. Pflüger's Archiv. 1883, 31. Bd. S. 311—318. 32. Bd. u. 34. Bd. 1884.

369. Ernst Heinr. Weber: Einfluss der Wärme auf die embryonale Herzthätigkeit. Wagner's Handwörterbuch der Physiologie. 3. Bd. 2. Abth. Braunschweig 1846. S. 35.

370. W. His: Anatomie menschlicher Embryonen. I, mit Atlas, 1880. II, 1882. Leipzig.

371. Kehrer: Apnöe der Neugeborenen. Archiv f. Gynäkologie. Berlin 1870. I, 478—482.

372. W. Preyer: Die Seele des Kindes. Beobachtungen über die geistige Entwicklung des Menschen in den ersten Lebensjahren. 1. Aufl. 1882 2. Aufl. 1884. Leipzig (Enthält viele Beobachtungen über ungeborene und neugeborene Thiere und frühgeborene Kinder).

373. R. Virchow: Gesammelte Abhandlungen zur wissenschaftlichen Medicin. 2. Aufl. Berlin 1862 (Thrombose der Neugeborenen S. 591; Harnsäure im Fötus S. 833. 843; Placenta S. 779; Icterus Neugeborener: Bischoff S. 844).

374. v. Preuschen: Untersuchung eines frischen menschlichen Embryo mit freier blasenförmiger Allantois. Greifswald. 14 Stn. 1 Taf.

375. J. Straus u. Ch. Chamberland: *Sur la transmission de quelques maladies virulentes de la mère au foetus. Arch. de physiologie norm. et pathol.* von Brown-Séquard, Charcot, Vulpian usw. 1883. 3. R. 1. B. S. 436—475. Paris.

376. Betschler: *Num a foetu urina secernatur et secreta excernatur.* Berlin 1820.

377. J. Baart de la Faille: *De Asphyxia (vel morte apparente) et speciatim neonatorum.* In.-Diss. Groeningen 1817. XIV. 336 Stn. (Nur historisch wichtig).

378. F. M. Balfour: Handbuch der vergleichenden Embryologie. 2 Bde. Übersetzt von B. Vetter. Jena 1880 u. 81 (Fast ausschliesslich morphologisch. Reiche Literaturangaben).

379. Hecker: Placentarathmung. [Verh. d. Ges. f. Geburtshülfe. Berlin 1853. VII, 145].

380. A. Borelli: Über die Placentarathmung. In des Verf. *De motu animalium.* 2 B. Rom 1681. Propos. 117 u. 118, besonders S. 231.

381. P. Bert: *Résistance à l'asphyxie des animaux à sang chaud nouveaunés. Soc. philomatique.* Paris, 27. Febr. 1864. In *Institut.* Nr. 1575 vom 30. März 1864.

382. A. W. Volkmann: Ursache der ersten Athembewegung. Müller's Archiv. 1841. S. 332. 340—346.

383. H. Nasse: Dasselbe. Handwörterb. d. Physiologie. 1842. 1. Bd S. 212. Vierordt: Dasselbe. Ebenda. 2. Bd. S. 913. 829.

384. Jul. Mauthner: Üb. d. mütterlichen Kreislauf in der Kaninchenplacenta mit Rücksicht auf die in der Menschenplacenta bis jetzt vorgefundenen anatomischen Verhältnisse. Sitzb. d. k. Akad. d. Wissensch. 3. Abth. April 1873. 6 Stn. 1 Taf.

385. M. Runge: Einfluss der gesteigerten mütterlichen Temperatur in der Schwangerschaft auf das Leben der Frucht. Arch. f. Gynäkologie. XII. 1. Heft. 23 Stn.

386. Wilh. Prunhuber: Über Entbindung verstorbener Schwangerer mittelst des Kaiserschnitts. Inaug.-Dissert. (Strassburg). München 1875. 43 Stn.

387. Allen Thomson: Der embryonale Blutkreislauf bei Thieren. Froriep's Notizen. März 1831. Nr. 639 u. 640. Sp. 2—10. 17—26.

388. Erman: Gewichtsabnahme befruchteter und unbefruchteter Eier. Oken's Isis. 1. Bd. S. 122. 1818. Jena (Ein Brief an Oken vom Jahre 1810). Vgl. Nr. 419. S. 16.

389. de Varigni: Einfluss der Salze des Seewassers auf die Entwicklung des Frosches. Biologisches Centralbl. 15. Aug. 1883. 3. B. S. 384. Ref. nach den Pariser *Comptes rendus* vom 2. Juli 1883 (Chlorkalium wirkt giftig).

390. Ploss: Die Art der Abnabelung des Kindes bei verschiedenen Völkern. Deutsche Klinik, herausgeg. v. Göschen. 26. Nov. 1870. Nr. 48 fg. S. 433 fg.

391. Krahmer: Die Ursache der ersten Athembewegung. [In des Verf. Handbuch der gerichtlichen Medicin. Halle 1851.]

392. H. Schwartz: Hirndruck und Hautreize in ihrer Wirkung auf den Fötus. Archiv für Gynäkologie. Berlin 1870. I. 362—382.

393. Viborg: Bericht an die königl. Dänische Gesellschaft über die Versuche, welche er mit der Ausbrut von Eiern in Gasarten, die zum Athembolen untauglich sind, angestellt hat. [In des Verf. Sammlung von Abhandlungen für Thierärzte u. Ökonomen. 4. Bd. S. 445.] Citirt nach Nr. 419. S. 18.

394. Karl Düsing: Versuche über die Entwicklung des Hühner-Embryo bei beschränktem Gaswechsel. Pflüger's Archiv. 1883. XXXIII, 67—88. 1 Taf. (Physiolog. Laborator. Jena).

395. Julius Baumgärtner: Der Athmungsprocess im Ei. Freiburg 1861.

396. Wilh. Roux: Die Zeit der Bestimmung der Hauptrichtung des Froschembryo. Leipzig 1883. 8°. Vgl. 510.

397. Benicke: Übergang der Salicylsäure aus dem mütterlichen Blute in den Fötusharn. [Zeitschr. f. Geburtshülfe u. Frauenkrankheiten. 1876. 1. B. S. 477.] u. Tageblatt der 48. Versammlung Deutscher Naturforscher und Ärzte in Graz. 1875. S. 79 u. Arch. f. Gynäkologie. VIII.

|398.| Ercolani: *Sulla placenta e sulla nutrizione dei feti nell' utero.* Bologna 1869. *Accad. d. Sci. Mem.* III, 263—312. Bologna 1873.

399. Dohrn: Fötusharn. Monatsschrift für Geburtskunde. 1867. 29. Bd. 105—134.

400. J. L. Prevost: *Le sang du foetus dans les animaux vertébrés.* [*Ann. des Sciences natur.* 1825. 4. B. 499.]

401. J. L. Prevost: Blutumlauf im Fötus der Wiederkäuer. Froriep's Notizen. Juni 1829, Nr. 17 des 24. B. Sp. 257—260.

402. J. L. Prevost und J. B. Dumas: *Les changements de poids que les oeufs éprouvent pendant l'incubation.* [*Ann. des sc. nat.* 4. B. 47—56. 1825.]

403. J. L. Prevost und H. Lebert: Erster Kreislauf und Herzthätigkeit bei Wirbelthieren. Froriep's Neue Notizen. Juni 1844. 30. B. 337—340 u. *Ann. d. sc. nat.* 1844 (Zool.). 1. B. 193—225. 265—313.

404. J. L. Prevost und Le Royer: *Les contenus du canal digestif chez les foetus des vertébrés.* [*Biblioth. univ.* 29. B. 133—139. 1825.]

405. V. Mardner: *De respirationis ortu in neonatis.* Berlin 1861. In.-Diss.

406. John Reid: Injectionen der Hohlvene beim menschlichen Fötus. Froriep's Notizen. 43. B. 97—99. Jan. 1835.

407. C. Billard: Das Geschrei des Neugeborenen in physiologischer und semiotischer Beziehung. Ebenda. 19. B. 119—128. Dec. 1827.

408. J. A. Elsässer: Schreien vor vollendeter Geburt (7 Fälle). *Vernix caseosa*. Häutung. Pulsfrequenz Neugeborener. Schmidt's Jahrb. d. ges. Medic. 7. Bd. 206. 315—316.

409. Huber: Saugbewegungen des Fötus im Uterus. Ebenda. 19. B. 62. 1838.

410. J. B. Thomson: Frühzeitige Geburt (ein lebendes Fünfmonatskind). Ebenda. 20. B. 201. 1838.

411. Valleix: Pulsfrequenz Neugeborener. Ebenda. 49. Bd. 267. 1846.

412. Lados: Kann der Fötus im Uterus in gewissen Fällen Luft athmen? Ebenda. 19. B. 87. 1838 u. 2. Supplementband. 232—233. 1840.

413. John Marshall: Beweis, dass für die Embryobildung im Hühnerei Luftzutritt nothwendig ist. *London Medical Gazette for Nov. 1840*. N. S. 1. B. 242—245. London.

414. Voltolini: Die ersten Athembewegungen des Kindes. Schmidt's Jahrb. der ges. Medicin. 1859. 102. B. 285.

415. Robert Lee: Circulation des Blutes im menschlichen Ei während der ersten Monate. Schmidt's Jahrb. d. ges. Medicin. 3. Suppl.-Bd. Leipzig 1842. 18—19.

416. Joseph Towne: Beobachtungen über das bebrütete Ei. Ebenda. 17—18.

417. Lereboullet: Bewegungen des Forellen-Embryo im Ei. *Ann. des sc. natur.* 4. Ser. 1861. Paris. XVI. 153. 156. 169. 172. 174.

418. P. Giacosa: *Composition chimique de l'oeuf et de ses enveloppes chez la grenouille.* I. Zeitschr. f. physiolog. Chemie. VII. 40—56. Strassburg 1883. Auch *Arch. ital. de biologie.* Turin. II. 2.

419. Camille Dareste: *Sur l'influence qu'exerce sur le développement du poulet l'application totale d'un vernis ou d'un enduit oléagineux sur la coquille de l'oeuf.* *Ann. d. sci. nat.* (Zool.). XV. 1861. 5—85 und *Mém. d. la soc. biol.* Paris. IV. 1857. 117—132 (auch *Comptes rendus*). Hier ist die ältere Literatur über die Gase in der Luftkammer angegeben (Vgl. Nr. 307).

420. Camille Dareste: *Influence de la température sur le développement du poulet.* [*Institut.* XXIV. 1856. 368—369.] *Comptes rendus.* LX. 1865. 74 u. LXIX. 1869. 286—289 u. 420—421, sowie 1856 u. 1857.

421. Paul Bert: *Sur le développement à l'air libre des oeufs de grenouille.* [*Mém. Soc. biol.* V, 23—24. Paris 1869.]

422. Paul Bert: *Sur la résistance considérable que présentent les animaux nouveau-nés à l'action de certains poisons.* Ebenda. I. 263—264 Paris 1870.

423. K. E. v. Baer: Die Häutungen des Embryo. Froriep's Notizen. XXXI. 145—154. 1831.

424. Fr. Wilh. Burdach: Die Fettbildung im embryonirten Schnecken-Ei. In des Verf. Inaug.-Diss. *De commutatione substantiarum proteinaccearum in adipem.* Königsberg 1853. 5—9.

425. Eug. Rosshirt: *De Asphyxia infantum recens natorum.* Programm. Erlangen 1834 (Späte Abnabelung und Schwenken [*sursum ac deorsum agitare*] asphyktischer Neugeborener nebst Anblasen derselben empfohlen, jedoch offenbar mehr in der Absicht, durch Abkühlung die

Hautnerven zu reizen, als in der, den Thorax zu erweitern, wie bei B. S. Schultze's Schwingen).

426. E. **Jörg**: Die Fötuslunge im geborenen Kinde. Schmidt's Jahrb. 1835 (Hier zum ersten Male „Atelektase").

427. **Ferd. Kindt**: Über das erste Athmen. Schmidt's Jahrb. d. gesammten Medicin. VI, 261—262. Leipzig 1835 (Hautreize bewirken reflectorisch den ersten Athemzug).

428. **Hecker**: Harnsäure-Infarct in den Nieren Neugeborener. Virchow's Archiv. 1857. XI. 217—235.

429. S. **Gutherz**: Die Respiration und Ernährung im Fötalleben. Jena 1846 (Nur von historischem Interesse).

430. **Max Runge**: Die Berechtigung des Kaiserschnittes an Sterbenden. Zeitschr. f. Geburtshülfe u. Gynäkologie. IX. 2. Heft. 23 Stn. 1883.

431. C. H. A. **Müller**: Luftathmen der Frucht während des Geburtsactes. Inaug.-Diss. Marburg 1869. 25 Stn.

432. **Jos. Scherer**: Chemische Untersuchung der Amniosflüssigkeit des Menschen in verschiedenen Perioden. Zeitschr. f. wissenschaftl. Zoologie. 1849. I, 88—92.

433. **Jos. Scherer**: Entstehung der Amniosflüssigkeit. Verhandlungen der Würzburger Gesellsch. 1852. II, 2—10.

434. H. A. **Meyer**: Abhängigkeit der Entwicklungszeit des Herings-Embryo von der Wasserwärme. Jahresbericht der Commission zur wissensch. Untersuchung der Deutschen Meere in Kiel. 4.—6. Jahrg. Berlin 1878. 247—240. 4°.

435. V. **Hensen**: Nothwendigkeit der passiven Bewegung der Fischeier für die Entwicklung. Ungleiche Reife eben ausgeschlüpfter Fische. Kleinheit der Fischeier. Ebenda. 7.—11. Jahrg. 2. Abth. Berlin 1883. 311. 299—301.

436. H. **Kronecker**: Die Zwerchfellsathmung bei jungen Thieren. Verhandl. der physiologischen Gesellschaft zu Berlin. 25. Juli 1879. Nr. 20.

437. **Kupffer**: Der Herings-Embryo. Jahresbericht der Commission zur Untersuchung der Deutschen Meere in Kiel. 4., 5. u. 6. Jahrg. Berlin 1878. 25—35. 4°.

438. **Joh. L. Schumann**: *De hepatis in embryone magnitudinis causa ejusdemque functione cum in foetu, tum in homine natu.* Berlin 1817.

439. H. F. **Kilian**: Über den Kreislauf des Blutes im Kinde, welches noch nicht geathmet hat. Karlsruhe 1826. 4°. Mit zehn lithographischen Tafeln 220 Stn. (Von historischem Interesse).

440. **Heinigke**: *De functione placentae.* Jena 1825 (Die Placenta ist Respirations- und zugleich Nutritions-Organ).

441. **Schenk**: Einfluss des farbigen Lichtes auf das Entwicklungsleben der Thiere. Ref. in der Allgem. Wiener medicinischen Zeitung. 5. April 1881. 153 u. Centralbl. f. d. med. Wiss. 1880. 227—228.

442. **Panum**: Die Blutmenge neugeborener Hunde und das Verhältniss ihrer Blutbestandtheile verglichen mit denen der Mutter und ihrer älteren Geschwister. Virchow's Archiv. Berlin 1864. XXIX, 481—490.

443. **Denis**: Fötusblut. [In des Verf. *Recherches expérimentales sur le sang humain à l'état sain.* Paris 1830.]

444. Poggiale: *Composition du sang des animaux nouveau-nés.* [*Comptes rendus de l'Ac. d. sc.* Paris 1847. XXV, 112. 200.]

445. A. v. Bezold: Wassergehalt des fötalen Organismus. [Zeitschrift für wissenschaftl. Zoologie. VIII, 487—524. 1857.]

446. Albers: Übergang von Blausäure und Cyankalium von dem Mutterthiere auf den Fötus. Sitzungsber. d. Niederrhein. Gesellsch. f. Natur- und Heil-Kunde zu Bonn. 1859. 43 u. 104. In Verhandl. des naturhistor. Vereins der Preuss. Rheinlande u. Westphalens. 16. Jahrg. Bonn 1859.

447. Nieberding: Gesteigerte Harnsecretion des Fötus. Archiv für Gynäkologie. XX, 310—316. 1882.

448. O. Küstner: Dasselbe. Ebenda. 316—317.

449. A. Gast: Intrauterine Vaccination. Schmidt's Jahrb. der gesammten Medicin. Leipzig 1879. CLXXXIII, 201—212 (Underhill 201).

450. R. J. Tellegen: Natürliche Pocken bei einem Neugeborenen. Ebenda. 1854. LXXXIV, 329.

451. J. Béclard: *Influence de la lumière sur les animaux.* [*Comptes rendus de l'Ac. d. sc.* Paris 1858. 46. B. 441—453.]

452. Preyer: Geringe Empfindlichkeit neugeborener Säugethiere gegen Blausäure. In des Verf. „Die Blausäure physiologisch untersucht" Bonn 1870. II, 53.

453. Scanzoni: Die Milchsecretion der Brustdrüsen bei Neugeborenen. Verhandl. der physik.-med. Gesellsch. in Würzburg. Erlangen 1852. II, 300—303.

454. Schlossberger, Hauff und Guillot: Chemische Untersuchung der Hexenmilch. Ref. im Jahresber. üb. d. Fortschritte der Chemie v. Liebig u. Kopp für 1853. Giessen 1854. 605.

455. Kölliker: Contractilität der Nabelgefässe und ihrer Äste in der Placenta. Zeitschrift f. wissensch. Zoologie. Leipzig 1849. I, 258.

456. P. Jassinsky: Placenta. Virchow's Archiv. Berlin 1867. XL, 341—352.

457. Vierordt: Physiologie des Kindesalters. Tubingen 1877.

458. Breslau: Darmgase beim Neugeborenen. Monatsschr. f. Geburtskunde. Berlin 1866. XXVIII, 1—23.

459. Gréhant und Quinquaud: *Dans l'empoisonnement par l'oxyde de carbone, ce gaz peut-il passer de la mère au foetus?* Centralbl. f. d. med. Wissensch. Berlin 1883. 798—799 (Ref.).

460. Zweifel: Einfluss der Chloroformnarkose Kreissender auf den Fötus. Tageblatt der 49. Versammlung Deutscher Naturforscher u. Ärzte in Hamburg. 1876. 145—146 u. Archiv für Gynäkologie.

461. E. Góth: Übergang des Malariagiftes von der Mutter auf den Fötus. Zeitschr. f. Geburtshülfe u. Gynäkologie. Stuttgart 1881. VI. 22-[illegible]

462. C. Hasse: Die Ursachen des rechtzeitigen Eintritts der Geburtsthätigkeit beim Menschen. Ebenda. 1—9 (mit 1 col. Taf., welche in 5 schematischen Figuren die Veränderungen der fötalen Blutbeschaffenheit veranschaulicht.

463. Johannes Müller: Die Hai-Placenta. In des Verf. Handbuch der Physiologie des Menschen. II, 720—725. Coblenz 1840 u. ausführlich in d. Abhandlgn. d. k. Akad. d. Wiss. zu Berlin a. d. J. 1840. Berlin 1842. 187—257. 6 Taf.

464. Vitus Graber: Vergleichende Lebens- und Entwicklungsgeschichte der Insecten. In des Verf. „Die Insecten". II, 2. S. 432. München 1879.

465. B. S. Schultze: Asphyxie des Neugeborenen In Gerhardt's Handbuch der Kinderkrankheiten. II. 48 Stn.

466. F. Ahlfeld: Fruchtwasser. [Deutsche Zeitschrift für prakt. Medicin. 1877. Nr. 43 (In Nr. 366 citirt).]

467. Hausmann: Geschichtliche Untersuchungen über die *Glandulae utriculares*. Arch. f. Anat., Physiol. u. wissenschaftl. Medicin. Jahrg. 1874. Leipzig. 234—264. 756.

468. Spiegelberg: Die Placenta der Wiederkäuer. [Zeitschr. f. rationelle Medicin. 1864. XXI, 165 (Uterinmilch).]

[469.] Eschricht: *De organis quae respiratoni foetus mammalium inserviunt. Prolusio academica. Hafniae.* 1837.

470. E. Hermann und C. Voit: Kalkgehalt der Schalen bebrüteter Eier. [Sitzungsber. der Bayr. Akad. d. Wiss. München 1871. I.] Centralbl. f. d. med. Wissensch. 1871. 666.

471. Baginsky: Magen und Darm des menschlichen Fötus. Virchow's Archiv f. patholog. Anatomie usw. Berlin 1882. 89. Bd. 64—94. Mit 2 Tafeln.

472. C. Hecker: Harnstoff im Pleurasaft eines todtgeborenen Kindes. Ebenda 1856. IX, 306.

473. G. Krukenberg: Kritische und experimentelle Untersuchungen über die Herkunft des Fruchtwassers. Archiv f. Gynäkologie. 1883. XXII. Heft 1. 46 Stn.

474. Peter Müller (Bern): Übergang des Bromäthyl aus dem Blute Kreissender in die Ausathmungsluft des Neugeborenen. Berliner klinische Wochenschrift. 1883. Nr. 44.

475. Gerhard Leopold: Blutcirculation in der Placenta beim Menschen und Thiere verschieden. Uterusschleimhaut während der Schwangerschaft. Archiv für Gynäkologie. Berlin 1877. XI, 443—500, bes. 477—480.

476. Joulin: Die *Membrana laminosa*, das Chorion und die Circulation in der Placenta zu Ende der Schwangerschaft. Monatsschrift für Geburtskunde. Berlin 1866. XXVII. 70—72.

477. Schatz: Die Quelle des Fruchtwassers. Tageblatt der 47. Versammlung Deutscher Naturforscher u. Ärzte in Breslau 1874. S. 86. 240. Auch Archiv f. Gynäkologie. Berlin 1875. XI, 336—338.

478. A. Baginsky: Das Vorkommen von Producten der Fäulniss im Fruchtwasser und im Meconium. Archiv für Physiologie v. E. du Bois-Reymond. Suppl. Leipzig 1883. 48—50.

479. H. Senator: Das Vorkommen von Producten der Darmfäulniss bei Neugeborenen. Zeitschrift für physiologische Chemie v. Hoppe-Seyler. Strassburg 1880. IV, 1—8.

480. E. Ungar: Können die Lungen Neugeborener, die geathmet haben, wieder vollständig atelektatisch werden? Vierteljahrsschrift für gerichtliche Medicin v. H. Eulenberg. Berlin 1883. N. F. XXXIX, 12—39. 213—240 (Die Frage bejaht im Falle Sauerstoff eingeathmet worden).

481. A. Högyes: Lebenszähigkeit des Säugethier-Fötus. Archiv f. d. gesammte Physiologie des Menschen und der Thiere v. Pflüger. Bonn 1877. XV, 335—342.

482. Sousino: Diastatische Wirkung des Pankreas-Saftes und Darmsaftes bei Neugeborenen. Jahresbericht üb. d. Fortschr. der Thier-Chemie. Wien 1874. II, 205—206.

483. Hans Bayer: Prüfung der Speicheldrüsen des Saugkalbes auf Anwesenheit eines diastatischen Fermentes und von Rhodankalium. Ebenda. Wiesbaden 1877. VI, 172.

[484.] Zweifel: Untersuchungen über den Verdauungsapparat des Neugeborenen. Berlin 1874.

485. Förster: Meconium. [Wiener medicinische Wochenschrift. 1858. Nr. 32.]

486. Schlossberger: *On the chemistry of foetal life. Report of the 25th meeting of the Brit. Assoc. for the advancement of science held at Glasgow.* Sept. 1855. London 1856. II, 135 (Uterinmilch. Kalbsfötusmagen. Fruchtwasser. Wasser im Fötus).

[487.] Elsässer: Untersuchungen über die Veränderungen im Körper der Neugeborenen. Stuttgart 1853.

488. S. D. Carlile: Bestimmung des Geschlechtes vor der Geburt. [*New-York Medical Record.* XVII, 554. 20. Mai 1880.]

489. S. van Deston: Dasselbe. [Ebenda 679. 24. Juni 1880.]

490. W. H. Wathen: Dasselbe. [*Philadelphia medical and surgical reporter.* XLII, S. 427. Mai 1880.]

491. Dujardin: Bewegungen der Taenia-Embryonen. Froriep's Notizen. 1838. VII. 289—912.

492. John Davy: Meconium und *Vernix caseosa.* [*Transact. of the medicochirurg. society.* XXVIII, 189. 1844. Heller's Archiv. 1844. 171.]

493. B. Demant: Fäulnissproducte im Fötus. Zeitschrift für physiologische Chemie. Strassburg 1880. IV, 387—388.

[494.] J. Hodann: Der Harnsäure-Infarct in den Nieren neugeborener Kinder in seiner physiologischen, pathologischen und forensischen Bedeutung. Breslau 1855.

495. J. Mayow: *De respiratione foetus in utero et ovo.* In des Verf. *Opera omnia medico-physica tractatibus quinque comprehensa. Hagae Comitum* 1681. *Tractatus tertius* 271—292.

496. G. F. Schütz: *Experimenta circa calorem foetus et sanguinem ipsius instituta.* Tübingen 1799. Inaug.-Diss.

497. Valenciennes: *Observations faites pendant l'incubation d'une femelle du Python bivittatus. Annales des sciences natur.* 2. Serie. Zool. Paris 1841. XVI, 65—72.

498. Fiedler: Verhalten des Fötalpulses zur Temperatur und zum Pulse der Mutter bei *Typhus abdominalis.* Archiv der Heilkunde von E. Wagner. 3. Jahrg. Leipzig 1862. S. 265—270.

499. L. Sallinger: Über Hydramnios im Zusammenhang mit der Entstehung des Fruchtwassers. Inaug.-Diss. Zürich 1875. 110 Stn. mit 1 Tafel.

500. Gassner: Die Menge des Fruchtwassers. Monatsschrift für Geburtskunde. XIX. 1862.

501. Tschernow: *De liquorum embryonalium in animalibus carnivoris constitutione chemica.* Inaug.-Diss. Dorpat 1858.

[502.] Albertoni: *Sui poteri digerenti del pancreas nella vita fetale.* Siena 1878.

503. C. G. Lehmann: Bestandtheile des Meconium. In desselben Lehrbuch der physiologischen Chemie. II, 2. Aufl. Leipzig 1853. 116—117.

504. Hecker: Gewicht und Länge der Kinder im Verhältniss zum Alter der Mütter. Monatsschrift für Geburtskunde. XXVI.

505. Ritter von Rittershayn: Gewicht des Neugeborenen. [Jahrb. f. Physiol. u. Path. des ersten Kindesalters. 1868 u. Österr. Jahrb. f. Pädiatrik. II. 1870.]

[506.] Altherr: Dasselbe. Diss. Basel 1874.

507. A. Majewski: *De substantiarum quae liquoribus amnii et allantoidis insunt, rationibus diversis vitae embryonalis periodis.* Inaug.-Diss. Dorpat 1858. 44 Stn.

508. J. Ch. Huber: Meconium. Friedreich's Blätter für gerichtliche Medicin. 35. Jahrgang. 1884. S. 24—28. 142—149.

509. J. R. Tarchanoff: Über die Verschiedenheiten des Eierweisses bei befiedert geborenen (Nestflüchter-) und bei nackt geborenen (Nesthocker-) Vögeln und über die Verhältnisse zwischen dem Dotter und dem Eierweiss. Pflüger's Archiv f. d. ges. Physiologie. XXXIII, 303—378. Bonn 1884.

510. W. Roux: Beiträge zur embryonalen Entwicklungsmechanik. Breslauer ärztl. Zeitschrift. Nr. 6. März 1884 (Die Aufhebung der vermeintlich richtenden Wirkung der Schwere auf die Entwicklung des Froscheies). Vgl. Nr. 396.

511. G. Born: Über den Einfluss der Schwere auf das Froschei. Ebenda. Nr. 8. April 1884.

512. O. Hertwig: Welchen Einfluss übt die Schwerkraft auf die Theilung der Zellen? Jena 1884. 1 Taf.

513. M. Perls: Versuche über den Übergang geformter Theile von der Mutter auf den Fötus in des Verf. Lehrb. d. allgem. Pathologie. 1879. II. 264—267 (Wichtige Versuche, welche die von Reitz zu bestätigen scheinen. Vgl. dieses Buch S. 216).

514. M. Nussbaum: Reflexe beim Forellen-Embryo. Sitzungsber. der Niederrh. Gesellschaft für Natur- u. Heilkunde. 25. Juni 1883. S. 165. Bonn 1883.

515. D. A. Spalding: *Instinct and acquisition.* In *Nature, a weekly journal of science.* London, Oct. 1875. XII. 507—508 (Die Sprengung der Eischale durch das Hühnchen).

516. Maschka: Das Leben der Neugeborenen ohne Athmen. Monatsschrift für Geburtskunde. Berlin 1862. XIX, 380—381.

517. H. Haake: Die Gewichtsveränderung der Neugeborenen. Ebenda. 339—354.

518. Winckel: Die Gewichtsverhältnisse bei 100 Neugeborenen. Ebenda. 416—442.

519. Breslau: Kaiserschnitt nach dem Tode. Lebendes Kind. Ebenda. 1862. XX, 62—69. 355—376. Vgl. oben Nr. 316.

520. H. Fol: *Sur l'anatomie d'un embryon humain de la quatrième semaine. Comptes rendus de l'ac. d. sc.* XCVII, 1563—1566. Paris 1883 (Embryo 5,6 Millim. l., C-förmig: von der noch z. Th. verschmolzenen Aorta geht eine Arterie unpaarig mit dem *Ductus vitellinus* ab).

521. G. Krukenberg: Experimentelle Untersuchungen über die Magensecretion des Fötus. Centralblatt für Gynäkologie. 1884. Nr. 22. 2 Stn. (Nach subcutaner Jodkalium-Injection geht Jodkalium bei hochträchtigen Thieren in das Fruchtwasser und in den fötalen Magen, bei noch nicht so lange trächtigen nicht in das Fruchtwasser, aber in die Flüssigkeit zwischen Amnion und Chorion und in den Magen, folglich secernirt der Magen im Blute aufgenommenes Jodkalium).

522. J. Cohnstein und N. Zuntz: Untersuchungen über das Blut, den Kreislauf und die Athmung beim Säugethier-Fötus. Pflüger's Archiv f. d. ges. Physiologie. XXXIV, 173—233. 1884. (Die Anzahl der rothen Blutkörper und die Hämoglobinmenge beim Fötus des Kaninchens, Meerschweinchens, Hundes, Schafes anfangs sehr gering, nehmen allmählich zu, erreichen aber vor der Geburt nicht oder selten die der Mutter im gleichen Blutvolum, sondern erst nach derselben. Bei später Abnabelung mehr Körperchen und Hb, als bei früher. Nach der Geburt mehr Hämoglobin als die Mutter — wegen Concentration des Blutes durch Wasserverlust beim Lungenathmen [P] — im gleichen Blutvolum und meist auch im einzelnen Blutkörperchen. Ausserdem in den ersten Tagen nach der Geburt Abnahme der relativen Blutmenge. Die Vertheilung der totalen Blutmenge auf Fötus und Placenta veränderlich: bei jüngsten Früchten enthält die Placenta mehr als der Embryo, bei reifen umgekehrt. — Die Pulsfrequenz des Schaffötus, bei jüngeren Früchten höher als bei älteren, fällt nach der Geburt noch mehr und nimmt beim Fötus nach einem Aderlass vorübergehend ab. Das Maximum des Fötus vom Schafe 210 in d. Min. — Der arterielle Blutdruck scheint mit dem Fotusalter zuzunehmen. Er nimmt nach Blutverlusten vorübergehend ab. Der fötale venöse Druck ist höher als der postnatale, der arterielle niedriger. Die Geschwindigkeit des Blutstroms in der Nabelarterie ist sehr gering, die Spannungsdifferenz, welche das Blut durch die Placentarcapillaren treibt, geringer als die bei den Körpercapillaren geborener Säugethiere. — Das fötale Blut, besonders der Nabelvene, zeigt eine schnellere Sauerstoffzehrung als das des Geborenen, aber das fötale Hämoglobin bindet ebensoviel Sauerstoff wie das letztere. Das Nabelvenenblut enthält mehr Sauerstoff und weniger Kohlensäure als das Nabelarterienblut (beim Schaffötus). Der totale Sauerstoffverbrauch des Fötus ist wenigstens viermal geringer als der der Mutter, in den ersten Stadien viel geringer als später).

523. B. S. Schultze: Üb. d. Wechsel der Lage u. Stellung des Kindes in den letzten Wochen der Schwangerschaft. Leipzig 1868. 23 Stn. F'

524. **Höning**: Dasselbe. In Schroeder's Lehrbuch der Geburtshülfe. Bonn 1870. S. 45—49 (2351 Untersuchungen an 70 Schwangeren).

525. **Heinrich Schmidt**: Die Secretion der Brustdrüsen bei Neugeborenen. Inaug.-Diss. Leipzig 1883.

526. **Felix Wolff**: Die Gewichtsverhältnisse der Neugeborenen. Inaug.-Diss. München 1883.

527. **Gustav Fritsch**: Beiträge zur Embryologie von Torpedo. Arch. f. Physiologie, her. v. E. du Bois-Reymond. 1884. 74—78. Leipzig. 1 Taf.

528. **Schlossberger**: Chemische Zusammensetzung der Nerven Neugeborener. In des Verf. Chemie der Gewebe. 1856. I. 2. Abth., 28. 55.

529. **Wiener**: Zur Frage des fötalen Stoffwechsels. Archiv für Gynäkologie. XXIII. Heft 2. 32 Stn.

530. **J. Bernstein**: Weiteres über die Entstehung der Aspiration des Thorax nach der Geburt. Pflüger's Archiv. XXXIV, 21—37. Bonn 1884 (Die Aspiration soll nach den ersten Athembewegungen sogleich entstehen entgegen Hermann's Befunden. Forts. zu Nr. 101 u. 118).

531. **Rudolph Albrecht**: Zwei weitere Fälle von Recurrens beim Fötus. Ref. Deutsche Medicinal-Zeitung. Berlin, 16. Juni 1884. 536—537.

532. **Moriggia**: *Alcune sperienze intorno al glucosio nell' organismo animale e più specialmente nel periodo della vita intrauterina. Reale Accad. dei Lincei.* Sitzg. v. 9. Febr. 1873. Ref.: Centralbl. f. d. med. Wissensch. 1875. 154—155 (Blut von Embryonen aus Hündinnen, Meerschweinchen, Kaninchen, Katzen, Kühen enthält in allen Entwicklungsstadien Kupferoxyd reducirenden Zucker, in den frühesten aber nur Spuren. Später sind Harn, Galle, Peritonealflüssigkeit, Fruchtwasser zuckerhaltig. Besonders die Muskeln, die Lunge, das Herz des Embryo enthalten Zucker, dagegen Nieren, Milz, Pankreas, Parotis, Placenta, Haut nur Spuren. Gehirn zuckerfrei. Wahrscheinlich stamme der Zucker in den frühen Stadien vom mütterlichen Blute).

533. **Ludwig Jacobson**: Entdeckung der Harnsäure in der Allantoisflüssigkeit der Vögel. Deutsches Archiv für die Physiologie von J. F. Meckel. Halle 1823. VIII, 332—334.

534. **Babuchin**: Zur Begründung des Satzes von der Präformation der elektrischen Elemente im Organ der Zitterfische. Arch. f. Physiol., her. v. du Bois-Reymond. 1883. 239—254.

535. **Dupérié**: *Sur les variations physiologiques dans l'état anatomique des globules du sang.* Paris 1878 (nach Nr. 529 die Blutkörper relativ zahlreicher im Fötus).

536. **Werth**: Stoffaufnahme in der Placenta. Arch. f. Gynäkologie. 1883. XXII, 233 (nach Nr. 529 gegen v. Hoffmann Nr. 346).

537. **V. Hensen**: Physiologie der Zeugung. In Hermann's Handbuch der Physiologie. VI. 1881 (Hier auch Panum's Angaben über fötales Wachsthum).

538. **T. L. W. Bischoff**: Entwicklungsgeschichte des Meerschweinchens. Mit 8 Tafeln. Giessen 1852. 52 Stn. 4°.

539. **T. L. W. Bischoff**: Neue Beobachtungen zur Entwicklungsgeschichte des Meerschweinchens. Mit 4 Tafeln. Abhandl. der k. Bayr. Akad. der Wiss. 2. Cl. X, 1. Abth., 117—166. München 1866. 4°.

540. T. L. W. Bischoff: Entwicklungsgeschichte des Rehes. Mit 8 Tafeln. München 1854. 36 Stn. 4°.

541. V. Hensen: Das Wachsthum des Meerschweinchenfötus. Arbeiten des Kieler physiologischen Instituts. 1868. 154—156. Mit 1 Tafel.

542. Rauber: Schwerkraftversuche an Forelleneiern. Berichte der Naturforschenden Gesellschaft zu Leipzig. 12. Febr. 1884 (Centrifugalkraft wirkt wie die Schwere richtend. Ein Überdruck von 2 Atmosphären unterbricht die Entwicklung, dgl. ein Aufenthalt in 0,5% Kochsalzlösung. Lachseier ertragen bis zu 1%).

543. Jgacushi Moritzi Miura: Wirkung des Phosphors auf den Fötus. (Arch. f. pathol. Anatomie. XCVI. 54—59.) (Nach Vergiftung trächtiger Thiere zeigten die Früchte Verfettung der Leber). Ber. d. Deutsch. chem. Gesellsch. 1884.

544. B. S. Schultze: Schicksal des Fruchtwassers. Fortschritte der Medicin, herausgeg. v. C. Friedländer. Berlin 1884. II, 181 (Die Geschwindigkeit des Fruchtwasserwechsels hängt ab von der Menge des vom Fötus verschluckten Fruchtwassers. Daher zu Anfang der Gravidität, wenn Schluckbewegungen noch fehlen, der Mutter einverleibte diffundible Stoffe im Fruchtwasser fehlen, gegen Ende derselben in dasselbe leicht übergehen).

545. Felix Plater: Vorzeitige Athembewegungen u. Abnabelung. In des Verf. *De origine partium earumque in utero conformatione.* Leyden 1641. (Athembewegungen des im geschlossenen Amnion geborenen Thierfötus. Die Abnabelung erst nach Zerreissung des Amnion vorzunehmen. Die Thiere zerbeissen das Amnion).

546. Jourdain: *Sur la parturition du marsouin (phocaena communis). Comptes rendus de l'Ac. d. sc.* Paris, 19. Jan. 1880. 138—139 (Räthselhafte Angaben über das Fehlen der Placenta und Häute).

547. Werber: Nabelblutungen. Schmidt's Jahrb. d. ges. Medic. 1879. 184. Bd. S. 44 (Strangulation u. Weiss, auch Schreien, hat Nabelblutungen Neugeborener zur Folge — wahrscheinlich durch Verkleinerung der Lungenblutbahn und dadurch Hebung des gesunkenen Blutdrucks P.).

548. A. Comelli: Harnblasenhypertrophie und Harnretention beim Fetus bei grosser Fruchtwassermenge. Ebenda. CLXXXVI, 262. 1880.

549. John Reid: Beziehungen der Blutgefässe der Mutter zu denen des Fötus. Froriep's Neue Notizen. XVIII. Juni 1841. 289—295. M. 8 Fig.

550. Fr. Schweigger-Seidel: Über die Vorgänge bei Lösung der miteinander verklebten Augenlider des Fötus. (Virchow's Archiv. XXXVII. 228. 1866).

551. A. B. Granville: Übergang des Rhabarbar aus dem mütterlichen Blute in das des Kindes, in das Fruchtwasser und in den Harn des Kindes (1834). Schmidt's Jahrb. d. ges. Medic. XV, 266. 1837.

552. Casp. Friedr. Wolff: *De foramine ovali ejusque in dirigendo sanguinis motu observationes novae. Nov. Comment. scient. Petropolit.* XX. 357. 1778.

Namen-Register zum Literatur-Verzeichniss.

Die Ziffern beziehen sich auf die Nummern des Literatur-Verzeichnisses.

A.

B.

H.

I.

J.

K.

L.

M.

N.

O.

P.

Q.

R.

S.

T.

U.

V.

W.

Y.

Z.

ERLÄUTERUNG DER TAFEL I.

Tafel I.

Fig. 1.

Schema des Blutkreislaufs beim Hühner-Embryo am dritten Tage. Primitive Dottercirculation (S. 68).

Blau ist das in den Gefässhof (*Area vasculosa*) cordifugal strömende, roth das vom Gefässhof kommende cordipetal strömende Blut dargestellt. Die Pfeile geben die Richtung des Blutstroms an.

H. Herzrohr (*Cor.*).

P.A. Linke und rechte primitive Aorta (*Arcus aortae primus sinister et dexter*).

A.A. (Zweimal) Linke und rechte Bauchaorta (*Aorta abdominalis sinistra et dextra*), welche zu Ende des 3. Tages verschmelzen.

C.A. (Zweimal) Linke und rechte Schwanz-Aorta (*Aorta caudalis sinistra et dextra*).

O.M.A. (Zweimal) Linke und rechte Dottersack-Arterie (*Arteria omphalo-mesaraica sinistra et dextra*).

O.M.V. (Zweimal) Linke und rechte Dottersack-Vene (*Vena omphalo-mesaraica sinistra et dextra*).

Fig. 2.

Hühnerei am 3. Tage der Incubation (S. 68) halbschematisch nach der Natur gezeichnet in natürlicher Grösse. Nach dem Aufbrechen der Kalkschale und Entfernung der weissen Schalenhaut, sieht man von oben auf dem, vom Albumen umgebenen gelben Dotter den Embryo mitten im Gefässhof, welcher von der Randvene (*Sinus terminalis*) begrenzt wird.

Taf. I.

Fig 1.

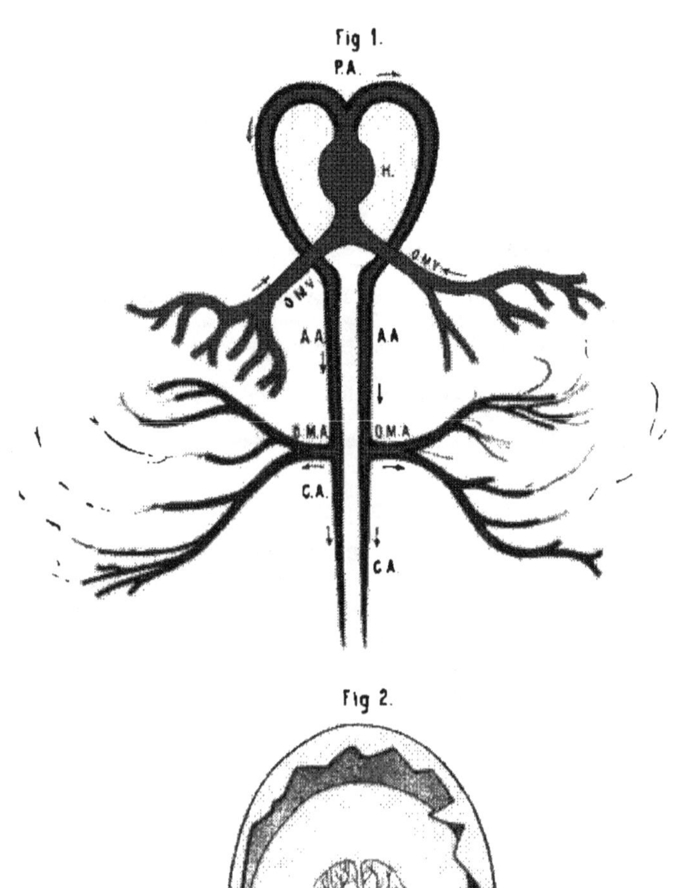

Fig 2.

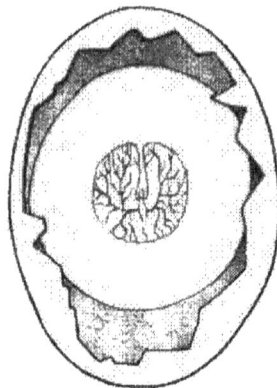

ERLÄUTERUNG DER TAFEL II.

Tafel II.

Schematische Darstellung des Blutkreislaufs im Hühner-Embryo zu Ende des dritten und zu Anfang des vierten Incubationstages. Vgl. S. 68 und 69. Blau ist das Blut, welches von den embryonalen Geweben herkommt, roth das mit Sauerstoff und Nährstoffen versehene, vom Dottersack stammende dargestellt.

H. Herz *(Cor).*

A. B. Aortenbulbus *(Bulbus Aortae).*

1. 2. 3. (Zweimal). Erstes, zweites, drittes Aortenbogenpaar *(Arcus Aortae* I, II, III.)

A. D. Primitiver Aortenstamm *(Aorta dorsualis).*

O. M. A. (Zweimal). Linke und rechte Dottersackarterie *(Arteria omphalo-mesaraica sinistra et dextra).*

O. C. V. (Zweimal). Linke und rechte obere oder vordere Cardinalvene. *(Vena cardinalis superior sinistra et dextra).*

U. C. V. (Zweimal). Linke und rechte untere oder hintere Cardinalvene. *(Vena cardinalis inferior sinistra et dextra).*

C. D. (Zweimal). Linker und rechter Cuvier'scher Gang *(Ductus Cuvieri).*

V. S. Venöser Herzsinus *(Sinus venosus).*

Taf. II

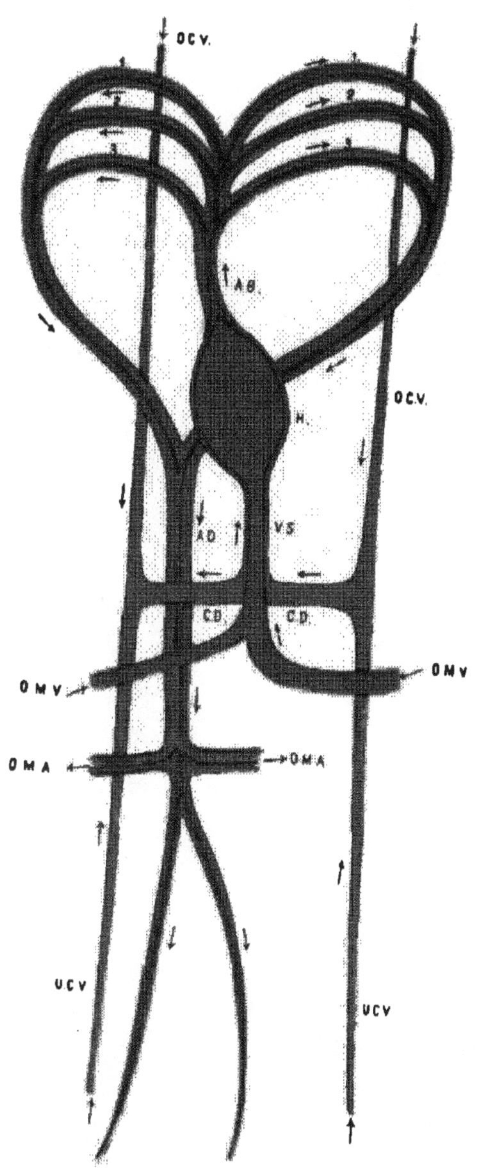

W Preyer del

ERLÄUTERUNG DER TAFEL III.

Tafel III.

Schematische Darstellung des Blutstromes in den Arterien des Hühner-Embryo in den späteren Incubationstagen vor dem Beginn der Lungenathmung. Vgl. S. 71.

Blau ist das aus den Hohlvenen und dem Embryo-Körper kommende Blut, roth das aus dem Dottersack und der Allantois kommende Blut dargestellt.

r. V. Rechte Herzkammer *(Ventriculus cordis dexter).*
l. V. Linke Herzkammer *(Ventriculus cordis sinister).*
A. p. r. Rechte Lungenarterie *(Arteria pulmonalis dexter).*
A. p. l. Linke Lungenarterie *(Arteria pulmonalis sinister).*
D. B. d. Rechter Botallischer Canal *(Ductus Botalli dexter).*
D. B. s. Linker Botallischer Canal *(Ductus Botalli sinister).*
R. A. Rücken-Aorta *(Aorta dorsualis).*
O. M. Art. Dottersack-Arterie *(Arteria omphalo-mesaraica).*
J. r. (Zweimal) und *Jl. l.* (Zweimal): *Arteria iliaca communis dextra et sinistra.*
N. A. r. und *N. A. l.* Linke und rechte Nabelarterie *(Art. umbilicalis s. allantoidis sinistra et dextra).*
III. *l.* und III. *r.* Drittes Aortenbogenpaar.
IV. *l.* und IV. *r.* Viertes, V. *l.* und V. *r.* Fünftes Aortenbogenpaar.
C. i. d. und *C. i. s.* *Carotis interna dextra et sinistra.*
C. e. d. und *C. e. s.* *Carotis externa dextra et sinistra.*
C. c. d. und *C. c. s.* *Carotis communis dextra et sinistra.*
A. v. d. und *A. v. s.* *Arteria vertebralis dextra et sinistra.*
A. s. d. und *A. s. s.* *Arteria subclavia dextra et sinistra.*
A. i. *Arteria innominata sinistra.*

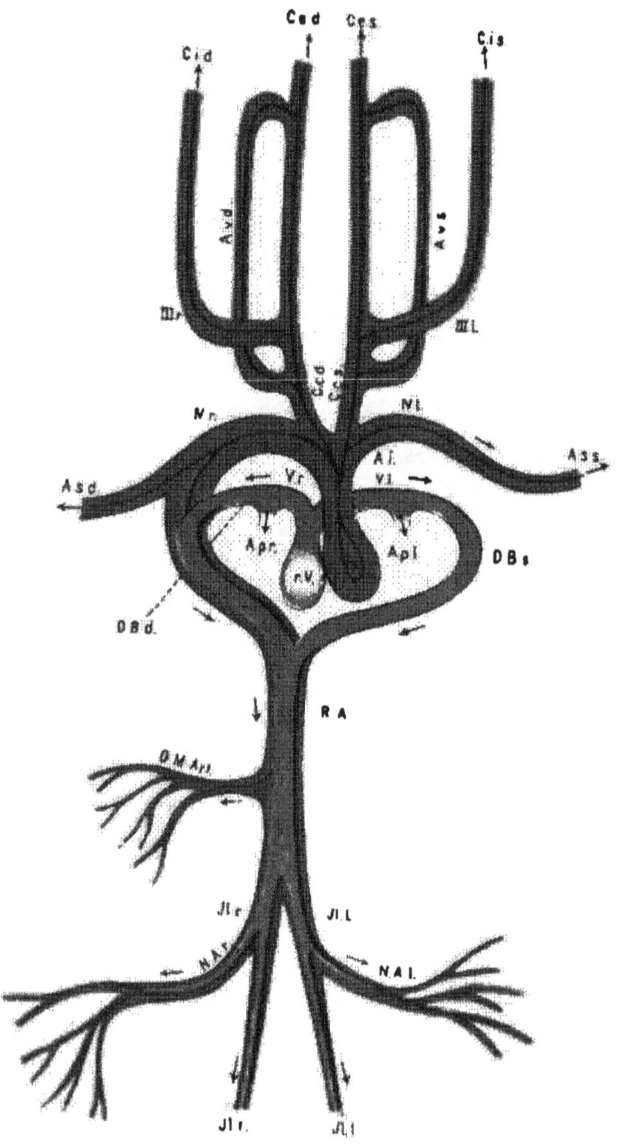
C.i.d
C.e.d
C.e.s.
C.i.s
A.v.d.
A.v.s.
III r
III l.
C.c.d
C.c.s
IV r.
IV l.
A.l.
A.s.d.
A.s.s.
V.r.
V.l.
A.p.r.
A.p.l.
r.V.
D.B.s
D.B.d.
R.A
O.M.Art.
Jl.r.
Jl.l.
N.A.r.
N.A.l.
Jl.r.
Jl.l.

W. Preyer del.

ERLÄUTERUNG DER TAFEL IV.

Tafel IV.

Schematische Darstellung des Blutstroms in den Venen des Hühner-Embryo in den späteren Incubationstagen vor dem Beginn der Lungenathmung. Vgl. S. 72.

Blau ist das von den Geweben des Embryo kommende, roth das von der Allantois und dem Dottersack kommende Blut dargestellt.

r. Vo. Rechte Vorkammer *(Atrium dextrum).*
l. Vo. Linke Vorkammer *(Atrium sinistrum).*
r. o. H. Rechte obere Hohlvene *(Vena cava superior dextra).*
l. o. H. Linke obere Hohlvene *(Vena cava superior sinistra).*
U. H. Untere Hohlvene *(Vena cava inferior).*
L. V. Lungenvenen *(Venae pulmonales).*
J. V. (Zweimal) Linke und rechte Jugularvene *(Vena iugularis sinistra et dextra).*
o. V. V. (Zweimal) Linke und rechte obere Vertebralvene *(Vena vertebralis superior sinistra et dextra).*
F. V. (Zweimal) Linke und rechte Flügelvene *(Vena alaris sinistra et dextra).*
V. S. Venensinus *(Sinus venosus).*
Le. V. Leberveuen *(Venae hepaticae).*
Le. Leber *(Hepar).*
A. D. Arantischer Canal *(Ductus venosus Aranti).*
P. A. Pfortader *(Vena portarum).*
O. M. V. Dottersackvene *(Vena omphalo-mesaraica s. omphalo-mesenterica).*
r. O. M. V. Rechte Dottersackvene *(Vena omphalo-mesaraica dextra.)*
N. V. Nabelvenen *(Venae umbilicales s. allantoidis).*
M. V. Mesenterialvenen *(Venae mesaraicae).*

Taf. IV

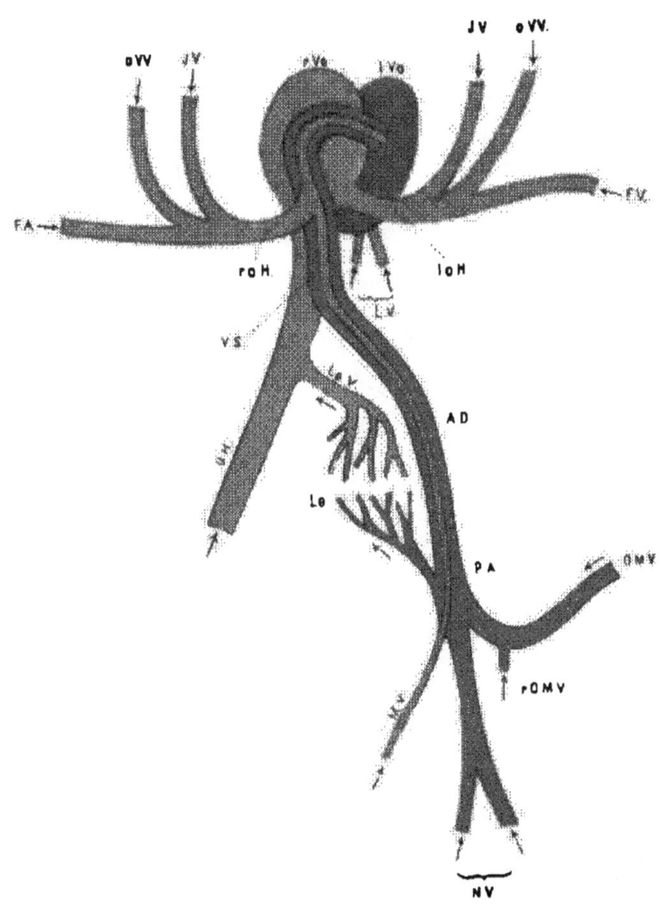

ERLÄUTERUNG DER TAFEL V.

ERLÄUTERUNG DER TAFEL V.

Tafel V.

Schema des Placentarkreislaufs. Vgl. S. 81 bis 88.

V. u. Nabelvene *(Vena umbilicalis)*.

A. u. (dreimal) Nabelarterien *(Arteriae umbilicales)*.

Vv. adv. Zuführende Lebervenen *(Venae hepatis advehentes)*.

Vv. rev. Abführende Lebervenen *(Venae hepatis revehentes)*.

D. v. A. Der Arantische Canal *(Ductus venosus Aranti)*.

V. port. Pfortader *(Vena portarum)*.

C. i. und *V. c. inf.* Untere Hohlvene *(Vena cava inferior)* mit zwei Mündungen.

F. o. Eirundes Loch *(Foramen ovale)*, die obere (linke) Mündung der unteren Hohlvene.

R. A. Rechter Vorhof *(Atrium dextrum)*.

L. A. Linker Vorhof *(Atrium sinistrum)*.

R. H. Rechte Herzkammer *(Ventriculus cordis dexter)*.

L. H. Linke Herzkammer *(Ventriculus cordis sinister)*.

A. p. Lungenarterie *(Arteria pulmonalis)*.

Vv. p. Lungenvenen *(Venae pulmonales)*.

D. a. B. Botallischer Canal *(Ductus arteriosus Botalli)*.

A. d. Absteigende Aorta *(Aorta descendens)*.

A. abd. Bauchaorta *(Aorta abdominalis)*.

A. m. s. Obere Gekrösarterie *(Arteria mesaraica superior)*.

Jl. comm. d. und *Jl. comm. sin.*: *Arteria iliaca communis dextra et sinistra.*

Jl. ext. s. crur. s.: *Arteria iliaca externa seu cruralis sinistra.*

Hypog. s.: *Arteria hypogastrica sinistra.*

A. Hypogastr. d.: *Arteria hypogastrica dextra.*

A. crur. d.: *Arteria cruralis dextra.*

A. a. Aufsteigende Aorta *(Aorta adscendens)*.

V. c. sup. Obere Hohlvene *(Vena cava superior)*.

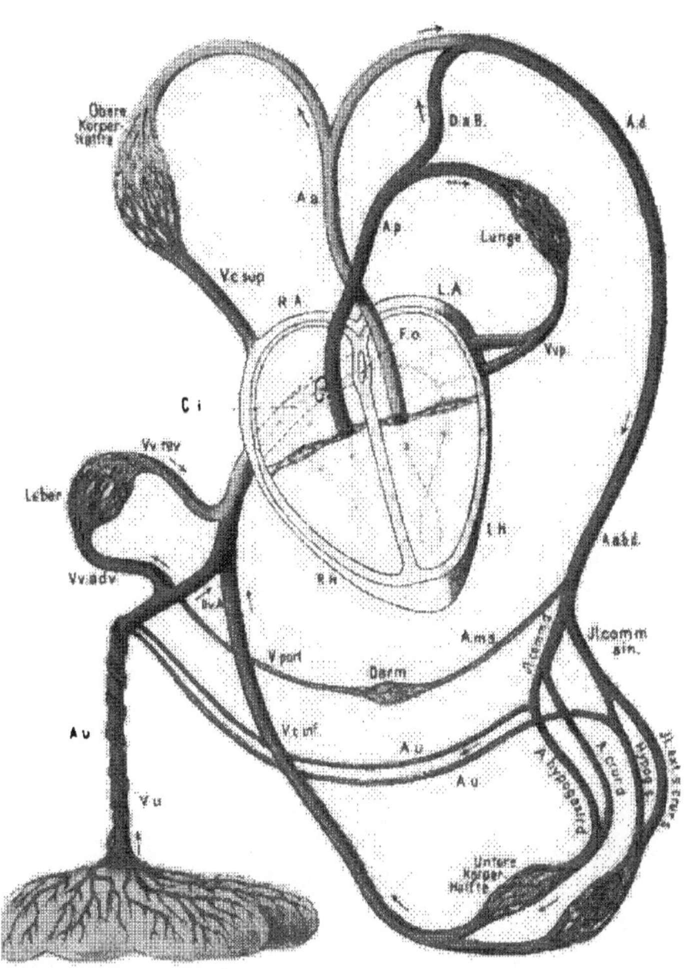

W Preyer del

Lith Anst v. Th Eismann, Leipzig.

ERLÄUTERUNG DER TAFEL VI.

Tafel VI.

Fig. 1.

Ein 19 Tage und einige Stunden bebrütetes Hühnerei halbschematisch nach der Natur in natürlicher Grösse gezeichnet.

K. Kalkschale.
A. Allantois.
S'. Innere Lamelle der Schalenhaut.
S''. Äussere Lamelle der Schalenhaut.
D. Gelber Dotter.
L. Luftkammer.

Fig. 2.

Ein 18 Tage 18 Stunden alter Hühner-Embryo von den Häuten befreit und mit dem Nahrungsdotter auf einer Schieferplatte liegend. Dadurch wird der mediane und sagittale Durchmesser des Dottersacks grösser, der transversale kleiner, als im Ei. Die Omphalo-mesenterial-Gefässe sind zum Theil in der Obliteration begriffen.

Taf VI.

Fig 1.

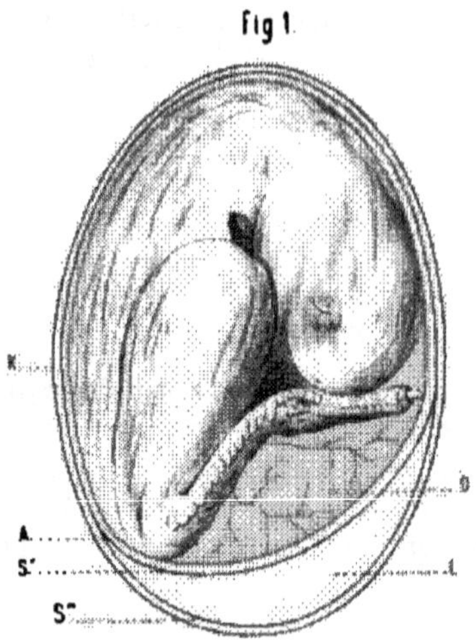

Fig. 2.

ERLÄUTERUNG DER TAFEL VII.

Tafel VII.

Fig. 1.

Lagen, Gestaltänderungen und Drehungsrichtungen der Froschembryonen (*Rana temporaria*) im Ei kurz vor dem Ausschlüpfen, nach der Natur, in etwa zweifacher linearer Vergrösserung.

Fig. 1 bis 6. Sehr häufige Formen, welche miteinander wechseln, 2 und 4 Übergangsstellungen.

Fig. 3 und 5 gewöhnliche Stellung, in derselben Ebene, mit entgegengesetzter Rotationsrichtung.

Fig. 2.

Schema der Dotterplacenta des Haifisches (*Carcharias*) nach einer nicht colorirten Skizze von Joh. Müller (S. 237).

a. Dottergang.
b. Nabelstrangscheide.
c. Innere Haut des Uterus, die roth dargestellte *Placenta uterina* bildend.
d. Entoderm des Dottersacks.
e. Ektoderm des Dottersacks (gefässfrei).
A. *Arteria omphalo-mesaraica.* } welche sich in den Falten der *Placenta*
V. *Vena omphalo-mesaraica* } *foetalis* (*P.F.*) verzweigen und anastomosiren, so dass in der Vene sauerstoffreicheres, nährstoffreicheres Blut zurückströmt.

Taf VII

Fig. 1.

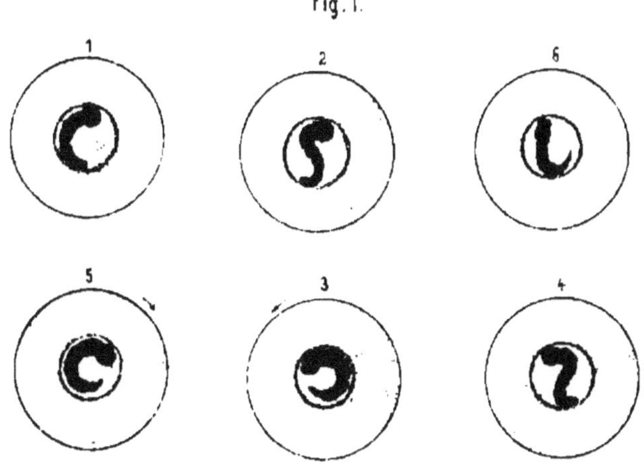

Fig. 2

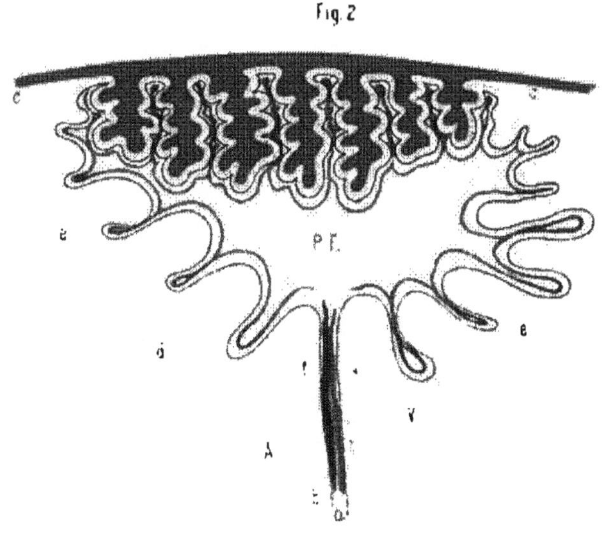

ERLÄUTERUNG DER TAFEL VIII.

Tafel VIII.

Die drei graphischen Darstellungen beziehen sich ausschliesslich auf das bebrütete Hühnerei mit dem Anfangsgewicht von 50 Grm.

Die Ziffern unten bezeichnen die 21 Brüttage, die Ordinaten Gramm.

Fig. 1.

Oben ist durch eine sich gabelnde Gerade die Gewichtsabnahme des entwickelten und des unentwickelten Eies dargestellt (S. 127).

Die sich gabelnde Curve unten stellt die täglich wachsenden vom entwickelten und unentwickelten Ei exhalirten Kohlensäure-Mengen in Gramm dar.

Fig. 2.

Die vom entwickelten und unentwickelten Ei während der 21 Brüttage exhalirten Wasser-Mengen (S. 126).

Fig. 3.

Die während der Abnahme des Ei-Gewichts stattfindende Zunahme des Embryo-Gewichts (S. 123).

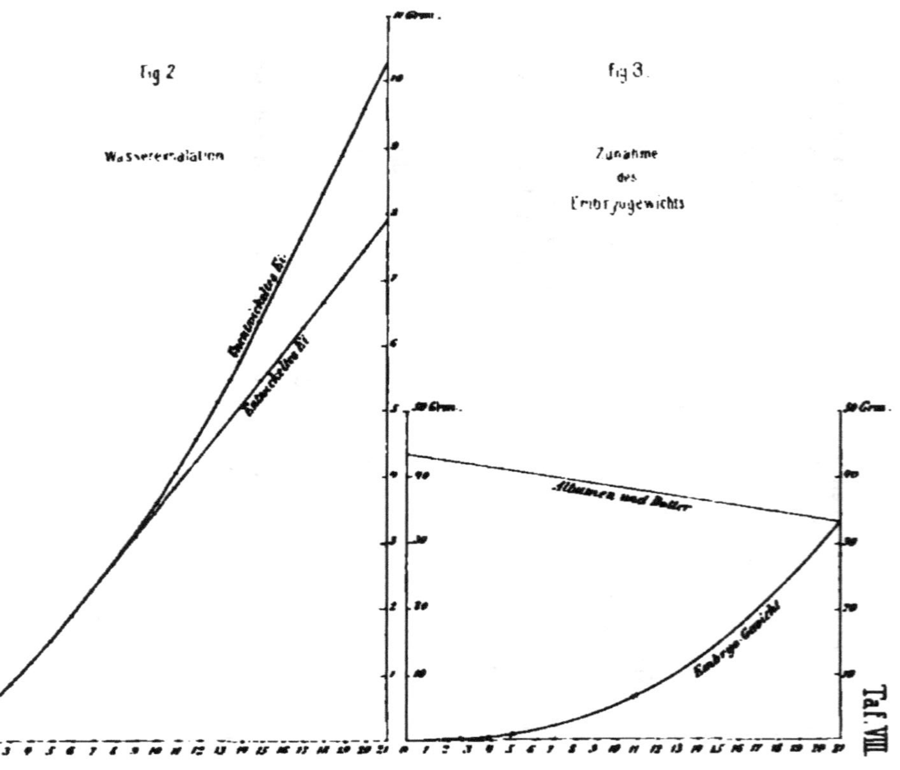

Fig. 2
Wasserexhalation
Fig. 3
Zunahme
des
Embryogewichts
Albumen und Dotter
Embryo-Gewicht
Taf. VIII

ERLÄUTERUNG DER TAFEL IX.

Tafel IX.

Durchschnitt durch eine menschliche Placenta nebst dem zugehörigen Uterus aus der Mitte des fünften Monats, nach einer halbschematischen Zeichnung von Prof. Leopold in Dresden. [476 Zur Veranschaulichung der Uterus-Placentarverbindung zwischen Mutter und Frucht (S. 134, 143, 205, 218, 228, 251, 265).

Hellbraun ist das *Amnion* (die Wasserhaut, Schafhaut), welche den vom Fruchtwasser umgebenen Fötus einhüllt, dunkelblau der Rand der *Reflexa* dargestellt.

Die feinere blaue Linie um *Chorion* und Chorionzotten stellt das Epithel derselben dar.

In den hellblauen Zotten befinden sich die die Endzweige der Nabelarterien mit den Wurzeln der Nabelvene verbindenden Zottencapillaren.

Dunkler braun ist die *Decidua vera* (*Serotina* oder *Placenta materna*). Die braunen Inseln an den Chorionzotten und längs des placentaren Chorion sind von ihr ausgegangen (*Decidua subchorialis*).

Weiss sind die Drüsenräume in ihr, welche sich durch die ganze Serotina hin erstrecken.

Roth sind die intervillösen Bluträume (*Sinus*, Lacunen), in welche das mütterliche Blut aus den Serotinagefässen eintritt und aus denen es am Placentarrand in das Sammelrohr abfliesst. In diese Blutsinus, welche kein Endothel haben, tauchen die Chorionzotten hinein, so dass sie vom mütterlichen Blute umspült werden.

Grau ist die Muskelfaserschicht (*Muscularis*) des Uterus.

Taf IX.

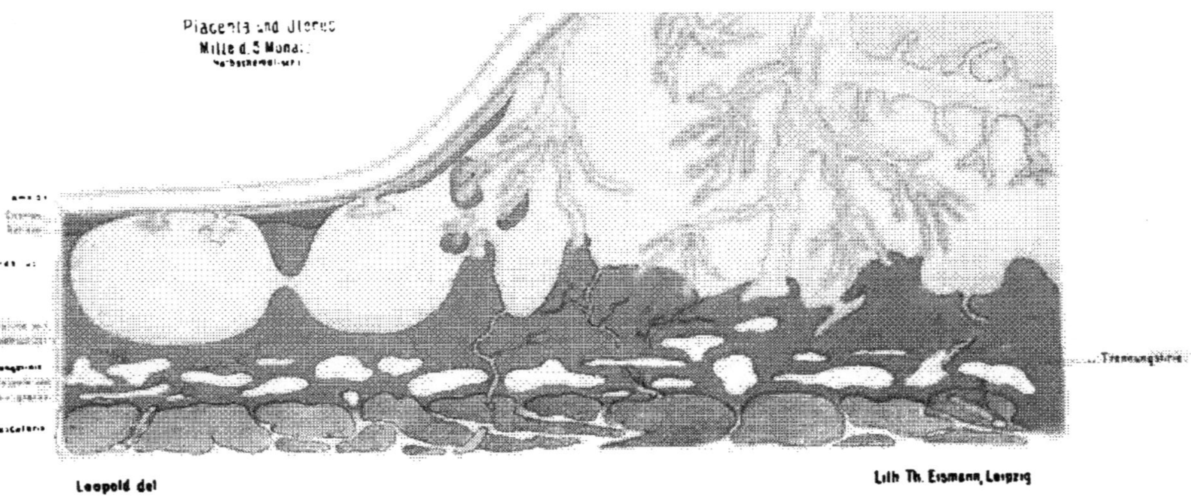

Placenta und Uterus
Mitte d. 5 Monat.
Musculatur
Trennungslinie
Leopold del.
Lith. Th. Eismann, Leipzig

www.ingramcontent.com/pod-product-compliance
Lightning Source LLC
Chambersburg PA
CBHW020850210326
41598CB00018B/1628

* 9 7 8 3 7 4 2 8 1 1 9 7 4 *